ALGUMAS PROPRIEDADES FÍSICAS

Ar (seco, a 20°C e 1 atm)

Massa específica	1,21 kg/m^3
Calor específico a pressão constante	1010 J/kg · K
Razão dos calores específicos	1,40
Velocidade do som	343 m/s
Rigidez dielétrica	3×10^6 V/m
Massa molar efetiva	0,0289 kg/mol

Água

Massa específica	1000 kg/m^3
Velocidade do som	1460 m/s
Calor específico a pressão constante	4190 J/kg · K
Calor de fusão (0°C)	333 kJ/kg
Calor de vaporização (100°C)	2260 kJ/kg
Índice de refração ($\lambda = 589$ nm)	1,33
Massa molar	0,0180 kg/mol

Terra

Massa	$5,98 \times 10^{24}$ kg
Raio médio	$6,37 \times 10^6$ m
Aceleração de queda livre na superfície da Terra	9,81 m/s^2
Atmosfera padrão	$1,01 \times 10^5$ Pa
Período de satélite a 100 km de altitude	86,3 min
Raio de órbita geossíncrona	42.200 km
Velocidade de escape	11,2 km/s
Momento de dipolo magnético	$8,0 \times 10^{22}$ A · m^2
Campo elétrico médio na superfície	150 V/m, para baixo

Distância à/ao:

Lua	$3,82 \times 10^8$ m
Sol	$1,50 \times 10^{11}$ m
Estrela mais próxima	$4,04 \times 10^{16}$ m
Centro de galáxia	$2,2 \times 10^{20}$ m
Galáxia de Andrômeda	$2,1 \times 10^{22}$ m
Borda do universo observável	$\sim 10^{26}$ m

O GEN | Grupo Editorial Nacional, a maior plataforma editorial no segmento CTP (científico, técnico e profissional), publica nas áreas de saúde, ciências exatas, jurídicas, sociais aplicadas, humanas e de concursos, além de prover serviços direcionados a educação, capacitação médica continuada e preparação para concursos. Conheça nosso catálogo, composto por mais de cinco mil obras e três mil e-books, em www.grupogen.com.br.

As editoras que integram o GEN, respeitadas no mercado editorial, construíram catálogos inigualáveis, com obras decisivas na formação acadêmica e no aperfeiçoamento de várias gerações de profissionais e de estudantes de Administração, Direito, Engenharia, Enfermagem, Fisioterapia, Medicina, Odontologia, Educação Física e muitas outras ciências, tendo se tornado sinônimo de seriedade e respeito.

Nossa missão é prover o melhor conteúdo científico e distribuí-lo de maneira flexível e conveniente, a preços justos, gerando benefícios e servindo a autores, docentes, livreiros, funcionários, colaboradores e acionistas.

Nosso comportamento ético incondicional e nossa responsabilidade social e ambiental são reforçados pela natureza educacional de nossa atividade, sem comprometer o crescimento contínuo e a rentabilidade do grupo.

FÍSICA 3

Quinta Edição

DAVID HALLIDAY
Professor de Física — University of Pittsburgh

ROBERT RESNICK
Professor de Física — Rensselaer Polytechnic Institute

KENNETH S. KRANE
Professor de Física — Oregon State University

Com a colaboração de

Paul Stanley
California Lutheran University

Tradução

Pedro Manuel Calas Lopes Pacheco, D.Sc.
Professor do Departamento de Engenharia Mecânica — CEFET/RJ

Leydervan de Souza Xavier, D.C.
Professor do Departamento de Disciplinas Básicas e Gerais — CEFET/RJ

Paulo Pedro Kenedi, M.Sc.
Professor do Departamento de Engenharia Mecânica — CEFET/RJ

Os autores e a editora empenharam-se para citar adequadamente e dar o devido crédito a todos os detentores dos direitos autorais de qualquer material utilizado neste livro, dispondo-se a possíveis acertos caso, inadvertidamente, a identificação de algum deles tenha sido omitida.

Não é responsabilidade da editora nem dos autores a ocorrência de eventuais perdas ou danos a pessoas ou bens que tenham origem no uso desta publicação.

Apesar dos melhores esforços dos autores, dos tradutores, do editor e dos revisores, é inevitável que surjam erros no texto. Assim, são bem-vindas as comunicações de usuários sobre correções ou sugestões referentes ao conteúdo ou ao nível pedagógico que auxiliem o aprimoramento de edições futuras. Os comentários dos leitores podem ser encaminhados à **LTC — Livros Técnicos e Científicos Editora** pelo e-mail ltc@grupogen.com.br.

PHYSICS Volume Two, Fifth Edition
Copyright © 1960, 1962, 1966, 1978, 1992, 2002 John Wiley & Sons, Inc.
All Rights Reserved. Authorized translation from the English language edition published by John Wiley & Sons, Inc.

Direitos exclusivos para a língua portuguesa
Copyright © 2004 by
LTC — Livros Técnicos e Científicos Editora Ltda.
Uma editora integrante do GEN | Grupo Editorial Nacional

Reservados todos os direitos. É proibida a duplicação ou reprodução deste volume, no todo ou em parte, sob quaisquer formas ou por quaisquer meios (eletrônico, mecânico, gravação, fotocópia, distribuição na internet ou outros), sem permissão expressa da editora.

Travessa do Ouvidor, 11
Rio de Janeiro, RJ — CEP 20040-040
Tels.: 21-3543-0770 / 11-5080-0770
Fax: 21-3543-0896
ltc@grupogen.com.br
www.ltceditora.com.br

CIP-BRASIL. CATALOGAÇÃO-NA-FONTE
SINDICATO NACIONAL DOS EDITORES DE LIVROS, RJ.

H184f
v.3

Halliday, David, 1916-
Física 3 / David Halliday, Robert Resnick, Kenneth S. Krane ; com a colaboração de Paul Stanley ; tradução Pedro Manuel Calas Lopes Pacheco, Leydervan de Souza Xavier, Paulo Pedro Kenedi. - [Reimpr.]. - Rio de Janeiro : LTC, 2017.
390p. : il.

Tradução de: Physics, volume two, 5th ed
Contém questões, exercícios e problemas e respectivas respostas
ISBN 978-85-216-1391-6

1. Física. I. Resnick, Robert, 1923-. II. Krane, Kenneth S. III. Stanley, Paul. IV. Título.

08-2441.   CDD: 530
                                  CDU: 53

PREFÁCIO

Esta é a quinta edição do livro-texto publicado pela primeira vez em 1960 como *Física para Estudantes de Ciências e Engenharia* por David Halliday e Robert Resnick. Por quatro décadas, este livro fornece o padrão para o curso geral introdutório, baseado no Cálculo, e é reconhecido pela clareza e abrangência de sua apresentação. Nesta edição, o texto foi reescrito substancialmente de modo a permitir que a matéria flua mais suavemente, facilitando ao estudante adentrar os novos assuntos. Tentamos fornecer exemplos mais práticos e proceder do particular para o geral quando os novos tópicos são apresentados.

Esta edição apresenta muitas modificações tanto na pedagogia quanto na ordenação da matéria em capítulos. Aqueles que estão familiarizados com a quarta edição deste texto encontrarão os mesmos tópicos, porém, em uma ordem ligeiramente revisada. Ao fazer estas revisões, buscamos a opinião dos usuários das edições anteriores e levamos em consideração os resultados da pesquisa em ensino de física. Entre outras modificações que fizemos neste livro, estão as seguintes:

1. Devido à reorganização dos capítulos nos Volumes 1 e 2, os capítulos no Volume 3 foram renumerados, começando com 25 (que corresponde ao Cap. 27 da quarta edição).

2. Os estudantes geralmente têm dificuldades com integração sobre uma distribuição contínua de carga no cálculo de campos elétricos, um procedimento que é tanto conceitualmente abstrato, quanto computacionalmente desafiador. Procurando lidar mais cedo com as dificuldades conceituais, introduzimos o procedimento associado a *forças* elétricas em vez de fazê-lo a *campos* elétricos; por exemplo, no Cap. 25 discutimos o cálculo da força exercida por uma linha de cargas sobre uma carga pontual. Os estudantes freqüentemente têm uma intuição física maior para forças do que para campos, e é neste sentido que pudemos estabelecer o procedimento matemático em um contexto mais físico. Os cálculos serão repetidos depois para campos e potenciais. Por razões semelhantes, introduzimos os teoremas de cascas no Cap. 25 no contexto de forças, que acompanha a sua introdução no Cap. 14 do Volume 2, na discussão sobre força gravitacional.

3. A discussão sobre o espalhamento de Rutherford foi deslocada do capítulo sobre a lei de Gauss na edição anterior, para a discussão sobre campos elétricos no Cap. 26.

4. No Cap. 27 (A Lei de Gauss) ampliamos a discussão da relação entre fluxo elétrico e linhas de campo e discutimos, agora, as aplicações convencionais da lei de Gauss às distribuições contínuas de cargas antes de sua aplicação aos condutores.

5. O Cap. 29 (As Propriedades Elétricas dos Materiais) é um novo capítulo e engloba materiais de condutores e dielétricos que apareciam em outras edições nos dois capítulos sobre capacitores e corrente. Acreditamos que esta matéria se justifica por si mesma e, sendo introduzida desta forma, acreditamos que há um maior contraste entre os comportamentos de materiais condutores e isolantes em campos elétricos.

6. A pesquisa em ensino de física mostra de maneira consistente que os estudantes têm dificuldades consideráveis em entender o comportamento de circuitos CC simples. Por isso, ampliamos nossa apresentação deste tópico com a redução simultânea da cobertura de circuitos mais complexos e de instrumentos de medição.

7. Começamos nossa introdução às fontes de campo magnético (Cap. 33) com a apresentação do campo devido a uma única carga em movimento e então passamos ao campo gerado por um elemento de corrente. Isto favorece uma melhor correspondência com a forma com a qual os campos magnéticos são introduzidos no capítulo anterior (tratando de uma força sobre uma única carga móvel e depois de uma força sobre um elemento de corrente). Também fornecemos agora um cálculo direto do campo axial de um solenóide usando a lei de Biot–Savart antes de repetir o cálculo através da lei de Ampère.

8. A introdução do momento do dipolo magnético foi postergado até o Cap. 35 (Propriedades Magnéticas dos Materiais). Isto foi feito, em parte, para se evitar sobrecarregar o estudante com uma matéria nova no primeiro capítulo sobre campos magnéticos e, também, para oferecer uma abordagem mais coerente na introdução do dipolo magnético no contexto em que será aplicado mais diretamente. Reduzimos de alguma forma a discussão sobre o

vi PREFÁCIO

magnetismo atômico e molecular aqui, preferindo retardar uma discussão mais detalhada até o último capítulo, seguindo a introdução de algo dos rudimentos da estrutura atômica em torno do spin do elétron.

9. Reorganizamos os Caps. 40 e 41 (Volume 2), e os Caps. 42 e 43 (Volume 4) da edição anterior nos Caps. 38 (Volume 3) e 39 (Volume 4) desta edição. O Cap. 38 trata, agora, das equações de Maxwell e de suas aplicações às ondas eletromagnéticas, matéria que estava incluída nos Caps. 40 e 41 da quarta edição. O Cap. 39 introduz as propriedades das ondas luminosas, incluindo reflexão e refração, e incorpora a matéria que aparecia, anteriormente, nos Caps. 41, 42 e 43. A formação de imagem por espelhos planos aparece, agora, no capítulo seguinte (Cap. 40, Volume 4), onde se ajusta mais naturalmente à discussão de formação de imagens por espelhos e lentes.

10. Na quarta edição, os tópicos sobre física moderna estavam pulverizados ao longo do texto, geralmente em seções rotuladas como "opcional". Nesta edição, continuamos a usar exemplos de física moderna onde fosse mais apropriado para o texto, mas as seções separadas sobre física moderna foram consolidadas nos Caps. 45–52 (Volume 4), que tratam de tópicos sobre física quântica e suas aplicações para os átomos, sólidos e núcleos. Acreditamos piamente que a relatividade e a física quântica são partes essenciais em um curso introdutório geral neste nível, mas fazendo justiça com estes assuntos, é melhor apresentá-los de forma coerente e unificada do que através de exposições isoladas. Assim como na quarta edição, continuamos a localizar o capítulo sobre relatividade especial entre os capítulos sobre mecânica clássica no Volume 2, o que reflete nossa crença de que a relatividade especial pertence aos capítulos sobre cinemática e dinâmica que lidam com física clássica. Os Caps. 45–48 (Volume 4), que tratam da física quântica e de suas aplicações aos átomos, foram substancialmente reescritos em relação à quarta edição. O Cap. 45 introduz os experimentos iniciais habituais sugerindo as propriedades do tipo corpuscular da radiação eletromagnética (radiação térmica, efeito fotoelétrico, espalhamento de Compton). Contudo, a evidência inequívoca da dualidade corpuscular-ondulatória da luz surge, apenas, de experiências modernas escolhidas tardiamente, que, agora, também são tratadas no Cap. 45. Os rudimentos da teoria de Schrödinger são tratados, agora, no Cap. 46 com aplicações detalhadas aos poços de potencial e ao átomo de hidrogênio no Cap. 47. O Cap. 48, que trata da estrutura atômica, é semelhante ao Cap. 52 da quarta edição com a adição de novo material sobre o magnetismo atômico.

O material de final de capítulo nesta edição difere significativamente do usado na edição anterior. O conjunto de problemas anterior (que eram todos ligados às seções do capítulo) foram cuidadosamente editados e colocados em dois grupos: exercícios e problemas. Os exercícios foram vinculados às seções de texto, geralmente representando aplicações diretas da matéria da seção associada. Seu propósito é o de auxiliar, em geral, o estudante a se familiarizar com os conceitos, fórmulas importantes, unidades, dimensões e assim por diante. Os problemas que não estão atrelados às seções de texto requerem, freqüentemente, o uso de conceitos de diferentes seções ou mesmo de capítulos anteriores. Alguns problemas demandam que o estudante estime ou localize por conta própria os dados necessários para resolvê-los. Ao editar e agrupar os exercícios e problemas, eliminamos alguns problemas da edição anterior. Um suplemento de problemas irá incorporar a maioria dos problemas faltantes, assim como uma seleção de novos problemas e exercícios. Assim como antes, as respostas aos exercícios e problemas ímpares são fornecidos no texto.

Foram adicionados questões de múltipla-escolha e problemas computacionais ao material do final dos capítulos. As questões de múltipla-escolha são, geralmente, de natureza conceitual e freqüentemente requerem uma percepção mais apurada sobre o material. Os problemas computacionais podem exigir familiaridade com planilhas ou com rotinas de manipulação simbólica como nos softwares *Maple* ou *Mathematica*.

O desenvolvimento do material do final dos capítulos foi realizado com a ajuda substancial de Paul Stanley da California Lutheran University. Tivemos a felicidade de usufruir de suas percepções e de sua criatividade neste projeto.

Nos esforçamos para desenvolver um livro-texto que oferecesse uma introdução geral à física tão completa e rigorosa quanto possível para este nível. É, contudo, importante salientar que *poucos professores (caso haja algum) irão querer seguir o texto inteiro do início ao fim*, especialmente em um curso de um ano de duração. Há muitos caminhos alternativos ao longo deste texto. O professor que desejar tratar de um número menor de tópicos com maior profundidade (freqüentemente chamada de abordagem "menos é mais") será capaz de selecionar um desses caminhos. Algumas seções ou subseções estão explicitamente identificadas como "opcional", indicando que podem ser omitidas ou abordadas superficialmente. Ainda assim, a apresentação completa permanece no texto onde o estudante mais curioso poderá procurar os tópicos omitidos e ser recompensado com uma visão mais extensa do assunto. Espera-se, então, que o texto possa ser visto como um "mapa rodoviário" através da física; muitas estradas podem ser percorridas diretamente ou através de diferentes cenários, e nem todas as estradas precisam ser utilizadas em uma primeira viagem. O viajante mais ambicioso pode ser estimulado a retornar ao mapa para explorar as áreas não visitadas nas viagens anteriores.

O texto está disponível em quatro volumes. Os Volumes 1 e 2 cobrem cinemática, mecânica e termodinâmica; os Volumes 3 e 4 cobrem eletromagnetismo, óptica, física quântica e suas aplicações.

Ao preparar esta edição, contamos com o aconselhamento de uma equipe dedicada de revisores que, individual ou coletivamente, ofereceram comentários e críticas em quase todas as páginas deste texto:

Richard Bukrey, Loyola University

Duane Carmony, Purdue University

J. Richard Christman, U.S. Coast Guard Academy

Paul Dixon, California State University-San Bernadino

John Federici, New Jersey Institute of Technology

David Gavenda, University of Texas-Austin

Stuart Gazes, University of Chicago

James Gerhart, University of Washington

John Gruber, San Jose State University

Martin Hackworth, Idaho State University

Jonathan Hall, Pennsylvania State University, Behrend

Oshri Karmon, Diablo Valley College

Jim Napolitano, Rensselaer Polytechnic Institute

Donald Naugle, Texas A&M University

Douglas Osheroff, Stanford University

Harvey Picker, Trinity College

Anthony Pitucco, Pima Community College

Robert Scherrer, Ohio State University

John Toutonghi, Seattle University

Estamos profundamente agradecidos a essas pessoas pelos seus esforços e pelas contribuições que deram aos autores. Gostaríamos, também, de registrar a orientação do Physics Education Group na Universidade de Washington, especialmente, a Paula Heron e a Lillian McDermott.

A equipe na John Wiley & Sons ofereceu apoio permanente para este projeto, pelo que somos excepcionalmente gratos. Gostaríamos de agradecer especialmente a Stuart Johnson pelo gerenciamento deste projeto e pela dedicação à sua finalização. Contribuições essenciais à qualidade deste texto foram feitas pela editora de produção Elizabeth Swain, pelo editor de fotografia Hilary Newman, pela editora de ilustrações Anna Melhorn e pela desenhista Karin Kinchloe. Sem a competência e os esforços destes profissionais, este projeto não teria sido possível.

Material Suplementar

Este livro conta com materiais suplementares.

O acesso ao material suplementar é gratuito. Basta que o leitor se cadastre em nosso *site* (www.grupogen.com.br), faça seu *login* e clique em Ambiente de Aprendizagem, no menu superior do lado direito.

É rápido e fácil. Caso haja alguma mudança no sistema ou dificuldade de acesso, entre em contato conosco (sac@grupogen.com.br).

GEN-IO (GEN | Informação Online) é o repositório de materiais suplementares e de serviços relacionados com livros publicados pelo GEN | Grupo Editorial Nacional, maior conglomerado brasileiro de editoras do ramo científico-técnico-profissional, composto por Guanabara Koogan, Santos, Roca, AC Farmacêutica, Forense, Método, Atlas, LTC, E.P.U. e Forense Universitária. Os materiais suplementares ficam disponíveis para acesso durante a vigência das edições atuais dos livros a que eles correspondem.

SUMÁRIO GERAL

VOLUME 1

1 Medição

2 Movimento em Uma Dimensão

3 Força e Leis de Newton

4 Movimento em Duas e Três Dimensões

5 Aplicações das Leis de Newton

6 Quantidade de Movimento

7 Sistemas de Partículas

8 Cinemática Rotacional

9 Dinâmica Rotacional

10 Quantidade de Movimento Angular

11 Energia 1: Trabalho e Energia Cinética

12 Energia 2: Energia Potencial

13 Energia 3: Conservação de Energia

Apêndices

Respostas dos Exercícios e Problemas Ímpares

Créditos das Fotos

Índice

VOLUME 2

14 Gravitação

15 Estática dos Fluidos

16 Dinâmica dos Fluidos

17 Oscilações

18 Movimento Ondulatório

19 Ondas Sonoras

20 A Teoria Especial da Relatividade

21 Temperatura

22 Propriedades Moleculares dos Gases

23 A Primeira Lei da Termodinâmica

24 Entropia e a Segunda Lei da Termodinâmica

Apêndices

Respostas dos Exercícios e Problemas Ímpares

Créditos das Fotos

Índice

VOLUME 3

25 A Carga Elétrica e a Lei de Coulomb

26 O Campo Elétrico

27 A Lei de Gauss

28 Energia Potencial Elétrica e Potencial Elétrico

29 As Propriedades Elétricas dos Materiais

30 Capacitância

31 Circuitos CC

32 O Campo Magnético

33 O Campo Magnético de uma Corrente

34 A Lei de Indução de Faraday

35 Propriedades Magnéticas dos Materiais

36 Indutância

X SUMÁRIO GERAL

37 Circuitos de Corrente Alternada

38 Equações de Maxwell e Ondas Eletromagnéticas

Apêndices

Respostas dos Exercícios e Problemas Ímpares

Créditos das Fotos

Índice

VOLUME 4

39 Ondas Luminosas

40 Espelhos e Lentes

41 Interferência

42 Difração

43 Redes e Espectros

44 Polarização

45 A Natureza da Luz

46 A Natureza da Matéria

47 Elétrons em Poços de Potencial

48 Estrutura Atômica

49 Condução Elétrica em Sólidos

50 Física Nuclear

51 Energia do Núcleo

52 Física da Partícula e Cosmologia

Apêndices

Respostas dos Exercícios e Problemas Ímpares

Créditos das Fotos

Índice

SUMÁRIO DESTE VOLUME

CAPÍTULO 25

A CARGA ELÉTRICA E A LEI DE COULOMB 1
25-1   Eletromagnetismo: Uma Apresentação 1
25-2   Carga Elétrica 2
25-3   Condutores e Isolantes 5
25-4   Lei de Coulomb 7
25-5   Distribuições Contínuas de Carga 10
25-6   Conservação da Carga 15
      Questões, Exercícios e Problemas 17

CAPÍTULO 26

O CAMPO ELÉTRICO 23
26-1   O que É um Campo? 23
26-2   O Campo Elétrico 24
26-3   O Campo Elétrico de Cargas Pontuais 26
26-4   Campo Elétrico de Distribuições Contínuas de Carga 28
26-5   Linhas de Campo Elétrico 31
26-6   Uma Carga Pontual em um Campo Elétrico 33
26-7   Um Dipolo em um Campo Elétrico 37
26-8   O Modelo Nuclear do Átomo (Opcional) 39
      Questões, Exercícios e Problemas 42

CAPÍTULO 27

A LEI DE GAUSS 50
27-1   Do que Trata a Lei de Gauss? 50
27-2   O Fluxo de um Campo Vetorial 50
27-3   O Fluxo do Campo Elétrico 52
27-4   A Lei de Gauss 55
27-5   Aplicações da Lei de Gauss 56
27-6   A Lei de Gauss e os Condutores 60
27-7   Testes Experimentais das Leis de Gauss e de Coulomb 64
      Questões, Exercícios e Problemas 67

CAPÍTULO 28

ENERGIA POTENCIAL ELÉTRICA E POTENCIAL ELÉTRICO 75
28-1   Energia Potencial 75
28-2   Energia Potencial Elétrica 76
28-3   Potencial Elétrico 79

28-4   Calculando o Potencial a Partir do Campo 80
28-5   Potencial Devido a Cargas Pontuais 81
28-6   Potencial Elétrico de Distribuições Contínuas de Carga 85
28-7   Calculando o Campo a Partir do Potencial 87
28-8   Superfícies Eqüipotenciais 89
28-9   O Potencial de um Condutor Carregado 90
28-10 O Acelerador Eletrostático (Opcional) 92
      Questões, Exercícios e Problemas 96

CAPÍTULO 29

AS PROPRIEDADES ELÉTRICAS DOS MATERIAIS 105
29-1   Tipos de Materiais 105
29-2   Um Condutor em um Campo Elétrico: Condições Estáticas 106
29-3   Um Condutor em um Campo Elétrico: Condições Dinâmicas 107
29-4   Materiais Ôhmicos 110
29-5   Lei de Ohm: Uma Abordagem Microscópica 113
29-6   Um Isolante em um Campo Elétrico 115
      Questões, Exercícios e Problemas 119

CAPÍTULO 30

CAPACITÂNCIA 125
30-1   Capacitores 125
30-2   Capacitância 125
30-3   Calculando a Capacitância 127
30-4   Capacitores em Série e em Paralelo 129
30-5   Armazenamento de Energia em um Campo Elétrico 131
30-6   Capacitor com Dielétrico 134
      Questões, Exercícios e Problemas 139

CAPÍTULO 31

CIRCUITOS CC 148
31-1   Corrente Elétrica 148
31-2   Força Eletromotriz 150
31-3   Análise de Circuitos 151
31-4   Campos Elétricos em Circuitos 156
31-5   Resistores em Série e em Paralelo 158

xii SUMÁRIO DESTE VOLUME

31-6 Transferências de Energia em um Circuito Elétrico 160
31-7 Circuitos *RC* 161
      Questões, Exercícios e Problemas 166

CAPÍTULO 32
O CAMPO MAGNÉTICO 174
32-1 Interações Magnéticas e Pólos Magnéticos 174
32-2 A Força Magnética sobre uma Carga em Movimento 176
32-3 Cargas em Movimento Circular 180
32-4 O Efeito Hall 184
32-5 A Força Magnética sobre um Fio Conduzindo uma Corrente 186
32-6 O Torque sobre uma Espira de Corrente 188
      Questões, Exercícios e Problemas 193

CAPÍTULO 33
O CAMPO MAGNÉTICO DE UMA CORRENTE 201
33-1 O Campo Magnético Devido a uma Carga em Movimento 201
33-2 O Campo Magnético de uma Corrente 204
33-3 Duas Correntes Paralelas 208
33-4 O Campo Magnético de um Solenóide 211
33-5 Lei de Ampère 213
33-6 Eletromagnetismo e Sistemas de Referência (Opcional) 216
      Questões, Exercícios e Problemas 219

CAPÍTULO 34
A LEI DE INDUÇÃO DE FARADAY 228
34-1 Os Experimentos de Faraday 228
34-2 A Lei de Indução de Faraday 229
34-3 A Lei de Lenz 230
34-4 Fem de Movimento 233
34-5 Geradores e Motores 235
34-6 Campos Elétricos Induzidos 237
34-7 Indução e Movimento Relativo (Opcional) 240
      Questões, Exercícios e Problemas 245

CAPÍTULO 35
PROPRIEDADES MAGNÉTICAS DOS MATERIAIS 256
35-1 O Dipolo Magnético 256
35-2 A Força sobre um Dipolo em um Campo Não-Uniforme 259
35-3 Magnetismo Atômico e Nuclear 260
35-4 Magnetização 262
35-5 Materiais Magnéticos 264
35-6 O Magnetismo dos Planetas (Opcional) 267
35-7 Lei de Gauss para o Magnetismo 270
      Questões, Exercícios e Problemas 273

CAPÍTULO 36
INDUTÂNCIA 279
36-1 Indutância 279
36-2 Calculando a Indutância 280
36-3 Circuitos *RL* 282
36-4 Energia Armazenada em um Campo Magnético 284
36-5 Oscilações Eletromagnéticas: Estudo Qualitativo 287
36-6 Oscilações Eletromagnéticas: Estudo Quantitativo 289
36-7 Oscilações Amortecidas e Forçadas 290
      Questões, Exercícios e Problemas 294

CAPÍTULO 37
CIRCUITOS DE CORRENTE ALTERNADA 302
37-1 Correntes Alternadas 302
37-2 Três Elementos Separados 303
37-3 O Circuito *RLC* de Malha Única 306
37-4 A Potência em Circuitos CA 308
37-5 O Transformador (Opcional) 310
      Questões, Exercícios e Problemas 313

CAPÍTULO 38
EQUAÇÕES DE MAXWELL E ONDAS ELETROMAGNÉTICAS 319
38-1 As Equações Básicas do Eletromagnetismo 319
38-2 Campos Magnéticos Induzidos e a Corrente de Deslocamento 319
38-3 Equações de Maxwell 322
38-4 Gerando uma Onda Eletromagnética 325
38-5 Ondas Progressivas e Equações de Maxwell 326
38-6 Transporte de Energia e o Vetor de Poynting 329
38-7 Pressão de Radiação 331
      Questões, Exercícios e Problemas 334

APÊNDICES
A. O Sistema Internacional de Unidades (SI) 342
B. Constantes Físicas Fundamentais 344
C. Dados Astronômicos 345
D. Propriedades dos Elementos 347
E. Tabela Periódica dos Elementos 350
F. Partículas Elementares 351
G. Fatores de Conversão 353
H. Vetores 358
I. Fórmulas Matemáticas 361
J. Prêmios Nobel em Física 363

RESPOSTAS DOS EXERCÍCIOS E PROBLEMAS ÍMPARES 368

CRÉDITO DAS FOTOS 373

ÍNDICE 374

Capítulo 25

A CARGA ELÉTRICA E A LEI DE COULOMB

Começa-se aqui um estudo detalhado sobre eletromagnetismo, que irá se estender através da maior parte do restante deste texto. Forças eletromagnéticas são responsáveis pela estrutura dos átomos e pela ligação dos átomos em moléculas e sólidos. Muitas das propriedades dos materiais que foram estudadas até agora são, em sua natureza, eletromagnéticas, como a elasticidade dos sólidos e a tensão superficial dos líquidos. A força elástica, o atrito e a força normal originam-se da força eletromagnética entre átomos.

Entre os exemplos de eletromagnetismo que devemos estudar estão a força entre cargas elétricas, como as que ocorrem entre um elétron e o núcleo em um átomo; o movimento de um corpo carregado sujeito a uma força elétrica externa, como a de um elétron em um feixe de elétrons de um osciloscópio; o fluxo de cargas elétricas através de circuitos e o comportamento de componentes de circuitos; a força entre ímãs permanentes e as propriedades de materiais magnéticos; e radiação eletromagnética, que finalmente conduz ao estudo da ótica, a natureza e a propagação da luz.

Neste capítulo começa-se com a discussão da carga elétrica, algumas propriedades de corpos carregados e a força elétrica fundamental entre dois corpos carregados.

25-1 ELETROMAGNETISMO: UMA APRESENTAÇÃO

O que os fatos a seguir têm em comum?

1. Liga-se um interruptor de luz em um quarto. O consumo de combustível em uma usina elétrica gera energia eletromagnética pela rotação de uma espira de fio condutor de eletricidade na vizinhança de um ímã. Finalmente alguma desta energia é transferida para elétrons do filamento de uma lâmpada, que pode transformar a energia elétrica em luz visível.

2. Entra-se um comando em um teclado de computador. Uma corrente de elétrons é formada para transmitir as instruções. Existem milhares de caminhos possíveis para os elétrons através dos circuitos do computador, mas a maioria está bloqueada por portas eletrônicas. Elétrons podem se mover apenas através das portas que tenham sido abertas por um comando, de forma que a corrente de elétrons alcança o seu destino e o comando é executado.

3. Pressiona-se o botão seletor de canais de um controle remoto de uma TV. Ondas eletromagnéticas viajam da unidade de controle remoto para o receptor da TV, que então sintoniza a TV para aceitar outra onda eletromagnética que se origina de um satélite em órbita alta sobre a Terra. As ondas do satélite provêem instruções para o aparelho de TV para a utilização das forças elétricas e magnéticas para focar e direcionar um feixe de elétrons que atinge a superfície de um tubo de imagem e gera uma imagem visível.

O fator comum nesses diversos fenômenos é que todos dependem de forças que são descritas como *elétricas* ou *magnéticas* para controlar e direcionar o fluxo de energia ou partículas. Essas forças formam a base deste estudo de *eletromagnetismo*. Verifica-se neste estudo que todos os efeitos eletromagnéticos podem ser explicados por um conjunto de quatro equações básicas, chamadas de *equações de Maxwell*. Essas equações representam leis individuais do eletromagnetismo, tal como se discutiu anteriormente nas equações que descrevem as leis de Newton de mecânica ou as leis da termodinâmica.

Neste estudo, será primeiramente considerado o fenômeno elétrico e, em seguida, o fenômeno magnético. Posteriormente será mostrado que estes dois fenômenos não podem ser separados; determinados fenômenos elétricos geram efeitos magnéticos, e certos fenômenos magnéticos geram efeitos elétricos. Isto conduz para uma unificação do fenômeno elétrico e magnético sobre a denominação usual de eletromagnetismo. O desenvolvimento das leis do eletromagnetismo e a sua unificação foi um dos grandes êxitos da física do século XIX. A sua utilização tem conduzido a uma grande gama de equipamentos úteis, como os motores elétricos, rádios e televisores, radares, fornos de micro-ondas e telefones celulares.

O desenvolvimento da teoria eletromagnética continuou no século XX com três progressos muito importantes. Em 1905, Albert Einstein mostrou que, para um observador em movimento, efeitos elétricos poderiam dar a impressão de efeitos magnéticos e, deste modo, observadores em movimento relativo poderiam discordar em designar suas medidas a causas elétricas ou magnéticas. Essa conclusão moldou a base para a teoria especial da relatividade, que enfim revolucionou os conceitos de espaço e tempo. O segundo desenvolvimento foi a introdução da teoria quântica do eletromagnetismo, chamada de *eletrodinâmica quântica*, que alcançou seus objetivos em torno de 1949 e permitiu que as propriedades do átomo fossem calculadas com inacreditável precisão, de 11 algarismos significativos. O terceiro desenvolvimento do século XX foi a unificação do eletromagnetismo com uma outra

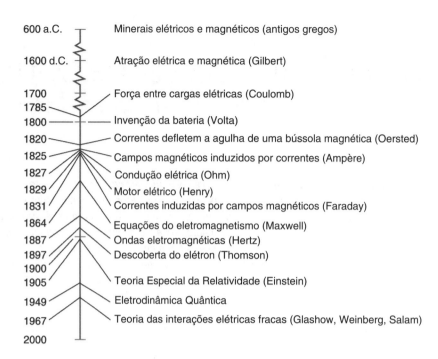

Fig. 25-1. Linha do tempo dos maiores progressos em eletromagnetismo.

força, chamada de força "fraca", que é responsável por um número de processos de decaimento radioativo e outras interações entre partículas. Assim como os efeitos elétricos e magnéticos foram unificados em interações eletromagnéticas, também foram unificados, em 1960, os efeitos eletromagnéticos e da força "fraca", sob a denominação de interações *elétricas fracas*. Neste estudo das forças elétricas e magnéticas, porém, as interações elétricas fracas não acrescentarão nenhum fato novo e é mais conveniente considerar as interações eletromagnéticas em separado.

A Fig. 25-1 é uma linha do tempo com alguns dos maiores eventos no desenvolvimento do entendimento sobre o eletromagnetismo.

25-2 CARGA ELÉTRICA

Após passar algumas vezes um pente de plástico pelo cabelo, verifica-se que o pente pode aplicar uma força sobre fios individuais de cabelo. Pode-se ainda observar que, uma vez que os fios de cabelo são atraídos para o pente e entram em contato com este, eles não mais poderão ser atraídos por este.

Parece razoável concluir que a atração entre o pente e o fio de cabelo é o resultado de alguma entidade física que estaria sendo transferida de um para o outro quando são mutuamente esfregados, com a mesma entidade física sendo transferida de volta para neutralizar a atração quando estes entram em contato. Esta entidade física é chamada de *carga elétrica*, e atualmente esta transferência é compreendida baseada no fato de que elétrons podem ser removidos dos átomos de um objeto e ligados aos átomos de outro objeto.

A transferência de carga elétrica através da fricção é um fenômeno freqüentemente observado. Já era conhecido pelos antigos gregos, que observaram que pedaços de âmbar esfregados em camurça podiam atrair partículas de palha. Quando se anda sobre um carpete e leva-se um choque ao tocar em uma maçaneta metálica de uma porta, ou quando um raio vence a distância entre uma nuvem e o solo, está se observando os efeitos dessa transferência de carga.

Quando um objeto é "carregado" (isto é, quando transfere-se cargas para este), constata-se que este pode exercer uma força em um outro objeto carregado. As primeiras observações de que esta força pode ser tanto atrativa quanto repulsiva conduziram à conclusão de que existiam dois tipos de cargas elétricas, que foram chamadas de positiva e negativa.*

Embora os efeitos resultantes da transferência de carga possam ser poderosos, é notável que esses efeitos são originados da transferência de apenas uma minúscula fração da carga elétrica contida nos objetos. É notório que a matéria é feita de átomos eletricamente neutros ou moléculas que contêm mesmas quantidades de cargas positivas (o núcleo) e cargas negativas

---

*A classificação de positiva e negativa para cargas elétricas foi escolhida arbitrariamente por Benjamin Franklin (1706–1790) que, entre outros feitos, foi um cientista de renome internacional. De fato, a sua reputação científica pode ter sido responsável pelos seus êxitos diplomáticos na França durante a guerra da Independência Americana.

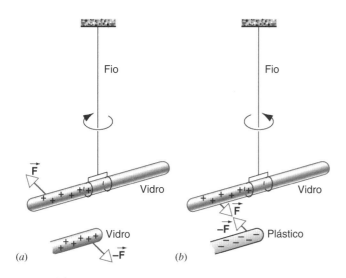

Fig. 25-2. (a) Dois bastões carregados com cargas de mesmo sinal repelem-se. (b) Dois bastões carregados com cargas de sinais opostos atraem-se.

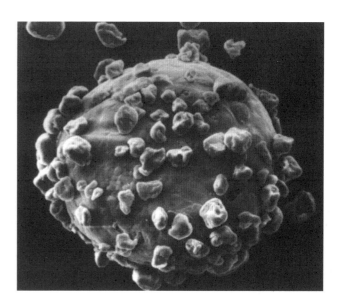

Fig. 25-3. Uma partícula condutora esférica de uma fotocopiadora da Xerox, coberta com partículas de toner que a ela se fixam por atração eletrostática. O diâmetro da partícula esférica é de aproximadamente 0,3 mm.

(os elétrons). Quando dois objetos são esfregados juntos, relativamente poucos elétrons dos átomos de um objeto são transferidos para os átomos do outro; a maior parte dos elétrons não é afetada. É esta ligeira perturbação no equilíbrio entre a enorme, mas idêntica, quantidade de cargas positivas e negativas em um objeto que é responsável pela maioria dos efeitos elétricos usuais observados.

Quando se esfrega um bastão plástico em camurça, elétrons são transferidos para o bastão; como a camurça tem excesso de elétrons (que carregam uma carga negativa), o bastão torna-se negativamente carregado. A camurça agora tem uma deficiência em elétrons e, portanto, está carregada positivamente. Pode-se verificar a atração do bastão sobre fios individuais da camurça, o que é devido à carga que cada fio tem. De maneira semelhante, pode-se esfregar um bastão de vidro na seda e observa-se que ambos tornam-se carregados e podem atrair-se mutuamente. Em cada caso, transferiu-se um número relativamente pequeno de elétrons e perturbou-se a neutralidade elétrica destes objetos.

Um bastão de vidro é carregado esfregando-se uma de suas pontas com seda e depois é suspendido por um fio, como mostrado na Fig. 25-2. Ao colocar-se nas proximidades um bastão de vidro carregado com cargas de mesmo sinal, verifica-se que os dois bastões repelem-se mutuamente, como mostrado na Fig. 25-2a. Porém, ao posicionar-se um bastão plástico carregado (através da fricção com camurça) nas proximidades, os dois bastões atraem-se mutuamente, como mostrado na Fig. 25-2b.

Explica-se a existência destes dois tipos de forças em função dos dois tipos de cargas. Quando o plástico é esfregado com camurça, elétrons são transferidos para o plástico e este torna-se negativamente carregado. Quando o vidro é esfregado com seda, elétrons são transferidos para a seda, deixando o vidro com deficiência de elétrons e, portanto, com uma carga resultante positiva. As forças observadas na Fig. 25-2 podem ser resumidas pela seguinte regra:

Cargas de mesmo sinal repelem-se mutuamente e cargas de sinais opostos atraem-se mutuamente.

Na Seção 25-4, esta regra é posta em uma forma quantitativa, como a lei de Coulomb de força. Considera-se apenas cargas que estão ou mutuamente em repouso ou movendo-se muito lentamente, restrição esta que define o tema da *eletrostática*.

Forças elétricas entre corpos carregados têm muitas aplicações industriais, incluindo pintura por processos eletrostáticos de aspersão de tinta e de cobertura por pó, precipitação de fuligem dispersa no ar, impressão por jato de tinta e fotocópia. A Fig. 25-3 por exemplo, mostra uma minúscula partícula esférica condutora em uma máquina de fotocópia, coberta por partículas de pó preto chamadas de *toner*, que fixam-se à partícula esférica condutora por forças eletrostáticas. Essas partículas de toner carregadas negativamente são eventualmente atraídas de suas partículas esféricas condutoras para uma imagem latente positivamente carregada do documento a ser copiado, que é formada em um tambor rotativo. Uma folha carregada de papel, então, atrai as partículas de toner do tambor para si, que em seguida são fundidas nestes locais por calor para, finalmente, gerar a cópia.

A carga elétrica resultante de um objeto é normalmente representada pelo símbolo q. A carga é uma quantidade escalar. Esta pode ser positiva ou negativa, dependendo de o objeto ter carga resultante positiva ou negativa. A carga elétrica é medida em unidades de coulombs (C). O coulomb é uma unidade de carga muito grande, precisa-se de cerca de 6×10^{18} elétrons para formar um coulomb de carga.

O coulomb não pode ser derivado das unidades definidas anteriormente. Uma vez que a carga elétrica é uma quantidade nova, pode-se definir livremente a unidade básica de forma mais conveniente. Uma forma possível seria em termos da força aplicada entre duas cargas padrões separadas de uma determinada

4 CAPÍTULO VINTE E CINCO

distância, como a quantidade de carga que exerce a força de um newton em uma carga semelhante à distância de um metro. Porém, como as forças entre cargas estáticas são difíceis de medir, então, na prática, é mais útil definir o coulomb em termos da força magnética entre fios condutores de corrente (que serão discutidos no Cap. 33). Essa força pode ser medida com mais precisão

que a força elétrica entre cargas estáticas. É, portanto, mais conveniente definir uma unidade fundamental do SI em termos de corrente (taxa de fluxo de cargas elétricas por unidade de tempo). O coulomb como uma unidade para cargas elétricas é, então, uma unidade derivada, obtida das unidades fundamentais de corrente e tempo (veja Apêndice A).

A CARGA ELÉTRICA É QUANTIZADA

Quando transfere-se carga elétrica de um objeto para um outro, a transferência não pode ser feita em unidades arbitrariamente pequenas. Isto é, o fluxo de cargas como a corrente não é um fluxo contínuo, mas é formado de elementos discretos.* Experimentos mostram que a carga elétrica sempre existe apenas em quantidades que são múltiplos inteiros de determinadas quantidades elementares de carga e. Isto é,

$$q = ne \qquad n = 0, \pm 1, \pm 2, \pm 3, \ldots, \qquad (25\text{-}1)$$

onde (para quatro algarismos significativos)

$$e = 1{,}602 \times 10^{-19} \text{ C}.$$

A *carga elementar e* é uma das constantes fundamentais da natureza cujo valor experimental tem sido determinado com uma incerteza de cerca de 4 partes em 10^8.

O elétron e o próton são exemplos de partículas usuais que têm uma unidade fundamental de carga cada uma. O elétron tem a carga $-e$ e o próton tem a carga $+e$. Algumas partículas, como os nêutrons, não possuem cargas elétricas resultantes. Outras partículas elementares conhecidas têm cargas que são múltiplos baixos de e, normalmente ± 1, ± 2 ou ± 3. Cada partícula tem uma *antipartícula* correspondente, que tem a mesma massa, mas carga elétrica de sinal oposto; o antielétron, que é conhecido como *pósitron*, tem a carga $+e$. As antipartículas não existem normalmente na natureza, mas podem ser criadas através de decaimentos e reações do núcleo e partículas elementares.

A Eq. 25-1 mostra que é possível ter um objeto com carga resultante de $+10e$ ou $-6e$, mas nunca $3{,}57e$. Quando os valores de uma propriedade são restritos a múltiplos de uma quantidade discreta fundamental, diz-se que esta propriedade é *quantizada*.

Como a carga elementar é pequena, sobre condições usuais não fica-se ciente da natureza discreta do fluxo de cargas. Por exemplo, em um fio elétrico de um circuito eletrônico em que pequenas correntes de um miliampère são comuns, 6×10^{15} elétrons passam através de qualquer seção transversal do fio elétrico a cada segundo! Usualmente, átomos são eletricamente neutros, o que significa que estes contêm iguais quantidades de cargas positivas e negativas. O núcleo do átomo contém Z prótons (onde Z é chamado de *número atômico* do átomo) e, desse modo, tem uma carga de $+Ze$. Em um átomo neutro, Z elétrons carregados negativamente circulam em volta do núcleo. Muitas vezes é possível remover um ou mais elétrons de um átomo, criando um íon que tem um excesso

de cargas positivas de $+e$, $+2e$, ... Por exemplo, se todos os elétrons de um átomo de urânio ($Z = 92$) pudessem ser removidos, poder-se-ia criar uma partícula com carga de $+92e$. Sob certas circunstâncias, pode-se até anexar um elétron extra a um átomo neutro, criando um íon carregado negativamente.

Embora acredite-se que os elétrons sejam as partículas fundamentais sem nenhuma subestrutura, prótons não são partículas fundamentais. Estes são formados de entidades mais elementares chamadas *quarks*. Os quarks são referidos como cargas elétricas fracionadas de $-e/3$ e $+2e/3$. O próton é composto por três quarks, dois com cargas de $+2e/3$ e um com carga de $-e/3$, cuja soma perfaz a carga resultante de $+e$. Evidências experimentais da existência de quarks dentro de prótons são muito fortes (por exemplo, elétrons de alta energia podem ser espalhados a partir dos quarks com carga fracionária existente dentro do próton), mas, não importando quão violentamente os prótons são postos para colidir, nenhum quark é liberado. Como resultado, nenhuma partícula com carga fracionada chegou um dia a ser observada. Esse fato pode ser compreendido como se a força atrativa que um quark exerce sobre o outro quark *crescesse* com a separação destes. Isso contrasta com as forças *eletromagnéticas* e *gravitacionais*, pois ambas *decrescem* à medida que a distância entre um par de corpos que interagem cresce.

PROBLEMA RESOLVIDO 25-1.

Uma moeda, sendo eletricamente neutra, contém iguais quantidades de cargas positivas e negativas. Qual a intensidade destas cargas iguais?

Solução A carga q é dada por NZe, na qual N é o número de átomos em uma moeda e Ze é a intensidade das cargas positivas e negativas contidas em cada átomo.

O número N de átomos em uma moeda, que se supõe por simplicidade ser feita de cobre, é $N_A m/M$, na qual N_A é a constante de Avogadro. A massa m da moeda é de 3,11 g, e a massa M de um 1 mol de cobre (chamada de *massa molar*) é de 63,5 g. Tem-se

$$N = \frac{N_A m}{M} = \frac{(6{,}02 \times 10^{23} \text{ átomos/mol})(3{,}11 \text{ g})}{63{,}5 \text{ g/mol}}$$

$$= 2{,}95 \times 10^{22} \text{ átomos.}$$

Cada átomo neutro tem uma carga negativa de intensidade Ze associada aos seus elétrons e uma carga positiva, de mesmo va-

---

*Na época de Franklin, pensava-se que carga elétrica fosse uma substância e que escoasse como um líquido. Hoje em dia sabe-se que os fluidos são feitos de átomos individuais e moléculas — a matéria é discreta. De forma semelhante, o "fluido elétrico" não é contínuo, mas discreto.

lor em módulo, associada ao núcleo. Onde e é a carga elementar $1,60 \times 10^{-19}$ C, e Z é o número atômico do elemento em questão. Para o cobre, Z é 29. A intensidade total das cargas negativas ou positivas em uma moeda é, então,

$$q = NZe = (2,95 \times 10^{22})(29)(1,60 \times 10^{-19} \text{ C})$$
$$= 1,37 \times 10^5 \text{ C}.$$

Essa é uma carga enorme. Por comparação, a carga que poderia ser obtida esfregando-se um bastão de plástico é talvez de 10^{-9} C, menor por um fator de cerca de 10^{14}. Para uma outra comparação, levaria de 1 a 2 dias para uma carga de $1,37 \times 10^5$ C fluir através de um filamento de uma lâmpada comum. Existe uma quantidade considerável de carga elétrica em materiais usuais.

25-3 CONDUTORES E ISOLANTES

Materiais são freqüentemente classificados baseados na capacidade de os elétrons fluírem através deles. Para alguns materiais, como os metais, os elétrons podem mover-se de forma relativamente livre. Estes materiais são chamados de *condutores*. Elétrons posicionados em um determinado lugar de um material podem ser facilmente realocados no material. Outros exemplos de condutores incluem a água da torneira e o corpo humano.

Em outros materiais, os elétrons quase não podem fluir. Elétrons posicionados em um determinado lugar irão permanecer neste lugar. Estes materiais são chamados de *isolantes*. Exemplos de isolantes incluem o vidro, os plásticos e muitos materiais de estrutura cristalina como o NaCl.

Não se consegue carregar um bastão de cobre segurando-o com as mãos e esfregando-o com camurça. Elétrons podem ser transferidos do bastão para a camurça como resultado da fricção, mas elétrons adicionais fluirão facilmente do próprio corpo para as mãos e em seguida para o bastão, substituindo aqueles elétrons que tinham sido removidos. Como resultado, nenhuma carga resultante é formada no bastão devido à fricção. Pode-se considerar que a Terra possui um estoque infinito de elétrons, alguns dos quais podem fluir para o corpo e substituir aqueles que tenham sido perdidos para o bastão. Quando existe um caminho através do qual os elétrons possam fluir entre um objeto e a Terra, diz-se que o objeto está eletricamente *aterrado*.

Se uma alça plástica é fixada no bastão de cobre, verifica-se que uma carga pode ser formada ao se esfregar o bastão. A alça isoladora bloqueia o fluxo de elétrons entre o bastão e o corpo.

Átomos isolados em materiais condutores como o cobre normalmente contêm elétrons fracamente ligados que podem facilmente ser separados, deixando um íon carregado positivamente. Quando os átomos de cobre se juntam para formar cobre sólido, esses elétrons fracamente ligados não permanecem ligados a átomos individuais, mas ficarão livres para deslocar-se pelo material. Esses elétrons livres são chamados de *elétrons de condução*; no cobre, um condutor típico, existem cerca de 10^{23} elétrons de condução por cm³. Os íons carregados positivamente não são livres para se mover e permanecem presos dentro da estrutura reticulada sólida do cobre.

O experimento da Fig. 25-4 demonstra a mobilidade da carga em um condutor. Um bastão de cobre sem cargas é suspenso por um fio isolante. Quando um bastão de vidro positivamente carregado é trazido para perto de uma das pontas do bastão de cobre, os elétrons móveis de condução do cobre são atraídos pelas cargas positivas do vidro. O fluxo de elétrons para a ponta do bastão de cobre mais próxima do bastão de vidro deixa a outra ponta com deficiência de elétrons e uma carga resultante positiva. A ponta carregada negativamente do bastão de cobre e o bastão de vidro positivamente carregado exercem forças atrativas entre si. Lembre-se de que essa situação é muito diferente daquela da Fig. 25-2; na Fig. 25-4, o vidro atrai o bastão de cobre que tem carga resultante. (Como será examinado na próxima seção, a força elétrica depende inversamente da separação entre as cargas; portanto, a força atrativa entre o vidro e a ponta negativa do bastão de cobre é muito mais forte que a força repulsiva entre o vidro e a ponta positiva do bastão de cobre.)

Se em vez de um bastão de vidro positivamente carregado fosse usado um bastão de plástico negativamente carregado na Fig. 25-4, o efeito seria o mesmo: força atrativa entre o plástico e o cobre. Nesse caso, o plástico negativamente carregado repeliria os elétrons de condução do cobre, deixando a ponta próxima do bastão de cobre com uma carga positiva. Existiria uma força atrativa entre o plástico negativamente carregado e a ponta da barra de cobre positivamente carregada.

É também possível ter-se uma força atrativa entre um corpo carregado e um isolador sem cargas. A Fig. 25-5a mostra um pente

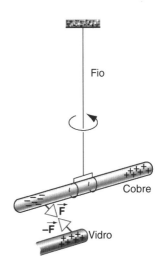

Fig. 25-4. Tanto uma quanto a outra ponta de um bastão de cobre sem cargas e isolado são atraídas por um bastão com cargas de qualquer sinal. Nesse caso, os elétrons de condução no bastão de cobre são atraídos para a ponta do bastão de cobre mais próxima do bastão de vidro, deixando a ponta do bastão de cobre mais distante do bastão de vidro com cargas resultantes positivas.

 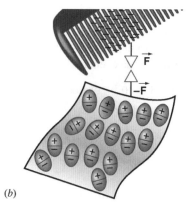

Fig. 25-5. (a) Um pente carregado atrai pedaços de papel sem cargas. (b) O pente carregado negativamente polariza as cargas nas moléculas, resultando em uma força atrativa entre o pente e o papel.

carregado atraindo pedaços de papel sem cargas. A explicação para este tipo de atração é diferente daquela para a atração entre um bastão de vidro e um bastão de cobre. Nesse caso, o papel é um isolante e não é possível para os elétrons reunirem-se em uma ponta do papel (como foi o caso do condutor na Fig. 25-4). Em vez disso, os elétrons de moléculas individuais nos pedaços de papel são repelidos pelo pente negativamente carregado, e assim os elétrons estão posicionados preferencialmente do lado de cada molécula que está afastada do pente. Em cada molécula, o lado positivo (o lado com falta de elétrons) está mais próximo do pente e sente uma força de atração maior na direção do pente. Isso é responsável pela força resultante atrativa entre o pente e o papel (Fig. 25-5b). A mesma força atrativa ocorrerá se o pente for carregado positivamente.

A separação das cargas positivas e negativas em um objeto isolado sob a influência de um objeto próximo carregado é conhecida como *polarização*. A polarização pode ocorrer em um nível macroscópico, como no bastão de cobre da Fig. 25-4, ou em um nível molecular, como na Fig. 25-5.

Carregamento por Contato e por Indução

Suponha que um bastão de vidro positivamente carregado toque um bastão de cobre sem carga (como na Fig. 25-6). Elétrons irão fluir do cobre para neutralizar as cargas positivas do vidro. Porém, como os elétrons não podem fluir através do vidro, estes podem neutralizar apenas as cargas positivas do ponto de contato com o cobre. Para transferir elétrons adicionais do cobre, pode-se "esfregar" o bastão de vidro ao longo do bastão de cobre, transferindo, desse modo, elétrons para novas áreas neutras do vidro que entraram em contato com o cobre (Fig. 25-6a). Removendo-se o bas-

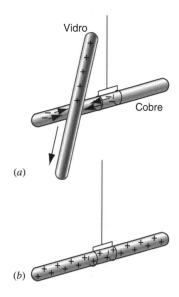 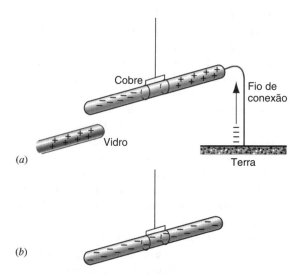

Fig. 25-6. (a) Carregando por contato. Elétrons fluem do cobre para neutralizar as cargas positivas do ponto de contato com o vidro. (b) A carga resultante no cobre quando o vidro é removido.

Fig. 25-7. (a) Carregando por indução. Elétrons fluem do solo para neutralizar as cargas positivas na ponta mais distante do bastão de cobre. (b) A carga resultante no cobre quando o vidro é removido.

tão de vidro, o cobre permanece com deficiência de elétrons e, portanto, com uma carga positiva resultante. Os elétrons fluirão através do cobre de forma que as cargas positivas (os núcleos dos íons) ficam uniformemente distribuídas ao longo da superfície do cobre. Essa transferência direta de carga de um objeto para outro é chamada de *carregamento por contato*. Ainda que elétrons negativos sejam de fato transferidos, muitas vezes é conveniente considerar o experimento mostrado na Fig. 25-6 como se as cargas positivas fossem transferidas do bastão de vidro para o cobre.

Voltando-se à situação da Fig. 25-4. Se um fio for conectado entre a ponta positiva do cobre e o solo (como mostrado na Fig. 25-7a), elétrons fluirão do solo para neutralizar as cargas positivas do cobre. Mantendo o bastão de vidro na mesma posição e, em seguida, removendo a conexão com o solo, o bastão de cobre retém a carga negativa resultante. Se então for removido o bastão de vidro, as cargas negativas serão distribuídas sobre a superfície do cobre (Fig. 25-7b) de forma a ficarem o mais distante possível umas das outras. Esse método de carregar um objeto é chamado de *carregamento por indução*. Note que um bastão de vidro carregado positivamente tem sido usado para transferir tanto cargas positivas para o cobre por contato quanto cargas negativas (do solo) por indução.

25-4 LEI DE COULOMB

Até este ponto do capítulo estabeleceu-se que existem dois tipos de cargas elétricas e que as cargas exercem forças umas nas outras. Agora o objetivo é entender a natureza desta força.

O primeiro experimento quantitativo bem-sucedido para estudar a força entre cargas elétricas foi feito por Charles Augustin Coulomb (1736–1806), que mediu atrações e repulsões elétricas e deduziu a lei que as governa. Em princípio, o aparato de Coulomb é similar ao da Fig. 25-2, exceto por ele ter usado pequenas esferas carregadas indicadas por *a* e *b* na Fig. 25-8.

Se *a* e *b* são carregadas, a força elétrica em *a* tende a torcer o filamento de suspensão. Coulomb compensou esse efeito de torção através do giro da cabeça de suspensão até o ângulo θ, necessário para manter as duas cargas com uma determinada separação. O ângulo θ é então uma medida relativa da força elétrica que age na carga *a*. O dispositivo da Fig. 25-8 é uma *balança de torção*; um arranjo similar foi utilizado por Cavendish para medir atrações gravitacionais (Seção 14-3).

Experiências executadas por Coulomb e seus contemporâneos mostraram que a força elétrica aplicada por um corpo carregado em outro depende diretamente do produto das intensidades das duas cargas e inversamente do quadrado de suas distâncias. Isto é,

$$F \propto \frac{|q_1||q_2|}{r^2}.$$

Onde *F* é a intensidade da força mútua que age em cada uma das duas cargas q_1 e q_2, e *r* é a distância entre seus centros. A força em cada carga devido à outra carga atua ao longo de uma linha imaginária que liga as cargas. Conforme requer a terceira lei de Newton, a força aplicada de q_1 em q_2 é igual em intensidade, mas de sentido oposto à força aplicada de q_2 em q_1, ainda que as intensidades das cargas possam ser diferentes.

Para tornar a proporcionalidade anterior uma equação, precisa-se inserir uma constante de proporcionalidade *K*, que é chamada de constante de Coulomb. Deste modo, obtém-se, para forças entre cargas,

$$F = K \frac{|q_1||q_2|}{r^2}. \qquad (25\text{-}2)$$

A Eq. 25-2, que é chamada de *lei de Coulomb*, é geralmente empregada apenas para objetos carregados cujo tamanho é muito menor que a distância entre estes. Diz-se muitas vezes que esta pode ser empregada apenas para *cargas pontuais*.

A confiança na aplicabilidade da lei de Coulomb não apóia-se quantitativamente em experimentos feitos por Coulomb. Tais medidas não podem, por exemplo, convencer-nos que o expoente de *r* na Eq. 25-2 é exatamente 2 e não 2,0001. Na Seção 27-7, mostra-se que a lei de Coulomb pode também ser deduzida através de um experimento indireto, que mostra que, se o expoente da Eq. 25-2 não é exatamente 2, este difere de 2 por no máximo 1×10^{-16}.

A lei de Coulomb assemelha-se à lei de gravitação de Newton, $F = Gm_1m_2/r^2$, que já tinha 100 anos na época dos experimentos de Coulomb. Ambas são leis do inverso do quadrado, e a carga *q* desempenha a mesma função, na lei de Coulomb, que a massa *m* na lei de gravitação de Newton. Uma diferença entre as duas leis

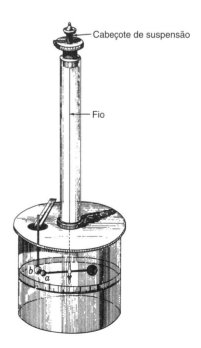

Fig. 25-8. Balança de torção de Coulomb, em seu memorial de 1785 para a Academia de Ciências de Paris.

8 CAPÍTULO VINTE E CINCO

é que as forças gravitacionais são sempre atrativas, enquanto forças eletrostáticas podem ser repulsivas ou atrativas, dependendo de as duas cargas terem sinais iguais ou opostos.

No SI, a constante K é explicitada da seguinte forma:

$$K = \frac{1}{4\pi\epsilon_0}. \tag{25-3}$$

Embora a escolha desta forma para a constante K possa dar a impressão de que a lei de Coulomb é desnecessariamente complexa, esta resulta por fim em uma simplificação das fórmulas de eletromagnetismo que são usadas com muito mais freqüência do que a lei de Coulomb.

A constante ϵ_0, que é chamada de *constante elétrica* (também conhecida por *permissividade*), tem um valor que é determinado pelo valor da velocidade da luz, como será discutido no Cap. 39. Seu valor exato é

$$\epsilon_0 = 8,85418781762 \times 10^{-12} \text{ C}^2/\text{N} \cdot \text{m}^2.$$

A constante de Coulomb K tem um valor correspondente (com três algarismos significativos)

$$K = \frac{1}{4\pi\epsilon_0} = 8,99 \times 10^9 \text{ N} \cdot \text{m}^2/\text{C}^2.$$

Com esta escolha de constante K, a lei de Coulomb pode ser escrita

$$F = \frac{1}{4\pi\epsilon_0} \frac{|q_1||q_2|}{r^2}. \tag{25-4}$$

Quando K tem o valor mostrado anteriormente, expressando q em coulombs e r em metros tem-se a força em Newtons.

A importância da lei de Coulomb vai muito além da descrição das forças aplicadas por esferas carregadas umas nas outras. Essa lei, quando unida à estrutura da física quântica, descreve corretamente (1) as forças elétricas que ligam os elétrons de um átomo ao seu núcleo, (2) as forças que ligam átomos entre si para a formação de moléculas e (3) as forças que ligam átomos e moléculas entre si para formar sólidos e líquidos. Deste modo, a maior parte das forças do dia a dia que não são gravitacionais em sua essência são elétricas.

Problema Resolvido 25-2.

No Problema Resolvido 25-1, viu-se que uma moeda de cobre contém tanto cargas positivas quanto cargas negativas, cada uma com intensidade de $1,37 \times 10^5$ C. Considere que essas cargas podem ser concentradas em dois pacotes separados, mantidos afastados por 100 m. Que forças atrativas irão agir em cada pacote?

Solução Da Eq. 25-4 tem-se

$$F = \frac{1}{4\pi\epsilon_0} \frac{|q|^2}{r^2} = \frac{(8,99 \times 10^9 \text{ N} \cdot \text{m}^2/\text{C}^2)(1,37 \times 10^5 \text{ C})^2}{(100 \text{ m})^2}$$

$$= 1,69 \times 10^{16} \text{ N}.$$

Isto é, cerca de 2×10^{12} toneladas de força! Mesmo que as cargas estivessem separadas pelo diâmetro da Terra, a força atrati-

va ainda seria de 120 toneladas. Até aqui evitou-se o problema de montar as cargas separadas em forma de "pacote" cujas dimensões são pequenas comparadas com sua separação. Tais pacotes, se pudessem ser formados, explodiriam em pedaços pela força de repulsão mútua de Coulomb.

A lição desse problema resolvido é que não se pode perturbar muito a neutralidade elétrica da matéria. Ao tentar-se tirar uma fração de tamanho considerável da carga existente em um corpo, uma grande força de Coulomb surge automaticamente, tendendo a trazê-la de volta.

Problema Resolvido 25-3.

A distância média r entre um elétron e um próton em um átomo de hidrogênio é de $5,3 \times 10^{-11}$ m. (*a*) Qual o valor médio da força eletrostática que age entre essas partículas? (*b*) Qual a intensidade média da força gravitacional que age entre essas partículas?

Solução (*a*) Da Eq. 25-4 tem-se, para a força eletrostática,

$$F_e = \frac{1}{4\pi\epsilon_0} \frac{e^2}{r^2} = \frac{(8,99 \times 10^9 \text{ N} \cdot \text{m}^2/\text{C}^2)(1,60 \times 10^{-19} \text{ C})^2}{(5,3 \times 10^{-11} \text{ m})^2}$$

$$= 8,2 \times 10^{-8} \text{ N}.$$

Embora essa força possa parecer pequena (esta é em torno do peso de uma partícula de poeira), produz uma imensa aceleração do elétron dentro dos limites do átomo, em torno de 10^{23} m/s². (*b*) Para a força gravitacional, tem-se

$$F_g = G \frac{m_e m_p}{r^2}$$

$$= \frac{(6,67 \times 10^{-11} \text{ N} \cdot \text{m}^2/\text{kg}^2)(9,11 \times 10^{-31} \text{ kg})(1,67 \times 10^{-27} \text{ kg})}{(5,3 \times 10^{-11} \text{ m})^2}$$

$$= 3,6 \times 10^{-47} \text{ N}.$$

Observa-se que a força gravitacional é mais fraca que a força eletrostática por um fator em torno de 10^{39}. Embora a força gravitacional seja fraca, esta é sempre atrativa. Deste modo, ela pode agir na formação de massas muito grandes, como aquelas existentes na formação de estrelas e galáxias, de forma que grandes forças gravitacionais podem se desenvolver. A força eletrostática, por outro lado, é repulsiva para cargas de mesmo sinal, desse modo, não se pode acumular grandes concentrações tanto de cargas positivas quanto de cargas negativas. Sempre existem os dois tipos de carga simultaneamente, compensando-se umas às outras. As cargas que costumase observar nas experiências do dia a dia são ligeiras perturbações deste equilíbrio nulo.

Problema Resolvido 25-4.

O núcleo de um átomo de ferro tem um raio de cerca de 4×10^{-15} m e contém 26 prótons. Que força repulsiva eletrostática age entre dois prótons neste núcleo se estão separados pela distância de um raio?

Solução Da Eq. 25-4 tem-se

$$F = \frac{1}{4\pi\epsilon_0}\frac{e^2}{r^2} = \frac{(8{,}99 \times 10^9 \text{ N}\cdot\text{m}^2/\text{C}^2)(1{,}60 \times 10^{-19} \text{ C})^2}{(4 \times 10^{-15} \text{ m})^2}$$
$$= 14 \text{ N}.$$

A grande força eletrostática repulsiva, em torno de 14 N, que age sobre um único próton, precisa ser contrabalançada por uma força nuclear atrativa que mantém o núcleo coeso. Essa força, cujo alcance é tão pequeno que seus efeitos quase não podem ser sentidos fora do núcleo, é conhecida como "força nuclear forte" e é bem merecida essa denominação.

A Lei de Coulomb: Forma Vetorial

Até este ponto considerou-se apenas a intensidade da força exercida de uma carga em outra, determinada de acordo com a lei de Coulomb. A força, sendo um vetor, possui também propriedades direcionais. No caso da lei de Coulomb, o sentido da força é determinada pelo sinal relativo das duas cargas elétricas.

Conforme ilustrado na Fig. 25-9, considere que existam duas cargas pontuais q_1 e q_2 separadas pela distância r_{12}. Inicialmente, supõe-se que as cargas têm o mesmo sinal e, portanto, repelem-se mutuamente. Considere a força sobre a partícula 1 aplicada pela partícula 2, que pode ser escrita na sua forma usual como $\vec{F}_{12}$. O vetor posição que situa a partícula 1 em relação à partícula 2 é $\vec{r}_{12}$, isto é, definindo-se a origem do sistema de coordenadas na posição da partícula 2, então $\vec{r}_{12}$ será o vetor posição da partícula 1.

Se duas cargas têm o mesmo sinal, então a força é repulsiva e, como mostrado na Fig. 25-9a, $\vec{F}_{12}$ deve ser paralelo a $\vec{r}_{12}$. Se as cargas tiverem sinais opostos, como na Fig. 25-9b, então a força $\vec{F}_{12}$ é atrativa e tem a mesma direção, mas sentido contrário que $\vec{r}_{12}$. Nos dois casos, pode-se representar a força como

$$\vec{F}_{12} = \frac{1}{4\pi\epsilon_0}\frac{q_1 q_2}{r_{12}^2}\hat{r}_{12}. \qquad (25\text{-}5)$$

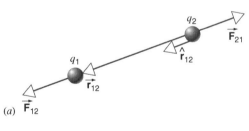

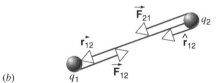

Fig. 25-9. (a) Duas cargas pontuais q_1 e q_2 de mesmo sinal aplicam forças repulsivas de módulos iguais e sentidos opostos uma na outra. O vetor $\vec{r}_{12}$ posiciona q_1 em relação a q_2, e o vetor unitário $\hat{r}_{12}$ aponta no sentido de $\vec{r}_{12}$. Observe que $\vec{F}_{12}$ é paralelo a $\vec{r}_{12}$. (b) As duas cargas têm agora sinais opostos, e a força é atrativa. Note que $\vec{F}_{12}$ está no sentido contrário em relação a $\vec{r}_{12}$.

Aqui, r_{12} é a intensidade do vetor $\vec{r}_{12}$, e $\hat{r}_{12}$ representa o vetor unitário no sentido de $\vec{r}_{12}$. Isto é,

$$\hat{r}_{12} = \frac{\vec{r}_{12}}{r_{12}}. \qquad (25\text{-}6)$$

Utiliza-se uma forma similar à Eq. 25-5 para explicitar a força gravitacional (veja Eqs. 14-2 e 14-3).

Evidencia-se outro aspecto a partir da Fig. 25-9. De acordo com a terceira lei de Newton, a força aplicada *na* partícula 2 *pela* partícula 1, $\vec{F}_{21}$, tem o sentido oposto a $\vec{F}_{12}$. Essa força pode então ser explicitada exatamente da mesma forma:

$$\vec{F}_{21} = \frac{1}{4\pi\epsilon_0}\frac{q_1 q_2}{r_{21}^2}\hat{r}_{21}. \qquad (25\text{-}7)$$

Onde $\hat{r}_{21}$ é um vetor unitário que aponta da partícula 1 para a partícula 2, isto é, seria o vetor unitário no sentido da partícula 2 se a origem do sistema de coordenadas estivesse na posição da partícula 1.

A representação vetorial da lei de Coulomb é útil porque carrega consigo a informação direcional sobre $\vec{F}$ e se a força é atrativa ou repulsiva. Usar a representação vetorial é de grande importância ao considerarem-se forças agindo em um conjunto de mais de duas cargas. Nesse caso, emprega-se a Eq. 25-5 para cada um dos pares de cargas e encontra-se a força total em qualquer carga através da utilização da soma *vetorial* das forças devidas a cada uma das outras cargas. Por exemplo, a força sobre a partícula 1 em um conjunto seria

$$\vec{F}_1 = \vec{F}_{12} + \vec{F}_{13} + \vec{F}_{14} + \cdots, \qquad (25\text{-}8)$$

onde $\vec{F}_{12}$ é a força exercida sobre a partícula 1 pela partícula 2, $\vec{F}_{13}$ é a força exercida sobre a partícula 1 pela partícula 3, e assim por diante. A Eq. 25-8 é a representação matemática do *princípio da superposição* empregado para forças elétricas. Este afirma que a força agindo em uma carga devido a outra é independente da presença de outras cargas e, portanto, pode-se calcular separadamente a força para cada par de cargas e então utilizar a soma vetorial para encontrar-se a força resultante em qualquer carga. Por exemplo, a força $\vec{F}_{13}$ que a partícula 3 aplica sobre a partícula 1 não é de forma alguma afetada pela presença da partícula 2. O princípio da superposição não é de todo evidente e pode falhar no caso de forças elétricas muito fortes. Apenas através de experimentação a sua aplicabilidade pode ser verificada. Para todas as situações encontradas neste livro, contudo, o princípio da superposição é válido.

Problema Resolvido 25-5.

A Fig. 25-10 mostra três partículas carregadas, mantidas em posição por forças não mostradas. Qual é a força eletrostática, devido às duas outras cargas, que age sobre a carga q_1? Seja $q_1 = -1,2$ μC, $q_2 = +3,7$ μC, $q_3 = -2,3$ μC, $r_{12} = 15$ cm, $r_{13} = 10$ cm e $\theta = 32°$.

Solução Esse problema pede o uso do princípio da superposição. Começa-se calculando as intensidades das forças que q_2 e q_3 aplicam sobre q_1. Substituem-se as intensidades das cargas na Eq. 25-5:

$$F_{12} = \frac{1}{4\pi\epsilon_0}\frac{|q_1||q_2|}{r_{12}^2}$$

$$= \frac{(8,99 \times 10^9 \text{ N} \cdot \text{m}^2/\text{C}^2)(1,2 \times 10^{-6} \text{ C})(3,7 \times 10^{-6} \text{ C})}{(0,15 \text{ m})^2}$$

$$= 1,77 \text{ N}.$$

As cargas q_1 e q_2 têm sinais opostos, e assim, a força aplicada por q_2 em q_1 é atrativa. Em conseqüência, $\vec{F}_{12}$ aponta para a direita na Fig. 25-10.

Tem-se também

$$F_{13} = \frac{(8,99 \times 10^9 \text{ N} \cdot \text{m}^2/\text{C}^2)(1,2 \times 10^{-6} \text{ C})(2,3 \times 10^{-6} \text{ C})}{(0,10 \text{ m})^2}$$

$$= 2,48 \text{ N}.$$

Essas duas cargas têm o mesmo sinal (negativo), assim, a força aplicada por q_3 sobre q_1 é repulsiva. Em conseqüência, $\vec{F}_{13}$ aponta como mostra a Fig. 25-10.

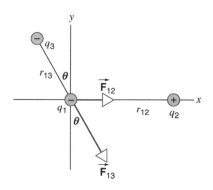

Fig. 25-10. Problema Resolvido 25-5. As três cargas aplicam três pares de forças de ação–reação umas nas outras. Apenas as duas forças que agem em q_1 são mostradas.

As componentes da força resultante $\vec{F}_1$ aplicada sobre q_1 são determinadas pelas componentes correspondentes da Eq. 25-8, ou

$$F_{1x} = F_{12x} + F_{13x} = F_{12} + F_{13} \operatorname{sen} \theta$$
$$= 1,77 \text{ N} + (2,48 \text{ N})(\operatorname{sen} 32°) = 3,08 \text{ N}$$

e

$$F_{1y} = F_{12y} + F_{13y} = 0 - F_{13} \cos \theta$$
$$= -(2,48 \text{ N})(\cos 32°) = -2,10 \text{ N}.$$

Destas componentes, pode-se mostrar que a intensidade de $\vec{F}_1$ é 3,73 N e que esse vetor forma um ângulo de $-34°$ com o eixo x.

25-5 DISTRIBUIÇÕES CONTÍNUAS DE CARGA

Até esse ponto viu-se como calcular as forças devidas a cargas pontuais. Em muitos casos, no entanto, as forças elétricas são aplicadas por objetos carregados com forma de bastões, placas, ou sólidos. Por simplicidade, supõem-se que os objetos são isoladores e que a carga distribui-se por toda a superfície ou volume do objeto, formando uma *distribuição de carga contínua*.

A Fig. 25-2 mostrou as forças aplicadas por um bastão carregado em outro. A lei de Coulomb se aplica apenas a cargas pontuais e, portanto, não se pode usar a lei de Coulomb na sua forma para cargas pontuais para calcular a força aplicada por um bastão carregado em outro. É possível imaginar os bastões cobertos com cargas pontuais e utilizar-se a lei de Coulomb para calcular a força aplicada por cada carga pontual de um bastão em cada carga pontual do outro bastão, mas tal abordagem seria desesperadamente complexa — se os bastões tivessem uma pequena carga de apenas 1 nC, seria necessário considerar 10^{10} cargas pontuais em cada bastão!

Em vez disso, volta-se à idéia da época de Franklin e considera-se a carga como uma propriedade contínua. O procedimento básico é dividir a carga em elementos infinitesimais e utilizar métodos de cálculo para achar a força total devida a todos os elementos.

Se um objeto contém uma carga resultante q, pode-se imaginar que esta possa ser dividida em muitos pequenos elementos dq. Cada elemento tem um certo comprimento, área, ou volume, dependendo se são consideradas cargas que estão distribuídas respectivamente em uma, duas, ou três dimensões. Pode-se expressar dq em termos do tamanho do elemento e da *densidade de carga*, que descreve como as cargas são distribuídas ao longo do comprimento, área, ou volume do objeto. Para a maioria dos problemas considerados neste texto, as cargas serão distribuídas uniformemente sobre o objeto, o que significa que a densidade de carga tem o mesmo valor em qualquer ponto do objeto.

Em algumas circunstâncias, as cargas são distribuídas em uma dimensão, como nos bastões delgados da Fig. 25-2. Nesse caso, pode-se explicitar dq em termos de *densidade linear de carga* (carga por unidade de comprimento) λ, cuja unidade básica é C/m. Um pequeno elemento do bastão de comprimento dx tem carga dq dada por

$$dq = \lambda \, dx. \qquad (25\text{-}9)$$

Se o bastão é uniformemente carregado, de forma que a carga total q é espalhada uniformemente por todo o comprimento L, então $\lambda = q/L$. Por exemplo, um bastão de comprimento $L = 0,12$

m com carga uniformemente distribuída de $q = 5,4 \times 10^{-6}$ C tem uma densidade linear de carga de $\lambda = q/L = 4,5 \times 10^{-5}$ C/m. Um pedaço curto do bastão com comprimento $dx = 1,0$ mm teria carga $dq = \lambda\, dx = 4,5 \times 10^{-8}$ C.

Em outras situações, cargas poderiam distribuir-se sobre uma área bidimensional, como a superfície de partículas esféricas condutoras na Fig. 25-3. Nesse caso, dq é explicitado em termos de *densidade superficial de carga* (carga por unidade de área) σ, medida em unidades do SI de C/m². Um pequeno elemento de área dA teria a carga expressa por

$$dq = \sigma\, dA. \qquad (25\text{-}10)$$

Se a carga q é distribuída uniformemente sobre a superfície de área A, então $\sigma = q/A$.

A carga também pode ser espalhada completamente pelo volume de um objeto tridimensional. Neste caso, utiliza-se densidade volumétrica de carga (carga por unidade de volume) ρ, cuja unidade do SI é C/m³. A carga dq em um elemento de volume dV será então

$$dq = \rho\, dV. \qquad (25\text{-}11)$$

Se a carga q é distribuída uniformemente por todo o volume V, então $\rho = q/V$.

Para ilustrar esses conceitos, calcula-se as expressões das forças aplicadas por uma distribuição contínua de cargas sobre uma carga pontual q_0. Pela extensão destes métodos, é possível calcular a força aplicada por uma distribuição contínua de carga em outra.

O procedimento para encontrar-se a força aplicada por uma distribuição contínua de cargas sobre uma carga pontual é visto a seguir:

1. Suponha que uma distribuição contínua de cargas seja dividida em um grande número de pequenos elementos de carga.

2. Selecione um elemento de carga arbitrário e explicite a sua carga dq em termos das Eqs. 25-9, 25-10, ou 25-11, dependendo de a carga ser distribuída sobre uma linha, uma área, ou um volume, respectivamente.

3. Uma vez que dq é infinitamente pequeno, pode-se considerar como se fosse uma carga pontual. Explicita-se a intensidade do elemento de força dF aplicado pela carga dq na carga q_0 em termos da lei de Coulomb, Eq. 25-4:

$$dF = \frac{1}{4\pi\epsilon_0} \frac{|dq||q_0|}{r^2}, \qquad (25\text{-}12)$$

onde r é a distância entre dq e q_0.

4. Levando-se em conta os sinais e posições de dq e q_0, determina-se a direção e o sentido do elemento de força $d\vec{\mathbf{F}}$.

5. Determina-se então a força total pela soma de todos os elementos de força infinitesimais, que implica na integral

$$\vec{\mathbf{F}} = \int d\vec{\mathbf{F}}. \qquad (25\text{-}13)$$

Ao efetuar essa integral, normalmente precisa-se levar em conta que diferentes elementos de carga dq podem prover elementos de força $d\vec{\mathbf{F}}$ em direções e sentidos distintos. A Eq. 25-13 representa na realidade três equações diferentes para as três componentes de $\vec{\mathbf{F}}$:

$$F_x = \int dF_x, \qquad F_y = \int dF_y, \qquad F_z = \int dF_z. \quad (25\text{-}14)$$

Ocasionalmente pode-se utilizar argumentos baseados em simetria para evitar o cálculo de uma ou duas dessas integrais.

Uma Linha de Carga Uniforme

Na Fig. 25-11 mostra-se um bastão delgado de comprimento L que encontra-se alinhado com o eixo z e que possui cargas positivas uniformemente distribuídas q, de forma que a densidade linear de cargas é $\lambda = q/L$. Necessita-se determinar a força aplicada pelo bastão em uma carga pontual positiva q_0, posicionada na perpendicular à linha divisória do bastão (a parte positiva do eixo y) a uma distância y de seu centro.

A figura mostra os resultados da execução dos passos 1, 2 e 3 deste procedimento. Suponha que o bastão seja dividido em pequenos elementos de comprimento dz. Um elemento arbitrário de carga $dq = \lambda\, dz$ é posicionado a uma distância z de seu centro e aplica a força dF sobre q_0, onde

$$dF = \frac{1}{4\pi\epsilon_0} \frac{q_0 dq}{r^2}.$$

A direção e o sentido da força $d\vec{\mathbf{F}}$ são mostrados na figura. Não há componente de $d\vec{\mathbf{F}}$ na direção x (perpendicular à página), então $F_x = 0$. Pode-se inclusive utilizar argumentos de simetria para mostrar que $F_z = 0$. Para cada elemento de carga dq na posição

$+z$, existe um outro elemento de carga posicionado em $-z$. Quando somam-se as forças devidas a elementos de carga em $+z$ e $-z$, obtém-se que as componentes em z têm intensidades iguais, mas apontam em sentidos opostos, desse modo a sua soma é nula. Como a carga q_0 é posicionada no plano médio do bastão, esse cancelamento irá ocorrer para cada par de elementos de carga ao longo de todo o comprimento do bastão. Conclui-se, portanto, que $F_z = 0$.

Apenas F_y resta para ser calculada. O elemento $dF_y = dF \cos \theta$ é mostrado na Fig. 25-11. Com $dq = \lambda\, dz$, $r^2 = y^2 + z^2$, e $\cos \theta = y/r$, tem-se

$$dF_y = dF \cos \theta = \frac{1}{4\pi\epsilon_0} \frac{q_0 \lambda\, dz}{(y^2 + z^2)} \frac{y}{\sqrt{y^2 + z^2}}$$

$$F_y = \int dF_y = \frac{1}{4\pi\epsilon_0} q_0 \lambda y \int_{-L/2}^{L/2} \frac{dz}{(y^2 + z^2)^{3/2}}.$$

Calculando-se a integral (veja o Apêndice I e note que y é uma constante), obtém-se

$$F_y = \frac{1}{4\pi\epsilon_0} \frac{q_0 q}{y\sqrt{y^2 + L^2/4}}. \qquad (25\text{-}15)$$

Essa força tem o sentido positivo do eixo y quando q_0 e q são positivas. Se a carga q_0 é deslocada para outra posição no plano xy, a expressão para a força pode mudar (veja Exercício 14).

Muitas vezes é instrutivo avaliar expressões como essa em vários casos limites. Considere o resultado quando $y \gg L$, para o qual a força torna-se

$$F_y \approx \frac{1}{4\pi\epsilon_0} \frac{q_0 q}{y^2},$$

que é exatamente a expressão para força de uma carga pontual sobre outra. Quando está-se muito afastado do bastão carregado, ou quando o bastão é muito pequeno, este parece-se com uma carga pontual.

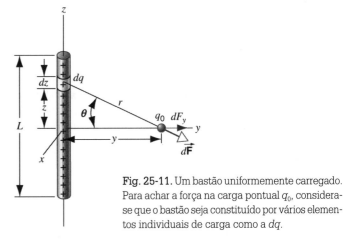

Fig. 25-11. Um bastão uniformemente carregado. Para achar a força na carga pontual q_0, considera-se que o bastão seja constituído por vários elementos individuais de carga como a dq.

Um Anel de Cargas

A Fig. 25-12 mostra um anel delgado de raio R com carga q positiva uniformemente distribuída, de forma que a sua densidade linear de carga é $\lambda = q/2\pi R$. Deseja-se achar a força aplicada pelo anel sobre uma carga pontual positiva q_0 posicionada no eixo do anel (que escolhe-se como a parte positiva do eixo z) a uma distância z do centro do anel. Um pequeno elemento de carga do anel tem comprimento $R\,d\phi$ e, deste modo, tem uma carga $dq = \lambda R\,d\phi$. A força dF aplicada sobre q_0 por dq é

$$dF = \frac{1}{4\pi\epsilon_0} \frac{q_0 dq}{r^2} = \frac{1}{4\pi\epsilon_0} \frac{q_0 \lambda R\,d\phi}{(z^2 + R^2)}.$$

Pode-se usar argumentos de simetria para estabelecer que a única componente não-nula de $\vec{F}$ é a componente em z. Para cada elemento dq do anel, existirá um outro elemento de mesma carga dq do lado oposto do diâmetro através do centro do anel; quando os elementos de força sobre q_0 devidos a esses dois elementos de carga são somados, todas as outras componentes de forças que não as F_z serão canceladas. Com $\cos\theta = z/r$, acha-se

$$F_z = \int dF_z = \int dF \cos\theta$$
$$= \int \frac{1}{4\pi\epsilon_0} \frac{q_0 \lambda R\,d\phi}{(z^2 + R^2)} \frac{z}{\sqrt{z^2 + R^2}}$$
$$= \frac{1}{4\pi\epsilon_0} \frac{q_0 \lambda R z}{(z^2 + R^2)^{3/2}} \int_0^{2\pi} d\phi.$$

A integral calculada ao longo do anel resulta em 2π e, portanto, o resultado final para força é

$$F_z = \frac{1}{4\pi\epsilon_0} \frac{q_0 q z}{(z^2 + R^2)^{3/2}}. \qquad (25\text{-}16)$$

Este resultado também seria válido se q_0 fosse posicionado na parte negativa do eixo z? (Veja Exercício 15.)

Pode-se examinar esse resultado no caso limite em que $z \to \infty$. Para $z \gg R$, obtém-se

$$F_z \approx \frac{1}{4\pi\epsilon_0} \frac{q_0 q}{z^2},$$

que, novamente, dá o resultado obtido para cargas pontuais. Quando se está muito distante do anel, tem-se a impressão de ser uma carga pontual.

Note ainda que $F_z = 0$ para $z = 0$. Isto é razoável, porque no centro do anel a carga seria empurrada igualmente em todas as direções pelos elementos de carga que compõem o anel.

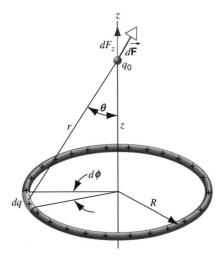

Fig. 25-12. Um anel carregado uniformemente. Para achar a força em uma carga pontual q_0, considera-se que o anel consiste de vários elementos individuais de carga como dq.

UM DISCO DE CARGAS

A Fig. 25-13 mostra um disco circular de raio R que tem carga positiva q distribuída uniformemente por toda a superfície, assim, a densidade superficial de carga é $\sigma = q/\pi R^2$. Uma carga pontual positiva q_0 é posicionada no eixo do disco (parte positiva do eixo z) a uma distância z do centro do disco. Para determinar a força aplicada pelo disco sobre a carga pontual, pode-se dividir o disco em uma série de anéis concêntricos. A carga em um anel de raio w e espessura dw mostrado na Fig. 25-13 é $dq = \sigma\, dA = \sigma(2\pi w\, dw) = 2\pi\sigma w\, dw$. A força dF_z aplicada sobre a carga q_0 por esse anel pode ser determinada utilizando-se a Eq. 25-16 substituindo-se q por dq e R por w:

$$dF_z = \frac{1}{4\pi\epsilon_0}\frac{q_0(2\pi\sigma w\, dw)z}{(z^2+w^2)^{3/2}}.$$

Para somar os elementos de força devidos a todos os anéis, integra-se w variando de 0 a R:

$$F_z = \frac{1}{4\pi\epsilon_0}\, q_0 2\pi\sigma z \int_0^R \frac{w\, dw}{(z^2+w^2)^{3/2}}$$

$$= \frac{1}{4\pi\epsilon_0}\frac{2q_0 q}{R^2}\left(1 - \frac{z}{\sqrt{z^2+R^2}}\right). \quad (25\text{-}17)$$

Note que esta integral é da forma $\int u^{-3/2}\, du$, que pode ser diretamente calculada. De que forma essa equação seria diferente para $z < 0$? (Veja Exercício 15.) À medida que $z \to \infty$, pode-se usar a expansão binomial (veja Apêndice I) para mostrar que essa expressão reduz-se à lei de Coulomb para cargas pontuais.

Nesses três exemplos, admitiu-se que todas as cargas são positivas. Se a carga pontual ou o objeto com dimensões finitas (mas não os dois!) tiverem cargas negativas, o sentido da força é oposto ao mostrado nas Figs. 25-11 a 25-13.

PROBLEMA RESOLVIDO 25-6.

Dois discos circulares de raio $R = 5{,}0$ cm estão separados por 6,0 cm ao longo de uma vertical comum. Os discos têm quantidades iguais de cargas elétricas, porém de sinais opostos e distribuídas uniformemente sobre suas superfícies. Quantas cargas q devem ser colocadas em cada disco para manter suspensa uma minúscula gota de óleo de massa $4{,}0 \times 10^{-15}$ kg e carga

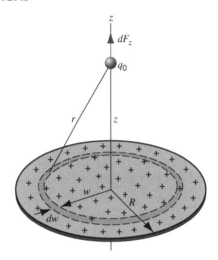

Fig. 25-13. Um disco circular que tem uma densidade superficial de carga uniforme. A força em uma carga pontual q_0 é determinada pela divisão do disco em anéis circulares delgados.

$-e$ em um ponto ao longo do eixo dos discos e a meio caminho entre estes?

Solução Suponha que o disco superior esteja positivamente carregado e que o disco inferior esteja negativamente carregado. Então o disco superior atrai a gota e o disco inferior a repele. Como a gota está a meio caminho entre os discos, as forças são de mesma intensidade F_z quantificada pela Eq. 25-17. Para manter a gota em equilíbrio, a resultante da força eletrostática para cima $2F_z$ deve ser igual ao peso mg da gota. Igualando-se essas duas forças e utilizando a Eq. 25-17, obtém-se

$$q = \frac{mg}{\dfrac{4e}{4\pi\epsilon_0 R^2}\left(1 - \dfrac{z}{\sqrt{z^2+R^2}}\right)}.$$

Resolvendo-a, acha-se $q = +35$ nC.

Esse método foi utilizado por Robert A. Millikan em uma série de experimentos iniciados em 1906 para medir a carga de um elétron. (Veja Seção 26-6.)

UM CASO ESPECIAL

Existe um caso especial no qual uma distribuição contínua de cargas pode ser tratada como uma carga pontual, o que permite o uso da lei de Coulomb em sua forma de carga pontual. Isso acontece quando a carga é distribuída com simetria esférica. Isto é, a densidade volumétrica de cargas pode variar com o raio, mas a densidade é uniforme em uma casca esférica de pequena espessura para qualquer raio.

Primeiro considera-se uma casca esférica fina. Na Seção 14-5 estabeleceram-se duas propriedades da força gravitacional exercida por uma casca esférica de massa específica uniforme sobre uma massa pontual. Essas propriedades são: (1) a força sobre uma partícula dentro desta casca esférica é zero e (2) a força sobre uma partícula externa é a mesma como se toda a massa da casca esférica estivesse concentrada em seu centro.

A simetria entre as leis das forças gravitacionais e eletrostáticas (as duas dependentes de $1/r^2$) permite fazer várias analogias entre a gravitação e a eletrostática. Muitas vezes, pode-se aplicar os resultados da gravitação diretamente à eletros-

14 CAPÍTULO VINTE E CINCO

tática sem cálculos ou provas adicionais. Isso é verdade para as propriedades de cascas de espessura uniforme. As provas desses importantes resultados da eletrostática seguem exatamente as provas correspondentes da Seção 14-5 para forças gravitacionais.

Uma casca esférica uniformemente carregada não aplica nenhuma força eletrostática sobre uma carga pontual posicionada em qualquer lugar dentro desta.

Uma casca esférica uniformemente carregada aplica uma força eletrostática sobre uma carga pontual do lado de fora da casca como se todas as cargas da casca estivessem concentradas em uma carga pontual no seu centro.

Existe uma diferença entre os casos gravitacional e eletrostático: a força gravitacional é sempre atrativa, enquanto a força eletrostática pode ser tanto atrativa quanto repulsiva. Contudo, essa diferença não afeta a transferência das duas regras gravitacionais acima para as de força eletrostática.

Essas regras podem ser usadas para obter-se um resultado relacionado, que é válido para uma distribuição esférica de cargas. Suponha que se tenha uma distribuição esférica de cargas na qual a densidade volumétrica de carga ρ ou é constante ou varia apenas em função do raio r. Pode-se, portanto, considerar a esfera como sendo composta de um conjunto de cascas esféricas de pequena espessura. Cada casca esférica é uniformemente carregada, isto é, a densidade de carga de uma casca pode diferir da densidade de carga de outra casca, mas em cada casca individual a carga é uniformemente distribuída. Então, pode-se aplicar cada uma das duas regras em cada uma das cascas esféricas. Se a carga de teste está em algum lugar dentro da esfera, as cascas externas não aplicam forças de acordo com a primeira regra. (Esse resultado foi utilizado para a força gravitacional no Problema Resolvido 14-4.) Se a carga de teste está fora da esfera, então cada casca pode ser substituída por uma carga pontual em seu centro e, então, a esfera inteira pode ser substituída por uma carga pontual igual à carga total da esfera.

Por essa razão, a força aplicada pelo núcleo de um átomo em seus elétrons geralmente não oferece nenhuma informação sobre a distribuição de cargas positivas dentro dos limites do núcleo. Para núcleos esféricos nos quais a densidade de carga depende apenas de r, *todas* as distribuições de cargas geram forças idênticas sobre um elétron do lado de fora do núcleo. Contudo, ocasionalmente um elétron pode passear *dentro* do núcleo e fornecer informações sobre aquela distribuição de cargas positivas.

PROBLEMA RESOLVIDO 25-7.

O núcleo esférico de alguns átomos contém carga positiva Ze em um volume de raio R. Compare a força aplicada em um elétron dentro dos limites do núcleo em um raio de $0,5R$ com a força em um raio R para um núcleo no qual (*a*) a densidade de carga é constante em todo o volume, e (*b*) a densidade de carga aumenta na proporção direta do raio r.

Solução (*a*) Para um núcleo uniformemente carregado (que é uma boa aproximação para o comportamento de muitos núcleos), a densidade volumétrica de carga é

$$\rho = \frac{q}{V} = \frac{Ze}{\frac{4}{3}\pi R^3}.$$

Quando o elétron está em $r = R$, todo o núcleo pode ser substituído por uma carga pontual $q = Ze$ posicionada em seu centro, então a força $F(r)$ em $r = R$ é

$$F(R) = \frac{1}{4\pi\epsilon_0}\frac{Ze^2}{R^2}.$$

Quando o elétron está em $r = R/2$, as cargas em todos os raios maiores não aplicam forças sobre o elétron (através da primeira regra para cascas esféricas). A carga dentro de $R/2$ pode ser substituída por uma carga pontual. Quanto desta carga está contida dentro de $R/2$? Uma vez que o volume de uma esfera depende de r^3, o volume dentro de $r = R/2$ é $(1/2)^3 = 1/8$ do volume da esfera. Então, a carga no interior de $r = R/2$ é 1/8 da carga de toda a esfera, e pode-se concluir que

$$\frac{F(R/2)}{F(R)} = \frac{1}{8}.$$

(*b*) Pode-se escrever a densidade de carga como $\rho(r) = br$. Em primeiro lugar deve-se calcular a constante de proporcionalidade b. Sabe-se que a carga total no núcleo deve ser Ze, então

$$\int_0^R \rho\,dV = \int_0^R (br)4\pi r^2\,dr = Ze,$$

onde $dV = 4\pi r^2 dr$ é o volume de uma casca esférica. Resolvendo-se a integral, acha-se $b = Ze/\pi R^4$.

Da segunda regra para cascas esféricas, sabe-se que a força $F(R)$ é a mesma para as duas distribuições de cargas. Porém, $F(R/2)$ será diferente para as duas distribuições. Para achar $F(R/2)$, deve-se saber quanta carga q' está contida dentro da esfera de raio $R/2$, pois a carga externa ao raio $R/2$ não aplica força alguma sobre o elétron. A carga é

$$q' = \int_0^{R/2} \rho\,dV = \int_0^{R/2} \frac{Zer}{\pi R^4}4\pi r^2\,dr = \frac{Ze}{16}.$$

A força sobre o elétron em $r = R/2$ pode ser determinada pela substituição da esfera de raio $R/2$ por uma carga pontual q' em seu centro, que gera uma força que é 1/16 da força na superfície:

$$\frac{F(R/2)}{F(R)} = \frac{1}{16}.$$

Esse resultado é muito diferente daquele obtido para uma esfera de espessura uniforme na parte (*a*), demonstrando que, apesar de o elétron fora do núcleo não poder distinguir entre as duas distribuições, um elétron dentro do núcleo certamente pode.

Elétrons atômicos podem ocasionalmente penetrar o núcleo, e elétrons podem ser lançados para dentro de um núcleo por um acelerador de partículas. Esses dois métodos podem gerar informações sobre a distribuição da carga dentro dos limites do núcleo. Um resultado desses experimentos constata que a denside de carga é quase uniforme na maioria dos núcleos. Apesar da repulsão de Coulomb dos prótons (na qual se espera que estes sejam impulsionados na direção da superfície do núcleo) e apesar da força nuclear forte entre os prótons (que se espera que os faça reunirem-se perto do centro do núcleo), os prótons dentro do núcleo são distribuídos com uma densidade praticamente uniforme. Além disso, essa densidade é aproximadamente a mesma para núcleos leves bem como para núcleos pesados. Esses resultados surpreendentes oferecem um maior entendimento para propriedades importantes das forças nucleares.

25-6 CONSERVAÇÃO DA CARGA

Quando um bastão de vidro é esfregado com seda, uma carga positiva surge no bastão. Medições mostram que a carga negativa correspondente surge na seda. Isso sugere que esfregar não cria cargas, mas simplesmente as transfere de um objeto para outro, perturbando ligeiramente a neutralidade elétrica de cada objeto. Essa hipótese da *conservação da carga* foi estabelecida através da realização de cuidadosos testes experimentais tanto para objetos em grande escala quanto para átomos, núcleos e partículas elementares. Nenhuma exceção jamais foi relatada.

Em analogia com outras leis de conservação, como as de conservação da quantidade de movimento ou conservação de energia, pode-se explicitar a conservação da carga elétrica como

$$\sum q = \text{constante} \quad \text{ou} \quad q_i = q_f. \tag{25-18}$$

Em qualquer processo que ocorre em um sistema isolado, a carga resultante inicial deve ser igual à carga resultante final. Para determinar-se a carga resultante, é importante levar em conta os sinais das cargas individuais.

Um exemplo interessante de conservação de carga se apresenta quando um elétron (carga $= -e$) e um antielétron ou pósitron (carga $= +e$) são trazidos um para perto do outro. As duas partículas podem se auto-aniquilar, convertendo toda energia restante em energia radiante. A energia radiante pode surgir na forma de dois raios gamas (pacotes de alta energia de radiação eletromagnética que não têm carga):

$$e^- + e^+ \rightarrow \gamma + \gamma.$$

A carga resultante é nula tanto antes quanto depois do evento, e a carga é conservada.

Certas partículas sem carga, como o méson π neutro, ocasionalmente decaem em dois raios gama:

$$\pi^0 \rightarrow \gamma + \gamma.$$

Este decaimento conserva a carga, a carga total novamente é nula antes e depois do decaimento. Em um outro exemplo, um nêutron ($q = 0$) decai em um próton ($q = +e$) e um elétron ($q = -e$) mais uma outra partícula neutra, um neutrino ($q = 0$):

$$n \rightarrow p + e^- + \nu.$$

A carga total é zero, tanto antes quanto depois do decaimento, e a carga conserva-se. Experimentos têm sido executados para a busca de decaimentos de um nêutron em um próton sem emissão de um elétron que violaria a conservação de cargas. Nenhum evento deste tipo tem sido verificado.

O decaimento de um elétron ($q = -e$) em partículas neutras, como raios gama (γ) ou neutrinos (ν), é proibido; por exemplo

$$e^- \nrightarrow \gamma + \nu,$$

porque aquele decaimento violaria a conservação de cargas. Tentativas de observar esse decaimento têm sido igualmente malsucedidas, mostrando que, se o decaimento realmente ocorresse, o elétron deveria ter um período de vida de pelo menos 10^{23} anos!

Outro exemplo de conservação de cargas é achado na fusão de dois núcleos de deutério ^{2}H (chamado de "hidrogênio pesado") para formar hélio. Entre as reações possíveis estão

$$^2\text{H} + {}^2\text{H} \rightarrow {}^3\text{H} + \text{p},$$

$$^2\text{H} + {}^2\text{H} \rightarrow {}^3\text{He} + \text{n}.$$

O núcleo do deutério contém um próton e um nêutron e, portanto, tem a carga de $+e$. O núcleo do isótopo de hidrogênio com massa 3, escrito ^{3}H e conhecido como *trítio*, contém um próton e dois nêutrons e, desse modo, tem a carga de $+e$. A primeira reação, portanto, tem uma carga resultante de $+2e$ de cada lado da reação e conserva a carga. Na segunda reação, o nêutron não tem carga, enquanto o núcleo do isótopo de hélio com massa 3 contém dois prótons e um nêutron, e, portanto, tem a carga de $+2e$. A segunda reação também conserva a carga. A conservação de cargas explica por que nunca se vê um próton emitido junto com o ^{3}He ou um nêutron junto com o ^{3}H.

Resumindo, a carga é conservada em *todas* as interações conhecidas entre partículas; nenhuma exceção tem sido observada.

MÚLTIPLA ESCOLHA

25-1 Eletromagnetismo: Uma Apresentação

25-2 Carga Elétrica

1. As cargas elétricas A e B atraem-se mutuamente. As cargas elétricas B e C repelem-se mutuamente. Se A e C são posicionadas bem juntas estas irão

(A) se atrair.

(B) se repelir.

(C) não vão se afetar.

(D) Mais informações são necessárias para responder a esta pergunta.

16 CAPÍTULO VINTE E CINCO

2. As cargas elétricas A e B atraem-se mutuamente. As cargas elétricas B e C também são mutuamente atraídas. Se A e C são posicionadas bem juntas estas irão

(A) se atrair.

(B) se repelir.

(C) não vão se afetar.

(D) Mais informações são necessárias para responder a esta pergunta.

3. As cargas elétricas A e B repelem-se mutuamente. As cargas elétricas B e C também repelem-se mutuamente. Se A e C são posicionadas bem juntas estas irão

(A) se atrair.

(B) se repelir.

(C) não vão se afetar.

(D) Mais informações são necessárias para responder a esta pergunta.

25-3 Condutores e Isolantes

4. Se um objeto feito da substância A é esfregado em um objeto feito da substância B, então A torna-se positivamente carregado e B torna-se negativamente carregado. Se, contudo, um objeto feito da substância A é esfregado contra um objeto feito da substância C, então A torna-se negativamente carregado. O que irá acontecer se um objeto feito da substância B é esfregado contra um objeto feito da substância C?

(A) B torna-se positivamente carregado e C torna-se positivamente carregado.

(B) B torna-se positivamente carregado e C torna-se negativamente carregado.

(C) B torna-se negativamente carregado e C torna-se positivamente carregado.

(D) B torna-se negativamente carregado e C torna-se negativamente carregado.

5. Um bastão carregado positivamente é mantido próximo a uma bola suspensa por um fio isolador. A bola é vista inclinando-se na direção ao bastão carregado. O que se pode concluir?

(A) A bola deve ter a carga oposta àquela do bastão.

(B) A bola pode ter sido originalmente neutra, mas tornou-se carregada quando o bastão foi mantido próximo.

(C) A bola deve ser um condutor.

(D) A bola não é positivamente carregada, mas poderia ser neutra.

6. Uma bola esférica condutora é suspensa por um fio condutor aterrado. Uma carga pontual positiva é deslocada para próximo da bola. A bola irá

(A) ser atraída para a carga pontual e inclinar-se em sua direção.

(B) ser repelida pela carga pontual e inclinar-se para longe desta.

(C) não ser afetada pela presença da carga pontual.

7. Uma bola esférica condutora é suspensa por um fio isolante. Uma carga positiva é deslocada para próximo da bola. A bola irá

(A) ser atraída para a carga pontual e inclinar-se em sua direção.

(B) ser repelida pela carga pontual e inclinar-se para longe desta.

(C) não ser afetada pela presença da carga pontual.

25-4 Lei de Coulomb

8. Uma carga pontual q_1 de $+3$ μC é posicionada à distância d de uma carga pontual q_2 de -6 μC. Qual é a razão $|\vec{F}_{12}|/|\vec{F}_{21}|$?

(A) 1/2   (B) 1   (C) 2   (D) 18

9. Duas bolas condutoras de 200 lbf cada são separadas pela distância de 1 m. Ambas as bolas têm a mesma carga positiva q. Que carga irá gerar uma força eletrostática entre as bolas que é da mesma ordem de magnitude do peso de uma bola?

(A) 1×10^{-14} C

(B) 1×10^{-7} C

(C) 3×10^{-4} C

(D) 2×10^{-2} C

10. Duas esferas de chumbo idênticas, pequenas, são separadas pela distância de 1 m. As esferas tinham originalmente a mesma carga positiva e a força entre estas é F_0. Metade da carga de uma esfera é então deslocada para a outra esfera. A força entre as esferas será

(A) $F_0/4$.   (B) $F_0/2$.   (C) $3F_0/4$.   (D) $3F_0/2$.   (E) $3F_0$.

11. Duas pequenas esferas condutoras idênticas são separadas pela distância de 1 m. As esferas tinham originalmente cargas de mesmo módulo, mas de sinais opostos, e a força entre estas é F_0. Metade da carga de uma esfera é então deslocada para a outra esfera. A força entre esferas será

(A) $F_0/4$.   (B) $F_0/2$.   (C) $3F_0/4$.   (D) $3F_0/2$.   (E) $3F_0$.

25-5 Distribuições Contínuas de Carga

12. Uma carga pontual q é posicionada à distância a da superfície de uma esfera de raio $2a$. A carga Q é distribuída uniformemente por todo o volume da esfera. A intensidade da força eletrostática entre a carga pontual q e a esfera é F, onde

(A) $F = |qQ|/4\pi\epsilon_0 a^2$.

(B) $|qQ|/4\pi\epsilon_0 a^2 > F > |qQ|/12\pi\epsilon_0 a^2$.

(C) $|qQ|/12\pi\epsilon_0 a^2 > F > |qQ|/20\pi\epsilon_0 a^2$.

(D) $|qQ|/20\pi\epsilon_0 a^2 > F > |qQ|/36\pi\epsilon_0 a^2$.

(E) $F = |qQ|/36\pi\epsilon_0 a^2$.

25-6 Conservação da Carga

13. Um bastão carregado positivamente é posicionado próximo de uma esfera neutra condutora suspensa por um fio isolador. A esfera

    (A) não será afetada, pois é neutra.

    (B) permanecerá neutra, mas de qualquer forma será repelida pelo bastão.

    (C) permanecerá neutra, mas de qualquer forma será atraída pelo bastão.

    (D) adquirirá carga negativa e será repelida pelo bastão.

    (E) adquirirá carga negativa e será atraída pelo bastão.

14. Os três objetos A, B e C são condutores esféricos idênticos isolados. Originalmente, A e B tinham cargas de $+3$ mC, enquanto C tinha a carga de -6 mC. É permitido aos objetos A e C entrar em contato um com o outro, depois, estes são separados. Então é permitido que os objetos B e C também entrem em contato, sendo, depois, separados.

    (a) Se os objetos A e B estão agora posicionados próximos um do outro, estes irão

    (A) atrair-se.

    (B) repelir-se.

    (C) ter nenhum efeito um sobre o outro.

    (b) Se os objetos A e C estão agora posicionados próximos um do outro, estes irão

    (A) atrair-se.

    (B) repelir-se.

    (C) ter nenhum efeito um sobre o outro.

QUESTÕES

1. Duas esferas de metal são montadas em suportes portáteis isoladores. Ache um meio de provê-las de quantidades iguais de cargas de sinais contrários. Pode-se utilizar um bastão de vidro esfregado com seda, mas não se pode tocar nas esferas. As esferas devem ser do mesmo tamanho para este método funcionar?

2. Na Questão 1, ache um meio de prover as esferas com quantidades de cargas iguais de mesmo sinal. Novamente, as esferas devem ser do mesmo tamanho para este método funcionar?

3. Um bastão carregado atrai partículas secas de cortiça, as quais, depois de tocar o bastão, são muitas vezes violentamente repelidas deste. Explique.

4. Como responder às questões de múltipla escolha 1, 2 e 3, se qualquer dos objetos A, B ou C estivessem desprovidos de carga?

5. Os experimentos descritos na Seção 25-2 poderiam ser explicados postulando a existência de quatro tipos de cargas — isto é, no vidro, seda, plástico e camurça. Qual o argumento contra isso?

6. Uma carga positiva é trazida para bem perto de um condutor isolado e descarregado. O condutor é aterrado enquanto a carga é mantida próxima. O condutor é carregado positivamente, negativamente ou não é carregado de modo algum se (a) a carga é levada para longe e depois a conexão ao terra é removida e (b) a conexão ao terra é removida e depois a carga é levada para longe?

7. Um isolador carregado pode ser descarregado pela sua passagem logo acima de uma chama. Explique como.

8. Ao esfregar-se uma moeda com vigor entre os dedos, não irá parecer que esta tornou-se carregada por fricção. Por quê?

9. Ao andar vigorosamente sobre um tapete pode-se muitas vezes constatar um fagulhamento ao tocar na maçaneta de uma porta. (a) O que causa isso? (b) Como se poderia prevenir desse efeito?

10. Por que experimentos eletrostáticos não funcionam bem em dias úmidos?

11. Por que é recomendado tocar na carcaça de um computador pessoal antes de instalar qualquer acessório interno?

12. Um bastão isolado é dito possuir carga elétrica. Como isso pode ser verificado e como determinar o sinal da carga elétrica?

13. Mantendo-se um bastão carregado próximo de uma das pontas de um bastão metálico isolado sem cargas como na Fig. 25-14,

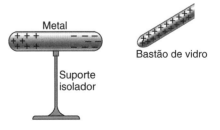

Fig. 25-14. Questões 13 e 14.

elétrons são arrastados para uma das pontas, como mostrado. Por que o fluxo de elétrons é interrompido? Afinal, há quase um inesgotável suprimento destes no bastão metálico.

14. Na Fig. 25-14, alguma resultante de força elétrica age no bastão de metal? Explique.

15. Uma pessoa em pé em um banquinho isolado toca um condutor carregado isolado. O condutor se descarregará completamente?

16. (a) Um bastão de vidro positivamente carregado atrai um objeto suspenso. Pode-se concluir que aquele objeto está negativamente carregado? (b) Um bastão de vidro positivamente carregado repele um objeto suspenso. Pode-se concluir que aquele objeto está positivamente carregado?

17. Explique o que significa a afirmação de que forças eletrostáticas obedecem ao princípio da superposição.

18. A força elétrica que uma carga aplica em outra muda se outras cargas forem trazidas para as proximidades desta?

19. Uma solução de sulfato de cobre é condutora. Que partículas servem como portadores de cargas nesse caso?

20. Se os elétrons em um metal como o cobre são livres para mover-se livremente, estes devem muitas vezes encontrar-se com a superfície do metal. Por que não continuam seu movimento e abandonam o metal?

21. Teria feito uma diferença importante se Benjamin Franklin tivesse escolhido, de fato, chamar elétrons de positivos e prótons de negativos?

22. A lei de Coulomb prediz que a força aplicada por uma carga pontual em outra é proporcional ao produto das duas cargas. Como se poderia testar este aspecto da lei em laboratório?

23. Explique como um núcleo atômico pode ser estável se este é composto de partículas que ou são neutras (nêutrons) ou têm cargas (prótons).

24. Um elétron (carga $= -e$) se move em torno de um núcleo de hélio (carga $= +2e$) em um átomo de hélio. Qual das partículas aplica a maior força uma na outra?

25. A carga de uma partícula é uma verdadeira característica de uma partícula, independente do seu estado de movimento. Explique como se pode testar esta afirmação executando um rigoroso teste experimental se um átomo de hidrogênio é verdadeiramente eletricamente neutro.

26. Considere que a carga na Fig. 25-11 não é distribuída uniformemente ao longo do comprimento do bastão, mas, em vez disso, concentrada em seu centro, e vai diminuindo segundo uma mesma taxa em direção às suas duas pontas. Agora a força terá componente em z? Se este bastão tiver a mesma carga total q que o bastão uniformemente carregado, como a intensidade de F_y poderia ser comparada com a Eq. 25-15? Repita ambas as questões se a carga está distribuída ao longo do bastão de tal forma que haja uma deficiência na região do centro e a densidade de cargas aumente a uma mesma taxa em direção a cada ponta.

27. O teorema de Earnshaw diz que nenhuma partícula pode estar em equilíbrio estável apenas sob a ação de forças eletrostáticas. Considere, no entanto, o ponto P no centro de um quadrado de quatro cargas positivas iguais em módulo, como na Fig. 25-15. Ao posicionar-se uma carga de teste positiva neste centro poderá parecer que esta esteja em equilíbrio estável. Cada uma das quatro cargas empurra esta na direção do ponto P, embora o teorema de Earnshaw seja válido. Como isso pode ser explicado?

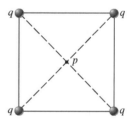

Fig. 25-15. Questão 27.

28. A quantidade de carga é $1,60 \times 10^{-19}$ C. Existe uma quantidade correspondente de massa?

29. O que significa dizer que uma grandeza física é (a) quantizada ou (b) conservada? Cite alguns exemplos.

30. No Problema Resolvido 25-3 mostrou-se que a força elétrica é cerca de 10^{39} vezes mais forte que a força gravitacional. Pode-se concluir dessa forma que uma galáxia, uma estrela, ou um planeta deva ser, em essência, eletricamente neutro?

31. Como se pode saber que as forças eletrostáticas não são a causa da atração gravitacional — entre a Terra e a Lua, por exemplo?

EXERCÍCIOS

25-1 Eletromagnetismo: Uma Apresentação
25-2 Carga Elétrica

1. No movimento de retorno de um relâmpago típico (veja a Fig. 25-16), uma corrente de 2,5 × 10⁴ C/s flui por 20 μs. Quanta carga é transferida neste evento?

Fig. 25-16. Exercício 1.

25-3 Condutores e Isolantes
25-4 Lei de Coulomb

2. Qual deve ser a distância entre a carga pontual $q_1 = +26,3\ \mu C$ e a carga pontual $q_2 = -47,1\ \mu C$ para que a força elétrica atrativa entre estes tenha a intensidade de 5,66 N?

3. Uma carga pontual de $+3,12 \times 10^{-6}$ C está 12,3 cm de distância de uma segunda carga pontual de $-1,48 \times 10^{-6}$ C. Calcule a intensidade da força em cada carga.

4. Duas partículas igualmente carregadas, mantidas separadas pela distância de 3,20 mm, são liberadas do repouso. Observa-se que a aceleração inicial da primeira partícula é de 7,22 m/s² e que da segunda é 9,16 m/s². A massa da primeira partícula é de $6,31 \times 10^{-7}$ kg. Ache (a) a massa da segunda partícula e (b) a intensidade da carga comum destas.

5. A Fig. 25-17a mostra duas cargas, q_1 e q_2, mantidas separadas por uma distância fixa d. (a) Encontre a intensidade que a força elétrica age em q_1. Suponha que $q_1 = q_2 = +21,3\ \mu C$ e que $d = 1,52$ m. (b) Uma terceira carga $q_3 = +21,3\ \mu C$ é trazida e posicionada como mostrado na Fig. 25-17b. Encontre a nova intensidade da força elétrica em q_1.

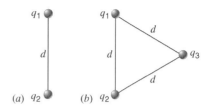

Fig. 25-17. Exercício 5.

6. Duas esferas condutoras idênticas, 1 e 2, têm iguais quantidades de carga e estão fixadas e separadas por uma grande distância comparada aos seus diâmetros. As esferas repelem-se mutuamente com uma força elétrica de 88 mN. Suponha agora que uma terceira esfera idêntica, denominada 3, tenha um cabo isolador e, inicialmente sem cargas, entra primeiro em contato com a esfera 1, em seguida com a esfera 2, e, finalmente, é retirada. Encontre a força entre as esferas 1 e 2 nessa condição final. Veja a Fig. 25-18.

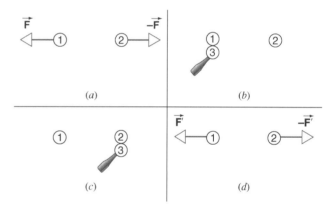

Fig. 25-18. Exercício 6.

7. Três partículas carregadas repousam em uma linha reta e são separadas pela distância d como mostrado na Fig. 25-19. As cargas q_1 e q_2 são mantidas fixas. A carga q_3, que é livre para mover-se, está em equilíbrio sobre a ação das forças elétricas. Ache q_1 em função de q_2.

Fig. 25-19. Exercício 7.

8. Na Fig. 25-20, encontre (a) as componentes horizontais e (b) as componentes verticais da resultante da força elétrica na carga no canto inferior esquerdo do quadrado. Suponha que $q = +1,13\ \mu C$ e $a = 15,2$ cm. As cargas estão em repouso.

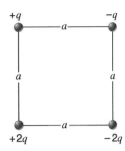

Fig. 25-20. Exercício 8.

9. Duas cargas positivas, cada uma com +4,18 μC, e uma carga negativa, −6,36 μC, são fixadas nos vértices de um triângulo equilátero de lado 13,0 cm. Encontre a força elétrica sobre a carga negativa.

10. Cada uma de duas pequenas esferas está carregada positivamente, com carga total de +52,6 μC. Cada esfera é repelida da outra com uma força de 1,19 N quando as esferas estão separadas de 1,94 m. Calcule a carga em cada esfera.

11. Duas cargas fixas, +1,07 μC e −3,28 μC, estão separadas por 61,8 cm. Onde uma terceira carga pode ser posicionada para que a força resultante que age sobre ela seja nula?

12. Três bolas pequenas, cada uma com massa de 13,3 g, são suspensas separadamente a partir de um ponto comum por fios de seda, com 1,17 m de comprimento cada. As bolas são carregadas igualmente e são penduradas nos vértices de um triângulo equilátero de 15,3 cm de lado. Ache a carga em cada bola.

13. Um cubo de lado a possui uma carga pontual q em cada canto. Mostre que a força elétrica resultante sobre qualquer das cargas é dada por

$$F = \frac{0{,}262q^2}{\epsilon_0 a^2},$$

na direção da diagonal do cubo e sentido para fora do cubo.

25-5 Distribuições Contínuas de Carga

14. A Eq. 25-15 foi deduzida supondo que a carga q_0 estava posicionada na parte positiva do eixo y. (a) A Eq. 25-15 permanece válida se a carga é posicionada na parte negativa de y? Explique. (b) Escreva uma equação similar à Eq. 25-15 se a carga pontual q_0 estiver posicionada a uma distância x do bastão na parte positiva ou negativa do eixo x. (c) Escreva uma equação na forma de componentes vetoriais para a força quando q_0 é posicionada a uma distância d do bastão na linha de 45° que divide a parte positiva dos eixos x e y. (d) Escreva uma equação em componentes vetoriais que dê a força quando q_0 é posicionada em um ponto arbitrário x, y em qualquer lugar no plano xy. Verifique se as componentes têm os sinais corretos quando o ponto x, y é posicionado em cada um dos quatro quadrantes.

15. (a) Começando pela Eq. 25-16, escreva uma equação em forma vetorial que dê a força quando q_0 é posicionado tanto do lado positivo quanto negativo do eixo z de um anel de cargas. (b) Faça o mesmo com um disco de cargas utilizando a Eq. 25-17.

16. Ache a força em uma carga pontual positiva q posicionada a uma distância x do fim de um bastão de comprimento L com cargas positivas uniformemente distribuídas Q. (Veja a Fig. 25-21.)

Fig. 25-21. Exercício 16.

17. Considere o bastão e a carga q_0 da Fig. 25-11. Onde pode ser posta uma segunda carga pontual q (igual à carga no bastão) de tal forma que q_0 esteja em equilíbrio (não considere a gravidade)? Resolva esse problema supondo que (a) q é positivo e (b) q é negativo.

18. Mostre que o equilíbrio de q_0 no Exercício 17 é instável. (Dica: Esse problema pode ser resolvido por argumentos de simetria, e, de fato, necessita de muito pouca matemática!)

19. Suponha que o bastão da Fig. 25-11 tenha uma densidade uniforme de cargas positivas λ na metade superior do bastão e densidade uniforme de cargas negativas $-\lambda$ na metade inferior do bastão. Ache a força resultante na carga pontual q_0.

20. Quatro bastões carregados formam um quadrado no plano horizontal (xy). Cada bastão tem um comprimento $L = 25{,}0$ cm e cada um contém carga positiva Q uniformemente distribuída. Uma pequena esfera, que pode ser considerada como sendo uma carga pontual de massa $3{,}46 \times 10^{-4}$ g e carga $q = +2{,}45 \times 10^{-12}$ C, está em equilíbrio a uma distância $z = 21{,}4$ cm acima do centro do quadrado. Encontre o valor de Q.

25-6 Conservação da Carga

21. Identifique o elemento X nas seguintes reações nucleares:

(a) ^{1}H + ^{9}Be → X + n;

(b) ^{12}C + ^{1}H → X;

(c) ^{15}N + ^{1}H → ^{4}He + X.

(Dica: Veja o Apêndice E.)

22. No decaimento radioativo do ^{238}U (^{238}U → ^{4}He + ^{234}Th), o centro da partícula emergente ^{4}He está, em certo instante, a 12×10^{-15} m do centro do núcleo residual do ^{234}Th. Neste instante, (a) qual é a força sobre a partícula de ^{4}He, e (b) qual é a sua aceleração?

23. Em um cristal de sal, um átomo de sódio transfere um de seus elétrons para o átomo vizinho de cloro, formando uma ligação iônica. O íon positivo de sódio resultante e o íon negativo de cloro atraem-se mutuamente através de força eletrostática. Calcule a força de atração se os íons estão separados de 282 pm.

24. A força eletrostática entre dois íons idênticos que são separados pela distância de $5,0 \times 10^{-10}$ m é de $3,7 \times 10^{-9}$ N. (a) Determine a carga em cada íon. (b) Quantos elétrons estão ausentes em cada íon?

25. Cogita-se que um nêutron seja composto de um quark "up" de carga $+2e/3$ e dois quarks "down" cada um com carga de $-e/3$. Se os quarks "down" estão separados de $2,6 \times 10^{-15}$ m dentro do nêutron, qual a força elétrica repulsiva entre estes?

26. (a) Quantos elétrons podem ser removidos de uma moeda para deixá-la com uma carga de $+1,15 \times 10^{-7}$ C? (b) A que fração de elétrons de uma moeda isso corresponde? Veja o Problema Resolvido 25-1.

27. Um elétron está em vácuo perto da superfície da Terra. Onde um segundo elétron deve ser posicionado para que a força resultante sobre o primeiro elétron, devido ao outro elétron e à gravidade, seja zero?

28. Determine a carga total em coulombs de 75,0 kg de elétrons.

29. Calcule o número de coulombs de carga positiva em um copo de água. Suponha que o volume de água seja de 250 cm^3.

30. Dois estudantes de física (Maria com 52,0 kg e João com 90,7 kg) estão separados por 28,0 m. Permita que cada um tenha um desequilíbrio de 0,01% em suas cargas positivas e negativas, um estudante sendo positivo e o outro negativo. Estime a força eletrostática de atração entre eles. (Dica: Substitua os estudantes por esferas de água e use o resultado do Exercício 29.)

31. (a) Que iguais quantidades de cargas positivas e negativas deveriam ser postas na Terra e na Lua para neutralizar a atração gravitacional mútua? Seria preciso o conhecimento da distância da Lua para resolver este problema? Por que ou por que não? (b) Quantas toneladas métricas de hidrogênio seriam necessárias para suprir a carga positiva calculada na parte (a)? A massa molar do hidrogênio é 1,008 g/mol.

PROBLEMAS

1. Duas esferas condutoras idênticas, possuindo cargas de sinais opostos, atraem uma à outra com uma força de 0,108 N quando separadas por 50,0 cm. As esferas são repentinamente unidas por um fio condutor delgado, que, em seguida, é removido, e logo depois as esferas repelem-se mutuamente com a força de 0,0360 N. Qual era a carga inicial das esferas?

2. Uma carga Q é fixada em cada um de dois cantos opostos de um quadrado. A carga q é posicionada em cada um dos outros dois cantos opostos do quadrado. (a) Se a resultante da força elétrica em Q é zero, como Q relaciona-se com q? (b) Poderia q ser escolhida para fazer com que a resultante das forças elétricas em cada carga seja nula? Explique a sua resposta.

3. Duas cargas pontuais livres $+q$ e $+4q$ estão separadas pela distância L. Uma terceira carga é posicionada de forma que todo o sistema fique em equilíbrio. (a) Determine o sinal, a intensidade e o local da terceira carga. (b) Mostre que o equilíbrio é instável.

4. Duas bolas minúsculas, similares, de massa m estão penduradas por fios de seda de comprimento L e possuem cargas iguais q como na Fig. 25-22. Suponha que θ é tão pequeno que tan θ pode ser assumido ser aproximadamente igual a sen θ. (a) Para esta aproximação é mostrado que, para o equilíbrio,

$$x = \left(\frac{q^2 L}{2\pi\epsilon_0 mg}\right)^{1/3},$$

onde x é a separação entre as bolas. (b) Se $L = 122$ cm, $m = 11,2$ g, e $x = 4,70$ cm, qual o valor de q?

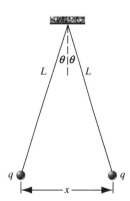

Fig. 25-22. Problemas 4, 5 e 6.

5. Se as bolas da Fig. 25-22 fossem condutoras, (a) o que aconteceria com estas após uma ser descarregada? Explique a sua resposta. (b) Encontre uma nova separação de equilíbrio.

6. Suponha que cada bola do Problema 4 esteja perdendo carga a uma taxa de 1,20 nC/s. A que velocidade relati-

va instantânea ($= dx/dt$) inicialmente as bolas se aproximariam?

7. Uma certa carga Q está para ser dividida em duas partes, $Q - q$ e q. Qual a relação de Q com q se estas duas partes, postas com uma dada separação, teriam a máxima repulsão de Coulomb?

8. Duas cargas positivas $+Q$ são mantidas fixadas a uma distância d de separação. Uma partícula com carga $-q$ e massa m é posicionada a meio caminho das cargas, então, é dado à partícula um pequeno deslocamento perpendicular a uma linha hipotética que liga as cargas e depois é liberada. Mostre que a partícula descreve um movimento harmônico simples de período $(\epsilon_0 m \pi^3 d^3/qQ)^{1/2}$.

9. Calcule o período de oscilação de uma partícula de carga positiva $+q$ posicionada a meio caminho e sobre uma linha hipotética que liga as duas cargas $+Q$ do Problema 8.

10. No composto CsCl (cloreto de césio), os átomos de Cs estão situados nos cantos do cubo com o átomo de Cl no centro do cubo. O lado do cubo mede 0,40 nm; veja a Fig. 25-23. Em cada átomo de Cs falta um elétron e o átomo de Cl carrega um excesso de um elétron. (a) Qual a intensidade da força elétrica resultante sobre o átomo de Cl da atuação dos oito átomos de Cs mostrados? (b) Considere que o átomo de Cs marcado por uma seta esteja faltando (defeito cristalino). Qual é agora a força elétrica resultante no átomo de Cl resultante dos sete átomos de Cs restantes?

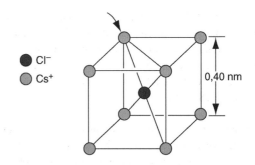

Fig. 25-23. Problema 10.

11. Duas cargas pontuais positivas com carga q são mantidas separadas por uma distância de $2a$. Uma carga de teste é posicionada em um plano que é normal a uma linha imaginária que liga estas cargas e a meia distância entre estas. Determine o raio R de um círculo nesse plano no qual a força sobre a partícula de teste tem o valor máximo. Veja Fig. 25-24.

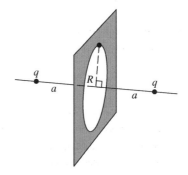

Fig. 25-24. Problema 11.

PROBLEMAS COMPUTACIONAIS

1. Calcule a força de atração entre dois anéis com cargas uniformemente distribuídas $+q$ e $-q$. O eixo dos anéis é o eixo x, cada um tem raio R, e os anéis estão separados pela distância de $2R$. A resposta final deve ter a forma $F = C_r q^2 / 4\pi\epsilon_0 R^2$, onde C_r é uma constante adimensional que deverá ser achada.

2. Repita o Problema Computacional 1 para o caso de dois discos com carga uniformemente distribuídas $+q$ e $-q$. A resposta final deve ser ainda da forma $F = C_d q^2 / 4\pi\epsilon_0 R^2$, onde C_d é uma constante adimensional que deverá ser achada, C_d para o disco é *diferente* do C_r para o anel.

3. Calcule a força de atração entre duas esferas sólidas com cargas uniformemente distribuídas $+q$ e $-q$. As esferas estão com seus centros sobre o eixo x, cada uma tem raio R, e os *centros* das esferas estão separados pela distância de $d > 2R$. A resposta final deve ser na forma $F = C_s q^2 / 4\pi\epsilon_0 R^2$, onde C_s é uma constante adimensional que deverá ser achada.

4. Um anel de carga uniforme Q tem um raio $R = 1,00$ cm. Um elétron é confinado, ou seja, é forçado a mover-se apenas no plano do anel. (a) Supondo que $Q = -100$ μC, ache a velocidade a que um elétron se moveria em uma órbita circular de raio $r = 0,50$ cm, concêntrica ao anel. (b) Supondo que $Q = +100$ μC, ache a velocidade a que um elétron se moveria em uma órbita circular de raio $r = 1,50$ cm, concêntrica ao anel. (c) Mostre, através da integração numérica do movimento, que nenhuma das órbitas é estável.

Capítulo 26

O CAMPO ELÉTRICO

As cargas elétricas podem interagir umas com as outras ao longo de grandes distâncias. Elétrons ou átomos ionizados nas mais longínquas distâncias do universo conhecido podem exercer forças que fazem os elétrons se mover na Terra.

Como estas interações podem ser explicadas? Isso pode ser feito em termos do campo magnético — as cargas distantes estabelecem um campo elétrico, que existe por todo o espaço entre a Terra e a origem do campo. O movimento das cargas promove perturbações no campo que percorrem o espaço com a velocidade da luz e são detectadas eons mais tarde (como radiação) quando promovem o movimento dos elétrons nos circuitos na Terra.

Neste capítulo consideramos somente o campo elétrico estático devido a cargas em repouso. Mais adiante, neste livro, ampliaremos a discussão para mostrar como cargas em movimento são responsáveis por campos associados a radiações eletromagnéticas, como as ondas de rádio ou a luz.

26-1 O QUE É UM CAMPO?

A temperatura tem um valor definido em cada ponto da sala em que você está sentado. Você pode medir a temperatura em cada ponto colocando um termômetro no ponto. Você pode então representar esta distribuição de temperatura tanto desenhando um mapa da sala mostrando a temperatura medida em cada ponto, como especificando uma função matemática $T(x, y, z)$ que pode ser usada para calcular a temperatura em qualquer ponto x, y, z. Esta distribuição de temperatura, representada como um mapa ou uma função, é chamada de um *campo de temperatura*. De forma similar, pode-se medir a pressão em cada ponto e, assim, determinar o *campo de pressão*. Estes dois campos são exemplos de *campos escalares*, porque a temperatura e a pressão são grandezas escalares. Se a temperatura e a pressão não variam com o tempo, também são *campos estáticos*; caso contrário, são *campos variantes no tempo* que podem ser matematicamente representados como $T(x, y, z, t)$.

Se, por outro lado, deseja-se medir a velocidade de cada ponto de um fluido escoando, é necessário especificar o valor do *vetor* velocidade em cada ponto. Mais uma vez, pode-se desenhar um mapa mostrando a intensidade e a direção da velocidade em cada ponto, ou pode-se especificar uma função matemática $\vec{v}(x, y, z)$ que permite calcular a velocidade de escoamento em qualquer ponto. Este é um exemplo de *campo vetorial*.

O campo gravitacional da Terra é um outro exemplo de um campo vetorial. Pode-se medir o valor da força gravitacional em qualquer ponto prendendo-se uma massa de teste m_0 a uma balança de mola. Pode-se, então, determinar a intensidade, a direção e o sentido da força gravitacional $\vec{F}$ em qualquer ponto, e os resultados podem ser apresentados tanto através de um mapa

mostrando a intensidade, a direção e o sentido da força nos vários pontos, ou especificando-se uma função matemática $\vec{F}(x, y, z)$. No entanto, tal mapa não seria útil para outras pessoas, a menos que elas usassem exatamente a mesma massa de teste. Uma vez que a força medida é diretamente proporcional ao valor da massa de teste, um procedimento melhor seria o de produzir um mapa mostrando não a força sobre a massa de teste, mas a força por unidade de massa, ou $\vec{F}/m_0$. Esta grandeza, que tem unidades de N/kg, é independente do valor da massa de teste m_0. Escolhendo uma massa de teste de tamanho diferente resultaria em um mapa exatamente igual, com os mesmos valores de força por unidade de massa em todos os pontos.* A grandeza $\vec{F}/m_0$ é chamada de *campo gravitacional*. Ela também é igual à aceleração de queda livre $\vec{g}$ em cada ponto:

$$\vec{g} = \frac{\vec{F}}{m_0}. \tag{26-1}$$

O campo $\vec{g}$ é um vetor cuja direção e sentido fornecem a direção e o sentido da força gravitacional naquele ponto, e cuja intensidade indica a "força" do efeito gravitacional naquele ponto. Pode-se determinar a força sobre uma massa m em qualquer ponto, multiplicando-se $\vec{g}$ daquele ponto pelo valor da massa:

$$\vec{F} = m\vec{g}. \tag{26-2}$$

Neste capítulo, desenvolve-se o conceito útil de um *campo elétrico* baseado em um procedimento semelhante que envolve a determinação da força elétrica por unidade de carga (em vez

---

*Normalmente, estabelece-se que a massa de teste m_0 precisa ser pequena. Isto é, não se deseja alterar o campo gravitacional da Terra. Se fosse utilizada, por exemplo, uma massa de teste do tamanho da Lua, a sua força gravitacional sobre a Terra causaria efeitos de maré que resultariam na alteração da distribuição de massa sobre a Terra e, portanto, mudaria a força gravitacional em diversas posições. Para evitar que isto aconteça, mantém-se m_0 muito menor do que a massa da Terra.

da força gravitacional por unidade de massa). Uma vez que uma força é envolvida, o campo elétrico é um campo vetorial. Por enquanto, somente são considerados campos estáticos, mas mais tarde, quando se discutir radiação eletromagnética, consideram-se campos elétricos variantes no tempo.

Antes de o conceito de campo tornar-se amplamente aceito, pensava-se que a força exercida por um corpo gravitando sobre outro fosse uma interação direta e instantânea. Esta interpretação, chamada de *ação à distância*, também foi usada para forças eletromagnéticas. No caso da gravitação, pode ser esquematicamente representada como

$$\text{massa} \rightleftarrows \text{massa,}$$

indicando que as duas massas interagem diretamente uma com a outra. De acordo com esta interpretação, o efeito do movimento de um corpo é instantaneamente transmitido para o outro corpo. Esta visão viola a teoria especial da relatividade, que limita a velocidade com a qual tal informação pode ser transmitida a, no máximo, a velocidade da luz, c. A interpretação atual, baseada no conceito de campo, pode ser representada como

$$\text{massa} \rightleftarrows \text{campo} \rightleftarrows \text{massa,}$$

na qual cada massa interage não diretamente com a outra mas, em vez disso, com o campo gravitacional estabelecido pela outra. Isto é, a primeira massa estabelece um campo que tem um determinado valor em todos os pontos do espaço; a segunda massa interage, então, com o campo na sua localização particular. O campo tem a função de intermediário entre os dois corpos. A força exercida sobre a segunda massa pode ser calculada da Eq. 26-2, dado o valor do campo $\vec{g}$ devido à primeira massa. A situação é completamente simétrica do ponto de vista da primeira massa, a qual interage com o campo gravitacional estabelecido pela segunda massa. Variações na localização de uma massa causam variações no seu campo gravitacional; estas variações viajam à velocidade da luz, de modo que o conceito de campo é consistente com as restrições impostas pela relatividade especial.

26-2 O CAMPO ELÉTRICO

A descrição anterior de campo gravitacional pode ser transportada diretamente para a eletrostática. A lei de Coulomb para a força de uma carga elétrica sobre a outra encoraja a pensar em termos de ação à distância, que pode ser representada como

$$\text{carga} \rightleftarrows \text{carga.}$$

Mais uma vez, introduzindo o campo como um intermediário entre as cargas, pode-se representar a interação como

$$\text{carga} \rightleftarrows \text{campo} \rightleftarrows \text{carga.}$$

Isto é, a primeira carga estabelece um *campo elétrico*, e a segunda carga interage com o campo elétrico da primeira carga. O problema de determinar a interação entre as cargas é assim reduzido a dois problemas separados: (1) determinar, através de medições ou cálculo, o campo elétrico estabelecido pela primeira carga em todos os pontos do espaço e (2) calcular a força que o campo exerce sobre a segunda carga localizada em um determinado ponto do espaço.

Em analogia com a Eq. 26-1 para o campo gravitacional, define-se o campo elétrico $\vec{E}$ associado a um determinado conjunto de cargas, em termos da força exercida sobre uma carga de teste positiva q_0 em um ponto particular, ou

$$\vec{E} = \frac{\vec{F}}{q_0}. \quad (26\text{-}3)$$

A direção e o sentido da força $\vec{E}$ são os mesmos da força $\vec{F}$, uma vez que q_0 é um escalar positivo. Definido desta forma, o campo elétrico é independente da intensidade da carga de teste q_0.

A Fig. 26-1 sugere como usar esta definição para determinar o campo elétrico em um determinado ponto P. Coloca-se a carga de teste q_0 em P e determina-se a força eletrostática sobre q_0 devida aos objetos na área à sua volta, os quais não são mostrados na figura. Então, a Eq. 26-3 fornece o campo elétrico mostrado na Fig. 26-1b. Observe que $\vec{E}$ e $\vec{F}$ são paralelos, conforme deve ser de acordo com a definição da Eq. 26-3.

Em termos dimensionais, o campo elétrico é força por unidade de carga, e a sua unidade do SI é o newton/coulomb (N/C), embora seja mais freqüentemente utilizado, conforme será discutido no Cap. 28, na unidade equivalente de volt/metro (V/m). Note a similaridade com o campo gravitacional, no qual g (que é usualmente expresso em unidades de m/s^2) também pode ser expresso como força por unidade de massa em unidades de newton/quilograma (N/kg). Ambos os campos gravitacional e elétrico podem ser expressos como uma força dividida por uma propriedade (massa ou carga) do corpo de teste. A Tabela 26-1 mostra alguns campos elétricos que ocorrem em algumas situações.

Assim como foi feito em relação à Eq. 26-2 para a força gravitacional sobre um corpo, pode-se usar o campo elétrico para calcular a força sobre qualquer corpo carregado. Uma vez que o campo elétrico em um ponto é determinado (utilizando-se, por exemplo, o corpo de teste), pode-se determinar a força exercida sobre qualquer objeto de carga q naquela posição como

$$\vec{F} = q\vec{E}. \quad (26\text{-}4)$$

Aqui, o campo elétrico $\vec{E}$ é causado por outras cargas que podem estar presentes, e não pela carga q. A Eq. 26-4 é uma forma simples de especificar a força que as outras cargas exercem sobre q.

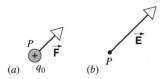

Fig. 26-1. (a) Objetos carregados na vizinhança exercem uma força $\vec{F}$ sobre uma carga de teste positiva q_0 no ponto P. (b) O campo elétrico no ponto P devido aos objetos carregados na vizinhança.

TABELA 26-1	Alguns Campos Elétricos
Localização	Campo Elétrico (N/C)
Na superfície de um núcleo de urânio	3×10^{21}
Em um átomo de hidrogênio, no raio médio do elétron	5×10^{11}
Ruptura dielétrica no ar	3×10^{6}
Em um cilindro carregado de uma copiadora	10^{5}
No acelerador de feixe de elétrons de um aparelho TV	10^{5}
Próximo a um pente plástico carregado	10^{3}
Na parte inferior da atmosfera	10^{2}
Dentro do fio de cobre de um circuito elétrico doméstico	10^{-2}

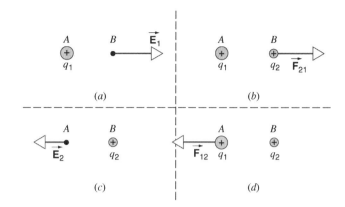

Fig. 26-2. (a) q_1 em A estabelece um campo elétrico em B. (b) O campo elétrico em B exerce uma força sobre q_2. (c) q_2 em B estabelece um campo elétrico em A. (d) O campo elétrico em A exerce uma força sobre q_1. Note que $\vec{F}_{12} = -\vec{F}_{21}$.

Agora é possível entender como o campo elétrico age como um intermediário na interação entre duas cargas q_1 e q_2. Conforme ilustrado na Fig. 26-2a, a carga q_1 localizada em A estabelece um campo elétrico em todos os pontos em volta. Seja $\vec{E}_1$ o seu valor na posição B. É possível determinar o valor do campo colocando-se a carga de teste em B e medindo-se a força exercida sobre ela por q_1. Se for colocada uma carga diferente q_2 em B, ela experimentará uma força elétrica $\vec{F}_{21}$, a qual pode ser calculada utilizando-se a Eq. 26-4: $\vec{F}_{21} = q_2\vec{E}_1$ (Fig. 26-2b). A situação é completamente simétrica: pode-se, ao invés disso, usar primeiro a carga de teste para determinar o campo $\vec{E}_2$ em A devido a q_2 (Fig. 26-2c). Em seguida, colocando-se q_1 em A, pode-se determinar a força exercida sobre q_1 por q_2: $\vec{F}_{12} = q_1\vec{E}_2$ (Fig. 26-2d). Segundo a terceira lei de Newton, as forças são iguais em intensidade e opostas em sentido ($\vec{F}_{21} = -\vec{F}_{12}$), mesmo que os campos elétricos estabelecidos pelas duas cargas sejam diferentes.

Para utilizar-se a Eq. 26-3 como um procedimento operacional para medir o campo elétrico, é necessário tomar-se o mesmo cuidado que foi tomado ao utilizar-se a massa de teste para medir o campo gravitacional: a carga de teste deve ser suficientemente pequena, de modo que ela não perturbe a distribuição das cargas cujo campo elétrico deseja-se medir. Isto é, a Eq. 26-3 pode ser escrita de uma forma mais apropriada como

$$\vec{E} = \lim_{q_0 \to 0} \frac{\vec{F}}{q_0}, \quad (26\text{-}5)$$

mesmo que, segundo o que foi apresentado no Cap. 25, se saiba que este limite não pode ser tomado como zero porque a carga de teste não pode ser menor do que a carga elementar e. É claro que quando se está *calculando* (em vez de medindo) o campo elétrico devido a um determinado conjunto de cargas em posições fixas, nem a intensidade nem o sinal de q_0 afetam o resultado. Conforme será mostrado mais tarde neste capítulo, campos elétricos ou conjuntos de cargas podem ser calculados utilizando-se a Eq. 26-3 e a lei de Coulomb sem uma referência direta à Eq. 26-5.

PROBLEMA RESOLVIDO 26-1.

Um elétron ($q = -e$) colocado perto de um corpo carregado experimenta uma força no sentido $+y$ de intensidade $3{,}60 \times 10^{-8}$ N. (a) Qual é o campo elétrico nessa posição? (b) Qual seria a força exercida pelo mesmo corpo carregado sobre uma partícula alfa ($q = +2e$) posicionada na localização previamente ocupada pelo elétron?

Solução (a) Utilizando-se a Eq. 26-4, tem-se

$$E_y = \frac{F_y}{q} = \frac{3{,}60 \times 10^{-8} \text{ N}}{-1{,}60 \times 10^{-19} \text{ C}} = -2{,}25 \times 10^{11} \text{ N/C}.$$

O campo elétrico está no sentido negativo de y.
(b) A força sobre a partícula alfa segue da Eq. 26-4:

$$\begin{aligned}F_y &= qE_y = 2(+1{,}60 \times 10^{-19} \text{ C})(-2{,}25 \times 10^{11} \text{ N/C}) \\ &= -7{,}20 \times 10^{-8} \text{ N}.\end{aligned}$$

A força está no sentido negativo de y, o mesmo sentido do campo elétrico, mas oposto ao sentido da força sobre o elétron. No mesmo campo elétrico, a força sobre a partícula alfa é duas vezes maior do que a força sobre o elétron, porque a carga da partícula alfa tem uma intensidade duas vezes maior do que carga do elétron.

26-3 O CAMPO ELÉTRICO DE CARGAS PONTUAIS

Nesta seção, considera-se o campo elétrico de cargas pontuais, primeiro uma única carga e, em seguida, um conjunto de cargas individuais. Mais tarde, generaliza-se para distribuições contínuas de carga.

Considere uma carga de teste positiva q_0 posicionada a uma distância r de uma carga pontual q. A intensidade da força agindo sobre q_0 é dada pela lei de Coulomb,

$$F = \frac{1}{4\pi\epsilon_0} \frac{q_0|q|}{r^2}.$$

A intensidade do campo elétrico na posição da carga de teste é, da Eq. 26-3,

$$E = \frac{F}{q_0} = \frac{1}{4\pi\epsilon_0} \frac{|q|}{r^2}. \qquad (26\text{-}6)$$

A direção de $\vec{E}$ é a mesma de $\vec{F}$, ao longo de uma linha radial que passa por q, apontando para fora, se q é positivo, e para dentro, se q é negativo. A Fig. 26-3 mostra a intensidade, a direção e o sentido do campo elétrico $\vec{E}$ em vários pontos próximos a uma carga pontual positiva. Como esta figura ficaria se a carga fosse negativa?

Para determinar-se $\vec{E}$ para um conjunto de N cargas pontuais, o procedimento é o seguinte: (1) Calcule $\vec{E}$ devido a cada carga n nos pontos dados *como se fossem as únicas cargas presentes*. (2) Adicione vetorialmente esses campos calculados em separado para determinar o campo resultante $\vec{E}$ no ponto. Na forma de equação, tem-se

$$\vec{E} = \vec{E}_1 + \vec{E}_2 + \vec{E}_3 + \cdots$$
$$= \sum \vec{E}_n \qquad (n = 1, 2, 3, \ldots, N). \qquad (26\text{-}7)$$

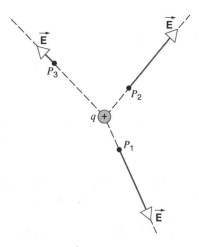

Fig. 26-3. O campo elétrico $\vec{E}$ em vários pontos próximos a uma carga pontual positiva q. Note que $\vec{E}$ tem direção radial e sentido apontando para fora de q. Os campos em P_1 e P_2, que estão à mesma distância de q, são iguais em intensidade. O campo em P_3, que está duas vezes mais afastado de q do que P_1 e P_2, tem um quarto da intensidade do campo em P_1 e P_2.

A soma é uma soma vetorial tomada sobre todas as cargas. A Eq. 26-7 (assim como a Eq. 25-8) é um exemplo da aplicação do *princípio da superposição*, que, neste contexto, estabelece que em um determinado ponto os campos elétricos devidos a diversas distribuições de carga simplesmente se somam (vetorialmente) ou se superpõem independentemente. Este princípio pode falhar quando as intensidades dos campos são extremamente grandes, mas ele é válido em todas as situações discutidas neste texto.

Problema Resolvido 26-2.

Em um átomo de hélio ionizado (um átomo de hélio no qual um dos dois elétrons foi removido), o elétron e o núcleo estão separados de uma distância de 26,5 pm. Qual a intensidade do campo elétrico devido ao núcleo na posição onde se encontra o elétron?

Solução Utiliza-se a Eq. 26-6, com q (a carga do núcleo) igual a $+2e$:

$$E = \frac{1}{4\pi\epsilon_0} \frac{|q|}{r^2} = \frac{(8{,}99 \times 10^9 \text{ N}\cdot\text{m}^2/\text{C}^2)[2(1{,}60 \times 10^{-19} \text{ C})]}{(26{,}5 \times 10^{-12} \text{ m})^2}$$
$$= 4{,}10 \times 10^{12} \text{ N/C}.$$

Este valor é 8 vezes o campo elétrico que age sobre um elétron no hidrogênio (ver Tabela 26-1). O aumento ocorre porque (1) a carga nuclear no hélio é duas vezes a do hidrogênio e (2) o elétron no hélio ionizado está mais perto do seu núcleo (segundo um fator de dois) do que para o caso de um elétron no átomo de hidrogênio.

Problema Resolvido 26-3.

A Fig. 26-4 mostra uma carga q_1 de $+1{,}5$ μC e uma carga q_2 de $+2{,}3$ μC. A primeira carga está na origem de um eixo x e a segunda está em uma posição $x = L$, onde $L = 13$ cm. Em que ponto P, ao longo do eixo x, o campo elétrico é nulo?

Solução O ponto deve estar entre as cargas porque somente nesta região as forças exercidas por q_1 e q_2 sobre a carga de teste se opõem uma à outra. Se $\vec{E}_1$ é o campo elétrico devido a q_1 e $\vec{E}_2$ é o devido a q_2, as intensidades destes vetores devem ser iguais, ou

$$E_1 = E_2.$$

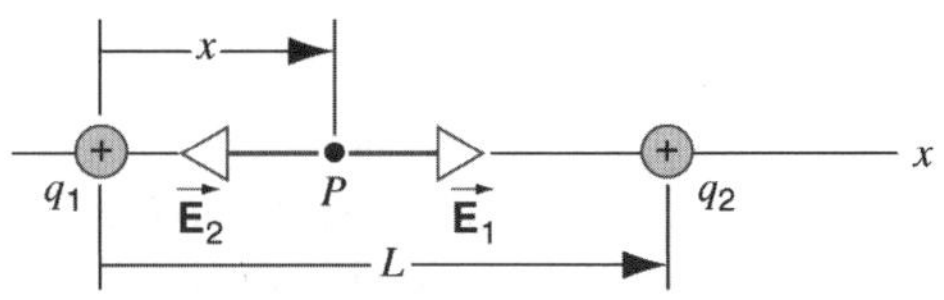

Fig. 26-4. Problema Resolvido 26-3. No ponto P, os campos elétricos das cargas q_1 e q_2 são iguais em intensidade, mas opostos em sentido, de modo que o campo resultante em P é nulo.

Da Eq. 26-6, tem-se

$$\frac{1}{4\pi\epsilon_0}\frac{q_1}{x^2} = \frac{1}{4\pi\epsilon_0}\frac{q_2}{(L-x)^2},$$

onde x é a coordenada do ponto P. Tomando-se a raiz quadrada de cada lado e resolvendo-se para x, obtém-se

$$x = \frac{L}{1 \pm \sqrt{q_2/q_1}},$$

onde levou-se em conta que a raiz quadrada pode ter tanto um valor positivo como negativo. Substituindo-se valores numéricos para L, q_1 e q_2, obtém-se

$$x = 5,8 \text{ cm e } x = -54,6 \text{ cm}.$$

A primeira solução, que define um ponto entre as cargas, é a solução procurada. A segunda solução define um ponto à esquerda das duas cargas. Neste ponto, é verdade que $E_1 = E_2$, mas o campo aponta no mesmo sentido, de modo que a sua soma vetorial não pode ser nula. Assim, justifica-se a eliminação da segunda solução.

O Dipolo Elétrico

Muitos objetos encontrados na natureza podem ser analisados como corpos isolados com uma carga resultante, conforme foi feito até aqui neste capítulo. Outros mostram diferentes tipos de comportamento. Um tipo de comportamento é característico de um objeto que tem uma carga *resultante* nula, mas é composto de cargas positiva e negativa iguais q e $-q$ separadas por uma distância fixa d. Por exemplo, uma molécula iônica como a do NaCl (no estado de vapor a alta temperatura, não na forma cristalina familiar) é eletricamente neutra, mas pode ser considerada como um íon Na$^+$ junto de um íon Cl$^-$. Como outro exemplo, um tipo de comportamento similar da molécula de água é, em parte, responsável pela grande solubilidade de várias substâncias na água.

A configuração de duas cargas iguais e opostas separadas por uma distância é chamada de um *dipolo elétrico*. Nas equações que descrevem os dipolos elétricos, a intensidade da carga q em cada um dos componentes e a sua separação d freqüentemente aparecem juntas como o produto qd. É conveniente definir esta grandeza como o *momento de dipolo elétrico p*:

$$p = qd. \quad (26\text{-}8)$$

Esta grandeza se comporta como um vetor. Define-se o vetor do momento de dipolo elétrico como tendo uma intensidade $p = qd$, uma direção ao longo da linha unindo as duas cargas e um sentido apontando da carga negativa para a carga positiva. A Fig. 26-5a mostra um dipolo elétrico e o seu vetor do momento de dipolo elétrico. No NaCl, por exemplo, a intensidade da carga q sobre cada íon é e, e a distância de separação medida é de 0,236 nm, de modo que espera-se que o momento de dipolo elétrico da molécula seja

$$p = ed = (1,60 \times 10^{-19} \text{ C})(0,236 \times 10^{-9} \text{ m})$$
$$= 3,78 \times 10^{-29} \text{ C} \cdot \text{m}.$$

O valor medido é $3,00 \times 10^{-29}$ C $\cdot$ m, indicando que o elétron não é inteiramente removido do Na e agregado ao Cl. De certa forma, o elétron é compartilhado entre o Na e o Cl, resultando em um momento de dipolo um pouco menor do que o esperado.

Agora calcula-se o campo elétrico $\vec{E}$ do dipolo no ponto P a uma distância x ao longo da mediatriz do dipolo, conforme mostrado na Fig. 26-5b.

As cargas positiva e negativa estabelecem campos elétricos $\vec{E}_+$ e $\vec{E}_-$, respectivamente. As intensidades destes dois campos em P são iguais, porque P é eqüidistante em relação às cargas positiva e negativa. A Fig. 26-5b também mostra as direções e os sentidos de $\vec{E}_+$ e $\vec{E}_-$, determinadas pelas direções e os sentidos das forças devidas a cada carga sozinha que agiriam sobre uma carga de teste positiva em P. O campo elétrico total em P é determinado, de acordo com a Eq. 26-7, através da soma vetorial

$$\vec{E} = \vec{E}_+ + \vec{E}_-.$$

As intensidades dos campos de cada carga podem ser obtidas da Eq. 26-6

$$E_+ = E_- = \frac{1}{4\pi\epsilon_0}\frac{q}{r^2} = \frac{1}{4\pi\epsilon_0}\frac{q}{x^2 + (d/2)^2}. \quad (26\text{-}9)$$

Uma vez que os campos $\vec{E}_+$ e $\vec{E}_-$ têm intensidades iguais e ângulos θ iguais em relação à direção z, conforme mostrado, a componente x do campo total é $E_+ \text{ sen } \theta - E_- \text{ sen } \theta = 0$. Assim, o campo total $\vec{E}$ somente tem uma componente z, de intensidade

$$E = E_+ \cos \theta + E_- \cos \theta = 2E_+ \cos \theta. \quad (26\text{-}10)$$

Da figura, observa-se que o co-seno do ângulo θ é determinado de acordo com

$$\cos \theta = \frac{d/2}{\sqrt{x^2 + (d/2)^2}}.$$

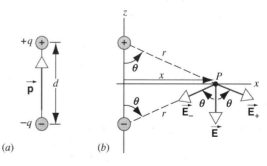

Fig. 26-5. (a) Cargas positiva e negativa de intensidade igual formam um dipolo. (b) O campo elétrico $\vec{E}$ em qualquer ponto é a soma vetorial dos campos devidos às cargas individuais. No ponto P sobre o eixo x, o campo tem somente uma componente z.

28 CAPÍTULO VINTE E SEIS

Substituindo este resultado e a Eq. 26-9 na Eq. 26-10, obtém-se

$$E = (2) \frac{1}{4\pi\epsilon_0} \frac{q}{x^2 + (d/2)^2} \frac{d/2}{\sqrt{x^2 + (d/2)^2}}$$

ou

$$E = \frac{1}{4\pi\epsilon_0} \frac{p}{[x^2 + (d/2)^2]^{3/2}}, \qquad (26\text{-}11)$$

usando a Eq. 26-8 ($p = qd$) para o momento de dipolo.

A Eq. 26-11 fornece a intensidade do campo elétrico em P devido ao dipolo. Observe que o problema tem simetria cilíndrica em torno do eixo z; isto é, o eixo x poderia ter sido escolhido como tendo qualquer direção perpendicular ao eixo do dipolo e o campo seria dado pela Eq. 26-11.

Freqüentemente, observa-se o campo de um dipolo elétrico em pontos P cuja distância x ao dipolo é muito grande em comparação com a separação d. Neste caso, pode-se simplificar um pouco o campo do dipolo através da expansão binomial,

$$(1 + y)^n = 1 + ny + \frac{n(n-1)}{2!} y^2 + \cdots.$$

Reescrevendo a Eq. 26-11 como

$$E = \frac{1}{4\pi\epsilon_0} \frac{p}{x^3} \frac{1}{[1 + (d/2x)^2]^{3/2}}$$

$$= \frac{1}{4\pi\epsilon_0} \frac{p}{x^3} \left[1 + \left(\frac{d}{2x} \right)^2 \right]^{-3/2}$$

e aplicando a expansão binomial ao fator entre colchetes, tem-se

$$E = \frac{1}{4\pi\epsilon_0} \frac{p}{x^3} \left[1 + \left(-\frac{3}{2} \right) \left(\frac{d}{2x} \right)^2 + \cdots \right].$$

Para $x \gg d$ é suficiente manter-se apenas o primeiro termo nos colchetes (o 1) e, assim, obtém-se uma expressão para a intensidade do campo elétrico devido a um dipolo em pontos distantes no seu plano médio:

$$E = \frac{1}{4\pi\epsilon_0} \frac{p}{x^3}. \qquad (26\text{-}12)$$

Uma expressão com uma forma similar é obtida para o campo ao longo do eixo do dipolo (o eixo z da Fig. 26-5b); ver Problema 1. Um resultado mais geral para o campo em qualquer ponto no plano xz também pode ser calculado; ver Problema 2. Em todos os casos, o campo em pontos distantes varia com a distância r ao dipolo como $1/r^3$. Este é um resultado característico para o campo do dipolo elétrico. O campo varia mais rapidamente com a distância do que a dependência $1/r^2$ característica de uma carga pontual.

Existem também distribuições de carga mais complicadas que fornecem campos elétricos que variam com o inverso de potências mais altas de r. Ver o Exercício 11 e o Problema 4 para exemplos da variação $1/r^4$ do campo elétrico de um *quadripolo* elétrico.

26-4 CAMPO ELÉTRICO DE DISTRIBUIÇÕES CONTÍNUAS DE CARGA

Na Seção 25-5 discutiu-se a força exercida sobre uma carga pontual por distribuições contínuas de carga. Estas distribuições contínuas de carga foram analisadas considerando-as como conjuntos de elementos infinitesimais de carga, que são tratados como cargas pontuais, e, em seguida, integrando sobre a distribuição para determinar a força. Utiliza-se aqui um método similar para calcular o campo elétrico devido às distribuições contínuas de carga. Na realidade, conforme será visto, pode-se utilizar os resultados da Seção 25-5 para obter-se o campo elétrico devido às distribuições consideradas nessa seção.

Primeiro discute-se o método geral para determinar-se o campo elétrico de uma distribuição contínua de carga. Divide-se a distribuição de carga em elementos infinitesimais dq, expressando-se o elemento de carga dq como $\lambda \, ds$, $\sigma \, dA$ ou $\rho \, dV$, dependendo se a carga está distribuída sobre uma linha (λ = densidade linear de carga ou carga por unidade de comprimento), superfície (σ = densidade superficial de carga ou carga por unidade de área) ou volume (ρ = densidade volumétrica de carga ou carga por unidade de volume). Escolhendo-se um elemento de carga arbitrário, escreve-se a intensidade da contribuição para o campo elétrico no ponto de observação P como se dq fosse uma carga pontual:

$$dE = \frac{1}{4\pi\epsilon_0} \frac{|dq|}{r^2}, \qquad (26\text{-}13)$$

utilizando a Eq. 26-6. A direção e o sentido do vetor $d\vec{E}$ são determinados pelo sinal de dq, estando de acordo com a direção e o sentido da força que dq exerceria sobre uma carga de teste em P. O campo resultante total em P para toda a distribuição é obtido adicionando-se as contribuições de todos os elementos de carga do objeto, levando-se em conta as direções e sentidos diferentes que todos os $d\vec{E}$ podem ter:

$$\vec{E} = \int d\vec{E}. \qquad (26\text{-}14)$$

Em coordenadas cartesianas, pode-se considerar a Eq. 26-14 como uma representação compacta das três componentes da equação:

$$E_x = \int dE_x, \qquad E_y = \int dE_y, \qquad E_z = \int dE_z. \quad (26\text{-}15)$$

Conforme será discutido adiante, freqüentemente é possível simplificar o cálculo verificando-se, através de conceitos de simetria, se uma ou duas destas integrais são nulas ou se duas delas têm valores idênticos.

Uma Linha Uniforme de Cargas

Como um exemplo da aplicação das Eqs. 26-13 a 26-15, considera-se o campo elétrico devido a uma linha de cargas (uma haste fina carregada, por exemplo) de comprimento L com uma densidade linear de carga $\lambda = q/L$ positiva e uniforme, onde q é a carga total da haste. A Fig. 26-6 mostra a geometria para o cálculo. Deseja-se determinar o campo no ponto P a uma distância y da haste ao longo da sua mediatriz (o eixo y positivo). A intensidade do campo elétrico $d\vec{E}$ no ponto P devido ao elemento de carga dq é dada pela Eq. 26-13. Pode-se concluir que $E_x = 0$, porque nenhum dos elementos de carga dq sobre a haste produz um $d\vec{E}$ com uma componente x. Também, da simetria, pode-se concluir que $E_z = 0$, porque, para cada dq com z positivo, existe um dq correspondente com z negativo, de modo que quando se adicionam os vetores $d\vec{E}$ dos dois elementos de carga, as componentes z cancelam-se. A única componente não-nula do campo elétrico em P é E_y. Assim, tem-se

$$dE_y = dE \cos \theta = \frac{1}{4\pi\epsilon_0} \frac{\lambda \, dz}{y^2 + z^2} \frac{y}{\sqrt{y^2 + z^2}},$$

onde utilizou-se a Eq. 26-13 para dE com $dq = \lambda \, dz$, $\cos \theta = y/r$ e $r^2 = y^2 + z^2$. O campo total em P é

$$E_y = \int dE_y = \int_{-L/2}^{+L/2} \frac{1}{4\pi\epsilon_0} \frac{\lambda y \, dz}{(y^2 + z^2)^{3/2}}.$$

Desenvolvendo a integração sobre z, mantendo-se y constante, obtém-se (ver a integral 18 no Apêndice I)

$$E_y = \frac{1}{4\pi\epsilon_0} \frac{\lambda L}{y\sqrt{y^2 + L^2/4}}. \quad (26\text{-}16)$$

Esta equação fornece o campo elétrico no ponto P sobre o eixo y positivo devido à linha de cargas. Note que este resultado poderia ter sido obtido diretamente da Eq. 25-15 para a força entre a linha de cargas e a carga pontual q_0, substituindo-se λL por q e usando-se a Eq. 26-3, $E_y = F_y/q_0$.

Assim como foi para o caso do dipolo elétrico, este problema também tem simetria cilíndrica em torno do eixo z, e o eixo y poderia ter sido escolhido de modo a ter qualquer direção perpendicular ao eixo da haste passando pelo ponto médio. A Fig. 26-7 mostra uma representação do campo no plano xy devido a uma haste uniforme carregada positivamente.

Assim como foi feito para a força calculada no Cap. 25, é importante checar os cálculos desenvolvidos para o campo elétrico para verificar se eles apresentam limites corretos. No limite $y \to \infty$, a Eq. 26-16 tende à expressão para o campo elétrico de uma carga pontual,

$$E_y = \frac{1}{4\pi\epsilon_0} \frac{q}{y^2},$$

onde utilizou-se $q = \lambda L$.

Freqüentemente, em situações envolvendo linhas de cargas, o ponto de observação está muito perto da linha, de modo que y é pequeno em comparação a L. Tomando o limite da Eq. 26-16 quando $L \gg y$ com λ permanecendo constante, tem-se o campo elétrico devido a uma linha de cargas infinitamente longa:

$$E_y = \frac{\lambda}{2\pi\epsilon_0 y}. \quad (26\text{-}17)$$

O campo tem a direção radial apontando para fora da haste e depende inversamente da distância à haste.

Pode-se perguntar sobre a utilidade de se calcular o campo devido a uma linha de cargas infinita quando qualquer linha de cargas real tem um comprimento finito. Entretanto, para pontos próximos à linha e longe de ambas as extremidades, a Eq. 26-17 fornece uma aproximação muito boa e útil do campo elétrico. A diferença entre o resultado aproximado, Eq. 26-17, e o resultado exato, Eq. 26-16, é freqüentemente desprezível. Neste caso, o resultado aproximado pode fornecer um melhor entendimento físico, porque a variação de E com a distância à haste fica mais aparente.

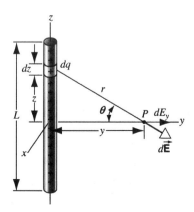

Fig. 26-6. Uma haste carregada uniformemente. O campo elétrico no ponto P é devido ao efeito total de todos os elementos de carga como dq.

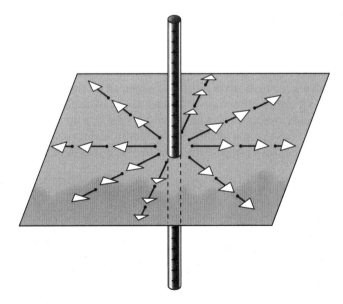

Fig. 26-7. O campo elétrico devido a uma haste carregada positivamente. O campo tem simetria cilíndrica em torno do eixo da haste.

Um Anel Uniforme ou Disco Carregado

Para discutir o campo elétrico devido a um anel ou um disco de raio R carregando uma densidade de carga uniforme, não é necessário desenvolver-se o cálculo completo começando com a Eq. 26-13. Já se calculou a força exercida sobre uma carga pontual q_0 por um anel ou um disco carregado. A força exercida por um anel de cargas sobre uma carga pontual q_0 sobre o eixo do anel é dado pela Eq. 26-16. Usando a Eq. 26-3, $E_z = F_z/q_0$, pode-se encontrar o campo elétrico em um ponto sobre o eixo z positivo devido ao anel de cargas diretamente da Eq. 25-16:

$$E_z = \frac{\lambda}{2\epsilon_0} \frac{Rz}{(z^2 + R^2)^{3/2}}, \qquad (26\text{-}18)$$

onde usou-se $q = \lambda(2\pi R)$. O campo elétrico está direcionado ao longo do eixo do anel (o eixo z) e aponta para fora do anel. A Eq.

26-18 é válida tanto para z positivo como negativo. Se o anel está positivamente carregado, o campo aponta ao longo do eixo no sentido oposto (em direção ao anel).

De forma similar, pode-se determinar o campo elétrico devido a um disco de cargas usando-se a Eq. 25-17:

$$E_z = \frac{\sigma}{2\epsilon_0}\left(1 - \frac{z}{\sqrt{z^2 + R^2}}\right). \qquad (26\text{-}19)$$

Aqui, expressou-se o campo elétrico em termos da densidade superficial de cargas do disco usando-se $q = \sigma A = \sigma(\pi R^2)$. Esta expressão fornece o campo elétrico em um ponto sobre o eixo z positivo, a uma distância z do disco. O campo aponta para fora do disco se o disco for carregado positivamente. A Eq. 26-19 somente é válida para $z > 0$. Como ela seria modificada se P estivesse localizado no eixo z negativo?

Uma Placa Infinita de Cargas

Considere agora o caso limite da Eq. 26-19 quando $R \rightarrow \infty$, de modo que o disco carregado torna-se uma placa infinita de cargas. Supõe-se que, à medida que R aumenta, carga é adicionada ao disco de modo que a densidade superficial de carga σ permanece constante. Sob estas condições, pode-se aproximar a Eq. 26-19 por

$$E_z = \frac{\sigma}{2\epsilon_0}. \qquad (26\text{-}20)$$

Este resultado é bastante útil, sendo aproximadamente válido

para um disco de densidade de carga uniforme quando se está perto do disco e longe de suas bordas. De fato, se estamos longe das bordas, não se pode dizer se a carga está distribuída sobre uma área circular ou sobre uma outra área, como um quadrado, um retângulo ou uma forma irregular. Conforme será visto no próximo capítulo, este resultado é válido para qualquer placa grande uniformemente carregada, não importando a sua forma. O campo tem uma intensidade uniforme e (para uma placa carregada positivamente) aponta para fora da placa de cargas.

Uma Casca Esférica de Carga Uniforme

Na Seção 25-5, estabeleceram-se duas propriedades de uma casca esférica uniformemente carregada: ela não exerce nenhuma força sobre uma carga de teste no seu interior e, nos pontos exteriores, a força que ela exerce sobre uma carga de teste é a mesma que seria exercida se toda a carga da casca estivesse concentrada em um ponto no seu centro. Essas propriedades podem ser usadas para deduzir-se o campo elétrico devido a uma casca fina uniformemente carregada. Suponha que a casca tenha um raio R e uma carga q, que assume-se como sendo positiva. Tem-se, assim, os seguintes resultados para o campo elétrico em diversas distâncias do centro da casca:

$$E = 0 \qquad (r < R) \qquad (26\text{-}21a)$$

$$E_r = \frac{1}{4\pi\epsilon_0} \frac{q}{r^2} \qquad (r \geq R). \qquad (26\text{-}21b)$$

O subscrito r no campo elétrico lembra-nos de que o campo aponta na direção radial. Estes resultados seguem diretamente da força sobre uma carga de teste em diferentes posições. Dentro da casca, o campo elétrico é nulo. Nos pontos externos, o campo elétrico é radial e idêntico ao de uma carga pon-

tual, de modo que ele tem a aparência do campo mostrado na Fig. 26-3.

As propriedades de cascas de cargas podem ser usadas para deduzir o campo elétrico devido a uma distribuição de carga com simetria esférica em uma esfera de raio R. Para simplificar, supõem-se que a carga esteja distribuída uniformemente ao longo da esfera, de modo que a sua densidade volumétrica de carga é uma constante. Se Q é a carga total da esfera, então a densidade volumétrica de carga é

$$\rho = \frac{Q}{\frac{4}{3}\pi R^3}. \qquad (26\text{-}22)$$

Imagine que a esfera seja dividida em diversas cascas finas de raio r e espessura dr. Se uma carga de teste é colocada a uma distância r da origem e dentro da casca ($r < R$), o campo elétrico na posição da carga teste é devido somente às cascas de raios menores; sabe-se da Eq. 26-21a que $E = 0$ para todas as cascas de raios maiores. Além disso, sabe-se da Eq. 26-21b que o campo devido a todas as esferas de raios menores é o mesmo do de uma carga pontual na origem. A intensidade dessa carga pontual é a mesma da associada à carga total de todas as cascas com

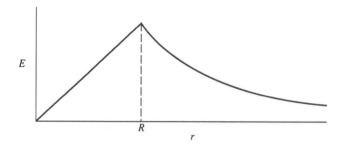

Fig. 26-8. A intensidade do campo elétrico devido a uma esfera uniformemente carregada de raio R.

raios inferiores a r, ou, de forma equivalente, à carga total q dentro da esfera de raio r, que é dada pela densidade volumétrica de carga vezes o volume da esfera de raio r:

$$q = \rho(\tfrac{4}{3}\pi r^3) = Q\frac{r^3}{R^3}, \qquad (26\text{-}23)$$

usando a densidade de carga segundo a Eq. 26-22.

Assim, a Eq. 26-21b fornece a componente radial do campo elétrico nesta posição dentro da esfera:

$$E_r = \frac{1}{4\pi\epsilon_0}\frac{Qr}{R^3} \qquad (r < R). \qquad (26\text{-}24)$$

Se, conforme foi suposto, Q é positiva, o campo aponta radialmente para fora; se Q é negativa, o campo aponta radialmente para dentro. Para $r > R$, o campo é idêntico ao daquele de uma carga pontual Q localizada na origem (Eq. 26-6). Observe que o campo aumenta linearmente com r para $r < R$ e decresce com $1/r^2$ para $r > R$. A Fig. 26-8 mostra a intensidade do campo elétrico como uma função de r.

Problema Resolvido 26-4.

Uma haste de plástico, cujo comprimento L é 220 cm e cujo raio R é 3,6 mm, possui uma carga negativa q de intensidade $3{,}8 \times 10^{-7}$ C, uniformemente espalhada sobre a sua superfície. Qual o campo elétrico perto do ponto médio da haste, em um ponto sobre a sua superfície?

Solução Embora a haste não seja infinitamente longa, para um ponto sobre a sua superfície e perto do seu ponto médio ela é efetivamente muito longa, de modo que justifica-se o emprego da Eq. 26-17. A densidade linear de carga para a haste é

$$\lambda = \frac{q}{L} = \frac{-3{,}8 \times 10^{-7}\,\text{C}}{2{,}2\,\text{m}} = -1{,}73 \times 10^{-7}\,\text{C/m}.$$

Da Eq. 26-17 tem-se, para $y = 0{,}0036$ m,

$$E_y = \frac{\lambda}{2\pi\epsilon_0 y}$$

$$= \frac{-1{,}73 \times 10^{-7}\,\text{C/m}}{(2\pi)(8{,}85 \times 10^{-12}\,\text{C}^2/\text{N}\cdot\text{m}^2)(0{,}0036\,\text{m})}$$

$$= -8{,}6 \times 10^{5}\,\text{N/C}.$$

O sinal negativo nos diz que, devido a haste estar negativamente carregada, o sentido do campo elétrico aponta radialmente para dentro, em direção ao eixo da haste. Observa-se que ocorre centelhamento em ar seco à pressão atmosférica para um campo elétrico com uma intensidade de cerca de 3×10^6 N/C. A intensidade do campo calculada é inferior a este valor segundo um fator de aproximadamente 3,4, de modo que não ocorrerá o centelhamento.

26-5 LINHAS DE CAMPO ELÉTRICO

O conceito de campo elétrico foi introduzido no início do século XIX por Michael Faraday. Faraday não desenvolveu a representação matemática do campo elétrico; em vez disso, ele desenvolveu uma representação gráfica, na qual ele imaginou o espaço em torno de uma carga elétrica como sendo preenchido por *linhas de força*. Hoje em dia, não se consideram as linhas de força da mesma forma que Faraday o fez, mas elas são conservadas como uma forma conveniente para visualizar o campo elétrico. Estas linhas são referenciadas como *linhas de campo elétrico*.

A Fig. 26-9a mostra as linhas do campo elétrico representando um campo uniforme. Observe que as linhas são paralelas e igualmente espaçadas. A Fig. 26-9b mostra linhas representando um campo não-uniforme. Por convenção, as linhas são desenhadas com a seguinte propriedade:

A tangente à linha de campo elétrico passando por qualquer ponto no espaço fornece a direção do campo elétrico naquele ponto.

Na Fig. 26-9a, por exemplo, o campo elétrico no ponto P tem direção vertical e aponta para cima, tangente às linhas de campo. Uma vez que o campo é uniforme, o campo elétrico tem esta direção em todos os pontos nesta região do espaço. Na Fig. 26-9b, que mostra um campo não-uniforme, o campo elétrico tem diferentes direções nos pontos P_1 e P_2, sendo, em cada caso, tangente à linha de campo elétrico passando por aquele ponto.

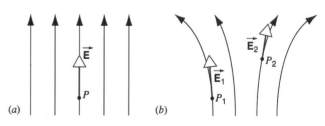

Fig. 26-9. (a) Linhas de campo elétrico para um campo uniforme. (b) Linhas de campo elétrico para um campo não-uniforme.

Para que as linhas de campo elétrico tenham esta propriedade, também devem ser desenhadas de modo que

As linhas de campo elétrico começam das cargas positivas e terminam nas cargas negativas.

Por exemplo, a Fig. 26-10 representa as linhas de campo para uma carga pontual positiva isolada (ou uma pequena esfera de carga positiva). As linhas apontam radialmente para fora, de modo que em qualquer ponto *P* o campo é radial. As linhas de campo iniciam-se na carga positiva e estendem-se até o infinito, uma vez que não existem cargas negativas nesta região. Se as cargas fossem negativas, as linhas de campo apontariam no sentido oposto (radialmente para dentro).

Uma última propriedade que as linhas de campo elétrico precisam ter é que

A intensidade do campo elétrico em qualquer ponto é proporcional ao número de linhas por unidade de área transversal perpendicular às linhas.

Em outras palavras, quanto mais denso for o empacotamento das linhas de campo perto de um ponto, maior é o campo naquele ponto. A Fig. 26-9*b*, por exemplo, sugere que a intensidade do campo é maior na parte inferior da figura (perto do ponto P_1) do que no topo da figura (perto do ponto P_2). Por outro lado, na Fig. 26-9*a* o espaçamento das linhas de campo é o mesmo em todos os pontos, sugerindo que o campo tem a mesma intensidade em qualquer lugar. Para uma carga pontual, (Fig. 26-10), as linhas de campo estão mais próximas perto da carga e mais afastadas longe da carga, o que indica que torna-se mais fraco à medida que a distância com relação à carga aumenta.

O campo uniforme perto de uma grande placa de cargas positivas é mostrado na Fig. 26-11. A direção do campo é perpendicular à placa. Perto das bordas da placa, o campo torna-se não-uniforme e não fica mais perpendicular à placa, mas à medida que se chega perto do centro da placa e longe das bordas, o campo torna-se muito próximo de uma distribuição uniforme. Mais uma vez, as linhas de campo estendem-se até o infinito.

A Fig. 26-12 mostra o campo perto de um dipolo (ilustrando como as linhas de campo se iniciam nas cargas positivas e terminam nas cargas negativas), e a Fig. 26-13 mostra o campo perto de duas cargas positivas iguais. Observe as diferenças entre os dois padrões. Na região diretamente entre as cargas, a densidade das linhas de carga é maior na Fig. 26-12 do que na Fig. 26-13,

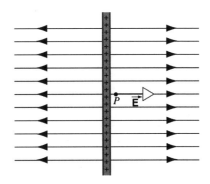

Fig. 26-11. Linhas de campo elétrico perto de uma placa fina uniformemente carregada. Aqui está-se olhando para uma borda da placa orientada perpendicularmente à página.

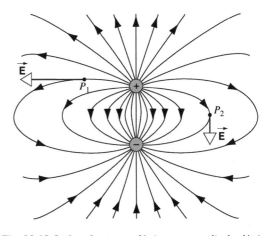

Fig. 26-12. Linhas de campo elétrico para um dipolo elétrico.

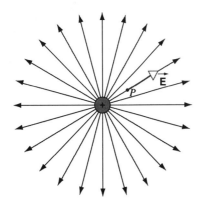

Fig. 26-10. As linhas de campo elétrico envolvem uma carga pontual positiva isolada ou uma esfera uniformemente carregada positivamente. O campo em um ponto arbitrário *P* é mostrado.

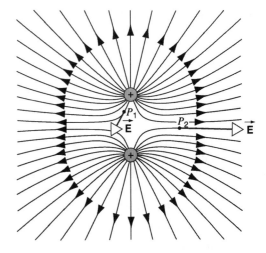

Fig. 26-13. Linhas de campo elétrico para duas cargas positivas iguais.

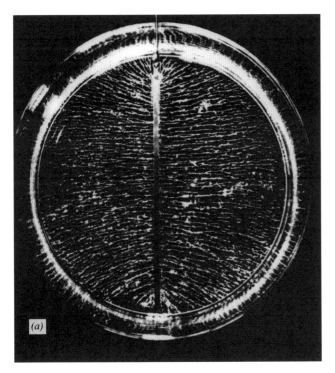 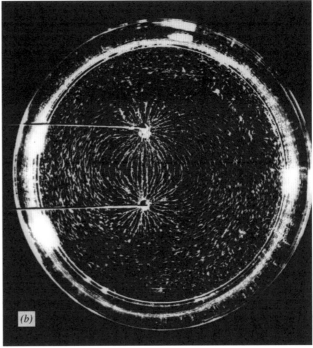

Fig. 26-14. Fotografias de padrões de linhas de campo elétrico em torno de (a) uma placa carregada (que produz linhas de campo paralelas) e (b) duas hastes com cargas iguais e opostas (similar ao dipolo elétrico da Fig. 26-12). Os padrões tornaram-se visíveis através de sementes de grama suspensas em um líquido isolante.

sugerindo que o dipolo promove um campo maior nesta região do que as duas cargas positivas. Uma vez que o campo elétrico é nulo no ponto médio entre as cargas na Fig. 26-13, nenhuma linha pode ser desenhada através desse ponto. À medida que se afasta das duas cargas na Fig. 26-13, o padrão começa a apresentar semelhança com aquele associado a uma única carga (como na Fig. 26-10). Nos pontos externos no plano médio (o plano perpendicular à página e no ponto médio entre as cargas), o campo é pequeno para o dipolo e direcionado para baixo, enquanto para as cargas iguais o campo é grande e direcionado radialmente para fora, conforme indicado nos pontos P_2 nas Figs. 26-12 e 26-13.

Estes desenhos podem ser bastante úteis para ajudar na visualização dos padrões das linhas de campo elétrico. No entanto, é preciso lembrar de que eles representam somente uma "fatia" unidimensional do que é, na realidade, um padrão tridimensional. Os espaçamentos relativos das linhas de campo em duas dimensões não correspondem estritamente aos espaçamentos do padrão tridimensional, e os espaçamentos das linhas de campo nos desenhos bidimensionais apresentados não têm nenhuma relação matemática com a intensidade do campo, a não ser indicar regiões onde o campo pode ser uniforme ou pode estar aumentando ou diminuindo de intensidade.

O padrão das linhas de campo elétrico pode tornar-se visível aplicando-se um campo elétrico a uma suspensão de pequenos objetos em um fluido isolante. A Fig. 26-14 mostra fotografias de padrões que lembram os desenhos de linhas de campo elétrico para uma placa carregada e um dipolo elétrico.

26-6 UMA CARGA PONTUAL EM UM CAMPO ELÉTRICO

Nas seções anteriores considerou-se a primeira parte da interação carga ⇄ campo ⇄ carga: Dado um conjunto de cargas, qual o campo elétrico resultante? Nesta e na próxima seção, considera-se a segunda parte: o que acontece quando se coloca uma partícula carregada em um campo elétrico conhecido?

Da Eq. 26-4, sabe-se que uma partícula de carga q em um campo elétrico $\vec{E}$ experimenta uma força $\vec{F}$ dada por

$$\vec{F} = q\vec{E}.$$

Para se estudar o movimento da partícula no campo elétrico, basta utilizar a segunda lei de Newton, $\Sigma\vec{F} = m\vec{a}$, onde a força resultante sobre a partícula inclui a força elétrica e quaisquer outras forças que possam estar agindo.

Assim como foi feito no estudo desenvolvido para as leis de Newton, pode-se obter uma simplificação quando se considera o caso no qual a força é constante. Portanto, começa-se considerando casos nos quais o campo elétrico e a força elétrica correspondente são uniformes (isto é, eles não variam com a posição) e constantes (eles não variam com o tempo). Tal situação pode ser obtida, na prática, em uma região perto de uma grande placa de cargas, conforme foi discutido na Seção 26-4. Para uma uniformidade ainda maior, pode-se usar um par de placas separadas por uma pequena distância e com cargas opostas, que pode ser obtido conectando os terminais de uma bateria a um par de placas de metal paralelas. Nos exemplos apresentados a seguir, supõe-se que o campo somente existe na região entre as placas e cai repentinamente até zero quando a partícula deixa esta região. Na realidade, o campo decresce rapidamente ao longo de uma distância que é da ordem do espaço entre as placas; quando esta distância é pequena, o fato de se ignorar o efeito da borda para o cálculo do movimento da partícula não induz a um erro muito grande.

Problema Resolvido 26-5.

Uma gota de óleo carregada de raio $R = 2{,}76$ μm e massa específica $\rho = 918$ kg/m^3 é mantida em equilíbrio sob a influência combinada do seu peso e um campo elétrico para baixo de intensidade $E = 1{,}65 \times 10^6$ N/C (Fig. 26-15). (*a*) Calcule a intensidade e o sinal da carga durante a queda. Expresse o resultado em termos da carga elementar e. (*b*) A gota é exposta a uma fonte radioativa que emite elétrons. Dois elétrons atingem a gota e são capturados por ela, mudando a sua carga de duas unidades. Se o campo elétrico permanece em um valor constante, calcule a aceleração resultante da gota.

Solução (*a*) Para manter a gota em equilíbrio, o seu peso mg precisa ser equilibrado por uma força elétrica igual de intensidade qE agindo para cima. Uma vez que o campo elétrico é dado como tendo o sentido para baixo, a carga q da gota precisa ser negativa para que a força elétrica aponte no sentido oposto ao do campo. A condição de equilíbrio é

$$\Sigma \vec{F} = m\vec{g} + q\vec{E} = 0.$$

Tomando as componentes y, obtém-se

$$-mg + q(-E) = 0$$

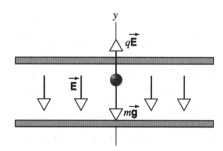

Fig. 26-15. Problema Resolvido 26-5. Uma gota carregada negativamente é colocada em um campo elétrico uniforme $\vec{E}$. A gota move-se sob a influência combinada do seu peso $m\vec{g}$ e a força elétrica $q\vec{E}$.

ou, resolvendo-se para a incógnita q,

$$q = -\frac{mg}{E} = -\frac{\frac{4}{3}\pi R^3 \rho g}{E}$$

$$= -\frac{\frac{4}{3}\pi (2{,}76 \times 10^{-6} \text{ m})^3 (918 \text{ kg/m}^3)(9{,}80 \text{ m/s}^2)}{1{,}65 \times 10^6 \text{ N/C}}$$

$$= -4{,}80 \times 10^{-19} \text{ C}.$$

Se q for escrito em termos da carga eletrônica $-e$ como $q = n(-e)$, onde n é o número de cargas eletrônicas na gota, então

$$n = \frac{q}{-e} = \frac{-4{,}80 \times 10^{-19} \text{ C}}{-1{,}60 \times 10^{-19} \text{ C}} = 3.$$

(*b*) Se dois elétrons forem adicionados à gota, a sua carga se tornará

$$q' = (n+2)(-e) = 5(-1{,}60 \times 10^{-19} \text{ C}) = -8{,}00 \times 10^{-19} \text{ C}.$$

A segunda lei de Newton pode ser escrita

$$\Sigma \vec{F} = m\vec{g} + q\vec{E} = m\vec{a}.$$

e tomando os componentes y, obtém-se

$$-mg + q'(-E) = ma.$$

Pode-se, então, resolver para a aceleração

$$a = -g - \frac{q'E}{m}$$

$$= -9{,}80 \text{ m/s}^2 - \frac{(-8{,}00 \times 10^{-19} \text{ C})(1{,}65 \times 10^6 \text{ N/C})}{\frac{4}{3}\pi (2{,}76 \times 10^{-6} \text{ m})^3 (918 \text{ kg/m}^3)}$$

$$= -9{,}80 \text{ m/s}^2 + 16{,}3 \text{ m/s}^2 = +6{,}5 \text{ m/s}^2.$$

A gota acelera no sentido positivo de y.

Neste cálculo, ignorou-se a força de arrasto viscosa, que costuma ser importante nesta situação. Na realidade, encontrou-se a aceleração da gota no instante em que ela adquiriu os dois elétrons extras. A força de arrasto, que depende da velocidade da gota, é inicialmente nula se a gota parte do repouso, mas ela aumenta quando a gota começa a se mover, e assim, a aceleração da gota irá decrescer em intensidade.

Esta configuração experimental forma a base do experimento da gota de óleo de Millikan, que é usado para medir a intensidade da carga eletrônica. O experimento é discutido mais adiante nesta seção.

Problema Resolvido 26-6.

A Fig. 26-16 mostra o sistema de eletrodos defletores de uma impressora jato de tinta. Uma gota de tinta cuja massa m é $1{,}3 \times 10^{-10}$ kg carrega uma carga q de $-1{,}5 \times 10^{-13}$ C e entra no sistema de placas defletoras com uma velocidade $v = 18$ m/s. O comprimento L dessas placas é $1{,}6$ cm e a intensidade do campo elétrico E entre as placas é de $1{,}4 \times 10^6$ N/C. Qual a deflexão vertical da gota na extremidade de saída das placas? Ignore a variação do campo elétrico nas extremidades das placas.

Solução Seja t o tempo da passagem da gota através do sistema de deflexão. Os deslocamentos horizontais e verticais são dados por

$$y = \tfrac{1}{2}at^2 \quad \text{e} \quad L = vt,$$

respectivamente, onde a é a aceleração vertical da gota.

Assim como no problema resolvido anterior, pode-se escrever a componente y da segunda lei de Newton como $-mg + q(-E) = ma$. Pode ser facilmente verificado que, neste caso, a força elétrica agindo sobre a gota, $-qE$, é muito maior do que a força gravitacional mg, de modo que a aceleração da gota pode ser tomada como $-qE/m$. Eliminando-se t entre as duas equações de deslocamento e substituindo-se este valor para a, tem-se

$$\begin{aligned}
y &= \frac{-qEL^2}{2mv^2} \\
&= \frac{-(-1{,}5 \times 10^{-13}\,\text{C})(1{,}4 \times 10^6\,\text{N/C})(1{,}6 \times 10^{-2}\,\text{m})^2}{(2)(1{,}3 \times 10^{-10}\,\text{kg})(18\,\text{m/s})^2} \\
&= 6{,}4 \times 10^{-4}\,\text{m} = 0{,}64\,\text{mm}.
\end{aligned}$$

A deflexão no papel será maior do que este valor porque a gota de tinta segue uma trajetória retilínea após deixar a região de deflexão, conforme está indicado pela linha tracejada na Fig. 26-16. Para direcionar as gotas de tinta de modo que elas formem adequadamente os caracteres, é necessário controlar a carga q das gotas — à qual a deflexão é proporcional — em uma faixa de alguns poucos por cento. Neste tratamento, mais uma vez desprezou-se as forças de arrasto viscoso que agem sobre a gota; para estas velocidades altas das gotas, elas são consideráveis.

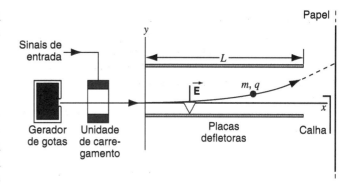

Fig. 26-16. Problema Resolvido 26-16. As características essenciais de uma impressora jato de tinta. Um sinal de entrada de um computador controla a carga fornecida à gota e, portanto, a posição que a gota atinge o papel. Uma força transversal promovida pelo campo elétrico $\vec{E}$ é responsável por defletir a gota. A gota move-se em uma trajetória parabólica enquanto está entre as placas, e move-se ao longo de uma linha reta (mostrada tracejada) após deixar as placas.

Medição da Carga Elementar

Hoje em dia, sabe-se que a carga elétrica é quantizada; isto é, ela aparece somente em múltiplos inteiros da carga elementar e, cujo valor correntemente aceito é de $1{,}602176462 \times 10^{-19}$ C, com uma incerteza somente nos últimos dois dígitos. Este valor atual, assim como quase todas as constantes físicas fundamentais, tem sido obtido de uma variedade de experimentos cada vez mais precisos e interligados.

Como se descobriu que a carga é quantizada e como o valor de e foi medido pela primeira vez? As primeiras respostas definitivas para estas questões foram obtidas através de experimentos realizados pelo físico americano Robert A. Millikan* (1868–1953). Por este trabalho e outros relacionados, Millikan recebeu em 1923 o Prêmio Nobel de física.

A Fig. 26-17 mostra o aparato de Millikan. Um atomizador introduz gotículas de óleo na câmara A. Algumas das gotas podem tornar-se carregadas (positivamente ou negativamente) durante o processo. Considera-se uma gota de carga q (suposta negativa); esta gota entra na câmara C através de um pequeno furo na placa P_1.

Se não existisse nenhum campo elétrico na câmara C, duas forças agiriam sobre a gota, o seu peso mg e uma força de arrasto viscosa direcionada para cima, cuja intensidade é proporcional à velocidade da gota em queda. A gota atinge rapidamente uma velocidade constante terminal v, para a qual as duas forças se equilibram.

Agora, estabelece-se na câmara um campo elétrico $\vec{E}$ direcionado para baixo conectando-se a bateria B entre as placas P_1 e P_2. Assim, uma terceira força $q\vec{E}$ passa a agir sobre a gota. Se q

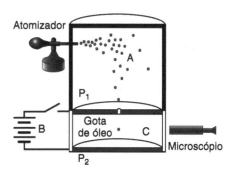

Fig. 26-17. O aparato de gota de óleo de Millikan para medir a carga elementar e. O movimento de uma gota é observado na câmara C, onde agem sobre a gota a gravidade, o campo elétrico gerado pela bateria B e, se a gota estiver em movimento, uma força viscosa de arrasto.

---

*Para detalhes dos experimentos de Millikan, ver Henry A. Boorse e Lloyd Motz (eds.), *The World of the Atom* (Basic Books, 1966), Capítulo 40. Para o ponto de vista de dois físicos que conheceram Millikan como alunos de pós-graduação, ver "Robert A. Millikan, Physics Teacher", por Alfred Romer, *The Physics Teacher*, Fevereiro de 1978, p.78, e "My Work with Millikan on the Oil-Drop Experiment", por Harvey Fletcher, *Physics Today*, Junho de 1982, p. 43.

é negativo, esta força aponta para cima, e — supõe-se que — a gota caminha para cima com uma nova velocidade terminal v'. Em cada caso, a força de arrasto aponta no sentido oposto ao do movimento da gota e tem uma intensidade proporcional à velocidade da gota. A carga q da gota pode ser encontrada medindo-se v e v'.

Millikan encontrou que os valores de q eram todos consistentes com a relação

$$q = ne \qquad n = 0, \pm 1, \pm 2, \pm 3, \ldots$$

Isto é, as cargas nas gotas ocorrem somente em múltiplos inteiros de uma determinada grandeza fundamental, a carga elementar e, que Millikan deduziu que tinha um valor de $1{,}64 \times 10^{-19}$ C é completamente consistente com o valor correntemente aceito. O experimento de Millikan fornece uma prova convincente de que a carga é quantizada.

Movimento em Campos Elétricos Não-uniformes (Opcional)

Até aqui consideraram-se somente campos uniformes, nos quais o campo elétrico é constante em intensidade e direção sobre a região na qual a partícula se move. No entanto, freqüentemente é necessário lidar com campos que não são uniformes. Considere, por exemplo, um anel de cargas positivas, conforme mostrado na Fig. 26-18. O campo elétrico sobre o eixo do anel é dado pela Eq. 26-18. Suponha que uma partícula carregada, com velocidade inicial v_0, seja lançada de uma longa distância ao longo do eixo z na direção do anel. À medida que a partícula se move ao longo do eixo, o campo elétrico (e, portanto, a força elétrica sobre a partícula) aumenta. Desprezando-se a gravidade e considerando-se somente a força elétrica sobre a partícula, como o movimento subseqüente pode ser analisado?

Em tais casos, é necessário utilizar métodos analíticos para forças que dependem da posição, de forma similar àqueles discutidos na Seção 5-5 para forças dependentes do tempo. Um método equivalente é seguir o procedimento fornecido na Seção 12-5 uma vez que, conforme será discutido no Cap. 28, a força eletrostática é uma força conservativa. Uma forma alternativa consiste na utilização de técnicas numéricas para encontrar a solução, dividindo-se o movimento em intervalos infinitesimais suficientemente pequenos para que a aceleração possa ser tomada como aproximadamente constante; uma solução aproximada pode ser obtida com um computador.

Para este cálculo, utiliza-se um anel de raio $R = 3$ cm e uma densidade linear de carga $\lambda = +2 \times 10^{-7}$ C/m. Um próton ($q =$

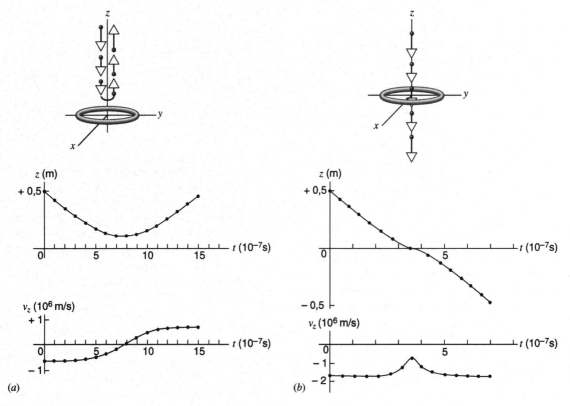

Fig. 26-18. (a) O movimento de um próton projetado ao longo do eixo de um anel carregado positivamente de maneira uniforme. A posição e a velocidade são mostradas. O próton atinge o repouso instantâneo em um tempo de cerca de 8×10^{-7} s e inverte o seu movimento. Os pontos são resultados de cálculos numéricos; as curvas foram desenhadas através dos pontos. (b) Se a velocidade inicial do próton é aumentada suficientemente, ele pode passar através do anel; a sua velocidade atinge um valor mínimo quando passa através do centro do anel.

+1,6 × 10⁻¹⁹ C, $m = 1,67 \times 10^{-27}$ kg) é lançado ao longo do eixo do anel de uma posição inicial em $z = +0,5$ m, com uma velocidade inicial $v_{z0} = -7 \times 10^{-5}$ m/s. (A velocidade inicial negativa significa que o próton move-se para baixo em direção ao anel, que está no plano xy.) O anel positivamente carregado exerce uma força repulsiva sobre o próton carregado positivamente, diminuindo a sua velocidade. Na Fig. 26-18a apresenta-se um gráfico do movimento resultante para o caso em que o próton não tem energia cinética inicial suficiente para chegar ao plano do anel. O próton atinge o repouso instantâneo em um ponto logo acima do plano do anel e, então, inverte o seu movimento agora que o anel o acelera no sentido positivo de z. Note que, exceto para a região perto do anel, a velocidade do próton é aproximadamente constante, porque o campo elétrico é fraco a grandes distâncias.

A Fig. 26-18b ilustra o movimento no caso em que o próton tem uma energia cinética inicial mais do que suficiente para alcançar o plano do anel. A força repulsiva desacelera o próton, mas não o pára. O próton passa através do anel, com a intensidade de sua velocidade atingindo o mínimo quando ele passa pelo anel. Mais uma vez, o próton move-se com velocidade aproximadamente constante longe do anel. ■

26-7 UM DIPOLO EM UM CAMPO ELÉTRICO

Quando se coloca um dipolo elétrico (Fig. 26-5a) em um campo elétrico *externo*, a força sobre a carga positiva terá um sentido oposto ao da força sobre a carga negativa. Para contabilizar o efeito resultante destas forças, é conveniente usar o vetor do momento de dipolo $\vec{p}$, que tem uma intensidade $p = qd$ e tem um sentido que vai da carga negativa para a carga positiva. Escrever o momento de dipolo como um vetor, faz com que as relações fundamentais envolvendo dipolos elétricos sejam escritas de uma forma concisa.

A Fig. 26-19a mostra um dipolo em um campo elétrico uniforme $\vec{E}$. (Este campo *não* é o do dipolo, mas é produzido por um agente externo que não é mostrado na figura.) O momento de dipolo $\vec{p}$ faz um ângulo θ com a direção do campo. Supõe-se que o campo seja uniforme, de modo que $\vec{E}$ tenha a mesma intensidade, direção e sentido nas posições de $+q$ e $-q$. Assim, as forças sobre $+q$ e $-q$ têm intensidades iguais $F = qE$, mas sentidos opostos, conforme mostrado na Fig. 26-19a. A força resultante sobre o dipolo devido ao campo elétrico externo é, portanto, nula, mas existe um momento resultante em torno do seu centro de massa que tende a girar o dipolo de modo a alinhar $\vec{p}$ com $\vec{E}$. O torque em cada carga é dado por $\tau = Fr$; o torque resultante em torno do centro do dipolo, devido às duas forças, tem a intensidade

$$\tau = F\frac{d}{2}\operatorname{sen}\theta + F\frac{d}{2}\operatorname{sen}\theta = Fd\operatorname{sen}\theta, \quad (26\text{-}25)$$

e a sua direção é perpendicular ao plano da página e com o sentido entrando na página, conforme indicado na Fig. 26-19b. Pode-se escrever a Eq. 26-25 como

$$\tau = (qE)d\operatorname{sen}\theta = (qd)E\operatorname{sen}\theta = pE\operatorname{sen}\theta. \quad (26\text{-}26)$$

A Eq. 26-26 pode ser escrita na forma vetorial como

$$\vec{\tau} = \vec{p} \times \vec{E}, \quad (26\text{-}27)$$

que é consistente com as relações direcionais para o produto vetorial, conforme mostrado pelos três vetores na Fig. 26-19b.

Assim, como é geralmente o caso em dinâmica quando forças conservativas agem (a força eletrostática é conservativa, conforme será discutido no Cap. 28), o sistema pode ser igualmente bem representado usando-se equações de força ou equações de energia. Considere o trabalho realizado pelo campo elétrico ao girar o dipolo de um ângulo θ. Utilizando-se a expressão apropriada do trabalho para movimento rotacional (Eq. 11-25), pode-se escrever o trabalho realizado pelo campo externo ao girar o dipolo de um ângulo inicial θ_0 até um ângulo final θ como

$$W = \int dW = \int_{\theta_0}^{\theta} \vec{\tau} \cdot d\vec{\theta} = \int_{\theta_0}^{\theta} -\tau\, d\theta, \quad (26\text{-}28)$$

onde $\vec{\tau}$ é o torque exercido pelo campo elétrico externo. O sinal de menos na Eq. 26-28 é necessário porque o torque τ tende a *decrescer* θ; em terminologia vetorial $\vec{\tau}$ e $d\vec{\theta}$ têm sentidos opostos, de modo que $\vec{\tau} \cdot d\vec{\theta} = -\tau\, d\theta$. Combinando a Eq. 26-28 com a Eq. 26-26, obtém-se

$$W = \int_{\theta_0}^{\theta} -pE\operatorname{sen}\theta\, d\theta = -pE\int_{\theta_0}^{\theta} \operatorname{sen}\theta\, d\theta$$

$$= pE(\cos\theta - \cos\theta_0). \quad (26\text{-}29)$$

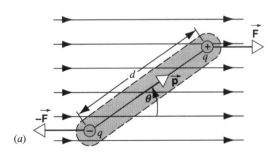

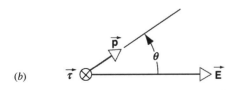

Fig. 26-19. (a) Um dipolo elétrico em um campo elétrico uniforme. (b) A relação vetorial $\vec{\tau} = \vec{p} \times \vec{E}$ entre o momento de dipolo $\vec{p}$, o campo elétrico $\vec{E}$ e o torque resultante $\vec{\tau}$ sobre o dipolo. O torque aponta para dentro da página.

Uma vez que o trabalho realizado pelo agente que produz o campo elétrico é igual ao negativo da variação na energia potencial do sistema composto pelo campo + dipolo, tem-se

$$\Delta U \equiv U(\theta) - U(\theta_0) = -W = -pE(\cos\theta - \cos\theta_0). \quad (26\text{-}30)$$

Define-se arbitrariamente o ângulo de referência θ_0 como sendo 90° e escolhe-se a energia potencial $U(\theta_0)$ como sendo nula naquele ângulo. Para um ângulo qualquer, a energia potencial é então

$$U = -pE\cos\theta, \quad (26\text{-}31)$$

a qual pode ser escrita na forma vetorial como

$$U = -\vec{p}\cdot\vec{E}. \quad (26\text{-}32)$$

Assim, U é um mínimo quando $\vec{p}$ e $\vec{E}$ são paralelos.

Uma molécula de água tem um momento de dipolo elétrico. Em um forno de microondas, o campo elétrico da radiação de microondas tende a girar o momento de dipolo das moléculas de água de modo a promover o alinhamento com o campo. Uma molécula de água livre pode oscilar para a frente e para trás em torno da sua posição de equilíbrio, mas nos materiais (como os alimentos) as interações entre moléculas de água próximas convertem o movimento angular devido ao torque (ou, de forma equivalente, a energia cinética de rotação proveniente do decréscimo da energia potencial do dipolo no campo) em energia interna. O sentido do campo elétrico reverte a cada 2×10^{-10} s, e, enquanto os momentos de dipolo continuamente tentam seguir o campo, eles transferem energia que cozinha os alimentos.

Pode-se interpretar o movimento de um dipolo em um campo externo como um torque que gira o dipolo de modo a alinhá-lo com o campo (Eq. 26-27) ou como uma energia potencial que se torna mínima quando o dipolo está alinhado com o campo (Eq. 26-32). A escolha entre as duas interpretações é usualmente baseada na conveniência na aplicação a um determinado problema.

Problema Resolvido 26-7.

Uma molécula de vapor d'água (H_2O) tem um momento de dipolo elétrico de intensidade $p = 6{,}2 \times 10^{-30}$ C·m. (Este grande momento de dipolo é responsável por muitas das propriedades que fazem da água uma substância tão importante, como a sua habilidade em agir como um solvente quase universal.) A Fig. 26-20 é uma representação desta molécula, mostrando os três núcleos e a distribuição dos elétrons à sua volta. O momento de dipolo elétrico $\vec{p}$ é representado por um vetor sobre o eixo de simetria. O momento de dipolo se desenvolve porque o centro efetivo da carga positiva não coincide com o centro efetivo da carga negativa. (Um caso contrastante é o da molécula de dióxido de carbono, CO_2. Aqui os três átomos estão juntos em uma linha reta, com o carbono no meio e um oxigênio em cada lado. O centro da carga positiva e o centro da carga negativa coincidem no centro de massa da molécula, e o momento de dipolo

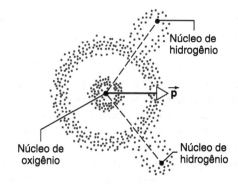

Fig. 26-20. Uma molécula de H_2O, mostrando os três núcleos, as distribuições dos elétrons e o vetor do momento de dipolo elétrico $\vec{p}$.

elétrico do CO_2 é nulo.) (a) Qual a distância entre os centros efetivos das cargas positiva e negativa em uma molécula de H_2O? (b) Qual o torque máximo sobre a molécula de H_2O em um campo elétrico típico de laboratório com intensidade $1{,}5 \times 10^4$ N/C? (c) Suponha que o momento de dipolo de uma molécula de H_2O está inicialmente apontando no sentido oposto ao campo. Quanto trabalho é realizado pelo campo elétrico para girar a molécula até alinhá-la com o campo?

Solução (a) Nesta molécula existem 10 elétrons e, correspondentemente, 10 cargas positivas. Pode-se escrever a intensidade do momento de dipolo como

$$p = qd = (10e)(d),$$

na qual d é a distância de separação que se deseja determinar e e é a carga elementar. Assim,

$$d = \frac{p}{10e} = \frac{6{,}2 \times 10^{-30}\,\text{C·m}}{(10)(1{,}60 \times 10^{-19}\,\text{C})}$$
$$= 3{,}9 \times 10^{-12}\,\text{m} = 3{,}9\,\text{pm}.$$

Isto é cerca de 4% da distância de ligação do OH nesta molécula.

(b) Assim como a Eq. 26-26 mostra, o torque é máximo quando $\theta = 90°$. Substituindo-se este valor nas equações resulta em

$$\tau = pE \operatorname{sen}\theta = (6{,}2 \times 10^{-30}\,\text{C·m})(1{,}5 \times 10^4\,\text{N/C})(\operatorname{sen}90°)$$
$$= 9{,}3 \times 10^{-26}\,\text{N·m}.$$

(c) O trabalho realizado para girar o dipolo de $\theta_0 = 180°$ até $\theta = 0°$ é dado pela Eq. 26-29,

$$W = pE(\cos\theta - \cos\theta_0)$$
$$= pE(\cos 0° - \cos 180°)$$
$$= 2pE = (2)(6{,}2 \times 10^{-30}\,\text{C·m})(1{,}5 \times 10^4\,\text{N/C})$$
$$= 1{,}9 \times 10^{-25}\,\text{J}.$$

Em comparação, a contribuição média para a energia interna de translação ($= \frac{3}{2}kT$) de uma molécula à temperatura ambiente é $6{,}2 \times 10^{-21}$ J, que é 33.000 vezes maior. Para as condições deste problema, a agitação térmica dominaria a tendência dos dipolos de se alinharem com o campo. Isto é, para um conjunto de moléculas à temperatura ambiente com momentos de dipolo orientados aleatoriamente, a aplicação de um campo elétrico desta intensidade teria uma influência desprezível no alinhamento dos momentos de dipolo, por causa das grandes energias internas. Para alinhar os dipolos, seria necessário utilizar campos muito mais fortes e/ou temperaturas muito mais baixas.

26-8 O MODELO NUCLEAR DO ÁTOMO (OPCIONAL)

Hoje sabe-se que um átomo consiste de um diminuto núcleo carregando uma carga positiva Ze, onde Z é o número atômico do átomo. O núcleo é rodeado por um volume muito maior contendo Z elétrons, cada um carregando uma carga de $-e$, de modo que o átomo é eletricamente neutro como um todo. Também se sabe que o núcleo contém uma grande fração (tipicamente mais do que 99,995%) da massa do átomo.

Estes fatos não eram conhecidos no início do século XX, e existia muita especulação sobre a estrutura do átomo e especialmente sobre a distribuição da sua carga positiva. De acordo com uma teoria que era popular nesta época, a carga positiva é distribuída de forma aproximadamente uniforme através do volume esférico do átomo. Este modelo da estrutura do átomo é chamado de *modelo de Thomson*, após ter sido proposto por J. J. Thomson. (Thomson foi o primeiro a medir a razão entre a carga e a massa do elétron e, portanto, é freqüentemente citado como o descobridor do elétron.) Também é chamado de modelo do "pudim de passas", porque os elétrons estão distribuídos por toda a parte da esfera difusa de carga positiva da mesma forma que as passas estão em um pudim de passas.

Uma forma de testar este modelo é determinar o campo elétrico do átomo passando-se perto dele um feixe de projéteis carregados positivamente. As partículas no feixe são defletidas ou *espalhadas* pelo campo elétrico do átomo. Na discussão a seguir, considera-se somente o efeito da esfera de carga positiva sobre o projétil. Supõe-se que o projétil é muito *menos* massivo do que o átomo e muito *mais* massivo do que o elétron. Desta forma, os elétrons promovem um efeito desprezível no espalhamento do projétil, e pode-se supor que o átomo permanece em repouso enquanto o projétil é defletido.

Pode-se estimar a deflexão para o modelo de átomo de Thomson, no qual a carga positiva é uniformemente distribuída por todo volume do átomo. O campo elétrico devido a uma esfera uniforme de cargas positivas é dado pela Eq. 26-6 para pontos fora da esfera e pela Eq. 26-24 para pontos internos. O cálculo do campo elétrico na superfície resulta no *maior* campo possível que esta distribuição pode produzir, conforme mostra a Fig. 26-8. Considere um átomo pesado como o ouro, que tem uma carga positiva Q de 79e e um raio R de aproximadamente $1,0 \times 10^{-10}$ m. Desprezando-se os elétrons, o campo elétrico em $r = R$ devido às cargas positivas é

$$E_{máx} = \frac{1}{4\pi\epsilon_0} \frac{Q}{R^2} = 1,1 \times 10^{13} \text{ N/C}.$$

Neste experimento, escolhe-se como projéteis um feixe de partículas alfa, que têm uma carga positiva q de 2e e uma massa m de $6,6 \times 10^{-27}$ kg. As partículas alfa são núcleos de átomos de hélio, que são emitidas em determinados processos de decaimento radioativo. A energia cinética típica destas partículas pode estar em torno de $K = 6$ MeV ou $9,6 \times 10^{-13}$ J. Para esta energia, pode-se verificar facilmente que a partícula tem a velocidade de aproximadamente $1,7 \times 10^7$ m/s.

Suponha que a partícula passe perto da superfície do átomo, onde ela experimenta o maior campo elétrico que este átomo pode exercer. A força correspondente sobre a partícula é

$$F = qE_{máx} = 3,5 \times 10^{-6} \text{ N}.$$

A Fig. 26-21 mostra um diagrama esquemático de um experimento de espalhamento. O cálculo real da deflexão é relativamente complicado, mas algumas aproximações podem ser feitas de modo a simplificar o cálculo e permitir uma estimativa grosseira da deflexão máxima. Suponha que a força acima é constante e age somente durante o tempo Δt que o projétil leva para percorrer uma distância igual a um diâmetro do átomo, conforme indicado na Fig. 26-21. Este intervalo de tempo é

$$\Delta t = \frac{2R}{v} = 1,2 \times 10^{-17} \text{ s}.$$

A força fornece à partícula uma aceleração transversal a, que produz uma velocidade transversal Δv dada por

$$\Delta v = a\, \Delta t = \frac{F}{m} \Delta t = 6,4 \times 10^3 \text{ m/s}.$$

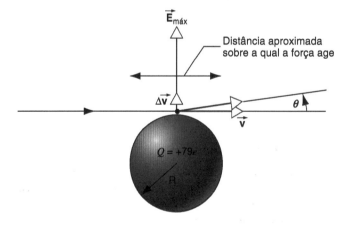

Fig. 26-21. O espalhamento de um projétil carregado positivamente passando perto da superfície de um átomo, representado por uma esfera uniforme de carga positiva. O campo elétrico sobre o projétil causa uma deflexão transversal de um ângulo θ.

40 CAPÍTULO VINTE E SEIS

A partícula será defletida de um pequeno ângulo θ que pode ser estimado como

$$\theta = \text{tg}^{-1} \frac{\Delta v}{v} = 0,02°.$$

Este tipo de experimento de espalhamento foi realizado pela primeira vez por Ernest Rutherford e seus colaboradores na Universidade de Manchester (Inglaterra) em 1911. Eles passaram um feixe de partículas alfa através de uma lâmina fina de ouro e determinaram a probabilidade relativa de as partículas alfa serem espalhadas segundo diversos ângulos θ relativos à sua direção original. É claro que eles não conseguiam controlar como as partículas alfa passavam através de qualquer átomo particular; na realidade, em vez de roçarem na borda, a maioria das partículas alfa passa através do volume do átomo desenhado na Fig. 26-21 e (de acordo com o modelo de Thomson) deflete de um valor inferior ao ângulo máximo que foi calculado.

Os resultados do experimento mostraram que, embora quase todas as partículas alfa tenham sido defletidas de ângulos não superiores a alguns centésimos de grau, um pequeno número (talvez 1 em 10^4) foi defletido de ângulos maiores que 90°. Este resultado está em completo desacordo com o modelo de Thomson e fez Rutherford comentar: "Foi o evento mais incrível que aconteceu na minha vida. Foi tão incrível como se você tivesse disparado um projétil de 15 pol em um pedaço de papel de seda e ele voltasse para trás e te atingisse."

Baseado neste tipo de experimento de espalhamento, Rutherford concluiu que a carga positiva de um átomo *não* estava dispersa por toda uma esfera do mesmo tamanho do átomo, mas, em vez disso, estava concentrada em uma diminuta região (o *núcleo*) perto do centro do átomo. No caso de um átomo de ouro, o núcleo tem um raio de aproximadamente 7×10^{-15} m (7 fm), cerca de 10^{-4} vezes menor do que o raio do átomo. Isto é, o núcleo ocupa um volume igual a somente 10^{-12} do volume do átomo!

Em seguida, calculam-se o campo elétrico máximo e a força correspondente sobre uma partícula alfa que passa perto da superfície do núcleo. Se o núcleo for visto como uma bola esférica

uniforme de carga $Q = 79e$ e raio $R = 7$ fm, o campo elétrico máximo é

$$E_{\text{máx}} = \frac{1}{4\pi\epsilon_0} \frac{Q}{R^2} = 2,3 \times 10^{21} \text{ N/C.}$$

Isto é mais do que oito ordens de grandeza maior do que o campo elétrico que agiria sobre uma partícula na superfície de um átomo do modelo do pudim de passas. A força correspondente é

$$F = qE_{\text{máx}} = 740 \text{ N.}$$

Isto é uma força enorme! Fazendo as mesmas simplificações que foram feitas no cálculo anterior e supondo que esta força é constante e age sobre a partícula somente durante o tempo Δt que a partícula leva para percorrer uma distância igual a um diâmetro nuclear:

$$\Delta t = \frac{2R}{v} = 8,2 \times 10^{-22} \text{ s.}$$

A variação correspondente na velocidade da partícula pode ser estimada como sendo

$$\Delta v = a \, \Delta t = \frac{F}{m} \Delta t = 9 \times 10^7 \text{ m/s.}$$

Isto é comparável em intensidade à própria velocidade. Conclui-se que um átomo nuclear pode produzir um campo elétrico que é suficientemente grande para reverter o movimento do projétil.

Baseado no modelo nuclear do átomo, Rutherford pôde derivar uma fórmula exata para o número de partículas espalhadas em qualquer ângulo particular e os experimentos mostraram uma perfeita concordância com esta fórmula. Ele também foi capaz de usar a fórmula para determinar o número atômico Z dos átomos alvo. Além disso, este método também pode ser usado para determinar o raio nuclear, utilizando-se partículas de mais alta energia que realmente penetrem o núcleo (ver Problema Resolvido 25-7).

Esta série clássica e trabalhosa de experimentos e a sua brilhante interpretação levaram à fundação da moderna física atômica e nuclear, e geralmente considera-se Rutherford como sendo o fundador destes campos. ■

MÚLTIPLA ESCOLHA

26-1 O que É um Campo?

26-2 O Campo Elétrico

1. O campo elétrico é definido na Eq. 26-3 em termos de q_0, uma pequena carga *positiva*. Se, em vez disso, a definição for em termos de uma pequena carga *negativa* de mesma intensidade, então, comparado com o campo *original*, o novo campo elétrico definido

   (A) apontará no mesmo sentido e terá a mesma intensidade.

   (B) apontará no sentido oposto, mas terá a mesma intensidade.

   (C) apontará no mesmo sentido, mas terá uma diferente intensidade.

   (D) apontará no sentido oposto e terá uma diferente intensidade.

26-3 O Campo Elétrico de Cargas Pontuais

2. Uma carga pontual $+q$ está posicionada na origem e uma carga pontual $+2q$ está posicionada em $x = a$, onde a é positivo.

   (*a*) Qual das seguintes afirmações é verdadeira?

(A) Perto das cargas, o campo elétrico pode ser nulo fora do eixo x.

(B) Perto das cargas, a intensidade do campo elétrico pode ser máxima fora do eixo x.

(C) O campo elétrico pode ser nulo em algum ponto entre as cargas.

(D) O campo elétrico pode ser nulo sobre o eixo x em pontos finitos que não estejam entre as cargas.

(b) Em qual das seguintes regiões poderá existir um ponto onde o campo elétrico tem intensidade nula?

(A) $-\infty < x < 0$ (B) $0 < x < a$

(C) $a < x < \infty$

(D) E não chega a zero na região $-\infty < x < \infty$.

3. Uma carga pontual $+q$ está posicionada na origem e uma carga pontual $-2q$ está posicionada em $x = a$, onde a é positiva.

(a) Qual das seguintes afirmações é verdadeira?

(A) Perto das cargas, o campo elétrico pode ser nulo fora do eixo x.

(B) Perto das cargas, a intensidade do campo elétrico pode ser máxima fora do eixo x.

(C) O campo elétrico pode ser nulo entre as cargas.

(D) O campo elétrico pode ser nulo sobre o eixo x em pontos finitos que não estejam entre as cargas.

(b) Em qual das seguintes regiões poderá existir um ponto onde o campo elétrico tem intensidade nula?

(A) $-\infty < x < 0$ (B) $0 < x < a$

(C) $a < x < \infty$

(D) E não chega a zero na região $-\infty < x < \infty$.

26-4 Campo Elétrico de Distribuições Contínuas de Carga

4. Considere a intensidade do campo elétrico $E(z)$ sobre o eixo de um anel uniforme de cargas.

(a) $E(z)$ terá o maior valor quando

(A) $z = 0$. (B) $0 < |z| < \infty$.

(C) $|z| = \infty$. (D) (A) e (C) estão corretas.

(b) $E(z)$ pode ser nulo quando

(A) $z = 0$. (B) $0 < |z| < \infty$.

(C) $|z| = \infty$. (D) (A) e (C) estão corretas.

5. Considere a intensidade do campo elétrico $E(z)$ sobre o eixo de um disco uniforme de cargas.

(a) $E(z)$ terá o maior valor quando

(A) $z = 0$. (B) $0 < |z| < \infty$.

(C) $|z| = \infty$. (D) (A) e (C) estão corretas.

(b) $E(z)$ pode ser nulo quando

(A) $z = 0$. (B) $0 < |z| < \infty$.

(C) $|z| = \infty$. (D) (A) e (C) estão corretas.

26-5 Linhas de Campo Elétrico

6. A Fig. 26-22 mostra as linhas de campo elétrico em torno de um dipolo elétrico. Quais das setas melhor representa o campo elétrico no ponto P?

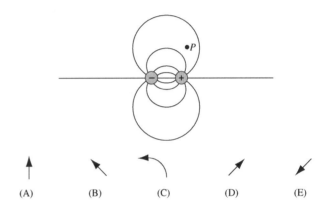

Fig. 26-22. Questão de Múltipla Escolha 6.

7. A Fig. 26-23 mostra o campo elétrico em torno de três cargas pontuais, A, B e C. (a) Quais cargas são positivas? (b) Qual carga tem a maior intensidade? (c) Em que região, ou regiões, da figura o campo elétrico pode ser nulo?

(A) próximo a A (B) próximo a B

(C) próximo a C (D) em nenhum lugar

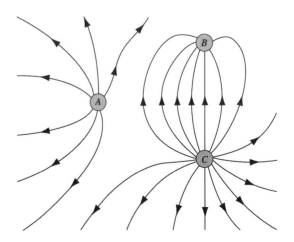

Fig. 26-23. Questão de Múltipla Escolha 7.

26-6 Uma Carga Pontual em um Campo Elétrico

8. Três pequenas esferas x, y e z têm cargas de intensidades iguais e sinais mostrados na Fig. 26-24. Elas são colocadas nos vértices de um triângulo isósceles com a distância entre x e y igual à distância entre x e z. As esferas y e z são mantidas no lugar, mas a esfera x está livre para se mover sobre uma superfície sem atrito.

(a) Qual a direção e o sentido da força elétrica sobre a esfera no ponto mostrado na figura?

(b) Qual a trajetória que a esfera x toma ao ser liberada?

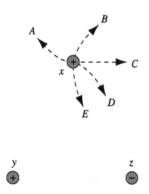

Fig. 26-24. Questão de Múltipla Escolha 8.

9. Um elétron está posicionado em um campo elétrico *uniforme* estabelecido entre placas carregadas positivamente e negativamente. Em que posição o elétron experimenta a maior força eletrostática?

(A) Quando o elétron está próximo da placa positiva

(B) Quando o elétron está próximo da placa negativa

(C) Quando o elétron está no ponto médio entre as placas

(D) O elétron experimenta a mesma força, não importando a sua localização entre as placas.

10. As medidas mostradas a seguir foram feitas das cargas (em unidades de 10^{-19} C) em uma série de gotículas carregadas. Qual a maior unidade fundamental de carga possível que pode ser deduzida desses dados?

48	19,2	28,8
9,6	38,4	24

(A) $1,6 \times 10^{-19}$ C (B) $4,8 \times 10^{-19}$ C
(C) $9,6 \times 10^{-19}$ C (D) 48×10^{-19} C

26-7 Um Dipolo em um Campo Elétrico

11. O campo elétrico em uma determinada região do espaço obedece a $E_y \neq 0$, $E_x = E_z = 0$ e $\partial \vec{E}/\partial x \neq 0$, $\partial \vec{E}/\partial y = \partial \vec{E}/\partial z = 0$.

(a) A força resultante sobre um dipolo elétrico, orientado neste campo segundo uma direção paralela ao eixo x é

(A) direcionada ao longo do eixo x.

(B) direcionada ao longo do eixo y.

(C) direcionada ao longo do eixo z.

(D) nenhuma das respostas anteriores.

(b) O torque resultante sobre um dipolo elétrico, orientado neste campo segundo uma direção paralela ao eixo x é

(A) direcionada ao longo do eixo x.

(B) direcionada ao longo do eixo y.

(C) direcionada ao longo do eixo z.

(D) nenhuma das respostas anteriores.

26-8 O Modelo Nuclear do Átomo

QUESTÕES

1. Liste todos os campos escalares e vetoriais que puder.

2. (a) Na atração gravitacional entre a Terra e uma pedra pode-se afirmar que a Terra está no campo gravitacional da pedra? (b) Como o campo gravitacional devido à pedra está relacionado com aquele devido à Terra?

3. Uma bola carregada positivamente está suspensa em um fio de seda. Deseja-se medir E em um ponto que está no mesmo plano horizontal da carga suspensa. Para tal, coloca-se uma carga de teste positiva q_0 no ponto e mede-se F/q_0. O valor de F/q_0 será menor, igual ou maior do que E no ponto em questão?

4. Para explorar campos elétricos com uma carga de teste, freqüentemente supôs-se, por conveniência, que a carga de teste era positiva. Isto faz alguma diferença para a determinação do campo? Ilustre isto através de um caso simples de sua autoria.

5. As linhas de campo elétrico nunca se cruzam. Por quê?

6. Na Fig. 26-13, porque as linhas de campo em torno da borda da figura parecem, quando estendidas para trás, irradiar uniformemente do centro da figura?

7. Uma carga pontual está se movendo em um campo elétrico em ângulos retos com as linhas de campo. Alguma força age sobre ela?

8. Por que na Fig. 26-14 as sementes de grama alinham-se com as linhas de campo elétrico? As sementes de grama normalmente não têm carga elétrica. (Ver "Demonstration of the Eletric Fields of Current-Carrying Conductors", por O. Jefimenko, *American Journal Physics*, Janeiro de 1962, p. 19.)

9. Qual a origem da "aderência estática", um fenômeno que algumas vezes afeta as roupas quando elas são retiradas de uma secadora?

10. Duas cargas pontuais de intensidade e sinal desconhecidos estão separadas por uma distância d. O campo elétrico é nulo em um ponto entre elas sobre a linha que as une. Que conclusão você pode tirar sobre as cargas?

11. Duas cargas pontuais de intensidades e sinais desconhecidos estão separadas por uma distância d. (a) Se for possível ter-se $E = 0$ em algum ponto sobre a linha que une as cargas, mas fora da região entre elas, quais são as condições necessárias e onde o ponto está localizado? (b) É possível, para qualquer configuração de duas cargas pontuais, encontrar dois pontos (nenhum deles no infinito) nos quais $E = 0$? Se for possível, sob que condições?

12. Duas cargas pontuais de sinais e intensidades desconhecidos estão fixas a uma distância d uma da outra. É possível ter-se $E = 0$ para pontos fora do eixo (excluindo-se o infinito)? Explique.

13. No Problema Resolvido 26-3, uma carga colocada no ponto P na Fig. 26-4 está em equilíbrio porque nenhuma força age sobre ela. Este equilíbrio é estável (a) para deslocamentos ao longo da linha que une as cargas e (b) para deslocamentos que façam ângulos retos com essa linha?

14. Na Fig. 26-12, a força sobre a carga inferior está direcionada para cima e é finita. No entanto, a concentração das linhas de campo sugere que E é infinitamente grande na região desta carga (pontual). Uma carga imersa em um campo infinitamente grande deve ter uma força infinita agindo sobre ela. Qual a solução para este dilema?

15. Uma carga pontual q de massa m é liberada do repouso em um campo não-uniforme. (a) Ela seguirá necessariamente a linha de campo elétrico que passa pelo ponto onde ela foi largada? (b) Sob que circunstâncias, se existir alguma, uma partícula carregada seguirá as linhas de campo elétrico?

16. Uma carga positiva e uma carga negativa de mesma intensidade estão sobre uma longa linha reta. Qual a direção e o sentido de $\vec{E}$ para os pontos sobre esta linha que estão (a) entre as cargas, (b) fora das cargas, na direção da carga positiva, (c) fora das cargas, na direção da carga negativa e (d) fora da linha, mas no plano médio das cargas?

17. No plano médio de um dipolo elétrico, o campo elétrico é paralelo ou antiparalelo ao momento de dipolo elétrico $\vec{p}$?

18. De que forma a Eq. 26-12 falha em representar as linhas de campo da Fig. 26-12 se relaxa-se o requisito de $x \gg d$?

19. (a) Dois dipolos elétricos idênticos são colocados em uma linha reta, conforme mostrado na Fig. 26-25a. Qual o sentido da força elétrica sobre cada dipolo devida à presença do outro? (b) Suponha que os dipolos sejam rearranjados conforme na Fig. 26-25b. Qual é agora o sentido da força?

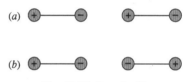

Fig. 26-25. Questão 19.

20. Compare a forma como E varia com r para (a) uma carga pontual, (b) um dipolo e (c) um quadripolo.

21. Que dificuldades matemáticas você encontraria se tivesse que calcular o campo elétrico de um anel carregado (ou disco) em pontos que não estão sobre o eixo?

22. A Eq. 26-20 mostra que E_z tem a mesma intensidade para todos os pontos em frente a uma placa infinita uniformemente carregada. Isto é razoável? Pode-se pensar que o campo deveria ser mais forte próximo à placa porque as cargas estão muito mais próximas.

23. Descreva, com suas palavras, o propósito do experimento da gota de óleo de Millikan.

24. Como o sinal da carga na gota de óleo afeta a operação do experimento de Millikan?

25. Por que Millikan não tentou equilibrar elétrons no seu aparato em vez de gotas de óleo?

26. Você gira um dipolo elétrico de meia volta em um campo elétrico uniforme. De que forma o trabalho que você faz depende da orientação inicial do dipolo em relação ao campo?

27. Para que orientações de um dipolo elétrico em um campo elétrico uniforme a energia potencial do dipolo é (a) máxima e (b) mínima?

28. Um dipolo elétrico é colocado em um campo elétrico não-uniforme. Existe alguma força resultante sobre o dipolo?

29. Um dipolo elétrico é colocado em repouso em um campo elétrico externo uniforme, como na Fig. 26-19a, e é solto. Discuta o seu movimento.

30. Um dipolo elétrico tem o seu momento de dipolo $\vec{p}$ alinhado com um campo elétrico externo uniforme $\vec{E}$. (*a*) O equilíbrio é estável ou instável? (*b*) Discuta a natureza do equilíbrio se $\vec{p}$ e $\vec{E}$ têm sentidos opostos.

31. Normalmente, um átomo é eletricamente neutro. Por que então uma partícula alfa seria defletida pelo átomo sob quaisquer circunstâncias?

EXERCÍCIOS

26-1 O que É um Campo?

26-2 O Campo Elétrico

1. Um elétron é acelerado no sentido leste a $1,84 \times 10^9$ m/s^2 por um campo elétrico. Determine a intensidade, a direção e o sentido do campo elétrico.

2. Ar úmido experimenta a ruptura dielétrica (as suas moléculas tornam-se ionizadas) em um campo elétrico de $3,0 \times 10^6$ N/C. Qual a intensidade da força elétrica sobre (*a*) um elétron e (*b*) um íon (com um único elétron faltando) neste campo?

3. Uma partícula alfa, o núcleo de um átomo de hélio, tem uma massa de $6,64 \times 10^{-27}$ kg e uma carga de $+2e$. Qual a intensidade, a direção e o sentido do campo elétrico que irá equilibrar este peso?

4. Em um campo elétrico uniforme perto da superfície da Terra, uma partícula com uma carga de $-2,0 \times 10^{-9}$ C é submetida a uma força elétrica para baixo de $3,0 \times 10^{-6}$ N. (*a*) Determine a intensidade do campo elétrico. (*b*) Qual a intensidade, direção e sentido da força elétrica exercida sobre um próton colocado neste campo? (*c*) Qual a força gravitacional sobre o próton? (*d*) Para este caso, qual a razão entre a força elétrica e a força gravitacional?

26-3 O Campo Elétrico de Cargas Pontuais

5. Qual a intensidade de uma carga pontual escolhida de modo que o campo elétrico a 75,0 cm tenha uma intensidade de 2,30 N/C?

6. Calcule o momento de dipolo de um elétron e um próton que estão afastados de 4,30 nm.

7. Calcule a intensidade do campo elétrico devido a um dipolo elétrico de momento de dipolo de $3,56 \times 10^{-29}$ C $\cdot$ m, em um ponto afastado 25,4 nm ao longo do eixo da mediatriz.

8. Determine o campo elétrico no centro do quadrado da Fig. 26-26. Suponha que $q = 11,8$ nC e $a = 5,20$ cm.

9. O mostrador de um relógio tem cargas pontuais negativas $-q$, $-2q$, $-3q$, ..., $-12q$ fixas nas posições correspondentes aos numerais. Os ponteiros do relógio não perturbam o campo. A que horas o ponteiro de horas aponta na mesma direção e mesmo sentido do campo elétrico existente no centro do mostrador? (Dica: Considere cargas diametralmente opostas.)

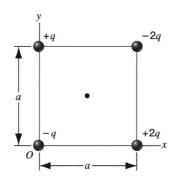

Fig. 26-26. Exercício 8.

10. Na Fig. 26-5, suponha que ambas as cargas sejam positivas. Mostre que a intensidade de E no ponto P dessa figura, supondo $x \gg d$, é dada por

$$E = \frac{1}{4\pi\epsilon_0} \frac{2q}{x^2}.$$

11. Um tipo de quadripolo elétrico é formado por quatro cargas localizadas nos vértices de um quadrado de lado $2a$. O ponto P está a uma distância x do centro do quadripolo e sobre uma linha paralela aos dois lados do quadrado, conforme mostrado na Fig. 26-27. Para $x \gg a$, mostre que o campo elétrico em P é dado aproximadamente por

$$E = \frac{3(2qa^2)}{2\pi\epsilon_0 x^4}.$$

(Dica: Trate o quadripolo como dois dipolos.)

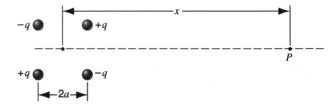

Fig. 26-27. Exercício 11.

26-4 Campo Elétrico de Distribuições Contínuas de Carga

12. Mostre que a Eq. 26-19, para o campo elétrico de um disco carregado em pontos sobre o seu eixo, reduz-se ao campo de uma carga pontual para $z \gg R$.

13. A que distância ao longo do eixo x de um disco carregado de raio R, a força do campo elétrico é igual à metade do valor do campo na superfície do disco no seu centro?

14. A que distância ao longo do eixo x de um anel carregado de raio R, a intensidade radial do campo elétrico é máxima?

15. (*a*) Qual a carga total q que um disco de raio de 2,50 cm precisa ter de modo que o campo elétrico sobre a superfície do disco no seu centro seja igual ao valor no qual ocorre a ruptura dielétrica no ar, produzindo centelhas? Ver Tabela 26-1. (*b*) Suponha que cada átomo na superfície tenha uma área transversal efetiva de 0,015 nm^2. Quantos átomos estão sobre na superfície do disco? (*c*) A carga em (*a*) resulta do fato de que alguns dos átomos da superfície carregaram um elétron em excesso. Que fração dos átomos da superfície precisa estar carregada dessa forma?

16. Uma fina haste de vidro é dobrada em um semicírculo de raio r. Uma carga $+q$ é uniformemente distribuída ao longo da metade superior e uma carga $-q$ é uniformemente distribuída ao longo da metade inferior, conforme mostrado na Fig. 26-28. Determine o campo elétrico $\vec{E}$ em P, o centro do semicírculo.

Fig. 26-28. Exercício 16.

17. Valores medidos do campo elétrico E a uma distância z ao longo do eixo de um disco plástico carregado são listados a seguir:

z (cm)	E (10^7 N/C)
0	2,043
1	1,732
2	1,442
3	1,187
4	0,972
5	0,797

Calcule (*a*) o raio do disco e (*b*) a carga nele.

18. Uma haste isoladora de comprimento L tem carga $-q$ distribuída uniformemente ao longo do seu comprimento, conforme mostrado na Fig. 26-29. (*a*) Qual a densidade linear de carga da haste? (*b*) Determine o campo elétrico no ponto P, que está a uma distância a da extremidade da haste. (*c*) Se P estivesse muito distante da haste, em comparação com L, a haste pareceria uma carga pontual. Mostre que a sua resposta para (*b*) reduz-se ao campo elétrico de uma carga pontual, para $a \gg L$.

Fig. 26-29. Exercício 18.

19. Esboce qualitativamente as linhas de campo associadas com três longas linhas de cargas paralelas em um plano perpendicular. Suponha que a interseção das linhas de cargas com esse plano forma um triângulo equilátero (Fig. 26-30) e que cada linha de cargas tenha a mesma densidade linear de carga λ.

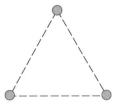

Fig. 26-30. Exercício 19.

26-5 Linhas de Campo Elétrico

20. A Fig. 26-31 mostra linhas de campo de um campo elétrico; o espaçamento das linhas na direção perpendicular à página é o mesmo em qualquer ponto. (*a*) Se a intensidade do campo em A é 40 N/C, qual a força que um elétron neste ponto experimenta? (*b*) Qual a intensidade do campo em B?

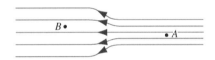

Fig. 26-31. Exercício 20.

21. Esboce qualitativamente as linhas de campo associadas com um disco fino circular uniformemente carregado de raio R. (Dica: Considere como casos limites, pontos muito próximos ao disco, onde o campo elétrico é perpendicular à superfície, e pontos muito afastados dele, onde o campo elétrico é como o de uma carga pontual.)

22. Esboce qualitativamente as linhas de campo associadas com duas cargas pontuais separadas $+q$ e $-2q$.

23. Três cargas estão dispostas nos vértices de um triângulo equilátero, conforme mostrado na Fig. 26-32. Considere as linhas de campo devidas a $+Q$ e $-Q$, e identifique a direção e o sentido da força que age sobre $+q$ devido à presença das outras duas cargas. (Dica: Ver Fig. 26-12.)

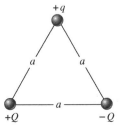

Fig. 26-32. Exercício 23.

24. (*a*) Na Fig. 26-33, localize o ponto (ou pontos) para o qual o campo elétrico é nulo. (*b*) Esboce qualitativamente as linhas de campo.

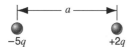

Fig. 26-33. Exercício 24.

25. Duas cargas pontuais separadas de uma distância *d*, estão fixas sobre o eixo *x*. Faça um gráfico de $E_x(x)$, supondo $x = 0$ para a carga da extremidade esquerda. Considere tanto valores positivos como negativos para *x*. Represente E_x como positivo se $\vec{E}$ apontar para a direita e negativo se $\vec{E}$ apontar para a esquerda. Suponha que $q_1 = +1,0 \times 10^{-6}$ C, $q_2 = +3,0 \times 10^{-6}$ C e $d = 10$ cm.

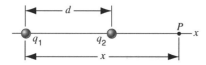

Fig. 26-34. Exercício 25.

26. As cargas $+q$ e $-2q$ estão fixadas a uma distância *d* uma da outra, conforme mostrado na Fig. 26-35. (*a*) Determine $\vec{E}$ nos pontos *A*, *B* e *C*. (*b*) Faça um esboço aproximado das linhas de campo elétrico.

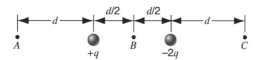

Fig. 26-35. Exercício 26.

26-6 Uma Carga Pontual em um Campo Elétrico

27. Um elétron movendo-se com uma velocidade de $4,86 \times 10^6$ m/s é lançado paralelo a um campo elétrico uniforme de 1030 N/C de intensidade, posicionado de modo a retardar o seu movimento. (*a*) Que distância o elétron percorre no campo antes de ficar (momentaneamente) em repouso e (*b*) quanto tempo levará? (*c*) Se o campo elétrico terminar abruptamente após 7,88 mm, qual a fração da sua energia cinética inicial que o elétron perde ao atravessá-lo?

28. Uma arma sendo considerada para defesa antimíssil utiliza um feixe de partículas. Por exemplo, um feixe de prótons atingindo um míssil inimigo pode torná-lo inofensivo. Esses feixes podem ser produzidos em "armas" que usam campos elétricos para acelerar as partículas carregadas. (*a*) Qual a aceleração que um próton experimenta, se o campo elétrico é de $2,15 \times 10^4$ N/C? (*b*) Qual a velocidade que o próton atinge, se o campo age ao longo de uma distância de 1,22 cm?

29. Duas cargas iguais e opostas de $1,88 \times 10^{-7}$ C de intensidade são mantidas afastadas a uma distância de 15,2 cm. (*a*) Qual a intensidade, direção e sentido de $\vec{E}$ no ponto médio entre as cargas? (*b*) Qual a força (intensidade, direção e sentido) que agiria sobre um elétron colocado nessa posição?

30. Um campo elétrico uniforme existe em uma região entre duas placas carregadas com sinais opostos. Um elétron é liberado do repouso na superfície da placa carregada negativamente e atinge a superfície da placa oposta, que está a 1,95 cm, após 14,7 ns. (*a*) Qual a velocidade do elétron quando ele atinge a segunda placa? (*b*) Qual a intensidade do campo elétrico?

31. No experimento de Millikan, uma gota de raio 1,64 μm e massa específica igual a 0,851 g/cm^3 é equilibrada quando é aplicado um campo elétrico de $1,92 \times 10^5$ N/C. Determine a carga na gota, em termos de *e*.

32. Duas cargas pontuais de intensidades $q_1 = 2,16$ μC e $q_2 = 85,3$ nC estão afastadas 11,7 cm. (*a*) Determine a intensidade do campo elétrico produzido por cada uma na posição da outra. (*b*) Determine a intensidade da força sobre cada carga.

33. Millikan observou em um dos experimentos iniciais (1911) as seguintes cargas medidas, entre outras, em diferentes instantes de tempo para uma única gota:

$6,563 \times 10^{-19}$ C $13,13 \times 10^{-19}$ C $19,71 \times 10^{-19}$ C
$8,204 \times 10^{-19}$ C $16,48 \times 10^{-19}$ C $22,89 \times 10^{-19}$ C
$11,50 \times 10^{-19}$ C $18,08 \times 10^{-19}$ C $26,13 \times 10^{-19}$ C

Qual o valor para o quantum de carga *e* que pode ser deduzido destes dados?

34. Um campo uniforme vertical $\vec{E}$ é estabelecido no espaço entre duas grandes placas paralelas. Uma pequena esfera condutora de massa *m* é suspensa dentro do campo através de um fio de comprimento *L*. Determine o período deste pêndulo quando é dada à esfera uma carga $+q$, se a placa inferior (*a*) está carregada positivamente e (*b*) está carregada negativamente.

35. No Problema Resolvido 26-6, determine a deflexão total da gota de tinta quando ela atinge o papel, que está a 6,8 mm das extremidades das placas defletoras; ver Fig. 26-16.

26-7 Um Dipolo em um Campo Elétrico

36. Um dipolo elétrico, composto de cargas de 1,48 nC de intensidade e separadas por 6,23 μm, está em um campo elétrico de intensidade igual a 1100 N/C. (*a*) Qual a intensidade do momento de dipolo elétrico? (*b*) Qual a diferença na energia potencial correspondente às orientações do dipolo paralela e antiparalela ao campo?

37. Um dipolo elétrico consiste de cargas $+2e$ e $-2e$ separadas por 0,78 nm. Ele está em um campo elétrico de intensidade $3,4 \times 10^6$ N/C. Calcule a intensidade do torque sobre o dipolo quando o momento de dipolo está (*a*) paralelo, (*b*) a um ângulo reto e (*c*) oposto ao campo elétrico.

38. Uma carga $q = 3{,}16\ \mu C$ está a 28,5 cm de um pequeno dipolo, ao longo da sua mediatriz. A força sobre a carga é igual a $5{,}22 \times 10^{-16}$ N. Mostre em um diagrama (a) a direção da força sobre a carga e (b) a direção da força sobre o dipolo. Determine (c) a intensidade da força sobre o dipolo e (d) o momento de dipolo do dipolo.

26-8 O Modelo Nuclear do Átomo

39. Em um trabalho de 1911, Ernest Rutherford escreveu: de modo a se ter alguma idéia das forças necessárias para defletir uma partícula alfa de um ângulo grande, considere um átomo contendo uma carga pontual positiva Ze no seu centro e envolvido por uma distribuição de eletricidade negativa, $-Ze$, uniformemente distribuída dentro de uma esfera de raio R. O campo elétrico E ... a uma distância r do centro, para um ponto dentro do átomo [é]

$$E = \frac{Ze}{4\pi\epsilon_0}\left(\frac{1}{r^2} - \frac{r}{R^3}\right).$$

Verifique esta equação.

40. A Fig. 26-36 mostra um modelo de átomo de Thomson para o hélio ($Z = 2$). Dois elétrons, em repouso, estão posicionados dentro de uma esfera uniforme de carga positiva $2e$. Encontre a distância d entre os elétrons de modo que a configuração esteja em equilíbrio estático.

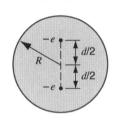

Fig. 26-36. Exercício 40.

PROBLEMAS

1. Na Fig. 26-5, considere um ponto que está a uma distância z do centro de um dipolo, ao longo de seu eixo x. (a) Mostre que, para grandes valores de z, a intensidade do campo elétrico é dada por

$$E = \frac{1}{2\pi\epsilon_0}\frac{p}{z^3}.$$

(Compare com o campo em um ponto sobre a mediatriz.) (b) Qual é a direção e o sentido de $\vec{E}$?

2. Mostre que os componentes de $\vec{E}$ devidos a um dipolo são dados, para pontos distantes, por

$$E_x = \frac{1}{4\pi\epsilon_0}\frac{3pxz}{(x^2+z^2)^{5/2}}, \qquad E_z = \frac{1}{4\pi\epsilon_0}\frac{p(2z^2-x^2)}{(x^2+z^2)^{5/2}},$$

onde x e z são as coordenadas do ponto P na Fig. 26-37. Mostre que este resultado geral inclui os resultados especiais da Eq. 26-12 e do Problema 1.

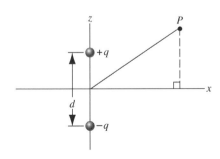

Fig. 26-37. Problema 2.

3. Considere o anel de cargas da Seção 26-4. Suponha que a carga q não esteja uniformemente distribuída ao longo do anel, mas que a carga q_1 esteja uniformemente distribuída ao longo de metade da circunferência e a carga q_2 esteja uniformemente distribuída ao longo da outra metade. Seja $q_1 + q_2 = q$. (a) Determine a componente do campo elétrico em qualquer ponto sobre o eixo do anel e compare com o caso uniforme. (b) Determine a componente do campo elétrico em qualquer ponto sobre o eixo perpendicular ao eixo do anel e compare com o caso uniforme.

4. A Fig. 26-38 mostra um tipo de quadripolo elétrico. Ele consiste de dois dipolos cujos efeitos em pontos externos não se cancelam totalmente. Mostre que o valor de E sobre o eixo do quadripolo para pontos a uma distância z do seu centro (supondo $z \gg d$) é dado por

$$E = \frac{3Q}{4\pi\epsilon_0 z^4},$$

onde $Q\ (= 2qd^2)$ é chamado do *momento de quadripolo* da distribuição de carga.

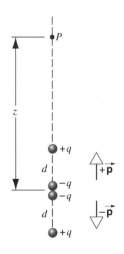

Fig. 26-38. Problema 4.

5. Construa uma distribuição de cargas pontuais ao longo do eixo x de modo que, longe das cargas, o campo elétrico ao longo do eixo x cai de acordo com $1/r^6$.

6. Uma haste "semi-infinita" isoladora (Fig. 26-39) tem uma carga constante por unidade de comprimento λ. Mostre que o campo elétrico no ponto P faz um ângulo de 45° com a haste e que este resultado é independente da distância R.

Fig. 26-39. Problema 6.

7. Uma haste fina não-condutora, de comprimento finito L, tem uma densidade linear de carga $+\lambda$ na metade superior e uma densidade linear de carga $-\lambda$ na metade inferior; compare com a Fig. 26-6. (a) Utilize um argumento de simetria para determinar a direção e o sentido do campo elétrico em P devido à haste. (b) Determine $\vec{E}$ em P. (c) Tome o limite desta expressão para valores de y elevados. Como isto depende de y? O que isto lembra?

8. Uma taça hemisférica não-condutora de raio interno R tem uma carga total q distribuída uniformemente ao longo da sua superfície interna. Determine o campo elétrico no centro de curvatura. (Dica: Considere a taça como uma pilha de anéis.)

9. Suponha que o expoente na lei de Coulomb em vez de 2 seja n. Mostre que para $n \neq 2$ é impossível construírem-se linhas que tenham as propriedades listadas para as linhas de campos elétricos na Seção 26-5. Para simplificar, trate uma carga pontual isolada.

10. Duas placas paralelas de cobre estão separadas por 5,00 cm e têm um campo elétrico uniforme entre elas, conforme indicado na Fig. 26-40. Um elétron é largado da placa negativa no mesmo instante em que um próton é largado da placa positiva. Despreze a força das partículas uma sobre a outra e determine as suas distâncias à placa positiva quando passam uma pela outra. É de surpreender que não seja necessário conhecer o campo elétrico para se resolver este problema?

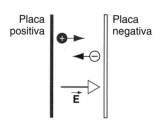

Fig. 26-40. Problema 10.

11. Um elétron é lançado conforme mostrado na Fig. 26-41, com uma velocidade $v_0 = 5,83 \times 10^6$ m/s e a um ângulo $\theta = 39,0°$; $E = 1870$ N/C (direcionada para cima), $d = 1,97$ cm e $L = 6,20$ cm. O elétron irá atingir alguma placa? Se ele atingir uma placa, que placa ele atingirá e a que distância da extremidade esquerda?

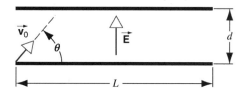

Fig. 26-41. Problema 11.

12. Um elétron é forçado a se mover ao longo do eixo do anel de cargas discutido na Seção 26-4. Mostre que o elétron pode desenvolver pequenas oscilações, através do centro do anel, com uma freqüência dada por

$$\omega = \sqrt{\frac{eq}{4\pi\epsilon_0 mR^3}}.$$

13. Determine o trabalho necessário para girar 180° um dipolo elétrico em um campo elétrico uniforme $\vec{E}$, em termos do momento de dipolo $\vec{p}$ e o ângulo inicial θ_0 entre $\vec{p}$ e $\vec{E}$.

14. Determine a freqüência de oscilação de um dipolo elétrico, de momento p e inércia rotacional I, para pequenas amplitudes de oscilação em torno da sua posição de equilíbrio em um campo elétrico E.

15. Duas cargas pontuais positivas $+q$ estão posicionadas em $z = +a/2$ e $z = -a/2$. (a) Derive uma expressão para dE_z/dz para pontos ao longo do eixo z e avalie dE_z/dz no limite $z \ll a/2$. (b) Mostre que a força sobre um dipolo pequeno colocado neste ponto, com o seu eixo disposto ao longo da linha unindo as duas cargas, é dada por $F = p(dE_z/dz)$, onde p é o momento de dipolo e dE_z/dz é o valor limite obtido na parte (a).

PROBLEMAS COMPUTACIONAIS

1. Um anel de raio $r = 1,0$ m tem uma densidade não-uniforme de carga dada por $\lambda = (2,0\ \mu C/m)(2 + \text{sen}\ \theta)$. Determine numericamente as coordenadas do ponto onde o campo elétrico é nulo.

2. A densidade de carga em uma haste de comprimento L centrada no eixo x é dada por $\lambda = (1,0\ \mu C/m)\text{sen}^2(\pi x/L)$. Gere numericamente um gráfico das linhas de campo elétrico no plano xy.

3. Considere duas partículas que exercem forças elétricas uma sobre a outra. Cada uma acelera em resposta ao campo elétrico da outra e, à medida que as suas posições variam, as forças que elas exercem também variam. Duas partículas idênticas, cada uma com carga $q = +1,9 \times 10^{-9}$ C e massa $m = 6,1 \times 10^{-15}$ kg, partem com velocidades idênticas de $3,0 \times 10^4$ m/s no sentido positivo de x. Inicialmente uma delas está em $x = 0$, $y = 6,7 \times 10^{-3}$ m e a outra em $x = 0$, $y = -6,7 \times 10^{-3}$ m. Ambas estão no plano xy e continuam a se mover neste plano. Considere somente as forças elétricas que elas exercem uma na outra. (*a*) Utilize um programa de computador para fazer um gráfico das trajetórias desde o instante $t = 0$ até $t = 1,0 \times 10^{-6}$ s. Uma vez que a situação é simétrica, somente é necessário calcular a posição e a velocidade de uma das cargas. Utilize a simetria para determinar a posição e a velocidade da outra no início de cada intervalo de integração. Use $\Delta t = 1 \times 10^{-8}$ s como intervalo de integração. (*b*) Agora suponha que uma das partículas tenha carga $q = -1,9 \times 10^{-9}$ C e que todas as outras condições sejam as mesmas. Desenhe um gráfico das trajetórias de $t = 0$ até $t = 5,0 \times 10^{-7}$ s.

Capítulo 27

A LEI DE GAUSS

A lei de Coulomb pode sempre ser usada para calcular o campo elétrico $\vec{E} = \vec{F}/q_0$ relativo a qualquer distribuição discreta ou contínua de cargas em repouso. Os somatórios ou as integrais podem ser complicados (e pode ser necessário um computador para obtê-los numericamente), mas o campo elétrico resultante sempre pode ser determinado.

Em alguns casos discutidos no capítulo anterior, foram feitas simplificações baseadas na simetria da disposição física. Por exemplo, no cálculo do campo elétrico em pontos de um eixo de um carregamento circular, usou-se um argumento de simetria para deduzir que os componentes de $\vec{E}$ perpendiculares ao eixo se anulavam. Neste capítulo, será discutida uma alternativa à lei de Coulomb, chamada lei de Gauss, que permite uma abordagem mais útil e instrutiva para o cálculo do campo elétrico em situações que apresentam certas simetrias.

O número de circunstâncias que podem ser analisadas utilizando-se diretamente a lei de Gauss é pequeno, mas estes casos podem ser resolvidos de uma forma extraordinariamente fácil. Apesar de as leis de Coulomb e de Gauss apresentarem resultados idênticos para os casos em que ambas são aplicáveis, a lei de Gauss é considerada uma equação mais fundamental do que a de Coulomb. É razoável dizer que enquanto a lei de Coulomb suporta a eletrostática, a lei de Gauss permite o seu entendimento.

27-1 DO QUE TRATA A LEI DE GAUSS?

Tudo o que foi feito até o momento em termos de eletrostática baseou-se na lei de Coulomb, Eq. 25-4, que determina a força elétrica entre cargas pontuais. Partindo da lei de Coulomb, que é essencialmente uma representação matemática de uma observação experimental, foi *definido* o campo elétrico de uma carga pontual q de modo que $\vec{E} = \vec{F}/q_0$, onde $\vec{F}$ é a força exercida sobre q_0 pela carga q. Generalizando-se as distribuições de cargas que podem ser consideradas como uma composição de muitas cargas pontuais infinitesimais, é possível determinar o campo elétrico de várias distribuições de cargas diferentes, tais como uma linha ou um disco.

A lei de Gauss oferece uma outra forma de se calcular os campos elétricos. Ela equivale à lei de Coulomb para cargas pontuais, o que significa que tudo o que foi feito até este ponto utilizando-se a lei de Coulomb, poderia ter sido realizado com a lei de Gauss.

Por que é necessária a lei de Gauss se a lei de Coulomb é suficiente para calcular os campos elétricos para quaisquer distribuições de cargas estáticas? Uma razão é que a lei de Gauss permite que se calcule o campo elétrico de uma forma mais simples quando há um elevado grau de simetria na distribuição das cargas elétricas, como, por exemplo, em um carregamento esféri-

co. Uma outra razão é que, ao se escrever a equação fundamental da eletrostática segundo Gauss, pode-se desenvolver um sistema de equações para os fenômenos eletrostáticos que ilustra mais claramente a relação entre os campos elétrico e magnético, o que não se consegue com a equação da lei de Coulomb. Uma terceira razão é que enquanto a lei de Gauss é válida no caso de cargas que se movimentam rapidamente, a lei de Coulomb só pode ser empregada quando as cargas estão em repouso ou se movimentam muito lentamente. Finalmente, será mostrado, ao término deste capítulo, que a lei de Coulomb pode ser derivada da lei de Gauss como um caso especial e, assim, a de Gauss é uma lei mais geral. Por essas razões, a lei de Gauss é considerada mais fundamental do que a de Coulomb e é incluída como uma das quatro equações do eletromagnetismo (as equações de Maxwell serão discutidas no Cap. 38).

Antes de introduzir a lei de Gauss, é necessário definir e discutir uma nova quantidade, o *fluxo de campo elétrico*. O fluxo é uma propriedade matemática de qualquer campo, representado por vetores e determinado pela *integral de superfície* do vetor de campo sobre uma área particular. Há, também, uma interpretação geométrica para o fluxo, que é baseada no número de linhas de campo que atravessam a área.

27-2 O FLUXO DE UM CAMPO VETORIAL

A palavra "fluxo" origina-se da palavra latina cujo significado é "fluir", e o fluxo de um campo vetorial pode ser considerado como uma medida do fluxo ou da penetração dos vetores do campo através de um elemento de superfície, fixo e imaginá-

rio, localizado no campo. Posteriormente será considerado o fluxo do campo elétrico, mas por ora será analisado um exemplo mais familiar, o campo de velocidades de escoamento de um fluido.

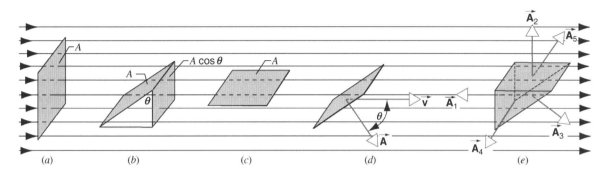

Fig. 27-1. Uma tela retangular de área A é imersa nas linhas de escoamento de um campo de velocidade. (a) A tela está perpendicular às linhas de escoamento. (b) A tela é girada de um ângulo θ; a projeção da área perpendicular ao escoamento é $A \cos \theta$. (c) Quando $\theta = 90°$, nenhuma das linhas de escoamento atravessa o plano da tela. (d) A área da tela é representada pelo vetor $\vec{A}$ perpendicular ao plano desta. O ângulo entre $\vec{A}$ e a velocidade de escoamento $\vec{v}$ é θ. (e) Uma superfície fechada, constituída de cinco superfícies planas. A área $\vec{A}$ de cada superfície é representada pela normal orientada para fora desta.

Imagine o escoamento de um fluido em regime permanente, representado especificando-se o vetor velocidade em cada ponto. A Fig. 27-1 mostra um escoamento uniforme; os vetores velocidade são paralelos ao longo de todo o fluido. Suponha que uma tela retangular com área A seja colocada na linha de escoamento do fluido. Na Fig. 27-1a, a tela é colocada de modo que seu plano fique perpendicular à direção de escoamento do fluido. Definindo-se, agora, o fluxo Φ do campo de velocidades de modo que seu valor absoluto seja dado por

$$|\Phi| = vA, \qquad (27\text{-}1)$$

onde v é a intensidade da velocidade no local em que está a tela. A unidade do fluxo é m³/s e este poderia ser considerado como a vazão de fluido que passa através da tela; em termos de conceito de campo (e com o propósito de introduzir-se a lei de Gauss), contudo, é conveniente considerar o fluxo como uma medida do *número de linhas de campo que atravessam a tela*.

Na Fig. 27-1b, a tela foi girada de modo a que seu plano não seja mais perpendicular à direção do vetor velocidade. Observe que o número de linhas do campo de velocidade atravessando a tela diminui da Fig. 27-1a para a Fig. 27-1b. A área projetada do retângulo é $A \cos \theta$ e, examinando-se a Fig. 27-1b, nota-se que o número de linhas de campo atravessando a tela inclinada de área A é igual ao número de linhas atravessando a tela com área projetada menor $A \cos \theta$, porém, perpendicular à direção da velocidade. Assim, a intensidade do fluxo na situação apresentada pela Fig. 27-1b é

$$|\Phi| = vA \cos \theta. \qquad (27\text{-}2)$$

Se a tela for girada até que sua superfície fique paralela à direção da velocidade de escoamento, como na Fig. 27-1c, o fluxo será nulo, correspondendo a $q = 90°$ na Eq. 27-2. Observe que, nesse caso, não há linhas de campo atravessando a tela.

A lei de Gauss, como será visto adiante, refere-se ao fluxo líquido através de uma superfície *fechada*. É importante, portanto, estabelecer a distinção entre um fluxo negativo e um fluxo positivo que atravessa uma superfície. O lado direito da Eq. 27-2 pode ser expresso em termos de produto escalar entre os vetores $\vec{v}$ e $\vec{A}$ cuja intensidade equivale à área da superfície e cuja direção é perpendicular a ela (Fig. 27-1d). Porém, uma vez que a normal a uma superfície pode ter dois sentidos opostos (o da Fig. 27-1d ou o oposto a ele), deve-se encontrar um modo de se especificar o sentido de fluxo, do contrário o sinal de Φ não será claramente definido. Por convenção, o sentido de $\vec{A}$ será escolhido como o da *normal saindo* da superfície. Então, o fluxo *deixando* o volume contido pela superfície será considerado positivo e o fluxo *penetrando* no volume, será considerado negativo. Com esta escolha, pode-se, então, escrever o fluxo para uma superfície fechada composta de várias superfícies (Fig. 27-1e, por exemplo) como

$$\Phi = \sum \vec{v} \cdot \vec{A}, \qquad (27\text{-}3)$$

onde $\vec{v}$ é o vetor velocidade na superfície. O somatório abrange todas as superfícies individuais que compõem a superfície fechada. O fluxo é uma quantidade escalar, uma vez que é definido através do produto escalar de dois vetores.

PROBLEMA RESOLVIDO 27-1.

Considere a superfície fechada da Fig. 27-1e, que apresenta um volume delimitado por cinco superfícies (1, 2 e 3 que são paralelas às superfícies das Figs. 27-1a, c e b, respectivamente, além de 4 e 5, que são paralelas às linhas de corrente do escoamento). Admitindo-se que o campo de velocidades é uniforme, de modo a ter a mesma intensidade, direção e sentido em todos os pontos, determine o fluxo total através da superfície fechada.

Solução Usando-se a Eq. 27-3 pode-se escrever o fluxo total como a soma dos valores dos fluxos através de cada uma das cinco superfícies consideradas:

$$\Phi = \vec{v} \cdot \vec{A}_1 + \vec{v} \cdot \vec{A}_2 + \vec{v} \cdot \vec{A}_3 + \vec{v} \cdot \vec{A}_4 + \vec{v} \cdot \vec{A}_5.$$

Observe que, para a superfície 1, o ângulo entre a *normal orientada para fora* $\vec{A}_1$ e a velocidade $\vec{v}$ é $180°$, com isso o produto escalar $\vec{v} \cdot \vec{A}_1$ pode ser escrito como $-vA_1$. As contribuições das superfícies 2, 4 e 5 se anulam porque, em cada um destes casos (como indicado na Fig. 27-1e), o vetor $\vec{A}$ é perpendicular a $\vec{v}$.

52 Capítulo Vinte e Sete

Para a superfície A_3, o fluxo pode ser escrito como $vA_3 \cos \theta$ e, então, o fluxo total é

$$\Phi = -vA_1 + 0 + vA_3 \cos \theta + 0 + 0 = -vA_1 + vA_3 \cos \theta.$$

Contudo, da geometria da Fig. 27-1e pode-se concluir que $vA_3 \cos \theta = A_1$, e disso decorre o resultado

$$\Phi = 0.$$

Isto é, o fluxo total através da superfície fechada é nulo.

O resultado do problema resolvido anterior não deve causar surpresa, se for lembrado que o campo de velocidades é um modo equivalente de se representar o fluxo real das partículas materiais no escoamento. Cada linha de campo que entra na superfície fechada da Fig. 27-1e através da superfície 1 sai através da superfície 3. De modo equivalente, pode-se afirmar que, para a superfície fechada da Fig. 27-1e, a quantidade de fluido que adentra o volume delimitado pela superfície fechada é igual à que sai do volume. Deve-se esperar que o mesmo ocorra para *qualquer superfície fechada*, desde que não haja em seu interior nenhuma *fonte* ou *sumidouro* de fluido — isto é, locais em que novo fluido seja criado ou onde haja desvio da corrente de fluido. Se houver uma fonte dentro do volume (como por exemplo uma pedra de gelo derretendo que acrescenta fluido ao escoamento), então haverá mais fluido na saída do que na entrada, sendo o fluxo total positivo. Se houver um sumidouro dentro do volume, então haverá mais fluido na entrada do que na saída, sendo o fluxo total negativo. O fluxo final positivo ou negativo através da superfície dependerá da capacidade da fonte ou do sumidouro (isto é, da vazão em que é acrescentado ou desviado o fluido). Por exemplo, se um sólido em fusão no interior da superfície liberar 1 cm³ de fluido por segundo no escoamento, então, o fluxo resultante através da superfície fechada seria calculado como + 1 cm³/s.

A Fig. 27-1 apresentou o caso especial de um campo uniforme e de superfícies planas. Pode-se, facilmente, generalizar esses conceitos para um campo não uniforme e superfícies com formas e orientações arbitrárias. Qualquer superfície arbitrária pode ser dividida em elementos de área infinitesimal dA que sejam, aproximadamente, superfícies planas. O sentido de cada vetor $d\vec{\mathbf{A}}$ é o do vetor normal orientado para fora de cada elemento infinitesimal, e o campo tem um valor local de $\vec{\mathbf{V}}$. O fluxo final é calculado computando-se a contribuição de todos os elementos infinitesimais — isto é através da integração sobre toda a superfície

$$\Phi = \int \vec{\mathbf{v}} \cdot d\vec{\mathbf{A}}. \qquad (27\text{-}4)$$

As conclusões obtidas anteriormente permanecem válidas para este caso geral: se a Eq. 27-4 for calculada para uma superfície fechada, então o fluxo é (1) *nulo* se a superfície não engloba nenhuma fonte e nenhum sumidouro, (2) *positivo* se a superfície contiver fontes em seu interior, sendo igual em intensidade à capacidade dessas fontes, ou (3) *negativo* se a superfície contiver sumidouros em seu interior, sendo igual em intensidade à capacidade desses sumidouros. Se a superfície envolver tanto fontes como sumidouros, o fluxo final poderá ser nulo, positivo ou negativo, dependendo da capacidade relativa das fontes e dos sumidouros.

Na próxima seção, serão utilizadas considerações similares para o fluxo de um outro tipo de campo vetorial, a saber, o campo elétrico $\vec{\mathbf{E}}$. Como já se poderia antecipar, quando se discute eletrostática as fontes e os sumidouros são cargas elétricas positivas e negativas, e as suas capacidades são proporcionais às intensidades das cargas. A lei de Gauss relaciona o fluxo do campo elétrico através de uma superfície fechada, calculado de forma análoga à da Eq. 27-4, com a carga elétrica resultante envolvida por esta superfície.

27-3 O FLUXO DO CAMPO ELÉTRICO

Imagine que as linhas de campo da Fig. 27-1 representam um campo elétrico de cargas em repouso, em vez de um campo de velocidades. Mesmo que neste caso eletrostático nada esteja fluindo, ainda assim será usado o conceito de fluxo. A definição de fluxo elétrico é similar à de fluxo de velocidade, sendo $\vec{\mathbf{v}}$ substituído por $\vec{\mathbf{E}}$ em todas as etapas. Em analogia com a Eq. 27-3, define-se o fluxo do campo elétrico Φ_E como

$$\Phi_E = \sum \vec{\mathbf{E}} \cdot \vec{\mathbf{A}}. \qquad (27\text{-}5)$$

Assim como no caso do fluxo de velocidade, o fluxo Φ_E pode ser considerado como uma medida do número de linhas do campo elétrico que atravessam a superfície. O índice E no termo Φ_E se refere ao fato de ser um fluxo *elétrico*, e serve para se distinguir fluxo elétrico de fluxo magnético, que será considerado no Cap. 34. A Eq. 27-5 se aplica apenas aos casos em que $\vec{\mathbf{E}}$ é constante em intensidade, direção e sentido para cada área $\vec{\mathbf{A}}$ incluída no somatório.

Assim como o fluxo de velocidade, o fluxo de campo elétrico é uma grandeza escalar, sendo suas unidades N·m²/C, de acordo com a Eq. 27-5.

A lei de Gauss trata do fluxo de um campo elétrico através de uma superfície fechada. Para definir-se Φ_E de forma mais genérica, particularmente para os casos em que $\vec{\mathbf{E}}$ é não-uniforme, considere a Fig. 27-2, que apresenta uma superfície fechada arbitrária imersa em um campo elétrico não-uniforme. Seja a superfície dividida em pequenos quadrados de área $\Delta \vec{\mathbf{A}}$, cuja intensidade é ΔA. O sentido de $\Delta \vec{\mathbf{A}}$ é adotado como o da normal saindo da superfície, conforme indicado na Fig. 27-1. Uma vez que os quadrados são muito pequenos, $\vec{\mathbf{E}}$ pode ser considerado constante para todos os pontos dentro de um mesmo quadrado.

Os vetores $\vec{\mathbf{E}}$ e $\Delta \vec{\mathbf{A}}$ que caracterizam cada quadrado fazem, entre si, um ângulo θ. A Fig. 27-2 mostra uma vista ampliada de três quadrados em uma superfície, designados por a, b e c. Ob-

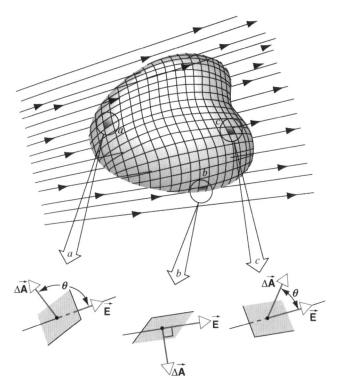

Fig. 27-2. Uma superfície de forma arbitrária imersa em um campo elétrico não-uniforme $\vec{E}$. A superfície está divida em pequenos elementos de área $\Delta \vec{A}$. A relação entre os vetores $\vec{E}$ e $\Delta \vec{A}$ é mostrada em três diferentes elementos (a, b e c).

serve que em a, q > 90° ($\vec{E}$ aponta para dentro); em b, $\theta = 90°$ ($\vec{E}$ é paralelo à superfície); e em c, $\theta < 90°$ ($\vec{E}$ aponta para fora).

Uma definição provisória para o fluxo total do campo elétrico sobre uma superfície é, em analogia com a Eq. 27-5,

$$\Phi_E = \sum \vec{E} \cdot \Delta \vec{A}, \qquad (27\text{-}6)$$

que evidencia a necessidade de se adicionar a quantidade escalar $\vec{E} \cdot \Delta \vec{A}$ a todos os elementos de área em que a superfície foi subdividida. Para pontos tais como a na Fig. 27-2, a contribuição do fluxo é negativa; em b, é nula e em c, positiva. Assim, se $\vec{E}$ está orientado para fora em todos os pontos ($\theta < 90°$), cada produto $\vec{E} \cdot \Delta \vec{A}$ é positivo e Φ_E será positivo para toda a superfície. Se $\vec{E}$ está orientado para dentro em todos os pontos ($\theta > 90°$), cada produto $\vec{E} \cdot \Delta \vec{A}$ é negativo e Φ_E será negativo para toda a superfície.
Quando $\vec{E}$ for paralelo à superfície em todos os pontos ($\theta = 90°$), cada produto $\vec{E} \cdot \Delta \vec{A}$ é nulo e Φ_E será nulo para toda a superfície.

A definição exata de fluxo elétrico é determinada, considerando-se, no limite, a partição da superfície em elementos infinitesimais de área, representada na Eq. 27-6. Substituindo-se a soma sobre a superfície total pela integral sobre a superfície, obtém-se

$$\Phi_E = \int \vec{E} \cdot d\vec{A}. \qquad (27\text{-}7)$$

Esta *integral de superfície* indica que a superfície em questão deve ser dividida em elementos infinitesimais de área $d\vec{A}$ e que a quantidade escalar $\vec{E} \cdot d\vec{A}$ deve ser calculada para cada elemento e somada, contemplando-se toda a área da superfície. No caso da lei de Gauss, deseja-se calcular essa integral sobre uma superfície *fechada*. Neste caso, o símbolo de integral é escrito com um círculo, $\oint$, para evidenciar a diferença.

PROBLEMA RESOLVIDO 27-2.

A Fig. 27-3 apresenta um cilindro hipotético fechado de raio R imerso em um campo elétrico uniforme $\vec{E}$, sendo o eixo longitudinal do cilindro paralelo ao campo. Qual é o valor de Φ_E para esta superfície fechada?

Solução O fluxo Φ_E pode ser escrito como a soma de três termos, uma integral sobre (a) o topo do cilindro à esquerda, (b) a superfície cilíndrica e (c) o topo do cilindro à direita. Então, da Eq. 27-7, escrita na forma adequada a uma superfície fechada,

$$\Phi_E = \oint \vec{E} \cdot d\vec{A}$$
$$= \int_a \vec{E} \cdot d\vec{A} + \int_b \vec{E} \cdot d\vec{A} + \int_c \vec{E} \cdot d\vec{A}.$$

Para a extremidade esquerda, o ângulo θ é 180° para todos os pontos, $\vec{E}$ tem valor constante e os vetores $d\vec{A}$ são todos paralelos, então,

$$\int_a \vec{E} \cdot d\vec{A} = \int E\, dA \cos 180° = -E \int dA = -EA,$$

onde A ($= \pi R^2$) é a área da extremidade esquerda. De modo similar, para a extremidade direita

$$\int_c \vec{E} \cdot d\vec{A} = +EA,$$

o ângulo θ é nulo para todos os pontos desta área. Finalmente, para a parede cilíndrica,

$$\int_b \vec{E} \cdot d\vec{A} = 0,$$

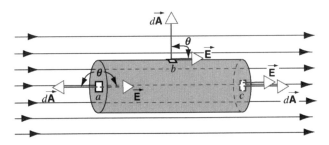

Fig. 27-3. Problema Resolvido 27-2. Um cilindro fechado está imerso em um campo elétrico uniforme $\vec{E}$ paralelo ao seu eixo.

porque $\theta = 90°$; então $\vec{E} \cdot d\vec{A} = 0$ para todos os pontos da superfície cilíndrica. Assim, o fluxo total é

$$\Phi_E = -EA + 0 + EA = 0.$$

Este resultado era esperado, uma vez que não há cargas dentro da superfície fechada da Fig. 27-5. As linhas de $\vec{E}$ (constante) entram pela esquerda e saem pela direita, do mesmo modo que na Fig. 27-1e.

Fluxo e Linhas de Campo

Para ilustrar-se a relação entre fluxo e número de linhas do campo elétrico atravessando uma superfície fechada, admite-se que cada unidade de carga q é representada por um número específico de linhas de campo, por exemplo, seis linhas como indicado na Fig. 27-4.* Seis linhas de campo apontam para fora de uma carga $+q$ e seis linhas de campo apontam para dentro de uma carga $-q$. Se cada carga for envolvida por uma superfície fechada, então o fluxo elétrico através da superfície envolvendo uma carga positiva terá $+6$ unidades, e o fluxo elétrico através da superfície envolvendo uma carga negativa terá -6 unidades. (Conta-se $+1$ unidade arbitrária de fluxo para as linhas de campo que atravessam a superfície saindo, e -1 unidade, para as linhas de campo que atravessam a superfície entrando.) Não importa o tamanho da superfície que envolve cada carga, pequena ou grande, haverá sempre seis linhas de campo que a atravessam e o fluxo será de seis unidades.

Na Fig. 27-4b, a linha de campo na parte inferior do desenho atravessa a superfície três vezes. A linha, partindo do exterior, aproxima-se da carga e, na primeira vez em que atravessa a superfície, conta-se -1 porque está entrando na superfície; na segunda vez, está saindo da superfície e conta-se $+1$. Finalmente, na terceira vez em que atravessa a superfície, a linha está entrando e conta-se novamente -1. A contribuição total da linha para o fluxo através da superfície será -1, e o fluxo final para toda a superfície será -6 unidades. Não importa qual a forma da superfície, nem se está plana ou distorcida, o fluxo total através dela será o mesmo e determinado exclusivamente por quantas cargas são envolvidas por ela.

A Fig. 27-5 apresenta uma superfície fechada envolvendo cargas $+q$ e $-q$. O fluxo total através da superfície é nulo, porque para toda linha de campo partindo da carga positiva e saindo através da superfície, há outra, partindo da carga negativa e entrando através da superfície. Como as cargas têm a mesma intensidade, o número total de linhas de campo é nulo e, portanto, o fluxo total é nulo.

Suponha, agora, que haja $+30$ linhas de campo (ou $+30$ unidades de fluxo) atravessando uma superfície fechada arbitrária. Será possível determinar-se a quantidade de carga envolvida e a sua posição no interior da superfície? Sabe-se que a carga *total* no interior da superfície é $+5q$, mas não se sabe se uma única partícula contém toda a carga $+5q$ ou se há duas partículas de cargas $+6q$ e $-q$, ou ainda três partículas com cargas $+8q$, $+4q$ e $-7q$, ou qualquer uma das infinitas combinações possíveis para distribuição de cargas. Além disso, a carga ou as cargas podem ser posicionadas em qualquer lugar no interior da superfície que o resultado será um fluxo com as mesmas $+30$ unidades. Se apenas o fluxo é conhecido, pode-se calcular a quantidade total de carga no interior da superfície, contudo nada se pode afirmar sobre o tamanho e a localização das cargas nem se pode deduzir qualquer coisa a respeito do campo elétrico sobre a superfície ou em relação a qualquer outro ponto do espaço.

Se, contudo, for desenhada uma superfície esférica e souber-se que o fluxo está distribuído uniformemente sobre ela, pode-se, então, concluir que todo o carregamento está localizado no centro da

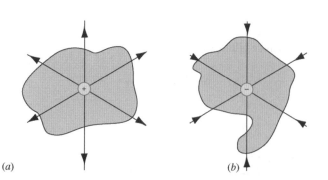

Fig. 27-4. (a) Seis linhas de campo atravessam uma superfície fechada arbitrária envolvendo uma carga positiva +q. (b) Seis linhas de campo atravessam uma superfície fechada arbitrária envolvendo uma carga negativa –q.

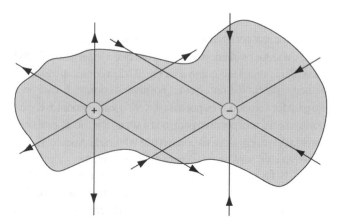

Fig. 27-5. Se a carga resultante envolvida pela superfície é nula, então o número total de linhas de campo (e o fluxo elétrico total) que atravessam a superfície é nulo.

---

* Por conveniência, representam-se os diagramas de linhas de campo em duas dimensões em vez de três. Em três dimensões, os diagramas são geralmente mais complexos e é necessário um maior cuidado para se representar a estrutura do campo associada com as cargas. Para uma discussão sobre o assunto, deve ser consultado "Electric Field Line Diagrams Don't Work", por A. Wolf, S.J. Van Hook e E.R. Weeks, *American Journal of Physics,* junho de 1996, pág. 714.

esfera em uma única partícula de carga $+5q$ e, uma vez conhecida a intensidade e a localização da partícula, pode-se deduzir o campo elétrico em qualquer posição. Pode-se, portanto, concluir que

A relação entre o fluxo total através de uma superfície fechada e a carga resultante envolvida por ela é sempre válida, contudo esta relação só pode ser usada para determinar o campo elétrico em pontos do espaço, se a geometria da carga e da superfície tiverem elevado grau de simetria.

A lei de Gauss determina a relação entre o fluxo através de uma superfície fechada e a carga resultante envolvida por ela.

27-4 A LEI DE GAUSS*

Uma vez que já se definiu o fluxo do vetor de campo elétrico através de uma superfície *fechada*, pode-se então escrever a lei de Gauss. Suponha que haja uma coleção de cargas positivas e negativas que estabelecem um campo elétrico $\vec{E}$ ao longo de uma certa região do espaço. Constrói-se neste espaço uma superfície fechada imaginária, chamada de *superfície gaussiana*, que pode ou não envolver algumas das cargas. A lei de Gauss, que relaciona o fluxo total Φ_E através dessa superfície à carga *resultante q* envolvida por ela, pode ser escrita como

$$\epsilon_0 \Phi_E = q \qquad (27\text{-}8)$$

ou

$$\epsilon_0 \oint \vec{E} \cdot d\vec{A} = q. \qquad (27\text{-}9)$$

O círculo no símbolo de integral indica que ela deve ser calculada sobre uma superfície *fechada*. Pode-se ver que a lei de Gauss prevê que Φ_E seja nulo para a superfície considerada no Problema Resolvido 27-2, uma vez que a superfície não envolve nenhuma carga.

Como foi discutido na Seção 26-5, a intensidade do campo elétrico é proporcional ao número de linhas de campo atravessando um elemento de área perpendicular ao campo. A integral na Eq. 27-9 conta, essencialmente, o número de linhas de campo que atravessam a superfície. É totalmente razoável que o número de linhas que atravessem uma superfície seja proporcional à carga envolvida por esta superfície, como exige a Eq. 27-9.

A escolha da superfície gaussiana é totalmente arbitrária. Ela é escolhida, normalmente, de modo que a simetria da distribuição de carga permita, ao menos em parte da superfície, um campo elétrico de intensidade constante, que pode, então, ser obtido da integral na Eq. 27-9. Nessas situações, a lei de Gauss pode ser utilizada para calcular o campo elétrico.

A Fig. 27-6 mostra as linhas de força (e, assim, as linhas do campo elétrico) de um dipolo. Foram desenhadas quatro superfícies gaussianas fechadas, cujas seções transversais estão, também, indicadas na figura. Na superfície S_1, o campo elétrico aponta para fora em todos os pontos e tem-se o mesmo caso do elemento de superfície c da Fig. 27-2. Assim, $\vec{E} \cdot d\vec{A}$ é positivo em todos os pontos de S_1. Pode-se, então, calcular a integral da Eq. 27-9 sobre toda a superfície fechada, obtendo-se um resultado positivo. A Eq. 27-9 determina, então, que a superfície

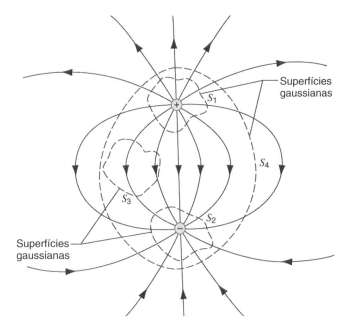

Fig. 27-6. Duas cargas iguais e opostas, e as linhas que representam o campo elétrico em sua vizinhança. As seções transversais das quatro superfícies gaussianas são mostradas.

deve envolver uma carga resultante positiva, como, de fato, é o caso. Na terminologia de Faraday, o número de linhas de força que saem da superfície é maior do que o das que entram nela, e a superfície deve envolver uma carga positiva.

Quanto à superfície S_2 da Fig. 27-6, o campo elétrico, ao contrário do caso anterior, penetra na superfície em todos os pontos, como acontece com o elemento de superfície a da Fig. 27-2. Neste caso, $\vec{E} \cdot d\vec{A}$ é negativo para cada elemento de área, e a integral da Eq. 27-9 resulta em um valor negativo, que indica que a superfície envolve uma carga resultante negativa (como, de fato, acontece). Há mais linhas de força entrando do que saindo em relação à superfície.

A superfície S_3 não envolve nenhuma carga e, de acordo com a lei de Gauss, o fluxo total através da superfície deve ser nulo. Isto é consistente com a Fig. 27-6, que mostra que há tantas linhas entrando pela parte superior da superfície, quanto saindo pela sua parte inferior. Isto não é acidental; pode-se desenhar a superfície da Fig. 27-6 segundo qualquer contorno arbitrário e,

---

*Karl Friedrich Gauss (1777-1855) foi um matemático alemão que fez importantes descobertas em teoria dos números, geometria e probabilidade. Também fez contribuições à astronomia e na medição do tamanho e do formato da Terra. Ver "Gauss", por Ian Stewart, *Scientific American*, julho de 1977, p. 122, para um fascinante relato da vida deste eminente matemático.

enquanto nenhuma carga for envolvida por ela, o número de linhas que entram na superfície será igual ao número de linhas que a deixam.

A superfície S_4 também não envolve nenhuma carga *resultante*, uma vez que admitiu-se a mesma intensidade para as duas cargas. Uma vez mais, o fluxo total através da superfície deveria ser nulo. Algumas das linhas de campo estão integralmente contidas na superfície e, portanto, não contribuem para o fluxo *através* da superfície. Contudo, uma vez que toda linha de campo que sai da carga positiva termina, eventualmente, na carga negativa, então toda linha de campo partindo da carga positiva e que atravessa a superfície de dentro para fora terá uma linha correspondente que atravessa a superfície de fora para dentro buscando a carga negativa. O fluxo total é, portanto, nulo.

A Lei de Gauss e a Lei de Coulomb

A lei de Coulomb pode ser deduzida da lei de Gauss a partir de considerações de simetria. Para deduzi-la, a lei de Gauss será aplicada a uma carga pontual positiva isolada $+q$, conforme indicado na Fig. 27-7. Apesar de a lei de Gauss ser válida para qualquer superfície arbitrária, escolheu-se uma superfície esférica de raio r, centrada na carga. A vantagem desta superfície esférica é que, da simetria, $\vec{E}$ deve ser perpendicular a ela, e o ângulo θ entre $\vec{E}$ e $d\vec{A}$ é nulo para qualquer ponto da superfície. Além disso, $\vec{E}$ tem a mesma intensidade em todos os seus pontos. *Construir uma superfície gaussiana que aproveite a simetria é de vital importância para a aplicação da lei de Gauss.*

Na Fig. 27-7 tanto $\vec{E}$ quanto $d\vec{A}$ apontam radialmente para fora em qualquer ponto da superfície e assim a quantidade $\vec{E} \cdot d\vec{A}$ torna-se somente $E\,dA$. A lei de Gauss (Eq. 27-9) reduz-se, então, à forma

$$\epsilon_0 \oint \vec{E} \cdot d\vec{A} = \epsilon_0 \oint E\,dA = q.$$

Como E tem a mesma intensidade para todos os pontos da superfície esférica, pode ser retirado de dentro do símbolo de integração,

$$\epsilon_0 E \oint dA = q.$$

A integração resulta, simplesmente, na área total da superfície esférica, $4\pi r^2$. Obtém-se, portanto

$$\epsilon_0 E (4\pi r^2) = q$$

ou

$$E = \frac{1}{4\pi\epsilon_0}\frac{q}{r^2}. \qquad (27\text{-}10)$$

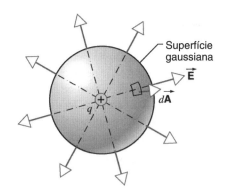

Fig. 27-7. Uma superfície gaussiana esférica de raio r envolvendo uma carga pontual positiva q.

A Eq. 27-10 determina a intensidade do campo elétrico $\vec{E}$ em qualquer ponto a uma distância r da carga pontual isolada q e é idêntica à Eq. 26-6, que foi obtida a partir da lei de Coulomb. Deste modo, escolhendo-se uma superfície gaussiana com a simetria adequada, obtém-se a lei de Coulomb da lei de Gauss. Essas duas leis podem ser consideradas equivalentes para as aplicações deste livro, mas (como foi visto na Seção 27-1) a lei de Gauss tem aplicação mais geral e, por isso, é considerada uma equação mais fundamental para o eletromagnetismo.

É interessante notar que, escrevendo-se a constante de proporcionalidade na lei de Coulomb como $1/4\pi\epsilon_0$, permite-se uma forma mais simples para a lei de Gauss. Se, em vez disso, a constante tivesse sido escrita simplesmente como K, a lei de Gauss deveria ser escrita como $(1/4\pi K)\Phi_E = q$. Preferiu-se deixar o fator 4π na lei de Coulomb de modo que não aparecesse na lei de Gauss ou em outras relações derivadas dela que serão utilizadas posteriormente.

27-5 APLICAÇÕES DA LEI DE GAUSS

A lei de Gauss pode ser usada para calcular $\vec{E}$ se existir uma elevada simetria da distribuição de carga. Um exemplo deste cálculo, o campo de uma carga pontual, já foi discutido em relação a Eq. 27-10. Outros exemplos serão apresentados agora.

Linha Infinita de Carga

A Fig. 27-8 apresenta uma seção de uma linha infinita de carga com uma densidade linear (valor de carga por unidade de comprimento), positiva e constante λ. Deseja-se calcular o campo elétrico a uma distância r da linha.

Na Seção 26-4 foram discutidas as condições de simetria que levaram à conclusão de que o campo elétrico, neste caso, apresenta apenas uma componente radial. O problema, portanto, tem simetria cilíndrica e, com isso, escolhe-se para a superfície gaussiana um ci-

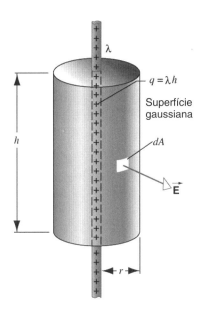

Fig. 27-8. Uma superfície gaussiana na forma de um cilindro fechado envolve parte de uma linha de carga positiva infinita.

lindro de raio r e comprimento h, fechado nas extremidades por tampas planas normais ao seu eixo longitudinal. E é constante ao longo de toda a superfície cilíndrica e perpendicular a ela. O fluxo de $\vec{E}$ através desta superfície é $E(2\pi rh)$, onde $2\pi rh$ é a área da superfície. Não há fluxo através das tampas porque, nessa região, $\vec{E}$ é paralelo à superfície em cada ponto, então $\vec{E} \cdot d\vec{A} = 0$ em qualquer ponto das tampas.

A carga q envolvida pela superfície gaussiana da Fig. 27-8 é λh. A lei de Gauss (Eq. 27-9) determina que

$$\epsilon_0 \oint \vec{E} \cdot d\vec{A} = q$$

$$\epsilon_0 E(2\pi rh) = \lambda h,$$

ou

$$E = \frac{\lambda}{2\pi\epsilon_0 r}, \qquad (27\text{-}11)$$

em concordância com a Eq. 26-17

Observe o quanto é mais simples a solução usando-se a lei de Gauss em comparação com os métodos de integração do Cap. 26. Observe, também, que a solução utilizando-se a lei de Gauss só é possível se a superfície gaussiana for escolhida de modo a aproveitar a simetria cilíndrica do campo elétrico estabelecido pela longa linha de carga. A escolha de qualquer superfície fechada é livre, e assim poderiam ter sido adotadas a superfície de um cubo ou a de uma esfera (veja Exercício 24), como superfície gaussiana. Ainda que a lei de Gauss permaneça válida para todas essas superfícies, elas não são convenientes para o problema em questão; a única superfície adequada ao problema é a cilíndrica da Fig. 27-8.

A lei de Gauss tem a propriedade de oferecer uma técnica de cálculo muito útil, desde que o problema apresente um certo grau de simetria e, nesses casos, a solução é, de fato, muito simples.

Plano Infinito de Carga

A Fig. 27-9 mostra uma parte de uma placa fina, não-condutora e infinita de carga, com densidade superficial de carga σ (carga por unidade de área) constante e positiva. Em seguida, determina-se o campo elétrico em pontos próximos da placa.

Uma superfície gaussiana conveniente para o problema é a de um cilindro fechado com seção transversal de área A, disposta de modo a transpassar a placa conforme indicado. Devido à simetria, pode-se concluir que $\vec{E}$ aponta para fora dos planos das extremidades do cilindro, perpendicularmente a eles. Uma vez que $\vec{E}$ não atravessa a superfície lateral do cilindro, não há contribuição desta área lateral para o fluxo. Pode-se admitir que as extremidades do cilindro estão eqüidistantes da placa de carga. Da simetria, o campo tem a mesma intensidade nas extremidades do cilindro. O fluxo através de cada extremidade é EA, sendo positivo para ambas. A lei de Gauss determina que

$$\epsilon_0 \oint \vec{E} \cdot d\vec{A} = q$$

$$\epsilon_0 (EA + EA) = \sigma A,$$

onde σA é a carga envolvida. Resolvendo-se a equação para E, obtém-se

$$E = \frac{\sigma}{2\epsilon_0}. \qquad (27\text{-}12)$$

Observe que E é o mesmo para todos os pontos em cada lado da placa.

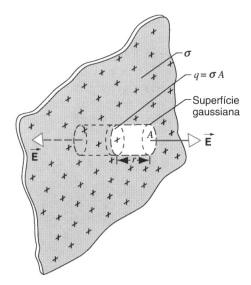

Fig. 27-9. Uma superfície gaussiana na forma de um pequeno cilindro fechado atravessa parte de uma lâmina de carga positiva. O campo é perpendicular à lâmina e, assim, apenas as extremidades da superfície gaussiana contribuem para o fluxo.

Uma Casca Esférica de Carga

Na Seção 25-5, a similaridade entre as forças eletrostáticas e gravitacionais foi usada para se estabelecerem duas propriedades das forças exercidas por cascas esféricas uniformemente carregadas. Na Seção 26-4, aquelas propriedades da força eletrostática foram usadas para a dedução do campo elétrico gerado por uma casca esférica uniformemente carregada em pontos internos ou externos à casca.

Os *teoremas de cascas* para campos elétricos podem ser resumidos da seguinte forma:

1. *Uma casca esférica uniforme carregada comporta-se, para pontos externos, como se toda a carga estivesse concentrada em seu centro.*
2. *Uma casca esférica uniforme carregada não exerce nenhuma força elétrica em uma partícula carregada localizada em seu interior.*

Será visto agora como a lei de Gauss simplifica os cálculos do campo elétrico e também as provas desses teoremas de cascas para esta geometria simétrica simples. A Fig. 27-10 mostra uma casca esférica fina sobre a qual está distribuída uniformemente uma carga q. A casca está envolvida por duas superfícies gaussianas esféricas concêntricas, S_1 e S_2. Devido ao argumento simétrico, conclui-se que o campo apresenta apenas um componente radial E_r. (Suponha que houvesse um componente não-radial e que a casca fosse girada de um ângulo qualquer em torno do próprio diâmetro por alguém, enquanto você estivesse de costas para ela. Ao virar-se e defrontar a casca, você poderia utilizar uma sonda para testar o campo elétrico — por exemplo uma carga de teste — para perceber que o campo elétrico mudou de orientação, embora a distribuição de carga tenha permanecido a mesma de antes da rotação. Há, claramente, uma contradição nesses fatos. A simetria do argumento seria válida se a carga estivesse *não*-uniformemente distribuída sobre a superfície?) Aplicando-se a lei de Gauss à superfície S_1, para o caso de $r > R$, obtém-se

$$\epsilon_0 E_r (4\pi r^2) = q,$$

ou

$$E_r = \frac{1}{4\pi\epsilon_0} \frac{q}{r^2} \quad \text{(casca esférica, } r > R\text{)}, \quad (27\text{-}13)$$

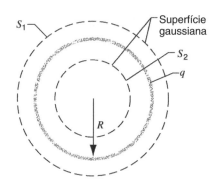

Fig. 27-10. Uma seção transversal de uma casca fina uniformemente carregada, com carga resultante q. A casca está envolvida por duas superfícies gaussianas fechadas, uma dentro da casca e a outra externa a ela.

do mesmo modo como aconteceu relativamente à Fig. 27-7. Assim, *a casca uniformemente carregada comporta-se como uma carga pontual para todos os pontos exteriores a ela*. Isto prova o primeiro teorema de casca.

Aplicando-se a lei de Gauss à superfície S_2, para o caso de $r < R$, conduz diretamente a

$$E_r = 0 \quad \text{(casca esférica, } r < R\text{)}, \quad (27\text{-}14)$$

porque esta superfície gaussiana não envolve nenhuma carga e porque E_r (outro argumento simétrico) tem o mesmo valor em qualquer lugar sobre a superfície. *O campo elétrico, portanto, se anula no interior de uma casca uniformemente carregada;* uma carga de teste colocada em qualquer lugar no seu interior não perceberia nenhuma força elétrica. Isto prova o segundo teorema de casca.

Esses dois teoremas aplicam-se, apenas, no caso de uma casca *uniformemente* carregada. Se as cargas estivessem espalhadas sobre a superfície de uma maneira não-uniforme, de forma que a densidade de carga variasse ao longo da superfície, esses teoremas não seriam válidos. A simetria estaria comprometida e, como resultado, $\vec{E}$ não poderia ser retirado da integral na lei de Gauss. O fluxo permaneceria igual a q/ϵ_0 para todas as superfícies exteriores e nulo para todas as superfícies interiores, mas não seria possível estabelecer-se uma relação direta com $\vec{E}$ como pode ser feito no caso uniforme. Em contraste com a casca uniformemente carregada, o campo *não* seria nulo em todo o seu interior.

Distribuição de Carga com Simetria Esférica

A Fig. 27-11 apresenta a seção transversal de uma distribuição de carga esférica de raio R. Neste caso, a carga é distribuída em torno do volume esférico. Não está sendo admitido que a densidade volumétrica de carga ρ (carga por unidade de volume) seja constante; contudo, faz-se a restrição de que ρ dependa, em qualquer ponto, *apenas* da distância do ponto até o centro, uma con-

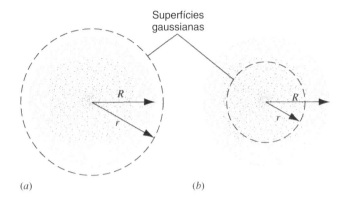

(a)   (b)

Fig. 27-11. Uma seção transversal de uma distribuição esfericamente simétrica de carga, na qual a densidade de carga volumétrica pode variar com r, neste material admitido como não-condutor. Superfícies gaussianas esféricas fechadas foram desenhadas (a) exterior à distribuição de cargas e (b) interior à distribuição de cargas.

dição chamada de *simetria esférica*. Isto é, ρ pode ser uma função de r, mas não de uma coordenada angular. Determina-se, então, uma expressão E para pontos exteriores (Fig. 27-11a) e interiores (Fig. 27-11b) à distribuição de cargas.

Qualquer distribuição de carga com simetria esférica, como a da Fig. 27-11, pode ser considerada como trama de cascas finas concêntricas. A densidade de carga no volume ρ pode variar de uma casca para a seguinte, mas as cascas podem ser consideradas tão finas que se possa admitir ρ uniforme em cada casca em particular. Os resultados da seção anterior podem ser usados para o cálculo da contribuição de cada casca para o campo elétrico total. O campo elétrico de cada casca fina tem apenas uma componente radial e, então, o campo elétrico total da esfera pode, analogamente, ter apenas uma componente radial. (Esta conclusão decorre, também, do argumento simétrico, mas não seria válido se a distribuição não atendesse à simetria esférica — isto é, se ρ dependesse da direção.)

Será calculado, agora, a componente radial do campo elétrico em pontos que estejam a uma distância r maior do que o raio R da esfera, como indicado na Fig. 27-11a. Cada casca concêntrica, com uma carga dq, contribui com uma componente radial dE_r, para o campo elétrico de acordo com a Eq. 27-13. O campo total é a resultante de todas as componentes e, como todas as componentes, são radiais, deve-se fazer a soma algébrica em vez de a soma vetorial. A soma para todas as cascas fornece

$$E_r = \int dE_r = \int \frac{1}{4\pi\epsilon_0} \frac{dq}{r^2}$$

ou, uma vez que r é constante na integral sobre q,

$$E_r = \frac{1}{4\pi\epsilon_0} \frac{q}{r^2}, \qquad (27\text{-}15)$$

onde q é a carga total da esfera. Então, para pontos exteriores à distribuição de cargas esfericamente simétrica, o campo elétrico tem o valor que teria se a carga fosse concentrada em seu centro. Esse resultado é similar ao do caso gravitacional, provado na Seção 14-5. Estes resultados decorrem do fato de que as leis que regem as respectivas forças (elétrica e gravitacional) são relacionadas ao inverso do quadrado da distância.

O campo elétrico será analisado, agora, para pontos interiores à distribuição de carga. A Fig. 27-11b apresenta uma superfície gaussiana esférica de raio $r < R$. A lei de Gauss leva a

$$\epsilon_0 \oint \vec{E} \cdot d\vec{A} = \epsilon_0 E_r (4\pi r^2) = q'$$

ou

$$E_r = \frac{1}{4\pi\epsilon_0} \frac{q'}{r^2}, \qquad (27\text{-}16)$$

em que q' é a parte de q contida na esfera de raio r. De acordo com o segundo teorema de casca, a parte de q que se localiza externamente à esfera não contribui para $\vec{E}$ na posição equivalente ao raio r.

Para dar seguimento ao cálculo, deve-se conhecer a carga q' que está dentro da esfera de raio r; isto é, deve-se conhecer $\rho(r)$. Considere o caso especial em que a esfera é carregada uniformemente, de modo que a densidade de carga ρ tenha o mesmo valor em todos os pontos no interior da esfera de raio R e seja nulo para todos os pontos exteriores a ela. Para pontos no interior de uma esfera uniformemente carregada, a fração da carga dentro de r é igual à fração do volume interior a r e, então,

$$\frac{q'}{q} = \frac{\frac{4}{3}\pi r^3}{\frac{4}{3}\pi R^3}$$

ou

$$q' = q\left(\frac{r}{R}\right)^3,$$

onde $\frac{4}{3}\pi R^3$ é o volume da distribuição esférica de carga. A expressão para E_R torna-se, então

$$E_r = \frac{1}{4\pi\epsilon_0} \frac{qr}{R^3} \quad \text{(esfera uniforme, } r < R\text{).} \quad (27\text{-}17)$$

em acordo com a Eq. 26-24. Esta equação assume valor nulo, como deveria, para $r = 0$. A Eq. 27-17 aplica-se, *apenas*, quando a densidade de carga é uniforme e independente de r. Observe que as Eqs. 27-15 e 27-17 determinam o mesmo resultado, como deve ser, para pontos na superfície da distribuição de carga (isto é, para $r = R$). A Fig. 27-12 mostra o campo elétrico para

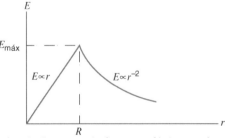

Fig. 27-12. A variação com o raio do campo elétrico gerado por uma distribuição de carga esférica, uniforme e de raio R. As variações para $r > R$ aplicam-se *apenas* a uma distribuição uniforme.

pontos em $r < R$ (determinados pela Eq. 27-17) e para pontos em que $r > R$ (determinados pela Eq. 27-15).

Problema Resolvido 27-3.

A Fig. 27-13a mostra partes de duas placas grandes de carga com densidade superficial de carga uniforme de $\sigma_+ = 6,8$ μC/m² e $\sigma_- = -4,3$ μC/m². Determine o campo elétrico $\vec{E}$ à esquerda das duas placas, entre elas e à sua direita.

Solução Nossa estratégia é analisar cada placa separadamente e, em seguida, somar os campos elétricos resultantes usando-se o princípio da superposição. Para a placa positiva, tem-se, da Eq. 27-12

$$E_+ = \frac{\sigma_+}{2\epsilon_0} = \frac{6,8 \times 10^{-6} \text{ C/m}^2}{(2)(8,85 \times 10^{-12} \text{ C}^2/\text{N} \cdot \text{m}^2)} = 3,84 \times 10^5 \text{ N/C}.$$

De modo similar, para a placa negativa a intensidade do campo é

$$E_- = \frac{|\sigma_-|}{2\epsilon_0} = \frac{4,3 \times 10^{-6} \text{ C/m}^2}{(2)(8,85 \times 10^{-12} \text{ C}^2/\text{N} \cdot \text{m}^2)} = 2,43 \times 10^5 \text{ N/C}.$$

A Fig. 27-13a mostra esses campos à esquerda, entre as placas e à direita das placas.

Os campos resultantes nestas três regiões decorrem das somas vetoriais de $\vec{E}_+$ e $\vec{E}_-$. Para a esquerda das placas, tem-se (as componentes de $\vec{E}$ na Fig. 27-13 são positivas quando $\vec{E}$ aponta para direita e negativas quando aponta para a esquerda).

$$E_L = -E_+ + E_- = -3,84 \times 10^5 \text{ N/C} + 2,43 \times 10^5 \text{ N/C}$$
$$= -1,4 \times 10^5 \text{ N/C}.$$

O campo elétrico (negativo) resultante nesta região aponta para a esquerda, conforme a Fig. 27-13b indica. Para a direita das placas, o campo elétrico tem a mesma intensidade, mas aponta para a direita na Fig. 27-13b.

Entre as placas, os dois campos devem ser compostos para fornecer

$$E_C = E_+ + E_- = 3,84 \times 10^5 \text{ N/C} + 2,43 \times 10^5 \text{ N/C}$$
$$= 6,3 \times 10^5 \text{ N/C}.$$

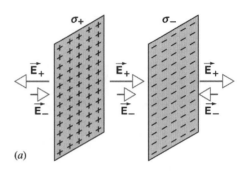

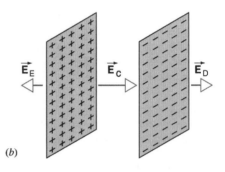

Fig. 27-13. Problema Resolvido 27-3. (a) Duas lâminas grandes, paralelas, com diferentes distribuições de carga σ_+ e σ_-. Os campos $\mathbf{E}_+$ e $\mathbf{E}_-$ seriam induzidos por cada lâmina se a outra não estivesse presente. (b) Os campos resultantes nas regiões próximas à esquerda (E), ao centro (C) e à direita (D) das lâminas, calculados como a soma vetorial de $\vec{E}_+$ e $\vec{E}_-$ em cada região.

Externamente às placas, o campo elétrico se comporta como se fosse gerado por uma única placa com densidade superficial de carga $\sigma_+ + \sigma_- = 2,5 \times 10^{-6}$ C/m². A forma do campo da Fig. 27-13b evidencia este fato. Nos Exercícios 14 e 15 pode ser investigado o caso em que as duas densidades superficiais de carga têm a mesma intensidade, mas sinais contrários e, também, o caso em que as intensidades e os sinais são iguais.

27-6 A LEI DE GAUSS E OS CONDUTORES

Já foi visto que com a lei de Gauss pode-se calcular o campo elétrico para várias distribuições de carga que apresentem elevado grau de simetria. Pode-se usar a lei de Gauss também para determinar as propriedades de condutores em que circule carga elétrica. Uma destas propriedades é

Uma carga excedente localizada em um condutor isolado desloca-se totalmente para a superfície externa do condutor. Nenhuma carga excedente permanece no interior do corpo do condutor.

Será revisto, agora, o que ocorre quando uma quantidade de carga elétrica é armazenada em um condutor isolado. Essas cargas podem, a princípio, ser depositadas em qualquer lugar no condutor, até mesmo em pontos bem abaixo da superfície. Inicialmente, há um campo elétrico no interior do condutor devido às cargas. Este campo elétrico resulta em forças atuando sobre as cargas, fazendo com que elas se redistribuam no condutor. Muito rapidamente (dentro de 10^{-9} s) o campo elétrico se torna nulo e as cargas cessam o seu movimento. Esta é a condição descrita como de *equilíbrio eletrostático*. Se o campo no interior não fosse nulo, haveria uma força atuando nos elétrons de condução do metal, e poderia ser observada a movimentação de cargas (uma corrente elétrica). Uma vez que não se observa nenhuma corrente elétrica, conclui-se que o campo elétrico é nulo no interior do condutor.

Deve-se ter atenção para o fato de que, neste ponto, considerou-se, somente, um condutor "isolado" — isto é, um condutor que está livre de influências exteriores. Um fio transportando uma corrente elétrica não pode ser considerado um condutor isolado, uma vez que deve estar ligado a um agente externo como uma bateria. O campo elétrico em um fio como este não é nulo, o fio *não* está em equilíbrio eletrostático e as conclusões anteriores nesta seção não são aplicáveis.

Admitindo-se que o campo elétrico no interior do condutor é nulo sob condições eletrostáticas, então, a lei de Gauss implica diretamente que a carga no condutor deva estar exclusivamente na superfície externa deste. A Fig. 27-14a mostra um condutor de forma arbitrária, talvez uma massa de cobre, com uma carga resultante q, dependurada a uma linha isolada. Uma superfície gaussiana foi desenhada no seu interior, bem próxima à superfície externa do condutor.

Se o campo elétrico é nulo em todos os lugares no interior do condutor, será nulo em todos os pontos da superfície gaussiana que se encontra totalmente dentro do condutor. Isto significa que o fluxo através da superfície gaussiana escolhida é nulo. A lei de Gauss permite, então, concluir que a carga envolvida pela superfície de Gauss deva ser nula. Se não há cargas no interior da superfície gaussiana, deve haver fora dela, o que implica estar toda a carga localizada na superfície externa do condutor.

Porque o campo elétrico é nulo no interior do condutor? Suponha que seja possível "congelar" as cargas na superfície, talvez através de um fino revestimento plástico, por exemplo, enquanto o material do condutor é removido completamente, sendo deixada apenas uma casca oca carregada. O campo elétrico, afinal, não mudaria em nada — permaneceria nulo em todos os pontos no interior da casca. Isto demonstra que um campo elétrico é estabelecido pelas cargas e não pelo condutor. O condutor serve apenas de caminho para que as cargas possam se deslocar facilmente, assumindo as posições que irão compor um campo elétrico nulo no interior do condutor.

A Carga em Superfícies Interiores

As cargas foram consideradas, até aqui, sempre na superfície externa de condutores maciços. Suponha que o condutor tenha uma cavidade interna, conforme indicado na Fig. 27-14b. As cargas aparecerão na superfície da cavidade? É razoável supor que, ao se escavar o material eletricamente neutro para formar a cavidade, não deveria haver nenhuma modificação na distribuição de carga na superfície exterior nem no campo elétrico na parte interna. Pode-se utilizar a lei de Gauss para obter uma prova quantitativa.

Desenha-se uma superfície gaussiana envolvendo a cavidade próxima à sua superfície, porém, ainda no interior do condutor, conforme apresentado na Fig. 27-14b. Como $\vec{E} = 0$ em qualquer parte no interior do condutor, não pode haver fluxo através dessa superfície gaussiana. Portanto, de acordo com a lei de Gauss, a superfície não pode envolver nenhuma carga resultante e, dessa forma, não pode haver nenhuma carga dentro de uma cavidade no interior de um condutor isolado.

Se um objeto com uma carga q' é colocado no interior da cavidade (de modo que não se possa mais considerar o condutor como isolado), a lei de Gauss requer ainda que a carga resultan-

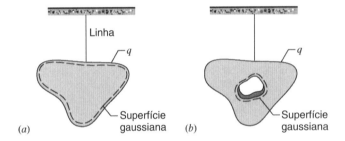

Fig. 27-14. (a) Um condutor metálico isolado com carga q dependurado por uma linha. Uma superfície gaussiana foi traçada, internamente, bem próxima à superfície do condutor. (b) Uma cavidade interna no condutor está envolvida por outra superfície de Gauss diferente.

te no interior da superfície gaussiana seja nula. Nesse caso, uma carga $-q'$ deve ser atraída à superfície da cavidade para manter a carga resultante nula no interior da superfície gaussiana. Se o condutor externo originalmente estava carregado com uma carga resultante q, então uma carga $q + q'$ aparecerá em sua superfície externa, de modo que a carga resultante não se altere.

O Campo Elétrico no Exterior do Condutor

Apesar de a carga excedente em um condutor isolado deslocar-se totalmente para sua superfície, tal carga — exceto para um condutor esférico isolado — em geral, não se distribui uniformemente por si mesma sobre essa superfície. Colocado de outra forma, a densidade superficial de carga σ ($= dq/dA$) varia de ponto a ponto sobre a superfície.

Pode-se utilizar a lei de Gauss para determinar uma relação — em qualquer ponto da superfície — entre a densidade superficial de carga s neste ponto e o campo elétrico $\vec{E}$ externo próximo à superfície neste mesmo ponto. A Fig. 27-15a mostra uma superfície gaussiana cilíndrica achatada, sendo a (pequena) área de suas extremidades A. As extremidades do cilindro são paralelas à superfície, uma permanecendo totalmente no interior do condutor e a outra totalmente fora dele. As curtas paredes do cilindro são perpendiculares à superfície do condutor. Uma vista ampliada da superfície gaussiana é mostrada na Fig. 27-15b.

O campo elétrico exterior, próximo a um condutor isolado carregado em equilíbrio eletrostático, deve ser perpendicular à superfície do condutor. Se não fosse assim, haveria uma componente de $\vec{E}$ permanecendo na superfície e tal componente estabeleceria correntes superficiais que redistribuiriam as cargas na superfície, violando a premissa de equilíbrio eletrostático. Então, $\vec{E}$ é perpendicular à superfície do condutor e o fluxo através da extremidade exterior do cilindro da superfície gaussiana

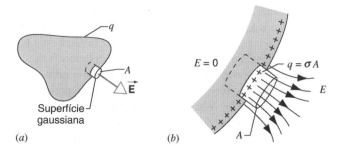

Fig. 27-15. (a) Uma pequena superfície gaussiana foi colocada na superfície de um condutor carregado. (b) Uma visão ampliada da superfície gaussiana que envolve uma carga q igual a σA.

é nulo, uma vez que $\vec{E} = 0$ para todos os pontos no interior do condutor. O fluxo através das paredes laterais do cilindro é nulo também, uma vez que as linhas de $\vec{E}$ são paralelas à superfície, não podendo atravessá-las. A carga q envolvida pela superfície de Gauss é σA.

O fluxo total pode, então, ser calculado como

$$\Phi_E = \oint \vec{E} \cdot d\vec{A}$$

$$= \int_{\text{extremidade externa}} \vec{E} \cdot d\vec{A} + \int_{\text{extremidade interna}} \vec{E} \cdot d\vec{A} + \int_{\text{paredes laterais}} \vec{E} \cdot d\vec{A}$$

$$= EA + 0 + 0 = EA.$$

O campo elétrico pode, agora, ser determinado usando-se a lei de Gauss

$$\epsilon_0 \Phi_E = q,$$

e substituindo-se os valores do fluxo e da carga envolvida $q(\sigma A)$, obtém-se

$$\epsilon_0 EA = \sigma A$$

ou

$$E = \frac{\sigma}{\epsilon_0}. \qquad (27\text{-}18)$$

Compare esse resultado com o da Eq. 27-12 para o campo elétrico próximo a uma placa carregada: $E = \sigma/2\epsilon_0$. O campo elétrico próximo a um condutor é o *dobro* do campo que seria esperado considerando-se o condutor como uma placa carregada, mesmo para pontos muito próximos da superfície onde a vizinhança imediata *não* se assemelha a uma placa carregada. Como se pode entender a diferença entre esses dois casos?

Uma placa de carga pode ser construída pulverizando-se cargas sobre uma das faces de uma fina camada de plástico. As cargas se fixam nos pontos em que caem sobre o plástico e não podem se deslocar. Não se pode carregar um condutor do mesmo modo. Pode-se imaginar que a superfície do condutor seja dividida em duas seções: a região próxima de onde se deseja determinar o campo elétrico e o restante do condutor. Se, na Fig.

27-15, a proximidade do condutor for suficientemente grande, a região próxima da superfície gaussiana pode ser considerada como uma placa de carga e contribuirá com uma fração $E = \sigma/2\epsilon_0$ para o campo elétrico. Contudo, a carga no restante do condutor, como pode ser demonstrado, contribuirá com idêntica quantidade para o campo elétrico. O campo elétrico total é a soma dessas duas contribuições, ou seja, $E = \sigma/\epsilon_0$.

Pode-se visualizar isto mais diretamente no caso de uma placa condutora fina. Suponha que a placa tenha área A. Se uma carga q for pulverizada em qualquer lugar da placa, esta carga, espontaneamente, será distribuída sobre *ambas* as superfícies da placa, conforme indicado na Fig. 27-16. Espera-se, portanto, que a carga seja $q/2$ e a densidade de carga seja $\sigma = q/2A$ em cada superfície da placa. Pode-se considerar cada superfície da placa como uma placa de carga, que (de acordo com a Eq. 27-12) estabelece um campo elétrico $E = \sigma/2\epsilon_0 = q/4A\epsilon_0$. Próximo à placa (nos pontos A e C na Fig. 27-16), os campos gerados pelas faces esquerda e direita da placa são iguais e se somam para gerar um campo elétrico total de $E = q/4A\epsilon_0 + q/4A\epsilon_0 = q/2A\epsilon_0 = \sigma/\epsilon_0$. No interior da placa (ponto B), os campos estão em sentidos contrários e sua soma se anula, como era esperado para o interior de um condutor.

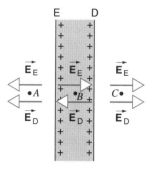

Fig. 27-16. A carga elétrica próxima a uma lâmina condutora. Observe que ambas as superfícies estão carregadas. O campo $\vec{E}_E$ e $\vec{E}_D$ devidos, respectivamente, às cargas na superfície esquerda e na superfície direita, se somam nos pontos A e C, e se anulam no ponto B no interior da lâmina.

Suponha que, agora, uma segunda placa, carregada com uma carga $-q$, seja trazida para a vizinhança da primeira. O condutor original não pode mais ser considerado como "isolado" e a carga na sua superfície externa não é mais uniformemente distribuída. Existe uma atração entre as cargas positivas em uma placa e as cargas negativas em outra. Esta atração alinha as cargas nas superfícies das duas placas frente a frente (Fig. 27-17). Cada superfície tem carga q (em vez de $q/2$) e densidade de carga $\sigma = q/A$. Considerada como uma placa de carga, cada superfície estabelece um campo elétrico $E = \sigma/2\epsilon_0 = q/2A\epsilon_0$, de acordo com a Eq 27-12. Na região entre as duas placas, elas contribuem com cargas positivas e negativas de igual intensidade e sentido, de forma que o campo elétrico resultante é $E = \sigma/\epsilon_0 = q/A\epsilon_0$. Este é o campo elétrico de um capacitor de placas paralelas, que pode ser visto na Fig. 27-17.

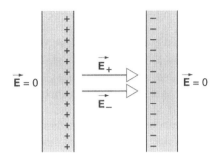

Fig. 27-17. Duas placas finas, condutoras, com cargas iguais e opostas. $\vec{E}_+$ é o campo devido à placa carregada positivamente e $\vec{E}_-$, à placa carregada negativamente.

PROBLEMA RESOLVIDO 27-4.

O campo elétrico imediatamente acima de uma superfície carregada do tambor de uma máquina de fotocópias tem uma intensidade E de $2,3 \times 10^5$ N/C. Qual será a densidade superficial de carga sobre o tambor, se este for um condutor?

Solução Da Eq. 27-18 tem-se que

$$\sigma = \epsilon_0 E = (8,85 \times 10^{-12} \text{ C}^2/\text{N} \cdot \text{m}^2)(2,3 \times 10^5 \text{ N/C})$$
$$= 2,0 \times 10^{-6} \text{ C/m}^2 = 2,0 \text{ } \mu\text{C/m}^2.$$

PROBLEMA RESOLVIDO 27-5.

A intensidade média de um campo elétrico presente normalmente na atmosfera imediatamente acima da superfície terrestre é de aproximadamente 150 N/C, orientado radialmente para o centro da Terra. Qual a carga resultante na superfície da Terra? Admita que a Terra seja um condutor.

Solução As linhas de força terminam em cargas negativas, e deste modo, se o campo elétrico terrestre aponta para o seu interior, a densidade superficial de carga média, σ, deve ser negativa. Da Eq. 27-18 obtém-se

$$\sigma = \epsilon_0 E = (8,85 \times 10^{-12} \text{ C}^2/\text{N} \cdot \text{m}^2)(-150 \text{ N/C})$$
$$= -1,33 \times 10^{-9} \text{ C/m}^2.$$

A carga total da Terra, q, é a densidade superficial de carga multiplicada por $4\pi R^2$, a área da superfície (presumidamente esférica) da Terra. Então,

$$q = \sigma 4\pi R^2$$
$$= (-1,33 \times 10^{-9} \text{ C/m}^2)(4\pi)(6,37 \times 10^6 \text{ m})^2$$
$$= -6,8 \times 10^5 \text{ C} = -680 \text{ kC}.$$

PROBLEMA RESOLVIDO 27-6.

Um longo condutor cilíndrico tubular (raio interno a, raio externo b) é envolvido por longa casca condutora cilíndrica coaxial (raio interno c, raio externo d), como indicado na Fig. 27-18. O condutor interno conduz uma carga $2q$, e o externo, uma carga $-3q$. Determine a carga localizada na superfície dos dois condutores.

Solução A lei de Gauss fornece resultados similares no caso das geometrias cilíndrica e esférica. Em particular, o campo elétrico gerado por um condutor externo na região $r < c$ é nulo, como já foi demonstrado para o caso de uma casca esférica carregada. As cargas no condutor externo não produzem campo elétrico em locais no interior do condutor interno, que pode, então, ser considerado como "isolado" para esta discussão. Se o condutor interno for tratado como isolado, conclui-se que as cargas devem se localizar totalmente em sua superfície externa. Então, não haverá nenhuma carga na face a e uma carga positiva $2q$ na superfície b.

Se fosse escolhida uma superfície gaussiana cilíndrica coaxial, colocada na superfície interna do cilindro externo ($c < r < d$), a lei de Gauss poderia ser utilizada para concluir que o fluxo através daquela superfície é nulo. O fluxo através da parte curva da superfície gaussiana é nulo, pois $E = 0$ em qualquer ponto no interior do condutor. O fluxo através das extremidades planas da superfície também é nulo, porque o campo para $b < r < c$ deve ser radial e, portanto, paralelo às mesmas. Isto significa, de acordo com a lei de Gauss, que a carga total no interior da superfície gaussiana deve ser nula. Sabe-se que há uma carga $2q$ no condutor interno, e assim, para fazer com que a carga total seja nula, deve haver uma carga $-2q$ na superfície c. Uma vez que a carga total no cilindro externo é $-3q$, o restante da carga $-q$, deve aparecer na superfície d.

Note que o condutor externo é influenciado pela carga no condutor interno e não pode ser considerado como isolado, e portanto, a carga neste condutor não será localizada em sua superfície externa.

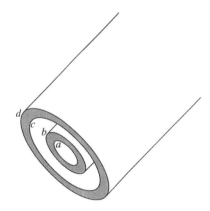

Fig. 27-18. Problema Resolvido 27-6. Duas cascas coaxiais cilíndricas condutoras.

27-7 TESTES EXPERIMENTAIS DAS LEIS DE GAUSS E DE COULOMB

Na Seção 27-6, deduziu-se que a carga excedente em um condutor deve permanecer apenas em sua superfície externa. Nenhuma carga pode localizar-se no interior do volume do condutor ou na superfície interna de uma cavidade oca. Este resultado foi obtido diretamente da lei de Gauss. Deste modo, ao testar se as cargas permanecem, de fato, na superfície externa do condutor, está se testando a lei de Gauss. Se for encontrada qualquer carga dentro do condutor ou em uma superfície interior (como a da cavidade na Fig. 27-14b), então a lei de Gauss terá falhado. Também foi provado na Seção 27-4 que a lei de Coulomb pode ser derivada diretamente da lei de Gauss. Assim, se a lei de Gauss falhar, o mesmo ocorrerá com a lei de Coulomb. Neste caso particular, significaria que a lei da força variando com o inverso do quadrado da distância não seria, exatamente, verificada. O expoente r poderia diferir de 2 de uma pequena quantidade, δ, de modo que o campo elétrico radial poderia ser

$$E_r = \frac{1}{4\pi\epsilon_0} \frac{q}{r^{2+\delta}}, \quad (27\text{-}19)$$

na qual δ será exatamente nulo se as leis de Gauss e de Coulomb forem válidas.

A medição direta da força entre duas cargas, descrita no Cap. 25, não apresenta a precisão necessária para testar se δ é nulo, além de um pequeno valor percentual. A observação da carga dentro de um condutor permite uma maneira melhor para se fazer esse teste e, como será visto, de forma mais precisa.

Inicialmente, o experimento segue o procedimento ilustrado na Fig. 27-19. Uma esfera metálica carregada pende de uma linha isolada eletricamente e é baixada em uma caixa metálica suportada por uma base também isolada. Quando a esfera é introduzida no interior da caixa, os dois formam um *condutor único* e, se a lei de Gauss for válida, toda a carga da esfera deve se deslocar para a superfície exterior do condutor combinado, conforme indicado na Fig. 27.19c. A esfera, ao ser removida, não deveria conter mais carga alguma. Ao serem introduzidos outros objetos metálicos isolados na caixa, não deveria resultar nenhuma transferência de carga para eles. Apenas no exterior da caixa metálica será possível haver transferência de carga.

Benjamin Franklin parece ter sido o primeiro a perceber que não poderia haver cargas no interior de uma caixa metálica isolada. Em 1755 ele escreveu a um amigo:

> Eu eletrifiquei uma lata de 0,5 litro sobre uma base elétrica e, em seguida, baixei, segura por uma linha de seda, uma bola de cortiça com aproximadamente uma polegada de diâmetro, até que tocasse no fundo da lata. A cortiça não foi atraída para o interior da lata, como teria sido pelo seu exterior. E mesmo tendo tocado o fundo da lata, quando retirada, não apresentou nenhum sinal de ter sido eletrificada, como teria acontecido se tivesse tocado o exterior da lata. O fato é singular. Você quer a explicação? Eu não conheço nenhuma...

Aproximadamente 10 anos mais tarde, Franklin apresentou este "fato singular" ao seu amigo Joseph Priestley (1733–1804). Em 1767 (aproximadamente 20 anos antes dos experimentos de Coulomb), Priestley verificou a observação de Franklin, e com notável percepção deduziu dela a lei do inverso do quadrado da distância para a força elétrica. Assim, a abordagem indireta não só é mais precisa do que a abordagem direta apresentada na Seção 25-4, como também foi realizada anteriormente.

Priestley, raciocinando em analogia com a gravitação, disse que o fato de nenhuma força elétrica atuar sobre a bola de cortiça de Franklin, quando colocada profundamente no interior de uma lata metálica, é similar ao fato (veja Seção 14-5) de nenhuma força gravitacional atuar sobre uma partícula no interior de uma casca esférica de matéria; se a gravitação obedece uma lei do inverso do quadrado, talvez a força elétrica também o faça. Considerando o experimento de Franklin, Priestley raciocinou que:

> Não poderíamos inferir disto que a atração elétrica é sujeita às mesmas leis que a gravitação e, portanto, de acordo com os quadrados das distâncias, uma vez que se pode facilmente demonstrar que se a Terra tivesse a forma de uma casca, um corpo em seu interior não seria atraído mais intensamente para um lado do que para o outro?

Observe como o conhecimento de um assunto (gravitação) auxilia o entendimento de outro (eletrostática).

Michael Faraday também realizou experiências concebidas para mostrar que o excesso de carga permanece na superfície

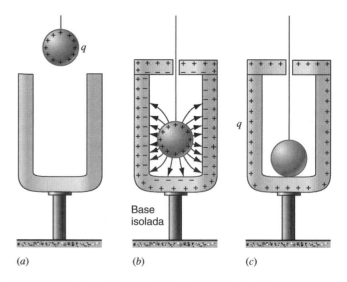

Fig. 27-19. Um dispositivo concebido por Benjamin Franklin para mostrar que a carga localizada em um condutor desloca-se para a sua superfície. (a) Uma esfera metálica carregada é baixada no interior de uma caixa metálica. (b) A esfera está no interior da caixa e a tampa desta é colocada. As linhas de campo entre a esfera e a caixa descarregada são mostradas. A esfera atrai as cargas de sinal oposto para o interior da caixa. (c) Quando a esfera toca a caixa, ambos formam um condutor único, e a carga resultante flui para a superfície externa. A esfera pode, então, ser retirada da caixa e pode-se mostrar que estará completamente descarregada, provando que a carga inicial foi transferida inteiramente para a caixa metálica.

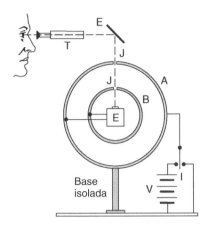

Fig. 27-20. Uma versão mais moderna e precisa do aparato da Fig. 27-19, também concebido para verificar que as cargas se localizam, apenas, na superfície externa de um condutor. A esfera A é carregada, levando o interruptor I para a esquerda, e o detector de elétrons sensível E é usado para detectar qualquer carga que possa mover-se para a esfera interior B. Espera-se que toda a carga permaneça na superfície externa (esfera A).

TABELA 27.1 Testes da Lei do Inverso do Quadrado de Coulomb

Pesquisadores	Data	δ (Eq. 27-19)
Franklin	1755	
Priestley	1767	de acordo com os quadrados
Robison	1769	< 0,06
Cavendish	1773	< 0,02
Coulomb	1785	na maioria, um pouco maiores percentualmente
Maxwell	1873	< 5 × 10^{-5}
Plimpton e Lawton	1936	< 2 × 10^{-9}
Bartlett, Goldhagen e Phillips	1970	< 1,3 × 10^{-13}
Williams, Faller e Hill	1971	< 1,0 × 10^{-16}

externa de um condutor. Ele construiu, particularmente para isso, uma grande caixa com revestimento metálico montada sobre suportes eletricamente isolados e carregada com um potente gerador eletrostático. Nas palavras de Faraday:

> Eu entrei no cubo e fiquei lá, e usando iluminação de velas, eletrômetros e todos os outros testes para estados elétricos, não pude encontrar a mínima influência deles... embora, durante todo este tempo, o exterior do cubo estivesse intensamente carregado eletricamente e houvesse faíscas fortes e muito centelhamento para todos os lados partindo da superfície externa.

A lei de Coulomb é de vital importância em Física, e se δ na Eq. 27-19, não é nulo, há conseqüências sérias para nosso entendimento do eletromagnetismo e da física quântica. A melhor maneira de se medir δ é descobrir *por experimentação* se uma carga em excesso colocada em um condutor isolado se transfere *inteiramente* para sua superfície externa ou não.

Experiências modernas, realizadas com notável precisão, têm mostrado que se δ na Eq. 27-19 não é nulo, é certamente, muito, muito pequeno. A Tabela 27-1 resume os resultados das experiências mais importantes.

A Fig. 27-20 representa o aparato usado por Plimpton e Lawton para medir δ. Ele consiste, a princípio, em duas cascas metálicas concêntricas, A e B, a primeira com 1,5 m de diâmetro. A esfera interior contém um eletrômetro sensível E conectado de modo a indicar se qualquer carga se move entre as cascas A e B. Se as cascas estão conectadas eletricamente, qualquer carga localizada no conjunto das duas cascas deveria permanecer inteiramente na casca A, se a lei de Gauss — e, portanto, a lei de Coulomb — estiver corretamente estabelecida.

Deslocando-se o interruptor I para a esquerda, uma carga substancial gerada pela bateria V seria deslocada para o conjunto das cascas. Se qualquer parte desta carga se deslocasse para a casca B, teria de passar através do eletrômetro e causaria nele uma deflexão do ponteiro, que poderia ser observada opticamente através do conjunto telescópio T, espelho E e janela J.

Contudo, quando o interruptor I foi conectado alternadamente da esquerda para a direita, interligando o conjunto das cascas ora à bateria, ora ao solo, nenhum efeito foi observado. Conhecendo a sensibilidade de seu eletrômetro, Plimpton e Lawton calcularam δ na Eq. 27-19, sendo diferente de zero, por um valor nunca superior a 2 × 10^{-9}, uma quantidade realmente muito pequena. Desde o seu experimento, os limites de δ foram refinados em mais de sete ordens de grandeza por outros experimentadores usando versões mais precisas e detalhadas deste aparato básico.

MÚLTIPLA ESCOLHA

27-1 Do que Trata a Lei de Gauss?

27-2 O Fluxo de um Campo Vetorial

1. Um campo de velocidade $\vec{v}$ existe em uma região do espaço. Uma superfície fechada S é divida em quatro seções, S_1, S_2, S_3 e S_4. Existe uma fonte localizada externamente próxima à superfície fechada e de S_1; podem existir outras fontes ou sumidouros próximos das outras superfícies S_n, mas nenhum está dentro de S.

   (a) O que se pode concluir quanto a Φ, o fluxo através de S_1?

   (A) $\Phi_1 > 0$ (B) $\Phi_1 = 0$ (C) $\Phi_1 < 0$

   (D) Nada se pode afirmar quanto a Φ_1 sem outras informações adicionais.

66 Capítulo Vinte e Sete

(b) Qual das seguintes sentenças sobre o fluxo através das quatro superfícies é correta?

   (A) Pelo menos um dos Φ_n deve ser negativo.

   (B) Pelo menos um dos Φ_n deve ser positivo.

   (C) Pelo menos um dos Φ_n deve ser nulo.

   (D) Se A é correto, então B também é.

   (E) Ou A ou B é correto, mas não ambos.

(c) Medições indicam que $\Phi_1 + \Phi_2 > 0$. Desta informação podemos concluir que

   (A) $\Phi_3 = \Phi_4$. (B) $\Phi_3 = -\Phi_4$. (C) $\Phi_3 > \Phi_4$. (D) $\Phi_3 < -\Phi_4$.

27-3 O Fluxo do Campo Elétrico

2. O fluxo através de uma superfície plana de área A em um campo uniforme $\vec{E}$ é máximo quando

   (A) a superfície é paralela a $\vec{E}$.

   (B) a superfície é perpendicular a $\vec{E}$.

   (C) a superfície tem formato retangular.

   (D) a superfície tem formato quadrado.

3. Uma superfície esférica fechada, de raio a, está em um campo elétrico uniforme $\vec{E}$. Qual o fluxo elétrico Φ_E, através da superfície?

   (A) $\Phi_E = 4\pi a^2 E$.   (B) $\Phi_E = \pi a^2 E$.

   (C) $\Phi_E = 0$.

   (D) Φ_E não pode ser determinado sem informações adicionais

27-4 A Lei de Gauss

4. Considere duas superfícies esféricas concêntricas, S_1 com raio a e S_2 com raio $2a$, ambas centradas na origem. Existe uma carga $+q$ na origem e mais nenhuma outra. Compare o fluxo Φ_1 através de S_1 com o fluxo Φ_2 através de S_2.

   (A) $\Phi_1 = 4\Phi_2$.   (B) $\Phi_1 = 2\Phi_2$.

   (C) $\Phi_1 = \Phi_2$.   (D) $\Phi_1 = \Phi_2/2$.

5. Uma superfície esférica fechada imaginária S de raio R está centrada na origem. Uma carga positiva está inicialmente na origem e o fluxo através da superfície é Φ_E. A carga positiva é deslocada lentamente da origem até um ponto afastado $R/2$ da origem. Fazendo-se isso, o fluxo através de S

   (A) aumenta para $4\Phi_E$.   (B) aumenta para $2\Phi_E$.

   (C) permanece o mesmo.   (D) diminui para $\Phi_E/2$.

   (E) diminui para $\Phi_E/4$.

6. Sob quais condições pode-se determinar um fluxo elétrico Φ_E através de uma superfície fechada?

   (A) Se a intensidade de $\vec{E}$ for conhecida em qualquer lugar da superfície.

   (B) Se a carga resultante no interior da superfície for especificada.

   (C) Se a carga resultante no exterior da superfície for especificada.

   (D) Apenas se a localização de cada ponto carregado no interior da superfície for especificado.

7. Uma superfície esférica fechada imaginária S de raio R está centrada na origem. Uma carga positiva está inicialmente na origem e o fluxo através da superfície é Φ_E. Três cargas são, agora, adicionadas ao longo do eixo dos x: $-3q$ em $x = -R/2$, $+5q$ em $x = R/2$ e $+4q$ em $x = 3R/2$. O fluxo através de S é agora

   (A) $2\Phi_E$.   (B) $3\Phi_E$.   (C) $6\Phi_E$.   (D) $7\Phi_E$.

   (E) Φ_E não pode ser determinado porque o problema não é mais simétrico.

27-5 Aplicações da Lei de Gauss

8. Um dipolo localiza-se sobre o eixo dos x, com a carga positiva $+q$ em $x = +d/2$ e com a carga negativa em $x = -d/2$. O fluxo elétrico Φ_E através do plano yz entre as duas cargas e eqüidistante destas

   (A) é nulo.   (B) depende de d.

   (C) depende de q.   (D) depende tanto de q quanto de d.

9. A superfície da questão de múltipla escolha 8 é deslocada para perto da carga positiva. À medida que a carga se desloca, o fluxo Φ_E através da superfície

   (A) aumenta.   (B) diminui.

   (C) permanece o mesmo.

10. A superfície da questão de Múltipla Escolha 8 sofre, agora, *uma rotação*, de modo que a normal à superfície não seja mais paralela ao eixo dos x. À medida que a superfície se movimenta, o fluxo Φ_E através da superfície

   (A) aumenta.   (B) diminui.

   (C) permanece o mesmo.

11. Em quais dos seguintes problemas a lei de Gauss seria útil?

   (A) Determinar o campo elétrico em vários pontos sobre uma superfície de um cilindro de comprimento finito uniformemente carregado.

   (B) Determinar o fluxo elétrico através da extremidade de uma superfície cilíndrica carregada.

   (C) Determinar o campo elétrico em vários pontos sobre uma superfície de um cubo uniformemente carregado.

(D) Determinar o fluxo elétrico através de um dos lados de um cubo uniformemente carregado.

27-6 A Lei de Gauss e os Condutores

12. Uma esfera condutora oca tem uma carga positiva $+q$ localizada em seu centro. A esfera tem carga resultante nula.

(a) A carga na superfície interior da esfera é

(A) $+2q$. (B) $+q$. (C) $-q$. (D) 0.

(b) A carga na superfície exterior da esfera é

(A) $+2q$. (B) $+q$. (C) $-q$. (D) 0.

13. Suponha que uma carga resultante $+q$ está localizada na esfera da questão de Múltipla Escolha 12; a carga pontual continua em seu centro.

(a) A carga na superfície interna da esfera é

(A) $+2q$. (B) $+q$. (C) $-q$. (D) 0.

(b) A carga na superfície externa da esfera é

(A) $+2q$. (B) $+q$. (C) $-q$. (D) 0.

14. A carga positiva no centro da esfera da questão de Múltipla Escolha 13 é deslocada do centro para perto da superfície interna, mas sem tocá-la.

(a) A carga resultante na superfície interna da esfera irá

(A) aumentar.   (B) diminuir.

(C) permanecer a mesma.

(D) mudar de valor, dependendo de quão perto a esfera foi calculada em relação à superfície interna.

(b) A carga resultante na superfície externa da esfera irá

(A) aumentar.   (B) diminuir.

(C) permanecer a mesma.

(D) mudar de valor, dependendo de quão perto a esfera foi colocada em relação à superfície interna.

27-7 Testes Experimentais das Leis de Gauss e de Coulomb

QUESTÕES

1. Qual a base para se afirmar que as linhas de força elétrica começam e terminam apenas em cargas elétricas?

2. As cargas positivas são, algumas vezes, chamadas de "fontes" e as cargas negativas, de "sumidouros" do campo elétrico. Como se poderia justificar esta terminologia? Existem fontes e/ou sumidouros para o campo gravitacional?

3. Por analogia com Φ_E, como você definiria o fluxo Φ_E de um campo gravitacional? Qual o fluxo do campo gravitacional da Terra através das fronteiras de uma sala, admitindo-se que ela não contém matéria? E através de uma superfície esférica envolvendo de perto a Terra? E através de uma superfície esférica com diâmetro igual ao da órbita da Lua?

4. Considere a superfície gaussiana que envolve parte da distribuição de cargas mostrada na Fig. 27-21. (a) Qual das cargas contribui para o campo elétrico no ponto P? (b) O valor do fluxo através da superfície, calculado usando-se apenas o campo devido a q_1 e q_2, é maior, menor ou igual ao valor obtido empregando-se o campo resultante?

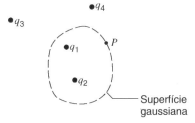

Fig. 27-21. Questão 4.

5. Suponha que o campo elétrico em alguma região tenha uma direção constante, mas que sua intensidade diminua segundo esta direção. O que você conclui a respeito da carga na região? Esboce as linhas de força.

6. A lei de Gauss estabelece que o número total de linhas de força atravessando qualquer superfície fechada de dentro para fora é proporcional à carga positiva resultante encerrada por esta superfície. Isto é precisamente verdadeiro?

7. Uma carga pontual está localizada no centro de uma superfície esférica gaussiana. Φ_E será alterado (a) se a superfície é substituída por um cubo de mesmo volume; (b) se a esfera é substituída por um cubo com um décimo do seu volume; (c) se a carga é deslocada para fora do centro da esfera original, permanecendo ainda em seu interior; (d) se a carga é movida para fora da esfera original; (e) se uma segunda carga é colocada próxima e do lado de fora da esfera original; (f) se uma segunda carga é colocada no interior da superfície de Gauss?

8. Na lei de Gauss, $\epsilon_0 \oint \vec{E} \cdot d\vec{A} = q$, $\vec{E}$ é necessariamente o campo elétrico atribuível à carga q?

9. Uma superfície envolve um dipolo elétrico. O que se pode dizer a respeito de Φ_E para esta superfície?

10. Suponha que uma superfície gaussiana não envolva nenhuma carga resultante. A lei de Gauss estabelece que $\vec{E}$ seja nulo para todos os pontos na superfície? O inverso desta afirmativa é verdadeiro? Isto é, se $\vec{E}$ for nulo para qualquer ponto da superfície, a lei de Gauss estabelece que a carga resultante em seu interior seja nula?

11. A lei de Gauss é útil para o cálculo do campo devido a três cargas iguais localizadas nos cantos de um triângulo eqüilátero? Explique por que sim ou não.

12. Uma carga resultante Q é distribuída uniformemente através de um cubo com aresta a. O campo elétrico em um ponto externo P, distante r do centro C do cubo, é determinado pela expressão $E = Q/4\pi\epsilon_0 r^2$? Veja a Fig. 27-22. Caso contrário, pode-se determinar E constituindo-se uma superfície gaussiana cúbica, "concêntrica" com a superfície existente? Caso contrário, explique por que não. Você pode dizer alguma coisa a respeito de E se $r \gg a$?

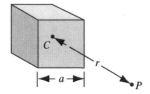

Fig. 27-22. Questão 12.

13. $\vec{E}$ é, necessariamente, nulo no interior de um balão de borracha carregado, se o balão (a) é esférico ou (b) cilíndrico? Para cada forma, admita a carga uniformemente distribuída sobre a superfície. Como ficaria a situação, se o balão tivesse uma fina camada de tinta condutora em sua superfície externa?

14. Um balão de borracha esférico carrega uma carga uniformemente distribuída em sua superfície. À medida que o balão se infla, como irá variar E para pontos (a) no interior do balão (b) na superfície do balão e (c) do lado de fora do balão?

15. Na Seção 27-4, vimos que a lei de Coulomb poderia ser derivada da lei de Gauss. Isto significa que a lei de Gauss pode ser necessariamente derivada da lei de Coulomb?

16. A lei de Gauss seria válida caso o expoente na lei de Coulomb não fosse exatamente 2?

17. Um condutor grande, oco e isolado eletricamente, conduz uma carga positiva. Uma pequena esfera metálica com carga negativa de mesma intensidade é baixada com auxílio de uma linha através de uma pequena abertura na parte superior do condutor. Permite-se que a esfera toque a superfície interna e, em seguida, é afastada. Qual será, então, a carga (a) na esfera e (b) no condutor?

18. Podemos deduzir do argumento da Seção 27-6 que os elétrons nos fios do circuito elétrico de uma casa deslocam-se ao longo das superfícies desses fios? Caso contrário, por que não?

19. Na Seção 27-6, admitimos que $\vec{E}$ era nulo em qualquer ponto no interior de um condutor isolado. Contudo, existem certamente campos elétricos bem grandes no interior do condutor nos pontos próximos aos elétrons ou aos núcleos. Isto não invalida a prova da Seção 27-4? Explique.

20. A lei de Gauss aplicada na Seção 27-6 estabelece que todos os elétrons de condução em um condutor isolado permaneçam na superfície?

21. Uma carga pontual positiva q está localizada no centro de uma esfera metálica oca. Que cargas aparecem (a) na superfície interna e (b) na superfície externa da esfera? (c) Se você aproxima um objeto metálico (descarregado) da esfera, isto modificará as respostas de (a) ou de (b)? Haverá modificação na distribuição de carga sobre a esfera?

22. Se uma carga $-q$ é distribuída uniformemente sobre a superfície de uma casca esférica metálica, isolada, com raio a, não haverá nenhum campo elétrico em seu interior. Se, agora, uma carga pontual $+q$ for colocada no interior da esfera, não haverá campo elétrico externo. Esta carga pontual pode ser colocada a uma distância $d < a$ do centro, mas isto fará com que o sistema tenha um momento de dipolo, sendo criado um campo externo. Como você justifica o aparecimento da energia neste campo externo?

23. Como você pode remover completamente a carga excedente de um pequeno corpo condutor?

24. Explique por que a simetria esférica da Fig. 27-7 impõe a restrição de se considerar para $\vec{E}$ apenas um componente radial em qualquer ponto. (Sugestão: Imagine outros componentes, talvez, ao longo das linhas equivalentes às linhas de latitude e longitude terrestres. A simetria esférica determina que estas linhas sejam vistas da mesma forma por quaisquer perspectivas. Você consegue criar linhas de campo que satisfaçam este critério?)

25. Explique por que a simetria da Fig. 27-8 impõe a restrição de se considerar para $\vec{E}$ apenas um componente radial em qualquer ponto. Lembre-se de que, neste caso, o campo não só tem de parecer o mesmo em qualquer ponto ao longo da linha, como também deve parecer o mesmo se a figura for girada, trocando-se as posições das extremidades.

26. A carga resultante em uma haste infinita carregada é infinita. Por que $\vec{E}$ não é também infinito? Afinal, de acordo com a lei de Coulomb, se q é infinito, E também o é.

27. Explique por que a simetria da Fig. 27-9 impõe a restrição de que $\vec{E}$ tem apenas um componente orientado para fora

da chapa. Por que, por exemplo, $\vec{E}$ não poderia ter um componente paralelo à chapa? Lembre-se de que, neste caso, o campo não só tem de parecer o mesmo em qualquer ponto ao longo da chapa, em qualquer direção, como também parecer o mesmo se a chapa sofrer uma rotação em torno de uma linha perpendicular a ela.

28. O campo devido a uma placa de carga infinita é uniforme, tendo a mesma intensidade em todos os pontos, não importando a sua distância até a superfície carregada. Explique como isso pode acontecer, dada a natureza quadrática inversa da lei de Coulomb.

29. À medida que se introduz uma esfera carregada uniforme, E deveria diminuir porque uma quantidade de carga progressivamente menor permanece no seu interior segundo o ponto de vista do observador. Por outro lado, E deveria crescer porque está se aproximando do seu centro de carga. Qual o efeito dominante e por quê?

30. Dada uma distribuição esférica simétrica de cargas (sem uma densidade de carga radial uniforme), E é necessariamente máximo na superfície? Comente as várias possibilidades.

31. A Eq. 27-15 permanece válida para a Fig. 27-11a se (a) existe uma cavidade esférica concêntrica no corpo, (b) uma carga pontual Q está no centro desta cavidade, e (c) a carga Q está no interior da cavidade, porém não no seu centro?

EXERCÍCIOS

27-1 Do que Trata a Lei de Gauss?

27-2 O Fluxo de um Campo Vetorial

27-3 O Fluxo do Campo Elétrico

1. A superfície quadrada mostrada na Fig. 27-23 mede 3,2 mm de cada lado. Ela está imersa em um campo elétrico uniforme com $E = 1800$ N/C. As linhas de campo fazem um ângulo de 65° com a normal "orientada para fora", conforme indicado. Calcule o fluxo através da superfície.

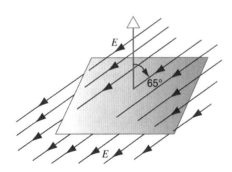

Fig. 27-23. Exercício 1.

2. Um cubo com aresta igual a 1,4 m está posicionado conforme a Fig. 27-24 em uma região de campo elétrico uniforme. Determine o fluxo elétrico através de sua face direita, se o campo elétrico é dado por (a) (6 N/C) $\hat{i}$, (b) $(-2$ N/C) $\hat{j}$, e (c) $(-3$ N/C) $\hat{i}$ + (4 N/C) $\hat{k}$. (d) Calcule o fluxo total através do cubo para cada um desses campos.

3. Calcule Φ_E através (a) da base plana de um semi-esfera de raio R. O campo $\vec{E}$ é uniforme e paralelo ao eixo da semi-esfera, e as linhas de campo de $\vec{E}$ entram na base plana. (Use a normal orientada para fora.)

27-4 A Lei de Gauss

4. A carga em um condutor originalmente descarregado e isolado é separada mantendo-se muito próxima deste uma haste carregada positivamente, conforme indicado na Fig. 27-25. Calcule o fluxo para as cinco superfícies gaussianas indicadas. Admita que a carga negativa induzida no condutor seja igual à carga positiva q na haste.

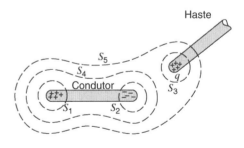

Fig. 27-25. Exercício 4.

5. Uma carga pontual de 1,84 μC está no centro de uma superfície gaussiana cúbica de aresta 55 cm. Determine Φ_E através da superfície.

6. O fluxo elétrico resultante através de cada face de um dado tem intensidade em unidades 10^3 N·m²/C igual ao número de marcas da face (de 1 até 6). O fluxo é orientado para dentro nas faces com número par de marcas e, para fora, nas

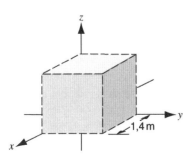

Fig. 27-24. Exercício 2.

faces com número ímpar de marcas. Qual a carga resultante no interior do dado?

7. Uma carga pontual $+q$ está $d/2$ distante de uma superfície quadrada com lado d e está exatamente acima do centro do quadrado como indicado na Fig. 27-26. Determine o fluxo elétrico através do quadrado. (*Sugestão*: Considere o quadrado como uma das faces de um cubo com aresta d.)

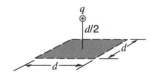

Fig. 27-26. Exercício 7.

8. Uma rede para borboletas está em um campo elétrico uniforme E conforme indicado na Fig. 27-27. O aro, um círculo de raio a, está alinhado de forma perpendicular ao campo. Determine o fluxo elétrico através da rede relativo a uma normal orientada para fora.

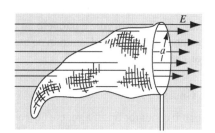

Fig. 27-27. Exercício 8.

9. O campo elétrico em uma certa região da Terra, segundo procedimentos experimentais, está verticalmente orientado para baixo. A uma altitude de 300 m, o campo é de 58 N/C e a uma altitude de 200 m, é de 110 N/C. Determine a quantidade total de carga contida em um cubo de aresta 100 m localizado a uma altitude entre 200 e 300 m. Despreze o efeito da curvatura terrestre.

10. Determine o fluxo resultante através do cubo do Exercício 2 e Fig. 27-14, se o campo elétrico é dado por (a) $\vec{E} = (3\text{ N/C·m})y\,\hat{j}$ e (b) $(-4\text{N/C})\,\hat{i} + [6\text{ N/C} + (3\text{ N/C·m})y]\,\hat{j}$. (c) Em cada caso, qual o valor da carga no interior do cubo?

11. Uma carga pontual q está posicionada em um dos vértices de um cubo de aresta a. Qual o fluxo através de cada uma das faces deste? (*Sugestão*: Use a lei de Gauss e argumentos simétricos.)

27-5 Aplicações da Lei de Gauss

12. Uma linha infinita de carga produz um campo de $4,52 \times 10^4$ N/C a uma distância de 1,96 m. Calcule a densidade de carga linear.

13. (a) O cilindro da máquina de fotocópias no Problema Resolvido 27-4 tem um comprimento de 42 cm e um diâmetro de 12 cm. Qual a carga resultante no cilindro? (b) O fabricante deseja produzir uma versão compacta da máquina. Isto implica em reduzir o tamanho do cilindro para um comprimento de 28 cm e um diâmetro de 8,0 cm. O campo elétrico na superfície do cilindro deve permanecer inalterado. Qual deve ser a carga para o novo cilindro?

14. Duas lâminas finas, grandes e não-condutoras, com cargas positivas, estão frente a frente conforme indicado na Fig. 27-28. Qual o campo $\vec{E}$ em pontos (a) à esquerda das lâminas, (b) entre as lâminas, e (c) à direita das lâminas? Admita a mesma densidade de carga superficial σ para cada lâmina. Considere apenas pontos que não estejam próximos das bordas e cuja distância até as lâminas seja pequena em comparação com as dimensões destas. (*Sugestão*: Veja o Problema Resolvido 27-3.)

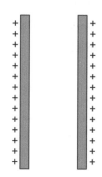

Fig. 27-28. Exercício 14.

15. Duas grandes placas metálicas carregadas estão frente a frente, conforme indicado na Fig. 27-29, respectivamente, com densidade de carga superficial $+\sigma$ e $-\sigma$ em suas superfícies internas. Determine E em pontos (a) à esquerda das lâminas, (b) entre as lâminas, e (c) à direita das lâminas? Considere apenas pontos que não estejam próximos das bordas e cuja distância até as placas seja pequena em comparação com as dimensões destas. (*Sugestão*: Veja o Problema Resolvido 27-3.)

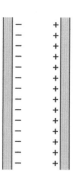

Fig. 27-29. Exercício 15.

16. Um elétron permanece estacionário em um campo elétrico orientado para baixo no campo gravitacional da Terra. Se o campo elétrico é gerado por duas grandes placas condutoras, paralelas, afastadas de 2,3 cm e com cargas opostas, qual a densidade de carga superficial nas placas, admitindo-se que esta seja uniforme?

17. Um fio longo, reto e fino está carregado com −3,60 nC/m. O fio será envolvido por um cilindro uniforme carregado positivamente, tendo raio 1,50 cm e sendo posicionado coaxialmente com o fio. A densidade de carga volumétrica ρ do cilindro será selecionada de modo que o campo elétrico resultante na parte externa do cilindro seja nulo. Calcule a densidade de carga volumétrica ρ necessária.

18. A Fig. 27-30 apresenta uma carga pontual $q = 126$ nC no centro de uma cavidade esférica de raio 3,66 cm em um pedaço de metal. Use a lei de Gauss para determinar o campo elétrico (a) no ponto P_1 na posição intermediária entre o centro da esfera e a superfície interna da cavidade, e (b) o ponto P_2.

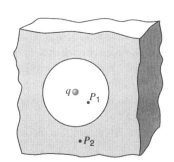

Fig. 27-30. Exercício 18.

19. Um próton orbita uma esfera carregada de raio 1,13 cm bem próximo a sua superfície, com uma velocidade $v = 294$ km/s. Determine a carga da esfera.

20. Duas cascas esféricas finas e concêntricas, com raios 10,0 cm e 15,0 cm, estão carregadas. A carga na casca interna é de 40,6 nC e, na casca externa, 19,3 nC. Determine o campo elétrico (a) em $r = 12,0$ cm, (b) em $r = 22,0$ cm, e (c) em $r = 8,18$ cm do centro da esfera.

21. Dois cilindros longos, concêntricos, com raios 3,22 cm e 6,18 cm, estão carregados. A densidade de carga superficial no cilindro interno é de 24,1 μC/m² e, no cilindro externo, −18,0 μC/m². Determine o campo elétrico em (a) $r = 4,10$ cm e (b) $r = 8,20$ cm.

22. Uma longa casca cilíndrica não-condutora, com raio interno R e raio externo $2R$, recebe carga uniformemente distribuída em toda a sua extensão. Em que posição radial abaixo da superfície externa com carga distribuída, a intensidade do campo elétrico será igual à metade da intensidade do campo elétrico na superfície?

23. Um elétron de 115 keV é disparado diretamente contra uma lâmina plástica grande e plana com densidade de carga superficial −2,08 μC/m². De que distância o elétron deve ser disparado se este deve ficar apenas na iminência de atingir a lâmina? (Despreze efeitos relativísticos.)

24. Construa uma superfície gaussiana esférica centrada em uma linha infinita de carga, calcule o fluxo através da esfera e mostre que a lei de Gauss é satisfeita.

25. Um cilindro infinitamente longo com raio R é carregado uniformemente em toda a sua extensão. (a) Mostre que E a uma distância r do eixo do cilindro ($r < R$) é dado pela expressão

$$E = \frac{\rho r}{2\epsilon_0},$$

onde ρ é a densidade de carga volumétrica. (b) Que resultado se obtém para $r > R$?

27-6 A Lei de Gauss e os Condutores

26. Uma esfera condutora, de raio 1,22 m, uniformemente carregada, tem densidade de carga superficial 8,13 μC/m². (a) Determine a carga sobre a esfera. (b) Qual o fluxo elétrico total deixando a superfície da esfera? (c) Calcule o campo elétrico na superfície da esfera.

27. Veículos espaciais viajando através dos cintos de radiação da Terra colidem com elétrons capturados. Uma vez que no espaço não há solo (aterramento), a carga resultante acumulada pode se tornar significativa e danificar componentes eletrônicos, gerando curto-circuitos e anomalias operacionais. Um satélite esférico e metálico, com diâmetro 1,3 m, acumula 2,4 μC de carga em uma revolução orbital. (a) Determine a densidade de carga superficial. (b) Calcule o campo elétrico resultante próximo à superfície exterior do satélite.

28. A Eq. 27-18 ($E = \sigma/\epsilon_0$) determina o campo elétrico em pontos próximos de uma superfície condutora carregada. Aplique-a a uma esfera condutora de raio r, carregada com uma carga q em sua superfície, e mostre que o campo elétrico no exterior da esfera é o mesmo de uma carga pontual posicionada no centro da esfera.

29. Uma placa metálica com um lado de 8,0 cm tem carga total de 6,0 μC. (a) Usando a aproximação de placa infinita, calcule o campo elétrico 0,50 mm acima da superfície da placa próximo de seu centro. (b) Estime o campo a uma distância de 30 m.

27-7 Testes Experimentais das Leis de Gauss e de Coulomb

PROBLEMAS

1. A lei de Gauss para gravitação é

$$\frac{1}{4\pi G}\Phi_g = \frac{1}{4\pi G}\oint \vec{g}\cdot d\vec{A} = -m,$$

onde m é a massa envolvida e G é a constante de gravitação universal. Deduza a lei da gravitação de Newton a partir desta equação. Qual o significado do sinal negativo?

2. Os componentes do campo elétrico na Fig. 27-31 são $E_y = by^{1/2}$, $E_x = E_z = 0$, em que $b = 8830$ N/C·m$^{1/2}$. Calcule (a) o fluxo Φ_E através do cubo e (b) a carga no interior do cubo. Admita que $a = 13{,}0$ cm.

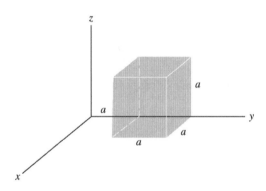

Fig. 27-31. Problema 2.

3. Uma pequena esfera cuja massa é de 1,12 mg tem uma carga $q = 19{,}7$ nC. A esfera pende no campo gravitacional da Terra de uma linha de seda, fazendo um ângulo $\theta = 27{,}4°$ com uma lâmina grande, não-condutora e uniformemente carregada, indicada na Fig. 27-32. Calcule a densidade de carga uniforme σ para a lâmina.

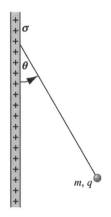

Fig. 27-32. Problema 3.

4. A Fig. 27-33 apresenta uma carga $+q$ na forma de uma esfera condutora uniforme de raio a, localizada no centro de uma casca esférica condutora, com raio interno b e raio externo c. A casca externa está carregada com $-q$. Determine $E(r)$ nas posições (a) no interior da esfera ($r < a$), (b) entre a esfera e a casca ($a < r < b$), (c) no interior da casca ($b < r < c$), e (d) no exterior da casca ($r > c$). (e) Quais cargas aparecem nas superfícies interna e externa da casca?

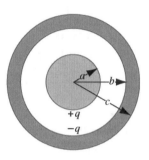

Fig. 27-33. Problema 4.

5. Um cilindro condutor muito longo (comprimento L) com carga resultante $+q$ é envolvido por uma casca cilíndrica condutora (também, de comprimento L) com carga resultante $-2q$, como indicado em corte na Fig. 27-34. Use a lei de Gauss para calcular (a) o campo elétrico em pontos no exterior da casca condutora, (b) a distribuição de carga na casca condutora, e (c) o campo elétrico na região entre os cilindros.

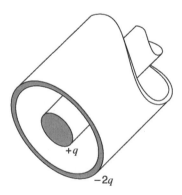

Fig. 27-34. Problema 5.

6. Uma grande superfície plana e não-condutora tem densidade de carga, σ, uniforme. Foi feito um pequeno furo circular de raio R, no centro da superfície, conforme mostrado na Fig. 27-35. Desprezando-se as distorções nas linhas do campo elétrico nas proximidades de todas as arestas, calcule o campo elétrico no ponto P a uma distância z do centro do furo e sobre o seu eixo (normal ao plano da superfície). (*Sugestão*: Veja a Eq. 26-19 e use o princípio da superposição.)

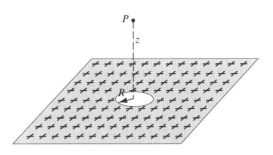

Fig. 27-35. Problema 6.

7. A Fig. 27-36 mostra a seção transversal de um tubo metálico longo, de parede fina, de raio R com carga por unidade de comprimento λ em sua superfície. Determine expressões de E para várias distâncias r do eixo do tubo, considerando (*a*) $r > R$ e (*b*) $r < R$. (*c*) Disponha os resultados na forma de gráfico, variando r de $r = 0$ até $r = 5{,}0$ cm, admita que $\lambda = 2{,}0 \times 10^{-8}$ C/m e $R = 3{,}0$ cm. (*Sugestão*: Use superfícies gaussianas cilíndricas, coaxiais com o tubo metálico.)

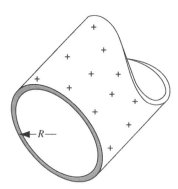

Fig. 27-36. Problema 7.

8. A Fig. 27-37 mostra uma seção transversal de dois cilindros finos, longos e concêntricos, com raios a e b. Os cilindros têm cargas por unidade de comprimento, λ, iguais e de sentidos opostos. Prove, usando a lei de Gauss, que (*a*) $E = 0$ para $r < a$ e (*b*) que entre os dois cilindros E é dado pela expressão

$$E = \frac{1}{2\pi\epsilon_0} \frac{\lambda}{r}.$$

9. Na geometria do Problema 8, um pósitron gira em uma trajetória circular entre dois cilindros concêntricos. Determine sua energia cinética, em elétrons-volts. Admita que $\lambda = 30$ nC/m. (Por que não é necessário conhecer os raios dos cilindros?)

10. A Fig. 27-38 mostra um contador Geiger, usado para detectar radiação ionizante. O contador consiste em um fio fino central, carregado positivamente, envolvido por um condutor cilíndrico carregado negativamente e concêntrico com o fio. Um forte campo elétrico radial é, então, induzido no cilindro. O cilindro contém um gás inerte a baixa pressão. Quando uma partícula radioativa entra no tubo através da parede do cilindro, ela ioniza uma parte dos átomos do gás. Os elétrons livres resultantes são dirigidos para o fio. Contudo, como o campo elétrico é muito intenso, estes elétrons, entre os choques com os átomos do gás, adquirem energia suficiente para ionizar estes átomos. Deste modo, mais elétrons livres são gerados e o processo já descrito se repete até que os elétrons alcancem o fio. A "avalanche" de elétrons é coletada pelo fio, gerando-se um sinal que registra a passagem da partícula radioativa incidente. Suponha que o raio do fio central é de 25 μm, o raio do cilindro 1,4 cm e o comprimento do tubo 16 cm. O campo elétrico na parede do cilindro é de 2,9 $\times$ 10^4 N/C. Calcule a quantidade de carga positiva no fio central. (*Sugestão*: Veja o Problema 8.)

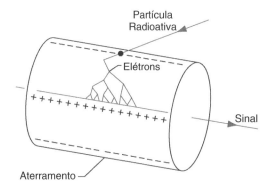

Fig. 27-38. Problema 10.

11. Uma casca esférica metálica, fina, descarregada tem em seu centro uma carga pontual q. Usando a Lei de Gauss, determine as expressões para o campo elétrico (*a*) no interior da casca e (*b*) no exterior da casca. (*c*) A casca influencia de alguma maneira o campo gerado por q? (*d*) A presença de q influencia de alguma forma a casca? (*e*) Se uma segunda carga pontual é mantida no exterior da casca, haverá alguma força atuando nela? (*f*) A carga pontual no interior sofrerá a ação

Fig. 27-37. Problema 8.

de alguma força? (g) Há alguma contradição com a terceira lei de Newton neste caso? Por que sim ou por que não?

12. Partículas de poeira carregadas no espaço interestelar, todas de mesma massa, e cada uma com excesso de elétrons, formam uma nuvem esférica, estável e uniforme. Determine a massa de cada partícula.

13. A região esférica $a < r < b$ tem carga por unidade de volume $\rho = A/r$, onde A é uma constante. No centro ($r = 0$) da cavidade envolvida pela esfera, existe uma carga pontual q. Qual deveria ser o valor de A para que o campo elétrico na região $a < r < b$ tenha intensidade constante?

14. Uma região esférica tem carga uniforme por unidade de volume ρ. Seja $\vec{r}$ o vetor do centro da esfera até um ponto genérico P dentro desta. (a) Mostre que o campo elétrico em P é dado por $\vec{E} = \rho\vec{r}/3\epsilon_0$. (b) Uma cavidade esférica é criada na esfera, conforme indicado na Fig. 27-39. Usando o conceito de superposição, mostre que o campo elétrico em todos os pontos no interior da cavidade é $\vec{E} = \rho\vec{a}/3\epsilon_0$ (campo uniforme), onde $\vec{a}$ é o vetor que liga o centro da esfera com o centro da cavidade. Observe que ambos os resultados são independentes do raio da esfera e da cavidade.

Fig. 27-39. Problema 14

15. Mostre que o equilíbrio estável sob a influência apenas de forças eletrostáticas é impossível. (*Sugestão*: Admita que uma carga $+q$ em um certo ponto P no interior de um campo elétrico $\vec{E}$ estaria em equilíbrio estável se fosse colocada lá. Construa uma superfície gaussiana esférica em torno de P, imagine como $\vec{E}$ estaria orientado nesta superfície, e aplique a lei de Gauss para mostrar que a hipótese conduz a uma contradição.) Este resultado é conhecido como teorema de Earnshaw.

16. Uma placa plana de espessura d tem uma densidade de carga volumétrica uniforme ρ. Determine a intensidade do campo elétrico em todos os pontos no espaço (a) no interior e (b) no exterior da placa, em termos de x, a distância medida do plano médio da placa.

17. Uma esfera maciça, não-condutora, de raio R tem densidade de carga não-uniformemente distribuída, $\rho = \rho_s r/R$, onde ρ_s é uma constante e r é a distância até o centro da esfera. Mostre que (a) a carga resultante na esfera é $Q = \pi\rho_s R^3$ e (b) o campo elétrico no interior da esfera é dado por

$$E = \frac{1}{4\pi\epsilon_0} \frac{Q}{R^4} r^2.$$

18. Um condutor isolado de contorno arbitrário tem uma carga resultante $+10$ μC. No interior do condutor existe uma cavidade oca na qual está colocada uma carga pontual $q = +3,0$ μC. Qual a carga (a) na parede da cavidade e (b) na superfície externa do condutor?

19. Uma esfera condutora com carga Q é envolvida por uma casca esférica condutora. (a) Qual a carga resultante na superfície interna da casca? (b) Uma outra carga q é colocada no exterior da casca. Agora, qual a carga resultante sobre a superfície interna da casca? (e) Se q é deslocada para uma posição entre a casca e a esfera, qual a carga resultante sobre a superfície interna da casca? (d) Suas respostas são válidas se a esfera e a casca não forem concêntricas?

PROBLEMAS COMPUTACIONAIS

1. Verifique a lei de Gauss com um cálculo numérico. Uma carga pontual $q = 1$ nC está localizada a 0,5 m da superfície exterior de uma esfera de raio $r = 1,0$ m. Calcule o fluxo elétrico através da esfera.

2. Verifique a lei de Gauss com um cálculo numérico. Uma carga pontual $q = 1$ nC está localizada na metade da distância entre o centro e a superfície de uma esfera de raio $r = 1,0$ m. Calcule o fluxo elétrico através da esfera.

3. Uma carga pontual $q = 1,0$ μC está localizada sobre o eixo de uma superfície cilíndrica de raio $r = 0,5$ m e comprimento $L = 3,0$ m. A carga pontual está a 1,0 m de uma das extremidades e a 2,0 m da outra. (a) Calcule numericamente o fluxo através das superfícies curvas do cilindro. (b) Verifique analiticamente a resposta. (*Observação*: Não há necessidade de integração neste caso!)

CAPÍTULO 28

ENERGIA POTENCIAL ELÉTRICA E POTENCIAL ELÉTRICO

Nos Caps. de 11 a 13 aprendeu-se que os métodos baseados em conceitos de energia oferecem novos discernimentos na compreensão de mecânica e muitas vezes oferecem simplificações na resolução de problemas mecânicos. No Cap. 14 utilizaram-se métodos baseados em energia potencial em situações que incluíam a força gravitacional para a determinação de fenômenos como os movimentos de satélites e planetas.

Nesse capítulo, introduz-se o método de energia para o estudo da eletrostática. Começa-se com a energia potencial elétrica, que pode ser utilizada para a caracterização de uma força eletrostática assim como a energia potencial gravitacional pode ser utilizada para a caracterização de uma força gravitacional. Em seguida, generaliza-se o conceito de potencial elétrico e mostra-se como determinar o potencial elétrico para diversas distribuições de cargas discretas e contínuas.

28-1 ENERGIA POTENCIAL

Muitos fenômenos elétricos estão relacionados com a transferência de grandes quantidades de energia. Por exemplo, quando um relâmpago atinge a Terra a partir de uma nuvem, tipicamente uma energia de 10^8 J é liberada em forma de luz, som, calor e onda de choque. De onde vem esta energia, e como esta energia é armazenada nas nuvens? Para entender essa pergunta, deve-se considerar a energia associada com as forças elétricas.

A lei da força eletrostática é muito semelhante à lei da força gravitacional:

$$F = \frac{1}{4\pi\epsilon_0}\frac{|q_1||q_2|}{r^2} \qquad \text{eletrostática,} \qquad (28\text{-}1a)$$

$$F = G\,\frac{m_1 m_2}{r^2} \qquad \text{gravitacional.} \qquad (28\text{-}1b)$$

As duas forças dependem do inverso do quadrado da distância de separação entre dois objetos. Quando um objeto desloca-se de uma posição para outra sob a ação da força gravitacional de outro objeto (o qual supõe-se permanecer em repouso), o trabalho realizado pela força gravitacional sobre o primeiro objeto depende apenas dos pontos inicial e final, e não depende do caminho percorrido entre pontos. Na Seção 12-1, uma força que tem essa propriedade especial foi descrita como uma *força conservativa*, e concluiu-se na Seção 12-2 que para uma força conservativa podia-se definir uma *energia potencial*. A diferença de energia potencial de um sistema ΔU à medida que um objeto move-se de sua posição inicial para sua posição final é igual ao trabalho com sinal negativo realizado pela força:

$$\Delta U = U_f - U_i = -W_{if} = -\int_i^f \vec{\mathbf{F}} \cdot d\vec{\mathbf{s}}, \qquad (28\text{-}2)$$

onde W_{if} é o trabalho realizado pela força $\vec{\mathbf{F}}$ quando o objeto move-se de i para f. No caso da força gravitacional, mostrou-se na Seção 14-6 que, quando um objeto de massa m_2 move-se de uma distância r_i da massa m_1 para uma distância r_f de m_1, a diferença de energia potencial é

$$\Delta U = -Gm_1 m_2 \left(\frac{1}{r_f} - \frac{1}{r_i} \right). \qquad (28\text{-}3)$$

Essa diferença de energia potencial está associada com todo o sistema composto por m_1 e m_2, e não com cada um dos objetos separadamente.

Em função da similaridade entre as leis da força eletrostática e de força gravitacional, pode-se chegar à mesma conclusão sobre a força eletrostática que chegou-se com a força gravitacional: *A força eletrostática é conservativa e, portanto, existe uma energia potencial associada com a configuração (posição relativa dos objetos) de um sistema no qual forças eletrostáticas agem.*

Por que essa abordagem é útil para forças eletrostáticas? Na mecânica, aprendeu-se que existem duas maneiras para analisar problemas. Uma abordagem é baseada na força (um vetor) e permite determinar a posição e a velocidade de um objeto em cada ponto de seu movimento. A outra abordagem é baseada na energia (um escalar) e permite determinar como o sistema muda ao mover-se de um certo estado inicial para um certo estado final. Verifica-se, de forma similar que ambas as abordagens são úteis quando se estuda as interações entre objetos carregados.

Existe uma característica importante na qual a força eletrostática difere da força gravitacional: a força gravitacional é sempre atrativa, enquanto (dependendo do sinal relativo das cargas) as forças eletrostáticas podem ser tanto atrativas quanto repulsivas. Essa diferença pode afetar o sinal da energia potencial, mas não altera o argumento baseado na similaridade entre as duas forças.

28-2 ENERGIA POTENCIAL ELÉTRICA

Nessa seção usa-se a força eletrostática discutida no Cap. 25 para obter a energia potencial elétrica devida à interação entre duas cargas elétricas, e estendem-se os cálculos para incluir um conjunto de mais de duas cargas.

Concordando com o fato de a força eletrostática ser conservativa, pode-se calcular a variação na energia potencial quando a carga q_2 desloca-se do ponto a para o ponto b submetida a uma força devida a uma outra carga q_1 em repouso. Supõem-se, neste caso, que ambas as cargas são positivas. A Fig. 28-1 mostra a geometria do processo. O problema foi ligeiramente simplificado pela suposição de que o movimento de a para b se dá ao longo de uma linha imaginária que une q_1 a q_2. (Posteriormente generaliza-se para outros tipos de deslocamentos.) Escolhe-se a origem como estando na posição da carga q_1, e r para expressar a posição de q_2 relativa a essa origem. Na Eq. 28-2, o vetor $d\vec{s}$ expressa um deslocamento infinitesimal ao longo da direção do movimento de a para b. A força $\vec{F}$ e o deslocamento $d\vec{s}$ são sempre paralelos para esse movimento, e então $\vec{F} \cdot d\vec{s} = F\, ds$. Para o movimento observado na Fig. 28-1, $ds = dr$ porque o deslocamento está sempre na direção de r. Com essas substituições, a Eq. 28-2 torna-se

$$\Delta U = -\int_a^b \vec{F} \cdot d\vec{s} = -\int_a^b F\, dr = -\int_{r_a}^{r_b} \frac{1}{4\pi\epsilon_0} \frac{q_1 q_2}{r^2}\, dr. \quad (28\text{-}4)$$

Resolvendo-se a integral, obtém-se

$$\Delta U = U_b - U_a = \frac{1}{4\pi\epsilon_0} q_1 q_2 \left(\frac{1}{r_b} - \frac{1}{r_a} \right). \quad (28\text{-}5)$$

A Eq. 28-5 é válida se q_2 está indo ao encontro ou se afastando de q_1. Se q_2 move-se em direção a q_1, então $r_b < r_a$ e $\Delta U > 0$; isto é, a energia potencial cresce à medida que as cargas se aproximam. Se q_2 afasta-se de q_1, então $r_b > r_a$ e $\Delta U < 0$; isto é, a energia potencial decresce à medida que as cargas se afastam.

A Eq. 28-5 continua válida se os sinais das cargas são positivos ou negativos. Se ambas as cargas são negativas, claramente obtém-se o mesmo resultado. Se as cargas têm sinais opostos (uma positiva e a outra negativa), então a força entre elas é atrativa. Com o vetor força na Fig. 28-1 no sentido oposto, tem-se

$$\vec{F} \cdot d\vec{s} = -F\, ds = -F\, dr = -\frac{1}{4\pi\epsilon_0} \frac{|q_1||q_2|}{r^2}\, dr$$

$$= \frac{1}{4\pi\epsilon_0} \frac{q_1 q_2}{r^2}\, dr, \quad (28\text{-}6)$$

onde o último passo pode ser dado porque $q_1 q_2 = -|q_1||q_2|$ quando uma das cargas é negativa e a outra é positiva. Isto gera exatamente o mesmo integrando como o da Eq. 28-4 e, portanto, leva ao mesmo resultado.

Quando as cargas têm sinais opostos, $q_1 q_2$ é negativo na Eq. 28-5, fazendo com que $\Delta U < 0$ quando as cargas aproximam-se mutuamente e $\Delta U > 0$ quando as cargas afastam-se mutuamente.

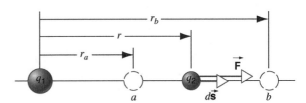

Fig. 28-1. Uma partícula carregada q_2 move-se de a para b sobre a influência da força eletrostática $\vec{F}$ aplicada por q_1. Os pontos a e b estão localizados ao longo da linha imaginária que liga q_1 a q_2.

Considere que q_2 move-se em uma direção diferente daquela ao longo de uma linha imaginária que liga q_1 a q_2. A Fig. 28-2 mostra q_2 movendo-se de a para b ao longo de um arco de círculo r centrado em q_1. Ao longo desse caminho, $\vec{F}$ é sempre perpendicular a $d\vec{s}$ e, portanto, $\vec{F} \cdot d\vec{s} = 0$ por todo o caminho. A força eletrostática não realiza trabalho ao longo deste caminho, de forma que $\Delta U = 0$.

Para mover q_2 entre pontos arbitrários a e b, como na Fig. 28-3, pode-se escolher uma variedade de caminhos possíveis. Ao longo dos caminhos 1 e 2, ΔU é dado pela Eq. 28-5 para os trechos radiais (retas) dos caminhos e $\Delta U = 0$ para os trechos tangenciais (curvas) dos caminhos. Um caminho arbitrário 3 pode ser dividido em uma série de trechos radiais e tangenciais. Ao longo de cada trecho tangencial $\Delta U = 0$, enquanto o valor total de ΔU ao longo de todos os trechos radiais é dado pela Eq. 28-5.

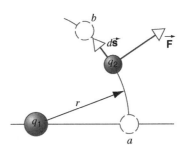

Fig. 28-2. O movimento de q_2 de a para b é agora ao longo do caminho de raio constante r.

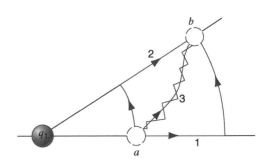

Fig. 28-3. A carga q_2 se move entre os pontos arbitrários a e b ao longo de diversos caminhos possíveis.

Conclui-se que a Eq. 28-5 determina o valor de ΔU para qualquer caminho entre o ponto a, que está a uma distância r_a de q_1, e o ponto b, que está a uma distância r_b de q_1, não importando onde os pontos estejam posicionados. Isto é consistente com a afirmação de que a força eletrostática é conservativa, o que significa que o trabalho e, conseqüentemente, a variação de energia potencial referente ao movimento de a para b não depende do caminho.

Até agora discutiu-se a *diferença* na energia potencial entre dois pontos: $\Delta U = U_b - U_a$. Pode-se estender a discussão para definir a energia potencial em um só ponto b através da escolha de um ponto a de referência de energia potencial e designá-lo como um valor de referência de energia potencial U_a neste ponto. Muitas vezes é adequado escolher um ponto de referência que corresponda a uma separação infinita entre as cargas e, geralmente, escolhe-se o valor de referência $U_a = 0$. Então, fazendo-se o ponto b representar qualquer ponto onde a separação é r, a Eq. 28-5 torna-se

$$U(r) = \frac{1}{4\pi\epsilon_0} \frac{q_1 q_2}{r}. \qquad (28\text{-}7)$$

Nesta expressão, U é positivo sempre que q_1 e q_2 tiverem sinais iguais, o que corresponde a uma força repulsiva, e U é negativo sempre que q_1 e q_2 tiverem sinais contrários, o que corresponde a uma força atrativa. Comparando-se a Eq. 28-7 com a expressão correspondente dada na Eq. 14-17 para a energia potencial gravitacional, $U(r) = -Gm_1m_2/r$, nota-se que a energia potencial gravitacional é sempre negativa, porque a força gravitacional é sempre atrativa. Isto está de acordo com o valor negativo da energia potencial eletrostática quando as cargas têm sinais contrários e a força é atrativa.

CONSERVAÇÃO DA ENERGIA EM ELETROSTÁTICA

Em um sistema isolado de duas cargas, a energia mecânica total $E = K + U$ é conservada. Assume-se que q_1 é mantida em uma posição fixa e que q_2 é liberada do repouso a uma certa distância de q_1. Se as duas cargas têm o mesmo sinal, então $\Delta U < 0$ e q_2 é afastada de q_1 por uma força de repulsão. Para conservação da energia mecânica total é necessário que $\Delta K > 0$, de modo que a velocidade de q_2 deverá aumentar. Se, em vez disso, impelir-se q_2 em direção a q_1 com uma certa energia cinética inicial, então $\Delta U > 0$, à medida que a separação decresce; dessa forma, para a conservação de energia será necessário que $\Delta K < 0$ e, assim, a velocidade de q_2 diminui. Estas conclusões serão invertidas se as cargas tiverem sinais contrários, ou seja, a força for atrativa.

A seguir, apresenta-se uma outra forma de examinar a conservação da energia de um sistema de duas cargas. Suponha que as duas cargas têm o mesmo sinal. As cargas, a princípio estão em repouso e separadas por uma distância muito grande, em seguida, move-se q_2 para uma posição em repouso a uma certa distância de q_1. Para realizar esta tarefa, o agente externo que move q_2 deve aplicar uma força para se opor à repulsão eletrostática entre q_1 e q_2. Ao fazer isso, o agente externo realiza um trabalho positivo no sistema e, então, a energia do sistema aumenta de uma quantidade ΔU, como resultado desse trabalho. Em outras palavras, o agente externo armazenou energia no sistema, em uma analogia exata ao armazenamento de energia quando um agente externo comprime uma mola. Ao liberar as cargas, pode-se recuperar a energia armazenada na forma de energia cinética das cargas em movimento.

Se, em vez disso, as cargas tiverem sinais opostos e, desse modo, a força eletrostática for atrativa, então o agente externo realiza um trabalho negativo sobre o sistema para mover q_2 de uma grande separação para colocá-la em repouso em um local mais próximo de q_1. Esse trabalho faz diminuir a energia armazenada no sistema e não é recuperável. (Sem o agente externo, q_2 iria por si só acelerar em direção q_1; o agente despenderia energia opondo-se a q_2 para colocá-lo em repouso em um local especificado.)

Se q_1 e q_2 têm sinais opostos e estão inicialmente com uma pequena separação, então o agente externo deve realizar trabalho positivo igual a ΔU para separar as cargas a uma grande distância. Quando este conceito é aplicado a átomos e moléculas, esta energia pode ser chamada de *energia de ligação*, ou *energia de ionização*, ou ainda *energia de dissociação*. Essa grandeza representa a energia externa que se deve fornecer, por exemplo, para remover um elétron de um átomo ou para dividir uma molécula, como KCl, em íons de K^+ e Cl^-.

PROBLEMA RESOLVIDO 28-1.

Dois prótons no núcleo de um átomo de ^{238}U estão separados de 6,0 fm. Qual a energia potencial associada com a força elétrica que age entre essas duas partículas?

Solução Da Eq. 28-5, com $q_1 = q_2 = +1,60 \times 10^{-19}$ C, obtém-se

$$U = \frac{1}{4\pi\epsilon_0} \frac{q_1 q_2}{r} = \frac{(8,99 \times 10^9 \text{ N} \cdot \text{m}^2/\text{C}^2)(1,60 \times 10^{-19} \text{ C})^2}{6,0 \times 10^{-15} \text{ m}}$$

$$= 3,8 \times 10^{-14} \text{ J} = 2,4 \times 10^5 \text{ eV} = 240 \text{ keV},$$

onde usa-se $U = 0$ para a configuração em que os prótons estão bastante separados. Os dois prótons não podem distanciar-se porque estes são mantidos juntos através da *força forte* atrativa que mantém o núcleo junto. Ao contrário da força elétrica, não existe uma função de energia potencial simples que represente a força forte.

PROBLEMA RESOLVIDO 28-2.

Dois objetos, um com massa $m_1 = 0,0022$ kg e carga $q_1 = +32$ μC, e o outro com massa $m_2 = 0,0039$ kg e carga $q_2 = -18$ μC, estão inicialmente separados por uma distância de 4,6 cm. Com o objeto 1 mantido em uma posição fixa, o objeto 2 é liberado a partir do repouso. Qual será a velocidade do objeto 2 quando a separação entre os objetos for de 2,3 cm? Suponha que os objetos comportam-se como cargas pontuais.

Solução À medida que as cargas se aproximam uma da outra, com apenas a força eletrostática agindo, a redução da energia potencial deve ser equilibrada pelo crescimento correspondente da energia cinética. Considere como condição inicial o instante em que o objeto 2 é liberado (com $K_i = 0$) e, como condição final, o instante em que a separação é de 2,3 cm. Então, da conservação de energia, tem-se que $U_i + K_i = U_f + K_f$, ou (com $K_i = 0$)

$$K_f = U_i - U_f = -\Delta U = -\frac{q_1 q_2}{4\pi\epsilon_0}\left(\frac{1}{r_f} - \frac{1}{r_i}\right)$$
$$= -(8,99 \times 10^9 \text{ N} \cdot \text{m}^2/\text{C}^2)(32 \times 10^{-6} \text{ }\mu\text{C})$$
$$\times (-18 \times 10^{-6} \text{ }\mu\text{C})\left(\frac{1}{0,023 \text{ m}} - \frac{1}{0,046 \text{ m}}\right)$$
$$= 113 \text{ J},$$

$$v_f = \sqrt{\frac{2K_f}{m_2}} = \sqrt{\frac{2(113 \text{ J})}{0,0039 \text{ kg}}} = 240 \text{ m/s}.$$

Se, em vez disso, o objeto 2 for mantido fixo e o objeto 1 for liberado, quando a separação atingir 2,3 cm a energia cinética terá o mesmo valor de 113 J, porque a energia é uma propriedade do sistema como um todo. Se as duas partículas forem liberadas do repouso e for permitido que elas caiam juntas, numa separação de 2,3 cm a energia cinética total das duas partículas seria de 113 J. Pode-se achar a velocidade de cada partícula utilizando-se a conservação da quantidade de movimento

Energia Potencial de um Sistema de Cargas

Considere que existam três cargas (q_1, q_2, q_3) separadas por distâncias infinitas umas das outras. Nesta configuração, $U = 0$. Deseja-se encontrar a energia potencial da configuração resultante depois que as três cargas são aproximadas umas das outras.

Traz-se a primeira carga q_1 do infinito e ela é colocada em repouso no local mostrado na Fig. 28-4a. Uma vez que neste processo essa carga não interage com nenhuma das outras cargas, não há mudança da energia potencial; ainda teríamos $U = 0$ para o sistema, já que as cargas permanecem separadas por distâncias infinitas. Então a carga q_2 é trazida e fixada a uma distância r_{12} de q_1 (Fig. 28-4b). A energia potencial desta configuração de q_1 e q_2 (relativa a $U = 0$, para uma separação infinita) é $q_1 q_2/4\pi\epsilon_0 r_{12}$. Finalmente, q_3 é posicionada a uma distância r_{13} de q_1 e r_{23} de q_2 (Fig. 28-4c). Como q_3 interage tanto com q_1 quanto com q_2, existem duas contribuições adicionais para a energia potencial nesta configuração final: $q_1 q_3/4\pi\epsilon_0 r_{13}$ (interação de q_1 e q_3) e $q_2 q_3/4\pi\epsilon_0 r_{23}$ (interação de q_2 e q_3). A energia potencial elétrica total do sistema como um todo é

$$U = \frac{1}{4\pi\epsilon_0}\frac{q_1 q_2}{r_{12}} + \frac{1}{4\pi\epsilon_0}\frac{q_1 q_3}{r_{13}} + \frac{1}{4\pi\epsilon_0}\frac{q_2 q_3}{r_{23}}. \quad (28\text{-}8)$$

Como a Eq. 28-8 deixa claro, a energia potencial é uma propriedade do sistema e não de qualquer carga individual.

Poderia-se continuar esse processo de reunir qualquer distribuição arbitrária de cargas. O resultado da energia potencial total de qualquer desses sistemas é independente da ordem em que as cargas são reunidas.

A partir deste exemplo, pode-se ver a vantagem de se utilizar métodos de energia para analisar este sistema: a soma desenvolvida na Eq. 28-8 é uma soma *algébrica* de escalares. Se tivesse sido escolhido calcular o campo elétrico associado com um conjunto de três cargas, teria-se uma soma *vetorial*, que é mais complicado para se calcular.

Esse processo supõe implicitamente que o princípio da superposição é válido. Anteriormente, aplicou-se este princípio, que afirma que a interação de duas cargas é independente da presença de quaisquer outras cargas, para se analisar a soma vetorial. Um resultado similar é aplicado para parcelas escalares; por exemplo, o termo de energia potencial que descreve a interação de q_1 e q_3 é independente da presença de q_2.

Conforme discutido anteriormente, se um agente externo realiza um trabalho positivo para reunir um conjunto de cargas com separação infinita (opondo-se à força repulsiva do processo), a energia potencial total calculada utilizando-se a Eq. 28-8 é positiva. O agente externo, de fato, acumulou energia no sistema de cargas. Se as cargas são liberadas de suas posições, estas tenderão a se afastar, e a energia potencial irá decrescer assim como a energia cinética irá crescer. Se a energia potencial total é negativa, o agente externo terá realizado um trabalho negativo para reunir o sistema de cargas. Neste caso, o agente externo deve suprir energia adicional na forma de trabalho para separar o sistema de cargas e levá-las para separação infinita.

Esta abordagem da energia potencial pode ser resumida como se segue:

A energia potencial elétrica de um sistema de cargas pontuais fixas em repouso é igual ao trabalho que deve ser realizado por um agente externo para reunir o sistema, trazendo cada carga de uma distância infinita onde ela também está em repouso.

Implícita nesta abordagem está a definição de que o ponto de referência de energia potencial seria a separação infinita entre as cargas, onde faz-se o valor de referência de energia potencial ser nulo.

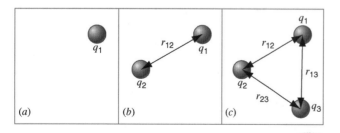

Fig. 28-4. Um sistema com três cargas é montado a partir de uma separação inicial infinita entre as cargas.

Problema Resolvido 28-3.

No sistema visto na Fig. 28-4, suponha que $r_{12} = r_{13} = r_{23} = d = 12$ cm, e que $q_1 = +q$, $q_2 = -4q$, e $q_3 = +2q$, onde $q = 150$ nC.

Qual a energia potencial do sistema? Suponha que $U = 0$ quando as cargas estão infinitamente separadas.

Solução Utilizando a Eq. 28-8, obtém-se

$$U = \frac{1}{4\pi\epsilon_0}\left(\frac{(+q)(-4q)}{d} + \frac{(+q)(+2q)}{d} + \frac{(-4q)(+2q)}{d}\right)$$

$$= -\frac{10q^2}{4\pi\epsilon_0 d}$$

$$= -\frac{(8,99 \times 10^9\,\text{N}\cdot\text{m}^2/\text{C}^2)(10)(150 \times 10^{-9}\,\text{C})^2}{0,12\,\text{m}}$$

$$= -1,7 \times 10^{-2}\,\text{J} = -17\,\text{mJ}.$$

A energia potencial negativa neste caso significa que para um agente externo reunir este conjunto, começando com três cargas infinitamente separadas e em repouso seria necessária a realização de trabalho negativo. Em outras palavras, um agente externo deveria realizar $+17$ mJ de trabalho para desmontar este conjunto completamente.

28-3 POTENCIAL ELÉTRICO

Uma carga q é fixada na origem do sistema de coordenadas. Toma-se uma outra carga q_0, que é chamada de "carga de teste", e move-se de r_a para r_b sob a influência da força devida a q. A variação da energia potencial ΔU deste sistema de duas cargas é dado pela Eq. 28-5.

Se for utilizada uma carga de teste duas vezes maior, será obtida uma variação duas vezes maior da energia potencial; uma carga de teste três vezes maior resultará em uma variação três vezes maior da energia potencial.

A variação da energia potencial é diretamente proporcional ao tamanho da carga de teste, ou seja, a quantidade $\Delta U/q_0$ é independente do tamanho da carga de teste e é uma característica apenas da carga central q. Esta quantidade é extremamente útil na análise de uma grande variedade de problemas eletrostáticos, mesmo que esses problemas impliquem um conjunto mais complexo de cargas reunidas. Define-se a *diferença de potencial elétrico* ΔV como a *diferença da energia potencial elétrica por unidade de carga de teste*:

$$\Delta V = \frac{\Delta U}{q_0} \qquad (28\text{-}9)$$

ou

$$V_b - V_a = \frac{U_b - U_a}{q_0}. \qquad (28\text{-}10)$$

Assim como a energia potencial, o potencial elétrico é um escalar. Normalmente, refere-se ao potencial elétrico simplesmente como "potencial".

Utilizando a relação entre trabalho e energia potencial dada pela Eq. 28-2, pode-se escrever a definição da diferença de potencial como

$$\Delta V = -\frac{W_{ab}}{q_0}, \qquad (28\text{-}11)$$

onde W_{ab} é o trabalho realizado pela força eletrostática aplicada por q sobre q_0 quando uma carga de teste move-se de a para b.

Definindo uma escolha adequada de ponto de referência da energia potencial (como $U_a = 0$ para uma separação inicial infinita das cargas), obteve-se, na seção anterior, uma expressão (Eq. 28-7) para a energia potencial de uma configuração particular, em vez da mudança na energia potencial para uma mudança na configuração. Pode-se fazer a mesma coisa para o potencial elétrico. Somente diferenças no potencial têm significado físico, então existe liberdade para a escolha do ponto nulo e o seu valor de referência mais conveniente. Quando um potencial é escolhido para ser nulo em pontos que estão infinitamente distantes de q, o potencial elétrico é

$$V = \frac{U}{q_0}. \qquad (28\text{-}12)$$

Em um arranjo complexo de muitas cargas, o potencial V pode ser positivo, negativo, ou nulo. O potencial em um ponto perto de uma carga positiva isolada é positivo. Deslocando-se uma carga de teste positiva do infinito para esse ponto, a carga iria se mover de uma posição onde $V = 0$ para outra posição onde $V > 0$. Portanto, $V > 0$ e (de acordo com a Eq. 28-9) $\Delta U > 0$, mostrando que a força elétrica sobre a carga de teste produziu um trabalho negativo. De forma análoga, o potencial próximo de uma carga negativa isolada é negativo; a força elétrica sobre a carga de teste produz um trabalho positivo quando uma carga de teste positiva é deslocada do infinito para este ponto.

Se o potencial é nulo em um ponto, nenhum trabalho resultante é realizado pela força elétrica à medida que a carga de teste se desloca do infinito para esse ponto, embora esta carga possa passar através de regiões onde experimente forças elétricas atrativas ou repulsivas. *O potencial nulo em um ponto não significa necessariamente que a força elétrica é nula nesse ponto.*

A unidade do SI para o potencial resultante da Eq. 28-9 é o joule por coulomb. A esta combinação é dada o nome de *volt* (V):

$$1\,\text{volt} = 1\,\text{joule/coulomb}. \qquad (28\text{-}13)$$

O nome usual de "voltagem" é normalmente utilizado para o potencial de um ponto e, normalmente, fala-se em "diferença de voltagem" em vez de diferença de potencial. Ao se tocar as duas pontas de um voltímetro em dois pontos de um circuito elétrico, está-se medindo a diferença de voltagem ou a diferença de potencial (em volts) entre aqueles pontos.

Já foi discutido que a força elétrica é conservativa e, portanto, a diferença de energia potencial quando uma carga de teste é deslocada entre dois pontos depende apenas das posições dos pontos e não do caminho escolhido para mover-se de um ponto ao outro. A Eq. 28-9, portanto, sugere que a diferença de poten-

80 Capítulo Vinte e Oito

cial é similarmente independente de caminho: a diferença de potencial entre quaisquer dois pontos em um campo elétrico é independente do caminho através do qual a carga de teste desloca-se de um ponto ao outro.

Para qualquer diferença de potencial arbitrária ΔV, não importando que arranjo de cargas o produziu, pode-se escrever a Eq. 28-9 como

$$\Delta U = q\,\Delta V. \qquad (28\text{-}14)$$

Esta equação mostra que quando qualquer carga q move-se entre dois pontos cuja diferença de potencial é ΔV, o sistema experimenta uma mudança da energia potencial ΔU dada pela Eq. 28-14. A diferença de potencial ΔV é estabelecida por outras cargas que estão fixas em repouso, de forma que o movimento de q não muda ΔV. Ao se usar a Eq. 28-14, foi visto, da Eq. 28-13, que se ΔV é expresso em volts e q em coulombs, então ΔU é expresso em joules.

Da Eq. 28-14, pode-se observar que o *elétron-volt*, que foi introduzido anteriormente como uma unidade de energia, segue diretamente da definição de potencial ou da diferença potencial. Se ΔV é expresso em volts e q em unidades de carga elementar e, então ΔU é expresso em elétron-volts (eV). Por exemplo, considere um sistema em que um átomo de carbono do qual todos os seis elétrons tenham sido removidos ($q = +6e$) se move através de uma variação de potencial de $\Delta V = +20$ kV. A variação na energia potencial é de

$$\Delta U = q\,\Delta V = (+6e)(+20\text{ kV}) = +120\text{ keV}.$$

Executar tais cálculos em unidades de eV é de grande utilidade quando se está tratando com átomos ou núcleos, nos quais a carga pode ser facilmente expressa em termos de e.

Mantenha em mente que as *diferenças de potencial* são de interesse fundamental e que a Eq. 28-12 depende da designação arbitrária do valor nulo para um potencial na posição de referência (infinito); este potencial de referência poderia também ser escolhido com um outro valor qualquer — digamos,

-100 V. Da mesma forma, qualquer outro ponto poderia ser escolhido como posição de referência. Em muitos problemas, a Terra é escolhida como potencial de referência e designado com o valor nulo. A posição do ponto de referência e o valor do potencial nesta posição são escolhidos de forma conveniente; outras escolhas mudariam o potencial em toda parte da mesma quantidade, mas não mudaria a diferença de potencial entre dois pontos quaisquer.

Problema Resolvido 28-4.

Uma partícula alfa ($q = +2e$) dentro de um acelerador nuclear desloca-se de um terminal com potencial $V_a = +6,5 \times 10^6$ V para outro com potencial $V_b = 0$. (*a*) Qual a variação correspondente na energia potencial do sistema? (*b*) Supondo que os terminais e suas cargas não se desloquem e que nenhuma força externa atue sobre o sistema, qual a variação da energia cinética da partícula?

Solução (*a*) Da Eq. 28-14, tem-se

$$\begin{aligned}
\Delta U &= U_b - U_a = q(V_b - V_a) \\
&= (+2)(1,6 \times 10^{-19}\text{ C})(0 - 6,5 \times 10^6\text{ V}) \\
&= -2,1 \times 10^{-12}\text{ J}.
\end{aligned}$$

(*b*) Se nenhuma força externa atuar sobre o sistema, então sua energia mecânica $E = U + K$ deve permanecer constante. Isto é, $\Delta E = \Delta U + \Delta K = 0$, então

$$\Delta K = -\Delta U = +2,1 \times 10^{-12}\text{ J}.$$

A partícula alfa adquire energia cinética de $2,1 \times 10^{-12}$ J, da mesma forma que uma partícula caindo no campo gravitacional terrestre adquire energia cinética.

Para ver as simplificações deste resultado, tente trabalhar novamente neste problema com as energias expressas em unidades de eV.

28-4 CALCULANDO O POTENCIAL A PARTIR DO CAMPO

Até agora, cargas elétricas e suas interações foram caracterizadas utilizando-se quatro propriedades diferentes: força elétrica, campo elétrico, energia potencial elétrica e potencial elétrico. A Tabela 28-1 mostra estas quatro propriedades. Duas delas são vetoriais (força e campo), e duas são escalares (energia potencial e potencial). Duas destas se caracterizam pelas interações entre duas partículas (força e energia potencial), e outras duas mostram o efeito em um ponto do espaço devido a uma única carga ou um conjunto de cargas (campo e potencial). As setas de sentido duplo na tabela mostram que as grandezas em posições adjacentes da tabela podem ser calculadas umas a partir das outras; por exemplo, $\vec{\mathbf{E}}$ a partir de $\vec{\mathbf{F}}$ (Eq. 26-3), U a partir de $\vec{\mathbf{F}}$ (Eq. 28-4) e V a partir de U (Eq. 28-12). Examina-se, a seguir, a quarta ligação — a saber, aquela entre V e $\vec{\mathbf{E}}$.

A ligação entre V e $\vec{\mathbf{E}}$ segue diretamente da definição de potencial na Eq. 28-11: $\Delta V = -W_{ab}/q_0$. Considere que uma carga de teste q_0 é deslocada de a para b em um campo elétrico $\vec{\mathbf{E}}$. Calculando o trabalho realizado pela força elétrica $\vec{\mathbf{F}} = q_0\vec{\mathbf{E}}$, obtém-se

$$\Delta V = \frac{-W_{ab}}{q_0} = \frac{-\displaystyle\int_a^b \vec{\mathbf{F}}\cdot d\vec{\mathbf{s}}}{q_0} = \frac{-\displaystyle\int_a^b q_0\vec{\mathbf{E}}\cdot d\vec{\mathbf{s}}}{q_0}$$

ou

$$\Delta V = V_b - V_a = -\int_a^b \vec{\mathbf{E}}\cdot d\vec{\mathbf{s}}. \qquad (28\text{-}15)$$

Se o campo elétrico está ao longo da direção e do sentido de $d\vec{\mathbf{s}}$, então a integral da Eq. 28-15 será positiva e a diferença de potencial será negativa; isto é, $V_b < V_a$. O campo elétrico deslocaria uma partícula carregada positivamente de uma região de po-

Tabela 28-1	Propriedades de Cargas Elétricas	
	Descrição do Vetor	*Descrição do Escalar*
Interação entre duas cargas	Força $\vec{\mathbf{F}}$ ⟷	Energia Potencial U
Efeito de uma carga ou grupo de cargas em um ponto do espaço	Campo $\vec{\mathbf{E}}$ ⟷	Potencial V

tencial maior para uma região de potencial menor ou uma partícula negativamente carregada em sentido contrário.

Uma integral da forma da Eq. 28-15 é chamada de *integral de linha*. A Fig. 28-5 ilustra o cálculo da integral de linha. Integra-se de a para b ao longo de qualquer caminho conveniente; sabe-se que a diferença potencial é uma grandeza independente do caminho, ou seja, chega-se ao mesmo resultado da Eq. 28-15 não importando o caminho que tenha sido escolhido. Geralmente a intensidade, direção e sentido de $\vec{\mathbf{E}}$ pode mudar ponto a ponto ao longo de um caminho. A cada trecho do caminho, acha-se o produto escalar entre $\vec{\mathbf{E}}$ e o incremento de caminho $d\vec{\mathbf{s}}$ (que essencialmente dá a componente de $\vec{\mathbf{E}}$ ao longo do caminho) e soma-se estes produtos escalares para o caminho inteiro.

Conforme foi desenvolvido na Seção 28-3, pode-se querer achar o potencial em um ponto, relativo a alguma referência de potencial escolhida, em vez da diferença de potencial dada pela Eq. 28-15.

Ao se escolher o ponto de referência no infinito e se definir $V = 0$ como referência, então a Eq. 28-15 resulta no potencial no ponto P

$$V_P = - \int_{\infty}^{P} \vec{\mathbf{E}} \cdot d\vec{\mathbf{s}}. \qquad (28\text{-}16)$$

Problema Resolvido 28-5.

Na Fig. 28-6, uma carga de teste q_0 desloca-se através de um campo elétrico uniforme $\vec{\mathbf{E}}$ de a para b ao longo do caminho acb. Ache a diferença de potencial entre a e b.

Solução Para o caminho ac tem-se, da Eq. 28-15,

$$V_c - V_a = - \int_a^c \vec{\mathbf{E}} \cdot d\vec{\mathbf{s}} = - \int_a^c E \, ds \cos(\pi - \theta)$$

$$= E \cos\theta \int_a^c ds.$$

A integral é o comprimento da linha ac, que é $L/\cos\theta$. Deste modo

$$V_c - V_a = E \cos\theta \, \frac{L}{\cos\theta} = EL.$$

Os pontos b e c têm o mesmo potencial, pois nenhum trabalho é realizado ao mover-se a carga entre eles, uma vez que $\vec{\mathbf{E}}$ e $d\vec{\mathbf{s}}$ são ortogonais ao longo de todos os pontos na linha imaginária cb. Deste modo,

$$V_b - V_a = (V_b - V_c) + (V_c - V_a) = 0 + EL = EL.$$

Este é o mesmo valor obtido por um caminho direto conectando a e b, um resultado esperado uma vez que a diferença de potencial entre dois pontos é independente do caminho.

28-5 POTENCIAL DEVIDO A CARGAS PONTUAIS

Nesta seção serão utilizados os resultados da seção anterior para se obter o potencial para diversas configurações de cargas pontuais. Na próxima seção será discutido o potencial devido a distribuições contínuas de cargas.

Primeiramente é considerado o potencial devido a uma carga pontual positiva q. Deixa-se uma carga de teste q_0 se mover do ponto a para o ponto b na vizinhança de q. Deseja-se usar uma carga de teste para encontrar a diferença de potencial entre os pontos a e b devido a q. É possível utilizar a geometria da Fig. 28-1, bastando substituir q_1 por q e q_2 por q_0.

A diferença de energia potencial ΔU para esta situação já foi encontrada, tendo sido determinada pela Eq. 28-5 para duas cargas pontuais. Escrevendo a Eq. 28-5 para cargas q e q_0, e utilizando a Eq. 28-9 para a diferença de potencial, encontra-se

$$V_b - V_a = \frac{U_b - U_a}{q_0} = \frac{q}{4\pi\epsilon_0} \left(\frac{1}{r_b} - \frac{1}{r_a} \right). \quad (28\text{-}17)$$

Conforme discutido na Seção 28-2, a Eq. 28-5 é válida mesmo que os pontos a e b não estejam na mesma linha. A Eq. 28-17 é

válida para uma diferença de potencial entre dois pontos a e b quaisquer.

Em vez da diferença de potencial entre dois pontos, pode-se achar o potencial em um ponto único na vizinhança de q. A Eq. 28-7 fornece a energia potencial U devido às interações de duas cargas pontuais. O ponto de referência para esta expressão é escolhido no infinito, onde se define $U = 0$. Pode-se usar a Eq. 28-7, escrita para as cargas q e q_0, para se encontrar o potencial em um ponto, utilizando a Eq. 28-12 para o potencial:

$$V = \frac{U}{q_0} = \frac{1}{4\pi\epsilon_0} \frac{q}{r}, \qquad (28\text{-}18)$$

para qualquer ponto a uma distância r de q. Note que a Eq. 28-18 poderia ter sido obtida diretamente da Eq. 28-17 pela imposição da condição de referência com $V_a = 0$ em $r_a = \infty$.

A Eq. 28-18 mostra que o potencial para uma única carga pontual positiva é nulo a grandes distâncias e cresce para grandes valores positivos à medida que se aproxima da car-

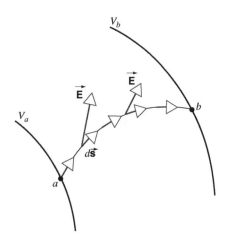

Fig. 28-5. A diferença de potencial entre *a* e *b* pode ser encontrada pelo cálculo da integral de linha de $\vec{E}$ ao longo do caminho *ab*.

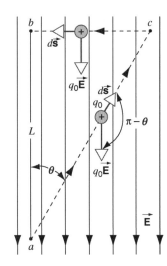

Fig. 28-6. No Problema Resolvido 28-5, uma carga de teste q_0 move-se ao longo do caminho *acb* através do campo elétrico uniforme $\vec{E}$.

ga ($r \to 0$). Se q é negativo, o potencial cresce para grandes valores negativos à medida que se aproxima da carga. Note que estes resultados não dependem de forma alguma do sinal da carga de teste q_0 que é utilizada nos cálculos. A Fig. 28-7 mostra o potencial como uma função da distância da carga para uma carga pontual positiva e para uma carga pontual negativa.

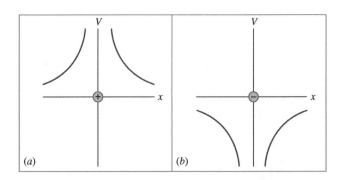

Fig. 28-7. O potencial ao longo de uma dimensão (escolhido para ser o eixo *x*) para (*a*) uma carga pontual positiva e (*b*) uma carga pontual negativa. A intensidade do potencial cresce tendendo ao infinito à medida que a distância a partir da carga tende a zero. O potencial para uma só carga positiva é positivo em toda parte, e para uma só carga negativa o potencial é negativo em toda parte.

PROBLEMA RESOLVIDO 28-6.

Qual deve ser a intensidade de uma carga pontual positiva isolada para um potencial elétrico a 15 cm da carga de $+120$ V? Suponha que $V = 0$ no infinito.

Solução Resolvendo-se a Eq. 28-18 para q obtém-se

$$q = 4\pi\epsilon_0 rV = (4\pi)(8{,}9 \times 10^{-12}\,\text{C}^2/\text{N}\cdot\text{m}^2)(0{,}15\,\text{m})(120\,\text{V})$$
$$= 2{,}0 \times 10^{-9}\,\text{C} = 2{,}0\,\text{nC}.$$

Esta carga é comparável às cargas que podem ser produzidas por atrito, como ao se esfregar um balão.

PROBLEMA RESOLVIDO 28-7.

Qual o potencial elétrico na superfície de um núcleo de ouro? O raio é de $7{,}0 \times 10^{-15}$ m, e seu número atômico Z é 79.

Solução O núcleo, que supomos ter simetria esférica, comporta-se eletricamente para pontos externos como se fosse uma carga pontual. Deste modo, pode-se usar a Eq. 28-18, que resulta, com $q = +79e$,

$$V = \frac{1}{4\pi\epsilon_0}\frac{q}{r} = \frac{(9{,}0 \times 10^9\,\text{N}\cdot\text{m}^2/\text{C}^2)(79)(1{,}6 \times 10^{-19}\,\text{C})}{7{,}0 \times 10^{-15}\,\text{m}}$$
$$= 1{,}6 \times 10^7\,\text{V}.$$

Este grande potencial positivo não tem efeito externamente ao *átomo* de ouro porque é compensado por um potencial negativo igualmente grande dos 79 elétrons atômicos do ouro.

POTENCIAL DEVIDO A UM CONJUNTO DE CARGAS PONTUAIS

Considere um conjunto de *N* cargas pontuais $q_1, q_2, \ldots q_N$ posicionadas em vários pontos fixos (Fig. 28-8). Deseja-se achar o potencial em um ponto arbitrário *P* devido a este conjunto de cargas. O procedimento é calcular o potencial em *P* devido a cada carga como se as outras não estivessem presentes e, então, somar os potenciais resultantes para se obter o potencial total.

Isto é,

$$V = V_1 + V_2 + \cdots + V_N$$
$$= \frac{1}{4\pi\epsilon_0}\frac{q_1}{r_1} + \frac{1}{4\pi\epsilon_0}\frac{q_2}{r_2} + \cdots + \frac{1}{4\pi\epsilon_0}\frac{q_N}{r_N}, \quad (28\text{-}19)$$

que pode ser escrita em uma forma compacta como

$$V = \frac{1}{4\pi\epsilon_0}\sum_{n=1}^{N}\frac{q_n}{r_n}. \quad (28\text{-}20)$$

Nestas expressões, q_n é o valor (intensidade e sinal) da n-ésima carga e r_n é a distância da n-ésima carga do ponto P onde se deseja determinar o potencial.

Poderíamos utilizar a Eq. 28-20, por exemplo, para determinar o trabalho realizado quando se traz uma carga de teste q_0 do infinito para o ponto P na Fig. 28-8. Para este cálculo, observa-se a vantagem de se utilizar o potencial, que é um escalar, em vez da força, que é um vetor. Para determinar a força resultante sobre uma carga de teste em P, seria necessário determinar um vetor soma. O cálculo escalar do potencial é muito mais simples.

Nestes cálculos obteve-se a contribuição para o potencial de cada carga como se as outras não estivessem presentes. Este é um outro exemplo da aplicação do princípio da superposição, que foi discutido em referência às forças elétricas no Cap. 25.

PROBLEMA RESOLVIDO 28-8.

Calcule o potencial no ponto P, localizado no centro do quadrado de cargas pontuais mostrado na Fig. 28-9a. Suponha que $d = 1,3$ m e que as cargas são

$$q_1 = +12 \text{ nC}, \quad q_3 = +31 \text{ nC},$$
$$q_2 = -24 \text{ nC}, \quad q_4 = +17 \text{ nC}.$$

olução Da Eq. 28-20 tem-se

$$V = \frac{1}{4\pi\epsilon_0}\sum_n \frac{q_n}{r_n} = \frac{1}{4\pi\epsilon_0}\frac{q_1 + q_2 + q_3 + q_4}{R}.$$

distância R de cada carga do centro do quadrado é $d/\sqrt{2}$ ou ,919 m, então

$$V = \frac{(8{,}99 \times 10^9 \text{ N}\cdot\text{m}^2/\text{C}^2)(12 - 24 + 31 + 17) \times 10^{-9} \text{ C}}{0{,}919 \text{ m}}$$
$$= 3{,}5 \times 10^2 \text{ V}.$$

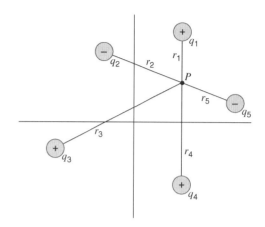

Fig. 28-8. Um conjunto de cargas pontuais.

Perto de qualquer uma das três cargas positivas da Fig. 28-9a, o potencial pode ter valores positivos muito grandes. Perto da única carga negativa desta figura, o potencial pode ter valores negativos muito grandes. Deve, então, haver outros pontos dentro dos limites do quadrado que têm o mesmo potencial do ponto P. A linha pontilhada na Fig. 28-9b conecta outros pontos no plano que têm este mesmo valor de potencial. Como será discutido adiante na Seção 28-8, essas *superfícies eqüipotenciais* provêm uma maneira útil de visualização de potenciais de diversas distribuições de cargas.

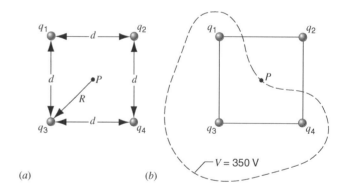

Fig. 28-9. Problema Resolvido 28-8. (a) Quatro cargas são mantidas nos cantos do quadrado. (b) A curva liga os pontos que têm o mesmo potencial (350 V) bem como o ponto P no centro do quadrado.

POTENCIAL DEVIDO A DIPOLOS ELÉTRICOS

O potencial devido a dipolos elétricos pode ser calculado diretamente pela utilização da Eq. 28-20. A Fig. 28-10 mostra a geometria para a realização dos cálculos. Posiciona-se a origem do sistema de coordenadas no centro do dipolo e procura-se determinar o potencial elétrico no ponto P, que está localizado a uma distância r do centro do dipolo e a um ângulo θ do eixo do dipolo (o eixo z). As distâncias das cargas positiva e negativa a P são respectivamente r_+ e r_-. Utilizando-se a Eq. 28-20, determina-se o potencial

$$V = \frac{1}{4\pi\epsilon_0}\left(\frac{q}{r_+} + \frac{-q}{r_-}\right). \quad (28\text{-}21)$$

A Eq. 28-21 é a expressão exata para o potencial devido ao dipolo. Contudo, em muitas aplicações (como aquelas para dipolos atômicos ou moleculares) pode-se obter uma relação mais útil pelo reconhecimento de que o ponto de observação P está, normalmente, muito distante do dipolo, comparado com a distância d entre as cargas; isto é, $r \gg d$. Neste caso,

$$r_- - r_+ \approx d \cos \theta \quad \text{e} \quad r_- r_+ \approx r^2,$$

substituindo estes resultados na Eq. 28-21 obtém-se

$$V = \frac{1}{4\pi\epsilon_0} \frac{qd \cos \theta}{r^2} = \frac{1}{4\pi\epsilon_0} \frac{p \cos \theta}{r^2}, \quad (28\text{-}22)$$

onde se usou a Eq. 26-8 ($p = qd$) para o momento de dipolo. A Eq. 28-22 fornece o potencial devido a um dipolo em qualquer ponto do espaço. O dipolo tem simetria cilíndrica para rotações ao redor do eixo z, então a Eq. 28-22 é válida em pontos que não estejam no plano do diagrama da Fig. 28-10.

Note que o potencial devido ao dipolo varia segundo $1/r^2$. Isto contrasta com o potencial de uma carga única, que varia (veja a Eq. 28-18) segundo $1/r$.

A Eq. 28-22 mostra que $V = 0$ quando $\theta = 90°$, que corresponde a pontos no plano xy na Fig. 28-10. Isto significa que, ao mover-se uma carga de teste do infinito para um ponto no plano xy, o dipolo não realiza trabalho resultante sobre a carga de teste. Para um dado r, o potencial varia de valores positivos na parte positiva do eixo z ($\theta = 0°$) para zero no plano xy ($\theta = 90°$), e para valores negativos na parte negativa do eixo z ($\theta = 180°$).

Note que, ainda que $V = 0$ no plano xy, não é verdade que $\vec{E} = 0$ nesse plano. Em geral, *não se pode* supor que $V = 0$ implica $\vec{E} = 0$ ou que $\vec{E} = 0$ implica em $V = 0$.

Problema Resolvido 28-9.

Um *quadripolo elétrico* consiste de dois dipolos elétricos postos de tal forma que estes quase, mas não totalmente, cancelam mutuamente os seus efeitos elétricos em pontos distantes (veja a

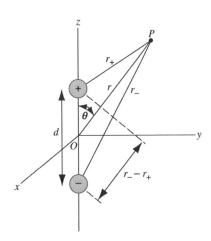

Fig. 28-10. A geometria para o cálculo do potencial no ponto P devido a um dipolo elétrico.

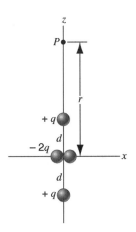

Fig. 28-11. Problema Resolvido 28-9. Um quadripolo elétrico, que consiste de dois dipolos elétricos com orientações opostas.

Fig. 28-11). Calcule $V(r)$ para pontos sobre o eixo x deste quadripolo.

Solução Aplicando a Eq. 28-20 na Fig. 28-11 tem-se

$$V = \frac{1}{4\pi\epsilon_0} \left(\frac{q}{r-d} + \frac{-2q}{r} + \frac{q}{r+d} \right)$$

$$= \frac{1}{4\pi\epsilon_0} \frac{2qd^2}{r(r^2 - d^2)} = \frac{1}{4\pi\epsilon_0} \frac{2qd^2}{r^3(1 - d^2/r^2)}.$$

Uma vez que $d \ll r$, pode-se desprezar d^2/r^2 em comparação com 1, para o qual o potencial torna-se

$$V = \frac{1}{4\pi\epsilon_0} \frac{Q}{r^3}, \quad (28\text{-}23)$$

onde Q ($= 2qd^2$) é o *momento elétrico de quadripolo* do arranjo da Fig. 28-11. Note que V varia (1) segundo $1/r$ para uma carga pontual (veja a Eq. 28-18), (2) segundo $1/r^2$ para um dipolo (veja a Eq. 28-22), e (3) segundo $1/r^3$ para um quadripolo (veja a Eq. 28-23).

Note, também, que (1) um dipolo é composto por duas cargas de intensidades iguais e sinais opostos que não se superpõem no espaço de forma que seus efeitos elétricos em pontos distantes não se cancelam completamente, e (2) um quadripolo é composto por dois dipolos que não se superpõem no espaço de forma que seus efeitos elétricos em pontos distantes novamente não se cancelam completamente. Pode-se continuar a construção de arranjos mais complexos de cargas elétricas. Este processo mostra-se bem útil porque o potencial elétrico de *qualquer* distribuição de cargas pode ser apresentada como uma série de termos de potências crescentes de $1/r$. A parcela $1/r$ é chamada de termo *monopolo* e é função da resultante da distribuição de cargas, e os termos seguintes ($1/r^2$, o termo *dipolo*; $1/r^3$, o termo *quadripolo*; e assim por diante) mostram como a carga está distribuída. Este tipo de análise é chamado de *expansão em multipolos*.

28-6 POTENCIAL ELÉTRICO DE DISTRIBUIÇÕES CONTÍNUAS DE CARGA

Na Seção 25-5 foi introduzido um procedimento para se calcular a força aplicada por uma distribuição contínua de cargas sobre uma carga pontual. Pode-se, de forma semelhante, se obter a energia potencial para as interações entre uma distribuição contínua e uma carga pontual, calculando-se o potencial devido à distribuição de carga. Nesta seção será calculado o potencial para as mesmas três distribuições de cargas mostradas na Seção 25-5.

O procedimento para se calcular o potencial de uma distribuição contínua de cargas é semelhante àquele utilizado para determinar a força (ou o campo elétrico na Seção 26-4), com uma importante exceção: o potencial é um escalar e, deste modo, não são encontradas as dificuldades que surgiram na Seção 25-5 devido aos diferentes sentidos dos elementos de força $d\vec{F}$ ou dos elementos de campo $d\vec{E}$ de diferentes elementos de carga dq.

O procedimento para calcular o potencial começa pela divisão do objeto em elementos de carga dq. Pode-se escrever o potencial dV devido ao elemento de carga dq supondo que este se comporta como uma carga pontual:

$$dV = \frac{1}{4\pi\epsilon_0}\frac{dq}{r}, \qquad (28\text{-}24)$$

onde r é a distância de dq ao ponto de observação P. O potencial total é obtido através da soma das contribuições de todos os elementos de carga do objeto:

$$V = \int dV = \frac{1}{4\pi\epsilon_0}\int\frac{dq}{r}, \qquad (28\text{-}25)$$

onde a integral é resolvida levando-se em conta toda a extensão da distribuição de carga.

UMA DISTRIBUIÇÃO LINEAR DE CARGAS

Pode-se utilizar a geometria da Fig. 28-12 para se determinar o potencial devido a uma distribuição linear uniforme de cargas positivas no ponto P, a uma distância y da haste sobre o seu bissetor perpendicular. Aplicando a Eq. 28-24 e utilizando o elemento de carga $dq = \lambda\, dz$ (onde λ é a densidade linear de carga), tem-se

$$dV = \frac{1}{4\pi\epsilon_0}\frac{dq}{r} = \frac{1}{4\pi\epsilon_0}\frac{\lambda\, dz}{\sqrt{z^2+y^2}}. \qquad (28\text{-}26)$$

Integrando-se por todo o comprimento L como na Eq. 28-25 e notando que y é uma constante, obtém-se

$$\begin{aligned}V &= \frac{1}{4\pi\epsilon_0}\int_{-L/2}^{+L/2}\frac{\lambda\, dz}{\sqrt{z^2+y^2}}\\ &= \frac{\lambda}{4\pi\epsilon_0}\left[\ln\left(z+\sqrt{z^2+y^2}\right)\right]_{-L/2}^{+L/2}\\ &= \frac{\lambda}{4\pi\epsilon_0}\ln\left[\frac{L/2+\sqrt{L^2/4+y^2}}{-L/2+\sqrt{L^2/4+y^2}}\right],\end{aligned} \qquad (28\text{-}27)$$

onde utilizou-se a relação $\ln A - \ln B = \ln(A/B)$ para se obter o último resultado.

É importante verificar este resultado para determinar se ele apresenta um valor limite correto. À medida que se desloca se afastando da haste, é esperado que o potencial tenda a 0, e a Eq.

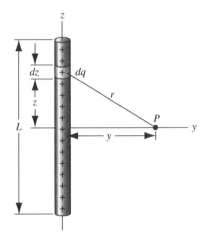

Fig. 28-12. Um bastão uniformemente carregado. Para achar o potencial no ponto P, deve-se considerar que o bastão consiste de vários elementos individuais de carga como dq.

28-27 tem esta propriedade quando $y \to \infty$. Além disso, pode-se mostrar que quando y é grande, a Eq. 28-27 torna-se

$$V \approx \frac{1}{4\pi\epsilon_0}\frac{\lambda L}{y} = \frac{1}{4\pi\epsilon_0}\frac{q}{y}, \qquad (28\text{-}28)$$

que é simplesmente a expressão para o potencial a uma distância y de uma carga pontual. Quando se está muito distante da haste, esta se parece com uma carga pontual.

Um Anel de Carga

A Fig. 28-13 mostra um anel com cargas positivas uniformemente distribuídas. A contribuição para o potencial no ponto P sobre seu eixo devida ao elemento de carga $dq = \lambda\, ds = \lambda R\, d\phi$ é

$$dV = \frac{1}{4\pi\epsilon_0}\frac{dq}{r} = \frac{1}{4\pi\epsilon_0}\frac{\lambda R\, d\phi}{\sqrt{R^2 + z^2}}. \quad (28\text{-}29)$$

Integrando-se ao longo do anel, conforme foi feito na Seção 25-5, nota-se que R e z permanecem constantes. A variável de integração é ϕ, que varia de 0 a 2π.

$$V = \frac{1}{4\pi\epsilon_0}\frac{\lambda R}{\sqrt{R^2 + z^2}}\int_0^{2\pi} d\phi = \frac{1}{4\pi\epsilon_0}\frac{2\pi\lambda R}{\sqrt{R^2 + z^2}}. \quad (28\text{-}30)$$

Note que à medida que $z \to \infty$, o potencial decresce a zero e, para z grande, tem o valor aproximado de $q/4\pi\epsilon_0 z$ (onde $q = 2\pi\lambda R$), conforme esperado para uma posição a uma distância z de uma carga pontual.

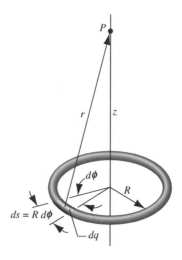

Fig. 28-13. Um anel uniformemente carregado. Para achar o potencial no ponto P, deve-se calcular o efeito total de todos os elementos carga como dq.

Um Disco Carregado

Com a geometria da Fig. 28-14, pode-se usar a Eq. 28-30 para achar o potencial dV em um ponto P devido a um anel de raio w e carga $dq = \sigma\, dA$ com elemento de área $dA = 2\pi w\, dw$:

$$dV = \frac{1}{4\pi\epsilon_0}\frac{dq}{\sqrt{w^2 + z^2}} = \frac{1}{4\pi\epsilon_0}\frac{2\pi\sigma w\, dw}{\sqrt{w^2 + z^2}}. \quad (28\text{-}31)$$

Para somar as contribuições de todos os anéis do disco, calcula-se a integral variando w de 0 até R:

$$V = \frac{\sigma}{2\epsilon_0}\int_0^R \frac{w\, dw}{\sqrt{w^2 + z^2}} = \frac{\sigma}{2\epsilon_0}\left(\sqrt{R^2 + z^2} - |z|\right). \quad (28\text{-}32)$$

O último termo da Eq. 28-32 vem da avaliação de $\sqrt{z^2}$ e é escrito como $|z|$, de tal forma que a Eq. 28-32 permanece válida não só para pontos sobre o eixo z acima do disco ($z > 0$) como também para aqueles abaixo do disco ($z < 0$). O potencial atinge o seu valor máximo na superfície do disco (onde $z = 0$) e decresce à medida que se move ao longo do eixo z em qualquer sentido.

Quando z é grande, pode-se utilizar o teorema binomial para expandir a raiz quadrada na Eq. 28-32:

$$\sqrt{R^2 + z^2} = |z|\left(1 + \frac{R^2}{z^2}\right)^{1/2} \approx |z|\left(1 + \frac{1}{2}\frac{R^2}{z^2}\right) \quad (28\text{-}33)$$

e, inserindo este resultado na Eq. 28-32, acha-se mais uma vez a expressão para o potencial de uma carga pontual.

Para valores muito pequenos de z, o potencial é

$$V = \sigma R/2\epsilon_0 - \sigma|z|/2\epsilon_0. \quad (28\text{-}34)$$

O potencial se aproxima do valor constante $\sigma R/2\epsilon_0$ à medida que $z \to 0$ e decresce linearmente à medida que z cresce em qualquer sentido. Para uma dada densidade de carga, a taxa na qual o potencial decresce à medida que se move ao longo do eixo (que é dado pelo segundo termo da Eq. 28-34) é independente do tamanho do disco. De fato, este termo é o mesmo para qualquer placa plana grande, uniformemente carregada, não importando o seu tamanho ou forma (redonda, quadrada etc.), desde que esteja perto do centro e, portanto, longe de qualquer borda. Utiliza-se este fato no desenho de um "mapa" de potenciais na próxima seção.

Problema Resolvido 28-10.

Um disco de raio $R = 4{,}8$ cm contém uma carga total de $q = +2{,}5$ nC que está uniformemente distribuída sobre a sua superfície e se

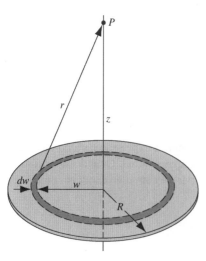

Fig. 28-14. Um disco de raio R possui uma densidade de carga uniforme σ. O elemento de carga dq é um anel uniformemente carregado.

mantém em posições fixas (considere que a superfície comporta-se como um isolante). Um elétron que está inicialmente em repouso a uma distância de $d = 3,0$ cm do disco ao longo de seu eixo. Quando o elétron é liberado, este é atraído para o disco. Qual a velocidade do elétron quando este colide com o centro do disco?

Solução A densidade de carga sobre o disco é

$$\sigma = \frac{q}{\pi R^2} = \frac{2,5 \times 10^{-9} \text{ C}}{\pi(0,048 \text{ m})^2} = 3,45 \times 10^{-7} \text{ C/m}^2.$$

A diferença de potencial entre as posições com $z = d$ e $z = 0$ pode ser achada da Eq. 28-32:

$$\Delta V = V(0) - V(d) = \frac{\sigma R}{2\epsilon_0} - \frac{\sigma}{2\epsilon_0}(\sqrt{R^2 + d^2} - d)$$

$$= \frac{3,45 \times 10^{-7} \text{ C/m}^2}{2(8,85 \times 10^{-12} \text{ C}^2/\text{N} \cdot \text{m}^2)} [0,048 \text{ m}$$

$$- (\sqrt{(0,048 \text{ m})^2 + (0,030 \text{ m})^2} - 0,030 \text{ m})]$$

$$= 417 \text{ V}.$$

A variação na energia potencial do elétron é, da Eq. 28-14,

$$\Delta U = q \, \Delta V = (-1,60 \times 10^{-19} \text{ C})(417 \text{ V}) = -6,67 \times 10^{-17} \text{ J}.$$

Da conservação de energia obtém-se $\Delta U + \Delta K = 0$, ou $\Delta K = -\Delta U = +6,67 \times 10^{-17}$ J, então

$$v = \sqrt{\frac{2K}{m}} = \sqrt{\frac{2(6,67 \times 10^{-17} \text{ J})}{9,11 \times 10^{-31} \text{ kg}}} = 1,21 \times 10^7 \text{ m/s}.$$

PROBLEMA RESOLVIDO 28-11.

Utilizando a expressão para um campo elétrico devido a um anel com carga positiva uniformemente distribuída sobre um ponto em seu eixo (eixo z), encontre a expressão para o potencial devido ao anel sobre um ponto no eixo a uma distância z' do anel.

Solução A Eq. 28-16 mostra a relação entre V e $\vec{E}$. O campo elétrico para um anel de carga é dado pela Eq. 26-18. O campo tem apenas componentes em z, então o integrando da Eq. 28-16 reduz-se a $\vec{E} \cdot d\vec{s} = E_z \, dz$. Integra-se, na Eq. 28-16, do infinito ao ponto P (o ponto da observação):

$$V_P = -\int_\infty^{z'} E_z \, dz = -\int_\infty^{z'} \frac{\lambda}{2\epsilon_0} \frac{Rz}{(z^2 + R^2)^{3/2}} \, dz.$$

Calculando a integral, obtém-se

$$V_P = \frac{1}{2\epsilon_0} \frac{\lambda R}{\sqrt{z'^2 + R^2}},$$

que é idêntica à Eq. 28-30, obtida pela integração sobre a distribuição de carga do anel.

28-7 CALCULANDO O CAMPO A PARTIR DO POTENCIAL

Na Seção 28-4 foi descrito um método para se obter a diferença de potencial de um campo elétrico. Agora, discute-se como fazer esses cálculos de forma inversa: dado o potencial, deseja-se achar o campo elétrico. Isto é, a seta de sentido duplo que liga as duas posições mais baixas na Tabela 28-1 pode ir, de fato, nos dois sentidos.

A Fig. 28-15a mostra uma carga de teste positiva q_0 que se desloca do ponto a (onde o potencial é V) para o ponto b (com potencial $V + \Delta V$). Neste processo, a energia do potencial elétrico de q_0 variou pela quantidade de $\Delta U = q_0 \Delta V$. Em termos de forças, pode-se dizer que existe um campo elétrico $\vec{E}$ que aplica uma força $\vec{F} = q_0 \vec{E}$ sobre a partícula. O trabalho realizado por esta força à medida que a partícula se move de a para b é $W = F_s \Delta s = q_0 E_s \Delta s$, onde E_s e F_s são as componentes de $\vec{E}$ e de $\vec{F}$ ao longo de Δs, que representa o deslocamento da partícula ao se deslocar de a para b. (Supõe-se que Δs é pequeno para que se possa considerar que a força e o campo sejam aproximadamente constantes em intensidade e em sentido ao longo de ab.) A ligação matemática entre estas duas descrições equivalentes é $W = -\Delta U$, que gera

$$q_0 E_s \, \Delta s = -q_0 \, \Delta V \qquad (28\text{-}35)$$

ou

$$E_s = -\frac{\Delta V}{\Delta s}. \qquad (28\text{-}36)$$

Esta equação fornece uma ligação fundamental entre o campo elétrico e o potencial elétrico: o campo elétrico é a variação negativa do potencial com a distância. Se ΔV é positivo, o campo

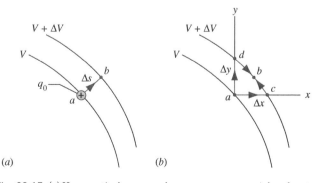

Fig. 28-15. (a) Uma partícula carregada q_0 move-se no caminho ab entre dois eqüipotenciais. (b) A partícula move-se de a para b ao longo tanto do caminho acb quanto do caminho adb.

elétrico gera uma força que se opõe ao movimento de uma partícula de teste positivamente carregada de *a* para *b*, e, se ΔV é negativo, o campo gera uma força no mesmo sentido do movimento. No limite, em um deslocamento infinitesimal, a Eq. 28-36 torna-se uma derivada:

$$E_s = -\frac{dV}{ds}. \quad (28\text{-}37)$$

A componente do campo elétrico em qualquer sentido é a derivada negativa do potencial com relação ao deslocamento nesse sentido.

Escolhendo-se uma geometria diferente para este processo, a Fig. 28-15*b* mostra o mesmo processo, mas em vez de a carga de teste se mover diretamente de *a* para *b*, ela se move ao longo de dois caminhos diferentes. O caminho *acb* leva a carga ao longo do eixo *x*, de *a* para *c*, e, então, ao longo do caminho de *c* para *b*, que foi escolhido de tal forma que o potencial tenha o mesmo valor $V + \Delta V$ em todos os pontos entre *c* e *b*. O trabalho realizado pelo campo elétrico ao longo de *cb* é nulo, uma vez que o potencial não muda (veja a Eq. 28-11). O trabalho realizado pelo campo elétrico ao longo de *ac* é $F_x \Delta x = q_0 E_x \Delta x$. Como a mudança da energia potencial é independente do caminho, tem-se novamente de $W = -\Delta U$ que

$$q_0 E_x \Delta x = -q_0 \Delta V \quad \text{ou} \quad E_x = -\frac{\Delta V}{\Delta x}.$$

Movendo-se a partícula no caminho *adb*, o trabalho é $F_y \Delta y = q_0 E_y \Delta y$ ao longo de *ad* e nulo ao longo de *db* (que, novamente, foi escolhido de tal forma que o potencial tem o mesmo valor $V + \Delta V$ em todos os pontos entre *d* e *b*). Como a variação de energia potencial resultante ao longo de *adb* é também ΔV, obtém-se

$$q_0 E_y \Delta y = -q_0 \Delta V \quad \text{ou} \quad E_y = -\frac{\Delta V}{\Delta y}.$$

Um resultado semelhante pode ser obtido para E_z em cálculos tridimensionais.

No limite em que os tamanhos dos caminhos tornam-se muito pequenos, as diferenças se tornam derivadas e pode-se escrever uma relação entre $\vec{E}$ e V mais geral como

$$E_x = -\frac{\partial V}{\partial x}, \quad E_y = -\frac{\partial V}{\partial y}, \quad E_z = -\frac{\partial V}{\partial z}. \quad (28\text{-}38)$$

Se $V(x, y, z)$ é conhecido em todos os pontos do espaço para uma determinada distribuição de carga, então pode-se achar as componentes de $\vec{E}$ tomando-se as derivadas parciais de V com relação a cada uma das coordenadas.*

Portanto, temos dois métodos para se calcular o campo elétrico de uma distribuição contínua de carga; uma baseada na integração da lei de Coulomb (Eqs. 26-13, 26-14 e 26-15) e uma outra baseada na diferenciação do potencial (Eq. 28-38). Na prática, o segundo método freqüentemente mostra-se menos difícil.

Problema Resolvido 28-12.

Utilizando a Eq. 28-32 para o potencial sobre o eixo de um disco com carga uniformemente distribuída, obtenha uma expressão para o campo elétrico nos pontos axiais.

Solução Por simetria, $\vec{E}$ deve estar ao longo do eixo do disco (o eixo *z*). Utilizando a Eq. 28-38, tem-se (supondo que $z > 0$)

$$E_z = -\frac{\partial V}{\partial z} = -\frac{\sigma}{2\epsilon_0} \frac{d}{dz}[(z^2 + R^2)^{1/2} - z]$$

$$= \frac{\sigma}{2\epsilon_0}\left(1 - \frac{z}{\sqrt{z^2 + R^2}}\right),$$

em concordância com o resultado obtido por integração direta da Eq. 26-19.

Problema Resolvido 28-13.

A Fig. 28-16 mostra um ponto *P* (distante) no campo de um dipolo localizado na origem de um sistema de coordenadas *xz*. Calcule $\vec{E}$ em função da posição.

Solução Por simetria, em pontos no plano da Fig. 28-16, $\vec{E}$ está neste plano e pode ser explicitado em termos de suas componentes E_x e E_z, sendo E_y nulo. Explicita-se o potencial em coordenadas retangulares em vez de coordenadas polares, utilizando-se

$$r = (x^2 + z^2)^{1/2} \quad \text{e} \quad \cos\theta = \frac{z}{(x^2 + z^2)^{1/2}}.$$

V é dado pela Eq. 28-22:

$$V = \frac{1}{4\pi\epsilon_0}\frac{p\cos\theta}{r^2}.$$

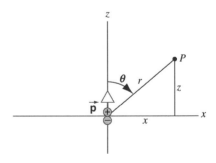

Fig. 28-16. No Problema Resolvido 28-13, um dipolo é posicionado na origem do sistema *xz*.

---

*O símbolo $\partial V/\partial x$ designa uma *derivada parcial*. Fazendo-se esta derivada da função $V(x, y, z)$, a quantidade *x* deve ser vista como uma variável e *y* e *z* devem ser vistas como constantes. Considerações semelhantes são empregadas para $\partial V/\partial y$ e $\partial V/\partial z$.

Substituindo-se r^2 e $\cos\theta$, obtém-se

$$V = \frac{p}{4\pi\epsilon_0} \frac{z}{(x^2 + z^2)^{3/2}}.$$

Obtém-se E_z da Eq. 28-38, recordando que x deve ser considerado como uma constante neste cálculo,

$$E_z = -\frac{\partial V}{\partial z} = -\frac{p}{4\pi\epsilon_0} \frac{(x^2+z^2)^{3/2} - z[\tfrac{3}{2}(x^2+z^2)^{1/2}](2z)}{(x^2+z^2)^3}$$

$$= -\frac{p}{4\pi\epsilon_0} \frac{x^2 - 2z^2}{(x^2+z^2)^{5/2}}. \qquad (28\text{-}39)$$

Atribuindo-se $x = 0$, descrevem-se pontos distantes ao longo do eixo do dipolo (isto é, o eixo z), e a expressão para E_z reduz-se para

$$E_z = \frac{1}{4\pi\epsilon_0} \frac{2p}{z^3}.$$

Este resultado está exatamente de acordo com o que foi encontrado no Cap. 26, no Problema 1 para o campo ao longo do eixo do dipolo. Note que ao longo do eixo z, por simetria, $E_x = 0$.

Atribuindo-se $z = 0$ na Eq. 28-39, resulta em E_z para pontos distantes no plano médio do dipolo:

$$E_z = -\frac{1}{4\pi\epsilon_0} \frac{p}{x^3},$$

o que está exatamente de acordo com a Eq. 26-12 para, novamente por simetria, E_x igual a zero no plano médio. O sinal negativo nesta equação mostra que $\vec{E}$ aponta no sentido negativo de z. Pode-se efetuar um procedimento similar para achar E_x e pode-se obter um resultado que está de acordo com o Problema 2 do Cap. 26.

28-8 SUPERFÍCIES EQÜIPOTENCIAIS

Considere uma carga pontual $q = 1{,}11$ nC. Utilizando a Eq. 28-18, pode-se achar o potencial devido a esta carga que é de 100 V a uma distância de 0,1 m a partir da carga. Como não há direção associada ao potencial, seu valor é de 100 V naquela distância em qualquer direção e sentido. Isto é indicado na Fig. 28-17. Em qualquer ponto da esfera de raio 0,1 m ao redor de q, o potencial é de 100 V. Sobre a segunda esfera de raio 0,2 m, o potencial em todos pontos tem o valor de 50 V.

Uma superfície na qual o potencial tem o mesmo valor em todos os pontos, como em cada uma das esferas da Fig. 28-17, é chamada de *superfície eqüipotencial*. Nenhum trabalho resultante é realizado pelas forças elétricas quando se move uma carga de teste de qualquer ponto sobre uma superfície eqüipotencial para qualquer outro ponto da mesma superfície, uma vez que $\Delta V = 0$. Mesmo que o caminho saia da superfície, nenhum trabalho resultante é realizado desde que o caminho inicie e termine na mesma superfície eqüipotencial. A quantidade de trabalho realizado pelas forças elétricas quando a carga de teste se move de uma superfície eqüipotencial para outra depende apenas da diferença de potencial entre as duas superfícies; o trabalho é independente da posição inicial e final em cada uma das duas superfícies — o mesmo trabalho é realizado quando a carga se move de *qualquer* ponto na primeira superfície para *qualquer* ponto na segunda superfície.

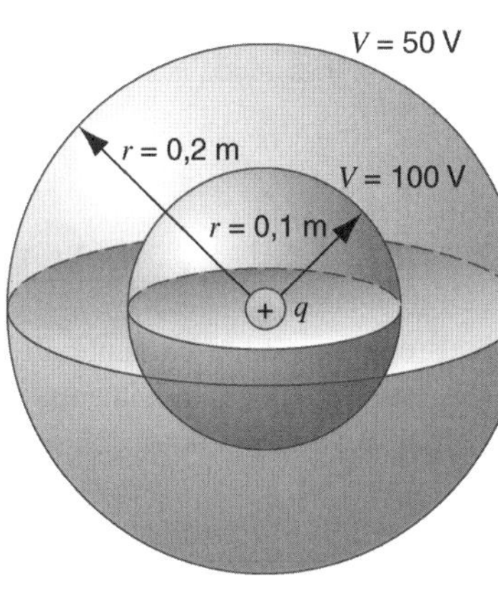

A Fig. 28-18 mostra partes de uma *família* de superfícies eqüipotenciais que pode ser associada a uma determinada distribuição de carga. O trabalho realizado por forças elétricas quando uma partícula carregada se move ao longo do caminho 1 é nulo porque o caminho inicia e termina na mesma superfície eqüipotencial. O trabalho realizado ao longo do caminho 2 é nulo pela mesma razão. O trabalho não é nulo ao longo dos caminhos 3 e 4, mas tem o mesmo valor para ambos caminhos porque estes ligam pontos de mesma diferença de potencial $(V_B - V_A)$. Ao se mover a carga q de *qualquer* ponto da superfície A para *qualquer* ponto da superfície B, o trabalho realizado pelas forças eletrostáticas é, de acordo com a Eq. 28-11, $W_{AB} = -q(V_B - V_A)$.

Fig. 28-17. Em todos os pontos sobre a esfera que envolve a carga q, o potencial tem o mesmo valor. Duas esferas são mostradas, uma para $V = 100$ V e a outra para $V = 50$ V.

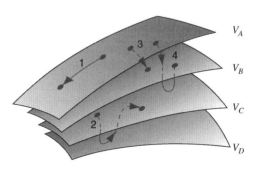

Fig. 28-18. Partes de quatro superfícies eqüipotenciais. Quatro diferentes caminhos para uma partícula de teste são mostrados.

LINHAS DE CAMPO E SUPERFÍCIES EQÜIPOTENCIAIS

Na Seção 26-5 discutiu-se um método gráfico diferente para descrever a distribuição de carga, baseado em linhas de campo elétricas. A relação matemática entre $\vec{E}$ e V que foi obtida na Seção 28-7 sugere, também, uma relação entre as representações gráficas.

Considere que uma carga positiva é liberada do repouso em um ponto b sobre a eqüipotencial $V + \Delta V$ da Fig. 28-15. Em termos de uma abordagem de potencial, pode-se dizer que a partícula iria "cair" através da diferença de potencial ΔV em direção ao eqüipotencial V. Pode-se ainda considerar a partícula como sendo acelerada por um campo elétrico presente na região entre as superfícies equipotenciais. O campo elétrico deve ser perpendicular às superfícies eqüipotenciais no ponto b. Se não fosse assim, então haveria uma componente do campo elétrico ao longo da superfície eqüipotencial, que iria realizar trabalho sobre uma partícula que se movesse ao longo da superfície. Isto, porém, violaria a definição de um eqüipotencial como uma superfície de potencial constante, ao longo da qual pode-se mover livremente uma partícula carregada sem realizar trabalho algum. Conclui-se que *as linhas de campo elétricas devem ser, em todos os pontos, perpendiculares às superfícies eqüipotenciais.*

É igualmente possível chegar-se à mesma conclusão a partir da Eq. 28-37, $E_s = -dV/ds$. Existirá uma direção e sentido para ds na Fig. 28-15 na qual o valor da quantidade $-dV/ds$ é um máximo, o que significa que E_s também é um máximo naquela direção e sentido. Esse valor máximo é E, a intensidade do campo elétrico nesse ponto, e a direção na qual E_s tem seu máximo é a direção do campo elétrico. De modo equivalente, pode-se desenhar no ponto b um círculo de raio ds. Um ponto sobre o círculo será o mais perto do próximo eqüipotencial e, portanto, irá representar o maior valor de $-dV$. A direção de b para este ponto é perpendicular à superfície eqüipotencial em b e mostra a direção do campo elétrico em b.

Ao se conhecer o padrão das superfícies eqüipotenciais para uma determinada distribuição de carga, pode-se achar as linhas de campo, desenhando-se perpendiculares a estes eqüipotenciais. A Fig. 28-19 mostra os eqüipotenciais combinados e as linhas de campo para três casos já considerados: uma carga pontual, um plano infinito de carga e um dipolo. Estes desenhos mostram as linhas de campo elétrico das Figs. 26-10, 26-11 e 26-12 com as superfícies eqüipotenciais sobrepostas. Note que as linhas de campo são perpendiculares aos eqüipotenciais em qualquer ponto em que elas os atravessam.

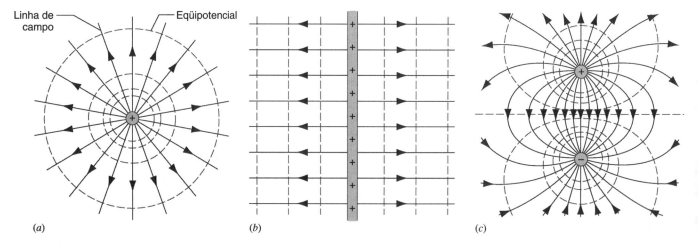

Fig. 28-19. Linhas de campo elétricas (linhas cheias) e seções transversais de superfícies eqüipotenciais (linhas tracejadas) para (a) uma carga pontual positiva, (b) uma placa infinita de carga positiva, mostrada ao longo de seu "corte", e (c) um dipolo elétrico.

28-9 O POTENCIAL DE UM CONDUTOR CARREGADO

Na Seção 27-6 foram deduzidas duas propriedades de um condutor carregado e isolado: (1) o campo elétrico é nulo em seu interior e (2) a carga se distribui sobre a superfície externa do condutor. Uma terceira propriedade importante de condutores carregados resulta da consideração de seu potencial elétrico.

Suponha que tenhamos um condutor de formato arbitrário, para o qual é transferido uma carga resultante. As cargas estão livres para se mover e se distribuirão rapidamente sobre a superfície externa do condutor até atingir o equilíbrio. De fato, as cargas de mesmo sinal repelem-se mutuamente até que alcancem uma distribuição na qual a distância média entre elas seja a maior possível, de modo que a energia potencial do arranjo de cargas alcance um valor mínimo.

Se as cargas estão em equilíbrio sobre a superfície do condutor, então esta superfície deve ser um eqüipotencial. Se isto não acontecer, algumas partes da superfície estariam em maiores ou menores potenciais que outras partes. As cargas positivas iriam, então, migrar em direção às regiões de menores potenciais e as cargas negativas em direção às regiões de maiores potenciais. Porém, isso contradiz a afirmação de que as cargas estão em equilíbrio e, portanto, a superfície deve ser um eqüipotencial.

Se um campo elétrico é nulo no interior de um condutor, então pode-se mover uma carga de teste ao longo de qualquer caminho no interior, ou da superfície para o interior, e o trabalho resultante realizado sobre a carga de teste pela carga superficial será nulo. Isto significa que a diferença de potencial entre quaisquer dois pontos é nula e, assim, o potencial tem o mesmo valor em todos os pontos do condutor. Portanto, obtém-se a terceira propriedade de condutores: *todo o condutor está a um mesmo potencial*. Esta conclusão é empregada apenas no caso eletrostático; quando se discute correntes fluindo através de condutores, uma diferença de potencial pode existir entre diferentes pontos do condutor.

Note que não se fez nenhuma suposição sobre a forma do condutor. Se o condutor é esférico, a carga é uniformemente distribuída por toda a superfície. Para condutores cujo formato não é esférico, a densidade de carga não é uniforme sobre a superfície, mas a superfície ainda é um eqüipotencial. Mesmo em um condutor com cavidades internas, contendo ou não carga, todos os pontos (superfície e interior) estão em um mesmo potencial.

A conclusão sobre a superfície de um condutor ser um eqüipotencial é consistente com a discussão da Seção 28-8, na qual conclui-se que as linhas de campo elétricas são sempre perpendiculares às superfícies eqüipotenciais. Na Seção 27-6 utilizou-se a lei de Gauss para determinar que o campo elétrico na vizinhança externa da superfície de um condutor é perpendicular à superfície, o que deve ser verdade se a superfície do condutor for um eqüipotencial.

Pode-se obter explicitamente conclusões para o caso de um condutor sólido esférico que possui a carga q uniformemente distribuída sobre a sua superfície. Na Seção 25-5, discutiu-se a propriedade de uma casca esférica uniformemente carregada: a força sobre uma carga externa é a mesma que a obtida substituindo-se a esfera por uma carga pontual em seu centro. Esta propriedade permite a utilização das expressões de carga pontual para o potencial elétrico (Eq. 28-18) e o campo elétrico (Eq. 26-6) em locais em que $r > R$.

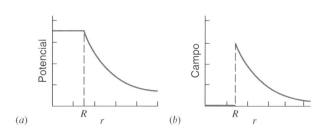

Fig. 28-20. (a) O potencial de um condutor esférico carregado. (b) O campo elétrico deste condutor.

Dentro da casca, a força sobre uma carga pontual é nula, o que significa que o potencial deve ter o mesmo valor em toda a parte interna do condutor, incluindo a superfície. O valor na superfície é obtido a partir da Eq. 28-18 calculada para $r = R$, e então o potencial em seu interior é

$$V = \frac{1}{4\pi\epsilon_0}\frac{q}{R}, \qquad r < R. \tag{28-40}$$

A Fig. 28-20 mostra o campo e o potencial para um condutor esférico carregado e isolado. O campo é nulo para $r < R$ e decresce proporcionalmente a $1/r^2$ para $r > R$. O potencial é constante para $r < R$ e decresce proporcionalmente a $1/r$ para $r > R$.

Descarga de Corona (Opcional)

Embora a carga superficial seja distribuída uniformemente sobre um condutor esférico, este *não* é o caso sobre condutores de formato arbitrário.* Perto das pontas ou bordas, a densidade superficial de carga — e, deste modo, o campo elétrico na vizinhança externa da superfície — pode alcançar valores muito altos.

Para observar qualitativamente como isto ocorre, considere duas esferas condutoras de raios diferentes ligadas por um fio elétrico (Fig. 28-21). Suponha que o potencial da montagem é elevado a um valor arbitrário V. O potencial (idêntico) das duas esferas, utilizando-se a Eq. 28-40, é

$$V = \frac{1}{4\pi\epsilon_0}\frac{q_1}{R_1} = \frac{1}{4\pi\epsilon_0}\frac{q_2}{R_2},$$

o que leva a

$$\frac{q_1}{q_2} = \frac{R_1}{R_2}. \tag{28-41}$$

Até agora, supomos que as esferas estivessem tão distantes uma da outra que a carga sobre uma não afetasse a distribuição de carga sobre a outra.

A razão das densidades superficiais de carga das duas esferas é

$$\frac{\sigma_1}{\sigma_2} = \frac{q_1/4\pi R_1^2}{q_2/4\pi R_2^2} = \frac{q_1 R_2^2}{q_2 R_1^2}.$$

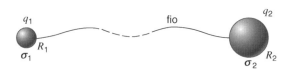

Fig. 28-21. Duas esferas condutoras conectadas por fio elétrico longo e fino.

---

* Veja "The Lightning-rod Fallacy", de Richard H. Price e Ronald J. Crowley, *American Journal of Physics*, setembro de 1985, p. 843, para uma discussão cuidadosa acerca deste fenômeno.

Combinando-se este resultado com a Eq. 28-41, temos

$$\frac{\sigma_1}{\sigma_2} = \frac{R_2}{R_1}. \tag{28-42}$$

De acordo com a Eq. 28-42, a esfera menor tem a maior densidade superficial de carga. Recordando que, para uma carga externa, o campo é o mesmo quando se substitui a esfera por uma carga pontual em seu centro, pode-se expressar o campo da vizinhança externa da superfície da esfera como

$$E = \frac{1}{4\pi\epsilon_0}\frac{q}{r^2} = \frac{\sigma}{\epsilon_0}. \tag{28-43}$$

De acordo com a Eq. 28-42, a densidade superficial de carga é maior para a esfera de raio menor e, deste modo, o campo é também maior na vizinhança externa da superfície da esfera de raio menor. *Quanto menor for o raio da esfera, maior será o seu campo elétrico próximo à sua superfície externa.*

Perto de um condutor com ponta fina (isto é, um com um raio muito pequeno) o campo elétrico pode ser grande o suficiente para ionizar moléculas de ar da vizinhança; como conseqüência, o ar normalmente não condutor pode conduzir e levar a carga para longe do condutor. Tal efeito é chamado de *descarga de corona*. Pulverizadores de pintura eletrostática utilizam a descarga de corona para transferir carga para as gotículas de tinta, que são então aceleradas por um campo elétrico. Máquinas fotocopiadoras baseadas no processo de xerografia utilizam um fio elétrico para gerar uma descarga de corona que transfere a carga para uma superfície coberta de selênio; a carga é neutralizada nas regiões onde a luz encontra a superfície, e as áreas carregadas remanescentes atraem um fino pó preto que forma a imagem. ∎

28-10 O ACELERADOR ELETROSTÁTICO (OPCIONAL)

Muitos estudos sobre núcleos envolvem reações nucleares que acontecem quando um feixe de partículas incide sobre um alvo. Um método que é utilizado para acelerar partículas para reações nucleares é baseado na técnica eletrostática. Uma partícula de carga positiva q "cai" através de uma mudança de potencial negativa ΔV e, portanto, experimenta uma mudança negativa em sua energia potencial, $\Delta U = q\Delta V$, de acordo com a Eq. 28-14. O crescimento correspondente da energia cinética da partícula é $\Delta K = -\Delta U$ e, supondo que a partícula sai do repouso, a sua energia cinética final é

$$K = -q\,\Delta V. \tag{28-44}$$

Para átomos ionizados, q é normalmente positivo. Para se obter a maior energia possível para o feixe, deseja-se ter a maior diferença de potencial. Para as aplicações de interesse da física nuclear, as partículas com energia cinética com milhões de elétronvolts (MeV) são necessárias para superar a força de repulsão de Coulomb entre as partículas incidentes e as partículas alvo. As energias cinéticas de MeV necessitam de diferenças de potencial da ordem de milhões de volts.

Um dispositivo eletrostático que pode gerar uma diferença de potencial desta ordem de grandeza é ilustrado na Fig. 28-22. Uma pequena esfera condutora de raio a e de carga q está posicionada dentro de uma casca esférica maior de raio b que tem carga Q. Um caminho condutor é momentaneamente estabelecido entre os dois condutores e a carga q então se desloca completamente para o condutor externo, não importando quanta carga Q já exista nesta (já que a carga sobre um condutor sempre se move para sua superfície externa). Se existe um mecanismo adequado para repor a carga q sobre a esfera interna a partir de uma fonte externa, a carga Q sobre a esfera externa e seu potencial pode, em princípio, crescer sem limites. Na prática, o potencial final é limitado pelo centelhamento que acontece através do ar (Fig. 28-23).

Este bem conhecido princípio da eletrostática foi pela primeira vez aplicado para acelerar partículas nucleares por Robert J. Van de Graaff nos idos de 1930, e o acelerador tornou-se conhecido como *acelerador de Van de Graaff*. Potenciais de vários milhões de volts podem ser facilmente alcançados, o limite do potencial vem da fuga de carga através dos suportes isoladores ou da ruptura da rigidez dielétrica do ar (ou do gás isolante a alta pressão) na vizinhança do terminal de alta tensão.

A Fig. 28-24 mostra o esboço básico de um acelerador de Van de Graaff. A carga é borrifada de uma ponta afiada (chamada de ponto de corona) em A em direção a uma correia feita de material isolante (normalmente borracha). A correia leva a carga para dentro do terminal de alta tensão, onde é retirada por um outro ponto de corona B e move-se para o condutor externo. Dentro do terminal existe uma fonte de íons positivos, por exemplo, de núcleos de hidrogênio (prótons) ou de hélio (partículas alfa). Os íons "caem" do potencial elevado, ganhando energia cinética de

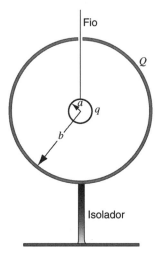

Fig. 28-22. Uma esfera pequena e carregada é suspensa dentro de uma casca esférica maior e carregada.

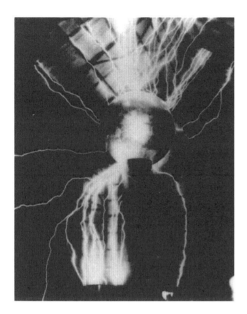

Fig. 28-23. Um gerador eletrostático, com o potencial de 2,7 milhões de volts, com centelhamento devido a condução através do ar.

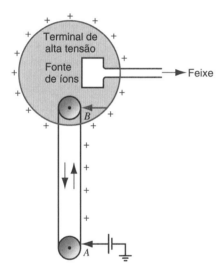

Fig. 28-24. Diagrama do acelerador de Van de Graaff. Cargas positivas são borrifadas em uma correia móvel na posição A e são removidas da correia em B, onde as cargas dirigem-se para o terminal, que se torna carregado até o potencial V. Íons carregados positivamente são repelidos do terminal para formar o feixe do acelerador.

alguns MeV no processo. O terminal é contido em um reservatório que contém gás isolante para prevenir o centelhamento.

Uma variação inteligente deste projeto básico faz uso da mesma tensão elevada para acelerar íons duplamente e, desse modo, ganhar um crescimento adicional da energia cinética. Uma fonte de íons *negativos*, obtida pela adição de um elétron a um átomo neutro, é posicionada do lado externo do terminal. Estes íons negativos "caem" em direção ao potencial positivo do terminal. Dentro do terminal de alta tensão, o feixe passa através de um compartimento de gás ou de uma lâmina delgada, que é projetada para remover ou retirar alguns elétrons dos íons negativos, tornando-os íons positivos que então "caem" do potencial positivo. Estes aceleradores de Van de Graaff "em tandem" geralmente utilizam um terminal de tensão de 25 milhões de volts para acelerar íons como os de carbono ou de oxigênio a energias cinéticas que ultrapassam 100 MeV.

PROBLEMA RESOLVIDO 28-14.

Calcule a diferença de potencial entre as duas esferas mostradas na Fig. 28-22.

Solução A diferença de potencial $V(b) - V(a)$ tem duas contribuições: uma da esfera pequena e a outra da grande casca esférica. Estas diferenças de potencial podem ser calculadas independentemente e somadas algebricamente. Considere primeiramente a casca grande. A Fig. 28-20a mostra que o potencial em todos os pontos interiores tem o mesmo valor que os potenciais sobre a superfície. Deste modo, a contribuição da casca grande para a diferença $V(b) - V(a)$ é nula.

O que resta então é calcular a diferença considerando apenas a esfera pequena. Para todos os pontos externos à esfera pequena, pode-se considerá-la como uma carga pontual, e a diferença de potencial pode ser encontrada através da utilização da Eq. 28-17:

$$V(b) - V(a) = \frac{q}{4\pi\epsilon_0}\left(\frac{1}{b} - \frac{1}{a}\right).$$

Esta expressão indica a diferença de potencial entre a esfera interna e a casca externa. Note que esta é *independente da carga Q sobre a casca externa*. Se q é positiva, a diferença será sempre negativa, mostrando que a casca externa estará sempre a um potencial menor. Se for permitida a carga positiva fluir entre as esferas, esta irá sempre fluir do potencial maior para o menor — isto é, da esfera interna para esfera externa — não importando quanta carga já exista sobre a casca esférica externa.

MÚLTIPLA ESCOLHA

28-1 Energia Potencial
28-2 Energia Potencial Elétrica
28-3 Potencial Elétrico

1. Uma carga pontual negativa é deslocada de *a* para alguns pontos finais possíveis *b* na Fig 28-25. Qual caminho precisa a maior quantidade de trabalho externo para deslocar a partícula?

2. Um elétron é liberado a partir do repouso em uma região do espaço com um campo elétrico não-nulo. Qual das seguintes afirmações é verdadeira?

   (A) O elétron começará a se mover em direção à região de maior potencial.

   (B) O elétron começará a se mover em direção à região de menor potencial.

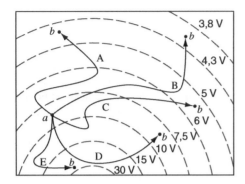

Fig. 28-25. Múltipla Escolha, questão 1.

(C) O elétron começará a se mover ao longo da linha de potencial constante.

(D) Nada pode ser concluído a não ser que a direção e o sentido do campo elétrico sejam conhecidos.

28-4 Calculando o Potencial a Partir do Campo

3. Dentro de um condutor carregado sob condições eletrostáticas,

   (A) $V = 0$.

   (B) $\partial V/\partial x = 0$.

   (C) $\partial^2 V/\partial x^2 = 0$.

   (D) Duas das (A), (B), ou (C) devem ser verdadeiras.

   (E) Todas as três devem ser verdadeiras.

4. As linhas de campo elétricas estão mais juntas perto do objeto A do que aquelas que estão perto do objeto B. Pode-se concluir que

   (A) O potencial perto de A é maior que o potencial perto de B.

   (B) O potencial perto de A é menor que o potencial perto de B.

   (C) O potencial perto de A é igual ao potencial perto de B.

   (D) Nada se pode afirmar a respeito dos potenciais perto de A e B.

5. A Fig. 28-26 mostra as linhas de campo elétricas ao redor de três cargas pontuais, A, B e C.

   (a) Qual ponto corresponde ao maior potencial?

   (A) P

   (B) Q

   (C) R

   (D) Todos os três pontos têm o mesmo potencial.

   (b) Qual ponto corresponde ao menor potencial?

(A) P

(B) Q

(C) R

(D) Todos os três pontos têm o mesmo potencial.

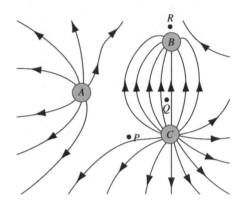

Fig. 28-26. Múltipla Escolha, questão 5.

28-5 Potencial Devido a Cargas Pontuais

6. Uma única carga pontual positiva q é posicionada como mostrado na Fig. 28-27a, e o potencial no ponto P é V_0 (com $V = 0$ no infinito).

   (a) Uma segunda carga $q' = +q$ é posicionada em um local eqüidistante de P como mostrado na Fig. 28-27a. O novo potencial em P é

   (A) $4V_0$. (B) $2V_0$. (C) $\sqrt{2}\,V_0$. (D) $V_0/2$. (E) 0.

   (b) Em vez de uma carga positiva, uma carga negativa $q' = -q$ é posicionada como mostrado na Fig. 28-27b. O novo potencial em P é

   (A) $4V_0$. (B) $2V_0$. (C) $\sqrt{2}\,V_0$. (D) $V_0/2$. (E) 0.

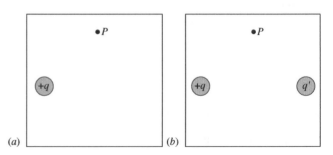

Fig. 28-27. Múltipla Escolha, questão 6.

7. É necessário 1 mJ de trabalho para mover duas cargas positivas idênticas $+q$ do infinito para que fiquem separadas pela distância a.

(a) Quanto trabalho é necessário para mover três cargas positivas idênticas $+q$ do infinito para que fiquem dispostas nos vértices de um triângulo equilátero de lado a?

(A) 2 mJ   (B) 3 mJ   (C) 4 mJ   (D) 9 mJ

(b) Quanto trabalho é necessário para mover quatro cargas positivas idênticas $+q$ do infinito para que fiquem dispostas nos vértices de um tetraedro de lado a?

(A) 3 mJ   (B) 4 mJ   (C) 6 mJ   (D) 16 mJ

8. Uma carga pontual $+q$ é posicionada na origem, e uma carga pontual $+2q$ é posicionada em $x = a$, onde a é positivo; considere que $V(\infty) = 0$.

(a) Qual das seguintes afirmações é verdadeira?

(A) Perto das cargas, o potencial elétrico pode ser nulo fora do eixo x.

(B) A intensidade do potencial elétrico será máximo sobre o eixo x.

(C) O potencial elétrico pode ser nulo nas regiões entre as cargas.

(D) O potencial elétrico pode ser nulo apenas sobre o eixo x.

(b) Em quais das seguintes regiões sobre o eixo x poderia existir um ponto onde o potencial elétrico seja nulo?

(A) $-\infty < x < 0$

(B) $0 < x < a$

(C) $a < x < \infty$

(D) V não desaparece completamente na região $-\infty < x < \infty$.

9. Uma carga pontual $+q$ é posicionada na origem, e a carga pontual $-2q$ é posicionada em $x = a$, onde a é positivo; para $V(\infty) = 0$.

(a) Qual das seguintes afirmações é verdadeira?

(A) Perto das cargas, o potencial elétrico pode ser nulo fora do eixo x.

(B) Perto das cargas, a intensidade do potencial elétrico pode ser máximo fora do eixo x.

(C) O potencial elétrico pode ser nulo apenas entre as cargas.

(D) O potencial elétrico pode ser nulo apenas sobre o eixo x.

(b) Em qual das seguintes regiões poderia existir um ponto onde o potencial elétrico é nulo?

(A) $-\infty < x < 0$

(B) $0 < x < a$

(C) $a < x < \infty$

(D) V não desaparece completamente na região $-\infty < x < \infty$.

28-6 Potencial Elétrico de Distribuições Contínuas de Carga

10. Considere o potencial elétrico $V(z)$ sobre o eixo de um anel com carga positiva uniformemente carregado; para $V(\infty) = 0$.

(a) $V(z)$ terá o maior valor onde

(A) $z = 0$.

(B) $0 < |z| < \infty$.

(C) $|z| = \infty$.

(D) (A) e (C) estão corretas.

(b) $|V(z)|$ pode ser nulo onde

(A) $z = 0$.

(B) $0 < |z| < \infty$.

(C) $|z| = \infty$.

(D) (A) e (C) estão corretas.

11. Considere o potencial elétrico $V(z)$ sobre o eixo de um disco com carga positiva uniformemente carregado; para $V(\infty) = 0$.

(a) $V(z)$ terá o maior valor onde

(A) $z = 0$.

(B) $0 < |z| < \infty$.

(C) $|z| = \infty$.

(D) (A) e (C) estão corretas.

(b) $|V(z)|$ pode ser nulo onde

(A) $z = 0$.

(B) $0 < |z| < \infty$.

(C) $|z| = \infty$.

(D) (A) e (C) estão corretas.

28-7 Calculando o Campo a Partir do Potencial

12. Uma pequena carga positiva posicionada na origem experimenta uma força eletrostática dirigida ao longo do eixo x. Pode-se concluir que, na origem,

(A) $V \neq 0$.

(B) $\partial V/\partial x \neq 0$.

(C) $\partial^2 V/\partial x^2 \neq 0$.

(D) Duas das (A), (B), ou (C) devem ser verdadeiras.

(E) Todas as três devem ser verdadeiras.

13. Um dipolo elétrico paralelo ao eixo x e posicionado na origem experimenta uma força eletrostática dirigida ao longo do eixo x. Pode-se concluir que, na origem,

(A) $V \neq 0$.

96 CAPÍTULO VINTE E OITO

(B) $\partial V/\partial x \neq 0$.

(C) $\partial^2 V/\partial x^2 \neq 0$.

(D) Duas das (A), (B), ou (C) devem ser verdadeiras.

(E) Todas as três devem ser verdadeiras.

28-8 Superfícies Eqüipotenciais

14. Qual das seguintes sentenças é sempre verdadeira para o fluxo elétrico Φ_E através de uma superfície eqüipotencial fechada?

(A) $\Phi_E = 0$

(B) $\Phi_E > 0$

(C) $\Phi_E < 0$

(D) Φ_E é proporcional à resultante de carga no interior da superfície.

28-9 O Potencial de um Condutor Carregado

15. Uma pequena esfera condutora originalmente tem carga $+q$. A esfera é abaixada para dentro de um vasilhame condutor. (*a*) Qual das seguintes quantidades são fixas à medida que a esfera é abaixada, antes que entre em contato com o vasilhame? (Pode haver mais de uma resposta correta.)

(A) O potencial do vasilhame.

(B) O potencial da esfera.

(C) A carga sobre a esfera.

(D) A carga resultante sobre a esfera e o vasilhame.

(*b*) A esfera toca o vasilhame. Qual das seguintes quantidades são as mesmas antes e depois de a esfera entrar em contato com o vasilhame? (Pode haver mais de uma resposta correta.)

(A) O potencial do vasilhame.

(B) O potencial da esfera.

(C) A carga sobre a esfera.

(D) A carga resultante sobre a esfera e o vasilhame.

16. Duas esferas pequenas condutoras ($r = 1$ cm) separadas pela distância de 1 m têm cargas positivas idênticas. O potencial elétrico de uma esfera é V_0 (com $V = 0$ no infinito). (*a*) O potencial na outra esfera

(A) é maior que V_0.

(B) é menor que V_0.

(C) é igual a V_0.

(D) Não pode ser determinado sem informações adicionais.

(*b*) As esferas são aproximadas mutuamente até que se toquem. O potencial elétrico das duas esferas é agora V, onde

(A) $V = V_0$. (B) $V_0 < V < 2V_0$.

(C) $V = 2V_0$. (D) $2V_0 < V$.

28-10 O Acelerador Eletrostático

QUESTÕES

1. Pode-se dizer que o potencial da Terra é de $+100$ V em vez de zero? Que efeito teria esta suposição nos valores medidos de (*a*) potenciais e (*b*) diferença de potenciais?

2. O que aconteceria se uma pessoa estivesse em uma plataforma isolada e seu potencial crescesse de 10 kV em relação à Terra?

3. Por que o elétron-volt muitas vezes é unidade mais conveniente de energia que o joule?

4. Como se poderia comparar um próton-volt com um elétron-volt? A massa de um próton é 1840 vezes maior que a massa de um elétron.

5. Qual a quantidade de trabalho por unidade de carga necessária para transferir carga elétrica de um ponto para o outro em um campo eletrostático que depende da quantidade de carga transferida?

6. Faça a distinção entre a diferença de potencial e a diferença de energia potencial. Dê exemplos das afirmações em que cada termo é usado apropriadamente.

7. Estime a energia associada a todos os elétrons que colidem com a tela de um osciloscópio de raios catódicos em 1 segundo.

8. Por que é possível blindar um quarto contra forças elétricas, mas não contra forças gravitacionais?

9. Suponha que a Terra tenha carga resultante não-nula. Por que ainda assim é possível adotar a Terra como ponto de referência padrão de potencial e designar o potencial $V = 0$ para este caso?

10. Pode haver diferença de potencial entre dois condutores que tenham cargas de mesmo sinal e de mesma intensidade?

11. Dê exemplos de situações em que o potencial de um corpo carregado tem sinal oposto ao de sua carga.

12. Duas superfícies eqüipotenciais diferentes podem se cruzar?

13. Um eletricista foi acidentalmente eletrocutado e a reportagem de um jornal avaliou: "Ele acidentalmente encostou em

ENERGIA POTENCIAL ELÉTRICA E POTENCIAL ELÉTRICO **97**

um cabo de alta tensão e 20.000 V de eletricidade passaram através de seu corpo." Critique esta afirmação.

14. Recomendação a alpinistas pegos em tempestade de relâmpagos e trovões é (*a*) saia rapidamente de picos e cumes, e (*b*) ponha os dois pés juntos e fique agachado em lugares abertos, com apenas os pés tocando o solo. Qual é o fundamento para esta boa recomendação?

15. Se $\vec{E}$ é igual a zero em um dado ponto, *V* deve ser nulo para esse ponto? Dê alguns exemplos para corroborar sua resposta.

16. Se $\vec{E}$ é conhecido apenas em um dado ponto, pode-se calcular *V* nesse ponto? Se não puder, que informação adicional é necessária?

17. Na Fig. 28-18, o campo elétrico *E* é maior à esquerda ou à direita da figura?

18. O disco uniformemente carregado, não-condutor, do Problema Resolvido 28-12 é uma superfície de potencial constante? Explique.

19. Viu-se que, no interior de um condutor oco, está-se blindado dos campos de cargas externas. Fora de um condutor oco que contém cargas internas, está-se blindado dos campos gerados por estas cargas? Explique por que sim ou por que não.

20. Se a superfície de um condutor carregado é um eqüipotencial, isto significa que a carga está distribuída uniformemente sobre essa superfície? Se um campo elétrico é de intensidade constante sobre toda a superfície de um condutor carregado, isto significa que a carga está distribuída uniformemente?

21. Na Seção 28-9 foi lembrado que a carga posta no interior de um condutor isolado é completamente transferida para a superfície externa do condutor, não importando quanta carga já estivesse lá. Pode-se conservar esta carga indefinidamente? Se não, o que impede isto de acontecer?

22. Por que um átomo isolado não pode ter um momento de dipolo permanente?

23. Íons e elétrons se comportam como centros de condensação; gotículas de água agregam-se em torno destes no ar. Explique por quê.

24. Se *V* é completamente constante em uma dada região do espaço, o que pode ser dito sobre $\vec{E}$ nessa região?

25. No Cap. 14 viu-se que a intensidade do campo gravitacional é nula dentro de uma casca esférica de matéria. A intensidade do campo elétrico é nula não só dentro de um condutor esférico isolado como também no interior de um condutor isolado de qualquer formato. A intensidade do campo gravitacional no interior, por exemplo, de uma casca de matéria em formato de cubo é nula? Se não, em que aspecto a analogia não é completa?

26. Como se pode garantir que o potencial elétrico em uma dada região do espaço terá um valor constante?

27. Imagine um arranjo de três cargas pontuais separadas por distâncias finitas que tenha energia potencial nula.

28. Uma carga é posta sobre um condutor isolado na forma de um cubo perfeito. Qual deverá ser a densidade relativa de cargas em vários pontos sobre o cubo (superfícies, bordas e quinas)? O que irá acontecer com a carga se o cubo estiver no ar?

29. Viu-se (Seção 28-9) que o potencial dentro de um condutor é o mesmo sobre a sua superfície. (*a*) O que acontece se o condutor tiver um formato irregular e cavidades de formato irregular em seu interior? (*b*) O que acontece se a cavidade tiver um pequeno canal de comunicação com o exterior? (c) O que acontece se a cavidade for fechada, mas tiver uma carga pontual suspensa dentro dela? Discuta o potencial dentro do material condutor e em diferentes pontos dentro das cavidades.

30. Um casca esférica condutora e isolada possui carga negativa. O que irá acontecer se um objeto de metal positivamente carregado é posto em contato com o interior da casca? Discuta os três casos em que a carga positiva é (*a*) menor que, (*b*) igual a e (*c*) maior que a intensidade da carga negativa.

31. Uma esfera de metal não carregada é suspensa por um fio de seda e posicionada em um campo elétrico externo uniforme. Qual a intensidade do campo elétrico para pontos no interior da esfera? A resposta mudaria se a esfera estivesse carregada?

EXERCÍCIOS

28-1 Energia Potencial

28-2 Energia Potencial Elétrica

1. No modelo de quark de partículas fundamentais, um próton é composto de três quarks: dois quarks "up", cada um com a carga de 2 *e*/3 e um quark "down", com a carga de $-e$/3. Suponha que os três quarks estão eqüidistantes uns dos outros. Assuma essa distância como $1,32 \times 10^{-15}$ m e calcule (*a*) a energia potencial das interações entre os dois quarks "up" e (*b*) a energia potencial elétrica total do sistema.

2. Obtenha uma expressão para o trabalho necessário para um agente externo colocar as quatro cargas juntas como mostrado na Fig. 28-28. Cada lado do quadrado tem o comprimento a.

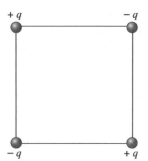

Fig. 28-28. Exercício 2.

3. Uma década antes de Einstein publicar a Teoria da Relatividade, J. J. Thomson propôs que o elétron poderia ser feito de pequenas partes e que sua massa era devida às interações elétricas entre as partes. Além disso, ele sugeriu que a energia era igual a mc^2. Faça uma estimativa aproximada da massa do elétron da seguinte forma: suponha que o elétron seja composto de três partes idênticas que são trazidas do infinito e posicionadas nos vértices de um triângulo eqüilátero tendo os lados iguais ao raio de um elétron, $2,82 \times 10^{-15}$ m. (a) Ache a energia potencial elétrica total deste arranjo. (b) Divida por c^2 e compare o resultado com a massa aceita do elétron ($9,11 \times 10^{-31}$ kg). O resultado melhora se mais partes são admitidas; veja o Problema 2. Atualmente, o elétron é pensado como sendo uma única e indivisível partícula.

4. As cargas mostradas na Fig. 28-29 são fixadas no espaço. Encontre o valor da distância x de tal forma que a energia potencial elétrica do sistema seja nula.

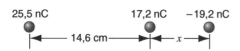

Fig. 28-29. Exercício 4.

5. A Fig. 28-30 mostra uma representação idealizada de um núcleo de ^{238}U ($Z = 92$) no limiar da fissão. Calcule (a) a força repulsiva efetiva sobre cada fragmento e (b) a energia potencial elétrica mútua dos dois fragmentos. Suponha que os fragmentos são iguais em tamanho e carga, esféricos, e estão encostados. O raio do núcleo inicialmente esférico do ^{238}U é de 8,0 fm. Suponha que o material que o núcleo é feito tenha massa específica constante.

Fig. 28-30. Exercício 5.

28-3 Potencial Elétrico

6. Duas superfícies condutoras paralelas, planas, com espaçamento $d = 1,0$ cm têm uma diferença potencial ΔV de 10,3 kV. Um elétron é arremessado de uma placa diretamente em direção à segunda placa. Qual a velocidade inicial do elétron se este atinge o repouso ao alcançar a superfície da segunda placa? Ignore os efeitos relativísticos.

7. Em um típico clarão de um relâmpago, a diferença de potencial entre os pontos de descarga é em torno de $1,0 \times 10^9$ V e a quantidade de carga transferida é em torno de 30 C. (a) Quanta energia é liberada? (b) Se toda a energia liberada pudesse ser utilizada para acelerar um automóvel de 1200 kg a partir do repouso, qual seria a velocidade final do automóvel? (c) Se fosse utilizado para fundir gelo, quanto gelo iria se fundir a 0°C?

8. A diferença de potencial elétrico entre os pontos de descarga durante uma determinada tempestade é de $1,23 \times 10^9$ V. Qual é a intensidade da mudança da energia potencial elétrica de um elétron que se desloca entre estes pontos? Dê a sua resposta em (a) joules e (b) em elétron-volts.

9. Uma partícula com carga q é mantida em uma posição fixa no ponto P e uma segunda partícula de massa m, tendo a mesma carga q, é inicialmente mantida em repouso a uma distância r_1 de P. A segunda partícula é então liberada e é repelida pela primeira. Determine sua velocidade no instante que está a uma distância r_2 de P. Seja $q = 3,1$ μC, $m = 18$ mg, $r_1 = 0,90$ mm e $r_2 = 2,5$ mm.

10. Um elétron é lançado com uma velocidade inicial de $3,44 \times 10^5$ m/s diretamente contra um próton que está essencialmente em repouso. Se o elétron está inicialmente a grande distância do próton, a que distância do próton esta velocidade instantânea será igual a duas vezes seu valor inicial?

11. Calcule (a) o potencial elétrico estabelecido pelo núcleo de um átomo de hidrogênio à distância média de um elétron em sua órbita ($r = 5,29 \times 10^{-11}$ m); (b) a energia do potencial elétrico do átomo quando o elétron está neste raio; e (c) a energia cinética do elétron, supondo que este está em uma órbita circular com raio centrado no núcleo. (d) Quanta energia é necessária para ionizar o átomo de hidrogênio? Expresse todas as energias em elétron-volts, e assuma que $V = 0$ no infinito.

12. No retângulo mostrado na Fig. 28-31, os lados têm comprimentos de 5,0 cm e 15 cm, $q_1 = -5,0$ μC e $q_2 = +2,0$ μC. (a) Quais são os potenciais elétricos no canto B e no canto A? (Suponha que $V = 0$ no infinito.) (b) Quanto trabalho externo é necessário para mover a terceira carga $q_3 = +3,0$ μC de B para A ao longo de uma das diagonais do retângulo? (c) Neste processo, o trabalho externo é convertido em energia potencial eletrostática ou vice-versa? Explique.

Fig. 28-31. Exercício 12.

28-4 Calculando o Potencial a Partir do Campo

13. Duas placas condutoras grandes, paralelas, com espaçamento $d = 12,0$ cm possuem cargas de igual intensidade, mas de sentidos opostos sobre as superfícies que se faceiam. Um elétron posicionado a meio caminho entre as duas placas experimenta uma força de $3,90 \times 10^{-15}$ N. (*a*) Encontre o campo elétrico na posição do elétron. (*b*) Qual a diferença de potencial entre as placas?

14. Uma superfície infinita tem uma densidade de carga $\sigma = 0,12$ μC/m². Quão longe estão as superfícies eqüipotenciais cujos potenciais diferem de 48 V?

15. Um contador Geiger tem um cilindro de metal de 2,10 cm de diâmetro ao longo do qual é esticado um arame de $1,34 \times 10^{-4}$ cm de diâmetro. Se 855 V é aplicado entre eles, encontre o campo elétrico na superfície (*a*) do arame e (*b*) do cilindro. (Sugestão: Use o resultado do Problema 10, Cap. 27.)

16. No experimento da gota de óleo de Millikan (veja a Seção 26-6), um campo elétrico de $1,92 \times 10^5$ N/C é mantido em equilíbrio entre as duas placas separadas por 1,50 cm. Ache a diferença de potencial entre as placas.

28-5 Potencial Devido a Cargas Pontuais

17. Um núcleo de ouro contém uma carga positiva igual a carga de 79 prótons e tem um raio de 7,0 fm; veja o Problema Resolvido 28-7. Uma partícula alfa (que consiste de dois prótons e dois nêutrons) tem energia cinética K em pontos afastados do núcleo e está viajando diretamente para ele. A partícula alfa ao tocar a superfície do núcleo tem a sua velocidade revertida em seu sentido. (*a*) Calcule K. (*b*) A energia efetiva da partícula alfa utilizada no experimento de Rutherford e seus colaboradores que conduziu à descoberta do conceito de núcleo atômico era de 5,0 MeV. O que pode ser concluído?

18. Calcule a velocidade de escape de um elétron da superfície de uma esfera uniformemente carregada de raio 1,22 cm e carga total de $1,76 \times 10^{-15}$ C. Despreze as forças gravitacionais.

19. Uma carga pontual tem $q = +1,16$ μC. Considere um ponto A, que está a 2,06 m de distância, e o ponto B, que está a 1,17 m de distância no sentido diametralmente oposto, como mostrado na Fig. 28.32*a*. (*a*) Encontre a diferença de potencial $V_A - V_B$. (*b*) Repita o cálculo para o caso em que os pontos A e B estiverem posicionados como mostrado na Fig. 28-32*b*.

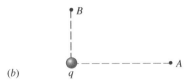

Fig. 28-32. Exercício 19.

20. Grande parte do material que constitui os anéis de Saturno (veja a Fig. 28-33) está em forma de minúsculos grãos de poeira tendo raios da ordem de 1,0 μm. Estes grãos estão em uma região que contém gás ionizado diluído, e eles apanham os elétrons em excesso. Se o potencial elétrico na superfície dos grãos é de -400 V (relativo a $V = 0$ no infinito), quantos destes elétrons em excesso podem ser pegos?

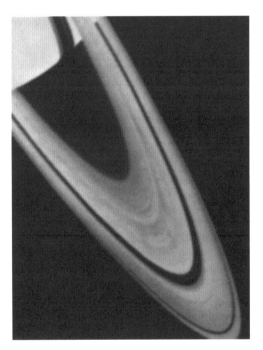

Fig. 28-33. Exercício 20.

21. À medida que o ônibus espacial se move através do gás ionizado diluído da ionosfera da Terra, seu potencial é tipicamente alterado em $-1,0$ V antes que este complete uma revolução. Supondo que o ônibus espacial seja uma esfera de 10 m de raio, estime a quantidade de carga que ele coleta.

22. Considere que a carga negativa de uma pequena moeda de cobre fosse afastada da Terra para uma distância muito grande — talvez para uma galáxia distante — e que uma carga positiva fosse distribuída uniformemente sobre a superfície da Terra. De quanto o potencial elétrico na superfície da Terra mudaria? (Veja o Problema Resolvido 25-1.)

23. Um campo elétrico de aproximadamente 100 V/m é muitas vezes observado perto da superfície da Terra. Se este campo fosse o mesmo sobre toda a superfície da Terra, qual seria o potencial elétrico de um ponto sobre a superfície? Suponha que $V = 0$ no infinito.

24. A molécula de amônia NH_3 tem um dipolo elétrico permanente igual a 1,47 D, onde D é unidade de "debye" com o valor de $3,34 \times 10^{-30}$ C·m. Calcule o potencial elétrico devido à molécula de amônia em um ponto afastado 52,0 nm ao longo do eixo do dipolo. Suponha que $V = 0$ no infinito.

25. (a) Para a Fig. 28-34, obtenha uma expressão para $V_A - V_B$. (b) A expressão encontrada reduz-se a resposta esperada quando $d = 0$? Quando $a = 0$? Quando $q = 0$?

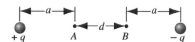

Fig. 28-34. Exercício 25.

26. Na Fig. 28-35, determine a posição dos pontos, se existir algum, (a) onde $V = 0$ e (b) onde $E = 0$. Considere apenas -ontos sobre o eixo e suponha que $V = 0$ no infinito.

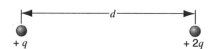

Fig. 28-35. Exercício 26.

27. Duas cargas $q = +2,13$ μC são fixas e separadas no espaço por uma distância $d = 1,96$ cm, como mostrado na Fig. 28-36. (a) Qual o potencial elétrico do ponto C? Suponha que $V = 0$ no infinito. (b) Traz-se uma terceira carga $Q = +1,91$ μC vagarosamente a partir do infinito até C. Quanto trabalho precisa ser feito? (c) Qual a energia potencial U da configuração quando a terceira carga é posta em posição?

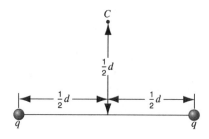

Fig. 28-36. Exercício 27.

28-6 Potencial Elétrico de Distribuições Contínuas de Carga

28. A que distância ao longo do eixo de um disco uniformemente carregado de raio R o seu potencial elétrico é igual à metade do valor do potencial sobre a superfície do disco em seu centro?

29. Uma carga elétrica de $-9,12$ nC está uniformemente distribuída ao redor de um anel de raio 1,48 m que se encontra no plano yz com seu centro na origem. Uma partícula com carga de $-5,93$ pC é posicionada sobre o eixo x, no ponto $x = 3,07$ m. Calcule o trabalho realizado por um agente externo para mover a carga pontual para a origem.

28-7 Calculando o Campo a Partir do Potencial

30. Considere que o potencial elétrico varia ao longo do eixo x como mostrado no gráfico da Fig. 28-37. Dos intervalos mostrados (não considere o comportamento das extremidades dos intervalos), determine aqueles em que E_x tem (a) o maior valor absoluto e (b) o menor. (c) Plote E_x versus x.

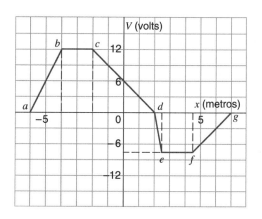

Fig. 28-37. Exercício 30.

31. Duas placas metálicas grandes, paralelas, com espaçamento de 1,48 cm possuem cargas de mesma intensidade, mas de sinais contrários sobre as superfícies que se faceiam. A placa negativa é aterrada e seu potencial é assumido como nulo. Se o potencial a meio caminho entre as placas é de $+5,52$ V, qual o campo elétrico nesta região?

32. Da Eq. 28-30 obtenha uma expressão para E em pontos axiais de um anel uniformemente carregado.

33. Calcule o gradiente do potencial radial, $\partial V/\partial r$, sobre a superfície de um núcleo de ouro. Veja o Problema Resolvido 28-7.

34. O Exercício 39 do Cap. 26 trata do cálculo de Rutherford de um campo elétrico a uma distância r do centro de um átomo. É também dado o potencial elétrico como

$$V = \frac{Ze}{4\pi\epsilon_0}\left(\frac{1}{r} - \frac{3}{2R} + \frac{r^2}{2R^3}\right).$$

(*a*) Mostre como a expressão para o campo elétrico dada no Exercício 39 do Cap. 26 é obtida a partir desta expressão para *V*. (*b*) Por que a expressão para *V* não vai para zero quando $r \to \infty$?

35. O potencial elétrico *V* no espaço entre as placas de um determinado, e hoje em dia obsoleto, tubo a vácuo é dado por $V = (1530 \text{ V/m}^2)x^2$, onde *x* é a distância a partir de uma das placas. Calcule a intensidade, direção e sentido do campo elétrico em $x = 1,28$ cm.

28-8 Superfícies Eqüipotenciais

36. Duas linhas de cargas são paralelas ao eixo *z*. Uma, de carga por unidade de comprimento $+\lambda$, está a uma distância *a* do lado direito deste eixo. A outra, de carga por unidade de comprimento $-\lambda$, está a uma distância *a* do lado esquerdo deste eixo (as linhas e o eixo *z* estão no mesmo plano). Faça um esboço de algumas superfícies eqüipotenciais.

37. Movendo-se de *A* para B ao longo das linhas de campo elétrico, o campo elétrico realiza $3,94 \times 10^{-19}$ J de trabalho sobre um elétron no campo ilustrado na Fig. 28-38. Quais são as diferenças no potencial elétrico (*a*) $V_B - V_A$, (*b*) $V_C - V_A$, e (*c*) $V_C - V_B$?

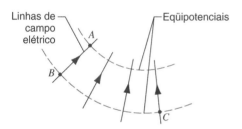

Fig. 28-38. Exercício 37.

38. Considere a carga pontual com $q = 1,5 \times 10^{-8}$ C. (*a*) Qual o raio de uma superfície eqüipotencial tendo um potencial de 30 V? Suponha que $V = 0$ no infinito. (*b*) As superfícies cujos potenciais diferem de uma quantidade fixa (por exemplo 1,0 V) são uniformemente espaçadas?

39. Na Fig. 28-39 esboce qualitativamente (*a*) as linhas de campo elétrico e (*b*) as interseções das superfícies eqüipotenciais com o plano da figura. (Sugestão: Considere o comportamento da região próxima de cada carga pontual e a distâncias consideráveis do par de cargas.)

Fig. 28-39. Exercício 39.

40. Três linhas de carga paralelas de grande comprimento têm densidade linear de carga relativa mostrada na Fig. 28-40. Esboce algumas linhas de campo elétrico e as interseções de algumas superfícies eqüipotenciais com o plano desta figura.

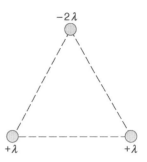

Fig. 28-40. Exercício 40.

28-9 O Potencial de um Condutor Carregado

41. Uma casca esférica condutora, delgada, de raio externo de 20 cm possui $+3,0$ μC de carga. Faça um esboço (*a*) da intensidade do campo elétrico $\vec{E}$ e (*b*) do potencial *V versus* a distância *r* a partir do centro da casca. (Use $V = 0$ no infinito.)

42. Considere duas esferas condutoras bem separadas, 1 e 2, a segunda tendo duas vezes o diâmetro da primeira. A esfera menor inicialmente tem uma carga positiva *q* e a maior está inicialmente descarregada. Conecta-se, então, as duas esferas através de um fio fino e longo. (*a*) Quais são os potenciais finais V_1 e V_2 das esferas em questão? (*b*) Encontre as cargas finais q_1 e q_2 sobre as esferas em termos de *q*.

43. (*a*) Se a Terra tivesse uma carga resultante equivalente a 1 elétron/m² de área superficial (uma suposição não muito real), qual seria o potencial da Terra? (Suponha $V = 0$ no infinito.) (*b*) Qual seria o campo elétrico devido à Terra na vizinhança imediata da sua superfície?

44. Uma carga de 15 nC pode ser gerada por simples friccionamento. Para que potencial (relativo a $V = 0$ no infinito) tal carga iria surgir em uma esfera condutora e isolada de 16 cm de raio?

45. Ache (*a*) a carga e (*b*) a densidade de carga sobre a superfície de uma esfera condutora de raio 15,2 cm cujo potencial é de 215 V. Suponha $V = 0$ no infinito.

46. O objeto de metal na Fig. 28-41 é uma figura de revolução em relação ao eixo horizontal. Se este está carregado negativamente, esboce alguns equipotenciais e linhas de campo elétrico. Use preferencialmente o raciocínio físico do que a análise matemática.

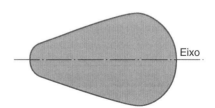

Fig. 28-41. Exercício 46.

102 Capítulo Vinte e Oito

47. Duas esferas condutoras, uma de raio 5,88 cm e a outra de raio 12,2 cm, tem, cada uma, a carga de 28,6 nC e estão bem separadas. Se as esferas são subseqüentemente conectadas por um fio condutor, ache (*a*) a carga final e (*b*) o potencial em cada esfera, supondo $V = 0$ no infinito.

48. Uma esfera de metal carregada de raio 16,2 cm tem uma carga resultante de 31,5 nC. (*a*) Ache o potencial elétrico sobre a superfície da esfera se $V = 0$ no infinito. (*b*) A que distância da superfície da esfera o potencial elétrico diminui em 550 V?

28-10 O Acelerador Eletrostático

49. (*a*) Quanta carga é necessária para aumentar o potencial de uma esfera metálica isolada de 1,0 m de raio para um po-

tencial de 1,0 MV? Admita que $V = 0$ no infinito. Repita para uma esfera de 1,0 cm de raio. (*b*) Por que utiliza-se uma esfera grande em um acelerador eletrostático quando um mesmo potencial pode ser obtido com a utilização de uma carga menor em uma esfera menor? (Sugestão: Calcule as densidades de carga.)

50. Seja a diferença de potencial entre um alto potencial de uma casca interna de um acelerador de Van de Graaff e o ponto em que cargas são borrifadas na direção de uma correia em movimento de 3,41 MV. Se a correia transfere a carga para a casca a uma taxa de 2,83 mC/s, qual a potência mínima que deve ser suprida para impelir a correia?

PROBLEMAS

1. (*a*) Através de que diferença de potencial um elétron deve cair, de acordo com a mecânica newtoniana, para adquirir uma velocidade v igual à velocidade da luz c? (*b*) A mecânica newtoniana falha à medida que $v \rightarrow c$. Portanto, utilizando-se corretamente expressões relativísticas para a energia cinética (veja a Eq. 20-27)

$$K = mc^2 \left[\frac{1}{\sqrt{1 - (v/c)^2}} - 1 \right]$$

no lugar de expressões newtonianas $K = \frac{1}{2} mv^2$, determine a velocidade real do elétron adquirida caindo através da diferença de potencial calculada em (*a*). Expresse esta velocidade como uma fração adequada da velocidade da luz.

2. Repita o Exercício 3 admitindo que o elétron é uma casca oca de $2,82 \times 10^{-15}$ m de raio com carga e uniformemente distribuída por toda a superfície.

3. É suposto que uma partícula de carga (positiva) Q tenha uma posição fixa em P. Uma segunda partícula de massa m e com carga (negativa) $-q$ desloca-se a uma velocidade constante em um círculo de raio r_1 com centro em P. Obtenha uma expressão para o trabalho W que deve ser realizado por um agente externo sobre a segunda partícula para crescer o raio do círculo de movimento, centrado em P, para r_2.

4. O campo elétrico dentro de uma esfera não condutora de raio R, contendo uma densidade uniforme de carga, está radialmente dirigido e tem a intensidade

$$E = \frac{qr}{4\pi\epsilon_0 R^3},$$

onde q é a carga total sobre a esfera e r é a distância a partir do centro da esfera. (*a*) Encontre o potencial V dentro da esfera, supondo que $V = 0$ quando $r = 0$. (*b*) Qual a dife-

rença no potencial elétrico entre um ponto sobre a superfície e o centro da esfera? Se q é positivo, qual ponto tem o maior potencial? (*c*) Mostre que o potencial na distância r a partir do centro onde $r < R$, é dada por

$$V = \frac{q(3R^2 - r^2)}{8\pi\epsilon_0 R^3},$$

onde o potencial zero é adotado para $r = \infty$. Por que este resultado difere daquele da parte (*a*)?

5. Três cargas de $+122$ mC estão posicionadas cada uma em um dos cantos de um triângulo eqüilátero de 1,72 m de lado. Se a energia é suprida a uma taxa de 831 W, quantos dias seriam necessários para mover uma das três cargas para o ponto médio da linha imaginária que liga as outras duas cargas?

6. Uma partícula de massa m, com carga $q > 0$ e com energia cinética inicial K é arremessada (de uma separação infinita) em direção ao núcleo pesado de carga Q, que é suposto ter uma posição fixa segundo o sistema de referência adotado. (*a*) Se a pontaria for "perfeita", quão perto do centro do núcleo estará a partícula quando esta atingir instantaneamente o repouso? (*b*) Para uma dada pontaria "imperfeita", a partícula que mais se aproxima ao núcleo fica a uma distância igual a duas vezes àquela determinada na parte (*a*). Determine a velocidade da partícula na sua aproximação a esta distância mais próxima. Admita que esta partícula não alcança a superfície do núcleo.

7. Uma gota esférica de água que possui uma carga de 32,0 pC tem um potencial de 512 V em sua superfície. (*a*) Qual o raio desta gota? (*b*) Se duas destas gotas de mesma carga e raio combinam para formar uma única gota esférica, qual será o potencial na superfície desta nova gota? Suponha $V = 0$ no infinito.

8. A Fig. 28-42 mostra, em corte, uma placa fina "infinita" de densidade de carga positiva σ. (a) Quanto trabalho é realizado pelo campo elétrico da placa fina à medida que uma pequena carga de teste positiva q_0 é deslocada da sua posição inicial sobre a superfície da placa fina para uma posição final a uma distância z perpendicular à superfície? (b) Utilize o resultado de (a) para mostrar que o potencial elétrico de uma superfície infinita de carga pode ser escrita

$$V = V_0 - (\sigma/2\epsilon_0)z,$$

onde V_0 é o potencial da superfície da placa fina.

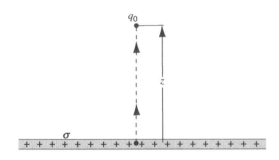

Fig. 28-42. Problema 8.

9. Uma carga pontual $q_1 = +6e$ é fixada na origem de um sistema de coordenadas, e uma segunda carga pontual $q_2 = -10e$ está fixada em $x = 9,60$ nm, $y = 0$. Com $V = 0$ no infinito, o local de todos os pontos do plano xy com $V = 0$ é um círculo centrado no eixo x, como mostrado na Fig. 28-43. Ache (a) o local x_c do centro do círculo e (b) o raio R do círculo. (c) O eqüipotencial $V = 5$ V também é um círculo?

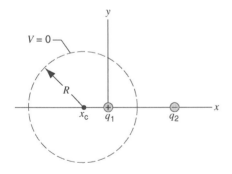

Fig. 28-43. Problema 9.

10. A quantidade total de carga positiva Q é espalhada em um anel circular não-condutor, plano, com raio interno a e raio externo b. A carga é distribuída de tal forma que a densidade de carga (carga por unidade de área) é dada por $\sigma = k/r^3$, onde r é a distância do centro do anel até qualquer ponto sobre ele. Mostre que (com $V = 0$ no infinito) o potencial no centro do anel é dado por

$$V = \frac{Q}{8\pi\epsilon_0}\left(\frac{a+b}{ab}\right).$$

11. Para a configuração de carga da Fig. 28-44, mostre que $V(r)$ para os pontos sobre o eixo vertical, supondo $r \gg d$, é dado por

$$V = \frac{1}{4\pi\epsilon_0}\frac{q}{r}\left(1 + \frac{2d}{r}\right).$$

(Sugestão: A configuração de carga pode ser vista como a soma de uma carga isolada e um dipolo.) Suponha $V = 0$ no infinito.

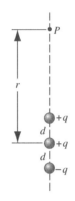

Fig. 28-44. Problema 11.

12. A carga por unidade de comprimento λ é distribuída uniformemente ao longo de um bastão delgado de comprimento L. (a) Determine o potencial (escolhendo zero no infinito) no ponto P a uma distância y de uma das pontas do bastão em linha com ele (veja a Fig. 28-45). (b) Utilize o resultado de (a) para calcular a componente do campo elétrico em P na direção y (ao longo do bastão). (c) Determine a componente do campo elétrico em P na direção perpendicular ao bastão.

Fig. 28-45. Problema 12.

13. Sobre um bastão delgado de comprimento L posicionado ao longo do eixo x com uma ponta na origem ($x = 0$), como mostrado na Fig. 28-46, existe uma carga distribuída por unidade de comprimento dada por $\lambda = kr$, onde k é uma constante e r é a distância a partir da origem. (a) Supondo que o potencial eletrostático no infinito seja nulo, ache V no ponto P sobre o eixo y. (b) Determine a componente vertical, E_y, do campo elétrico em P a partir do resultado da parte (a) e ainda por cálculo direto. (c) Por que que E_x, a componente horizontal do campo elétrico em P, não pode ser

achada utilizando-se o resultado da parte (*a*)? (*d*) A que distância a partir do bastão ao longo do eixo *y* o potencial é igual à metade do valor do lado esquerdo do bastão?

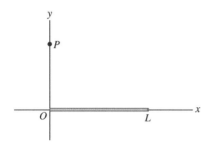

Fig. 28-46. Problema 13.

14. Duas esferas idênticas condutoras de raio 15,0 cm são separadas pela distância de 10,0 m. Qual a carga em cada esfera se o potencial de uma delas é de +1500 V e da outra é de −1500 V? Que suposições precisaram ser feitas? Suponha $V = 0$ no infinito.

15. Considere a Terra como sendo um condutor esférico de raio 6370 km e que está inicialmente descarregado. Uma esfera de metal, tendo um raio de 13 cm e possuindo uma carga de −6,2 nC é aterrada — ou seja, é posta em contato elétrico com a Terra. Mostre que este processo efetivamente descarrega a esfera, pelo cálculo da fração de elétrons em excesso originalmente disponíveis sobre a esfera que permanecem após a esfera ser aterrada.

16. Uma esfera de cobre, cujo o raio é de 1,08 cm, tem um revestimento muito fino de níquel. Alguns dos átomos de níquel são radioativos, com cada átomo emitindo um elétron à medida que este decai. A metade destes átomos penetra na esfera de cobre, deixando, cada um, 100 keV de energia. A outra metade dos elétrons escapa, cada um levando embora uma carga de $-e$. O revestimento de níquel tem uma atividade radioativa de 10,0 mCi (= 10,0 milicuries = 3,70 × 10^8 decaimentos radioativos por segundo). A esfera é pendurada por um longo cordão não condutor e isolada da sua vizinhança imediata. Quanto tempo precisará para o potencial da esfera crescer de 1000 V?

17. Considere uma casca esférica delgada condutora, isolada, que é uniformemente carregada com uma densidade de carga constante σ. Quanto trabalho é necessário para mover uma pequena carga de teste positiva q_0 (*a*) da superfície da casca para o seu interior, através de um pequeno furo; (*b*) de um ponto para o outro sobre a mesma superfície, não importando por qual caminho; (*c*) de um ponto ao outro ambos dentro da casca; e (*d*) de qualquer ponto *P* no exterior da casca por qualquer caminho, furando ou não a casca, de volta para *P*? (*e*) Para as condições dadas, faz diferença se a casca é ou não condutora?

18. Um eletrodo de alta tensão de um acelerador eletrostático é uma casca esférica de metal que tem um potencial $V = +9,15$ MV (relativo a $V = 0$ no infinito). (*a*) A ruptura de rigidez dielétrica ocorre no gás neste equipamento quando o campo é de $E = 100$ MV/m. Para evitar tal ruptura, que restrição deve ser feita ao raio *r* da casca? (*b*) Uma longa correia móvel de borracha transfere carga para a casca a taxa de 320 μC/S, o potencial da casca permanece constante em virtude das fugas elétricas. Qual a potência mínima requerida para a transferência da carga? (*c*) A correia tem uma largura de $w = 48,5$ cm e se move a uma velocidade $v = 33,0$ m/s. Qual a densidade de carga superficial da correia?

PROBLEMAS COMPUTACIONAIS

1. A densidade de carga sobre um bastão de comprimento *L* centrado sobre o eixo *x* é dado por $\lambda = (1,0\ \mu C/m)$ sen$^2(\pi x/L)$. (*a*) Gere numericamente uma saída gráfica para o potencial no plano *xy* e, então, utilize esta saída gráfica para gerar linhas de eqüipotencial. (*b*) A partir da saída gráfica, gere linhas de campo elétrico e compare os resultados com o Problema Computacional 2 do Cap. 26.

2. Verifique numericamente que em duas dimensões as linhas eqüipotenciais em torno de duas cargas de módulos iguais, mas de sinais diferentes são círculos. Os círculos são concêntricos?

Capítulo 29

AS PROPRIEDADES ELÉTRICAS DOS MATERIAIS

Embora a matéria comum seja eletricamente neutra, contendo um número igual de cargas positivas e negativas, os materiais podem revelar uma grande faixa de comportamentos diferentes quando são colocados em campos elétricos. Alguns materiais podem conduzir eletricidade mesmo em campos muito pequenos, enquanto outros permanecem não-condutores em campos elétricos enormes. Em alguns materiais que não permitem o movimento de cargas, as propriedades elétricas são determinadas através da rotação de dipolos em um campo aplicado, já em outros, o campo aplicado pode criar dipolos onde estes não existiam anteriormente.

Neste capítulo considera-se o comportamento básico de dois tipos de materiais: condutores e isolantes. Será visto como o seu comportamento em campos aplicados pode ser compreendido através de modelos simples de forças e movimento de cargas. Mesmo que uma compreensão detalhada das propriedades elétricas dos materiais necessite de métodos da mecânica quântica, pode-se aprender bastante sobre os materiais através de modelos clássicos que ignoram o comportamento quântico.

29-1 TIPOS DE MATERIAIS

Materiais naturais e fabricados artificialmente mostram uma ampla faixa de propriedades elétricas. Estas propriedades são determinadas, em parte, pelo comportamento de átomos individuais ou moléculas e, em parte, pelas interações de átomos ou moléculas no material como um todo. A habilidade de um material conduzir eletricidade também depende das condições do material, como a sua temperatura e a pressão em que se encontra.

Os *condutores* (por exemplo, a maioria dos metais) são materiais nos quais cargas elétricas fluem prontamente. Em muitos metais, cada átomo fornece um ou mais dos seus elétrons externos, ou de valência, para todo o material e, freqüentemente, consideram-se os elétrons como formando um "gás" dentro do material em vez de pertencer a um determinado átomo. Estes elétrons estão livres para se movimentar quando um campo elétrico é aplicado ao material. Sob condições estáticas, o campo elétrico no interior de um condutor é nulo, mesmo que o condutor carregue uma carga resultante. (Se isto não ocorresse, os elétrons livres seriam acelerados, o que violaria a suposição de uma distribuição de carga estática.) Na Seção 29-9, será discutido o efeito de um campo elétrico aplicado a um condutor sob condições estáticas.

Em um *isolante*, por outro lado, os elétrons estão firmemente presos aos átomos e não estão livres para se moverem sob os campos elétricos que podem ser aplicados em condições comuns. Um isolante pode carregar qualquer distribuição de cargas elétricas na sua superfície ou no seu interior, e (em contraste com um condutor) o campo elétrico no interior de um isolante pode ter valores não-nulos.

Um material isolante pode freqüentemente ser visto como uma coleção de moléculas que não são facilmente ionizáveis. Neste caso, as propriedades elétricas podem depender do momento de dipolo das moléculas. Materiais nos quais as moléculas têm momentos de dipolo permanentes são chamados de *polares* e campos elétricos podem alinhar os momentos de dipolo das moléculas, conforme foi discutido na Seção 26-7. Em alguns materiais o alinhamento dos dipolos permanece o mesmo quando se remove o campo aplicado; estes materiais são chamados de *ferroelétricos* (em analogia com materiais ferromagnéticos, nos quais os momentos de dipolo *magnéticos* permanecem alinhados mesmo quando um campo *magnético* externo é removido). Até mesmo os materiais não-polares podem mostrar estes efeitos, uma vez que o campo elétrico aplicado pode induzir um momento de dipolo nas moléculas. Estes efeitos serão discutidos na Seção 29-5.

Normalmente a matéria comum é eletricamente neutra. Na ausência de um campo elétrico externo, esta neutralidade aplica-se tanto aos átomos individuais como a todo o material. A aplicação de um campo elétrico pode remover um ou mais elétrons dos átomos do material. Este processo é chamado de *ionização* e os átomos resultantes carregados positivamente com uma deficiência de elétrons são chamados de *íons*. Em um isolante, um campo elétrico suficientemente grande pode ionizar os átomos e, como resultado, existem elétrons disponíveis para moverem-se através do material. Sob estas condições, um isolante pode se comportar mais como um condutor. Esta situação é chamada de *ruptura* e necessita de campos tipicamente na faixa de 10^6 V/m, no ar, a 10^7 V/m, em plásticos e cerâmicas.

Entre os isolantes e os condutores tem-se os *semicondutores*. Em um semicondutor, talvez um átomo em 10^{10} a 10^{12} pode contribuir com um elétron para o fluxo de eletricidade no material (em contraste com um condutor, no qual *todo* átomo tipicamente contribui com um elétron para o fluxo de eletricidade). Semicondutores comumente utilizados incluem silício e germânio, assim como muitos compostos.

Mesmo os melhores condutores (cobre, prata e ouro) apresentam uma pequena, mas definitivamente não-nula, resistência ao fluxo de eletricidade. Sob certas condições, freqüentemente envolvendo o resfriamento até temperaturas muito baixas, a carga elétrica pode fluir através de alguns materiais sem nenhuma resistência. Esta propriedade dos materiais é chamada de *supercondutividade* e os materiais sob estas condições são chamados de *supercondutores*. Alguns materiais podem ser relativamente maus condutores à temperatura ambiente, mas podem ser supercondutores em baixas temperaturas.

Neste capítulo, estudam-se as formas de como condutores e isolantes respondem a campos elétricos aplicados. O entendimento do comportamento dos semicondutores e supercondutores necessita dos métodos da mecânica quântica, que são discutidos no Cap. 49.

29-2 UM CONDUTOR EM UM CAMPO ELÉTRICO: CONDIÇÕES ESTÁTICAS

Suponha que se coloque um grande pedaço retangular de um condutor como o cobre em um campo elétrico uniforme, conforme mostrado na Fig. 29-1a. Pode-se considerar o cobre como um "gás" de elétrons que estão livres para se mover em uma rede cristalina de íons de cobre que estão em posições fixas. O campo elétrico $\vec{E}_0$ exerce uma força $\vec{F} = -e\vec{E}_0$ sobre os elétrons, o que faz com que os elétrons se movam em um sentido oposto ao do campo. Os elétrons se movem rapidamente para a superfície superior do cobre, deixando uma deficiência de elétrons (uma carga positiva) na superfície inferior. Quando se coloca um condutor em um campo elétrico, as cargas se redistribuem quase instantaneamente e, após isso, as condições eletrostáticas se aplicam.

As duas superfícies do condutor podem ser consideradas como lâminas de carga, as quais estabelecem um campo elétrico $\vec{E}'$, conforme mostrado na Fig. 29-1b. Dentro do cobre, o campo elétrico resultante $\vec{E}$ é a soma vetorial dos dois campos: $\vec{E} = \vec{E}_0 + \vec{E}'$. Em termos das intensidades, a soma torna-se uma diferença porque os dois campos estão em sentidos opostos: $E = E_0 - E'$. No interior do cobre, sob condições estáticas, o campo elétrico resultante E precisa ser nulo, conforme discutido na Seção 27-6. (Na Seção 27-6, não se considerou a presença de um campo elétrico aplicado externamente; entretanto, a condição permanece a mesma — o campo elétrico dentro do condutor precisa ser nulo, porque, caso contrário, os elétrons livres no condutor seriam acelerados, violando assim a suposição de condição estática.) O campo elétrico aplicado E_0 precisa mover apenas elétrons suficientes para a superfície de modo a estabelecer um campo elétrico E' com a mesma intensidade de E_0, fornecendo um campo elétrico resultante nulo dentro do cobre (Fig. 29-1c). Fora do pedaço de cobre, as lâminas de carga nas duas superfícies fornecem campos elétricos que se cancelam, fazendo com que o campo resultante não seja alterado nessas regiões.

A Fig. 29-2 mostra um condutor sem carga de forma irregular em um campo elétrico originalmente uniforme. Mais uma vez, os elétrons livres no condutor se movem rapidamente para a superfície, estabelecendo uma distribuição de cargas positivas e negativas que fornece um campo elétrico que cancela exatamente o campo elétrico no interior do condutor. Fora do condutor, o campo é a soma (vetorial) do campo uniforme original com o campo devido às cargas na superfície do condutor. Observe que as linhas de campo originam-se nas cargas positivas e terminam nas cargas negativas. Note também que a densidade de carga é grande nas partes da superfície onde o raio de curvatura é pequeno, conforme foi discutido na Seção 28-9, e que o campo é grande (as linhas de campo estão próximas umas das outras) onde a densidade de carga é grande.

Na superfície do condutor na Fig. 29-2, as linhas de campo elétrico são perpendiculares à superfície. Se isto não fosse ver-

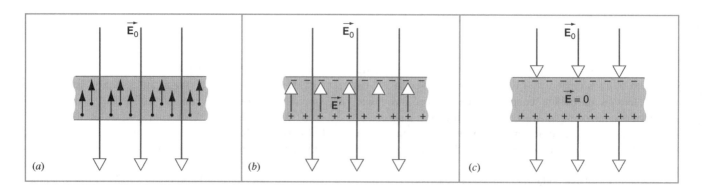

Fig. 29-1. (a) Um grande pedaço de condutor é colocado em um campo elétrico uniforme. Os elétrons no material se movem para cima em resposta ao campo. (b) Os elétrons se acumulam na superfície superior, deixando íons positivos na parte inferior. Estas cargas estabelecem um campo $\vec{E}'$. (c) Dentro do material, o campo resultante é nulo.

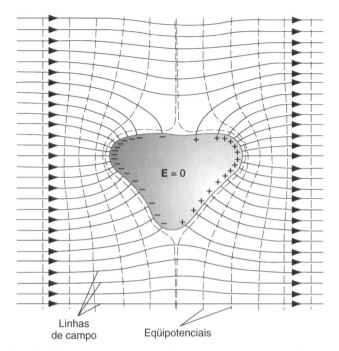

Fig. 29-2. Um condutor sem carga é colocado em um campo elétrico externo. Os elétrons de condução distribuem-se na superfície para produzir uma distribuição de carga conforme mostrado, reduzindo o campo dentro do condutor a zero. Note a distorção das linhas de força (linhas contínuas) e os eqüipontenciais (linhas tracejadas) quando o condutor é colocado no campo previamente uniforme. Note também como as linhas de campo elétrico se originam nas cargas positivas e terminam nas cargas negativas.

dade, então existiria uma componente do campo elétrico paralela à superfície, que faria com que as cargas se movessem. Uma vez que isto violaria a suposição de uma situação estática, esta componente do campo elétrico não pode existir e o campo deve ser perpendicular à superfície.

A figura também mostra os eqüipotenciais para esta situação. Longe do condutor, onde o campo é uniforme, os eqüipotenciais são planos. À medida que se chega próximo do condutor, os equipotenciais são distorcidos, até que na superfície o eqüipotencial segue exatamente a superfície; de acordo com o que foi discutido na Seção 28-9, a superfície de um condutor é um eqüipotencial.

PROBLEMA RESOLVIDO 29-1.

Uma placa grande e fina de cobre é colocada em um campo elétrico uniforme de intensidade $E_0 = 450$ N/C que é perpendicular ao plano (como na Fig. 29-1). Determine a densidade superficial de carga resultante no cobre.

Solução O campo elétrico causa uma densidade de carga σ positiva sobre a superfície inferior da placa e uma densidade de carga negativa, de intensidade igual, sobre a superfície superior. O campo no interior da placa precisa ser nulo, o que significa que as duas distribuições de carga precisam se combinar para fornecer um campo elétrico dentro da placa de intensidade E_0 e sentido oposto ao do campo aplicado. Se é suposto que a placa tem dimensões consideráveis, o campo devido à distribuição de carga positiva é, de acordo com a Eq. 26-20, $E_+ = \sigma/2\epsilon_0$, e a intensidade do campo devido à carga negativa é, de acordo com a Eq. 26-20, $E_- = \sigma/2\epsilon_0$. Estes dois campos têm o mesmo sentido e devem se somar para fornecer um campo total E_0:

$$E_0 = \sigma/2\epsilon_0 + \sigma/2\epsilon_0 = \sigma/\epsilon_0$$

e a densidade de carga sobre cada superfície é

$$\sigma = \epsilon_0 E_0 = (8{,}85 \times 10^{-12}\,\text{C}^2/\text{N} \cdot \text{m}^2)(450\,\text{N/C})$$
$$= 3{,}98 \times 10^{-9}\,\text{C/m}^2.$$

Note que fora da placa de cobre os campos devidos às duas lâminas de carga se cancelam, de modo que o campo resultante permanece igual a E_0. Isto somente é verdade para a geometria plana deste problema, não sendo em geral verdade; ver por exemplo a Fig. 29-2.

29-3 UM CONDUTOR EM UM CAMPO ELÉTRICO: CONDIÇÕES DINÂMICAS

Na Fig. 29-1a, os elétrons se movem da região inferior do pedaço de cobre para a região superior sob a ação do campo elétrico aplicado, até que a concentração de elétrons no topo (e os íons positivos na região inferior) criam um campo que cancela o campo aplicado no interior do cobre e previne o fluxo de elétrons adicionais. Suponha que exista um mecanismo para remover elétrons do topo do pedaço de cobre, carregando-os através de um caminho externo e injetando-os de volta na região inferior (mostrado esquematicamente na Fig. 29-3). Neste caso, não ocorrerá um acúmulo de carga nas regiões superior e inferior do pedaço de cobre, e as condições eletrostáticas da seção anterior não podem ser aplicadas ao cobre. Em particular, a conclusão obtida na seção anterior não é mais válida — o campo elétrico dentro do cobre, em geral, será não-nulo quando as cargas estiverem fluindo.

O fluxo contínuo em circuito fechado de elétrons é uma representação simples de um circuito elétrico, e o fluxo de elétrons (ou de outras partículas carregadas) é chamado de uma *corrente elétrica*.

Agora examina-se o fluxo de carga elétrica que passa em um ponto particular no interior do material (Fig. 29-4). Uma quantidade de carga dq passa através de uma pequena superfície de área A durante um intervalo de tempo dt. Por exemplo, a área A pode ser a área transversal de um fio através do qual a carga está fluindo. A *corrente elétrica i* é definida como a carga resultante que flui através da superfície por unidade de intervalo de tempo:

$$i = dq/dt. \quad (29\text{-}1)$$

Para que a corrente elétrica exista, é necessário que exista um fluxo resultante de carga através da superfície. Se átomos neu-

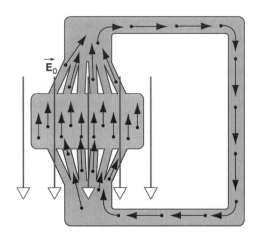

Fig. 29-3. O campo elétrico $\vec{E}_0$ move elétrons através do pedaço de cobre. Os elétrons podem ser coletados na região superior do material e transportados através de um caminho externo até a região inferior do mesmo.

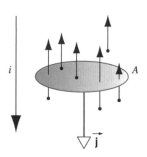

Fig. 29-4. Os elétrons passam através de uma área A. Os sentidos da corrente i e do vetor de densidade de corrente $\vec{j}$ são opostos ao movimento dos elétrons.

tros passam através da superfície, nenhuma corrente está fluindo mesmo que cargas passem através da superfície, uma vez que números iguais de cargas positivas e negativas atravessam a superfície. Se os elétrons estiverem se movimentando aleatoriamente através do material, com o mesmo número de passagens através da superfície em ambos os sentidos, nenhuma corrente flui porque a carga resultante atravessando a superfície é nula.

A corrente elétrica tem um sentido, que é definido como sendo o sentido do fluxo de carga positiva. Mesmo tendo um sentido, a corrente é um escalar e não um vetor, pois esta não satisfaz as leis de soma vetorial.

A unidade do SI para a corrente é o *ampère* (A), definida como

1 ampère = 1 coulomb/segundo.

Se a corrente é constante, então a Eq. 29-1 torna-se

$$i = q/t. \qquad (29\text{-}2)$$

A carga resultante passando através de qualquer superfície é determinada integrando-se a corrente

$$q = \int i\, dt. \qquad (29\text{-}3)$$

Uma grandeza vetorial relacionada é a *densidade de corrente* $\vec{j}$ ou corrente por unidade de área, cuja intensidade é definida como

$$j = i/A. \qquad (29\text{-}4)$$

O sentido de $\vec{j}$ é definido como sendo o sentido do fluxo de carga positiva. Uma vez que os elétrons movem-se para cima na Fig. 29-4, o sentido de $\vec{j}$ está para baixo. Isto é, os elétrons movem-se no sentido de $-\vec{j}$.

A corrente que passa através de qualquer superfície pode ser determinada integrando-se a densidade de corrente sobre a superfície:

$$i = \int \vec{j} \cdot d\vec{A}, \qquad (29\text{-}5)$$

onde $d\vec{A}$ é um elemento de área da superfície e a integral é desenvolvida sobre toda a superfície através da qual deseja-se obter a corrente. O vetor $d\vec{A}$ é tomado como sendo perpendicular ao elemento de superfície de modo que $\vec{j} \cdot d\vec{A}$ é positivo, correspondendo a uma corrente positiva i.

Densidade de Corrente e Velocidade de Deriva

Enquanto os elétrons percorrem o seu caminho através do cobre, eles são acelerados por um campo elétrico, que exerce uma força $-e\vec{E}$ sobre os elétrons. Na Seção 29-2 foram consideradas condições estáticas segundo as quais o campo elétrico é sempre nulo dentro de um condutor. Aqui, consideram-se cargas em movimento, de modo que as condições estáticas não se aplicam e $\vec{E}$ pode ser não-nulo dentro de um condutor.

Os elétrons colidem com os íons da rede cristalina e transferem energia para eles. O movimento de elétrons individuais é, portanto, bastante irregular, sendo composto de um curto intervalo de aceleração no sentido oposto ao do campo elétrico, seguido de uma colisão com um íon que pode enviar o elétron em um movimento com um sentido qualquer, seguido de uma outra aceleração e assim por diante. O efeito resultante é um movimento de elétrons em um sentido oposto ao campo. Não existe nenhuma aceleração resultante de elétrons, porque eles perdem energia continuamente em colisões com a rede cristalina e os íons de cobre. De fato, energia é transferida do campo aplicado para a rede cristalina (na forma de energia interna do condutor, freqüentemente observada através de um aumento de temperatura). Na média, os elétrons podem ser descritos como estando movendo-se com uma *velocidade de deriva* constante $\vec{v}_d$ em sentido oposto ao do campo, conforme indicado na Fig. 29-5.

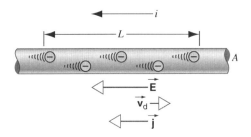

Fig. 29-5. O campo elétrico faz com que os elétrons se movimentem para a direita. A corrente convencional (o sentido hipotético de fluxo da carga positiva) está para a esquerda. A densidade de corrente $\vec{j}$ é igualmente representada como se os portadores de carga fossem positivos, de modo que $\vec{j}$ e $\vec{E}$ têm o mesmo sentido.

Considere o movimento de elétrons em uma parte do condutor de comprimento L. Os elétrons movem-se com uma velocidade de deriva v_d, de modo que eles percorrem uma distância L em um tempo $t = L/v_d$. O condutor tem uma área de seção de transversal A, de modo que durante um tempo t todos os elétrons em um volume AL terão passado através de uma superfície na extremidade direita do condutor. Se a densidade de elétrons (número por unidade de volume) é n, então a intensidade da carga resultante passando através da superfície é $q = enAL$ e a densidade de corrente é

$$j = \frac{q}{At} = \frac{enAL}{AL/v_d} = env_d. \qquad (29\text{-}6)$$

Na forma vetorial, tem-se

$$\vec{j} = -en\vec{v}_d. \qquad (29\text{-}7)$$

Mais uma vez, o sinal negativo indica que o sentido da densidade de corrente é oposto ao movimento dos elétrons.

Conforme o problema simples apresentado a seguir ilustra, a velocidade de deriva dos elétrons em materiais comuns é muito pequena em comparação com a velocidade dos movimentos térmicos randômicos dos elétrons (tipicamente 10^6 m/s).

PROBLEMA RESOLVIDO 29-2.

Uma extremidade de um fio de alumínio cujo diâmetro é de 2,5 mm é soldado à extremidade de um fio de cobre com diâmetro de 1,8 mm. Uma corrente constante i de 1,3 A passa pelo fio composto. Qual a densidade de corrente em cada fio?

Solução Pode-se considerar a densidade de corrente como constante (mas diferente) dentro de cada fio, com exceção dos pontos próximos à junção. A densidade de corrente é dada pela Eq. 29-4, $j = i/A$. A área da seção transversal A do fio de alumínio é

$$A_{Al} = \tfrac{1}{4}\pi d^2 = (\pi/4)(2{,}5 \times 10^{-3}\text{ m})^2 = 4{,}91 \times 10^{-6}\text{ m}^2,$$

de modo que

$$j_{Al} = \frac{1{,}3\text{ A}}{4{,}91 \times 10^{-6}\text{ m}^2} = 2{,}6 \times 10^5\text{ A/m}^2 = 26\text{ A/cm}^2.$$

Como pode ser verificado, a área da seção transversal do fio de cobre é de $2{,}54 \times 10^{-6}$ m², de modo que

$$j_{Cu} = \frac{1{,}3\text{ A}}{2{,}54 \times j10^{-6}\text{ m}^2} = 5{,}1 \times 10^5\text{ A/m}^2 = 51\text{ A/cm}^2.$$

O fato de os fios serem de materiais diferentes não entra nesta análise.

PROBLEMA RESOLVIDO 29-3.

Qual a velocidade de deriva dos elétrons de condução no fio de cobre do Problema Resolvido 29-2?

Solução No cobre existe, em média, aproximadamente um elétron de condução por átomo. O número n de elétrons por unidade de volume é, portanto, o mesmo que o número de átomos por unidade de volume e é determinado de

$$\frac{n}{N_A} = \frac{\rho_m}{M} \quad \text{ou} \quad \frac{\text{átomos/m}^3}{\text{átomos/mol}} = \frac{\text{massa/m}^3}{\text{massa/mol}}.$$

Aqui ρ_m é a massa específica do cobre, N_A é a constante de Avogadro e M é a massa molar do cobre.* Assim

$$n = \frac{N_A \rho_m}{M} = \frac{(6{,}02 \times 10^{23}\text{ elétrons/mol})(8{,}96 \times 10^3\text{ kg/m}^3)}{63{,}5 \times 10^{-3}\text{ kg/mol}}$$

$$= 8{,}49 \times 10^{28}\text{ elétrons/m}^3.$$

Tem-se, então, utilizando a Eq. 29-6 ($v_d = j/ne$),

$$v_d = \frac{5{,}1 \times 10^5\text{ A/m}^2}{(8{,}49 \times 10^{28}\text{ elétrons/m}^3)(1{,}60 \times 10^{-19}\text{ C/elétron})}$$

$$= 3{,}8 \times 10^{-5}\text{ m/s} = 14\text{ cm/h}.$$

Você deve ser capaz de mostrar que para o fio de alumínio, $v_d = 2{,}7 \times 10^{-5}$ m/s = 9,7 cm/h. Você pode explicar, em termos físicos, por que neste exemplo a velocidade de deriva é menor no alumínio do que no cobre, apesar de a mesma corrente fluir pelos dois fios?

Se os elétrons se movem nesta velocidade baixa, por que os efeitos elétricos parecem ocorrer imediatamente após uma chave ser ligada, como quando você acende as luzes de uma sala? A confusão sobre este ponto resulta de não se distinguir entre a velocidade de deriva dos elétrons e a velocidade na qual as *variações* na configuração do campo elétrico viajam ao longo dos fios. Esta última velocidade se aproxima da velocidade da luz. De forma similar, quando você abre a válvula da sua mangueira do jardim, com a mangueira cheia de água, uma onda de pressão percorre a mangueira na velocidade do som na água. A velocidade na qual a água se move através da mangueira — medida talvez com um marcador de tinta é muito menor.

---

*Utiliza-se o subscrito m para tornar claro que se trata de massa específica (kg/m³) e não densidade de carga (C/m³).

110 Capítulo Vinte e Nove

Problema Resolvido 29-4.

Uma tira de silício, de seção transversal com largura $w = 3,2$ mm e espessura $d = 250$ μm, carrega uma corrente i de 190 mA. O silício é um *semicondutor tipo-n*, tendo sido "dopado" com uma quantidade controlada de impurezas de fósforo. A dopagem tem o efeito de aumentar consideravelmente n, o número de portadores de carga (elétrons, neste caso) por unidade de volume, em comparação com o valor para o silício puro. Neste caso, $n = 8,0 \times 10^{21}$ m^{-3}. (a) Qual é a densidade de corrente na tira? Qual a velocidade de deriva?

Solução (a) Da Eq. 29-4,

$$j = \frac{i}{wd} = \frac{190 \times 10^{-3} \text{ A}}{(3,2 \times 10^{-3} \text{ m})(250 \times 10^{-6} \text{ m})}$$
$$= 2,4 \times 10^5 \text{ A/m}^2.$$

(b) Da Eq. 29-6,

$$v_\text{d} = \frac{j}{ne} = \frac{2,4 \times 10^5 \text{ A/m}^2}{(8,0 \times 10^{21} \text{ m}^{-3})(1,60 \times 10^{-19} \text{ C})} = 190 \text{ m/s}.$$

A velocidade de deriva (190 m/s) dos elétrons neste semicondutor de silício é muito maior do que a velocidade de deriva ($3,8 \times 10^{-5}$ m/s) dos elétrons condutores no condutor de cobre metálico do Problema Resolvido 29-3, mesmo que as densidades de corrente sejam similares. O número de portadores de carga neste semicondutor ($8,0 \times 10^{21}$ m^{-3}) é muito menor do que o número de portadores no condutor de cobre ($8,49 \times 10^{28}$ m^{-3}). O menor número de portadores deve mover-se mais rápido no semicondutor para estabelecer a mesma densidade de corrente estabelecida no cobre pelo maior número de portadores.

29-4 MATERIAIS ÔHMICOS

Entre as colisões com os íons da rede cristalina, os elétrons em um material condutor são acelerados pelo campo elétrico $\vec{E}$ e, assim, a sua velocidade de deriva é proporcional a $\vec{E}$. A densidade de corrente $\vec{j}$ também é proporcional a $\vec{v}_\text{d}$, de modo que é razoável que $\vec{j}$ seja proporcional a $\vec{E}$. De fato, observa-se este tipo de comportamento para uma ampla classe de materiais. A constante de proporcionalidade entre a densidade de corrente e o campo elétrico é a *condutividade elétrica* σ do material:

$$\vec{j} = \sigma\vec{E}. \tag{29-8}$$

Um valor grande de σ indica que o material é um bom condutor de corrente elétrica. A condutividade é uma propriedade do material, e não de uma amostra qualquer do material. A unidade do SI para a condutividade é o *siemens por metro* (S/m), onde o siemens é definido como

$$1 \text{ siemens} = 1 \text{ ampère/volt}.$$

É mais comum encontrar os materiais caracterizados pela sua *resistividade*, que é o inverso da condutividade:

$$\rho = 1/\sigma, \tag{29-9}$$

para o qual a Eq. 29-8 torna-se

$$\vec{E} = \rho\vec{j}. \tag{29-10}$$

A unidade de resistividade é o *ohm · metro*, onde o ohm (símbolo Ω) é definido como

$$1 \text{ ohm} = 1 \text{ volt/ampère}.$$

Note que 1 ohm = (1 siemens)$^{-1}$.

As Eqs. 29-8 e 29-10 são válidas para materiais isotrópicos, cujas propriedades elétricas são as mesmas em todas as direções. Nestes materiais, $\vec{j}$ sempre terá o mesmo sentido de $\vec{E}$.

A Tabela 29-1 fornece alguns valores da resistividade para alguns materiais. Um isolante perfeito terá $\rho = \infty$ (ou $\sigma = 0$). Note que mesmo os bons isolantes são condutores fracos.

TABELA 29-1 Resistividade de Alguns Materiais à Temperatura Ambiente (20°C)

Material	Resistividade $\rho(\Omega) \cdot$ m	Coeficiente de Temperatura da Resistividade $\alpha_{\text{média}}$ (por C°)
Metais Típicos		
Prata	$1,62 \times 10^{-8}$	$4,1 \times 10^{-3}$
Cobre	$1,69 \times 10^{-8}$	$4,3 \times 10^{-3}$
Alumínio	$2,75 \times 10^{-8}$	$4,4 \times 10^{-3}$
Tungstênio	$5,25 \times 10^{-8}$	$4,5 \times 10^{-3}$
Ferro	$9,68 \times 10^{-8}$	$6,5 \times 10^{-3}$
Platina	$10,6 \times 10^{-8}$	$3,9 \times 10^{-3}$
Manganina^a	$48,2 \times 10^{-8}$	$0,002 \times 10^{-3}$
Semicondutores Típicos		
Silício puro	$2,5 \times 10^3$	-70×10^{-3}
Silício tipo-n^b	$8,7 \times 10^{-4}$	
Silício tipo-p^c	$2,8 \times 10^{-3}$	
Isolantes Típicos		
Água pura	$2,5 \times 10^5$	
Vidro	$10^{10} - 10^{14}$	
Poliestireno	$>10^{14}$	
Quartzo fundido	$\approx 10^{16}$	

^{a}Uma liga especialmente desenvolvida para ter um valor pequeno de α.
^{b}Silício puro "dopado" com impurezas de fósforo com uma densidade de portadores de carga de 10^{23} m^{-3}.
^{c}Silício puro "dopado" com impurezas de alumínio com uma densidade de portadores de carga de 10^{23} m^{-3}.

Pode-se utilizar a Eq. 29-10 para determinar a resistividade de qualquer material aplicando um campo elétrico e medindo a densidade de corrente resultante. Para alguns materiais, observa-se que a resistividade não é uma constante, mas depende da intensidade do campo elétrico. Isto é, se o campo elétrico é dobrado, a densidade de corrente não dobra. Para outros materiais, observa-se que a resistividade não depende da intensidade do campo aplicado para uma ampla faixa de campos aplicados. Para estes materiais, um gráfico de E contra j fornece uma linha reta, cuja inclinação é a resistividade ρ. Estes materiais são conhecidos como materiais *ôhmicos*. De forma equivalente, diz-se que tais materiais satisfazem a lei de *Ohm*:

A resistividade (ou condutividade) de um material é independente da intensidade, direção e sentido do campo elétrico.

Muitos materiais homogêneos, incluindo metais condutores como o cobre, obedecem à lei de Ohm para uma determinada faixa de valores de campo elétrico aplicado. Quando o campo é suficientemente grande, todos os materiais se comportam violando a lei de Ohm.

Os valores de resistividade na Tabela 29-1 são propriedades dos materiais listados. Também pode-se desejar saber a *resistência* de um objeto particular, como um bloco de cobre com determinadas dimensões. A Fig. 29-6 ilustra a situação para um condutor homogêneo e isotrópico de comprimento L e com uma área de seção transversal A, ao qual aplicou-se uma diferença de potencial ΔV. Dentro do objeto, existe um campo elétrico uniforme $E = \Delta V/L$. Se a densidade de corrente também é uniforme ao longo da área, então $j = i/A$. A resistividade é, então,

$$\rho = \frac{E}{j} = \frac{\Delta V/L}{i/A}. \quad (29\text{-}11)$$

A grandeza $\Delta V/i$ que aparece nesta equação é definida como a resistência R:

$$R = \frac{\Delta V}{i}. \quad (29\text{-}12)$$

Combinando as Eqs. 29-11 e 29-12, obtém-se uma expressão para a resistência R:

$$R = \rho \frac{L}{A}. \quad (29\text{-}13)$$

A resistência R é característica de um objeto em particular e depende do material de que ele é feito, assim como também do seu comprimento e área da seção transversal; a resistividade ρ é característica de um material em geral. A unidade de resistência é o ohm (Ω).

A Eq. 29-12 fornece uma outra base para enunciar a lei de Ohm. Para um determinado objeto, pode-se medir a corrente i

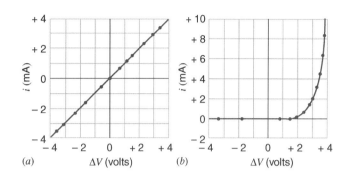

Fig. 29-7. (a) Um gráfico corrente–tensão para um material que obedece a lei de Ohm, neste caso, um resistor de 1000 Ω. (b) Um gráfico corrente–tensão para um material que não obedece a lei de Ohm, neste caso um diodo de junção pn.

para diversas diferenças de potencial aplicadas e desenhar um gráfico com i em função de ΔV. Se o gráfico fornecer uma linha reta, então o objeto é ôhmico e obedece à lei de Ohm. Uma forma equivalente da lei de Ohm é:

A resistência de um objeto é independente da intensidade ou do sinal da diferença de potencial aplicada.

Os resistores comuns que são encontrados em circuitos elétricos são ôhmicos para as faixas de diferenças de potencial normalmente utilizadas em circuitos. Dispositivos semicondutores, como os diodos e transistores, normalmente são não-ôhmicos. A Fig. 29-7 compara os gráficos corrente–tensão para dispositivos ôhmicos e não-ôhmicos.

Deve-se lembrar que a relação $\Delta V = iR$ não é uma declaração da lei de Ohm. Esta equação define a resistência e é verdadeira para ambos os objetos ôhmicos e não-ôhmicos. Mesmo para dispositivos não-ôhmicos, pode-se encontrar um valor da resistência R para um determinado valor de ΔV; para um diferente ΔV será obtido um diferente valor de R. Para dispositivos ôhmicos, obtém-se o mesmo valor de R para qualquer valor de ΔV.

ΔV, i e R são grandezas *macroscópicas*, aplicadas a um determinado corpo ou região. As grandezas *microscópicas* correspondentes são $\vec{E}$, $\vec{j}$ e ρ (ou σ); elas têm valores em todos os pontos do corpo. A grandezas macroscópicas estão relacionadas pela Eq. 29-12 ($\Delta V = iR$) e as grandezas microscópicas pela Eq. 29-10 ($\vec{E} = \rho \vec{j}$).

As grandezas macroscópicas ΔV, i e R são de interesse primário quando medições elétricas estão sendo feitas em objetos condutores reais. Elas são as grandezas indicadas nos medidores. As grandezas microscópicas $\vec{E}$, $\vec{j}$ e ρ são de importância primária quando se está interessado no comportamento fundamental da matéria (uma vez de uma amostra da matéria), o que é usual na área de pesquisa da física do *estado sólido* (ou da *matéria condensada*). Conseqüentemente, a Seção 29-5 apresenta uma abordagem segundo uma visão atômica da *resistividade* de um metal e não da *resistência* de um corpo metálico.

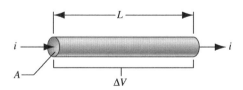

Fig. 29-6. Uma diferença de potencial ΔV é aplicada em um condutor cilíndrico de comprimento L e área de seção transversal A, estabelecendo uma corrente i.

PROBLEMA RESOLVIDO 29-5.

Um bloco retangular de ferro tem dimensões de 1,2 cm × 1,2 cm × 15 cm. (a) Qual a resistência do bloco medida entre as duas extremidades quadradas? (b) Qual a resistência entre duas faces retangulares opostas? A resistividade do ferro à temperatura ambiente é de $9{,}68 \times 10^{-8}\ \Omega \cdot \text{m}$.

Solução (a) A área de uma extremidade quadrada é $(1{,}2 \times 10^{-2}\ \text{m})^2$ ou $1{,}44 \times 10^{-4}\ \text{m}^2$. Da Eq. 29-13,

$$R = \frac{\rho L}{A} = \frac{(9{,}68 \times 10^{-8}\ \Omega \cdot \text{m})(0{,}15\ \text{m})}{1{,}44 \times 10^{-4}\ \text{m}^2}$$
$$= 1{,}0 \times 10^{-4}\ \Omega = 100\ \mu\Omega.$$

(b) A área de uma face retangular é $(1{,}2 \times 10^{-2}\ \text{m})(0{,}15\ \text{m})$ ou $1{,}80 \times 10^{-3}\ \text{m}^2$. Da Eq. 29-13,

$$R = \frac{\rho L}{A} = \frac{(9{,}68 \times 10^{-8}\ \Omega \cdot \text{m})(1{,}2 \times 10^{-2}\ \text{m})}{1{,}80 \times 10^{-3}\ \text{m}^2}$$
$$= 6{,}5 \times 10^{-7}\ \Omega = 0{,}65\ \mu\Omega.$$

Em cada caso, supõem-se que a diferença de potencial é aplicada ao bloco de forma que as superfícies entre as quais deseja-se conhecer a resistência são eqüipotenciais. Assim, o campo elétrico é uniforme entre as superfícies e, como resultado, a densidade de corrente também é uniforme. De outra forma, a Eq. 29-13 não se aplicaria.

ANALOGIA ENTRE CORRENTE E FLUXO DE CALOR (OPCIONAL)

Existe uma analogia direta entre o fluxo de carga estabelecido por uma diferença de potencial e o fluxo de calor estabelecido por uma diferença de temperatura. Considere uma lâmina fina condutora de espessura Δx e área A. Suponha que uma diferença de potencial ΔV é mantida entre as faces opostas. A corrente i é dada pelas Eqs. 29-12 ($i = \Delta V/R$) e 29-13 ($R = \rho L/A$), ou

$$i = \frac{\Delta V}{R} = \frac{\Delta V}{\rho \Delta x / A} = \sigma A \frac{\Delta V}{\Delta x}$$

usando-se $\sigma = \rho^{-1}$. No caso limite de uma lâmina de espessura dx, isto se torna

$$\frac{dq}{dt} = -\sigma A \frac{dV}{dx}. \qquad (29\text{-}14)$$

O sinal negativo na Eq. 29-14 indica que a carga positiva flui no sentido no qual V decresce; isto é, dq/dt é positivo quando dV/dx é negativo.

A equação análoga de fluxo de calor (ver Seção 23-2) é

$$\frac{dQ}{dt} = -kA \frac{dT}{dx}, \qquad (29\text{-}15)$$

o que mostra que k, a condutividade térmica, corresponde a σ e dT/dx, o gradiente de temperatura, corresponde a dV/dx, o gradiente de potencial. Para metais puros existe mais de uma analogia matemática formal entre as Eqs. 29-14 e 29-15. Nesses metais, tanto a energia térmica como a carga são levadas por elétrons livres; empiricamente, um bom condutor elétrico (digamos, a prata) é também um bom condutor térmico, e a condutividade elétrica σ está diretamente relacionada com a condutividade térmica k. ■

VARIAÇÃO DA RESISTIVIDADE COM A TEMPERATURA (OPCIONAL)

A Fig. 29-8 mostra um resumo de algumas medições experimentais da resistividade do cobre em diferentes temperaturas. Para que esta informação possa ser utilizada na prática, é interessante expressar estes resultados na forma de uma equação. Dentro de uma faixa limitada de temperatura, a relação entre a resistividade e a temperatura é aproximadamente linear. Pode-se ajustar uma linha reta a qualquer região selecionada da Fig. 29-8, utilizando dois pontos para se determinar a inclinação da linha. Escolhendo-se um ponto de referência, como o marcado com T_0, ρ_0 na figura, pode-se expressar a resistividade ρ em qualquer temperatura arbitrária T, através da equação empírica da reta na Fig. 29-8, a qual é

$$\rho - \rho_0 = \rho_0 \alpha_{\text{média}}(T - T_0). \qquad (29\text{-}16)$$

(Esta expressão é muito similar à da dilatação térmica linear, $\Delta L = \alpha L\,\Delta T$, a qual foi introduzida na Seção 21-4.) Representa-se a inclinação desta linha como $\rho_0 \alpha_{\text{média}}$. Se a Eq. 29-16 for resolvida para $\alpha_{\text{média}}$, obtém-se

$$\alpha_{\text{média}} = \frac{1}{\rho_0} \frac{\rho - \rho_0}{T - T_0}. \qquad (29\text{-}17)$$

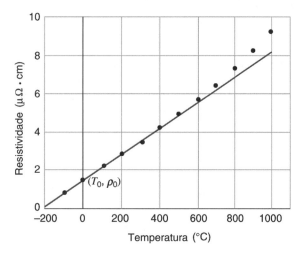

Fig. 29-8. Os pontos mostram medições selecionadas da resistividade do cobre em diferentes temperaturas. A variação da resistividade com T pode ser aproximada por uma linha reta, dentro de qualquer faixa de temperatura dada; por exemplo, a linha mostrada ajusta os dados na faixa de aproximadamente $-100°\text{C}$ a $400°\text{C}$.

A grandeza $\alpha_{\text{média}}$ é o *coeficiente médio de temperatura da resistividade* ao longo da região de temperatura entre os dois pontos usados para determinar a inclinação da linha. Pode-se definir um coeficiente de temperatura da resistividade mais geral como

$$\alpha = \frac{1}{\rho}\frac{d\rho}{dT}, \qquad (29\text{-}18)$$

o qual é a variação fracional na resistividade $d\rho/\rho$ por variação de temperatura dT. Isto é, α fornece a dependência da resistividade com a temperatura *em uma temperatura particular*, enquanto $\alpha_{\text{média}}$ fornece a dependência média *ao longo de um intervalo particular*. Em geral, o coeficiente α depende da temperatura.

Para a maioria dos fins práticos, a Eq. 29-16 fornece resultados que estão dentro de uma faixa aceitável de precisão. Valores típicos de $\alpha_{\text{média}}$ são dados na Tabela 29-1. Para trabalhos mais precisos, como o emprego de um termômetro de resistência de platina para medir temperatura (ver Seção 21-3), a aproximação linear não é suficiente. Neste caso, termos em $(T - T_0)^2$ e $(T - T_0)^3$ podem ser adicionados ao lado direito da Eq. 29-16 para melhorar a precisão. Os coeficientes destes termos adicionais precisam ser determinados empiricamente, em analogia com o coeficiente $\alpha_{\text{média}}$ na Eq. 29-16. ∎

29-5 LEI DE OHM: UMA ABORDAGEM MICROSCÓPICA

Conforme foi previamente discutido, a lei de Ohm não é uma lei fundamental do eletromagnetismo porque ela depende das propriedades do meio condutor. A lei é muito simples na forma e é curioso que muitos materiais a obedeçam de uma forma tão boa, enquanto outros materiais não a obedecem de forma alguma. Em seguida, procura-se uma forma de compreender por que os metais obedecem à lei de Ohm — isto é, por que suas resistividades ρ são constantes (e não, por exemplo, dependentes do campo elétrico aplicado).

Em um metal, os elétrons de valência não estão presos a átomos individuais, mas estão livres para se moverem dentro da rede cristalina e são chamados de *elétrons de condução*. No cobre existe um destes elétrons por átomo, os outros 28 permanecem unidos ao núcleo de cobre para formar centros de íons.

A teoria de condução elétrica em metais é freqüentemente baseada no *modelo de elétrons-livres*, no qual (como uma primeira aproximação) supõe-se que os elétrons de condução se movem através do material condutor de uma forma semelhante a moléculas de gás em um recipiente. De fato, o conjunto de elétrons de condução é algumas vezes chamado de *gás de elétrons*. No entanto, conforme será visto, não se pode desprezar o efeito dos íons sobre esse "gás".

A distribuição maxwelliana de velocidades clássica (ver Seção 22-4) para o gás de elétrons sugere que os elétrons de condução têm uma ampla distribuição de velocidades que vai de zero ao infinito, com uma média bem definida. Entretanto, ao se considerar os elétrons não se pode ignorar a mecânica quântica, a qual fornece uma visão bastante diferente. Na distribuição quântica (ver Seção 49-4), os elétrons que contribuem efetivamente para a condução elétrica estão concentrados em um estreito intervalo de energias cinéticas e, portanto, de velocidades. Uma aproximação bastante razoável é supor que os elétrons se movem com uma velocidade média uniforme. No caso do cobre, esta velocidade é de cerca de $v_{\text{média}} = 1{,}6 \times 10^6$ m/s. Além disso, apesar de a distribuição maxwelliana de velocidade média depender fortemente da temperatura, a velocidade efetiva obtida da distribuição quântica é aproximadamente independente da temperatura.

Na ausência de um campo elétrico, os elétrons se movem aleatoriamente, mais uma vez como moléculas de gás em um recipiente. Ocasionalmente, um elétron colide com um centro iônico da rede cristalina, sofrendo uma mudança repentina de direção e sentido no processo. Assim como foi feito para o caso de colisões de moléculas de gás, pode-se associar um caminho livre médio λ e um tempo livre médio τ à distância média e ao tempo entre colisões. (Colisões dos elétrons entre si são raras e não afetam as propriedades elétricas do condutor.)

Em um cristal metálico ideal (não contendo defeitos e impurezas) a 0 K, não ocorrem colisões elétron–rede cristalina, de acordo com predições da física quântica; isto é, $\lambda \to \infty$ quando $T \to 0$ K para cristais ideais. As colisões ocorrem em cristais reais porque (1) os centros iônicos, a uma temperatura T qualquer, estão vibrando em torno das suas posições de equilíbrio de forma randômica; (2) as impurezas — isto é, os átomos estranhos — podem estar presentes; e (3) o cristal pode conter imperfeições

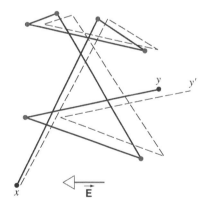

Fig. 29-9. Os segmentos sólidos de linha mostram um elétron movendo-se de x para y, experimentando seis colisões ao longo do caminho. As linhas tracejadas mostram o caminho que *poderia* acontecer na presença de um campo elétrico aplicado $\vec{E}$. Note o desvio gradual mas uniforme no sentido de $-\vec{E}$. (Na realidade, as linhas tracejadas deveriam ser ligeiramente curvadas para representar as trajetórias parabólicas seguidas pelos elétrons entre as colisões.)

114 CAPÍTULO VINTE E NOVE

na rede, como a ausência de átomos e átomos deslocados da posição. Conseqüentemente, a resistividade de um metal pode ser aumentada (1) aumentando a sua temperatura, (2) adicionando pequenas quantidades de impurezas e (3) deformando-o severamente, como quando é estirado através de uma fieira, para aumentar o número de imperfeições da rede cristalina.

Quando se aplica um campo elétrico a um metal, os elétrons modificam o seu movimento randômico, de forma que eles se movem vagarosamente no sentido oposto ao do campo elétrico, com uma velocidade média de deriva v_d. Esta velocidade de deriva é muito menor (por um fator de cerca de 10^{10}; ver Problema Resolvido 29-3) do que a velocidade média efetiva $v_{méd}$. A Fig. 29-9 sugere a relação entre estas duas velocidades. As linhas sólidas sugerem uma possível trajetória randômica percorrida por um elétron na ausência de um campo aplicado; o elétron se move de x para y, sofrendo seis colisões ao longo do seu caminho. As linhas tracejadas mostram como este mesmo evento *poderia* ter ocorrido se um campo elétrico $\vec{E}$ fosse aplicado. Observe que o elétron se move para a direita, terminando em y' em vez de em y. Ao se preparar a Fig. 29-9, supôs-se que a velocidade de deriva v_d é $0,02 v_{média}$; na realidade, ela está mais próxima de $10^{-10} v_{média}$, de modo que o "desvio" exibido na figura está muito exagerado.

Pode-se calcular a velocidade de deriva v_d em termos do campo elétrico aplicado E e de $v_{média}$ e λ. Quando um campo é aplicado a um elétron no metal, ele experimenta uma força eE, que promove uma aceleração a dada pela segunda lei de Newton,

$$a = \frac{eE}{m}.$$

Considere um elétron que acabou de colidir com o centro de um íon. A colisão, em geral, destrói momentaneamente a tendência do elétron de se mover com uma determinada direção, e o elétron tem uma direção verdadeiramente randômica após a colisão. Durante o intervalo de tempo até a próxima colisão, a velocidade do elétron varia, em média, de uma quantidade $a(\lambda/v_{média})$ ou $a\tau$, onde τ é o tempo médio entre colisões. Identifica-se este termo como sendo a velocidade de deriva v_d, ou*

$$v_d = a\tau = \frac{eE\tau}{m}. \qquad (29\text{-}19)$$

Também pode-se expressar v_d em termos da densidade de corrente (Eq. 29-6), que fornece

$$v_d = \frac{j}{ne} = \frac{eE\tau}{m}.$$

Combinando isto com a Eq. 29-10 ($\rho = E/j$), finalmente obtém-se

$$\rho = \frac{m}{ne^2\tau}. \qquad (29\text{-}20)$$

Note que, nesta equação, m, n e e são constantes. Assim, a Eq. 29-20 pode ser tomada como uma declaração de que os metais obedecem à lei de Ohm se for possível mostrar que τ é uma constante. Em particular, é necessário mostrar que τ não depende do campo elétrico aplicado E. Neste caso, ρ não depende de E, que é o critério para que um material obedeça à lei de Ohm. A grandeza τ depende da distribuição de velocidade dos elétrons de condução. Observou-se que esta distribuição é muito pouco afetada pela aplicação de um campo elétrico mesmo que seja relativamente grande, uma vez que $v_{média}$ é da ordem de 10^6 m/s e v_d (ver Problema Resolvido 29-3) é da ordem de somente 10^{-4} m/s, uma razão de 10^{10}. Não importando o valor de τ (digamos, para o cobre a 20°C) na ausência de um campo, ele permanece essencialmente inalterado quando o campo é aplicado. Portanto, o lado direito da Eq. 29-20 é independente de E (o que significa que ρ é independente de E) e o material obedece a lei de Ohm.

PROBLEMA RESOLVIDO 29-6.

(*a*) Qual o tempo livre médio τ entre colisões para os elétrons de condução no cobre? (*b*) Qual o caminho livre médio λ para essas colisões? Suponha uma velocidade efetiva de $v_{média}$ de $1,6 \times 10^6$ m/s.

Solução (*a*) Da Eq. 29-20 tem-se

$$\tau = \frac{m}{ne^2\rho}$$

$$= \frac{9,11 \times 10^{-31} \text{ kg}}{(8,49 \times 10^{28} \text{ m}^{-3})(1,60 \times 10^{-19} \text{ C})^2(1,69 \times 10^{-8} \ \Omega \cdot \text{m})}$$

$$= 2,48 \times 10^{-14} \text{ s}.$$

O valor de n, o número de elétrons de condução por unidade de volume no cobre, foi obtido do Problema Resolvido 29-3; o valor de ρ vem da Tabela 29-1

(*b*) Define-se o caminho livre médio de

$$\lambda = \tau v_{média} = (2,48 \times 10^{-14} \text{ s})(1,6 \times 10^6 \text{ m/s})$$
$$= 4,0 \times 10^{-8} \text{ m} = 40 \text{ nm}.$$

Isto é cerca de 150 vezes a distância entre os íons vizinhos mais próximos na rede cristalina do cobre. Um tratamento completo baseado em física quântica revela que não se pode considerar uma "colisão" como uma interação direta entre um elétron e um íon. Em vez disso, é uma interação entre um elétron e as vibrações térmicas da rede cristalina, imperfeições na rede cristalina ou átomos de impurezas na rede cristalina. Um elétron pode passar com bastante liberdade através de uma rede cristalina "ideal" — isto é, uma rede cristalina geometricamente "perfeita" perto do zero absoluto de temperatura. Caminhos livres médios grandes como 10 cm foram observados nessas condições.

---

*Pode ser tentador escrever a Eq. 29-19 como $v_d = \frac{1}{2} a\tau$, raciocinando que $a\tau$ é a velocidade *final* do elétron e, portanto, que a velocidade *média* é a metade deste valor. O fator extra de $\frac{1}{2}$ estaria correto se um elétron típico fosse seguido, tomando-se a sua velocidade de deriva como sendo a média da sua velocidade durante o seu tempo médio τ entre colisões. No entanto, a velocidade de deriva é proporcional à densidade de corrente j e precisa ser calculada da velocidade média de *todos* os elétrons, calculada em um instante de tempo. Para cada elétron, a velocidade em qualquer tempo é $a\tau$, onde τ é o tempo desde a última colisão para aquele elétron. Uma vez que a aceleração a é a mesma para todos os elétrons, o valor médio de $a\tau$ em um dado instante é $a\bar{\tau}$, onde $\bar{\tau}$ é o tempo médio desde a última colisão, que é o mesmo que o tempo médio entre colisões. Para uma discussão deste ponto, ver *Electricity and Magnetism*, 2.ª edição, por Edward Purcell (McGraw-Hill, 1985), Seção 4.4. Ver também "Drift Speed and Collision Time", por Donald E. Tilley, *American Journal of Physics*, junho de 1976, p. 597.

29-6 UM ISOLANTE EM UM CAMPO ELÉTRICO

Até aqui, somente se falou sobre o comportamento de materiais condutores em campos elétricos. Agora considera-se o que acontece quando se aplica um campo elétrico externo a um material isolante. Isto é, vai-se repetir o experimento da Fig. 29-1 com o material condutor substituído por um material isolante.

Em um isolante, as cargas elétricas não são livres para se mover. Quando um isolante é colocado em um campo elétrico, não se observa nenhuma corrente resultante. Os elétrons permanecem presos firmemente aos seus átomos ou moléculas. Em vez de cargas se movendo no material, a única coisa que o campo elétrico pode fazer em um isolante é produzir um pequeno rearranjo das cargas elétricas dentro dos átomos. No entanto, este pequeno efeito pode ter uma influência substancial sobre o campo elétrico em um isolante.

Começa-se considerando um isolante tal como água pura. As moléculas de água têm um momento de dipolo elétrico permanente, conforme ilustrado na Fig. 26-20. Quando uma molécula de água, com o seu momento de dipolo elétrico, é colocada em um campo elétrico, como na Fig. 26-19, o campo exerce um torque sobre o dipolo que tenta alinhá-lo com o campo. A Fig. 29-10 mostra um conjunto de dipolos, que foram girados de modo a ficarem alinhados com um campo externo.

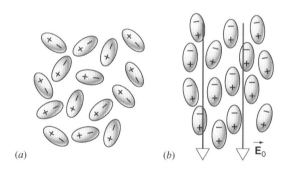

Fig. 29-10. (a) Um conjunto de dipolos randomicamente orientados. (b) Um campo elétrico alinha os dipolos.

Para um observador externo, o conjunto de dipolos na Fig. 29-10b parece mostrar cargas negativas na superfície superior e cargas positivas na sua superfície inferior. Neste aspecto, o isolante lembra o condutor da Fig. 29-1, mas a explicação é bastante diferente — não existe movimento de elétrons através do material isolante. Em um isolante, um campo elétrico externo faz com que as cargas se movam somente ao longo de distâncias inferiores a um diâmetro atômico.

A Fig. 29-11a mostra um pedaço de um material isolante que foi colocado em um campo elétrico aplicado externamente $\vec{E}_0$. Como resultado da rotação dos momentos de dipolo, existe uma lâmina aparente de cargas positivas na superfície inferior do material e uma lâmina negativa de cargas na superfície superior. Estas duas lâminas de *cargas superficiais induzidas* estabelecem um campo elétrico $\vec{E}'$ no isolante que se opõe ao campo aplicado, conforme mostrado na Fig. 29-11b. O efeito de alinhar os dipolos no isolante é chamado de *polarização* e o campo $\vec{E}'$ é conhecido como o campo de polarização.

O campo resultante $\vec{E}$ dentro do isolante é a soma vetorial do campo aplicado $\vec{E}_0$ com o campo de polarização $\vec{E}'$:

$$\vec{E} = \vec{E}_0 + \vec{E}'. \quad (29\text{-}21)$$

Uma vez que $\vec{E}_0$ e $\vec{E}'$ estão em sentidos opostos, pode-se escrever a soma vetorial como uma diferença de intensidades:

$$E = E_0 - E'. \quad (29\text{-}22)$$

A Fig. 29-11c mostra o campo resultante dentro do isolante, que é menor do que o campo aplicado. *Quando um isolante é posicionado em um campo elétrico, surgem cargas superficiais induzidas que tendem a enfraquecer o campo original dentro do material.*

Quando se aumenta o campo aplicado $\vec{E}_0$, o campo de polarização geralmente aumenta. Os dipolos no isolante estão em movimento térmico randômico, o que tende a destruir o seu alinhamento. Quanto maior for o campo aplicado, maior é o torque sobre os dipolos, maior é o grau de alinhamento e maior é o campo

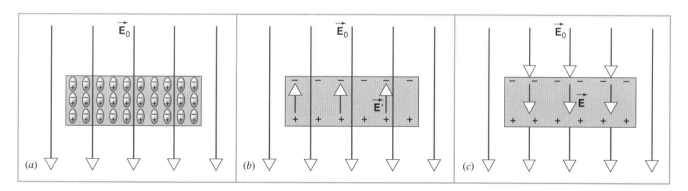

Fig. 29-11. (a) Quando um isolante é colocado em um campo externo, os dipolos ficam alinhados. (b) A camada de cargas superficiais induzidas no isolante estabelecem um campo de polarização $\vec{E}'$ no seu interior. (c) O campo resultante $\vec{E}$ no isolante é a soma vetorial de $\vec{E}_0$ e $\vec{E}'$.

de polarização. Para muitos materiais, que são chamados de materiais *lineares*, o campo de polarização aumenta em proporção direta com o campo aplicado: $E' \propto E_0$. Usando a Eq. 29-22, também pode-se escrever esta proporcionalidade como $E \propto E_0$ e, introduzindo uma constante de proporcionalidade, tem-se

$$E = \frac{1}{\kappa_e} E_0, \qquad (29\text{-}23)$$

onde a constante adimensional κ_e é chamada de *constante dielétrica* do material. A constante dielétrica é maior do que 1 e, assim, o campo resultante E no isolante é menor do que o campo aplicado. Assim como a condutividade ou a resistividade, a constante dielétrica é característica do tipo de material (e da sua temperatura), sendo independente do tamanho ou da forma de qualquer objeto particular feito do material.

Materiais isolantes também são conhecidos como *materiais dielétricos*, e os dois termos podem ser igualmente utilizados. A Tabela 29-2 mostra valores de constantes dielétricas para vários materiais à temperatura ambiente. Materiais com constantes dielétricas elevadas apresentam grandes campos de polarização e, portanto, os campos no seu interior são consideravelmente reduzidos em comparação com o campo aplicado.

Se um campo elétrico suficientemente grande é aplicado a um material isolante, os átomos ou moléculas do isolante podem ser ionizados e, assim, criar uma condição para a carga elétrica fluir, como em um condutor. Os campos necessários para a *ruptura* de vários isolantes, chamado de rigidez dielétrica, são dados na Tabela 29-2.

A água é um exemplo de um material *dielétrico polar*, porque as suas moléculas têm momentos de dipolo elétrico permanentes. Efeitos similares aos descritos nesta seção também irão ocorrer para dielétricos *não-polares*, cujas moléculas não têm

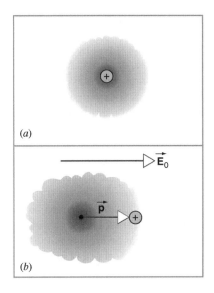

Fig. 29-12. (a) Um átomo é representado pelo seu núcleo carregado positivamente e a sua difusa nuvem de elétrons carregada negativamente. Os centros das cargas positivas e negativas coincidem. (b) Quando o átomo é posicionado em um campo elétrico externo, as cargas positivas e negativas experimentam forças em sentidos opostos e os centros das cargas positivas e negativas não mais coincidem. O átomo adquire um momento de dipolo induzido.

momentos de dipolo permanentes. A Fig. 29-12 mostra o efeito de um campo elétrico em um átomo. O átomo pode ser considerado como uma nuvem de carga negativa com simetria esférica (os elétrons) envolvendo o núcleo carregado positivamente. Quando nenhum campo é aplicado, os centros das distribuições de carga positiva e negativa coincidem e os átomos não têm momento de dipolo. O campo elétrico causa uma separação de carga quando os elétrons experimentam uma força em um sentido devido ao campo e o núcleo uma força no sentido oposto. O átomo adquire um *momento de dipolo induzido* como resultado da ação do campo elétrico. O momento de dipolo induzido desaparece quando o campo elétrico é removido. A intensidade deste momento de dipolo é proporcional ao campo aplicado e, quando o efeito de todos os momentos de dipolo no material é levado em conta, tem-se mais uma vez um campo de polarização E' que é proporcional ao campo aplicado para intensidades de campo comuns. O momento de dipolo induzido freqüentemente é responsável pela atração de um objeto carregado por um isolador sem carga, como o pente e os pedaços de papel mostrados na Fig. 25-5.

Uma vez que todas as expressões para campos elétricos no espaço vazio devido a várias distribuições de carga incluem um fator de $1/\epsilon_0$, a Eq. 29-23 sugere que as expressões para campos elétricos na matéria incluam o fator $1/\kappa_e\epsilon_0$. Já que este fator ocorre freqüentemente, ele é designado pelo símbolo ϵ:

$$\epsilon = \kappa_e \epsilon_0. \qquad (29\text{-}24)$$

ϵ é chamado de *permissividade* do material (lembrar que a constante elétrica ϵ_0 também é conhecida como a permissivi-

TABELA 29-2 Algumas Propriedades dos Dielétricos[a]

Material	Constante Dielétrica κ_e	Rigidez Dielétrica (kV/mm)
Vácuo	1 (exato)	∞
Ar (1 atm)	1,00059	3
Poliestireno	2,6	24
Papel	3,5	16
Óleo de transformador	4,5	12
Pirex	4,7	14
Mica	5,4	160
Porcelana	6,5	4
Silício	12	
Água (25°C)	78,5	
Água (20°C)	80,4	
Cerâmica titânia	130	
Titanato de estrôncio	310	8

[a]Medida à temperatura ambiente.

dade do espaço vazio). Freqüentemente, as equações para campos elétricos no espaço vazio podem ser alteradas para poderem ser aplicadas a campos elétricos na matéria trocando-se ϵ_0 por ϵ.

Problema Resolvido 29-7.

Duas placas condutoras circulares de raio 4,2 cm e separação 0,65 cm têm uma densidade de carga uniformemente distribuída de intensidade $2,88 \times 10^{-7}$ C/m², com uma placa positivamente carregada e outra negativamente carregada. O espaço entre as placas é preenchido com um disco de vidro pirex, cuja constante dielétrica (ver Tabela 29-2) é 4,7. (*a*) Determine o campo elétrico no vidro. (*b*) Determine a densidade de carga induzida sobre as superfícies do vidro. Considere posições perto do centro dos discos, onde os campos são uniformes.

Solução (*a*) Na ausência do dielétrico, o campo elétrico devido a cada placa circular será $\sigma/2\epsilon_0$, conforme dado pela Eq. 26-20. Os campos devidos às duas placas têm o mesmo sentido, de modo que eles se somam para dar um campo resultante de

$$E_0 = \frac{\sigma}{\epsilon_0} = \frac{2,88 \times 10^{-7} \text{ C/m}^2}{8,85 \times 10^{-12} \text{ C}^2/\text{N} \cdot \text{m}^2} = 3,25 \times 10^4 \text{ N/C}.$$

Com o dielétrico presente, o campo resultante é

$$E = \frac{E_0}{\kappa_e} = \frac{3,25 \times 10^4 \text{ N/C}}{4,7} = 6,9 \times 10^3 \text{ N/C}.$$

(*b*) O campo de polarização devido à carga superficial induzida é

$$E' = E_0 - E = 3,25 \times 10^4 \text{ N/C} - 6,9 \times 10^3 \text{ N/C}$$
$$= 2,56 \times 10^4 \text{ N/C}.$$

As duas lâminas de carga induzida estabelecem o campo elétrico E' da mesma forma que as duas lâminas de cargas livres estabelecem o campo E_0. Com $E' = \sigma_{ind}/\epsilon_0$, tem-se

$$\sigma_{ind} = \epsilon_0 E' = (8,85 \times 10^{-12} \text{ C}^2/\text{N} \cdot \text{m}^2)(2,56 \times 10^4 \text{ N/C})$$
$$= 2,27 \times 10^{-7} \text{ C/m}^2.$$

MÚLTIPLA ESCOLHA

29-1 Tipos de Materiais
29-2 Um Condutor em um Campo Elétrico: Condições Estáticas

1. Um condutor triangular é colocado em um campo elétrico originalmente uniforme. (*a*) Qual dos desenhos na Fig. 29-13 melhor representa as linhas de campo elétrico estático próximo ao condutor? (*b*) Qual dos desenhos na Fig. 29-13 representa melhor as linhas eqüipotenciais próximas ao condutor?

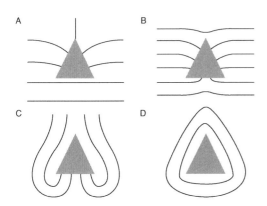

Fig. 29-13. Questão de Múltipla Escolha 1.

2. Uma carga pontual é colocada dentro de uma casca esférica condutora descarregada. Qual dos desenhos na Fig. 29-14 mostra melhor as linhas de campo elétrico?

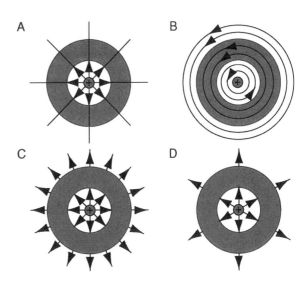

Fig. 29-14. Questão de Múltipla Escolha 2.

3. Uma carga pontual é colocada dentro de uma casca esférica condutora descarregada. Qual dos desenhos na Fig. 29-14 mostra melhor as linhas de campo elétrico?

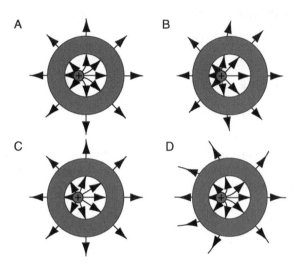

Fig. 29-15. Questão de Múltipla Escolha 3.

29-3 Um Condutor em um Campo Elétrico: Condições Dinâmicas

4. Tanto a corrente como a densidade de corrente têm direções e sentidos associados a elas. Elas são vetores?

    (A) Somente a corrente é um vetor.

    (B) Somente a densidade de corrente é um vetor.

    (C) Ambas são vetores.

    (D) Nenhuma das duas é um vetor.

5. Uma corrente constante flui através de um condutor cônico, conforme mostrado na Fig. 29-16. As superfícies das extremidades S_1 e S_2 são duas superfícies eqüipotenciais diferentes.

    (a) Através de que plano flui a maior corrente?

    (A) 1   (B) 2   (C) 3   (D) 4

    (E) A corrente é a mesma através de todos.

    (b) Através de que plano ocorre o maior fluxo elétrico?

    (A) 1   (B) 2   (C) 3   (D) 4

    (E) O fluxo elétrico é o mesmo através de todos.

    (c) Como a intensidade do campo elétrico E varia ao longo do eixo central movendo-se de S_1 para S_2?

    (A) E é constante.   (B) E aumenta.

    (C) E decresce.

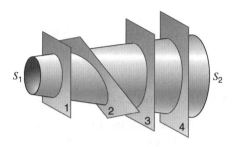

Fig. 29-16. Questão de Múltipla Escolha 5.

6. Uma corrente flui através de um longo condutor cilíndrico. Em que sentido a corrente flui?

    (A) Em direção à extremidade com o maior potencial.

    (B) Em direção à extremidade com o menor potencial.

    (C) Nem (A) nem (B), uma vez que a superfície de um condutor é uma eqüipotencial.

29-4 Materiais Ôhmicos

7. Dois fios A e B, de forma idêntica, carregam correntes idênticas. Os fios são feitos de diferentes substâncias com diferentes densidades de elétrons, $n_A > n_B$.

    (a) Qual dos fios tem a maior densidade de corrente?

    (A) A   (B) B   (C) É a mesma para ambos os fios.

    (b) Qual dos fios tem a maior velocidade de deriva para os elétrons?

    (A) A   (B) B   (C) É a mesma para ambos os fios.

    (c) Qual dos fios tem o maior campo elétrico E no seu interior?

    (A) A   (B) B   (C) É o mesmo para ambos os fios.

8. A relação corrente–tensão para uma determinada substância é mostrada na Fig. 29-17. Esta substância é ôhmica para

    (A) todos os valores de ΔV.   (B) ΔV entre 0 e 3 V.

    (C) ΔV maior que 3 V.   (D) nenhum valor de ΔV.

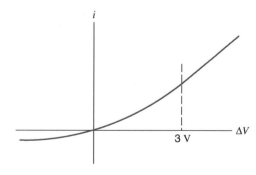

Fig. 29-17. Questão de Múltipla Escolha 8.

9. Como a resistência R de uma substância ôhmica depende da intensidade E do campo elétrico aplicado?

   (A) $R \propto E$ (B) $ER =$ uma constante
   (C) $E + R =$ uma constante   (D) R é independente de E.

10. Uma corrente constante i_{entra} flui através do fio que chega a um resistor. Uma corrente constante i_{sai} flui através do fio que sai da outra extremidade do resistor.

    (a) Como i_{entra} se compara com i_{sai}?

    (A) $i_{entra} > i_{sai}$ (B) $i_{entra} < i_{sai}$
    (C) sempre $i_{entra} = i_{sai}$ (D) $i_{entra} = i_{sai}$ somente se $R = 0$.

    (b) O que pode ser concluído sobre o potencial V_{entra} na extremidade do fio onde a corrente entra e o potencial v_{sai} na extremidade do fio onde a corrente sai?

    (A) $V_{entra} > V_{sai}$ (B) $V_{entra} < V_{sai}$
    (C) sempre $V_{entra} = V_{sai}$ (D) Nada, a menos que maiores informações sejam dadas.

29-5 Lei de Ohm: Uma Abordagem Microscópica

11. Como a velocidade de deriva dos elétrons varia à medida que eles se movem através de um resistor?

    (A) Ela aumenta.   (B) Ela diminui.
    (C) Ela permanece a mesma.

12. A resistividade da maioria dos condutores aumenta com a temperatura. Uma razão plausível é que, em um condutor,

    (A) a densidade de elétrons varia com a temperatura.
    (B) a carga em cada elétron varia com a temperatura.
    (C) o tempo entre colisões varia com a temperatura.
    (D) a massa do elétron varia com a temperatura.

29-6 Um Isolante em um Campo Elétrico

13. Um isolador esférico é colocado em um campo elétrico originalmente uniforme.

    (a) Qual dos desenhos na Fig. 29-18 melhor representa as linhas de campo elétrico estático próximo ao isolador e dentro do isolador?

    (b) Qual dos desenhos na Fig. 29-18 melhor representa as linhas eqüipotenciais estáticas próximo ao isolador e dentro do isolador?

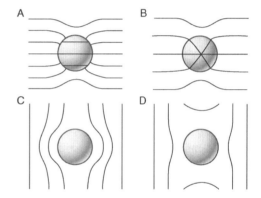

Fig. 29-18. Questão de Múltipla Escolha 13.

QUESTÕES

1. Enuncie outras grandezas físicas que, como a corrente, são escalares tendo um sentido representado por uma seta em um diagrama.

2. Na convenção utilizada para o sentido das setas de corrente, (a) seria mais conveniente, ou mesmo possível, supor todos os portadores de carga como sendo negativos? (b) Seria mais conveniente, ou mesmo possível, estipular-se o elétron como positivo, o próton como negativo e assim por diante?

3. Que evidência experimental você pode dar para mostrar que as cargas elétricas na corrente de eletricidade e aquelas na eletrostática são idênticas?

4. Explique com as suas palavras por que pode-se ter $\vec{E} \neq 0$ dentro de um condutor neste capítulo, enquanto na Seção 27-6 garante-se que $\vec{E} = 0$.

5. Uma corrente i entra por um dos cantos de uma lâmina quadrada de cobre e sai no canto oposto. Esboce setas em vários pontos dentro do quadrado de modo a representar os valores relativos de densidade de corrente $\vec{j}$. Em vez de uma análise matemática detalhada, faça uma estimativa usando a intuição.

6. Você consegue vislumbrar alguma lógica nos números de identificação utilizados nos fios de eletricidade domésticos? Veja o Exercício 6. Caso não seja possível, por que este sistema é usado?

7. Uma diferença de potencial ΔV é aplicada a um fio de cobre de diâmetro d e comprimento L. Qual o efeito sobre a velocidade de deriva dos elétrons quando se dobra o valor de (a) ΔV, (b) L e (c) d?

8. Por que não é possível medir a velocidade de deriva para os elétrons computando-se o tempo gasto ao percorrer um condutor?

9. Descreva brevemente alguns projetos possíveis de resistores variáveis.

10. Uma diferença de potencial ΔV é aplicada a um cilindro circular de carbono, prensando-o entre eletrodos circulares de cobre, conforme mostrado na Fig. 29-19. Discuta a dificuldade de se calcular a resistência do cilindro de carbono usando a relação $R = \rho L/A$.

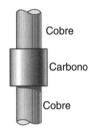

Fig. 29-19. Questão 10.

11. Você recebe um cubo de alumínio e tem acesso a dois terminais de bateria. Como você conectaria os terminais ao cubo, de modo a garantir uma resistência (a) máxima e (b) mínima?

12. Como você mediria a resistência de um bloco de metal com uma forma complexa? Forneça detalhes específicos para tornar claro o conceito.

13. É possível gerar potenciais de alguns milhares de volts ao escorregar sobre o banco de um automóvel. Por que, ao fazer isso, uma pessoa não é eletrocutada?

14. Discuta as dificuldades de testar se o filamento de uma lâmpada de bulbo obedece à lei de Ohm?

15. A velocidade de deriva dos elétrons em um metal condutor pelo qual passa uma corrente varia quando a temperatura do condutor é aumentada? Explique.

16. Explique por que a quantidade de movimento que os elétrons de condução transferem para os íons em um metal condutor não promove uma força resultante sobre o condutor.

17. Liste em uma forma tabular as similaridades e as diferenças entre o fluxo de carga ao longo de um condutor, o fluxo de água através de um duto horizontal e a condução de calor através de uma lâmina. Considere idéias tais como o que causa o fluxo, o que se opõe a ele, quais partículas participam (se houver alguma) e as unidades nas quais o fluxo pode ser medido.

18. Como a relação $\Delta V = iR$ se aplica a resistores que não obedecem à lei de Ohm?

19. Uma vaca e um homem estão parados em um descampado quando um raio atinge o solo próximo a eles. Por que é mais provável que a vaca seja morta do que o homem? O fenômeno responsável é chamado de "degrau de tensão".

20. As linhas na Fig. 29-9 deveriam ser ligeiramente curvadas. Por quê?

21. Um fusível em um circuito elétrico é um fio que é projetado para fundir e dessa forma, abrir o circuito se a corrente exceder um valor predeterminado. Quais são algumas das características de um fio de fusível ideal?

22. Por que o bulbo de uma lâmpada incandescente vai ficando baço com o uso?

23. As características e a qualidade de nossas vidas diárias são fortemente influenciadas por dispositivos que não obedecem à lei de Ohm. O que você pode dizer em suporte a esta afirmação?

24. De um trabalho escrito por um aluno: "A relação $R = \Delta V/i$ diz-nos que a resistência de um condutor é diretamente proporcional à diferença de potencial aplicada a ele." O que você pensa desta afirmação?

25. O carbono tem um coeficiente de temperatura da resistividade negativo, o que significa que a sua resistividade cai quando a sua temperatura aumenta. A sua resistividade irá desaparecer inteiramente a partir de uma temperatura suficientemente alta?

26. Pode um dielétrico conduzir eletricidade? Pode um condutor ter propriedades dielétricas?

27. Você espera que a constante dielétrica de um material varie com a temperatura? No caso afirmativo, como? O fato de as moléculas terem ou não momentos de dipolo permanentes é relevante?

28. Mostre que a constante dielétrica de um condutor pode ser tomada como sendo infinitamente grande.

29. Um campo elétrico pode polarizar gases através de diversas formas: distorcendo as nuvens de elétrons das moléculas, orientando moléculas polares, dobrando ou esticando as ligações em moléculas polares. Como isso difere da polarização de moléculas em líquidos e sólidos?

30. Um objeto dielétrico em um campo elétrico uniforme experimenta uma força resultante. Por que não existe nenhuma força resultante se o campo é uniforme?

31. Um jato de água jorrando de uma torneira pode ser defletido, se uma haste carregada for colocada próximo ao jato. Explique cuidadosamente como isso acontece.

EXERCÍCIOS

29-1 Tipos de Materiais

29-2 Um Condutor em um Campo Elétrico: Condições Estáticas

29-3 Um Condutor em um Campo Elétrico: Condições Dinâmicas

1. Observa-se uma corrente de 4,82 A em um resistor de 12,4 Ω durante 4,60 min. (*a*) Que quantidade de carga e (*b*) quantos elétrons passam através de qualquer seção do resistor durante este tempo?

2. A corrente no feixe de elétrons na tela de um terminal de vídeo típico é de 200 μA. Quantos elétrons atingem a tela a cada minuto?

3. Suponha que se tenha $2,10 \times 10^8$ íons positivos carregados duplamente por centímetro cúbico, todos se movendo para o norte com uma velocidade de $1,40 \times 10^5$ m/s. (*a*) Calcule a intensidade, direção e sentido da densidade de corrente. (*b*) Você pode calcular a corrente total neste feixe de íons? No caso negativo, que informação adicional é necessária?

4. Uma pequena corrente, mas mensurável, de 123 pA existe em um fio de cobre com diâmetro de 2,46 mm. Calcule (*a*) a densidade de corrente e (*b*) a velocidade de deriva dos elétrons. Veja Problema Resolvido 29-3.

5. Suponha que o material que compõe um fusível (ver Questão 21) funda quando a densidade de corrente atinge 440 A/cm². Qual o diâmetro de fio cilíndrico que deve ser usado para que o fusível limite a corrente a 0,552 A?

6. O Código Nacional Elétrico dos Estados Unidos, que estabelece as correntes máximas seguras para fios de cobre de vários diâmetros com isolamento de borracha, é mostrado (parcialmente) a seguir. Desenhe um gráfico da densidade de corrente segura em função do diâmetro. Qual a bitola de fio que apresenta a maior densidade de corrente segura?

Bitola[a]	4	6	8	10	12	14	16	18
Diâmetro (mils)[b]	204	162	129	102	81	64	51	40
Corrente segura (A)	70	50	35	25	20	15	6	3

[a] Uma forma de identificar o diâmetro do fio.
[b] 1 mil = 10^{-3} in.

7. Uma corrente é estabelecida em um tubo de descarga de gás quando uma diferença de potencial suficientemente elevada é aplicada entre os dois eletrodos do tubo. O gás ioniza; elétrons se movem na direção do terminal positivo e os íons positivos para o terminal negativo. Qual a intensidade, a direção e o sentido da corrente em um tubo de descarga de hidrogênio, no qual $3,1 \times 10^{18}$ elétrons e $1,1 \times 10^{18}$ prótons movem-se através de uma área da seção transversal do tubo a cada segundo?

8. Uma junção *pn* é formada de dois materiais semicondutores diferentes na forma de dois cilindros idênticos com raio de 0,165 mm, conforme mostra a Fig. 29-20. Em uma aplicação, $3,50 \times 10^{15}$ elétrons fluem através da junção por segundo do lado *n* para o lado *p*, enquanto $2,25 \times 10^{15}$ vazios fluem do lado *p* para o lado *n* por segundo. (Um vazio age como uma partícula com carga $+1,6 \times 10^{-19}$ C.) Determine (*a*) a corrente total e (*b*) a densidade de corrente.

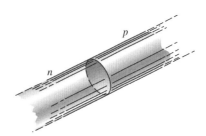

Fig. 29-20. Exercício 8.

9. Próximo à Terra, a densidade de prótons no vento solar é de 8,70 cm⁻³ e a sua velocidade é de 470 km/s. (*a*) Determine a densidade de corrente destes prótons. (*b*) Se o campo magnético da Terra não os defletisse, os prótons atingiriam a Terra. Qual seria o valor da corrente total que a Terra receberia?

10. A correia de um acelerador eletrostático tem 52,0 cm de largura e movimenta-se a 28,0 m/s. A correia transporta carga para a esfera com uma taxa de 95,0 μA. Calcule a densidade superficial de carga sobre a correia. Ver Seção 28-10.

11. Quanto tempo leva para os elétrons irem da bateria de um carro até ao motor de partida? Suponha que a corrente seja de 115 A e que os elétrons fluem por um fio de cobre com uma área de seção transversal de 31,2 mm² e um comprimento de 85,5 cm. Veja o Problema Resolvido 29-3.

29-4 Materiais Ôhmicos

12. Um ser humano pode ser eletrocutado se uma corrente pequena como 50 mA passar próximo ao coração. Um eletricista trabalhando com as mãos suadas estabelece um bom contato com dois condutores segurado-os um em cada mão. Se a resistência do eletricista é 1800 Ω, qual será a diferença de voltagem fatal? (Eletricistas freqüentemente trabalham com fios "vivos".)

13. Um trilho de aço de um bonde tem uma área de seção transversal de 56 cm². Qual a resistência de 11 km do trilho? A resistividade do aço é de $3,0 \times 10^{-7}$ Ω · m.

14. Da inclinação da linha na Fig. 29-8 estime o coeficiente de temperatura médio da resistividade para o cobre à temperatura ambiente e compare com o valor dado na Tabela 29-1.

15. Um fio de 4,0 m de comprimento e 6,0 mm de diâmetro tem uma resistência de 15 mΩ. Uma diferença de potencial de 23 V é aplicada entre as extremidades. (*a*) Qual a corrente no fio? (*b*) Calcule a densidade de corrente. (*c*) Calcule a resistividade do material do fio. Você consegue identificar o material? Veja Tabela 29-1.

16. O enrolamento de cobre de um motor tem uma resistência de 50 Ω a 20°C quando o motor está inativo. Após o funcionamento por várias horas, a resistência sobe para 58 Ω. Qual a temperatura do enrolamento? Ignore variações nas dimensões dos enrolamento.

17. Mostre que se as variações nas dimensões de um condutor cuja temperatura varia podem ser ignoradas, então a resistência varia com a temperatura de acordo com $R - R_0 = \alpha_{média} R_0 (T - T_0)$.

18. Uma bobina é construída enrolando-se 250 voltas de um fio de cobre isolado de bitola 8 (ver Exercício 6) em uma única camada com uma forma cilíndrica de 12,2 cm de raio. Determine a resistência da bobina. Despreze a espessura do isolamento. Veja a Tabela 29-1.

19. Dois condutores são feitos do mesmo material e têm o mesmo comprimento. O condutor *A* é um arame sólido de diâmetro *D*. O condutor *B* é um tubo vazado de diâmetro externo 2*D* e diâmetro interno *D*. Determine a razão de resistência, R_A/R_B, medida entre as suas extremidades.

20. Qual deve ser o diâmetro de um fio de ferro se ele deve ter a mesma resistência de um fio cobre de 1,19 mm de diâmetro, tendo ambos os fios o mesmo comprimento?

21. Um cabo elétrico consiste em 125 tramas de fio fino, cada uma com resistência de 2,65 μΩ. A mesma diferença de potencial é aplicada entre as extremidades de cada trama e resulta em uma corrente total de 750 mA. (*a*) Qual a corrente em cada trama? (*b*) Qual a diferença de potencial aplicada? (c) Qual a resistência do cabo?

22. Um fio de cobre e um fio de ferro de mesmo comprimento têm uma mesma diferença de potencial aplicada. (*a*) Qual deve ser a razão dos seus raios se a corrente deve ser a mesma? (*b*) É possível obter-se a mesma densidade de corrente através de escolhas adequadas dos raios?

23. Quando uma diferença de potencial de 115 V é aplicada entre as extremidades de um fio longo de 9,66 m, a densidade de corrente é 1,42 A/cm². Calcule a condutividade do material do fio.

24. Na atmosfera inferior da Terra existem íons positivos e negativos, criados por elementos radioativos no solo e raios cósmicos do espaço. Em uma determinada região, a intensidade do campo elétrico da atmosfera é de 120 V/m, direcionada verticalmente para baixo. Em função deste campo, íons positivos de carga unitária, 620 por cm³, movem-se para baixo e íons negativos de carga unitária, 550 por cm³, movem-se para cima; ver Fig. 29-21. A condutividade medida é de $2,70 \times 10^{-14}/\Omega \cdot m$. Calcule (*a*) a velocidade de deriva dos íons, supondo que é a mesma para os íons positivos e negativos; e (*b*) a densidade de corrente.

Fig. 29-21. Exercício 24.

25. O cobre e o alumínio estão sendo considerados para uma linha de transmissão de alta-tensão que precisa carregar uma corrente de 62,3 A. A resistência por unidade de comprimento é de 0,152 Ω/km. Para cada opção de material para o cabo, calcule (*a*) a densidade de corrente e (*b*) a massa de 1,00 m do cabo. As massas específicas do cobre e do alumínio são 8960 e 2700 kg/m³, respectivamente.

26. Usando os dados da Fig. 29-7*b*, faça um gráfico da resistência do diodo de junção *pn* como função da diferença de potencial aplicada.

27. Para um dispositivo eletrônico hipotético, a diferença de potencial Δ*V*, medida ao longo do dispositivo, está relacionada à corrente *i* através de $\Delta V = (3,55 \times 10^6 \text{ V/A}^2)i^2$. (*a*) Determine a resistência quando a corrente é de 2,20 mA. (*b*) Para que valor de corrente a resistência é igual a 16,0 Ω?

29-5 Lei de Ohm: Uma Abordagem Microscópica

28. Calcule o tempo médio livre entre colisões para elétrons de condução no alumínio a 20°C. Cada átomo de alumínio contribui com três elétrons de condução. Retire os dados necessários da Tabela 29.1 e do Apêndice D. Veja também o Problema Resolvido 29-3.

29-6 Um Isolante em um Campo Elétrico

29. Uma carga pontual de $1\,\mu C$ está posicionada no centro de uma esfera sólida de pirex de raio $R = 10$ cm. (*a*) Calcule a intensidade do campo elétrico E logo abaixo da superfície da esfera. (*b*) Supondo que não existam outras cargas *livres*, calcule a intensidade do campo elétrico logo acima da superfície da esfera. (*c*) Qual a densidade superficial de carga σ_{ind} induzida na superfície da esfera de pirex?

30. Duas cargas pontuais de mesma intensidade, mas de sinal contrário $+q$ e $-q$, estão separadas por uma distância de 10 cm no ar. Que valor de q fornecerá uma intensidade de campo elétrico no ponto médio entre as cargas que irá exceder a rigidez dielétrica do ar?

31. Um condutor esférico de raio R está em um potencial V; suponha que $V = 0$ no infinito. (*a*) Qual o valor mínimo de V que irá resultar em uma intensidade de campo elétrico logo acima da superfície da esfera que irá exceder a rigidez dielétrica do ar? (*b*) É mais fácil obter-se uma "centelha" de uma bola, em um determinado potencial, com um raio maior ou menor? (*c*) Utilize a sua resposta para explicar por que as barras de iluminação são pontudas.

PROBLEMAS

1. Você recebe uma esfera condutora isolada de 13 cm de raio. Um fio carrega uma corrente de 1,0000020 A para dentro. Outro fio carrega uma corrente de 1,0000000 A para fora. Quanto tempo levará para a esfera aumentar o potencial em 980 V?

2. Em um laboratório hipotético de pesquisa em fusão, gás hélio a alta temperatura é completamente ionizado, cada átomo de hélio sendo separado em dois elétrons livres e o núcleo positivamente carregado com a carga remanescente (partícula alfa). Um campo elétrico aplicado faz com que as partículas alfa se movam para leste a 25 m/s, enquanto os elétrons se movem para o oeste a 88 m/s. A densidade da partícula alfa é $2,8 \times 10^{15}$ cm^{-3}. Calcule a densidade de corrente resultante; especifique o sentido da corrente.

3. Uma lagarta de 4,0 cm de comprimento se arrasta no sentido da deriva dos elétrons em um fio de cobre exposto de 5,2 mm de diâmetro que carrega uma corrente de 12 A. (*a*) Determine a diferença de potencial entre as duas extremidades da lagarta. (*b*) A sua cauda é negativa ou positiva em comparação com a cabeça? (*c*) Quanto tempo levaria para a lagarta se arrastar por 1,0 cm supondo que ela acompanha o movimento dos elétrons no fio?

4. Um feixe estável de partículas alfa ($q = 2e$) viajando com uma energia cinética de 22,4 MeV carrega uma corrente de 250 nA. (*a*) Se o feixe é direcionado perpendicularmente a uma superfície plana, quantas partículas alfa atingem a superfície em 2,90 s? (*b*) Em um instante qualquer, quantas partículas alfa estão presentes em um comprimento de 18,0 cm do feixe? (*c*) Qual a diferença de potencial necessária para acelerar cada partícula do repouso até colocá-la com uma energia cinética de 22,4 MeV?

5. Nos dois anéis de armazenamento de 950 m de circunferência do CERN, que se interceptam, prótons com energia cinética de 28,0 GeV formam feixes de corrente de 30,0 A cada. (*a*) Determine a carga total transportada pelos prótons em cada anel. Suponha que os prótons viajem a uma velocidade muito próxima da velocidade da luz. (*b*) Um feixe é defletido para fora do anel e atinge um bloco de cobre de 43,5 kg. De quanto aumenta a temperatura do bloco?

6. (*a*) A densidade de corrente através de um condutor cilíndrico de raio R varia de acordo com a equação

$$j = j_0(1 - r/R),$$

onde r é a distância ao eixo. Assim, a densidade de corrente tem um máximo j_0 no eixo $r = 0$ e diminui linearmente até zero na superfície $r = R$. Calcule a corrente em termos de j_0 e da área da seção transversal do condutor $A = \pi R^2$. (*b*) Suponha que, em vez disso, a densidade de corrente tenha um máximo j_0 na superfície e decresça linearmente até zero no eixo, de modo que

$$j = j_0 r/R.$$

Calcule a corrente. Por que este resultado é diferente do obtido em (*a*)?

7. (*a*) Para que temperatura a resistência de um condutor de cobre será o dobro da sua resistência a 20°C? (Use 20°C como o ponto de referência na Eq. 29-16; compare a sua resposta com a Fig. 29-8.) (*b*) Esta temperatura é válida para todos os condutores de cobre, independentemente da forma ou do tamanho?

8. Uma lâmpada de lanterna comum está classificada como 310 mA e 2,90 V, que são os respectivos valores da corrente e da tensão em condições de operação. Se a resistência do filamento da lâmpada quando está fria ($T_0 = 20°$C) é de 1,12 Ω, calcule a temperatura do filamento quando a lâmpada está ligada. O filamento é feito de tungstênio. Suponha que a Eq. 29-16 seja válida dentro da faixa de temperatura encontrada.

9. Um fio com resistência de 6,0 Ω é estirado de modo que o seu novo comprimento é três vezes o seu comprimento original. Determine a resistência do fio maior, supondo que a resistividade e a massa específica do material não mudem durante o processo de estiramento.

10. Um bloco com a forma de um sólido retangular tem uma área de seção transversal de 3,50 cm², um comprimento de 15,8 cm e uma resistência de 935 Ω. O material do qual o bloco foi fabricado tem $5,33 \times 10^{22}$ elétrons de condução/m³. Uma diferença de potencial de 35,8 V é mantida entre as suas extremidades. (a) Determine a corrente no bloco. (b) Supondo que a densidade de corrente é uniforme, qual o seu valor? Calcule (c) a velocidade de deriva dos elétrons de condução e (d) o campo elétrico do bloco.

11. Uma haste de um determinado metal tem 1,6 m de comprimento e 5,5 mm de diâmetro. A resistência entre as suas extremidades (a 20°C) é $1,09 \times 10^{-3}$ Ω. Considere um disco circular do mesmo material com 2,14 cm de diâmetro e 1,35 mm de espessura. (a) Qual o material? (b) Qual a resistência entre as faces circulares opostas, supondo superfícies eqüipotenciais?

12. Quando uma haste de metal é aquecida, não só a sua resistência varia como também o seu comprimento e a sua área da seção transversal. A relação $R = \rho L/A$ sugere que todos os três fatores devem ser levados em conta ao medir ρ para diversas temperaturas. (a) Se a temperatura varia de 1,0 C°, quais são as variações fracionais em R, L e A para um condutor de cobre? (b) Que conclusão você tira? O coeficiente de dilatação linear é $1,7 \times 10^{-5}$/C°.

13. Deseja-se construir um longo condutor cilíndrico cujo coeficiente de temperatura da resistividade a 20°C seja próximo de zero. Supondo que esse condutor seja fabricado montando-se discos alternados de ferro e carbono, determine a razão da espessura do disco de carbono para a do disco de ferro. (Para o carbono, $\rho = 3500 \times 10^{-8}$ Ω · m e $\alpha = -0,50 \times 10^{-3}$/C°.)

14. Um resistor tem a forma de um tronco de cone circular reto (Fig. 29-22). Os raios das extremidades são a e b, e o comprimento é L. Se a inclinação é pequena, pode-se supor que a densidade de corrente é uniforme através de qualquer seção transversal. (a) Calcule a resistência deste objeto. (b) Mostre que a sua resposta reduz-se a $\rho L/A$ para o caso especial de inclinação nula ($a = b$).

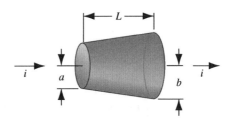

Fig. 29-22. Problema 14.

15. Um resistor tem a forma de uma casca esférica, com uma superfície interna de raio a coberta com um material condutor, e uma superfície externa de raio b coberta com um material condutor. Supondo uma resistividade uniforme ρ, calcule a resistência entre as superfícies condutoras.

16. Mostre que, de acordo com o modelo dos elétrons-livres de condução elétrica em metais e da física clássica, a resistividade dos metais deve ser proporcional a $\sqrt{T}$, onde T é a temperatura absoluta. (Dica: Trate os elétrons como um gás ideal.)

PROBLEMA COMPUTACIONAL

1. Suponha que uma lâmpada tenha um filamento de tungstênio que irradia energia a uma taxa proporcional à diferença entre a temperatura do filamento e a temperatura ambiente. Chame a constante de proporcionalidade C. Estime C para uma lâmpada de 120 watt em um circuito de 120 V, supondo que toda a energia transferida para o filamento é irradiada como calor transferido ao ambiente; suponha que a temperatura do filamento seja igual a 2500 °C. (a) Gere, numericamente, um gráfico que mostre a temperatura de equilíbrio da lâmpada como função da diferença de potencial aplicada, lembrando que a resistividade do tungstênio varia com a temperatura. (b) Para que tensão aplicada o bulbo "queima"? (Dica: O filamento irá fundir se ele ficar muito quente.) (c) Repita o processo anterior, suponha agora que a energia é irradiada da lâmpada de acordo com $k(T^4 - T_0^4)$, onde k é uma constante que você precisa determinar, T_0 é a temperatura ambiente em kelvin e T a temperatura do filamento em kelvin. Compare os seus resultados.

CAPÍTULO 30

CAPACITÂNCIA

Em muitas aplicações envolvendo circuitos elétricos, o objetivo é armazenar carga elétrica ou energia em um campo eletrostático. Um dispositivo que armazena carga é chamado de capacitor, e a propriedade que determina quanta carga pode ser armazenada é sua capacitância. Será visto que a capacitância depende das propriedades geométricas do dispositivo, mas não depende do campo elétrico nem do potencial elétrico.

Neste capítulo define-se capacitância e mostra-se como calcular a capacitância de alguns dispositivos simples e de combinações de capacitores. Será estudada a energia armazenada em capacitores e apresentada sua relação com a intensidade do campo elétrico. Finalmente, será investigada como a presença de um dielétrico em um capacitor aumenta sua capacidade de armazenar carga elétrica.

30-1 CAPACITORES

Um *capacitor* é um dispositivo que armazena energia em um campo eletrostático. Uma lâmpada de flash, por exemplo, necessita de um pico de energia elétrica que, geralmente, excede a capacidade de fornecimento de uma bateria. Um capacitor pode drenar energia de forma relativamente lenta (por mais de alguns segundos) da bateria, e em seguida, liberá-la rapidamente (em milissegundos) através da lâmpada. Capacitores muito maiores são usados para produzir pequenos pulsos de laser, visando induzir fusão termonuclear em pequenos aglomerados de hidrogênio. Neste caso o nível de potência durante o pulso é em torno de 10^{14} W, aproximadamente 200 vezes toda a capacidade de

geração de energia elétrica dos Estados Unidos da América, porém, a duração típica de um pulso como este é de 10^{-9} s.

Capacitores também são usados para produzir campos elétricos, como os dispositivos de placas paralelas, que geram um campo elétrico quase perfeitamente uniforme e que desviam os feixes de elétrons nas televisões e nos tubos de osciloscópio.

Nos circuitos, capacitores são freqüentemente usados para suavizar as variações bruscas na tensão que podem danificar as memórias de um computador. Em outras aplicações, a sintonia de um rádio ou de uma televisão é normalmente obtida, variando-se a capacitância do circuito.

30-2 CAPACITÂNCIA

A Fig. 30-1 apresenta um capacitor genérico, consistindo de dois condutores *a* e *b* de formas arbitrárias. Esses condutores são chamados de *placas*, independente de sua geometria. Admite-se que esses condutores são totalmente isolados da sua vizinhança. Além disto, admite-se por enquanto, que estão no vácuo.

Um capacitor é dito *carregado*, se suas placas possuem cargas iguais e de sinais contrários $+q$ e $-q$. Observe que q *não* é a carga resultante no capacitor, a qual é zero. Na discussão de capacitores, adota-se q para representar o valor absoluto da carga em qualquer uma das placas; isto é, q representa, apenas, a intensidade, e o sinal da carga em uma determinada placa deve ser especificado.

Pode-se "carregar" um capacitor conectando uma de suas placas ao terminal positivo de uma bateria e a outra ao terminal negativo, conforme indicado na Fig. 30-2. Como será discutido no próximo capítulo, o fluxo de carga em um circuito elétrico é análogo ao de um fluido, e a bateria serve como uma "bomba" para a carga elétrica. Quando se conecta a bateria ao capacitor (ligando o interruptor), a bateria "bombeia" elétrons da placa positiva (anteriormente descarregada) do capacitor, para a placa negativa. Depois que a

bateria move uma certa quantidade de carga de intensidade q, a carga na placa positiva é $+q$ e a carga na placa negativa é $-q$.

Uma bateria ideal mantém uma diferença de potencial constante entre seus terminais. A placa positiva e o fio que faz a ligação entre ela e o terminal positivo da bateria são condutores, e portanto (sob condições eletrostáticas) devem ter o mesmo potencial V_+ do terminal positivo da bateria. A placa negativa e o fio que faz a ligação entre ela e o terminal negativo da bateria são, também, condutores e devem ter o mesmo potencial V_- do terminal negativo da bateria. A diferença de potencial $\Delta V = V_+ - V_-$ entre os terminais da bateria é o mesmo que aparece entre as placas do capacitor quando o interruptor é ligado. Normalmente descreve-se esta grandeza como a diferença de potencial "através" do capacitor, referindo-se à diferença de potencial existente entre as suas placas.

A Fig. 30-3 apresenta o circuito para carregar um capacitor através de uma bateria que mantém uma diferença de potencial constante $\Delta V = V_+ - V_-$ entre os seus terminais. Em um circuito, um capacitor é representado pelo símbolo ⊣⊢, em que as duas linhas paralelas sugerem as duas placas do capacitor.

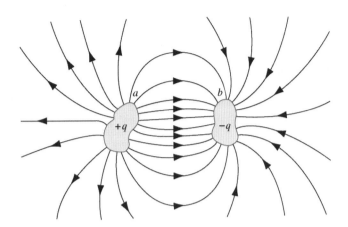

Fig. 30-1. Dois condutores, isolados um do outro e de suas vizinhanças, formam um capacitor. Quando o capacitor é carregado, os condutores estão com cargas iguais, mas opostas de intensidade q. Os dois condutores são chamados *placas*, não importa a sua forma.

Quando se carrega um capacitor, observa-se que a carga q que aparece em suas placas é sempre diretamente proporcional à diferença de potencial ΔV entre elas: $q \propto \Delta V$. A *capacitância C* é a constante de proporcionalidade necessária para transformar esta relação em uma equação:

$$q = C \, \Delta V. \qquad (30\text{-}1)$$

A capacitância é um fator geométrico que depende do tamanho, forma e do afastamento das placas e do material que preenche o espaço entre elas (até agora admitido como sendo o vácuo). A capacitância de um capacitor *não* depende de ΔV nem de q.

A unidade do SI para capacitância que decorre da Eq. 30-1 é o coulomb/volt, que é chamado de *farad* (abreviatura F):

$$1 \text{ farad} = 1 \text{ coulomb/volt}.$$

A unidade é em homenagem a Michael Faraday que, entre outras contribuições, desenvolveu o conceito de capacitância. Os submúltiplos do farad, o *microfarad* ($1\,\mu\text{F} = 10^{-6}\text{F}$) e o *picofarad*

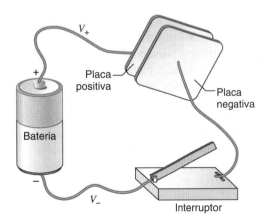

Fig. 30-2. Quando o interruptor é fechado, o capacitor é carregado à medida que a bateria movimenta os elétrons da placa positiva para a placa negativa.

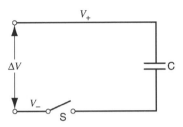

Fig. 30-3. Um diagrama esquemático de circuito equivalente à Fig. 30-2, mostrando o capacitor C, interruptor S, e a diferença de potencial constante ΔV (mantido por uma bateria que não aparece no diagrama).

($1 \text{ pF} = 10^{-12} \text{ F}$) são unidades mais convenientes para o uso prático. A Fig. 30-4 mostra alguns capacitores na faixa de picofarad e microfarad que podem ser encontrados em equipamentos eletrônicos ou de computação.

Problema Resolvido 30-1.

Um capacitor de armazenamento em um componente eletrônico de memória de acesso aleatório (RAM) tem uma capacitância de 0,055 pF. Se o capacitor for carregado com 5,3 V, quantos elétrons excedentes haverá em sua placa negativa?

Solução Se a placa negativa tem N elétrons excedentes, a carga resultante terá intensidade $q = Ne$. Usando a Eq. 30-1, obtém-se

$$N = \frac{q}{e} = \frac{C\,\Delta V}{e} = \frac{(0{,}055 \times 10^{-12}\text{ F})(5{,}3\text{ V})}{1{,}60 \times 10^{-19}\text{ C}}$$

$$= 1{,}8 \times 10^{6} \text{ elétrons}.$$

Para elétrons, este é um número muito pequeno. Uma partícula de poeira doméstica, tão pequena que nunca se assenta, contém cerca de 10^{17} elétrons (e o mesmo número de prótons).

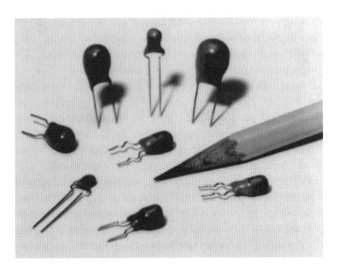

Fig. 30-4. Uma amostra de capacitores que podem ser encontrados em circuitos elétricos.

Analogia com o Escoamento de Fluidos (Opcional)

Em situações envolvendo circuitos elétricos, é freqüentemente útil, estabelecer analogias entre os movimentos da carga elétrica e o das partículas materiais, como ocorre no escoamento de um fluido. No caso de um capacitor, uma analogia pode ser feita entre um capacitor carregando uma carga q e um recipiente rígido de volume v (usa-se v, em vez de V para volume, para evitar confundi-lo com a diferença de potencial) contendo n moles de um gás ideal. A pressão do gás p é diretamente proporcional a n para uma determinada temperatura, e de acordo com a lei para o gás ideal (Eq. 21-13)

$$n = \left(\frac{v}{RT}\right)p.$$

Para o capacitor (Eq. 30-1)

$$q = C\,\Delta V.$$

A comparação entre as duas equações mostra que a capacitância C do capacitor é análoga ao volume v do recipiente, admitindo-se uma temperatura constante para o gás. De fato, a palavra "capacitor" lembra a palavra "capacidade".

Pode-se forçar a entrada de uma quantidade maior de gás no recipiente através de uma pressão mais elevada, assim como pode-se forçar uma carga maior entrar no capacitor, através de uma tensão mais elevada. Observe que qualquer quantidade de carga pode ser colocada no capacitor e que qualquer massa de gás pode ser introduzida no recipiente, até certos limites. Esses limites correspondem à ruptura dielétrica ("centelhamento") do capacitor ou à falha das paredes do recipiente. ∎

30-3 CALCULANDO A CAPACITÂNCIA

O objetivo desta seção é calcular a capacitância de um capacitor a partir de sua geometria. O cálculo é feito através do seguinte procedimento: (1) Determina-se o campo elétrico na região entre as placas, usando-se os métodos descritos na Seção 26-4. (2) Usa-se, então, a Eq. 28-15 para determinar a diferença de potencial entre as placas positiva e negativa, integrando-se o campo elétrico através de qualquer caminho conveniente ligando as placas:

$$\Delta V = V_+ - V_- = -\int_-^+ \vec{E}\cdot d\vec{s} = \int_+^- \vec{E}\cdot d\vec{s}. \quad (30\text{-}2)$$

(3) O resultado da Eq. 30-2 envolverá a intensidade da carga q no lado direito da equação. Usando-se, finalmente, a Eq. 30-1, pode-se, então, obter $C = q/\Delta V$.

Como já foi anteriormente definido, ΔV é um número positivo. Uma vez que q é uma intensidade, a capacitância C será sempre positiva.

O método será ilustrado a seguir com vários exemplos.

Um Capacitor de Placas Paralelas

A Fig. 30-5 mostra um capacitor em que as duas placas planas são muito grandes e estão muito próximas; isto é, o afastamento d é muito menor do que o comprimento ou a largura das placas. Pode-se desprezar as perturbações (franjas) do campo elétrico que ocorrem perto das bordas das placas e admitir que o campo elétrico tem a mesma intensidade e sentido em qualquer parte no volume entre as duas placas.

Determinou-se, na Seção 26-4, o campo elétrico para um disco único, grande e uniformemente carregado, em pontos próximos ao centro: $E = \sigma/2\epsilon_0$. Se as placas do capacitor são muito grandes, sua forma não é importante, e pode-se admitir que o campo elétrico devido a cada placa tem a intensidade determinada pela equação acima. O campo elétrico resultante é a soma dos campos devidos às duas placas: $\vec{E} = \vec{E}_+ + \vec{E}_-$. Como está indicado na Fig. 30-5, os campos devidos às placas positiva e negativa têm o mesmo sentido, então, pode-se escrever

$$E = E_+ + E_- = \sigma/2\epsilon_0 + \sigma/2\epsilon_0 = \sigma/\epsilon_0. \quad (30\text{-}3)$$

Usando $\sigma = q/A$, onde A é a área da superfície de cada placa e, substituindo a Eq. 30-3 na Eq. 30-2, obtém-se

$$\Delta V = \int_+^- E\,ds = \frac{q}{\epsilon_0 A}\int_+^- ds = \frac{qd}{\epsilon_0 A}, \quad (30\text{-}4)$$

onde foi escolhido um caminho de integração ao longo de uma das linhas do campo elétrico, de modo que $\vec{E}$ e $d\vec{s}$ são paralelos (veja a Fig. 30-5)

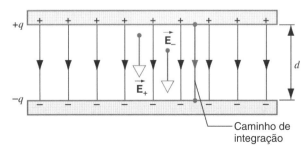

Fig. 30-5. Um capacitor de placas paralelas. O caminho de integração para cálculo da Eq. 30-4 está indicado.

A capacitância é então obtida da Eq. 30-1: $C = q/\Delta V$, ou

$$C = \frac{\epsilon_0 A}{d} \quad \text{(capacitor de placas paralelas).} \quad (30\text{-}5)$$

Pode-se perceber, desta equação, por que se diz que a capacitância depende da geometria, no caso o afastamento d entre as placas e a área A. A capacitância não depende da diferença de tensão entre as placas, nem da carga acumulada por elas.

Observe que o lado direito da Eq. 30-5 tem de ϵ_0 multiplicado por uma quantidade com dimensão de comprimento (A/d).

Pode-se verificar que todas as expressões para capacitância têm, essencialmente, esta mesma forma, o que sugere que a unidade de ϵ_0 pode ser expressa como capacitância dividida por comprimento:

$$\epsilon_0 = 8{,}85 \times 10^{-12} \text{ F/m} = 8{,}85 \text{ pF/m}.$$

Essas unidades para ϵ_0 são comumente mais úteis para calcular a capacitância do que as unidades anteriores (e equivalentes) de $C^2/\text{N·m}^2$.

Um Capacitor Esférico

A Fig. 30-6 apresenta a seção transversal de um capacitor esférico, em que o condutor interno é uma esfera maciça de raio a, e o externo, uma casca esférica oca com raio interno b. Admite-se que a esfera interna tem uma carga $+q$ e que a esfera externa tem uma carga $-q$. Da análise anterior de condutores utilizando a lei de Gauss (veja a Seção 27-6), sabe-se que a carga no condutor interno acumula-se na sua superfície. (Desenhe uma superfície gaussiana esférica de raio ligeiramente maior do que b; a superfície ajusta-se inteiramente no interior do condutor externo, de modo que $E = 0$ em qualquer parte da superfície e o fluxo através desta é zero. Portanto, a superfície não engloba nenhuma carga (resultante), como mostra a Fig. 30-6.)

Na região $a < r < b$, pode-se usar a lei de Gauss para determinar que, na região entre os condutores, o campo elétrico depende apenas da carga na superfície da esfera interna, e que este campo é o mesmo que aquele gerado por uma carga pontual em seu centro (reveja os teoremas de cascas discutidos na Seção 27-5). Tem-se, portanto,

$$E = \frac{1}{4\pi\epsilon_0} \frac{q}{r^2} \qquad a < r < b. \quad (30\text{-}6)$$

Substituindo esta expressão para o campo elétrico na Eq. 30-2 e integrando ao longo do caminho indicado na Fig. 30-6 da placa positiva até à placa negativa, obtemos

$$\Delta V = \int_+^- E\,ds = \int_a^b \frac{q}{4\pi\epsilon_0} \frac{dr}{r^2} = \frac{q}{4\pi\epsilon_0}\left(\frac{1}{a} - \frac{1}{b}\right)$$
$$= \frac{q}{4\pi\epsilon_0} \frac{b-a}{ab}. \quad (30\text{-}7)$$

Como o caminho de integração está na direção radial, temos que $\vec{E} \cdot \vec{ds} = E\,ds$ e $ds = dr$.

Usando $C = q/\Delta V$, temos

$$C = 4\pi\epsilon_0 \frac{ab}{b-a} \quad \text{(capacitor esférico)} \quad (30\text{-}8)$$

Observe que a capacitância apresenta novamente a forma de ϵ_0 multiplicado por uma quantidade com dimensão de comprimento.

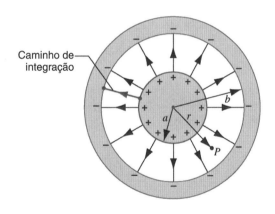

Fig. 30-6. Uma seção transversal de um capacitor esférico ou cilíndrico. O campo elétrico em qualquer ponto P no interior é devido apenas ao condutor interno. O caminho de integração para o cálculo da Eq. 30-7 ou da Eq. 30-10 está indicado.

Um Capacitor Cilíndrico

A Fig. 30-6 também pode representar a seção transversal de um capacitor cilíndrico, em que o condutor interno é uma haste maciça de raio a com uma carga $+q$ distribuída uniformemente em sua superfície, e o condutor externo é uma casca cilíndrica coaxial com raio interno b e com uma carga $-q$ uniformemente distribuída em sua superfície interna. O capacitor tem comprimento L, e admite-se que $L \gg b$ de modo que, como no caso do capacitor de placas paralelas, pode-se desprezar as perturbações (franjas) do campo elétrico nas extremidades do capacitor.

Assim como usou-se a lei de Gauss na geometria esférica para obter-se os dois teoremas de cascas, pode-se obter dois resultados semelhantes na geometria cilíndrica. Se apenas o cilindro externo uniformemente carregado estivesse presente, seria possível desenhar uma superfície de Gauss na forma de um longo cilindro de raio $r < b$ tendo o mesmo eixo longitudinal que o cilindro externo. Esta superfície não engloba nenhuma carga resultante, o que permite concluir que $E = 0$ em qualquer parte da superfície gaussiana. Como no caso da casca esférica, uma casca cilíndrica uniformemente carregada não produz campo elétrico em seu interior. Usando-se uma superfície gaussiana cilíndrica com $r > a$, pode-se deduzir que o cilindro interno se comporta do mesmo modo que uma linha de carga, para a qual o campo aponta radialmente do eixo para fora e cuja intensidade já foi calculada na Seção 26-4 (Eq. 26-17):

$$E = \frac{1}{2\pi\epsilon_0} \frac{q}{Lr} \qquad a < r < b, \qquad (30\text{-}9)$$

onde a densidade de carga linear λ foi substituída por q/L e a distância y pela coordenada radial r. Da Eq. 30-2 obtém-se, agora,

$$\Delta V = \int_{+}^{-} E \, ds = \frac{q}{2\pi\epsilon_0 L} \int_{a}^{b} \frac{dr}{r}$$
$$= \frac{q}{2\pi\epsilon_0 L} \ln\left(\frac{b}{a}\right). \quad (30\text{-}10)$$

Assim como foi feito para o capacitor esférico, escolheu-se um caminho de integração da placa positiva para a negativa na direção radial, de modo que $\vec{E} \cdot d\vec{s} = E \, ds$ e $ds = dr$.

A Eq. 30-1 determina a capacitância

$$C = 2\pi\epsilon_0 \frac{L}{\ln(b/a)} \qquad \text{(capacitor cilíndrico).} \quad (30\text{-}11)$$

Observe novamente que aparecem somente fatores geométricos na equação e que a capacitância tem a forma de ϵ_0 multiplicado por uma quantidade com dimensão de comprimento.

PROBLEMA RESOLVIDO 30-2.

As placas paralelas de um capacitor estão afastadas de $d = 1,0$ mm. Qual deve ser a área de cada placa para que a capacitância seja 1,0 F?

Solução Da Eq. 30-5, tem-se

$$A = \frac{Cd}{\epsilon_0} = \frac{(1,0 \text{ F})(1,0 \times 10^{-3} \text{ m})}{8,85 \times 10^{-12} \text{ F/m}} = 1,1 \times 10^8 \text{ m}^2.$$

Esta é a área de um quadrado com um lado maior do que 10 km. O farad é, de fato, uma unidade grande. A tecnologia moderna permitiu a construção de capacitores de tamanho modesto com 1-F. Estes "supercapacitores" são utilizados como fontes-reserva para computadores; eles podem manter a memória de um computador por mais de trinta dias no caso de falta de energia na rede elétrica.

PROBLEMA RESOLVIDO 30-3.

Um cabo coaxial longo, usado para transmissão de sinal de TV, constituído de dois condutores, tem raio interno $a = 0,15$ mm e raio externo $b = 2,1$ mm. Qual a capacitância por unidade de comprimento deste cabo?

Solução Da Eq. 30-11 temos

$$\frac{C}{L} = \frac{2\pi\epsilon_0}{\ln(b/a)} = \frac{(2\pi)(8,85 \text{ pF/m})}{\ln(2,1 \text{ mm}/0,15 \text{ mm})} = 21 \text{ pF/m}.$$

PROBLEMA RESOLVIDO 30-4.

Qual a capacitância da Terra, vista como uma esfera condutora isolada de raio $R = 6370$ km?

Solução Pode-se atribuir uma capacitância a um único condutor esférico isolado, admitindo que a "placa que falta" seja uma esfera condutora de raio infinito.

Se $b \to \infty$ na Eq. 30-8 e R for substituído por a, obtemos

$$C = 4\pi\epsilon_0 R \qquad \text{(esfera isolada).} \qquad (30\text{-}12)$$

Fazendo a substituição, obtém-se

$$C = (4\pi)(8,85 \times 10^{-12} \text{ F/m})(6,37 \times 10^6 \text{ m})$$
$$= 7,1 \times 10^{-4} \text{ F} = 710 \text{ }\mu\text{F}.$$

Um minúsculo supercapacitor de 1-F tem uma capacitância aproximadamente 1400 vezes maior do que a da Terra.

30-4 CAPACITORES EM SÉRIE E EM PARALELO

Ao analisar circuitos elétricos, freqüentemente é desejável conhecer-se a *capacitância equivalente* de dois ou mais capacitores que estão de alguma forma conectados. Entende-se por "capacitância equivalente" a capacitância que um único capacitor deveria ter para substituir uma combinação de capacitores, sem nenhuma outra alteração no resto do circuito elétrico em que está instalado.

CAPACITORES LIGADOS EM PARALELO

A Fig. 30-7a mostra dois capacitores ligados *em paralelo*. Há três propriedades que caracterizam uma ligação em paralelo nos circuitos elétricos. (1) Percorrendo o circuito de a até b, em qualquer dos caminhos paralelos possíveis (no caso são apenas dois), será encontrado apenas um dos elementos paralelos. (2) Quando uma bateria com diferença de potencial ΔV é ligada a uma combinação de elementos (isto é, um dos terminais da bateria é ligado ao ponto a e o outro ao ponto b da Fig. 30-7a), a mesma diferença de potencial ΔV será medida em qualquer dos elementos ligados em paralelo. Os fios e as placas dos capacitores são condutores e, portanto, tem o mesmo potencial sob condições eletrostáticas. O potencial medido em a, é o mesmo medido nos fios e nas placas do lado esquerdo dos dois capacitores ligados a a; de modo semelhante, o potencial medido em b, é o mesmo medido nos fios e nas placas do lado direito dos dois capacitores ligados a b. (3) A carga total enviada pela bateria à associação

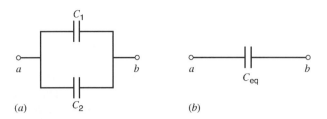

Fig. 30-7. (a) Dois capacitores em paralelo. (b) A capacitância equivalente que pode substituir a combinação em paralelo.

de capacitores é repartida entre os elementos; uma parte da carga "bombeada" pela bateria termina em C_1 e outra, em C_2.

Com estes princípios em mente, pode-se calcular a capacitância equivalente C_{eq} entre os pontos a e b, conforme indicado na Fig. 30-7b. Adota-se uma bateria com diferença de potencial ΔV, ligada aos pontos a e b. Para cada capacitor, podemos escrever (usando a Eq. 30-1)

$$q_1 = C_1 \Delta V \quad \text{e} \quad q_2 = C_2 \Delta V. \tag{30-13}$$

Ao escrever as duas equações, foi adotada a mesma diferença de potencial para os capacitores, de acordo com a segunda característica das ligações em paralelo, estabelecida anteriormente. A bateria extrai carga q de um lado do circuito e a movimenta para o outro lado. Esta carga é repartida entre os dois elementos de acordo com a terceira característica, de tal forma que a soma das cargas nos dois capacitores é igual à carga total:

$$q = q_1 + q_2. \tag{30-14}$$

Se a associação em paralelo fosse substituída por um único capacitor equivalente C_{eq} e este fosse ligado à mesma bateria, a imposição de que o circuito operasse de modo idêntico ao original, implicaria que a mesma carga q fosse transferida pela bateria. Isto é, para o capacitor equivalente,

$$q = C_{eq} \Delta V. \tag{30-15}$$

Substituindo-se a Eq. 30-14 na Eq. 30-15, e acrescentando ao resultado a Eq. 30-13, obtém-se

$$C_{eq} \Delta V = C_1 \Delta V + C_2 \Delta V$$

ou

$$C_{eq} = C_1 + C_2. \tag{30-16}$$

Se houver mais de dois capacitores em paralelo, pode-se substituir primeiro C_1 e C_2 por seu capacitor equivalente C_{12}, determinado segundo a Eq. 30-16. Em seguida, determina-se a capacitância equivalente da associação em paralelo de C_{12} com o próximo capacitor. Continuando o processo, pode-se estender a Eq. 30-16 para qualquer número de capacitores ligados em paralelo:

$$C_{eq} = \sum_n C_n \quad \text{(combinação em paralelo)}. \tag{30-17}$$

Isto é, para determinar a capacitância equivalente de uma associação em paralelo, basta somar as capacitâncias individuais. Observe que a capacitância equivalente é sempre maior do que a maior capacitância individual presente na associação. A associação em paralelo pode armazenar muito mais carga do que qualquer um dos capacitores individualmente.

Capacitores Ligados em Série

A Fig. 30-8 mostra dois capacitores ligados *em série*. Há três propriedades que distinguem uma ligação em série de elementos de um circuito. (1) Ao tentar percorrer o circuito de a para b, deve-se passar através de *todos* os elementos *sucessivamente*. (2) Quando uma bateria é ligada à associação, a diferença de potencial ΔV da bateria é igual à soma das diferenças de potencial em cada elemento. (3) A carga q enviada a cada elemento da associação tem o mesmo valor.

Para entender esta última propriedade, observe a região da Fig. 30-8 delimitada por uma linha tracejada. Admita que a bateria cede uma carga $-q$ à placa do lado esquerdo de C_1. Uma vez que um capacitor armazena cargas iguais e de sinais opostos em suas placas, deve surgir uma carga $+q$ na placa do lado direito de C_1. Contudo, o capacitor com forma em H delimitado pela linha tracejada está isolado eletricamente do resto do circuito; inicialmente não há nenhuma carga no capacitor e nenhuma carga é transferida para ele através do circuito. Se surge uma carga $+q$ na placa direita de C_1, então, uma carga $-q$ deverá aparecer na placa esquerda de C_2. Se houvesse mais de dois capacitores em série, um argumento similar poderia ser usado em cada um dois elementos da linha de capacitores. A placa esquerda de cada capacitor da série, armazenará uma carga q com um sinal e a placa direita de cada capacitor armazenará uma carga de mesma intensidade q, porém, com sinal oposto.

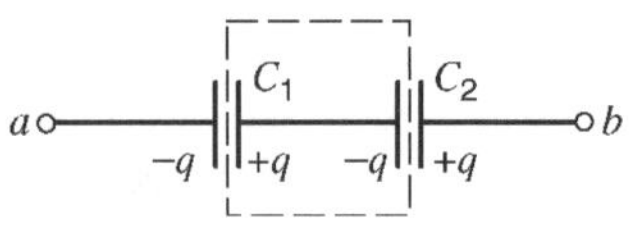

Para os capacitores individualmente, pode-se escrever usando a Eq. 30-1

$$\Delta V_1 = \frac{q}{C_1} \quad \text{e} \quad \Delta V_2 = \frac{q}{C_2}, \tag{30-18}$$

com a mesma carga q em cada capacitor, mas com diferenças de potencial individuais distintas. De acordo com a segunda propriedade de uma associação em série, tem-se

$$\Delta V = \Delta V_1 + \Delta V_2. \tag{30-19}$$

Deseja-se determinar a capacitância equivalente C_{eq} que poderia substituir a associação, de tal forma que a bateria movesse a mesma quantidade de carga:

$$\Delta V = \frac{q}{C_{eq}}. \tag{30-20}$$

Fig. 30-8. Uma combinação de dois capacitores em série.

Substituindo a Eq. 30-19 na Eq. 30-20 e usando as Eqs. 30-18, obtemos

$$\frac{q}{C_{eq}} = \frac{q}{C_1} + \frac{q}{C_2},$$

ou

$$\frac{1}{C_{eq}} = \frac{1}{C_1} + \frac{1}{C_2}. \quad (30\text{-}21)$$

Se houver vários capacitores em série, pode-se usar a Eq. 30-21 para determinar a capacitância equivalente C_{12} dos dois primeiros. Em seguida, calcula-se a capacitância equivalente de C_{12} e do próximo capacitor da série, C_3. Continuando com o mesmo procedimento, obtém-se a capacitância equivalente para qualquer número de capacitores em série,

$$\frac{1}{C_{eq}} = \sum_n \frac{1}{C_n} \quad \text{(combinação em série)}. \quad (30\text{-}22)$$

Isto é, para determinar a capacitância equivalente de uma associação em série, calcula-se o recíproco da soma das capacitâncias individuais. Observe que a capacitância equivalente de uma associação em série é sempre menor do que a menor das capacitâncias individuais participando da série.

Em algumas ocasiões, os capacitores são ligados de tal forma que torna-se difícil identificar de pronto se estão em série ou em paralelo. O Problema Resolvido 30-5 mostra como tais associações podem ser freqüentemente (mas nem sempre) decompostas em unidades menores, que podem ser analisadas como associações em série ou em paralelo.

Problema Resolvido 30-5.

(a) Calcule a capacitância equivalente da associação mostrada na Fig. 30-9a, com $C_1 = 12{,}0 \; \mu F$, $C_2 = 5{,}3 \; \mu F$ e $C_3 = 4{,}5 \; \mu F$.
(b) Uma diferença de potencial $\Delta V = 12{,}5$ V é aplicada aos terminais na Fig. 30-9a Qual a carga em C_1?

Solução (a) Os capacitores C_1 e C_2 estão em paralelo. Da Eq. 30-16, sua capacitância equivalente é

$$C_{12} = C_1 + C_2 = 12{,}0 \; \mu F + 5{,}3 \; \mu F = 17{,}3 \; \mu F$$

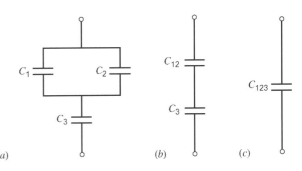

Fig. 30-9. Problema Resolvido 30-5. (a) Uma combinação de três capacitores. (b) A combinação em paralelo de C_1 e C_2 foi substituída por seu equivalente C_{12}. (c) A combinação em série de C_{12} e C_3 foi substituída pelo seu equivalente C_{123}.

Na Fig. 30-9b C_1 e C_2 foram substituídos por sua associação em paralelo C_{12}. Conforme mostra a figura, C_{12} e C_3 estão em série. Da Eq. 30-21, a associação final equivalente (veja Fig. 30-9c) é calculada como

$$\frac{1}{C_{123}} = \frac{1}{C_{12}} + \frac{1}{C_3} = \frac{1}{17{,}3 \; \mu F} + \frac{1}{4{,}5 \; \mu F} = 0{,}280 \; \mu F^{-1},$$

ou

$$C_{123} = \frac{1}{0{,}280 \; \mu F^{-1}} = 3{,}57 \; \mu F.$$

(b) Tratando os capacitores C_{12} e C_{123} do mesmo modo que seriam tratados capacitores reais com a mesma capacitância, pode-se calcular a carga em C_{123} na Fig. 30-9c como

$$q_{123} = C_{123} \Delta V = (3{,}57 \; \mu F)(12{,}5 \; V) = 44{,}6 \; \mu C.$$

A mesma carga estará presente em cada um dos capacitores da combinação em série da Fig. 30-9b. A diferença de potencial em C_{12} na mesma figura é dada por

$$\Delta V_{12} = \frac{q_{12}}{C_{12}} = \frac{44{,}6 \; \mu C}{17{,}3 \; \mu F} = 2{,}58 \; V.$$

Esta mesma diferença de potencial existe em C_1 na Fig. 30-9a, de modo que

$$q_1 = C_1 \Delta V_1 = (12 \; \mu F)(2{,}58 \; V) = 31 \; \mu C.$$

30-5 ARMAZENAMENTO DE ENERGIA EM UM CAMPO ELÉTRICO

Um uso importante para os capacitores, é o armazenamento de energia eletrostática em aplicações que vão dos *flashes* fotográficos aos sistemas *laser* (veja a Fig. 30-10). Em ambos os casos, o funcionamento se baseia na energia carregada e descarregada por capacitores.

Na Seção 28-2 mostrou-se que qualquer distribuição de carga tem uma certa *energia potencial elétrica U*, igual ao trabalho W (que pode ser positivo ou negativo) realizado por um agente externo que estabelece a configuração de cargas a partir de seus componentes individuais, originalmente admitidos como estando em repouso e infinitamente distantes. Essa energia potencial é similar a dos sistemas mecânicos, como a de uma mola comprimida ou a do sistema Terra–Lua.

Considere o exemplo simples, onde trabalho é realizado quando duas cargas iguais e opostas são afastadas. Essa energia é armazenada como energia elétrica potencial no sistema e pode ser recuperada como energia cinética, permitindo-se que as cargas se movimentem e se reaproximem. De modo semelhante, um capacitor carregado acumulou internamente energia elétrica potencial U igual ao trabalho realizado por um agente externo, à medida que o capacitor era carregado. Esta energia pode ser recuperada se for permitido que o capacitor se descarregue. Pode-

Fig. 30-10. Este banco de 10.000 capacitores no *Lawrence Livermore National Laboratory* armazena 60 MJ de energia elétrica e a libera em 1 ms para um conjunto de lâmpadas de flash que geram um sistema de lasers. A instalação é parte do projeto Nova, que está tentando produzir reações de fusão nuclear sustentadas.

se visualizar, de outra forma, o trabalho de carregar eletricamente, imaginando um agente externo que empurre os elétrons da placa positiva para a placa negativa, ocasionando a separação das cargas. Normalmente, o trabalho de carregar eletricamente é realizado por uma bateria, através da sua energia química acumulada.

Suponha que em um determinado tempo t, uma carga q' foi transferida de uma placa para outra. A diferença de potencial $\Delta V'$ entre as placas neste instante é $\Delta V' = q'/C$. Se um incremento de carga dq' é então transferido, o acréscimo de energia potencial elétrica dU é, de acordo com a Eq. 28-9 ($\Delta V = \Delta U/q_0$),

$$dU = \Delta V' dq' = \frac{q'}{C} dq'.$$

Se o processo continua até que uma carga total q tenha sido transferida, a energia potencial total é

$$U = \int dU = \int_0^q \frac{q'}{C} dq' \qquad (30\text{-}23)$$

ou

$$U = \frac{q^2}{2C}. \qquad (30\text{-}24)$$

Da relação $q = C \Delta V$ pode escrever

$$U = \tfrac{1}{2} C (\Delta V)^2 \qquad (30\text{-}25)$$

Onde foi armazenada a energia? As Eqs. 30-24 e 30-25 não respondem diretamente esta questão, mas pode-se determinar a localização da energia armazenada conforme o seguinte raciocínio. Suponha um capacitor de placas paralelas planas isolado (isto é, que não está conectado a uma bateria) com uma carga q. Sem alterar a carga q, as placas são afastadas até que a distância entre elas seja o dobro da original. De acordo com a Eq. 30-5, se o afastamento entre as placas, d, dobrar, a capacitância cresce apenas a metade. A Eq. 30-24 mostra que se C cresce a metade, a energia armazenada dobra. As placas foram afastadas, mas não foram modificadas, deste modo não é razoável admitir que a energia adicional tenha sido armazenada nelas. O que aconteceu é que o volume do espaço entre as placas foi dobrado, e uma vez que a energia também dobrou, parece razoável concluir que esta energia potencial elétrica está no volume entre as placas. Mais especificamente, *a energia está armazenada no campo elétrico presente nesta região*.

Em um capacitor de placas paralelas, desprezando-se a dispersão nas bordas, o campo elétrico tem o mesmo valor para todos os pontos entre as placas. Baseado na conclusão de que a energia está no campo, segue que *a densidade de energia u*, que é a energia acumulada por unidade de volume, deve ser a mesma em qualquer ponto entre as placas; u é dado pela energia acumulada U dividida pelo volume Ad, ou

$$u = \frac{U}{Ad} = \frac{\tfrac{1}{2} C (\Delta V)^2}{Ad}. \qquad (30\text{-}26)$$

Substituindo-se a relação $C = \epsilon_0 A/d$ (Eq. 30-5) obtém-se

$$u = \frac{\epsilon_0}{2} \left(\frac{\Delta V}{d} \right)^2. \qquad (30\text{-}27)$$

Contudo, $\Delta V/d$ é o campo elétrico E, de modo que

$$u = \tfrac{1}{2} \epsilon_0 E^2. \qquad (30\text{-}28)$$

Apesar da equação anterior ter sido desenvolvida para um caso especial do capacitor de placas paralelas, ela é, na verdade, de uso geral. *Se um campo elétrico $\vec{E}$ existe em um ponto qualquer no espaço vazio (um vácuo), pode-se pensar que neste ponto está armazenada a energia elétrica em uma quantidade, por unidade de volume, de $\tfrac{1}{2} \epsilon_0 E^2$.*

Em geral, E varia com a posição, então u é uma função das coordenadas. Para o caso especial do capacitor de placas paralelas, E e u não variam com a posição na região entre as placas.

Problema Resolvido 30-6.

Um capacitor C_1 com 3,55 μF é carregado até uma diferença de potencial $\Delta V_0 = 6{,}30$ V, com o uso de uma bateria. A bateria é removida em seguida e, então, o capacitor é conectado, conforme a Fig. 30-11, a um capacitor C_2 de 8,95 μF, que está descarregado. Depois que o interruptor S é fechado, a carga se transfe-

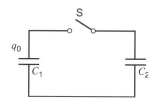

Fig. 30-11. Problema Resolvido 30-6. O capacitor C_1 foi previamente carregado até uma diferença de potencial de ΔV_0 com uma bateria que já foi retirada. Quando o interruptor S é fechado, a carga inicial q_0 em C_1 é compartilhada com C_2.

re de C_1 para C_2 até que um equilíbrio seja alcançado, estando os dois capacitores com a mesma diferença de potencial ΔV. (a) Qual a diferença de potencial comum a ambos os capacitores? (b) Qual a energia acumulada no campo elétrico antes e depois que o interruptor S na Fig. 30-11 é fechado?

Solução (a) A carga elétrica deve se conservar, então, a carga original dq_0 é compartilhada pelos dois capacitores, ou

$$q_0 = q_1 + q_2.$$

Aplicando-se a relação $q = C\,\Delta V$ para cada termo, conduz a

$$C_1 \Delta V_0 = C_1 \Delta V + C_2 \Delta V,$$

ou

$$\Delta V = \Delta V_0 \frac{C_1}{C_1 + C_2} = \frac{(6{,}30\text{ V})(3{,}55\ \mu\text{F})}{3{,}55\ \mu\text{F} + 8{,}95\ \mu\text{F}} = 1{,}79\text{ V}.$$

Se a tensão da bateria, ΔV_0, e o valor de C_1 são conhecidos, a capacitância C_2 pode ser determinada medindo-se o valor de ΔV em um circuito semelhante ao da Fig. 30-11.
(b) A energia acumulada é

$$U_i = \tfrac{1}{2} C_1 (\Delta V_0)^2 = \tfrac{1}{2}(3{,}55 \times 10^{-6}\text{ F})(6{,}30\text{ V})^2$$
$$= 7{,}05 \times 10^{-5}\text{ J} = 70{,}5\ \mu\text{J}.$$

A energia final é

$$U_f = \tfrac{1}{2} C_1 (\Delta V)^2 + \tfrac{1}{2} C_2 (\Delta V)^2 = \tfrac{1}{2}(C_1 + C_2)(\Delta V)^2$$
$$= \tfrac{1}{2}(3{,}55 \times 10^{-6}\text{ F} + 8{,}95 \times 10^{-6}\text{ F})(1{,}79\text{ V})^2$$
$$= 2{,}00 \times 10^{-5}\text{ J} = 20{,}0\ \mu\text{J}.$$

Conclui-se que $U_f < U_i$, sendo, aproximadamente, 72% da segunda grandeza. Isto não é uma violação da conservação da energia. A energia "que falta" aparece como energia térmica nos fios de ligação, como será discutido no próximo capítulo.*

Problema Resolvido 30-7.

Uma esfera condutora isolada, com raio R de 6,85 cm, tem carga $q = 1{,}25$ nC. (a) Qual é a quantidade de energia armazenada no campo elétrico deste condutor carregado? (b) Qual a densidade de energia na superfície da esfera? (c) Qual seria o raio R_0 de uma superfície esférica imaginária capaz de armazenar a metade da energia potencial acumulada?

Solução (a) Da Eq. 30-24 e da Eq. 30-12 temos que

$$U = \frac{q^2}{2C} = \frac{q^2}{8\pi\epsilon_0 R} = \frac{(1{,}25 \times 10^{-9}\text{ C})^2}{(8\pi)(8{,}85 \times 10^{-12}\text{ F/m})(0{,}0685\text{ m})}$$
$$= 1{,}03 \times 10^{-7}\text{ J} = 103\text{ nJ}.$$

(b) Para determinar a densidade de energia, deve-se calcular E na superfície da esfera. Isto é dado por

$$E = \frac{1}{4\pi\epsilon_0} \frac{q}{R^2}.$$

A densidade de energia é, usando-se a Eq. 30-28, dada por

$$u = \tfrac{1}{2}\epsilon_0 E^2 = \frac{q^2}{32\pi^2 \epsilon_0 R^4}$$
$$= \frac{(1{,}25 \times 10^{-9}\text{ C})^2}{(32\pi^2)(8{,}85 \times 10^{-12}\text{ C}^2/\text{N}\cdot\text{m}^2)(0{,}0685\text{ m})^4}$$
$$= 2{,}54 \times 10^{-5}\text{ J/m}^3 = 25{,}4\ \mu\text{J/m}^3.$$

(c) A energia armazenada em uma casca esférica entre os raios r e $r + dr$ é

$$dU = (u)(4\pi r^2)(dr),$$

onde $(4\pi r^2)(dr)$ é o volume da casca esférica. Usando o resultado do item (b) para a densidade de energia calculada no raio r, obtém-se

$$dU = \frac{q^2}{32\pi^2 \epsilon_0 r^4} 4\pi r^2\,dr = \frac{q^2}{8\pi\epsilon_0} \frac{dr}{r^2}.$$

A condição para este problema é

$$\int_R^{R_0} dU = \frac{1}{2}\int_R^{\infty} dU$$

ou, usando o resultado obtido acima para dU e cancelando as constantes de ambos os lados,

$$\int_R^{R_0} \frac{dr}{r^2} = \frac{1}{2}\int_R^{\infty} \frac{dr}{r^2},$$

o que resulta

$$\frac{1}{R} - \frac{1}{R_0} = \frac{1}{2R}.$$

Resolvendo para R_0 resulta em

$$R_0 = 2R = (2)(6{,}85\text{ cm}) = 13{,}7\text{ cm}.$$

Assim, metade da energia armazenada está contida no interior de uma superfície esférica cujo raio é o dobro do raio da esfera condutora.

---

*Uma pequena quantidade de energia é também irradiada para fora. Para uma discussão crítica, veja "Two-Capacitor Problem: A More Realistic View", por R.A. Powell, *American Journal of Physics,* maio de 1979, p. 460.

30-6 CAPACITOR COM DIELÉTRICO

Na Seção 29-6 foi discutido o efeito da aplicação de um campo elétrico a um material isolante (um dielétrico). Foi mostrado que o efeito do dielétrico é reduzir a intensidade do campo elétrico em seu interior, de um valor inicial no vácuo E_0, para um valor $E = E_0/\kappa_e$ no interior do dielétrico. O parâmetro κ_e, a constante do dielétrico, tem valores maiores do que 1 para todos os materiais, assim, o campo elétrico no interior de um dielétrico é sempre menor do que no vácuo.

Nesta seção, será considerado o efeito de se preencher o interior de um capacitor com material dielétrico. Este efeito foi primeiramente estudado em 1837 por Michael Faraday. Faraday construiu dois capacitores idênticos, preenchendo um deles com um material dielétrico e deixando o outro com ar entre suas placas. Quando ambos os capacitores foram ligados a baterias com *a mesma diferença de potencial*, Faraday determinou que a carga no capacitor preenchido com material dielétrico era maior do que a carga no capacitor com ar entre as suas placas. Isto é, a presença do dielétrico permitiu ao capacitor armazenar uma carga maior. Como o propósito dos capacitores é acumular e depois liberar carga elétrica, o uso de materiais dielétricos pode melhorar muito o seu desempenho.

O efeito de se preencher um capacitor com dielétrico dependerá do fato de o capacitor estar ligado (como na experiência de Faraday) ou não a uma bateria durante o preenchimento. Considere, primeiro, a situação idêntica à da experiência de Faraday (Fig. 30-12). Um capacitor com capacitância C está ligado a uma bateria com diferença de potencial ΔV e deixa-se que acumule carga plenamente, de modo que nas placas haja uma carga q, como na Fig. 30-12a. Mantendo-se a bateria ligada, preenche-se, então, o interior do capacitor com um material dielétrico de constante κ_e, como indicado na Fig. 30-12b. A bateria mantém a mesma diferença de potencial ΔV entre as placas.

A Eq. 30-2 mostra que, se as diferenças de potencial nas Figs. 30-12a e 30-12b são iguais, então, os campos elétricos no interior dos capacitores devem ser iguais. Contudo, deveria esperar-se que a presença do dielétrico reduzisse a intensidade do campo elétrico. Como Faraday concluiu, a tendência do dielétrico de reduzir o campo é contrabalançada exatamente pela carga adicional que a bateria envia para as placas à medida que o dielétrico é introduzido.

Admita que o capacitor usado seja de placas paralelas. Com o capacitor vazio, o campo elétrico é dado pela Eq. 30-3: $E = \sigma/\epsilon_0 = q/\epsilon_0 A$. Quando o dielétrico está presente, o campo elétrico fica reduzido de um fator $1/\kappa_e$ devido ao material dielétrico, mas o campo também sofre alteração porque as placas, agora, contêm uma carga q' e assim, o campo elétrico é $E' = q'/\kappa_e \epsilon_0 A$. Uma vez que os campos elétricos devem ser iguais, pode-se afirmar que $E = E'$

$$q' = \kappa_e q. \qquad (30\text{-}29)$$

A constante dielétrica é maior do que 1, então, o capacitor pode armazenar mais energia com o dielétrico presente do que quando está vazio. À medida que o material dielétrico é introduzido no capacitor já carregado, a bateria desloca carga adicional $q' - q = q(\kappa_e - 1)$ da placa negativa para a placa positiva.

A capacitância com a presença do dielétrico é $C' = q'/\Delta V'$. Substituindo $q' = \kappa_e q$ e $\Delta V' = \Delta V$, obtemos

$$C' = \kappa_e C. \qquad (30\text{-}30)$$

A presença do dielétrico aumenta a capacitância de um fator κ_e. Para um capacitor de placas paralelas com um dielétrico, a capacitância pode ser calculada, combinando-se Eq. 30-5 e Eq. 30-30:

$$C' = \frac{\kappa_e \epsilon_0 A}{d}. \qquad (30\text{-}31)$$

A capacitância de *qualquer* capacitor é aumentada do mesmo fator κ_e quando uma substância dielétrica é usada para preencher o espaço entre as placas. As Eqs. 30-8 e 30-11 podem ser modificadas de modo semelhante para representar a presença de um dielétrico preenchendo o capacitor.

Apesar do efeito na capacitância ser o mesmo, o desenvolvimento das equações é bastante diferente quando a bateria *não* está ligada durante o preenchimento do capacitor com material dielétrico. Primeiro, o capacitor é ligado a uma bateria, de modo que as placas adquiram uma diferença de potencial ΔV e uma carga q, depois disto a bateria é desligada, conforme a Fig. 30-13a. Agora, o capacitor é preenchido com material dielétrico, conforme a Fig. 30-13b. Neste caso, *a carga deve permanecer constante*, uma vez que não há nenhuma bateria presente para deslocar carga de uma placa para outra. Com a carga permanecendo constante, o campo elétrico é alterado, apenas, pela presença do dielétrico, então $E' = E'/\kappa_e$. Empregando este campo elétrico na Eq. 30-2 para determinar a diferença de potencial, obtém-se $\Delta V' = \Delta V/\kappa_e$. Isto é, a diferença de potencial diminui

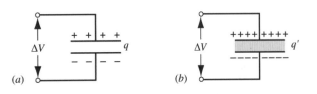

Fig. 30-12. (a) Um capacitor descarregado é carregado através da ligação com uma bateria que estabelece uma diferença de potencial ΔV. (b) A bateria permanece ligada enquanto o capacitor é preenchido com um dielétrico. Neste caso, a diferença de potencial ΔV permanece constante, mas q aumenta.

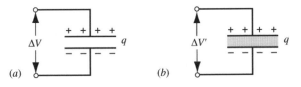

Fig. 30-13. (a) Um capacitor descarregado é carregado e, então, desligado de uma bateria. (b) O capacitor, agora, é preenchido com um dielétrico. A carga permanece constante, mas a diferença de potencial diminui de ΔV para $\Delta V'$.

de um fator $1/\kappa_e$. Com $\Delta V' = q'/C'$ e $q' = q$, uma vez mais obtém-se, $C' = C\kappa_e$, como na Eq. 30-30. A capacitância não depende de *como* o capacitor foi carregado ou foi introduzido o material dielétrico; ela depende, apenas, da geometria do capacitor e do material com que foi preenchido.

PROBLEMA RESOLVIDO 30-8.

Um capacitor de placas paralelas, cuja capacitância C é 13,5 pF apresenta uma diferença de potencial $\Delta V = 12,5$ V entre suas placas. A bateria usada para carregá-lo é agora desligada e uma placa de porcelana ($\kappa_e = 6,5$) é introduzida entre as placas, conforme indicado na Fig. 30-13b. Qual a energia total armazenada na unidade, antes e depois que a placa de porcelana é introduzida?

Solução A energia armazenada inicialmente é determinada pela Eq. 30-25 como

$$U_i = \tfrac{1}{2}C\,\Delta V^2 = \tfrac{1}{2}(13{,}5 \times 10^{-12}\text{ F})(12{,}5\text{ V})^2$$
$$= 1{,}055 \times 10^{-9}\text{ J} = 1055\text{ pJ}.$$

Pode-se escrever a energia final a partir da Eq. 30-24 na forma de $U_f = q^2/2C'$ porque, para as condições em que o problema foi estabelecido, q (mas não ΔV) permanece constante enquanto a placa de porcelana é introduzida. Depois que o material dielétrico está no lugar, a capacitância aumenta de $C' = \kappa_e C$, de modo que

$$U_f = \frac{q^2}{2\kappa_e C} = \frac{U_i}{\kappa_e} = \frac{1055\text{ pJ}}{6{,}5} = 162\text{ pJ}.$$

A energia, depois da introdução da placa de porcelana, é reduzida de um fator $1/\kappa_e$.

A energia "que falta", em princípio, seria aparente para a pessoa que introduz a placa de porcelana. O capacitor iria exercer uma força sobre a placa e realizaria trabalho sobre ela, na seguinte quantidade

$$W = U_i - U_f = 1055\text{ pJ} - 162\text{ pJ} = 893\text{ pJ}.$$

Se fosse introduzida sem nenhuma restrição e se não houvesse atrito, a placa de porcelana permaneceria oscilando para dentro e para fora da região entre as duas placas do capacitor. O sistema constituído do capacitor + placa de porcelana tem uma constante de energia de 1055 pJ; a energia varia entre a forma cinética associada ao movimento da placa e a forma potencial, associada ao campo elétrico do capacitor. No instante em que a placa oscilante preenchesse o espaço entre as placas do capacitor, sua energia cinética seria 893 pJ.

DIELÉTRICOS E A LEI DE GAUSS

Até aqui, o uso da lei de Gauss foi restrito às situações em que não havia dielétricos presentes. Agora, aplica-se essa lei a um capacitor de placas paralelas preenchido com um material dielétrico de constante κ_e.

A Fig. 30-14 mostra o capacitor nas duas condições: com e sem o material de preenchimento dielétrico. Admita que a carga q nas placas é a mesma em cada caso. As superfícies gaussianas foram traçadas parcialmente através da placa superior e parcialmente através da região entre as placas.

Se não existe nenhum dielétrico presente (Fig. 30-14a), a lei de Gauss determina que

$$\epsilon_0 \oint \vec{E} \cdot d\vec{A} = \epsilon_0 E_0 A = q,$$

porque o campo elétrico existe apenas na porção da superfície gaussiana entre as placas. Assim,

$$E_0 = \frac{q}{\epsilon_0 A}. \qquad (30\text{-}32)$$

Se o dielétrico está presente (Fig. 30-14b) a lei de Gauss determina que

$$\epsilon_0 \oint \vec{E} \cdot d\vec{A} = \epsilon_0 E A = q - q'$$

ou

$$E = \frac{q}{\epsilon_0 A} - \frac{q'}{\epsilon_0 A}, \qquad (30\text{-}33)$$

em que $-q'$, a *carga superficial induzida*, deve ser distinguida de q, *a carga livre* nas placas. Essas duas cargas $+q$ e $-q'$, ambas as quais estão na superfície gaussiana têm sinais opostos; a carga *resultante* dentro da superfície gaussiana é $q + (-q') = q - q'$.

O dielétrico reduz o campo elétrico de um fator κ_e, e então

$$E = \frac{E_0}{\kappa_e} = \frac{q}{\kappa_e \epsilon_0 A}. \qquad (30\text{-}34)$$

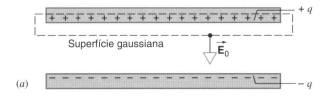

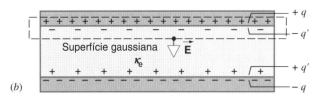

Fig. 30-14. (a) Um capacitor de placas paralelas. (b) Uma placa dielétrica é inserida, enquanto a carga q nas placas permanece constante. A carga induzida q' aparece na superfície da placa dielétrica.

Inserindo esta na Eq. 30-33 conduz a

$$\frac{q}{\kappa_e \epsilon_0 A} = \frac{q}{\epsilon_0 A} - \frac{q'}{\epsilon_0 A}$$

ou

$$q' = q\left(1 - \frac{1}{\kappa_e}\right). \qquad (30\text{-}35)$$

Isto mostra que a carga superficial induzida q' é sempre menor em intensidade do que a carga q, e é nula se não houver dielétrico presente – isto é se $\kappa_e = 1$.

Agora, escreve-se a lei de Gauss para o caso da Fig. 30-14b na forma

$$\epsilon_0 \oint \vec{E} \cdot d\vec{A} = q - q', \qquad (30\text{-}36)$$

$q - q'$ sendo novamente a carga resultante dentro da superfície gaussiana. Substituindo a Eq. 30-35 para q' leva, após algumas arrumações, a

$$\epsilon_0 \oint \kappa_e \vec{E} \cdot d\vec{A} = q. \qquad (30\text{-}37)$$

Esta importante relação, apesar de ter sido desenvolvida para um capacitor de placas paralelas, é válida em geral e é a forma normalmente usada para se escrever a lei de Gauss quando há dielétricos presentes. Observe o seguinte:

1. A integral de fluxo utiliza, agora, $\kappa_e \vec{E}$ em vez de $\vec{E}$. Isto é consistente com a *redução* de E em um dielétrico, do fator κ_e, porque $\kappa_e \vec{E}$ (com o dielétrico presente) é igual a $\vec{E}_0$ (sem dielétrico). Para manter a generalidade, admita a possibilidade de que o dielétrico não é uniforme, introduzindo κ_e no interior da integral.

2. A carga q contida no interior da superfície gaussiana é considerada como *apenas a carga livre*. A carga superficial induzida é deliberadamente omitida no lado direito da Eq. 30-37, tendo sido computada através da introdução de κ_e no lado esquerdo da equação. As Eq. 30-36 e Eq. 30-37 são formulações completamente equivalentes.

PROBLEMA RESOLVIDO 30-9.

A Fig. 30-15 mostra um capacitor de placas paralelas com área A e afastamento d. Uma diferença de potencial ΔV é aplicada entre as placas. A bateria é, então, desligada e uma placa de espessura b, de material dielétrico cuja constante é κ_e, é introduzida entre as placas do capacitor conforme apresentado. Admita que

$$A = 115 \text{ cm}^2, d = 1{,}24 \text{ cm}, b = 0{,}78 \text{ cm},$$
$$\kappa_e = 2{,}61 \text{ e } \Delta V = 85{,}5 \text{ V}.$$

(a) Qual a capacitância C antes da placa ser introduzida? (b) Que carga livre aparece nas placas? (c) Qual é o campo elétrico E_0 no vão entre as placas do capacitor e a placa de material dielétrico? (d) Calcule o campo elétrico E na placa dielétrica. (e) Qual a

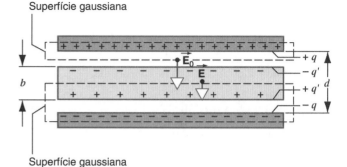

Fig. 30-15. Problema Resolvido 30-9. Um capacitor de placas paralelas contém um dielétrico que preenche, apenas parcialmente, os espaços entre as placas.

diferença de energia potencial $\Delta V'$ entre as placas depois que o material dielétrico foi introduzido? (f) Qual a capacitância C' com a placa dielétrica posicionada?

Solução (a) Da Eq. 30-5 tem-se

$$C = \frac{\epsilon_0 A}{d} = \frac{(8{,}85 \times 10^{-12} \text{ F/m})(115 \times 10^{-4} \text{ m}^2)}{1{,}24 \times 10^{-2} \text{ m}}$$
$$= 8{,}21 \times 10^{-12} \text{ F} = 8{,}21 \text{ pF}.$$

(b) A carga livre na placa pode ser determinada a partir da Eq. 30-1,

$$q = C \Delta V = (8{,}21 \times 10^{-12} \text{ F})(85{,}5 \text{ V})$$
$$= 7{,}02 \times 10^{-10} \text{C} = 702 \text{ pC}.$$

Como a bateria de alimentação é desligada antes da placa dielétrica ser introduzida, a carga livre permanece a mesma até que a placa seja colocada no lugar.

(c) Agora, aplica-se a lei de Gauss na forma da Eq. 30-37 para a superfície gaussiana superior na Fig. 30-15, a qual engloba apenas a carga livre na placa superior do capacitor. Tem-se

$$\epsilon_0 \oint \kappa_e \vec{E} \cdot d\vec{A} = \epsilon_0(1)E_0 A = q$$

ou

$$E_0 = \frac{q}{\epsilon_0 A} = \frac{7{,}02 \times 10^{-10} \text{ C}}{(8{,}85 \times 10^{-12} \text{ F/m})(115 \times 10^{-4} \text{ m}^2)}$$
$$= 6900 \text{ V/m} = 6{,}90 \text{ kV/m}.$$

Observe que adotou-se $\kappa_e = 1$ nesta equação porque a superfície gaussiana sobre a qual foi aplicada a lei de Gauss, não passa através de nenhum material dielétrico. Observe também, que o valor de E_0 permanece inalterado à medida que a placa dielétrica é introduzida. E_0 depende, apenas, da carga livre nas placas.

(d) Novamente será aplicada a Eq. 30-37, desta vez à superfície gaussiana inferior na Fig. 30-15, incluindo apenas a carga livre $-q$. Obtém-se

$$\epsilon_0 \oint \kappa_e \vec{E} \cdot d\vec{A} = -\epsilon_0 \kappa_e E A = -q$$

ou

$$E = \frac{q}{\kappa_e \epsilon_0 A} = \frac{E_0}{\kappa_e} = \frac{6,90 \,\text{kV/m}}{2,61} = 2,64 \,\text{kV/m}.$$

O sinal negativo aparece quando é calculado o produto escalar $\vec{E} \cdot d\vec{A}$, porque $\vec{E}$ e $d\vec{A}$ têm sentidos opostos. Note que $d\vec{A}$ sempre tem o sentido da normal à superfície gaussiana fechada, apontando para fora.

(*e*) Para determinar a diferença de energia potencial $\Delta V'$, usa-se a Eq. 30-2

$$\begin{aligned}\Delta V' &= \int_{+}^{-} E\,ds = E_0(d - b) + Eb \\ &= (6900 \,\text{V/m})(0,0124 \,\text{m} - 0,0078 \,\text{m}) \\ &\quad + (2640 \,\text{V/m})(0,0078 \,\text{m}) \\ &= 52,3 \,\text{V}.\end{aligned}$$

Isto contrasta com a diferença de potencial de 85,5 V aplicada originalmente.

(*f*) Da Eq. 30-1, a capacitância com a placa dielétrica colocada é

$$\begin{aligned}C' &= \frac{q}{\Delta V'} = \frac{7,02 \times 10^{-10} \,\text{C}}{52,3 \,\text{V}} \\ &= 1,34 \times 10^{-11} \,\text{F} = 13,4 \,\text{pF}.\end{aligned}$$

TABELA 30-1 Sumário dos Resultados do Problema Resolvido 30-9

Quantidade	Unidade	Sem Placa	Placa Parcial	Placa Inteira
C	pF	8,21	13,4	21,4
q	pC	702	702	702
q'	pC	—	433	433
ΔV	V	85,5	52,3	32,8
E_0	kV/m	6,90	6,90	6,90[a]
E	kV/m	—	2,64	2,64

[a]Admita que existe um vão muito pequeno.

A Tabela 30-1 resume os resultados deste problema resolvido e, também, inclui os resultados que seriam obtidos no caso da placa dielétrica preencher completamente o espaço entre as placas do capacitor.

MÚLTIPLA ESCOLHA

30-1 Capacitores

1. Duas placas metálicas paralelas têm cargas q_1 e q_2. Este seria um exemplo de um capacitor?

(A) Sim

(B) Apenas se $q_1 = -q_2$

(C) Apenas se os sinais de q_1 e q_2 forem diferentes.

(D) Não.

30-2 Capacitância

2. Os centros de duas esferas condutoras idênticas de raio r estão separados por uma distância $d > 2r$. Uma carga $+q$ está em uma das esferas e uma carga $-q$ na outra. A capacitância do sistema é C_0. Carga adicional é transferida de modo que a carga em cada esfera dobre.

(*a*) Qual a nova capacitância C' agora que as cargas foram modificadas?

(A) $C' = 4C_0$ (B) $C' = 2C_0$

(C) $C' = C_0$ (D) $C' = C_0/2$

(E) Não existe informação disponível suficiente para responder a questão.

(*b*) Qual a nova diferença de potencial $\Delta V'$ entre as duas esferas?

(A) $\Delta V' = 4q/C_0$ (B) $\Delta V' = 2q/C_0$

(C) $\Delta V' = q/C_0$ (D) $\Delta V' = q/2C_0$

(E) Não existe informação disponível suficiente para responder a questão.

3. Os centros de duas esferas condutoras idênticas de raio r estão separados por uma distância $d > 2r$.

(*a*) Como a capacitância do sistema é alterada quando a separação entre as esferas diminui?

(A) C aumenta. (B) C diminui.

(C) C permanece a mesma.

(D) Não existe informação disponível suficiente para responder a questão.

30-3 Calculando a Capacitância

4. Quais das seguintes modificações em um capacitor de placas paralelas, ideal, ligado a uma bateria ideal irão resultar em um aumento da carga acumulada no capacitor?

(A) Diminuir a diferença de potencial entre as placas.

(B) Diminuir a área entre as placas.

(C) Diminuir a separação entre as placas.

(D) Nenhuma das respostas acima.

5. A Eq. 30-5 não considera os efeitos de dispersão (franjeamento) próximo à borda das placas. Isto significa que a Eq. 30-5 sub ou sobreestima a capacitância de um capacitor de placas paralelas real?

(A) Sobreestima (B) Subestima

(C) Nenhuma das duas, a expressão é exata.

6. Qual a capacitância de uma única esfera condutora de raio r?

   (A) $4\pi\epsilon_0$ (B) $4\pi\epsilon_0 r$ (C) $4\pi\epsilon_0/r$

   (D) A capacitância não é definida para um único objeto.

30-4 Capacitores em Série e em Paralelo

7. Dois capacitores C_1 e C_2 estão ligados em série; admita que $C_1 < C_2$. A capacitância equivalente deste arranjo é C onde

   (A) $C < C_1/2$.   (B) $C_1/2 < C < C_1$.
   (C) $C_1 < C < C_2$.   (D) $C_2 < C < 2C_2$.
   (E) $2C_2 < C$.

8. Dois capacitores C_1 e C_2 estão ligados em paralelo; admita que $C_1 < C_2$. A capacitância equivalente deste arranjo é C onde

   (A) $C < C_1/2$.   (B) $C_1/2 < C < C_1$.
   (C) $C_1 < C < C_2$.   (D) $C_2 < C < 2C_2$.
   (E) $2C_2 < C$.

9. Na Fig. 30-16 são mostrados quatro possíveis arranjos para três capacitores idênticos.

   (*a*) Qual dos arranjos apresentaria a maior capacitância equivalente?

   (*b*) Se cada arranjo fosse ligado a uma diferença de potencial de 12 V, em qual dos casos haveria maior quantidade de carga transferida?

   (*c*) Cada arranjo é ligado a uma diferença de potencial tal que a mesma quantidade de carga é transferida para cada um deles. Qual demanda a maior diferença de potencial?

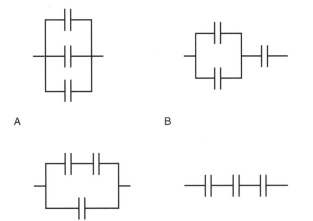

Fig. 30-16. Questão de Múltipla Escolha 9.

30-5 Armazenamento de Energia em um Campo Elétrico

10. Um capacitor de placas paralelas é ligado a uma bateria ideal, que fornece uma diferença de potencial constante. Originalmente, a energia armazenada no capacitor é U_0. Se a distância entre as placas é dobrada, então, a nova quantidade de energia armazenada por ele será

    (A) $4U_0$.   (B) $2U_0$.   (C) U_0.   (D) $U_0/2$.   (E) $U_0/4$.

11. Um capacitor de placas paralelas é carregado ligado a uma bateria ideal; o capacitor é desligado em seguida. Originalmente a energia armazenada no capacitor é C_0. Se a distância entre as placas do capacitor é dobrada, então, a nova quantidade de energia armazenada por ele será

    (A) $4U_0$.   (B) $2U_0$.   (C) U_0.   (D) $U_0/2$.   (E) $U_0/4$.

12. Um estudante, originalmente, carrega um capacitor fixo de modo a ter uma energia potencial de 1 J. Se o estudante deseja que esta energia seja de 4 J, então, ele deveria

    (A) quadruplicar a diferença de potencial no capacitor, mas deixar a carga inalterada.

    (B) dobrar a diferença de potencial no capacitor, mas deixar a carga inalterada.

    (C) dobrar tanto a diferença de potencial no capacitor, quanto a carga.

    (D) deixar inalterada a diferença de potencial enquanto dobra a carga.

13. Um balão inflável é revestido com uma superfície condutora que contém uma carga q. O balão sofre um vazamento e o seu raio começa a diminuir, mas nenhuma carga se perde da superfície.

    (*a*) Como a capacitância do balão se modifica com o vazamento?

    (A) C aumenta.   (B) C diminui.

    (C) C permanece a mesma.

    (D) Não existe informação disponível suficiente para responder a questão.

    (*b*) Como a energia elétrica acumulada no balão se modifica com o vazamento?

    (A) U aumenta.   (B) U diminui.

    (C) U permanece a mesma.

    (D) Não existe informação disponível suficiente para responder a questão.

30-6 Capacitor com Dielétrico

14. Considere um capacitor de placas paralelas, originalmente, com uma carga q_0, capacitância C_0 e diferença de potencial ΔV_0. Entre as duas placas, atua uma força eletrostática de intensidade F_0 e o capacitor tem energia U_0 acumulada. Os terminais do capacitor *não estão ligados a nada*.

    (*a*) Uma placa dielétrica com $\kappa_e > 1$ é introduzida entre as placas do capacitor. Que quantidades irão aumentar? (Escolha todas as que se aplicam.)

    (A) q (B) C (C) ΔV (D) F (E) U

(b) Qual o sentido da força eletrostática sobre a placa dielétrica enquanto esta está sendo inserida?

   (A) A força puxa a placa para dentro do capacitor.

   (B) A força expulsa a placa para fora do capacitor.

   (C) A força eletrostática não atua na placa dielétrica.

(c) Posteriormente, a placa dielétrica é removida. Em que sentido atua a força eletrostática sobre a placa dielétrica enquanto esta é removida?

   (A) A força puxa a placa para dentro do capacitor.

   (B) A força expulsa a placa para fora do capacitor.

   (C) A força eletrostática não atua na placa dielétrica.

15. Considere um capacitor de placas paralelas originalmente com carga q_0 e capacitância C_0. Existe uma força eletrostática de intensidade F_0 que atua entre as placas e o capacitor tem uma energia U_0 acumulada. Os terminais do capacitor são ligados a uma bateria ideal, que o alimenta com uma diferença de potencial ΔV_0.

(a) Uma placa dielétrica com $\kappa_e > 1$ é inserida entre as placas do capacitor. Quais quantidades irão aumentar? (Escolha todas as que se aplicam.)

   (A) q (B) C (C) ΔV (D) F (E) U

(b) Qual o sentido da força eletrostática sobre a placa dielétrica enquanto esta está sendo inserida?

   (A) A força puxa a placa para dentro do capacitor.

   (B) A força expulsa a placa para fora do capacitor.

   (C) A força eletrostática não atua na placa dielétrica.

(c) Posteriormente, a placa dielétrica é removida. Em que sentido atua a força eletrostática sobre a placa dielétrica enquanto esta é removida?

   (A) A força puxa a placa para dentro do capacitor.

   (B) A força expulsa a placa para fora do capacitor.

   (C) A força eletrostática não atua na placa dielétrica.

QUESTÕES

1. Um capacitor é ligado a uma bateria. (a) Por que cada placa recebe uma carga exatamente de mesma intensidade? (b) Isto é verdadeiro mesmo quando as placas têm tamanhos diferentes?

2. Você recebeu dois capacitores, C_1 e C_2, sendo $C_1 > C_2$. Que arranjo seria necessário para que C_2 pudesse acumular mais energia do que C_1?

3. A relação $\sigma \propto 1/R$, em que σ é a densidade de carga superficial e R é o raio de curvatura (veja a Eq. 28-42) sugere que a carga localizada em um condutor concentra-se em pontos e se afasta de superfícies planas, onde $R = \infty$. Como conciliar este fato com o apresentado na Fig. 30-5, em que a carga está, definitivamente, na superfície plana de cada placa?

4. De acordo com a Eq. 30-1 ($q = C \Delta V$) foi dito que C é uma constante. Ainda que tenha sido indicado (veja a Eq. 30-5) que depende da geometria (e, também, como será visto adiante, do meio). Se C é, de fato, uma constante, em relação a quais variáveis ela permanece constante?

5. Na Fig. 30-1, suponha que a e b são não-condutores e que a carga seja distribuída arbitrariamente sobre suas superfícies. (a) A Eq. 30-1 ainda seria válida ($q = C \Delta V$), com C independente dos arranjos de cargas? (b) Como você definiria ΔV neste caso?

6. Você recebeu um capacitor de placas paralelas com placas quadradas de área A, afastamento d, no vácuo. Qual o efeito qualitativo de cada uma das seguintes mudanças na sua capacitância? (a) Reduzir d. (b) Introduzir uma placa de cobre entre as placas, sem tocar nenhuma delas. (c) Dobrar a área de ambas as placas. (d) Dobrar a área de apenas uma das placas. (e) Deslizar as placas paralelamente de modo a superposição seja apenas de 50%. (f) Dobrar a diferença de potencial entre as placas. (g) Empenar uma das placas, de modo que a distância até a outra, em uma de suas extremidades seja d e na outra, $r = \sqrt{ab}$.

7. Você tem dois condutores isolados, cada um com uma certa capacitância; veja a Fig. 30-17 Se você unir os dois capacitores por um fio fino, como será calculada a capacitância equivalente? Ao uni-los pelo fio, você fez uma ligação em série ou em paralelo?

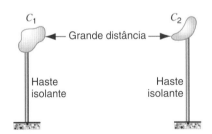

Fig. 30-17. Questão 7.

8. A capacitância de um condutor é afetada pela presença de um segundo condutor que está descarregado e isolado eletricamente. Por quê?

9. Uma folha de alumínio de espessura desprezível é colocada entre as placas de um capacitor conforme indicado na Fig. 30-18. Qual o efeito em sua capacitância se (a) a fo-

lha está eletricamente isolada e (*b*) a folha é ligada à placa superior?

Fig. 30-18. Questão 9.

10. Capacitores são habitualmente estocados com um fio ligado entre os seus terminais. Por que isto é feito?

11. Se você não desprezasse a dispersão das linhas do campo elétrico em um capacitor de placas paralelas, a capacitância calculada seria maior ou menor?

12. Dois discos circulares de cobre, paralelos, estão afastados de uma certa distância. De que forma você conseguiria reduzir a capacitância desta combinação?

13. Discuta as similaridades e diferenças quando (*a*) uma placa dielétrica e (*b*) uma placa condutora são introduzidas entre as placas de um capacitor de placas paralelas. Adote que a espessura das placas seja metade do afastamento entre as placas.

14. Um capacitor preenchido com óleo foi projetado para ter uma capacitância C e operar com segurança até uma certa diferença de potencial ΔV_m sem centelhamento. Contudo, o projetista não fez um bom trabalho e o capacitor, ocasionalmente, centelha. O que pode ser feito para reprojetar o capacitor, mantendo C e ΔV_m inalterados e usando o mesmo dielétrico?

15. Um capacitor, sob uma determinada diferença de potencial e sem um dielétrico, armazena mais ou menos carga do que faria tendo um dielétrico (vácuo)? Explique a situação em termos microscópicos.

16. A água tem uma elevada constante dielétrica (veja a Tabela 29-2). Por que não é usada ordinariamente como um material dielétrico em capacitores?

17. A Fig. 30-19 mostra um capacitor real 1-F disponível para uso pelos estudantes em laboratório. Ele tem um diâmetro de poucos centímetros. Considerando o resultado do Problema Resolvido 30-2, como pode se construir um capacitor como este?

18. Uma placa dielétrica é introduzida em uma das extremidades de um capacitor de placas paralelas carregado (as placas são horizontais e a bateria de alimentação foi desligada) e em seguida afastada. Descreva o que acontece. Despreze o efeito do atrito.

19. Um capacitor de placas paralelas é carregado usando-se uma bateria, que é desligada em seguida. Uma placa dielétrica é, então, introduzida entre as duas placas do capacitor. Descreva qualitativamente o que acontece com a carga, a capacitância, a diferença de potencial, o campo elétrico e a energia armazenada. É necessária a realização de trabalho para a inserção da placa dielétrica?

Fig. 30-19. Questão 17.

20. Enquanto um capacitor de placas paralelas permanece ligado a uma bateria, uma placa dielétrica é introduzida entre elas. Descreva qualitativamente o que acontece com a carga, a capacitância, a diferença de potencial, o campo elétrico e a energia armazenada. É necessária a realização de trabalho para a inserção da placa dielétrica?

21. Imagine uma placa dielétrica de largura igual ao afastamento das placas, inserida apenas pela metade entre as placas de um capacitor de placas paralelas, com carga fixa q. Esboce qualitativamente a distribuição de carga q nas placas e da carga induzida q' na placa dielétrica.

22. Dois capacitores idênticos são ligados conforme indicado na Fig. 30-20. Uma placa dielétrica é inserida entre as placas de um dos capacitores, a bateria permanece ligada de modo que uma diferença de potencial constante, ΔV, é mantida. Descreva qualitativamente o que acontece com a carga, a capacitância, a diferença de potencial, o campo elétrico e a energia armazenada para cada capacitor.

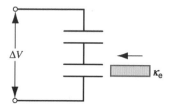

Fig. 30-20. Questão 22.

23. Neste capítulo, foram adotadas condições eletrostáticas; isto é, a diferença de potencial, ΔV, entre as placas do capacitor permanece constante. Suponha, contudo, que, como acontece habitualmente na prática, ΔV variasse de forma senoidal com o tempo, segundo uma freqüência angular ω. Você espera que a constante dielétrica κ_e varie ou não com ω?

EXERCÍCIOS

30-1 Capacitores
30-2 Capacitância

1. Um eletrômetro é um aparelho usado para medir carga estática. Uma carga desconhecida é colocada entre as placas de um capacitor e a diferença de potencial é medida. Qual a carga mínima que pode ser medida por um eletrômetro com uma capacitância de 50 pF e uma sensibilidade de tensão de 0,15 V?

2. Os dois objetos metálicos na Fig. 30-21 têm cargas finais $=73,0$ pC e $-73,0$ pC, e isto resulta em uma diferença de potencial de 19,2 V entre elas. (*a*) Qual a capacitância do sistema? (*b*) Se as cargas forem mudadas para $+210$ pC e -210 pC, qual a capacitância decorrente? (*c*) Qual a diferença de potencial decorrente?

Fig. 30-21. Exercício 2.

3. O capacitor na Fig. 30-22 tem uma capacitância de 26,0 μF e está inicialmente descarregado. Uma bateria mantém uma diferença de potencial ΔV de 125 V. Depois que o interruptor, S, é fechado por um longo tempo, que quantidade de carga foi deslocada pela bateria?

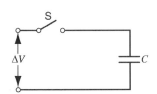

Fig. 30-22. Exercício 3.

30-3 Calculando a Capacitância

4. Um capacitor tem placas circulares paralelas de raio 8,22 cm, afastadas 1,31 mm. (*a*) Calcule sua capacitância. (*b*) Que carga aparecerá nas placas se uma diferença de potencial de 116 V é aplicada?

5. A placa e o catodo do diodo de um tubo de vácuo têm a forma de dois cilindros concêntricos, estando o catodo como cilindro central. O diâmetro do catodo é 1,62 mm e o da placa, 18,3 mm, ambos tendo um comprimento de 2,38 cm. Calcule a capacitância do diodo.

6. Duas folhas de alumínio que estão afastadas 1,20 mm, têm uma capacitância de 9,70 pF e diferença de potencial 13,0 V. (*a*) Calcule a área da placa. (*b*) O afastamento é reduzido em 0,10 mm com a carga mantida constante. Determine a nova capacitância. (*c*) De quanto mudou a diferença de potencial? Explique como um microfone pode ser fabricado desta forma.

7. As placas de um capacitor esférico têm raios 38,0 e 40,0 mm. (*a*) Calcule a capacitância. (*b*) Qual deve ser a área da placa de um capacitor de placas paralelas com as mesmas distâncias entre placas e capacitância?

8. Suponha que duas cascas esféricas de um capacitor esférico têm seus raios aproximadamente iguais. Sob estas condições, o dispositivo se assemelha a um capacitor de placas paralelas com $b - a = d$. Mostre que a Eq. 30-8 para o capacitor esférico, de fato reduz-se à Eq. 30-5 para o capacitor de placas paralelas neste caso.

30-4 Capacitores em Série e em Paralelo

9. Quantos capacitores de 1,00 μF devem ser ligados em paralelo para acumular uma carga de 1,00 C com uma diferença de potencial de 110 V nos capacitores?

10. Na Fig. 30-23, determine a capacitância da combinação de capacitores. Adote $C_1 = 10,3$ μF, $C_2 = 4,80$ μF e $C_3 = 3,90$ μF.

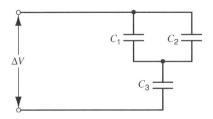

Fig. 30-23. Exercícios 10, 17 e 26.

11. Na Fig. 30-24, determine a capacitância equivalente do arranjo de capacitores. Adote $C_1 = 10,3$ μF, $C_2 = 4,80$ μF e $C_3 = 3,90$ μF.

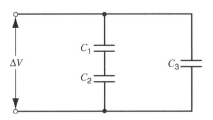

Fig. 30-24. Exercício 11.

12. Cada um dos capacitores descarregados da Fig. 30-25 tem uma capacitância de 25,0 μF. Uma diferença de potencial de 4200 V é estabelecida quando o interruptor S é fechado. Que quantidade de carga atravessa o medidor A?

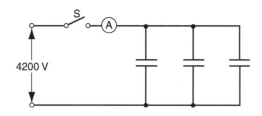

Fig. 30-25. Exercício 12.

13. Um capacitor de 6,0 μF é ligado em série com outro de 4,0 μF; uma diferença de potencial de 200 V é aplicada ao par. (a) Calcule a capacitância equivalente. (b) Qual a carga em cada capacitor? (c) Qual a diferença de potencial em cada capacitor?

14. Repita o Exercício 13 com os mesmos capacitores ligados em paralelo.

15. (a) Três capacitores são ligados em paralelo. Cada um tem área de placa A e afastamento d. Qual deve ser o afastamento de um único capacitor de área de placa A se a sua capacitância for igual à da combinação dos outros três? (b) Qual deve ser o afastamento se os três capacitores forem ligados, agora, em série?

16. Você tem vários capacitores de 2,0 μF, cada um capaz de suportar 200 V sem falhar. Como você faria uma combinação com estes capacitores de modo a obter uma capacitância equivalente de (a) 0,40 μF ou (b) 1,2 μF, cada combinação sendo capaz de suportar 1000 V?

17. Na Fig. 30-23, suponha que o capacitor C_3 falhe eletricamente, tornando-se equivalente a um caminho condutor. Quais as mudanças (a) na carga e (B) e qual diferença de potencial haverá no capacitor C_1? Adote que $\Delta V = 115$ V.

18. Um capacitor de 108 μF é carregado mediante uma diferença de potencial de 52,4 V, sendo a bateria desligada em seguida. O capacitor é, então, ligado em paralelo com outro (inicialmente descarregado). A diferença de potencial medida cai para 35,8 V. Determine a capacitância do segundo capacitor.

19. Uma porção de um arranjo infinito de capacitores idênticos com 1,0 μF é mostrada na Fig. 30-26. O arranjo está inicialmente descarregado. Uma bateria é, então, ligada a duas junções distantes. Mostre que o potencial em qualquer junção é a média do potencial nas quatro junções mais próximas. Você vai utilizar o resultado deste problema para resolver o Problema Computacional 1. (Sugestão: Qual a carga final em cada junção?)

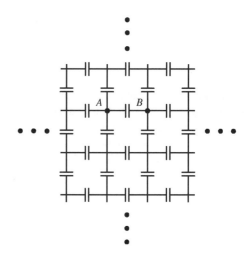

Fig. 30-26. Exercício 19 e Problema Computacional 1.

30-5 Armazenamento de Energia em um Campo Elétrico

20. Quanta energia é acumulada em 2,0 m³ de ar devido a um campo elétrico em "tempo bom" de intensidade 150 V/m?

21. Um banco de 2100 capacitores de 5,0 μF ligados em paralelo é usado para armazenar energia elétrica. Qual o custo para carregar este banco com 55 kV, adotando-se uma taxa de R$3,0/kW·h?

22. Tentativas de se construir um reator termonuclear de fusão, as quais se bem-sucedidas poderiam prover o mundo com uma vasta fonte de energia a partir do hidrogênio pesado da água marinha, geralmente demandam correntes elétricas estupendas por curtos períodos de tempo na variação de campos magnéticos. Estas correntes elétricas são geralmente fornecidas por bancos de capacitores. Um destes bancos de capacitores fornece 61,0 mF em 10,0 kV. Calcule a energia armazenada (a) em joules e (b) em kW·h.

23. Um capacitor de placas paralelas, preenchido com ar, com área de placa 42 cm² e afastamento de 1,30 mm é carregado até uma diferença de potencial de 625 V. Determine (a) A capacitância, (b) a intensidade de carga em cada placa, (c) a energia acumulada, (d) o campo elétrico entre as placas, e (e) a densidade de energia entre as placas.

24. Dois capacitores com 2,12 μF e 3,88 μF, estão ligados em série sob uma diferença de potencial de 328 V. Calcule a energia total acumulada nos capacitores.

25. Uma esfera metálica isolada com diâmetro de 12,6 cm tem uma energia potencial de 8150 V (onde $V = 0$ no infinito). Calcule a densidade de energia no campo elétrico próximo à superfície da esfera.

26. Na Fig. 30-23, determine (a) a carga, (b) a diferença de potencial e (c) a energia acumulada em cada capacitor. Adote os valores numéricos do Exercício 10, com $\Delta V = 112$ V.

27. Um capacitor cilíndrico tem raios a e b, conforme indicado na Fig. 30-6. Mostre que metade da energia elétrica potencial acumulada permanece dentro de um cilindro cujo raio é $r = \sqrt{ab}$.

30-6 Capacitor com Dielétrico

28. Um capacitor de placas paralelas, preenchido com ar, tem uma capacitância de 51,3 pF. (*a*) Se suas placas têm cada uma área de 0,350 m², qual o afastamento entre elas? (*b*) Se a região entre as placas é, agora, preenchida com um material de constante dielétrica 5,60, qual a nova capacitância?

29. Um capacitor de placas paralelas, preenchido com ar, tem uma capacitância de 1,32 pF. O afastamento entre as placas é dobrado e preenchido com cera. A nova capacitância é 2,57 pF. Determine a constante dielétrica da cera.

30. Dado um capacitor, preenchido com ar, com 7,40 pF, você é solicitado a projetar um capacitor que acumule até 6,61 μJ com uma diferença máxima de potencial de 630 V. Que dielétrico na Tabela 29-2 você usaria para preencher o espaço no capacitor se não é permitida margem de erro?

31. Para fabricar um capacitor de placas paralelas, você tem disponíveis duas placas de cobre, uma lâmina de mica (espessura = 0,10 mm, κ_e = 5,4), uma lâmina de vidro (espessura 0,20 mm, κ_e = 7,0) e uma placa de parafina (espessura 1,0 cm, κ_e = 2,0). Para obter a maior capacitância, qual das lâminas você deveria colocar entre as placas de cobre?

32. Uma certa substância tem uma constante dielétrica de 2,80 e uma rigidez dielétrica de 18,2 MV/m. Se a substância é usada como um material dielétrico em um capacitor de placas paralelas, qual a área mínima necessária às placas do capacitor de modo que a capacitância seja 68,4 nF e que o capacitor seja capaz de suportar uma diferença de potencial de 4,23 kV?

33. Um cabo coaxial usado em uma linha de transmissão se comporta com uma capacitância "distribuída" para o circuito que o alimenta. Calcule a capacitância de 1,00 km para um cabo com um raio interno de 0,110 mm e um raio externo de 0,588 mm. Adote que o espaço entre os condutores está preenchido com poliestireno.

34. Você foi incumbido de projetar um capacitor portátil capaz de armazenar 250 kJ de energia. Você escolheu um capacitor de placas paralelas com dielétrico. (*a*) Qual o menor volume viável para o capacitor usando os materiais dielétricos disponíveis na Tabela 29-2, cujas resistências dielétricas estão listadas? (*b*) Capacitores modernos, de alto desempenho e que podem armazenar 250 kJ têm volume de 0,087 m³. Admitindo que o dielétrico usado tem a mesma rigidez dielétrica que em (*a*), qual deveria ser sua constante dielétrica?

35. Pediram que você construísse um capacitor com uma capacitância próxima de 1000 pF e um potencial limite majorado para falha de 10 kV. Você pensa em usar os dois lados de um copo longo de vidro (PYREX), revestindo o interior e o exterior com uma folha de alumínio (desprezando as extremidades do copo). Quais são: (*a*) a capacitância e (*b*) o potencial de falha? Você utilizou um copo com 15 cm de altura, raio interno de 3,6 cm e externo de 3,8 cm.

36. No Problema Resolvido 30-8, suponha que a bateria permanece ligada durante o tempo em que a placa de dielétrico está sendo introduzida. Calcule (*a*) a capacitância, (*b*) a carga nas placas do capacitor, (*c*) o campo elétrico no vão entre as placas e (*d*) o campo elétrico na placa dielétrica, depois que ela foi introduzida no capacitor.

37. Uma placa de cobre de espessura *b* é introduzida em um capacitor de placas paralelas como indicado na Fig. 30-27. (*a*) Qual a capacitância depois que a placa é introduzida? (*b*) Se a carga *q* é mantida nas placas, determine a razão entre as energias armazenadas antes e depois que a placa é inserida. (*c*) Qual a quantidade de trabalho realizado sobre a placa enquanto ela é inserida? A placa é atraída ou você tem que empurrá-la?

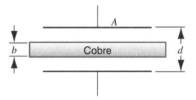

Fig. 30-27. Exercício 37.

38. Reconsidere o Exercício 37, admitindo que a diferença de potencial ΔV, tanto quanto a carga, seja mantido constante.

39. Um capacitor de placas paralelas tem uma capacitância de 112 pF, uma área de placa de 96,5 cm², um dielétrico de mica (κ_e = 5,40). Calcule para uma diferença de potencial de 55,0 V, as intensidades (*a*) do campo elétrico na mica, (*b*) da carga livre nas placas e (*c*) a carga induzida na superfície.

40. Duas placas paralelas de área 110 cm² recebem cargas iguais mais opostas de 890 nC. O campo elétrico no interior do material dielétrico preenchendo o espaço entre as placas é 1,40 MV/m. (*a*) Calcule a constante dielétrica do material. (*b*) Determine a intensidade da carga induzida em cada superfície do dielétrico.

PROBLEMAS

1. Na Seção 30-2, foi calculada a capacitância de um capacitor cilíndrico. Usando a aproximação (veja o Apêndice I) ln (1 + x) ≈ x, quando x << 1, mostre que a capacitância deste capacitor se aproximada da capacitância de um capacitor de placas paralelas quando o afastamento entre as placas é pequeno.

2. Um capacitor está sendo projetado para operar, com capacitância constante, em um ambiente de temperatura variável. Conforme apresentado na Fig. 30-28, o capacitor é do tipo placas paralelas, alinhadas com o emprego de "espaçadores" plásticos. (a) Mostre que a taxa de variação da capacitância C com a temperatura T é dada por

$$\frac{dC}{dT} = C\left(\frac{1}{A}\frac{dA}{dT} - \frac{1}{x}\frac{dx}{dT}\right),$$

onde A é a área da placa e x é o afastamento entre as placas. (b) Se as placas são de alumínio, qual deveria ser o coeficiente de dilatação térmica dos espaçadores para que a capacitância não varie com a temperatura? (Despreze o efeito dos espaçadores na capacitância.)

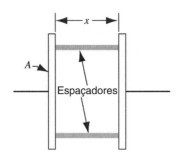

Fig. 30-28. Problema 2.

3. A Fig. 30-29 apresenta dois capacitores em série, sendo que a seção central rígida tem mobilidade vertical. Mostre que a capacitância equivalente do arranjo em série é independente da posição da seção central e é dada pela expressão

$$C = \frac{\epsilon_0 A}{a - b}.$$

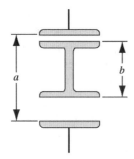

Fig. 30-29. Problema 3.

4. Na Fig. 30-30, é apresentado um capacitor variável preenchido com ar, do tipo que é empregado para ajuste de sintonia em aparelhos de rádio. Placas alternadas são ligadas juntas, um grupo fixo em uma posição e outro, sendo capaz de girar. Considere uma pilha de n placas de polaridade alternada, cada uma com área A e afastada das placas adjacentes de uma distância d. Mostre que este capacitor tem uma capacitância máxima de

$$C = \frac{(n-1)\epsilon_0 A}{d}.$$

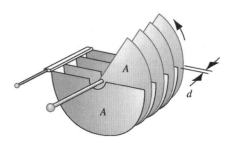

Fig. 30-30. Problema 4.

5. Na Fig. 30-31, os capacitores $C_1 = 1,16\ \mu F$ e $C_2 = 3,22\ \mu F$ são, cada um, carregados até uma diferença de potencial $\Delta V = 96,6$ V, mas, com polaridades opostas de modo que os pontos a e c estão no lado das placas positivas de C_1 e de C_2, e os pontos b e d estão no lado das placas negativas. Os interruptores S_1 e S_2 são, então, fechados. (a) Qual a diferença de potencial entre os pontos e e f? (b) Qual a carga em C_1? (c) Qual a carga em C_2?

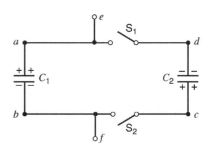

Fig. 30-31. Problema 5.

6. Quando o interruptor S é levado à esquerda na Fig. 30-32, as placas do capacitor C_1 adquirem uma diferença de potencial ΔV_0. C_2 e C_3 estão, inicialmente, descarregados. O interruptor é, agora, levado à direita. Quais são as cargas finais q_1, q_2 e q_3 nos capacitores correspondentes?

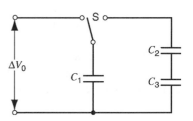

Fig. 30-32. Problema 6.

7. A Fig. 30-33 apresenta dois capacitores idênticos de capacitância C em um circuito com dois diodos (ideais) D. Uma

bateria de 100 V é ligada nos terminais de entrada, (*a*) primeiro, com um terminal *a* positivo e (*b*) depois, com um terminal *b* positivo. Em cada caso, qual a diferença de potencial entre os terminais de saída? (Um diodo ideal tem a propriedade de fazer a carga positiva fluir através dele apenas no sentido da seta e de fazer a carga negativa fluir, apenas, no sentido contrário.)

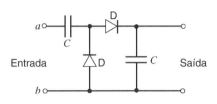

Fig. 30-33. Problema 7.

8. Um capacitor tem placas quadradas, cada uma com lado *a*, fazendo um ângulo θ com a outra, conforme indicado na Fig. 30-34. Mostre que para um ângulo θ pequeno, a capacitância é dada por

$$C = \frac{\epsilon_0 a^2}{d}\left(1 - \frac{a\theta}{2d}\right).$$

(Sugestão: O capacitor pode ser dividido em duas tiras diferenciais que estão efetivamente em paralelo.)

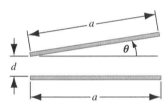

Fig. 30-34. Problema 8.

9. Na Fig. 30-35, uma bateria alimenta uma diferença de potencial ΔV de 12 V. (*a*) Determine a carga em cada capacitor quando o interruptor S_1 é fechado e (*b*) quando (posteriormente) o interruptor S_2 é, também, fechado. Considere $C_1 = 1,0\ \mu\text{F}$, $C_2 = 2,0\ \mu\text{F}$, $C_3 = 3,0\ \mu\text{F}$ e $C_4 = 4,0\ \mu\text{F}$.

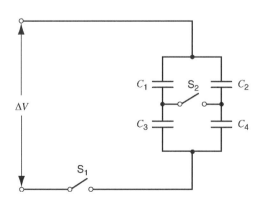

Fig. 30-35. Problema 9.

10. Determine a capacitância equivalente entre os pontos *x* e *y* na Fig. 30-36. Admita que $C_2 = 10,0\ \mu\text{F}$ e que os outros capacitores são todos de 4,0 μF. (Sugestão: Aplique uma diferença de potencial ΔV entre *x* e *y* e escreva todas as relações entre as cargas e as diferenças de potencial para cada capacitor, separadamente.)

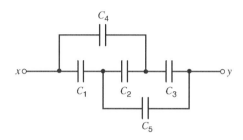

Fig. 30-36. Problema 10.

11. Um capacitor é carregado até armazenar 4,0 J e, então, a bateria de alimentação é removida. Um segundo capacitor, descarregado, é, então, ligado ao primeiro, em paralelo. (*a*) Se a carga se distribui igualmente, qual é, agora, a energia total armazenada nos campos elétricos? (*b*) Para onde foi a energia excedente?

12. Um fluido com resistividade 9,40 $\Omega \cdot$ m penetra no espaço entre as placas de um capacitor de placas paralelas com 110 pF, preenchido com ar. Quando o espaço está totalmente preenchido pelo fluido, qual a resistência entre as placas?

13. (*a*) Calcule a densidade de energia do campo elétrico a uma distância *r* de um elétron (presumido como uma partícula) em repouso. (*b*) Admita, agora, que o elétron não é um ponto, mas uma esfera de raio *R*, sobre cuja superfície a carga do elétron é distribuída uniformemente. Determine a energia associada ao campo elétrico externo do elétron no vácuo, como uma função de *R*. Avalie este raio numericamente; ele é freqüentemente chamado de raio clássico do elétron.

14. Mostre que as placas de um capacitor de placas paralelas se atraem com uma força dada pela expressão

$$F = \frac{q^2}{2\epsilon_0 A}.$$

Prove isto calculando o trabalho necessário para aumentar o afastamento entre as placas de *x* para $x + dx$, permanecendo constante a carga *q*.

15. Usando o resultado do Problema 14, mostre que a força por unidade de área (a *tensão eletrostática*) agindo em cada placa do capacitor é dada pela expressão $1/2\ \epsilon_0 E^2$. De fato, este resultado é verdadeiro, em geral, para um condutor de qualquer forma, com um campo elétrico $\vec{E}$ em sua superfície.

16. Uma bolha de sabão de raio R_0 recebe, lentamente, uma carga *q*. Devido à repulsão mútua das cargas em sua superfície, o raio cresce ligeiramente para *R*. A pressão interna de ar na bolha

cai, devido à expansão, para $p(V_0/V)$, onde p é a pressão atmosférica, V_0 é o volume inicial e V o volume final. Mostre que

$$q^2 = 32\pi^2\epsilon_0 pR(R^3 - R_0^3).$$

[Sugestão: Considere as forças atuando em uma pequena área de bolha carregada, desprezando a tensão superficial. Elas são devidas a (i) pressão de gás, (ii) pressão atmosférica e (iii) tensão eletrostática. Veja o Problema 15.]

17. Uma câmara cilíndrica de ionização tem um anodo central de arame com raio 0,180 mm e um catodo cilíndrico coaxial com raio 11,0 mm. Ele é preenchido com um gás cuja rigidez dielétrica é 2,20 MV/m. Determine a maior diferença de potencial que deveria ser aplicada entre o anodo e o catodo, se o gás deve evitar a falha elétrica antes que radiação penetre a janela da câmara.

18. Um capacitor de placas paralelas é preenchido com dois dielétricos conforme indicado na Fig. 30-37. Mostre que a capacitância é dada pela expressão

$$C = \frac{\epsilon_0 A}{d}\left(\frac{\kappa_{e1} + \kappa_{e2}}{2}\right).$$

Verifique esta fórmula para todos os casos-limite em que você possa pensar. (Sugestão: Você pode justificar o uso deste arranjo como dois capacitores em paralelo?)

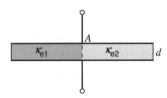

Fig. 30-37. Problema 18.

19. Um capacitor de placas paralelas é preenchido com dois dielétricos conforme indicado na Fig. 30-38. Mostre que a capacitância é dada pela expressão

$$C = \frac{2\epsilon_0 A}{d}\left(\frac{\kappa_{e1}\kappa_{e2}}{\kappa_{e1} + \kappa_{e2}}\right).$$

Verifique esta fórmula para todos os casos-limite em que você possa pensar. (Sugestão: Você pode justificar o uso deste arranjo como dois capacitores em série?)

Fig. 30-38. Problema 19.

20. Qual a capacitância do capacitor na Fig. 30-39?

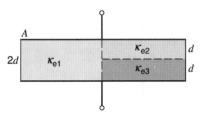

Fig. 30-39. Problema 20.

21. Um capacitor de placas paralelas tem placas de área A e afastamento d, sendo carregado com uma diferença de potencial ΔV. A bateria de alimentação é, então, desligada e as placas são afastadas até uma distância $2d$. Determine a expressão em termos de A, d e ΔV para (a) a nova diferença de potencial, (b) as energias armazenadas inicial e final e (c) o trabalho requerido para separar as placas.

22. No capacitor do Problema Resolvido 30-9 (Fig. 30-15), (a) que parcela da energia é armazenada nos vãos preenchidos com ar? (b) Que fração é armazenada na placa?

23. Um capacitor de placas paralelas tem placas com área 0,118 m² e uma separação de 1,22 cm. Uma bateria carrega as placas até uma diferença de potencial de 120 V e, em seguida, é desligada. Uma placa dielétrica com espessura 4,30 mm e constante dielétrica 4,8 é, então, introduzida simetricamente entre as duas placas. (a) Determine a capacitância antes da placa ser inserida. (b) Qual é a capacitância com a placa dielétrica no lugar? (c) Qual a carga livre q antes e depois da placa ser inserida? (d) Determine o campo elétrico no espaço entre as placas e o dielétrico. (e) Qual é o campo elétrico no dielétrico? (f) Com a placa dielétrica no lugar, qual é a diferença de potencial entre as placas? (g) Qual a quantidade de trabalho externo, envolvida no processo de inserção da placa dielétrica?

24. Uma placa dielétrica de espessura b é inserida entre as placas de um capacitor de placas paralelas, cujo afastamento é d. Mostre que a capacitância é dada pela expressão

$$C = \frac{\kappa_e \epsilon_0 A}{\kappa_e d - b(\kappa_e - 1)}.$$

(Sugestão: Desenvolva a expressão seguindo a estrutura do Problema Resolvido 30-9.) Esta expressão prediz o resultado numérico correto daquele problema resolvido? Verifique que a expressão gera resultados razoáveis para os casos especiais de $b = 0$, $\kappa_e = 1$ e $b = d$.

PROBLEMAS COMPUTACIONAIS

1. Utilize os resultados do Exercício 19 para determinar a capacitância equivalente entre dois pontos quaisquer (como A e B) separados por um único capacitor, para o arranjo de infinitos capacitores da Fig. 30-26. Este problema é mais facilmente resolvido por iterações e pode ser programado e resolvido em uma folha de papel em menos de um minuto!

2. Repita o Problema Computacional 1 para um toro, em vez de uma folha infinita. Comece com uma malha quadrada de 10×10 capacitores. Una duas bordas opostas para fazer um cilindro, em seguida, una as duas extremidades para fazer um toro (formato de "rosquinha") De quanto esta resposta se modifica se a malha original é dobrada de tamanho?

CAPÍTULO 31

CIRCUITOS CC

No Cap. 29 foram discutidas algumas características gerais de corrente e de resistência. Neste capítulo, começa-se o estudo de determinados circuitos elétricos que incluem elementos resistivos, que podem ser resistores propriamente ditos ou resistências internas de elementos de circuitos como baterias ou fios.

Neste capítulo, o estudo será limitado aos circuitos de corrente contínua (CC), nos quais o sentido da corrente não muda com o tempo. Em circuitos CC que contêm apenas baterias e resistores, a intensidade da corrente não varia com o tempo, enquanto em circuitos CC que contêm capacitores, a intensidade de corrente pode ser dependente do tempo. Circuitos de corrente alternada (CA), nos quais a corrente muda de sentido periodicamente, são abordados no Cap. 37.

31-1 CORRENTE ELÉTRICA

Na Seção 29-3, discutiu-se o fluxo de cargas elétricas através de condutores. A corrente elétrica i é a quantidade de carga resultante por unidade de tempo que passa através de um elemento de área em qualquer posição no condutor. Muitas vezes, estamos interessado na corrente total que passa por um circuito, no qual a área é a seção transversal de fios que conectam as partes do circuito.

A Fig. 31-1 ilustra um problema usual que é estudado neste capítulo. Uma bateria é conectada a um "dispositivo". O dispositivo pode ser um único elemento de circuito, como um resistor ou um capacitor, ou pode ser uma combinação de elementos de circuito. A bateria mantém o terminal superior a um potencial V_+ e o terminal inferior a um potencial V_-. Para uma bateria ideal, a diferença de potencial $V_+ - V_-$ entre os terminais é independente da quantidade de corrente que está sendo suprida ao circuito. Como será discutido ainda neste capítulo, para uma bateria real, a diferença de potencial *é* dependente da corrente.

No caso eletrostático, no qual os condutores são eqüipotenciais, o potencial V_+ no terminal positivo da bateria caracterizaria todo o fio que conecta a parte superior do dispositivo à bateria. Neste caso, a diferença de potencial $V_+ - V_-$ entre os terminais iria também surgir entre os terminais superior e inferior do dispositivo. Quando a corrente está fluindo pelos fios, as conclusões da eletrostática não são mais válidas; em particular, sabe-se das discussões da Seção 29-4 (veja a Eq. 29-12) que quando a corrente i flui em um condutor existe uma diferença de potencial $\Delta V = iR$ entre os terminais do condutor. Porém, a resistência dos fios é normalmente muito pequena se comparada à resistência do dispositivo do circuito, portanto, justifica-se a não inclusão do efeito dos fios; em particular, supõe-se que não há queda de potencial nos fios e, neste caso, a diferença de potencial total dos terminais da bateria surge entre os terminais do dispositivo.

A bateria pode ser considerada uma "bomba" de carga, como se estivesse trazendo carga positiva através da bateria, do terminal negativo para o terminal positivo. Na verdade, é normalmente o movimento dos elétrons carregados negativamente que é responsável pela formação da corrente. Uma outra forma de interpretar o fluxo de cargas em um circuito é considerar as cargas positivas como se "caíssem" através do dispositivo, da região de maior potencial (a parte do dispositivo conectada ao terminal positivo da bateria) para a região de menor potencial (a parte do dispositivo conectada ao terminal negativo da bateria).

A função da bateria no circuito é a de manter uma diferença de potencial que permita o fluxo de cargas. A bateria *não* é uma fonte de elétrons. Os elétrons passam através da bateria e têm as suas energias aumentadas à medida que se deslocam dentro da bateria, do terminal positivo para o terminal negativo. Quando se diz que a bateria está "descarregada" isto não significa que ela está "esgotada" em seu estoque de elétrons; em vez disso, significa que ela exauriu a fonte de energia (muitas vezes uma

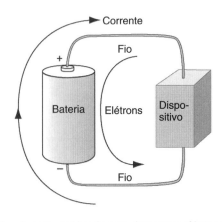

Fig. 31-1. Uma bateria está ligada a um dispositivo elétrico por dois fios. O sentido da corrente é oposto ao sentido do movimento dos elétrons.

reação química) que era responsável pelo aumento da energia dos elétrons. Note na Fig. 31-1 que os elétrons se movem através de todo o circuito; eles não são "gerados" na bateria.

Embora nos metais os portadores de carga sejam os elétrons, em eletrólitos ou condutores gasosos (plasmas) eles podem ser também íons positivos ou negativos, ou ambos. Precisa-se de uma convenção para indicar o sentido da corrente porque as cargas de sinal oposto se movem em sentido oposto em um dado campo. Uma carga positiva movendo-se em um sentido é equivalente para praticamente todos os efeitos externos a uma carga negativa movendo-se no sentido oposto. Conseqüentemente, por simplicidade e consistência algébrica, adota-se a seguinte convenção:

O sentido da corrente é o sentido em que cargas positivas se deslocariam, mesmo que os reais portadores de carga sejam negativos.

Se os portadores de carga são negativos, eles simplesmente irão se mover no sentido oposto ao sentido que aponta a seta de corrente (como na Fig. 31-1).

Sob a maior parte das circunstâncias, circuitos elétricos são analisados tomando-se como base um sentido admitido para a corrente, sem se preocupar em saber se os reais portadores de carga são positivos ou negativos. Em alguns casos raros (veja, por exemplo, o efeito Hall na Seção 32-4) é necessário levar em conta o sinal dos portadores de carga.

Conservação de Carga

Quando se conecta pela primeira vez a bateria a um dispositivo, o circuito se comporta de forma irregular. Uma situação parecida com a que ocorre quando se abre uma torneira conectada, através de uma mangueira, a um aspersor de jardim. No começo, a água percorre a mangueira, criando turbilhões e redemoinhos. Quando alcança o aspersor, a água emerge ao acaso de alguns dos furos e não de outros. Após alguns segundos, um fluxo estável é estabelecido e a água flui de qualquer furo a uma taxa constante. Em circuitos elétricos, normalmente é ignorado este comportamento inicial (chamado de comportamento transiente) e se considera apenas a situação de regime permanente, que é atingida muito rapidamente (em nanossegundos).

Supõe-se que, sob condições de regime permanente, a carga não se acumula ou é drenada de nenhum ponto do fio idealizado. Na terminologia utilizada no fluxo de fluidos, não há fontes ou sumidouros de carga no fio. Quando se faz esta suposição no estudo de fluidos incompressíveis, conclui-se que a taxa com que o fluido escoa por qualquer seção transversal de tubo se mantém constante, mesmo que a seção transversal varie. O fluido escoa mais rapidamente onde o tubo é mais estreito e mais lentamente onde este é mais largo, mas o fluxo volumétrico, medido, por exemplo, em litros/segundo, permanece constante. Da mesma forma, *a corrente elétrica i é a mesma para todas as seções transversais de um condutor, mesmo que a área da seção transversal possa ser diferente em diferentes pontos*. A densidade de corrente $\vec{j}$ (corrente por unidade de área) irá mudar à medida que a área de seção transversal mudar, mas a corrente i permanecerá a mesma.

A Fig. 31-2a mostra o circuito da Fig. 31-1 em uma notação mais simples. O dispositivo é representado apenas por uma caixa. Note que a corrente que entra no dispositivo é a mesma que sai deste. Este é um exemplo de conservação de carga; nenhuma carga resultante é retida pelo dispositivo — para cada elétron que entra em um terminal, um elétron sai no outro terminal.

A Fig. 31-2b mostra um outro circuito no qual a corrente passa em sucessão através de três dispositivos, nomeados de A, B e C. A corrente i_A no dispositivo A é exatamente a mesma corrente i_B no dispositivo B e ainda é a mesma corrente i_C no dispositivo C; isto é, $i_A = i_B = i_C$. Nenhuma corrente é "gasta" na passagem por qualquer dispositivo de circuito. A Fig. 31-2b é um exemplo de elementos de circuito conectados em *série*, na qual a mesma corrente deve passar em sucessão através de cada elemento do circuito.

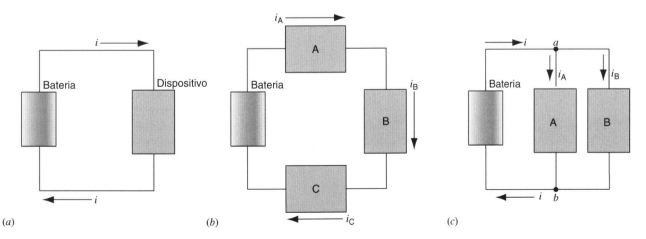

Fig. 31-2. (a) O circuito da Fig. 31-1 em notação simbólica. (b) A mesma corrente flui sucessivamente através dos dispositivos A, B e C. (c) A corrente divide-se na conexão a e depois junta-se na conexão b.

A Fig. 31-2c mostra a corrente em diferentes arranjos de elementos de circuito. Aqui, a corrente deve dividir-se quando alcançar o ponto *a* do circuito, com a quantidade i_A passando através do dispositivo A e a quantidade i_B passando através do dispositivo B. (As quantidades relativas em A e em B, que não são importantes para esta discussão, dependem das propriedades de A e de B.) No ponto *b* as correntes devem se juntar. Como nenhuma carga é retida no ponto *a*, a corrente que entra neste ponto deve ser exatamente a mesma que sai, ou $i = i_A + i_B$. De forma semelhante, a corrente que entra no ponto *b* deve ser a mesma que sai, ou $i_A + i_B = i$. Isto é, normalmente, chamado de *lei dos nós* para a análise de circuitos:

Em qualquer nó em um circuito elétrico, a corrente total que entra no nó deve ser igual à corrente total que sai do nó.

Nesta lei o termo "nó" significa um ponto do circuito onde vários segmentos de fios se encontram, tais como os pontos *a* ou *b* na Fig. 31-2c. A lei dos nós (também conhecida como *Primeira Lei de Kirchhoff*) é realmente uma afirmação a respeito da conservação de carga elétrica.

A Fig. 31-2c é um exemplo de conexão de elementos de circuito em *paralelo*. A característica de uma conexão em paralelo é que a corrente deve dividir-se para passar separadamente através dos elementos individuais e depois juntar-se novamente.

31-2 FORÇA ELETROMOTRIZ

Uma fonte de energia externa é necessária para mover carga através de um circuito para a maior parte dos circuitos elétricos. O circuito, portanto, deve incluir um dispositivo que mantenha a diferença de potencial entre dois pontos do mesmo, assim como a circulação de um fluido necessita de um dispositivo análogo (uma bomba) que mantém a diferença de *pressão* entre dois pontos.

Qualquer dispositivo que executa esta tarefa em um circuito elétrico é chamado de fonte (ou sede) de *força eletromotriz* (símbolo $\mathcal{E}$; abreviação fem, que é pronunciado "fem"). Às vezes, é útil se considerar uma fonte de fem como um mecanismo que cria uma "elevação" do potencial e move a carga "elevação acima", de onde a carga flui "elevação abaixo" através do resto do circuito. Uma fonte usual de fem é a bateria comum; outra é um gerador elétrico existente em usinas geradoras elétricas. Células solares são fontes de fem utilizadas tanto em naves espaciais quanto em calculadoras de bolso. Outras fontes de fem menos comuns são as células combustíveis (utilizadas para gerar potência para o ônibus espacial) e pilhas termelétricas. Sistemas biológicos, incluindo o coração humano, também funcionam como fonte de fem.

A Fig. 31-3a mostra uma fonte de fem conectada a um dispositivo eletrônico, que pode ser um resistor, um capacitor ou um outro elemento qualquer de circuito. A fem é representada no circuito por uma seta que é posicionada perto da fonte apontando no sentido em que a fem, atuando sozinha, movimentaria um portador de carga positiva pelo circuito. Desenha-se um pequeno círculo na cauda da seta de fem para que não seja confundida com uma seta de corrente. No circuito, os portadores de carga positiva seriam guiados no sentido mostrado pelas setas de corrente marcadas com *i*. Em outras palavras, uma fonte de fem estabelece uma corrente em sentido horário no circuito da Fig. 31-1a.

A fonte usual de fem que será utilizada será uma bateria comum. Como mostrado na Fig. 31-1a, a bateria é representada em um circuito por duas linhas paralelas de diferentes comprimentos. A linha mais longa sempre indica o terminal positivo da bateria. A fonte de fem (a bateria) mantém o seu terminal superior em um potencial alto V_+ e o seu terminal inferior em um potencial baixo V_-. Baterias (tamanhos AAA, AA, C ou D) são utilizadas em lâmpadas de lanternas ou em CD players portáteis que têm uma fem de 1,5 volt. Como será visto na próxima seção, a fem de bateria é igual à diferença de potencial entre terminais $V_+ - V_-$ *apenas* se não houver corrente no circuito ou se a bateria tiver uma resistência interna desprezível.

Uma fonte de fem deve ser capaz de realizar trabalho sobre os portadores de carga que nela entram. A fonte age para mover, através de seu interior cargas positivas de um ponto de potencial baixo (terminal negativo) para um ponto de potencial alto (terminal positivo). As cargas se movem através do circuito, dissipando a energia suprida a elas pela fonte de fem. Eventualmente, estas retornam ao terminal negativo, de onde a fem eleva-as novamente ao terminal positivo, e o ciclo continua. (Note que, de acordo com a convenção usual, analisa-se o circuito como se

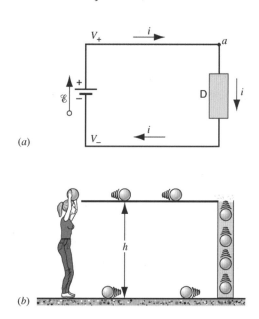

Fig. 31-3. (a) Um circuito elétrico simples, no qual a fem $\mathcal{E}$ (uma bateria) realiza trabalho sobre os portadores de carga e mantém uma corrente constante através do dispositivo D. (b) Uma analogia gravitacional, no qual o trabalho realizado por uma pessoa mantém um fluxo constante de bolas de boliche através do meio viscoso.

cargas positivas estivessem fluindo. Na realidade os elétrons se movem no sentido oposto.)

Quando uma corrente entra em regime permanente no circuito da Fig. 31-3a, a carga dq passa através de *qualquer* seção transversal do circuito durante o tempo dt. Em particular, esta carga entra na fonte de fem $\mathscr{E}$ no lado de potencial baixo e sai no lado de potencial alto. A fonte deve realizar uma quantidade de trabalho dW sobre os portadores de carga (positivos) para que estes sejam forçados a irem para um potencial mais alto. A fem $\mathscr{E}$ da fonte é definida como trabalho por unidade de carga, ou

$$\mathscr{E} = dW/dq. \qquad (31\text{-}1)$$

A unidade de fem é o joule/coulomb, que é a mesma de volt. Note que, da Eq. 31-1, a força eletromotriz não é realmente uma força; isto é, ela não é medida em newtons. O nome se originou dos primórdios da história sobre o assunto.

A fonte de fem supre energia ao circuito. Esta energia pode ser obtida através de uma variedade de processos: químico (como em uma bateria ou célula combustível), mecânico (um gerador), térmico (uma pilha termelétrica) ou radiante (célula solar). A corrente no circuito da Fig. 31-3a transfere energia de uma fonte de fem para um dispositivo D. Se o dispositivo é uma outra bateria que está sendo carregada pela fonte de fem, então a energia transferida aparece como energia química armazenada na bateria. Se o dispositivo é um resistor, a energia transferida se apresenta como energia interna (observada talvez como um aumento de temperatura) e pode então ser transferido para o ambiente na forma de calor. Se o dispositivo é um capacitor, a energia transferida é acumulada como energia potencial em seu campo elétrico. Em cada um destes casos, a conservação de energia requer que a quantidade de energia perdida pela bateria seja igual a quantidade de energia transferida para o, dissipada pelo, ou armazenada no dispositivo D.

A Fig. 31-3b mostra um similar gravitacional da Fig. 31-3a. Nesta figura, uma pessoa ao levantar as bolas de boliche do chão para a prateleira, realiza trabalho sobre elas. As bolas rolam devagar e uniformemente ao longo da prateleira, caindo do lado direito para dentro de um cilindro cheio de óleo viscoso. Elas afundam até o fundo do cilindro com velocidade essencialmente constante, são removidas por um mecanismo tipo alçapão (não-mostrado) e rolam de volta ao longo do chão para a esquerda. A energia posta para dentro do sistema pela pessoa eventualmente surge em forma de energia interna no fluido viscoso, resultando em um aumento de temperatura. A energia fornecida pela pessoa vem de sua energia interna (química) armazenada. A circulação das cargas na Fig. 31-3a eventualmente pára se a fonte de fem esgotar a sua energia; a circulação das bolas de boliche na Fig. 31-3b eventualmente pára se a pessoa fica sem energia.

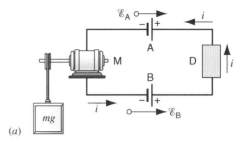

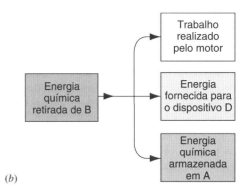

Fig. 31-4. (a) $\mathscr{E}_B > \mathscr{E}_A$, então a bateria B determina o sentido da corrente em um circuito de malha única. (b) Transferências de energia neste circuito.

A Fig. 31-4a mostra um circuito contendo duas fontes de fem (baterias) A e B, um dispositivo D e um motor elétrico ideal M empregado para levantar um peso. As baterias são conectadas de tal forma que elas tendem a enviar cargas pelo circuito em sentidos opostos; o sentido real da corrente é determinado pela bateria B, que tem uma fem maior. A Fig. 31-4b mostra a transferência de energia neste circuito. A energia química na bateria B é estavelmente exaurida, tendo a energia as três formas mostradas à direita. A bateria A está sendo carregada enquanto a bateria B está sendo descarregada.

Note que o circuito pode transferir energia *de* uma fonte de fem ou *para* uma fonte de fem. No caso ideal, a energia transferida no processo associada à fonte de fem é *reversível* em termos termodinâmicos (veja a Seção 24-1). Uma bateria pode ser *carregada* (significando que uma fonte externa aumenta o suprimento de energia da bateria, e *não* que está se forçando mais carga para a bateria) ou pode ser *descarregada* (significando que energia é retirada da bateria). De forma similar, um gerador pode ser acionado mecanicamente para produzir energia elétrica, ou pode utilizar a energia elétrica para produzir movimento mecânico, como em um motor.

31-3 ANÁLISE DE CIRCUITOS

O circuito elétrico mais simples consiste em uma fonte de fem (como uma bateria) e um dispositivo de circuito (como um resistor). Exemplos deste tipo de circuito poderiam incluir uma lâmpada de lanterna ou um aquecedor elétrico. A Fig. 31-5 mostra um circuito que consiste em uma única bateria ideal e em um resistor R. A notação simbólica de circuito para um resistor é -⋀⋀⋀- .

Normalmente, o objetivo da análise de circuitos está na determinação da intensidade e do sentido da corrente, dadas as fems e os resistores de um circuito. Analisa-se este circuito conside-

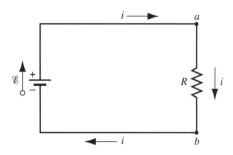

Fig. 31-5. Um circuito de malha única. A corrente é a mesma em qualquer parte do circuito. O potencial *cresce* de − para + ao passar pela bateria e *decresce* de *a* para *b* (no sentido da corrente) ao passar pelo resistor.

rando-se as diferenças de potencial entre os terminais de cada elemento do circuito. Posteriormente, neste capítulo, consideraremos um outro método baseado na energia suprida ou dissipada por cada elemento de circuito.

O primeiro passo na análise de um circuito é estabelecer um sentido para a corrente. Normalmente, tenta-se fazer a melhor suposição possível; se é escolhido o sentido errado, a corrente aparece com sinal negativo, mostrando que a suposição inicial para o sentido estava errado, mas a intensidade que foi calculada ainda está correta. No circuito da Fig. 31-5, espera-se que a corrente esteja no sentido horário determinado pela fem da bateria. A bateria mantém o ponto *a* em um potencial maior que o ponto *b*, e então as cargas positivas no circuito irão cair através do resistor de *a* para *b* antes de retornar à bateria para serem enviadas de volta para o potencial maior de *a*.

Quando analisamos o circuito utilizando o método de diferenças de potencial, percorremos uma vez todo o circuito e contabilizamos as diferenças de potencial entre os terminais de cada elemento do circuito. Não faz diferença em que sentido a malha é percorrida para se fazer esta análise. Em seguida, escolhe-se o sentido horário (no mesmo sentido da corrente), começando no ponto *a*.

Seja ΔV_R a diferença de potencial entre os terminais do resistor. Isto é, o potencial em *a* é maior que o potencial em *b* pela quantidade ΔV_R, que é igual a iR. Como podemos saber que V_a é maior do que V_b? Até agora não se sabe com certeza, mas é consistente com o sentido que se escolheu para a corrente através de *R*. Se a corrente flui de *a* para *b*, então os portadores de carga positiva estão caindo através do resistor de um potencial maior em *a* para um potencial menor em *b*. Se a escolha inicial para o sentido da corrente for errado, a solução irá mostrar que i e ΔV_R serão negativos.

Agora estamos preparados para analisar o circuito. O procedimento consiste em começar por qualquer ponto, percorrer o circuito somando-se todas as diferenças de potencial e depois retornar ao ponto de partida onde se deve achar o mesmo potencial que havia ao se começar a análise. Este procedimento pode ser resumido como se segue:

A soma algébrica de todas as diferenças de potencial ao percorrer a malha completa de um circuito deve ser nula.

Esta lei é conhecida como *lei das malhas* (e é algumas vezes referida como Segunda Lei de Kirchhoff). Em última análise, trata-se de uma afirmação acerca da conservação de energia. Uma analogia pode ser feita ao percorrer um terreno montanhoso; desloca-se para cima e para baixo à medida que se anda, mas se forem contabilizadas todas as mudanças na energia potencial gravitacional, verifica-se que a mudança total é nula ao se retornar ao ponto de partida.

Agora, examinaremos as variações no potencial à medida que se percorre o circuito da Fig. 31-5, começando no ponto *a*, onde o potencial é V_a. Percorrendo no sentido horário a partir de *a* através do resistor, o potencial cai de $\Delta V_R = iR$, de modo que o potencial em *b* é $V_b = V_a - iR$. Continuando em sentido horário pelo circuito, passa-se através da bateria do terminal negativo para o terminal positivo e, deste modo, o potencial aumenta da fem $\mathcal{E}$ da bateria. Este percurso retorna ao ponto *a* e ao potencial V_a. Já que o potencial do ponto de partida e do ponto de chegada no ponto *a* devem ser iguais (o potencial é uma quantidade independente do caminho), tem-se que $V_a = V_a - iR + \mathcal{E}$. De forma equivalente, podemos achar este resultado pela aplicação direta da lei das malhas, somando as diferenças de potencial e igualando a soma resultante a zero. Novamente, começando em *a* e percorrendo a malha no sentido horário, primeiro acha-se uma diferença de potencial negativa de $-iR$ e, então, uma diferença de potencial positiva de $+\mathcal{E}$. Igualando a soma resultante a zero, obtém-se

$$-iR + \mathcal{E} = 0$$

ou

$$i = \frac{\mathcal{E}}{R}. \tag{31-2}$$

Determinou-se a corrente neste circuito, o que completa esta análise.

Considere agora um circuito de uma única malha um pouco mais complicado, mostrado na Fig. 31-6. Este circuito tem uma única bateria, mas tem dois resistores. Pode-se, mais uma vez, supor que a corrente está no sentido horário. Desta vez percorre-se a malha do circuito no sentido *anti-horário*. Iniciando no ponto *a*, primeiro passa-se pela bateria e se encontra uma diferença de potencial $-\mathcal{E}$. Depois passa-se por R_2 no sentido oposto ao da corrente, de modo que o potencial *cresce* e a diferença de potencial é

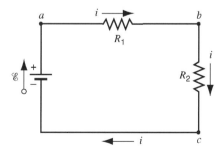

Fig. 31-6. Um circuito de malha única com dois resistores. A corrente é a mesma em qualquer parte; o potencial decresce de *a* para *b* e também de *b* para *c*, no sentido da corrente.

de $+iR_2$. De forma similar, a diferença de potencial quando se passa por R_1 é $+iR_1$, após o que volta-se ao ponto de partida. De acordo com a lei das malhas, a soma destas diferenças de potencial é nula:

$$-\mathcal{E} + iR_2 + iR_1 = 0$$

ou

$$i = \frac{\mathcal{E}}{R_1 + R_2}. \quad (31\text{-}3)$$

Note que a Eq. 31-3 reduz-se à Eq. 31-2 se $R_1 = 0$ ou $R_2 = 0$.

Diferenças de Potencial em um Circuito

Muitas vezes, é necessário encontrar a diferença de potencial entre dois pontos de um circuito. Na Fig. 31-6, por exemplo, como a diferença de potencial $\Delta V_{ab} (= V_a - V_b)$ entre os pontos b e a depende dos elementos da malha $\mathcal{E}$, R_1 e R_2? Para achar a relação entre eles, começa-se do ponto b e move-se no sentido anti-horário para o ponto a, passando pelo resistor R_1. Se V_a e V_b são respectivamente os potenciais em a e em b, tem-se

$$V_b + iR_1 = V_a,$$

porque experimenta-se um crescimento do potencial ao se percorrer o resistor no sentido oposto ao da corrente. Pode-se reescrever esta relação em termos de ΔV_{ab}, a diferença de potencial entre a e b, como

$$\Delta V_{ab} = V_a - V_b = +iR_1,$$

que mostra que ΔV_{ab} tem intensidade iR_1 e que o ponto a está em um potencial maior do que o ponto b. Combinando a última equação com a Eq. 31-3 leva a

$$\Delta V_{ab} = \mathcal{E} \frac{R_1}{R_1 + R_2}. \quad (31\text{-}4)$$

Em resumo, para encontrar a diferença de potencial entre dois pontos quaisquer de um circuito, inicia-se em um ponto, percorre-se o circuito até o outro ponto e soma-se algébricamente as mudanças de potencial encontradas. Esta soma algébrica é a diferença de potencial entre os pontos. Este procedimento é similar ao utilizado para se determinar a corrente em uma malha fechada, com a exceção de que nesta as diferenças de potencial são somadas em parte da malha e não por toda a malha.

Pode-se percorrer *qualquer* caminho pelo circuito entre dois pontos, e consegue-se o mesmo valor de diferença de potencial, porque a *não dependência do caminho* é uma parte essencial do conceito de potencial. A diferença de potencial entre dois pontos quaisquer pode ter apenas um único valor; deve-se obter o mesmo resultado para todos os caminhos que ligam esses pontos. (De maneira similar, ao se considerar dois pontos na encosta de uma colina, a diferença de potencial gravitacional medida entre eles é a mesma não importando qual caminho foi seguido para ir de um ponto ao outro.) Na Fig. 31-6 recalcula-se ΔV_{ab},

utilizando um caminho iniciado em a e seguindo no sentido anti-horário, passando pela fonte de fem até b. Tem-se

$$V_a - \mathcal{E} + iR_2 = V_b$$

ou

$$\Delta V_{ab} = V_a - V_b = +\mathcal{E} - iR_2.$$

Combinando este resultado com a Eq. 31-3 chega-se à Eq. 31-4.

Utilizando métodos semelhantes, pode-se mostrar que

$$\Delta V_{bc} = \mathcal{E} \frac{R_2}{R_1 + R_2}. \quad (31\text{-}5)$$

Note que, como era esperado, $\Delta V_{ab} + \Delta V_{bc} = \mathcal{E}$. A combinação de resistores no circuito da Fig. 31-6 é chamada de *divisor de tensão*. De fato, este divide a diferença de tensão da bateria em duas partes proporcionais aos valores dos dois resistores.

Uma outra forma de ilustrar a diferença de potencial deste circuito é mostrada na Fig. 31-7. Por conveniência, começou-se no ponto c e percorreu-se o circuito no sentido horário. Pode-se ver claramente como a fem da bateria é "dividida" em diferenças de potencial entre os terminais de cada um dos dois resistores.

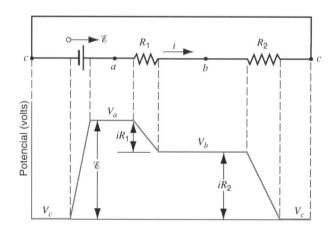

Fig. 31-7. O circuito da Fig. 31-6 é desenhado com os seus componentes ao longo de uma linha reta na parte de cima. A diferença de potencial entre os terminais de cada um dos elementos é mostrado.

Resistência Interna de uma Fonte de FEM

Em contraste com baterias ideais que foram consideradas até agora, as baterias reais têm resistência interna. Esta resistência é uma característica dos materiais dos quais são feitas as baterias. Como a resistência interna é uma parte inerente da bateria, esta não pode ser removida; seria bom se pudesse ser, uma vez que a resistência interna tem efeitos não desejáveis como a redução da tensão nos terminais da bateria e a limitação da corrente que pode fluir pelo circuito.

A Fig. 31-8 mostra o circuito de malha única da Fig. 31-5 levando-se em conta a resistência interna r da bateria. Mesmo

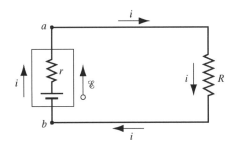

Fig. 31-8. A bateria é representada como um dispositivo que contém uma fonte de fem $\mathcal{E}$ e uma resistência interna r.

sendo parte do mesmo dispositivo, mostra-se a fonte de fem e a resistência interna como elementos separados.

O circuito da Fig. 31-8 é idêntico ao circuito da Fig. 31-6, e pode-se achar a corrente por mera adaptação da Eq. 31-3 aos elementos de circuito da Fig. 31-8:

$$i = \frac{\mathcal{E}}{R + r}. \qquad (31\text{-}6)$$

A resistência interna *reduz* a corrente que a fem pode suprir ao circuito.

A diferença de potencial entre os terminais da bateria é $\Delta V_{ab} = V_a - V_b = \mathcal{E} - iR$; utilizando a Eq. 31-6 obtém-se

$$\Delta V_{ab} = \mathcal{E} \frac{R}{R + r}. \qquad (31\text{-}7)$$

A partir desta expressão vê-se que a diferença de potencial entre os terminais da bateria não é uma constante, mas agora depende da resistência R do circuito. À medida que se faz R menor e, desse modo, aumenta-se a corrente, a diferença de potencial entre os terminais da bateria decresce. Uma bateria de 1,5 V tem uma diferença de tensão entre os terminais de 1,5 V apenas quando não houver corrente fluindo através dela. Quando a bateria é conectada a um dispositivo como um rádio, a diferença de tensão entre os terminais será menor que 1,5 V.

Vê-se a partir da Eq. 31-7 que ΔV_{ab} é igual a $\mathcal{E}$ apenas se a bateria tiver resistência interna nula ($r = 0$) ou se o circuito estiver aberto ($R = \infty$).

PROBLEMA RESOLVIDO 31-1.

Qual a corrente no circuito da Fig. 31-9a? A fem e os resistores têm os seguintes valores: $\mathcal{E}_1 = 2,1$ V, $\mathcal{E}_2 = 4,4$ V, $r_1 = 1,8\ \Omega$, $r_2 = 2,3\ \Omega$ e $R = 5,5\ \Omega$.

Solução As duas fems estão conectadas de tal forma que estão em oposição uma em relação a outra, por $\mathcal{E}_2$ ser maior que $\mathcal{E}_1$, controla o sentido da corrente no circuito, que é anti-horário. A lei das malhas, aplicada no sentido horário a partir do ponto a, leva a

$$-\mathcal{E}_2 + ir_2 + iR + ir_1 + \mathcal{E}_1 = 0.$$

Verifique que esta mesma equação pode ser obtida percorrendo a malha no sentido anti-horário ou começando de algum outro ponto que não o ponto a. Também, compare esta equação termo a termo com a Fig. 31-9b, que mostra as mudanças de potencial graficamente.

Resolvendo para a corrente i, obtém-se

$$i = \frac{\mathcal{E}_2 - \mathcal{E}_1}{R + r_1 + r_2} = \frac{4,4\ \text{V} - 2,1\ \text{V}}{5,5\ \Omega + 1,8\ \Omega + 2,3\ \Omega} = 0,24\ \text{A}.$$

Não é necessário saber de antemão o sentido da corrente. Para mostrar isso, admita que o sentido da corrente na Fig. 31-9a é horário — isto é, oposto ao sentido da seta da corrente na Fig. 31-9a. A lei das malhas resulta em (percorrendo no sentido horário a partir de a)

$$-\mathcal{E}_2 - ir_2 - iR - ir_1 + \mathcal{E}_1 = 0$$

ou

$$i = -\frac{\mathcal{E}_2 - \mathcal{E}_1}{R + r_1 + r_2}.$$

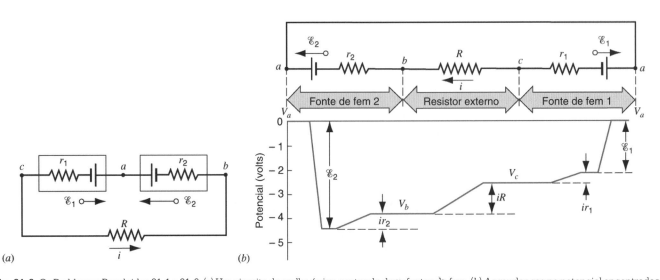

Fig. 31-9. Os Problemas Resolvidos 31-1 e 31-2. (a) Um circuito de malha única contendo duas fontes de fem. (b) As mudanças no potencial encontradas ao percorrer o circuito no sentido horário partindo do ponto a.

Substituindo-se os valores numéricos resulta em $i = -0,24$ A para a corrente. O sinal negativo indica que a corrente está no sentido oposto ao assumido.

Em circuitos mais complexos que envolvem muitas malhas e ramos, é normalmente impossível saber de antemão os sentidos reais para as correntes em todas as partes do circuito. Porém, o sentido da corrente em cada ramo pode ser escolhido arbitrariamente. Se for obtido um resultado com um sinal positivo para uma corrente em particular, o sentido terá sido escolhido corretamente; se for obtido um resultado com sinal negativo para uma corrente em particular, o sentido da corrente é oposto ao escolhido. Tanto em um caso quanto no outro, o valor numérico está correto.

Problema Resolvido 31-2.

(a) Qual a diferença de potencial entre os pontos a e b na Fig. 31-9a? Qual a diferença de potencial entre os pontos a e c na Fig. 31-9a?

Solução (a) A diferença de potencial é a diferença de potencial entre os terminais da bateria 2, que inclui a fem $\mathscr{E}_2$ e a resistência interna r_2. Começa-se no ponto b e percorre-se o circuito no sentido anti-horário em direção ao ponto a, passando diretamente através da fonte de fem. Encontra-se

$$V_b - ir_2 + \mathscr{E}_2 = V_a$$

ou

$$V_a - V_b = -ir_2 + \mathscr{E}_2 = -(0,24 \text{ A})(2,3 \ \Omega) + 4,4 \text{ V} = +3,8 \text{ V}.$$

Vê-se que a é mais positiva que b e que a diferença potencial entre eles (3,8 V) é *menor* que a fem (4,4 V); veja a Fig. 31-9b.

Pode-se checar este resultado começando-se no ponto b da Fig. 31-9a e percorrendo o circuito no sentido horário em direção ao ponto a. Para este caminho diferente, acha-se

$$V_b + iR + ir_1 + \mathscr{E}_1 = V_a$$

ou

$$V_a - V_b = iR + ir_1 + \mathscr{E}_1$$
$$= (0,24 \text{ A})(5,5 \ \Omega + 1,8 \ \Omega) + 2,1 \text{ V} = +3,8 \text{ V},$$

exatamente como o resultado anterior. A diferença de potencial entre os dois pontos tem o mesmo valor para todos os caminhos que os conectam.

(b) Note que a diferença de potencial entre a e c é a diferença de potencial entre os terminais da bateria 1, consistindo na fem $\mathscr{E}_1$ e na resistência interna r_1. Começando a partir do ponto c e percorrendo o circuito no sentido horário em direção ao ponto a. Encontra-se

$$V_c + ir_1 + \mathscr{E}_1 = V_a$$

ou

$$V_a - V_c = ir_1 + \mathscr{E}_1 = (0,24 \text{ A})(1,8 \ \Omega) + 2,1 \text{ V} = +2,5 \text{ V}.$$

O que indica que a está em um potencial maior que c. A diferença de potencial entre os terminais (2,5 V) é, neste caso, *maior* que a fem (2,1 V); veja a Fig. 31-9b. A carga é forçada através de $\mathscr{E}_1$ no sentido oposto ao que a carga seria enviada se não estivesse sendo forçada; se $\mathscr{E}_1$ é uma bateria de armazenagem, ela estaria sendo carregada às custas de $\mathscr{E}_2$, que estaria se descarregando.

Problema Resolvido 31-3.

A Fig. 31-10 mostra um circuito com duas malhas. Encontre as correntes do circuito. Os elementos têm os seguintes valores: $\mathscr{E}_1 = 2,1$ V, $\mathscr{E}_2 = 6,3$ V, $R_1 = 1,7$ Ω, $R_2 = 3,5$ Ω.

Solução O primeiro passo ao analisar o circuito é definir as correntes e seus sentidos em cada ramo. Desenha-se as correntes i_1, i_2 e i_3 em três ramos e selecionam-se arbitrariamente os seus sentidos. A corrente i_3 chega no ponto a e as correntes i_2 e i_3 saem do ponto a. Aplicando a lei dos nós (Seção 31-1), tem-se

$$i_3 = i_1 + i_2.$$

Aplica-se a lei das malhas para cada uma das duas malhas. Começando no ponto a e percorrendo no sentido anti-horário a malha esquerda, encontra-se $-i_1R_1 - \mathscr{E}_1 - i_1R_1 + \mathscr{E}_2 + i_2R_2 = 0$ ou

$$2i_1R_1 - i_2R_2 = \mathscr{E}_2 - \mathscr{E}_1.$$

Ao percorrer a malha da direita no sentido horário a partir do ponto a, encontra-se $+ i_3R_1 - \mathscr{E}_2 + i_3R_1 + \mathscr{E}_2 + i_2R_2 = 0$ ou, depois de substituir $i_3 = i_1 + i_2$ a partir da lei dos nós,

$$2i_1R_1 + (2R_1 + R_2)i_2 = 0.$$

Tem-se, agora, duas equações para as duas correntes i_1 e i_2. Pode-se resolver estas equações para estas variáveis, obtendo, após algum cálculo,

$$i_1 = \frac{(\mathscr{E}_2 - \mathscr{E}_1)(2R_1 + R_2)}{4R_1(R_1 + R_2)}$$

$$= \frac{(6,3 \text{ V} - 2,1 \text{ V})(2 \times 1,7 \ \Omega + 3,5 \ \Omega)}{(4)(1,7 \ \Omega)(1,7 \ \Omega + 3,5 \ \Omega)} = 0,82 \text{ A},$$

$$i_2 = -\frac{\mathscr{E}_2 - \mathscr{E}_1}{2(R_1 + R_2)}$$

$$= -\frac{6,3 \text{ V} - 2,1 \text{ V}}{(2)(1,7 \ \Omega + 3,5 \ \Omega)} = -0,40 \text{ A}.$$

A terceira corrente pode ser obtida aplicando-se a lei dos nós:

$$i_3 = i_1 + i_2 = 0,82 \text{ A} + (-0,40 \text{ A}) = 0,42 \text{ A}.$$

Os sinais das correntes informam que a suposição dos sentidos para i_1 e i_3 foi correta, mas a escolha do sentido para i_2 não foi; deveria estar apontando para cima — e não para baixo — no ramo central do circuito da Fig. 31-10.

Note que, tendo descoberto que a corrente i_2 está apontando para o sentido errado, não há a necessidade de mudá-lo na Fig. 31-10. Pode-se deixá-lo como estava na figura, desde que se lembre de substituir o valor negativo de i_2 em todos os cálculos subseqüentes que envolvam essa corrente.

Problema Resolvido 31-4.

Qual a diferença de potencial entre os pontos a e b no circuito da Fig. 31-10?

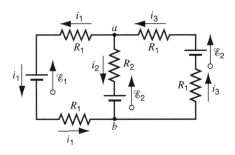

Fig. 31-10. Problemas Resolvidos 31-3 e 31-4. Um circuito de duas malhas.

Solução Para a diferença de potencial entre a e b, tem-se, percorrendo o ramo ab na Fig. 31-10 e admitindo o sentido das correntes mostrado,

$$V_a - i_2 R_2 - \mathscr{E}_2 = V_b,$$

ou

$$V_a - V_b = \mathscr{E}_2 + i_2 R_2$$
$$= 6{,}3 \text{ V} + (-0{,}40 \text{ A})(3{,}5 \text{ }\Omega) = +4{,}9 \text{ V}.$$

O sinal positivo informa que a tem um potencial mais positivo que b. Espera-se este resultado ao se olhar para o diagrama do circuito, porque todas as três baterias têm o seu terminal positivo na parte superior da figura.

31-4 CAMPOS ELÉTRICOS EM CIRCUITOS*

Até agora tem-se discutido circuitos de uma forma um tanto misteriosa. No Cap. 29 considerou-se a relação entre corrente e campo elétrico em um condutor: $\vec{\mathbf{E}} = \rho \vec{\mathbf{j}}$ (Eq. 29-10), onde ρ é a resistividade do material e $\vec{\mathbf{j}}$ é a densidade de corrente (corrente por unidade de área da seção transversal). Os fios dos circuitos são condutores e, portanto, deve haver um campo elétrico presente para estabelecer e manter a corrente. De onde este campo elétrico vem?

Neste ponto, é útil retornar à analogia entre a corrente e o escoamento de um fluido em uma tubulação. A Fig. 31-11 mostra uma malha fechada semelhante ao do circuito da Fig. 31-5. A bomba é análoga à fonte de fem e o estreitamento na tubulação é análogo ao resistor. Em regime permanente, a quantidade de fluido por unidade de tempo passando por um dado ponto do circuito deve ser a mesma que passa em qualquer outro ponto do circuito. No estreitamento, o fluido deve, portanto, escoar mais rapidamente (supondo que o fluido seja incompressível).

A bateria supre a fem para o circuito; a sua função é "bombear" cargas de um potencial baixo para um potencial alto. A fem é definida como trabalho por unidade de carga realizado pela bateria. Com a definição convencional de trabalho realizado por uma força $\vec{\mathbf{F}}$ como $W = \int \vec{\mathbf{F}} \cdot d\vec{\mathbf{s}}$, o trabalho por unidade de carga W/q (a fem) deve então estar relacionado com a força por unidade de carga $\vec{\mathbf{F}}/q$:

$$\mathscr{E} = \oint (\vec{\mathbf{F}}/q) \cdot d\vec{\mathbf{s}} \qquad (31\text{-}8)$$

É tentador associar um campo elétrico com a grandeza $\vec{\mathbf{F}}/q$, mas geralmente não é correto. A força $\vec{\mathbf{F}}$ neste caso é aquela que age dentro da fonte de fem; e pode ser uma força mecânica, química, termodinâmica, ou de origem magnética, mas não estaria necessariamente associada a um campo elétrico.

Escreveu-se a Eq. 31-8 como uma integral de linha em torno de um caminho fechado. Deste modo, a fem depende apenas da resultante dos efeitos da fonte sobre a carga que percorre a malha do circuito completamente. Campos externos conservativos não podem prover uma fem, porque a Eq. 31-8 não se aplica para tais campos.

Dentro dos fios, *existe* um campo elétrico. Este campo deve estar presente para a carga fluir dentro dos fios. (É interessante recordar da discussão do Cap. 27, onde a regra segundo a qual $E = 0$ dentro de um condutor pode ser empregada *apenas* sob condições eletrostáticas; quando correntes estão presentes, esta regra não pode ser empregada.) A Fig. 31-12 mostra a representação de um campo elétrico em um fio condutor. Quão grande deve ser o campo elétrico para manter uma corrente típica?

É útil fazer algumas estimativas numéricas. Suponha que a corrente $i = 1$ A flui em um fio de raio $R = 1$ mm. A densidade de corrente é, então,

$$j = \frac{i}{A} = \frac{1 \text{ A}}{\pi(1 \times 10^{-3} \text{ m})^2} \approx 3 \times 10^5 \text{ A/m}^2.$$

Para fios de cobre, a resistividade ρ é $1{,}69 \times 10^{-8}$ $\Omega \cdot$ m, então, o campo elétrico associado à corrente é

$$E = \rho j = (1{,}69 \times 10^{-8} \text{ }\Omega \cdot \text{m})(3 \times 10^5 \text{ A/m}^2)$$
$$\approx 5 \times 10^{-3} \text{ V/m}.$$

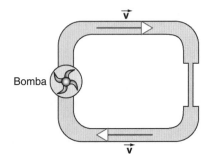

Fig. 31-11. Uma analogia de mecânica dos fluidos com um circuito elétrico da Fig. 31-5. O estreitamento gera certa resistência ao escoamento do fluido.

---

*Para uma discussão mais detalhada deste tópico, veja *Electric and Magnetic Interactions* por R. Chabay e B. Sherwood (Nova York: Wiley, 1995), Cap. 6. Veja ainda W. G. V. Rosser, *American Journal of Physics*, Vol. 31, 1963, p. 884 e Vol. 38, 1970, p. 265.

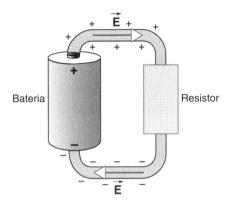

Fig. 31-12. O campo elétrico nos fios de conexão em um circuito de malha única. As cargas sobre as superfícies dos fios são responsáveis pelos campos nos fios.

Este é um campo elétrico muito pequeno.

Quando a bateria é conectada ao circuito pela primeira vez, estabelecem-se correntes transientes iniciais. Estas correntes distribuem cargas ao longo das superfícies dos fios da forma necessária para estabelecer um campo elétrico que mantém a corrente em regime permanente nos fios — e o processo inteiro acontece em um tempo que é tipicamente da ordem de nanossegundos!

Qual a carga sobre as superfícies do fio necessária para produzir um campo de 5×10^{-3} V/m em seu interior? Para se obter uma estimativa da ordem de grandeza, pode-se utilizar a Eq. 26-6 para o campo elétrico de um ponto de carga, $E = q/4\pi\epsilon_0 R^2$, para se determinar a carga q sobre a superfície do fio que forneceria um campo E em seu centro:

$$q = 4\pi\epsilon_0 R^2 E = \frac{(10^{-3} \text{ m})^2 (5 \times 10^{-3} \text{ V/m})}{9 \times 10^9 \text{ N} \cdot \text{m}^2/\text{C}^2}$$

$$= 5.5 \times 10^{-19} \text{ C}$$

ou em torno de 3,5 elétrons! É necessário apenas uma minúscula quantidade de carga sobre a superfície para suprir o campo elétrico necessário para manter até mesmo uma corrente grande como um ampère em um condutor.

De forma similar, pode-se perguntar como que a corrente "sabe" que precisa mudar de direção quando encontra uma curva no fio. Mais uma vez, os transientes iniciais devem resultar apenas na quantidade de carga suficiente sobre a superfície para guiar a corrente. A Fig. 31-13 mostra esquematicamente uma curva em ângulo reto, na qual as cargas superficiais devem ser distribuídas aproximadamente como mostrado. A carga negativa estabelece um campo perto da curva que se opõe ao movimento da corrente que se aproxima, e a carga positiva supre o "empurrão" inicial na nova direção. Os cálculos precedentes novamente fornecem uma estimativa da ordem de grandeza das cargas necessárias — alguns poucos elétrons sobre a superfície são suficientes para mudar a direção de uma corrente de um ampère!

A consideração da carga na superfície pode ajudar ainda na compreensão do efeito de um resistor em um circuito. Consi-

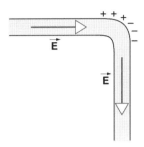

Fig. 31-13. Detalhe das cargas superficiais nas proximidades de uma curva em ângulo reto para a direita.

dere um resistor de carvão tendo, por simplicidade, o mesmo diâmetro dos fios do circuito (Fig. 31-14). O carvão não é um bom condutor, mas também não é um bom isolante — sua resistividade é em torno de $3 \times 10^{-5} \, \Omega \cdot$ m, cerca de 2000 vezes maior que a do cobre, mas não tão grande como dos isolantes típicos (veja a Tabela 29-1). Como o resistor e os fios têm a mesma área de seção transversal, a densidade de corrente é a mesma em ambos. Utilizando a densidade de corrente anterior para 1 A de corrente em um fio de 1 mm de raio, acha-se o campo elétrico no resistor:

$$E = \rho j = (3 \times 10^{-5} \, \Omega \cdot \text{m})(3 \times 10^5 \text{ A/m}^2) \approx 10 \text{ V/m},$$

resultando em um campo cerca de 2000 vezes maior que o campo em fios de cobre. (Pode-se compreender agora por que a queda de potencial nos fios é desprezível se comparada com a queda de potencial no resistor?) Este campo elétrico grande é necessário para forçar os elétrons através da "constrição" do circuito, devido ao resistor. Como mostrado na Fig. 31-14, cargas formadas nas terminações do fio (semelhantes às cargas em um capacitor) são responsáveis pela produção deste grande campo elétrico. Para um resistor com espessura de 1 mm, pode-se mostrar que cerca de 1000 elétrons em cada terminação podem produzir o campo necessário.

O que foi descrito é notável, um sistema auto-regulador. A bateria supre o primeiro "disparo" de corrente para o circuito e quase instantaneamente a carga se posiciona nos locais onde ela guia a corrente em regime permanente e previne o acúmulo de carga adicional sobre a superfície dos fios. Este equilíbrio é mantido enquanto a bateria continuar a bombear carga para o circuito.

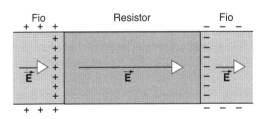

Fig. 31-14. Detalhes das cargas superficiais nas proximidades de um resistor. A formação de carga sobre as terminações dos fios gera um grande campo elétrico no resistor.

31-5 RESISTORES EM SÉRIE E EM PARALELO

Como foi o caso para os capacitores (veja a Seção 30-4), os resistores muitas vezes aparecem em circuitos em vários arranjos. Analisando tais circuitos, é útil substituir um arranjo de resistores por uma única *resistência equivalente* R_{eq}, cujo valor é escolhido de tal forma que a operação do circuito não é alterada. Considera-se que os resistores podem ser combinados de duas formas.

Resistores em Paralelo

Recordando a definição de arranjo de elementos de circuito em paralelo da Seção 30-4: pode-se percorrer o arranjo passando por *apenas um* dos elementos, a mesma diferença de potencial ΔV surge em cada elemento e o fluxo de carga é dividido entre os elementos.

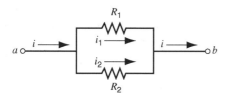

Fig. 31-15. Dois resistores em paralelo.

A Fig. 31-15 mostra dois resistores conectados em paralelo. Procura-se por uma resistência equivalente entre os pontos a e b. Supõe-se que a bateria foi conectada (ou outra fonte de fem) de tal forma que mantenha a diferença de potencial ΔV entre os pontos a e b. A diferença de potencial em cada resistor é ΔV. A corrente que passa através de cada resistor é, da Eq. 29-12,

$$i_1 = \Delta V/R_1 \quad \text{e} \quad i_2 = \Delta V/R_2. \quad (31\text{-}9)$$

De acordo com as propriedades de um circuito em paralelo, a corrente total i deve ser dividida entre os ramos, então

$$i = i_1 + i_2. \quad (31\text{-}10)$$

Ao se substituir um arranjo em paralelo por uma única resistência equivalente R_{eq}, a mesma corrente total i deve fluir (porque a substituição não deve mudar a operação do circuito). A corrente é, então,

$$i = \Delta V/R_{eq}. \quad (31\text{-}11)$$

Substituindo as Eqs. 31-9 e 31-11 na Eq. 31-10, obtém-se

$$\frac{\Delta V}{R_{eq}} = \frac{\Delta V}{R_1} + \frac{\Delta V}{R_2}$$

ou

$$\frac{1}{R_{eq}} = \frac{1}{R_1} + \frac{1}{R_2}. \quad (31\text{-}12)$$

Para se obter a resistência equivalente de um arranjo em paralelo de mais de dois resistores, primeiro determina-se a resistência equivalente R_{12} de R_1 com R_2, utilizando a Eq. 31-12. Obtém-se, então, a resistência equivalente de R_{12} e da próxima resistência em paralelo, R_3, utilizando, mais uma vez, a Eq. 31-12. Continuando desta forma, obtém-se uma expressão geral para as resistências equivalentes em paralelo de qualquer número de resistores.

$$\frac{1}{R_{eq}} = \sum_n \frac{1}{R_n} \quad \text{(arranjo em paralelo).} \quad (31\text{-}13)$$

Isto é, para se determinar a resistência equivalente de um arranjo em paralelo, somam-se os recíprocos das resistências individuais e o resultado é o recíproco desta soma. Note que R_{eq} é sempre *menor* que a menor resistência do arranjo em paralelo — ao se somar mais caminhos para a corrente, obtém-se uma corrente maior para a mesma diferença de potencial.

No caso especial de dois resistores em paralelo, a Eq. 31-12 pode ser escrita

$$R_{eq} = \frac{R_1 R_2}{R_1 + R_2}, \quad (31\text{-}14)$$

ou como o produto de duas resistências dividido pela sua soma.

Resistores em Série

A Fig. 31-16 mostra dois resistores ligados em série. Recordando as propriedades de combinações em série de elementos de circuito (veja a Seção 30-4): ao se percorrer o arranjo, deve-se passar através de *todos* os elementos em sucessão; a diferença de potencial através do arranjo é a soma das diferenças de potencial em cada elemento, e a mesma corrente é mantida em cada elemento.

Suponha que uma bateria com uma diferença de potencial ΔV é conectada entre os pontos a e b da Fig. 31-16. A corrente i estabelecida no arranjo é a mesma em cada um dos resistores. As diferenças de potencial nos resistores são

$$\Delta V_1 = iR_1 \quad \text{e} \quad \Delta V_2 = iR_2. \quad (31\text{-}15)$$

A soma destas diferenças de potencial deve fornecer a diferença de potencial entre os pontos a e b mantida pela bateria, ou

$$\Delta V = \Delta V_1 + \Delta V_2. \quad (31\text{-}16)$$

Se o arranjo fosse substituído pela sua resistência equivalente R_{eq}, a mesma corrente i seria estabelecida e, então,

$$\Delta V = iR_{eq}. \quad (31\text{-}17)$$

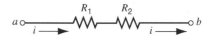

Fig. 31-16. Dois resistores em série.

Combinando as Eqs. 31-15, 31-16 e 31-17, obtém-se

$$iR_{eq} = iR_1 + iR_2,$$

ou

$$R_{eq} = R_1 + R_2. \quad (31\text{-}18)$$

Estendendo este resultado para arranjos em série de um número qualquer de resistores, obtém-se

$$R_{eq} = \sum_n R_n \quad \text{(arranjo em série)}. \quad (31\text{-}19)$$

Isto é, para se obter a resistência equivalente de um arranjo em série, determina-se a soma dos resistores individuais. Note que a resistência equivalente de um arranjo em série é sempre *maior* que a maior resistência em série — somando-se mais resistores em série significa que existirá uma corrente menor para a mesma diferença de potencial.

Comparando estes resultados com as Eqs. 30-17 e 30-22, para os arranjos em série e em paralelo de capacitores, é observado que resistores em paralelo se somam como capacitores em série, e resistores em série se somam como capacitores em paralelo. Isto está relacionado com a maneira diferente que estas duas quantidades são definidas, a resistência sendo potencial/corrente e a capacitância sendo carga/potencial.

Ocasionalmente, resistores podem aparecer em arranjos que não estão nem em paralelo nem em série. Nesses casos, a resistência equivalente pode algumas vezes ser encontrada pelo particionamento do problema em unidades menores que podem ser consideradas como conexões em série ou em paralelo, como os seguintes problemas resolvidos demonstram.

PROBLEMA RESOLVIDO 31-5.

(*a*) Determine a resistência equivalente do arranjo mostrado na Fig. 31-17*a*, utilizando os valores $R_1 = 4{,}6\ \Omega$, $R_2 = 3{,}5\ \Omega$ e $R_3 = 2{,}8\ \Omega$. (*b*) Qual o valor de corrente que passa por R_1 quando uma bateria de 12,0 V é conectada entre os pontos *a* e *b*?

Solução (*a*) Primeiro obtém-se a resistência equivalente R_{12} do arranjo em paralelo de R_1 e R_2. Utilizando a Eq. 31-14 obtém-se

$$R_{12} = \frac{R_1 R_2}{R_1 + R_2} = \frac{(4{,}6\ \Omega)(3{,}5\ \Omega)}{4{,}6\ \Omega + 3{,}5\ \Omega} = 2{,}0\ \Omega$$

R_{12} e R_3 estão em série, como mostrado na Fig. 31-17*b*. Utilizando a Eq. 31-18, pode-se encontrar a resistência equivalente R_{123} deste arranjo em série, que é a resistência equivalente de todo o arranjo original:

$$R_{123} = R_{12} + R_3 = 2{,}0\ \Omega + 2{,}8\ \Omega = 4{,}8\ \Omega.$$

(*b*) Com uma bateria de 12,0 V conectada entre os pontos *a* e *b* na Fig. 31-17*c*, a corrente resultante é

$$i = \frac{\Delta V}{R_{123}} = \frac{12{,}0\ \text{V}}{4{,}8\ \Omega} = 2{,}5\ \text{A}.$$

Aplicando esta corrente no arranjo em série da Fig. 31-17*b*, a diferença de potencial entre os terminais de R_{12} é

$$\Delta V_{12} = iR_{12} = (2{,}5\ \text{A})(2{,}0\ \Omega) = 5{,}0\ \text{V}.$$

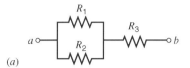
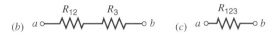

Fig. 31-17. Problema Resolvido 31-5. (*a*) Um arranjo em paralelo de R_1 e R_2 está em série com R_3. (*b*) O arranjo em paralelo de R_1 e R_2 foi substituído por sua resistência equivalente R_{12}. (*c*) O arranjo em série de R_{12} e R_3 foi substituído por sua resistência equivalente, R_{123}.

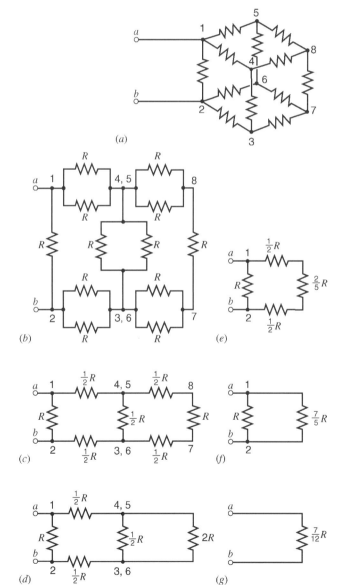

Fig. 31-18. Problema Resolvido 31-6. (*a*) Um cubo formado por 12 resistores idênticos. (*b*)-(*g*) A redução passo a passo do cubo para uma única resistência equivalente.

Em um arranjo em paralelo, a mesma diferença de potencial surge em cada elemento (e em seu arranjo). A diferença de potencial entre os terminais de R_1 (e de R_2) é, portanto, 5,0 V, e a corrente que passa por R_1 é

$$i_1 = \frac{\Delta V_{12}}{R_1} = \frac{5,0 \text{ V}}{4,6 \text{ }\Omega} = 1,1 \text{ A}.$$

PROBLEMA RESOLVIDO 31-6.

A Fig. 31-18a mostra um cubo feito de 12 resistores, cada um com resistência R. Determine R_{12}, a resistência equivalente entre os cantos do cubo.

Solução Embora possa parecer, à primeira vista, desanimador dividir este problema em subunidades em série e em paralelo, a simetria das conexões sugere uma forma de fazê-lo. A solução consiste na compreensão de que, apenas das considerações de simetria, os pontos 3 e 6 devem estar no mesmo potencial, bem como os pontos 4 e 5.

Se dois pontos em um circuito têm o mesmo potencial, as correntes no circuito não se modificam se estes pontos forem conectados por um fio. Não há corrente no fio porque não há diferença de potencial entre suas extremidades. Os pontos 3 e 6 podem, portanto, ser conectados por um fio assim como os pontos 4 e 5.

Isto permite redesenhar o cubo como na Fig. 31-18b. A partir deste ponto, é simplesmente uma questão de reduzir o circuito entre os terminais a um único resistor, utilizando as regras para resistores em série e em paralelo. Na Fig. 31-18c, inicia-se com a substituição dos cinco arranjos em paralelo de dois resistores por seus equivalentes, cada um com a resistência de R/2.

Na Fig. 31-18d, somamos os três resistores que estão em série na malha mais à direita, obtendo-se uma única resistência equivalente de 2R. Na Fig. 31-18e, substitui-se os dois resistores que agora formam a malha mais à direita por um único resistor equivalente de 2R/5. Fazendo isso, é útil lembrar que a resistência equivalente de dois resistores em paralelo é igual ao seu produto dividido por sua soma (veja a Eq. 31-14).

Na Fig. 31-18f, somam-se os três resistores em série da Fig. 31-18e, obtendo-se 7R/5 e, na Fig. 31-18g, este arranjo em paralelo foi reduzido a uma única resistência equivalente que é a resistência procurada — a saber,

$$R_{12} = \tfrac{7}{12}R.$$

Pode-se, inclusive, utilizar estes métodos para determinar R_{13}, a resistência equivalente de uma face diagonal do cubo, e R_{17}, a resistência equivalente do cubo entre pontos de sua diagonal (veja o Problema 7).

31-6 TRANSFERÊNCIAS DE ENERGIA EM UM CIRCUITO ELÉTRICO

A Fig. 31-19 mostra um circuito que consiste em uma bateria B conectada a um dispositivo eletrônico, como um resistor, um capacitor, um motor, ou outra bateria. Há uma corrente i nos fios e uma diferença de potencial ΔV_{ab} entre os terminais do dispositivo.

Considere, em primeiro lugar, a operação da bateria, a qual supõe-se que é uma fonte ideal de fem $\mathcal{E}$ (sem resistência). À medida que a bateria move uma quantidade de carga dq do seu terminal negativo para seu terminal positivo, realiza trabalho sobre a carga dado pela Eq. 31-1: $dW = \mathcal{E}\, dq$. A potência gerada pela fonte de fem é determinada pela taxa em que o trabalho está sendo realizado; isto é, $P_{\text{fem}} = dW/dt = \mathcal{E}\, dq/dt$, ou

$$P_{\text{fem}} = \mathcal{E}i. \quad (31\text{-}20)$$

Esta quantidade fornece a taxa em que uma fonte ideal de fem transfere energia ao resto do circuito. Como foi discutido na Seção 31-2, esta energia poderia aparecer como a energia interna em um resistor, a energia armazenada em um campo elétrico de um capacitor, a energia mecânica em um motor, ou a energia química em uma bateria que está sendo carregada. Considerando o circuito como um sistema isolado, então a sua energia total não pode ser alterada, e uma diminuição de energia da fonte de fem deve ser equilibrada por um aumento da energia resultante em outras partes do circuito.

Suponha que o circuito consiste apenas em uma fonte de fem e em um resistor R. A diferença de potencial entre os terminais a e b na Fig. 31-19 é $\Delta V_R = iR$. Como uma quantidade de carga dq se move através do resistor de a para b, este experimenta uma variação na energia potencial $dU = dq\, \Delta V_R$ (veja a Eq. 28-14).

Esta energia deve ser transferida para o resistor, então a potência transferida ao resistor (taxa de transferência de energia) é $P_R = dU/dt = (dq/dt)\, \Delta V_R = i\, \Delta V_R$ ou

$$P_R = i^2 R. \quad (31\text{-}21)$$

Com $i = \Delta V_R/R$, pode-se também escrever este resultado como

$$P_R = \frac{(\Delta V_R)^2}{R}. \quad (31\text{-}22)$$

Esta transferência de energia para um resistor em um circuito é freqüentemente conhecida como *efeito Joule*.

À medida que a carga se move através do resistor de maior potencial (terminal a) para o de menor potencial (terminal b), esta tende a ganhar energia se não houver colisões com os

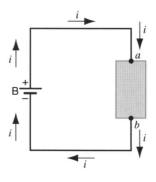

Fig. 31-19. A bateria B estabelece uma corrente i em um circuito contendo um dispositivo eletrônico arbitrário.

átomos dos resistores. Estas colisões mantêm uma velocidade de deriva constante dos portadores de carga, e a energia absorvida pelos átomos nestas colisões (que resulta em um crescimento da amplitude de vibrações dos átomos em torno de suas posições de equilíbrio) pode corresponder a um crescimento de temperatura. Esta situação é análoga à queda de uma pedra em sua velocidade terminal através de um meio viscoso como o ar ou a água. À medida que a pedra cai na gravidade, o seu decréscimo de energia potencial é imediatamente transformado — não em um aumento de sua energia cinética, mas em um aumento da energia interna da pedra e do meio circundante.

Em uma bateria real com resistência interna r, a diferença de potencial entre os terminais é $\Delta V_{bateria} = \mathcal{E} - ir$, e a carga passando através da bateria ganha energia potencial $dU = dq\, \Delta V_{bateria} = dq\,(\mathcal{E} - ir)$. A potência gerada por esta bateria é $P_{bateria} = dU/dt$, ou

$$P_{bateria} = \mathcal{E}i - i^2 r = P_{fem} - P_r. \quad (31\text{-}23)$$

A energia disponível ao resto do circuito é diminuída pelo efeito Joule na resistência interna.

A unidade de potência utilizada nas Eqs. 31-20 a 31-22 é o volt · ampère, que é equivalente ao watt pela utilização das definições de volt (joule/coulomb) e ampère (coulomb/segundo).

PROBLEMA RESOLVIDO 31-7.

Considere um pedaço de resistência de aquecimento em forma de fio feito de liga de níquel–cromo–ferro chamado de nicromo; este fio tem uma resistência R de 72 Ω. Ele é ligado a uma linha de tensão de 120 V. Sob que circunstâncias o fio dissipará mais calor: (a) o seu comprimento total está conectado através da linha de tensão, ou (b) o fio é cortado na metade e estas duas metades são conectadas em paralelo à linha de tensão?

Solução (a) A potência P_R dissipada pelo fio inteiro é, da Eq. 31-22,

$$P_R = \frac{(\Delta V)^2}{R} = \frac{(120\text{ V})^2}{72\ \Omega} = 200\text{ W}.$$

(b) A potência para o fio com a metade do comprimento (e, portanto, com a metade da resistência) é

$$P'_R = \frac{(\Delta V)^2}{\frac{1}{2}R} = \frac{(120\text{ V})^2}{36\ \Omega} = 400\text{ W}.$$

Existem duas metades, então, a potência obtida a partir de ambos os fios é de 800 W, ou quatro vezes aquela obtida por um único fio. Isto poderia sugerir que seria possível comprar uma resistência de aquecimento em forma de fio, cortá-la na metade e reconectá-la para obter uma geração de calor quatro vezes maior. Por que esta idéia não é tão boa assim?

31-7 CIRCUITOS RC

As seções precedentes trataram de circuitos contendo apenas resistores, em quais as correntes não variavam com o tempo. Aqui apresenta-se o capacitor como um elemento de circuito, que leva ao estudo de correntes variáveis no tempo.

Considere que o capacitor da Fig. 31.20 é carregado comutando a chave S para a posição a. (Mais à frente será considerada a conexão para a posição b.) Qual a corrente formada como resultado deste circuito de malha única? Em seguida, aplicam-se os princípios de conservação de energia.

Durante o tempo dt a carga dq ($= i\, dt$) se move através de qualquer seção transversal do circuito e é acumulada sobre a placa positiva do capacitor. O trabalho ($= \mathcal{E}\, dq$; veja a Eq. 31-1) realizado pela fonte de fem deve ser igual à energia interna ($= i^2 R\, dt$) gerada no resistor durante o tempo dt, mais o aumento dU na quantidade de energia U ($= q^2/2C$; veja a Eq. 30-24) que é armazenada no capacitor. A conservação de energia leva a

$$\mathcal{E}\, dq = i^2 R\, dt + d\left(\frac{q^2}{2C}\right)$$

ou

$$\mathcal{E}\, dq = i^2 R\, dt + \frac{q}{C}\, dq.$$

Dividindo-se por dt tem-se

$$\mathcal{E}\,\frac{dq}{dt} = i^2 R + \frac{q}{C}\,\frac{dq}{dt}.$$

Desde que q é a carga sobre a placa superior, uma corrente positiva i significa um dq/dt positivo. Com $i = dq/dt$, esta equação torna-se

$$\mathcal{E} = iR + \frac{q}{C}. \quad (31\text{-}24)$$

A Eq. 31-24 também segue a lei das malhas, como deve ser, uma vez que a lei das malhas foi obtida a partir do princípio da conservação de energia. Começando do ponto x e percorrendo o circuito no sentido horário, experimenta-se um aumento no potencial ao passar pela fonte de fem e uma redução no potencial ao passar pelo resistor e pelo capacitor, ou

$$\mathcal{E} - iR - \frac{q}{C} = 0,$$

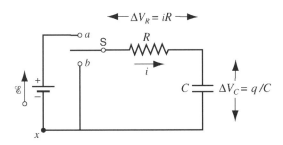

Fig. 31-20. Quando a chave está fechada em a, o capacitor C é carregado pela fem $\mathcal{E}$ através do resistor R. Após o capacitor estar carregado, a chave é comutada para b e o capacitor é descarregado através do resistor R. Pode-se medir facilmente a diferença de potencial ΔV_R ($= iR$) entre os terminais do resistor para determinar a corrente i e também medir a diferença de potencial ΔV_C ($= q/C$) entre os terminais do capacitor para determinar a carga q.

que é idêntica à Eq. 31-24.

Para se resolver a Eq. 31-24, primeiro substitui-se dq/dt por i, que resulta em

$$\mathcal{E} = R\frac{dq}{dt} + \frac{q}{C}. \tag{31-25}$$

Pode-se reescrever a Eq. 31-25 como

$$\frac{dq}{q - \mathcal{E}C} = -\frac{dt}{RC}. \tag{31-26}$$

Integrando este resultado no caso em que $q = 0$ em $t = 0$, obtém-se (após resolver para q),

$$q = C\mathcal{E}(1 - e^{-t/RC}). \tag{31-27}$$

Pode-se testar se $q(t)$ é realmente a solução da Eq. 31-25, substituindo esta função e a sua primeira derivada nessa equação e verificando se uma identidade é obtida. Diferenciando a Eq. 31-27 em função do tempo resulta em

$$i = \frac{dq}{dt} = \frac{\mathcal{E}}{R} e^{-t/RC}. \tag{31-28}$$

Substituindo q (da Eq. 31-27) e dq/dt (da Eq. 31-28) na Eq. 31-25 resulta em uma identidade, como se pode verificar. A Eq. 31-27 é, portanto, a solução da Eq. 31-25.

No laboratório pode-se determinar i e q convenientemente através da medição de grandezas que são proporcionais a elas — a saber, a diferença de potencial ΔV_R ($= iR$) entre os terminais do resistor e a diferença de potencial ΔV_C ($= q/C$) entre os terminais do capacitor. Estas medidas podem ser obtidas com bastante facilidade ao se conectarem voltímetros (ou pontas de prova de um osciloscópio) entre os terminais do resistor e entre os terminais do capacitor. A Fig. 31-21 mostra os gráficos resultantes de ΔV_R e de ΔV_C. Note os seguintes aspectos: (1) Em $t = 0$, $\Delta V_R = \mathcal{E}$ (a diferença de potencial total aparece entre os terminais de R), e $\Delta V_C = 0$ (o capacitor não está carregado). (2) À medida que $t \to \infty$, $\Delta V_C \to \mathcal{E}$ (o capacitor torna-se completamente carregado) e $\Delta V_R \to 0$ (a corrente pára de fluir). (3) Em todos os instantes, $\Delta V_R + \Delta V_C = \mathcal{E}$, como na Eq. 31-25 requer.

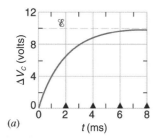 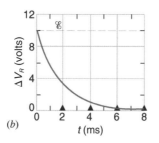

Fig. 31-21. (a) Como indicado pela diferença de potencial ΔV_C, durante o processo de carregamento a carga do capacitor cresce com o tempo e ΔV_C se aproxima do valor da fem $\mathcal{E}$. O tempo é medido após a chave ser fechada em a a $t = 0$. (b) A diferença de potencial entre os terminais do resistor decresce com o tempo, aproximando-se de zero após algum tempo porque a corrente cai a zero uma vez que o capacitor está totalmente carregado. As curvas foram desenhadas para $\mathcal{E} = 10$ V, $R = 2000$ Ω e $C = 1$ μF. Os triângulos escuros representam constantes de tempo RC sucessivas.

A quantidade RC nas Eqs. 31-27 e 31-28 tem a dimensão de tempo e é chamada de *constante de tempo capacitiva* τ_C do circuito:

$$\tau_C = RC. \tag{31-29}$$

Este é o tempo em que a carga no capacitor cresceu de um fator de $1 - e^{-1}$ ($\approx 63\%$) do seu valor final $C\mathcal{E}$. Para mostrar isso, faz-se $t = \tau_c = RC$ na Eq. 31-27 para obter-se

$$q = C\mathcal{E}(1 - e^{-1}) = 0{,}63 C\mathcal{E}.$$

A Fig. 31-21a mostra que se uma resistência é incluída em um circuito com um capacitor que está sendo carregado, o crescimento da carga do capacitor em direção ao valor limite é *atrasado* por um tempo caracterizado pela constante de tempo RC. Se o circuito não tivesse resistor ($RC = 0$), a carga iria aumentar imediatamente até o seu valor limite. Embora tenha sido mostrado que este tempo de atraso vem da aplicação da lei das malhas aos circuitos RC, é importante o desenvolvimento do entendimento físico das causas do atraso.

Quando a chave S na Fig. 31-20 é fechada em a, a carga no capacitor é inicialmente nula, então a diferença de potencial entre os terminais do capacitor é inicialmente nula. Neste instante, a Eq. 31-24 mostra que $\mathcal{E} = iR$ e, então, $i = \mathcal{E}/R$ em $t = 0$. Em função desta corrente, a carga flui para o capacitor e a diferença de potencial entre os terminais do capacitor cresce com o tempo. A Eq. 31-24 mostra que, pelo fato de a fem $\mathcal{E}$ ser constante, qualquer aumento da diferença de potencial entre os terminais do capacitor deve ser equilibrada pela correspondente *diminuição* da diferença de potencial entre os terminais do resistor, com uma diminuição similar da corrente. Esta diminuição da corrente significa que a carga no capacitor cresce mais lentamente. Este processo prossegue até a corrente decrescer a zero, instante que não há queda de potencial entre os terminais do resistor. Toda a diferença de potencial de fem agora aparece entre os terminais do capacitor, que está totalmente carregado ($q = C\mathcal{E}$). A menos que mudanças sejam feitas no circuito, não há mais fluxo de carga. Reveja as deduções das Eqs. 31-27 e 31-28, e estude a Fig. 31-20 com os argumentos qualitativos deste parágrafo em mente.

PROBLEMA RESOLVIDO 31-8.

Um resistor R ($= 6{,}2$ MΩ) e um capacitor C ($= 2{,}4$ μF) são conectados em série, e uma bateria de 12 V de resistência interna desprezível é conectada ao arranjo destes componentes. (a) Qual a constante de tempo capacitiva deste circuito? (b) Em que instante depois de a bateria ser conectada a diferença de potencial entre os terminais do capacitor será igual a 5,6 V?

Solução (a) Da Eq. 31-29,

$$\tau_C = RC = (6{,}2 \times 10^6 \;\Omega)(2{,}4 \times 10^{-6} \;\text{F}) = 15 \;\text{s}.$$

(b) A diferença de potencial entre os terminais do capacitor é $\Delta V_C = q/C$, que, de acordo com a Eq. 31-27, pode ser escrita

$$\Delta V_C = \frac{q}{C} = \mathcal{E}(1 - e^{-t/RC}).$$

Resolvendo-se em função de t, obtém-se (utilizando-se $\tau_C = RC$)

$$t = -\tau_C \ln\left(1 - \frac{\Delta V_C}{\mathcal{E}}\right)$$
$$= -(15 \text{ s}) \ln\left(1 - \frac{5{,}6 \text{ V}}{12 \text{ V}}\right) = 9{,}4 \text{ s}$$

Como obtido anteriormente, após um tempo τ_c (= 15 s), a diferença de potencial entre os terminais do capacitor é de $0{,}63\mathcal{E} = 7{,}6$ V. É razoável que, em um tempo menor que 9,4 s, a diferença de potencial entre os terminais do capacitor alcance o valor menor que 5,6 V.

Descarregando um Capacitor

Suponha agora que a chave S da Fig. 31-20 tenha sido colocada na posição a por um tempo que é muito maior que RC. Para todos os propósitos práticos, o capacitor está totalmente carregado e nenhuma carga está fluindo. A chave S é então comutada para a posição b. Como a carga do capacitor e a corrente irão variar com o tempo?

Com a chave S fechada em b, o capacitor descarrega através do resistor. Não existe fem no circuito e a Eq. 31-24 para o circuito, com $\mathcal{E} = 0$, torna-se simplesmente

$$iR + \frac{q}{C} = 0. \qquad (31\text{-}30)$$

Fazendo-se $i = dq/dt$ pode-se escrever a equação do circuito (compare com a Eq. 31-25) como

$$R\frac{dq}{dt} + \frac{q}{C} = 0. \qquad (31\text{-}31)$$

A solução é, conforme pode ser obtida por integração (depois de escrever-se $dq/q = -dt/RC$) e verificada por substituição,

$$q = q_0 e^{-t/\tau_C}, \qquad (31\text{-}32)$$

q_0 sendo a carga inicial no capacitor ($= \mathcal{E}C$, neste caso). A constante de tempo capacitiva τ_C ($= RC$) aparece nesta expressão para um capacitor que está descarregando bem como para um capacitor que está carregado (Eq. 31-27). Observa-se que, no instante $t = \tau_c = RC$, a carga do capacitor está reduzida a $q_0 e^{-1}$, a qual está em torno de 37% de sua carga inicial q_0.

Diferenciando a Eq. 31-32, obtém-se a corrente durante o descarregamento,

$$i = \frac{dq}{dt} = -\frac{q_0}{RC} e^{-t/\tau_C}. \qquad (31\text{-}33)$$

O sinal negativo mostra que a corrente está no sentido oposto ao mostrado na Fig. 31-20, como deveria ser, uma vez que o capacitor está descarregando em vez de carregando. Se o capacitor estava originalmente totalmente carregado, então $q_0 = C\mathcal{E}$, e pode-se escrever a Eq. 31-33 como

$$i = -\frac{\mathcal{E}}{R} e^{-t/\tau_C}. \qquad (31\text{-}34)$$

A corrente inicial, obtida ao se fazer $t = 0$ na Eq. 31-34, é $-\mathcal{E}/R$. Isto é razoável porque a diferença de potencial inicial entre os terminais do resistor era $\mathcal{E}$.

As diferenças de potencial entre os terminais de R e C, que são, respectivamente, proporcionais a i e q, podem, novamente, ser medidas como indicado na Fig. 31-20. Resultados característicos são mostrados na Fig. 31-22. Note que, como sugerido pela Eq. 31-32, ΔV_C ($= q/C$) cai exponencialmente a partir do valor máximo, que ocorre em $t = 0$, enquanto ΔV_R ($= iR$) é negativo e aumenta exponencialmente até zero. Note ainda que $\Delta V_C + \Delta V_R = 0$, como requerido pela Eq. 31-30.

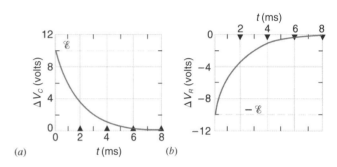

Fig. 31-22. (a) Após o capacitor ter ficado totalmente carregado, a chave da Fig. 31-20 é comutada de a para b, que é definido como um novo $t = 0$. A diferença de potencial entre os terminais do capacitor decresce exponencialmente para zero à medida que o capacitor se descarrega. (b) Quando a chave é inicialmente comutada para b, a diferença de potencial entre os terminais do resistor é negativa se comparado com seu valor durante o processo de carregamento mostrado na Fig. 31-21. À medida que o capacitor se descarrega, a intensidade da corrente cai exponencialmente para zero e o potencial cai entre os terminais do resistor também aproximando-se de zero.

Problema Resolvido 31-9.

Um capacitor C descarrega através de um resistor R. (a) Após quantas constantes de tempo a sua carga cai para a metade de seu valor inicial? (b) Após quantas constantes de tempo a energia armazenada cai à metade de seu valor inicial?

Solução (a) A carga no capacitor varia de acordo com a Eq. 31-32,

$$q = q_0 e^{-t/\tau_C},$$

na qual q_0 é a carga inicial. Procura-se o instante de tempo t na qual $q = q_0/2$, ou

$$\tfrac{1}{2} q_0 = q_0 e^{-t/\tau_C}.$$

Cancelando q_0 e obtendo o logaritmo neperiano em cada lado da expressão anterior, encontra-se

$$-\ln 2 = -\frac{t}{\tau_C}$$

ou

$$t = (\ln 2)\tau_C = 0{,}69\tau_C.$$

A carga cai à metade de seu valor inicial após 0,69 constante de tempo.

(b) A energia armazenada no capacitor é

$$U = \frac{q^2}{2C} = \frac{q_0^2}{2C} e^{-2t/\tau_C} = U_0 e^{-2t/\tau_C},$$

na qual U_0 é a energia inicialmente armazenada. O instante de tempo no qual $U = U_0/2$ é encontrado de

$$\tfrac{1}{2}U_0 = U_0 e^{-2t/\tau_C}.$$

Cancelando U_0 e obtendo o logaritmo neperiano de cada lado da expressão anterior, encontra-se

$$-\ln 2 = -2t/\tau_C$$

ou

$$t = \tau_C \frac{\ln 2}{2} = 0{,}35\tau_C.$$

A energia armazenada cai para a metade de seu valor inicial após passar 0,35 constante de tempo. Isto permanece válido independente da energia inicial que estava armazenada. O tempo $(0{,}69\tau_c)$ necessário para a *carga* cair à metade de seu valor inicial é maior que o tempo $(0{,}35\tau_c)$ necessário para a *energia* cair à metade de seu valor inicial. Por quê?

MÚLTIPLA ESCOLHA

31-1 Corrente Elétrica

1. A lei dos nós é uma conseqüência direta da
   (A) segunda lei de Newton.
   (B) conservação da quantidade de movimento.
   (C) conservação da energia.
   (D) conservação da carga.

2. A Fig. 31-23 mostra uma rede de fios sendo percorrida por várias correntes. Qual o valor da corrente através de A?
   (A) 1 A (B) 2 A (C) 3 A (D) 9 A (E) 11 A

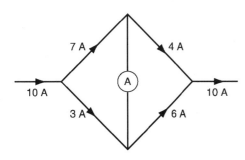

Fig. 31-23. Questão de Múltipla Escolha 2.

3. A Fig. 31-24 mostra uma rede de fios sendo percorrida por várias correntes. Qual o valor da corrente através de A?
   (A) 1 A (B) 2 A (C) 6 A (D) 8 A
   (E) Não há informações suficientes.

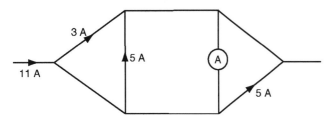

Fig. 31-24. Questão de Múltipla Escolha 3.

31-2 Força Eletromotriz

4. Quais são as unidades de $\mathcal{E}$, a força eletromotriz?
   (A) Fems (B) Joules (C) Volts (D) Newtons

5. A função da fonte de fem em um circuito é de
   (A) suprir elétrons para o circuito.
   (B) levar os elétrons a um potencial maior.
   (C) empurrar os elétrons para um potencial menor.
   (D) acelerar os elétrons a maiores velocidades.

31-3 Análise de Circuitos

6. A lei da malhas é uma conseqüência direta da
   (A) segunda lei de Newton.
   (B) conservação da quantidade de movimento.
   (C) conservação da energia.
   (D) conservação da carga.

7. Um resistor de valor constante R está em série com um resistor variável e uma bateria ideal. Originalmente as resistências são iguais.
   (a) À medida que a resistência do resistor variável é diminuída, a corrente que atravessa o resistor variável
      (A) cresce.
      (B) decresce.
      (C) permanece a mesma.
      (D) não pode ser determinada sem mais informações.
   (b) À medida que a resistência do resistor variável é diminuída, a diferença de potencial entre os terminais do resistor
      (A) cresce.
      (B) decresce.
      (C) permanece a mesma.
      (D) não pode ser determinada sem mais informações.

31-4 Campos Elétricos em Circuitos

31-5 Resistores em Série e em Paralelo

8. Dois resistores R_1 e R_2 são conectados em série; suponha que $R_1 < R_2$. A resistência equivalente deste arranjo é R, onde

(A) $R < R_1/2$.

(B) $R_1/2 < R < R_1$.

(C) $R_1 < R < R_2$.

(D) $R_2 < R < 2R_2$.

(E) $2R_2 < R$.

9. Dois resistores R_1 e R_2 são conectados em paralelo; suponha que $R_1 < R_2$. A resistência equivalente deste arranjo é R, onde

(A) $R < R_1/2$.

(B) $R_1/2 < R < R_1$.

(C) $R_1 < R < R_2$.

(D) $R_2 < R < 2R_2$.

(E) $2R_2 < R$.

10. Qual o número mínimo de resistores necessários para construir uma rede que *não pode* ser analisada para achar a resistência equivalente considerando-se as resistências em série ou em paralelo de acordo com as Eqs. 31-13 e 31-19?

(A) 3   (B) 4   (C) 5   (D) 6

31-6 Transferências de Energia em um Circuito Elétrico

11. Uma lâmpada padrão nos Estados Unidos é de 60 W, sendo projetada para operar em um circuito de 120 V. Durante um escurecimento parcial foi observado que a potência de saída da lâmpada baixou para 30 W. A que percentagem do valor original a tensão baixou?

(A) 75%   (B) 70%   (C) 50%   (D) 33%

12. Um resistor de valor constante R é posto em série com um resistor variável e uma bateria real (a resistência interna não é desprezível). Originalmente, o resistor de valor constante e o resistor variável têm a mesma resistência.

(a) À medida que a resistência do resistor variável é diminuída, a taxa na qual a energia é transferida para o resistor de valor constante

(A) cresce.

(B) decresce.

(C) permanece a mesma.

(D) não pode ser determinada sem mais informações.

(b) À medida que a resistência do resistor variável é diminuída, a taxa na qual a energia é transferida para o resistor variável

(A) cresce.

(B) decresce.

(C) permanece a mesma.

(D) não pode ser determinada sem mais informações.

13. Um resistor de valor constante R é posto em paralelo com um resistor variável; os dois são conectados a uma bateria real (a resistência interna não é desprezível). Originalmente, o resistor de valor constante e o resistor variável têm a mesma resistência.

(a) À medida que a resistência do resistor variável é diminuída, a corrente através do resistor de valor constante

(A) cresce.

(B) decresce.

(C) permanece a mesma.

(D) não pode ser determinada sem mais informações.

(b) À medida que a resistência do resistor variável é diminuída, a taxa na qual a energia é transferida para o resistor de valor constante

(A) cresce.

(B) decresce.

(C) permanece a mesma.

(D) não pode ser determinada sem mais informações.

(c) À medida que a resistência do resistor variável é diminuída, a taxa na qual a energia é transferida para o resistor variável

(A) cresce.

(B) decresce.

(C) permanece a mesma.

(D) não pode ser determinada sem mais informações.

31-7 Circuitos *RC*

14. Um resistor, um capacitor, uma chave e uma bateria ideal estão em série. Originalmente, o capacitor está descarregado. A chave é então fechada, permitindo a corrente fluir.

(a) Enquanto a corrente está fluindo, a diferença de potencial entre os terminais do resistor está

(A) crescendo.

(B) decrescendo.

(C) constante.

(b) Enquanto a corrente está fluindo, a diferença de potencial entre os terminais do capacitor está

(A) crescendo.   (B) decrescendo.

(C) constante.

166   CAPÍTULO TRINTA E UM

15. Um capacitor é carregado conectando-o em série com um resistor e uma bateria ideal. A bateria fornece energia a uma taxa $P(t)$, a energia interna do resistor cresce a uma taxa $P_R(t)$, e o capacitor armazena energia a uma taxa de $P_C(t)$. O que pode ser concluído à respeito das relações entre $P_R(t)$ e $P_C(t)$?

(A) $P_R(t) > P_C(t)$ para todos os instantes t durante o carregamento.

(B) $P_R(t) = P_C(t)$ para todos os instantes t durante o carregamento.

(C) $P_R(t) < P_C(t)$ para todos os instantes t durante o carregamento.

(D) $P_R(t) > P_C(t)$ apenas no começo do carregamento.

(E) $P_R(t) < P_C(t)$ apenas no começo do carregamento.

QUESTÕES

1. O sentido da fem suprido por uma bateria depende do sentido da corrente que flui através desta bateria?

2. Na Fig. 31-4, discuta que mudanças ocorreriam se fosse aumentada a massa m de uma quantidade tal que o "motor" revertesse o sentido de giro e tornasse um "gerador" — isto é, uma fonte de fem.

3. Discuta em detalhes a afirmação que o método de energia e a lei das malhas para solução de circuitos são perfeitamente equivalentes.

4. Imagine um método para medir a fem e a resistência interna de uma bateria.

5. Qual a origem da resistência interna de uma bateria? Isto depende da idade ou tamanho da bateria?

6. A corrente passando através da bateria de fem $\mathcal{E}$ e a resistência interna r são diminuídas por algum fator externo. A diferença de potencial entre os terminais da bateria necessariamente irá crescer ou decrescer? Explique.

7. Como pode-se calcular ΔV_{ab} da Fig. 31-8a percorrendo-se um caminho de a para b que não seja sobre o circuito condutor?

8. Uma lâmpada de 25 W e 120 V brilha com a sua claridade normal quando está conectada a um banco de baterias. Uma lâmpada de 500 W, 120 V, brilha apenas fracamente quando conectada ao mesmo banco de baterias. O que terá acontecido?

9. Sob que circunstâncias a diferença de potencial dos terminais de uma bateria pode ultrapassar a sua fem?

10. Automóveis geralmente usam um sistema elétrico de 12 V. No passado, o sistema de 6 V era utilizado. Por que a mudança? Por que não um sistema de 24 V?

11. A lei das malhas é baseada no princípio da conservação de energia e a lei dos nós é baseada no princípio da conservação de carga. Explique como estas leis são baseadas nestes princípios.

12. Sob que circunstâncias deseja-se conectar uma bateria em paralelo? E em série?

13. Compare as fórmulas para valores equivalentes de arranjos em série e em paralelo de (a) capacitores e (b) resistores.

14. Sob que circunstâncias deseja-se conectar um resistor em paralelo? E em série?

15. Qual a diferença entre a fem e a diferença de potencial?

16. Em referência à Fig 31-10, utilize um argumento qualitativo para convencer-se de que i_2 está desenhada no sentido errado.

17. A lei dos nós e a lei das malhas podem ser aplicadas em circuitos que contêm um capacitor?

18. Mostre que o produto RC na Eq. 31-29 tem dimensões de tempo — isto é, que 1 segundo = 1 ohm $\times$ 1 farad.

19. Um capacitor, um resistor e uma bateria são conectados em série. A carga que o capacitor armazena não é afetada pela resistência do resistor. Para que propósito, então, serviria o resistor?

20. Explique por que, no Problema Resolvido 31-9, a energia armazenada cai à metade de seu valor inicial mais rapidamente que a carga.

21. A luz de flash de uma câmera é gerada pela descarga de um capacitor através da lâmpada. Por que não conectar a lâmpada de flash diretamente entre os terminais da fonte de potência utilizada para carregar o capacitor?

22. O tempo necessário para que a carga do capacitor em um circuito RC alcance uma dada fração de seu valor final depende do valor da fem aplicada? O tempo necessário para a carga mudar de uma dada quantidade depende da fem aplicada?

23. Um capacitor é conectado aos terminais de uma bateria. A carga que eventualmente aparece sobre as placas do capacitor depende do valor da resistência interna da bateria?

24. Imagine um método com o que um circuito RC pode ser utilizado para medir resistências muito altas.

25. Na Fig. 31-20, considere que a chave S esteja fechada em *a*. Explique por que, em vista do fato de o terminal negativo da bateria não estar conectado à resistência *R*, a corrente que passa por *R* ser $\mathscr{E}/R$, como a Eq. 31-28 prediz.

26. Na Fig. 31-20, considere que a chave S esteja fechada em *a*. Por que a carga no capacitor *C* não sobe instantaneamente para $q = C\mathscr{E}$? Afinal, o terminal positivo da bateria está conectado a uma das placas do capacitor e o terminal negativo está conectado à outra.

27. Que características especiais devem ter resistências de aquecimento?

28. A Eq. 31-21 parece sugerir que a taxa de crescimento da energia interna em um resistor é reduzida se a resistência é menor; a Eq. 31-22 parece sugerir exatamente o contrário. Como pode ser conciliado este aparente paradoxo?

29. Por que as companhias de eletricidade reduzem a tensão durante o intervalo de tempo de demanda pesada? O que está sendo poupado?

30. A resistência filamentar de uma lâmpada de 500 W é menor ou maior do que em uma lâmpada de 100 W? Ambas as lâmpadas são projetadas para operar a 120 V.

31. Cinco fios de mesmo comprimento e diâmetro são conectados um a um entre dois pontos mantidos a uma diferença de potencial constante. A energia interna irá se desenvolver a uma taxa mais rápida no fio de (*a*) menor ou (*b*) maior resistência?

32. Por que é melhor enviar 10 MW de potência elétrica a longas distâncias a 10 kV em vez de enviá-la à 220 V?

EXERCÍCIOS

31-1 Corrente Elétrica

31-2 Força Eletromotriz

1. Uma corrente de 5,12 A é formada em um circuito por uma bateria de 6,00 V durante 5,75 min. De quanto foi reduzida a energia química desta bateria?

2. (*a*) Quanto trabalho é realizado por uma fonte de fem de 12,0 V sobre um elétron que vai do terminal positivo para o terminal negativo? (*b*) Se $3,40 \times 10^{18}$ elétrons passam através da fonte a cada segundo, qual a potência de saída da fonte?

3. Uma dada bateria veicular de 12 V pode "bombear" uma carga total de 125 A · h antes de deixar de funcionar. Supondo que a diferença de potencial entre os terminais permanece constante, por quanto tempo a bateria poderá entregar energia a uma taxa de 110 W?

4. Uma bateria de flash padrão pode entregar em torno de 2,0 W · h de energia antes de deixar de funcionar. (*a*) Se a bateria custa 80 centavos de dólar, qual o custo operacional de uma lâmpada de 100 W por 8,0 h de uso das baterias? (*b*) Qual seria o custo se a potência fosse fornecida pela companhia de eletricidade a 12 centavos de dólar por kW · h utilizado?

31-3 Análise de Circuitos

5. Na Fig. 31-25, o potencial no ponto *P* é de 100 V. Qual o potencial no ponto *Q*?

6. Um medidor de combustível de um automóvel é mostrado esquematicamente na Fig. 31-26. O mostrador (no painel)

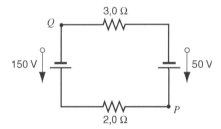

Fig. 31-25. Exercício 5.

tem uma resistência de 10 Ω. A unidade do tanque é uma simples bóia conectada a um resistor que tem resistência de 140 Ω quando o tanque está vazio e 20 Ω quando está cheio, e varia linearmente com o volume de combustível. Ache a corrente do circuito quando o tanque de combustível está (*a*) vazio, (*b*) meio cheio e (*c*) cheio.

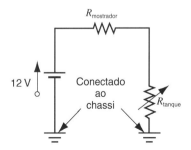

Fig. 31-26. Exercício 6.

7. (*a*) Na Fig. 31-27, que valor deve ter *R* se a corrente no circuito deve ser de 50 mA? Faça $\mathscr{E}_1 = 2,0$ V, $\mathscr{E}_2 = 3,0$ V e

$r_1 = r_2 = 3{,}0 \, \Omega$. (b) Qual a taxa na qual a energia interna surge em R?

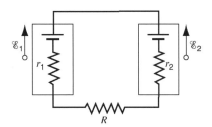

Fig. 31-27. Exercício 7.

8. A corrente em um circuito de malha única é de 5,0 A. Quando uma resistência adicional de 2,0 Ω é inserida em série, a corrente cai para 4,0 A. Qual era a resistência no circuito original?

9. A seção do circuito AB (veja a Fig. 31-28) consome 53,0 W de potência quando a corrente $i = 1{,}20$ A passa no sentido indicado. (a) Encontre a diferença de potencial entre A e B. (b) Se o elemento C não tem resistência interna, qual a sua fem? (c) Qual dos terminais, o esquerdo ou o direito, é positivo?

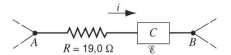

Fig. 31-28. Exercício 9.

10. A energia interna é gerada em um resistor de 108 mΩ a uma taxa de 9,88 W conectando-o a uma bateria cuja fem é de 1,50 V. (a) Qual a resistência interna da bateria? (b) Que diferença de potencial existe entre os terminais do resistor?

11. Que corrente, em função de $\mathscr{E}$ e R, lê-se no amperímetro A da Fig. 31-29? Suponha que A tenha resistência nula.

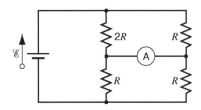

Fig. 31-29. Exercício 11.

12. São dadas duas baterias com valores de fem $\mathscr{E}_1$ e $\mathscr{E}_2$ e resistências internas r_1 e r_2. Elas podem ser conectadas (a) em paralelo ou (b) em série e utilizadas para estabelecer uma corrente através do resistor R, como mostrado na Fig. 31-30. Obtenha as expressões para a corrente em R para ambos os métodos de conexão.

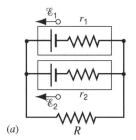

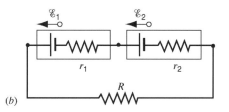

Fig. 31-30. Exercício 12.

13. (a) Calcule a corrente que passa através de cada fonte de fem na Fig. 31-31. (b) Calcule $V_b - V_a$. Suponha que $R_1 = 1{,}20 \, \Omega$, $R_2 = 2{,}30 \, \Omega$, $\mathscr{E}_1 = 2{,}00$ V, $\mathscr{E}_2 = 3{,}80$ V e $\mathscr{E}_3 = 5{,}00$ V.

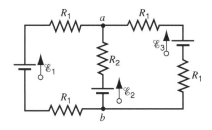

Fig. 31-31. Exercício 13.

14. (a) O circuito da Fig. 31-8, mostra que a potência fornecida a R como energia interna é máxima quando R é igual à resistência interna r da bateria. (b) Mostre que a potência máxima é $P = \mathscr{E}^2/4r$.

15. Uma bateria de fem $\mathscr{E} = 2{,}0$ V e resistência interna $r = 0{,}50 \, \Omega$ está alimentando um motor. O motor está suspendendo um objeto de 2,0 N a uma velocidade constante $v = 0{,}50$ m/s. Supondo que não há perdas de potência, encontre (a) a corrente i no circuito e (b) a diferença de potencial ΔV entre os terminais do motor. (c) Discuta o fato de haver duas soluções para este problema.

31-4 Campos Elétricos em Circuitos

31-5 Resistores em Série e em Paralelo

16. Quatro resistores de 18 Ω são conectados em paralelo a uma bateria de 27 V. Que corrente passa pela bateria?

17. Ao usar apenas dois resistores — separados, em série ou em paralelo — pode-se obter resistências de 3,0 Ω, 4,0 Ω, 12 Ω e 16 Ω. Quais são as resistências de cada um dos resistores?

18. Na Fig. 31-32, ache a resistência equivalente entre os pontos (a) A e B, (b) A e C, e (c) B e C.

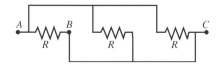

Fig. 31-32. Exercício 18.

19. Um circuito contém cinco resistores conectados a uma bateria de 12 V como mostrado na Fig. 31-33. Ache a diferença de potencial entre os terminais do resistor de 5,0 Ω.

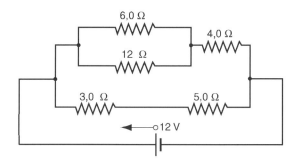

Fig. 31-33. Exercício 19.

20. Uma linha elétrica de 120 V está protegida por um fusível de 15 A. Qual o número máximo de lâmpadas de 500 W que podem ser simultaneamente utilizadas em paralelo nesta linha?

21. Dois resistores R_1 e R_2 podem ser conectados em série ou em paralelo entre os terminais de uma bateria (sem resistência interna) com fem $\mathcal{E}$. Deseja-se que a taxa de transferência de energia interna para o arranjo em paralelo seja cinco vezes maior que o do arranjo em série. Se $R_1 = 100$ Ω, qual o valor de R_2?

22. É dado um certo número de resistores de 10 Ω, cada um capaz de dissipar apenas 1,0 W. Qual o número mínimo destes resistores que precisam ser combinados em série ou em paralelo para formar um resistor de 10 Ω capaz de dissipar, ao menos, 5,0 W?

23. (a) Na Fig. 31-34, ache a resistência equivalente da rede mostrada. (b) Calcule a corrente em cada resistor. Use $R_1 = 112$ Ω, $R_2 = 42,0$ Ω, $R_3 = 61,6$ Ω, $R_4 = 75,0$ Ω e $\mathcal{E} = 6,22$ V.

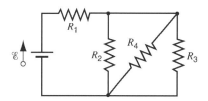

Fig. 31-34. Exercício 23.

24. No circuito da Fig. 31-35, $\mathcal{E}$, R_1 e R_2 têm valores constantes, mas R pode ser variado. Encontre a expressão de R que resulta na dissipação máxima de potência nesse resistor.

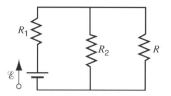

Fig. 31-35. Exercício 24.

25. Na Fig. 31-36, ache a resistência equivalente entre os pontos (a) F e H, e (b) F e G.

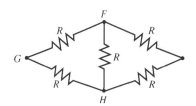

Fig. 31-36. Exercício 25.

26. Um divisor de tensão consiste em dois resistores em série. A diferença de potencial usada entre os terminais dos resistores é de 12 V e a diferença de potencial entre os terminais do segundo resistor é de 2,4 V. Ache as resistências, supondo que a corrente que passa pelos dois resistores é de 1 mA.

27. Projete um divisor de tensão para uma entrada de 1,50 V e uma saída de aproximadamente 0,95 ± 0,01 V utilizando apenas resistores de valores padronizados.

28. Uma parcela de uma rede infinita de resistores de 1 μΩ é mostrada na Fig. 31-37. Uma bateria é conectada entre duas ligações distantes. Mostre que o potencial entre qualquer conexão tem o potencial médio das quatro conexões mais próximas. Este resultado pode ser utilizado para resolver o Problema Computacional 1.

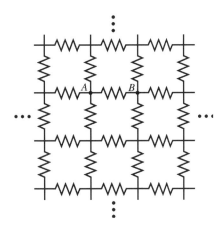

Fig. 31-37. Exercício 28 e Problema Computacional 1.

31-6 Transferências de Energia em um Circuito Elétrico

29. Um rádio portátil de 9,0 V e 7,5 W de um estudante foi deixado ligado das 21:00 às 3:00 h. Quanta carga passou através dos fios?

30. Os faróis de um carro em movimento drenam 9,7 A de um alternador de 12 V, que é acionado pelo motor. Suponha que o alternador tenha uma eficiência de 82%, e calcule quantos HP o motor deve fornecer para fazer funcionar os faróis do carro.

31. Um aquecedor operando a partir de uma linha de 120 V tem uma resistência de aquecimento de 14,0 Ω. (a) A que taxa a energia elétrica é transformada em energia interna? (b) A 5,22 centavos de dólar por kW · h quanto custa para operar este dispositivo por 6 h 25 min?

32. A Fig. 31-38 mostra uma bateria conectada entre os terminais de um resistor de seção transversal uniforme R_0. Um contato deslizante pode se mover sobre o resistor de $x = 0$ do lado esquerdo até $x = 10$ cm do lado direito. Encontre uma expressão para a potência dissipada no resistor R em função de x. Plote a função para $\mathcal{E} = 50$ V, $R = 2000$ Ω e $R_0 = 100$ Ω.

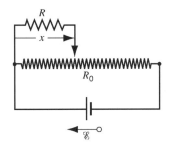

Fig. 31-38. Exercício 32.

33. Duas lâmpadas, uma de resistência R_1 e outra de resistência R_2 ($< R_1$), são conectadas (a) em paralelo e (b) em série. Qual lâmpada é a mais brilhante em cada caso?

34. O "National Board of Fire Underwriters" estabeleceu capacidades seguras de condução de corrente para diversas bitolas e tipos de fios. Para o fio n.º 10 de cobre revestido de borracha (diâmetro = 0,1 in), a corrente máxima segura é de 25 A. Nesta corrente, ache (a) a densidade de corrente, (b) o campo elétrico, (c) a diferença de potencial para 1000 ft de fio, e (d) a taxa em que a energia interna é gerada para 1000 ft de fio.

35. Uma lâmpada de 100 W é instalada em um soquete padronizado de 120 V. (a) Quanto custa por mês (31 dias) deixar a luz acesa? Suponha que o custo da energia é de 6 centavos de dólar por kW · h. (b) Qual a resistência da lâmpada? (c) Qual a corrente na lâmpada? (d) A resistência é diferente quando a lâmpada está apagada?

36. Um aquecedor com resistência de nicromo dissipa 500 W quando submetida a uma diferença de potencial de 110 V e a temperatura do fio está em 800°C. Quanta potência este poderia dissipar se o fio fosse mantido a 200°C por imersão em banho de óleo de resfriamento? A diferença de potencial aplicada permanece a mesma; α para o nicromo a 800°C é de $4,0 \times 10^{-4}$/°C.

37. Um acelerador linear de elétrons gera um feixe pulsativo de elétrons. A corrente pulsativa é de 485 mA e a duração do pulso é de 95,0 ns. (a) Quantos elétrons são acelerados por pulso? (b) Ache a corrente média para a máquina operando a 520 pulsos/s. (c) Se os elétrons são acelerados para uma energia de 47,7 MeV, quais são os valores médios e de pico de potência de saída do acelerador?

38. Um resistor cilíndrico de raio 5,12 mm e de comprimento 1,96 cm é feito de um material que tem resistividade de $3,50 \times 10^{-5}$ Ω · m. Quais são (a) a densidade de corrente e (b) a diferença de potencial quando a dissipação de potência é de 1,55 W?

39. Um elemento de aquecimento é feito mantendo uma diferença de potencial de 75 V nos terminais de um fio de nicromo de 2,6 mm² de seção transversal e resistividade de $5,0 \times 10^{-7}$ Ω · m. (a) Se o elemento dissipa 4,8 kW, qual o seu comprimento? (b) Se a diferença de potencial de 110 V é utilizada para obter a mesma potência de saída, qual deveria ser o novo comprimento do fio?

40. Um aquecedor de imersão de 420 W é posto em um recipiente que contém 2,10 litros de água a 18,5°C. (a) Quanto tempo será necessário para trazer a água para a temperatura de ebulição, supondo que 77,0% da energia disponível seja utilizada pela água? (b) Quanto tempo a mais levará para transformar em vapor a metade da quantidade de água?

31-7 Circuitos RC

41. (a) Deduza os passos não mostrados para obter a Eq. 31-27 a partir da Eq. 31-26. (b) De maneira semelhante, obtenha a

Eq. 31-32 a partir da Eq. 31-31. Note que $q = q_0$ (capacitor está carregado) em $t = 0$.

42. Em um circuito RC em série $\mathscr{E} = 11{,}0$ V, $R = 1{,}42$ MΩ e $C = 1{,}80$ μF. (a) Calcule a constante de tempo. (b) Encontre a carga máxima que surgirá no capacitor durante o carregamento. (c) Quanto tempo é necessário para formar-se uma carga de 15,5 μC no capacitor?

43. Quantas constantes de tempo precisam ser utilizadas antes do capacitor de um circuito RC ser carregado a 99% de sua capacidade máxima?

44. Um resistor de 15,2 kΩ e um capacitor são conectados em série e um potencial de 13,0 V é aplicado repentinamente. O potencial entre os terminais do capacitor aumenta para 5,00 V em 1,28 μs. (a) Calcule a constante de tempo. (b) Encontre a capacitância do capacitor.

45. Um circuito RC é descarregado pelo fechamento de uma chave no instante $t = 0$. A diferença de potencial inicial entre os terminais do capacitor é de 100 V. (a) Se a diferença de potencial decresceu para 1,06 V após 10,0 s, calcule a constante de tempo do circuito. (b) Qual será a diferença de potencial em $t = 17$ s?

46. O controle de um videogame consiste em um resistor variável conectado entre os terminais de um capacitor de 220 nF. O capacitor é carregado até 5,00 V e então é descarregado através do resistor. O tempo para a diferença de potencial entre as placas do capacitor decrescer para 800 mV é medido por um relógio interno. Se a faixa de tempo de descarga pode ser ajustada de 10 μs a 6,00 ms, qual seria a faixa de variação da resistência do resistor?

47. A Fig. 31-39 mostra um circuito de uma lâmpada de flash, como aquelas existentes em cavaletes de estradas em construção. A lâmpada fluorescente L é conectada em paralelo com o capacitor C de um circuito RC. A corrente passa através da lâmpada apenas quando o potencial entre seus terminais atinge a tensão de ruptura V_L; neste instante, o capacitor descarrega através da lâmpada e ela emite um flash por um período muito curto de tempo. Considere que são necessários dois flashes por segundo. Utilizando a tensão de ruptura $V_L = 72$ V, uma bateria de 95 V e um capacitor de 0,15 μF, de quanto teria que ser a resistência R do resistor?

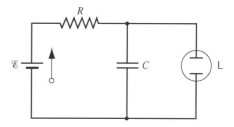

Fig. 31-39. Exercício 47.

48. Um capacitor de 1,0 μF com uma energia inicial armazenada de 0,50 J é descarregado através de um resistor 1,0 MΩ. (a) Qual a carga inicial do capacitor? (b) Qual a corrente através do resistor quando a descarga começa? (c) Determine ΔV_C, a tensão entre os terminais do capacitor, e ΔV_R, a tensão entre os terminais do resistor, em função do tempo. (d) Expresse a taxa de geração de energia interna em um resistor como uma função do tempo.

49. Um resistor de 3,0 MΩ e um capacitor de 1,0 μF são conectados em um circuito de uma única malha com uma fonte de fem $\mathscr{E} = 4{,}0$ V. Em 1,0 s após a conexão ser feita, quais são as taxas que (a) a carga no capacitor está crescendo, (b) a energia está sendo armazenada no capacitor, (c) a energia interna é gerada no resistor e (d) a energia está sendo entregue pela sede da fem?

50. Prove que quando a chave S da Fig. 31-20 é comutada de a para b, toda a energia armazenada no capacitor é transformada em energia interna no resistor. Suponha que o capacitor está totalmente carregado antes de a chave ser comutada.

PROBLEMAS

1. O motor de arranque de um automóvel está girando lentamente e o mecânico precisa decidir se vai trocar o motor, o cabo ou a bateria. O manual do fabricante diz que a bateria de 12 V não pode ter mais que 0,020 Ω de resistência interna, o motor não pode ter mais que 0,200 Ω de resistência e o cabo não mais que 0,040 Ω de resistência. O mecânico faz o motor funcionar e mede 11,4 V entre os terminais da bateria, 3,0 V entre os terminais do cabo e uma corrente de 50 A. Qual parte está com defeito?

2. Duas baterias tendo a mesma fem $\mathscr{E}$, mas com diferentes resistências internas r_1 e r_2 ($r_1 > r_2$) são conectadas em série a uma resistência externa R. (a) Ache o valor de R que faz a diferença de potencial ser igual a zero entre os terminais de uma bateria. (b) Que bateria é esta?

3. Uma célula solar gera uma diferença de potencial de 0,10 V quando um resistor de 500 Ω é conectado entre seus terminais e uma diferença de potencial de 0,16 V quando substitui-se este resistor por um de 1000 Ω. Qual (a) a resistência interna e (b) a fem da célula solar? (c) A área da célula é de 5,0 cm^2 e a intensidade da luz que a atinge é de 2,0 mW/cm^2. Qual a eficiência da célula na conversão da

172 Capítulo Trinta e Um

energia luminosa em energia interna em um resistor externo de 1000 Ω?

4. Quando os faróis de um automóvel são ligados, um amperímetro em série com eles lê 10,0 A e um voltímetro conectado entre os terminais dos faróis lê 12,0 V. Veja na Fig. 31-40. Quando o motor de arranque é posto em funcionamento, a leitura do amperímetro cai para 8,00 A e as luzes são algo escurecidas. Se a resistência interna da bateria é de 50 mΩ e a resistência do amperímetro é desprezível, quais são (a) a fem da bateria e (b) a corrente através do motor de arranque quando as luzes estão acesas?

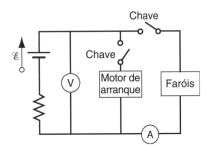

Fig. 31-40. Problema 4.

5. Trilhos condutores A e B, tendo comprimentos iguais a 42,6 m e área da seção transversal de 91,0 cm², são conectadas em série. Uma diferença de potencial de 630 V é aplicada entre os terminais dos trilhos conectados em série. As resistências dos trilhos são de 76,2 $\mu\Omega$ e de 35,0 $\mu\Omega$. Determine (a) as resistividades dos trilhos, (b) a densidade de corrente em cada trilho, (c) a intensidade do campo elétrico em cada trilho e (d) a diferença de potencial entre os terminais de cada trilho.

6. Ache a resistência equivalente entre os pontos x e y mostrados na Fig. 31-41. Quatro dos resistores têm resistências iguais R, como mostrado; e o resistor do "meio" tem o valor $r \neq R$. (Compare com o problema 10 do Cap. 30.)

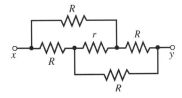

Fig. 31-41. Problema 6.

7. Doze resistores, cada um com a resistência de R ohms, formam um cubo (veja a Fig. 31-18a). (a) Ache R_{13}, a resistência equivalente da diagonal da face. (b) Ache R_{17}, a resistência equivalente da diagonal do cubo. Veja o Problema Resolvido 31-6.

8. Na Fig. 31-42, ache (a) a corrente em cada resistor e (b) a diferença de potencial entre a e b. Suponha que $\mathscr{E}_1 = 6,0$ V, $\mathscr{E}_2 = 5,0$ V, $\mathscr{E}_3 = 4,0$ V, $R_1 = 100$ Ω e $R_2 = 50$ Ω.

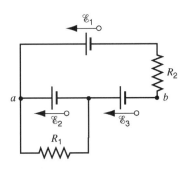

Fig. 31-42. Problema 8.

9. Uma lâmpada de 120 V que pode ser ligada de três maneiras distintas, com potências calculadas de 100, 200 e 300 W, tem um filamento queimado. Após o acontecido, a lâmpada opera à mesma intensidade nas posições baixa e alta, mas não funciona de forma alguma na posição intermediária. (a) Como os dois filamentos estão ligados dentro da lâmpada? (b) Calcule as resistências dos filamentos.

10. Um ohmímetro simples é feito conectando-se uma bateria de flash de 1,50 V em série com um resistor R e um amperímetro de 1,00 mA, como mostrado na Fig. 31-43. R é ajustado de tal forma que, quando os terminais do circuito estão em curto, o ponteiro do medidor deflete para o seu valor de fundo de escala de 1,00 mA. Que resistência externa entre os terminais resulta em deflexões de (a) 10%, (b) 50% e (c) 90% do fundo de escala? (d) Se o amperímetro tem uma resistência de 18,5 Ω e a resistência interna da bateria é desprezível, qual o valor de R?

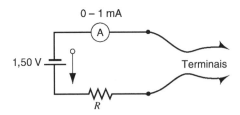

Fig. 31-43. Problema 10.

11. Na Fig. 31-44, imagine um amperímetro inserido no ramo que contém R_3. (a) O que será lido, supondo $\mathscr{E} = 5,0$ V, $R_1 = 2,0$ Ω, $R_2 = 4,0$ Ω e $R_3 = 6,0$ Ω? (b) O amperímetro e a fonte de fem são então fisicamente intercambiadas. Mos-

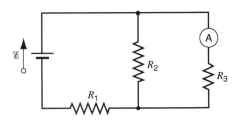

Fig. 31-44. Problema 11.

tre que a leitura do amperímetro permanece inalterada. Suponha que o amperímetro tenha resistência nula.

12. Na Fig. 31-45, R_S precisa ser ajustado em seu valor até que os pontos a e b sejam trazidos para exatamente o mesmo potencial. (Um teste para atingir esta condição é conectar momentaneamente um amperímetro sensível entre a e b; se estes pontos estão no mesmo potencial, o ponteiro do amperímetro não irá defletir.) Mostre que quando o ajustamento é feito, a seguinte relação pode ser empregada:

$$R_x = R_s(R_2/R_1).$$

Uma resistência desconhecida (R_x) pode ser medida em função de um padrão (R_S) utilizando este dispositivo, que é chamado de *ponte de Wheatstone*.

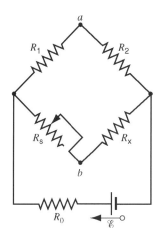

Fig. 31-45. Problemas 12 e 13.

13. Se os pontos a e b da Fig. 31-45 são conectados por um fio de resistência r, mostre que a corrente no fio é

$$i = \frac{\mathscr{E}(R_s - R_x)}{(R + 2r)(R_s + R_x) + 2R_sR_x}.$$

onde $\mathscr{E}$ é a fem da bateria. Suponha que R_1 e R_2 são iguais ($R_1 = R_2 = R$) e que R_0 é nulo. Esta fórmula é consistente com o resultado do Problema 12?

14. Uma bobina condutora de corrente de fio de nicromo é imersa no líquido contido em um calorímetro. Quando a diferença de potencial entre os terminais da bobina é de 12 V e a corrente que passa pela bobina é de 5,2 A, o líquido ferve a uma taxa constante, gerando vapor a uma taxa de 21 mg/s. Calcule o calor de latente de vaporização do líquido.

15. Uma bobina de resistência, ligada a uma bateria externa, é posicionada dentro de um cilindro adiabático com um pistão sem atrito e contendo gás ideal. Uma corrente $i = 240$ mA flui através da bobina, que tem uma resistência de $R = 550\ \Omega$. A que velocidade v o pistão, de massa $m = 11,8$ kg, deve mover-se para cima para que a temperatura do gás continue inalterada? Veja a Fig. 31-46.

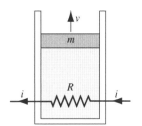

Fig. 31-46. Problema 15.

16. Um capacitor de 32 μC está conectado entre os terminais de uma fonte de potência programável. Durante o intervalo de $t = 0$ a $t = 3$ s, a saída de tensão da fonte é dada por $V(t) = (6\ \text{V}) + (4\ \text{V/s})t - (2\text{V/s}^2)t^2$. Em $t = 0,50$ s, encontre (a) a carga no capacitor, (b) a corrente no capacitor e (c) a potência de saída da fonte de potência.

17. Uma diferença de potencial ΔV é aplicada a um fio de área de seção transversal A, de comprimento L e de condutividade σ. Deseja-se mudar a diferença de potencial aplicada e alongar o fio de tal forma que a potência dissipada cresce de um fator de 30 e a corrente cresce de um fator de 4. Quais seriam os novos valores de (a) comprimento e (b) de área de seção transversal?

18. Um capacitor inicialmente descarregado C é totalmente carregado por uma fem constante $\mathscr{E}$ em série com um resistor R. (a) Mostre que a energia final armazenada no capacitor é a metade da energia suprida pela fem. (b) Por integração direta de i^2R durante o tempo de carregamento, mostre que a energia interna dissipada pelo resistor é também a metade da energia suprida pela fem.

19. Em que instante após o carregamento ter começado no Problema 18, a taxa de dissipação de energia no resistor iguala-se a taxa de armazenamento de energia no capacitor?

PROBLEMAS COMPUTACIONAIS

1. Use os resultados do Exercício 28 para achar uma resistência equivalente entre quaisquer dois pontos separados por um único resistor (como os pontos A e B) para a rede de resistores infinita da Fig. 31-37. Este problema é mais facilmente abordado por iteração e pode ser programado e resolvido em uma planilha eletrônica em menos de um minuto!

2. Repita o Problema Computacional 1 para um toro, em vez de um plano infinito. Comece com um toro feito de uma malha 10 × 10 de resistores. De quanto a resposta é alterada se a malha original for duplicada em tamanho? Utilize o Problema Computacional 2 do Cap. 30 como referência para sugestões para montar este problema.

CAPÍTULO 32

O CAMPO MAGNÉTICO

A ciência do magnetismo tem a sua origem na antiguidade. Ela se originou da observação de que determinadas pedras encontradas na natureza atraem-se umas às outras e também atraem pequenos pedaços de um metal, o ferro, mas não outros metais, como o ouro ou a prata. A palavra "magnetismo" vem do nome de uma região (Magnésia) na Ásia Menor, um dos locais onde essas pedras foram encontradas.

Hoje em dia essa descoberta é utilizada em uma ampla gama de aplicações práticas, desde os pequenos ímãs de "geladeira" até a fita de gravação magnética e disquetes de computador. O magnetismo dos núcleos atômicos individuais é utilizado pelos médicos para fazer imagens dos órgãos no interior do corpo. Espaçonaves foram utilizadas para medir o magnetismo da Terra e de outros planetas, com o objetivo de colher informações sobre as estruturas internas deles.

Neste capítulo, inicia-se o estudo do magnetismo considerando-se o campo magnético e os seus efeitos sobre uma carga elétrica em movimento. No próximo capítulo, considera-se a produção de campos magnéticos através de correntes elétricas. Em capítulos mais adiante, continua-se a explorar a relação próxima entre eletricidade e magnetismo, os quais estão ligados um ao outro sob a denominação comum de eletromagnetismo.

32-1 INTERAÇÕES MAGNÉTICAS E PÓLOS MAGNÉTICOS

Quando se iniciou o estudo de eletrostática no Cap. 25, descreveu-se uma observação — a atração entre uma haste de plástico esfregada em camurça e uma haste de vidro esfregada em seda — que não pode ser explicada tomando-se como base as forças e interações consideradas até aqui. Considerou-se a atração como sendo uma força exercida pelas cargas elétricas de uma haste sobre as cargas elétricas da outra haste. Nos capítulos seguintes observou-se que muitos fenômenos interessantes e úteis podem ser compreendidos em termos desta força eletrostática básica.

Neste capítulo, uma outra nova observação é introduzida, a qual apresenta conseqüências igualmente interessantes e úteis. Esta observação é baseada na interação *magnética* entre objetos, cujos efeitos são discutidos nos próximos capítulos. Neste momento, em que se dá início a este estudo, é importante se ter consciência das muitas similaridades entre as interações elétricas e magnéticas, bem como das importantes diferenças entre elas.

Já no século VIII a.C., os gregos sabiam que um pedaço do mineral magnetita (conhecido como pedra ímã, um óxido de ferro) é capaz de atrair um pedaço de ferro, mas não exerce nenhuma força mensurável sobre a maioria dos outros materiais. Mais tarde, descobriu-se que um pedaço de magnetita tanto pode atrair como repelir um outro pedaço, dependendo das suas orientações relativas. Nestes experimentos, e nos anteriormente descritos, é necessário certificar-se de que nenhum dos objetos tem uma carga resultante, de modo a poder ter-se a certeza de que essas novas forças não podem ser de origem elétrica.

O experimento citado a seguir já era conhecido por volta do século XII. Suspende-se uma pequena peça de magnetita com a forma de uma agulha, de modo a ficar rotulada em torno de um eixo

vertical. Mesmo sem a presença de outro pedaço de magnetita ou de ferro por perto, o pedaço gira espontaneamente em torno da rótula e, por fim, atinge o repouso com uma das extremidades apontando aproximadamente em direção ao pólo norte geográfico da Terra. Identifica-se esta extremidade pintando-a de vermelho. Não importando onde se realize esta experiência sobre a Terra, a extremidade vermelha sempre aponta para o Norte (Fig. 32-1).

O dispositivo que foi construído é, obviamente, uma bússola magnética, a qual está respondendo ao campo magnético da Terra, assim como dois pedaços de magnetita exercem forças um sobre o outro. Descreve-se esta conseqüência empregando-se a mesma linguagem que foi utilizada para as interações elétricas: um pedaço de magnetita (ou a Terra) estabelece um campo magnético, e o outro pedaço responde àquele campo magnético. A direção para a qual uma bússola magnética aponta fornece a direção e o sentido do campo magnético da Terra.

Também pode-se usar esta bússola magnética para traçar o campo magnético de uma barra imantada. Na Fig. 32-2, uma das extremidades de uma barra imantada foi pintada de vermelho, porque essa extremidade aponta para o norte se a barra imantada for suspensa como uma bússola. Por convenção, isto é denominado simplesmente de pólo *norte* do ímã, e a extremidade oposta o pólo *sul*. Quando se coloca a bússola próxima à barra imantada, a bússola gira até que a sua direção e o seu sentido indicam a direção e o sentido do campo magnético naquele ponto, como mostrado na Fig. 32-2. Conforme será discutido no Cap. 35, o campo magnético da Terra é de vários modos similar ao campo magnético de uma barra imantada.

Resultados ainda mais surpreendentes ocorrem quando se coloca a bússola próxima de um fio conduzindo corrente, como

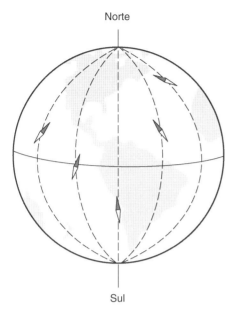

Fig. 32-1. Em qualquer localização sobre a Terra, a agulha magnética irá apontar aproximadamente na direção do Pólo Norte.

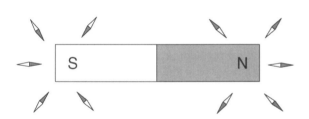

Fig. 32-2. A agulha de uma bússola mostra o campo magnético ao redor de uma barra imantada.

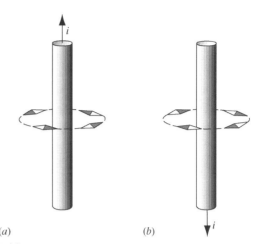

Fig. 32-3. (a) Uma bússola mostra que um campo magnético envolve um fio conduzindo corrente. (b) Quando a corrente é invertida, o sentido do campo magnético é invertido.

na Fig. 32-3. Quando uma corrente constante flui através de um fio, a bússola mostra de uma forma bastante clara que um campo magnético está presente, e a direção para a qual a agulha da bússola aponta coincide com a direção e o sentido do campo magnético próximo ao fio. Se a corrente é desligada, não existe campo magnético. Se o sentido da corrente é invertido, a bússola irá apontar para o sentido oposto (Fig. 32-2b).

Estas observações fornecem uma indicação de como a relação entre os fenômenos elétricos (como uma corrente em um fio) e os fenômenos magnéticos (a deflexão da agulha de uma bússola) é complexa e fascinante. Mais tarde neste texto, discutem-se outros exemplos desta relação, que é responsável por diversos efeitos como a operação de motores elétricos e a propagação da luz.

Magnetismo e Cargas em Movimento

É tentador procurar-se entender os campos magnéticos seguindo o mesmo procedimento que foi utilizado para os campos elétricos — isto é, utilizando-se uma carga de teste para sondar o campo. Isto conduz imediatamente a questões sobre a relação entre os fenômenos elétricos e magnéticos.

1. *Existe, na natureza, uma "carga de teste magnética" que possa ser usada para se determinar a intensidade, a direção e o sentido do campo magnético, assim como se utilizou a força sobre uma carga elétrica de teste para determinar o campo elétrico?* (Assim como em $\vec{E} = \vec{F}/q_0$, Eq. 26-3). A teoria permite a existência de cargas magnéticas isoladas, mas ninguém ainda encontrou uma, apesar de buscas experimentais intensivas. Conclui-se que cargas magnéticas isoladas, chamadas de *monopólos magnéticos*, ou são muito raros ou não existem e, assim, as equações para o eletromagnetismo são escritas como se não existissem cargas magnéticas.

2. *É possível utilizar-se uma carga de teste para sondar um campo magnético?* Sim, mas somente se a carga estiver movendo-se em relação à fonte do campo magnético. Um campo magnético não exerce força sobre uma carga elétrica em repouso.

3. *Se cargas elétricas em movimento podem ser utilizadas para sondar campos magnéticos, as cargas elétricas em movimento também produzem campos magnéticos?* Sim, conforme foi ilustrado na Fig. 32-3. De fato, as cargas elétricas em movimento também são responsáveis pelos campos magnéticos da Terra e da barra imantada (no último caso, as cargas são elétrons movendo-se nos átomos).

4. *Em eletrostática associou-se uma energia potencial elétrica com uma carga de teste em um campo elétrico (Seção 28-2). Existe uma "energia potencial magnética" associada com uma carga elétrica de teste em movimento em um campo magnético?* Em geral, a resposta é não, porque as forças que dependem da velocidade são forças não-conservativas. (É importante lembrar do Cap. 12 que a energia potencial somente pode ser definida para forças conservativas.)

Assim como o espaço em torno de um conjunto de cargas é descrito como sendo o local de um campo elétrico representado por um vetor $\vec{E}$, o espaço em torno da Terra, uma barra imantada, ou um fio conduzindo uma corrente é descrito como o local de um campo magnético* representado por um vetor $\vec{B}$. Em analogia com o campo elétrico, representa-se o campo magnético através de linhas de campo, as quais estão próximas umas das outras onde o campo é grande e afastadas umas das outras onde ele é pequeno. Freqüentemente, as linhas de $\vec{B}$ parecerão similares aos padrões que foram previamente desenhados para linhas de $\vec{E}$ — por exemplo, no caso de um campo uniforme ou do campo de um dipolo. No entanto, à medida que se dá prosseguimento ao estudo, deve-se observar as diversas diferenças importantes entre as linhas de $\vec{E}$ e as linhas de $\vec{B}$, as quais devem ser discutidas nos próximos capítulos.

A relação básica entre carga elétrica e campo elétrico em eletrostática pode ser representada como

Isto é, as cargas elétricas estabelecem um campo elétrico, o qual pode então exercer uma força de origem elétrica sobre outras cargas elétricas. Deseja-se poder ser capaz de escrever relações similares para campos magnéticos:

carga magnética → campo magnético → carga magnética.

No entanto, uma vez que nenhuma carga magnética isolada foi ainda encontrada, deve-se utilizar uma relação diferente:

carga elétrica em movimento → campo magnético → carga elétrica em movimento.

Isto é, um campo magnético é estabelecido por cargas elétricas em movimento e, por sua vez, o campo pode exercer uma força (a qual é chamada de força magnética) sobre outras cargas elétricas em movimento. Neste capítulo, explora-se a segunda parte desta relação (a força magnética sobre uma carga em movimento). O próximo capítulo discute como os campos magnéticos são produzidos por cargas elétricas em movimento, incluindo correntes em fios.

Pólos Magnéticos

Suspendendo-se um pedaço de material magnético na superfície da Terra, pode-se identificar e marcar o seu pólo norte (a extremidade que aponta aproximadamente para o pólo norte geográfico da Terra) e o seu pólo sul (a extremidade oposta). Suponha que se teste e marque dois pedaços de material magnético dessa forma. Pode-se, então, estudar diretamente a força magnética que um desses pedaços exerce sobre o outro para diversas orientações. Em particular, pode-se estudar a força que um dos pólos norte exerce sobre o outro pólo norte ou sobre um pólo sul. De experimentos deste tipo deduz-se a seguinte regra para a interação de pólos magnéticos:

Pólos iguais repelem-se e pólos diferentes atraem-se.

Isto é, um pólo sul atrai um pólo norte, mas dois pólos norte ou dois pólos sul repelem-se um ao outro. Esta regra é bastante similar à regra para a interação de cargas elétricas (Seção 25-2). Aplicando esta regra ao comportamento da bússola magnética na superfície da Terra, como na Fig. 32-1, conclui-se que para atrair o pólo norte da bússola é necessário que exista um pólo *sul* magnético próximo ao pólo norte geográfico da Terra.

32-2 A FORÇA MAGNÉTICA SOBRE UMA CARGA EM MOVIMENTO

Para começar a compreender as propriedades dos campos magnéticos, a primeira tarefa é estudar a força sobre uma partícula carregada movendo-se em um campo magnético. Em eletrostática, a força sobre uma partícula carregada em um campo elétrico é $\vec{F}_E = q\vec{E}$ (Eq. 26-4). Esta expressão fornece uma forma de testar se um campo elétrico está presente em vários pontos em qualquer região do espaço; se, após levar-se em conta todas as outras forças não-elétricas (gravidade etc.), observa-se que a força sobre a carga de teste em repouso não é nula, então pode-se concluir que um campo elétrico deve estar presente naquele ponto. Agora procura-se determinar as expressões correspondentes para campos magnéticos, que permitam testar a presença de campos magnéticos baseado na força exercida sobre uma carga pontual em movimento. Já se sabe que não será obtida um expressão simples como a da força elétrica, uma vez que a força magnética envolve dois vetores: o campo magnético $\vec{B}$ e o vetor velocidade $\vec{v}$.

Antes de iniciar os experimentos, primeiro testa-se a região de interesse para se ter certeza de que nenhum campo elétrico está presente. Faz-se isso colocando a carga de teste em repouso em diversas posições e checando se a força elétrica sobre a carga de teste é nula.

Uma vez que se tenha estabelecido que não existe nenhum campo elétrico agindo sobre a partícula carregada, pode-se usá-

---

*Não existe um consenso sobre a denominação dos vetores de campo em magnetismo. $\vec{B}$ pode ser chamado de *indução magnética* ou *densidade de fluxo magnético*, enquanto outro vetor de campo, denotado por $\vec{H}$, pode ser chamado de campo magnético. Aqui, considera-se $\vec{B}$ como a grandeza mais fundamental e, portanto, ela é chamada de campo magnético.

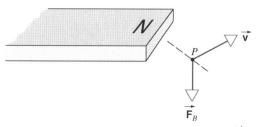

Fig. 32-4. Uma partícula carregada se move com velocidade $\vec{v}$ próximo a uma barra imantada. Uma força magnética $\vec{F}_B$ é exercida sobre a partícula. Se a velocidade da partícula estiver ao longo da linha tracejada, a força magnética será nula.

la como sonda para encontrar a força magnética. Considere um determinado ponto P próximo a uma fonte de campo magnético, como um barra imantada (Fig. 32-4). Supõe-se que um dispositivo para disparar partículas carregadas através do ponto P esteja disponível; o dispositivo permite estabelecer a intensidade da velocidade das partículas e a direção e o sentido do movimento. Utilizando este dispositivo, podem-se elaborar experimentos que permitam desenvolver diversas observações sobre a força magnética $\vec{F}_B$ que age sobre as partículas.

1. Disparando-se as partículas através de P ao longo de diversas direções, observa-se que a força magnética, se esta estiver presente, é perpendicular à velocidade $\vec{v}$, conforme mostrado na Fig. 32-4. Independentemente da direção de $\vec{v}$, a força magnética é sempre perpendicular a $\vec{v}$.

2. Quando se varia a direção de $\vec{v}$ através de P (mantendo-se a intensidade de $\vec{v}$ constante), observa-se que a força magnética é nula para uma determinada direção de $\vec{v}$, indicada pela linha tracejada na Fig. 32-4. Quando a velocidade é perpendicular a esta direção, a força magnética apresenta um valor máximo. Fora desta direção, a força magnética varia como sen ϕ, onde ϕ é o ângulo entre a velocidade e a linha tracejada. (Note que, na realidade, a linha tracejada indica dois sentidos opostos para os quais a força é nula, um correspondendo a $\phi = 0°$ e o outro correspondendo a $\phi = 180°$.)

3. Quando se varia a intensidade da velocidade, observa-se que a intensidade de $\vec{F}_B$ varia de uma forma diretamente proporcional.

4. Também se observa que a intensidade de $\vec{F}_B$ é proporcional à intensidade da carga de teste q e que $\vec{F}_B$ inverte o seu sentido quando q muda de sinal.

Agora, define-se o campo magnético tomando como base as seguintes observações: a direção de $\vec{B}$ no ponto P é a mesma de $\vec{v}$ (para ser breve), sendo que o seu sentido coincide com os sentidos de $\vec{v}$ para os quais a força é nula, e a intensidade de $\vec{B}$ é determinada da intensidade $F_{B,máx}$ da força máxima exercida quando a carga de teste é projetada perpendicularmente na direção de $\vec{B}$; isto é,

$$B = \frac{F_{B,máx.}}{|q|v}. \qquad (32\text{-}1)$$

Para ângulos arbitrários, estas observações podem ser resumidas pela equação

$$F_B = |q|vB\,\text{sen}\,\phi, \qquad (32\text{-}2)$$

onde ϕ é o menor ângulo entre $\vec{v}$ e $\vec{B}$. Uma vez que F_B, v e B são vetores, a Eq. 32-2 pode ser escrita como um produto vetorial:

$$\vec{F}_B = q\vec{v} \times \vec{B}. \qquad (32\text{-}3)$$

Ao escrever-se $\vec{v} \times \vec{B}$ em vez de $\vec{B} \times \vec{v}$ na Eq. 32-3, especificou-se qual dos dois sentidos possíveis de $\vec{B}$ deseja-se usar. Produtos vetoriais ou escalares ocorrem freqüentemente no estudo do magnetismo. Pode ser útil fazer uma revisão das propriedades do produto vetorial apresentadas no Apêndice H.

A Fig. 32-5 mostra a relação geométrica entre os vetores $\vec{F}_B$, $\vec{v}$ e $\vec{B}$. Observe que, como é sempre o caso para um produto vetorial, $\vec{F}_B$ é perpendicular ao plano formado por $\vec{v}$ e $\vec{B}$. Assim, $\vec{F}_B$ é sempre perpendicular a $\vec{v}$, e a força magnética é sempre uma força de deflexão lateral. Note também que $\vec{F}_B$ vai a zero quando $\vec{v}$ é paralelo ou antiparalelo à direção de $\vec{B}$ (para o qual $\phi = 0°$ ou $180°$, e $\vec{v} \times \vec{B} = 0$), e que $\vec{F}_B$ tem a sua intensidade máxima, igual a qvB, quando $\vec{v}$ é perpendicular a $\vec{B}$.

Como a força magnética é sempre perpendicular a $\vec{v}$, ela não pode mudar a intensidade de $\vec{v}$, somente a sua direção. De modo similar, a força é sempre perpendicular ao deslocamento da partícula e não pode realizar trabalho sobre ela. Dessa forma, um campo magnético constante não pode mudar a energia cinética de uma partícula carregada em movimento. (No Cap. 34 consideram-se campos magnéticos variáveis, que *podem* mudar a energia cinética de uma partícula. Neste capítulo, tratam-se apenas campos magnéticos que não variam com o tempo.)

A Eq. 32-3, que pode ser considerada como sendo a definição do campo magnético $\vec{B}$, indica tanto a sua intensidade quanto o seu sentido e direção. Define-se o campo elétrico de forma similar através de uma equação, $\vec{F}_E = q\vec{E}$, de modo que ao se medir a força elétrica pode-se determinar a intensidade e o sentido e a direção do campo elétrico. Os campos magnéticos não podem

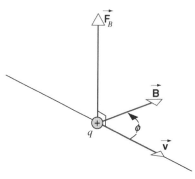

Fig. 32-5. Uma partícula com carga positiva q movendo-se com velocidade $\vec{v}$ através de um campo magnético $\vec{B}$ experimenta uma força magnética de deflexão $\vec{F}_B$.

ser medidos de forma tão simples com uma única medida. Como a Fig. 32-5 sugere, medir $\vec{F}_B$ para um único $\vec{v}$ não é suficiente para se determinar $\vec{B}$, porque a direção e o sentido de $\vec{F}_B$ não indicam a direção e o sentido de $\vec{B}$. Primeiro, é necessário determinar a direção e o sentido de $\vec{B}$ (por exemplo, determinando as direções de $\vec{v}$ para as quais não existe força) e, então, através de uma única medida adicional é possível determinar a sua intensidade.

A unidade do SI para $\vec{B}$ é o *tesla* (abreviação *T*). Segue da Eq. 32-1 que

$$1 \text{ tesla} = 1 \frac{\text{newton}}{\text{coulomb} \cdot \text{metro/segundo}} = 1 \frac{\text{newton}}{\text{ampère} \cdot \text{metro}}.$$

Uma unidade mais antiga (que não é do SI) para $\vec{B}$, ainda em uso comum, é o *gauss*, relacionada com o tesla por

$$1 \text{ tesla} = 10^4 \text{ gauss}.$$

A Tabela 32-1 fornece alguns valores típicos de campos magnéticos.

A Fig. 32-6 mostra as linhas de $\vec{B}$ para uma barra imantada. Note que as linhas de $\vec{B}$ passam através do ímã, formando laços fechados. Do agrupamento das linhas de campo fora do ímã e perto das suas extremidades, observa-se que o campo magnético no espaço em torno do ímã tem a sua maior intensidade nessa região. Essas extremidades são os *pólos* do ímã. Note que as linhas de campo emergem do pólo norte e convergem em direção ao pólo sul.

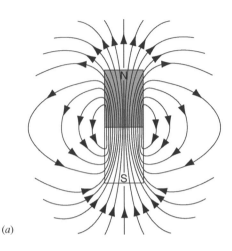

Fig. 32-6. (*a*) As linhas de campo magnético para uma barra imantada. As linhas formam laços fechados, deixando o ímã no seu pólo norte e entrando no seu pólo sul. (*b*) As linhas de campo podem ser feitas visíveis espalhando-se limalha de ferro sobre uma folha de papel cobrindo uma barra imantada.

TABELA 32-1 Valores Típicos de Alguns Campos Magnéticos[a]

Localização	Campo Magnético (T)
Na superfície de uma estrela de nêutrons (calculado)	10^8
Próximo a um ímã supercondutor	5
Próximo a um grande eletroímã	1
Próximo a uma pequena barra imantada	10^{-2}
Na superfície da Terra	10^{-4}
No espaço interestelar	10^{-10}
Em uma sala blindada magneticamente	10^{-14}

[a]Valores aproximados.

PROBLEMA RESOLVIDO 32-1.

Um campo magnético isolado $\vec{B}$, com intensidade de 1,2 mT, tem uma direção vertical e um sentido para cima em todo o volume da sala na qual você está sentado (Fig. 32-7). Um próton com energia cinética de 5,3 MeV move-se na horizontal para o norte em um determinado ponto da sala. Qual a força magnética

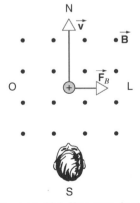

Fig. 32-7. Problema Resolvido 32-1. Uma vista de cima de um estudante sentado em uma sala na qual um campo magnético na direção vertical e sentido para cima deflete um próton movendo-se para o Leste. (Os pontos, que representam extremidades de setas, simbolizam os vetores do campo magnético apontando para fora da página.)

de deflexão que age sobre o próton quando ele passa através deste ponto? A massa do próton é de $1,67 \times 10^{-27}$ kg.

Solução A força de deflexão magnética depende da velocidade do próton, a qual pode ser obtida de $K = \frac{1}{2} mv^2$. Resolvendo-se para v, obtém-se

$$v = \sqrt{\frac{2K}{m}} = \sqrt{\frac{(2)(5,3 \text{ MeV})(1,60 \times 10^{-13} \text{ J/MeV})}{1,67 \times 10^{-27} \text{ kg}}}$$
$$= 3,2 \times 10^7 \text{ m/s}.$$

Então, a Eq. 32-2 resulta em

$$F_B = |q|vB \operatorname{sen} \phi$$
$$= (1,60 \times 10^{-19} \text{ C})(3,2 \times 10^7 \text{ m/s})(1,2 \times 10^{-3} \text{ T})(\operatorname{sen} 90°)$$
$$= 6,1 \times 10^{-15} \text{ N}.$$

Isto pode parecer uma força pequena, mas ela age sobre uma partícula de massa pequena produzindo uma grande aceleração; a saber,

$$a = \frac{F_B}{m} = \frac{6,1 \times 10^{-15} \text{ N}}{1,67 \times 10^{-27} \text{ kg}} = 3,7 \times 10^{12} \text{ m/s}^2.$$

Fica faltando determinar a direção e o sentido de $\vec{F}_B$ quando, assim como na Fig. 32-7, $\vec{v}$ aponta para o norte e $\vec{B}$ aponta para cima. Utilizando a Eq. 32-3 e a regra da mão direita para a direção e o sentido dos produtos vetoriais (ver Apêndice H), conclui-se que a força de deflexão $\vec{F}_B$ precisa apontar na horizontal para o leste, conforme a Fig. 32-7 mostra.

Se a carga da partícula fosse negativa, a força magnética defletora estaria apontando no sentido oposto — isto é, na horizontal, para o oeste. Isto é automaticamente previsto pela Eq. 32-3, se $-q$ for substituído por q.

Neste cálculo, utilizou-se a expressão (aproximada) clássica ($K = \frac{1}{2} mv^2$) para a energia cinética do próton em vez da expressão (exata) relativística (ver Eq. 20-27). O critério para se usar com segurança a expressão clássica é que $K << mc^2$, onde mc^2 é a energia de repouso da partícula. Neste caso, $K = 5,3$ MeV e a energia de repouso de um próton (ver Apêndice F) é 938 MeV. Este próton passa pelo teste, justificando-se a utilização da fórmula clássica $K = \frac{1}{2} mv^2$ para a energia cinética. Ao se lidar com partículas energéticas, deve-se estar sempre atento a este ponto.

Campos Elétrico e Magnético Combinados

Se um campo elétrico $\vec{E}$ e um campo magnético $\vec{B}$ agirem ao mesmo tempo sobre uma partícula, a força total pode ser expressa como

$$\vec{F} = q\vec{E} + q\vec{v} \times \vec{B}. \qquad (32\text{-}4)$$

Esta força é chamada de *força de Lorentz*. A força de Lorentz não é um novo tipo de força; ela é somente a soma das forças elétrica e magnética que podem estar agindo simultaneamente sobre uma partícula carregada. A parcela elétrica desta força age sobre qualquer partícula com carga, esteja em movimento ou em repouso; a parcela magnética age somente sobre partículas carregadas em movimento.

Uma aplicação comum da força de Lorentz ocorre quando um feixe de partículas carregadas passa através de uma região onde os campos $\vec{E}$ e $\vec{B}$ são perpendiculares entre si e à velocidade das partículas. Se $\vec{E}$, $\vec{B}$ e $\vec{v}$ são orientados conforme mostrado na Fig. 32.8, então a força elétrica $\vec{F}_E = q\vec{E}$ tem o sentido oposto ao da força magnética $\vec{F}_B = q\vec{v} \times \vec{B}$. Pode-se ajustar a intensidade dos campos magnético e elétrico até que as intensidades das forças sejam iguais, sendo, neste caso, a força de Lorentz nula. Em termos escalares,

$$qE = qvB \qquad (32\text{-}5)$$

ou

$$v = \frac{E}{B}. \qquad (32\text{-}6)$$

Portanto, os campos cruzados $\vec{E}$ e $\vec{B}$ funcionam como um *seletor de velocidade*: somente as partículas com velocidade $v = E/B$ passam através da região sem serem afetadas pelos dois campos, enquanto as partículas com outras velocidades são defletidas. Este valor de v é independente da carga ou da massa das partículas.

Feixes de partículas carregadas são freqüentemente preparadas utilizando métodos que fornecem uma distribuição de velocidades (por exemplo, uma distribuição térmica como a da Fig. 22-6). Usando um seletor de velocidade, é possível isolar as partículas do feixe com uma determinada velocidade. Este princípio foi aplicado em 1897 por J. J. Thomson na sua descoberta do elétron e na medição da razão entre a sua carga e a sua massa. A Fig. 32-9 mostra uma versão moderna do seu aparato. Inicialmente, Thomson mediu a deflexão vertical do feixe quando somente o campo elétrico estava presente. Do Problema Resolvido 26-6, a deflexão é

$$y = -\frac{qEL^2}{2mv^2}. \qquad (32\text{-}7)$$

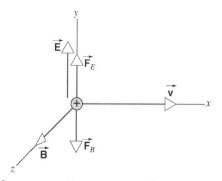

Fig. 32-8. Uma carga positivamente carregada, movendo-se através de uma região na qual existem campos elétrico e magnético perpendiculares entre si, experimenta forças elétrica e magnética opostas $\vec{F}_E$ e $\vec{F}_B$.

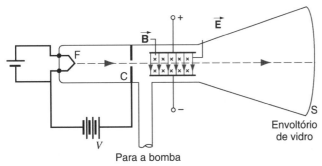

Fig. 32-9. Uma versão moderna do aparato de J. J. Thomson para medir a razão entre a carga e a massa do elétron. O filamento F produz um feixe de elétrons com uma distribuição de velocidades. O campo elétrico $\vec{E}$ é estabelecido conectando-se uma bateria aos terminais da placa. O campo magnético $\vec{B}$ é estabelecido através de uma corrente que passa por bobinas (não mostradas). O feixe produz um ponto visível na região onde ele atinge a tela S. (As cruzes, que representam caudas de setas, simbolizam vetores $\vec{B}$ apontando para dentro da página.)

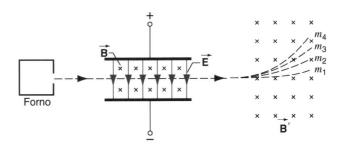

Fig. 32-10. Diagrama esquemático de um espectrômetro de massa. Um feixe de átomos ionizados com uma mistura de massas diferentes deixam um forno e entram em uma região com campos $\vec{E}$ e $\vec{B}$ perpendiculares. Somente aqueles átomos com velocidades $v = E/B$ passam pela região sem serem defletidos. Outro campo magnético $\vec{B}'$ deflete os átomos ao longo de trajetórias circulares cujos raios são determinados pelas massas dos átomos.

Nesta expressão, assim como na Fig. 32-9, toma-se o sentido positivo de y para cima, e E é a *intensidade* do campo elétrico. A deflexão y de uma partícula negativamente carregada é positiva na Eq. 32-7 e na Fig. 32-9.

Dessa forma, o campo magnético é ligado e ajustado até que a deflexão do feixe seja nula (equivalente à medida sem a presença dos campos). Neste caso, $v = E/B$, e resolvendo para a razão entre a carga e a massa com $q = -e$, obtém-se

$$\frac{e}{m} = \frac{2yE}{B^2 L^2}. \tag{32-8}$$

O valor de Thomson para e/m (expressa em unidades modernas) foi de $1{,}7 \times 10^{11}$ C/kg, o que apresenta boa concordância com o valor atual de $1{,}758820174 \times 10^{11}$ C/kg.

Uma outra aplicação do seletor de velocidade é no espectrômetro de massa, um dispositivo para separar íons pela massa. Neste caso um feixe de íons, possivelmente incluindo espécies de diferentes massas, pode ser obtido do vapor de um material aquecido em um forno (ver Fig. 32-10). Um seletor de velocidade deixa passar somente íons com uma determinada velocidade e, quando o feixe resultante passa através de um outro campo magnético, as trajetórias das partículas tornam-se arcos circulares (conforme será mostrado na próxima seção) cujos raios são determinados pela quantidade de movimento das partículas. Uma vez que todas as partículas têm a mesma velocidade, o raio da trajetória é determinado pela massa, e cada componente do feixe de massa diferente segue uma trajetória de raio diferente. Estes átomos podem ser capturados e medidos ou então agrupados em um feixe para experimentos posteriores. Ver os Problemas de 5 a 8 para outros detalhes sobre a separação de íons de acordo com a sua massa.

32-3 CARGAS EM MOVIMENTO CIRCULAR

A Fig. 32-11 mostra um feixe de elétrons percorrendo uma câmara na qual se fez vácuo, onde existe um campo magnético $\vec{B}$ fora do plano da figura. A força de deflexão magnética é a única força importante que age sobre os elétrons. O feixe claramente segue uma trajetória circular no plano da figura. Em seguida, mostra-se como este comportamento pode ser compreendido.

A força de deflexão magnética tem duas propriedades que afetam as trajetórias de partículas carregadas: (1) ela não muda a velocidade das partículas e (2) ela sempre age perpendicularmente à velocidade das partículas. Estas são exatamente as características necessárias para uma partícula se mover em um círculo com velocidade constante, como no caso da Fig. 32-11.

Uma vez que $\vec{B}$ é perpendicular a $\vec{v}$, a intensidade da força magnética pode ser escrita como $|q|vB$, e a segunda lei de Newton com uma aceleração centrípeta de v^2/r fornece

$$|q|vB = m\frac{v^2}{r} \tag{32-9}$$

ou

$$r = \frac{mv}{|q|B} = \frac{p}{|q|B}. \tag{32-10}$$

Assim, o raio da trajetória é determinado pela quantidade de movimento p das partículas, a sua carga e a intensidade do campo magnético. Se a fonte de elétrons na Fig. 32-11 tivesse projetado os elétrons com uma velocidade menor, eles passariam a mover-se em um círculo de raio menor.

A velocidade angular do movimento circular é

$$\omega = \frac{v}{r} = \frac{|q|B}{m}, \tag{32-11}$$

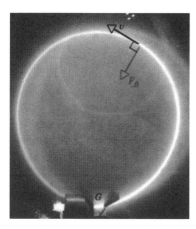

Fig. 32-11. Elétrons estão em movimento circular dentro de uma câmara contendo gás a baixa pressão. O feixe torna-se visível através das colisões com os átomos do gás. Um campo magnético uniforme $\vec{B}$, apontando para fora do plano da figura e perpendicular a ele, preenche a câmara. A força magnética $\vec{F}_B$ tem direção radial e sentido apontando para o centro.

e a freqüência correspondente é

$$f = \frac{\omega}{2\pi} = \frac{|q|B}{2\pi m}. \quad (32\text{-}12)$$

Observe que a freqüência associada com o movimento circular não depende da velocidade da partícula (enquanto $v \ll c$, conforme discutido a seguir). Assim, se os elétrons na Fig. 32-11 fossem projetados com uma velocidade menor, eles necessitariam do mesmo tempo para completar o círculo menor que os elétrons mais rápidos necessitam para completar o círculo maior. A freqüência dada pela Eq. 32-12 é chamada de *freqüência de cíclotron*, porque as partículas desenvolvem um movimento circular com esta freqüência em um tipo de acelerador chamado de *cíclotron*. A freqüência é característica de uma determinada partícula movendo-se em um determinado campo magnético, assim como o pêndulo oscilante ou o sistema massa-mola têm a sua freqüência característica.

O Cíclotron

Um cíclotron (Fig. 32-12) é um dispositivo que acelera feixes de partículas carregadas, que podem ser usadas em experimentos envolvendo reações nucleares ou para propósitos médicos. A Fig. 32-13 mostra um desenho esquemático de um cíclotron. Ele consiste em dois objetos ocos de metal com a forma de um D, chamados de *dês*. Os dês são feitos de material condutor como lâminas de cobre e são abertos ao longo dos seus lados retos. Eles são conectados a um oscilador elétrico, que estabelece uma diferença de potencial oscilante entre os dês. Um campo magnético é perpendicular ao plano dos dês. No centro do instrumento existe uma fonte que emite os íons que se deseja acelerar.

Quando os íons estão no espaço entre os dês, eles são acelerados pela diferença de potencial entre os dês. Então, eles entram em um dos dês, onde eles não estão submetidos a nenhum campo elétrico (porque o campo elétrico dentro de um condutor é nulo), mas o campo magnético (que não é blindado pelos dês de

Fig. 32-12. Um acelerador cíclotron. Os ímãs estão nas grandes câmaras, em cima e embaixo. Observa-se o feixe visível emergindo do acelerador porque, assim como o feixe de elétrons na Fig. 32-11, ele ioniza as moléculas de ar através de colisões.

cobre) faz com que a sua trajetória tenha a forma de um semicírculo. Quando as partículas próximas entram no espaço entre os dês, o oscilador já inverteu o sentido do campo elétrico e as partículas são de novo aceleradas enquanto atravessam esse espaço. Movendo-se com grande velocidade elas percorrem uma trajetória de maior raio, conforme requer a Eq. 32-10. No entanto, de acordo com a Eq. 32-12, *elas gastam exatamente a mesma quantidade de tempo para percorrer o maior semicírculo;* esta é a característica crítica de operação do cíclotron. A freqüência do oscilador elétrico precisa ser ajustada de modo a ser igual à freqüência do cíclotron (determinada pelo campo magnético, a carga e a massa da partícula a ser acelerada, de acordo com a Eq. 32-12); esta igualdade de freqüências é chamada de *condição de ressonância*. Se a condição de ressonância for satisfeita, as partículas continuam a ser aceleradas na região entre os dês e "circulam" em torno dos semicírculos, ganhando um pequeno incremento de energia em cada passagem, até que são defletidas para fora do acelerador.

A velocidade final das partículas é determinada pelo raio R com o qual as partículas deixam o acelerador. Da Eq. 32-10,

$$v = \frac{|q|BR}{m}, \quad (32\text{-}13)$$

e a energia cinética (não-relativística) correspondente das partículas é

$$K = \tfrac{1}{2}mv^2 = \frac{q^2B^2R^2}{2m}. \quad (32\text{-}14)$$

Cíclotrons típicos produzem feixes de prótons com energias máximas na faixa de 10 MeV. Para uma dada massa, íons com cargas elétricas maiores emergem com energias que aumentam com o quadrado da carga.

É de alguma forma surpreendente que a energia na Eq. 32-14 dependa do campo magnético, que não acelera as partículas, mas não dependa da diferença de potencial elétrico que causa a aceleração. Uma maior diferença de potencial fornece às partículas um maior "impulso" a cada ciclo; o raio aumenta mais rapidamente e as partículas experimentam menos ciclos antes de deixar o acelerador. Com uma menor diferença de potencial, as partículas experimentam mais ciclos mas levam um menor "impulso" a cada vez. Assim, a energia das partículas é independente da diferença de potencial.

O cíclotron apresenta limitações em relação à energia em que ele é capaz de acelerar partículas, porque, quando as partículas atingem velocidades elevadas, as expressões clássicas para a

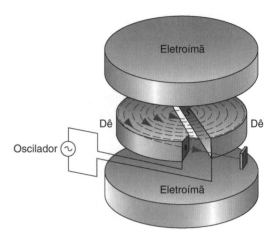

Fig. 32-13. Os elementos de um cíclotron, mostrando a fonte de íons S e os dês. Os eletroímãs fornecem um campo magnético vertical. Dentro dos dês ocos, as partículas têm uma trajetória em espiral para fora, ganhando energia cada vez que passam pelo espaço entre os dês.

quantidade de movimento ($p = mv$ na Eq. 32-10) e a energia cinética ($K = \tfrac{1}{2} mv^2$ na Eq. 32-14) não são mais válidas, e é necessário se utilizar expressões relativísticas correspondentes do Cap. 20. À medida que as partículas começam a se mover com velocidades que se aproximam da velocidade da luz, elas gastam um tempo maior para percorrer a trajetória circular e, assim, perde-se a condição de ressonância. Em termos práticos, a maior energia cinética para um próton que se pode atingir com um cíclotron convencional é de aproximadamente 40 MeV, o qual deve ter um raio da ordem de 1 m.

Para atingir as maiores energias que são necessárias para as pesquisas atuais em física das partículas, utiliza-se um acelerador baseado em uma diferente concepção, chamado de *síncrotron*. Mesmo que o síncrotron não dependa da condição de ressonância do cíclotron, ele utiliza campos magnéticos para manter as partículas em movimento em uma trajetória circular na qual elas podem ser repetidamente aceleradas por um campo elétrico. No projeto de um síncrotron, tanto a freqüência do oscilador como a intensidade do campo magnético variam à medida que grupos de partículas são aceleradas em uma trajetória circular de raio constante. Para atingir uma energia de 1 TeV (= 10^6 MeV), como no caso do Fermilab (Fermi National Accelerator Laboratory) perto de Chicago, Estados Unidos, é necessária uma trajetória de 1 km de raio; os prótons desenvolvem cerca de 400.000 voltas em torno da circunferência de 6,3 km em cerca de 10 s.

O Espelho Magnético

Um campo magnético não-uniforme pode ser usado para manter uma partícula carregada confinada em uma região do espaço. A Fig. 32-14 mostra um desenho esquemático do funcionamento de um espelho magnético. As partículas carregadas tendem a se mover em círculos em torno da direção do campo. Suponha que elas também se movam lateralmente, por exemplo, para a direita na Fig. 32-14. O movimento é, portanto, helicoidal, como uma mola em espiral. O campo aumenta perto das extremidades da "garrafa magnética" e a força tem uma pequena componente apontando para o centro da região, a qual inverte o sentido do movimento das partículas e as faz entrar em um movimento espiral no sentido oposto, até que sejam refletidos pela extremidade oposta. As partículas continuam a se movimentar para a frente e para trás, confinadas ao espaço entre as duas regiões de campo

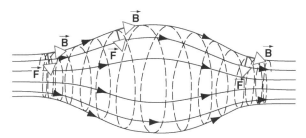

Fig. 32-14. Uma partícula carregada entra em espiral em um campo magnético não-uniforme. O campo é maior nas extremidades da direita e da esquerda do que no centro. As partículas podem ser mantidas confinadas, movendo-se em espiral para trás e para a frente entre as regiões de campo forte nas extremidades. Observe que os vetores de força magnética em cada extremidade desta "garrafa magnética" têm componentes que apontam para o centro; são estas componentes da força que permitem manter as partículas confinadas.

elevado. Essa configuração é utilizada para confinar gases quentes ionizados (chamados de *plasmas*) que são usados em pesquisas de fusão termonuclear controlada (ver Seção 51-8).

Um fenômeno similar ocorre no campo magnético da Terra, conforme mostrado na Fig. 32-15. Elétrons e prótons são confinados em diferentes regiões do campo da Terra e entram em movimento espiral para a frente e para trás entre as regiões de campo elevado próximas aos pólos, em alguns poucos segundos. Estas partículas rápidas são responsáveis pelos chamados cinturões de radiação de Van Allen que envolvem a Terra.

Problema Resolvido 32-2.

Um determinado cíclotron é projetado com dês de raio $R = 75$ cm e com ímãs capazes de fornecer um campo de 1,5 T. (*a*) Qual deve ser a freqüência do oscilador se deuterônios devem ser acelerados? (*b*) Qual a máxima energia que pode ser alcançada para os deuterônios?

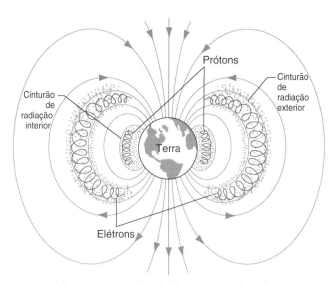

Fig. 32-15. O campo magnético da Terra, mostrando prótons e elétrons confinados nos cinturões de radiação de Van Allen.

Solução (*a*) Um deuterônio é um núcleo do hidrogênio pesado, com uma carga $q = +e$ e uma massa de $3,34 \times 10^{-27}$ kg, cerca do dobro da massa original do hidrogênio. Utilizando-se a Eq. 32-12 pode-se determinar a freqüência:

$$f = \frac{|q|B}{2\pi m} = \frac{(1{,}60 \times 10^{-19}\,\text{C})(1{,}5\,\text{T})}{2\pi(3{,}34 \times 10^{-27}\,\text{kg})}$$

$$= 1{,}1 \times 10^7\,\text{Hz} = 11\,\text{MHz}.$$

(*b*) A energia máxima ocorre para os deuterônios que emergem no maior raio R. De acordo com a Eq. 32-14,

$$K = \frac{q^2 B^2 R^2}{2m} = \frac{(1{,}60 \times 10^{-19}\,\text{C})^2 (1{,}5\,\text{T})^2 (0{,}75\,\text{m})^2}{2(3{,}34 \times 10^{-27}\,\text{kg})}$$

$$= 4{,}85 \times 10^{-12}\,\text{J} = 30\,\text{MeV}.$$

Os deuterônios desta energia têm um alcance no ar de alguns metros, conforme sugerindo pela Fig. 32-12.

Movimento em Campos Não-Uniformes (Opcional)

A trajetória de uma partícula carregada em um campo magnético não-uniforme não é a de um círculo, e o cálculo da trajetória (como a mostrada na Fig. 32-14) pode ser um problema complexo. Usualmente, não existe uma solução analítica, e a trajetória precisa ser calculada numericamente, em analogia com a trajetória de um projétil quando se inclui a resistência do ar (Cap. 4). A Fig. 32-16 ilustra porque a trajetória em um campo não uniforme não é mais um círculo. A partícula está inicialmente no ponto P_0, onde a sua velocidade $\vec{v}_0$ está com sentido positivo ao longo da direção y. Supõe-se que o campo esteja na direção z e que a sua intensidade aumente à medida que x e y aumentam. Inicialmente, o campo é $\vec{B}_0$, e a força resultante sobre a partícula é $\vec{F}_0$ tendo sentido positivo ao longo da direção x. Esta força fornece à partícula um incremento de velocidade no sentido positivo de x e, em um instante posterior, a partícula está no ponto P_1 movendo-se com velocidade $\vec{v}_1$. O campo magnético $\vec{B}_1$ neste ponto tem uma maior intensidade e a força $\vec{F}_1$ também é maior. Para um movimento circular, a força precisa ter a mesma intensidade em todos os pontos, de modo que a trajetória da partícula claramente não é um círculo.

Este problema pode ser resolvido numericamente se for conhecido como $\vec{B}$ varia em intensidade (e possivelmente em direção e sentido) em todos os pontos onde a partícula possa estar. Começa-se escrevendo a expressão completa para a força como um produto vetorial (ver Apêndice H):

$$\vec{F}_B = q(\vec{v} \times \vec{B})$$
$$= q(v_y B_z - v_z B_y)\hat{\mathbf{i}} + q(v_z B_x - v_x B_z)\hat{\mathbf{j}}$$
$$+ q(v_x B_y - v_y B_x)\hat{\mathbf{k}}. \qquad (32\text{-}15)$$

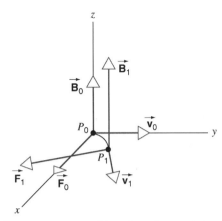

Fig. 32-16. Em um campo magnético não-uniforme, a intensidade da força varia (aqui, à medida que a partícula se move de P_0 para P_1) e, portanto, a trajetória resultante não é um círculo.

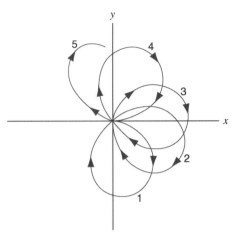

Fig. 32-17. A trajetória no plano xy de uma partícula inicialmente posicionada na origem e movendo-se na direção x, submetida ao campo magnético dado pela Eq. 32-17. As espiras estão numeradas de acordo com a ordem na qual são percorridas pela partícula.

Utilizando-se a segunda lei de Newton, $\vec{F} = m\vec{a} = m(a_x \hat{i} + a_y \hat{j} + a_z \hat{k})$, pode-se equacionar as componentes correspondentes do vetor para se obter as equações de movimento, as quais podem ser resolvidas para a trajetória. Por exemplo, na situação mostrada na Fig. 32-16, $\vec{B}$ somente tem uma componente z ($B_x = B_y = 0$). Neste caso as equações do movimento podem ser simplificadas para

$$F_{Bx} = q(v_y B_z - v_z B_y) = q v_y B_z = m a_x = m\, dv_x/dt$$
$$F_{By} = q(v_z B_x - v_x B_z) = -q v_x B_z = m a_y = m\, dv_y/dt$$
$$F_{Bz} = q(v_x B_y - v_y B_x) = 0 = m a_z = m\, dv_z/dt. \qquad (32\text{-}16)$$

(Se, inicialmente, $v_z = 0$, então $v_z = 0$ para todos os instantes, uma vez que $a_z = 0$.) Estas expressões precisam ser avaliadas para cada ponto da trajetória, porque os valores de v_x, v_y e B_z variam de ponto para ponto. Usualmente utiliza-se um computador para se obter uma solução numérica para a trajetória. Suponha, por exemplo, que o campo varie como

$$B_z = B_0 \left(1 + \frac{\sqrt{x^2 + y^2}}{R}\right), \qquad (32\text{-}17)$$

onde $R = mv/qB_0$ é o raio da trajetória para um campo uniforme B_0. Este campo aumenta com a distância da partícula à origem. O movimento resultante, que pode ser obtido numericamente (ver Problema para Computador 1), apresenta a forma de uma flor como mostrado na Fig. 32-17. ∎

32-4 O EFEITO HALL

Discutiram-se vários exemplos envolvendo a força lateral defletora exercida sobre partículas carregadas em movimento por um campo magnético. Até aqui foram consideradas somente partículas individuais ou feixes de partículas se movendo livremente. Em 1879, Edwin Hall mostrou que os elétrons de condução em movimento em um condutor também podem ser defletidos por um campo magnético. O *efeito Hall* fornece uma forma de determinar, ao mesmo tempo, o sinal e a densidade de carga dos portadores.

Considere uma tira chata de material de largura w conduzindo uma corrente i, conforme mostrado na Fig. 32-18. O sentido da corrente i é o convencional, oposto ao sentido do movimento dos elétrons. Estabelece-se um campo magnético $\vec{B}$ perpendicular ao plano da tira colocando-se, por exemplo, a tira entre os pólos de um ímã. Os portadores de carga (os elétrons, neste caso) experimentam uma força defletora magnética $\vec{F}_B = q\vec{v} \times \vec{B}$, conforme mostrado na figura, e se movem para o lado direito da tira. Note que as cargas positivas movendo-se no sentido de i experimentam uma força defletora no *mesmo* sentido.

O acúmulo de carga ao longo do lado direito da tira (e a deficiência correspondente de carga deste sinal no lado oposto da tira), o qual representa o efeito Hall, produz um campo elétrico $\vec{E}_H$ ao longo da tira, conforme mostrado na Fig. 32-18b. De forma similar, existe uma diferença de potencial $\Delta V_H = E_H w$, chamada de *diferença de potencial Hall* (ou tensão Hall), ao longo da tira. É possível medir-se ΔV_H conectando-se os terminais de um voltímetro aos pontos x e y da Fig. 32-18. Assim, conforme será mostrado em seguida, o sinal de ΔV_H fornece o sinal dos portadores de carga e a intensidade de ΔV_H fornece a sua densidade (número por unidade de volume). Se, por exemplo, os portadores de carga são elétrons, um excesso de cargas negativas é empilhada no lado direito da tira e o ponto y tem um potencial menor do que o ponto x. Esta pode parecer uma conclusão óbvia para o caso de metais; no entanto, é bom lembrar que o trabalho de Hall foi desenvolvido cerca de 20 anos antes de Thomson descobrir o elétron e que a natureza da condução elétrica em metais não era tão óbvia naquele tempo.

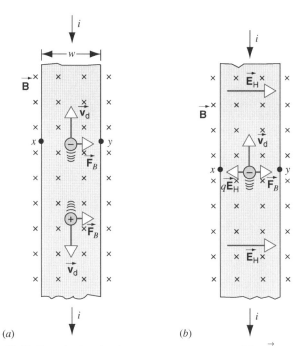

Fig. 32-18. Uma tira de cobre imersa em um campo magnético $\vec{B}$ carrega uma corrente i. (a) A situação logo após o campo magnético ter sido ligado e (b) a situação de equilíbrio, que é rapidamente alcançada. As cargas negativas empilham-se no lado direito da tira, deixando no lado esquerdo cargas positivas desequilibradas. O ponto x tem um potencial mais elevado do que o ponto y.

Suponha que a condução em um material seja devida aos portadores de carga de um determinado sinal (positivo ou negativo) movendo-se com uma velocidade de deriva $\vec{v}_d$. À medida que os portadores de carga se movimentam, eles são defletidos para a direita na Fig. 32-18 pela força magnética. À medida que as cargas se empilham no lado direito, elas estabelecem um campo elétrico que age dentro do condutor opondo-se ao movimento para os lados de portadores de carga adicionais. O equilíbrio é rapidamente atingido e a tensão Hall atinge o seu valor máximo; a força magnética lateral ($\vec{F}_B = q\vec{v} \times \vec{B}$) é dessa forma equilibrada pela força elétrica lateral ($q\vec{E}_H$). Em termos vetoriais, a força de Lorentz sobre os portadores de carga é nula sob estas circunstâncias:

$$q\vec{E}_H + q\vec{v}_d \times \vec{B} = 0, \qquad (32\text{-}18)$$

ou

$$\vec{E}_H = -\vec{v}_d \times \vec{B}. \qquad (32\text{-}19)$$

Uma vez que $\vec{v}_d$ e $\vec{B}$ são perpendiculares, pode-se escrever a Eq. 32-19 em termos das intensidades como

$$E_H = v_d B. \qquad (32\text{-}20)$$

Da Eq. 29-6 pode-se escrever a velocidade de deriva $v_d = j/ne$, onde j é a densidade de corrente na tira e n é a densidade de portadores de carga. A densidade de corrente j é a corrente por unidade de área da seção transversal A da tira. Se t é a espessura da tira, então a sua área da seção transversal A pode ser escrita como wt. Substituindo-se $\Delta V_H/w$ para o campo elétrico E_H, obtém-se

$$\frac{\Delta V_H}{w} = v_d B = \frac{j}{ne} B = \frac{i}{wtne} B$$

ou resolvendo-se para a densidade de portadores de carga,

$$n = \frac{iB}{et\,\Delta V_H}. \qquad (32\text{-}21)$$

De uma medida da intensidade da diferença de potencial Hall ΔV_H, pode-se determinar a densidade do número dos portadores de carga. A Tabela 32-2 mostra um resumo de dados sobre o efeito Hall para diversos metais e semicondutores. Para metais monovalentes (Na, K, Cu, Ag) o efeito Hall indica que cada átomo contribui aproximadamente com um elétron livre para a condução. Para outros metais, o número de elétrons pode ser maior do que um por átomo (Al) ou menor do que um por átomo (Sb). Para alguns metais (Be, Zn), a diferença de potencial Hall mostra que os portadores de carga têm um sinal *positivo*. Neste caso, a condução é dominada por *vazios*, níveis de energia não ocupados na banda de valência (Cap. 49). Os vazios correspondem à ausência de um elétron e, dessa forma, comportam-se como portadores de carga positiva movendo-se através de um material. Para alguns materiais, semicondutores em particular, podem existir contribuições substanciais tanto dos elétrons como dos vazios, e a simples interpretação do efeito Hall em termos da condução livre por um tipo de portador de carga não é suficiente. Neste caso, é necessário utilizar cálculos mais detalhados baseados na teoria quântica.

PROBLEMA RESOLVIDO 32-3.

Uma tira de cobre de 150 μm de espessura é colocada em um campo magnético $B = 0{,}65$ T perpendicular ao plano da tira, e uma corrente $i = 23$ A é aplicada à tira. Qual a diferença de po-

TABELA 32-2 Resultados do Efeito Hall para alguns Materiais

Material	n (10^{28}/m^3)	Sinal de ΔV_H	Número por átomo[a]
Na	2,5	−	0,99
K	1,5	−	1,1
Cu	11	−	1,3
Ag	7,4	−	1,3
Al	21	−	3,5
Sb	0,31	−	0,09
Be	2,6	+	2,2
Zn	19	+	2,9
Si (puro)	$1{,}5 \times 10^{-12}$	−	3×10^{-13}
Si (típico para o tipo-n)	10^{-7}	−	2×10^{-8}

[a]O número de portadores de carga por átomo do material, determinado a partir do número por unidade de volume, da massa específica e da massa molar do material.

tencial Hall ΔV_H que surge ao longo da espessura da tira se existe um portador de carga por átomo?

Solução No Problema Resolvido 29-3, calculou-se o número de portadores de carga por unidade de volume de cobre, supondo que cada átomo contribui com um elétron, e obteve-se $n = 8{,}49 \times 10^{28}$ elétrons/m³. Assim, da Eq. 32-21,

$$\Delta V_H = \frac{iB}{resultante}$$
$$= \frac{(23 \text{ A})(0{,}65 \text{ T})}{(8{,}49 \times 10^{28} \text{ m}^{-3})(1{,}60 \times 10^{-19} \text{ C})(150 \times 10^{-6} \text{ m})}$$
$$= 7{,}3 \times 10^{-6} \text{ V} = 7{,}3 \text{ }\mu\text{V}.$$

Esta diferença de potencial, embora pequena, é mensurável.

O EFEITO HALL QUANTIZADO* (OPCIONAL)

A Eq. 32-21 pode ser reescrita como

$$\frac{\Delta V_H}{i} = \frac{1}{etn} B. \quad (32\text{-}22)$$

A grandeza à esquerda tem a dimensão de resistência (tensão dividida por corrente), embora não seja uma resistência no sentido comum. Ela é chamada de *resistência Hall*. Pode-se determinar a resistência Hall medindo-se a tensão Hall ΔV_H em um material através do qual passa uma corrente i.

Segundo a Eq. 32-22, espera-se que a resistência Hall aumente linearmente com o campo magnético B para uma amostra particular de material (para a qual n e t são constantes). Um gráfico da resistência Hall contra B deve ser uma linha reta.

Em experimentos desenvolvidos em 1980, o físico alemão Klaus von Klitzing descobriu que, para campos magnéticos elevados e baixas temperaturas (em torno de 1 K), a resistência Hall não aumenta linearmente com o campo; em vez disso, o gráfico mostra uma série de "degraus", como mostrado na Fig. 32-19. Este efeito ficou conhecido como o *efeito Hall quantizado*, e von Klitzing recebeu o prêmio Nobel de Física em 1985 por esta descoberta.

A explicação para este efeito envolve as trajetórias circulares nas quais os elétrons são forçados a se mover pelo campo. A mecânica quântica não permite que as órbitas dos elétrons de átomos vizinhos se sobreponham. À medida que o campo aumenta, o raio da órbita diminui, permitindo que mais órbitas se agrupem em um lado do material. Uma vez que o movimento orbital dos elétrons é quantizado (somente algumas órbitas são permiti-

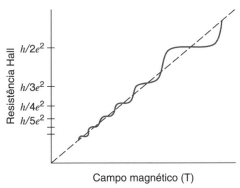

Fig. 32-19. O efeito Hall quantizado. A linha tracejada mostra o comportamento clássico esperado. Os degraus mostram o comportamento quântico.

das), as variações no movimento orbital ocorrem subitamente, correspondendo aos degraus na Fig. 32-19. Uma unidade natural de resistência correspondente ao movimento orbital é h/e^2, onde h é a constante de Planck, e os degraus na Fig. 32-19 ocorrem para as resistências Hall de $h/2e^2$, $h/3e^2$, $h/4e^2$ e assim por diante.

A resistência Hall quantizada h/e^2, agora conhecida como a constante de von Klitzing, tem o valor de $25812{,}807572 \text{ }\Omega$ e foi determinada com uma precisão melhor que uma parte em 10^8, de modo que o efeito Hall quantizado forneceu um novo padrão para resistência. Este padrão, que pode ser reproduzido exatamente em laboratórios no mundo todo, tornou-se a nova representação do ohm em 1990. ∎

32-5 A FORÇA MAGNÉTICA SOBRE UM FIO CONDUZINDO UMA CORRENTE

Uma corrente é um conjunto de cargas em movimento. Uma vez que um campo magnético exerce uma força lateral sobre cargas em movimento, ele também deve exercer uma força lateral sobre um fio conduzindo uma corrente. Isto é, uma força lateral é exercida sobre os elétrons de condução no fio, mas uma vez que os elétrons não podem escapar para os lados, a força tem de ser transmitida para o fio. A Fig. 32-20 mostra um fio que passa por uma região na qual existe um campo magnético $\vec{B}$. Quando o fio não carrega corrente (Fig. 32-20a), ele não experimenta deflexão. Quando uma corrente passa pelo fio, ele deflete (Fig. 32-20b); quando a corrente é invertida (Fig. 32-20c), a deflexão é invertida. A deflexão também é invertida quando o campo $\vec{B}$ é invertido.

Para compreender este efeito, consideram-se as cargas individuais fluindo em um fio (Fig. 32-21). Utiliza-se o modelo de elétrons livres (Seção 29-3) para a corrente em um fio, supondo que

---

*Ver "The Quantized Hall Effect", por Bertrand I. Halperin, *Scientific American*, abril de 1986, p. 52.

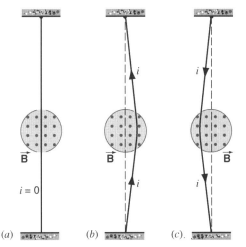

Fig. 32-20. Um fio flexível passa entre os pólos de um ímã. (a) Não passa corrente pelo fio. (b) Uma corrente é estabelecida no fio. (c) A corrente é invertida.

os elétrons se movem com uma velocidade constante, a velocidade de deriva $\vec{v}_d$. O sentido real do movimento dos elétrons é obviamente contrário ao sentido que se toma para a corrente i no fio.

O fio passa através de uma região na qual existe um campo uniforme $\vec{B}$. A força lateral sobre cada elétron (de carga $q = -e$) devida ao campo magnético é $-e\vec{v}_d \times \vec{B}$. Considera-se, em seguida, a força lateral total em um segmento do fio de comprimento L. A mesma força (intensidade, direção e sentido) age sobre cada elétron no segmento, e a força total $\vec{F}_B$ sobre o segmento é, portanto, igual ao número N de elétrons vezes a força sobre cada elétron:

$$\vec{F}_B = -Ne\vec{v}_d \times \vec{B}. \qquad (32\text{-}23)$$

Quantos elétrons estão contidos neste segmento de fio? Se n é a densidade do número (número por unidade de volume) de elétrons, então o número total N de elétrons em um segmento é nAL,

onde A é a área da seção transversal do fio. Substituindo-se na Eq. 32-23, obtém-se

$$\vec{F}_B = -nALe\vec{v}_d \times \vec{B}. \qquad (32\text{-}24)$$

A Eq. 29-6 permite que se possa escrever a Eq. 32-24 em termos da corrente i. Para preservar a relação vetorial da Eq. 32-24, define-se o vetor $\vec{L}$ como sendo igual em intensidade ao comprimento do segmento e com direção e sentido da corrente (sentido oposto ao do escoamento de elétrons). Os vetores $\vec{v}_d$ e $\vec{L}$ têm sentidos opostos, e pode-se escrever a relação escalar $nALev_d = iL$ utilizando vetores como

$$-nALe\vec{v}_d = i\vec{L}. \qquad (32\text{-}25)$$

Substituindo a Eq. 32-25 na Eq. 32-24, obtém-se uma expressão para a força sobre o segmento:

$$\vec{F}_B = i\vec{L} \times \vec{B}. \qquad (32\text{-}26)$$

A Eq. 32-26 é similar à Eq. 32-3 ($\vec{F}_B = q\vec{v} \times \vec{B}$), no aspecto em que ambas podem ser tomadas como a equação que define o campo magnético. A Fig. 32-22 mostra a relação vetorial entre $\vec{F}$, $\vec{L}$ e $\vec{B}$; compare com a Fig. 32-5 para observar as similaridades entre as Eqs. 32-26 e 32-3.

Se o campo é uniforme ao longo do comprimento do segmento do fio e a direção da corrente faz um ângulo ϕ com o campo, então a intensidade da força é (compare com a Eq. 32-2)

$$F_B = iLB \operatorname{sen} \phi. \qquad (32\text{-}27)$$

Se $\vec{L}$ é paralelo a $\vec{B}$, então a força é nula. Se o segmento é perpendicular à direção do campo, a intensidade da força é

$$F_B = iLB. \qquad (32\text{-}28)$$

Se o fio não for reto ou se o campo não for uniforme, pode-se imaginar o fio como estando dividido em pequenos segmentos de comprimento dL; fazem-se os segmentos suficientemente pequenos de modo a serem aproximadamente retos e o campo ser aproximadamente uniforme. A força sobre cada segmento pode, então, ser escrita como

$$d\vec{F}_B = i\, d\vec{L} \times \vec{B}. \qquad (32\text{-}29)$$

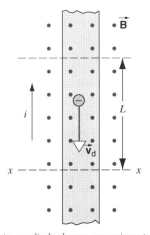

Fig. 32-21. Uma vista ampliada de um comprimento L do fio da Fig. 32-20b. O sentido da corrente é para cima, o que significa que os elétrons se movem para baixo. Um campo magnético emerge do plano da figura, de modo que o fio é defletido para a direita.

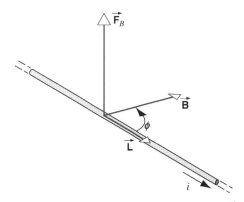

Fig. 32-22. A força magnética agindo sobre um segmento de fio $\vec{L}$ que faz um ângulo ϕ com um campo magnético. Compare cuidadosamente com a Fig. 32.5.

Pode-se determinar a força total sobre o segmento de comprimento L desenvolvendo uma integração adequada ao longo do comprimento.

Problema Resolvido 32-4.

Um segmento reto e horizontal de fio de cobre carrega uma corrente $i = 28$ A. Qual a magnitude, a direção e o sentido do campo magnético necessário para fazer o fio "flutuar" — isto é, equilibrar o seu peso? Sua massa por unidade de comprimento é de 46,6 g/m.

Solução A Fig. 32-23 mostra o arranjo. Para um comprimento L de fio tem-se (ver Eq. 32-28)

$$mg = iLB,$$

ou

$$B = \frac{(m/L)g}{i} = \frac{(46{,}6 \times 10^{-3} \text{ kg/m})(9{,}8 \text{ m/s}^2)}{28 \text{ A}}$$

$$= 1{,}6 \times 10^{-2} \text{ T} = 16 \text{ mT}.$$

Isto é cerca de 400 vezes a intensidade do campo magnético da Terra.

Problema Resolvido 32-5.

A Fig. 32-24 mostra um segmento de fio colocado em um campo magnético uniforme $\vec{B}$ que aponta para fora do plano da figura. Se o segmento carrega uma corrente i, qual a força magnética resultante que atua nele?

Solução Considera-se o fio em três seções — as duas partes retas (seções 1 e 3) e a parte curva (seção 2). De acordo com a Eq.

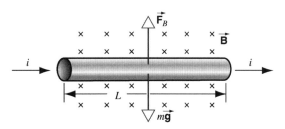

Fig. 32-23. Problema Resolvido 32-4. Pode-se fazer um fio "flutuar" em um campo magnético, com uma força magnética $\vec{F}_B$ para cima equilibrando a força da gravidade para baixo. O campo magnético está apontando para dentro no plano da página.

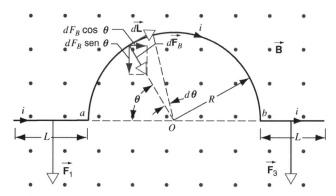

Fig. 32-24. Problema Resolvido 32-5. Um segmento de fio conduzindo uma corrente i é imerso em um campo magnético. A força resultante sobre o fio está direcionada para baixo.

32-28, a força magnética que age em cada seção reta tem a intensidade

$$F_1 = F_3 = iLB$$

e aponta para baixo, conforme mostrado pelas setas na figura. A força dF_B que age sobre um segmento do arco de comprimento $dL = R\, d\theta$ tem a intensidade

$$dF_B = iB\, ds = iB(R\, d\theta)$$

e tem direção radial e sentido apontando para o ponto O, o centro do arco. Note que a única componente para baixo (dF_B sen θ) deste elemento de força é efetivo. A componente horizontal (dF_B cos θ) é cancelada por uma componente na horizontal com sentido oposto devida a um segmento simetricamente localizado no lado oposto do arco.

A força total sobre o arco central aponta para baixo e é dada por

$$F_2 = \int_0^\pi dF_B \operatorname{sen} \theta = \int_0^\pi (iBR\, d\theta) \operatorname{sen} \theta$$

$$= iBR \int_0^\pi \operatorname{sen} \theta\, d\theta = 2iBR.$$

A força resultante sobre todo o fio é, então,

$$F = F_1 + F_2 + F_3 = iLB + 2iLB + iLB$$
$$= iB(2L + 2R).$$

A mesma força também agiria sobre um fio similar ao da Fig. 32-24, com o segmento semicircular central substituído por um segmento de uma forma qualquer (incluindo uma linha reta) conectando os pontos a e b. Você é capaz de se convencer disso?

32-6 O TORQUE SOBRE UMA ESPIRA DE CORRENTE

Em um motor elétrico, uma espira de fio conduzindo uma corrente é colocado em um campo magnético. Uma versão simplificada é mostrada na Fig. 32-25 para uma espira retangular em um campo uniforme. A espira é livre para girar em torno de um eixo vertical. Quando a espira é orientada de modo que o campo está no plano da espira, as forças magnéticas sobre as extremidades curtas são nulas de acordo com a Eq. 32-26, porque $\vec{B}$ e $\vec{L}$ são paralelas. Nas extremidades longas da espira retangular, as forças são iguais, mas apontam para sentidos opostos, de modo que a força resultante sobre a espira é nula. No entanto, existe

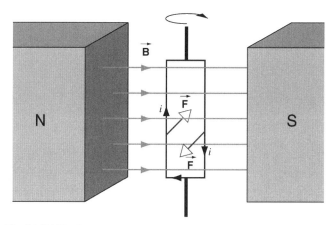

Fig. 32-25. Um diagrama simplificado de um motor elétrico. A espira carrega uma corrente elétrica. As forças magnéticas sobre os lados longos da espira produzem um torque que tende a girar a espira no sentido horário quando esta é vista de cima.

um torque resultante que tende a girar a espira em torno do seu eixo no sentido horário quando vista de cima. Este modelo simples mostra como a combinação de uma corrente elétrica e um campo magnético pode produzir o movimento de rotação do motor elétrico. O mesmo princípio é responsável pela operação de voltímetros e amperímetros analógicos.

A Fig. 32-26 mostra uma espira retangular de comprimento a e largura b conduzindo uma corrente i. O plano da espira faz um ângulo θ com o eixo x. Por simplicidade, somente é mostrada a espira; os fios necessários para levar e retirar a corrente da espira não são mostrados. Considera-se o campo elétrico como sendo uniforme e na direção y, e que o eixo z está no plano do laço. O objetivo é determinar a força resultante e o torque resultante sobre a espira calculando-se a força em cada lado da espira.

Nesta orientação, os lados 1 e 3 são perpendiculares ao campo. Isto é, se o vetor $\vec{L}$ for definido como tendo a direção e o sentido da corrente, então $\vec{L}$ é perpendicular a $\vec{B}$. Para estes lados, pode-se usar a Eq. 32-28 para as intensidades das forças:

$$F_1 = F_3 = iaB, \quad (32\text{-}30)$$

porque ambos os lados 1 e 3 têm comprimento a. As forças são paralelas ao eixo x da Fig. 32-26, com $\vec{F}_1$ no sentido positivo de x e $\vec{F}_3$ no sentido negativo de x.

O ângulo entre o lado 2 do fio e $\vec{B}$ é $\theta + 90°$. Usando a Eq. 32-27, obtém-se a força neste segmento como sendo

$$F_2 = ibB \operatorname{sen}(\theta + 90°) = ibB \cos \theta \quad (32\text{-}31)$$

no sentido negativo de z. De forma similar, a força no lado 4 é

$$F_4 = ibB \operatorname{sen}(90° - \theta) = ibB \cos \theta \quad (32\text{-}32)$$

no sentido positivo de z.

Para se encontrar a força total sobre a espira, adicionam-se as forças sobre os quatro lados, tomando o cuidado de se levar em conta tanto as suas intensidades como os seus sentidos e direções. Uma vez que F_2 e F_4 são iguais em intensidade e direção, e opostos em sentido, a resultante deles é nula; o mesmo é verdadeiro para F_1 e F_3. A força resultante sobre a espira é nula e, assim, o seu centro de massa não é acelerado sob a ação da força magnética. Esta conclusão é obtida em função do campo ser uniforme; se fosse não-uniforme, o campo nos pares opostos dos lados 1 e 3 ou 2 e 4 poderia ter intensidades diferentes, e as forças nesses lados poderiam não ser iguais em intensidade.

Mesmo que a força resultante seja nula, o torque resultante não é nulo. Ambas as forças F_2 e F_4 estão sobre o eixo z e, dessa forma, têm a mesma linha de ação; elas não contribuem para o torque resultante. No entanto, F_1 e F_3 não têm a mesma linha de ação; conforme pode ser visto da Fig. 32-26, elas tendem a girar a espira no sentido horário em torno do eixo z quando observada de cima. Em relação ao eixo z, ambas as forças F_1 e F_3 têm braços de alavanca iguais a $(b/2) \operatorname{sen} \theta$ e, dessa forma, a intensidade do torque total é

$$\tau = 2(iaB)(b/2) \operatorname{sen} \theta, \quad (32\text{-}33)$$

onde o fator 2 entra porque ambas as forças contribuem igualmente para o torque.

O torque tem a sua intensidade máxima quando a espira está orientada de modo que o campo magnético está no plano da espira ($\theta = 90°$). O torque é nulo quando o campo magnético é perpendicular ao plano da espira ($\theta = 0°$).

Se a espira fosse construída como uma bobina de N espiras de fio (como a que se encontra em um motor ou em um amperímetro), a Eq. 32-33 forneceria o torque sobre cada volta e o torque total sobre a bobina seria

$$\tau = NiAB \operatorname{sen} \theta, \quad (32\text{-}34)$$

onde substituiu-se A, a área da espira, pelo produto ab. Pode-se mostrar que a Eq. 32-34 é, em geral, válida para todas as espiras

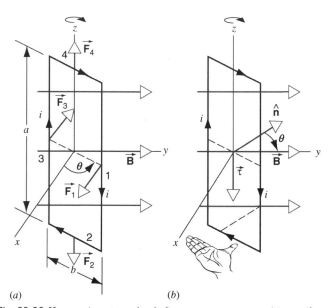

Fig. 32-26. Uma espira retangular de fio em um campo magnético uniforme. (a) As forças nos quatro lados são mostradas. (b) O torque tende a girar a espira de modo que o vetor unitário $\hat{\mathbf{n}}$, determinado pela regra da mão direita e perpendicular ao plano do laço, gira de modo a ficar alinhado com $\vec{B}$.

planas de área A independentemente de serem ou não retangulares.

A Fig. 32-26b mostra uma outra forma de interpretar o torque sobre a espira de corrente. Utilizando-se a regra da mão direita, define-se um vetor unitário $\hat{n}$ perpendicular ao plano da espira. A direção e o sentido de $\hat{n}$ podem ser determinados colocando-se os dedos da mão seguindo o sentido da corrente; o polegar indica a direção e o sentido de $\hat{n}$. O torque tenta girar a espira de modo que $\hat{n}$ fique alinhado com $\vec{B}$. O torque, que está no sentido negativo de z na Fig. 32-26b, está na direção e sentido determinados pelo produto vetorial $\hat{n} \times \vec{B}$. Com $|\hat{n} \times \vec{B}| =$ sen θ, pode-se escrever a Eq. 32-34 na forma vetorial como

$$\vec{\tau} = NiA\, \hat{n} \times \vec{B}. \qquad (32\text{-}35)$$

Problema Resolvido 32-6.

Voltímetros e amperímetros analógicos, nos quais a leitura é indicada pela deflexão de um ponteiro sobre uma escala, trabalham medindo o torque exercido por um campo magnético sobre uma espira de corrente. A Fig. 32-27 mostra os rudimentos de um *galvanômetro*, no qual se beseiam tanto o amperímetro analógico quanto o voltímetro analógico. A bobina tem uma altura de 2,1 cm e uma largura de 1,2 cm; ela tem 250 voltas e está montada de modo que possa girar em torno do seu eixo em um campo magnético uniforme com B = 0,23 T. Uma mola fornece um torque resistente que equilibra o torque magnético, resultando em uma deflexão angular ϕ no equilíbrio, correspondente a uma dada corrente constante i na bobina. Se uma corrente de 100 μA produz uma deflexão angular de 28° (= 0,49 rad), qual deve ser a constante torcional κ da mola?

Solução Fazendo o torque magnético (Eq. 32-34) igual ao torque resistente $\kappa\phi$ da mola, resulta em

$$\tau = NiAB \,\text{sen}\, \theta = \kappa\phi,$$

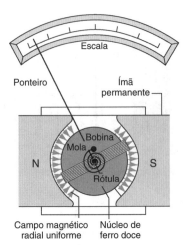

Fig. 32-27. Problema Resolvido 32-6. Os rudimentos de um galvanômetro. Dependendo de um circuito externo, este dispositivo pode agir como um voltímetro ou como um amperímetro.

na qual ϕ é a deflexão angular do ponteiro e A (= 2,52 × 10^{-4} m²) é a área da bobina. Note que a normal ao plano da bobina (isto é, o ponteiro) está sempre na direção perpendicular ao campo magnético (radial), de modo que $\theta = 90°$ para todas as posições do ponteiro.

Resolvendo-se para κ, obtém-se

$$\kappa = \frac{NiAB\,\text{sen}\,\theta}{\phi}$$

$$= \frac{(250)(100 \times 10^{-6}\,\text{A})(2,52 \times 10^{-4}\,\text{m}^2)(0,23\,\text{T})(\text{sen}\,90°)}{0,49\,\text{rad}}$$

$$= 3,0 \times 10^{-6}\,\text{N}\cdot\text{m/rad}.$$

Os amperímetros e os voltímetros modernos são do tipo digital de leitura direta e operam de um modo que não utiliza uma bobina móvel.

MÚLTIPLA ESCOLHA

32-1 Interações Magnéticas e Pólos Magnéticos

32-2 A Força Magnética sobre uma Carga em Movimento

1. Dos três vetores na equação $\vec{F}_B = q\vec{v} \times \vec{B}$, qual par ou quais pares são sempre perpendiculares? (*Pode existir mais de uma resposta correta.*)

   (A) $\vec{F}_B$ e $\vec{v}$. (B) $\vec{v}$ e $\vec{B}$. (C) $\vec{B}$ e $\vec{F}_B$. (D) Nenhum. (E) Todos os três devem ser perpendiculares.

2. Uma carga negativa q_1 move-se com velocidade constante $\vec{v}$ em uma região onde existe um campo elétrico $\vec{E}$ uniforme e um campo magnético $\vec{B}$ uniforme.

   (*a*) Dos vetores $\vec{v}$, $\vec{E}$ e $\vec{B}$, qual par ou quais pares precisam ser perpendiculares? (*Pode existir mais de uma resposta correta.*)

   (A) $\vec{E}$ e $\vec{v}$. (B) $\vec{v}$ e $\vec{B}$. (C) $\vec{B}$ e $\vec{E}$.
   (D) Nenhum. (E) Todos os três devem ser perpendiculares.

   (*b*) A carga negativa é substituída por outra carga q_2 movendo-se inicialmente com a mesma velocidade. Sob que condições a segunda carga também se moverá com velocidade constante?

   (A) q_2 precisa ser idêntica a q_1.

   (B) q_2 precisa ser negativa, mas pode ter qualquer intensidade.

   (C) q_2 pode ser positiva, mas precisa ter a mesma intensidade de q_1.

   (D) q_2 pode ser qualquer carga.

3. Um elétron é liberado do repouso em uma região do espaço onde existe um campo elétrico uniforme $\vec{E}$ apontando *para cima* da página e um campo magnético uniforme $\vec{B}$ apontando para fora da página. Qual das trajetórias da Fig. 32-28 melhor representa o movimento do elétron após este ter sido liberado?

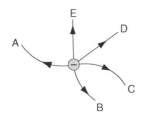

Fig. 32-28. Questão de Múltipla Escolha 3.

4. Qual das seguintes propriedades de um próton pode variar enquanto ele se move livremente em um campo elétrico uniforme $\vec{E}$? (*Pode existir mais de uma resposta correta.*)

   (A) Massa. (B) Intensidade da velocidade.
   (C) Vetor velocidade. (D) Quantidade de movimento.
   (E) Energia cinética.

5. Qual das seguintes propriedades de um próton pode variar enquanto ele se move livremente em um campo magnético uniforme $\vec{B}$? (*Pode existir mais de uma resposta correta.*)

   (A) Massa. (B) Intensidade da velocidade.
   (C) Vetor velocidade. (D) Quantidade de movimento.
   (E) Energia cinética.

6. Qual das seguintes propriedades de um próton pode variar enquanto ele se move livremente em um campo magnético não-uniforme $\vec{B}$? (*Pode existir mais de uma resposta correta.*)

   (A) Massa. (B) Intensidade da velocidade.
   (C) Vetor velocidade. (D) Quantidade de movimento.
   (E) Energia cinética.

7. É possível um campo magnético realizar trabalho positivo sobre uma partícula carregada?

   (A) Sim.
   (B) Sim, mas somente se a partícula tiver carga positiva.
   (C) Sim, mas somente se a partícula tiver uma velocidade inicial.
   (D) Não.

8. Uma região do espaço tem um campo elétrico uniforme $\vec{E}$ direcionado para baixo e um campo magnético uniforme direcionado para leste. A gravidade é desprezível. Um elétron está se movendo com uma velocidade constante $\vec{v}_1$ através destes dois campos.

   (a) Em que direção o elétron pode estar se movendo? (*Pode existir mais de uma resposta correta.*)

   (A) Norte. (B) Sul. (C) Para cima. (D) Para baixo.

   (b) Um segundo elétron segue originalmente a *direção* do primeiro, mas está se movendo a uma velocidade menor $v_2 < v_1$. Qual a direção da força resultante agindo sobre o segundo elétron?

   (A) Norte. (B) Sul. (C) Para Cima. (D) Para baixo.

32-3 Cargas em Movimento Circular

9. Um elétron com velocidade $v_0 \ll c$ se move em um círculo de raio r_0 em um campo magnético uniforme. O tempo necessário para o elétron completar uma revolução é T_0. Em seguida, a velocidade do elétron é dobrada para $2v_0$.

   (a) O raio do círculo mudará para

   (A) $4r_0$. (B) $2r_0$. (C) r_0. (D) $r_0/2$.

   (b) O tempo necessário para completar uma revolução mudará para

   (A) $4T_0$. (B) $2T_0$. (C) T_0. (D) $T_0/2$.

10. Considere o movimento da carga na Fig. 32-17. Descreva o campo magnético.

    (A) O campo é maior perto do centro.
    (B) O campo é menor perto do centro.
    (C) Não existem informações suficientes para resolver este problema.

32-4 O Efeito Hall

11. O campo magnético na Fig. 32-29 aponta para dentro da página. Um pequeno avião metálico move-se na página para baixo.

    (a) De acordo com o piloto, qual das asas torna-se carregada negativamente enquanto o avião se move?

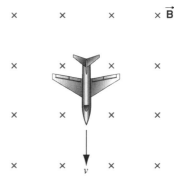

Fig. 32-29. Questão de Múltipla Escolha 11.

(A) A asa esquerda. (B) A asa direita.

(C) Nenhuma das asas torna-se carregada.

(D) A resposta depende do sinal dos portadores de carga no avião.

(b) Agora o avião inverte o seu sentido e "voa" em direção ao topo da página. Qual das asas torna-se carregada negativamente enquanto o avião se move?

(A) A asa esquerda. (B) A asa direita.

(C) Nenhuma das asas torna-se carregada.

(D) A resposta depende do sinal dos portadores de carga no avião.

32-5 A Força Magnética sobre um Fio Conduzindo uma Corrente

12. A Fig. 32-30 mostra vários segmentos de fio que conduzem correntes iguais de a para b. Os fios estão em um campo magnético uniforme $\vec{B}$ direcionado para dentro da página. Qual dos segmentos experimenta a maior força resultante?

    (A) 1.   (B) 2.   (C) 3.

    (D) Todos experimentam a mesma força resultante.

    (E) A questão não pode ser respondida sem informações adicionais.

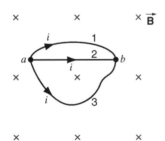

Fig. 32-30. Questões de Múltipla Escolha 12 e 13.

13. Repita a Questão de Múltipla Escolha 12, supondo que o campo magnético uniforme possa estar apontando para *qualquer* direção. Qual dos segmentos de fio experimenta a maior força resultante?

    (A) 1.   (B) 2.   (C) 3.

    (D) Todos experimentam a mesma força resultante.

    (E) A resposta depende da direção do campo magnético.

32-6 O Torque sobre uma Espira de Corrente

14. A Eq. 32-35 é válida para uma única espira de uma bobina com uma forma diferente da forma retangular?

    (A) É uma aproximação razoável para formas próximas à retangular.

    (B) É uma aproximação razoável para qualquer forma que esteja em um plano.

    (C) É válida para formas com simetria suficiente, como triângulos eqüiláteros ou círculos.

    (D) É válida para todas as formas que estejam em um plano.

15. A espira de fio na Fig. 32-31 conduz uma corrente no sentido horário. Existe um campo magnético uniforme $\vec{B}$ direcionado para a direita.

    (a) Como está direcionada a força resultante sobre a espira de corrente?

       (A) Entrando na página. (B) Saindo da página.

       (C) Para cima na página. (D) Para baixo na página.

       (E) A força resultante é nula.

    (b) Como está direcionado o torque sobre a espira de corrente?

       (A) Entrando na página. (B) Saindo da página.

       (C) Para cima na página. (D) Para baixo na página.

       (E) O torque é nulo.

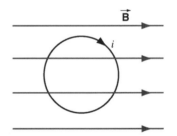

Fig. 32-31. Questão de Múltipla Escolha 15.

16. Repita a Questão de Múltipla Escolha 15, mas agora suponha que o campo não seja uniforme; ele é mais forte no topo da página do que embaixo.

    (a) Como está direcionada a força resultante sobre a espira de corrente?

       (A) Entrando na página. (B) Saindo da página.

       (C) Para cima na página. (D) Para baixo na página.

       (E) A força resultante é nula.

    (b) Como está direcionado o torque sobre a espira de corrente?

       (A) Entrando na página. (B) Saindo da página.

       (C) Para cima na página. (D) Para baixo na página.

       (E) O torque é nulo.

QUESTÕES

1. Por que simplesmente não se define o sentido do campo magnético $\vec{B}$ como sendo o sentido da força magnética que age sobre uma partícula em movimento?

2. Imagine que você está sentado em uma sala com as suas costas voltadas para uma parede e que um feixe de elétrons, movimentando-se, na horizontal, da parede atrás de você para a parede à sua frente, é defletido para a direita. Qual o sentido do campo magnético uniforme que existe na sala?

3. Como se pode garantir que as forças entre dois ímãs são forças eletrostáticas?

4. Se um elétron não é defletido ao passar através de uma determinada região do espaço, pode-se ter certeza de que não exista nenhum campo magnético nessa região?

5. Se um elétron em movimento é defletido para o lado ao passar por uma determinada região do espaço, pode-se garantir que existe um campo magnético naquela região?

6. Um feixe de elétrons tanto pode ser defletido por um campo elétrico como por um campo magnético. Um desses métodos é melhor do que o outro? Um deles é, de alguma forma, mais fácil?

7. Os campos elétricos podem ser representados através de mapas de superfícies eqüipotenciais. O mesmo pode ser feito para campos magnéticos? Explique.

8. A força magnética é conservativa ou não-conservativa? Justifique a sua resposta. É possível definir uma energia potencial magnética da mesma forma que se definiu energia potencial elétrica ou gravitacional?

9. Uma partícula carregada passa por um campo magnético e é defletida. Isto significa que uma força agiu sobre ela e mudou a sua quantidade de movimento. Onde existe uma força deve existir uma força de reação. Em que objeto ela age?

10. No experimento de Thomson desprezou-se as deflexões produzidas pelo campo gravitacional e pelo campo magnético da Terra. Quais são os erros introduzidos?

11. Imagine que a sala onde você está sentado contenha um campo magnético uniforme direcionado verticalmente para baixo. No centro da sala dois elétrons são subitamente projetados horizontalmente com a mesma velocidade inicial, mas em sentidos opostos. (a) Descreva os seus movimentos. (b) Descreva os seus movimentos se uma partícula é um elétron e a outra um pósitron — isto é, um elétron carregado positivamente. (Os elétrons vão gradualmente reduzindo a sua velocidade à medida que colidem com moléculas no ar da sala.)

12. A Fig. 32-32 mostra as trajetórias de dois elétrons (e⁻) e um pósitron (e⁺) em uma câmara de bolhas. Um campo magnético preenche a câmara, sendo perpendicular ao plano da figura. Por que as trajetórias são espirais e não circulares? O que se pode afirmar sobre as partículas a partir das suas trajetórias? Qual o sentido do campo magnético?

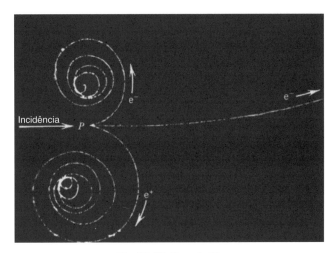

Fig. 32-32. Questão 12.

13. Quais são as funções principais (a) do campo elétrico e (b) do campo magnético no cíclotron?

14. Em um dado campo magnético, onde um próton e um elétron se movimentam com a mesma velocidade, qual deles apresenta a maior freqüência de revolução? Considere os efeitos relativísticos.

15. Que fato mais relevante torna a operação de um cíclotron possível? Ignore considerações relativísticas.

16. Um fio de cobre desencapado sai da parede de um quarto, atravessa o quarto e desaparece na parede oposta. Você é informado que existe uma corrente constante no fio. Como você pode determinar o seu sentido? Descreva as diversas formas possíveis? Você pode usar um equipamento, mas não pode cortar o fio.

17. Discuta a possibilidade de utilizar o efeito Hall para medir a intensidade B de um campo magnético.

18. (a) Ao se medir diferenças de potencial Hall, por que é necessário tomar-se o cuidado de garantir que os pontos x e y, na Fig. 32-18, sejam exatamente opostos um ao outro? (b) Se um dos contatos é móvel, que procedimento deverá ser seguido para ajustá-lo de modo a se ter a certeza de que os dois pontos estão adequadamente posicionados?

19. Na Seção 32-5 afirmou-se que um campo magnético $\vec{B}$ exerce uma força lateral sobre os elétrons de condução em, por exemplo, um fio de cobre conduzindo uma corrente i. Supôs-se que esta é a mesma força que age sobre o próprio condutor. Está faltando alguma coisa neste argumento? Se for o caso, forneça-a.

20. Um fio de cobre reto conduzindo uma corrente i é colocado em um campo magnético $\vec{B}$, perpendicular a ele. Sabe-se que $\vec{B}$ exerce uma força lateral sobre os elétrons livres (ou de condução). Ela também age sobre os elétrons fixos? Apesar de tudo eles não estão parados. Discuta.

21. A Eq. 32-26 ($\vec{F}_B = i\vec{L} \times \vec{B}$) é válida para um fio reto cuja seção transversal varia irregularmente ao longo do seu comprimento?

22. Uma corrente em um campo magnético experimenta uma força. Portanto, deve ser possível bombear líquidos condutores enviando uma corrente através do líquido (em um sentido apropriado) e deixando ele passar através de um campo magnético. Projete este dispositivo. Este princípio é utilizado para bombear sódio líquido (um condutor, mas altamente corrosivo) em alguns reatores nucleares, onde é usado com fluido de refrigeração. Quais são as vantagens que esta bomba apresenta?

23. Um campo magnético uniforme preenche uma determinada região do espaço de forma cúbica. É possível atirar um elétron de fora para dentro deste cubo de modo que ele se movimente em uma trajetória circular dentro do cubo?

24. Um condutor, mesmo que esteja conduzindo uma corrente, tem uma carga resultante nula. Por que então um campo magnético exerce uma força sobre ele?

25. Uma espira de corrente retangular tem uma orientação arbitrária em um campo magnético externo. Qual o trabalho necessário para fazer girar a espira em torno de um eixo perpendicular ao seu plano?

26. A Eq. 32-35 mostra que não existe nenhum torque sobre uma espira de corrente em um campo magnético externo, se o ângulo entre o eixo da espira e o campo é (a) de 0° ou (b) de 180°. Discuta a natureza do equilíbrio (isto é, se ele é estável, neutro ou instável) para estas duas posições.

27. Imagine que a sala onde você está sentado contém um campo magnético uniforme direcionado verticalmente para cima. Uma espira circular de fio está com o seu plano na horizontal. Para que sentido de corrente na espira, vista de cima, a espira estará em equilíbrio estável em relação às forças e torques de origem magnética?

EXERCÍCIOS

32-1 Interações Magnéticas e Pólos Magnéticos

32-2 A Força Magnética sobre uma Carga em Movimento

1. Quatro partículas seguem as trajetórias mostradas na Fig. 32-33 quando elas passam pelo campo magnético nessa posição. O que pode-se concluir sobre a carga de cada partícula?

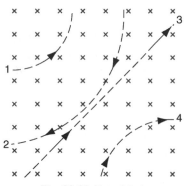

Fig. 32-33. Exercício 1.

2. Um elétron em um tubo de TV move-se com $7,2 \times 10^6$ m/s em um campo magnético de intensidade 83 mT. (a) Não se conhecendo o sentido do campo, qual pode ser a maior e a menor intensidade da força que o elétron pode sentir devido ao campo? (b) Em um ponto, a aceleração do elétron é $4,9 \times 10^{16}$ m/s². Qual o ângulo entre a velocidade do elétron e o campo magnético?

3. Um campo elétrico de 1,5 kV/m e um campo magnético de 0,44 T agem sobre um elétron em movimento e não produzem nenhuma força. (a) Calcule a velocidade mínima v do elétron. (b) Desenhe os vetores $\vec{E}$, $\vec{B}$ e $\vec{v}$.

4. Um próton movimentando-se a 23,0° em relação a um campo magnético de intensidade 2,63 mT experimenta uma força magnética de $6,48 \times 10^{-17}$ N. Calcule (a) a velocidade e (b) a energia cinética do próton, em eV.

5. Um próton dos raios cósmicos atinge a Terra próximo ao equador com uma velocidade vertical de $2,8 \times 10^7$ m/s. Suponha que a componente horizontal do campo magnético da Terra no equador seja de 30 μT. Calcule a razão entre a força magnética sobre o próton e a força gravitacional agindo nele.

6. Um elétron é acelerado através de uma diferença de potencial de 1,0 kV e direcionado para uma região entre duas pla-

cas paralelas com uma separação de 20 mm e uma diferença de potencial entre elas de 100 V. Se o elétron penetra movendo-se perpendicularmente ao campo elétrico entre as placas, qual o campo magnético necessário, perpendicular à trajetória do elétron e ao campo elétrico, para que o elétron se mova em uma linha reta?

7. Um campo elétrico uniforme $\vec{E}$ é perpendicular a um campo magnético uniforme $\vec{B}$. Um próton movendo-se com velocidade $\vec{v}_p$ perpendicular a ambos os campos experimenta uma força resultante nula. Um elétron movendo-se com velocidade $\vec{v}_e$ também experimenta uma força resultante nula. Mostre que a razão entre a energia cinética do próton e a do elétron é m_p/m_e.

8. Uma fonte de íons produz íons de ^{6}Li (massa = 6,01 u), cada um carregando uma carga resultante de $+e$. Os íons são acelerados por uma diferença de potencial de 10,8 kV e passam por uma região na qual existe um campo magnético vertical $B = 1,22$ T. Calcule a intensidade do campo elétrico horizontal a ser estabelecido na mesma região, de modo a permitir que os íons de ^{6}Li passem sem ser defletidos.

32-3 Cargas em Movimento Circular

9. (a) Em um campo magnético com $B = 0,50$ T, para que raio de uma trajetória circular um elétron irá se mover com uma velocidade de $0,10c$? (b) Qual será a sua energia cinética em eV? Ignore os pequenos efeitos relativísticos.

10. Um elétron de 1,22 keV desloca-se segundo um movimento circular em um plano perpendicular a um campo magnético uniforme. O raio da órbita é igual a 24,7 cm. Calcule (a) a velocidade do elétron, (b) o campo magnético, (c) a freqüência de revolução e (d) o período do movimento.

11. Um elétron é acelerado do repouso por uma diferença de potencial de 350 V. Em seguida, ele entra em um campo magnético uniforme de intensidade igual a 200 mT, com a sua velocidade perpendicular a este campo. Calcule (a) a velocidade do elétron e (b) o raio da sua trajetória no campo magnético.

12. S. A. Goudsmit descobriu um método para medir com precisão as massas de íons pesados, cronometrando o seu período de revolução em um campo conhecido. Um único íon de iodo carregado faz 7,00 rev em um campo de 45,0 T em 1,29 ms. Calcule a sua massa, em unidades atômicas de massa. Na realidade, as medidas de massa são desenvolvidas com uma precisão muito maior do que esses dados aproximados sugerem.

13. Uma partícula alfa ($q = +2e$, $m = 4,0$ u) percorre uma trajetória circular de 4,5 cm de raio em um campo magnético

com $B = 1,2$ T. Calcule (a) a sua velocidade, (b) o seu período de revolução, (c) a sua energia cinética em eV e (d) a diferença de potencial através da qual ela foi acelerada para alcançar esta energia.

14. Um físico está projetando um cíclotron para acelerar prótons até $0,100c$. O ímã utilizado produz um campo de 1,40 T. Calcule (a) o raio do cíclotron e (b) a freqüência do oscilador correspondente. Considerações relativísticas não são significativas.

15. Em um experimento nuclear, um próton com energia cinética K_p se move em um campo magnético uniforme em uma trajetória circular. Qual a energia que (a) uma partícula alfa e (b) um deuterônio têm, se eles irão percorrer um movimento circular com a mesma órbita? (Para um deuterônio, $q = +e$, $m = 2,0$ u; para uma partícula alfa, $q = +2e$, $m = 4,0$ u.)

16. Um próton, um deuterônio e uma partícula alfa, acelerados pela mesma diferença de potencial ΔV, entram em uma região de campo magnético uniforme, movendo-se perpendicularmente a $\vec{B}$. (a) Determine as suas energias cinéticas. Se o raio da trajetória circular do próton é r_p, quais são os raios das trajetórias (b) do deuterônio e (c) da partícula alfa, em termos de r_p?

17. Um próton, um deuterônio e uma partícula alfa com a mesma energia cinética entram em uma região de campo magnético uniforme, movendo-se perpendicularmente a $\vec{B}$. O próton se move em uma trajetória circular de raio r_p. Em termos de r_p, quais são os raios das trajetórias (a) do deuterônio e (b) da partícula alfa?

18. Um deuterônio se move em um campo magnético com um raio orbital de 50 cm em um cíclotron. Em função de uma colisão de raspão com um alvo, o deuterônio divide-se em um próton e um nêutron, com uma perda de energia cinética desprezível. Discuta os seus movimentos subseqüentes. Suponha que a energia do deuterônio seja igualmente dividida entre o próton e o nêutron durante a separação.

19. (a) Qual a velocidade que um próton precisa para circular a Terra no equador, se o campo magnético da Terra é horizontal em todos os pontos e direcionado ao longo de linhas longitudinais. Os efeitos relativísticos devem ser considerados. Admita que a intensidade do campo magnético da Terra é 41 μT no equador. (b) Desenhe os vetores da velocidade e do campo magnético correspondentes a esta situação.

20. Calcule o raio da trajetória de um elétron de 10,0 MeV movendo-se perpendicularmente a um campo magnético uniforme de 2,20 T. Utilize as fórmulas (a) clássica e (b) relativística. (c) Calcule o período real do movimento cir-

cular. Este resultado é independente da velocidade do elétron?

21. Medições de ionização mostram que uma determinada partícula nuclear carrega uma carga dupla ($= 2e$) e está se movendo com uma velocidade de $0,710c$. Ela segue uma trajetória circular de raio igual a 4,72 m em um campo magnético de 1,33 T. Determine a massa da partícula e identifique-a.

22. O síncroton de prótons do Fermilab acelera prótons até uma energia cinética de 950 GeV. Para esta energia, calcule (a) a velocidade, expressa como uma fração da velocidade da luz; e (b) o campo magnético na órbita de um próton que tem um raio de curvatura de 750 m. (O próton tem uma energia de repouso de 938 MeV; aqui é necessário usar as fórmulas relativísticas.)

23. Estime o comprimento total da trajetória percorrida por um deuterônio em um cíclotron durante o processo de aceleração. Suponha um potencial de aceleração entre os dês de 80 kV, um dê de raio igual a 53 cm e uma freqüência do oscilador de 12 MHz.

24. Considere uma partícula de massa m e carga q movendo-se no plano xy sob a influência de um campo magnético uniforme $\vec{B}$ apontando no sentido $+z$. Escreva expressões para as coordenadas $x(t)$ e $y(t)$ da partícula como funções do tempo t, supondo que a partícula se mova em um círculo de raio R centrado na origem do sistema de coordenadas.

32-4 O Efeito Hall

25. Uma tira de metal de 6,5 cm de comprimento, 0,88 cm de largura e 0,76 mm de espessura se move com velocidade constante v através de um campo magnético $B = 1,2$ mT perpendicular à tira, conforme mostrado na Fig. 32-34. Uma diferença de potencial de 3,9 μV é medida entre os pontos x e y da tira. Calcule a velocidade v.

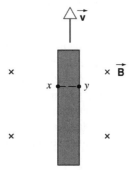

Fig. 32-34. Exercício 25.

26. Em um experimento sobre o efeito Hall, uma corrente de 3,2 A percorre um condutor, de 1,2 cm de largura, 4,0 cm de comprimento e 9,5 μm de espessura, ao longo do seu comprimento produzindo uma tensão Hall (através da largura) de 40μV quando um campo magnético de 1,4 T age perpendicularmente a esse fino condutor. Destes dados, determine (a) a velocidade de deriva dos portadores de carga e (b) a densidade do número de portadores de carga. (c) Mostre em um diagrama a polaridade da tensão Hall para a corrente dada e a direção do campo magnético, supondo que os portadores de carga são elétrons (negativos).

27. Mostre que, em termos do campo elétrico Hall E_H e da densidade de corrente j, o número de portadores de carga por unidade de volume é dado por

$$n = \frac{jB}{eE_H}.$$

28. (a) Mostre que a razão entre o campo elétrico Hall E_H e o campo elétrico E_c responsável pela corrente é

$$\frac{E_H}{E_c} = \frac{B}{ne\rho},$$

onde ρ é a resistividade do material. (b) Calcule a razão numericamente para o Problema Resolvido 32-3. Ver Tabela 29-1.

32-5 A Força Magnética sobre um Fio Conduzindo uma Corrente

29. Um fio de comprimento 62,0 cm e massa 13,0 g é suspenso por um par de fios flexíveis em um campo magnético de 440 mT. Determine a intensidade e o sentido da corrente no fio necessários para remover a tensão nos fios de suporte. Ver Fig. 32-35.

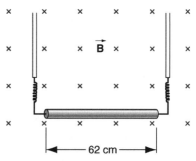

Fig. 32-35. Exercício 29.

30. Um condutor horizontal em uma linha de transmissão conduz uma corrente de 5,12 kA do sul para o norte. O campo magnético da Terra nas vizinhanças da linha é de 58,0 μT e está direcionado para o norte, com uma inclinação para baixo de 70,0° em relação à horizontal. Determine a intensidade e o sentido da força magnética sobre 100 m do condutor, devido ao campo da Terra.

31. Considere a possibilidade de um novo projeto de um trem elétrico. O motor é alimentado pela força devida à componente vertical do campo magnético da Terra sobre um eixo condu-

tor. A corrente passa do trilho para uma roda condutora, através do eixo, através de uma outra roda condutora e, então, de volta para a fonte através do outro trilho. (*a*) Qual a corrente necessária para fornecer uma modesta força de 10 kN? Considere a componente vertical do campo da Terra como sendo igual a 10 μT e o comprimento do eixo como sendo de 3,0 m. (*b*) Qual a quantidade de potência perdida para cada ohm de resistência dos trilhos? (*c*) Este trem é totalmente irreal ou apenas marginalmente irreal?

32. Um fio metálico de massa m desliza sem atrito sobre dois trilhos horizontais separados por uma distância d, conforme mostra a Fig. 32-36. Os trilhos estão em um campo magnético uniforme $\vec{B}$ vertical. Uma corrente constante i sai do gerador G, segue por um trilho, passando para o outro trilho através do fio. Determine a velocidade (intensidade e sentido) do fio como função do tempo, supondo que ele esteja em repouso em $t = 0$.

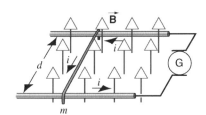

Fig. 32-36. Exercício 32.

33. Um condutor longo e rígido, posicionado ao longo do eixo x, conduz uma corrente de 5,0 A no sentido $-x$. Um campo magnético $\vec{B}$ está presente, sendo dado por $\vec{B} = (3\text{ mT})\,\hat{\mathbf{i}} + (8\text{ mT/m}^2)x^2\,\hat{\mathbf{j}}$. Calcule a força sobre o segmento de 2,0 m do condutor que está posicionado entre $x = 1,2$ m e $x = 3,2$ m.

34. Uma haste de cobre de 1,15 kg está em repouso sobre dois trilhos horizontais separados de 95,0 cm, e conduz uma corrente de 53,2 A de um trilho para o outro. O coeficiente de atrito estático é igual a 0,58. Determine o menor campo magnético (não necessariamente vertical) que irá fazer a haste deslizar.

PROBLEMAS

1. Um elétron em um campo magnético uniforme tem a velocidade $\vec{v} = (40\text{ km/s})\,\hat{\mathbf{i}} + (35\text{ km/s})\,\hat{\mathbf{j}}$. Ele experimenta uma força $\vec{F} = (-4,2\text{ fN})\,\hat{\mathbf{i}} + (4,8\text{ fN})\,\hat{\mathbf{j}}$. Se $B_x = 0$, calcule o campo magnético.

2. Um elétron tem uma velocidade inicial de $(12,0\text{ km/s})\,\hat{\mathbf{j}} + (15,0\text{ km/s})\,\hat{\mathbf{k}}$ e uma aceleração constante de $(2,00 \times 10^{12}\text{ m/s}^2)\,\hat{\mathbf{i}}$ em uma região na qual estão presentes campos elétrico e magnético uniformes. Se $\vec{B} = (400\,\mu\text{T})\,\hat{\mathbf{i}}$, determine o campo elétrico $\vec{E}$.

32-6 O Torque sobre uma Espira de Corrente

35. Uma bobina de uma única espira, conduzindo uma corrente de 4,00 A, tem a forma de um triângulo retângulo com lados de 50 cm, 120 cm e 130 cm. A espira está em um campo magnético uniforme de intensidade 75,0 mT cuja direção é paralela à corrente no lado de 130 cm da espira. (*a*) Determine a força magnética em cada um dos três lados da espira. (*b*) Mostre que a força magnética total na espira é nula.

36. A Fig. 32-37 mostra uma bobina retangular com 20 voltas de 12 cm por 5,0 cm. Ela conduz uma corrente de 0,10 A e está presa por uma dobradiça em um dos lados. Ela está montada com o seu plano fazendo um ângulo de 33° com a direção de um campo magnético uniforme de 0,50 T. Calcule o torque agindo sobre a bobina, em relação à dobradiça.

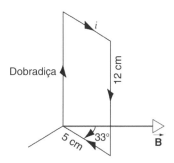

Fig. 32-37. Exercício 36.

37. Um relógio de parede circular tem uma face com um raio de 15 cm. Seis voltas de fio estão enroladas em torno do seu perímetro; o fio conduz uma corrente de 2,0 A no sentido horário. O relógio é posicionado em um campo magnético externo, uniforme e constante, de 70 mT (mas o relógio mantém o tempo correto). Exatamente às 13:00, o ponteiro das horas tem o mesmo sentido e direção do campo magnético externo. (*a*) Após quantos minutos o ponteiro dos minutos irá ter a mesma direção e sentido do torque sobre a bobina devido ao campo magnético? (*b*) Qual a intensidade deste torque?

3. Os elétrons em um feixe de um tubo de televisão têm uma energia cinética de 12,0 keV. O tubo está orientado de modo que os elétrons se movem horizontalmente do sul magnético para o norte magnético. A componente vertical do campo magnético da Terra aponta para baixo e tem a intensidade de 55,0 μT. (*a*) Em que direção o feixe é defletido? (*b*) Qual a aceleração de um determinado elétron devido ao campo magnético? (*c*) Qual a distância que o feixe é defletido ao se mover por 20 cm dentro do tubo de televisão?

4. Um feixe de elétrons, cuja energia cinética é K, emerge de uma lâmina fina na "janela" na extremidade do tubo de um acelerador. Existe uma placa de metal a uma distância d desta janela e perpendicular à direção de saída do feixe (ver Fig. 32-38). (*a*) Mostre que é possível evitar que o feixe atinja a placa se for aplicado um campo magnético B tal que

$$B \geq \sqrt{\frac{2mK}{e^2 d^2}},$$

na qual m e e são a massa e a carga do elétron. (*b*) Como B deve ser orientado?

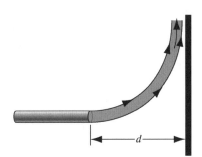

Fig. 32-38. Problema 4.

5. O espectrômetro de massa de Bainbridge, mostrado na Fig. 32-39, separa íons que têm a mesma velocidade. Os íons, após entrarem através das fendas S_1 e S_2, passam através de um seletor de velocidade composto de um campo elétrico produzido pelas placas carregadas P e P' e um campo magnético $\vec{B}$ perpendicular ao campo elétrico e à trajetória dos íons. Estes íons que passam sem ser desviados pelos campos cruzados $\vec{E}$ e $\vec{B}$ entram em uma região onde um segundo campo magnético $\vec{B}'$ existe e são colocados em trajetórias circulares. Uma chapa fotográfica registra a sua chegada. Mostre que $q/m = E/rBB'$, onde r é o raio da órbita circular.

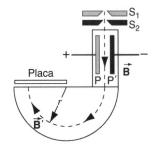

Fig. 32-39. Problema 5.

6. A Fig. 32-40 mostra uma montagem usada para medir a massa dos elétrons. Um íon de massa m e carga $+q$ é produzido essencialmente em repouso pela fonte S, uma câma-

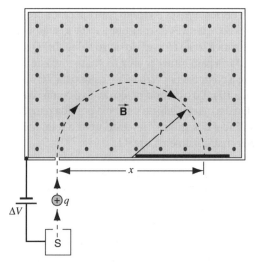

Fig. 32-40. Problema 6.

ra na qual se desenvolve descarga de gás. O íon é acelerado por uma diferença de potencial ΔV e entra em um campo magnético $\vec{B}$. No campo ele se move em um semicírculo, atingindo uma chapa fotográfica a uma distância x da fenda de entrada. Mostre que a massa do íon é dada por

$$m = \frac{B^2 q}{8\Delta V} x^2.$$

7. Dois tipos de átomos ionizados em separado, tendo mesma carga q e massa diferindo de uma pequena quantidade Δm, são introduzidos no espectrômetro de massa descrito no Problema 6. (*a*) Calcule a diferença em massa em termos de ΔV, q, m (de cada um), B e a distância Δx entre os pontos impressos na chapa fotográfica. (*b*) Calcule Δx para um feixe de átomos de cloro ionizados em separado de massas 35,0 u e 37,0 u se $\Delta V = 7{,}33$ kV e $B = 520$ mT.

8. Em um espectrômetro de massa (ver Problema 6) usado para fins comerciais, íons de urânio de massa 238 u e carga $+2e$ são separados dos outros da sua espécie. Os íons são inicialmente acelerados através de uma diferença de potencial de 105 kV e em seguida passam por um campo magnético, onde eles percorrem um arco de 180° de 97,3 cm de raio. Eles são, então, coletados em um recipiente após passarem por uma fenda de 1,20 mm de largura e 1,44 cm de altura. (*a*) Qual a intensidade do campo magnético (perpendicular) no separador? Se o equipamento é projetado para separar 90,0 mg de material por hora, calcule (*b*) a corrente dos íons desejados no equipamento e (*c*) a energia interna dissipada no recipiente em 1,00 h.

9. Uma partícula neutra está em repouso em um campo magnético uniforme de intensidade B. No instante $t = 0$, ela decai em duas partículas carregadas, cada uma de massa m. (*a*) Se a carga de uma das partículas é $+q$, qual a carga da outra? (*b*) As duas partículas afastam-se em trajetórias separadas, ambas permanecendo no plano perpendicular a $\vec{B}$. Em um

instante posterior as partículas colidem. Expresse o tempo, desde o decaimento até a colisão, em termos de *m*, *B* e *q*.

10. Segundo a teoria de Bohr para o átomo de hidrogênio, pode-se considerar que o elétron está se movendo em uma órbita circular de raio *r* em torno do próton. Suponha que tal átomo seja colocado em um campo magnético, com o plano da órbita perpendicular a $\vec{B}$. (*a*) Se o elétron circula no sentido horário, conforme visto por um observador olhando ao longo de $\vec{B}$, a freqüência angular irá aumentar ou diminuir? (*b*) E se o elétron estivesse circulando no sentido anti-horário? Suponha que o raio da órbita não varie. [Dica: Agora, a força centrífuga é parcialmente elétrica ($\vec{F}_E$) e parcialmente magnética ($\vec{F}_B$).] (*c*) Mostre que a variação na freqüência de revolução causada pelo campo magnético é dada aproximadamente por

$$\Delta f = \pm \frac{Be}{4\pi m}.$$

Tais desvios de freqüência foram observados por Zeeman em 1896. (Dica: Calcule a freqüência de revolução sem o campo magnético e também com o campo magnético. Subtraia, tendo em mente que, uma vez que o efeito do campo magnético é muito pequeno, alguns — mas não todos — os termos contendo *B* podem ser anulados com um erro pequeno.)

11. Um pósitron de 22,5 eV (elétron carregado positivamente) é projetado em um campo magnético uniforme $B = 455\ \mu T$ com o seu vetor velocidade fazendo um ângulo de 65,5° com $\vec{B}$. Determine (*a*) o período, (*b*) o passo *p* e (*c*) o raio *r* da trajetória helicoidal. Ver Fig. 32-41.

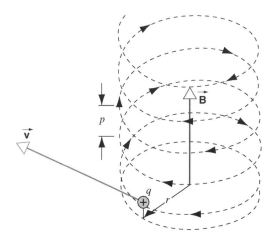

Fig. 32-41. Problema 11.

12. A Fig. 32-42 mostra um fio de forma arbitrária conduzindo uma corrente *i* entre os pontos *a* e *b*. O fio está em um plano perpendicular a um campo magnético $\vec{B}$. Prove que a força

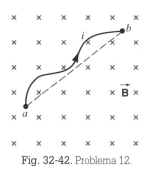

Fig. 32-42. Problema 12.

sobre o fio é a mesma que aquela sobre um fio reto conduzindo uma corrente *i* de *a* para *b*. (Dica: Substitua o fio por uma série de "degraus" paralelos e perpendiculares à linha reta unindo *a* e *b*.)

13. Considere a partícula do Exercício 24, mas, desta vez, prove (em vez de assumir) que a partícula se move em uma trajetória circular resolvendo a segunda lei de Newton analiticamente. [Dica: Resolva a expressão para F_y para encontrar v_x e substitua na expressão para F_x para obter uma equação que possa ser resolvida para v_y. Faça o mesmo para v_x substituindo na equação de F_y. Finalmente, obtenha $x(t)$ e $y(t)$ de v_x e v_y.]

14. Através da integração direta de

$$\vec{F}_B = \oint i\, d\vec{L} \times \vec{B},$$

mostre que a força resultante sobre uma espira de corrente *arbitrária* é nula em um campo magnético uniforme. (*Nota: Uma espira de corrente arbitrária não precisa estar em um plano!*)

15. Um fio na forma de U de massa *m* e comprimento *L* tem as suas extremidades imersas em mercúrio (Fig. 32-43). O fio está em um campo magnético homogêneo $\vec{B}$. Se uma carga — isto é, um pulso de corrente $q = \int i\, dt$ — é enviado através do fio, este irá saltar para cima. Calcule, da altura *h* que

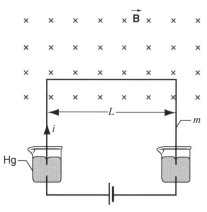

Fig. 32-43. Problema 15.

o fio atingirá, o tamanho da carga ou pulso de corrente, supondo que a duração do pulso de corrente é muito pequeno em comparação com a duração do salto. Use o fato de que o impulso da força é igual a $\int F\, dt$, o qual é igual a mv. (Dica: Relacione $\int i\, dt$ com $\int F\, dt$.) Calcule q para $B = 0{,}12$ T, $m = 13$ g, $L = 20$ cm e $h = 3{,}1$ m.

16. Prove que a Eq. 32-34 é válida para espiras fechadas de forma arbitrária e não somente para espiras retangulares como na Fig. 32-26. (Dica: Substitua a espira de forma arbitrária por um conjunto de espiras longas, finas e adjacentes, aproximadamente retangulares, que são aproximadamente equivalentes a ela, desde que se considere a distribuição de corrente.)

17. Um comprimento L de fio conduz uma corrente i. Mostre que se o fio é deformado na forma de uma bobina circular, o torque máximo em um determinado campo magnético se desenvolve quando a bobina tem somente uma volta e a intensidade do torque máximo é

$$\tau = \frac{1}{4\pi} L^2 i B.$$

18. A Fig. 32-44 mostra um anel de fio de raio a perpendicular à direção de um campo magnético divergente com simetria radial. O campo magnético no anel tem a mesma intensidade B em todos os pontos e a sua direção no anel faz, em todos os pontos, um ângulo θ com a normal ao plano do anel. As extremidades torcidas não têm nenhum efeito sobre o problema. Determine a intensidade, a direção e o sentido da força que o campo magnético exerce sobre o anel se o anel conduz uma corrente i, conforme mostrado na figura.

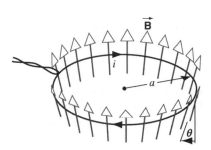

Fig. 32-44. Problema 18.

19. A Fig. 32-45 mostra um cilindro de madeira com uma massa $m = 262$ g e um comprimento $L = 12{,}7$ cm, com $N = 13$ voltas de fio enrolado em torno dele no sentido longitudinal, de modo que o plano da espira de fio contém o eixo do cilindro. Qual a menor corrente através da espira que evitará que o cilindro role para baixo no plano inclinado com um ângulo θ em relação à horizontal, na presença de um campo magnético uniforme na vertical de 477 mT, se o plano do enrolamento é paralelo ao plano inclinado?

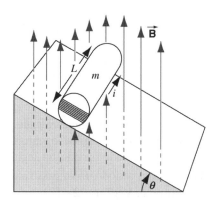

Fig. 32-45. Problema 19.

PROBLEMAS COMPUTACIONAIS

1. Usando o campo magnético dado na Eq. 32-17 com $B_0 = 0{,}15$ T, obtenha a trajetória de uma partícula alfa que está se movendo inicialmente através da origem na direção x, com velocidade $v_0 = 3{,}0 \times 10^6$ m/s (Fig. 32-17). Determine o tempo que a partícula leva para retornar à sua posição inicial e a sua distância máxima com relação à origem. Compare estes valores com os obtidos para o caso de um campo uniforme B_0.

2. Um campo magnético com simetria cilíndrica em uma determinada região do espaço é dado por $\vec{B} = (B_0 r/a)\,\hat{k}$, onde r é a distância perpendicular ao eixo z. Determine a trajetória de um elétron emitido de um ponto sobre o eixo z com uma velocidade inicial de $0{,}050c$ perpendicular ao eixo. Qual a distância máxima ao eixo que o elétron alcançará antes de retornar?

Capítulo 33

O CAMPO MAGNÉTICO DE UMA CORRENTE

Nos capítulos anteriores estudou-se o efeito de um campo magnético sobre uma carga em movimento. Agora volta-se a atenção para a própria fonte do campo, e neste capítulo estuda-se o campo magnético produzido por cargas em movimento, em particular correntes em fios.

Em analogia com o estudo previamente desenvolvido sobre os campos elétricos de algumas distribuições de carga simples, neste capítulo investigam-se os campos magnéticos produzidos por algumas distribuições de corrente simples: fios retos e espiras circulares. Finalmente, mostra-se que a relação entre os campos elétrico e magnético é mais profunda do que simplesmente a similaridade entre as equações; a relação estende-se à transformação de um campo no outro quando as distribuições de carga ou de corrente são vistas de sistemas de referência inerciais diferentes.

33-1 O CAMPO MAGNÉTICO DEVIDO A UMA CARGA EM MOVIMENTO

No capítulo anterior discutiu-se a força que uma partícula carregada movendo-se em um campo magnético experimenta. Por analogia com o campo elétrico, no qual partículas carregadas em repouso tanto podem ser as fontes do campo como dispositivos para medi-lo, pode-se esperar que cargas elétricas em movimento, para as quais já se mostrou que são dispositivos de medição do campo magnético, possam também servir como fontes do campo.

Esta expectativa foi primeiro demonstrada em 1820 por Hans Christian Oersted,* que observou que, conforme ilustrado na Fig. 33-1, quando uma bússola é colocada próxima a um fio reto conduzindo uma corrente, a agulha da bússola alinha-se de modo a ficar tangente a um círculo desenhado em torno do fio (desprezando-se a influência do campo magnético da Terra sobre a bússola). A descoberta de Oersted forneceu a primeira conexão entre a eletricidade e o magnetismo.

A evidência experimental direta para o campo magnético de uma carga em movimento somente foi obtida em 1876 através de um experimento realizado por Henry Rowland.** O experimento de Rowland é mostrado esquematicamente na Fig. 33-2. Ele preparou um disco de carga (conectando uma bateria a uma camada de ouro depositada sobre a superfície de um disco de material isolante). Girando o disco em torno do seu eixo, ele foi capaz de produzir cargas em movimento, e ele mostrou o seu efeito magnético suspendendo uma agulha magnetizada próxima ao disco.

O objetivo deste capítulo é estudar a interação magnética entre duas cargas em movimento, assim como Coulomb estudou a interação elétrica entre cargas em repouso. Coulomb conseguiu

medir diretamente a força eletrostática, e em princípio pode-se fazer o mesmo — isto é, medir a força magnética entre duas cargas em movimento. Infelizmente, a força é extremamente pequena e muito difícil de medir; no experimento de Rowland, por exemplo, o campo magnético produzido pelo seu disco carregado girante era somente 0,00001 do campo da Terra!

Apesar do campo magnético de uma única carga ser extremamente pequeno, conceitualmente é mais fácil iniciar o estudo das fontes do campo magnético com uma discussão sobre como uma única carga em movimento produz um campo magnético. Mais tarde será visto porque esta abordagem não é prática e porque é mais fácil produzir campos magnéticos no laboratório empregando cargas em movimento na forma de correntes em fios.

Dessa forma, conduz-se um "experimento mental" no qual projeta-se uma única carga q com velocidade $\vec{v}$ e detecta-se o campo com uma agulha magnética suspensa, que é livre para girar em qualquer direção. Para evitar problemas com a relatividade, é necessário manter-se a velocidade da partícula pequena (comparada com a velocidade da luz) no sistema de referência usado. Monta-se o experimento em uma região na qual o campo magnético da Terra seja desprezível. (Não é necessário viajar para o espaço para encontrar esta região; bobinas conduzindo corrente podem ser usadas em um laboratório para criar campos que cancelem o campo da Terra.) A Fig. 33-3a mostra os resultados de algumas medidas do campo magnético em diferentes posições. A carga em movimento estabelece um campo magnético $\vec{B}$ e a agulha indica a direção e o sentido do campo em qualquer posição. Em princípio, pode-se também determinar a intensidade do campo, medin-

---

*Hans Christian Oersted (1777-1851) foi um físico e químico dinamarquês. A sua descoberta de que um fio conduzindo uma corrente pode defletir a agulha de uma bússola foi feita por acaso durante uma aula na Universidade de Copenhague. A unidade para a intensidade do campo magnético (H), o oersted, foi dada em sua homenagem.

**Henry Rowland (1848-1901) era um físico americano que é lembrado hoje em dia pelo seu trabalho pioneiro ao desenvolver redes de difração, as quais ele usou para espectrografia ótica precisa incluindo medidas do comprimento de onda do espectro solar. Rowland serviu como primeiro presidente da Sociedade Americana de Física (American Physical Society).

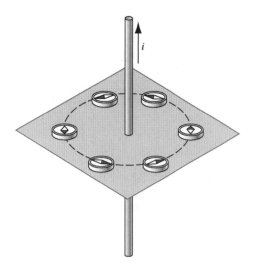

Fig. 33-1. Experimento de Oersted. A direção da agulha da bússola está sempre perpendicular à direção da corrente no fio.

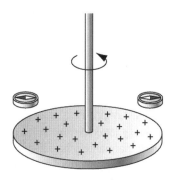

Fig. 33-2. Diagrama esquemático do experimento de Rowland. As cargas em movimento sobre a superfície de ouro do disco girante produzem um campo magnético que deflete a agulha da bússola. Na prática, a deflexão é muito pequena e para detectá-la é necessário um aparato muito mais sensível do que uma bússola.

do-se por exemplo a força sobre uma segunda partícula carregada em movimento, conforme foi descrito na Seção 32-2.

Se fosse possível desenvolver estes experimentos, poderiam ser descobertas algumas propriedades do campo magnético causado por uma carga em movimento:

1. A intensidade do campo é diretamente proporcional à intensidade da velocidade v e também à carga q.

2. Se for invertido o sentido de $\vec{v}$ ou se q mudar de sinal, o sentido de $\vec{B}$ será invertido.

3. O campo é nulo nos pontos ao longo da direção de $\vec{v}$ (para a frente, assim como para trás). Nas outras direções relativas a $\vec{v}$, conforme mostrado na Fig. 33-3b, o campo varia com sen ϕ.

4. $\vec{B}$ é tangente aos círculos desenhados em torno de $\vec{v}$ em planos perpendiculares a $\vec{v}$, com o sentido de $\vec{B}$ determinado pela regra da mão direita (com o polegar apontando no sentido de $\vec{v}$, os outros dedos irão circundar no sentido de $\vec{B}$). Em um determinado círculo, a intensidade de $\vec{B}$ é a mesma em todos os pontos.

5. Em pontos sobre uma linha perpendicular à direção do movimento de q (como na Fig. 33-3b) ou, de forma equivalente, sobre círculos de raios crescentes desenhados ao longo da linha do movimento, observa-se que a intensidade de $\vec{B}$ decresce segundo $1/r^2$, onde r é a distância de q ao ponto de observação.

O modo mais simples de definir-se $\vec{B}$ de modo que seja consistente com estas observações, é ilustrado na Fig. 33-4. Em um ponto arbitrário P (ponto no qual deseja-se determinar o campo magnético), $\vec{B}$ é perpendicular ao plano determinado por $\vec{v}$ e $\vec{r}$ (o vetor que posiciona P em relação a q). Destas observações verifica-se que a intensidade de $\vec{B}$ é diretamente proporcional a q, v e sen ϕ, e inversamente proporcional a r^2:

$$B \propto \frac{qv \operatorname{sen} \phi}{r^2}. \tag{33-1}$$

A direção de $\vec{B}$ em relação a $\vec{v}$ e $\vec{r}$ nos faz lembrar da regra para encontrar o produto vetorial. Na expressão $\vec{c} = \vec{a} \times \vec{b}$, o vetor $\vec{c}$ é perpendicular ao plano contendo $\vec{a}$ e $\vec{b}$. Assim, pode-se escrever a Eq. 33-1 na forma vetorial como

$$\vec{B} = K \frac{q\vec{v} \times \hat{r}}{r^2}, \tag{33-2}$$

onde K é uma constante de proporcionalidade a ser determinada. Aqui $\hat{r}$ é o vetor unitário na direção de $\vec{r}$. (É interessante rever a Seção 25-4, onde se utilizou uma notação de vetor unitá-

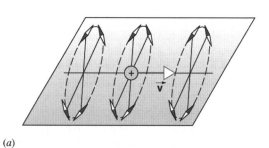

(a)

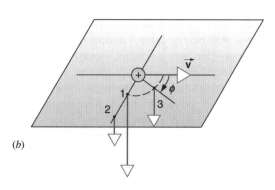

(b)

Fig. 33-3. (a) Uma agulha de bússola suspensa livremente indica a direção e o sentido do campo magnético em vários pontos devido a uma carga elétrica em movimento. (b) O campo no ponto 2 é igual a 1/4 do campo no ponto 1, porque o ponto 2 está duas vezes mais longe da carga. Os pontos 3 e 1 estão à mesma distância da carga, mas o campo no ponto 3 é menor do que o campo no ponto 1 de um fator sen ϕ.

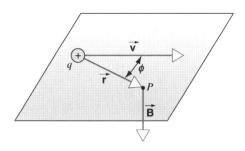

Fig. 33-4. O campo magnético no ponto P devido a uma carga em movimento é perpendicular ao plano contendo $\vec{v}$ e $\vec{r}$.

rio semelhante para expressar a lei de Coulomb.) Uma vez que $\hat{r} = \vec{r}/r$, pode-se escrever a Eq. 32-2 como

$$\vec{B} = K \frac{q\vec{v} \times \vec{r}}{r^3}. \quad (33\text{-}3)$$

Mesmo que exista um fator r^3 no denominador, o campo varia com $1/r^2$, porque também existe um fator r no numerador.

Tudo o que falta para obter-se a expressão completa para o campo magnético de uma carga em movimento é determinar a constante de proporcionalidade na Eq. 33-3, da mesma forma que se inseriu a constante $1/4\pi\epsilon_0$ na lei de Coulomb. As constantes nas equações dos campos magnético e elétrico não são grandezas independentes; elas estão relacionadas pela velocidade da luz, conforme será discutido no Cap. 38. Uma vez que a velocidade da luz é uma grandeza definida, pode-se escolher entre (1) usar a lei da força elétrica (lei de Coulomb) para definir a constante elétrica e então usar o valor da velocidade da luz para obter-se a constante magnética, ou (2) usar a lei da força magnética (a força entre fios conduzindo corrente, a qual será discutida mais tarde neste capítulo) para definir a constante magnética e então usar o valor da velocidade da luz para obter-se a constante elétrica. Uma vez que a força magnética entre fios conduzindo corrente pode ser medida com maior precisão do que a força elétrica entre cargas, escolhe-se o segundo método.

A constante de proporcionalidade K na Eq. 33-3 é definida nas unidades do SI para ter o valor exato de 10^{-7} tesla·metro/ampère (T · m/A). Entretanto, assim como no caso de eletrostática, é conveniente escrever-se a constante de uma forma diferente:

$$K = \frac{\mu_0}{4\pi} = 10^{-7} \text{ T·m/A}.$$

A constante μ_0 tem sido historicamente conhecida como a *constante de permeabilidade*, mas aqui será denominada *constante magnética*. Ela tem o valor exato

$$\mu_0 = 4\pi \times 10^{-7} \text{ T·m/A}.$$

A constante magnética μ_0 tem um papel, no cálculo de campos magnéticos, similar ao da constante elétrica ϵ_0, no cálculo de campos elétricos. As duas constantes estão relacionadas através da velocidade da luz: $c = (\epsilon_0\mu_0)^{-1/2}$. Definindo-se μ_0 e c, é possível determinar-se o valor exato de ϵ_0.

Agora pode-se escrever a expressão completa para o campo magnético devido a uma carga em movimento:

$$\vec{B} = \frac{\mu_0}{4\pi} \frac{q\vec{v} \times \hat{r}}{r^2} = \frac{\mu_0}{4\pi} \frac{q\vec{v} \times \vec{r}}{r^3}. \quad (33\text{-}4)$$

Pode-se escrever a intensidade de $\vec{B}$ como

$$B = \frac{\mu_0}{4\pi} \frac{|q|v \operatorname{sen} \phi}{r^2}, \quad (33\text{-}5)$$

onde ϕ é o ângulo entre $\vec{v}$ e $\vec{r}$.

Baseado nestes experimentos mentais, foi possível estudar diversas propriedades do campo magnético produzido por uma carga em movimento, incluindo a importante relação geométrica entre a direção da velocidade e a direção do campo. Agora será trivial transferir esta relação para o caso mais útil, do campo magnético produzido por corrente em fios.

Por que o campo magnético especificado pelas Eqs. 33-4 ou 33-5 não é especialmente útil? Quando se estudaram os campos elétricos, o interesse estava voltado para o campo elétrico constante produzido por cargas cujas posições não variavam. Este assunto é chamado de *eletrostática*. Agora está-se interessado em *magnetostática* — a produção de campos magnéticos constantes por cargas cujo movimento não varia. A carga única em movimento da Fig. 33-4 não satisfaz este critério; em um instante após a situação ilustrada na figura, a carga está em uma diferente posição em relação ao ponto P. Para manter um campo magnético constante em P devido a uma carga em movimento na posição exata mostrada, seria necessário providenciar a destruição da carga logo que ela deixasse esta posição e injetar uma nova carga nessa posição com a mesma velocidade, uma situação altamente improvável. Por outro lado, uma corrente constante serve exatamente para o que se deseja; um movimento invariável de cargas que produz um campo magnético constante. Na próxima seção, as Eqs. 33-4 e 33-5 serão adaptadas para o caso de correntes constantes.

PROBLEMA RESOLVIDO 33-1.

Uma partícula alfa ($q = +2e$) move-se no sentido positivo de x com uma velocidade de $0,0050c = 1,50 \times 10^6$ m/s. Quando a partícula está sobre a origem, determine a intensidade do campo magnético em (a) P_1: $x = 0$, $y = 0$, $z = +2,0$ cm; (b) P_2: $x = 0$, $y = +2,0$ cm, $z = 0$; (c) P_3: $x = +1,0$ cm, $y = +1,0$ cm, $z = +1,0$ cm.

Solução (a) Na Fig. 33-5, $\vec{r}_1$ está no sentido positivo de z (apontando de q para P_1). O tamanho de $\vec{r}_1$ é a distância da origem ao ponto P_1, ou 2,0 cm. Os vetores $\vec{v}$ e $\vec{r}_1$ estão no plano xz; $\vec{B}$ precisa ser perpendicular a este plano, ou no sentido positivo ou negativo da direção y. O sentido de $\vec{v} \times \vec{r}_1$ determina que $\vec{B}$ está no sentido negativo de y. A intensidade de $\vec{B}$ é dada pela Eq. 33-5:

$$B = \frac{\mu_0}{4\pi} \frac{qv \operatorname{sen} \phi}{r_1^2}$$

$$= (10^{-7} \text{ T·m/A}) \frac{(2)(1,60 \times 10^{-19} \text{ C})(1,50 \times 10^6 \text{ m/s})(\operatorname{sen} 90°)}{(0,020 \text{ m})^2}$$

$$= 1,2 \times 10^{-16} \text{ T}.$$

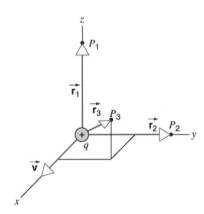

Fig. 33-5. Problema Resolvido 33-1.

(b) Em P_2, $\vec{r}_2$ está no sentido positivo de y, e assim $\vec{v} \times \vec{r}_2$ determina que $\vec{B}$ está no sentido positivo de z. Uma vez que a distância de q a P_2 é igual à distância de q a P_1, a intensidade de $\vec{B}$ em P_2 é a mesma que foi obtida na parte (a) para P_1. De fato, $\vec{B}$ tem a mesma intensidade em todos os pontos sobre o círculo de raio $r = 2,0$ cm desenhado em volta de q no plano yz.

(c) Em P_3, $r_3 = \sqrt{x^2 + y^2 + z^2} = 1,73$ cm. O vetor $\vec{r}_3$ de q para P_3 e o vetor $\vec{v}$ formam um plano que faz um ângulo de 45° com os eixos y e z (Fig. 33-5). O ângulo ϕ entre $\vec{v}$ e $\vec{r}_3$ é 54,7°, conforme você deverá ser capaz de mostrar. A intensidade de $\vec{B}$ em P_3 é

$$B = \frac{\mu_0}{4\pi} \frac{qv \operatorname{sen} \phi}{r_3^2}$$
$$= (10^{-7} \text{ T} \cdot \text{m/A})$$
$$\times \frac{(2)(1,60 \times 10^{-19} \text{ C})(1,50 \times 10^6 \text{ m/s})(\operatorname{sen} 54,7°)}{(0,0173 \text{ m})^2}$$
$$= 1,3 \times 10^{-16} \text{ T}.$$

$\vec{B}$ é perpendicular ao plano de $\vec{r}_3$ e $\vec{v}$. As suas componentes cartesianas B_y e B_z são iguais em intensidade, mas B_y é negativo e B_z é positivo. De forma equivalente, $\vec{B}$ é tangente ao círculo desenhado em torno do eixo x, mas centrado em $x = 1,0$ cm e não em $x = 0$. O círculo tem um raio $\sqrt{y^2 + z^2} = 1,41$ cm. Note neste caso que, em contraste com as partes (a) e (b), r_3 não é o raio do círculo ao qual $\vec{B}$ é tangente.

Os campos magnéticos determinados neste problema são muito pequenos, cerca de 12 ordens de grandeza menores que o campo da Terra. Você pode observar deste cálculo porque não é factível medir a força entre partículas individuais carregadas em movimento. No entanto, os campos devidos a partículas individuais separadas por distâncias r correspondentes a dimensões atômicas (10^{-10} m) são da ordem de 1 T, os quais certamente produzem efeitos mensuráveis. Na escala dos átomos, a força magnética entre partículas carregadas em movimento freqüentemente tem conseqüências observáveis, assim como será discutido no Cap. 35.

33-2 O CAMPO MAGNÉTICO DE UMA CORRENTE

No laboratório, campos magnéticos podem ser produzidos utilizando-se fios conduzindo corrente em vez do movimento de cargas individuais. Nesta seção os resultados da seção anterior são estendidos para permitir determinar-se o campo magnético devido a uma corrente. A estratégia é determinar-se primeiro o campo magnético devido à corrente em um pequeno elemento de fio e, então, utilizarem-se métodos de integração para encontrar-se o campo devido à corrente no fio inteiro.

Este método é similar ao utilizado na Seção 26-4 para encontrar-se o campo elétrico devido a uma distribuição de carga contínua. No Cap. 26, começou-se com o campo elétrico devido a uma carga pontual, o qual pode ser escrito como $\vec{E} = (q/4\pi\epsilon_0 r^2)\,\hat{r}$. Para encontrar o campo elétrico devido a uma distribuição de carga contínua, imaginou-se que o objeto é composto de elementos infinitesimais de carga dq, cada um dos quais pode ser tratado como uma carga pontual no cálculo das suas contribuições $d\vec{E}$ para o campo elétrico: $d\vec{E} = (dq/4\pi\epsilon_0 r^2)\,\hat{r}$. O campo elétrico total é determinado adicionando-se as contribuições de todos os elementos de carga: $\vec{E} = \int d\vec{E}$, o que é uma forma compacta de representar o campo total de todas as componentes vetoriais: $E_x = \int dE_x$ e assim por diante.

Como se pode representar um incremento de corrente no cálculo análogo do campo magnético? Para obter-se uma pista de como proceder pode-se rever a relação, obtida no capítulo anterior, entre a força magnética exercida sobre uma carga individual em movimento, $\vec{F}_B = q\vec{v} \times \vec{B}$ (Eq. 32-3), e a força magnética exercida sobre um elemento de corrente, $d\vec{F}_B = i\,d\vec{L} \times \vec{B}$ (Eq. 32-29). Nesta equação, $d\vec{L}$ é um vetor cujo comprimento é igual ao comprimento do elemento de fio e cuja direção e sentido são iguais à direção e sentido da corrente naquele elemento. Isto é, pode-se passar de uma expressão descrevendo a força sobre uma carga individual em movimento para uma descrevendo a força sobre um elemento de corrente, substituindo-se $q\vec{v}$ por $i\,d\vec{L}$.

Podemos modificar a Eq. 33-4 de uma forma exatamente igual. Buscamos a contribuição de $d\vec{B}$ para o campo magnético devido a um elemento de corrente, o qual pode ser representado por um elemento de carga dq se movendo com velocidade $\vec{v}$:

$$d\vec{B} = \frac{\mu_0}{4\pi} \frac{dq\,\vec{v} \times \hat{r}}{r^2}. \qquad (33\text{-}6)$$

Podemos escrever a velocidade como $\vec{v} = d\vec{s}/dt$, de modo que a carga dq se move através do deslocamento $d\vec{s}$ durante o intervalo de tempo dt. Agora, temos

$$dq\,\vec{v} = dq\,\frac{d\vec{s}}{dt} = \frac{dq}{dt}\,d\vec{s} = i\,d\vec{s}. \qquad (33\text{-}7)$$

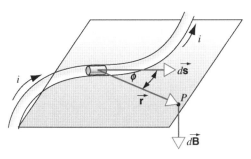

Fig. 33-6. O campo magnético $d\vec{B}$ produzido por um elemento de fio conduzindo corrente. Em analogia com a Fig. 33-4, o campo é perpendicular ao plano contendo $d\vec{s}$ e $\vec{r}$.

Substituindo a Eq. 33-7 na Eq. 33-6, obtemos

$$d\vec{B} = \frac{\mu_0}{4\pi} \frac{i\, d\vec{s} \times \hat{r}}{r^2} = \frac{\mu_0}{4\pi} \frac{i\, d\vec{s} \times \vec{r}}{r^3}. \quad (33\text{-}8)$$

Esta expressão é conhecida como a *lei de Biot–Savart*. A direção e o sentido de $d\vec{B}$ são os mesmos de $d\vec{s} \times \vec{r}$. A intensidade do elemento de campo $d\vec{B}$ é

$$dB = \frac{\mu_0}{4\pi} \frac{i\, ds\, \text{sen}\, \phi}{r^2}, \quad (33\text{-}9)$$

onde ϕ é o ângulo entre o vetor $d\vec{s}$ o qual indica o sentido da corrente, e o vetor $\vec{r}$ que vai do elemento de corrente ao ponto de observação P. A Fig. 33-6 mostra as relações vetoriais; compare com a Fig. 33-4 e note como as figuras são similares.

Para determinar o campo total $\vec{B}$ devido a toda distribuição de corrente, é necessário integrar sobre todos os elementos de corrente $i\, d\vec{s}$:

$$\vec{B} = \int d\vec{B} = \frac{\mu_0}{4\pi} \int \frac{i\, d\vec{s} \times \hat{r}}{r^2} = \frac{\mu_0}{4\pi} \int \frac{i\, d\vec{s} \times \vec{r}}{r^3}. \quad (33\text{-}10)$$

Assim como foi feito no Cap. 26 para campos elétricos, ao calcular-se esta integral, em geral, é necessário levar-se em conta que nem todos os elementos de $d\vec{B}$ estão na mesma direção; ver a Seção 26-4.

Agora considera-se como aplicar a lei de Biot–Savart para calcular os campos magnéticos de alguns fios condutores de corrente de diferentes formas.

Um Segmento de Fio Reto

Ilustra-se a utilização da lei de Biot–Savart aplicando-a ao cálculo do campo magnético devido a uma corrente i em um segmento de fio reto de comprimento L. A Fig. 33-7 mostra a geometria. O fio está ao longo do eixo z e deseja-se determinar $\vec{B}$ no ponto P sobre o eixo y, a uma distância d do fio. O centro do fio está na origem, de modo que P está sobre o bissetor perpendicular do fio. O primeiro passo no cálculo é escolher um elemento arbitrário de fio $i\, d\vec{s}$, o qual está localizado na coordenada z em relação à origem. A contribuição $d\vec{B}$ deste elemento para o campo em P é dada pela Eq. 33-8 e envolve o produto vetorial $d\vec{s} \times \vec{r}$. Utilizando-se a regra da mão direita pode-se mostrar que, na geometria da Fig. 33-7, $d\vec{s} \times \vec{r}$ é um vetor que aponta no sentido negativo de x, e verifica-se que isto é verdade não importando onde se seleciona o elemento de corrente sobre o fio. Todo o elemento $i\, d\vec{s}$ do fio fornece um $d\vec{B}$ no sentido negativo de x e, portanto, quando se adicionam todos os elementos $d\vec{B}$ observa-se que o campo total está no sentido negativo de x. Uma vez que se determinou o sentido de $\vec{B}$ podemos agora voltar para determinar a sua intensidade utilizando-se a Eq. 33-9.

Com $d\vec{s}$ na direção z tem-se $ds = dz$ e z será a variável de integração, indo de $-L/2$ até $+L/2$. Para integrar a Eq. 33-9, primeiro é necessário expressar ϕ e r em termos da variável de integração z:

$$r = \sqrt{z^2 + d^2}$$

e

$$\text{sen}\, \phi = \text{sen}\, (\pi - \phi) = \frac{d}{\sqrt{z^2 + d^2}}.$$

Efetuando estas substituições na Eq. 33-9, obtém-se

$$dB = \frac{\mu_0 i}{4\pi} \frac{dz\, \text{sen}\, \phi}{r^2} = \frac{\mu_0 i}{4\pi} \frac{d}{(z^2 + d^2)^{3/2}}\, dz. \quad (33\text{-}11)$$

Desenvolvendo-se a integração, obtém-se o campo total:

$$B = \frac{\mu_0 i d}{4\pi} \int_{-L/2}^{+L/2} \frac{dz}{(z^2 + d^2)^{3/2}} = \frac{\mu_0 i}{4\pi d} \frac{z}{(z^2 + d^2)^{1/2}} \bigg|_{z=-L/2}^{z=+L/2}$$

ou

$$B = \frac{\mu_0 i}{4\pi d} \frac{L}{(L^2/4 + d^2)^{1/2}}. \quad (33\text{-}12)$$

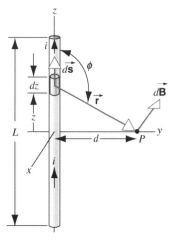

Fig. 33-7. Um elemento $i\, d\vec{s}$ em um segmento de fio reto estabelece no ponto P um campo $d\vec{B}$ no sentido negativo de x.

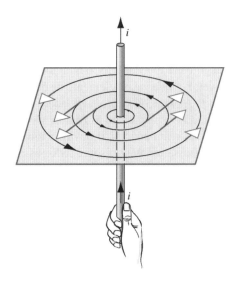

Fig. 33-8. As linhas do campo magnético são círculos concêntricos para um fio reto longo conduzindo corrente. A sua direção e o seu sentido são dados pela regra da mão direita.

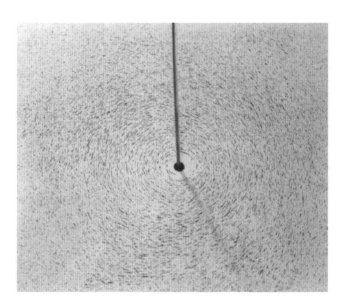

Fig. 33-9. O fio vertical conduz uma corrente que estabelece um campo magnético. A limalha de ferro distribuída sobre um cartão mostra o padrão de círculos concêntricos que representam o campo.

No limite para um fio muito longo (isto é, $L \gg d$), a Eq. 33-12 torna-se

$$B = \frac{\mu_0 i}{2\pi d}. \qquad (33\text{-}13)$$

Este problema lembra o seu equivalente eletrostático. Derivou-se uma expressão para $\vec{E}$ devido a uma longa haste carregada através de métodos de integração, utilizando a lei de Coulomb (Seção 26-4). Também resolveu-se o mesmo problema usando a lei de Gauss (Seção 27-5). Mais tarde, considera-se uma lei de campos magnéticos, a lei de Ampère, a qual é similar à lei de Gauss no sentido em que ela simplifica os cálculos de campos magnéticos em casos (como este) com um alto grau de simetria.

Assim como foi feito para os campos elétricos, pode-se representar o campo magnético de um fio conduzindo corrente através de linhas de campo magnético. A Fig. 33-8 mostra um conjunto de linhas de campo magnético para um fio reto longo.

As linhas de campo formam círculos concêntricos em torno do fio, conforme sugerido pelo experimento de Oersted (Fig. 33-1) e também indicado pelo padrão de limalha de ferro próximo a um fio (Fig. 33-9).

Em qualquer ponto, a direção de $\vec{B}$ é tangente à linha de campo naquele ponto. O campo é maior nas regiões onde as linhas de campo estão mais próximas (como perto do fio) e menor onde as linhas de campo estão mais separadas (longe do fio). Ao contrário das linhas de campo elétrico devidas a cargas, que se iniciam nas cargas positivas e terminam nas cargas negativas, as linhas de campo magnético devidas a correntes formam em espiras contínuas sem início ou fim. Para encontrar o sentido das linhas de campo utiliza-se a regra da mão direita: se uma pessoa estivesse para agarrar o fio com a mão direita com o polegar no sentido da corrente, os outros dedos curvariam-se em torno do fio no sentido do campo magnético.

Uma Espira Circular de Corrente

A Fig. 33-10 mostra uma espira circular de raio R conduzindo uma corrente i. Em seguida calcula-se $\vec{B}$ em um ponto P sobre o eixo a uma distância z do centro da espira.

O ângulo ϕ entre o elemento de corrente $i\,d\vec{s}$ e $\vec{r}$ é igual a 90°. Da lei de Biot–Savart, sabe-se que o vetor $d\vec{B}$ para este elemento é perpendicular ao plano formado por $i\,d\vec{s}$ e $\vec{r}$, e assim é perpendicular a $\vec{r}$, conforme mostra a figura.

Considere a decomposição de $d\vec{B}$ em duas componentes; uma, $d\vec{B}_z$, ao longo do eixo da espira e outra, $d\vec{B}_\perp$, perpendicular ao eixo. Somente $d\vec{B}_z$ contribui para o campo magnético total $\vec{B}$ no ponto P. Isto ocorre porque as componentes $d\vec{B}_z$ para todos os elementos de corrente estão sobre o eixo e adicionam-se diretamente; no entanto, as componentes $d\vec{B}_\perp$ apontam em diferentes direções perpendiculares ao eixo, e, da simetria, a soma de todos $d\vec{B}_\perp$ para a espira completa é nula. (Um elemento de corrente diametralmente oposto, indicado na Fig. 33-10, produz o mesmo $d\vec{B}_z$ mas um $d\vec{B}_\perp$ de sentido oposto.) Assim, pode-se substituir a integral do vetor sobre todo $d\vec{B}$ por uma integral sobre somente as componentes z e a intensidade do campo é dada por

$$B = \int dB_z. \qquad (33\text{-}14)$$

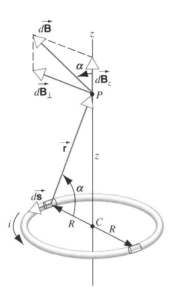

Fig. 33-10. Uma espira circular de corrente. O elemento $i\,\vec{ds}$ da espira estabelece um campo $\vec{dB}$ em um ponto P sobre o eixo da espira.

Para o elemento de corrente na Fig. 33-10, a lei de Biot–Savart (Eq. 33-9) fornece

$$dB = \frac{\mu_0 i}{4\pi}\frac{ds\,\text{sen}\,90°}{r^2}. \qquad (33\text{-}15)$$

Também se tem

$$dB_z = dB\cos\alpha,$$

a qual, combinada com a Eq. 33-15, fornece

$$dB_z = \frac{\mu_0 i\cos\alpha\,ds}{4\pi r^2}. \qquad (33\text{-}16)$$

A Fig. 33-10 mostra que r e α não são independentes um do outro. Expressando cada um em termos de z, a distância entre o centro da espira e o ponto P, obtém-se as seguintes relações

$$r = \sqrt{R^2 + z^2}$$

e

$$\cos\alpha = \frac{R}{r} = \frac{R}{\sqrt{R^2+z^2}}.$$

substituindo-se estes valores na Eq. 33-16 para dB_z obtém-se

$$dB_z = \frac{\mu_0 iR}{4\pi(R^2+z^2)^{3/2}}\,ds. \qquad (33\text{-}17)$$

Note que i, R e z têm os mesmos valores para todos os elementos de corrente. Integrando-se esta equação, obtém-se

$$B = \int dB_z = \frac{\mu_0 iR}{4\pi(R^2+z^2)^{3/2}}\int ds \qquad (33\text{-}18)$$

ou, notando que $\int ds$ é simplesmente a circunferência da espira $(= 2\pi R)$,

$$B = \frac{\mu_0 iR^2}{2(R^2+z^2)^{3/2}}. \qquad (33\text{-}19)$$

Podemos repetir o cálculo anterior para determinar-se o campo no centro da espira. Neste caso, $r = R$ em todos os pontos e a lei de Biot–Savart fornece

$$B = \int dB_z = \frac{\mu_0 i}{4\pi R^2}\int ds. \qquad (33\text{-}20)$$

Se for desenvolvida a integral ao longo do círculo, a integral é mais uma vez $2\pi R$, e assim

$$B = \frac{\mu_0 i}{2R}, \qquad (33\text{-}21)$$

a qual poderia ter sido obtida estabelecendo-se $z = 0$ na Eq. 33-19. No entanto, este método pode ser utilizado para obter um resultado mais geral, quando a corrente flui não em um círculo completo mas em um arco de um círculo. Suponha que o arco esteja contido em ângulo θ. Então na Eq. 33-20, a integral não fornece a circunferência completa do círculo mas somente o arco de comprimento $R\theta$ (o qual é igual a $2\pi R$ quando $\theta = 2\pi$). O campo no centro do arco é então

$$B = \frac{\mu_0 i\theta}{4\pi R}. \qquad (33\text{-}22)$$

Nesta equação, o ângulo θ deve ser expresso em radianos. A regra da mão direita mais uma vez fornece o sentido do campo magnético, o qual está ao longo do eixo z.

Se $z \gg R$, de modo que pontos perto da espira não são considerados, a Eq. 33-19 torna-se

$$B = \frac{\mu_0 iR^2}{2z^3}. \qquad (33\text{-}23)$$

Esta dependência do campo do inverso da distância ao cubo lembra a do campo elétrico de um dipolo elétrico (ver Eq. 26-12 e também o Problema 1 do Cap. 6 para o campo no eixo do dipolo). Freqüentemente é conveniente considerar-se uma espira de fio como um *dipolo magnético*. Assim como o comportamento elétrico de muitas moléculas pode ser caracterizado em termos do seu momento de dipolo elétrico, também o comportamento magnético dos átomos pode ser descrito em termos do seu *momento de dipolo magnético*. No caso dos átomos, a espira de corrente é devida à circulação dos elétrons em torno do seu núcleo. O momento de dipolo magnético dos átomos é discutido no Cap. 35.

Problema Resolvido 33-2.

No modelo de Bohr do átomo de hidrogênio, o elétron circula em torno do núcleo em uma trajetória circular de raio $5{,}29 \times 10^{-11}$ m com uma freqüência f de $6{,}60 \times 10^{15}$ Hz (ou rev/s). Qual o valor de B estabelecido no centro da órbita?

Solução A corrente é a taxa segundo a qual a carga passa por qualquer ponto da órbita e é dada por

$$i = ef = (1{,}60 \times 10^{-19}\,\text{C})(6{,}60 \times 10^{15}\,\text{Hz}) = 1{,}06 \times 10^{-3}\,\text{A}.$$

O campo magnético B no centro da órbita é dado pela Eq. 33-21,

$$B = \frac{\mu_0 i}{2R} = \frac{(4\pi \times 10^{-7}\,\text{T·m/A})(1{,}06 \times 10^{-3}\,\text{A})}{2(5{,}29 \times 10^{-11}\,\text{m})} = 12{,}6\,\text{T}.$$

33-3 DUAS CORRENTES PARALELAS

Nesta seção utilizam-se fios longos conduzindo correntes paralelas (ou antiparalelas) para ilustrar duas propriedades dos campos magnéticos: a adição de campos devidos a fios diferentes e a força exercida por um fio sobre o outro.

Inicialmente considera-se a adição vetorial dos campos devidos a dois fios diferentes paralelos, conforme mostrado na Fig. 33-11. Os dois fios são perpendiculares ao plano da figura e eles conduzem correntes em sentidos opostos. Deseja-se determinar o campo magnético no ponto P devido aos dois fios. As linhas de campo magnético devidas ao fio 1 formam círculos concêntricos em torno deste fio, e a intensidade do campo a uma distância r_1 é dada pela Eq. 33-13, $B = \mu_0 i_1/2\pi r_1$. A direção de $\vec{B}_1$ é tangente ao arco circular que passa por P; de modo equivalente $\vec{B}_1$ é perpendicular a $\vec{r}_1$, o vetor radial que vai do fio até P.

De modo similar, o campo devido ao fio 2 é mostrado na figura como $\vec{B}_2$ e é tangente às linhas circulares de campo magnético e perpendicular a $\vec{r}_2$. Para se determinar o campo resultante em P, toma-se a soma vetorial dos dois campos devidos aos dois fios individuais: $\vec{B} = \vec{B}_1 + \vec{B}_2$. A intensidade, o sentido e a direção do campo total podem ser encontrados usando-se as regras usuais de adição vetorial.

A situação mostrada na Fig. 33-11 é similar ao método para calcular o campo elétrico total devido a duas cargas pontuais q_1 e q_2: obtém-se os campos individuais no ponto P devidos a cada carga, e então a soma vetorial fornece o campo total, $\vec{E} = \vec{E}_1 + \vec{E}_2$. Para observar este campo elétrico total em P, podemos medir a força sobre uma terceira partícula carregada colocada nesse ponto. De um modo similar, para observar o campo magnético total em P na Fig. 33-11, podemos medir a força sobre uma partícula carregada se movendo através do ponto ou sobre um terceiro fio conduzindo uma corrente através de P.

Problema Resolvido 33-3.

Na Fig. 33-12, seja $i_1 = 15$ A e $i_2 = 32$ A. Os dois fios estão separados por uma distância $a = 5{,}3$ cm. Determine o campo magnético total em um ponto a uma distância $a/2$ ao longo de uma linha perpendicular à linha conectando os dois fios.

Solução A Fig. 33-12 mostra a geometria e os campos $\vec{B}_1$ e $\vec{B}_2$. Com $d_1 = d_2 = a\sqrt{2}$, as intensidades dos campos são

$$B_1 = \frac{\mu_0 i_1}{2\pi d_1} = \frac{(4\pi \times 10^{-7}\,\text{T·m/A})(15\,\text{A})}{2\pi(0{,}053\,\text{m})/\sqrt{2}} = 80\,\mu\text{T},$$

$$B_2 = \frac{\mu_0 i_2}{2\pi d_2} = \frac{(4\pi \times 10^{-7}\,\text{T·m/A})(32\,\text{A})}{2\pi(0{,}053\,\text{m})/\sqrt{2}} = 171\,\mu\text{T}.$$

Na geometria especial da Fig. 33-12 os dois campos são perpendiculares, de modo que

$$B = \sqrt{B_1^2 + B_2^2} = 190\,\mu\text{T}.$$

O ângulo ϕ entre $\vec{B}$ e $\vec{B}_2$ é

$$\phi = \text{tg}^{-1}\frac{B_1}{B_2} = 25°,$$

de modo que o ângulo entre $\vec{B}$ e a horizontal é $25° + 45° = 70°$.

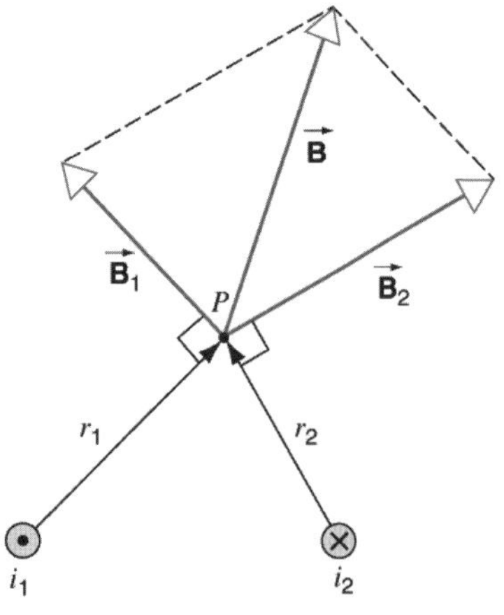

Fig. 33-11. Dois fios conduzindo correntes perpendiculares à página; i_1 está saindo da página (representada por ⊙, sugerindo a ponta de uma flecha) e i_2 está entrando na página (representada por ⊗, sugerindo a cauda de penas de uma flecha). O campo total no ponto P é a soma vetorial de $\vec{B}_1$ e $\vec{B}_2$.

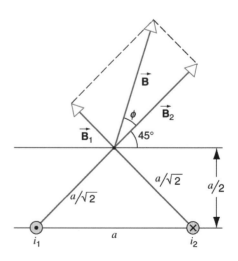

Fig. 33-12. Problema Resolvido 33-3. A corrente i_1 está saindo da página e i_2 está entrando na página.

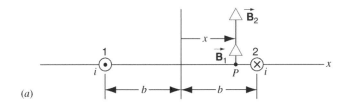

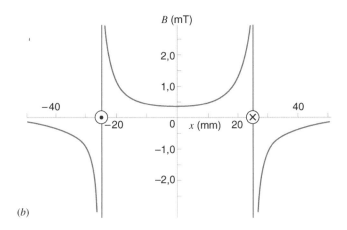

(b)

Fig. 33-13. Problema Resolvido 33-4. (a) O campo magnético no ponto P devido às correntes nos fios 1 e 2. (b) O campo resultante em P, calculado para i = 25 A e b = 25 mm.

PROBLEMA RESOLVIDO 33-4.

Dois fios longos e paralelos separados de 2d conduzem correntes iguais i em sentidos opostos, conforme mostrado na Fig. 33-13a. Derive uma expressão para o campo magnético B no ponto P sobre a linha conectando os fios e a uma distância x do ponto médio entre eles.

Solução O estudo da Fig. 33-13a mostra que $\vec{B}_1$ devido à corrente i_1 e $\vec{B}_2$ devido à corrente i_2 apontam na mesma direção e sentido em P. Os dois são dados pela Eq. 33-13 ($B = \mu_0 i/2\pi d$), de modo que

$$B = B_1 + B_2 = \frac{\mu_0 i}{2\pi(b+x)} + \frac{\mu_0 i}{2\pi(b-x)} = \frac{\mu_0 i b}{\pi(b^2 - x^2)}.$$

A inspeção deste resultado mostra que (1) B é simétrico em relação a x = 0, (2) B tem um valor mínimo ($=\mu_0 i/\pi b$) em x = 0 e (3) $B \to \infty$ quando $x \to \pm b$. Esta última conclusão não é correta, porque a Eq. 33-13 não pode ser aplicada a pontos no interior dos fios. Na realidade o campo devido a cada fio desapareceria no centro de cada fio.

Você deve mostrar que o resultado para o campo combinado permanece válido em pontos onde $|x| > b$. A Fig. 33-13b mostra a variação de B com x para i = 25 A e b = 25 mm.

PROBLEMA RESOLVIDO 33-5.

A Fig. 33-14 mostra uma lâmina plana de cobre de largura a e espessura desprezível conduzindo uma corrente i. Determine o campo magnético $\vec{B}$ no ponto P, a uma distância R do centro da lâmina ao longo do seu bissetor perpendicular.

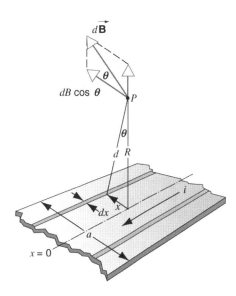

Fig. 33-14. Problema Resolvido 33-5. Uma lâmina plana de largura a conduz uma corrente i.

Solução Suponha que a lâmina seja dividida em tiras de largura dx, sendo que cada uma pode ser tratada como um fio conduzindo um elemento de corrente di dados por i(dx/a). Para o elemento de corrente na metade esquerda da lâmina na Fig. 33-14, a intensidade dB do campo em P é dada pela forma diferencial da Eq. 33-13, ou

$$dB = \frac{\mu_0}{2\pi} \frac{di}{d} = \frac{\mu_0}{2\pi} \frac{i(dx/a)}{R \sec \theta},$$

na qual $d = R/\cos \theta = R \sec \theta$. Note que o vetor $d\vec{B}$ é perpendicular à linha marcada como d.

Somente a componente horizontal de $d\vec{B}$ — a saber, $dB \cos \theta$ — é efetiva; a componente vertical é cancelada pela contribuição de um elemento de corrente posicionado simetricamente no outro lado da lâmina (a segunda área sombreada na Fig. 33-14). Assim B no ponto P é dado pela integral (escalar)

$$B = \int dB \cos \theta = \int \frac{\mu_0 i (dx/a)}{2\pi R \sec \theta} \cos \theta$$

$$= \frac{\mu_0 i}{2\pi a R} \int \frac{dx}{\sec^2 \theta}.$$

As variáveis x e θ não são independentes, estando relacionadas por

$$x = R \, \text{tg} \, \theta$$

ou

$$dx = R \sec^2 \theta \, d\theta.$$

Os limites sobre θ são $\pm \alpha$, onde $\alpha = \text{tg}^{-1}(a/2R)$. Substituindo-se para dx na expressão para B, obtém-se

$$B = \frac{\mu_0 i}{2\pi a R} \int \frac{R \sec^2 \theta \, d\theta}{\sec^2 \theta}$$

$$= \frac{\mu_0 i}{2\pi a} \int_{-\alpha}^{+\alpha} d\theta = \frac{\mu_0 i}{\pi a} \alpha = \frac{\mu_0 i}{\pi a} \text{tg}^{-1} \frac{a}{2R}. \quad (33\text{-}24)$$

Este é o resultado geral para o campo magnético devido à lâmina.

Nos pontos longe da lâmina, α é um ângulo pequeno para o qual $\alpha \approx \text{tg } \alpha = a/2R$. Assim, como um resultado aproximado, tem-se

$$B \approx \frac{\mu_0 i}{\pi a}\left(\frac{a}{2R}\right) = \frac{\mu_0}{2\pi}\frac{i}{R}$$

Este resultado é esperado porque em pontos distantes, a lâmina não pode ser distinguida de um fio fino (ver Eq. 33-13).

A Interação entre Correntes Paralelas

Agora considera-se um cálculo diferente envolvendo dois fios retos longos conduzindo correntes paralelas (ou antiparalelas). Como resultado do campo magnético devido a um fio na região do outro, uma força magnética é exercida sobre o segundo fio. De modo similar, o segundo fio estabelece um campo magnético na região do primeiro fio que exerce uma força sobre aquele fio.

Na Fig. 33-15, o fio 1 que conduz uma corrente i_1 produz um campo magnético $\vec{B}_1$ cuja intensidade na região do segundo fio, de acordo com a Eq. 33-13, é

$$B_1 = \frac{\mu_0 i_1}{2\pi d}.$$

A regra da mão direita mostra que o sentido de $\vec{B}_1$ no fio 2 está para baixo, conforme mostrado na figura.

O fio 2, o qual conduz uma corrente i_2, pode então ser considerado como estando imerso em um campo magnético *externo* $\vec{B}_1$. Um comprimento L deste fio experimenta uma força magnética lateral $\vec{F}_{21} = i_2 \vec{L} \times \vec{B}_1$ de intensidade

$$F_{21} = i_2 L B_1 = \frac{\mu_0 L i_1 i_2}{2\pi d}. \quad (33\text{-}25)$$

A lei vetorial para o produto vetorial mostra que $\vec{F}_{21}$ está no plano dos fios e aponta na direção do fio 1 na Fig. 33-15.

Podia-se igualmente ter-se começado com o fio 2, calculando-se primeiro o campo magnético $\vec{B}_2$ produzido pelo fio 2 na região do fio 1 e então determinando-se a força $\vec{F}_{12}$ exercida sobre um comprimento L do fio 1 pelo campo do fio 2. Para correntes paralelas, esta força sobre o fio 1 iria apontar em direção ao fio 2 na Fig. 33-15. As forças que os dois fios exercem um sobre o outro são iguais em intensidade e opostas em sentido; elas formam um par ação-reação de acordo com a terceira lei de Newton.

Se as correntes na Fig. 33-15 fossem antiparalelas, observar-se-ia que as forças sobre os fios teriam sentidos opostos: os fios iriam se repelir um ao outro. A regra geral é:

Correntes paralelas atraem-se, correntes antiparalelas repelem-se.

Esta regra é em um sentido oposta à regra para cargas elétricas, em que correntes iguais (paralelas) atraem-se, mas cargas iguais (mesmo sinal) repelem-se.

A força entre fios longos paralelos é utilizada para definir o ampère. Dados dois fios longos paralelos de seção transversal circular desprezível e separados no vácuo de uma distância de 1 metro, define-se o ampère como sendo a corrente em cada fio que produzirá uma força de 2×10^{-7} newtons por metro de comprimento.

Problema Resolvido 33-6.

Um longo fio horizontal rigidamente suportado conduz uma corrente i_a de 96 A. Um fio que está diretamente acima e paralelo a ele conduz uma corrente i_b de 23 A e pesa 0,073 N/m. A que distância acima do fio inferior este segundo fio deve ser estendido se deseja-se suportá-lo por repulsão magnética?

Solução Para fornecer uma repulsão, as duas correntes devem apontar em sentidos diferentes. Do equilíbrio, é necessário que a força magnética por unidade de comprimento seja igual ao peso por unidade de comprimento e deve ter sentido oposto. Resolvendo-se a Eq. 33-25 para d resulta

$$d = \frac{\mu_0 i_a i_b}{2\pi (F/L)} = \frac{(4\pi \times 10^{-7}\text{ T}\cdot\text{m/A})(96\text{ A})(23\text{ A})}{2\pi (0,073\text{ N/m})}$$

$$= 6,0 \times 10^{-3}\text{ m} = 6,0\text{ mm}.$$

Supõe-se que o diâmetro do fio suspenso seja muito menor do que a separação entre os dois fios. Esta hipótese é necessária porque, ao se derivar a Eq. 33-25, supôs-se que o campo magnético produzido por um dos fios é uniforme para todos os pontos no interior do segundo fio.

O equilíbrio do fio suspenso é estável ou instável em relação aos deslocamentos verticais? Isto pode ser testado deslocando-se o fio na vertical e examinando–se como as forças sobre o fio variam. O equilíbrio é estável ou instável em relação aos deslocamentos horizontais?

Suponha que o fio seja suspenso *abaixo* do fio suportado rigidamente. Como ele pode ser colocado "flutuando"? O equilíbrio é estável em relação aos deslocamentos verticais? E em relação aos deslocamentos horizontais?

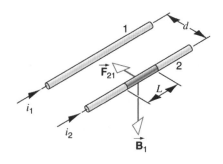

Fig. 33-15. Dois fios paralelos conduzindo correntes no mesmo sentido atraem-se um ao outro. O campo $\vec{B}_1$ no fio 2 é devido à corrente no fio 1.

33-4 O CAMPO MAGNÉTICO DE UM SOLENÓIDE

O Problema Resolvido 33-5 sugere uma forma de se obter um campo magnético uniforme (isto é, um campo magnético que não varie em intensidade, direção e sentido). Uma lâmina plana de condutor, conduzindo uma corrente uniformemente distribuída i, estabelece um campo magnético dado pela Eq. 33-24. Em pontos muito próximos à lâmina ($R \to 0$ e $\operatorname{tg}^{-1} a/2R \to \pi/2$), a Eq. 33-24 torna-se $B = \mu_0 i/2a$, que é independente da distância R à lâmina. Isto faz lembrar o campo elétrico perto de uma placa plana conduzindo uma densidade de carga uniforme, a qual igualmente não varia em intensidade, direção ou sentido. Em analogia com o capacitor de placas paralelas para campos elétricos, pode-se criar um dispositivo com duas placas planas conduzindo correntes iguais em sentidos opostos, onde os campos iriam somar-se na região entre as placas e cancelar fora das placas.

Uma forma mais prática de obter-se um campo magnético aproximadamente uniforme é utilizando um *solenóide*. Conforme indicado na Fig. 33-16a, um solenóide é um enrolamento helicoidal sobre um núcleo cilíndrico. Os fios conduzem uma corrente i e estão firmemente enrolados juntos, de modo que existem n espiras por unidade de comprimento ao longo do solenóide.

Nesta seção calcula-se o campo ao longo do eixo central do solenóide utilizando-se o resultado já obtido para o campo magnético de uma espira circular de fio. É difícil calcular o campo fora do eixo usando-se a lei de Biot–Savart, mas na próxima seção discute-se uma forma diferente e muito mais fácil de calcular o campo fora do eixo.

A Fig. 33-16b mostra a geometria para calcular o campo sobre o eixo. Toma-se o eixo de simetria do solenóide como sendo o eixo z, com a origem no centro do solenóide. Deseja-se determinar o campo no ponto P, que está a uma distância d da origem ao longo do eixo z. Supõe-se que as espiras são tão estreitas que cada uma pode ser aproximadamente considerada uma espira circular de fio, a qual supõe-se que seja paralela ao plano xy. O solenóide tem N voltas de fio em um comprimento L, de modo que o número de voltas por unidade de comprimento é $n = N/L$.

Considere um anel fino de espessura dz. O número de voltas nesse anel é $n\, dz$ e assim a corrente total conduzida pelo anel é $ni\, dz$, uma vez que cada volta conduz uma corrente i. O campo em P devido a este anel é, usando a Eq. 33-19,

$$dB = \frac{\mu_0 (ni\, dz) R^2}{2[R^2 + (z-d)^2]^{3/2}}, \qquad (33\text{-}26)$$

onde $z - d$ é a posição do anel relativa ao ponto P. Para determinar-se o campo total devido a todos estes anéis, integra-se esta expressão de $z = -L/2$ a $z = +L/2$. Desenvolvendo a integral (usando a integral 18 do Apêndice I), obtém-se

$$B = \frac{\mu_0 n i R^2}{2} \int_{-L/2}^{+L/2} \frac{dz}{[R^2 + (z-d)^2]^{3/2}}$$
$$= \frac{\mu_0 ni}{2} \left(\frac{L/2 + d}{\sqrt{R^2 + (L/2 + d)^2}} + \frac{L/2 - d}{\sqrt{R^2 + (L/2 - d)^2}} \right). \qquad (33\text{-}27)$$

Esta expressão fornece o campo sobre o eixo do solenóide a uma distância d do seu centro. Ela é válida para pontos interiores como também exteriores ao solenóide. A direção e o sentido do campo são determinados da forma usual utilizando-se a regra da mão direita, de modo que se a corrente está circulando no sentido anti-horário quando vista de cima, o campo está no sentido positivo de z.

Em um solenóide ideal, o comprimento L é muito maior do que o raio R. Neste caso a Eq. 33-27 torna-se

$$B = \mu_0 ni \qquad \text{(solenóide ideal)}. \qquad (33\text{-}28)$$

Conforme será visto na próxima seção, a Eq. 33-28 fornece o campo de um solenóide ideal em todos os pontos interiores, fora do eixo como também sobre o eixo, e o campo é nulo em todos os pontos fora do interior do solenóide.

O campo calculado da Eq. 33-27 é representado na Fig. 33-17 em função da posição ao longo do eixo, para um solenóide ideal e para dois solenóides não-ideais. Note que, à medida que o solenóide torna-se mais comprido e estreito, aproximando-se assim do comportamento ideal, o campo ao longo do eixo aproxima-se cada vez mais de uma distribuição constante e cai mais rapidamente a zero além das extremidades do solenóide.

Podemos começar a entender o campo no interior de um solenóide considerando o solenóide "esticado" ilustrado na Fig. 33-18. Muito próximo a cada fio, o comportamento magnético é aproximadamente aquele de um longo fio reto com as linhas de campo formando círculos concêntricos em torno do fio. Este campo tende a se cancelar nos pontos entre fios adjacentes. A figura sugere que os campos das espiras individuais de fio se combinam para formarem linhas que são apro-

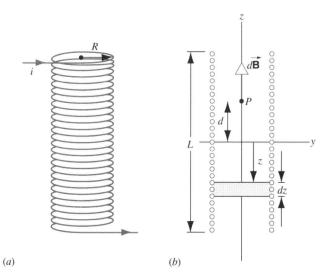

Fig. 33-16. (a) Um solenóide. (b) Um fino anel de largura dz fornece um campo $\vec{dB}$ no ponto P sobre o eixo z.

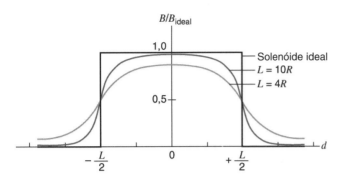

Fig. 33-17. Os campos magnéticos de um solenóide ideal e dois solenóides não-ideais como função da distância d ao centro.

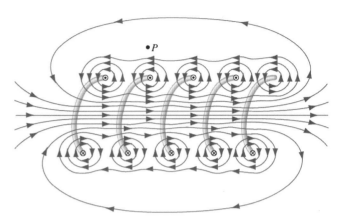

Fig. 33-18. Uma seção de um solenóide que foi esticada para esta ilustração. As linhas de campo magnético são mostradas.

ximadamente paralelas ao eixo do solenóide no seu interior. No caso limite de um solenóide ideal, o campo se torna uniforme e paralelo ao eixo.

Nos pontos exteriores, como o ponto P na Fig. 33-18, o campo devido à parte superior das espiras do solenóide (marcadas com ⊙, porque a corrente está saindo da página) aponta para a esquerda e tende a cancelar o campo devido à parte inferior das espiras do solenóide (marcadas com ⊗, porque a corrente está entrando na página), o qual aponta para a direita próximo a P. No caso limite de um solenóide ideal, o campo fora do solenóide é nulo. Supor que o campo externo é nulo é uma boa aproximação para um solenóide real se o seu comprimento for muito maior do que o seu raio e se forem considerados somente pontos externos como P. A Fig. 33-19 mostra as linhas de campo magnético para um solenóide não-ideal. Pode-se ver do espaçamento das linhas de campo que o campo exterior ao solenóide é muito mais fraco do que o campo no interior, o qual é aproximadamente uniforme ao longo da seção transversal do solenóide.

O solenóide é para os campos magnéticos o que o capacitor de placas paralelas é para os campos elétricos: um dispositivo relativamente simples capaz de produzir um campo que é aproximadamente uniforme. Em um capacitor de placas paralelas, o campo elétrico é aproximadamente uniforme se a separação das placas for pequena quando comparada com as dimensões das placas, e se não estiver muito perto da borda do capacitor. Em um solenóide, o campo magnético é aproximadamente uniforme se o raio for pequeno quando comparado ao comprimento e se não estiver muito próximo das extremidades. Conforme mostrado na Fig. 33-17, mesmo para um comprimento que é somente 10 vezes o raio, a intensidade do campo está dentro de uns poucos por cento do campo de um solenóide ideal ao longo da metade central do dispositivo.

Problema Resolvido 33-7.

Um solenóide tem um comprimento $L = 1,23$ m e um diâmetro interno $d = 3,55$ cm. Ele tem cinco camadas de enrolamentos de 850 voltas cada e conduz uma corrente $i = 5,57$ A. Qual é o valor de B no seu centro?

Solução Com $L/R = 69$, pode-se ter a segurança de considerá-lo como sendo aproximadamente um solenóide ideal. Da Eq. 33-28 tem-se

$$B = \mu_0 n i = (4\pi \times 10^{-7}\,\text{T}\cdot\text{m/A})\left(\frac{5 \times 850\,\text{voltas}}{1,23\,\text{m}}\right)(5,57\,\text{A})$$

$$= 2,42 \times 10^{-2}\,\text{T} = 24,2\,\text{mT}.$$

Note que a Eq. 33-28 pode ser aplicada mesmo que o solenóide tenha mais do que uma camada de enrolamentos porque o diâmetro dos enrolamentos não entra na equação.

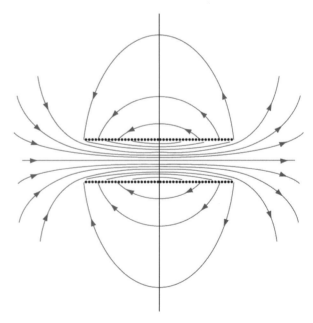

Fig. 33-19. Linhas de campo magnético para um solenóide de comprimento finito. Note que o campo é mais forte (indicado pela maior densidade de linhas de campo) no interior do solenóide do que no seu exterior.

33-5 LEI DE AMPÈRE

A lei de Coulomb pode ser considerada uma lei fundamental da eletrostática; ela pode ser utilizada para calcular o campo elétrico associado com qualquer distribuição de cargas elétricas. No entanto, no Cap. 27 mostrou-se que a lei de Gauss permite resolver uma determinada classe de problemas, aqueles que contêm um alto grau de simetria, com facilidade e elegância. Além disso, mostrou-se que a lei de Gauss contém, em si, a lei de Coulomb para o campo elétrico de uma carga pontual. Considera-se a lei de Gauss como sendo mais básica do que a lei de Coulomb, e a lei de Gauss é uma das quatro equações fundamentais (de Maxwell) do eletromagnetismo.

A situação no magnetismo é similar. Utilizando a lei de Biot–Savart, podemos calcular o campo magnético de qualquer distribuição de corrente, assim como usou-se a Eq. 26-6 ou as Eqs. 26-13 e 26-14 (que são equivalentes à lei de Coulomb) para calcular o campo elétrico de qualquer distribuição de cargas. Uma abordagem mais fundamental para os campos magnéticos utiliza uma lei que (assim como a lei de Gauss para os campos elétricos) usa a vantagem da simetria presente em determinados problemas para simplificar o cálculo de $\vec{B}$. Esta lei é considerada mais fundamental do que a lei de Biot–Savart e leva a uma das quatro equações de Maxwell.

Este novo resultado é conhecido como *lei de Ampère* e é escrito como

$$\oint \vec{B} \cdot d\vec{s} = \mu_0 i. \qquad (33\text{-}29)$$

É importante recordar que, para se usar a lei de Gauss, primeiro se constrói uma superfície imaginária fechada (uma superfície Gaussiana) que envolve uma determinada quantidade de carga. Ao utilizar a lei de Ampère, construímos uma curva fechada (chamada *espira amperiana*), conforme indicado na Fig. 33-20. O lado esquerdo da Eq. 33-29 sugere a divisão da curva em pequenos segmentos de comprimento $d\vec{s}$. À medida que percorremos a espira (o sentido do percurso determina o sentido de $d\vec{s}$), calculamos a grandeza $\vec{B} \cdot d\vec{s}$ e adicionamos (integramos) todas estas grandezas em volta da espira.

A integral na esquerda da Eq. 33-29 é chamada *integral de linha*. (Anteriormente foram utilizadas integrais de linha no Cap. 11 para calcular o trabalho e no Cap. 28 para calcular a diferença de potencial.) O círculo superposto ao sinal de integral indica que a integral de linha deve ser calculada em torno de um caminho *fechado*. Representando o ângulo entre $d\vec{s}$ e $\vec{B}$ por θ, pode-se escrever a integral de linha como

$$\oint \vec{B} \cdot d\vec{s} = \oint B\, ds \cos\theta. \qquad (33\text{-}30)$$

A corrente i na Eq. 33-29 é a corrente total "envolvida" pela espira; isto é, é a corrente total conduzida por fios que atravessam qualquer superfície limitada pela espira. Em analogia com cargas no caso da lei de Gauss, as correntes fora da espira não são incluídas. A Fig. 33-20a mostra quatro fios conduzindo corrente. O campo magnético $\vec{B}$ em qualquer ponto é o efeito resultante das correntes em todos os fios. No entanto, na determinação do lado direito da Eq. 33-29, somente se incluem as correntes i_1 e i_2, porque os fios conduzindo i_3 e i_4 não passam através da superfície envolvida pela espira. Os dois fios que passam através da espira conduzem correntes em sentidos opostos. A regra da mão direita é usada para atribuir sinais às correntes: com os dedos da mão direita acompanhando o sentido no qual a espira é percorrida, as correntes com o sentido do polegar (assim como i_1) são consideradas positivas, enquanto as correntes no sentido oposto (assim como i_2) são consideradas negativas. A corrente resultante i no caso da Fig. 33-20a é então $i = i_1 - i_2$.

O campo magnético $\vec{B}$ em pontos sobre a espira e dentro da espira certamente depende das correntes i_3 e i_4; no entanto, a integral de $\vec{B} \cdot d\vec{s}$ em torno da espira *não* depende de correntes tais como i_3 e i_4 que não penetram a superfície cercada pela espira. Isto é razoável, porque $\vec{B} \cdot d\vec{s}$ para o campo estabelecido por i_1 e i_2 sempre tem o mesmo sinal enquanto se percorre a espira; no entanto $\vec{B} \cdot d\vec{s}$ para o campo devido a i_3 e i_4 muda de sinal enquanto se percorre a espira, e de fato as contribuições positivas e negativas cancelam-se exatamente uma à outra.

A mudança na forma da superfície sem mudar a espira não altera estas conclusões. Na Fig. 33-20b a superfície foi "esticada" para cima de modo que agora o fio conduzindo a corrente i_4 penetra a superfície. No entanto, observe que ele faz isso duas vezes, uma vez movendo-se para baixo (o que corresponderá a uma contribuição $-i_4$ para a corrente total através da superfície, de acordo com a regra da mão direita) e uma vez movendo-se para cima (o que irá contribuir com $+i_4$ para o total). Assim, a corrente total através da superfície não varia; isto é o esperado, porque esticando a superfície não faz $\vec{B}$ mudar em posições ao longo da espira fixa e, portanto, a integral de linha no lado esquerdo da lei de Ampère não muda.

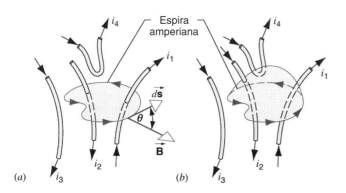

Fig. 33-20. (a) Ao aplicar a lei de Ampère, integra-se em torno de uma malha fechada. A integral é determinada pela corrente resultante que passa através da superfície envolvida pela malha. (b) A superfície envolvida pela malha foi esticada para cima.

Note que incluindo-se a constante arbitrária de 4π na lei de Biot–Savart reduz-se a constante que aparece na lei de Ampère a simplesmente μ_0. (Uma simplificação similar da lei de Gauss foi obtida incluindo-se a constante 4π na lei de Coulomb.)

Para a situação mostrada na Fig. 33-20, a lei de Ampère fornece

$$\oint B \, ds \cos \theta = \mu_0 (i_1 - i_2). \qquad (33\text{-}31)$$

A Eq. 33-31 é válida para um campo magnético $\vec{B}$ enquanto ele varia tanto em intensidade como em sentido e direção em torno do caminho da espira amperiana. Não é possível resolver esta equação para B a menos que seja possível encontrar uma forma de remover B da integral. Para fazer isto, utilizam-se simetrias na geometria para escolher uma espira amperiana para a qual B seja constante. Um procedimento similar foi utilizado para o cálculo de campos elétricos usando a lei de Gauss.

As aplicações a seguir ilustram como utilizar a lei de Ampère para calcular o campo magnético nos casos de elevado grau de simetria.

Aplicações da Lei de Ampère

Um Fio Reto Longo (pontos externos). Pode-se utilizar a lei de Ampère para determinar-se o campo magnético a uma distância d de um fio reto longo, um problema que já foi resolvido usando-se a lei de Biot–Savart.

Conforme ilustrado na Fig. 33-21, escolhe-se como espira amperiana um círculo de raio d centrado no fio e com o seu plano perpendicular ao fio. Da simetria do problema, $\vec{B}$ somente pode depender de d (e não, por exemplo, da coordenada angular em volta do círculo). Escolhendo-se um caminho que esteja sempre à mesma distância do fio, sabe-se que B é constante ao longo do caminho.

Sabe-se dos experimentos de Oersted que $\vec{B}$ somente tem uma componente tangencial. Assim o ângulo θ é nulo, e a integral de linha torna-se

$$\oint B \, ds \cos \theta = B \oint ds = B(2\pi d). \qquad (33\text{-}32)$$

Note que a integral de ds em torno do caminho é simplesmente o comprimento do caminho, ou $2\pi d$ no caso de um círculo. O lado direito da lei de Ampère é simplesmente $\mu_0 i$ (tomado como positivo, de acordo com a regra da mão direita). A lei de Ampère fornece

$$B(2\pi d) = \mu_0 i$$

ou

$$B = \frac{\mu_0 i}{2\pi d}.$$

Isto é idêntico à Eq. 33-13, um resultado obtido (com um esforço consideravelmente maior) utilizando-se a lei de Biot–Savart.

Um Fio Reto Longo (pontos internos). Também pode-se usar a lei de Ampère para determinar-se o campo magnético *dentro* de um fio. Supõe-se um fio cilíndrico de raio R no qual uma corrente total i é distribuída uniforme ao longo da sua seção transversal. Deseja-se determinar o campo magnético a uma distância $r < R$ do centro do fio.

A Fig. 33-22 mostra uma espira amperiana de raio r no interior do fio. A simetria sugere que $\vec{B}$ é constante em intensidade em todos os pontos da espira e tangente à espira, de modo que o lado esquerdo da lei de Ampère fornece $B(2\pi r)$, exatamente como na Eq. 33-32. O lado direito da lei de Ampère somente envolve a corrente dentro do raio r. Se a corrente é distribuída uniformemente ao longo do fio, a fração da corrente dentro do raio r é a mesma que a fração da área dentro do raio r, ou $\pi r^2 / \pi R^2$. Então, a lei de Ampère fornece

$$B(2\pi r) = \mu_0 i \frac{\pi r^2}{\pi R^2}, \qquad (33\text{-}33)$$

onde, mais uma vez, o lado direito somente inclui a fração da corrente que passa através da superfície envolvida pelo caminho de integração (a espira amperiana)

Resolvendo-se para B, obtém-se

$$B = \frac{\mu_0 i r}{2\pi R^2}. \qquad (33\text{-}34)$$

Na superfície do fio ($r = R$), a Eq. 33-34 reduz-se à Eq. 33-13 (com $d = R$). Isto é, ambas as expressões fornecem o mesmo

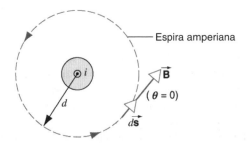

Fig. 33-21. Uma espira amperiana é utilizada para determinar o campo magnético estabelecido por uma corrente em um fio reto longo. O fio é perpendicular à página, e o sentido da corrente está para fora da página.

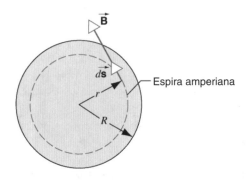

Fig. 33-22. Um fio reto longo conduz uma corrente que está saindo da página e é uniformemente distribuída ao longo da seção transversal circular do fio. Uma espira amperiana é desenhada dentro do fio.

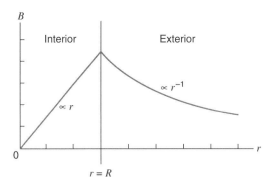

Fig. 33-23. O campo magnético calculado para o fio mostrado na Fig. 33-22. Note que o maior campo ocorre na superfície do fio.

resultado para o campo na superfície do fio. A Fig. 33-23 mostra como o fio depende de *r* tanto em pontos dentro como fora do fio.

A Eq. 33-34 somente é válida para o caso no qual a corrente é uniformemente distribuída ao longo do fio. Se a densidade de corrente depende de *r*, um resultado diferente é obtido (ver Problema 13). Entretanto, a Eq. 33-13 para o campo fora do fio permanece válida independentemente se a densidade de corrente é constante ou é uma função de *r*.

Um Solenóide. Considere um solenóide ideal conforme mostrado na Fig. 33-24 para o qual se escolhe uma espira amperiana com a forma do retângulo *abcda*. Nesta análise supõe-se que o campo magnético seja paralelo ao eixo deste solenóide ideal e constante em intensidade ao longo da linha *ab*. Conforme será provado, o campo também é uniforme no interior (independentemente da distância de *ab* ao eixo central), como sugerido pelo espaçamento igual das linhas de campo na Fig. 33-24.

O lado esquerdo da lei de Ampère pode ser escrito como a soma de quatro integrais, uma para cada segmento do caminho:

$$\oint \vec{B} \cdot d\vec{s} = \int_a^b \vec{B} \cdot d\vec{s} + \int_b^c \vec{B} \cdot d\vec{s} + \int_c^d \vec{B} \cdot d\vec{s} + \int_d^a \vec{B} \cdot d\vec{s}.$$

(33-35)

A primeira integral no lado direito é *Bh*, onde *B* é a intensidade de $\vec{B}$ dentro do solenóide e *h* é o comprimento arbitrário do caminho entre *a* e *b*. Note que o caminho *ab*, embora paralelo ao eixo do solenóide, não precisa coincidir com ele. A segunda e quarta integrais na Eq. 33-35 são nulas porque para qualquer elemento destes caminhos, $\vec{B}$ ou é perpendicular ao caminho (para pontos dentro do solenóide) ou nulo (para pontos exteriores). Em cada caso, $\vec{B} \cdot d\vec{s}$ é nulo e as integrais anulam-se. A terceira integral, a qual inclui a parte do retângulo que está fora do solenóide, é nula porque tomou-se $\vec{B}$ como sendo nulo para todos os pontos externos para um solenóide ideal.

Para todo o caminho retangular, $\oint \vec{B} \cdot d\vec{s}$ tem o valor de *Bh*. A corrente total *i* que passa através da espira amperiana não é a mesma corrente no solenóide porque a bobina passa através da espira mais de uma vez. Seja *n* o número de voltas por unidade de comprimento; então *nh* é o número de voltas dentro da espira, e a corrente total passando através da espira amperiana da Fig. 33-24 é *nhi*. Assim a lei de Ampère torna-se

$$Bh = \mu_0 nhi$$

ou

$$B = \mu_0 ni.$$

Este resultado está de acordo com a Eq. 33-28, a qual refere-se somente a pontos sobre o eixo central do solenóide. Porque a linha *ab* na Fig. 33-24 pode estar posicionada a qualquer distância do eixo, pode-se agora concluir que o campo magnético dentro de um solenóide ideal é uniforme ao longo da sua seção transversal.

Um Toróide. A Fig. 33-25 mostra um toróide, o qual pode ser considerado um solenóide dobrado na forma de uma rosca. Pode-se usar a lei de Ampère para determinar o campo magnético em pontos interiores.

Da simetria, as linhas de $\vec{B}$ formam círculos concêntricos dentro do toróide, conforme mostrado na figura. Considere a escolha de um círculo concêntrico de raio *r* como uma espira amperiana a ser percorrida no sentido horário. A lei de Ampère fornece

$$B(2\pi r) = \mu_0 iN,$$

onde *i* é a corrente na bobina do toróide e *N* é o número total de voltas. Isto fornece

$$B = \frac{\mu_0 iN}{2\pi r}.$$ (33-36)

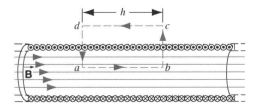

Fig. 33-24. Uma espira amperiana (o retângulo *abcd*) é utilizada para calcular o campo magnético deste solenóide longo idealizado.

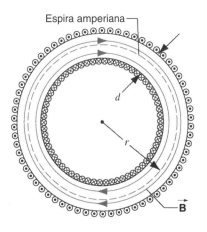

Fig. 33-25. Um toróide. O campo interior pode ser determinado utilizando-se a espira amperiana circular mostrada.

Em contraste ao solenóide, B não é constante ao longo da seção transversal de um toróide. Você deve ser capaz de mostrar, da lei de Ampère, que $B = 0$ para pontos no exterior de um toróide ideal e na cavidade central.

Uma inspeção cuidadosa da Eq. 33-36 justifica a afirmação anterior de que um toróide é "um solenóide dobrado na forma de uma rosca". O denominador na Eq. 33-36, $2\pi r$, é a circunferência central de um toróide, e $N/2\pi r$ é somente n, o número de voltas por unidade de comprimento. Com esta substituição, a Eq. 33-36 reduz-se a $B = \mu_0 in$, a equação para o campo magnético na região central de um solenóide.

O sentido do campo magnético no interior de um toróide (ou um solenóide) vem da regra da mão direita: curvam-se os dedos da mão direita no sentido da corrente; o dedo polegar aponta no sentido do campo magnético.

Os toróides formam o aspecto central do *tokamak*, um dispositivo que se mostra promissor como base de um reator de fusão. O seu modo de operação será discutido no Cap. 51.

O Campo Fora de um Solenóide (Opcional). Até agora desprezou-se o campo fora do solenóide, mas mesmo para um solenóide ideal o campo em pontos fora da bobina não é nulo. A Fig. 33-26 mostra um caminho amperiano na forma de um círculo de raio r. Uma vez que as espiras da bobina do solenóide são helicoidais, uma volta da bobina atravessa a superfície envolvida pelo círculo. O produto $\vec{B} \cdot d\vec{s}$ para este caminho depende da componente tangencial do campo B_t, e assim a lei de Ampère fornece

$$B_t(2\pi r) = \mu_0 i$$

ou

$$B_t = \frac{\mu_0 i}{2\pi r}, \qquad (33\text{-}37)$$

que é o mesmo campo (em intensidade, direção e sentido) que seria estabelecido por um fio reto. Observe que as espiras, além de conduzirem corrente em torno da superfície do solenóide,

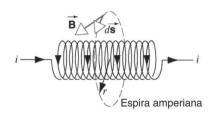

Fig. 33-26. Uma espira amperiana circular de raio r é usada para determinar o campo tangencial externo ao solenóide.

também conduzem corrente da esquerda para a direita na Fig. 33-26, e neste aspecto o solenóide comporta-se como um fio reto em pontos fora das espiras.

O campo tangencial é muito menor do que o campo interior (Eq. 33-28), assim como se pode ver tomando-se a razão

$$\frac{B_t}{B} = \frac{\mu_0 i/2\pi r}{\mu_0 ni} = \frac{1}{2\pi rn}. \qquad (33\text{-}38)$$

Suponha que o solenóide consista em uma camada de voltas nas quais os fios tocam-se entre si, como na Fig. 33-24. Cada intervalo ao longo do solenóide de comprimento igual ao diâmetro D do fio contém uma volta, e assim o número de voltas por unidade de comprimento n deve ser $1/D$. Assim a razão torna-se

$$\frac{B_t}{B} = \frac{D}{2\pi r}. \qquad (33\text{-}39)$$

Para um fio típico, $D = 0{,}1$ mm. A distância r aos pontos exteriores precisa ser pelo menos igual ao raio do solenóide, o qual pode ter alguns centímetros. Assim $B_t/B \leq 0{,}001$, e dessa forma o campo tangencial exterior é desprezível quando comparado com o campo interior ao longo do eixo. É, portanto, seguro desprezar o campo externo.

Você deverá ser capaz de mostrar que a componente tangencial do campo interior é nula, desenhando um círculo amperiano similar ao da Fig. 33-26 mas com um raio menor do que o do solenóide. ∎

33-6 ELETROMAGNETISMO E SISTEMAS DE REFERÊNCIA (OPCIONAL)

A Fig. 33-27a mostra uma partícula carregando uma carga positiva q em repouso próxima a um fio reto longo que conduz uma corrente i. Observa-se o conjunto de um sistema de referência S no qual o fio está em repouso. Dentro do fio estão elétrons negativos movendo-se com velocidade de deriva $\vec{v}_d$ e íons positivos em repouso. Em qualquer comprimento de fio, o número de elétrons é igual ao número de íons positivos, e a carga resultante é nula. Os elétrons podem ser considerados instantaneamente como uma linha de carga negativa, a qual estabelece um campo elétrico na posição de q de acordo com a Eq. 26-17:

$$E = \frac{\lambda_-}{2\pi\epsilon_0 r},$$

onde λ_- é a densidade linear de carga dos elétrons (um número negativo). Os íons positivos também estabelecem um campo elétrico dado por uma expressão similar, dependente da densidade linear de carga λ_+ dos íons positivos. Uma vez que as densidades de carga são de intensidade igual e sinal oposto, $\lambda_+ + \lambda_- = 0$ e o campo elétrico que age sobre a partícula é nulo.

Existe um campo magnético não-nulo na posição da partícula, mas uma vez que a partícula está em repouso, não existe nenhuma força magnética. Portanto, nenhuma força resultante de origem eletromagnética age sobre a partícula neste sistema de referência.

Agora considera-se a situação sob a perspectiva de um sistema de referência S' movendo-se paralelo ao fio com velocidade $\vec{v}_d$ (a velocidade de deriva dos elétrons). A Fig. 33-27b mostra a situ-

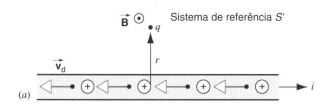

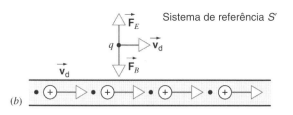

Fig. 33-27. (a) Uma partícula de carga q está em repouso em equilíbrio próximo a um fio conduzindo uma corrente i. A situação é observada de um sistema de referência S em repouso em relação à partícula.
(b) A mesma situação é observada de um sistema de referência S' que está se movendo com a velocidade de deriva dos elétrons no fio. A partícula também está em equilíbrio neste sistema de referência sob a influência das duas forças $\vec{F}_E$ e $\vec{F}_B$.

ação neste sistema de referência, no qual os elétrons estão em repouso e os íons movem-se para a direita com velocidade $\vec{v}_d$. Claramente, neste caso a partícula, estando em movimento, experimenta uma força magnética $\vec{F}_B$ conforme mostrado na figura.

Observadores em diferentes sistemas de referência inerciais devem concordar que se não há aceleração da carga q no sistema de referência S, também não deve haver no sistema de referência S'. Portanto, a partícula não deve experimentar nenhuma força resultante em S', e assim deve existir uma outra força além de $\vec{F}_B$ que age sobre a partícula para que se tenha uma força resultante nula.

Esta força adicional que age no sistema de referência S' deve ser de origem elétrica. Considere na Fig. 33-27a um comprimento L de fio. Pode-se imaginar que o comprimento do fio consista em duas hastes de medição, uma haste carregada positivamente (os íons) em repouso e uma haste carregada negativamente (os elétrons) em movimento. As duas hastes têm o mesmo comprimento (em S) e contêm o mesmo número de cargas. Quando estas hastes são analisadas em S', observa-se que a de carga negativa tem um comprimento maior em S'. Em S, a haste em movimento tem o seu *comprimento contraído*, de acordo com o efeito relativístico de contração do comprimento que foi considerado na Seção 20-3. Em S' ela está em repouso e tem o seu *comprimento próprio*, o qual é maior do que o comprimento contraído em S. A densidade linear de carga negativa λ_- em S' é menor em intensidade do que a em S (isto é $|\lambda'_-| < |\lambda_-|$), porque a mesma quantidade de carga está distribuída ao longo de um maior comprimento em S'.

Para as cargas positivas a situação é oposta. Em S, as cargas positivas estão em repouso e a haste de carga positiva tem o seu comprimento próprio. Em S', ela está em movimento e tem um comprimento menor, contraído. A densidade linear λ'_+ de carga positiva em S' é maior do que em S ($\lambda'_+ > \lambda_+$), porque a mesma quantidade de carga está distribuída sobre um comprimento menor. Portanto, tem-se as seguintes expressões para as densidades de carga:

em S: $\quad \lambda_+ = |\lambda_-|$,
em S': $\quad \lambda'_+ > |\lambda'_-|$.

A carga q experimenta o campo elétrico devido a uma linha de carga positiva e uma linha de carga negativa. Em S' estes campos não se cancelam, porque as densidades linear de carga são diferentes. O campo elétrico em q para S' é portanto aquele devido a uma densidade linear de carga positiva resultante e q é repelida pelo fio. A força elétrica $\vec{F}_E$ sobre q opõe-se à força magnética $\vec{F}_B$, conforme mostrado na Fig. 33-27b. Um cálculo detalhado* mostra que a força elétrica resultante é exatamente igual à força magnética, e a força resultante em S' é nula. Assim a partícula não experimenta aceleração em ambos os sistemas de referência. Pode-se estender este resultado para situações diferentes deste caso especial aqui considerado, no qual S' move-se com velocidade $\vec{v}_d$ em relação a S. Em outro sistema de referência, a força elétrica e a força magnética têm valores diferentes dos seus valores em S'; entretanto, em todos os sistemas de referência elas são iguais em intensidade e opostas em sentido e a força resultante sobre a partícula é nula em *todos* os sistemas de referência.

Este é um resultado importante. De acordo com a relatividade especial, os campos elétrico e magnético não têm existências separadas. Um campo que é puramente elétrico ou puramente magnético em um sistema de referência tem componentes elétrica e magnética em outro sistema de referência. Utilizando-se as equações de transformação relativísticas é possível passar facilmente de um sistema de referência para outro, e freqüentemente pode-se resolver problemas difíceis escolhendo-se um sistema de referência nos quais os campos têm uma forma mais simples e então transformar o resultado de volta para o sistema de referência original. A relatividade especial pode ser de grande valor prático ao resolver tais problemas, porque as técnicas da relatividade especial podem tornar-se mais simples do que as técnicas clássicas.

Em linguagem matemática, diz-se que as leis do eletromagnetismo (equações de Maxwell) são invariantes em relação à transformação de Lorentz. Recordando a discussão na Seção 11-6 sobre leis físicas *invariantes*: escreve-se a lei em um sistema de referência, transforma-se para outro sistema de referência e obtém-se uma lei com exatamente a mesma forma matemática. Por exemplo, a lei de Gauss, uma das quatro equações de Maxwell, tem exatamente a mesma forma em todos os sistemas de referência.

As palavras de Einstein são diretas e vão ao ponto central da questão: "A força agindo sobre um corpo em movimento em

---

*Ver, por exemplo, R. Resnick, *Introduction to Special Relativity* (Wiley, 1968), Cap. 4.

um campo magnético não é nada mais do que um campo elétrico". (De fato, o trabalho original de Einstein de 1905, onde ele apresentou primeiro as idéias da relatividade especial, era intitulado "Sobre a Eletrodinâmica dos Corpos em Movimento".) Neste contexto, pode-se considerar o eletromagnetismo como um efeito relativístico, dependendo da velocidade da carga em relação ao observador. No entanto, ao contrário de outros efeitos relativísticos, ele tem conseqüências observáveis substanciais em velocidades consideravelmente menores do que a velocidade da luz. ∎

MÚLTIPLA ESCOLHA

33-1 O Campo Magnético Devido a uma Carga em Movimento

1. Duas cargas positivas q_1 e q_2 estão se movendo para a direita na Fig. 33-28.

   (a) Qual a direção e o sentido da força sobre a carga q_1 devido ao campo magnético produzido por q_2?

   (A) Entrando na página (B) Saindo da página
   (C) Para cima   (D) Para baixo

   (b) Qual a direção e o sentido da força sobre a carga q_2 devido ao campo magnético produzido por q_1?

   (A) Entrando na página (B) Saindo da página
   (C) Para cima   (D) Para baixo

Fig. 33-28. Questão de Múltipla Escolha 1.

33-2 O Campo Magnético de uma Corrente

2. Considere a intensidade do campo magnético $B(z)$ sobre o eixo de uma espira circular de corrente.

   (a) $B(z)$ será máximo onde

   (A) $z = 0$. (B) $0 < |z| < \infty$. (C) $|z| = \infty$.
   (D) (A) e (C) estão corretas.

   (b) $B(z)$ pode ser nulo onde

   (A) $z = 0$. (B) $0 < |z| < \infty$. (C) $|z| = \infty$.
   (D) (A) e (C) estão corretas.

3. O disco carregado negativamente na Fig. 33-29 é girado no sentido horário. Qual é a direção e o sentido do campo magnético do ponto A que está no plano do disco?

   (A) Entrando na página (B) Saindo da página
   (C) Para cima   (D) Para baixo

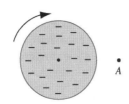

Fig. 33-29. Questão de Múltipla Escolha 3.

4. Uma espira de fio de comprimento L conduzindo uma corrente i pode ser enrolada uma vez como na Fig. 33-30a, ou duas como na Fig. 33-30b. A razão entre a intensidade do campo magnético B_1 no centro de uma única espira e a intensidade B_2 no centro da espira dupla é

   (A) 2. (B) 1. (C) 1/2. (D) 1/4.

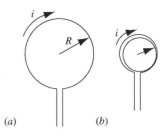

Fig. 33-30. Questão de Múltipla Escolha 4.

33-3 Duas Correntes Paralelas

5. Um fio reto longo conduz uma corrente em direção ao norte. Um segundo fio reto longo, 0,5 m acima do primeiro fio, conduz uma corrente idêntica em direção ao leste. Ambos os fios podem ser considerados como tendo comprimento infinito.

   (a) Qual o sentido e a direção da força resultante sobre o fio superior causados pela corrente no fio inferior?

   (A) Para cima (B) Para baixo (C) Norte
   (D) Sul   (E) A força resultante é nula.

   (b) Qual o sentido e a direção do torque sobre o fio superior causados pela corrente no fio inferior?

   (A) Para cima (B) Para baixo (C) Norte
   (D) Sul   (E) O torque é nulo.

6. Duas correntes paralelas estão direcionadas para fora da página. Compare a intensidade do campo magnético B_2 em um ponto qualquer arbitrário eqüidistante dos fios com a intensidade do campo magnético B_1 de um único fio.

   (A) $B_2 > B_1$ para todos os pontos eqüidistantes.
   (B) $B_2 = B_1$ para todos os pontos eqüidistantes.
   (C) $B_2 < B_1$ para todos os pontos eqüidistantes.
   (D) $B_2 > B_1$ para os pontos eqüidistantes mais próximos.
   (E) $B_2 < B_1$ para os pontos eqüidistantes mais próximos.

7. Duas correntes antiparalelas estão direcionadas de modo que uma está saindo da página e a outra entrando. Compare a intensidade do campo magnético B_2 em um ponto qualquer arbitrário eqüidistante dos fios com a intensidade do campo magnético B_1 de um único fio.

(A) $B_2 > B_1$ para todos os pontos eqüidistantes.

(B) $B_2 = B_1$ para todos os pontos eqüidistantes.

(C) $B_2 < B_1$ para todos os pontos eqüidistantes.

(D) $B_2 > B_1$ para os pontos eqüidistantes mais próximos.

(E) $B_2 < B_1$ para os pontos eqüidistantes mais próximos.

33-4 O Campo Magnético de um Solenóide

8. Uma mola flexível metálica do tipo "Slinky" pode ser usada como um solenóide. A mola é esticada levemente e uma corrente passa através dela. O campo magnético resultante irá fazer a mola colapsar ou esticar ainda mais?

(A) Colapsar (B) Esticar ainda mais

(C) Nenhum dos dois, o campo magnético é nulo fora do solenóide.

(D) A resposta depende do sentido da corrente.

9. Considere um solenóide com $R << L$. O campo magnético no centro do solenóide é B_0. Um segundo solenóide é construído com o dobro do raio, com o dobro do comprimento e conduz o dobro da corrente do solenóide original, mas tem o mesmo número de voltas por metro. O campo magnético no centro do segundo solenóide é

(A) $B_0/2$. (B) B_0. (C) $2B_0$. (D) $4B_0$.

10. Como o campo magnético $B(z)$ se comporta para pontos z ao longo do eixo do solenóide com $z >> L$, onde L é o comprimento do solenóide?

(A) $B(z)$ é constante. (B) $B(z) \propto z^{-1}$

(C) $B(z) \propto z^{-2}$ (D) $B(z) \propto z^{-3}$

33-5 Lei de Ampère

11. Resolva sem integrar,

$$\int_{-\infty}^{\infty} B\, dz,$$

onde B é o campo magnético ao longo do eixo de uma espira circular de corrente, conforme dado pela Eq. 33-19. Qual o resultado?

(A) $i/2R$ (B) $2\mu_0 i$ (C) $\mu_0 i$

(D) A expressão não pode ser resolvida sem integrar.

12. Qual o valor de $\oint \vec{B} \cdot d\vec{s}$ para o caminho mostrado na Fig. 33-31?

(A) $-8\pi \times 10^{-7}$ T · m (B) $-4\pi \times 10^{-7}$ T · m
(C) $+8\pi \times 10^{-7}$ T · m (D) $+32\pi \times 10^{-7}$ T · m

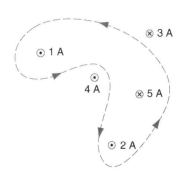

Fig. 33-31. Questão de Múltipla Escolha 12.

13. Qual o valor de $\oint \vec{B} \cdot d\vec{s}$ para o caminho mostrado na Fig. 33-32?

(A) $+56\pi \times 10^{-7}$ T · m (B) $-24\pi \times 10^{-7}$ T · m
(C) $+328\pi \times 10^{-7}$ T · m (D) $+80\pi \times 10^{-7}$ T · m

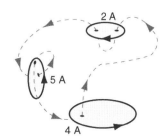

Fig. 33-32. Questão de Múltipla Escolha 13.

14. A relação $B = \mu_0 n i$ é verdadeira para solenóides infinitos que tenham seções transversais não-circulares?

(A) É uma aproximação razoável para seções transversais próximas a círculos.

(B) É uma aproximação razoável para qualquer seção transversal.

(C) É verdadeira para seções transversais de simetria suficiente (como triângulos equiláteros ou quadrados).

(D) É verdadeira para qualquer forma de seção transversal.

33-6 Eletromagnetismo e Sistemas de Referência

QUESTÕES

1. Um feixe de prótons de 20 MeV emerge de um cíclotron. Estas partículas promovem um campo magnético?

2. Discuta as analogias e as diferenças entre a lei de Coulomb e a lei de Biot–Savart.

3. Considere uma linha de campo magnético. A intensidade de $\vec{B}$ é constante ou variável ao longo de tal linha? Você é capaz de fornecer um exemplo de cada caso?

4. Em eletrônica, fios que conduzem correntes iguais em intensidade mas de sentido oposto são, freqüentemente, enrolados uns em torno dos outros para reduzir os seus efeitos magnéticos em pontos distantes. Por que isto funciona?

5. Considere duas cargas, primeiro (a) de mesmo sinal e depois (b) de sinais opostos, que estão se movendo com a mesma velocidade ao longo de caminhos paralelos separados. Compare as direções e os sentidos das forças elétricas e magnéticas mútuas em cada caso.

6. Existe alguma outra forma de estabelecer um campo magnético que não seja colocar cargas em movimento?

7. Forneça detalhes de três formas de medir o campo magnético $\vec{B}$ em um ponto P, a uma distância perpendicular r de um fio reto longo conduzindo uma corrente i. Faça com que sejam baseados em (a) projetando uma partícula de carga q através do ponto P com velocidade $\vec{v}$ paralela ao fio; (b) medindo a força por unidade de comprimento exercida sobre um segundo fio, paralelo ao primeiro fio e conduzindo uma corrente i'; (c) medindo o torque exercido sobre um pequeno dipolo magnético localizado a uma distância perpendicular r do fio.

8. $\vec{B}$ é uniforme para todos os pontos dentro de uma espira circular de fio conduzindo uma corrente?

9. Dois condutores longos paralelos conduzem correntes i iguais no mesmo sentido. Faça um esboço das linhas resultantes de $\vec{B}$ devidas à ação de ambas as correntes. A sua figura sugere uma atração entre os fios?

10. Uma corrente passa através de uma mola vertical em cuja extremidade inferior está suspenso um peso. O que irá acontecer?

11. A Eq. 33-13 ($B = \mu_0 i/2\pi d$) sugere que um forte campo magnético é estabelecido em pontos próximos a um fio longo conduzindo uma corrente. Uma vez que existe uma corrente i e um campo magnético $\vec{B}$, por que não existe uma força sobre o fio, de acordo com a equação $\vec{F}_B = i\vec{L} \times \vec{B}$?

12. Dois fios retos longos e perpendiculares passam próximo um ao outro. Se os fios estão livres para se moverem, descreva o que acontece quando passam correntes por ambos.

13. Dois fios fixos cruzam-se perpendicularmente de modo que não se tocam, mas estão próximos um do outro, conforme mostrado na Fig. 33-33. Em cada fio existem correntes iguais i nos sentidos indicados. Em que região (ou regiões) existem pontos com campo magnético resultante nulo?

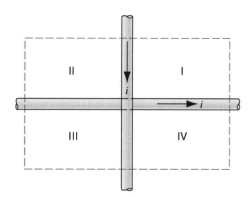

Fig. 33-33. Questão 13.

14. Uma espira de fio de forma irregular é colocada sobre uma mesa sem atrito e presa nos pontos a e b conforme mostrado na Fig. 33-34. Se fazer-se passar uma corrente i pelo fio, ele tentará formar uma espira circular ou tentará ficar ainda mais deformado?

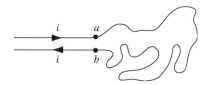

Fig. 33-34. Questão 14.

15. O caminho de integração em torno do qual se aplica a lei de Ampère pode passar através de um condutor?

16. Suponha que se estabeleça um caminho de integração em torno de um cabo que contém 12 fios com diferentes correntes (algumas em sentidos opostos) em cada fio. Como se calcula i na lei de Ampère para este caso?

17. Aplique qualitativamente a lei de Ampère aos três caminhos mostrados na Fig. 33-35.

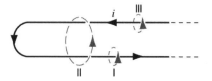

Fig. 33-35. Questão 17.

18. Discuta as analogias e as diferenças entre a lei de Gauss e a lei de Ampère.

19. O fato das linhas de $\vec{B}$ em volta de um fio reto longo conduzindo uma corrente i precisarem ser círculos concêntricos é resultado somente de argumentos de simetria?

20. Uma corrente longitudinal, constante e uniforme é estabelecida em um tubo longo de cobre. Existe um campo magnético (a) dentro e/ou (b) fora do tubo?

21. Um condutor muito longo tem uma seção transversal quadrada e contém uma cavidade coaxial também com uma seção transversal quadrada. A corrente é uniformemente distribuída ao longo da seção transversal do condutor. O campo magnético na cavidade é nulo? Justifique a sua resposta.

22. Um fio reto longo de raio R conduz uma corrente constante i. Como o campo magnético gerado por esta corrente depende de R? Considere tanto pontos fora como dentro do fio.

23. Um fio reto longo conduz uma corrente constante i. O que é necessário na lei de Ampère para (a) uma espira que envolve o fio mas não é circular, (b) uma espira que não envolve o fio, e (c) uma espira que envolve o fio mas não está toda em um plano?

24. Dois solenóides longos dividem o mesmo eixo, como mostra a Fig. 33-36. Eles conduzem correntes idênticas mas com sentidos opostos. Se não há campo magnético dentro do solenóide interno, o que pode ser dito sobre n, o número de voltas por unidade de comprimento, para os dois solenóides? Qual deles, se houver algum, tem o maior valor?

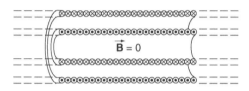

Fig. 33-36. Questão 24.

25. O campo magnético no centro de uma espira circular de corrente tem o valor $B = \mu_0 i/2R$; ver Eq. 33-21. No entanto, o campo elétrico no centro de anel de carga é nulo. Por que esta diferença?

26. Uma corrente constante é estabelecida em uma malha de fios resistivos, como na Fig. 33-37. Utilize argumentos de simetria para mostrar que o campo magnético no centro do cubo é nulo.

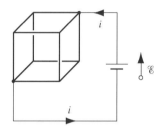

Fig. 33-37. Questão 26.

27. A Eq. 33-28 ($B = \mu_0 n i$) é válida para um solenóide de seção transversal quadrada?

28. Um toróide é descrito como um solenóide longo dobrado na forma de uma rosca. O campo magnético fora de um solenóide ideal não é nulo. O que você pode afirmar sobre a intensidade do campo magnético fora de um toróide ideal?

29. Os elétrons de deriva constituem a corrente em um fio e um campo magnético é associado a esta corrente. Que corrente e campo magnético seriam medidos por um observador movendo-se ao longo do fio com a velocidade de deriva dos elétrons?

EXERCÍCIOS

33-1 O Campo Magnético Devido a uma Carga em Movimento

1. (a) O que a física não-relativística prediz para a velocidade de dois prótons movendo-se lado a lado separados por uma distância d, de modo que a força magnética seja exatamente equilibrada pela força elétrica? (b) Comente sobre o quanto não é adequado utilizarem-se expressões não-relativísticas para este problema.

33-2 O Campo Magnético de uma Corrente

2. Um agrimensor está utilizando uma bússola magnética 6,3 m abaixo de uma linha de transmissão, na qual existe uma corrente contínua de 120 A. Isto irá interferir seriamente com a leitura da bússola? A componente horizontal do campo magnético da Terra neste local é 210 μT.

3. Um fio de cobre desencapado de bitola 10 (2,6 mm de diâmetro) pode conduzir uma corrente de 50 A sem sobreaquecer. Para esta corrente, qual é o campo magnético na superfície do fio?

4. Em uma localidade nas Filipinas, o campo magnético da Terra tem um valor de 39,0 μT, é horizontal e aponta para o norte. O campo é nulo 8,13 cm acima de um fio reto longo que conduz uma corrente constante. (a) Calcule a corrente e (b) determine a sua direção.

5. O canhão de elétrons de 25 kV do tubo de imagem de uma TV dispara um feixe de elétrons de 0,22 mm de diâmetro na tela, de modo que $5,6 \times 10^{14}$ elétrons atingem a tela a cada segundo. Calcule o campo magnético produzido pelo feixe em um ponto a 1,5 mm do eixo do feixe.

6. Um condutor reto conduzindo uma corrente i é dividido em duas voltas semicirculares idênticas, como mostra a Fig. 33-38. Qual é a intensidade do campo magnético no centro C da espira circular formada?

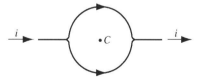

Fig. 33-38. Exercício 6.

7. Um fio reto longo conduz uma corrente de 48,8 A. Um elétron, viajando a $1,08 \times 10^7$ m/s, está a 5,20 cm do fio. Cal-

cule a força que age sobre o elétron se o elétron move-se (a) em direção ao fio, (b) paralelo à corrente e (c) perpendicular às direções definidas em (a) e (b).

8. Dois fios retos longos e paralelos, separados por 0,75 cm, são perpendiculares ao plano da página como mostrado na Fig. 33-39. O fio F_1 conduz uma corrente de 6,6 A com o sentido entrando na página. Qual precisa ser a corrente (intensidade e sentido) no fio F_2 para que o campo magnético resultante seja nulo no ponto P?

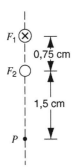

Fig. 33-39. Exercício 8.

9. Dois fios longos paralelos estão separados por 8,10 cm. Que correntes iguais devem fluir nos fios, se o campo magnético no meio do caminho entre eles deve ter 296 μT de intensidade?

10. Um grampo de cabelo longo é formado dobrando-se um pedaço de fio conforme mostrado na Fig. 33-40. Se o fio conduz uma corrente $i = 11,5$ A, (a) qual é a intensidade, a direção e o sentido de $\vec{B}$ no ponto a? (b) E no ponto b, bastante afastado de a? Considere $R = 5,20$ mm.

Fig. 33-40. Exercício 10.

11. Um estudante constrói um eletroímã enrolando 320 voltas de fio em torno de um cilindro de madeira de 4,80 cm de diâmetro. A bobina é conectada a uma bateria, produzindo no fio uma corrente de 4,20 A. A que distância axial $z \gg d$ o campo magnético da bobina será igual a 5,0 μT (aproximadamente um décimo do campo magnético da Terra)?

12. Um fio conduzindo uma corrente i tem a configuração mostrada na Fig. 33-41. Duas seções retas semi-infinitas, cada uma tangente ao mesmo círculo, estão conectadas por um arco circular de ângulo θ, ao longo da circunferência do círculo, com todas as seções permanecendo no mesmo plano. Qual precisa ser o valor de θ de modo que B seja nulo no centro do círculo?

13. Considere o circuito da Fig. 33-42. Os segmentos curvos são arcos de círculos com raios a e b. Os segmentos retos estão dispostos ao longo dos raios. Determine o campo magnético $\vec{B}$ em P, supondo uma corrente i no circuito.

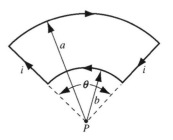

Fig. 33-42. Exercício 13.

14. Mostre que B no centro de uma espira de fio retangular de comprimento L e largura W, conduzindo uma corrente i, é dado por

$$B = \frac{2\mu_0 i}{\pi} \frac{(L^2 + W^2)^{1/2}}{LW}.$$

Mostre que isto reduz-se a um resultado consistente com o Problema Resolvido 33-4 para $L \gg W$.

15. A Fig. 33-43 mostra uma seção transversal de uma lâmina fina longa de largura w que está conduzindo uma corrente total uniformemente distribuída i, entrando na página. Calcule a intensidade, a direção e o sentido do campo magnético $\vec{B}$ no ponto P no plano da lâmina, a uma distância d da sua borda. (Sugestão: Imagine a lâmina sendo construída de muitos fios finos, longos e paralelos.)

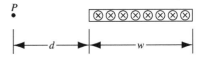

Fig. 33-43. Exercício 15.

16. Dois fios retos, longos e paralelos separados por 12,2 cm conduzem, cada um, uma corrente de 115 A. A Fig. 33-44 mostra uma seção transversal, com os fios perpendiculares

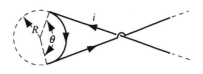

Fig. 33-41. Exercício 12.

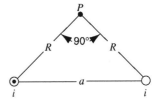

Fig. 33-44. Exercício 16.

à página e o ponto P estando na bissetriz de a. Determine a intensidade, a direção e o sentido do campo magnético em P quando a corrente no fio da esquerda está saindo da página e a corrente no fio da direita está (a) saindo da página e (b) entrando na página.

17. Na Fig. 33-13a suponha que ambas as correntes estejam no mesmo sentido, saindo do plano da figura. Mostre que o campo magnético no plano definido pelos fios é

$$B = \frac{\mu_0 i x}{\pi(x^2 - b^2)}.$$

Suponha que $i = 25$ A e $b = 2,5$ cm na Fig. 33-13a e desenhe B para a faixa $-2,5$ cm $< x < +2,5$ cm. Suponha que os diâmetros dos fios sejam desprezíveis.

18. Dois fios longos, separados por uma distância b, conduzem correntes i iguais e antiparalelas, como mostra a Fig. 33-45. (a) Mostre que a intensidade do campo magnético no ponto P, que é eqüidistante aos fios, é dada por

$$B = \frac{2\mu_0 i b}{\pi(4R^2 + b^2)}.$$

(b) Em que sentido $\vec{B}$ aponta?

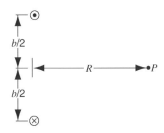

Fig. 33-45. Exercício 18.

19. Uma espira circular de 12 cm de raio conduz uma corrente de 13 A. Uma segunda espira de 0,82 cm de raio, com 50 voltas e uma corrente de 1,3 A, está no centro da primeira espira. (a) Qual o campo magnético que a espira maior estabelece no seu centro? (b) Calcule o torque que age sobre a espira menor. Suponha que os planos das duas espiras sejam perpendiculares e que o campo magnético devido à espira maior seja essencialmente uniforme ao longo do volume ocupado pela espira menor.

20. (a) Um fio longo é dobrado na forma mostrada na Fig. 33-46, sem contato no ponto de cruzamento P. O raio da parte circular é R. Determine a intensidade, a direção e o sentido de $\vec{B}$ no centro C da parte circular quando a corrente i tem o sentido indicado. (b) A parte circular do fio é girada, sem distorção em torno da linha tracejada, um quarto no sentido horário quando vista de cima, de modo que o plano da espira circular agora é perpendicular ao plano da página. Neste caso, determine $\vec{B}$ em C.

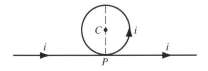

Fig. 33-46. Exercício 20.

33-3 Duas Correntes Paralelas

21. Quatro longos fios de cobre são paralelos entre si e estão dispostos em um quadrado; ver Fig. 33-47. Eles conduzem correntes iguais i para fora da página, conforme mostrado. Calcule a força por metro sobre qualquer um dos fios; forneça a intensidade, a direção e o sentido. Suponha que $i = 18,7$ A e $a = 24,5$ cm. (No caso do movimento paralelo de partículas carregadas em um plasma, isto é conhecido como efeito pinça.)

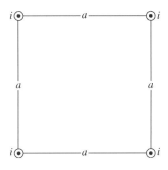

Fig. 33-47. Exercício 21.

22. A Fig. 33-48 mostra cinco fios longos paralelos no plano xy. Cada fio conduz uma corrente $i = 3,22$ A no sentido positivo de x. A separação entre fios adjacentes é $a = 8,3$ cm. Determine a força magnética por metro, intensidade, direção e sentido, exercida sobre cada um destes fios.

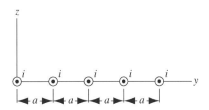

Fig. 33-48. Exercício 22.

23. A Fig. 33-49 mostra um esquema idealizado de um "canhão de trilho eletromagnético" o qual é projetado para disparar projéteis a velocidades de até 10 km/s. O projétil P fica entre e em contato com dois trilhos paralelos ao longo dos quais pode deslizar. Um gerador G fornece uma corrente que flui por um trilho, passa pelo projétil e volta pelo outro trilho. (a) Seja w a distância entre os trilhos, r o raio dos trilhos (supostos circulares) e i a corrente. Mostre que a força sobre o projétil é para a direita e pode ser dada aproximadamente por

$$F = \frac{1}{2}\left(\frac{i^2 \mu_0}{\pi}\right) \ln\left(\frac{w + r}{r}\right).$$

(b) Se o projétil sai do repouso da extremidade esquerda do trilho, determine a velocidade *v* com a qual ele é expelido à direita. Suponha que *i* = 450 kA, *w* = 12 mm, *r* = 6,7 cm, *L* = 4,0 m e que a massa do projétil é *m* = 10 g.

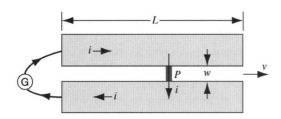

Fig. 33-49. Exercício 23.

24. A Fig. 33-50 mostra um fio longo conduzindo uma corrente i_1. A espira retangular conduz uma corrente i_2. Calcule a força resultante agindo sobre a espira. Suponha que *a* = 1,10 cm, *b* = 9,20 cm, *L* = 32,3 cm, i_1 = 28,6 A e i_2 = 21,8 A.

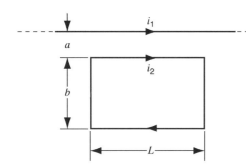

Fig. 33-50. Exercício 24.

25. No Problema Resolvido 33-6, suponha que o fio superior é deslocado para baixo de uma pequena distância e então liberado. Mostre que o movimento resultante do fio é harmônico simples com a mesma freqüência de oscilação de um pêndulo de comprimento *d*.

33-4 O Campo Magnético de um Solenóide

26. Um solenóide de 96,5 cm de comprimento tem um raio de 1,90 cm, uma bobina de 1230 voltas e conduz uma corrente de 3,58 A. Calcule a intensidade do campo magnético dentro do solenóide.

27. Um solenóide de 1,33 cm de comprimento e 2,60 cm de diâmetro conduz uma corrente de 17,8 A. O campo magnético dentro do solenóide é 22,4 mT. Determine o comprimento do fio do solenóide.

28. Um solenóide longo com 115 voltas/cm e um raio de 7,20 cm conduz uma corrente de 1,94 A. Uma corrente de 6,30 A flui em um condutor reto ao longo do eixo do solenóide. (*a*) Em que distância radial do eixo a direção do campo magnético resultante faz um ângulo de 40,0° com a direção axial? (*b*) Qual é a intensidade do campo magnético?

29. Verifique a integração na Eq. 33-27 e mostre que quando $L \to \infty$ a Eq. 33-27 aproxima-se da Eq. 33-28.

33-5 Lei de Ampère

30. Oito fios cortam a página perpendicularmente nos pontos mostrados na Fig. 33-51. Um fio marcado com o inteiro *k* (*k* = 1,2, ..., 8) conduz a corrente ki_0. Para aqueles com *k* ímpar, a corrente está para fora da página; para aqueles com *k* par ela está entrando na página. Calcule $\oint \vec{B} \cdot d\vec{s}$ ao longo da malha fechada no sentido mostrado.

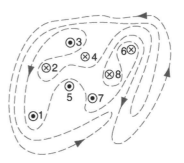

Fig. 33-51. Exercício 30.

31. Cada um dos oito condutores indicados na Fig. 33-52 conduz uma corrente de 2,0 A no sentido para dentro ou para fora da página. Dois caminhos estão indicados para a integral de linha $\vec{B} \cdot d\vec{s}$. Qual o valor da integral para (*a*) o caminho pontilhado e (*b*) o caminho tracejado?

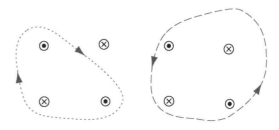

Fig. 33-52. Exercício 31.

32. Considere um fio cilíndrico longo de raio *R* conduzindo uma corrente *i* distribuída uniformemente ao longo da seção transversal. Quais são as duas distâncias ao eixo do fio para as quais a intensidade do campo magnético, devido à corrente, é igual à metade do valor na superfície?

33. A Fig. 33-53 mostra a seção transversal de um condutor longo de um tipo chamado de cabo coaxial com raios *a*, *b* e *c*. Existem correntes *i* antiparalelas uniformemente distribu-

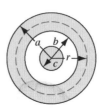

Fig. 33-53. Exercício 33.

ídas nos dois condutores. Derive as expressões para $B(r)$ nas faixas de (a) $r < c$, (b) $c < r < b$, (c) $b < r < a$ e (d) $r > a$. (e) Teste estas expressões para todos os casos especiais que lhe ocorrerem. (f) Suponha que $a = 2{,}0$ cm, $b = 1{,}8$ cm, $c = 0{,}40$ cm e $i = 120$ A e represente $B(r)$ em um gráfico ao longo da faixa $0 < r < 3$ cm.

34. A Fig. 33-54 mostra a seção transversal de um condutor cilíndrico vazado de raios a e b, conduzindo uma corrente i uniformemente distribuída. (a) Utilizando a espira amperiana mostrada, verifique que $B(r)$ para a faixa $b < r < a$ é dado por

$$B(r) = \frac{\mu_0 i}{2\pi(a^2 - b^2)} \frac{r^2 - b^2}{r}.$$

(b) Teste esta fórmula para os casos especiais de $r = a$, $r = b$ e $b = 0$. (c) Suponha que $a = 2{,}0$ cm, $b = 1{,}8$ cm e $i = 100$ A e faça um gráfico de $B(r)$ para a faixa $0 < r < 6$ cm.

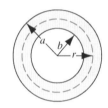

Fig. 33-54. Exercício 34.

35. Um duto cilíndrico longo, com um raio externo R, conduz uma corrente (uniformemente distribuída) i_0 (no sentido entrando na página, conforme mostrado na Fig. 33-55). Um fio corre paralelo ao duto a uma distância $3R$ de centro a centro. Calcule a intensidade, a direção e o sentido da corrente no fio que fará com que a resultante do campo magnético no ponto P tenha a mesma intensidade, mas sentido oposto, que o campo resultante no centro do duto.

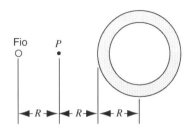

Fig. 33-55. Exercício 35.

36. Um toróide com uma seção transversal quadrada, de 5,20 cm de lado, e um raio interno de 16,2 cm tem 535 voltas e conduz uma corrente de 813 mA. Calcule o campo magnético dentro do toróide (a) no raio interno e (b) no raio externo do toróide.

37. Um efeito interessante (e frustrante) ocorre quando se tenta confinar um conjunto de elétrons e íons positivos (um plasma) no campo magnético de um toróide. Partículas cujo movimento é perpendicular ao campo $\vec{B}$ não seguem trajetórias circulares porque a intensidade do campo varia com a distância radial das trajetórias ao eixo do toróide. Este efeito, que é mostrado (exageradamente) na Fig. 33-56, faz com que as partículas de sinal oposto se movimentem em sentidos opostos mas paralelas ao eixo do toróide. (a) Qual o sinal da carga da partícula cuja trajetória é esboçada na figura? (b) Se a trajetória da partícula tem um raio de curvatura de 11 cm quando a sua distância radial ao eixo do toróide é 125 cm, qual será o raio de curvatura quando a partícula estiver a 110 cm do eixo?

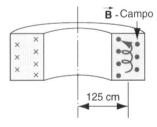

Fig. 33-56. Exercício 37.

33-6 Eletromagnetismo e Sistemas de Referência

PROBLEMAS

1. A Fig. 33-57 mostra uma montagem conhecida como *bobina de Helmholtz*. Ela consiste em duas bobinas circulares coaxiais, cada com N voltas e raio R, separadas de uma distância R. Elas conduzem correntes iguais i no mesmo sentido. Determine o campo magnético em P, o ponto médio entre as bobinas.

2. Uma seção reta de fio de comprimento L conduz uma corrente i. (a) Mostre que o campo magnético associado com este

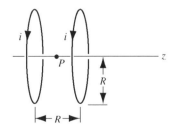

Fig. 33-57. Problemas 1, 3 e Problema Computacional 1.

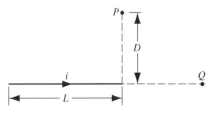

Fig. 33-58. Problema 2.

segmento em P, a uma distância perpendicular D de uma das extremidades do fio (ver Fig. 33-58), é dado por

$$B = \frac{\mu_0 i}{4\pi D} \frac{L}{(L^2 + D^2)^{1/2}}.$$

(b) Mostre que o campo magnético é nulo no ponto Q, ao longo da linha do fio.

3. No Problema 1 (Fig. 33-57) considere que a separação das bobinas seja uma variável s (não necessariamente igual ao raio da bobina R). (a) Mostre que a primeira derivada do campo magnético (dB/dz) é nula no ponto médio P independentemente do valor de s. Por que espera-se que isto seja válido a partir da simetria? (b) Mostre que a segunda derivada do campo magnético (d^2B/dz^2) também é nula em P se $s = R$. Isto justifica a uniformidade de B próximo a P para esta separação particular entre as bobinas.

4. Uma espira de fio quadrada de lado a conduz uma corrente i. (a) Mostre que B para um ponto sobre o eixo da espira e a uma distância z do seu centro é dado por

$$B(z) = \frac{4\mu_0 i a^2}{\pi(4z^2 + a^2)(4z^2 + 2a^2)^{1/2}}.$$

(b) A que isto se reduz no centro da espira?

5. (a) Um fio na forma de um polígono regular de n lados está inscrito em um círculo de raio a. Se a corrente no fio é i, mostre que o campo magnético $\vec{B}$ no centro do círculo é dado em intensidade por

$$B = \frac{\mu_0 n i}{2\pi a} \operatorname{tg}(\pi/n).$$

(b) Mostre que quando $n \to \infty$, este resultado aproxima-se do resultado para uma espira circular.

6. Você recebe um comprimento L de fio no qual uma corrente i pode ser estabelecida. O fio pode ser colocado na forma de um círculo ou um quadrado. Mostre que o quadrado promove o maior valor de B no ponto central.

7. (a) Calcule $\vec{B}$ no ponto P na Fig. 33-59. (b) A intensidade do campo em P é maior ou menor do que no centro do quadrado?

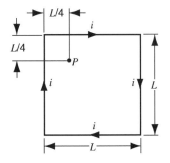

Fig. 33-59. Problema 7.

8. Um disco de plástico fino de raio R tem uma carga q uniformemente distribuída ao longo da sua superfície. Se o disco gira com uma freqüência angular ω em torno do seu eixo, mostre que o campo magnético no centro do disco é

$$B = \frac{\mu_0 \omega q}{2\pi R}.$$

(Sugestão: O disco girante é equivalente a um conjunto de espiras de corrente.)

9. Um solenóide longo tem 100 voltas por centímetro. Um elétron move-se dentro do solenóide em um círculo de 2,39 cm de raio perpendicular ao eixo do solenóide. A velocidade do elétron é $0,0460c$ (c = velocidade da luz). Determine a corrente no solenóide.

10. Em uma determinada região existe uma densidade de corrente uniforme de 15 A/m² no sentido positivo de z. Qual o valor de $\oint \vec{B} \cdot d\vec{s}$ quando a integral de linha é tomada ao longo dos três segmentos de linha reta de $(4d, 0, 0)$ a $(4d, 3d, 0)$ a $(0, 0, 0)$ a $(4d, 0, 0)$, onde $d = 23$ cm?

11. Mostre que um campo magnético uniforme $\vec{B}$ não pode cair abruptamente a zero quando se move em uma direção perpendicular a ele, conforme sugerido pela seta horizontal através do ponto a na Fig. 33-60. (Sugestão: Aplique a lei de Ampère ao caminho retangular mostrado pelas linhas tracejadas.) Em ímãs reais, "franjamento" nas linhas de $\vec{B}$ sempre ocorre, o que significa que $\vec{B}$ tende a zero de uma forma gradual. Modifique as linhas de $\vec{B}$ na figura para indicar uma situação mais realística.

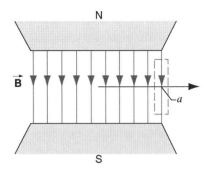

Fig. 33-60. Problema 11.

12. Um condutor consiste em um número infinito de fios adjacentes, cada um infinitamente longo e conduzindo uma

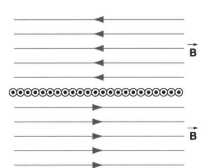

Fig. 33-61. Problema 12.

corrente *i*. Mostre que as linhas de $\vec{B}$ são como as representadas na Fig. 33-61 e que *B* para todos os pontos acima e abaixo da lâmina infinita de corrente é dado por

$$B = \tfrac{1}{2}\mu_0 ni,$$

onde *n* é o número de fios por unidade de comprimento. Deduza esta expressão, tanto pela aplicação direta da lei de Ampère como considerando o problema como caso limite do Problema Resolvido 33-5.

13. A densidade de corrente dentro de um fio cilíndrico, longo e sólido de raio *a* está na direção do eixo e varia linearmente com a distância radial *r* ao eixo de acordo com $j = j_0 r/a$. Determine o campo magnético dentro do fio. Expresse a sua resposta em termos da corrente total *i* conduzida pelo fio.

14. A Fig. 33-62 mostra a seção transversal de um condutor longo cilíndrico de raio *R* contendo um furo longo cilíndrico de raio *a*. Os eixos dos dois cilindros são paralelos e estão separados por uma distância *b*. Uma corrente *i* está uniformemente distribuída ao longo da área sombreada na figura. (*a*) Use conceitos de superposição para mostrar que o campo magnético no centro do furo é

$$B = \frac{\mu_0 ib}{2\pi(R^2 - a^2)}.$$

(*b*) Discuta os dois casos especiais $a = 0$ e $b = 0$. (*c*) É possível usar a lei de Ampère para mostrar que o campo magnético no furo é uniforme? (Sugestão: Considere o furo cilíndrico preenchido com duas correntes iguais movendo-se em sentidos opostos, cancelando-se uma à outra. Suponha que cada uma dessas correntes tenha a mesma densidade de corrente do condutor real. Assim, superponha os campos devidos aos dois cilindros completos de corrente, de raios *R* e *a*, cada cilindro com a mesma densidade de corrente.)

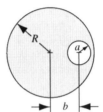

Fig. 33-62. Problema 14.

PROBLEMAS COMPUTACIONAIS

1. Duas bobinas de 300 voltas conduzem uma corrente *i*, cada uma. Elas estão dispostas com uma separação igual aos seus raios, como na Fig. 33-57. (Esta é a geometria da bobina de Helmholtz; ver Problema 1.) Para $R = 5{,}0$ cm e $i = 50$ A, faça um gráfico de *B* em função da distância *z* ao longo do eixo comum para a faixa $z = -5$ cm a $z = +5$ cm, tomando $z = 0$ no ponto médio *P*. Essas bobinas promovem um campo *B* especialmente uniforme próximo ao ponto *P*.

2. Projete uma bobina dupla de Helmholtz de modo que d^4B/dz^4 também seja nula no centro. Este é um problema que é melhor resolvido com o auxílio de um programa de computador como o Mathematica ou o MAPLE.

Capítulo 34

A LEI DE INDUÇÃO DE FARADAY

Muitas vezes podemos prever o resultado de um experimento pela consideração de como ele está relacionado por simetria com outros experimentos. Por exemplo, uma espira conduzindo corrente dentro de um campo magnético é submetida a um torque (devido ao campo) que gira a espira. Considere uma situação semelhante: uma espira de fio por onde não está passando corrente é posta dentro de um campo magnético, um torque é aplicado por um agente externo que gira a espira. Verificamos que surge uma corrente na espira! Para uma espira de fio em um campo magnético, a corrente gera um torque e o torque gera uma corrente. Este é um exemplo da simetria da natureza.

Podemos entender e analisar o surgimento da corrente na espira baseando-nos na lei de indução de Faraday, que é o assunto deste capítulo. A lei de Faraday, que é uma das quatro equações de Maxwell, pode ser diretamente demonstrada através de alguns experimentos básicos que podem facilmente ser executados em laboratório.

34-1 OS EXPERIMENTOS DE FARADAY

A lei de indução de Faraday foi descoberta através dos experimentos efetuados por Michael Faraday na Inglaterra em 1831 e por Joseph Henry nos Estados Unidos aproximadamente na mesma época.* Ainda que Faraday tenha publicado os seus resultados primeiro, que deu a ele a prioridade da descoberta, a unidade do SI de indutância (veja o Cap. 36) é chamada de *henry* (abreviação H). Por outro lado, a unidade do SI de capacitância, como já foi visto, é chamada de *farad* (abreviação F). No Cap. 36, onde serão discutidas as oscilações em circuitos capacitivos–indutivos, se verá o quão apropriado é ligar os nomes destes talentos contemporâneos a um único contexto.

A Fig. 34-1 mostra uma espira de fio como uma parte de um circuito que contém um amperímetro. Normalmente, espera-se que o amperímetro mostre que não existe corrente no circuito porque aparentemente não há força eletromotriz. Porém, ao se empurrar um ímã em forma de barra em direção à espira, com o seu pólo norte mais próximo da espira, algo notável ocorre. *Enquanto o ímã está se movendo*, o ponteiro do amperímetro deflete, mostrando que uma corrente fluiu pela espira. Se o ímã for mantido estacionário em relação à espira, o ponteiro do amperímetro não deflete. Ao mover-se o ímã para *longe* da espira, o ponteiro do amperímetro deflete novamente, mas em sentido oposto, o que significa que a corrente na espira tem o sentido oposto. Se for utilizado o pólo sul do ímã em vez do pólo norte, o experimento funciona como descrito anteriormente, mas o sentido das deflexões do ponteiro é invertida. Quanto mais rápido o ímã se move, maior é a leitura no mostrador. Experimentos adicionais mostram que *o que importa é o movimento relativo do ímã em relação à espira*. Não faz diferença se o ímã se move na direção da espira ou a espira se move na direção do ímã.

A corrente que surge neste experimento é chamada de *corrente induzida* e diz-se que é formada a partir da *força eletromotriz induzida*. Note que não existem baterias em nenhuma parte do circuito. A partir de experimentos como este, Faraday foi capaz de deduzir a lei que determina a intensidade e o sentido das fems induzidas. Estas fems são muito

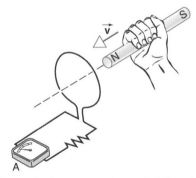

Fig. 34-1. O ponteiro de um amperímetro A deflete, indicando corrente no circuito, quando o ímã está se movendo em relação à espira.

---

*Além de suas descobertas simultâneas e independentes de uma lei de indução, Faraday e Henry tiveram várias outras semelhanças em suas vidas. Ambos foram aprendizes muito jovens. Faraday, com 14 anos, foi aprendiz de encadernador em Londres. Henry, com 13 anos, foi aprendiz de relojoeiro em Albany, Nova York. Anos mais tarde, Faraday foi nomeado diretor da Royal Institution em Londres, cuja fundação foi devida, em grande parte, a um americano, Benjamin Thompson (Conde de Rumford). Henry, por outro lado, tornou-se secretário do Smithsonian Institution em Washington, DC, que foi fundado através de uma doação de um inglês, James Smithson.

importantes na prática. É muito provável que as luzes no local em que você lê este livro sejam resultado de uma fem induzida por um gerador elétrico de usina geradora de eletricidade.

Em outro experimento, o aparato mostrado na Fig. 34-2 é utilizado. As espiras são posicionadas próximas em repouso uma em relação à outra. Quando fechamos a chave S, formando assim uma corrente contínua na espira à direita, o ponteiro do mostrador da espira à esquerda deflete momentaneamente. Quando abrimos a chave, interrompendo a corrente, o ponteiro deflete mais uma vez momentaneamente, mas no sentido oposto. Nenhuma parte do aparato está se movendo fisicamente.

O experimento mostra que existe uma fem induzida na espira esquerda da Fig. 34-2 sempre que a corrente na espira à direita *se altera*. *É a taxa com que a corrente varia e não a intensidade da corrente* que é importante.

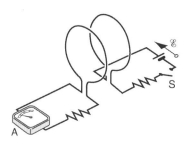

Fig. 34-2. O ponteiro de um amperímetro A deflete momentaneamente quando a chave S é fechada ou aberta. Não envolve nenhum movimento das espiras.

Um aspecto característico desses dois experimentos é o *movimento* ou a *variação*. É o *movimento* do ímã ou a *variação* da corrente que é responsável pelos efeitos de fems induzidas. Na próxima seção, será dado o embasamento matemático para esses efeitos.

34-2 A LEI DE INDUÇÃO DE FARADAY

Imagine que existam linhas de campo magnético vindas de um ímã em forma de barra da Fig. 34-1 e da espira da direita da Fig. 34-2. Algumas destas linhas de campo passam através da espira da esquerda em ambas as figuras. À medida que o ímã é movido na condição da Fig. 34-1 ou quando a chave é aberta ou fechada na Fig. 34-2, o número de linhas de campo magnético que passam através da espira à esquerda muda. Como o experimento de Faraday mostrou e como a técnica de linhas de campo de Faraday ajuda a visualizar, *é a variação do número de linhas de campo que passam através da espira que induz uma fem na espira*. Especificamente, é a *taxa de variação* do número de linhas de campo que passam através da espira que determina a fem induzida.

Para tornar esta afirmação quantitativa, introduzimos o *fluxo magnético* Φ_B. Como o fluxo elétrico (veja a Seção 27-3), o fluxo magnético pode ser considerado como sendo uma medida do número de linhas de campo que passam através de uma superfície. Em analogia com o fluxo elétrico (veja a Eq. 27-7), o fluxo magnético através de *qualquer* superfície é definido como

$$\Phi_B = \int \vec{B} \cdot d\vec{A}. \quad (34\text{-}1)$$

Onde $d\vec{A}$ é um elemento de área de uma superfície (mostrada na Fig. 34-3) e a integração é executada sobre toda a superfície através da qual estamos interessados em calcular o fluxo (por exemplo, a superfície limitada pela espira na Fig. 34-1). Se o campo magnético tem intensidade, direção e sentido constante por toda a área plana A, o fluxo pode ser escrito como

$$\Phi_B = BA \cos \theta, \quad (34\text{-}2)$$

onde θ é o ângulo entre a normal à superfície e a direção do campo.

A unidade do SI de fluxo magnético é o tesla · metro², à qual é dada o nome de *weber* (abreviação Wb); isto é,

1 weber = 1 tesla · metro².

Invertendo esta relação, vemos que o tesla é equivalente ao weber/metro², que era a unidade utilizada para campos magnéticos antes de o tesla ter sido adotado como uma unidade do SI.

Em termos de fluxo magnético, a fem induzida em um circuito é dada pela *lei de indução de Faraday*:

A intensidade da fem induzida em um circuito é igual à taxa com que o fluxo magnético que o atravessa varia com o tempo.

Em termos matemáticos, a lei de Faraday é

$$|\mathcal{E}| = \left|\frac{d\Phi_B}{dt}\right|, \quad (34\text{-}3)$$

onde $\mathcal{E}$ é a fem induzida. Se a taxa de variação do fluxo é expressa em unidades de webers por segundo, a fem tem unidade de volts. O sentido (ou o sinal) da fem será visto na próxima seção.

Se uma bobina consiste em N voltas, então uma fem induzida surge em cada volta e a fem induzida total no circuito é a soma

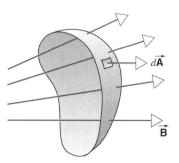

Fig. 34-3. O campo magnético $\vec{B}$ através da área A provê um fluxo magnético através da superfície. O elemento de área $d\vec{A}$ é representado por um vetor.

dos valores individuais, exatamente como no caso de baterias conectadas em série. Se a bobina estiver tão firmemente apertada de modo que possamos considerar que cada volta ocupe a mesma região do espaço e, portanto, experimente a mesma mudança de fluxo, então a fem induzida total é

$$|\mathcal{E}| = N\left|\frac{d\Phi_B}{dt}\right|. \qquad (34\text{-}4)$$

Existem várias formas de variar o fluxo através de uma espira: movendo um ímã relativamente à espira (como na Fig. 34-1), alterando a corrente nas proximidades do circuito (como na Fig. 34-2 e também como em um transformador), movendo a espira através de um campo não-uniforme, rodando uma espira em um campo magnético fixo onde o ângulo θ da Eq. 34-2 muda (como em um gerador, que será discutido na Seção 34-5) ou mudando o tamanho ou a forma da espira. Em cada um destes métodos, uma fem é induzida em uma espira.

Finalmente, notamos que, ainda que a Eq. 34-3 seja conhecida como a lei de Faraday, ela não foi escrita naquela forma por Faraday, que não tinha formação matemática. De fato, o trabalho de Faraday sobre eletromagnetismo publicado em três volumes, um marco de realização no desenvolvimento da física e da química, não contém uma única equação!

PROBLEMA RESOLVIDO 34-1.

O solenóide longo S da Fig. 34-4 tem 220 voltas/cm; o diâmetro d é de 3,2 cm. Em seu centro é posicionado uma bobina compacta C de 130 espiras de diâmetro $d_C = 2{,}1$ cm. A corrente no solenóide é aumentada de zero a 1,5 A a uma taxa constante durante um período de 0,16 s. Qual o valor absoluto (isto é, a intensidade sem levar em conta o sinal) da fem induzida que aparece na bobina central enquanto a corrente do solenóide está variando?

Solução Neste caso, o fluxo através da bobina C está variando porque o campo B no interior do solenóide varia à medida que a

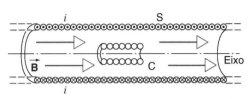

Fig. 34-4. Problema Resolvido 34-1. Uma bobina C é posicionada dentro de um solenóide S. Pelo solenóide passa uma corrente que está representada saindo da página na parte superior e entrando na página na parte inferior, como indicado por pontos e por cruzes. Quando a corrente no solenóide está variando, uma fem induzida surge na bobina.

corrente se altera. O campo é uniforme e perpendicular à área de cada volta da bobina C, então $\Phi_B = \int \vec{B}\cdot d\vec{A} = BA$, onde A é a área de cada volta da bobina interna. A lei de Faraday leva a

$$|\mathcal{E}| = N\left|\frac{\Delta\Phi_B}{\Delta t}\right| = N\left|\frac{A\,\Delta B}{\Delta t}\right| = NA\left|\frac{\mu_0 n\,\Delta i}{\Delta t}\right| = NA\mu_0 n\left|\frac{\Delta i}{\Delta t}\right|,$$

onde utilizamos $B = \mu_0 n i$ para o campo de um solenóide ideal (Eq. 33-28). A área A da bobina central é $\tfrac{1}{4}\pi d_C^2 = 3{,}46\times 10^{-4}$ m². A corrente varia de 1,5 A em 0,16 s. A fem é, então,

$$|\mathcal{E}| = (130)(3{,}46\times 10^{-4}\text{ m}^2)(4\pi\times 10^{-7}\text{ T·m/A})$$
$$\times (2{,}2\times 10^4 \text{ espiras/m})\,\frac{1{,}5\text{ A}}{0{,}16\text{ s}}$$
$$= 1{,}2\times 10^{-2}\text{ V} = 12\text{ mV}.$$

Na próxima seção será explicado como determinar o *sentido* de uma fem induzida. Podemos adiantar um pouco desta discussão com o seguinte argumento. Considere que o crescimento do fluxo a partir da bobina externa causa uma corrente na bobina interna que produziu um campo magnético no mesmo sentido do campo original. Isto fará crescer o fluxo através da área limitada pela bobina externa, que iria, de forma similar, causar um aumento da corrente, aumentando novamente a corrente na bobina interna, e assim por diante. Este é um resultado razoável?

34-3 A LEI DE LENZ

Até agora não especificamos o sentido da fem induzida. Ainda neste capítulo será discutida a relação entre a fem induzida e o campo elétrico induzido, o qual permite escrever a lei de Faraday sem se usar o módulo. Por enquanto, determinamos o sentido da fem induzida baseando-nos na corrente (induzida) que a gerou, utilizando a regra proposta em 1834 por Heinrich Lenz (1804-1865) e conhecida por *lei de Lenz*:

> *O fluxo do campo magnético devido à corrente induzida opõe-se à variação no fluxo que causa a corrente induzida.*

A lei de Lenz refere-se a *correntes* induzidas, o que significa que é aplicável apenas a circuitos condutores fechados. Se o circuito está aberto, podemos normalmente pensar em termos do que iria

acontecer se *estivesse* fechado, e, desta forma, encontrar o sentido da fem induzida.

Se a "variação do fluxo" é um *crescimento*, então a lei de Lenz exige que o sentido da corrente induzida se oponha ao crescimento; isto é, o fluxo do campo magnético da corrente induzida iria passar através da espira no sentido contrário do fluxo original que está crescendo. Se a "variação do fluxo" é um decréscimo, o fluxo do campo magnético da corrente induzida se opõe ao decréscimo; isto é, tende a se somar ao fluxo original para impedi-lo de diminuir.

Como um exemplo da aplicação da lei de Lenz, considere o primeiro experimento de Faraday mostrado na Fig. 34-1. À medida que o pólo norte do ímã se move na direção da espira, o flu-

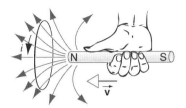

Fig. 34-5. Quando o ímã é empurrado em direção à espira, o fluxo magnético através da espira cresce. A corrente induzida na espira estabelece um campo magnético que opõe-se ao crescimento do fluxo. O campo gerado pela corrente da espira não é mostrado.

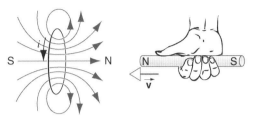

Fig. 34-6. Quando o ímã é empurrado em direção à espira, a corrente induzida i tem o sentido mostrado, estabelecendo um campo magnético que opõe-se ao movimento do ímã. O campo do ímã não é mostrado, mas é o mesmo da Fig. 34-5.

xo através da espira cresce. Este crescimento do fluxo é a "variação" à qual a lei de Lenz se refere. A corrente na espira deve se opor a esta variação; isto é, a corrente deve formar um campo magnético que aponta no sentido contrário dentro da espira. A Fig. 34-5 mostra o sentido da corrente induzida. Utilizando a regra da mão direita, podemos observar que dentro da espira o campo magnético formado pela corrente induzida está no sentido oposto ao do ímã.

Se, em vez disso, o ímã fosse movido *para longe* da espira, o fluxo iria decrescer e a corrente induzida deveria se opor a essa diminuição. Portanto, o campo magnético devido à corrente induzida deve se somar ao campo do ímã dentro da espira, então, a corrente estará no sentido oposto ao mostrado na Fig. 34-5.

Uma outra forma de interpretar a lei de Lenz é baseada no princípio da conservação de energia. Quando um ímã é movido na direção de uma espira, o campo devido à corrente induzida na espira exerce uma força que se opõe ao movimento do ímã, como indicado na Fig. 34-6. A espira forma um campo magnético similar àquele formado por um ímã com seu pólo norte em direção ao pólo norte de um ímã que se aproxima, e os dois pólos norte repelem-se mutuamente. Isto é, devemos aplicar uma força maior para continuar empurrando o ímã em direção à espira. Considere, em vez disso, que a corrente na espira esteja no sentido oposto, então deverá se formar um campo induzido no sentido oposto. Em vez de ser repelido pelo campo da corrente induzida, o ímã seria atraído por este campo e iria acelerar em direção à espira. À medida que o ímã acelera, a corrente na espira irá crescer, causando um aumento da força sobre o ímã e aumentando a aceleração. Tanto a energia cinética do ímã quanto a taxa de dissipação de energia por efeito Joule (i^2R) na espira devem crescer. Como resultado do pequeno empurrão inicial do ímã em direção à espira, a energia aumentará muito — o que é uma clara violação da conservação de energia. Isto não pode acontecer e podemos concluir que o campo devido à corrente induzida deve se opor ao movimento do ímã em direção à espira. De forma semelhante, se o ímã está se movendo para longe da espira, o campo induzido se oporá a este movimento e puxará o ímã na direção da espira.

Em ambos os casos, não é importante que o campo induzido se oponha ao *campo* do ímã, mas sim que ele se oponha à *variação*, que é um crescimento ou decrescimento do fluxo através da espira. Na Fig. 34-5 o campo do ímã aponta para a esquerda e está crescendo (à medida que o ímã se move em direção à espira), o campo induzido deve apontar para a direita dentro da espira. Se o campo do ímã estiver apontando para a esquerda e estiver decrescendo (se o ímã se move para longe da espira), o campo induzido deve apontar para a esquerda dentro da espira. Se o ímã fosse virado de tal forma que seu pólo sul se movesse em direção à espira, o campo iria apontar para a direita e cresceria, então, o campo induzido apontaria para a esquerda dentro da espira.

Podemos agora obter o sentido da corrente na bobina pequena C do Problema Resolvido 34-1. O campo do solenóide S aponta para a direita na Fig. 34-4 e está crescendo. A corrente induzida em C deve se opor ao acréscimo de fluxo através de C e então deve formar um campo que se oponha ao campo de S. A corrente em C está, portanto, no sentido inverso daquela em S. Se a corrente em S está *decrescendo* em vez de crescendo, um argumento similar mostra que uma corrente induzida em C teria o mesmo sentido da corrente em S.

Os Sinais na Lei de Faraday

Até agora apenas se escreveu a lei de Faraday em termos de intensidades. O sentido e a intensidade de uma corrente induzida em uma espira condutora podem ser determinados utilizando a lei de Lenz e a versão da lei de Faraday que calcula apenas a intensidade.

Seria interessante remover o símbolo de número absoluto da lei de Faraday (Eq. 34-3). Antes de fazer isso, devemos esclarecer as ambigüidades de sinal que existem em *ambos* os lados da equação. Desejamos escrever $\mathcal{E}$ em vez de $|\mathcal{E}|$, devemos especificar o que se entende pelo sinal ou pelo sentido de uma fem induzida. Considere o circuito de uma única espira da Fig. 34-7a, o qual pode incluir várias baterias e resistores. Para analisar este circuito devemos utilizar a lei das malhas. Deve ficar claro que ao percorrer a malha no sentido horário, somam-se todas as fems e acha-se um valor resultante positivo, então a corrente também estará no sentido horário. (Apenas desta forma a diferença de potencial total entre os terminais dos resistores pode ser negativa, de forma a satisfazer a lei das malhas.) Para circuitos reais, o sentido positivo da corrente é o mesmo sentido para o qual ao se percorrer a malha obtém-se uma fem resultante positiva. Pode-

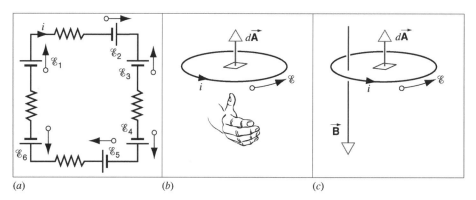

Fig. 34-7. (a) Somando as fems em uma malha para achar o sentido da corrente. (b) A regra da mão direita para a lei de Faraday: com os dedos no sentido de i, o polegar no sentido de $d\vec{A}$. (c) Quando $\vec{B}$ está apontando para baixo e crescendo em intensidade, a corrente induzida é como mostrada.

mos fazer a mesma associação para correntes induzidas e fems: *o sentido das correntes induzidas é o mesmo daquele que ao percorrer a malha obtém-se uma fem positiva.*

O sinal do lado direito da Eq. 34-3 também apresenta uma dificuldade. Quando discutimos a lei de Gauss, a qual implica em um fluxo através de uma superfície *fechada*, definimos o sentido de $d\vec{A}$ como sendo aquele da normal para fora da superfície fechada. Porém, as superfícies limitadas pelas espiras de corrente às quais aplica-se a lei de Faraday são superfícies abertas e, portanto, dá a impressão de que se pode escolher $d\vec{A}$ para ser normal à superfície em um ou outro sentido (tal como na superfície limitada pela espira na Fig. 34-5). A solução deste dilema é uma outra regra da mão direita: aponte os dedos da mão direita de forma a acompanhar a espira que será utilizada para calcular a fem. (Para espiras de fios reais, este é o mesmo sentido que o sentido induzido pela corrente.) O polegar irá então apontar o sentido usado para $d\vec{A}$ no cálculo do fluxo (Fig. 34-7b).

Com essas definições do sentido da fem e do sentido de $d\vec{A}$ para o fluxo procurado, podemos escrever a lei de Faraday como

$$\mathcal{E} = -\frac{d\Phi_B}{dt}. \tag{34-5}$$

O sinal negativo nesta equação é, de fato, resultante da lei de Lenz, tal que a fem induzida se opõe à mudança de fluxo.

A Fig. 34-7c mostra como utilizar a Eq. 34-5. Considere que $\vec{B}$ está apontado para baixo através da espira e crescendo em intensidade. Vamos escolher o sentido de $d\vec{A}$ para cima. (Enquanto a regra da mão direita for utilizada, não importa qual sentido é escolhido — é a relação entre $\mathcal{E}$ e $d\vec{A}$ que é importante.) Para esta escolha $\vec{B} \cdot d\vec{A}$ é negativo em todos os pontos sobre a superfície, portanto, o fluxo é negativo. Se $\vec{B}$ está crescendo em intensidade, então Φ_B é negativo e crescente em intensidade, então $d\Phi_B/dt < 0$. A eq. 34-5 mostra então que $\mathcal{E}$ é positiva em relação ao sentido escolhido para $d\vec{A}$. A regra da mão direita mostra que a fem (e deste modo a corrente induzida) deve ser como indicado na Fig. 34-7c. A corrente induzida deverá ser anti-horária como mostrado anteriormente, conforme concluímos ao aplicar diretamente a lei de Lenz.

Problema Resolvido 34-2.

Uma espira circular de fio de raio $r = 0{,}32$ m e resistência $R = 2{,}5$ Ω é posicionada em um campo magnético uniforme que é perpendicular ao plano da espira e inicialmente dirigido para dentro da página, como mostrado na Fig. 34-8. O campo varia com o tempo segundo $B_z = =-4{,}0$ T $- (5{,}6$ T/s$)t + (2{,}2$ T/s$^2)t^2$, onde z é o eixo positivo saindo da página. Determine a intensidade e o sentido da corrente na espira em $t = 1$ s e em $t = 2$ s.

Solução Tomemos $d\vec{A}$ para dentro da página. Em $t = 1$ s, $B_z = -7{,}4$ T e em $t = 2$ s, $B_z = -6{,}4$ T. Deste modo, para os intervalos de tempo utilizados neste problema, $\vec{B}$ e $d\vec{A}$ são paralelos e $\Phi_B > 0$. Uma vez que o campo é uniforme sobre a espira, $\Phi_B = \vec{B} \cdot \vec{A} = B_z A_z$ (que é uma quantidade positiva, porque $A_z < 0$). A lei de Faraday, então, pode ser escrita como

$$\mathcal{E} = -\frac{d\Phi_B}{dt} = -\frac{d(B_z A_z)}{dt} = -A_z \frac{dB_z}{dt}.$$

O sentido da fem depende do sinal de $dB_z/dt = -5{,}6 + 4{,}4t$. Para $t = 1$ s, $dB_z/dt = -1{,}2$ T/s. Com $A = \pi r^2 = 0{,}322$ m^2, temos $\mathcal{E} = -(-0{,}322$ m$^2)(-1{,}2$ T/m$) = -0{,}39$ V. O sinal negativo significa que, como o polegar da mão direita está apontado no sentido de $\vec{A}$ (para dentro da página), o sentido da fem (e deste modo o da corrente) é anti-horário. A intensidade da corrente é $i = |\mathcal{E}|/R = 0{,}15$ A. Podemos conferir que o sentido

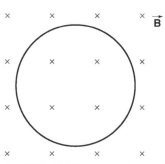

Fig. 34-8. Problema Resolvido 34-2. Uma espira dentro de um campo magnético dirigido para dentro da página.

da corrente (anti-horário) é o mesmo que o obtido à partir da lei de Lenz.

Repetindo os cálculos para $t = 2$ s, achamos $dB_z/dt = +3,2$ T/s e $\mathscr{E} = +1,03$ V. Isto resulta em uma corrente no sentido horário de intensidade $i = |\mathscr{E}|/R = 0,37$ A.

Note que o sentido da corrente muda entre $t = 1$ s e $t = 2$ s, ainda que o sentido do campo permaneça o mesmo (para dentro da página). É o sentido da *mudança* do campo em vez do próprio sentido do campo que determina o sentido da corrente induzida.

34-4 FEM DE MOVIMENTO

A Fig. 34-9 mostra uma espira retangular de largura D, uma parte da qual está em um campo constante e uniforme $\vec{B}$ em ângulo reto em relação ao plano da espira. O campo $\vec{B}$ pode ser gerado, por exemplo, no entreferro de um grande eletroímã. As linhas tracejadas mostradas são os limites admitidos do campo magnético. A espira é puxada para a direita a uma velocidade constante v.

A situação descrita na Fig. 34-9 não difere em nenhum detalhe essencial da situação da Fig. 34-5. Em cada caso, uma espira condutora e um ímã estão em movimento relativo; em cada caso, o fluxo do campo do ímã através da espira está variando com o tempo. A principal diferença entre os dois arranjos é que a situação da Fig. 34-9 permite cálculos mais simples.

O agente externo (a mão na Fig. 34-9) puxa a espira para a direita a uma velocidade constante. À medida que a espira se move, a porção de área da espira no campo decresce e, portanto, o fluxo decresce. Este decrescimento do fluxo induz uma fem e uma corrente induzida que flui na espira. Esta fem, que é resultado do movimento relativo entre um condutor e a fonte de campo magnético, é algumas vezes chamada de *fem de movimento*.

O fluxo Φ_B limitado pela espira na Fig. 34-9 é

$$\Phi_B = BA = BDx,$$

onde Dx é a área da parte da espira na qual B não é nulo. Acha-se a fem $\mathscr{E}$ a partir da lei de Faraday:

$$|\mathscr{E}| = \left|\frac{d\Phi_B}{dt}\right| = \frac{d}{dt}(BDx) = BD\frac{dx}{dt} = BDv, \quad (34\text{-}6)$$

onde dx/dt é igual à velocidade v em que a espira é puxada para fora do campo magnético. Note que a única dimensão da espira que entra na Eq. 34-6 é o comprimento D no lado esquerdo do condutor. Como será visto na Seção 34-7, considera-se que a fem induzida está localizada na parte esquerda da espira.

A fem BDv estabelece uma corrente em uma espira dada por

$$i = \frac{|\mathscr{E}|}{R} = \frac{BDv}{R}, \quad (34\text{-}7)$$

onde R é a resistência da espira. Pela lei de Lenz, esta corrente deve ter o sentido horário na Fig. 34-9; que se opõe à "mudança" (decrescimento de Φ_B) pelo estabelecimento de um campo dentro da espira que é paralelo ao campo externo.

Os lados da espira, os quais são considerados como condutores de corrente, experimentam forças magnéticas $\vec{F}_B = i\vec{L} \times \vec{B}$

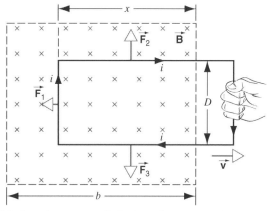

Fig. 34-9. Quando uma espira fechada condutora é retirada do campo, uma corrente induzida i é gerada na espira.

(veja a Eq. 32-26), como mostrado na Fig. 34-9. Uma vez que $\vec{F}_2$ e $\vec{F}_3$ são iguais em intensidade e opostas em sentido, os seus efeitos se cancelam. A força magnética resultante sobre a espira é dada por $\vec{F}_1$ e, para se mover a espira a uma velocidade constante, o agente externo deve aplicar uma força igual em intensidade, mas oposta ao sentido de $\vec{F}_1$. Vamos calcular a potência mecânica $P = Fv$ que deve ser despendida pelo agente externo, ou equivalentemente, a taxa na qual o agente externo realiza trabalho sobre a espira.

A intensidade da força $\vec{F}_1$ é $F_1 = iDB$, pois o sentido da corrente é sempre perpendicular a $\vec{B}$. Para que o agente externo possa aplicar uma força igual a F_1, a potência despendida pelo agente é

$$P = F_1 v = iDBv = \frac{B^2D^2v^2}{R}, \quad (34\text{-}8)$$

onde utilizamos a Eq. 34-7 para a corrente induzida i.

Podemos ainda calcular a taxa na qual a energia é dissipada na espira como resultado do efeito Joule provocado pela corrente induzida. Isto é dado por

$$P = i^2 R = \left(\frac{BDv}{R}\right)^2 R = \frac{B^2D^2v^2}{R}, \quad (34\text{-}9)$$

que concorda exatamente com a Eq. 34-8 para a taxa na qual o trabalho mecânico é realizado na espira. O trabalho realizado pelo agente externo é eventualmente dissipado por efeito Joule na espira.

Correntes de Foucault

Quando o fluxo magnético através de uma grande região de um material condutor muda, correntes induzidas surgem no material (Fig. 34-10). Estas correntes são chamadas de *correntes de Foucault*. Em alguns casos, as correntes de Foucault podem produzir efeitos indesejados. Por exemplo, elas aumentam a energia interna e, deste modo, podem aumentar a temperatura do material. Por esta razão, materiais que são submetidos à variação do campo magnético são muitas vezes *laminados* ou construídos em várias camadas finas isoladas umas das outras. Em vez de um grande caminho em forma de espira, as correntes de Foucault seguem muitos caminhos pequenos na forma de pequenas espiras, aumentando desta forma, o comprimento total destes caminhos e a resistência correspondente; o aquecimento resistivo $\mathcal{E}^2/R$ é menor e o crescimento da energia interna é menor. Por outro lado, o aquecimento causado pela corrente de Foucault pode ser utilizado de forma vantajosa, como em um *forno de indução*, no qual uma amostra de material pode ser aquecida utilizando um campo magnético de variação rápida. Fornos de indução são utilizados nos casos nos quais não é possível ter contato térmico com o material a ser aquecido, como em câmaras a vácuo.

Correntes de Foucault são correntes reais e produzem o mesmo efeito de correntes reais. Em particular, a força $\vec{F}_B = i\vec{L} \times \vec{B}$ é aplicada sobre a parte do caminho da corrente de Foucault na Fig. 34-10 que passa através do campo. Esta força é transmitida ao material e a lei de Lenz pode ser utilizada para mostrar (veja a Questão 25) que a força se opõe ao movimento do condutor. Isto leva ao conceito de *freio eletromagnético*, no qual um campo magnético é aplicado a uma roda girante ou a um trilho para produzir forças que desaceleram o movimento. Tal freio não tem partes móveis ou acoplamentos mecânicos e, portanto, não está sujeito ao desgaste de atrito que os freios mecânicos usuais sofrem. Além disso, é muito mais eficiente em grandes velocidades (porque a força magnética cresce com a velocidade relativa), onde o desgaste nos freios mecânicos seria maior.

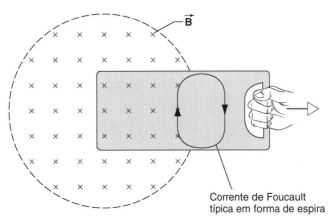

Fig. 34-10. Quando um material condutor é retirado de um campo magnético, uma corrente induzida (corrente de Foucault) surge como mostrado.

Problema Resolvido 34-3.

A Fig. 34-11a mostra uma espira retangular de resistência R, largura D e comprimento a sendo puxada a uma velocidade constante v através de uma região de espessura d na qual um campo magnético $\vec{B}$ é estabelecido por um ímã. Em função da posição x da borda direita da espira, faça um gráfico (a) do fluxo Φ_B através da espira, (b) da corrente induzida i e (c) da taxa P da geração de energia interna na espira. Utilize $D = 4$ cm, $a = 10$ cm, $d = 15$ cm, $R = 16\,\Omega$, $B = 2{,}0$ T e $v = 1{,}0$ m/s.

Solução (a) O fluxo Φ_B é nulo quando a espira não está dentro do campo; e é BDa quando a espira está totalmente dentro do campo; é BDx quando a espira está entrando no campo e $BD[a - (x - d)]$ quando a espira está saindo do campo. Estas conclusões, as quais podem ser verificadas, são mostradas graficamente na Fig. 34-11b.

(b) A intensidade da fem induzida $\mathcal{E}$ é dada por $\mathcal{E} = |d\Phi_B/dt|$, que pode ser escrita como

$$\mathcal{E} = \left|\frac{d\Phi_B}{dt}\right| = \left|\frac{d\Phi_B}{dx}\frac{dx}{dt}\right| = \left|\frac{d\Phi_B}{dx}v\right|,$$

onde $d\Phi_B/dx$ é inclinação da curva da Fig. 34-11b. A corrente i é representada em um gráfico como uma função de x na Fig. 34-11c.

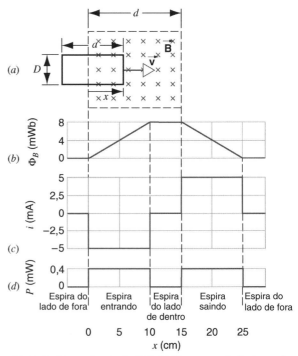

Fig. 34-11. Problema Resolvido 34-3. (a) Uma espira fechada condutora é puxada à uma velocidade constante através de uma região na qual existe um campo magnético uniforme $\vec{B}$. (b) O fluxo magnético através da espira é uma função da coordenada x do lado direito da espira. (c) A corrente induzida é uma função de x. Valores negativos indicam uma corrente de sentido anti-horário. (d) A taxa na qual a energia interna surge na espira na medida em que ela é movida.

Utilizando o mesmo raciocínio que foi usado na Fig. 34-8, deduzimos a partir da Lei de Lenz que, quando a espira está entrando no campo, a corrente tem o sentido anti-horário como visto anteriormente. Note que não há corrente quando a espira está totalmente dentro do campo magnético porque o fluxo Φ_B através da espira não está variando com o tempo, como a Fig. 34-11b mostra. (c) A taxa de geração de energia interna é dada por $P = i^2R$. Esta pode ser calculada elevando-se ao quadrado o valor da ordenada da curva da Fig. 34-11c e multiplicando-se por R. O resultado é representado na forma de gráfico na Fig. 34-11d.

Se o espalhamento do campo magnético, o qual na prática não pode ser evitado (veja o Problema 11 do Cap. 33), for levado em conta, as curvas abruptas e quinas da Fig. 34-11 serão substituídas por curvas suaves.

Problema Resolvido 34-4.

Um bastão de cobre de comprimento R gira com uma velocidade angular ω em um campo magnético uniforme $\vec{B}$, como mostrado na Fig. 34-12. Ache a fem $\mathcal{E}$ que se desenvolve entre as duas pontas do bastão. (Devemos medir esta fem posicionando um trilho condutor ao longo do circulo tracejado da figura e conectando um voltímetro entre o trilho e o ponto O.)

Solução Se um elemento de fio dr se move a uma velocidade $\vec{v}$ em ângulo reto com o campo $\vec{B}$, uma fem de movimento $d\mathcal{E}$ será desenvolvida (veja a Eq. 34-6), sendo dada por

$$d\mathcal{E} = Bv\, dr.$$

O bastão da Fig. 34-12 pode ser dividido em elementos de tamanho dr, com a velocidade linear v de cada um destes elementos é ωr. Cada elemento é perpendicular a $\vec{B}$ e também está se mo-

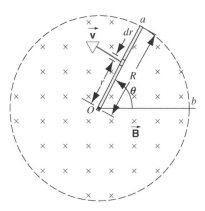

Fig. 34-12. Problema Resolvido 34-4. Um bastão de cobre gira em um campo magnético uniforme.

vendo em uma direção que forma um ângulo reto com $\vec{B}$. Como a fem $d\mathcal{E}$ de cada elemento está disposta "em série" temos,

$$\mathcal{E} = \int d\mathcal{E} = \int_0^R Bv\, dr = \int_0^R B\omega r\, dr = \tfrac{1}{2}B\omega R^2.$$

Em uma segunda abordagem, considere que em cada instante o fluxo limitado pelo setor aOb na Fig. 34-12 é dado por

$$\Phi_B = BA = B(\tfrac{1}{2}R^2\theta),$$

onde $\tfrac{1}{2}R^2\theta$ é a área do setor. Diferenciando, temos

$$\frac{d\Phi_B}{dt} = \tfrac{1}{2}BR^2\frac{d\theta}{dt} = \tfrac{1}{2}B\omega R^2.$$

Da lei de Faraday, esta é exatamente a intensidade de $\mathcal{E}$ e está de acordo com o resultado prévio.

34-5 GERADORES E MOTORES

Como exemplos de resultados úteis da lei de Faraday, podemos considerar a operação de geradores e motores simples.

A Fig. 34-13 mostra os elementos básicos de um gerador. Uma espira de fio condutor gira com uma velocidade angular constante ω em um campo magnético externo. (Um outro dispositivo, não mostrado na figura, é necessário para girar a espira. Em usinas geradoras de eletricidade, o dispositivo adicional poderia ser uma queda d'água de uma represa ou o vapor produzido por uma caldeira que gira as pás de uma turbina.) Por simplicidade é suposto que o campo magnético é uniforme na região na qual a espira gira.

O fluxo magnético através da espira é dado pela Eq. 34-2: $\Phi_B = BA\cos\theta$. À medida que a espira gira, o ângulo θ entre as direções do campo magnético e do elemento de área $d\vec{A}$ dentro da espira muda com o tempo de acordo com $\theta = \omega t$. A fem induzida nas espiras girantes é

$$\mathcal{E} = -\frac{d\Phi_B}{dt} = -BA\frac{d}{dt}(\cos \omega t) = BA\omega\,\text{sen}\,\omega t. \quad (34\text{-}10)$$

Se a espira tem N voltas, o fluxo total é multiplicado por N, então a fem será $\mathcal{E} = NBA\omega\,\text{sen}\,\omega t$.

A fem induzida varia senoidalmente com o tempo, como mostrado na Fig. 34-14. Se o gerador é conectado a uma carga externa de resistência R, uma corrente induzida $i = \mathcal{E}/R$ surge no circuito; esta corrente flui através da espira girante e pelos fios conectados à carga.

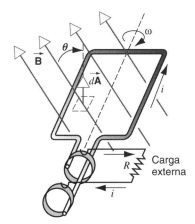

Fig. 34-13. Um gerador simples. A rotação da espira induz uma corrente que alterna o seu sentido. A corrente é fornecida à carga externa através de contatos deslizantes (chamados "escovas") sobre os anéis.

A Fig. 34-14 sugere que a corrente muda de sentido à medida que a espira gira. A corrente que muda de sentido é chamada de *corrente alternada* (abreviação CA). A fem produzida por este gerador é chamada de uma fem CA ou uma tensão CA.

Em seguida consideramos o sentido da corrente induzida na espira. Quando a espira está na posição mostrada na Fig. 34-13, uma pequena rotação no sentido de ω irá diminuir o fluxo e então (pela lei de Lenz) a corrente induzida na espira deve produzir um campo com o mesmo sentido do campo externo (desse modo, se opondo à diminuição do fluxo). A corrente induzida é, portanto, anti-horária, como mostrado. À medida que o plano da espira se torna paralelo ao campo ($\theta = 90°$) o fluxo varia mais rapidamente e a corrente de sentido anti-horária atinge sua intensidade máxima. De $\theta = 90°$ até $\theta = 180°$ o fluxo se torna cada vez mais negativo, então a corrente deve se manter no sentido anti-horário para se opor à mudança do fluxo. Eventualmente, a espira passa por $\theta = 180°$ e o fluxo negativo começa a crescer em direção ao zero. A corrente induzida deve estar agora no sentido horário, produzindo um campo para baixo dentro da espira que se opõe à mudança do fluxo. Continuando este raciocínio, concluímos que a corrente muda de sentido sempre que a espira passa por $\theta = 180°$.

Geradores de projeto mais complexo que aquele mostrado são utilizados em usinas geradoras de eletricidade para produzir tensão CA que é utilizada nos domicílios. Um dispositivo semelhante conhecido como *alternador* é utilizado em automóveis; em um alternador a fonte de campo magnético (um pequeno ímã permanente) gira, enquanto as espiras na qual a corrente é induzida permanecem fixas.

Até agora parece que podemos obter eletricidade "de graça" a partir do gerador. Se fosse possível projetar uma espira rotativa com mancais sem atrito, uma vez que são colocadas em rotação com uma determinada velocidade angular, a corrente induzida continuaria fluindo indefinidamente pela carga externa. Trabalho ilimitado seria realizado sobre a carga externa sem nenhum aporte de energia. Certamente, deve haver algo de errado com este raciocínio, que viola a conservação de energia!

Mesmo na ausência de atrito, existe um torque que se opõe ao giro da espira. Quando a corrente flui na espira, existe um torque magnético dado pela Eq. 32-34 ($\tau = NiAB$ sen θ). Não importa se a corrente é gerada por uma bateria ou pelo movimento de um campo magnético; ainda existirá um torque agindo na espira em que a corrente flui. Na situação mostrada na Fig. 34-13, o torque age para empurrar o plano da espira para $\theta = 0$ e, portanto, ele se opõe à rotação. De fato, o torque permanece no mesmo sentido mesmo quando a espira passa por $\theta = 180°$ e a corrente muda de sentido. Para se opor a este torque, o dispositivo que está produzindo a rotação da espira deve realizar trabalho continuamente durante a rotação da espira. O gerador pode, deste modo, ser visto como um dispositivo que converte trabalho mecânico (a rotação da espira) em trabalho elétrico na carga. A energia elétrica gerada pelo gerador é, em última análise, derivada da energia suprida pelo agente que mantém a espira girando.

Um motor elétrico é apenas um gerador operando de forma reversa. Desconectamos a fonte externa que está impelindo a rotação da espira e substituímos a carga da Fig. 34-13 por um outro gerador, que produz uma fem $\mathcal{E}$ CA que injeta uma corrente $i = \mathcal{E}/R$ na espira. Neste caso, existe novamente um torque magnético sobre a espira que a faz girar. No instante em que a espira passa por $\theta = 180°$, onde o torque é nulo, a corrente suprida externamente muda de sentido, o que mantém o torque no mesmo sentido enquanto a espira continua a girar. Ainda que a corrente mude de sentido a cada meio ciclo, o torque magnético permanece no mesmo sentido.

Mais uma vez, ao se assumir mancais sem atrito, parece que podemos obter alguma saída sem nenhuma entrada do motor. Se a resistência dos fios for extremamente baixa, então a corrente e o torque resultante tornar-se-ão muito grandes. Uma quantidade ilimitada de trabalho mecânico parece ser possível com apenas um pequeno aporte de energia elétrica. O que foi desprezado é que a espira girante produz uma fem induzida $\mathcal{E}_{ind}$ (conhecida no caso do motor como "força contra-eletromotriz" ou fcem) dada pela Eq. 34-10. De acordo com a lei de Lenz, a fcem se opõe ao efeito da fem $\mathcal{E}$ aplicada. Quando o motor é inicialmente ligado, ω é pequeno e a fcem é pequena e a corrente é $i = \mathcal{E}/R$. À medida que o giro adquire velocidade, a fcem cresce e a corrente decresce para $i = (\mathcal{E} - \mathcal{E}_{ind})/R$. Enquanto a velocidade angular continua a crescer, a fcem cresce; quando eventualmente $\mathcal{E}_{ind}$ é $\mathcal{E}$, nenhuma corrente flui e o motor não pode mais fornecer torque. Ao aplicarmos carga ao motor (por exemplo, um peso a ser levantado), a rotação diminui um pouco, então $\mathcal{E}_{ind}$ decresce e i cresce — o gerador deve prover trabalho elétrico adicional. Um motor pode, portanto, ser considerado como um dispositivo para converter trabalho elétrico (de um gerador motriz) em trabalho mecânico.

Geradores e motores reais são um pouco mais complicados do que os que foram objetos de discussão. Alguns geradores utilizam arranjos geométricos engenhosos da bobina e dos coletores para produzir correntes CC (que podem variar em intensidade com o tempo, mas não mudam de sentido). De forma similar, existem motores CC que operam com correntes ou tensões CC. Contudo, os princípios básicos de operação são similares aos exemplos discutidos.

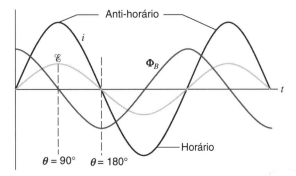

Fig. 34-14. O fluxo magnético, a fem induzida e a corrente induzida do gerador da Fig. 34-13.

PROBLEMA RESOLVIDO 34-5.

Um gerador elétrico consiste em uma espira retangular de dimensões 8,4 cm por 15,4 cm. Ela gira dentro de um campo magnético uniforme de 0,126 T à freqüência de 60,0 Hz em torno de um eixo perpendicular à direção do campo. Qual a fem máxima gerada pela espira?

Solução A fem máxima é dada pela Eq. 34-10 quando sen $\omega t = 1$:

$$\mathscr{E}_{máx.} = BA\omega$$
$$= (0,126 \text{ T})(0,084 \text{ m} \times 0,154 \text{ m})(2\pi \times 60 \text{ s}^{-1})$$
$$= 0,61 \text{ V}.$$

34-6 CAMPOS ELÉTRICOS INDUZIDOS

Considere que uma espira de fio condutor é posicionada em um campo magnético externo (como na Fig. 34-15a). O campo, que supomos ter intensidade constante por toda a área da espira, pode ser estabelecido por um eletroímã externo. Através da variação da corrente no eletroímã, podemos variar a intensidade do campo magnético.

À medida que $\vec{B}$ é alterado, o fluxo magnético através da espira varia com o tempo e, a partir das leis de Faraday e de Lenz, podemos calcular a intensidade, direção e sentido da fem induzida e da corrente induzida na espira. Antes de o campo começar a variar, não há corrente na espira; enquanto o campo está variando, cargas fluem na espira. Para as cargas começarem a se mover, elas precisam ser aceleradas por um campo elétrico. Este *campo elétrico induzido* ocorre com um campo magnético variável, de acordo com a lei de Faraday.

O campo elétrico induzido é tão real como qualquer campo que poderia ser formado por cargas estáticas; por exemplo, ele aplica uma força $q_0\vec{E}$ sobre uma carga de teste. Além disso, a presença de um campo elétrico não implica a presença da espira de fio; se a espira for totalmente removida, o campo elétrico ainda estará presente. Podemos preencher este espaço com um "gás" de elétrons ou com átomos ionizados; estas partículas irão experimentar este campo elétrico induzido $\vec{E}$.

Substituindo a espira de fio pelo caminho circular de raio arbitrário r (Fig. 34-15b). O caminho, que foi tomado em um plano perpendicular à direção de $\vec{B}$, engloba a região do espaço no qual o campo magnético varia a uma taxa de $d\vec{B}/dt$. Supõe-se que a taxa $d\vec{B}/dt$ seja a mesma em todos os pontos dentro da área limitada pelo caminho. O caminho circular abrange o fluxo Φ_B, o qual está mudando à taxa de $d\Phi_B/dt$ em função da variação do campo magnético. Uma fem induzida surge ao longo do caminho e, portanto, existe um campo elétrico induzido em todos os pontos ao longo do círculo. Por simetria, conclui-se que $\vec{E}$ deve ter a mesma intensidade em todos os pontos ao longo do círculo, não havendo sentido preferencial neste espaço. Além disso, $\vec{E}$ não pode ter componente radial, uma conclusão que segue a lei de Gauss: construa um cilindro imaginário de superfície gaussiana perpendicular ao plano da Fig. 34-15b. Se existisse uma componente radial de $\vec{E}$, teria de existir um fluxo *elétrico* resultante para dentro ou para fora da superfície, para o qual seria necessário que a superfície limitasse a carga elétrica resultante. Uma vez que não existe tal carga, o fluxo elétrico deve ser nulo e a componente radial de $\vec{E}$ deve ser nula. Deste modo, o campo elétrico induzido é tangencial e as linhas de campo elétrico são círculos concêntricos, como na Fig. 34-15c.

Considere uma carga de teste q_0 se movendo ao longo do caminho circular da Fig. 34-15b. O trabalho W realizado sobre a carga pelo campo elétrico induzido em uma revolução é $\mathscr{E}q_0$. De modo equivalente, podemos expressar o trabalho como uma força elétrica $q_0\mathscr{E}$ vezes o deslocamento $2\pi r$ obtido em uma revolução. Igualando estas duas expressões de W e cancelando o fator q_0, obtemos

$$\mathscr{E} = E(2\pi r). \quad (34\text{-}11)$$

O lado direito da Eq. 34-11 pode ser expresso através de uma integral de linha de $\vec{E}$ ao longo do círculo, que pode ser escrita em casos mais gerais (por exemplo, quando $\vec{E}$ não é constante ou quando o caminho fechado escolhido não é um círculo) como

$$\mathscr{E} = \oint \vec{E} \cdot d\vec{s}. \quad (34\text{-}12)$$

Note que a Eq. 34-12 reduz-se diretamente à Eq. 34-11 no caso especial de caminho circular com $\vec{E}$ constante e tangencial.

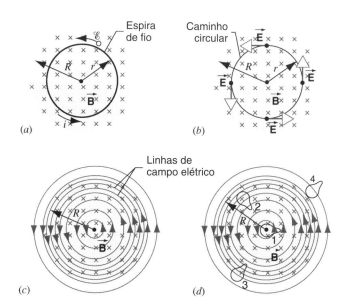

Fig. 34-15. (*a*) Se o campo magnético (que aponta para dentro da página) cresce a uma taxa constante, uma corrente constante, como mostrada, surge na espira de raio *r*. (*b*) Campos elétricos induzidos existem na região, mesmo quando o anel for removido. (*c*) Um retrato completo dos campos elétricos induzidos, mostrados como linhas de campo. (*d*) Quatro caminhos fechados similares ao longo dos quais uma fem pode ser calculada.

Substituindo a fem pela Eq. 34-12, podemos escrever a lei de indução de Faraday ($\mathscr{E} = -d\Phi_B/dt$) como

$$\oint \vec{E} \cdot d\vec{s} = -\frac{d\Phi_B}{dt}. \quad (34\text{-}13)$$

É nesta forma que a lei de Faraday aparece como uma das quatro equações básicas de Maxwell do eletromagnetismo. Nesta forma, é evidente que a lei de Faraday implica que um campo magnético variável gera um campo elétrico. O sentido da integral de linha está relacionado ao sentido de $d\vec{A}$ em relação a Φ_B pela mesma regra da mão direita discutida no final da Seção 34-3: com os dedos no sentido de $d\vec{s}$ ao longo do caminho fechado de integração, o polegar indica o sentido de $d\vec{A}$.

Na Fig. 34-15, supomos que o campo magnético é crescente; isto é, ambos dB/dt e $d\Phi_B/dt$ são positivos. Pela lei de Lenz, a fem induzida se opõe a esta variação e, deste modo, as correntes induzidas criam um campo magnético que aponta para fora do plano da figura. Uma vez que as correntes devem ser anti-horárias, as linhas de campo elétrico induzido $\vec{E}$ (que são responsáveis pela corrente) devem ser anti-horárias. Se, por outro lado, o campo magnético estiver decrescendo ($dB/dt < 0$), as linhas de campo elétrico induzido terão o sentido horário, de tal forma que a corrente induzida se oponha novamente à mudança de Φ_B.

A lei de Faraday na forma da Eq. 34-13 pode ser empregada para caminhos de qualquer geometria, não apenas caminhos circulares especiais como o que foi escolhido na Fig. 34-15b. A Fig. 34-15d mostra quatro destes caminhos, todos eles tendo a mesma forma e área abrangida, mas colocados em diferentes posições no campo variável. Para os caminhos 1 e 2, a fem induzida é a mesma porque estes caminhos estão totalmente dentro do campo magnético variável e deste modo, têm o mesmo valor de $d\Phi_B/dt$. Porém, ainda que a fem $\mathscr{E} (= \oint \vec{E} \cdot d\vec{s})$ seja a mesma para os dois caminhos, a distribuição dos vetores de campo elétrico ao longo dos caminhos é diferente, como indicado pelas linhas de campo elétrico. Para o caminho 3, a fem é menor, porque tanto Φ_B quanto $d\Phi_B/dt$ são menores e para o caminho 4 a fem induzida é nula, ainda que o campo elétrico não seja nulo em nenhum ponto ao longo do caminho.

Fem Induzida e Diferença de Potencial

No Cap. 26 discutimos campos elétricos gerados por cargas. Campos elétricos induzidos são gerados não por cargas, mas por fluxo magnético variável. Ambas as formas de campo elétrico podem ser detectadas pelas forças que estes aplicam sobre cargas, mas existe uma importante diferença entre elas: as linhas de $\vec{E}$ associadas à variação do fluxo magnético são de forma fechada, mas as linhas de $\vec{E}$ associadas às cargas sempre começam em uma carga positiva e acabam em uma carga negativa.

Existe uma outra diferença entre as duas formas de campos elétricos: *campos elétricos gerados por cargas podem ser representadas por um potencial, mas um potencial não tem nenhum significado para campos elétricos gerados por um fluxo magnético variável.* No Cap. 28 mostramos que a diferença de potencial entre dois pontos em um campo elétrico é (veja a Eq. 28.15):

$$V_b - V_a = -\int_a^b \vec{E} \cdot d\vec{s}. \quad (34\text{-}14)$$

Como o campo eletrostático associado às cargas é conservativo, a diferença de potencial independe do caminho utilizado entre os pontos a e b. Se a e b são um mesmo ponto, então o caminho que os conecta é um caminho fechado e a Eq. 34-14 torna-se:

$$\oint \vec{E} \cdot d\vec{s} = 0. \quad (34\text{-}15)$$

A Fig. 34-16a ilustra esta idéia. Ao se conectar as duas pontas de prova de um voltímetro em um campo devido às cargas, o voltímetro mostra uma leitura nula.

Considere o caso contrastante do campo elétrico gerado por um campo magnético variável. Neste caso, a integral de $\vec{E}$ ao longo do caminho *não* é nula — agora $\oint \vec{E} \cdot d\vec{s}$ é $-d\Phi_B/dt$, de acordo com a lei de Faraday. Na Fig. 34-16b, as duas pontas de prova do voltímetro, ainda se conectam mutuamente, formando um caminho fechado em torno de um solenóide no qual a corrente está variando. Neste caso, a leitura no voltímetro é *diferente* de zero e o conceito de potencial não pode ser utilizado para descrever a situação. O campo elétrico induzido devido ao campo magnético variável não é conservativo e não pode ser representado por um potencial. (O campo magnético devido à corrente também não é conservativo. As linhas de campo magnético for-

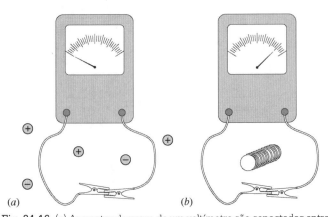

Fig. 34-16. (a) As pontas de prova de um voltímetro são conectadas entre si em uma região onde há um campo elétrico devido às cargas. A integral $\oint \vec{E} \cdot d\vec{s}$ ao longo de um caminho fechado que consiste nas pontas de prova e do voltímetro é nula, então o voltímetro tem uma leitura nula. (b) As pontas de prova agora envolvem um solenóide onde a corrente está variando. Ainda que as pontas de prova estejam conectadas entre si, o voltímetro tem uma leitura não-nula.

mam caminhos fechados e o campo magnético também não pode ser descrito por um potencial.)

Problema Resolvido 34-6.

Na Fig. 34-15b, suponha que $R = 8,5$ cm e $dB/dt = 0,13$ T/s. (a) Qual a intensidade do campo elétrico $\vec{E}$ para $r = 5,2$ cm? (b) Qual a intensidade do campo elétrico induzido para $r = 12,5$ cm?

Solução (a) O fluxo Φ_B através de um caminho fechado circular de raio r é (com $r < R$)

$$\Phi_B = B(\pi r^2),$$

então, da lei de Faraday (Eq. 34-13), temos

$$E(2\pi r) = -\frac{d\Phi_B}{dt} = -(\pi r^2)\frac{dB}{dt}.$$

Resolvendo para E e usando as intensidades, achamos

$$E = \frac{1}{2}\left|\frac{dB}{dt}\right|r. \qquad (34\text{-}16)$$

Note que o campo elétrico induzido E depende de dB/dt, mas não de B. Para $r = 5,2$ cm, temos, para a intensidade de $\vec{E}$,

$$E = \frac{1}{2}\left|\frac{dB}{dt}\right|r = \tfrac{1}{2}(0,13 \text{ T/s})(5,2 \times 10^{-2} \text{ m})$$

$$= 0,0034 \text{ V/m} = 3,4 \text{ mV/m}.$$

(b) Neste caso, temos $r > R$ de modo que todo o fluxo do ímã passa através do caminho circular. Deste modo,

$$\Phi_B = B(\pi R^2).$$

Da lei de Faraday (Eq. 34-13), achamos então,

$$E(2\pi r) = -\frac{d\Phi_B}{dt} = -(\pi R^2)\frac{dB}{dt}.$$

Resolvendo para E e novamente usando as intensidades, achamos

$$E = \frac{1}{2}\left|\frac{dB}{dt}\right|\frac{R^2}{r}. \qquad (34\text{-}17)$$

Um campo elétrico é induzido neste caso mesmo para pontos que estão bem distantes do campo magnético (variável), um resultado importante que torna os transformadores possíveis (veja a Seção 37-5). Para $r = 12,5$ cm, a Eq. 34-17 fornece

$$E = \tfrac{1}{2}(0,13 \text{ T/s})\frac{(8,5 \times 10^{-2} \text{ m})^2}{12,5 \times 10^{-2} \text{ m}}$$

$$= 3,8 \times 10^{-3} \text{ V/m} = 3,8 \text{ mV/m}.$$

As Eqs. 34-16 e 34-17 produzem o mesmo resultado, como era de se esperar, para $r = R$. A Fig. 34-17 mostra um gráfico de $E(r)$ baseado nestas duas equações.

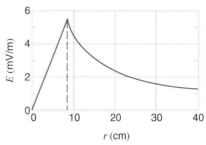

Fig. 34-17. O campo elétrico induzido achado no Problema Resolvido 34-6.

O Betatron*

O betatron é um dispositivo para acelerar elétrons (também conhecidos por partículas beta) a velocidades altas utilizando um campo elétrico induzido gerado por um campo magnético variável. Energias típicas de elétrons são de 50 a 100 MeV. Tais elétrons de alta energia podem ser utilizados tanto para pesquisa básica em física como para produzir raios X para pesquisa aplicada na indústria e para propósitos médicos, como tratamento do câncer.

A Fig. 34-18a mostra uma seção transversal da estrutura interna de um betatron. O campo magnético, cuja forma é determinada pelas peças polares M feitas de material magnético, pode ser alterado pela variação da corrente alternada na bobina. Os elétrons circulam em um tubo com vácuo em forma de toróide.

A bobina conduz uma corrente alternada e gera o campo magnético mostrado na Fig. 34-18b. Para os elétrons circularem no sentido mostrado (anti-horário, como visto na Fig. 34-18), o campo magnético deve apontar para cima (que tomamos como positivo). O campo variável deve ser $dB/dt > 0$, de forma que $d\Phi_B/dt > 0$ e os elétrons são acelerados (e depois desacelerados) durante um ciclo. Deste modo, apenas o primeiro quarto do ciclo da Fig. 34-18b é útil para a operação do betatron. Os elétrons entram na máquina em $t = 0$ e são extraídos em $t = T/4$; para os restantes três quartos do ciclo, o betatron não gera o feixe. O betatron gera um feixe pulsado, em vez de um feixe contínuo, com pulsos tipicamente a cada 0,01 s.

Problema Resolvido 34-7.

Em um betatron de 100 MeV, o raio da órbita R é de 84 cm. O campo magnético na região limitada pela órbita aumenta periodicamente (60 vezes por segundo) de zero a um valor máximo médio $B_{\text{méd,m}} = 0,80$ T em um intervalo de aceleração de um

---

*Para uma revisão de desenvolvimentos e aplicações de betatrons e dispositivos similares, veja "Ultra-high-current Electron Induction Accelerators", por Chirs A. Kapetanakos e Phillip Sprangle, *Physics Today*, fevereiro de 1985, p. 58.

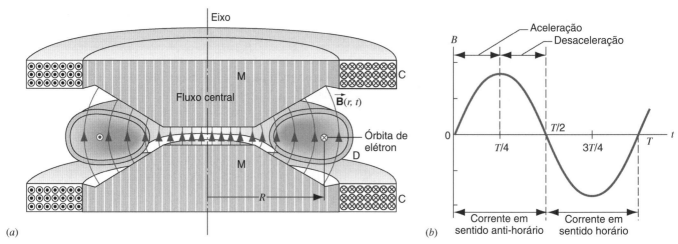

Fig. 34-18. (a) Seção transversal de um betatron mostrando a órbita dos elétrons em aceleração e um "instantâneo" do campo magnético em um certo instante do ciclo. O campo magnético é gerado pela bobina C, cuja forma é dada pelas peças polares magnéticas M. Os elétrons circulam dentro de um tubo cerâmico D, com vácuo, em forma de toróide. Os elétrons orbitam perpendicularmente ao plano da figura, entrando do lado direito e saindo do lado esquerdo. (b) A variação do campo magnético em função do tempo durante um ciclo no betatron.

quarto do período ou 4,2 ms. (a) Qual a energia que o elétron ganha em uma volta média ao longo de sua órbita neste fluxo variável? (b) Qual a velocidade *média* de um elétron durante o seu ciclo de aceleração?

Solução (a) O fluxo central aumenta durante o intervalo de aceleração de zero a um máximo de

$$\Phi_B = (B_{\text{méd.,m}})(\pi R^2)$$
$$= (0,80 \text{ T})(\pi)(0,84 \text{ m})^2 = 1,8 \text{ Wb}.$$

O valor médio de $d\Phi_B/dt$ durante o intervalo de aceleração é então

$$\left(\frac{d\Phi_B}{dt}\right)_{\text{méd.}} = \frac{\Delta \Phi_B}{\Delta t} = \frac{1,8 \text{ Wb}}{4,2 \times 10^{-3} \text{ s}} = 430 \text{ Wb/s}.$$

Da lei de Faraday (Eq. 34-3) isto é também a fem média em volts. Deste modo, a energia dos elétrons cresce de uma média de 430 eV por revolução neste fluxo variável. Para alcançar a sua energia final de 100 MeV, é necessário atingir 230.000 revoluções em suas órbitas, uma distância total em torno de 1200 km.

(b) O intervalo do ciclo de aceleração é de 4,2 ms e a distância percorrida calculada anteriormente como sendo de 1200 km. A velocidade média é então

$$v_{\text{méd.}} = \frac{1200 \times 10^3 \text{ m}}{4,2 \times 10^{-3} \text{ s}} = 2,86 \times 10^8 \text{ m/s}.$$

Isto é 95% da velocidade da luz. A velocidade real de um elétron totalmente acelerado, quando este alcança a sua energia final de 100 MeV, é de 99,9987% da velocidade da luz.

34-7 INDUÇÃO E MOVIMENTO RELATIVO (OPCIONAL)

Na Seção 33-6, discutimos o conceito de que a classificação dos efeitos eletromagnéticos em puramente elétricos ou puramente magnéticos dependia do sistema de referência do observador. Por exemplo, o que parece ser um campo magnético em um sistema de referência pode se apresentar como uma mistura de campos elétrico e magnético em outro sistema de referência. Desde que a fem de movimento seja determinada pela velocidade que um objeto se move através do campo magnético, esta depende claramente do sistema de referência do observador. Outros observadores em sistemas de referência inerciais distintos medirão velocidades distintas e campos magnéticos de intensidade diferentes. Portanto, é indispensável ao se calcularem fem induzidas e correntes, especificar o sistema de referência do observador.

A Fig. 34-19a mostra uma espira fechada, que um agente externo (não mostrado) faz com que se mova com velocidade $\vec{v}$ em relação ao ímã que supre um campo uniforme $\vec{B}$ em uma região. Um observador S está em repouso em relação ao ímã utilizado para estabelecer o campo $\vec{B}$. A fem induzida neste caso é uma *fem de movimento* porque a espira condutora está se movendo em relação a este observador.

Considere um portador de carga positiva do lado esquerdo da espira. Para o observador S, esta carga q é limitada a mover-se através do campo $\vec{B}$ com velocidade $\vec{v}$ para a direita ao longo da espira e nela é aplicada a força magnética dada por $\vec{F} = q\vec{v} \times \vec{B}$ (não mostrado na Fig. 34-19a). Esta força compele os portadores a se moverem para cima (na direção y) ao longo do condutor; eventualmente, eles adquirem uma velocidade de deriva $\vec{v}_d$, como mostrado na Fig. 34-19a.

A resultante da velocidade dos portadores é agora $\vec{V}$, o vetor soma de $\vec{v}$ e $\vec{v}_d$. Nesta situação, a força magnética $\vec{F}_B$ é

$$\vec{F}_B = q\vec{V} \times \vec{B}, \qquad (34\text{-}18)$$

que está agindo (como usual) em ângulo reto com a resultante da velocidade $\vec{V}$ do portador, como mostrado na Fig. 34-19a.

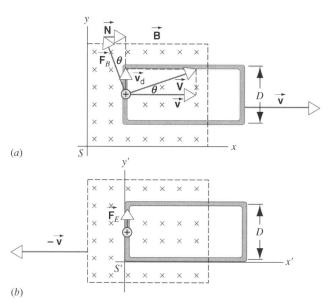

Fig. 34-19. Uma espira fechada condutora está em movimento em relação ao ímã que gera o campo $\vec{B}$. (a) Um observador S, fixo em relação ao ímã, vê a espira se movendo para a direita e observa que a força magnética $F_B \cos\theta$ agindo para cima sobre os portadores de cargas positivas. (b) Um observador S', fixo em relação à espira, vê o ímã se movendo para a esquerda e observa uma força *elétrica* agindo para cima sobre os portadores de cargas positivas. Em ambas as figuras existem forças internas de colisão (não mostradas) que evitam que os portadores de cargas acelerem.

Agindo só, $\vec{F}_B$ tende a empurrar os portadores através do lado esquerdo do condutor. Uma vez que isto não ocorre, a superfície do lado esquerdo do condutor aplica uma força normal $\vec{N}$ sobre os portadores (veja a Fig. 34-19a) de intensidade tal que $\vec{v}_d$ fique paralela ao eixo do arame; em outras palavras, $\vec{N}$ cancela exatamente a componente horizontal de $\vec{F}_B$ deixando apenas a componente $F_B \cos\theta$ que acompanha a direção do condutor. Esta última componente de força sobre o portador é também cancelada neste caso por uma força impulsiva média F_i associada às colisões internas que o portador está sujeito à medida que se move com velocidade (constante) v_d ao longo do fio.

A energia cinética de um portador de carga à medida que move-se ao longo do fio permanece constante. Isto é consistente com o fato de a força resultante que age sobre o portador de carga ($= \vec{F}_B + \vec{F}_i + \vec{N}$) ser nula. O trabalho realizado por $\vec{F}_B$ é nulo porque as forças magnéticas, agindo em ângulo reto com a velocidade de uma carga móvel, não podem realizar trabalho sobre esta carga. Deste modo, o trabalho (negativo) realizado sobre o portador pela força média das colisões internas $\vec{F}_i$ deve ser exatamente cancelada pelo trabalho (positivo) realizado sobre o portador pela força $\vec{N}$. Enfim, $\vec{N}$ é fornecida pelo agente que puxa a espira através do campo magnético e a energia mecânica despendida por este agente surge como energia interna na espira, como se viu na Seção 34-4.

Calcula-se então o trabalho dW realizado sobre o portador no intervalo de tempo dt pela força $\vec{N}$; ele é

$$dW = N(v\,dt), \qquad (34\text{-}19)$$

na qual $v\,dt$ é a distância que a espira (e o portador) são movidos para a direita na Fig. 34-19a, durante o intervalo de tempo dt. Podemos explicitar N (veja a Eq. 34-18 e a Fig. 34-19a)

$$N = F_B \operatorname{sen}\theta = (qVB)(v_d/V) = qBv_d. \qquad (34\text{-}20)$$

Substituindo a Eq. 34-20 na Eq. 34-19 temos

$$dW = (qBv_d)(v\,dt)$$
$$= (qBv)(v_d\,dt) = qBv\,ds, \qquad (34\text{-}21)$$

na qual $ds\ (= v_d\,dt)$ é a distância que o portador se desloca ao longo do condutor durante o intervalo de tempo dt.

O trabalho realizado sobre o portador ao completar uma volta na espira é determinado pela integração da Eq. 34-21 ao longo da espira, sendo igual a

$$W = \oint dW = qBvD. \qquad (34\text{-}22)$$

Isto ocorre porque as contribuições do trabalho da parte de cima e da parte de baixo da espira têm sinais opostos e se cancelam, e nenhum trabalho é realizado nas partes da espira que estão fora do campo magnético.

Um agente externo que realiza trabalho sobre os portadores de carga e, deste modo, estabelece uma corrente em uma espira condutora fechada, pode ser visto como uma fem. Utilizando a Eq. 34-22, temos

$$\mathcal{E} = \frac{W}{q} = \frac{qBvD}{q} = BDv, \qquad (34\text{-}23)$$

que é o mesmo resultado obtido a partir da lei de indução de Faraday; veja a Eq. 34-6. Deste modo, a fem de movimento está intimamente ligada com a deflexão lateral de uma partícula carregada movendo-se através de um campo magnético.

Considere como a situação da Fig. 34-19a poderia parecer para um observador S' que está *em repouso em relação à espira*. Para este observador, o ímã está se movendo para a esquerda na Fig. 34-19b com velocidade $-\vec{v}$ e a carga q não se move na direção x' com a espira, mas se move no sentido horário ao longo da espira. S' mede uma fem $\mathcal{E}'$ que é responsável, em nível microscópico, pela postulação que um campo elétrico $\vec{E}'$ é induzido na espira pela ação do ímã em movimento. A fem $\mathcal{E}'$ é relacionada a $\vec{E}'$ pela Eq. 34-12,

$$\mathcal{E}' = \oint \vec{E}' \cdot d\vec{s}. \qquad (34\text{-}24)$$

O campo induzido $\vec{E}'$, o qual tem a mesma origem que os campos induzidos que foram discutidos na Seção 34-6, aplica uma força $q\vec{E}'$ sobre um portador de carga.

O campo induzido $\vec{E}'$, que gera a corrente, existe apenas do lado esquerdo da espira. (Ao efetuar a integral da Eq. 34-12 ao longo da espira, as contribuições à integral da componente x' de $\vec{E}'$ cancelam-se nas partes de cima e de baixo, ao passo que não há contribuição de partes da espira que não estão dentro do campo magnético.) Utilizando a Eq. 34-12 podemos obter

$$\mathcal{E}' = E'D. \qquad (34\text{-}25)$$

242 CAPÍTULO TRINTA E QUATRO

Para movimentos com velocidades que são pequenas em comparação com a velocidade da luz, as fems dadas pelas Eqs. 34-23 e 34-25 devem ser idênticas, porque o movimento relativo da espira e do ímã é idêntico nos dois casos mostrados na Fig. 34-19. Igualando essas relações temos

$$E'D = BDv,$$

ou

$$E' = vB. \qquad (34\text{-}26)$$

Na Fig. 34-19b o vetor $\vec{E}'$ aponta para cima ao longo do eixo do lado esquerdo da espira condutora porque este é o sentido no qual o movimento das cargas positivas é observado. Os sentidos de $\vec{v}$ e de $\vec{B}$ são claramente mostrados nesta figura. Vemos que a Eq. 34-26 é consistente com uma relação vetorial mais geral

$$\vec{E}' = \vec{v} \times \vec{B}. \qquad (34\text{-}27)$$

A Eq. 34-27 não foi comprovada, com a exceção do caso especial da Fig. 34-19; contudo é verdadeira em geral, não importando qual o ângulo entre $\vec{v}$ e $\vec{B}$.

Podemos explicar a Eq. 34-27 da seguinte forma. O observador S fixo em relação ao ímã está ciente apenas do campo magnético. Para este observador, a força surge a partir da movimentação das cargas através de $\vec{B}$. O observador S' fixo no portador de carga está ciente de um campo elétrico $\vec{E}'$ e atribui a força sobre a carga (inicialmente em repouso em relação a S') ao campo elétrico. S diz que a força tem origem puramente magnética, enquanto S' diz que a força tem origem puramente elétrica. Do ponto de vista de S, a fem induzida é dada por $\oint (\vec{v} \times \vec{B}) \cdot d\vec{s}$. Do ponto de vista de S', a mesma fem induzida é dada por $\oint \vec{E}' \cdot d\vec{s}$, onde $\vec{E}'$ é o vetor campo elétrico (induzido) que S' observa em pontos ao longo do circuito.

Para um terceiro observador S'', para quem tanto o ímã quanto a espira estão se movendo, a força que tende a mover as cargas ao longo da espira não é nem puramente elétrica nem puramente magnética, mas um pouco de cada. Em resumo, na equação

$$\vec{F}/q = \vec{E} + \vec{v} \times \vec{B},$$

observadores diferentes produzem avaliações distintas de $\vec{E}$, $\vec{B}$ e $\vec{v}$, mas quando estes são combinados, todos os observadores produzem a mesma avaliação de $\vec{F}/q$ e todos obtém o mesmo valor para a fem induzida na espira (a qual depende apenas do movimento relativo). Isto é, a força total (e, por isso, a aceleração total) é a mesma para todos os observadores, mas cada observador produz estimativas distintas das parcelas de forças elétrica e magnética que contribuem para a mesma força total.

O ponto essencial é que o que parece ser um campo magnético para um observador pode parecer como uma combinação de campo elétrico e de campo magnético para um segundo observador em um sistema de referência inercial. Ambos os observadores concordam, contudo, no resultado global mensurável — no caso da Fig. 34-19, a corrente na espira. Conclui-se que os campos magnético e elétrico *não* são independentes entre si e não têm existência em separado; estes dependem do sistema de referência inercial, como também foi concluído na Seção 33-6.

Todos os resultados desta seção supõem que a velocidade relativa entre S e S' é pequena se comparada com a velocidade da luz c. Se v for comparável com c, um conjunto adequado de transformações relativísticas deve ser empregado. Neste caso, poderíamos concluir que as fems induzidas medidas por S e S' não seriam mais iguais e o campo elétrico induzido não seria mais dado pela Eq. 34-27. Contudo, se todas as variáveis forem definidas com cuidado em uma maneira relativística apropriada, poderíamos concluir novamente que as leis básicas do eletromagnetismo, incluindo a lei de Faraday, podem ser empregadas em todos os sistemas de referência inerciais.* De fato, tais considerações conduziram Einstein para a teoria especial da relatividade; na linguagem da relatividade especial, diz-se que as equações de Maxwell são invariantes em relação à transformada de Lorentz. ∎

MÚLTIPLA ESCOLHA

34-1 Os Experimentos de Faraday

34-2 A Lei de Indução de Faraday

1. Um campo magnético uniforme $\vec{B}$ perpendicular à uma espira varia com o tempo conforme mostrado na Fig. 34-20a. Qual dos gráficos da Fig. 34-20b melhor representa a corrente induzida na espira como uma função do tempo?

2. Uma espira flexível condutora tem a forma de um círculo com raio variável. A espira está em um campo magnético uniforme perpendicular ao plano da espira. Para manter uma fem constante $\mathcal{E}$ na espira, o raio r deve variar com o tempo de acordo com

   (A) $r(t) \propto \sqrt{t}.$

   (B) $r(t) \propto t.$

   (C) $r(t) \propto t^2.$

   (D) r deveria ser constante.

3. Uma espira de fio flexível em forma de um círculo tem um raio que cresce linearmente com o tempo. Existe um campo

---

* Para uma discussão cuidadosa sobre fems de movimento no caso em que as velocidades que não necessariamente pequenas se comparadas com c, veja "Application of Special Relativity to a Simple System in which a Motional emf Exists", por Murray D. Sirkis, *American Journal of Physics*, junho de 1986, p. 538. Considerações adicionais em transformações relativísticas de campos elétrico e magnético podem ser encontradas em *Introduction to Special Relativity*, por Robert Resnick (Wiley, 1968), Cap. 4.

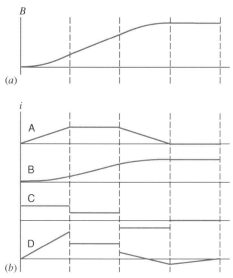

Fig. 34-20. Questão de Múltipla Escolha 1.

magnético perpendicular ao plano da espira que tem a intensidade inversamente proporcional à distância ao centro da espira, $B(r) \propto 1/r$. Como a fem $\mathscr{E}$ varia com o tempo?

(A) $\mathscr{E} \propto t^2$ (B) $\mathscr{E} \propto t$ (C) $\mathscr{E} \propto \sqrt{t}$ (D) $\mathscr{E}$ é constante.

4. O fluxo magnético através de uma espira de fio varia de $\Delta\Phi_B$ durante o intervalo de tempo Δt. A mudança de fluxo $\Delta\Phi_B$ é proporcional

(A) a corrente no fio.

(B) a resistência do fio.

(C) a carga resultante que flui através de qualquer seção do fio.

(D) a diferença potencial entre quaisquer dois pontos fixos do fio.

34-3 A Lei de Lenz

5. Um ímã em forma de barra passa através da espira de fio. Qual dos gráficos da Fig. 34-21 melhor representa como a corrente da espira varia com o tempo? Suponha que a corrente negativa se refere à corrente que flui no sentido inverso.

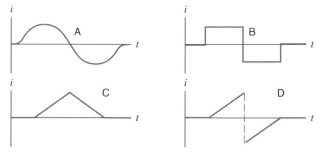

Fig. 34-21. Questão de Múltipla Escolha 5.

6. A corrente através da bobina do lado direito da Fig. 34-2 varia como mostrado na Fig. 34-22a. Qual dos gráficos da Fig. 34-22b melhor representa a leitura de um amperímetro em função do tempo?

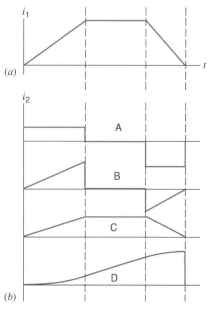

Fig. 34-22. Questão de Múltipla Escolha 6.

7. Por um fio reto e longo na Fig. 34-23 a corrente constante i flui para a direita. Qual o sentido da corrente induzida na espira de fio?

(A) Horário. (B) Anti-horário.

(C) Não há corrente induzida.

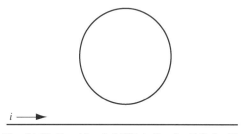

Fig. 34-23. Questões de Múltipla Escolha 7, 8, 9 e 11.

8. Por um fio reto e longo na Fig. 34-23 a corrente i cresce com o tempo e flui para a direita. Qual o sentido da corrente induzida na espira de fio?

(A) Horário. (B) Anti-horário.

(C) Não há corrente induzida.

9. Por um fio reto e longo na Fig. 34-23 a corrente i decresce linearmente com o tempo e flui para a direita. No instante t_r, a corrente é nula, e então começa a crescer linearmente em outro sentido. Qual o sentido da corrente induzida na espira de fio?

(A) Horário.

(B) Anti-horário.

(C) A corrente induzida começa em um sentido, mas no instante t_r ela pára e então começa a fluir no sentido oposto.

(D) Não há corrente induzida.

10. Por um fio reto e longo na Fig. 34-23 a corrente i cresce com o tempo e flui para a direita. Qual o sentido da corrente induzida em uma espira circular que se situa em um plano perpendicular ao fio?

(A) Horário visto pela direita.

(B) Anti-horário visto pela direita.

(C) Não há corrente induzida.

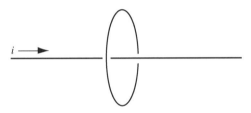

Fig. 34-24. Questão de Múltipla Escolha 10.

34-4 Fem de Movimento

11. Considere novamente um fio reto e uma espira da Fig. 34-23. Uma corrente constante i flui para a direita pelo fio reto.

   (a) A espira é suspensa por uma força externa. Qual o sentido da corrente (se existe alguma) induzida na espira?

   (A) Horário. (B) Anti-horário.

   (C) Não há corrente induzida.

   (b) Enquanto a espira está sendo suspensa pela força externa, qual o sentido da força magnética (se existe alguma) sobre a espira?

   (A) Para cima.

   (B) Para baixo.

   (C) Para a esquerda.

   (D) Não há força magnética.

   (c) Se uma força externa empurrar a espira para a esquerda, paralelamente ao fio, qual o sentido da corrente (se existir alguma) induzida na espira?

   (A) Horário. (B) Anti-horário.

   (C) Não há corrente induzida.

34-5 Geradores e Motores

12. Uma pessoa utiliza um gerador acionado à manivela para fazer funcionar uma lâmpada de resistência constante. À medida que a taxa de acionamento da manivela diminui, qual das seguintes variáveis diminui?

   (A) Fem. (B) Corrente. (C) Freqüência.

   (D) Duas das anteriores. (E) Todas as anteriores.

13. Considere um gerador em contato com a roda de uma bicicleta e ligado a uma lâmpada de resistência constante. Se a velocidade de pedalada dobra, a potência de saída da lâmpada irá

   (A) permanecer a mesma.

   (B) dobrar.

   (C) crescer de um fator de quatro.

   (D) crescer de um fator de oito.

14. Um motor elétrico tem uma resistência efetiva maior quando está parado ou quando está em rotação?

   (A) Quando em rotação.

   (B) Quando parado.

   (C) A resistência efetiva é a mesma nos dois casos.

15. É mais provável a queima de um motor de arranque de um automóvel se a bateria estiver sobrecarregada ou com carga insuficiente?

   (A) Se a bateria está sobrecarregada.

   (B) Se a bateria está com carga insuficiente.

   (C) Se a carga da bateria não fizer diferença neste caso.

34-6 Campos Elétricos Induzidos

16. O campo magnético em uma região do espaço é dado por $\vec{B} = (0,001 \text{ T/s}^2)t^2\, \hat{i}$ para $-2 \text{ s} \leq t \leq 2 \text{ s}$. Qual o sentido do campo elétrico induzido quando $t = 0$ s?

   (A) Paralelo ao eixo x.

   (B) Paralelo ao eixo y.

   (C) O campo elétrico está disposto em círculos centrados no eixo x.

   (D) Não há campo elétrico induzido quando $t = 0$ s.

17. A corrente através de um solenóide infinitamente longo cresce linearmente em função do tempo.

   (a) O campo elétrico dentro do solenóide é

   (A) na forma de círculos centrados no eixo do solenóide.

   (B) paralelo ao eixo do solenóide.

   (C) direcionado radialmente para fora a partir do eixo do cilindro.

   (D) nulo.

(b) A intensidade do campo elétrico externamente ao solenóide é

(A) uniforme e não-nulo.

(B) radialmente simétrico, diminuindo com a distância a partir do solenóide.

(C) radialmente simétrico, aumentando com a distância a partir do solenóide.

(D) nula.

18. Por um fio reto e longo passa uma corrente i que decresce linearmente com o tempo. Qual o sentido do campo elétrico induzido fora do fio?

(A) O mesmo da corrente.

(B) Oposto ao da corrente.

(C) Aponta radialmente para fora a partir do fio.

(D) Aponta radialmente para dentro na direção do fio.

(E) Não há campo elétrico induzido fora do fio.

34-7 Indução e Movimento Relativo

QUESTÕES

1. Mostre que 1 volt = 1 weber/segundo.

2. As fems e correntes induzidas são de alguma forma diferentes que as fems e correntes supridas por uma bateria conectada a uma malha condutora?

3. A intensidade da tensão induzida em uma bobina através da qual um ímã se move é afetada pela intensidade do campo magnético do ímã? Se afirmativo, explique como.

4. Explique com suas próprias palavras a diferença entre campo magnético $\vec{B}$ e o fluxo de um campo magnético Φ_B. Eles são vetores ou escalares? Em que unidades cada um destes podem ser expressos? Como as suas unidades estão relacionadas? São propriedades de um dado ponto do espaço uma ou a outra, ou ambas (ou nenhuma)?

5. Uma partícula carregada em repouso pode ser posta em movimento pela ação de um campo magnético? Se não, por que não? Se afirmativo, como? Considere tanto um campo estático quanto um campo variável no tempo.

6. Na lei de Faraday de indução, a fem induzida depende da resistência do circuito? Se afirmativo, como?

7. Deixa-se cair um ímã em forma de barra ao longo do eixo de um tubo longo de cobre. Descreva o movimento do ímã e as energias trocadas. Desprezeʒ a resistência do ar.

8. Suponha que estejamos movendo uma espira metálica para frente e para trás em um campo magnético, como o da Fig. 34-9. Como podemos saber, sem uma inspeção detalhada, se a espira tem ou não um corte estreito de sua seção transversal que faz com que se torne não-condutora?

9. A Fig. 34-25 mostra um plano inclinado de madeira que, em parte de seu comprimento, está dentro de um forte campo magnético. Rola-se um disco de cobre para baixo. Descreva o movimento do disco à medida que este rola do topo do plano inclinado até embaixo.

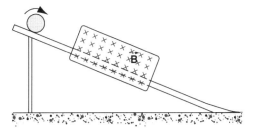

Fig. 34-25. Questão 9.

10. A Fig. 34-26 mostra um anel de cobre que está pendurado no teto através de dois fios. Descreva em detalhes como seria mais efetiva a utilização de um ímã em forma de barra para fazer com que este anel balance para frente e para trás.

Fig. 34-26. Questão 10.

11. Um ímã em forma de barra se move ao longo do eixo, do interior, de um solenóide longo. É gerada uma fem induzida? Explique a sua resposta.

12. Duas espiras condutoras estão posicionadas à distância d entre si, como mostrado na Fig. 34-27. Um observador tem sua visada ao longo do eixo comum das espiras da esquerda para a direita. Uma corrente i de sentido horário é subitamente estabelecida na espira maior por uma bateria não mostrada. (a) Qual o sentido da corrente induzida na espira

menor? (b) Qual o sentido da força (se existir alguma) que age sobre a espira menor?

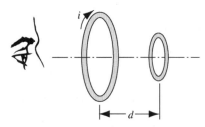

Fig. 34-27. Questão 12.

13. Qual o sentido da corrente induzida na bobina Y da Fig. 34-28 (a) quando a bobina Y se move em direção à bobina X? (b) Quando a corrente na bobina X decresce, sem haver nenhuma mudança nas posições relativas das bobinas?

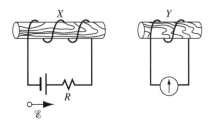

Fig. 34-28. Questão 13.

14. O pólo norte do ímã se move para longe de um anel de cobre, como mostrado na Fig. 34-29. Na parte do anel que está mais afastada do leitor, qual o sentido da corrente?

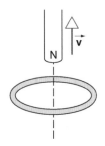

Fig. 34-29. Questão 14.

15. Uma espira circular se move com velocidade constante através de regiões onde campos magnéticos uniformes de mesma intensidade estão dirigidos para dentro ou para fora do plano desta página, como mostrado na Fig. 34-30. Em quais das sete posições indicadas o sentido da corrente induzida será (a) horário, (b) anti-horário ou (c) nulo?

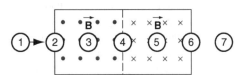

Fig. 34-30. Questão 15.

16. Um solenóide curto, com uma corrente constante, está se movendo em direção a uma espira condutora como mostrado na Fig. 34-31. Qual o sentido da corrente induzida na espira para alguém que a visa da forma mostrada?

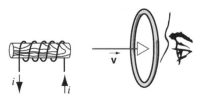

Fig. 34-31. Questão 16.

17. A resistência R na parte esquerda do circuito da Fig. 34-32 está crescendo a uma taxa constante. Qual o sentido da corrente induzida no lado direito do circuito?

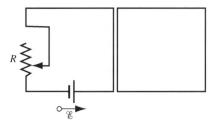

Fig. 34-32. Questão 17.

18. Qual o sentido da corrente induzida através do resistor R na Fig. 34-33 (a) imediatamente após a chave S ser fechada, (b) algum tempo depois a chave S ser fechada e (c) imediatamente após da chave S ser aberta? (d) Quando a chave S é mantida fechada de que lado da bobina longa as linhas de campo vão surgir? Este é o pólo norte efetivo da bobina. (e) Como os elétrons condutores na bobina que contém R são afetados pelo fluxo da bobina longa? O que realmente os faz se moverem?

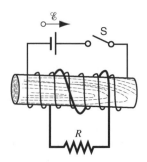

Fig. 34-33. Questão 18.

19. Uma corrente induzida pode sempre estabelecer um campo magnético $\vec{B}$ que tem o mesmo sentido que um campo magnético que induz a corrente? Justifique a sua resposta?

20. Como pode ser resumido em uma afirmação todas as formas de se determinar o sentido de uma fem induzida?

21. A espira de fio mostrada na Fig. 34-34 gira com velocidade angular constante em torno do eixo *x*. Um campo magnético uniforme $\vec{B}$, cujo sentido é o positivo do eixo *y*, está presente. Para que partes da rotação a corrente induzida na espira (*a*) tem o sentido de *P* para *Q*, (*b*) tem o sentido de *Q* para *P* ou (*c*) é nula? Repita para o sentido de rotação oposto ao mostrado na figura.

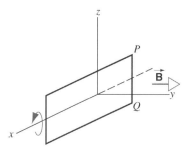

Fig. 34-34. Questão 21.

22. Na Fig. 34-35, um segmento de fio reto move-se para a direita com a velocidade constante $\vec{v}$. Uma corrente induzida aparece no sentido mostrado. Qual o sentido do campo magnético uniforme (admitido ser constante e perpendicular a esta página) na região *A*?

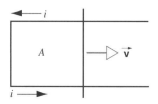

Fig. 34-35. Questão 22.

23. Uma espira condutora, mostrada na Fig. 34-36, é retirada de um ímã permanente puxando-a verticalmente para cima. (*a*) Qual o sentido da corrente induzida? (*b*) Qual a força necessária para retirar a espira? (Despreze o peso da espira.) (*c*) O valor total de energia interna gerada depende do tempo gasto para removê-la?

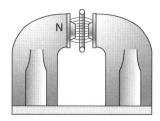

Fig. 34-36. Questão 23.

24. Uma espira planar fechada é posicionada em um campo magnético uniforme. De quantas maneiras a espira pode ser movida sem induzir uma fem? Considere os movimentos de translação e de rotação.

25. Uma tira de cobre está montada como um pêndulo em torno de *O* na Fig. 34-37. Ela está livre para balançar através de um campo magnético que é normal à página. Se a tira tem fendas, como mostrado, pode balançar livremente através do campo. Se a tira não tivesse as fendas, o seu movimento seria fortemente amortecido (*amortecimento magnético*). Explique as observações. (Sugestão: Utilize a lei de Lenz; considere que os caminhos dos portadores de carga dentro da tira devem seguir se eles estão se opondo ao movimento.)

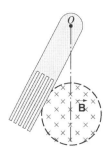

Fig. 34-37. Questão 25.

26. Considere uma superfície condutora que está em um plano perpendicular ao campo magnético $\vec{B}$, como mostrado na Fig. 34-38. (*a*) Se $\vec{B}$ subitamente mudar, toda a mudança de $\vec{B}$ não é imediatamente detectada em pontos na proximidade do ponto *P* (blindagem eletromagnética). Explique. (*b*) Se a resistividade da superfície é nula, a mudança nunca é detectada em *P*. Explique. (*c*) Se $\vec{B}$ varia periodicamente em alta freqüência e o condutor é feito de material com baixa resistividade, a região próxima de *P* é quase completamente blindada às mudanças do fluxo. Explique. (*d*) Por que tal condutor não é útil como blindagem para campos magnéticos estáticos?

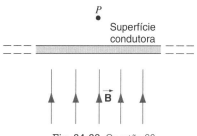

Fig. 34-38. Questão 26.

27. (*a*) Na Fig. 34-15*b*, precisa que o círculo de raio *r* seja condutor a fim de $\vec{E}$ e $\mathscr{E}$ estarem presentes? (*b*) Se um círculo de raio *r* não é concêntrico (moveu-se ligeiramente para a esquerda), $\mathscr{E}$ mudaria? A configuração de $\vec{E}$ em torno do círculo mudaria? (*c*) Para um círculo concêntrico de raio *r*, com $r > R$, a fem existe? O campo elétrico existe?

28. Um anel de cobre e um anel de madeira de mesmas dimensões são posicionados de tal forma que há um mesmo fluxo magnético variável através deles. Compare os campos elétricos induzidos nos dois anéis.

29. Um avião comercial está cruzando sobre o Alasca ao nível normal de vôo, onde o campo magnético da Terra tem uma grande componente para baixo. Qual das pontas de asa (da direita ou da esquerda) tem mais elétrons que a outra?

30. Na Fig. 34-15d, como as fems induzidas ao longo dos caminhos 1 e 2 podem ser idênticas? O campo elétrico induzido é muito mais fraco perto do caminho 1 do que perto do caminho 2, como os espaços das linhas de campo mostra. Veja também a Fig. 34-17.

31. Mostre que, no betatron da Fig. 34-18, os sentidos das linhas de $\vec{B}$ estão corretamente desenhadas para serem consistentes com o sentido de circulação mostrado para os elétrons.

32. A Fig. 34-39a mostra uma vista superior de uma órbita de elétrons em um betatron. Os elétrons são acelerados em uma órbita circular no plano xy e então retirados para atingir o alvo T. O campo magnético $\vec{B}$ está ao longo do eixo z (a parte positiva do eixo z está apontando para fora da página). O campo magnético B_z varia senoidalmente ao longo deste eixo como mostrado na Fig. 34-39b. Recordando que o campo magnético deve (i) guiar os elétrons em seus caminhos circulares e (ii) gerar um campo elétrico que acelera os elétrons. Qual quarto de ciclo(s)

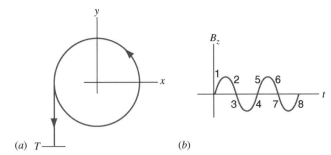

Fig. 34-39. Questão 32.

na Fig. 34-39b são adequados (a) de acordo com (i), (b) de acordo com (ii) e (c) para a operação do betatron?

33. No betatron da Fig. 34-18, por que o núcleo de ferro de ímã é feito de folhas laminadas em vez de metal sólido como para o ciclotron da Seção 32-3?

34. Na Fig. 34-19a pode-se ver que a força ($F_B \cos \theta$) age sobre os portadores de carga no ramo esquerdo da espira. Contudo, se devesse existir uma corrente contínua na espira, e há, uma força de algum tipo deveria agir sobre os portadores de carga nos outros três braços da espira para manter a mesma velocidade de deriva v_d nestes ramos. Qual é a sua fonte? (Sugestão: Considere que o ramo esquerdo da espira é o único elemento condutor, os outros três sendo não-condutores. A carga não-positiva poderia se acumular no topo da metade esquerda e a carga negativa na base?)

EXERCÍCIOS

34-1 Os Experimentos de Faraday

34-2 A Lei de Indução de Faraday

1. Em certo local no hemisfério norte, o campo magnético da Terra tem uma intensidade de 42 μT e aponta para baixo com um ângulo de 57° com a vertical. Calcule o fluxo através de uma superfície horizontal de área 2,5 m²; veja a Fig. 34-40.

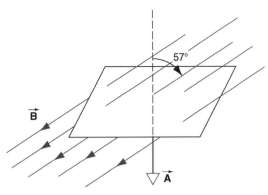

Fig. 34-40. Exercício 1.

2. Uma antena circular de UHF para TV tem um diâmetro de 11,2 cm. O campo magnético do sinal de TV é normal ao plano antena e, em um instante de tempo, a sua intensidade está variando à taxa de 157 mT/s. O campo é uniforme. Ache a fem na antena.

34-3 A Lei de Lenz

3. Na Fig. 34-41, o fluxo magnético através da espira mostrada cresce de acordo com a relação

$$\Phi_B = (6 \text{ mWb/s}^2)t^2 + (7 \text{ mWb/s})t.$$

(a) Qual o valor absoluto da fem induzida na espira quando $t = 2{,}0$ s? (b) Qual o sentido da corrente através do resistor?

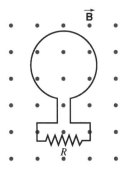

Fig. 34-41. Exercícios 3 e 11.

4. O campo magnético através de uma espira de 16 cm de raio e 8,5 Ω de resistência varia com o tempo como mostrado na Fig. 34-42. Calcule a fem na espira em função do tempo. Considere os intervalos de tempo (a) de t = 0 até t = 2 s; (b) de t = 2 s até t = 4 s; (c) de t = 4 s até t = 8 s. O campo magnético (uniforme) é perpendicular ao plano da espira.

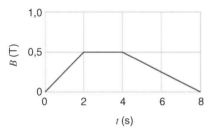

Fig. 34-42. Exercício 4.

5. Um campo magnético uniforme é perpendicular ao plano de uma espira circular de 10,4 cm de diâmetro feita de fio de cobre (diâmetro = 2,50 mm). (a) Calcule a resistência do fio. (Veja a Tabela 29-1.) (b) A que taxa o campo magnético deve variar com o tempo para que surja uma corrente induzida de 9,66 A na espira?

6. Uma antena (espira) de área A e resistência R está perpendicular a um campo magnético uniforme $\vec{B}$. O campo diminui linearmente até zero em um intervalo de tempo Δt. Encontre a expressão para a energia interna total dissipada na espira.

7. Considere que a corrente no solenóide do Problema Resolvido 34-1 agora varia, não como no problema resolvido, mas de acordo com $i = (3,0 \text{ A/s})t + (1,0 \text{ A/s}^2)t^2$. (a) Plote a fem induzida na bobina de $t = 0$ a $t = 4$ s. (b) A resistência da bobina é de 0,15 Ω. Qual a corrente na bobina em $t = 2,0$ s?

8. Na Fig. 34-43, uma bobina de 120 voltas de raio 1,8 cm e resistência de 5,3 Ω é posicionada externamente a um solenóide semelhante ao do Problema Resolvido 34-1. Se a corrente no solenóide varia como naquele problema resolvido, (a) qual a corrente que surge na bobina enquanto a corrente do solenóide está variando? (b) Como os elétrons de condução da bobina "sabem", a partir do solenóide, que eles devem se mover para estabelecer a corrente? Afinal, o fluxo magnético esta inteiramente confinado no interior do solenóide.

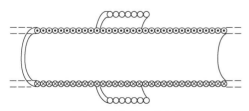

Fig. 34-43. Exercício 8.

9. Foi fornecido 52,5 cm de fio de cobre (diâmetro = 1,10 mm). Uma espira circular foi moldada e posicionada em ângulo reto com um campo magnético uniforme que cresce com o tempo a uma taxa constante de 9,82 mT/s. A que taxa a energia interna é gerada na espira?

10. Uma espira quadrada com 2,3 m de lado está posicionada perpendicular a um campo magnético uniforme, com a metade da área da espira dentro do campo, como mostrado na Fig. 34-44. Uma bateria de 2,0 V com resistência interna desprezível está conectada à espira. Se a intensidade do campo varia com o tempo de acordo com $B = (0,042 \text{ T}) - (0,87 \text{ T/s})t$, qual a fem total do circuito?

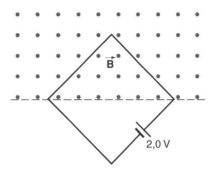

Fig. 34-44. Exercício 10.

11. Na Fig. 34-41, seja o fluxo na espira $\Phi_B(0)$ no instante $t = 0$. Então o campo magnético $\vec{B}$ varia de maneira contínua, mas de uma forma não-específica, em intensidade e sentido, então, no instante t o fluxo é representado por $\Phi_B(t)$. (a) Mostre que a carga resultante $q(t)$ que passa através do resistor R no tempo t é de

$$q(t) = \frac{1}{R}[\Phi_B(0) - \Phi_B(t)],$$

independentemente da forma que $\vec{B}$ tem variado. (b) Se $\Phi_B(t) = \Phi_B(0)$, em um caso particular, tem-se $q(t) = 0$. A corrente induzida é necessariamente completamente nula no intervalo de tempo de 0 a t?

12. Em torno de um núcleo cilíndrico de área de seção transversal 12,2 cm² são enroladas 125 voltas de fio de cobre isolado. Os dois terminais são conectados a um resistor. A resistência total do circuito é de 13,3 Ω. Um campo magnético, uniforme, aplicado externamente ao núcleo (longitudinalmente) varia de 1,57 T em um sentido a 1,57 T no sentido oposto em 2,88 ms. Quanta carga flui através do circuito? (Sugestão: Veja o Exercício 11.)

13. Para a situação mostrada na Fig. 34-45, $a = 12$ cm, $b = 16$ cm. A corrente no fio longo e reto é dada por $i = (4,5 \text{ A/s}^2)t^2 - (10 \text{ A/s})t$. Ache a fem na espira quadrada em $t = 3,0$ s.

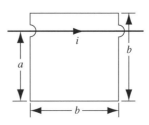

Fig. 34-45. Exercício 13.

34-4 Fem de Movimento

14. Um automóvel com uma antena de rádio de 110 cm de comprimento viaja a 90 km/h por uma região da Terra em que o campo magnético é de 55 μT. Determine o maior valor possível de fem induzida.

15. Uma espira circular de fio de 10 cm de diâmetro é posicionada de tal forma que a normal faz um ângulo de 30° com a direção de um campo magnético uniforme de 0,50 T. A espira está "oscilando" de tal forma que a sua normal gira em um cone em volta da direção do campo à uma taxa constante de 100 rev/min; o ângulo entre a normal e o sentido do campo (= 30°) permanece imutável durante o processo. Que fem surge na espira?

16. A Fig. 34-46 mostra um bastão condutor de comprimento L sendo puxado ao longo de trilhos horizontais condutores, sem atrito, a uma velocidade constante $\vec{v}$. Um campo magnético uniforme vertical $\vec{B}$ preenche a região na qual o bastão se move. Suponha que L = 10,8 cm, v = 4,86 m/s e B = 1,18 T. (a) Determine a fem induzida no bastão. (b) Calcule a corrente na espira condutora. Suponha que a resistência do bastão é de 415 mΩ e que a resistência dos trilhos seja desprezível. (c) A que taxa a energia interna do bastão cresce? (d) Determine a força que deve ser empregada por um agente externo para que o bastão mantenha o seu movimento. (e) A que taxa esta força realiza trabalho sobre o bastão? Compare esta resposta com a dada em (c).

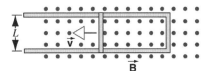

Fig. 34-46. Exercício 16.

17. Na Fig. 34-47 um bastão condutor de massa m e comprimento L desliza sem atrito sobre dois trilhos longos e horizontais. Um campo magnético vertical $\vec{B}$ preenche a região na qual o bastão é livre para se mover. O gerador G fornece a corrente i que flui por um trilho, através do bastão e de volta para o gerador ao longo do outro trilho. Um estudante monitora o gerador, ajustando-o continuamente de tal forma que a corrente suprida é constante não importando a carga. Ache a velocidade do bastão em função do tempo, supondo que em t = 0 estava em repouso.

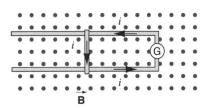

Fig. 34-47. Exercícios 17 e 18.

18. No Exercício 17 (veja a Fig. 34-47) o gerador G é substituído por uma bateria que fornece uma fem constante $\mathcal{E}$. (a) Mostre que agora a velocidade do bastão se aproxima de um valor constante de velocidade terminal $\vec{v}$ e dê a sua intensidade, direção e sentido. (b) Qual a corrente no bastão quando a velocidade terminal é alcançada? (c) Analise ambas as situações e aquela do Exercício 17 do ponto de vista de transferência de energia.

19. Um pequeno ímã é puxado rapidamente através de uma espira condutora, ao longo de seu eixo. Faça um esboço qualitativo (a) da corrente induzida e (b) da taxa de energia interna gerada em função da posição do centro do ímã. Suponha que o pólo norte do ímã entra na espira primeiro e que o ímã se move a uma velocidade constante. Plote a corrente induzida como positiva se esta tem o sentido horário vista ao longo do caminho do ímã.

20. No arranjo do Problema Resolvido 34-4, faça B = 1,2 T e R = 5,3 cm. Se $\mathcal{E}$ = 1,4 V, qual será a aceleração que um ponto no fim do bastão rotativo experimentará?

21. Em um certo lugar, o campo magnético da Terra tem a intensidade B = 59 μT e está inclinado para baixo com um ângulo de 70° com a horizontal. Uma bobina de fio chata, circular, no plano horizontal, com um raio de 13 cm, tem 950 voltas e uma resistência total de 85 Ω. A bobina é bruscamente girada de meia volta em torno de seu diâmetro, ficando novamente horizontal. Quanta carga flui através da bobina durante o giro? (Sugestão: Veja o Exercício 11.)

22. A Fig. 34-48 mostra um bastão de comprimento L que se move com velocidade constante v ao longo de trilhos condutores horizontais. Neste caso, o campo magnético no qual o bastão se move não é uniforme e é provido por uma corrente i em um fio longo e paralelo. Suponha que v = 4,86 m/s, a = 10,2 mm, L = 9,83 cm e i = 110 A. (a) Calcule a fem induzida no bastão. (b) Qual a corrente no circuito condutor? Suponha que a resistência do bastão é de 415 mΩ e que a resistência dos trilhos seja desprezível. (c) A que taxa a energia interna do bastão cresce? (d) Que força deve ser empregada no bastão por um agente externo para mantê-lo em movimento? (e) A que taxa este agente externo realiza trabalho sobre o bastão? Compare esta resposta com (c).

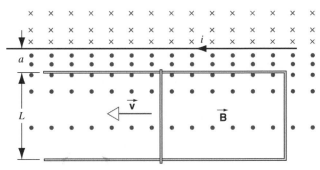

Fig. 34-48. Exercício 22.

23. Uma espira retangular de fio com comprimento a, largura b e resistência R é posicionada perto de um fio infinitamente longo onde passa a corrente i, como mostrado na Fig. 34-49. D é a distância do fio longo à espira. Determine (a) a intensidade do fluxo magnético através da espira e (b) a corrente na espira à medida que se move para longe do fio longo, com velocidade v.

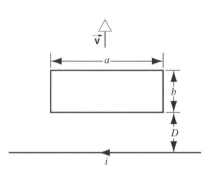

Fig. 34-49. Exercício 23.

24. Dois trilhos condutores retos formam um ângulo θ onde suas pontas se encontram. Uma barra condutora em contato com os trilhos, formando um triângulo isósceles com eles, começa a se mover do vértice no instante $t = 0$ com velocidade constante $\vec{v}$ para a direita, como mostrado na Fig. 34-50. Um campo magnético $\vec{B}$ aponta para fora da página. (a) Determine a fem induzida como uma função do tempo. (b) Se $\theta = 110°$, $B = 352$ mT e $v = 5,21$ m/s, quando a fem induzida é igual a 56,8 V?

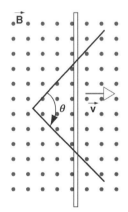

Fig. 34-50. Exercício 24.

34-5 Geradores e Motores

25. A armadura de um motor tem 97 voltas, cada uma com área de 190 cm², e gira dentro de um campo magnético uniforme de 0,33 T. Uma diferença de potencial de 24 V é aplicada. Se não há carga conectada e o atrito é desprezível, ache a velocidade angular em regime permanente.

26. Um fio rígido dobrado em forma de semicírculo de raio a é girado com uma freqüência f em um campo magnético uniforme, como sugerido na Fig. 34-51. Qual é (a) a freqüência e (b) a amplitude da fem induzida no fio no circuito?

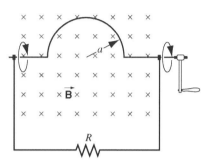

Fig. 34-51. Exercício 26.

27. Um gerador consiste em 100 voltas de fio dobrado em espiras retangulares de 50 cm por 30 cm, posicionadas totalmente dentro de um campo magnético uniforme com intensidade $B = 3,5$ T. Qual o valor máximo da fem produzida quando a espira for girada de 1000 rpm em torno do eixo perpendicular a $\vec{B}$?

28. Deseja-se projetar um gerador que produzirá uma fem de 150 V de amplitude quando girar a 60 rev/s em um campo magnético de 0,50 T. (a) Se for utilizado uma só espira, quão grande precisaria ser a área necessária? (b) Se fosse utilizado uma bobina com 100 voltas, qual seria a área necessária?

34-6 Campos Elétricos Induzidos

29. A Fig. 34-52 mostra duas regiões circulares R_1 e R_2 com raios $r_1 = 21,2$ cm e $r_2 = 32,3$ cm, respectivamente. Na região R_1 há um campo magnético uniforme $B_1 = 48,6$ mT para dentro da página e na região R_2 há um campo magnético uniforme $B_2 = 77,2$ mT para fora da página (despreze qualquer espalhamento destes campos). Ambos os campos estão decrescendo à uma taxa de 8,50 mT/s. Calcule a integral $\oint \vec{E} \cdot d\vec{s}$ para cada um dos três caminhos indicados.

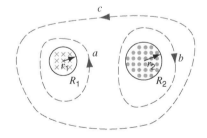

Fig. 34-52. Exercício 29.

30. Um solenóide longo tem um diâmetro de 12,6 cm. Quando a corrente i percorre as espiras, um campo magnético $B = 28,6$ mT é gerado em seu interior. Diminuindo i, o campo decresce a uma taxa de 6,51 mT/s. Calcule a intensidade do campo elétrico induzido (a) a 2,20 cm e (b) a 8,20 cm a partir do eixo do solenóide.

31. A Fig. 34-53 mostra um campo magnético uniforme $\vec{B}$ limitado a um volume cilíndrico de raio R. $\vec{B}$ está decrescendo em intensidade a uma taxa constante de 10,7 mT/s. Qual a aceleração instantânea (direção, sentido e módulo) experimentado por um elétron posicionado em a, em b e em c? Suponha que $r = 4,82$ cm. (O espalhamento que ocorre além de R não mudará a resposta na medida em que existe uma simetria axial em relação a perpendicular ao eixo por b.)

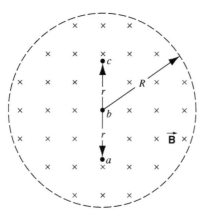

Fig. 34-53. Exercício 31.

32. Em 1981, no Francis Bitter National Magnet Laboratory no M.I.T., começou a operar um ímã cilíndrico de 3,3 cm de diâmetro que produz um campo de 30 T, naquela época o maior campo magnético em regime permanente. O campo pode ser variado senoidalmente entre os limites de 29,6 T e 30,0 T a uma freqüência de 15 Hz. Quando isto é feito, qual o valor máximo do campo elétrico induzido a uma distância radial de 1,6 cm a partir do eixo? Este ímã foi descrito na *Physics Today*, de agosto de 1984.

34-7 Indução e Movimento Relativo

33. (a) Estime o θ na Fig. 34-19. Recordando que $v_d = 4 \times 10^{-2}$ cm/s em um caso típico. Suponha que $v = 15$ cm/s. (b) Está claro que θ será pequeno. Porém, deve-se ter $\theta \neq 0$ para que as variáveis apresentadas nesta figura sejam válidas?

PROBLEMAS

1. Um campo magnético uniforme $\vec{B}$ varia a sua intensidade a uma taxa constante dB/dt. Uma massa m de cobre é estirada em forma de fio de raio r e dobrado em forma de espira de raio R. Mostre que a corrente induzida na espira não depende do diâmetro do fio ou do diâmetro da espira e que, supondo que $\vec{B}$ é perpendicular à espira, é dada por

$$i = \frac{m}{4\pi\rho\delta} \frac{dB}{dt},$$

onde ρ e δ são, respectivamente, a resistividade e a densidade do cobre.

2. Uma espira fechada consiste em um par de semicírculos idênticos de raio 3,7 cm, em planos mutuamente perpendiculares. A espira foi formada dobrando-se uma espira circular ao longo de seu diâmetro até que as duas metades se tornassem perpendiculares. Um campo magnético uniforme $\vec{B}$ de intensidade 76 mT é direcionado perpendicularmente ao diâmetro dobrado e faz ângulos de 62° e 28° com os planos dos semicírculos, como mostrado na Fig. 34-54. O campo magnético é reduzido a zero a uma taxa uniforme durante o intervalo de tempo de 4,5 ms. Determine a fem induzida.

3. Um fio é dobrado em três segmentos circulares de raio $r = 10,4$ cm como mostrado na Fig. 34-55. Cada segmento é formado de 1/4 de círculo, o segmento ab no plano xy, o segmento bc no plano yz e o segmento ca no plano zx. (a) Se um campo magnético uniforme $\vec{B}$ aponta para o sentido positivo do eixo x, determine a fem desenvolvida no fio quando B cresce à taxa de 3,32 mT/s. (b) Qual o sentido da corrente no segmento bc?

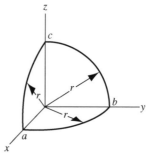

Fig. 34-55. Problema 3.

4. Um fio condutor de comprimento fixo L pode ser enrolado em N voltas circulares e utilizado com uma armadura para um gerador. Para obter a maior fem, que valor de N deveria ser escolhido?

5. Na Fig. 34-56, um quadrado tem lados de 2,0 cm de comprimento. Um campo magnético aponta para fora da página; a sua intensidade é dada por $B = (4 \text{ T/m} \cdot \text{s}^2)t^2 y$. Determine a fem ao longo do quadrado no instante $t = 2,5$ s e dê o seu sentido.

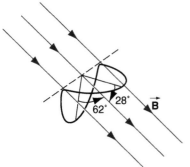

Fig. 34-54. Problema 2.

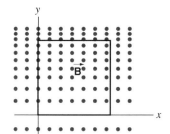

Fig. 34-56. Problema 5.

6. A Fig. 34-57 mostra duas espiras de fio paralelas tendo um eixo comum. A espira menor (de raio *r*) está acima da espira maior (de raio *R*), por uma distância $x \gg R$. Conseqüentemente, o campo magnético, devido à corrente *i* na espira maior, é praticamente constante por toda a espira menor e igual ao valor no eixo. Suponha que *x* está crescendo à uma taxa constante $dx/dt = v$. (*a*) Determine o fluxo magnético através da área limitada pela espira menor como uma função de *x*. (*b*) Calcule a fem gerada na espira menor. (*c*) Determine o sentido da corrente induzida que flui na espira menor.

Fig. 34-57. Problema 6.

7. Uma espira circular feita esticando-se um material condutor elástico tem 1,23 m de raio. Este é posicionado com o seu plano em ângulo reto com um campo magnético uniforme de 785 mT. Quando liberado, o raio da espira começa a decrescer a uma taxa instantânea de 7,50 cm/s. Calcule a fem induzida na espira naquele instante.

8. A Fig. 34-58 mostra um "gerador homopolar", um dispositivo com um disco sólido condutor como um rotor. Este equipamento pode produzir uma fem maior do que a obtida utilizando-se rotores de espiras de fios, desde que possa girar a uma velocidade angular maior antes que as forças centrífugas rompam o rotor. (*a*) Mostre que a fem produzida é dada por

$$\mathscr{E} = \pi f B R^2,$$

onde *f* é a freqüência de rotação, *R* é o raio do rotor e *B* é o campo magnético uniforme perpendicular ao rotor. (*b*) Ache o torque que deve ser provido pelo motor para girar o rotor para uma saída de corrente *i*.

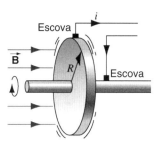

Fig. 34-58. Problema 8.

9. Um bastão de comprimento *L*, massa *m* e resistência *R* desliza para baixo sobre trilhos condutores, paralelos, sem atrito e de resistência desprezível, como mostrado na Fig. 34-59. Os trilhos são conectados na base como mostrado, formando um circuito condutor com o bastão na parte superior. O plano dos trilhos faz um ângulo θ com a horizontal e um campo magnético vertical $\vec{B}$ existe por toda a região. (*a*) Mostre que o bastão adquire uma velocidade terminal em regime permanente cujo valor é

$$v = \frac{mgR}{B^2L^2} \frac{\operatorname{sen}\theta}{\cos^2\theta}.$$

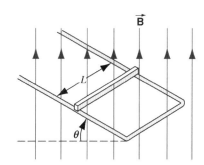

Fig. 34-59. Problema 9.

(*b*) Mostre que a taxa na qual a energia interna do bastão está crescendo é igual à taxa na qual o bastão está perdendo energia potencial gravitacional. (*c*) Discuta a situação se $\vec{B}$ estiver direcionado para baixo em vez de direcionado para cima.

10. Um fio cuja área da seção transversal é de 1,2 mm² e cuja resistividade é $1,7 \times 10^{-8}\ \Omega \cdot$ m é curvada na forma de um arco circular de raio $r = 24$ cm como mostrado na Fig. 34-60. Um trecho reto adicional deste fio, *OP*, é livre para girar em torno de *O* e faz um contato deslizante com o arco em *P*. Finalmente, um outro trecho reto deste fio, *OQ*, que completa o circuito. O arranjo inteiro é posicionado em um campo magnético $B = 0,15$ T dirigido para fora do plano da

figura. O fio reto OP começa do repouso em $\theta = 0$ e tem uma aceleração angular constante de 12 rad/s². (*a*) Ache a resistência do circuito $OPQO$ em função de θ. (*b*) Ache o fluxo magnético através do circuito em função de θ. (*c*) Para que valor de θ a corrente induzida no circuito é máxima? (*d*) Qual o valor máximo da corrente induzida no circuito?

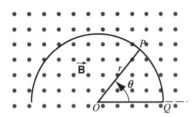

Fig. 34-60. Problema 10.

11. Um freio eletromagnético tipo "corrente de Foucault" consiste em um disco de condutividade σ e espessura t girando em torno de um eixo que passa pelo seu centro com um campo magnético $\vec{B}$ aplicado perpendicularmente ao plano do disco sobre uma pequena área a^2 (veja a Fig. 34-61). Se a área a^2 está à distância r do eixo, ache uma expressão aproximada para o torque que tende a diminuir a velocidade do disco no instante que a velocidade angular é igual a ω.

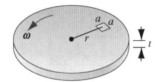

Fig. 34-61. Problema 11.

12. Um fio supercondutor modelado como um anel de raio R inicialmente não conduz corrente. Um ímã é movido ao longo do eixo do anel e o fluxo através do anel varia pela quantidade $\Delta \Phi_B$. Mostre que a corrente no anel é dada por

$$i = \frac{ne^2 a^2}{2Rm_e} \Delta \Phi_B,$$

onde $a << R$ é o raio do fio, n é a densidade de elétrons condutores, e e e m_e são carga e a massa do elétron, respectivamente.

13. Prove que o campo elétrico $\vec{E}$ em um capacitor de placas paralelas carregado não pode cair abruptamente para zero à medida que se move em ângulo reto em relação a este, como sugere a seta na Fig. 34-62 (veja o ponto *a*). Em capacitores reais a espalhamento de linhas de força sempre acontecem, o que significa que $\mathscr{E}$ tende a zero em uma for-

ma contínua e gradual; compare com o Problema 11 do Cap. 33. (Sugestão: Aplique a lei de Faraday para um caminho retangular mostrado pelas linhas tracejadas.)

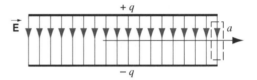

Fig. 34-62. Problema 13.

14. Um campo magnético uniforme $\vec{B}$ preenche um volume cilíndrico de raio R. Um bastão de metal de comprimento L é posicionado como mostrado na Fig. 34-63. Se B está variando à taxa de dB/dt, mostre que a fem é gerada pelo campo magnético variável e que age entre as pontas do bastão é dada por

$$\mathscr{E} = \frac{dB}{dt} \frac{L}{2} \sqrt{R^2 - \left(\frac{L}{2}\right)^2}.$$

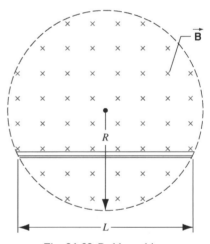

Fig. 34-63. Problema 14.

15. Em um determinado betatron, o raio da órbita de um elétron é de 32 cm e o campo magnético na órbita é dado por $B_{orb.} = (0,28\ T)\ \text{sen}\ (120\pi\ s^{-1})t$. No betatron, o valor médio $B_{méd.}$ do campo limitado pela órbita é igual a duas vezes o valor de $B_{orb.}$ na órbita do elétron. (*a*) Calcule o campo elétrico induzido experimentado pelos elétrons em $t = 0$. (*b*) Ache a aceleração dos elétrons neste instante. Despreze os efeitos relativísticos.

PROBLEMA COMPUTACIONAL

1. Algumas medições de campos magnéticos máximos em função do raio de um betatron são:

r (cm)	B (tesla)	r (cm)	B (tesla)
0	0,950	81,2	0,409
10,2	0,950	83,7	0,400
68,2	0,950	88,9	0,381
73,2	0,528	91,4	0,372
75,2	0,451	93,5	0,360
77,3	0,428	95,5	0,340

Mostre por análise gráfica que a relação $B_{\text{méd.}} = 2B_{\text{orb.}}$ mencionada no Problema 15 como indispensável para a operação do betatron é satisfeita com uma órbita de raio $R = 84$ cm. (Sugestão: Note que

$$B_{\text{méd.}} = \frac{1}{\pi R^2} \int_0^R B(r) 2\pi r dr,$$

e estime a integral numericamente.)

Capítulo 35

PROPRIEDADES MAGNÉTICAS DOS MATERIAIS

Os materiais magnéticos têm uma importância cada vez maior nos dias de hoje. Materiais como o ferro, que podem ser ímãs permanentes em temperaturas usuais, são comumente utilizados em motores elétricos e geradores, assim como em alguns tipos de alto-falantes. Outros materiais podem ser "magnetizados" e "desmagnetizados" com relativa facilidade; estes materiais encontraram uma ampla utilização no armazenamento de dados em aplicações como fitas de gravação magnética (usadas em gravadores de fita de áudio e videocassetes), discos de computador e cartões de crédito. Outros materiais são análogos aos dielétricos, uma vez que adquirem um campo magnético induzido em resposta a um campo magnético externo; o campo induzido desaparece quando o campo externo é removido.

Neste capítulo, consideramos a estrutura interna dos materiais que é responsável pelas suas propriedades magnéticas. Mostra-se que o comportamento de diferentes materiais magnéticos pode ser entendido em termos dos momentos de dipolo magnético de átomos individuais. Para uma compreensão completa das propriedades magnéticas são necessários métodos da mecânica quântica que estão além do nível deste texto, mas uma compreensão qualitativa pode ser alcançada baseada em princípios discutidos neste capítulo. Finalmente, consideramos uma forma magnética da lei de Gauss, que leva em conta a aparente não existência de pólos magnéticos isolados.

35-1 O DIPOLO MAGNÉTICO

Para campos elétricos estáticos, a grandeza fundamental é a carga única isolada. Cargas individuais *produzem* um campo elétrico e, por sua vez, o campo elétrico estabelecido por um grupo de cargas pode *influenciar* o comportamento de outras cargas. Tomando-se como base esta interação elementar entre cargas elétricas, muitos fenômenos comuns podem ser explicados: a força exercida pelo núcleo sobre os elétrons, que mantém os átomos juntos; forças elásticas e de atrito; e assim por diante.

Em algumas moléculas eletricamente neutras, é útil considerar-se a interação fundamental como sendo baseada no dipolo elétrico (o qual, por sua vez, pode ser analisado como duas cargas pontuais). Viu-se como o dipolo pode *produzir* um campo elétrico (Seção 26-3) e também como um dipolo é *influenciado* por outras cargas elétricas (Seção 26-7).

Para campos magnéticos constantes, a grandeza fundamental é a carga elétrica em movimento em um elemento de corrente, que pode *produzir* um campo magnético e também pode ser *influenciada* pelo campo magnético devido a outros elementos de corrente. No entanto, ao tentar se explicar as propriedades magnéticas dos materiais, esta explicação em termos de elementos de corrente não é tão conveniente como aquela baseada no *dipolo magnético*. Finalmente o pólo magnético pode ser considerado como sendo causado por cargas em movimento, assim como o dipolo elétrico pode ser considerado como sendo duas cargas estáticas. No entanto, quando discutimos as propriedades magnéticas dos materiais ganhamos uma maior compreensão considerando os materiais como sendo um conjunto de átomos com momentos de dipolo magnético individuais.

Iniciamos o estudo considerando o campo magnético devido a uma espira circular de corrente (Seção 33-2) em um ponto sobre o eixo z:

$$B = \frac{\mu_0 i R^2}{2(R^2 + z^2)^{3/2}} . \tag{35-1}$$

Longe da espira ($z \gg R$), temos

$$B = \frac{\mu_0 i R^2}{2z^3} = \frac{\mu_0}{2\pi} \frac{i\pi R^2}{z^3} . \tag{35-2}$$

A grandeza $i\pi R^2$ na Eq. 35-2 pode ser escrita como iA, onde $A = \pi R^2$ é a área da espira circular. Definimos esta grandeza como sendo a intensidade do *momento de dipolo magnético μ* da espira:

$$\mu = iA. \tag{35-3}$$

O momento de dipolo magnético de uma espira de corrente é o produto da corrente pela área da espira. Embora tenhamos derivado a Eq. 35-3 para uma espira circular, ela é válida para espiras de qualquer forma. Se a espira tem N voltas, então $\mu = NiA$.

A Eq. 35-3 sugere que as unidades para μ são $A \cdot m^2$ (ampère-metro^2). Mais tarde, nesta seção, será visto que as unidades equivalentes são J/T (joules por tesla).

Assim como o momento de dipolo elétrico, o momento de dipolo magnético é uma grandeza vetorial. A direção de $\vec{\mu}$ é perpendicular ao plano da espira de corrente, determinada pela regra da mão direita: se os dedos da mão direita estão na direção

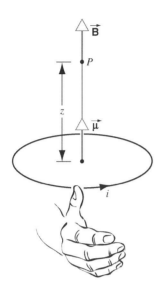

Fig. 35-1. O momento de dipolo magnético de uma espira de corrente e o campo magnético no ponto P a uma distância z da espira e sobre o seu eixo.

e no sentido da corrente, então o polegar indica a direção e o sentido de $\vec{\mu}$ (Fig. 35-1). Com esta definição, podemos escrever a Eq. 35-2 como uma equação vetorial:

$$\vec{B} = \frac{\mu_0 \vec{\mu}}{2\pi z^3}.\qquad(35\text{-}4)$$

Note que $\vec{B}$ e $\vec{\mu}$ são vetores com o mesmo sentido, conforme a Fig. 35-1 mostra. Na Eq. 35-4, $\vec{B}$ é o campo magnético *produzido pelo* momento magnético $\vec{\mu}$.

Agora consideramos o efeito de um campo magnético sobre um dipolo magnético. A Fig. 35-2 mostra uma espira de corrente em um campo magnético uniforme $\vec{B}$. (Este campo $\vec{B}$ é produzido por algum agente externo que não é mostrado na figura, possivelmente um grande solenóide.) Na Seção 32-6 consideramos um problema similar (ver Fig. 32-26) e concluímos que em um campo uniforme a espira não experimenta nenhuma força resultante, mas experimenta um torque resultante dado por $\vec{\tau} = iA\hat{n} \times \vec{B}$ (Eq. 32-35), onde $\hat{n}$ é o vetor unitário perpendicular à espira em um sentido determinado pela regra da mão direi-

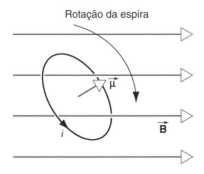

Fig. 35-2. Em um campo magnético externo, um dipolo magnético experimenta um torque que gira $\vec{\mu}$ alinhando-o com $\vec{B}$.

ta. Uma vez que os sentidos de $\vec{\mu}$ e $\hat{n}$ foram definidos exatamente da mesma forma, podemos escrever $\vec{\mu} = iA\hat{n}$, e assim, a Eq. 32-35 torna-se

$$\vec{\tau} = \vec{\mu} \times \vec{B}.\qquad(35\text{-}5)$$

Isto é, o torque tende a girar a espira de modo a alinhar $\vec{\mu}$ com $\vec{B}$. Note a similaridade da Eq. 35-5 com o resultado correspondente para o torque que gira um dipolo elétrico em um campo elétrico: $\vec{\tau} = \vec{p} \times \vec{E}$ (Eq. 26-27). A Eq. 35-5 é válida independente da forma da espira ou da sua orientação em relação ao campo magnético.

As Eqs. 35-4 e 35-5 satisfazem dois objetivos prévios: a Eq. 35-4 indica como um campo magnético é *produzido* por um dipolo magnético e a Eq. 35-5 mostra como um dipolo magnético é *influenciado por* um campo magnético aplicado. Estes dois conceitos irão ajudar a entender o comportamento magnético dos materiais.

Podemos continuar com a analogia entre os campos elétrico e magnético, considerando o trabalho realizado para mudar a orientação de um dipolo magnético em um campo magnético e relacionando este trabalho com a energia potencial de um dipolo magnético em um campo magnético. Podemos escrever a energia potencial como

$$U = -\mu B \cos\theta = -\vec{\mu}\cdot\vec{B},\qquad(35\text{-}6)$$

para um dipolo magnético cujo momento $\vec{\mu}$ faz um ângulo θ com $\vec{B}$. Esta equação é similar à expressão correspondente para um dipolo elétrico, $U = \vec{p}\cdot\vec{E}$ (Eq. 26-32). Na Eq. 35-6, $U = 0$ quando $\theta = 90°$ ($\vec{\mu}$ é perpendicular a $\vec{B}$ ou, de forma equivalente, $\vec{B}$ é paralelo ao plano da espira). U tem o seu menor valor $(= -\mu B)$ quando $\vec{\mu}$ e $\vec{B}$ são paralelos, e U tem o seu maior valor $(= +\mu B)$ quando $\vec{\mu}$ e $\vec{B}$ são antiparalelos.

A força magnética, assim como todas as forças que dependem da velocidade, é, em geral, *não*-conservativa e, portanto, geralmente não pode ser representada por uma energia potencial. Neste caso especial, no qual o torque sobre um dipolo depende da sua posição relativa ao campo, *é possível definir uma energia potencial para o sistema* composto pelo dipolo no campo. Note que a energia potencial não é somente uma característica do campo, mas do dipolo *no* campo. Em geral, não se pode definir uma "energia potencial magnética" escalar de uma carga pontual ou um "potencial magnético" do próprio campo, da forma como foi feito para os campos elétricos no Cap. 28.

Muitos sistemas físicos possuem momentos de dipolo elétrico: a Terra, barras de ímã, espiras de corrente, átomos, núcleos e partículas elementares. A Tabela 35-1 fornece alguns valores típicos.

Note que a Eq. 35-6 sugere para μ unidades de energia dividida por campo magnético, ou J/T. A Eq. 35-3 sugere unidades de corrente multiplicada por área, ou $A \cdot m^2$. É possível mostrar que as duas unidades são equivalentes, e a escolha entre elas é a que oferecer uma maior conveniência.

Conforme indicado pelos exemplos do próton e do átomo de nitrogênio na Tabela 35-1, momentos de dipolo magnético nu-

TABELA 35-1	Valores Selecionados de Momentos de Dipolo Magnético
Sistema	μ (J/T)
Núcleo de um átomo de nitrogênio	$2,04 \times 10^{-28}$
Próton	$1,41 \times 10^{-26}$
Nêutron	$9,65 \times 10^{-27}$
Elétron	$9,28 \times 10^{-24}$
Átomo de nitrogênio	$2,8 \times 10^{-23}$
Moeda pequena típica[a]	$5,4 \times 10^{-6}$
Pequena barra de ímã	5
Bobina supercondutora	400
A Terra	$8,0 \times 10^{22}$

[a]Por exemplo, a do Problema Resolvido 35-1.

cleares são tipicamente seis ordens de grandeza menores do que os momentos de dipolo magnético atômicos. Várias conclusões resultam imediatamente desta observação: (1) Elétrons não podem ser componentes do núcleo; se fosse assim, os momentos de dipolo magnético nucleares teriam grandezas da mesma ordem daquela do elétron. (2) Efeitos magnéticos típicos nos materiais são determinados através do magnetismo *atômico*, em vez do magnetismo *nuclear* que é muito mais fraco. (3) Para exercer um determinado torque necessário para alinhar dipolos nucleares é necessário um campo magnético com uma intensidade de aproximadamente três a seis ordens de grandeza maior do que a necessária para alinhar dipolos atômicos.

PROBLEMA RESOLVIDO 35-1.

(*a*) Uma bobina retangular de 250 voltas com um comprimento de 2,10 cm e uma largura de 1,25 cm conduz uma corrente de 85 μA. Qual o momento de dipolo magnético desta bobina? (*b*) O momento de dipolo magnético da bobina é alinhado com um campo magnético externo cuja intensidade é de 0,85 T. Qual o trabalho que seria realizado por um agente externo para girar a bobina de 180°?

Solução (*a*) A intensidade do momento de dipolo magnético da bobina, cuja área A é $(0,0210 \text{ m})(0,0125 \text{ m}) = 2,52 \times 10^{-4} \text{ m}^2$, é

$$\mu = NiA = (250)(85 \times 10^{-6} \text{ A})(2,52 \times 10^{-4} \text{ m}^2)$$
$$= 5,36 \times 10^{-6} \text{ A} \cdot \text{m}^2 = 5,36 \times 10^{-6} \text{ J/T}.$$

(*b*) O trabalho externo é igual ao aumento na energia potencial do sistema, que é

$$W = \Delta U = -\mu B \cos 180° - (-\mu B \cos 0°) = 2\mu B$$
$$= 2(5,36 \times 10^{-6} \text{ J/T})(0,85 \text{ T}) = 9,1 \times 10^{-6} \text{ J} = 9,1 \ \mu\text{J}.$$

Isto é igual ao trabalho necessário para elevar um comprimido de aspirina através de uma altura vertical de 3 mm.

O CAMPO DE UM DIPOLO

Até aqui discutimos o campo de um dipolo magnético (uma espira de corrente) somente em pontos sobre o eixo. Agora consideramos o campo completo do dipolo magnético. Para o caso do dipolo elétrico, mostrou-se, na Fig. 26-12, um padrão completo de linhas de campo. Algumas poucas linhas de campo para um dipolo elétrico são mostradas na Fig. 35-3*a* e podem ser comparadas com as linhas de campo de uma espira mostrada na Fig. 35-3*b*. Podemos observar uma grande similaridade entre o padrão das linhas de campo fora da espira. Outra similaridade entre os campos de dipolos elétrico e magnético é que ambos variam com r^{-3} longe do dipolo. Uma diferença significativa entre as linhas de campo elétrico e magnético é que as linhas de campo elétrico começam em cargas positivas e terminam em cargas negativas, enquanto linhas de campo magnético sempre formam malhas fechadas.

A Fig. 35-3*c* mostra as linhas de campo para uma barra de ímã. Ela mostra o mesmo padrão das linhas de campo da espira de corrente, de modo que uma barra de ímã também pode ser considerada como um dipolo magnético. É conveniente marcar as duas extremidades da barra de ímã como pólos norte (N) e sul (S), com as linhas de campo deixando o pólo N e convergindo para o pólo S. Superficialmente, podemos pensar que os pólos se comportam como as cargas positiva e negativa de um dipolo elétrico. No entanto, uma inspeção cuidadosa da Fig. 35-3*c* mostra que as linhas de campo não começam e terminam nos pólos, mas, em vez disso, continuam através do interior do ímã, mais uma vez formando malhas fechadas. Os pólos N e S não se comportam como as cargas em um dipolo elétrico e, conforme será discutido na Seção 35-7, pólos magnéticos isolados parecem não existir na natureza.

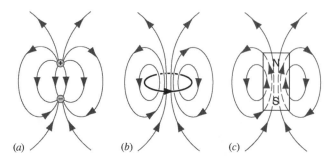

Fig. 35-3. (*a*) O campo elétrico de um dipolo elétrico. (*b*) O dipolo magnético de uma espira de corrente. (*c*) O dipolo magnético de uma barra de ímã. A linha tracejada mostra as linhas de campo no interior do ímã.

35-2 A FORÇA SOBRE UM DIPOLO EM UM CAMPO NÃO-UNIFORME

Em um campo elétrico uniforme, as forças sobre as duas cargas de um dipolo elétrico são iguais em intensidade e direção, e opostas em sentido (Fig. 26-19). Se o campo não é uniforme, as forças têm intensidades diferentes e, dessa forma, uma força resultante pode agir sobre o dipolo. A mesma conclusão é válida para os dipolos magnéticos: em um campo magnético uniforme pode existir um torque resultante sobre o dipolo, mas não existe força resultante. Para que uma força resultante seja exercida sobre o dipolo, o campo magnético precisa ser não-uniforme.

Considere o par de espiras de corrente mostrado na Fig. 35-4. As espiras têm um eixo axial comum, e ambas as espiras conduzem correntes no sentido anti-horário, quando observado de cima. A espira 1 estabelece um campo magnético $\vec{B}_1$, que então interage com a espira 2. (Supõe-se que a espira 2 já foi girada pelo torque devido ao campo da espira 1, o qual alinha o momento de dipolo da espira 2 com o campo da espira 1.) Em pontos C e D, os quais estão nas extremidades opostas de um diâmetro da espira 2, as forças $d\vec{F} = i_2\, d\vec{s} \times \vec{B}_1$ sobre os elementos $d\vec{s}$ têm componentes para baixo e radiais para fora. Quando se somam as forças sobre todos estes pares de elementos, observamos que as componentes radiais se cancelam e as componentes para baixo se somam para fornecer uma força para baixo sobre a espira de corrente.

Esta força também pode ser analisada em termos dos pólos magnéticos. Cada uma das espiras de corrente pode ser representada como um ímã com os pólos norte e sul orientados conforme mostrado na Fig. 35-4. A atração da espira 1 pela espira 2 pode ser descrita em termos da força entre os pólos magnéticos: o pólo N do ímã representando a espira 1 atrai o pólo S do ímã representando a espira 2. Na Fig. 35-4, também existe uma repulsão entre os dois pólos N e os dois pólos S, mas a atração N–S é a força mais forte, porque os pólos estão próximos um do outro.

Utilizando a Eq. 35-6 para a energia potencial do momento de dipolo magnético da espira 2 no campo magnético causada pela espira 1 ($U = \vec{\mu}_2 \cdot \vec{B}_1$), obtemos $U = -\mu_{2z}B_{1z}$, porque o momen-

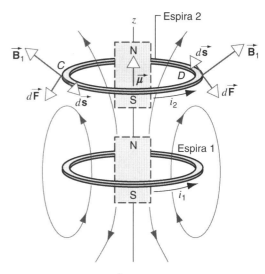

Fig. 35-4. O campo magnético $\vec{B}_1$ devido à espira 1 causa uma força para baixo sobre a espira 2.

to magnético da espira 2 somente tem uma componente z. A componente z da força $\vec{F}_{21}$ exercida sobre a espira 2 pela espira 1 está relacionada com a energia potencial através de $F_z = -dU/dz$, então

$$F_{21z} = -\frac{dU}{dz} = -\frac{d}{dz}(-\mu_{2z}B_{1z}) = \mu_{2z}\frac{dB_{1z}}{dz}. \quad (35\text{-}7)$$

Na Fig. 35-4, tomando o eixo z como sendo positivo para cima, temos $\mu_{2z} > 0$ e $dB_{1z}/dz < 0$ (uma vez que a componente z do campo decresce à medida que se avança para cima), e assim, $F_{21z} < 0$. A força sobre a espira 2 devida à espira 1 está direcionada para baixo, conforme já foi determinado.

Considerações similares mostram que a força sobre a espira 1 devida à espira 2 está para cima, de modo que as duas espiras se atraem.

Momentos de Dipolo Magnético Induzidos

Em alguns materiais nos quais as moléculas não têm um momento de dipolo elétrico permanente, conforme foi discutido na Seção 29-6, um campo elétrico aplicado pode induzir um momento de dipolo através da separação das cargas positiva e negativa na molécula. Um efeito similar ocorre para campos magnéticos: em materiais que não têm momentos de dipolo magnético permanentes, um campo magnético aplicado pode induzir um momento de dipolo.

A Fig. 35-5 mostra como isto pode ocorrer. Considere uma espira dupla, composta de duas espiras simples conduzindo correntes idênticas em sentidos opostos, em um campo não-uniforme que pode ser produzido por um ímã permanente. O momen-

to magnético resultante da dupla espira é nulo, porque as duas espiras simples têm momentos magnéticos de intensidades iguais, mas sentidos opostos. Quando o ímã é colocado mais próximo da dupla espira, o fluxo através das espiras aumenta, causando uma corrente induzida que, de acordo com a lei de Lenz, deve ter o sentido horário (visto de cima). Esta corrente induzida, que se soma à corrente nas duas espiras, fornece uma corrente resultante $i - i_{\text{ind}}$ na espira superior e $i + i_{\text{ind}}$ na espira inferior. O resultado é um momento magnético induzido resultante direcionado para baixo. Os pólos N e S do ímã equivalente são mostrados, indicando que a força sobre a espira dupla devida ao ímã é repulsiva (para cima).

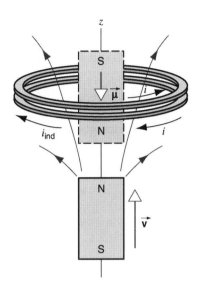

Utilizando a Eq. 35-7, observamos que (mais uma vez tomando o eixo z como sendo positivo para cima), $\mu_z < 0$ e $dB_z/dz < 0$, de modo que $F_z > 0$, correspondendo a uma força para cima, de acordo com a conclusão anterior.

Em resumo, em um campo magnético não-uniforme, dipolos permanentes giram de modo a se alinharem com o campo e são atraídos pela fonte do campo, mas os dipolos induzidos são repelidos pela fonte do campo.

Fig. 35-5. A espira dupla não tem momento de dipolo magnético permanente, mas ela adquire um momento de dipolo induzido quando o ímã se aproxima da espira. A espira é repelida pela força sobre o momento induzido.

35-3 MAGNETISMO ATÔMICO E NUCLEAR

As propriedades elétricas de uma amostra de uma substância dielétrica como a água dependem dos momentos de dipolos elétrico das suas moléculas. Cada molécula tem um lado positivo e um lado negativo e se comporta como um dipolo elétrico. Se a molécula for dividida, as cargas positiva e negativa podem ser separadas.

De uma forma similar, as propriedades magnéticas dos materiais dependem dos momentos de dipolo magnético dos átomos individuais, e os materiais magnéticos podem ser considerados como sendo compostos por um conjunto de dipolos atômicos, que podem se alinhar quando um campo magnético externo é aplicado (Fig. 35-6). No entanto, ao contrário do dipolo elétrico, não é possível dividir os átomos em pólos magnéticos separados N e S. Em vez disso, consideramos que os momentos magnéticos são pequenas espiras de corrente causadas, por exemplo, pela circulação dos elétrons em órbitas no átomo. Nesta seção, discutimos o momento de dipolo magnético associado com um elétron circulando em órbita.

Consideramos um modelo simples de um átomo no qual um elétron se move em uma órbita circular de raio r e velocidade v em torno do núcleo. Este elétron circulando pode ser considerado como sendo uma espira de corrente, na qual a corrente é a intensidade da carga do elétron dividida pelo período T para uma órbita:

$$i = \frac{e}{T} = \frac{e}{2\pi r/v}. \qquad (35\text{-}8)$$

O momento de dipolo magnético da espira pode ser determinado usando-se a Eq. 35-3:

$$\mu = iA = \left(\frac{ev}{2\pi r}\right)(\pi r^2) = \frac{erv}{2}. \qquad (35\text{-}9)$$

O momento de dipolo magnético que foi calculado para os átomos é conhecido como o momento de dipolo magnético *orbital*, porque ele é devido ao movimento orbital dos elétrons em torno do núcleo.

Ao analisar as propriedades dos átomos, é mais conveniente reescrever a Eq. 35-9 como

$$\mu_l = \frac{erv}{2} = \frac{e}{2m} mvr = \frac{e}{2m} l, \qquad (35\text{-}10)$$

onde m é a massa de um elétron. A grandeza mvr é a quantidade de movimento angular l do elétron se movendo em uma órbita circular em torno do núcleo do átomo. Designamos o momento de dipolo magnético orbital por μ_l para indicar que ele se origi-

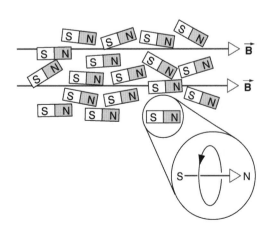

Fig. 35-6. Um material magnético pode ser visto como um conjunto de momentos de dipolo magnético, cada uma com um pólo norte e um pólo sul. Microscopicamente, cada dipolo é, na realidade, uma espira de corrente que não pode ser dividida em pólos individuais.

na da quantidade de movimento angular l. Na teoria quântica dos átomos, que é discutida nos Caps. 47 e 48, a quantidade de movimento angular é medida em unidades de $h/2\pi$, onde h é a constante de Plank. Substituindo esta unidade fundamental de quantidade de movimento angular na Eq. 35-10, obtémos uma unidade básica do momento de dipolo magnético chamada de *magnéton de Bohr* μ_B:

$$\mu_B = \frac{e}{2m}\frac{h}{2\pi} = \frac{eh}{4\pi m} = 9{,}27 \times 10^{-24}\ \text{J/T}, \qquad (35\text{-}11)$$

onde o valor numérico é obtido inserindo-se valores numéricos de e, h e m na Eq. 35-11. Os momentos magnéticos atômicos são usualmente medidos em unidades de μ_B e são tipicamente da ordem de 1 μ_B de intensidade, conforme pode ser observado do exemplo do átomo de nitrogênio na Tabela 35-1.

Os momentos de dipolo magnético de átomos podem ser medidos passando-se um feixe de átomos através de uma região onde exista um campo magnético não-uniforme. Conforme foi mostrado na seção anterior, existe uma força resultante sobre um dipolo magnético em um campo não-uniforme, de modo que os átomos são defletidos das suas trajetórias originais quando passam pela região do campo. Experimentos deste tipo, realizados na década de 1920, mostraram que os átomos sem momento de dipolo magnético orbital ainda assim eram defletidos por um campo magnético. Este resultado sugere a presença de uma outra contribuição para o momento de dipolo magnético dos átomos, neste caso, vindo do momento de dipolo magnético dos próprios elétrons, chamados de momento magnético *intrínseco* ou de "spin". Elétrons em diferentes estados de movimento têm diferentes momentos de dipolo magnético orbitais, mas todos os elétrons têm exatamente o mesmo momento de dipolo magnético intrínseco. O momento magnético intrínseco do elétron e o seu efeito na estrutura dos átomos é discutido nos Caps. 47 e 48. O momento de dipolo magnético intrínseco de um elétron está listado na Tabela 35-1. O seu valor é muito próximo de 1 μ_B.

Os momentos de dipolo magnético orbital e intrínseco dos elétrons têm aproximadamente o mesmo tamanho (da ordem de 1 μ_B), e assim, ambos são importantes na determinação das propriedades magnéticas dos átomos. O momento magnético total de um átomo é obtido da soma vetorial dos momentos magnéticos orbital e intrínseco de todos os seus elétrons. Essa soma vetorial pode ser muito complicada em um átomo com muitos elétrons. No entanto, em alguns átomos o valor total dos momentos magnéticos orbital e intrínseco é nulo. Materiais feitos desses átomos são virtualmente não-magnéticos e apresentam apenas um efeito induzido fraco chamado de *diamagnetismo* (análogo ao da Fig. 35-5). Em outros átomos, o valor total do momento magnético orbital ou intrínseco (ou ambos) não é nulo, de modo que os átomos se alinham na presença de um campo magnético externo. Estes materiais são chamados de *paramagnéticos*. O tipo de comportamento magnético mais familiar é o *ferromagnetismo*, no qual, por causa das interações entre os átomos, o alinhamento dos átomos permanece o mesmo quando o campo externo é removido. Mais tarde neste capítulo, discutiremos estes três tipos de materiais magnéticos mais detalhadamente.

MAGNETISMO NUCLEAR

O núcleo, que é composto de prótons e nêutrons em movimento orbital sob a influência das suas forças mútuas, tem um momento magnético com duas partes: uma parte orbital, devida ao movimento dos prótons (os nêutrons, que não têm carga, não contribuem para o momento magnético orbital mesmo que possam ter quantidade de movimento angular), e uma parte intrínseca, devida aos momentos magnéticos intrínsecos dos prótons e nêutrons, que estão listados na Tabela 35-1. (Pode parecer surpreendente que um nêutron sem carga tenha um momento magnético intrínseco diferente de zero. Se o nêutron fosse verdadeiramente uma partícula elementar sem nenhuma carga elétrica, ele não teria um momento de dipolo magnético. O momento de dipolo magnético não-nulo do nêutron fornece uma pista da sua estrutura interna e pode ser razoavelmente bem justificado considerando-se o nêutron composto de três quarks carregados.)

Os núcleos têm momentos de dipolo magnético orbital e intrínseco que podem ser expressados na forma da Eq. 35-10. No entanto, a massa que aparece nessas equações (a massa do elétron) precisa ser substituída pela massa do próton ou do nêutron, que é cerca de 1800 vezes a massa do elétron. Momentos de dipolo magnético nucleares típicos são menores do que os momentos de dipolo atômicos de acordo com um fator da ordem de 10^{-3} (veja a Tabela 35-1), e as suas contribuições para as propriedades magnéticas dos materiais são normalmente desprezíveis.

O efeito do magnetismo nuclear tornou-se importante no caso da *ressonância magnética nuclear*, na qual o núcleo é submetido a radiação eletromagnética de uma freqüência precisamente definida correspondente àquela que é necessária para causar a mudança do sentido do momento magnético nuclear. Podemos alinhar os momentos magnéticos nucleares em uma amostra de material através de um campo magnético estático; os sentidos dos dipolos se invertem quando eles absorvem a radiação eletromagnética variável no tempo. A absorção desta radiação pode ser facilmente detectada. Este efeito é a base da imagem por ressonância magnética (IRM), uma técnica de diagnóstico na qual imagens de órgãos do corpo podem ser obtidas utilizando radiação muito menos perigosa para o corpo do que os raios X (Fig. 35-7).

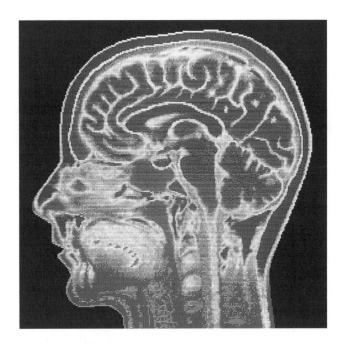

Fig. 35-7. Uma seção de uma cabeça humana, obtida através da técnica da imagem por ressonância magnética (IRM). Ela mostra detalhes do cérebro e de tecidos da face que não são visíveis em imagens de raios X e não envolve radiações que coloquem em risco a saúde do paciente.

Problema Resolvido 35-2.

Um próton está em um campo magnético de intensidade $B = 1,5$ T. O momento de dipolo magnético do próton está inicialmente antiparalelo a $\vec{B}$. Qual o trabalho externo necessário para inverter o sentido do momento de dipolo magnético do próton?

Solução A energia de interação de um dipolo magnético com um campo magnético foi dada pela Eq. 35-6, $U = -\vec{\mu} \cdot \vec{B}$. Quando $\vec{\mu}$ é antiparalelo ao campo, como no estado inicial deste problema, a energia potencial U_i é

$$U_i = -\vec{\mu} \cdot \vec{B} = \mu B,$$

porque o ângulo entre $\vec{\mu}$ e $\vec{B}$ é 180°. Quando o momento de dipolo magnético muda de sentido (chamado de um "*spin flip*"), o momento de dipolo magnético torna-se paralelo a $\vec{B}$ e a energia final é

$$U_f = -\vec{\mu} \cdot \vec{B} = -\mu B.$$

O trabalho externo realizado sobre o sistema é igual à variação da energia, ou

$$\begin{aligned} W &= U_f - U_i = -\mu B - \mu B = -2\mu B \\ &= -2(1,41 \times 10^{-26} \text{ J/T})(1,5 \text{ T}) \\ &= -4,23 \times 10^{-26} \text{ J} = -0,26 \text{ }\mu\text{eV}. \end{aligned}$$

Uma vez que a vizinhança realiza trabalho *negativo* sobre o sistema, o sistema realiza trabalho *positivo* sobre a sua vizinhança. Esta energia pode ser transmitida à vizinhança na forma de radiação eletromagnética, a qual estaria na faixa de radiofreqüência do espectro e teria uma freqüência de 64 MHz, um pouco abaixo da faixa de sintonização de uma radio FM.

35-4 MAGNETIZAÇÃO

No Cap. 30 consideramos o efeito de preencher o espaço entre placas de um capacitor com um meio dielétrico, e observamos que inserir o dielétrico e manter a carga constante nas placas reduzia o campo elétrico na região entre as placas. Isto é, se $\vec{E}_0$ é o campo elétrico sem o dielétrico, então o campo $\vec{E}$ com o dielétrico é dado pela Eq. 29-23, a que escrita na forma vetorial como

$$\vec{E} = \vec{E}_0/\kappa_e. \qquad (35\text{-}12)$$

O efeito do dielétrico é caracterizado pela constante dielétrica κ_e, um número com um valor superior a 1 para os materiais (ver Tabela 29-2).

Em vez disso, considere um meio magnético composto de átomos com momentos de dipolo $\vec{\mu}_n$. Estes dipolos em geral apontam para várias direções no espaço. Agora, calculamos o momento de dipolo resultante $\vec{\mu}$ de um volume V do material tomando a soma *vetorial* de todos os dipolos naquele volume $\vec{\mu} = \Sigma\vec{\mu}_n$. Em seguida, definimos a *magnetização* $\vec{M}$ do meio como sendo o momento de dipolo resultante por unidade de volume, ou

$$\vec{M} = \frac{\vec{\mu}}{V} = \frac{\Sigma\vec{\mu}_n}{V}. \qquad (35\text{-}13)$$

Para que a magnetização possa ser considerada uma grandeza microscópica, a Eq. 35-13 deve ser escrita como o limite à medida que o volume se aproxima de zero. Isto permite considerar um material como tendo uma *magnetização* uniforme.

Suponha que um material desses seja colocado em um campo uniforme $\vec{B}_0$. Este campo aplicado "magnetiza" o material e alinha os dipolos. Os dipolos alinhados produzem um campo magnético próprio, em analogia com o campo *elétrico* produzido pelos dipolos elétricos em um meio dielétrico (ver Seção 29-6). Em qualquer ponto do espaço, o campo magnético resultante $\vec{B}$ é a soma do campo aplicado $\vec{B}_0$ e o produzido pelos dipolos, que é chamado de $\vec{B}_M$, de modo que

$$\vec{B} = \vec{B}_0 + \vec{B}_M. \qquad (35\text{-}14)$$

O campo $\vec{B}_M$ pode incluir contribuições de dipolos permanentes em materiais paramagnéticos (análogos aos dielétricos polares) e de dipolos induzidos em todos os materiais (como em dielétricos não-polares).

O campo de magnetização $\vec{B}_M$ está relacionado com a magnetização $\vec{M}$ a qual (conforme definida na Eq. 35-13) também é determinada pelos dipolos no material. Em campos fra-

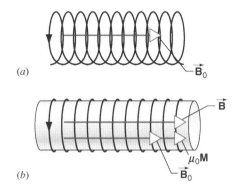

Fig. 35-8. (a) Em um solenóide vazio, a corrente estabelece um campo $\vec{B}_0$. (b) Quando o solenóide é preenchido com um material magnético, o campo total $\vec{B}$ inclui contribuições $\vec{B}_0$ da corrente e $\mu_0\vec{M}$ do material magnético.

cos, $\vec{M}$ é proporcional ao campo aplicado $\vec{B}_0$. No entanto, em geral é difícil calcular $\vec{B}_M$, a menos que a magnetização seja uniforme e a geometria tenha um alto grau de simetria. Como um exemplo desta situação, considere um solenóide longo (ideal) de seção transversal circular, preenchido com um material magnético (Fig. 35-8). Neste caso, o campo aplicado é uniforme no interior; $\vec{B}_0$ e $\vec{M}$ são paralelos ao eixo, e pode ser mostrado que $\vec{B}_M = \mu_0\vec{M}$ no interior do solenóide. (Podemos verificar as dimensões e mostrar que $\mu_0\vec{M}$ tem as mesmas dimensões de $\vec{B}$.)

Portanto, podemos escrever o campo resultante como

$$\vec{B} = \vec{B}_0 + \mu_0\vec{M}, \quad (35\text{-}15)$$

conforme ilustrado na Fig. 35-8b. Em campos fracos, $\vec{M}$ aumenta linearmente com o campo aplicado $\vec{B}_0$. Neste caso, podemos escrever

$$\vec{B} = \kappa_m\vec{B}_0, \quad (35\text{-}16)$$

onde κ_m é a *permeabilidade* do material, que é definida em relação a um vácuo, para o qual $\kappa_m = 1$. A permeabilidade da maioria dos materiais comuns (com exceção dos ferromagnéticos) tem valores próximos a 1, conforme será discutido na próxima seção. Para materiais diferentes dos ferromagnéticos, a permeabilidade pode depender de propriedades tais como a temperatura e a massa específica do material, mas não do campo magnético $\vec{B}_0$. Sob condições usuais, a Eq. 35-16 descreve uma relação linear com o campo resultante $\vec{B}$ aumentando linearmente à medida que o campo magnético aplicado aumenta. Por outro lado, para os ferromagnéticos podemos considerar que a Eq. 35-16 define um κ_m particular que depende do campo aplicado $\vec{B}_0$, de modo que a Eq. 35-16 não é mais linear.*

Combinando as Eqs. 35-15 e 35-16, podemos escrever a magnetização induzida pelo campo aplicado como

$$\mu_0\vec{M} = (\kappa_m - 1)\vec{B}_0. \quad (35\text{-}17)$$

A grandeza $\kappa_m - 1$ é tipicamente da ordem de 10^{-3} a 10^{-6} para a maioria dos materiais não-ferromagnéticos, e assim, a contribuição da magnetização $\mu_0\vec{M}$ no campo total é geralmente muito inferior a $\vec{B}_0$. Isto está em grande contraste com o caso dos campos elétricos, no qual κ_e, para materiais típicos, tem valores na faixa de 3–100. O campo elétrico total é substancialmente modificado pelo meio dielétrico, mas o meio magnético tem apenas um pequeno efeito no campo magnético para não-ferromagnéticos.

PROBLEMA RESOLVIDO 35-3.

O campo magnético no interior de um determinado solenóide tem o valor de $6,5 \times 10^{-4}$ T quando o solenóide está vazio. Quando é preenchido com ferro, o campo torna-se 1,4 T. (a) Determine a permeabilidade relativa sob estas condições. (b) Determine o momento magnético médio de um átomo de ferro sob estas condições.

Solução (a) Da Eq. 35-16, temos (tomando apenas as intensidades)

$$\kappa_m = \frac{B}{B_0} = \frac{1,4 \text{ T}}{6,5 \times 10^{-4} \text{ T}} = 2200.$$

(b) Utilizando a Eq. 35-15, obtemos

$$M = \frac{B - B_0}{\mu_0} = \frac{1,4 \text{ T} - 6,5 \times 10^{-4} \text{ T}}{4\pi \times 10^{-7} \text{ T}\cdot\text{m/A}} = 1,11 \times 10^6 \text{ A/m}.$$

Note que as unidades de M também podem ser expressas como $A \cdot m^2/m^3$. Isto representa o momento magnético por unidade de volume do ferro. Para se determinar o momento magnético por átomo, é necessária a densidade do número n de átomos (número de átomos por unidade de volume):

$$n = \frac{\text{átomos}}{\text{volume}} = \frac{\text{massa}}{\text{volume}} \frac{\text{átomos}}{\text{massa}}$$

$$= \frac{\text{massa}}{\text{volume}} \frac{\text{átomos/mol}}{\text{massa/mol}} = \rho \frac{N_A}{m}.$$

Aqui ρ é a massa específica do ferro, N_A é a constante de Avogadro e m é a massa molar do ferro. Substituindo os valores, obtemos

$$n = (7,87 \times 10^3 \text{ kg/m}^3) \frac{6,02 \times 10^{23} \text{ átomos/mol}}{0,0558 \text{ kg/mol}}$$

$$= 8,49 \times 10^{28} \text{ átomos/m}^3.$$

---

*Existe aqui, como sempre, uma analogia entre os campos elétrico e magnético. Existem materiais dielétricos, chamados de *ferroelétricos*, nos quais a relação entre $\vec{E}$ e $\vec{E}_0$ é não-linear; isto é, κ_e é dependente do campo aplicado $\vec{E}_0$. Com esses materiais é possível construir dipolos elétricos quase-permanentes, chamados de *eletretos*, que são análogos a ímãs permanentes. A maioria dos materiais dielétricos de uso comum é linear, enquanto os materiais magnéticos mais comuns são não-lineares.

O momento magnético médio por átomo é

$$\mu = \frac{M}{n} = \frac{1{,}11 \times 10^6 \text{ A/m}}{8{,}49 \times 10^{28}/\text{m}^3} = 1{,}31 \times 10^{-23} \text{ J/T} = 1{,}4 \ \mu_B.$$

Este resultado é bastante consistente com o que se espera para um momento magnético atômico. O cálculo sugere que cada átomo da amostra de ferro está contribuindo com a totalidade do seu momento de dipolo magnético para a magnetização do material, uma situação que caracteriza os ferromagnéticos.

35-5 MATERIAIS MAGNÉTICOS

Agora estamos prontos para considerar algumas características de três tipos de materiais magnéticos. Conforme será visto, estas classificações dependem, por um lado, dos momentos de dipolo magnético dos átomos do material e, por outro, das interações entre os átomos.

Paramagnetismo

O paramagnetismo ocorre em materiais cujos átomos têm momentos de dipolo magnético permanentes; não faz diferença se estes momentos de dipolo são do tipo orbital ou intrínseco.

Em uma amostra de um material paramagnético à qual nenhum campo magnético é aplicado, os momentos de dipolo magnético estão orientados aleatoriamente no espaço (Fig. 35-9a). A magnetização, calculada de acordo com a Eq. 35-13, é nula, porque as direções aleatórias de $\vec{\mu}_n$ fazem com que a soma vetorial se anule, assim como as direções aleatórias das velocidades das moléculas em uma amostra de gás se somam para resultar em um valor nulo para a velocidade do centro de massa de toda a amostra.

Quando um campo magnético externo é aplicado ao material (por exemplo, colocando-o no interior de um solenóide), o torque resultante sobre os dipolos tende a alinhá-los com o campo (Fig. 35-9b). A soma vetorial dos momentos de dipolo individuais não é mais nula. O campo dentro do material agora tem duas componentes: o campo aplicado $\vec{B}_0$ e o campo induzido $\mu_0 \vec{M}$ da magnetização dos dipolos. Note que estes dois campos são paralelos; os dipolos amplificam o campo aplicado, em contraste com o caso elétrico no qual o campo do dipolo se opõe ao campo aplicado e reduz o campo elétrico total no material (veja a Fig. 29-11). A razão entre $\mu_0 \vec{M}$ e $\vec{B}_0$ é determinada, de acordo com a Eq. 35-17, por κ_m, que é pequeno e positivo para materiais paramagnéticos. A Tabela 35-2 mostra alguns valores representativos.

O movimento térmico dos átomos tende a distribuir o alinhamento dos dipolos e, conseqüentemente, a magnetização decresce com o aumento da temperatura. A relação entre M e a temperatura T foi descoberta como sendo uma relação inversamente proporcional por Pierre Curie em 1895 e é escrita como

$$M = C \frac{B_0}{T}, \qquad (35\text{-}18)$$

a qual é conhecida como *lei de Curie*, sendo a constante C conhecida como a constante de Curie. A temperatura na Eq. 35-18 deve estar em kelvins. A Eq. 35-18 somente é válida quando B_0/T é pequeno — isto é, para pequenos campos ou altas temperaturas.

Em campos grandes aplicados, a magnetização aproxima-se do seu valor máximo, que ocorre quando todos os dipolos estão paralelos. Se existem N dipolos nesta condição no volume V, o valor máximo de $\Sigma \vec{\mu}_n$, é $N\mu_n$, correspondendo aos N vetores paralelos $\vec{\mu}_n$. Neste caso, a Eq. 35-13 fornece

$$M_{\text{máx}} = \frac{N}{V} \mu_n. \qquad (35\text{-}19)$$

Quando a magnetização atinge este valor de *saturação*, o aumento no campo aplicado $\vec{B}_0$ não tem nenhum efeito adicional sobre a magnetização. A lei de Curie, que requer que M aumente linearmente com B_0, somente é válida quando a magnetização está longe da saturação — isto é, quando B_0/T é pequeno. A Fig. 35-10 mostra a magnetização medida M, como uma fração do valor

TABELA 35-2 Permeabilidade Relativa de Alguns Materiais Paramagnéticos à Temperatura Ambiente

Material	$\kappa_m - 1$
Gd_2O_3	$1{,}2 \times 10^{-2}$
$CuCl_2$	$3{,}5 \times 10^{-4}$
Cromo	$3{,}3 \times 10^{-4}$
Tungstênio	$6{,}8 \times 10^{-5}$
Alumínio	$2{,}2 \times 10^{-5}$
Magnésio	$1{,}2 \times 10^{-5}$
Oxigênio (1 atm)	$1{,}9 \times 10^{-6}$
Ar (1 atm)	$3{,}6 \times 10^{-7}$

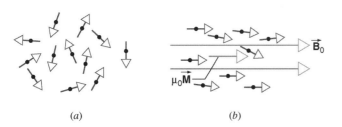

Fig. 35-9. (a) Em uma amostra não-magnetizada, os momentos magnéticos atômicos estão orientados aleatoriamente. (b) Quando um campo externo $\vec{B}_0$ é aplicado, os dipolos giram alinhando-se com o campo e a soma vetorial dos momentos de dipolo magnético dá uma contribuição $\mu_0 \vec{M}$ para o campo.

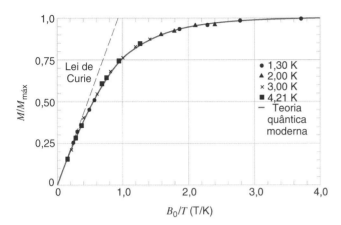

Fig. 35-10. Para um material paramagnético, a razão entre a magnetização M e o seu valor de saturação $M_{máx}$ varia com B_0/T.

máximo $M_{máx}$, em função de B_0/T para várias temperaturas para o sal paramagnético de alúmen de cromo $CrK(SO_4)_2 \cdot 12H_2O$. (São os íons de cromo neste sal que são responsáveis pelo paramagnetismo.) Observe que a aproximação da saturação e note que a lei de Curie somente é válida para pequenos valores de B_0/T (correspondendo a campos aplicados pequenos ou altas temperaturas).

Quando o campo magnético externo é removido de uma amostra paramagnética, o movimento térmico faz com que as direções dos momentos de dipolo se tornem aleatórias de novo; as forças magnéticas entre os átomos são muito fracas para manter o alinhamento e evitar a condição aleatória. Este efeito pode ser utilizado para se obter o resfriamento em um processo conhecido como *desmagnetização adiabática*. Uma amostra é magnetizada a uma temperatura constante. Os dipolos vão para um estado de energia mínima em alinhamento total ou parcial com o campo aplicado e, ao fazer isso, eles devem ceder energia para o material à sua volta. Esta energia flui como calor para o reservatório térmico da vizinhança. Agora, a amostra está termicamente isolada da sua vizinhança e é desmagnetizada adiabaticamente. Quando os dipolos se tornam aleatórios, o aumento da sua energia magnética deve ser compensada por um decréscimo correspondente na energia interna do sistema (uma vez que o calor não pode fluir para, ou do sistema isolado em um processo adiabático). Portanto, a temperatura da amostra precisa diminuir. A menor temperatura que pode ser atingida é determinada pelo campo residual causado pelos dipolos. A desmagnetização de dipolos magnéticos atômicos pode ser usada para alcançar temperaturas da ordem de 0,001 K, ao passo que a desmagnetização de dipolos magnéticos nucleares, que são muito menores, permite que temperaturas abaixo de 10^{-6} K sejam obtidas.

DIAMAGNETISMO

Em 1847, Michael Faraday descobriu que uma amostra de bismuto era *repelida* por um ímã forte. Ele chamou essas substâncias de diamagnéticas. (Em contraste, as substâncias paramagnéticas são sempre *atraídas* por um ímã.) O diamagnetismo ocorre em todos os materiais. No entanto, ele é geralmente um efeito muito mais fraco do que o paramagnetismo e, portanto, ele somente pode ser observado mais facilmente em materiais que não são paramagnéticos. Estes materiais podem ser aqueles com momentos de dipolo magnético atômico nulos, possivelmente resultantes de átomos com vários elétrons para os quais a soma vetorial dos seus momentos magnéticos orbital e intrínseco é nula.

O diamagnetismo é análogo ao efeito de campos elétricos induzidos em eletrostática. Um pedaço de material descarregado como um papel é atraído por uma haste carregada de qualquer polaridade. As moléculas do papel não têm momentos de dipolo elétrico permanentes, mas adquirem momentos de dipolo *induzidos* pela ação do campo elétrico e estes momentos induzidos podem, então, ser atraídos pelo campo (ver Fig. 25-5).

Nos materiais diamagnéticos, os átomos não têm momentos de dipolo magnético *permanentes* e adquirem momentos de dipolo *induzidos* quando são colocados em um campo magnético externo, conforme foi discutido na Seção 35-2. A seguir, consideramos que os elétrons em órbita em um átomo se comportam como espiras de corrente. Quando um campo externo $\vec{B}_0$ é aplicado, o fluxo através da espira muda. Pela lei de Lenz, o movimento deve mudar de forma que o campo induzido se oponha a este aumento no fluxo. Um cálculo baseado em órbitas circulares (ver Problema 7) mostra que a mudança no movimento é acompanhado por um pequeno aumento ou decréscimo na velocidade do movimento orbital, de modo que a freqüência circular associada com o movimento orbital varia de

$$\Delta\omega = \pm \frac{eB_0}{2m}, \quad (35\text{-}20)$$

onde B_0 é a intensidade do campo aplicado e m é a massa de um elétron. Esta variação na freqüência orbital muda o momento magnético orbital de um elétron (veja a Eq. 35-8 e o Problema Resolvido 35-5).

TABELA 35-3	Permeabilidade Relativa de Algumas Substâncias Diamagnéticas à Temperatura Ambiente
Substância	$\kappa_m - 1$
Mercúrio	$-3,2 \times 10^{-5}$
Prata	$-2,6 \times 10^{-5}$
Bismuto	$-1,7 \times 10^{-5}$
Álcool etílico	$-1,3 \times 10^{-5}$
Cobre	$-9,7 \times 10^{-6}$
Dióxido de carbono (1 atm)	$-1,1 \times 10^{-8}$
Nitrogênio (1 atm)	$-5,4 \times 10^{-9}$

Aproximando-se um único átomo de um material, como o bismuto, do pólo norte de um ímã, o campo (que aponta para longe do pólo) tende a aumentar o fluxo através da espira de corrente que representa o elétron em movimento circular. De acordo com a lei de Lenz, deve haver um campo induzido apontado no sentido oposto (em direção ao pólo). O pólo norte induzido está sobre o lado da espira voltado para o ímã e os dois pólos de mesmo nome (norte) se repelem.

Este efeito ocorre não importando qual o sentido da rotação da órbita original, de modo que a magnetização em um material diamagnético sempre se opõe ao campo aplicado. A razão entre a contribuição da magnetização para o campo $\mu_0 M$ e o campo aplicado B_0, dado por $\kappa_m - 1$ de acordo com a Eq. 35-17, é de aproximadamente de -10^{-6} a -10^{-5} para materiais diamagnéticos típicos. A Tabela 35-3 mostra alguns materiais diamagnéticos e as suas permeabilidades.

FERROMAGNETISMO

O ferromagnetismo, assim como o paramagnetismo, ocorre em materiais nos quais os átomos têm momentos de dipolo magnético permanentes. O que distingue os materiais ferromagnéticos dos materiais paramagnéticos é que nos ferromagnéticos existe uma forte interação entre átomos próximos que mantém os seus momentos de dipolo alinhados, mesmo quando o campo magnético externo é removido. Se isto ocorre ou não, depende da intensidade dos dipolos magnéticos e, como o campo do dipolo varia com a distância, da separação entre os átomos do material. Alguns átomos podem ser ferromagnéticos em um tipo de material, mas não em outro, porque o seu espaçamento é diferente. Materiais ferromagnéticos familiares na temperatura ambiente incluem os elementos ferro, cobalto e níquel. Elementos ferromagnéticos menos familiares, alguns dos quais somente mostram o seu ferromagnetismo a temperaturas muito inferiores à temperatura ambiente, são os elementos das terras raras como gadolíneo ou o disprósio. Compostos e ligas também podem ser ferromagnéticos; por exemplo, CrO_2, o ingrediente básico das fitas de gravação magnética, é ferromagnético embora os elementos cromo e oxigênio não sejam ferromagnéticos à temperatura ambiente.

Podemos reduzir a efetividade do acoplamento entre átomos vizinhos, que causa o ferromagnetismo, aumentando a temperatura da substância. A temperatura para a qual o material se torna paramagnético é chamada de *temperatura de Curie*. A temperatura de Curie do ferro, por exemplo, é de 770°C; acima desta temperatura, o ferro é paramagnético. A temperatura de Curie do metal gadolíneo é 16°C; na temperatura ambiente, o gadolíneo é paramagnético, enquanto a temperaturas abaixo de 16°C, o gadolíneo se torna ferromagnético.

A intensificação do campo magnético aplicado aos ferromagnéticos é considerável. O campo magnético total $\vec{B}$ dentro de um ferromagnético pode ser 10^3 ou 10^4 vezes o campo aplicado $\vec{B}_0$. A permeabilidade κ_m de um ferromagnético não é uma constante; nem o campo $\vec{B}$ nem a magnetização $\vec{M}$ aumenta linearmente com $\vec{B}_0$, mesmo para pequenos valores de $\vec{B}_0$.

Histerese e Domínios Magnéticos. Considere a introdução de um material ferromagnético como o ferro no interior de um solenóide, como na Fig. 35-8b. Vamos supor que a corrente é inicialmente nula e que o ferro está desmagnetizado, de modo que, inicialmente, B_0 e M são nulos. Aumentamos B_0, aumentando a corrente no solenóide. A magnetização aumenta rapidamente até um valor de saturação, conforme indicado na Fig. 35-11 pelo

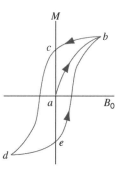

Fig. 35-11. A variação da magnetização de uma amostra de material ferromagnético à medida que o campo aplicado muda. A trajetória *bcdeb* é chamada de uma *curva de histerese*.

segmento *ab*. Agora diminuimos a corrente até zero. A magnetização não percorre o caminho original, mas em vez disso o ferro permanece magnetizado (no ponto *c*) mesmo quando o campo aplicado B_0 é nulo. Se invertemos o sentido da corrente no solenóide, atingimos uma magnetização saturada no sentido oposto (ponto *d*), e retornando a corrente até zero observamos que a amostra retém uma magnetização permanente no ponto *e*. Podemos, então, aumentar a corrente mais uma vez para retornar à magnetização saturada no sentido original (ponto *b*). O caminho *bcdeb* pode ser percorrido repetidamente.

O comportamento mostrado na Fig. 35-11 é chamado de *histerese*. Nos pontos *c* e *e* o ferro está magnetizado embora não haja nenhuma corrente no solenóide. Além disso, o ferro "lembra-se" como tornou-se magnetizado, uma corrente negativa produz uma magnetização diferente da produzida por uma corrente positiva. Esta "memória" é essencial para a operação de armazenamento magnético de informação, como no caso de fitas cassetes ou disquetes de computador.

A aproximação de um ferromagnético da saturação se dá através de um mecanismo diferente do que ocorre para um paramagnético (o qual foi descrito através da rotação de dipolos magnéticos individuais que tendem a se alinhar com o campo aplicado). Um material como o ferro é composto de um grande número de cristais microscópicos. Dentro de cada cristal existem *domínios magnéticos*, regiões com um tamanho de aproximadamente 0,01 mm nas quais o acoplamento dos dipolos magnéticos atômicos produz essencialmente um alinhamento perfeito de todos os átomos. A Fig. 35-12 mostra um padrão dos domínios em um

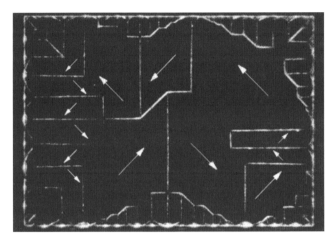

Fig. 35-12. Padrões de domínio para um único cristal de níquel. As linhas brancas, que mostram as fronteiras dos domínios, são produzidas pela pulverização de pó de óxido de ferro sobre a superfície. As setas ilustram a orientação dos dipolos magnéticos no interior dos domínios.

único cristal de níquel ferromagnético. Existem vários domínios, cada com os seus dipolos apontando em uma diferente direção, e o resultado da adição destes momentos de dipolo em um ferromagnético desmagnetizado fornece uma magnetização nula.

Quando o ferromagnético é colocado em um campo externo, dois efeitos podem ocorrer: (1) os dipolos fora das paredes dos domínios que estão alinhados com o campo podem girar até se alinharem, permitindo, de fato, que estes domínios cresçam à custa dos domínios vizinhos; e (2) os dipolos de domínios que não estão alinhados podem girar de modo a ficarem alinhados com o campo aplicado. Em qualquer caso, existem agora mais dipolos alinhados com o campo e o material tem uma forte magnetização. Quando o campo é removido, as paredes do domínio não se movem completamente de volta às suas posições anteriores e o material retém uma magnetização na direção do campo aplicado.

Problema Resolvido 35-4.

Uma substância paramagnética é composta de átomos com um momento de dipolo magnético de 3,3 μ_B. Ela é colocada em um campo magnético de 5,2 T de intensidade. Para que temperatura a substância deve ser resfriada de modo que a energia magnética de cada átomo seja igual à energia cinética de translação média por átomo?

Solução A energia magnética de um dipolo em um campo externo é $U = -\vec{\mu} \cdot \vec{B}$ e a energia cinética de translação média por átomo é de $(3/2)kT$ (veja a Seção 22-4). Estas são iguais em intensidade quando a temperatura é

$$T = \frac{\mu B}{(3/2)k} = \frac{(3,3)(9,27 \times 10^{-24}\ \text{J/T})(5,2\ \text{T})}{(1,5)(1,38 \times 10^{-23}\ \text{J/K})} = 7,7\ \text{K}.$$

Problema Resolvido 35-5.

Calcule a variação no momento magnético de um elétron circulando em um campo aplicado B_0 de 2,0 T agindo perpendicular ao plano da órbita. Considere $r = 5,29 \times 10^{-11}$ para o raio da órbita, correspondendo ao estado normal de um átomo de hidrogênio.

Solução Podemos escrever a Eq. 35-9 como

$$\mu = \tfrac{1}{2} erv = \tfrac{1}{2} er^2 \omega,$$

usando-se $v = r\omega$. A variação de $\Delta\mu$ no momento magnético correspondente a uma variação na freqüência angular é então

$$\Delta\mu = \tfrac{1}{2} er^2 \Delta\omega = \tfrac{1}{2} er^2 \left(\pm \frac{eB_0}{2m} \right) = \pm \frac{e^2 B_0 r^2}{4m}$$

$$= \pm \frac{(1,6 \times 10^{-19}\ \text{C})^2 (2,0\ \text{T})(5,29 \times 10^{-11}\ \text{m})^2}{4(9,1 \times 10^{-31}\ \text{kg})}$$

$$= \pm 3,9 \times 10^{-29}\ \text{J/T},$$

onde utilizamos a Eq. 35-20 para $\Delta\omega$.

Comparado com o valor do momento magnético, $\mu_B = 9,27 \times 10^{-24}$ J/T, observamos que este efeito é responsável por apenas 4×10^{-6} do momento magnético. Isto é consistente com a ordem de grandeza esperada para efeitos diamagnéticos (Tabela 35-3).

35-6 O MAGNETISMO DOS PLANETAS (OPCIONAL)

Apesar de as bússolas magnéticas terem sido utilizadas como instrumentos de navegação por vários séculos, antes de 1600 o seu comportamento não era bem compreendido, quando Sir William Gilbert, médico da rainha Elizabeth I, propôs que a Terra é um grande ímã com um pólo magnético próximo a cada pólo geográfico. Pesquisadores posteriores mapearam cuidadosamente o campo magnético da Terra e espaçonaves interplanetárias estudaram os campos magnéticos de outros planetas.

O campo da Terra pode ser considerado aproximadamente igual ao de um dipolo magnético, com momento $\mu = 8,0 \times 10^{22}$ J/T. O campo na superfície tem uma intensidade que abrange a faixa de 30 μT, perto do equador, a 60 μT, perto dos pólos. Para um dipolo, esperamos que o campo magnético sobre o eixo seja igual a duas vezes o campo em um ponto à mesma distância ao longo do plano bissetor, como no caso para um dipolo elétrico (ver Seção 26-3). Estes valores para o campo magnético da Terra são consistentes com estas expectativas.

O eixo do dipolo faz um ângulo de aproximadamente 11,5° com o eixo de rotação da Terra (o qual faz um ângulo de 23,5° com a normal ao plano da órbita da Terra em torno do Sol, conforme mostrado na Fig. 35-13). O que se chama comumente de pólo norte magnético, que está localizado no norte do Canadá, é, de fato, o pólo sul do dipolo da Terra, de acordo com a definição que o estabelece como sendo o ponto para o qual as linhas

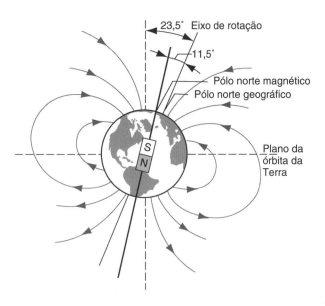

Fig. 35-13. Uma representação simplificada do campo magnético da Terra perto da sua superfície. Note que o pólo norte magnético é, na realidade, um pólo sul do dipolo que representa o campo da Terra. O eixo magnético está aproximadamente na metade entre o eixo de rotação e a normal ao plano da órbita da Terra (linha vertical tracejada).

de campo magnético convergem. O pólo sul magnético, que está localizado na Antártica, é representado pelo pólo norte do dipolo, porque as linhas de $\vec{B}$ emergem dele. Colocado de outra forma, quando se usa uma bússola magnética para se determinar a direção, a extremidade da bússola que aponta para o norte é um pólo norte verdadeiro do ímã suspenso na bússola; ele é atraído por um pólo sul verdadeiro, que está perto do pólo norte geográfico da Terra.

Fig. 35-14. A espetacular aurora boreal, também conhecida como "luz boreal".

O campo magnético da Terra tem importância prática não somente na navegação, mas também na prospecção e nas comunicações. Portanto, ele tem sido estudado extensivamente por muitos anos, sobre a superfície medindo-se a intensidade, o sentido e a direção, e acima da superfície através de satélites em órbita. Entre os seus outros efeitos estão os cinturões de radiação de van Allen que envolvem a Terra (ver Fig. 32-15) e a chamada "luz boreal", uma exibição brilhante da aurora* (Fig. 35-14).

Uma vez que existem rochas magnetizadas no solo, é tentador sugerir que a fonte do campo magnético da Terra seja um núcleo de rochas permanentemente magnetizadas. No entanto, isto não pode estar correto, porque a temperatura do núcleo é de alguns milhares de graus, muito acima da temperatura de Curie do ferro. Dessa forma, o ferro no núcleo da Terra não pode ser ferromagnético.

Além disso, das medidas realizadas ao longo das últimas poucas centenas de anos, sabemos que o pólo norte magnético move-se em relação ao pólo norte geográfico, e dos registros geológicos sabemos que ocorre a inversão dos pólos em uma escala de tempo da ordem algumas centenas de milhares de anos. (Além disso, conforme será discutido adiante, alguns planetas no sistema solar que têm composição similar à da Terra não têm campo magnético, enquanto outros planetas que certamente não contêm material magnético têm campos muito grandes.) Tais observações são difíceis de explicar baseadas na hipótese de um núcleo permanentemente magnetizado.

A fonte exata do magnetismo da Terra não é completamente compreendida, mas ela provavelmente envolve algum tipo de efeito *dínamo*. O núcleo exterior contém minerais em um estado líquido, que conduzem eletricidade facilmente. Um pequeno campo magnético inicial faz com que correntes fluam neste condutor móvel, através da lei da indução de Faraday. Estas correntes podem intensificar o campo magnético, e este campo intensificado é o que se observa como campo da Terra. No entanto, sabemos do estudo efetuado sobre indução que um condutor se movendo em um campo magnético experimenta uma força de freamento. A fonte da energia necessária para vencer a força de freamento e manter o núcleo em movimento não é ainda compreendida.

A Terra contém um registro das variações da intensidade, do sentido e da direção do campo. Amostras de cerâmica antiga, por exemplo, contendo pequenas partículas de ferro, que se tornaram magnetizadas no campo da Terra quando a cerâmica foi resfriada após o aquecimento. Pela intensidade da magnetização das partículas, podemos deduzir a intensidade do campo da Terra no tempo e local do aquecimento. Um registro geológico de origem similar é preservado no fundo do oceano (Fig. 35-15). Quando o magma derretido escoa de uma fenda e se solidifica, as partículas de ferro se tornam magnetizadas. A direção e o sentido da magnetização das partículas mostram a direção e o sentido do campo da Terra. Dos padrões de magnetização, podemos deduzir que os pólos da Terra têm sofrido uma inversão bastante regular ao longo da história geológica. Esta

---

*Ver "The Dynamic Aurora", por Syun-Ichi Akasofu, *Scientific American*, maio de 1989, p. 90.

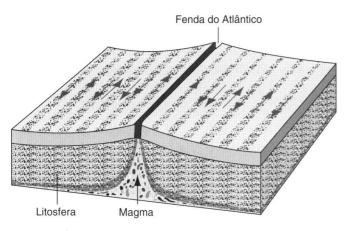

Fig. 35-15. À medida que material derretido emerge através de uma fenda no fundo do oceano e resfria, ele preserva um registro da direção e do sentido do campo magnético da Terra naquele instante de tempo (setas). Cada segmento pode representar um intervalo de tempo de 100.000 a 1.000.000 anos.

inversão ocorre aproximadamente a cada 100.000–1.000.000 anos e tem sido mais freqüente nos últimos tempos. As causas destas inversões e do aumento da sua freqüência não são conhecidas, mas possivelmente envolvem o efeito dínamo de alguma forma.*

Em anos recentes, sondas espaciais interplanetárias têm sido capazes de medir a direção, o sentido e a intensidade dos campos magnéticos dos planetas. Estas observações suportam o mecanismo de dínamo como sendo a fonte destes campos. A Tabela 35-4 mostra valores dos momentos de dipolo magnético e dos campos magnéticos na superfície dos planetas.

Vênus, cujo núcleo é similar ao da Terra, não tem campo porque a sua rotação é muito baixa (uma a cada 244 dias da Terra) para sustentar o efeito dínamo. Marte, cujo período de rotação é aproximadamente igual ao da Terra, somente tem um pequeno campo porque provavelmente o seu núcleo é muito pequeno, um fato deduzido da medição da massa específica de Marte. Os planetas externos (Júpiter e além) são compostos principalmente de hidrogênio e hélio, dos quais, em condições comuns, não se espera que sejam magnéticos; no entanto, nas altas pressões e temperaturas perto do centro destes planetas, o hidrogênio e o hélio podem se comportar como metais, em particular mostrando especialmente uma grande condutividade elétrica e permitindo o efeito dínamo.

A Fig. 35-16 mostra o alinhamento do eixo de rotação e o eixo do campo magnético de Júpiter e Urano; é interessante comparar estes com os da Terra que é mostrada na Fig. 35-13. Note que o eixo de rotação de Urano é aproximadamente paralelo ao plano da sua órbita, em contraste com os outros planetas. Observe também que o eixo magnético de Urano está muito mal alinhado com o seu eixo de rotação e que o dipolo é deslocado do centro do planeta. Uma situação similar ocorre para o planeta Netuno. Infelizmente, as informações das observações sobre os planetas é limitada às colhidas pelos vôos espaciais que estiveram nas proximidades do planeta somente por aproximadamente um dia. Se fosse possível examinar as suas outras propriedades físicas e os seus registros geológicos, seria possível aprender muito mais sobre a origem do magnetismo planetário.**

TABELA 35-4	Campos Magnéticos no Sistema Solar	
Planeta	μ (A · m^2)	B na Superfície (μT)
Mercúrio	5×10^{19}	0,35
Vênus	$< 10^{19}$	< 0,01
Terra	$8,0 \times 10^{22}$	30
Marte	$1,5 \times 10^{19}$	0,04
Júpiter	$1,6 \times 10^{27}$	430
Saturno	$4,7 \times 10^{25}$	20
Urano	$4,0 \times 10^{24}$	30
Netuno	$2,2 \times 10^{24}$	20

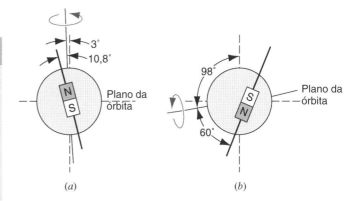

Fig. 35-16. (a) O alinhamento do eixo do dipolo magnético de Júpiter em relação ao seu eixo de rotação e ao plano de sua órbita. Note que, em contraste com a Terra, o pólo norte magnético é um pólo norte verdadeiro do campo do dipolo. (b) O alinhamento do eixo do dipolo magnético de Urano.

---

*Ver "The Evolution of the Earth's Magnetic Field", por Jeremy Bloxham e David Gubbins, Scientific American, dezembro de 1989, p. 68; e "The Source of the Earth's Magnetic Field", por Charles R. Carrigan e David Gubbins, Scientific American, fevereiro de 1979, p. 118.
**Ver "Magnetic Fields in the Cosmos", por E. N. Parker, Scientific American, agosto de 1983, p. 44; e "Uranus", por Andrew P. Ingersoll, Scientific American, janeiro de 1987, p. 38.

Problema Resolvido 35-6.

Uma medição da componente horizontal de B_h do campo da Terra na localização de Tucson, Arizona (Estados Unidos), fornece um valor de 26 μT. Suspendendo-se um pequeno ímã como uma bússola que é livre para oscilar em um plano vertical, é possível medir o ângulo entre a direção do campo e o plano horizontal, chamado de *declinação* ou o *ângulo de declinação* ϕ_i. O ângulo de declinação em Tucson foi medido como sendo 59°. Determine a intensidade do campo e a sua componente vertical nessa localização.

Solução De acordo com a Fig. 35-17, a intensidade do campo pode ser obtida de

$$B = \frac{B_h}{\cos \phi_i} = \frac{26 \, \mu T}{\cos 59°} = 50 \, \mu T.$$

A componente vertical é dada por

$$B_v = B_h \, \text{tg} \, \phi_i = (26 \, \mu T)(\text{tg} \, 59°) = 43 \, \mu T.$$

Conforme esperado para o campo de um dipolo (veja a Fig. 35-13), os valores medidos do ângulo de declinação estão compreendidos na faixa de 0° próximo ao equador (na realidade, o equador *magnético*) a 90° próximo aos pólos magnéticos.

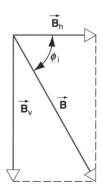

Fig. 35-17. Problema Resolvido 35-6. As componentes horizontal e vertical do campo magnético da Terra perto de Tucson, Arizona (Estados Unidos). O ângulo ϕ_i é o ângulo da declinação.

35-7 LEI DE GAUSS PARA O MAGNETISMO

A Fig. 35-18a mostra o campo elétrico associado a uma haste isoladora que tem quantidades iguais de cargas positivas e negativas colocadas nas extremidades opostas. Este é um exemplo de um dipolo elétrico. A Fig. 35-18b mostra o caso análogo de um dipolo magnético, como a familiar barra de ímã, com o pólo norte em uma das extremidades e um pólo sul na outra extremidade. Neste nível, os casos elétrico e magnético parecem bem similares. (A comparação da Fig. 26-14b com a Fig. 32-6 apresenta uma outra ilustração desta similaridade.) Na realidade, podemos ser levados a postular a existência de pólos magnéticos individuais análogos a cargas elétricas; tais pólos, se existissem, produziriam campos magnéticos (similares aos campos elétricos produzidos por cargas) proporcionais à intensidade do pólo e inversamente proporcionais ao quadrado da distância do pólo. Conforme será visto, esta hipótese não é consistente com experimentos.

Agora, os objetos da Fig. 35-18 são cortados ao meio e separados em duas metades. A Fig. 35-19 mostra que os casos elétrico e magnético não são mais similares. No caso elétrico, temos dois objetos que, se separados por uma distância suficientemente grande, podem ser vistos como cargas pontuais de polaridades opostas, cada um produzindo um campo característico de uma carga pontual. No caso magnético, no entanto, não se obtém pólos norte e sul isolados mas, em vez disso, um par de ímãs, cada um com os seus pólos norte e sul.

Isto parece ser uma diferença importante entre dipolos magnéticos e elétricos: um dipolo elétrico pode ser separado nas suas

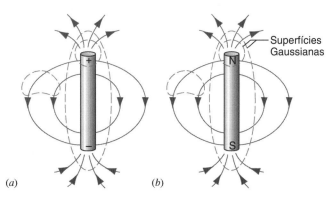

Fig. 35-18. (a) Um dipolo elétrico, composto de uma haste isoladora com uma carga positiva em uma extremidade e uma carga negativa na outra. Várias superfícies Gaussianas são mostradas. (b) Um dipolo magnético, composto de uma barra de ímã com um pólo norte em uma extremidade e um pólo sul na outra.

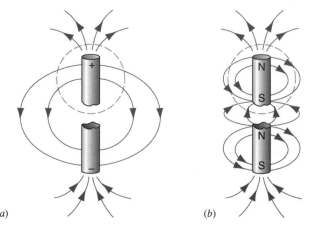

Fig. 35-19. (a) Quando o dipolo elétrico da Fig. 35-18a é cortado na metade, a carga positiva é isolada em um pedaço e a carga negativa em outro. (b) Quando o dipolo magnético da Fig. 35-18b é cortado na metade, um novo par de pólos norte e sul aparece. Note a diferença nos padrões de campo.

cargas únicas que o compõe (ou "pólos"), mas um dipolo magnético não pode. Cada vez que se tenta dividir um dipolo magnético em pólos norte e sul separados, cria-se um novo par de pólos. Este processo ocorre microscopicamente, no nível de átomos individuais. Cada átomo se comporta como um dipolo magnético tendo um pólo norte e sul, e, de acordo com o que já se conhece sobre o dipolo, parece ser a menor unidade fundamental da estrutura magnética, em vez de um único pólo isolado.

Esta diferença entre os campos elétrico e magnético tem uma expressão matemática na forma da lei de Gauss. Na Fig. 35-18a, o fluxo do campo elétrico através das diferentes superfícies Gaussianas depende da carga resultante envolvida por cada superfície. Se a superfície não envolve nenhuma carga, ou envolve uma carga resultante nula (isto é, quantidades iguais de cargas positiva e negativa, com um dipolo inteiro), o fluxo do vetor do campo elétrico através da superfície é nulo. Se a superfície corta através do dipolo, de modo a incluir uma carga resultante q, o fluxo Φ_E do campo elétrico é dado pela lei de Gauss:

$$\Phi_E = \oint \vec{E} \cdot d\vec{A} = q/\epsilon_0. \quad (35\text{-}21)$$

Similarmente, podemos construir superfícies Gaussianas para o campo magnético, como na Fig. 35-18b. Se a superfície Gaussiana não contém nenhuma "carga magnética", o fluxo Φ_B do campo magnético através da superfície é nulo. No entanto, conforme foi visto, mesmo essas superfícies Gaussianas que cortam através da barra de ímã não envolvem nenhuma carga magnética resultante, porque qualquer corte através do ímã fornece um pedaço que tem ambos os pólos norte e sul. A forma magnética da lei de Gauss é escrita como

$$\Phi_B = \oint \vec{B} \cdot d\vec{A} = 0. \quad (35\text{-}22)$$

O fluxo resultante do campo magnético através de qualquer superfície fechada é nulo.

A Fig. 35-20 mostra uma representação mais detalhada dos campos magnéticos de uma barra de ímã e de um solenóide, ambos os quais podem ser considerados como dipolos magnéticos. Note na Fig. 35-20a que linhas de $\vec{B}$ entram na superfície Gaussiana dentro do ímã e deixam-na fora do ímã. O fluxo total para dentro é igual ao fluxo total para fora, e o fluxo resultante Φ_B para a superfície é nulo. O mesmo é verdadeiro para a superfície Gaussiana através do solenóide mostrado na Fig. 35-20b. Em nenhum dos casos existe um ponto único para o qual as linhas de $\vec{B}$ se originam ou convergem; isto é, *não existe uma carga magnética isolada*.

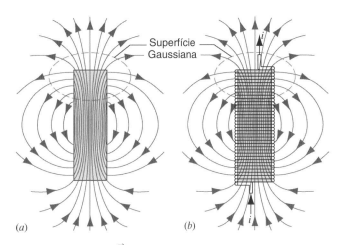

Fig. 35-20. Linhas de $\vec{B}$ para (a) uma barra de ímã e (b) um solenóide pequeno. Em ambos os casos, o pólo norte está no topo da figura. As linhas tracejadas representam superfícies Gaussianas.

Monopolos Magnéticos

Mostrou-se no Cap. 27 que a lei de Gauss para campos elétricos é equivalente à lei de Coulomb, que é baseada na observação experimental da força entre cargas pontuais. A lei de Gauss para o magnetismo também é baseada em observação experimental: o fracasso na observação de pólos magnéticos isolados, como um único pólo norte ou pólo sul.

A existência de cargas magnéticas isoladas foi proposta em 1931 pelo físico teórico Paul Dirac, tendo como base argumentos da mecânica quântica e de simetria. Ele chamou estas cargas de *monopolos magnéticos* e derivou algumas propriedades básicas esperadas para elas, incluindo a intensidade da "carga magnética" (análoga à carga elétrica e). Partindo da predição de Dirac, foram usados grandes aceleradores de partículas e foram examinadas amostras de matéria terrestre e extraterrestre com o intuito de se descobrir monopolos magnéticos. Nenhuma destas buscas iniciais forneceu alguma evidência para a existência de monopolos magnéticos.

Tentativas recentes para unificar as leis da física, juntando as forças forte, fraca e eletromagnética em uma única estrutura, despertaram o interesse nos monopolos magnéticos. Estas teorias predizem a existência de monopolos magnéticos extremamente densos, aproximadamente 10^{16} vezes a massa do próton. Isto é certamente muito denso para ser produzido em um acelerador na Terra; de fato, a única condição conhecida sob a qual os monopolos poderiam ter sido produzidos ocorreu na quente e densa matéria do universo primordial. Buscas pelos monopolos magnéticos continuam a ser desenvolvidas, mas ainda não foi obtida evidência convincente para a sua existência.* No presente, supõe-se que ou os monopolos não existem, de modo que a Eq. 35-22 é exata e universalmente válida, ou então se eles existem eles são tão raros que a Eq. 35-22 é uma aproximação altamente precisa. Assim, a Eq. 35-22 assume um papel fundamental como uma descrição do comportamento dos campos magnéticos na natureza e é incluída como uma das quatro leis do eletromagnetismo de Maxwell.

---

*Ver "Searches for Magnetic Monopoles and Fractional Electric Charges", por Susan B. Felch, *The Physics Teacher*, março de 1984, p. 142. Ver também "Superheavy Magnetic Monopoles", por Richard A. Carrigan, Jr. e W. Peter Trower, *Scientific American*, abril de 1982, p. 106.

MÚLTIPLA ESCOLHA

35-1 O Dipolo Magnético

1. Um dipolo magnético é orientado em um campo magnético uniforme de modo que a energia potencial é máxima. A intensidade do torque sobre este dipolo será

   (A) um máximo.   (B) um mínimo.

   (C) dependente da fonte do campo magnético.

2. Uma simples barra de ímã está suspensa através de um fio como na Fig. 35-21a. Um campo magnético uniforme $\vec{B}$ horizontal direcionado para a direita está presente. Qual das imagens na Fig. 35-21b mostra a orientação de equilíbrio da barra de ímã?

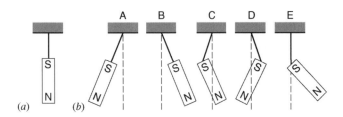

Fig. 35-21. Questão de Múltipla Escolha 2.

35-2 A Força sobre um Dipolo em um Campo Não-Uniforme

3. Um dipolo magnético é um campo magnético não-uniforme. O dipolo

   (A) sempre será atraído para a região com um campo magnético mais forte.

   (B) sempre será repelido da região com um campo magnético mais forte.

   (C) pode ser repelido, mas irá inverter e será atraído para a região com o campo magnético mais forte.

   (D) pode ser atraído, mas irá inverter e será repelido da região com o campo magnético mais forte.

4. Para distâncias d muito maiores do que as dimensões dos dipolos magnéticos, a força entre dois dipolos é proporcional a

   (A) d^{-6}.   (B) d^{-4}.   (C) d^{-3}.   (D) d^{-2}.

35-3 Magnetismo Atômico e Nuclear

5. Qual dos seguintes itens não contribui significativamente para as propriedades magnéticas de uma substância?

   (A) Momentos magnéticos orbitais dos elétrons

   (B) Momentos magnéticos intrínsecos dos elétrons

   (C) Momentos magnéticos dos prótons e nêutrons

   (D) Todos contribuem igualmente.

35-4 Magnetização

6. Quais são as unidades para a magnetização $\vec{M}$?

   (A) T   (B) T/m^3 (C) C/m · s   (D) C · m/s

35-5 Materiais Magnéticos

7. Que tipo de substância tem os maiores momentos de dipolo atômico?

   (A) Paramagnética.   (B) Diamagnética.

   (C) Ferromagnética.

   (D) As substâncias paramagnéticas e ferromagnéticas tendem a ser aproximadamente iguais, enquanto as substâncias diamagnéticas não têm momento magnético permanente.

   (E) Todos os três tipos são aproximadamente iguais.

8. O que ocorre quando uma substância paramagnética é colocada em um campo magnético externo?

   (A) Os momentos de dipolo magnético se enfraquecem ligeiramente, mas tendem a se alinhar com o campo externo.

   (B) Os momentos de dipolo magnético se fortalecem ligeiramente e tendem a se alinhar com o campo externo.

   (C) Os momentos de dipolo magnético se enfraquecem ligeiramente, e tendem a se alinhar no sentido contrário ao do campo externo.

   (D) Os momentos de dipolo magnético se fortalecem ligeiramente, mas tendem a se alinhar no sentido contrário ao do campo externo.

9. Uma pequena barra de ímã cilíndrica tem um diâmetro de 1 cm, um comprimento de 2 cm e um momento de dipolo de 5 J/T. Supondo que o campo magnético foi produzido por uma única espira de corrente em torno do ímã, qual será o valor desta corrente?

   (A) 0,7 mA   (B) 0,7 A   (C) 70 A   (D) 70.000 A

35-6 O Magnetismo dos Planetas

10. Suponha que o momento de dipolo magnético da Terra é causado por um anel de cargas sobre o equador e a rotação da Terra sobre o seu eixo.

    (a) Qual seria o sinal desta carga?

    (A) Positivo.   (B) Negativo.

    (C) Ambas as respostas irão produzir o mesmo momento de dipolo.

    (b) Qual estimativa está mais próxima da quantidade de carga necessária?

    (A) 10^{15} C   (B) 10^5 C   (C) 10^{-5} C
    (D) 10^{-15} C

35-7 Lei de Gauss para o Magnetismo

11. Se um monopolo magnético existisse, quais seriam as unidades apropriadas?

    (A) Wb/T   (B) T/m³   (C) C · m/s   (D) C/T

    (E) A carga do monopolo necessitaria a introdução de uma nova unidade.

12. Um monopolo magnético (hipotético?) passa através de uma espira de fio. Qual dos gráficos da Fig. 35-22 mostra a corrente na espira como função do tempo?

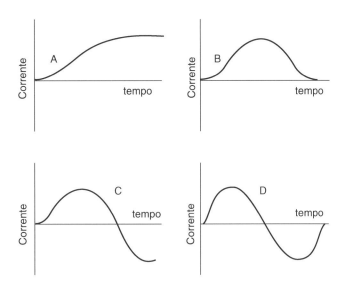

Fig. 35-22. Questão de Múltipla Escolha 12.

QUESTÕES

1. No Problema Resolvido 35-1 mostrou-se que o trabalho necessário para girar de 180° uma espira de corrente em um campo magnético externo é igual a $2\mu B$. Este resultado é válido independentemente da orientação original da espira?

2. O torque exercido por um campo magnético sobre um dipolo magnético pode ser utilizado para medir a intensidade deste campo magnético. Para uma medição precisa faz diferença se o momento é pequeno ou não? Lembre-se de que no caso da medição de um campo magnético, a carga de teste devia ser suficientemente pequena, de modo a não perturbar a fonte do campo.

3. Você recebe uma esfera sem atrito do tamanho de uma bola de pingue-pongue que contém um dipolo magnético. Quais os experimentos que você deve desenvolver para obter a intensidade, o sentido e a direção do seu dipolo magnético?

4. Como você pode medir o momento de dipolo magnético da agulha de uma bússola?

5. Uma espira de fio está sobre o chão de uma sala na qual você está sentado. Ela carrega uma corrente constante i no sentido horário, quando observada de cima. Qual o sentido do momento de dipolo magnético desta espira de corrente?

6. Duas barras de ferro são idênticas em aparência. Uma é um ímã e a outra não é. Como você pode identificá-las? Não é possível suspender cada uma das barras como uma agulha de bússola ou utilizar qualquer aparato além das duas barras.

7. Duas barras de ferro sempre se atraem, não importando as combinações segundo as quais as suas extremidades são colocadas próximas uma da outra. Podemos concluir que uma das barras está desmagnetizada?

8. Como estes fenômenos são similares e diferentes? (a) Uma barra carregada pode atrair pequenos pedaços de isoladores sem carga. (b) Um ímã permanente pode atrair qualquer amostra de material ferromagnético desmagnetizado.

9. Como você pode determinar a polaridade de um ímã sem marcação?

10. Mostre que, classicamente, uma carga positiva girando tem um momento magnético intrínseco que aponta no mesmo sentido da quantidade de movimento angular de spin.

11. O nêutron, que não tem carga, tem um momento de dipolo magnético. Isto é possível de acordo com o eletromagnetismo clássico ou esta evidência por si só indica que o eletromagnetismo clássico foi quebrado?

12. Todos os ímãs permanentes têm pólos norte e sul identificáveis? Considere outras geometrias diferentes da forma de barra e da forma de ferradura.

13. Considere estas duas situações: (a) um monopolo magnético (hipotético) é puxado através de uma única espira con-

dutora ao longo do seu eixo com uma velocidade constante; (b) uma barra de ímã curta (um dipolo magnético) é puxada da mesma forma. Compare qualitativamente as quantidades de carga resultante transferidas através de qualquer seção transversal da espira durante os dois processos. Os experimentos designados para detectar os possíveis monopolos magnéticos exploram essas diferenças.

14. Através de testes, observa-se que uma determinada barra curta de ferro tem um pólo norte em cada extremidade. Espalha-se limalha de ferro sobre a barra. Aonde (no caso mais simples) a limalha se acumula? Faça um esboço aproximado de como as linhas de $\vec{B}$ devem parecer, tanto dentro como fora da barra.

15. Começando com $\vec{X}$ e $\vec{Y}$ nas posições e orientações mostradas na Fig. 35-23, com $\vec{X}$ fixo, mas $\vec{Y}$ livre para girar, o que acontece se (a) $\vec{X}$ é um dipolo elétrico e $\vec{Y}$ é um dipolo magnético; (b) $\vec{X}$ e $\vec{Y}$ são ambos dipolos magnéticos; (c) $\vec{X}$ e $\vec{Y}$ são ambos dipolos elétricos? Responda às mesmas questões se $\vec{Y}$ está fixo e $\vec{X}$ está livre para girar.

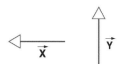

Fig. 35-23. Questão 15.

16. Você é um fabricante de bússolas. (a) Descreva formas através das quais seja possível magnetizar as agulhas. (b) A extremidade da agulha que aponta para o norte é normalmente pintada de uma cor característica. Sem suspender a agulha no campo da Terra, como se pode descobrir qual a extremidade da agulha que deve ser pintada? (c) A extremidade pintada é um pólo norte magnético ou um pólo sul magnético?

17. Devemos esperar que a magnetização na saturação para uma substância paramagnética seja muito diferente daquela para uma substância ferromagnética saturada de aproximadamente o mesmo tamanho? Justifique a resposta.

18. Você é capaz de dar uma razão pela qual os materiais ferromagnéticos se tornam puramente paramagnéticos para profundidades superiores a aproximadamente 20 km abaixo da superfície da Terra?

19. Deseja-se desmagnetizar uma amostra de material ferromagnético que retém o magnetismo adquirido quando colocado em um campo externo. É necessário aumentar a temperatura da amostra até a temperatura de fusão para que se obtenha isso?

20. A magnetização induzida em uma determinada esfera diamagnética por um dado campo magnético externo não varia com a temperatura, em forte contraste com a situação no paramagnetismo. Explique este comportamento em termos da descrição que foi dada sobre a origem do diamagnetismo.

21. Explique por que um ímã atrai um objeto de ferro desmagnetizado como, por exemplo, um prego.

22. Existe alguma força ou torque resultante agindo sobre (a) uma barra de ferro desmagnetizada ou (b) uma barra de ímã permanente colocada em um campo magnético uniforme?

23. Um prego é colocado em repouso sobre uma mesa sem atrito perto de um ímã forte. Ele é solto e é atraído pelo ímã. Qual a origem da energia cinética que ele tem imediatamente antes de atingir o ímã?

24. Diz-se que os supercondutores são diamagnéticos perfeitos. Explique.

25. Explique por que uma pequena barra de ímã que é colocada na vertical acima de uma tigela feita de chumbo supercondutor não precisa de forças para sustentá-la.

26. Compare as curvas de magnetização para uma substância paramagnética (ver Fig. 35-10) e para uma substância ferromagnética (ver Fig. 35-11). Qual seria o aspecto de uma curva similar para uma substância diamagnética?

27. Por que a limalha de ferro se alinha com o campo magnético? Afinal, ela não é intrinsecamente magnetizada.

28. O campo magnético da Terra pode ser representado razoavelmente pelo campo de um dipolo magnético localizado no centro da Terra ou próximo. Os pólos magnéticos da Terra podem ser considerados como (a) os pontos onde o eixo deste dipolo passa através da superfície da Terra ou (b) os pontos sobre a superfície da Terra onde uma agulha de declinação apontaria verticalmente. Estes são necessariamente os mesmos pontos?

29. Existe alguma localidade nos Estados Unidos onde uma bússola magnética aponta para o pólo norte geográfico?

30. Um "amigo" pede emprestada a sua bússola favorita e pinta toda a agulha de vermelho. Quando você descobre isso, está perdido em uma caverna e tem duas lanternas, alguns metros de fio e (é claro) este livro. Como você poderia descobrir qual das extremidades da agulha da bússola é a que aponta para o norte?

31. Como se pode magnetizar uma barra de ferro se a Terra é o único ímã disponível?

32. Como você faria para blindar um determinado volume de espaço de campos magnéticos externos? Se achar que não é possível, explique.

33. Os raios cósmicos são partículas carregadas provenientes de uma fonte externa que atingem a nossa atmosfera. Observa-se que uma maior quantidade de raios cósmicos de baixa energia chegam à Terra próximo aos pólos magnéticos norte e sul do que ao equador (magnético). Por que isto ocorre?

34. As substâncias diamagnéticas são repelidas por campos magnéticos. Por que uma substância diamagnética não gira de 180° e é atraída como qualquer outro dipolo magnético?

35. Como o momento de dipolo magnético da Terra pode ser medido?

36. Dê três razões para acreditar que o fluxo Φ_B do campo magnético da Terra é maior através dos limites do Alasca do que através dos limites do Texas.

37. As auroras são mais freqüentemente observadas, não nos pólos magnéticos norte e sul, mas em latitudes magnéticas afastadas destes pólos de aproximadamente 23° (passando pela Baía de Hudson, por exemplo, no hemisfério geomagnético norte). Você é capaz de pensar em uma razão qualquer, no entanto qualitativa, que explique por que a atividade associada às auroras não são mais fortes nos próprios pólos?

38. Você é capaz de pensar em um mecanismo através do qual uma tempestade magnética — isto é, uma forte perturbação no campo magnético da Terra — pode interferir nas comunicações por rádio?

EXERCÍCIOS

35-1 O Dipolo Magnético

1. O momento de dipolo magnético da Terra é de $8,0 \times 10^{22}$ J/T. Suponha que isto é produzido por cargas fluindo na camada externa fundida do núcleo da Terra. Se o raio da trajetória circular é de 3500 km, calcule a corrente necessária.

2. Uma bobina circular de 160 voltas tem um raio de 1,93 cm. (*a*) Calcule a corrente que resulta em um momento magnético de 2,33 A · m². (*b*) Determine o torque máximo que a bobina, conduzindo esta corrente, pode experimentar em um campo magnético uniforme de 34,6 mT.

3. Duas espiras circulares concêntricas, com raios de 20,0 e 30,0 cm, no plano *xy* conduzem, cada uma, uma corrente no sentido horário de 7,00 A, conforme mostrado na Fig. 35-24. (*a*) Determine o momento magnético resultante deste sistema. (*b*) Repita o cálculo considerando que a corrente na espira externa é invertida.

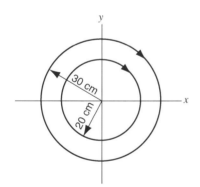

Fig. 35-24. Exercício 3.

4. Uma espira circular de fio cujo raio é de 16,0 cm, conduz uma corrente de 2,58 A. Ela é colocada de modo que a normal ao seu plano faz um ângulo de 41,0° com um campo magnético uniforme de 1,20 T. (*a*) Calcule o momento de dipolo magnético da espira. (*b*) Determine o torque sobre a espira.

5. O campo magnético *B* para vários pontos sobre o eixo de uma espira de corrente quadrada de lado *a* é dado no Problema 4 do Cap. 33. (*a*) Mostre que o campo axial desta espira para $z \gg a$ é o de um dipolo magnético. (*b*) Determine o momento de dipolo magnético desta espira.

6. Uma espira circular de fio que tem um raio de 8,0 cm conduz uma corrente de 0,20 A. Um vetor unitário paralelo ao momento de dipolo $\vec{\mu}$ da espira é dado por $0,60\hat{i} - 0,80\hat{j}$. Se a espira está posicionada em um campo magnético dado por $\vec{B} = (0,25\hat{i} - 0,30\hat{k})$ T, determine (*a*) o torque sobre a espira e (*b*) a energia potencial magnética da espira.

7. Considere o circuito fechado com raios *a* e *b*, mostrado na Fig. 35-25, conduzindo uma corrente *i*. Determine o momento de dipolo magnético do circuito.

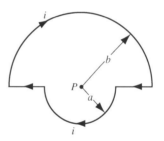

Fig. 35-25. Exercício 7.

8. Considere a espira retangular, conduzindo uma corrente *i*, mostrada na Fig. 35-26. O ponto *P* está localizado a uma distância *x* do centro da espira. Determine uma expressão para o campo magnético em *P* devido à espira de corrente, supondo que *P* esteja bastante afastado. Com $\mu = iA = iab$, obtenha uma expressão similar à Eq. 35-4 para o campo devido a um dipolo distante, em pontos no plano da espira (perpendicular ao eixo). (Dica: Lados opostos do retângulo podem ser tratados juntos, mas considere cuidadosamente o sentido de $\vec{B}$ devido a cada lado.)

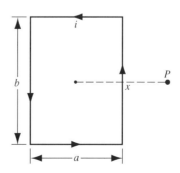

Fig. 35-26. Exercício 8.

276 Capítulo Trinta e Cinco

35-2 A Força sobre um Campo não-Uniforme

35-3 Magnetismo Atômico e Nuclear

9. No menor estado de energia do átomo de hidrogênio, a distância mais provável entre o único elétron em órbita e o próton central é de $5,29 \times 10^{-11}$ m. Calcule (a) o campo elétrico e (b) o campo magnético estabelecido pelo próton a essa distância, medido ao longo do eixo de spin do próton. Veja a Tabela 35-1 para o momento magnético do próton.

10. Suponha que os núcleos de hidrogênio (prótons) em 1,50 g de água possam estar todos alinhados. Calcule o campo magnético que seria produzido a 5,33 m da amostra ao longo do eixo de alinhamento.

11. Uma carga q está uniformemente distribuída em torno de um anel de raio r. O anel é girado com uma velocidade angular ω em torno de um eixo que passa pelo seu centro e é perpendicular ao plano do anel. (a) Mostre que o momento magnético devido à carga girante é

$$\mu = \tfrac{1}{2} q\omega r^2.$$

(b) Se L é a quantidade de movimento angular do anel, mostre que

$$\mu/L = q/2m.$$

35-4 Magnetização

12. O momento de dipolo associado com um átomo de ferro em uma barra de ferro é de 2,22 μ_B. Suponha que todos os átomos na barra, que tem 4,86 cm de comprimento e uma área de seção transversal de 1,31 cm², têm os seus momentos de dipolo alinhados. (a) Qual o momento de dipolo da barra? (b) Qual o torque que precisa ser exercido para segurar este ímã perpendicularmente a um campo externo de 1,53 T?

13. Um ímã com a forma de uma haste cilíndrica tem comprimento 1,1 cm. Ela tem uma magnetização uniforme de 5,3 kA/m. Calcule o seu momento de dipolo magnético.

14. Um solenóide com 16 voltas/cm conduz uma corrente de 1,3 A. (a) De quanto aumenta o campo magnético dentro do solenóide quando uma haste de cromo é inserida sem folga? Determine a magnetização da barra. (Ver Tabela 35-2.)

35-5 Materiais Magnéticos

15. Um campo magnético de 0,50 T é aplicado a um gás paramagnético cujos átomos têm um momento de dipolo magnético intrínseco de $1,2 \times 10^{-23}$ J/T. Em que temperatura a energia cinética de translação média dos átomos de gás será igual à energia necessária para inverter de 180° estes dipolos neste campo magnético?

16. Medidas em minas e perfurações indicam que a temperatura na Terra aumenta com a profundidade segundo a taxa média de 30 C°/km. Supondo que a temperatura da superfície seja de 20°C, em que profundidade o ferro deixa de ser

ferromagnético? (A temperatura de Curie do ferro varia pouco com a pressão.)

17. Uma amostra de sal paramagnético para o qual a curva de magnetização da Fig. 35-10 se aplica, é mantido à temperatura ambiente (300 K). Para que campo magnético aplicado o grau de saturação magnética da amostra é (a) de 50% e (b) de 90%? (c) Estes campos são factíveis em laboratório?

18. Uma amostra de sal paramagnético para o qual a curva de magnetização da Fig. 35-10 se aplica, é imerso em um campo magnético de 1,8 T. Para que temperatura o grau de saturação magnética da amostra é (a) de 50% e (b) de 90%?

19. O sal paramagnético para o qual a curva de magnetização da Fig. 35-10 se aplica vai ser testado para verificar se obedece à lei de Curie. A amostra é colocada em um campo magnético de 0,50 T que permanece constante durante o experimento. A magnetização M é então medida para uma faixa de temperatura de 10 até 300 K. A lei de Curie será válida sob estas condições?

20. A magnetização de saturação do metal ferromagnético níquel é de 511 kA/m. Calcule o momento magnético de um único átomo de níquel. (Obtenha os dados necessários do Apêndice D.)

21. O acoplamento mencionado na Seção 35-5 como sendo responsável pelo ferromagnetismo não é a energia de interação magnética mútua entre dois dipolos magnéticos elementares. Para mostrar isto, calcule (a) o campo magnético a uma distância de 10 nm ao longo do eixo do dipolo de um átomo com um momento de dipolo magnético de $1,5 \times 10^{-23}$ J/T (cobalto) e (b) a energia mínima necessária para inverter de 180° um segundo dipolo idêntico neste campo. Compare com os resultados do Problema Resolvido 35-4. O que se pode concluir?

35-6 O Magnetismo dos Planetas

22. No Problema Resolvido 35-6, encontrou-se uma componente vertical do campo magnético da Terra em Tucson, Arizona (Estados Unidos), de 43 μT. Suponha que este seja o valor médio para todo o Arizona, que tem uma área de 295.000 quilômetros quadrados e calcule o fluxo magnético resultante através do resto da superfície da Terra (toda a superfície, excluindo-se o Arizona). O fluxo é para dentro ou para fora?

23. O momento de dipolo magnético da Terra é de $8,0 \times 10^{22}$ J/T. (a) Se a origem deste magnetismo fosse uma esfera de aço magnetizada no centro da Terra, qual seria o seu raio? (b) Que fração do volume da Terra seria ocupado pela esfera? A massa específica do núcleo interno da Terra é de 14 g/cm³. O momento de dipolo magnético de um átomo de ferro é de $2,1 \times 10^{-23}$ J/T.

24. Use os resultados apresentados no Problema 9 para predizer o valor do campo magnético da Terra (intensidade e declinação) (a) no equador magnético; (b) em um ponto com

uma latitude magnética de 60°; e (c) nos pólos magnéticos norte e sul.

25. Determine a altitude acima da superfície da Terra onde o campo magnético da Terra tem uma intensidade igual à metade do valor na superfície para a mesma latitude. (Utilize a aproximação do campo do dipolo dada no Problema 9.)

26. Utilizando a aproximação do campo do dipolo para o campo magnético da Terra (ver Problema 9), calcule a intensidade máxima do campo magnético na fronteira entre o núcleo e o manto, que está a 2900 km abaixo da superfície da Terra.

27. Utilize as propriedades do campo do dipolo apresentado no Problema 9 para calcular a intensidade e o ângulo de declinação do campo magnético da Terra no pólo norte geográfico. (Dica: O ângulo entre o campo, o eixo magnético e o eixo de rotação da Terra é de 11,5°.) Por que os valores calculados provavelmente não estão de acordo com os valores medidos?

35-7 Lei de Gauss para o Magnetismo

28. Uma superfície Gaussiana na forma de um cilindro circular reto tem um raio de 13 cm e um comprimento de 80 cm. Através de uma extremidade, existe um fluxo magnético para dentro de 25 μWb. Na outra extremidade, existe um campo magnético uniforme de 1,6 mT, normal à superfície e direcionado para fora. Calcule o fluxo magnético resultante através da superfície curva.

29. O fluxo magnético através de cada uma de cinco faces de um dado é expresso por $\Phi_B = \pm N$ Wb, onde N (= 1 a 5) é o número de pontos na face. O fluxo é positivo (para fora) quando N é par e negativo (para dentro) quando N é ímpar. Qual o fluxo através da sexta face?

30. A Fig. 35-27 mostra quatro disposições de pares de pequenas agulhas de bússolas, colocadas em um espaço no qual não existe nenhum campo magnético. Em cada caso, identifique o equilíbrio como sendo estável ou instável. Para cada par considere somente o torque agindo sobre uma agulha devido ao campo magnético estabelecido pela outra. Explique as respostas.

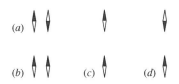

Fig. 35-27. Exercício 30.

31. Dois fios, paralelos ao eixo z e afastados de uma distância $4r$, conduzem correntes iguais i em sentidos opostos, conforme mostrado na Fig. 35-28. Um cilindro circular de raio r e comprimento L tem o seu eixo sobre o eixo z, entre os fios. Utilize a lei de Gauss para o magnetismo para calcular o fluxo magnético resultante que sai através da metade da superfície cilíndrica acima do eixo x. (Sugestão: Determine o fluxo através da porção do plano xy que está no interior do cilindro.)

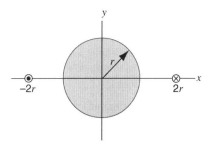

Fig. 35-28. Exercício 31.

PROBLEMAS

1. Um disco fino de plástico de raio R tem uma carga q uniformemente distribuída sobre a sua superfície. Se o disco gira com uma freqüência angular ω em torno do seu eixo, mostre que o momento de dipolo magnético do disco é

$$\mu = \frac{\omega q R^2}{4}.$$

(Sugestão: O disco girante é equivalente a um conjunto de espiras de corrente.)

2. (a) Calcule o momento magnético de uma esfera girante uniformemente carregada. (b) Mostre que o momento magnético pode ser escrito como $\mu = qL/2m$, onde L é a quantidade de movimento angular da esfera e m é a massa. (c) Mostre que este não é um bom modelo para a estrutura de um elétron. (Sugestão: A esfera uniformemente carregada precisa ser dividida em espiras de corrente infinitesimais e uma expressão para o momento magnético precisa ser encontrada por integração.)

3. Um elétron com energia cinética K_e percorre uma trajetória circular que é perpendicular a um campo magnético uniforme, estando submetido somente à força do campo. (a) Mostre que o momento de dipolo magnético devido a este movimento orbital tem a intensidade $\mu = K_e/B$ e que tem o sentido oposto ao de $\vec{B}$ (b) Qual a intensidade, o sentido e a direção do momento de dipolo magnético de um íon positivo com energia cinética K_i sob as mesmas circunstâncias? (c) Um gás ionizado consiste de $5,28 \times 10^{21}$ elétrons/m³ e o mesmo número de íons/m³. Considere que a energia cinética média do elétron é de $6,21 \times 10^{-20}$ J e a energia cinética média do íon é de $7,58 \times 10^{-21}$ J. Calcule a magnetização do gás para um campo magnético de 1,18 T.

4. Uma substância paramagnética é (fracamente) atraída por um pólo de um ímã. A Fig. 35-29 mostra um modelo deste fenômeno. A "substância paramagnética" é uma espira de corrente L, que é colocada sobre o eixo de uma barra de

ímã mais próximo do seu pólo norte do que do seu pólo sul. Por causa do torque $\vec{\tau} = \vec{\mu} \times \vec{B}$ exercido sobre a espira pelo campo $\vec{B}$ da barra de ímã, o momento de dipolo magnético $\vec{\mu}$ da espira se alinhará de forma a ficar paralelo a $\vec{B}$. (a) Faça um esboço mostrando as linhas de campo de $\vec{B}$ devidas à barra de ímã. (b) Mostre o sentido da corrente i na espira. (c) Usando $d\vec{F}_B = i\,d\vec{s} \times \vec{B}$, mostre de (a) e (b) que a força resultante sobre L aponta na direção do pólo norte da barra de ímã.

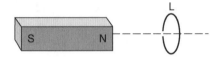

Fig. 35-29. Problemas 4 e 5.

5. Uma substância diamagnética é (fracamente) repelida por um pólo de um ímã. A Fig. 35-29 mostra um modelo deste fenômeno. A "substância diamagnética" é uma espira de corrente L, que é colocada sobre o eixo de uma barra de ímã mais próximo do seu pólo norte do que do seu pólo sul. Como a substância é diamagnética, o momento magnético $\vec{\mu}$ da espira se alinhará de modo a ficar antiparalelo ao campo $\vec{B}$ da barra de ímã. (a) Faça um esboço mostrando as linhas de campo $\vec{B}$ devidas à barra de ímã. (b) Mostre o sentido da corrente i na espira. (c) Usando $d\vec{F}_B = i\,d\vec{s} \times \vec{B}$, mostre de (a) e (b) que a força resultante sobre L aponta para fora do pólo norte da barra de ímã.

6. Considere um sólido contendo N átomos por unidade de volume, tendo cada átomo um momento de dipolo magnético $\vec{\mu}$. Suponha que a direção de $\vec{\mu}$ somente possa ser paralela ou antiparalela a um campo magnético externo $\vec{B}$ (isto será o caso se $\vec{\mu}$ for devido ao spin de um único elétron). De acordo com a mecânica estatística, pode-se mostrar que a probabilidade de um átomo estar em um estado com energia U é proporcional a $e^{-U/kT}$, onde T é a temperatura e k a constante de Boltzmann. Assim, uma vez que $U = -\vec{\mu} \cdot \vec{B}$, a fração de átomos cujo momento de dipolo é paralelo a $\vec{B}$ é proporcional a $e^{-\mu B/kT}$. (a) Mostre que a magnetização deste sólido é $M = N\mu \,\text{tgh}\,(\mu B/kT)$. Aqui tgh é a função tangente hiperbólica: $\text{tgh}\,x = (e^x - e^{-x})/(e^x + e^{-x})$. (b) Mostre que (a) reduz-se a $M = N\mu^2 B/kT$ para $\mu B \ll kT$. (c) Mostre que (a) se reduz a $M = N\mu$ para $\mu B \gg kT$. (d) Mostre que (b) e (c) estão, qualitativamente de acordo com a Fig. 35-10.

7. Considere um átomo no qual um elétron se move em uma órbita circular com raio r e freqüência angular ω_0. Um campo magnético é aplicado perpendicularmente ao plano da órbita. Como resultado da força magnética, o elétron circula em uma órbita com o mesmo raio r, mas com uma nova freqüência angular $\omega = \omega_0 + \Delta\omega$. (a) Mostre que, quando o campo é aplicado, a variação na aceleração centrípeta do elétron é $2r\omega_0\,\Delta\omega$. (b) Supondo que a variação na aceleração centrípeta é inteiramente devida à força magnética, derive a Eq. 35-20.

8. A Terra tem um momento de dipolo magnético de $8,0 \times 10^{22}$ J/T. (a) Qual a corrente que deveria ser estabelecida em uma única espira de corrente, colocada em torno da Terra no seu equador magnético, se desejássemos estabelecer este dipolo? (b) Esta montagem poderia ser utilizada para cancelar o magnetismo da Terra em pontos do espaço bem acima da superfície da Terra? (c) E sobre a superfície da Terra?

9. O campo magnético da Terra pode ser aproximado por um campo magnético de um dipolo, com as componentes horizontal e vertical, em um ponto a uma distância r do centro da Terra, dadas por

$$B_h = \frac{\mu_0 \mu}{4\pi r^3}\cos L_m, \qquad B_v = \frac{\mu_0 \mu}{2\pi r^3}\,\text{sen}\,L_m,$$

onde L_m é a latitude magnética (latitude medida do equador magnético em direção ao pólo norte magnético ou ao pólo sul magnético). O momento de dipolo magnético μ é $8,0 \times 10^{22}$ A·m². (a) Mostre que a intensidade da latitude L_m é dada por

$$B = \frac{\mu_0 \mu}{4\pi r^3}\sqrt{1 + 3\,\text{sen}^2 L_m}.$$

(b) Mostre que a declinação ϕ_i do campo magnético está relacionada com a latitude magnética L_m por

$$\text{tg}\,\phi_i = 2\,\text{tg}\,L_m.$$

Capítulo 36

INDUTÂNCIA

No Cap. 30 estudamos o comportamento de capacitores que acumulam carga e, deste modo, estabelecem o campo elétrico onde a energia é armazenada. Neste capítulo será estudado um dispositivo chamado indutor, no qual a energia é armazenada em um campo magnético que envolve fios condutores de corrente.

Determinamos a indutância de um indutor através da aplicação da lei de Faraday, segundo a qual uma corrente variável gera uma fem. A indutância mede a capacidade de o indutor armazenar energia no campo magnético de uma corrente. Em um circuito, um indutor supre a "inércia" que se opõe a mudanças na corrente. Analisamos ainda circuitos que contêm apenas um capacitor e um indutor, nos quais a energia armazenada pode oscilar entre os dois componentes.

36-1 INDUTÂNCIA

Um *indutor* é um componente de circuito que armazena energia no campo magnético que envolve fios condutores de corrente, assim como um capacitor armazena energia no campo elétrico entre as suas placas carregadas. Um indutor é caracterizado pela sua *indutância*, que depende das suas características geométricas; de forma similar, no Cap. 30 caracterizamos um capacitor através da sua capacitância, que depende também de suas características geométricas.

A Fig. 36-1 mostra um indutor, como um solenóide ideal, conduzindo a corrente i que gera um campo magnético $\vec{B}$ em seu interior. Se a corrente varia, alterando desse modo $\vec{B}$ e o fluxo magnético através do solenóide, a lei de Faraday mostra que uma fem é gerada no indutor. A indutância L é definida* como sendo uma constante de proporcionalidade que relaciona a taxa de variação de corrente com uma fem induzida:

$$\mathcal{E}_L = L \frac{di}{dt}. \qquad (36\text{-}1)$$

Esta equação é semelhante à equação que define a capacitância ($\Delta V_C = q/C$). Como a capacitância, a indutância é sempre tomada como uma grandeza positiva.

A Eq. 36-1 mostra que a unidade de indutância no SI é o volt · segundo/ampère. A esta combinação de unidades é dado o nome especial de *henry* (abreviação H), então,

1 henry = 1 volt · segundo/ampère.

Esta unidade é uma homenagem a Joseph Henry (1797–1878), um físico americano contemporâneo de Faraday. Em um diagrama de circuito elétrico, um indutor é representado pelo símbolo ⁓⁓⁓⁓⁓, que se assemelha ao formato de um solenóide.

Para encontrar a relação entre o sinal de $\mathcal{E}_L$ e o sinal de di/dt, utiliza-se a lei de Lenz. Suponha que diminui-se a corrente i no solenóide da Fig. 36-1. Este decréscimo é a variação que, de acordo com a lei de Lenz, a indutância deve se opor. Para se opor à corrente que está diminuindo, a fem induzida deve suprir uma corrente adicional no *mesmo* sentido de i.

Se, em vez disso, a corrente estiver crescendo, a lei de Lenz mostra que a indutância se opõe a este crescimento através de uma corrente adicional no sentido *oposto* a i.

Em cada caso, a fem induzida age para se opor à *mudança* na corrente. A Fig. 36-2 resume esta relação entre o sinal de di/dt e o sinal de $\mathcal{E}_L$. Na Fig. 36-2a, a diferença de potencial é tal que V_b é maior do que V_a, então $V_b - V_a = |L\,di/dt|$. Como i está decrescendo, di/dt é negativo, e então podemos escrever isso da seguinte forma

$$V_b - V_a = -L\,di/dt. \qquad (36\text{-}2)$$

Na Fig. 36-2b, di/dt é positivo e V_a é maior do que V_b, então a Eq. 36-2 também se aplica a este caso. A Eq. 36-2 é particularmente útil quando usamos a lei das malhas para analisar circuitos contendo indutores.

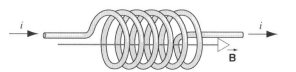

Fig. 36-1. Um dado indutor, representado como um solenóide. A corrente i estabelece um campo magnético $\vec{B}$.

---

* Estritamente falando, L é chamada de "auto-indutância", o que significa que a variação da corrente em um dispositivo por si só causa uma fem entre os terminais do mesmo. Uma variável semelhante, associada a dois componentes condutores de corrente próximos, é a "indutância mútua", onde a variação da corrente em um componente causa uma fem no outro componente.

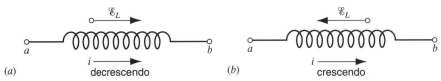

Fig. 36-2. (a) Uma corrente *decrescente* induz no indutor uma fem que se opõe à diminuição da corrente. (b) Uma corrente *crescente* induz no indutor uma fem que se opõe ao aumento da corrente.

36-2 CALCULANDO A INDUTÂNCIA

Podemos utilizar a Eq. 36-1 para determinar a indutância de um indutor com um determinado tamanho e forma. O método considera o campo magnético de um indutor de espiras condutoras de corrente para encontrar o fluxo no dispositivo e, em seguida, emprega a lei de Faraday para achar a fem correspondente à variação de corrente. A Eq. 36-1 então provê a indutância. Utilizamos um método semelhante para obter a capacitância na Seção 30-3, primeiro, calculamos a diferença de potencial entre duas placas carregadas e então usamos a proporcionalidade entre ΔV_C e q para obter C.

Suponha que a corrente no indutor estabeleça um campo magnético $\vec{B}$, que é calculado a partir do tamanho e da forma do indutor, e da distribuição de corrente. Isto permite que o fluxo magnético Φ_B através de cada volta da bobina seja obtido. Para os casos que serão considerados, o fluxo tem o mesmo valor para cada uma das N voltas da bobina, de tal forma que o fluxo total é $N\Phi_B$. Esta grandeza é conhecida como o número de *ligações de fluxo* do indutor.

A fem pode ser determinada a partir da lei de Faraday,

$$\mathcal{E}_L = -\frac{d(N\Phi_B)}{dt}. \quad (36\text{-}3)$$

As Eqs. 36-1 e 36-3 estão relacionadas com a fem em um indutor através da derivada da corrente (Eq. 36-1) ou através da derivada da grandeza que é proporcional à corrente (Φ_B na Eq. 36-3). Comparando as duas equações (e usando apenas a intensidade das grandezas), obtemos

$$L\frac{di}{dt} = \frac{d(N\Phi_B)}{dt}.$$

Integrando em relação ao tempo (e admitindo que $\Phi_B = 0$ quando $i = 0$), obtemos

$$Li = N\Phi_B,$$

ou

$$L = \frac{N\Phi_B}{i}. \quad (36\text{-}4)$$

A Eq. 36-4, que é baseada na lei de Faraday, permite que a indutância seja encontrada diretamente a partir do número de ligações de fluxo. Note que, como Φ_B é proporcional à corrente i, a razão na Eq. 36-4 é *independente* de i e, deste modo, a indutância (assim como a capacitância) depende apenas da geometria do dispositivo.

A Indutância de um Solenóide

Vamos aplicar a Eq. 36-4 para calcular L de uma seção de comprimento l de um solenóide longo de área de seção transversal A; vamos assumir que a seção se encontra perto do centro do solenóide, de tal forma que os efeitos de borda não precisam ser considerados. Na Seção 33-5, mostramos que o campo magnético B dentro de um solenóide que conduz a corrente i é

$$B = \mu_0 ni, \quad (36\text{-}5)$$

onde n é o número de voltas por unidade de comprimento. O número de ligações de fluxo no comprimento l é

$$N\Phi_B = (nl)(BA),$$

que se torna, após a substituição de B,

$$N\Phi_B = \mu_0 n^2 liA. \quad (36\text{-}6)$$

A Eq. 36-4 mostra, então, diretamente a indutância:

$$L = \frac{N\Phi_B}{i} = \frac{\mu_0 n^2 liA}{i} = \mu_0 n^2 lA. \quad (36\text{-}7)$$

A indutância por unidade de comprimento do solenóide pode ser escrita como

$$\frac{L}{l} = \mu_0 n^2 A. \quad (36\text{-}8)$$

Esta expressão implica apenas em fatores geométricos — a área da seção transversal e o número de voltas por unidade de comprimento. A indutância *não* depende da corrente ou do campo magnético. A proporcionalidade n^2 é esperada; ao dobrar o número de voltas por unidade de comprimento, não só o número de voltas N é dobrado, como também o fluxo Φ_B através de *cada volta* é dobrado e o número de ligações de fluxo é quadruplicado, assim como a indutância.

As Eqs. 36-7 e 36-8 são válidas para um solenóide de comprimento muito maior do que seu raio. Desprezamos o espalhamento das linhas de campo magnético nas proximidades das bordas de um solenóide, da mesma forma que desprezamos o espalhamento do campo elétrico nas proximidades das bordas das placas de um capacitor.

A Indutância de um Toróide

Em seguida, calculamos a indutância de um toróide de seção retangular, como mostrado na Fig. 36-3. O campo magnético B em um toróide é dado pela Eq. 33-36:

$$B = \frac{\mu_0 i N}{2\pi r}, \qquad (36\text{-}9)$$

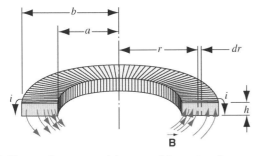

Fig. 36-3. Uma seção transversal de um toróide mostrando a corrente no enrolamento e o campo magnético no seu interior.

onde N é o número total de voltas do toróide. Note que o campo magnético não é constante dentro do toróide, mas varia com o raio r.

O fluxo Φ_B através da seção transversal do toróide é

$$\Phi_B = \int \vec{B} \cdot d\vec{A} = \int_a^b B(h\,dr) = \int_a^b \frac{\mu_0 i N}{2\pi r} h\,dr$$

$$= \frac{\mu_0 i N h}{2\pi} \int_a^b \frac{dr}{r} = \frac{\mu_0 i N h}{2\pi} \ln\frac{b}{a},$$

onde $h\,dr$ é a área da faixa elementar de largura dr mostrada na Fig. 36-3. A indutância pode ser então diretamente determinada através da Eq. 36-4:

$$L = \frac{N\Phi_B}{i} = \frac{\mu_0 N^2 h}{2\pi} \ln\frac{b}{a}. \qquad (36\text{-}10)$$

Mais uma vez, L depende apenas de fatores geométricos.

Indutores com Materiais Magnéticos

Na Seção 30-6 mostramos que um capacitor preenchido com uma substância dielétrica tem a sua capacitância aumentada. Isto permite ao capacitor armazenar mais carga sobre as suas placas, ou mais energia em seu campo elétrico. De forma semelhante, preenchendo-se um indutor com um material magnético pode-se aumentar a sua indutância.

A Eq. 35-16 mostra que a presença de material magnético muda o campo magnético no material de $\vec{B}_0$ para $\vec{B} = \kappa_m \vec{B}_0$, onde κ_m é a permeabilidade do material. O campo magnético no interior de um indutor está incluído no fator Φ_B na Eq. 36-4. Se o campo magnético no solenóide está em todos os lugares multiplicado pelo fator κ_m, então Φ_B será também multiplicado pelo fator e concluímos que

$$L = \kappa_m L_0, \qquad (36\text{-}11)$$

onde L é a indutância do indutor com o material magnético presente e L_0 é a indutância de um indutor vazio.

Pelo fato de a permeabilidade das substâncias paramagnéticas ou diamagnéticas não serem muito diferentes de 1, as indutâncias de indutores preenchidos com tais substâncias são praticamente iguais aos seus valores quando estão vazios e nenhuma mudança importante nas propriedades do indutor é obtida pelo preenchimento do indutor com materiais paramagnéticos ou diamagnéticos. No caso de um material ferromagnético, contudo, podem ocorrer mudanças substanciais. Embora a permeabilidade não seja definida normalmente para materiais ferromagnéticos (porque o campo total não cresce em proporção linear ao campo aplicado), sob condições especiais, B pode ser várias milhares de vezes maior do que B_0. Deste modo, a permeabilidade "efetiva" para um ferromagneto pode variar na faixa de 10^3 a 10^4, e a indutância de um indutor preenchido por material ferromagnético (isto é, aquele cujo enrolamento é feito sobre um núcleo de um material como o ferro) pode ser maior que a indutância de um arranjo similar de um enrolamento com o núcleo vazio por um fator de 10^3 a 10^4. Núcleos ferromagnéticos provêem os meios para se obterem grandes indutâncias, assim como os materiais dielétricos em capacitores permitem a obtenção de grandes capacitâncias.

Problema Resolvido 36-1.

Uma seção de um solenóide de comprimento $l = 12$ cm e tendo uma seção transversal circular de diâmetro $d = 1,6$ cm conduz uma corrente estacionária de $i = 3,80$ A. A seção contém 75 voltas ao longo de seu comprimento. (*a*) Qual a indutância do solenóide quando o núcleo está vazio? (*b*) A corrente é reduzida a uma taxa estacionária de 3,20 A em um intervalo de tempo de 15 s. Qual a fem resultante desenvolvida pelo solenóide e em que sentido ela age?

Solução (*a*) A indutância do solenóide é determinada a partir da Eq. 36-7:

$$\begin{aligned}L &= \mu_0 n^2 l A \\ &= (4\pi \times 10^{-7}\text{ H/m})(75\text{ voltas}/0{,}12\text{ m})^2(0{,}12\text{ m})(\pi)(0{,}008\text{ m})^2 \\ &= 1{,}2 \times 10^{-5}\text{ H} = 12\ \mu\text{H}.\end{aligned}$$

Note que μ_0 é expressa em unidades de H/m. Uma indutância pode sempre ser expressa como μ_0 vezes uma quantidade com dimensão de comprimento. Uma situação similar foi considerada para a capacitância; veja a Seção 30-3.

(*b*) A taxa na qual a corrente varia é

$$\frac{di}{dt} = \frac{3{,}20\text{ A} - 3{,}80\text{ A}}{15\text{ s}} = -0{,}040\text{ A/s},$$

e a fem correspondente tem a intensidade dada pela Eq. 36-1:

$$\mathcal{E}_L = |L\,di/dt| = (12\ \mu\text{H})(0{,}040\ \text{A/s}) = 0{,}48\ \mu\text{V}.$$

Como a corrente está decrescendo, a fem induzida deve agir no mesmo sentido da corrente, de tal forma que a fem se oponha à diminuição da corrente.

Problema Resolvido 36-2.

O núcleo do solenóide do Problema Resolvido 36-1 é preenchido com ferro, enquanto a corrente é mantida constante em 3,20 A. A magnetização do ferro está saturada em $B = 1{,}4$ T. Qual a indutância resultante?

Solução A permeabilidade do núcleo sujeito a este campo aplicado é determinada através de

$$\kappa_m = \frac{B}{B_0} = \frac{B}{\mu_0 n i}$$

$$= \frac{1{,}4\ \text{T}}{(4\pi \times 10^{-7}\ \text{T}\cdot\text{m/A})(75\ \text{voltas}/0{,}12\ \text{m})(3{,}20\ \text{A})} = 557.$$

A indutância é dada pela Eq. 36-11 como

$$L = \kappa_m L_0 = (557)(12\ \mu\text{H}) = 6{,}7\ \text{mH}.$$

36-3 CIRCUITOS RL

Nesta seção, consideramos o comportamento de circuitos contendo um resistor e um indutor em série. De várias maneiras, este tópico é semelhante à análise de circuitos *RC*, que foram discutidos na Seção 31-7. Naquela seção, vimos que quando uma bateria é conectada em série com um arranjo de um resistor e de um capacitor, a carga no capacitor se aproxima de seu valor máximo exponencialmente, com uma constante de tempo $\tau_C = RC$. De forma similar, a descarga de um capacitor através de um resistor é também exponencial, com a mesma constante de tempo.

A Fig. 36-4 mostra um circuito no qual o resistor R e um indutor L são conectados em série. Dispositivos adequados estão disponíveis para a medição da diferença de potencial entre os terminais do resistor (ΔV_R) e do indutor (ΔV_L). Uma chave S pode conectar a bateria de fem $\mathcal{E}$ ao circuito. Inicialmente, nenhuma corrente é conduzida pelo circuito. Quando a chave é comutada para a posição a, a corrente que passa pelo resistor começa a crescer. Se o indutor não estivesse presente, a corrente iria crescer rapidamente para um valor estacionário de $\mathcal{E}/R$. O indutor, porém, gera uma fem induzida $\mathcal{E}_L$, a qual, de acordo com a lei de Lenz, se opõe ao crescimento da corrente. Isto é, se opõe à polaridade da fem da bateria. A corrente no circuito depende de duas fems: uma fem constante $\mathcal{E}$ devida à bateria e uma fem variável $\mathcal{E}_L$ de sinal oposto, devida à indutância. Se a segunda fem estiver presente, a corrente no circuito é menor do que $\mathcal{E}/R$.

À medida que o tempo passa, a corrente cresce menos rapidamente e a fem induzida, que é proporcional a di/dt, torna-se menor. Quanto mais a corrente cresce, mais lento se torna este crescimento e a fem induzida se torna correspondentemente menor. À medida que a fem induzida se torna desprezivelmente pequena, a corrente tende a seu valor máximo de $\mathcal{E}/R$.

Em um circuito como este, consideramos que o indutor se comporta como uma resistência infinita logo após a bateria ter sido chaveada no circuito. Muito tempo depois, o indutor se comporta como se tivesse resistência nula, à medida que a corrente se aproxima de seu valor estacionário.

Em seguida, analisamos o circuito quantitativamente. Quando a chave está na posição a, uma corrente de sentido horário é estabelecida no circuito e a lei das malhas (Seção 31-3) leva a

$$\mathcal{E} - iR - L\frac{di}{dt} = 0$$

ou

$$\mathcal{E} = iR + L\frac{di}{dt}, \qquad (36\text{-}12)$$

onde utilizamos a Eq. 36-2 para o cálculo da diferença de potencial entre os terminais do indutor.

A solução da Eq. 36-12 é uma função $i(t)$ escolhida de modo que quando ela e a sua derivada primeira são substituídas na Eq. 36-12 a equação é satisfeita. A Eq. 36-12 tem exatamente a mesma forma que a Eq. 31-25 para circuitos *RC* e não é surpreendente que a sua solução tenha também a mesma forma (veja a Eq. 31-27):

$$i(t) = \frac{\mathcal{E}}{R}(1 - e^{-t/\tau_L}), \qquad (36\text{-}13)$$

onde

$$\tau_L = \frac{L}{R}. \qquad (36\text{-}14)$$

A *constante de tempo indutiva* τ_L indica quão rapidamente a corrente alcança um valor estacionário, em analogia com a constante de tempo capacitiva τ_C. Note que a Eq. 36-13 resulta em $i = 0$ para $t = 0$ e $i \to \mathcal{E}/R$ para $t \to \infty$, como era de se esperar.

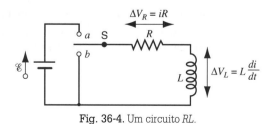

Fig. 36-4. Um circuito *RL*.

Derivando a Eq. 36-13 e substituindo *i* e *di/dt* na Eq. 36-12, podemos verificar que a Eq. 36-13 é realmente a solução da Eq. 36-12.

Para mostrar que a quantidade $\tau_L = L/R$ tem a dimensão de tempo, temos

$$[\tau_L] = \frac{[L]}{[R]} = \frac{\text{henry}}{\text{ohm}} = \frac{\text{volt} \cdot \text{segundo/ampère}}{\text{ohm}}$$

$$= \left(\frac{\text{volt}}{\text{ampère} \cdot \text{ohm}}\right) \text{segundo} = \text{segundo},$$

onde a quantidade dentro dos parênteses é igual a 1 porque 1 ohm = 1 volt/ampère (como em $R = V/i$).

O significado físico de τ_L é obtido a partir da Eq. 36-13. Ao substituirmos $t = \tau_L$ nesta equação, ela se reduz a

$$i = \frac{\mathscr{E}}{R}(1 - e^{-1}) = (1 - 0{,}37)\frac{\mathscr{E}}{R} = 0{,}63\frac{\mathscr{E}}{R}.$$

A constante de tempo τ_L representa o intervalo de tempo no qual a corrente em um circuito é menor que o seu valor final estacionário de $\mathscr{E}/R$ por um fator de $1/e$ (cerca de 37%).

A Fig. 36-5 mostra a diferença de potencial ΔV_R [$= i(t)R$] entre os terminais do resistor R e a diferença de potencial ΔV_L [$=L(di/dt)$] entre os terminais de um indutor ideal. Da Eq. 36-13 obtemos

$$\Delta V_R = iR = \mathscr{E}(1 - e^{-t/\tau_L}) \quad \text{e} \quad \Delta V_L = L\frac{di}{dt} = \mathscr{E}e^{-t/\tau_L}, \quad (36\text{-}15)$$

que são as variáveis representadas na forma de gráfico na Fig. 36-5. Das Eqs. 36-15 obtemos $\Delta V_R + \Delta V_L = \mathscr{E}$, que seria encontrado ao se aplicar a lei das malhas ao circuito. Podemos ainda obter este resultado da soma dos gráficos das Figs. 36-5*a* e 36-5*b*.

Ao comutarmos a chave da Fig. 36-4 da posição *a* para a posição *b* quando a corrente tem o valor i_0, o efeito é o de remover a bateria do circuito. Da lei das malhas, temos

$$L\frac{di}{dt} + iR = 0. \quad (36\text{-}16)$$

Por substituição direta ou integração, podemos achar a solução desta equação

$$i(t) = i_0 e^{-t/\tau_L}, \quad (36\text{-}17)$$

onde i_0 é a corrente em $t = 0$ (que agora descreve o tempo em que a chave foi comutada da posição *a* para a posição *b*). O decaimento da curva para zero ocorre com a mesma constante exponencial de tempo $\tau_L = L/R$ do crescimento da corrente.

A Fig. 36-6 mostra as diferenças de potencial ΔV_R e ΔV_L entre os terminais do resistor e do indutor para o caso em que a chave é mantida na posição *a* por um tempo que é muito longo se comparado a τ_L, portanto deve-se considerar que a corrente atingiu seu valor máximo $\mathscr{E}/R$ quando a chave é comutada para a posição *b*. Utilizando a Eq. 36-17 para obter ΔV_R e ΔV_L de maneira semelhante à Eq. 36-15, devemos ser capazes de mostrar que $\Delta V_R + \Delta V_L = 0$, o que pode ser visto diretamente pela adição dos gráficos das Figs. 36-6*a* e 36-6*b*.

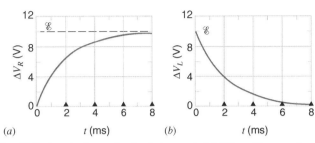

Fig. 36-5. A variação em função do tempo de (*a*) ΔV_R, a diferença de potencial entre os terminais do resistor no circuito da Fig. 36-4 e (*b*) ΔV_L, a diferença de potencial entre os terminais do indutor naquele circuito. As curvas são desenhadas para $R = 2000\,\Omega$, $L = 4{,}0\,\text{H}$ e $\mathscr{E} = 10\,\text{V}$. A constante de tempo indutiva τ_L é de 2 ms; intervalos sucessivos iguais a τ_L são marcados por triângulos ao longo do eixo horizontal.

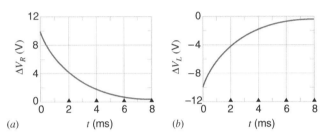

Fig. 36-6. O mesmo que na Fig. 36-5 para o circuito da Fig. 36-4, com a chave comutada para a posição *b* após ter ficado na posição *a* por muito tempo.

Na construção do circuito da Fig. 36-4, devemos utilizar um tipo especial de chave chamada de chave "*make before break*". Esta chave promove a conexão na posição *b* antes de desfazer a conexão na posição *a*. Se este tipo de chave não fosse usado, a corrente tentaria fluir mesmo com a chave sem estar ligada nem ao terminal *a* nem ao terminal *b*, pulando o espaço entre o terminal *a* e o terminal da chave, com uma faísca que conteria toda a energia armazenada no indutor.

PROBLEMA RESOLVIDO 36-3.

Um solenóide tem uma indutância de 53 mH e uma resistência de 0,37 Ω. Se os seus terminais estão conectados a uma bateria, quanto tempo levará para a corrente atingir a metade de seu valor de regime permanente?

Solução O valor de regime permanente da corrente, que é alcançado em $t \to \infty$, é de $\mathscr{E}/R$ pela Eq. 36-13. Se a corrente fosse a metade deste valor em um dado instante *t*, esta equação tornaríamos

$$\frac{1}{2}\frac{\mathscr{E}}{R} = \frac{\mathscr{E}}{R}(1 - e^{-t/\tau_L}),$$

ou

$$e^{-t/\tau_L} = \tfrac{1}{2}.$$

Resolvendo para *t* por rearrumação e obtendo o logaritmo neperiano de cada lado, encontramos

$$t = \tau_L \ln 2 = \frac{L}{R}\ln 2 = \frac{53 \times 10^{-3}\,\text{H}}{0{,}37\,\Omega}\ln 2 = 0{,}10\,\text{s}.$$

284 CAPÍTULO TRINTA E SEIS

36-4 ENERGIA ARMAZENADA EM UM CAMPO MAGNÉTICO

No Cap. 28 aprendemos que um conjunto de cargas elétricas podem ser descritas pela sua energia potencial. Equivalentemente, pode-se dizer que a energia está armazenada no campo elétrico devido às cargas. Por exemplo, o trabalho realizado na separação de duas cargas de sinais opostos está armazenado na energia do campo elétrico das cargas; esta energia pode ser recuperada permitindo-se que as cargas se movam uma de encontro à outra.

De forma semelhante, existe uma energia armazenada na região em torno de um fio que está conduzindo corrente onde existe um campo magnético. Por exemplo, dois fios paralelos conduzindo corrente atraem-se mutuamente; o trabalho realizado para separar os fios é armazenado na energia de campo magnético dos fios e pode ser recuperada permitindo-se que os fios se movam um de encontro ao outro.

No Cap. 30, discutimos a energia armazenada em um capacitor. Podemos generalizar esta discussão considerando que a energia é armazenada no campo elétrico do capacitor e, por inferência, obtemos a energia armazenada por *qualquer* campo elétrico. Aqui, consideramos a energia armazenada em um indutor, o que conduzirá ao cálculo da energia armazenada em *qualquer* campo magnético.

Voltemos ao circuito da Fig. 36-4 com a chave na posição *a*. Utilizando a lei das malhas (Seção 31-3), obtemos a Eq. 36-12: $\mathscr{E} = iR + L\,di/dt$. Do Cap. 31, temos que a lei das malhas é essencialmente um exemplo da conservação de energia no circuito. Isto pode ser visto mais claramente através da multiplicação de ambos os lados da Eq. 36-12 pela corrente *i*:

$$\mathscr{E}i = i^2 R + Li\,\frac{di}{dt}, \tag{36-18}$$

que tem a seguinte interpretação física em termos de trabalho e de energia:

1. Se a carga *dq* passa através da bateria na Fig. 36-4 no intervalo de tempo *dt*, a bateria realiza um trabalho $\mathscr{E}\,dq$ sobre ela. A *taxa* do trabalho realizado é $\mathscr{E}\,dq/dt$ ou $\mathscr{E}i$. Deste modo, o lado esquerdo da Eq. 36-18 é a *taxa na qual a fem do dispositivo entrega energia ao circuito*.

2. O segundo termo na Eq. 36-18, i^2R, é a *taxa na qual a energia é dissipada no resistor*. Esta energia surge como energia interna associada com os movimentos atômicos dentro do resistor.

3. A energia entregue ao circuito, mas não dissipada no resistor deve, por hipótese, ser armazenada no campo magnético. Desde que a Eq. 36-18 mostra um exemplo da conservação de energia para circuitos *RL*, o último termo deve descrever a *taxa na qual a energia é armazenada em um campo magnético*.

A energia armazenada em um campo magnético é discutida por U_B; então, a taxa na qual a energia é armazenada é dU_B/dt. Igualando a taxa de armazenamento de energia com o último termo da Eq. 36-18, obtemos

$$\frac{dU_B}{dt} = Li\,\frac{di}{dt} \tag{36-19}$$

ou

$$dU_B = Li\,di. \tag{36-20}$$

Considere que começamos sem corrente no indutor ($i = 0$) e sem nenhuma energia armazenada em seu campo magnético. Gradualmente, aumentamos a corrente até seu valor final *i*. A energia U_B armazenada no campo magnético pode ser encontrada através da integração da Eq. 36-20,

$$\int_0^{U_B} dU_B = \int_0^i Li\,di$$

ou

$$U_B = \tfrac{1}{2}Li^2, \tag{36-21}$$

o que descreve a energia total magnética armazenada em uma indutância *L* conduzindo uma corrente *i*.

Se a chave na Fig. 36-4 é comutada da posição *a* para a posição *b* após uma corrente i_0 ter sido estabelecida, a energia armazenada no indutor se dissipa através do efeito Joule no resistor.

Uma situação análoga é observada na carga e descarga de um capacitor. Quando o capacitor tiver acumulado uma carga *q*, a energia armazenada no campo elétrico será

$$U_E = \frac{1}{2}\frac{q^2}{C}.$$

Obtivemos esta expressão na Seção 30-5 estabelecendo que a energia armazenada é igual ao trabalho que deve ser realizado para estabelecer o campo. O capacitor pode descarregar através do resistor, onde a energia armazenada é novamente dissipada através do efeito Joule.

PROBLEMA RESOLVIDO 36-4.

Uma bobina tem uma indutância de 53 mH e uma resistência de 0,35 Ω. (*a*) Se uma fem de 12 V é aplicada, qual a energia que será armazenada no campo magnético após a corrente crescer até o seu valor máximo? (*b*) Em termos de τ_L, quanto tempo leva para a energia armazenada alcançar a metade de seu valor máximo?

Solução (*a*) Da Eq. 36-13 a corrente máxima é

$$i_m = \frac{\mathscr{E}}{R} = \frac{12\text{ V}}{0,35\ \Omega} = 34,3\text{ A}.$$

Substituindo esta corrente na Eq. 36-21, achamos a energia armazenada:

$$U_B = \tfrac{1}{2}Li_m^2 = \tfrac{1}{2}(53 \times 10^{-3}\text{ H})(34,3\text{ A})^2$$
$$= 31\text{ J}.$$

(*b*) Seja *i* a corrente no instante em que a energia armazenada tem a metade de seu valor máximo. Então,

$$\tfrac{1}{2}Li^2 = (\tfrac{1}{2})\tfrac{1}{2}Li_m^2$$

ou

$$i = i_m/\sqrt{2}.$$

Contudo, i é dado pela Eq. 36-13 e i_m (veja anteriormente) é $\mathcal{E}/R$, de tal forma que

$$\frac{\mathcal{E}}{R}(1 - e^{-t/\tau_L}) = \frac{\mathcal{E}}{\sqrt{2}R}.$$

Isto pode ser escrito como

$$e^{-t/\tau_L} = 1 - 1/\sqrt{2} = 0,293,$$

o que produz

$$-\frac{t}{\tau_L} = \ln 0,293 = -1,23$$

ou

$$t = 1,23\tau_L.$$

A energia armazenada atinge a metade de seu valor máximo após 1,23 constante de tempo.

PROBLEMA RESOLVIDO 36-5.

Um indutor de 3,56 H é posicionado em série com um resistor de 12,8 Ω e uma fem de 3,25 V é subitamente aplicada ao arranjo. No instante 0,278 s (que é uma constante de tempo indutiva) após a aplicação da fem, determine (a) a taxa P na qual a energia está sendo entregue pela bateria, (b) a taxa P_R na qual a energia interna surge no resistor e (c) a taxa P_B na qual a energia é armazenada no campo magnético.

Solução (a) A corrente é dada pela Eq. 36-13. Em $t = \tau_L$, obtemos

$$i = \frac{\mathcal{E}}{R}(1 - e^{-t/\tau_L}) = \frac{3,25 \text{ V}}{12,8 \ \Omega}(1 - e^{-1}) = 0,1605 \text{ A}.$$

A taxa P na qual a bateria fornece energia é então

$$P = \mathcal{E}i = (3,25 \text{ V})(0,1605 \text{ A}) = 0,522 \text{ W}.$$

(b) A taxa P_R na qual a energia é dissipada no resistor é dada por

$$P_R = i^2R = (0,1605 \text{ A})^2(12,8 \ \Omega) = 0,330 \text{ W}.$$

(c) A taxa P_B ($= dU_B/dt$) na qual a energia está sendo armazenada no campo magnético é dada pela Eq. 36-19. Diferenciando a Eq. 36-13 e usando $t = \tau_L = L/R$, obtemos

$$\frac{di}{dt} = \frac{\mathcal{E}}{L}e^{-t/\tau_L} = \frac{3,25 \text{ V}}{3,56 \text{ H}}e^{-1} = 0,3358 \text{ A/s}.$$

Da Eq. 36-19 a taxa desejada é então

$$P_B = \frac{dU_B}{dt} = Li\frac{di}{dt}$$

$$= (3,56 \text{ H})(0,1605 \text{ A})(0,3358 \text{ A/s}) = 0,192 \text{ W}.$$

Note que, conforme exigido pela conservação de energia,

$$P = P_R + P_B,$$

ou

$$P = 0,330 \text{ W} + 0,192 \text{ W} = 0,522 \text{ W}.$$

DENSIDADE DE ENERGIA E CAMPO MAGNÉTICO

A seguir obtemos uma expressão para a *densidade de energia* (energia por unidade de volume) u_B em um campo magnético. Considere um solenóide muito longo de seção transversal A, cujo interior não contém nenhum material. Uma parte de comprimento l distante de qualquer uma das extremidades que encerra o volume Al. A energia magnética armazenada nesta parte do solenóide deve estar inteiramente contida neste volume, uma vez que o campo magnético do lado de fora do solenóide é essencialmente nulo. Além disso, a energia armazenada deve estar uniformemente distribuída por todo o volume do solenóide, já que o campo magnético é uniforme em todos os lugares do lado de dentro. Deste modo, podemos escrever a densidade de energia como

$$u_B = \frac{U_B}{Al}$$

ou, desde que

$$U_B = \tfrac{1}{2}Li^2,$$

temos

$$u_B = \frac{\tfrac{1}{2}Li^2}{Al}.$$

onde L é a indutância de um solenóide de comprimento l. Para expressá-la em termos de campo magnético, podemos resolver a Eq. 36-5 ($B = \mu_0 in$) explicitando i e o substituindo nesta equação. Podemos ainda substituir L por seu valor na relação $L = \mu_0 n^2 lA$ (Eq. 36-7). Fazendo isso, chegamos finalmente a

$$u_B = \frac{1}{2\mu_0}B^2. \qquad (36\text{-}22)$$

Esta equação descreve a densidade de energia armazenada em qualquer ponto (no vácuo ou em uma substância não-magnética) onde o campo magnético é $\vec{\mathbf{B}}$. A equação é válida para todas as configurações de campo magnético, ainda que tenha sido derivada para um caso especial, o solenóide. A Eq. 36-22 pode ser comparada com a Eq. 30-28,

$$u_E = \tfrac{1}{2}\epsilon_0 E^2, \qquad (36\text{-}23)$$

que descreve a densidade de energia (no vácuo) em qualquer ponto de um campo elétrico. Note que ambos u_B e u_E são proporcionais ao quadrado da variável de campo apropriada, B ou E.

O solenóide desempenha um papel para campos magnéticos, semelhante ao de placas paralelas de um capacitor para campos elétricos. Em cada caso, temos dispositivos simples que podem ser utilizados para estabelecer um campo uniforme por toda uma região do espaço bem definida e para deduzir, de uma maneira simples, as propriedades destes campos.

PROBLEMA RESOLVIDO 36-6.

Um cabo coaxial longo (Fig. 36-7) consiste em dois condutores cilíndricos concêntricos com raios a e b, onde $b >> a$. Seu condutor central conduz uma corrente estacionária i e o condutor externo provê o caminho de retorno. (a) Calcule a energia armazenada no campo magnético para o comprimento l de tal cabo. (b) Qual a indutância de um comprimento l do cabo?

Solução (a) Vamos assumir que o condutor interno seja tão fino que podemos desprezar qualquer energia magnética armazenada em seu interior. Fazemos a mesma suposição para o condutor externo. Construímos uma espira amperiana na forma de um círculo de raio maior do que o raio externo do condutor externo, a resultante de corrente que flui através da superfície limitada pela espira é nula (porque os condutores interno e externo conduzem quantidades iguais de corrente em sentidos opostos); portanto, concluímos que $B = 0$ para todos os pontos do lado de fora do condutor externo.

A energia magnética é, portanto, limitada à região entre os dois condutores. O campo magnético nesta região é idêntico àquele de um fio reto, que foi visto nas Seções 33-2 e 33-5. Isto pode ser mostrado através da construção de uma espira amperiana mostrada na Fig. 36-7 e notando-se que a corrente do condutor externo não passa através da superfície limitada pela espira e, portanto, não contribui para a lei de Ampère. Dessa forma, tomamos $B = \mu_0 i/2\pi r$ (Eq. 33-13) na região entre os condutores.

Da Eq. 36-22, a densidade de energia para pontos entre os condutores é

$$u_B = \frac{1}{2\mu_0} B^2 = \frac{1}{2\mu_0}\left(\frac{\mu_0 i}{2\pi r}\right)^2 = \frac{\mu_0 i^2}{8\pi^2 r^2}.$$

Considere o elemento de volume dV que consiste em uma casca cilíndrica cujos raios são r e $r + dr$, e cujo comprimento (perpendicular ao plano da Fig. 36-7) é l. A energia dU_B contida nele é

$$dU_B = u_B\, dV = \frac{\mu_0 i^2}{8\pi^2 r^2}(2\pi r l)(dr) = \frac{\mu_0 i^2 l}{4\pi}\frac{dr}{r}.$$

A energia magnética total é obtida por integração:

$$U_B = \int dU_B = \frac{\mu_0 i^2 l}{4\pi}\int_a^b \frac{dr}{r} = \frac{\mu_0 i^2 l}{4\pi}\ln\frac{b}{a}.$$

(b) Determinamos a indutância L a partir da Eq. 36-21 ($U_B = (1/2)Li^2$), que leva a

$$L = \frac{2U_B}{i^2} = \frac{\mu_0 l}{2\pi}\ln\frac{b}{a}.$$

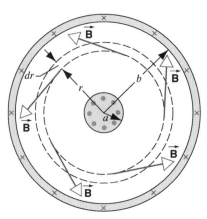

Fig. 36-7. Problema Resolvido 36-6. Seção transversal de um cabo coaxial que conduz correntes estacionárias de mesma intensidade, mas de sentidos opostos, em seus condutores interno e externo. Na região entre os condutores as linhas de $\vec{B}$ formam círculos.

Podemos ainda derivar esta expressão diretamente da definição de indutância, utilizando os procedimentos da Seção 36-2 (veja o Problema 5).

PROBLEMA RESOLVIDO 36-7.

Compare a energia necessária para estabelecer, em um cubo de aresta $l = 10$ cm (a) um campo elétrico uniforme de aresta $1,0 \times 10^5$ V/m e (b) um campo magnético de 1,0 T. Ambos os campos são considerados razoavelmente grandes, mas estão prontamente disponíveis em laboratório.

Solução (a) No caso do campo elétrico temos, onde l^3 é o volume do cubo,

$$\begin{aligned}U_E = u_E l^3 &= \tfrac{1}{2}\epsilon_0 E^2 l^3 \\ &= (0{,}5)(8{,}9\times 10^{-12}\,\text{C}^2/\text{N}\cdot\text{m}^2)(10^5\,\text{V/m})^2(0{,}1\,\text{m})^3 \\ &= 4{,}5 \times 10^{-5}\,\text{J}.\end{aligned}$$

(b) No caso do campo magnético, da Eq. 36-22, temos

$$\begin{aligned}U_B = u_B l^3 &= \frac{B^2}{2\mu_0}l^3 = \frac{(1{,}0\,\text{T})^2(0{,}1\,\text{m})^3}{(2)(4\pi\times 10^{-7}\,\text{T}\cdot\text{m/A})} \\ &= 400\,\text{J}.\end{aligned}$$

Em termos de campos normalmente disponíveis no laboratório, quantidades muito maiores de energia podem ser armazenadas em um campo magnético do que em um campo elétrico, sendo a razão de cerca de 10^7 neste exemplo. Reciprocamente, muito mais energia é necessária para estabelecer um campo magnético de valor razoável do que a que é necessária para estabelecer um campo elétrico de valor razoável.

36-5 OSCILAÇÕES ELETROMAGNÉTICAS: ESTUDO QUALITATIVO

Agora, são abordadas as características de circuitos que contêm um capacitor C e um indutor L. Tal circuito forma um *oscilador eletromagnético*, onde a corrente varia senoidalmente com o tempo, semelhante ao deslocamento de um oscilador mecânico que varia com o tempo. De fato, conforme será visto, existem diversas analogias entre osciladores eletromagnéticos e mecânicos que simplificam a discussão sobre osciladores eletromagnéticos, uma vez que permitem que resultados obtidos para osciladores mecânicos, analisados anteriormente, sejam utilizados como base no estudo (Cap. 17).

Por enquanto, assumimos que o circuito não inclui nenhuma resistência. O circuito *com* resistência, que foi estudado na Seção 36-7, é análogo ao oscilador amortecido estudado na Seção 17-7. Suponha que não exista fonte de fem neste circuito; circuitos osciladores com fem, que serão estudados na Seção 36-7, são análogos aos osciladores mecânicos com forçamento, como aqueles estudados na Seção 17-8.

Com nenhuma fonte de fem presente, a energia do circuito está inicialmente armazenada em um ou ambos os componentes. Admite-se que o capacitor C está carregado (por uma fonte externa) de tal forma que este contém uma carga q_m no instante que é removido da fonte externa e conectado ao indutor L. O circuito LC é mostrado na Fig. 36-8a. No começo, a energia U_E armazenada no capacitor é

$$U_E = \frac{1}{2} \frac{q_m^2}{C}, \qquad (36\text{-}24)$$

enquanto a energia $U_B = \frac{1}{2} L i^2$ (Eq. 36-21) armazenada no indutor é inicialmente nula, já que a corrente é nula.

O capacitor agora começa a descarregar através do indutor, portadores de cargas positivas se movem no sentido anti-horário, como mostrado na Fig. 36-8b. Uma corrente $i = dq/dt$ agora flui através do indutor, fazendo a energia armazenada crescer a partir de zero. Ao mesmo tempo, a descarga do capacitor reduz a sua energia armazenada. Se o circuito está livre de resistências, nenhuma energia é dissipada e o decréscimo de energia armazenada no capacitor é exatamente compensada pelo crescimento da energia armazenada no indutor, de tal forma que a energia total permanece constante. De fato, o campo elétrico decresce e o campo magnético cresce, com a energia sendo transferida de um para o outro.

No instante correspondente à Fig. 36-8c, o capacitor está totalmente descarregado e a energia armazenada no capacitor é nula. A corrente no indutor atingiu o seu valor máximo e toda a energia do circuito está armazenada no campo magnético do indutor. Note que, mesmo que $q = 0$ neste instante, dq/dt difere de zero porque a carga está fluindo.

A corrente no indutor continua a transportar carga da placa superior para a placa inferior do capacitor, conforme mostrado na Fig. 36-8d; a energia está agora fluindo do indutor de volta para o capacitor à medida que o campo elétrico se forma novamente. Eventualmente (veja a Fig. 36-8e), toda a energia é transferida de volta ao capacitor, que está, neste momento, totalmen-

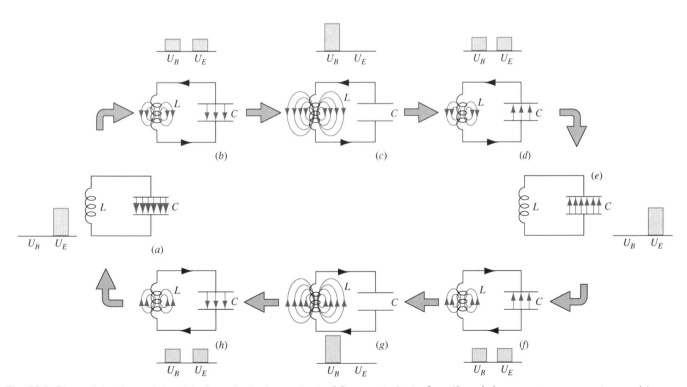

Fig. 36-8. Oito estágios de um único ciclo de oscilação de um circuito LC sem resistência. Os gráficos de barras mostram a energia magnética e a energia elétrica armazenadas.

te carregado, mas com polaridade oposta à da Fig. 36-8a. A situação continua à medida que o capacitor se descarrega até a energia retornar completamente ao indutor, quando o campo magnético e sua energia correspondente têm seus valores máximos (Fig. 36-8g). Finalmente, a corrente no indutor carrega o capacitor mais uma vez até o capacitor estar totalmente carregado e o circuito retornar à sua condição original (Fig. 36-8a). O processo então começa novamente e o ciclo se repete indefinidamente. Na ausência de uma resistência, que causaria a dissipação de energia, a carga e a corrente voltam aos mesmos valores máximos a cada ciclo.

A oscilação de um circuito LC ocorre com uma freqüência definida f (medida em Hz) correspondendo a uma freqüência angular ω ($= 2\pi f$ e medida em rad/s). Conforme será discutido na próxima seção, ω é determinado por L e por C. Fazendo escolhas adequadas de L e de C, podemos construir um circuito oscilador de freqüências variando desde abaixo das freqüências audíveis (10 Hz) até acima das freqüências de microondas (10 GHz).

Para determinar a carga q como uma função do tempo, podemos medir a variável diferença de potencial $\Delta V_C(t)$ que existe entre os terminais do capacitor C, a qual está relacionada a carga q por

$$\Delta V_C = \frac{1}{C} q.$$

Podemos determinar a corrente inserindo no circuito um resistor R tão pequeno que seu efeito no circuito seja desprezível. A diferença de potencial $\Delta V_R(t)$ entre os terminais do resistor R é proporcional à corrente, de acordo com

$$\Delta V_R = iR.$$

Se $\Delta V_C(t)$ e $\Delta V_R(t)$ fossem apresentadas de uma forma gráfica, como na tela de um osciloscópio, o resultado seria semelhante ao mostrado na Fig. 36-9.

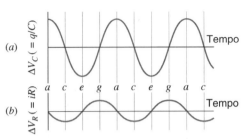

Fig. 36-9. (a) A diferença de potencial entre os terminais do capacitor no circuito da Fig. 36-8 em função do tempo. Esta quantidade é proporcional à carga no capacitor. (b) A diferença de potencial entre os terminais de um pequeno resistor inserido no circuito da Fig. 36-8. Esta quantidade é proporcional à corrente no circuito. As letras mostram os correspondentes estágios da oscilação da Fig. 36-8.

Problema Resolvido 36-8.

Um capacitor de 1,5 μF é carregado até atingir 57 V. A bateria é então desconectada e uma bobina de 12 mH é conectada entre os terminais do capacitor de modo a desenvolver oscilações LC. Qual a corrente máxima na bobina? Suponha que o circuito não tenha resistência.

Solução Do princípio da conservação de energia, a energia máxima armazenada no capacitor deve ser igual à energia máxima armazenada no indutor (recordando que os dois máximos *não* ocorrem ao mesmo tempo). Utilizando as Eqs. 36-21 e 36-24, obtemos

$$\frac{q_m^2}{2C} = \tfrac{1}{2} L i_m^2,$$

onde i_m é a corrente máxima e q_m é a carga máxima. Note que a corrente máxima e a carga máxima não ocorrem ao mesmo tempo, mas separadas de um quarto de ciclo; veja as Figs. 36-8 e 36-9. Resolvendo para i_m e substituindo q_m por CV, obtemos

$$i_m = V\sqrt{\frac{C}{L}} = (57 \text{ V})\sqrt{\frac{1{,}5 \times 10^{-6} \text{ F}}{12 \times 10^{-3} \text{ H}}} = 0{,}64 \text{ A}.$$

Analogia com o Movimento Harmônico Simples

A Fig. 12-5 mostra que em um sistema massa–mola, assim como em um circuito oscilador LC, ocorrem dois tipos de energia. Uma é a energia potencial de compressão ou de extensão da mola; e a outra é a energia cinética da massa que se desloca. Estas são dadas por fórmulas conhecidas listadas na primeira coluna da Tabela 36-1. A tabela sugere que um capacitor é, de alguma maneira, semelhante a uma mola, um indutor é semelhante a um objeto massivo (a massa) e determinadas variáveis eletromagnéticas "correspondem" a determinadas variáveis mecânicas — a saber,

q corresponde a x, i corresponde a v,
$1/C$ corresponde a k, L corresponde a m.   (36-25)

A comparação da Fig. 36-8, que mostra oscilações de um circuito LC sem resistência, com a Fig. 12-5, que mostra as oscilações de um sistema massa–mola sem atrito, revela as estreitas similaridades. Note o quanto v e i são similares nas duas figuras, assim como x e q. Note ainda como em cada caso a energia alterna entre as duas formas, magnética e elétrica para o sistema LC, e energia cinética e energia potencial para o sistema massa–mola.

Tabela 36-1 Energia em Sistemas Osciladores

Mecânica		Eletromagnética	
Mola	$U_s = 1/2\, kx^2$	Capacitor	$U_E = 1/2\, C^{-1} q^2$
Massa	$K = 1/2\, mv^2$	Indutor	$U_B = 1/2\, Li^2$
	$v = dx/dt$		$i = dq/dt$

Na Seção 17-3 vimos que a freqüência angular natural de um oscilador mecânico harmônico simples é

$$\omega = 2\pi f = \sqrt{\frac{k}{m}}.$$

A similaridade entre os dois sistemas sugere que para se obter a freqüência de oscilação de um circuito LC (sem resistência), k deveria ser substituído por $1/C$ e m por L, o que resulta em

$$\omega = 2\pi f = \sqrt{\frac{1}{LC}}. \qquad (36\text{-}26)$$

Esta fórmula pode também ser deduzida a partir de uma análise rigorosa das oscilações eletromagnéticas, como será mostrado na próxima seção.

36-6 OSCILAÇÕES ELETROMAGNÉTICAS: ESTUDO QUANTITATIVO

É possível se obter a expressão para a freqüência de oscilação de um circuito LC (sem resistência) utilizando o princípio da conservação de energia. A energia total U presente em qualquer instante em um circuito oscilante LC é

$$U = U_B + U_E = \frac{1}{2} Li^2 + \frac{1}{2} \frac{q^2}{C}, \qquad (36\text{-}27)$$

que mostra que em qualquer instante de tempo arbitrário a energia está armazenada parcialmente no campo magnético do indutor e está parcialmente armazenada no campo elétrico do capacitor. Se for admitido que a resistência do circuito é nula, nenhuma energia é dissipada e U permanece constante com o tempo, ainda que i e q variem. De uma forma mais formal, dU/dt deve ser nulo. Isto leva a

$$\frac{dU}{dt} = \frac{d}{dt} \left(\frac{1}{2} Li^2 + \frac{1}{2} \frac{q^2}{C} \right) = Li \frac{di}{dt} + \frac{q}{C} \frac{dq}{dt} = 0.$$
$$(36\text{-}28)$$

Seja q a carga sobre uma dada placa do capacitor (por exemplo, a placa superior da Fig. 36-8) e i então representa a taxa em que a carga flui para a placa (assim, $i > 0$ quando carga positiva flui para a placa). Neste caso,

$$i = \frac{dq}{dt} \quad \text{e} \quad \frac{di}{dt} = \frac{d^2q}{dt^2},$$

e substituindo na Eq. 36-28, obtemos

$$\frac{d^2q}{dt^2} + \frac{1}{LC} q = 0. \qquad (36\text{-}29)$$

A Eq. 36-29 descreve as oscilações de um circuito LC (sem resistência). Para resolvê-la, note a semelhança com a Eq. 17-4,

$$\frac{d^2x}{dt^2} + \frac{k}{m} x = 0, \qquad (36\text{-}30)$$

que descreve a oscilação mecânica de uma partícula ligada a uma mola. Fundamentalmente, a comparação destas duas equações revela as similaridades da Eq. 36-25.

A solução da Eq. 36-30 obtida no Cap. 17 era

$$x = x_m \cos (\omega t + \phi),$$

onde x_m é a amplitude do movimento e ϕ é uma constante de fase arbitrária. Como q corresponde a x, podemos escrever a solução da Eq. 36-29 como

$$q = q_m \cos (\omega t + \phi), \qquad (36\text{-}31)$$

onde ω é a ainda desconhecida freqüência angular das oscilações eletromagnéticas.

Podemos testar se a Eq. 36-31 é, de fato, a solução da Eq. 36-29 substituindo-a nesta equação juntamente com sua derivada segunda. Para achar a derivada segunda, escrevemos

$$\frac{dq}{dt} = i = -\omega q_m \operatorname{sen} (\omega t + \phi) \qquad (36\text{-}32)$$

e

$$\frac{d^2q}{dt^2} = -\omega^2 q_m \cos (\omega t + \phi). \qquad (36\text{-}33)$$

Substituindo q e d^2q/dt^2 na Eq. 36-29 temos

$$-\omega^2 q_m \cos (\omega t + \phi) + \frac{1}{LC} q_m \cos (\omega t + \phi) = 0.$$

Cancelando $q_m \cos(\omega t + \phi)$ e rearrumando chegamos a

$$\omega = \sqrt{\frac{1}{LC}}. \qquad (36\text{-}34)$$

Deste modo, se o valor $1/\sqrt{LC}$ é atribuído a ω, a Eq. 36-31 é, de fato, a solução da Eq. 36-29. Esta expressão para ω concorda com a Eq. 36-26, que foi deduzida através da similaridade entre oscilações mecânicas e eletromagnéticas.

A constante de fase ϕ na Eq. 36-31 é determinada pelas condições em $t = 0$. Se as condições iniciais são como as mostradas na Fig. 36-8a, então fazemos $\phi = 0$ a fim de que a Eq. 36-31 possa prever que $q = q_m$ em $t = 0$. Que condição física inicial está subentendida para $\phi = 90°$? $180°$? $270°$? Quais dos estados mostrados na Fig. 36-8 correspondem a estas escolhas de ϕ?

A energia elétrica armazenada no circuito LC, utilizando a Eq. 36-31, é

$$U_E = \frac{1}{2} \frac{q^2}{C} = \frac{q_m^2}{2C} \cos^2 (\omega t + \phi), \qquad (36\text{-}35)$$

e a energia magnética, utilizando a Eq. 36-32, é

$$U_B = \frac{1}{2} Li^2 = \frac{1}{2} L\omega^2 q_m^2 \operatorname{sen}^2 (\omega t + \phi).$$

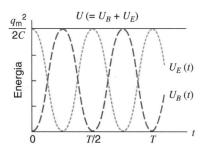

Fig. 36-10. A energia magnética e a energia elétrica armazenadas e sua soma em um circuito LC em função do tempo. $T\ (= 2\pi/\omega)$ é o período de oscilação.

Substituindo ω pela Eq. 36-34 nesta última equação temos

$$U_B = \frac{q_m^2}{2C}\operatorname{sen}^2(\omega t + \phi). \qquad (36\text{-}36)$$

A Fig. 36-10 mostra os gráficos $U_E(t)$ e $U_B(t)$ para o caso de $\phi = 0$. Note que (1) os valores máximos de U_E e U_B são os mesmos $(= q_m^2/2C)$; (2) a soma de U_E e U_B é uma constante $(= q_m^2/2C)$; (3) quando U_E tem o seu valor máximo, U_B é nula e vice-versa; e (4) U_B e U_E alcançam ambos o seu valor máximo duas vezes durante cada ciclo. Esta análise sustenta a análise qualitativa da Seção 36-5. Compare esta discussão com aquela feita na Seção 17-4 para a transferência de energia em oscilador mecânico harmônico simples.

Problema Resolvido 36-9.

(*a*) Em um circuito oscilador LC, qual o valor da carga, expressa em termos da carga máxima, que existe no capacitor quando a energia é dividida igualmente entre o campo elétrico e o campo magnético? (*b*) Em que instante de tempo t esta condição acontecerá, supondo que o capacitor estivesse inicialmente totalmente carregado? Suponha que $L = 12$ mH e $C = 1,7\ \mu$F.

Solução (*a*) A energia armazenada U_E e a energia *máxima* armazenada U_m no capacitor são, respectivamente,

$$U_E = \frac{q^2}{2C} \quad \text{e} \quad U_m = \frac{q_m^2}{2C}.$$

Substituindo $U_E = (1/2)U_m$ temos

$$\frac{q^2}{2C} = \frac{1}{2}\frac{q_m^2}{2C}$$

ou

$$q = \frac{q_m}{\sqrt{2}}.$$

(*b*) Para $\phi = 0$ na Eq. 36-31, $q = q_m$ em $t = 0$, temos

$$q = q_m \cos \omega t = \frac{q_m}{\sqrt{2}},$$

o que leva a

$$\omega t = \cos^{-1}\frac{1}{\sqrt{2}} = \frac{\pi}{4}$$

ou, utilizando $\omega = 1/\sqrt{LC}$,

$$t = \frac{\pi}{4\omega} = \frac{\pi\sqrt{LC}}{4} = \frac{\pi\sqrt{(12 \times 10^{-3}\text{ H})(1,7 \times 10^{-6}\text{ F})}}{4}$$

$$= 1,1 \times 10^{-4}\text{ s} = 110\ \mu\text{s}.$$

36-7 OSCILAÇÕES AMORTECIDAS E FORÇADAS

Uma resistência R está sempre presente em um circuito LC real. Quando levamos em conta a resistência, observamos que a energia eletromagnética total U não é constante, mas decresce com o tempo à medida que é dissipada como energia interna do resistor. Como será visto, a analogia com o oscilador massa–mola amortecido da Seção 17-7 é precisa. Como visto anteriormente, temos

$$U = U_B + U_E = \frac{1}{2}Li^2 + \frac{q^2}{2C}. \qquad (36\text{-}37)$$

U não é mais constante

$$\frac{dU}{dt} = -i^2R, \qquad (36\text{-}38)$$

o sinal negativo significando que a energia armazenada U decresce com o tempo, sendo convertida em energia interna do resistor à taxa de i^2R. Diferenciando a Eq. 36-37 e combinando o resultado com a Eq. 36-38, temos

$$-i^2R = Li\frac{di}{dt} + \frac{q}{C}\frac{dq}{dt}.$$

Substituindo i por dq/dt e di/dt por d^2q/dt^2, e dividindo por i, obtemos, após rearranjar os termos,

$$L\frac{d^2q}{dt^2} + R\frac{dq}{dt} + \frac{1}{C}q = 0, \qquad (36\text{-}39)$$

que descreve as oscilações LC amortecidas. Para $R = 0$, a Eq. 36-39 reduz-se, como deveria, à Eq. 36-29, que descreve as oscilações LC não-amortecidas.

Afirmamos, sem provar, que a solução geral para a Eq. 36-39 pode ser escrita na forma

$$q = q_m e^{-Rt/2L} \cos(\omega' t + \phi), \qquad (36\text{-}40)$$

onde

$$\omega' = \sqrt{\omega^2 - (R/2L)^2}. \qquad (36\text{-}41)$$

Utilizando as analogias da Eq. 36-25, podemos ver que a Eq. 36-40 equivale exatamente à Eq. 17-39, a equação para o deslocamento em função do tempo em um movimento harmônico simples amortecido. Comparando a Eq. 36-41 com a Eq. 17-40, ve-

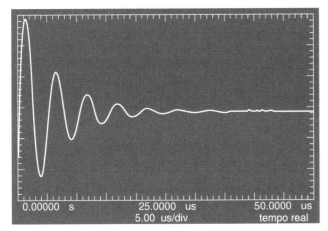

Fig. 36-11. O traço de um osciloscópio mostrando a oscilação de um circuito LC amortecido. As oscilações decrescem em amplitude porque a energia é dissipada na resistência do circuito.

mos que a resistência R corresponde à constante de amortecimento b de um oscilador mecânico amortecido.

A Fig. 36-11 mostra a corrente em um circuito LC amortecido em função do tempo. (Compare com a Fig. 17-16b.) A corrente oscila senoidalmente com a freqüência ω' e a amplitude de corrente decresce exponencialmente com o tempo. A freqüência ω' é estritamente menor que a freqüência ($\omega = 1/\sqrt{LC}$) de oscilações não-amortecidas, mas, para a maior parte dos casos de interesse, podemos substituir $\omega' = \omega$ com um erro desprezível.

Problema Resolvido 36-10.

Um circuito tem $L = 12$ mH, $C = 1{,}6$ μF e $R = 1{,}5$ Ω. (a) Após que intervalo de tempo t a amplitude das oscilações da carga cairão à metade de seu valor inicial? (b) Isto corresponde a quantos períodos de oscilação?

Solução (a) Isto acontecerá quando o fator de amplitude $e^{-Rt/2L}$ na Eq. 36-40 tiver o valor 1/2, ou

$$e^{-Rt/2L} = \tfrac{1}{2}.$$

Aplicando o logaritmo neperiano em cada lado, temos

$$-Rt/2L = \ln \tfrac{1}{2} = -\ln 2,$$

ou, explicitando t,

$$t = \frac{2L}{R} \ln 2 = \frac{(2)(12 \times 10^{-3} \text{ H})}{1{,}5 \; \Omega} \ln 2 = 0{,}011 \text{ s}.$$

(b) O número de oscilações é determinado pela divisão do tempo utilizado pelo período, que está relacionado com a freqüência angular ω por $T = 2\pi/\omega$. A freqüência angular é

$$\omega = \frac{1}{\sqrt{LC}} = \frac{1}{\sqrt{(12 \times 10^{-3} \text{ H})(1{,}6 \times 10^{-6} \text{ F})}} = 7200 \text{ rad/s}.$$

O período de oscilação é, então,

$$T = \frac{2\pi}{\omega} = \frac{2\pi}{7200 \text{ rad/s}} = 8{,}7 \times 10^{-4} \text{ s}.$$

O tempo decorrido, expresso em termos do período de oscilação, é então

$$\frac{t}{T} = \frac{0{,}011 \text{ s}}{8{,}7 \times 10^{-4} \text{ s}} \approx 13.$$

A amplitude cai à metade após cerca de 13 ciclos de oscilação. Por comparação, o amortecimento deste exemplo é menos severo que aquele mostrado na Fig. 36-11, onde a amplitude cai para a metade em cerca de um ciclo.

No problema resolvido, utilizamos ω em vez de ω'. Da Eq. 36-41, calculamos $\omega - \omega' = 0{,}27$ rad/s e, portanto, cometemos um erro desprezível ao utilizarmos ω.

Oscilações Forçadas e Ressonância

Considere um circuito LC amortecido contendo uma resistência R. Se o amortecimento é pequeno, o circuito oscila na freqüência $\omega = 1/\sqrt{LC}$, que é chamada de *freqüência natural* do sistema.

Considere agora que o circuito é submetido a uma fem variável no tempo dada por

$$\mathcal{E} = \mathcal{E}_m \cos \omega''t, \qquad (36\text{-}42)$$

utilizando um gerador externo. Aqui, ω'', que pode ser modificada arbitrariamente, é a freqüência desta fonte externa. Estas oscilações são descritas como *forçadas*. Quando a fem descrita pela Eq. 36-42 é aplicada pela primeira vez, transientes de corrente, em função do tempo, aparecem no circuito. O interesse, contudo, são nas correntes senoidais que existem no circuito após o desaparecimento destes transientes iniciais. Qualquer que seja a freqüência natural ω, *estas oscilações de carga, de corrente ou de diferença de potencial no circuito devem ocorrer na freqüência da fonte externa ω''.*

A Fig. 36-12 compara um sistema oscilador eletromagnético com o correspondente sistema mecânico. Um vibrador V, que

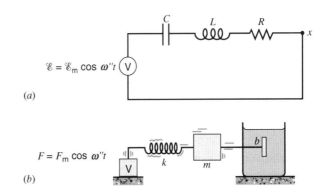

Fig. 36-12. (a) Oscilações eletromagnéticas de um circuito com forçamento na freqüência angular ω''. (b) Oscilações mecânicas de um sistema de mola são produzidas a uma freqüência angular ω''. Os elementos correspondentes dos dois sistemas são desenhados uns em frente aos outros.

impõe uma força externa alternada, corresponde a um gerador V, que impõe uma fem alternada externa. Outras variáveis apresentam uma "correspondência", como antes (veja a Tabela 36-1): deslocamento e carga, e velocidade e corrente. A indutância L, que se opõe a variações da corrente, corresponde à massa (inércia) m, que se opõe a variações na velocidade. A constante de mola k e o inverso da capacitância C^{-1} representam a "rigidez" de seus sistemas, sendo responsáveis, respectivamente, pela resposta (deslocamento) da mola em função da força aplicada e a resposta (carga) do capacitor em função da fem aplicada.

No Cap. 37, foi obtida a solução para a corrente no circuito da Fig. 36-12a, que pode ser escrita da forma

$$i = i_m \text{ sen}(\omega''t - \phi). \quad (36\text{-}43)$$

A amplitude de corrente i_m na Eq. 36-43 dá uma medida da resposta do circuito da Fig. 36-12a à fem de forçamento. É razoável se supor (da experiência de empurrar um balanço, por exemplo) que i_m é grande quando a freqüência de forçamento ω'' estiver próxima da freqüência natural ω do sistema. Em outras palavras, espera-se que o gráfico de i_m versus ω'' apresente o seu máximo quando

$$\omega'' = \omega = 1/\sqrt{LC}, \quad (36\text{-}44)$$

que é chamada de condição *ressonante*.

A Fig. 36-13 mostra três curvas de i_m como uma função da razão ω''/ω, cada curva correspondendo a um diferente valor de resistência R. Podemos ver que cada um destes picos têm um valor máximo quando a condição ressonante da Eq. 36-44 é satisfeita. Note que, à medida que R decresce, o pico ressonante se torna mais agudo, como mostrado por três setas horizontais desenhadas na metade do nível máximo de cada curva.

A Fig. 36-13 sugere a experiência usual de sintonizar um aparelho de rádio. Ao girar o dial de sintonia, estamos ajustando a freqüência natural ω de um circuito LC interno para torná-la igual à freqüência de forçamento ω'' do sinal transmitido pela antena de transmissão de uma estação de rádio; estamos procu-

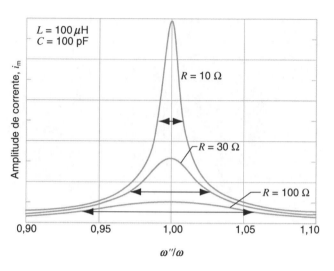

Fig. 36-13. Curvas de ressonância para oscilações forçadas do circuito da Fig. 36-12a. As três curvas correspondem a diferentes valores de resistência do circuito. As setas horizontais indicam a largura ou a "agudeza" de cada ressonância.

rando a ressonância. Em áreas urbanas, onde existem muitos sinais cujas freqüências são, muitas vezes, muito próximas, a exatidão da sintonia se torna importante.

A Fig. 36-13 é semelhante à Fig. 17-19, que mostra picos de ressonância de oscilações forçadas de um oscilador mecânico como o mostrado na Fig. 36-12b. Também neste caso, a resposta máxima ocorre quando $\omega'' = \omega$ e os picos ressonantes se tornam mais estreitos à medida que o fator de amortecimento (o coeficiente b) é reduzido. Note que as curvas da Fig. 36-13 e da Fig. 17-19 não são exatamente iguais. O primeiro é um gráfico de amplitude de corrente, enquanto o último é um gráfico de amplitude de deslocamento. A variável mecânica que corresponde à corrente não é o deslocamento, mas sim a velocidade. Contudo, os dois conjuntos de curvas ilustram o fenômeno da ressonância.

MÚLTIPLA ESCOLHA

36-1 Indutância

36-2 Calculando a Indutância

1. Dois indutores idênticos de indutância L estão conectados em série.

   (a) Se os indutores estão *muito* afastados, então a indutância efetiva do arranjo será

   (A) L/2.   (B) $L/\sqrt{2}$.   (C) $\sqrt{2L}$.   (D) 2L.

   (b) Se os dois indutores são aproximados, a indutância efetiva

   (A) cresce.

   (B) decresce.

   (C) permanece a mesma.

   (D) muda, mas a resposta depende da orientação dos indutores.

2. Dois indutores idênticos de indutância L estão conectados em paralelo.

   (a) Se os indutores estão *muito* afastados, então a indutância efetiva do arranjo será

   (A) L/2.   (B) $L/\sqrt{2}$.   (C) $\sqrt{2L}$.   (D) 2L.

   (b) Se os dois indutores são aproximados, a indutância efetiva

   (A) cresce.

   (B) decresce.

   (C) permanece a mesma.

(D) muda, mas a resposta depende da orientação dos indutores.

3. Uma espira de um único fio tem a indutância L_0. Se uma outra espira de fio é adicionada no topo da primeira, a nova indutância será

(A) $4L_0$.   (B) $2L_0$.   (C) $\sqrt{2}L_0$.   (D) L_0^2.

4. Como a indutância por unidade de comprimento de um solenóide real, em sua região central, pode ser comparada com a indutância por unidade de comprimento perto de suas extremidades?

(A) A indutância por unidade de comprimento é maior perto do centro.

(B) A indutância por unidade de comprimento é maior perto das extremidades.

(C) A indutância por unidade de comprimento é a mesma em todos os pontos.

5. Um indutor pode ser feito de um metal "Pelicular" que é basicamente um solenóide flexível. Se a "película" for esticada até duas vezes seu comprimento original, então a indutância irá

(A) mudar para $L_0/2$.

(B) mudar para $L_0/4$.

(C) mudar para $\sqrt{L_0}$.

(D) permanecer a mesma.

6. Um indutor tem uma indutância L_0. Um segundo indutor idêntico ao primeiro exceto por ser duas vezes maior; ele é ampliado por um fator de dois. Qual a razão da indutância do indutor ampliado em relação ao indutor original?

(A) 4

(B) 2

(C) 1

(D) 1/2

(E) A resposta depende da geometria do indutor.

36-3 Circuitos *RL*

7. Um resistor, um indutor, uma chave e uma bateria são postas em série. Inicialmente, a chave está aberta. A chave é então fechada, permitindo a corrente fluir.

(a) Antes do sistema atingir o regime permanente, a diferença de potencial entre os terminais do resistor está

(A) crescendo.   (B) decrescendo.

(C) permanecendo constante.

(*b*) Antes do sistema atingir o regime permanente, a diferença de potencial entre os terminais do indutor está

(A) crescendo.

(B) decrescendo.

(C) permanecendo constante.

8. Um indutor ideal está conectado em série com um resistor e uma bateria ideal. A bateria fornece energia a uma taxa $P(t)$, o resistor dissipa energia a uma taxa $P_R(t)$ e um indutor armazena energia a uma taxa $P_L(t)$. Que pode ser concluído acerca da relação entre $P_R(t)$ e $P_L(t)$?

(A) $P_R(t) > P_L(t)$ para o intervalo de tempo t durante o carregamento.

(B) $P_R(t) = P_L(t)$ para o intervalo de tempo t durante o carregamento.

(C) $P_R(t) < P_L(t)$ para o intervalo de tempo t durante o carregamento.

(D) $P_R(t) > P_L(t)$ apenas durante o início do carregamento.

(E) $P_R(t) < P_L(t)$ apenas durante o início do carregamento.

36-4 Energia Armazenada em um Campo Magnético

9. Considere novamente os dois indutores da Questão de Múltipla Escolha 6 e suponha que estes estão conduzindo a mesma corrente.

(*a*) Qual a razão da densidade de energia magnética do indutor ampliado e o indutor original?

(A) 1/4   (B) 1/2   (C) 2   (D) 4

(*b*) Qual a razão da energia total armazenada no indutor ampliado e o indutor original?

(A) 1/4   (B) 1/2   (C) 2   (D) 4

36-5 Oscilações Eletromagnéticas: Estudo Qualitativo

10. Um circuito *LC* simples consiste em um indutor L e um capacitor C em série. O circuito oscila na freqüência f_0. Um segundo indutor idêntico e um segundo capacitor idêntico são adicionados em série ao circuito; suponha que os indutores estão posicionados afastados o suficiente para que seus campos magnéticos não interfiram entre si. Qual a nova freqüência de oscilação para este sistema?

(A) $4f_0$ (B) $2f_0$ (C) f_0 (D) $f_0/2$ (E) $f_0/4$

11. A freqüência de um oscilador *LC* é f_0. As placas paralelas do capacitor são então afastadas ao dobro da distância original. Qual a nova freqüência de oscilação?

(A) $2f_0$ (B) $\sqrt{2}f_0$ (C) $f_0/\sqrt{2}$ (D) $f_0/2$

12. Quais das seguintes mudanças fará crescer a freqüência de um oscilador *LC*? (*Pode existir mais de uma resposta correta!*)

(A) Inserindo uma placa de material dielétrico no capacitor.

(B) Inserindo material paramagnético no indutor.

(C) Inserindo material ferromagnético no indutor.

(D) Inserindo material diamagnético no indutor.

36-6 Oscilações Eletromagnéticas: Estudo Quantitativo

13. Um circuito LC oscila com a freqüência f. Quando a corrente que flui pelo indutor é $i = i_{máx.}/2$, a carga no capacitor é de

    (A) $q = q_{máx.}$
    (B) $q = \sqrt{3}q_{máx.}/2$.
    (C) $q = \sqrt{2}q_{máx.}/2$.
    (D) $q = q_{máx.}/2$.

14. Um circuito LC originalmente oscila com uma freqüência f e corrente máxima $i_{máx.}$. Se a energia total presente no circuito é dobrada, então

    (a) o período de oscilação crescerá de um fator de

    (A) 4. (B) $\sqrt{8}$. (C) 2. (D) $\sqrt{2}$.

    (E) 1 (este permanece inalterado).

    (b) a carga máxima que será estabelecida no capacitor crescerá de um fator de

    (A) 4. (B) $\sqrt{8}$. (C) 2. (D) $\sqrt{2}$.

    (E) 1 (esta permanece inalterada).

    (c) a corrente máxima que fluirá no circuito crescerá de um fator de

    (A) 4. (B) $\sqrt{8}$. (C) 2. (D) $\sqrt{2}$.

    (E) 1 (esta permanece inalterada).

36-7 Oscilações Amortecidas e Forçadas

15. Quando a energia de um circuito RLC decresce à taxa mais rápida?

    (A) Quando a carga no capacitor é máxima.
    (B) Quando a carga no capacitor é mínima.
    (C) Enquanto a fem induzida no indutor é máxima.
    (D) Quando o efeito Joule no resistor é mínimo.

QUESTÕES

1. Mostre que as dimensões das duas expressões para L, $N\Phi_B/i$ (Eq. 36-4) e $\mathcal{E}_L/(di/dt)$ (Eq. 36-1), são as mesmas.

2. Se o fluxo que passa através de cada volta da bobina é o mesmo, a indutância da bobina pode ser calculada a partir de $L = N\Phi_B/i$ (Eq. 36-4). Como seria um cálculo de L para o qual esta suposição não fosse válida?

3. Dê exemplos de como as ligações de fluxo em uma bobina podem mudar ao esticar ou comprimir uma bobina.

4. Você deseja enrolar uma bobina de tal forma que tenha resistência, mas não tenha essencialmente nenhuma indutância. Como você faria isso?

5. Um cilindro longo é formado da esquerda para a direita com uma camada de fio, com n voltas por unidade de comprimento com uma indutância L_1, como na Fig. 36-14a. Se o enrolamento continua no mesmo sentido, mas retornando da direita para a esquerda como na Fig. 36-14b, de modo a formar uma segunda camada de n voltas por unidade de comprimento, então qual será o valor de indutância? Explique.

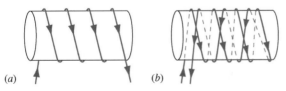

Fig. 36-14. Questão 5.

6. Explique porque se espera que a indutância de um cabo coaxial aumente quando o raio do condutor externo é aumentado, com o raio do condutor interno mantido constante.

7. Para um determinado comprimento de fio de cobre l. Que arranjo obteria a indutância máxima?

8. Explique como um fio longo e reto pode mostrar efeitos indutivos. Como você se colocaria para notá-los?

9. Uma corrente estacionária é estabelecida em uma bobina com uma constante de tempo indutiva muito grande. Quando a corrente é interrompida por uma chave, um arco tende a aparecer entre as partes da chave. Explique por quê. (Observação: Interromper correntes em circuitos altamente indutivos pode ser destrutivo e perigoso.)

10. Suponha que você conecte uma bobina ideal (que é, essencialmente sem resistência) entre os terminais de uma bateria ideal (de novo, essencialmente sem resistência). Podemos pensar, porque não há resistência no circuito, a corrente pularia de uma só vez para um valor muito grande. Por outro lado, podemos pensar que, como a constante de tempo indutiva ($= L/R$) é muito grande, a corrente subiria muito lentamente. O que, de fato, acontece?

11. Em um circuito RL como o da Fig. 36-4, a fem induzida pode ser maior que a fem da bateria?

12. Em um circuito RL como o da Fig. 36-4, a corrente que passa no resistor é sempre a mesma que a corrente que passa no indutor?

13. No circuito da Fig. 36-4, a fem induzida tem um máximo no instante que a chave é fechada na posição a. Como isto pode acontecer, desde que não há corrente no indutor neste instante?

14. O tempo necessário para a corrente em um dado circuito RL atingir uma dada fração de seu valor de equilíbrio depende do valor da fem constante aplicada?

15. Se a corrente que atravessa uma fonte de fem tem o mesmo sentido desta, a energia da fonte decresce; se a corrente que atravessa uma fonte de fem tem o sentido oposto a esta (como quando carrega uma bateria), a energia da fonte cresce. Estas afirmações se aplicam para o indutor da Fig. 36-2?

16. A fem de um indutor pode ter o mesmo sentido da fem da fonte, que fornece ao indutor a sua energia magnética?

17. A chave na Fig. 36-4, tendo sido fechada na posição *a* durante um tempo "longo", é comutada para a posição *b*. O que aconteceria com a energia que estivesse armazenada no indutor?

18. Uma bobina tem uma indutância (medida) L e uma resistência (medida) R. A sua constante de tempo indutiva é necessariamente dada por $\tau_L = L/R$? Lembre-se de que esta equação (veja a Fig. 36-4) foi obtida para a situação na qual os elementos indutivo e resistivo estavam fisicamente separados. Discuta.

19. A Fig. 36-5*a* e a Fig. 31-21*b* são os gráficos de $\Delta V_R(t)$ para, respectivamente, um circuito RL e um circuito RC. Por que estas duas curvas são tão diferentes? Considere para cada caso, os processos físicos que ocorrem em cada circuito.

20. Dois solenóides, *A* e *B*, têm o mesmo diâmetro e comprimento e contêm apenas uma camada de enrolamento de cobre, com voltas adjacentes em contato e o isolamento de espessura desprezível. O solenóide *A* possui muitas voltas de fio fino e o solenóide *B* possui menos voltas de um fio mais grosso. (*a*) Qual dos solenóides tem a maior indutância? (*b*) Qual dos solenóides tem a maior constante de tempo indutiva? Justifique as suas respostas.

21. Como você faria, baseado na manipulação de ímãs em forma de barra, para sugerir como a energia pode ser armazenada em um campo magnético?

22. Desenhe todas as analogias formais que se possa pensar entre placas paralelas de um capacitor (para campos elétricos) e um solenóide longo (para campos magnéticos).

23. Em cada uma das seguintes operações energia é despendida. Alguma desta energia é restituível (pode ser convertida) em energia elétrica que pode ser utilizada para trabalho útil e alguma se torna indisponível para trabalho útil ou desperdiçada de outras maneiras. Em qual caso existirá pelo menos uma fração de energia restituível: (*a*) carregando um capacitor, (*b*) carregando uma bateria, (*c*) enviando uma corrente através de um resistor, (*d*) estabelecendo um campo magnético e (*e*) movendo-se um condutor em um campo magnético?

24. O sentido da corrente no solenóide é invertido. Que mudanças isto ocasiona no campo magnético $\vec{B}$ e na densidade de energia u_B em vários pontos ao longo do eixo do solenóide?

25. Dispositivos comerciais como motores e geradores que envolvem transformação de energia entre as formas elétrica e mecânica utilizam campo magnético em vez de campo eletrostático. Por quê?

26. Por que o circuito LC da Fig. 36-8 não pára simplesmente de oscilar quando o capacitor estiver totalmente descarregado?

27. Como se poderia dar a partida nas oscilações do circuito LC com suas condições iniciais sendo descritas pela Fig. 36-8*c*? Imagine uma forma de chaveamento de realizá-lo.

28. A curva de baixo *b* da Fig. 36-9 é proporcional a derivada da curva de cima *a*. Explique por quê.

29. Em um circuito oscilador LC, admitido sem resistência, o que determina (*a*) a freqüência e (*b*) a amplitude das oscilações?

30. Relativamente às Figs. 36-8*c* e 36-8*g*, explique como pode haver corrente passando pelo indutor ainda que não haja nenhuma carga no capacitor.

31. Na Fig. 36-8, que mudanças são necessárias para que as oscilações ocorram no sentido anti-horário ao longo da figura?

32. Na Fig. 36-8, que constantes de fase ϕ da Eq. 36-31 permitiriam que as oito condições do circuito mostradas pudessem ser utilizadas como condições iniciais?

33. Que dificuldades construtivas seriam encontradas se fosse tentado construir um circuito LC do tipo mostrado na Fig. 36-8 para oscilar (*a*) a 0,01 Hz ou (*b*) a 10 GHz?

34. Dois indutores L_1 e L_2 e dois capacitores C_1 e C_2 podem ser conectados em série de acordo com o arranjo da Fig. 36-15*a* ou da Fig. 36-15*b*. As freqüências dos dois circuitos osciladores são iguais? Considere nos dois casos (*a*) $C_1 = C_2$, $L_1 = L_2$ e (*b*) $C_1 \neq C_2$, $L_1 \neq L_2$.

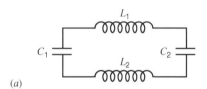

(*a*)

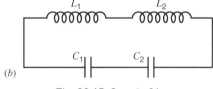

(*b*)

Fig. 36-15. Questão 34.

35. Na analogia mecânica ao circuito oscilador LC, qual a variável mecânica que corresponde à diferença de potencial?

36. Comparando-se o sistema oscilador eletromagnético com um sistema oscilador mecânico, a que variáveis mecânicas as seguintes variáveis eletromagnéticas são análogas: capacitância, resistência, energia de campo elétrico, energia de campo magnético, indutância e corrente?

37 Duas molas são unidas e conectadas a um objeto de massa *m*, o arranjo é livre para oscilar sobre uma superfície horizontal sem atrito como a da Fig. 36-16. Faça um esboço do sistema eletromagnético análogo a este sistema oscilador mecânico.

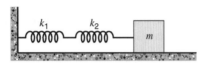

Fig. 36-16. Questão 37.

38. Explique por que não é possível haver (*a*) um circuito *LC* real sem resistência, (*b*) um indutor real sem capacitância associada ou (*c*) um capacitor real sem indutância associada. Discuta a validade do circuito *LC* da Fig. 36-8 no qual cada um dos fatos anteriores são ignorados.

39. Todos os circuitos *LC* práticos devem conter alguma resistência. Contudo, podemos comprar um oscilador de áudio no qual a saída mantém uma amplitude constante indefinidamente e não há decaimento, como ocorre na Fig. 36-11. Como isto pode acontecer?

40. Como se pareceria uma curva de ressonância para $R = 0$ se fosse plotada na Fig. 36-13?

41. Qual seria a razão física para supor que *R* é "pequeno" nas Eqs. 36-40 e 36-41? (Sugestão: Considere o que aconteceria se o *R* de amortecimento fosse tão grande que a Eq. 36-40 não completaria um ciclo de oscilação antes que *q* fosse reduzido essencialmente a zero. Isto poderia ocorrer? Se afirmativo, como a Fig. 36-11 se pareceria?)

42. Qual a diferença entre os circuitos de oscilações livres, amortecidas e forçadas?

43. Organize em forma de tabela tantos sistemas, mecânicos ou elétricos, quantos saiba a freqüência natural, cujas fórmulas para estas freqüências são dadas no texto.

44. No circuito oscilador de um receptor de rádio, é desejável ter um fator *Q* baixo ou alto? Explique. (Veja o Problema 15.)

EXERCÍCIOS

36-1 Indutância
36-2 Calculando a Indutância

1. A indutância de uma bobina de enrolamento compacto com 400 voltas é de 8,0 mH. Calcule o fluxo magnético através da bobina quando a corrente é de 5,0 mA.

2. Uma bobina circular tem 10,3 cm de raio e consiste em 34 voltas compactas de fio. Um campo magnético gerado externamente de 2,62 mT é perpendicular à bobina. (*a*) Se não há corrente na bobina, qual o número de ligações de fluxo? (*b*) Quando a corrente da bobina é de 3,77 A em um determinado sentido, o fluxo resultante através da bobina tende a desaparecer. Determine a indutância da bobina.

3. Um solenóide é enrolado com uma camada única de fio de cobre isolado (diâmetro de 2,52 mm). Ele tem 4,10 cm de diâmetro e 2,0 m de comprimento. Qual a indutância por metro para o solenóide em sua região central? Suponha que fios adjacentes se encostam e que a espessura do isolamento seja desprezível.

4. Em um dado instante de tempo a corrente e a fem induzida em um indutor são as mostradas na Fig. 36-17. (*a*) A corrente está crescendo ou decrescendo? (*b*) A fem é de 17 V e a taxa de variação da corrente é de 25 kA/s; qual o valor da indutância?

Fig. 36-17. Exercício 4.

5. A indutância de uma bobina de enrolamento compacto com *N* voltas é tal que a fem de 3,0 mV é induzida quando a corrente varia à taxa de 5,0 A/s. Uma corrente estacionária de 8,0 A gera um fluxo magnético de 40 μWb através de cada volta. (*a*) Calcule a indutância da bobina. (*b*) Quantas voltas tem a bobina?

6. Um toróide tem uma seção transversal quadrada com 5,20 cm de lado e um raio interno de 15,3 cm tem 536 voltas de fio e conduz uma corrente de 810 mA. Calcule o fluxo magnético através da seção transversal.

7. Um solenóide de 126 cm de comprimento é formado por 1870 voltas e conduz uma corrente de 4,36 A. O núcleo do solenóide é preenchido com ferro e a constante de permeabilidade efetiva de 968. Calcule a indutância de um solenóide, supondo que ele pode ser tratado como ideal, com um diâmetro de 5,45 cm.

8. A corrente *i* através de um indutor de 4,6 H varia com o tempo *t* como mostrado no gráfico da Fig. 36-18. Calcule a fem induzida durante os intervalos de tempo (*a*) $t = 0$ a $t = 2$ ms, (*b*) $t = 2$ ms a $t = 5$ ms e (*c*) $t = 5$ ms a $t = 6$ ms. (Não leve em conta o comportamento dos limites destes intervalos.)

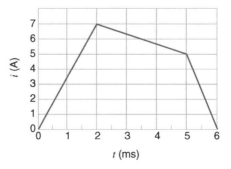

Fig. 36-18. Exercício 8.

9. Dois indutores L_1 e L_2 são conectados em paralelo e separados por uma grande distância. (a) Mostre que a indutância equivalente é dada por

$$\frac{1}{L_{eq}} = \frac{1}{L_1} + \frac{1}{L_2}.$$

(b) Por que a sua separação deve ser grande para que esta relação possa ser empregada?

10. Dois indutores L_1 e L_2 são conectados em série, separados por uma grande distância. (a) Mostre que a indutância equivalente é dada por

$$L_{eq} = L_1 + L_2.$$

(b) Por que a sua separação deve ser grande para que esta relação possa ser empregada?

36-3 Circuitos RL

11. A corrente em um circuito RL cai de 1,16 A para 10,2 mA em um intervalo de tempo de 1,50 s imediatamente após a remoção da bateria do circuito. Se L é de 9,44 H, ache a resistência R do circuito.

12. Considere o circuito RL da Fig. 36-4. (a) Em função da fem da bateria $\mathcal{E}$, qual o valor da fem induzida $\mathcal{E}_L$ quando a chave acaba de ser fechada na posição a? (b) Quanto vale $\mathcal{E}_L$ após duas constantes de tempo? (c) Após quantas constantes de tempo $\mathcal{E}_L$ será a metade da fem da bateria E?

13. O número de ligações de fluxo através de determinada bobina de 745 mΩ de resistência é de 26,2 mWb quando há uma corrente de 5,48 A passando pela bobina. (a) Calcule a indutância da bobina. (b) Se uma bateria de 6,00 V é repentinamente conectada entre os terminais da bobina, quanto tempo levará para a corrente crescer de 0 para 2,53 A?

14. (a) Mostre que a Eq. 36-12 pode ser escrita

$$\frac{di}{i - \mathcal{E}/R} = -\frac{R}{L} dt.$$

(b) Integre esta equação para obter a Eq. 36-13.

15. Considere que a fem da bateria no circuito da Fig. 36-4 (com a chave fechada na posição a) varia com o tempo t de tal forma que a corrente seja dada por $i(t) = (3,0 \text{ A}) + (5,0 \text{ A/s})t$. Utilize $R = 4,0\ \Omega$, $L = 6,0$ H e ache uma expressão para a fem da bateria em função do tempo. (Sugestão: Aplique a lei das malhas.)

16. A corrente em um circuito RL leva 5,22 s para atingir um terço desse valor de regime permanente. Calcule a constante de tempo indutiva.

17. Uma diferença de potencial de 45 V é subitamente aplicada a uma bobina com $L = 50$ mH e $R = 180\ \Omega$. A que taxa a corrente estará crescendo após 1,2 ms?

18. Em $t = 0$, uma bateria é conectada entre os terminais de um indutor e de um resistor, ligados em série. A tabela a seguir mostra a diferença de potencial medida, em volts, entre os terminais do indutor em função do tempo, em ms, após a conexão da bateria. Deduza (a) a fem da bateria e (b) a constante de tempo do circuito.

t(ms)	ΔV_L(V)	t(ms)	ΔV_L(V)
1,0	18,24	5,0	5,98
2,0	13,8	6,0	4,53
3,0	10,4	7,0	3,43
4,0	7,90	8,0	2,60

19. Na Fig. 36-19, $\mathcal{E} = 100$ V, $R_1 = 10\ \Omega$, $R_2 = 20\ \Omega$, $R_3 = 30\ \Omega$ e $L = 2,0$ H. Encontre os valores de i_1 e i_2 (a) imediatamente após a chave S ter sido fechada, (b) após um longo intervalo de tempo, (c) imediatamente após a chave S ter sido aberta novamente e (d) após um longo intervalo de tempo.

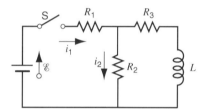

Fig. 36-19. Exercício 19.

20. Um núcleo toroidal de madeira de seção transversal quadrada tem um raio interno de 10 cm e um raio externo de 12 cm. Nele é enrolado uma camada de fio (diâmetro de 0,96 mm; resistência por unidade de comprimento de 21 mΩ/m). Calcule (a) a indutância e (b) a constante de tempo indutiva. Não considere a espessura do isolamento.

21. No circuito mostrado na Fig. 36-20, $\mathcal{E} = 10$ V, $R_1 = 5,0\ \Omega$, $R_2 = 10\ \Omega$ e $L = 5,0$ H. Para as duas condições distintas, (I) a chave S acabou de ser fechada e (II) a chave S está fechada por um longo intervalo de tempo, calcule (a) a corrente i_1 que passa por R_1, (b) a corrente i_2 que passa por R_2, (c) a corrente i que passa pela chave, (d) a diferença de potencial entre os terminais de R_2, (e) a diferença de potencial entre os terminais de L e (f) di_2/dt.

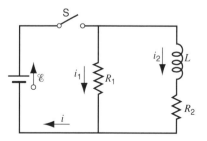

Fig. 36-20. Exercício 21.

36-4 Energia Armazenada em um Campo Magnético

22. Um indutor toroidal de 92 mH envolve um volume de 0,022 m³. Se a densidade média de energia no toróide é de 71 J/m³, calcule a corrente.

23. A energia magnética armazenada em um dado indutor é de 25,3 mJ quando a corrente é de 62,0 mA. (*a*) Calcule a indutância. (*b*) Qual a corrente necessária para que a energia magnética seja quadruplicada?

24. Um solenóide de 85,3 cm de comprimento tem uma área de seção transversal de 17,2 cm². Há 950 voltas de fio conduzindo corrente de 6,57 A. (*a*) Calcule a densidade de energia de campo magnético dentro do solenóide. (*b*) Ache a energia total armazenada no campo magnético dentro do solenóide. (Despreze os efeitos de bordas.)

25. Determine a densidade de energia magnética no centro do elétron que orbita um átomo de hidrogênio (veja o Problema Resolvido 33-2).

26. O campo magnético no espaço interestelar da nossa galáxia tem intensidade de cerca de 100 pT. (*a*) Calcule a densidade de energia correspondente em eV/cm³. (*b*) Quanta energia é armazenada neste campo em um cubo de 10 anos-luz de aresta? (Para se ter uma idéia de escala, note que a estrela mais próxima, que não o Sol, está a 4,3 anos-luz de distância e o "raio" de nossa galáxia é de cerca de 80.000 anos-luz.)

27. Qual deve ser a intensidade de um campo elétrico uniforme se este tem a mesma densidade de energia que um campo magnético de 0,50 T?

28. Considere que a constante de tempo indutiva do circuito da Fig. 36-4 é de 37,5 ms e que a corrente no circuito no instante de tempo $t = 0$ é nula, quando a chave é comutada para a posição *a*. Em que instante de tempo a taxa de energia interna que está crescendo no resistor se iguala à taxa na qual a energia está sendo armazenada no indutor?

29. Uma bobina está conectada em série com um resistor de 10,4 kΩ. Quando uma bateria de 55,0 V é conectada entre os terminais do arranjo em série, a corrente alcança o valor de 1,96 mA após 5,20 ms. (*a*) Ache a indutância da bobina. (*b*) Quanta energia está armazenada na bobina neste mesmo instante?

30. Para o circuito da Fig. 36-4, suponha que $\mathcal{E} = 12,2$ V, $R = 7,34$ Ω e $L = 5,48$ H. A bateria é conectada no instante $t = 0$. (*a*) Quanta energia é fornecida pela bateria durante os primeiros 2,00 s? (*b*) Quanta energia é armazenada no campo magnético do indutor? (*c*) Quanta energia foi dissipada no resistor?

31. O campo magnético da superfície da Terra tem a intensidade em torno de 60 μT. Supondo que esta intensidade é aproximadamente constante sobre distâncias radiais que são pequenas se comparadas com o raio da Terra e desprezando as variações próximas aos pólos magnéticos, calcule a energia armazenada entre a superfície terrestre e uma casca esférica a 16 km acima da superfície terrestre.

32. Um trecho de fio de cobre conduz uma corrente de 10 A, uniformemente distribuída. Calcule (*a*) a densidade de energia magnética e (*b*) a densidade de energia elétrica na superfície do fio. O diâmetro do fio é de 2,5 mm e sua resistência por unidade de comprimento é de 3,3 Ω/km.

36-5 Oscilações Eletromagnéticas: Estudo Qualitativo

33. Um indutor de 1,48 mH em um circuito *LC* armazena a energia máxima de 11,2 μJ. Qual o pico de corrente?

34. Qual a capacitância em um circuito *LC* se a carga máxima no capacitor é de 1,63 μC e a energia total é de 142 μJ?

35. Osciladores *LC* têm sido utilizados em circuitos conectados a alto-falantes para criar alguns sons de "música eletrônica". Que indutância deve ser utilizada com um capacitor de 6,7 μF para gerar uma freqüência de 10 kHz, perto do limite superior da faixa de freqüências audíveis?

36. Em um circuito oscilador *LC*, $L = 1,13$ mH e $C = 3,88$ μF. A carga máxima no capacitor é de 2,94 μC. Encontre a corrente máxima.

37. Considere o circuito mostrado na Fig. 36-21. Com a chave S_1 fechada e as outras duas chaves abertas, o circuito tem uma constante de tempo τ_C. Com a chave S_2 fechada e as outras duas chaves abertas, o circuito tem uma constante de tempo τ_L. Com a chave S_3 fechada e as outras duas chaves abertas, o circuito oscila com um período *T*. Mostre que $T = 2\pi\sqrt{\tau_C \tau_L}$.

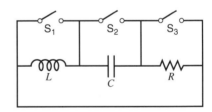

Fig. 36-21. Exercício 37.

38. São dados um indutor de 10,0 mH e dois capacitores de 5,00 μF e de 2,00 μF de capacitância. Liste as freqüências ressonantes que podem ser geradas pela conexão destes elementos em várias combinações.

39. Uma massa de 485 g oscila ligada a uma mola que, quando estendida de 2,10 mm de sua posição de equilíbrio, tem uma força restauradora de 8,13 N. (*a*) Calcule a freqüência angular de oscilação. (*b*) Qual o período de oscilação? (*c*) Qual a capacitância de um sistema *LC* análogo se o *L* escolhido for de 5,20 H?

36-6 Oscilações Eletromagnéticas: Estudo Quantitativo

40. Em um circuito *LC* com $L = 52,2$ mH e $C = 4,21$ μF, a corrente é inicialmente máxima. Quanto tempo levará an-

tes que o capacitor se carregue totalmente pela primeira vez?

41. Para um determinado circuito *LC* a energia total se converte de energia elétrica no capacitor para energia magnética no indutor em 1,52 μs. (*a*) Qual o período de oscilação? (*b*) Qual a freqüência de oscilação? (*c*) Quanto tempo após a energia magnética atingir o seu máximo ela atingirá um máximo novamente?

42. Um circuito oscilador *LC* consistindo em um capacitor de 1,13 nF e em uma bobina de 3,17 mH tem um pico de queda de potencial de 2,87 V. Encontre (*a*) a carga máxima no capacitor, (*b*) o pico de corrente no circuito e (*c*) a energia máxima armazenada no campo magnético da bobina.

43. Um circuito oscilador *LC* é projetado para operar com um pico de corrente de 31 mA. A indutância de 42 mH é fixa e a freqüência é variável pela mudança de *C*. (*a*) Se o capacitor tem um pico de tensão máximo de 50 V, o circuito pode operar com segurança a uma freqüência de 1,0 MHz? (*b*) Qual a máxima freqüência operacional segura? (*c*) Qual a capacitância mínima?

44. No circuito mostrado na Fig. 36-22 a chave está na posição *a* por um longo intervalo de tempo. É então comutada para a posição *b*. (*a*) Calcule a freqüência da corrente oscilante resultante. (*b*) Qual será a amplitude das oscilações da corrente?

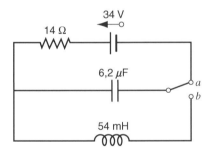

Fig. 36-22. Exercício 44.

45. Um circuito *LC* tem uma indutância de 3,0 mH e uma capacitância de 10 μF. Calcule (*a*) a freqüência angular e (*b*) o período de oscilação. (*c*) No instante de tempo *t* = 0 o capacitor está carregado com 200 μC e a corrente é nula. Esboce como a carga no capacitor varia em função do tempo.

46. Um indutor é conectado entre os terminais de um capacitor cuja capacitância pode ser variada através de um botão regulável. Desejamos fazer com que a freqüência de oscilação *LC* varie linearmente com o ângulo de rotação do botão regulável, indo de 200 a 400 Hz à medida que o botão é girado de 180°. Se *L* = 1,0 mH, plote *C* em função do ângulo para uma rotação de 180°.

47. (*a*) Em um circuito oscilador *LC*, em termos da carga máxima do capacitor, qual valor de carga está presente quando a energia no campo elétrico é a metade daquela do campo

magnético? (*b*) Que fração do período de tempo deve passar após o capacitor estar totalmente carregado para que esta condição seja atingida.

48. Em um circuito *LC*, *L* = 24,8 mH e *C* = 7,73 μF. No instante *t* = 0, a corrente é de 9,16 mA, a carga no capacitor é de 3,83 μC e o capacitor está sendo carregado. (*a*) Qual a energia total do circuito? (*b*) Qual a carga máxima no capacitor? (*c*) Qual a corrente máxima? (*d*) Se a carga no capacitor é dada por $q = q_m \cos(\omega t + \phi)$, qual o ângulo de fase ϕ? (*e*) Considere que os dados são os mesmos, com a exceção que o capacitor está se descarregando no instante *t* = 0. Qual é, então, o ângulo de fase ϕ?

49. Um capacitor variável com limites de variação de 10 a 365 pF é utilizado junto com uma bobina para formar um circuito *LC* de freqüência variável para sintonizar o sinal de entrada de um rádio. (*a*) Qual a razão da freqüência máxima pela mínima que pode ser sintonizada com este capacitor variável? (*b*) Se este capacitor deve sintonizar freqüências de 0,54 a 1,60 MHz, a razão calculada em (*a*) é muito grande. Adicionando-se um capacitor em paralelo ao capacitor variável esta faixa pode ser ajustada. Quão grande este capacitor deve ser e que indutância deve ser escolhida para poder sintonizar a faixa de freqüências desejada?

50. Na Fig. 36-23, um capacitor de 900 μF está inicialmente carregado com 100 V e o capacitor de 100 μF está descarregado. Descreva em detalhes como se pode carregar o capacitor de 100 μF a 300 V pela utilização das chaves S_1 e S_2.

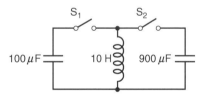

Fig. 36-23. Exercício 50.

51. Em um circuito oscilador *LC*, *L* = 3,0 mH e *C* = 2,7 μF. No instante *t* = 0, a carga no capacitor é nula e a corrente é de 2,0 A. (*a*) Qual a carga máxima que irá surgir no capacitor? (*b*) Em termos do período oscilação *T*, quanto tempo passará após *t* = 0 até que a energia armazenada no capacitor esteja crescendo a sua maior taxa? (*c*) Qual a maior taxa na qual a energia flui para o capacitor?

36-7 Oscilações Amortecidas e Forçadas

52. Um circuito de uma única espira consiste em um resistor de 7,22 Ω, em um indutor de 12,3 H e um capacitor de 3,18 μF. Inicialmente o capacitor tem uma carga de 6,31 μC e a corrente é nula. Calcule a carga no capacitor após *N* ciclos, para *N* = 5, 10 e 100.

53. Em um circuito *LC* amortecido, determine o tempo necessário para que a energia máxima presente no capacitor durante uma oscilação caia para a metade de seu valor inicial. Suponha que $q = q_m$ em $t = 0$.

54. Que resistor *R* deveria ser conectado a um indutor $L = 220$ mH e a um capacitor $C = 12$ μF em série, para que a carga máxima no capacitor caia a 99% de seu valor inicial em 50 ciclos?

55. Um circuito tem $L = 12{,}6$ mH e $C = 1{,}15$ μF. Quanta resistência deve ser inserida no circuito para reduzir a freqüência ressonante (sem amortecimento) de 0,01%?

PROBLEMAS

1. Um longo e fino solenóide pode ser curvado em forma de anel para gerar um toróide. Mostre que se o solenóide for suficientemente longo e fino, a equação para indutância de um toróide (Eq. 36-10) é equivalente àquela para um solenóide de comprimento apropriado (Eq. 36-7).

2. Uma tira de cobre de largura *W* é curvada em forma de tubo delgado de raio *R* com duas extensões planas, como mostrado na Fig. 36-24. Uma corrente *i* flui através da tira, distribuída uniformemente através da largura. Desta forma um "solenóide de uma volta" foi formado. (*a*) Obtenha uma expressão para a intensidade do campo magnético $\vec{B}$ na parte tubular (afastada das bordas). (Sugestão: Suponha que o campo fora do solenóide de uma volta é desprezivelmente pequeno.) (*b*) Ache também a indutância deste solenóide de uma volta, desprezando as duas extensões planas.

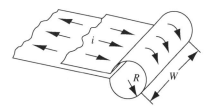

Fig. 36-24. Problema 2.

3. Dois fios longos e paralelos, cada um de raio *a*, cujos centros estão separados pela distância *d* conduzem correntes de intensidades iguais e sentidos opostos. Mostre que, desprezando-se o fluxo no interior de cada fio, a indutância para um comprimento *l* de tal par de fios é dada por

$$L = \frac{\mu_0 l}{\pi} \ln \frac{d-a}{a}.$$

Veja o Problema Resolvido 33-4. (Sugestão: Calcule o fluxo através de um retângulo no qual os fios formam dois lados opostos deste.)

4. Dois fios longos e paralelos de cobre (diâmetro = 2,60 mm) conduzem correntes de 11,3 A em sentidos opostos. (*a*) Se os seus centros estão afastados de 21,8 mm, calcule o fluxo por metro de fio que existe no espaço entre os eixos dos fios. (*b*) Que parte deste fluxo existe no interior dos fios e, portanto, qual o erro que incorre-se ao ignorar este fluxo no cálculo da indutância de dois fios paralelos? Veja o Problema 3. (*c*) Repita os cálculos do item (*a*) para correntes de mesmo sentido.

5. Encontre a indutância do cabo coaxial da Fig. 36-7 diretamente da Eq. 36-4. (Sugestão: Calcule o fluxo através de uma superfície retangular, perpendicular a $\vec{B}$, de comprimento *l* e largura $b - a$.)

6. Na Fig. 36-25 o componente no ramo superior é um fusível ideal de 3,0 A. Tem resistência nula enquanto a corrente que passa por ele permanece menor do que 3,0 A. Se a corrente alcança 3,0 A, ele "queima" e depois disso tem uma resistência infinita. A chave S é fechada no instante de tempo $t = 0$. (*a*) Quando o fusível queima? (*b*) Esboce um diagrama da corrente *i* através do indutor em função do tempo. Marque o instante de tempo no qual o fusível queima.

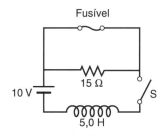

Fig. 36-25. Problema 6.

7. Mostre que a constante de tempo indutiva τ_L pode ser também definida como o intervalo de tempo que seria necessário para a corrente de um circuito *RL* alcançar o seu valor de equilíbrio se o crescimento continuasse a sua taxa inicial.

8. A bobina de um eletroímã supercondutor utilizado em pesquisas de ressonância magnética nuclear tem uma indutância de 152 H e conduz uma corrente de 32 A. A bobina está imersa em hélio líquido, que tem uma temperatura de calor latente de vaporização de 85 J/mol. (*a*) Calcule a energia do campo magnético da bobina. (*b*) Determine a massa de hélio que vaporizará se a supercondutividade deixar de existir e desenvolver repentinamente uma resistência infinita.

9. (*a*) Encontre uma expressão para a densidade de energia como uma função da distância radial *r* de um toróide de seção

transversal retangular. (*b*) Integrando-se a densidade de energia por todo o volume do toróide, calcule a energia total armazenada no campo do toróide. (*c*) Utilizando-se a Eq. 36-10, estime a energia armazenada em um toróide diretamente da indutância e compare com (*b*).

10. Prove que, após a chave S da Fig. 36-4 ser comutada da posição *a* para a posição *b*, toda a energia armazenada no indutor surge, enfim, como energia interna no resistor.

11. Um fio longo conduz uma corrente *i* uniformemente distribuída pela seção transversal do fio. (*a*) Mostre que a energia magnética armazenada em um comprimento *l* de fio é igual a $\mu_0 i^2 l/16\pi$. (Por que não depende do diâmetro do fio?) (*b*) Mostre que a indutância para um comprimento de fio *l* associado com o fluxo dentro do fio é de $\mu_0 l/8\pi$.

12. A freqüência ressonante de um circuito em série contendo uma indutância L_1 e uma capacitância C_1 é de ω_0. Um segundo circuito em série contendo uma indutância L_2 e uma capacitância C_2 tem a mesma freqüência ressonante. Em função de ω_0, qual a freqüência ressonante de um circuito em série contendo os quatro componentes? Despreze a resistência. (Sugestão: Utilize as fórmulas de capacitância equivalente e de indutância equivalente.)

13. Três indutores idênticos *L* e dois capacitores idênticos *C* são conectados em um circuito de duas malhas como mostrado na Fig. 36-26. (*a*) Considere que os sentidos das correntes sejam os mostrados na Fig. 36-26*a*. Qual a corrente no indutor do meio? Escreva as equações das malhas e mostre que elas são satisfeitas desde que a corrente oscile com uma freqüência angular de $\omega = 1/\sqrt{LC}$. (*b*) Considere agora que os sentidos das correntes sejam os mostrados na Fig. 36-26*b*. Qual a corrente no indutor do meio? Escreva as equações das malhas e mostre que elas são satisfeitas desde que a corrente oscile com uma freqüência angular de $\omega = 1/\sqrt{3LC}$. (*c*) Visto que o circuito pode oscilar em duas freqüências distintas, mostre que não é possível substituir estes circuitos de duas malhas por um circuito *LC* equivalente de malha única.

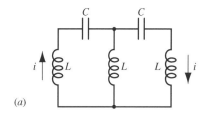

(*a*)

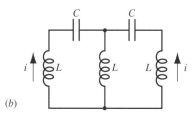

(*b*)

Fig. 36-26. Problema 13.

14. (*a*) Por substituição direta da Eq. 36-40 na Eq. 36-39, mostre que $\omega' = \sqrt{\omega^2 - (R/2L)^2}$. (*b*) De quanto a freqüência de oscilação desloca-se quando a resistência cresce de 0 para 100 Ω em um circuito com $L = 4{,}4$ H e $C = 7{,}3$ μF?

15. Em um circuito *LC* amortecido, mostre que a parcela de energia perdida por ciclo de oscilação, $\Delta U/U$, é dada com boa aproximação por $2\pi R/\omega L$. A quantidade $\omega L/R$ é muitas vezes chamada de *Q* do circuito (de "qualidade"). Um circuito de "alto *Q*" tem baixa resistência e pequena parcela de perda de energia por ciclo ($= 2\pi/Q$).

16. Considere um circuito *LC* amortecido onde as amplitudes de oscilação da carga caem pela metade de seu valor inicial após *n* ciclos. Mostre que a fração de redução na freqüência de ressonância, causada pela presença do resistor, é dada com boa aproximação por

$$\frac{\omega - \omega'}{\omega} = \frac{0{,}0061}{n^2},$$

que é independente de *L*, *C* ou *R*.

PROBLEMAS COMPUTACIONAIS

1. Um solenóide cilíndrico real tem um comprimento *l*, diâmetro $d = 0{,}10l$ e *n* voltas por unidade de comprimento. Supondo que o campo magnético dos pontos fora do eixo dentro do solenóide seja perfeitamente descrito pela solução exata ao longo do eixo (veja a Eq. 33-27), calcule numericamente a indutância do solenóide. Compare sua resposta com a aproximação de um solenóide ideal. Neste resultado numérico despreza-se a variação do campo nos pontos fora do eixo. Isto resulta em uma resposta muito grande ou muito pequena?

2. Calcule a indutância de uma espira de fio chato de raio *R*. Suponha que o fio tenha um raio $r = 0{,}010R$ e que a contribuição da indutância do campo magnético dentro do fio seja desprezível.

Capítulo 37

CIRCUITOS DE CORRENTE ALTERNADA

Circuitos de corrente alternada (usualmente abreviados de CA) são utilizados em sistemas de distribuição de energia elétrica, em rádios, televisões, em outros dispositivos de comunicação e em uma grande variedade de motores elétricos. A designação "alternada" significa que a corrente muda de sentido, alternando periodicamente de um sentido para o outro. Geralmente trabalha-se com correntes que variam senoidalmente com o tempo; contudo, como visto anteriormente no caso de movimento de ondas, formas complexas de ondas podem ser vistas como combinações de ondas senoidais (através da análise de Fourier) e, por analogia, pode-se entender o comportamento de circuitos que são percorridos por correntes com uma dependência arbitrária no tempo pelo entendimento inicial do comportamento de circuitos que são percorridos por correntes que variam senoidalmente com o tempo.

Neste capítulo será estudado o comportamento de circuitos simples contendo resistores, indutores e capacitores quando uma fonte variável senoidal de fem está presente.

37-1 CORRENTES ALTERNADAS

Na Seção 36-7 estudou-se circuitos *RLC* série focando-se em seus comportamentos na ressonância, onde a freqüência da fem de alimentação é igual à freqüência natural do oscilador *LC*. Neste capítulo estuda-se o mesmo circuito no qual a freqüência de alimentação pode estar longe da ressonância. Tipicamente, os circuitos *LC* têm freqüências de ressonância na faixa de kHz a MHz, enquanto a fem de alimentação suprida pelas companhias geradoras de eletricidade é normalmente de 60 Hz. A abordagem deste capítulo é válida para qualquer freqüência de alimentação e inclui a ressonância como um caso especial.

Considera-se a fem de alimentação originada de um gerador do tipo examinado no Cap. 34 (veja a Fig. 34-13). O gerador produz uma fem que varia senoidalmente (Fig. 34-14), a qual escreve-se

$$\mathcal{E}(t) = \mathcal{E}_m \operatorname{sen} \omega t, \qquad (37\text{-}1)$$

onde $\mathcal{E}_m$ é a amplitude da fem variável e ω é a sua freqüência angular (em rad/s), relacionada com a freqüência f (em Hz) por $\omega = 2\pi f$. Em um circuito, o símbolo para esta fonte de fem variável no tempo é ———⊙———. À medida que a fem varia entre valores positivos e negativos em cada ciclo, a corrente muda de sentido. Estes circuitos são chamados de circuitos de *corrente alternada* (CA).

O objetivo deste capítulo é entender o resultado da aplicação de uma fem alternada, da forma mostrada na Eq. 37-1, a um circuito contendo elementos resistivos, indutivos e capacitivos. Existem várias formas nas quais estes elementos podem ser conectados em um circuito; como um exemplo de análise de circuitos CA, estuda-se neste capítulo o circuito *RLC* série mostrado na Fig. 37-1, no qual um resistor *R*, um indutor *L* e um capacitor *C* são conectados em série entre os terminais de uma fem alternada da forma da Eq. 37-1.

Durante um curto período de tempo após a fem ter sido inicialmente aplicada ao circuito, a corrente varia de forma irregular com o tempo. Estas variações, chamadas de *transientes*, rapidamente desaparecem, após os quais verifica-se que a corrente *varia senoidalmente com a mesma freqüência angular da fonte de fem*. Admite-se que se está examinando o circuito após este ter sido posto nesta condição, na qual a corrente pode ser escrita como

$$i = i_m \operatorname{sen}(\omega t - \phi), \qquad (37\text{-}2)$$

onde i_m é a *amplitude de corrente* (a intensidade máxima da corrente) e ϕ é a constante de fase ou ângulo de fase que indica a relação de fase entre $\mathcal{E}$ e i. (Note que foi suposta uma constante de fase igual a zero na Eq. 37-1 para a fem. Note também que pode-se escrever a constante de fase na Eq. 37-2 com um sinal negativo; esta escolha é habitual quando examina-se a relação de fase entre a corrente e a fem). A freqüência angular ω da Eq. 37-2 é a mesma da Eq. 37-1.

Supõe-se que $\mathcal{E}_m$, ω, R, L e C são conhecidos. O objetivo dos cálculos é encontrar i_m e ϕ, para que a Eq. 37-2 caracterize completamente a corrente. Utiliza-se um método geral para circuitos *RLC* série; um procedimento semelhante pode ser utilizado para

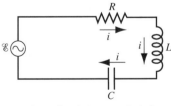

Fig. 37-1. Um circuito de malha única, consistindo em um resistor, um indutor e um capacitor. Um gerador fornece a fonte de fem alternada que estabelece uma corrente alternada.

analisar circuitos mais complexos (que contém elementos com várias combinações em série e em paralelo). Pode ser ainda aplicado para fems não-senoidais, pois fems mais complexas podem ser escritas em termos de fems senoidais utilizando-se as técnicas da análise de Fourier (veja a Seção 18-7) e a corrente resultante pode, similarmente, ser considerada como uma superposição de muitos termos da forma da Eq. 37-2. O entendimento do funcionamento de circuitos RLC série alimentados por uma fem senoidal é, portanto, essencial para o entendimento do comportamento de todos os circuitos dependentes no tempo.

37-2 TRÊS ELEMENTOS SEPARADOS

Antes de analisar o circuito da Fig. 37-1, é útil examinar a resposta de cada um dos três elementos separadamente a uma corrente alternada da forma da Eq. 37-2. Supõe-se que se trata de elementos ideais; por exemplo, o indutor apenas possui indutância e não possui resistência ou capacitância.

Um Elemento Resistivo

A Fig. 37-2a mostra um resistor em uma parte de um circuito no qual a corrente i (dada pela Eq. 37-2) foi estabelecida por meios não mostrados na figura. Definindo-se ΔV_R ($= V_a - V_b$) como a diferença de potencial entre os terminais do resistor, pode-se escrever

$$\Delta V_R = iR = i_m R\, \text{sen}\,(\omega t - \phi). \qquad (37\text{-}3)$$

A comparação das Eqs. 37-2 e 37-3 mostra que as grandezas variáveis no tempo ΔV_R e i estão *em fase:* elas alcançam os seus valores máximos ao mesmo tempo. Esta relação de fase é mostrada na Fig. 37-2b.

A Fig. 37-2c mostra uma outra forma de representação da situação. É chamada de *diagrama de fasores*, no qual os fasores, representados por setas, giram em sentido anti-horário com freqüência angular ω em relação à origem. Os fasores têm as seguintes propriedades. (1) O comprimento de um fasor é proporcional ao valor *máximo* da variável alternada analisada: para a diferença de potencial, $(\Delta V_R)_{\text{máx.}} = i_m R$ da Eq. 37-3 e para a corrente, i_m da Eq. 37-2. (2) A projeção do fasor sobre o eixo vertical fornece o valor *instantâneo* da variável alternada analisada. As setas sobre o eixo vertical descrevem as variáveis em função do tempo ΔV_R e i, como nas Eqs. 37-2 e 37-3, respectivamente. Por ΔV_R e i estarem em fase, segue que seus fasores estão sobre uma mesma linha na Fig. 37-2c.

O diagrama fasorial é muito semelhante à Fig. 17-14, na qual faz-se uma analogia entre o movimento circular uniforme e o movimento harmônico simples. É interessante lembrar que a projeção sobre qualquer eixo da posição de uma partícula deslocando-se segundo um movimento circular uniforme resulta em um deslocamento que varia senoidalmente, em analogia com o movimento harmônico simples. À medida que os fasores giram,

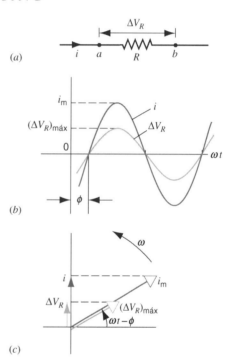

Fig. 37-2. (a) Um resistor em um circuito CA. (b) A corrente e a diferença de potencial entre os terminais do resistor estão em fase. (c) Um diagrama fasorial representando a corrente e a diferença de potencial.

as suas projeções sobre o eixo vertical resultam em uma corrente ou em uma tensão que variam senoidalmente. Siga a rotação dos fasores da Fig. 37-2c e convença-se que este diagrama fasorial descreve de forma completa e correta as Eqs. 37-2 e 37-3.

Um Elemento Indutivo

A Fig. 37-3a mostra uma parte de um circuito que contém apenas um elemento indutivo. A diferença de potencial ΔV_L ($= V_a - V_b$) entre os terminais do indutor é relacionada à corrente pela Eq. 36-2:

$$\Delta V_L = L\frac{di}{dt} = Li_m\omega \cos(\omega t - \phi), \qquad (37\text{-}4)$$

que pode ser obtida fazendo-se a derivada da corrente da Eq. 37-2. A identidade trigonométrica $\cos\theta = \text{sen}\,(\theta + \pi/2)$ pode ser utilizada para rescrever a Eq. 37-4 como

$$\Delta V_L = Li_m\omega\, \text{sen}\,(\omega t - \phi + \pi/2). \qquad (37\text{-}5)$$

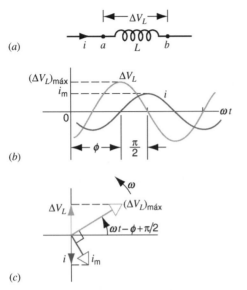

Fig. 37-3. (a) Um indutor em um circuito CA. (b) A corrente está atrasada de 90° em relação à diferença de potencial. (c) Um diagrama fasorial representando a corrente e a diferença de potencial.

A comparação das Eqs. 37-2 e 37-5 mostra que as grandezas varáveis no tempo ΔV_L e i não estão em fase; elas estão um quarto de ciclo fora de fase, com i atrasada em relação a ΔV_L. Diz-se freqüentemente que a corrente em um indutor está *atrasada* em relação à diferença de potencial de 90°. Mostra-se isto na Fig. 37-3b, a qual é um gráfico das Eqs. 37-2 e 37-5. Note que, à medida que o tempo passa, i alcança o seu máximo *após* ΔV_L ter alcançado o seu, por um quarto de ciclo.

Esta relação de fase entre i e ΔV_L é mostrada no diagrama fasorial da Fig. 37-3c. À medida que os fasores giram no sentido anti-horário, está claro que o fasor i segue (ou seja, *está atrasado*) em relação ao fasor ΔV_L de um quarto de ciclo.

Analisando-se os circuitos CA, é adequado definir a *reatância indutiva* X_L:

$$X_L = \omega L, \qquad (37\text{-}6)$$

em termos nos quais pode-se rescrever a Eq. 37-5 como

$$\Delta V_L = i_m X_L \operatorname{sen}(\omega t - \phi + \pi/2). \qquad (37\text{-}7)$$

Comparando-se as Eqs. 37-3 e 37-7, pode-se notar que a unidade do SI para X_L deve ser a mesma de R — a saber, o ohm. Isto pode ser visto diretamente pela comparação da Eq. 37-6 com a expressão da constante de tempo indutiva $\tau_L = L/R$. Ainda que ambas sejam medidas em ohms, uma reatância não é a mesma coisa que uma resistência.

O valor máximo de ΔV_L é, da Eq. 37-7,

$$(\Delta V_L)_{\text{máx}} = i_m X_L. \qquad (37\text{-}8)$$

Um Elemento Capacitivo

A Fig. 37-4a mostra uma parte de um circuito contendo apenas um elemento capacitivo. Novamente, a corrente i dada pela Eq. 37-2 foi estabelecida por meios não mostrados.* Sendo a carga da placa da esquerda igual a q, de tal forma que uma corrente positiva que chega a esta placa provoca um aumento de q; isto é, $i = dq/dt$ implica que $dq > 0$ quando $i > 0$. A diferença de potencial ΔV_C $(= V_a - V_b)$ entre os terminais do capacitor é dada por

$$\Delta V_C = \frac{q}{C} = \frac{\int i\, dt}{C}. \qquad (37\text{-}9)$$

Integrando-se a corrente i dada pela Eq. 37-2, encontra-se

$$\Delta V_C = -\frac{i_m}{\omega C} \cos(\omega t - \phi)$$

$$= \frac{i_m}{\omega C} \operatorname{sen}(\omega t - \phi - \pi/2), \qquad (37\text{-}10)$$

onde utilizou-se a identidade trigonométrica $\cos\theta = -\operatorname{sen}(\theta - \pi/2)$.

Comparando-se as Eqs. 37-2 e 37-10, pode-se constatar que i e ΔV_C estão fora de fase de 90°, com i *adiantado* em relação a ΔV_C. A Fig. 37-4b mostra i e ΔV_C através de um gráfico como funções do tempo; note que i alcança seu máximo um quarto de ciclo ou 90° *antes* de ΔV_C. De forma equivalente, pode-se dizer que a corrente em um capacitor está *adiantada* em relação à diferença de potencial de 90°.

A relação de fase é mostrada no diagrama fasorial da Fig. 37-4c. À medida que os fasores giram no sentido anti-horário, está claro que o fasor i está adiantado em relação ao fasor ΔV_C por um quarto de ciclo.

Em analogia com a reatância indutiva, é adequado definir a *reatância capacitiva* X_C:

$$X_C = \frac{1}{\omega C}, \qquad (37\text{-}11)$$

em termos nos quais pode-se rescrever a Eq. 37-10 como

$$\Delta V_C = i_m X_C \operatorname{sen}(\omega t - \phi - \pi/2). \qquad (37\text{-}12)$$

Comparando-se as Eqs. 37-3 e 37-12, pode-se notar que a unidade do SI para X_C deve ser também o ohm. Esta conclusão também se segue da comparação da Eq. 37-11 com a expressão $\tau_C = RC$ da constante de tempo capacitiva.

---

*Pode ser inicialmente difícil pensar em um capacitor como parte de um circuito condutor de corrente; claramente a carga não flui através do capacitor. Pode ser útil considerar o fluxo de carga desta forma: a corrente i leva carga q para a placa esquerda do capacitor, de tal forma que uma carga $-q$ deve fluir para a placa direita do capacitor qualquer que seja o circuito conectado ao capacitor pela direita. Este fluxo de carga $-q$ da direita para a esquerda é completamente equivalente ao fluxo de carga $+q$ da esquerda para a direita, que é idêntica à corrente na parte esquerda do capacitor. Deste modo, a corrente de um lado do capacitor pode surgir do outro lado, ainda que não haja caminho condutor entre as duas placas!

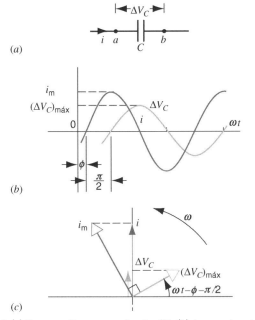

Fig. 37-4. (a) Um capacitor em um circuito CA. (b) A corrente está adiantada 90° em relação à diferença de potencial. (c) Um diagrama fasorial representando a corrente e a diferença de potencial.

O valor máximo de ΔV_C é, da Eq. 37-12,

$$(\Delta V_C)_{\text{máx}} = i_m X_C. \qquad (37\text{-}13)$$

A Tabela 37-1 resume os resultados obtidos para estes três elementos individuais de circuito.

PROBLEMA RESOLVIDO 37-1.

Na Fig. 37-3a, considere $L = 230$ mH, $f = 60$ Hz e $(\Delta V_L)_{\text{máx}} = 36$ V. (a) Determine a reatância indutiva X_L. (b) Determine a amplitude de corrente no circuito.

Solução (a) Da Eq. 37-6,

$X_L = \omega L = 2\pi f L = (2\pi)(60 \text{ Hz})(230 \times 10^{-3} \text{ H}) = 87 \, \Omega.$

(b) Da Eq. 37-8, a amplitude de corrente é

$$i_m = \frac{(\Delta V_L)_{\text{máx}}}{X_L} = \frac{36 \text{ V}}{87 \, \Omega} = 0{,}41 \text{ A}.$$

Vê-se que, embora a reatância não seja uma resistência, a reatância indutiva desempenha a mesma função para um indutor que a resistência para um resistor. Note que, se a freqüência for dobrada, a reatância indutiva irá dobrar e a amplitude de corrente será diminuída à metade. Pode-se entender isto fisicamente: para obter o mesmo valor de ΔV_L, deve-se variar a corrente à mesma taxa ($\Delta V_L = L \, di/dt$). Se a freqüência for dobrada, diminui-se o tempo de variação pela metade, portanto a corrente máxima cai também pela metade. Resumindo-se: para indutores, quanto maior for a freqüência, maior será a reatância.

PROBLEMA RESOLVIDO 37-2.

Na Fig. 37-4a, considere $C = 15 \, \mu$F, $f = 60$ Hz e $(\Delta V_C)_{\text{máx}} = 36$ V. (a) Determine a reatância capacitiva X_C. (b) Determine a amplitude de corrente neste circuito.

Solução (a) Da Eq. 37-11, tem-se

$$X_C = \frac{1}{\omega C} = \frac{1}{2\pi f C} = \frac{1}{(2\pi)(60 \text{ Hz})(15 \times 10^{-6} \text{ F})} = 177 \, \Omega.$$

(b) Da Eq. 37-13, tem-se para a amplitude de corrente

$$i_m = \frac{(\Delta V_C)_{\text{máx}}}{X_C} = \frac{36 \text{ V}}{177 \, \Omega} = 0{,}20 \text{ A}.$$

Note que, ao dobrar a freqüência, a reatância capacitiva cairá à metade de seu valor e a amplitude de corrente irá dobrar. Pode-se entender isto fisicamente: para obter o mesmo valor de ΔV_C deve-se fornecer a mesma carga ao capacitor ($\Delta V_C = q/C$). Se a freqüência for dobrada, então tem-se apenas a metade do tempo para fornecer esta carga, portanto a corrente máxima deverá dobrar. Resumindo-se: para capacitores, quanto maior for a freqüência, menor será a reatância.

TABELA 37-1 Relações de Fase e de Amplitude para Correntes e Tensões Alternadas

Elemento de Circuito	Símbolo	Impedância[a]	Fase da Corrente	Relação de Amplitude
Resistor	R	R	Em fase com ΔV_R	$(\Delta V_R)_{\text{máx}} = i_m R$
Indutor	L	X_L	Atrasada de 90° em relação a ΔV_L	$(\Delta V_L)_{\text{máx}} = i_m X_L$
Capacitor	C	X_C	Adiantada de 90° em relação a ΔV_C	$(\Delta V_C)_{\text{máx}} = i_m X_C$

[a]Impedância é um termo genérico que inclui tanto a resistência quanto a reatância.

306 CAPÍTULO TRINTA E SETE

37-3 O CIRCUITO *RLC* DE MALHA ÚNICA

Encerrando a análise em separado dos elementos R, L e C, volta-se para a análise do circuito da Fig. 37-1, no qual todos os três elementos estão presentes. A fem é dada pela Eq. 37-1,

$$\mathcal{E} = \mathcal{E}_m \operatorname{sen} \omega t,$$

e a corrente no circuito segue a Eq. 37-2,

$$i = i_m \operatorname{sen}(\omega t - \phi).$$

O objetivo é determinar i_m e ϕ.

Começa-se pela aplicação da lei das malhas (Seção 31.3) ao circuito da Fig. 37-1, obtendo-se $\mathcal{E} - \Delta V_R - \Delta V_L - \Delta V_C = 0$, ou

$$\mathcal{E} = \Delta V_R + \Delta V_L + \Delta V_C. \tag{37-14}$$

A Eq. 37-14 pode ser resolvida em função da amplitude de corrente i_m e da fase ϕ utilizando-se várias técnicas: uma análise trigonométrica, uma análise gráfica utilizando-se fasores e uma análise diferencial.

ANÁLISE TRIGONOMÉTRICA

Já foram obtidas relações entre a diferença de potencial entre os terminais de cada elemento e a corrente que atravessa o elemento. Substituindo-se, portanto, as Eqs. 37-3, 37-7 e 37-12 na Eq. 37-14, obtém-se

$$\begin{aligned} \mathcal{E}_m \operatorname{sen} \omega t = {}& i_m R \operatorname{sen}(\omega t - \phi) \\ & + i_m X_L \operatorname{sen}(\omega t - \phi + \pi/2) \\ & + i_m X_C \operatorname{sen}(\omega t - \phi - \pi/2), \end{aligned} \tag{37-15}$$

na qual substituiu-se a fem $\mathcal{E}$ pela Eq. 37-1. Utilizando-se identidades trigonométricas, a Eq. 37-15 pode ser escrita

$$\begin{aligned} \mathcal{E}_m \operatorname{sen} \omega t = {}& i_m R \operatorname{sen}(\omega t - \phi) + i_m X_L \cos(\omega t - \phi) \\ & - i_m X_C \cos(\omega t - \phi) \\ = {}& i_m [R \operatorname{sen}(\omega t - \phi) \\ & + (X_L - X_C) \cos(\omega t - \phi)]. \end{aligned} \tag{37-16}$$

que reduz-se a (veja o Exercício 12)

$$\mathcal{E}_m \operatorname{sen} \omega t = i_m \sqrt{R^2 + (X_L - X_C)^2} \operatorname{sen} \omega t \tag{37-17}$$

desde que se faça a escolha de

$$\operatorname{tg} \phi = \frac{X_L - X_C}{R} = \frac{\omega L - 1/\omega C}{R}. \tag{37-18}$$

A amplitude de corrente é determinada diretamente pela Eq. 37-17:

$$i_m = \frac{\mathcal{E}_m}{\sqrt{R^2 + (X_L - X_C)^2}} = \frac{\mathcal{E}_m}{\sqrt{R^2 + (\omega L - 1/\omega C)^2}}. \tag{37-19}$$

Isto completa a análise do circuito *RLC* série, porque atingiu-se o objetivo de expressar-se a amplitude de corrente i_m e a fase ϕ em função dos parâmetros do circuito ($\mathcal{E}_m$, ω, R, L e C). Note que a fase ϕ não depende da amplitude $\mathcal{E}_m$ da fem aplicada. Alterando-se $\mathcal{E}_m$ muda-se i_m mas não ϕ; a *escala* dos resultados muda mas não a sua *natureza*.

O denominador da Eq. 37-19 é chamado de *impedância* Z de um circuito *RLC* série:

$$Z = \sqrt{R^2 + (X_L - X_C)^2}, \tag{37-20}$$

então a Eq. 37-19 pode ser escrita

$$i_m = \frac{\mathcal{E}_m}{Z}, \tag{37-21}$$

o que lembra a relação $i = \mathcal{E}/R$ de uma malha única resistiva com fems constantes. A unidade do SI para a impedância é evidentemente o ohm.

A Eq. 37-19 fornece a amplitude de corrente da Eq. 36-43 e a Fig. 36-13 é a representação gráfica da Eq. 37-19. A corrente i_m tem o seu máximo quando a impedância Z tem o seu valor mínimo R, o qual ocorre quando $X_L = X_C$, ou

$$\omega L = 1/\omega C,$$

então,

$$\omega = 1/\sqrt{LC}, \tag{37-22}$$

que é a condição de *ressonância* vista na Eq. 36-44. Embora a Eq. 37-19 seja um resultado geral válido para qualquer freqüência de forçamento, ela inclui a condição ressonante como um caso especial.

ANÁLISE GRÁFICA

É instrutiva a utilização do diagrama fasorial para analisar o circuito *RLC* série. A Fig. 37-5a mostra um fasor representando a corrente. Tem comprimento i_m e projeção sobre o eixo vertical $i_m \operatorname{sen}(\omega t - \phi)$, que é a corrente variante no tempo i. Na Fig. 37-5b foram desenhados fasores que mostram as diferenças de potencial individuais entre os terminais de R, L e C. Note os seus valores máximos e suas projeções variantes no tempo sobre o eixo vertical. É importante observar que as fases estão de acordo com

as conclusões da Seção 37-2; ΔV_R está em fase com a corrente, ΔV_L está *adiantado* em relação à corrente por 90° e ΔV_C está *atrasada* em relação à corrente de 90°.

De acordo com a Eq. 37-14, a soma *algébrica* das projeções (instantâneas) de ΔV_R, ΔV_L e ΔV_C sobre o eixo vertical fornece o valor (instantâneo) de $\mathcal{E}$. Por outro lado, pode-se afirmar que a soma *vetorial* dos fasores de amplitude $(\Delta V_R)_{máx.}$, $(\Delta V_L)_{máx.}$ e $(\Delta V_C)_{máx.}$ resulta em um fasor cuja a amplitude é o $\mathcal{E}_m$ da Eq.

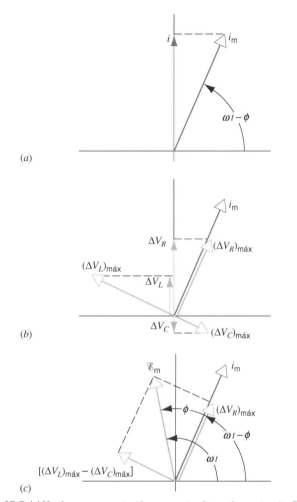

Fig. 37-5. (a) Um fasor representando a corrente alternada no circuito RLC da Fig. 37-1. (b) Fasores representando a diferença de potencial entre os terminais do resistor, do capacitor e do indutor. Note suas diferenças de fase em relação à corrente. (c) Um fasor representando a fem alternada que foi somada.

37-1. A projeção de $\mathscr{E}_m$ sobre o eixo vertical é o $\mathscr{E}$ variante no tempo da Eq. 37-1; isto é, $\Delta V_R + \Delta V_L + \Delta V_C$ como mostrado na Eq. 37-14. Em operações vetoriais, a soma (algébrica) das projeções de qualquer número de vetores sobre uma linha reta é igual à projeção nesta linha da soma (vetorial) daqueles vetores.

Na Fig. 37-5c, formou-se o vetor soma de $(\Delta V_L)_{máx}$ e $(\Delta V_C)_{máx}$, o qual é o fasor $(\Delta V_L)_{máx} - (\Delta V_C)_{máx}$. A seguir forma-se o vetor soma deste fasor com $(\Delta V_R)_{máx}$. Porque estes dois fasores estão em ângulo reto, a amplitude de sua soma, que é a amplitude do fasor $\mathscr{E}_m$, é

$$\mathscr{E}_m = \sqrt{[(\Delta V_R)_{máx}]^2 + [(\Delta V_L)_{máx} - (\Delta V_C)_{máx}]^2}$$
$$= \sqrt{(i_m R)^2 + (i_m X_L - i_m X_C)^2}$$
$$= i_m \sqrt{R^2 + (X_L - X_C)^2}, \qquad (37\text{-}23)$$

utilizando-se as Eqs. 37-3, 37-8 e 37-13 para substituir as amplitudes de fasor. A Eq. 37-23 é idêntica à Eq. 37-19, o qual foi obtida através da análise trigonométrica.

Como mostrado na Fig. 37-5c, ϕ é o ângulo entre os fasores i_m e $\mathscr{E}_m$ e pode-se constatar da figura que

$$\operatorname{tg} \phi = \frac{(\Delta V_L)_{máx} - (\Delta V_C)_{máx}}{(\Delta V_R)_{máx}}$$
$$= \frac{i_m(X_L - X_C)}{i_m R} = \frac{X_L - X_C}{R}, \qquad (37\text{-}24)$$

que é idêntica à Eq. 37-18.

Desenhou-se a Fig. 37-5b arbitrariamente com $X_L > X_C$; admitindo-se que o circuito da Fig. 37-1 seja mais indutivo que capacitivo. De acordo com esta suposição, i_m está *atrasado* em relação a $\mathscr{E}_m$ (embora não por um quarto de ciclo, como acontece para elemento puramente indutivo mostrado na Fig. 37-3). O ângulo de fase ϕ na Eq. 37-23 (e deste modo na Eq. 37-2) é positivo mas é menor que $+90°$.

Se, por outro lado, tem-se $X_C > X_L$, o circuito seria mais capacitivo do que indutivo e i_m estaria *adiantado* em relação a $\mathscr{E}_m$ (embora não por um quarto de ciclo, como acontece para o elemento puramente capacitivo mostrado na Fig. 37-4). Coerente com esta mudança de atraso para adiantamento, o ângulo ϕ na Eq. 37-23 (e deste modo na Eq. 37-2) torna-se automaticamente negativo.

Uma outra forma de explicar a condição ressonante faz uso do diagrama fasorial da Fig. 37-5. Na ressonância $X_L = X_C$ e de acordo com a Eq. 37-24, $\phi = 0$. Neste caso, os fasores $(\Delta V_L)_{máx}$ e $(\Delta V_C)_{máx}$ na Fig. 37-5 são de igual intensidade mas sentidos opostos e portanto i_m está em fase com $\mathscr{E}_m$.

Mais uma vez, é preciso ter-se em mente que, embora as técnicas mostradas sejam válidas para *qualquer* circuito CA, os resultados *apenas* podem ser empregados para circuitos RLC. Além disso, o circuito foi examinado apenas para a situação de regime permanente, após as variações causadas pelo transiente terem se tornado desprezíveis.

PROBLEMA RESOLVIDO 37-3.

Na Fig. 37-1, considere $R = 160\ \Omega$, $C = 15\ \mu F$, $L = 230$ mH, $f = 60$ Hz e $\mathscr{E}_m = 36$ V. Determine (a) a reatância indutiva X_L, (b) a reatância capacitiva X_C, (c) a impedância Z do circuito, (d) a amplitude de corrente i_m e (e) a constante de fase ϕ.

Solução (a) $X_L = 87\ \Omega$, como no Problema Resolvido 37-1. (b) $X_C = 177\ \Omega$, como no Problema Resolvido 37-2. Note $X_C > X_L$, de tal forma que o circuito é mais capacitivo do que indutivo. (c) Da Eq. 37-20,

$$Z = \sqrt{R^2 + (X_L - X_C)^2}$$
$$= \sqrt{(160\ \Omega)^2 + (87\ \Omega - 177\ \Omega)^2} = 184\ \Omega.$$

(d) Da Eq. 37-21,

$$i_m = \frac{\mathscr{E}_m}{Z} = \frac{36\ \text{V}}{184\ \Omega} = 0{,}196\ \text{A}.$$

(e) Da Eq. 37-24 tem-se,

$$\operatorname{tg} \phi = \frac{X_L - X_C}{R} = \frac{87\ \Omega - 177\ \Omega}{160\ \Omega} = -0{,}563.$$

308 Capítulo Trinta e Sete

Deste modo, tem-se

$$\phi = \mathrm{tg}^{-1}(-0{,}563) = -29{,}4°.$$

A constante de fase negativa é adequada para um carregamento capacitivo, como pode ser concluído da Tabela 37-1 e da Fig. 37-5.

Problema Resolvido 37-4.

(a) Qual a freqüência de ressonância em Hz no circuito do Problema Resolvido 37-3? (b) Qual a amplitude de corrente na ressonância?

Solução (a) Da Eq. 37-22,

$$\omega = \frac{1}{\sqrt{LC}} = \frac{1}{\sqrt{(0{,}23\ \mathrm{H})(15 \times 10^{-6}\ \mathrm{F})}} = 538\ \mathrm{rad/s}.$$

Então,

$$f = \frac{\omega}{2\pi} = 86\ \mathrm{Hz}.$$

(b) Na ressonância $X_L = X_C$ e então, $Z = R$. Da Eq. 37-21,

$$i_{\mathrm{m}} = \frac{\mathscr{E}_{\mathrm{m}}}{R} = \frac{36\ \mathrm{V}}{160\ \Omega} = 0{,}23\ \mathrm{A}.$$

A freqüência de 60 Hz do Problema Resolvido 37-3 está razoavelmente próxima da ressonância.

Análise Diferencial (Opcional)

Com $\Delta V_C = q/C$ e $\Delta V_L = L\, di/dt$, a Eq. 37-14 pode ser escrita como

$$\mathscr{E} = iR + L\frac{di}{dt} + \frac{q}{C}, \qquad (37\text{-}25)$$

ou utilizando-se $i = dq/dt$ e utilizando-se a Eq. 37-1 para a fem,

$$L\frac{d^2q}{dt^2} + R\frac{dq}{dt} + \frac{1}{C}\,q = \mathscr{E}_{\mathrm{m}}\,\mathrm{sen}\,\omega t. \qquad (37\text{-}26)$$

Esta equação é da mesma forma que a do oscilador mecânico com forçamento discutido na Seção 17-8 (veja a Eq. 17-42). Fazendo-se as analogias

$$x \rightarrow q, \quad m \rightarrow L, \quad b \rightarrow R, \quad \text{e} \quad k \rightarrow 1/C,$$

os quais também foram utilizadas nas Seções 36-5 a 36-7, pode-se adaptar imediatamente os resultados obtidos na Eq. 17-43, para o oscilador mecânico amortecido com forçamento, para o oscilador eletromagnético amortecido (isto é, resistivo) com forçamento:

$$q = -\frac{\mathscr{E}_{\mathrm{m}}}{\omega Z}\cos(\omega t - \phi), \qquad (37\text{-}27)$$

onde, como pode-se mostrar, ωZ é o G conforme definido na Eq. 17-44. Diferenciando-se a Eq. 37-27 para determinar-se a cor-

rente, obtém-se a Eq. 37-1, $i = i_{\mathrm{m}}\,\mathrm{sen}\,(\omega t - \phi)$, com $i_{\mathrm{m}} = \mathscr{E}_{\mathrm{m}}/Z$. Pode-se mostrar também que a fase β, que é dada pela Eq. 17-45, reduz-se à Eq. 37-18 quando substituem-se as variáveis mecânicas por suas variáveis eletromagnéticas análogas.

A busca de analogias, como aquelas que foram feitas entre as ressonâncias mecânica e eletromagnética, é uma técnica útil que não apenas provê entendimento em novos fenômenos mas também torna menos trabalhosa a sua análise, porque podem-se adaptar os resultados matemáticos obtidos em um sistema na análise do outro sistema. Reconhecem-se características comuns nos dois sistemas: um elemento motriz senoidal; um elemento inercial, que resiste a mudanças do movimento (m, que resiste a mudanças de v e L que resiste a mudanças de i); um elemento dissipativo (b e R, cada um proporcional aos termos lineares da taxa de variação da coordenada) e um elemento restaurador (k e $1/C$, cada um proporcional aos termos lineares da coordenada). Aspectos usuais para as duas soluções são a oscilação senoidal estável na freqüência de forçamento após um período inicial de rápido decaimento de transientes, uma diferença de fase entre o forçamento e a coordenada oscilante, que é independente da amplitude de forçamento, e a ressonância em uma determinada freqüência cujo valor é determinado apenas pelos elementos inerciais e de restauração. ∎

37-4 A POTÊNCIA EM CIRCUITOS CA

Em um circuito elétrico, a energia é fornecida pela fonte de fem, armazenada por elementos capacitivos ou indutivos e dissipados em elementos resistivos. A conservação de energia necessita que, em qualquer instante de tempo, a taxa na qual a energia é fornecida pela fonte de fem seja igual à taxa na qual é armazenada em elementos capacitivos e indutivos somada à taxa na qual é dissipada nos elementos resistivos. (Supõe-se elementos capacitivos e indutivos ideais que não têm resistência interna.)

Considere um resistor como um elemento isolado (como na Fig. 37-2) em um circuito CA no qual a corrente é descrita pela

Eq. 37-2. (Examina-se o circuito em regime permanente, durante um tempo suficientemente longo após uma fonte de fem ter sido conectada ao circuito.) Tal como em um circuito CC, a taxa de dissipação de energia (efeito Joule) em um resistor de um circuito CA é explicitada por

$$P = i^2R = i_{\mathrm{m}}^2R\,\mathrm{sen}^2(\omega t - \phi). \qquad (37\text{-}28)$$

A energia dissipada no resistor varia com o tempo, assim como ocorre com a energia armazenada em elementos indutivos ou capacitivos. Na maioria dos casos que envolvem correntes alternadas, não há interesse em saber como a potência varia durante cada ciclo; o interesse principal está na potência *média* dissipada durante qualquer ciclo em particular. A energia *média* armazenada em elementos indutivos e capacitivos permanece constante durante qualquer ciclo completo, de fato, a energia é transferida da fonte de fem para os elementos resistivos, onde é dissipada.

Por exemplo, as geradoras de eletricidade fornecem uma fonte CA de fem aos domicílios na freqüência $f = 60$ Hz. Os consumidores são cobrados pela energia *média* consumida; para a companhia geradora de eletricidade não importa se o consumidor está operando com dispositivos puramente resistivos, nos quais a potência máxima é dissipada em fase com a fonte de fem, ou se está operando com dispositivos parcialmente capacitivos ou indutivos como um motor, no qual a corrente máxima (e portanto a potência é máxima) podem acontecer fora de fase com a fem. Se a companhia geradora de eletricidade medisse o uso da energia em um tempo menor do que $1/60$ s, ela iria perceber variações na taxa na qual o consumidor utiliza a energia, mas medindo-se em intervalos de tempo maiores do que apenas $1/60$ s apenas a taxa *média* de energia consumida se torna importante.

Escreve-se a potência média $P_{\text{méd}}$ tomando-se um valor médio da Eq. 37-28 durante um intervalo de tempo que é longo se comparado com o período de um ciclo. Para cada ciclo completo, o valor médio de sen^2 é $1/2$. Se o número de ciclos utilizados na média é grande, frações de um ciclo são pouco importantes e pode-se obter a potência média pela substituição de sen^2 da Eq. 37-28 pelo valor $1/2$. A potência média é, então,

$$P_{\text{méd}} = \tfrac{1}{2}i_{\text{m}}^2 R, \qquad (37\text{-}29)$$

que também pode ser escrito como

$$P_{\text{méd}} = (i_{\text{m}}/\sqrt{2})^2 R. \qquad (37\text{-}30)$$

A quantidade $i_{\text{m}}/\sqrt{2}$ é igual ao *valor médio quadrático (root-mean-square* — rms) da corrente:

$$i_{\text{rms}} = \frac{i_{\text{m}}}{\sqrt{2}}. \qquad (37\text{-}31)$$

Este resultado será obtido ao inicialmente elevar ao quadrado a corrente, então fazendo-se a média de um número inteiro de ciclos e então aplicando-se a raiz quadrada. (Definiu-se a velocidade molecular rms da mesma maneira no Cap. 22.) É adequado escrever-se a potência em termos de valores rms, porque a corrente CA e os medidores de tensão são projetados para medir valores rms. A tensão usual de 120 V de uma rede elétrica doméstica é um valor rms; o pico de tensão é $\mathscr{E}_{\text{m}} = \sqrt{2}\,\mathscr{E}_{\text{rms}} = \sqrt{2}(120\text{V}) = 170\text{V}$.

Em termos de i_{rms}, a Eq. 37-30 pode ser escrita

$$P_{\text{méd}} = i_{\text{rms}}^2 R. \qquad (37\text{-}32)$$

A Eq. 37-32 é similar à expressão $P = i^2 R$, a qual descreve a potência dissipada em um resistor de um circuito CC. Ao substituir-se correntes e tensões CC por valores rms de correntes e tensões CA, as expressões CC para a dissipação de potência podem ser utilizadas para obter-se a potência média dissipada CA.

Potência em Circuitos *RLC* Série

Até agora considerou-se que a potência era dissipada por apenas um elemento resistivo em um circuito CA. A seguir estuda-se um circuito CA, do ponto de vista da dissipação de potência. Com este propósito escolhe-se novamente o circuito *RLC* série como exemplo.

O trabalho dW realizado por uma fonte de fem $\mathscr{E}$ sobre uma carga dq é dado por $dW = \mathscr{E}\,dq$. A potência $P\ (= dW/dt)$ fornecida pela fonte de fem é então $\mathscr{E}\,dq/dt = \mathscr{E}i$, ou, utilizando-se as Eqs. 37-1 e 37-2,

$$P = \mathscr{E}i = \mathscr{E}_{\text{m}}i_{\text{m}}\,\text{sen}\,\omega t\,\text{sen}\,(\omega t - \phi). \qquad (37\text{-}33)$$

Raramente está-se interessado nesta potência instantânea, a qual é normalmente uma função de variação rápida no tempo. Para encontrar-se a potência *média*, utiliza-se uma identidade trigonométrica para expandir o fator $\text{sen}\,(\omega t - \phi)$:

$$P = \mathscr{E}_{\text{m}}i_{\text{m}}\,\text{sen}\,\omega t\,(\text{sen}\,\omega t\cos\phi - \cos\omega t\,\text{sen}\,\phi)$$
$$= \mathscr{E}_{\text{m}}i_{\text{m}}(\text{sen}^2\,\omega t\cos\phi - \text{sen}\,\omega t\cos\omega t\,\text{sen}\,\phi). \qquad (37\text{-}34)$$

Quando faz-se a média durante um ciclo completo, o termo $\text{sen}^2\,\omega t$ gera o valor $1/2$, enquanto o termo $\text{sen}\,\omega t\cos\omega t$ resulta em zero, como pode-se mostrar (veja o Exercício 16). A potência média é então

$$P_{\text{méd}} = \tfrac{1}{2}\mathscr{E}_{\text{m}}i_{\text{m}}\cos\phi. \qquad (37\text{-}35)$$

Substituindo-se ambos $\mathscr{E}_{\text{m}}$ e i_{m} por seus valores rms ($\mathscr{E}_{\text{rms}} = \mathscr{E}_{\text{m}}/\sqrt{2}$ e $i_{\text{rms}} = i_{\text{m}}/\sqrt{2}$), pode-se escrever a Eq. 37-35 como

$$P_{\text{méd}} = \mathscr{E}_{\text{rms}}i_{\text{rms}}\cos\phi. \qquad (37\text{-}36)$$

A grandeza $\cos\phi$ da Eq. 37-36 é chamada de *fator de potência* de um circuito CA. Estima-se o fator de potência de um circuito *RLC* série. Da Eq. 37-18, $\text{tg}\,\phi = (X_L - X_C)/R$, pode-se mostrar que

$$\cos\phi = \frac{R}{\sqrt{R^2 + (X_L - X_C)^2}} = \frac{R}{Z}. \qquad (37\text{-}37)$$

De acordo com a Eq. 37-36, a potência fornecida ao circuito pela fonte de fem é máxima quando $\cos\phi = 1$, o que acontece quando o circuito é puramente resistivo e portanto não possui nenhum capacitor ou indutor, ou na ressonância quando $X_L = X_C$ e portanto $Z = R$. Neste caso a potência média é

$$P_{\text{méd}} = \mathscr{E}_{\text{rms}}i_{\text{rms}} \qquad (\text{carga resistiva}). \qquad (37\text{-}38)$$

Se a carga for extremamente indutiva, como é freqüentemente o caso de motores, compressores e similares, a potência fornecida para a carga pode ser maximizada pelo aumento da capacitância do circuito. As companhias geradoras de eletricidade geralmente posicionam capacitores em seus sistemas de transmissão para tal.

PROBLEMA RESOLVIDO 37-5.

Considere novamente o circuito da Fig. 37-1, utilizando os mesmos parâmetros utilizados no Problema Resolvido 37-3: $R = 160$ Ω, $C = 15$ μF, $L = 230$ mH, $f = 60$ Hz e $\mathscr{E}_m = 36$ V. Determine (*a*) a fem rms, (*b*) a corrente rms, (*c*) o fator de potência e (*d*) a potência média dissipada no resistor.

Solução (*a*)

$$\mathscr{E}_{rms} = \mathscr{E}_m/\sqrt{2} = (36 \text{ V})/\sqrt{2} = 25{,}5 \text{ V}.$$

(*b*) No Problema Resolvido 37-3 obteve-se $i_m = 0{,}196$ A. Tem-se, então,

$$i_{rms} = i_m/\sqrt{2} = (0{,}196 \text{ A})/\sqrt{2} = 0{,}139 \text{ A}.$$

(*c*) No Problema Resolvido 37-3 obteve-se que a constante de fase ϕ era $-29{,}4°$. Deste modo,

fator de potência = $\cos(-29{,}4°) = 0{,}871$.

(*d*) Da Eq. 37-32 tem-se

$$P_{méd} = i_{rms}^2 R = (0{,}139 \text{ A})^2(160 \text{ } \Omega) = 3{,}1 \text{ W}.$$

Alternativamente, a Eq. 37-36 leva a

$$P_{méd} = \mathscr{E}_{rms} i_{rms} \cos \phi$$
$$= (25{,}5 \text{ V})(0{,}139 \text{ A})(0{,}871) = 3{,}1 \text{ W},$$

em total concordância. Isto é, a potência média dissipada no resistor é igual à potência média fornecida pela fem. De fato, a energia é transferida da fem para a carga resistiva, onde esta é dissipada. Note que, para obter-se concordância destes resultados com dois dígitos significativos, utilizaram-se três dígitos significativos para as correntes e as tensões. Exceto por erros de arredondamento, as Eqs. 37-32 e 37-36 geram resultados idênticos.

37-5 O TRANSFORMADOR (OPCIONAL)

Nos circuitos CC, a dissipação de potência de uma carga resistiva é dada pela Eq. 31-21 ($P_R = i\Delta V_R = i^2 R$). Para uma dada necessidade de potência, pode-se escolher um valor de i relativamente grande e uma diferença de potencial ΔV_R relativamente pequena ou exatamente ao contrário, desde que o seu produto permaneça constante. Da mesma maneira, para circuitos CA puramente resistivos (nos quais o fator de potência, $\cos \phi$ da Eq. 37-36, é igual a 1), a potência média dissipada é dada pela Eq. 37-38 ($P_{méd.} = i_{rms} \mathscr{E}_{rms}$) e tem-se a mesma escolha em relação aos valores relativos de i_{rms} e $\mathscr{E}_{rms}$.

No sistema de distribuição das geradoras de eletricidade é desejável, tanto por razões de segurança quanto de eficiência de projeto de equipamentos, ter tensões relativamente baixas, tanto na ponta da geração (a geradora de eletricidade) como na ponta receptora (o domicílio ou a fábrica). Por exemplo, ninguém deseja que uma torradeira elétrica ou um trenzinho elétrico para crianças operem com, por exemplo, 10 kV.

Por outro lado, na transmissão da energia elétrica da planta geradora ao consumidor, deseja-se a *menor* corrente admissível (e a *maior* diferença potencial possível) de forma a minimizar i^2R a energia dissipada na linha de transmissão. Valores como $\mathscr{E}_{rms} = 350$ kV são usuais. Deste modo existe uma diferença fundamental entre os requisitos para uma transmissão eficiente por um lado e uma eficiente e segura geração e consumo por outro lado.

Para superar este problema, precisa-se de um dispositivo que pode, conforme as características de projeto requerem, aumentar (ou diminuir) a diferença de potencial em um circuito, mantendo-se o produto $i_{rms}\mathscr{E}_{rms}$ essencialmente constante. O *transformador* de corrente alternada da Fig. 37-6 é um destes dispositivos. Funcionando com base na lei de indução de Faraday, o transformador não tem um similar de equivalente simplicidade para

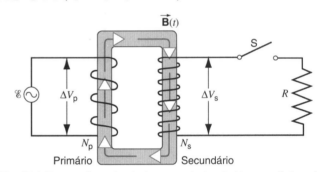

Fig. 37-6. Um transformador ideal, mostrando duas bobinas enroladas sobre um núcleo de ferro.

CC, sendo por isto que sistemas de distribuição CC, fortemente defendidos por Edison, foram substituídos por sistemas CA, fortemente defendidos por Tesla entre outros.*

Na Fig. 37-6, duas bobinas são mostradas enroladas em torno de um núcleo de ferro. O enrolamento *primário, de N_p* espiras, está conectado a um gerador de corrente alternada cuja fem $\mathscr{E}$ é dada por $\mathscr{E} = \mathscr{E}_m \text{sen } \omega t$. O enrolamento *secundário, de N_s* espiras, é um circuito aberto enquanto a chave S estiver aberta, a qual supõe-se que esteja inicialmente aberta. Deste modo não há corrente no enrolamento secundário. Supõe-se ainda que pode-se desprezar todos os elementos dissipativos, tais como resistências nos enrolamentos primário e secundário. De fato, os transformadores bem projetados de grande capacidade podem ter perdas de energia tão baixas quanto 1%, então a suposição feita para um transformador ideal é bastante razoável.

Para as condições explicitadas, o enrolamento primário é um indutor puro, como na Fig. 37-3*a*. A corrente no primário (muito pequena), denominada *corrente de magnetização* $i_{mag.}(t)$, atrasa

---

* Veja "The Transformer", por John W. Coltman, *Scientific American*, Janeiro de 1988, p. 86.

a diferença de potencial do primário $\Delta V_p(t)$ de 90°; o fator de potência ($= \cos \phi$ na Eq. 37-36) é nulo, portanto, nenhuma potência é fornecida do gerador para o transformador.

Contudo, a pequena corrente alternada no primário $i_{mag}(t)$induz um fluxo magnético alternado $\Phi_B(t)$ no núcleo de ferro e supõe-se que todo este fluxo atravessa as espiras do enrolamento secundário. (Isto é, supõe-se que todas as linhas de campo magnético formam circuitos fechados dentro do núcleo de ferro e nenhuma linha "escapa" para a vizinhança.) Da lei da indução de Faraday, a fem *por espira* $\mathcal{E}_T$ (igual a $-d\Phi_B/dt$) é a mesma para ambos enrolamentos primário e secundário, porque os fluxos no primário e no secundário são iguais. Pode-se escrever, em termos de rms

$$\left(\frac{d\Phi_B}{dt}\right)_{primário} = \left(\frac{d\Phi_B}{dt}\right)_{secundário} \qquad (37\text{-}39)$$

ou

$$(\mathcal{E}_T)_{rms, \, primário} = (\mathcal{E}_T)_{rms, \, secundário}. \qquad (37\text{-}40)$$

Para cada enrolamento, a fem por espira é igual à diferença de potencial dividida pelo número de espiras do enrolamento; a Eq. 37-40 pode então ser escrita

$$\frac{\Delta V_p}{N_p} = \frac{\Delta V_s}{N_s}. \qquad (37\text{-}41)$$

Onde ΔV_p e ΔV_s referem-se a valores rms. Resolvendo-se para ΔV_s, obtém-se

$$\Delta V_s = \Delta V_p(N_s/N_p). \qquad (37\text{-}42)$$

Se $N_s > N_p$ (no caso em que $\Delta V_s > \Delta V_p$), está-se falando de um *transformador elevador de tensão*; se $N_s < N_p$, está-se falando de um *transformador abaixador de tensão*.

Até aqui assumiu-se que o circuito secundário estava aberto de tal forma que nenhuma potência era transmitida através do transformador. Se, agora, a chave S for fechada na Fig. 37-6, contudo, tem-se uma situação prática na qual o enrolamento secundário está conectado a uma carga resistiva R. No caso geral, a carga também contém elementos indutivos e capacitivos, mas esta análise será limitada ao caso especial onde a carga é puramente resistiva.

Muitos fatos ocorrem ao fechar-se a chave S. (1) Uma corrente rms i_s surge no circuito secundário, com a correspondente dissipação de potência média $i_s^2 R$ na carga resistiva. (2) A corrente alternada no secundário induz o seu próprio fluxo magnético no núcleo de ferro e este fluxo induz (da lei de Faraday e da lei de Lenz) uma fem de sentido oposto no enrolamento primário. (3) ΔV_p, contudo, não pode mudar em resposta a esta fem de sentido contrário, porque precisa ser sempre igual à fem que é fornecida pelo gerador; o fechamento da chave S não muda este fato. (4) Para assegurar isto, uma nova corrente alternada i_p deve surgir no circuito primário, com a sua intensidade e a sua constante de fase sendo exatamente a necessária para cancelar a fem de sentido oposto gerada no enrolamento primário por i_s.

Em vez de analisar este processo razoavelmente complexo em detalhe, pode-se tirar vantagem da visão global provida pelo princípio da conservação de energia. Para um transformador ideal com carga resistiva, tem-se

$$i_p \Delta V_p = i_s \Delta V_s. \qquad (37\text{-}43)$$

Porque a Eq. 37-42 é válida estando a chave S, da Fig. 37-6, fechada ou não, tem-se então

$$i_s = i_p(N_p/N_s) \qquad (37\text{-}44)$$

como a relação de transformação para as correntes.

Finalmente, sabendo-se que $i_s = \Delta V_s/R$, pode-se utilizar as Eqs. 37-42 e 37-44 para obter-se

$$i_p = \frac{\Delta V_p}{(N_p/N_s)^2 R}, \qquad (37\text{-}45)$$

que informa que, referenciado em relação ao circuito primário, a resistência equivalente da carga não é R mas

$$R_{eq} = (N_p/N_s)^2 R. \qquad (37\text{-}46)$$

A Eq. 37-46 sugere ainda uma outra função para o transformador. Verificou-se que, para a máxima transferência de energia de uma fonte de fem para uma carga resistiva, a resistência do gerador e a resistência de carga devem ser iguais. (Veja o Exercício 14 do Cap. 31.) A mesma relação é empregada para circuitos CA onde a *impedância* (em vez da resistência) do gerador e a da carga devem ser iguais. Freqüentemente acontece — como quando se quer conectar um alto-falante a um amplificador — que esta condição está longe de ser alcançada, o amplificador sendo de alta impedância e o alto-falante de baixa impedância. Pode-se ajustar as impedâncias de dois dispositivos pelo acoplamento deles através de um transformador com uma relação de espiras adequada.

PROBLEMA RESOLVIDO 37-6.

Um transformador de um poste de luz opera a $\Delta V_p = 8,5$ kV do lado primário e fornece energia elétrica para um dado número de casas das redondezas com $\Delta V_s = 120$ V, ambas as variáveis em valores rms. A taxa de energia média consumida nas casas alimentadas pelo transformador em um dado instante de tempo é de 78 kW. Suponha que seja um transformador ideal, a carga seja resistiva e o fator de potência unitário. (*a*) Qual a relação de espiras N_p/N_s deste transformador abaixador de tensão? (*b*) Quais são as correntes rms nos enrolamentos primário e secundário do transformador? (*c*) Qual o equivalente da carga resistiva no circuito secundário? (*d*) Qual a carga resistiva equivalente no circuito primário?

Solução (*a*) Da Eq. 37-42 tem-se

$$\frac{N_p}{N_s} = \frac{\Delta V_p}{\Delta V_s} = \frac{8,5 \times 10^3 \text{ V}}{120 \text{ V}} = 70,8.$$

(*b*) Da Eq. 37-38,

$$i_p = \frac{P_{méd}}{\Delta V_p} = \frac{78 \times 10^3 \text{ W}}{8,5 \times 10^3 \text{ V}} = 9,18 \text{ A}$$

e

$$i_s = \frac{P_{méd}}{\Delta V_s} = \frac{78 \times 10^3 \text{ W}}{120 \text{ V}} = 650 \text{ A}.$$

(c) No circuito secundário,

$$R_s = \frac{\Delta V_s}{i_s} = \frac{120 \text{ V}}{650 \text{ A}} = 0,185 \text{ }\Omega.$$

(d) Onde tem-se

$$R_p = \frac{\Delta V_p}{i_p} = \frac{8,5 \times 10^3 \text{ V}}{9,18 \text{ A}} = 930 \text{ }\Omega.$$

Podemos verificar isto através da Eq. 37-46, que pode ser escrita como

$$R_p = (N_p/N_s)^2 R_s = (70,8)^2 (0,185 \text{ }\Omega) = 930 \text{ }\Omega.$$

MÚLTIPLA ESCOLHA

37-1 Correntes Alternadas

37-2 Três Elementos Separados

1. Qual das seguintes variáveis *aumentam* com o crescimento da freqüência?

    (A) R (B) L (C) C (D) X_L (E) X_C

2. Qual elemento do circuito poderia ser utilizado para se fazer o melhor filtro em série para evitar que sinais de alta freqüência cheguem a um alto-falante grave?

    (A) Um capacitor

    (B) Um indutor

    (C) Um resistor

    (D) Um transformador

3. Uma corrente CA flui através de um capacitor da direita para a esquerda como mostrado na Fig. 37-7. A corrente na direita é i_1 e a corrente à esquerda é i_2. A medida que a freqüência é diminuída, o que acontece com i_1 e i_2?

    (A) i_1 permanece constante e i_2 decresce.

    (B) i_1 decresce, mas i_2 decresce a uma taxa mais rápida.

    (C) A diferença $i_1 - i_2$ aumenta.

    (D) A diferença $i_1 - i_2$ permanece fixa.

Fig. 37-7. Questão de Múltipla Escolha 3.

4. Que tipo de material, se inserido em um indutor, causará o maior aumento de reatância indutiva?

    (A) Dielétrico

    (B) Diamagnético

    (C) Paramagnético

    (D) Ferromagnético

37-3 O Circuito *RLC* de Malha Única

5. Um circuito *RLC* série alimentado por uma fonte $\mathscr{E} = \mathscr{E}_m$ sen ωt é operado a uma freqüência que é menor do que a freqüência ressonante. Uma placa dielétrica é inserida entre as placas do capacitor. Como i_m varia?

    (A) i_m cresce.

    (B) i_m decresce.

    (C) i_m permanece o mesmo.

    (D) i_m poderia crescer ou decrescer, mas não permaneceria o mesmo.

    (E) Não há informação suficiente para responder esta pergunta.

6. Uma estudante constrói um circuito *RLC* série. Enquanto está operando o circuito na freqüência f ela utiliza um voltímetro CA e mede a diferença de potencial entre os terminais de cada componente $(\Delta V_R)_{máx.} = 8,8$ V, $(\Delta V_L)_{máx.} = 2,6$ V e $(\Delta V_C)_{máx.} = 7,4$ V.

    (a) O circuito é construído de tal forma que o indutor está ao lado do capacitor. Que resultado a estudante poderia esperar da medição da diferença de potencial combinada $(\Delta V_L + \Delta V_C)_{máx.}$ entre os terminais do indutor e do capacitor?

    (A) 10,0 V   (B) 7,8 V   (C) 7,4 V   (D) 4,8 V

    (b) Que resultado a estudante poderia esperar da medição da intensidade $\mathscr{E}_m$ da diferença de potencial entre os terminais da fonte de potência?

    (A) 18,8 V   (B) 13,6 V   (C) 10,0 V   (D) 4,0 V

7. Um estudante constrói um circuito *RLC* série. Durante a operação do circuito na freqüência f, ele utiliza um voltímetro CA e mede a diferença de potencial entre os terminais de cada elemento $(\Delta V_R)_{máx.} = 4,8$ V, $(\Delta V_L)_{máx.} = 29$ V e $(\Delta V_C)_{máx.} = 20$ V.

    (a) Como a freqüência deste circuito poderia ser alterada para *aumentar* a corrente i_m do circuito?

    (A) Aumentar f.

    (B) Diminuir f.

    (C) A corrente já se encontra em seu máximo.

    (D) Não há informações suficientes para responder a esta pergunta.

    (b) O que iria acontecer ao valor de $(\Delta V_L)_{máx.}$ se a freqüência fosse ajustada para aumentar a corrente no circuito?

CIRCUITOS DE CORRENTE ALTERNADA 313

(A) $(\Delta V_L)_{máx.}$ crescerá.

(B) $(\Delta V_L)_{máx.}$ decrescerá.

(C) $(\Delta V_L)_{máx.}$ permanecerá o mesmo não importando qualquer mudança de f.

(D) A corrente já se encontra em seu máximo.

(E) Não há informações suficientes para responder a esta pergunta.

8. Qual das seguintes desigualdades não podem nunca ocorrer em um circuito *RLC* série?

(A) $(\Delta V_R)_{máx.} > \mathscr{E}_m$

(B) $(\Delta V_L)_{máx.} > \mathscr{E}_m$

(C) $(\Delta V_C)_{máx.} > \mathscr{E}_m$

(D) $(\Delta V_L)_{máx.} > (\Delta V_C)_{máx.}$

37-4 A Potência em Circuitos CA

9. O que acontece com a potência "perdida" da Eq. 37-35 quando $\phi > 0$?

(A) É perdida no capacitor.

(B) É perdida no indutor.

(C) É perdida no resistor.

(D) Não há potência "perdida"; a Eq. 37-35 engloba tudo.

37-5 O Transformador

10. Qual é o efeito na resistência equivalente de um transformador quando dobra-se o número de espiras do enrolamento primário enquanto diminui-se pela metade o número de espiras do enrolamento secundário?

(A) A resistência equivalente aumenta 64 vezes.

(B) A resistência equivalente aumenta 16 vezes.

(C) A resistência equivalente aumenta 4 vezes.

(D) A resistência equivalente diminui para 1/4 do valor inicial.

QUESTÕES

1. Na relação $\omega = 2\pi f$, quando usa-se unidades do SI mede-se ω em radianos por segundo e f em hertz ou ciclos por segundo. O radiano é uma medida de ângulo. Qual a ligação que existe entre ângulos e correntes alternadas?

2. Se a saída de um gerador CA, como aquele mostrado na Fig. 34-13, está conectada a um circuito *RLC* como o da Fig. 37-1, qual a fonte da energia dissipada no resistor?

3. Porque os sistemas de distribuição de energia seriam menos efetivos sem a utilização da corrente alternada?

4. No circuito da Fig. 37-1, porque pode-se supor que (*a*) a corrente alternada da Eq. 37-2 tem a mesma freqüência angular ω da fem alternada da Eq. 37-1 e (*b*) que o ângulo de fase ϕ da Eq. 37-2 não varia com o tempo? O que iria acontecer se qualquer destas afirmações (verdadeiras) fossem falsas?

5. De que forma um fasor difere de um vetor? Sabe-se, por exemplo, que fems, diferenças de potencial e correntes não são vetores. Como então pode-se justificar a construção de gráficos como a da Fig. 37-5?

6. No elemento de circuito puramente resistivo da Fig. 37-2, o valor máximo da corrente alternada i_m varia com a freqüência angular da fem aplicada?

7. Qualquer parte da discussão feita na Seção 37-3 seria inválida se o diagrama fasorial tivesse que girar no sentido horário, em vez do sentido anti-horário como suposto?

8. Suponha que, em um circuito *RLC* série, a freqüência da tensão aplicada varia continuamente de um valor muito baixo até um valor muito alto. Como a constante de fase varia?

9. A resistência de um dispositivo em um circuito de corrente alternada depende da freqüência?

10. Da análise de um circuito *RLC* pode-se determinar o comportamento de um circuito *RL* (sem capacitor) ao fazer $C = \infty$, enquanto faz-se $L = 0$ para determinar o comportamento de um circuito *RC* (sem indutor). Explique esta diferença.

11. Durante a Segunda Guerra Mundial, um gerador CA estava posicionado a cerca de uma milha do laboratório que fornecia energia. Um técnico aumentou a velocidade de rotação do gerador para compensar o que foi chamado de "perda de freqüência ao longo da linha de transmissão" que ligava o gerador à edificação do laboratório. Comente o procedimento adotado.

12. À medida que a velocidade de rotação das pás de um ventilador é aumentada a partir do zero, uma série de padrões podem ser observados quando as pás são iluminadas por uma luz gerada por uma fonte CA. O efeito é mais pronunciado quando uma lâmpada fluorescente ou uma lâmpada de néon é utilizada em vez de uma lâmpada incandescente (de filamento de tungstênio). Explique estas observações.

13. Suponha que na Fig. 37-1 faz-se $\omega \to 0$. A Eq. 37-19 tende para o valor esperado? Qual é este valor? Discuta.

14. Discuta em suas próprias palavras o que significa dizer que uma corrente alternada está "adiantada" ou "atrasada" em relação a uma fem alternada.

314 CAPÍTULO TRINTA E SETE

15. Se, como explicado na Seção 37-3, um dado circuito é "mais indutivo" do que "capacitivo" — isto é, que $X_L > X_C$ — (a) isto significa, para uma dada freqüência angular, que L é relativamente "grande" e que C é relativamente "pequeno" ou que L e C são ambos relativamente "grandes"? (b) Para determinados valores de L e de C significa que ω é relativamente "grande" ou relativamente "pequeno"?

16. Como pode-se determinar, em um circuito RLC série, se a freqüência está acima ou abaixo da ressonância?

17. Critique a seguinte afirmação: Se $X_L > X_C$, então deve-se ter $L > 1/C$."

18. Como, se possível, as leis de Kirchhoff (das malhas e dos nós) para circuitos de corrente contínua podem ser modificadas para serem utilizadas em circuitos CA?

19. A lei das malhas e a lei dos nós podem ser utilizadas para circuitos CA multimalhas assim como são utilizadas em circuitos CC multimalhas?

20. No Problema Resolvido 37-5, qual seria o efeito sobre $P_{\text{méd.}}$ se fosse aumentado (a) R, (b) C e (c) L? (d) Como ϕ na Eq. 37-36 varia nestes três casos?

21. Se $R = 0$ no circuito da Fig. 37-1, não poderá haver dissipação de potência no circuito. Contudo, uma fem alternada e uma corrente alternada ainda estarão presentes. Discuta o fluxo de energia neste circuito sob estas condições.

22. Existe potência rms em um circuito CA?

23. Os engenheiros de usinas geradoras de eletricidade comerciais buscam ter um fator de potência baixo ou alto, ou para eles não faz nenhuma diferença? Entre quais valores o fator de potência pode variar? O que determina o fator de potência; esta é uma característica do gerador, da linha de transmissão, do circuito ao qual a linha de transmissão está conectada ou alguma combinação destes?

24. A potência instantânea entregue por uma fonte de corrente alternada pode ser em algum caso negativa? O fator de potência pode ser negativo? Se pode, explique o significado destes valores negativos.

25. Em um circuito RLC série a fem está adiantada em relação a corrente a uma dada freqüência de operação. Em seguida a freqüência é um pouco diminuída. A impedância total do circuito cresce, decresce ou permanece a mesma?

26. Se o fator de potência é conhecido (= cos ϕ na Eq. 37-36) para um dado circuito RLC, pode-se saber se a fem alternada aplicada está adiantada ou atrasada em relação a corrente? Se for possível, como? Se não for possível, por que não?

27. Qual a faixa de valores permissível para o ângulo de fase ϕ na Eq. 37-2? E do fator de potência na Eq. 37-36?

28. Por que é vantajoso a utilização da notação rms para correntes e tensões alternadas?

29. Deseja-se diminuir a conta de energia elétrica. Deveria se utilizar um fator de potência pequeno ou grande ou isto não faz nenhuma diferença? Se faz diferença, existe algo que pode ser feito a este respeito? Discuta.

30. Na Eq. 37-36, o ângulo de fase ϕ é medido entre $\mathscr{E}(t)$ e $i(t)$ ou entre $\mathscr{E}_{\text{rms}}$ e i_{rms}? Explique.

31. Um transformador de campainha de porta é projetada para uma entrada rms primária de 120 V e uma saída rms secundária de 6 V. O que aconteceria se as conexões do primário e do secundário fossem acidentalmente trocadas durante a instalação? Ter-se-ia que esperar até alguém apertar o botão da campainha para que fosse descoberta a inversão? Discuta.

32. Recebe-se um transformador dentro de uma caixa de madeira, com os seus terminais do primário e do secundário posicionados para fora em faces opostas da caixa. Como pode-se determinar a relação de espiras sem abrir a caixa?

33. No transformador da Fig. 37-6, com o secundário em circuito aberto, qual a relação de fase entre (a) a fem aplicada e a corrente no primário, (b) a fem aplicada e o campo magnético no núcleo do transformador e (c) a corrente no primário e o campo magnético no núcleo do transformador?

34. Quais são algumas aplicações do transformador elevador de tensão. E do transformador abaixador de tensão?

35. O que determina qual enrolamento de um transformador é o primário e qual é o secundário? Um transformador pode ter um único primário e dois secundários? Um único secundário e dois primários?

36. Em vez da rede em 120 V a 60 Hz típica dos Estados Unidos, a Europa utiliza a rede em 240 V a 50 Hz. De férias na Europa, turistas americanos gostariam de utilizar alguns de seus produtos como um relógio, um barbeador elétrico e um secador de cabelos. Pode-se simplesmente utilizar um transformador elevador de tensão 2:1? Explique por que esta idéia pode ser ou não o bastante.

EXERCÍCIOS

37-1 Correntes Alternadas

37-2 Três Elementos Separados

1. Admita que a Eq. 37-1 descreva a fem efetiva disponível em uma tomada de 60 Hz CA. A que freqüência angular ω ela corresponde? Como a companhia geradora de eletricidade estabelece esta freqüência?

2. Um indutor de 45,2 mH tem uma reatância de 1,28 kΩ. (a) Determine a freqüência. (b) Qual a capacitância do capacitor com a mesma reatância naquela freqüência? (c) Se a freqüên-

cia for dobrada, quais são as reatâncias do indutor e do capacitor?

3. (a) Em que freqüência angular um indutor de 6,23 mH e um capacitor de 11,4 μF têm a mesma reatância? (b) Qual seria esta reatância? (c) Mostre que esta freqüência seria igual à freqüência natural de oscilação livre LC.

4. A saída de um gerador CA é descrita por $\mathcal{E} = \mathcal{E}_m$ sen ωt, com $\mathcal{E}_m = 25{,}0$ V e $\omega = 377$ rad/s. Está conectado a um indutor 12,7 H. (a) Qual o valor máximo da corrente? (b) Quando a corrente é máxima, qual a fem do gerador? (c) Quando a fem do gerador é de $-13{,}8$ V e crescendo de intensidade, qual é a corrente? (d) Para as condições do item (c), o gerador está fornecendo energia para o circuito ou retirando energia do circuito?

5. O gerador CA do Exercício 4 está conectado a um capacitor de 4,1 μF. (a) Qual é o valor máximo da corrente? (b) Quando a corrente é máxima, qual é a fem do gerador? (c) Quando a fem é de $-13{,}8$ V e crescendo de intensidade, qual é a corrente? (d) Para as condições do item (c), o gerador está fornecendo energia para o circuito ou retirando energia do circuito?

37-3 O Circuito RLC de Malha Única

6. Uma bobina de indutância 88,3 mH e resistência desconhecida e um capacitor de 937 nF são conectados em série com um oscilador de freqüência de 941 Hz. O ângulo de fase ϕ entre a fem aplicada e a corrente é de 75,0°. Determine a resistência da bobina.

7. Redesenhe (de forma aproximada) as Figs. 37-5b e 37-5c para os casos $X_C > X_L$ e $X_C = X_L$.

8. (a) Recalcule todas as variáveis perguntadas no Problema Resolvido 37-3 para $C = 70$ μF, com os outros parâmetros do problema resolvido permanecendo inalterados. (b) Desenhe em escala o diagrama fasorial conforme aquele da Fig. 37-5c para esta nova situação e compare os dois diagramas em detalhes.

9. Estude as curvas de ressonância da Fig. 36-13. (a) Mostre que para as freqüências acima da ressonância o circuito é predominantemente indutivo e para as freqüências abaixo da ressonância ele é predominantemente capacitivo. (b) Como o circuito comporta-se na ressonância? (c) Faça um esboço de um diagrama fasorial como o da Fig. 37-5c para as condições de freqüência acima da ressonância, na ressonância e abaixo da ressonância.

10. Verifique, matematicamente, que a seguinte construção geométrica apresenta ambas corretamente, a impedância Z e a constante de fase ϕ. Referindo-se a Fig. 37-8, (1) desenhe uma seta no sentido $+y$ de intensidade X_C, (2) desenhe uma seta no sentido $-y$ de intensidade X_L e (3) desenhe uma seta de intensidade R no sentido $+x$. Então o módulo da "resultante" destas setas é Z e o ângulo (medido abaixo do eixo $+x$) desta resultante é ϕ.

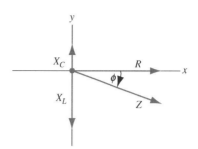

Fig. 37-8. Exercício 10.

11. A amplitude de tensão entre os terminais de um indutor pode ser maior que a amplitude do gerador de fem em um circuito RLC? Considere um circuito com $\mathcal{E}_m = 10$ V, $R = 9{,}6$ Ω, $L = 1{,}2$ H e $C = 1{,}3$ μF. Determine a amplitude de tensão entre os terminais do indutor na ressonância.

12. Utilize a Eq. 37-18 para obter relações de sen ϕ e cos ϕ em termos de R, X_L e X_C. Então substitua estas expressões na Eq. 37-16 para obter a Eq. 37-17.

13. Quando o gerador de fem do Problema Resolvido 37-3 está em seu máximo, qual é a tensão entre os terminais (a) do gerador, (b) do resistor, (c) do capacitor e (d) do indutor? (e) Somando-se estes com os devidos sinais, verifique que a lei das malhas é satisfeita.

14. Uma dada associação RLC, R_1, L_1, C_1, tem uma freqüência ressonante que é a mesma de uma associação diferente, R_2, L_2, C_2. Conecta-se, então, as duas associações em série. Mostre que este novo circuito tem a mesma freqüência ressonante que as dos circuitos em separado.

15. Para um dado circuito RLC a fem máxima do gerador é de 125 V e a sua corrente máxima é de 3,20 A. Se a corrente está adiantada em relação a fem do gerador de 56,3°, (a) qual a impedância e (b) qual a resistência do circuito? (c) O circuito é predominantemente capacitivo ou indutivo?

37-4 A Potência em Circuitos CA

16. Mostre que $[\text{sen}^2 \omega t]_{\text{méd.}} = \frac{1}{2}$ e $[\text{sen } \omega t \cos \omega t]_{\text{méd.}} = 0$, onde as médias são calculadas utilizando-se um ou mais ciclos completos.

17. Um motor elétrico conectado a uma tomada elétrica de 120 V e 60 Hz executa um trabalho mecânico a uma taxa de 0,10 hp (1 hp = 746 W). Se este drena uma corrente rms de 650 mA, qual é a sua resistência, em termos de transferência de potência? Esta resistência seria a mesma de seu enrolamento se medido por um ohmímetro com o motor desconectado da fonte de eletricidade?

18. Mostre que a potência média entregue a um circuito RLC pode também ser escrita

$$P_{\text{méd}} = \mathcal{E}_{\text{rms}}^2 R / Z^2.$$

Mostre que esta expressão leva a resultados razoáveis para um circuito puramente resistivo, para um circuito RLC na ressonância, para um circuito puramente capacitivo e para um circuito puramente indutivo.

19. Calcule a potência média dissipada no Problema Resolvido 37-3 supondo (a) que o indutor seja retirado do circuito e (b) que o capacitor seja retirado do circuito.

20. Um aparelho de ar-condicionado conectado a uma linha de 120 VCA rms é equivalente a uma resistência de 12,2 Ω e a uma reatância indutiva de 2,30 Ω em série. (a) Calcule a impedância do aparelho de ar-condicionado. (b) Determine a potência média fornecida ao dispositivo. (c) Qual o valor de corrente rms?

21. Um voltímetro CA de alta impedância é conectado, seqüencialmente, entre os terminais do indutor, do capacitor e do resistor de um circuito em série, tendo uma fonte CA de 100 V (rms) e resultou na mesma leitura em volts em cada caso. Qual é esta leitura?

22. Considere o circuito de antena FM mostrada na Fig. 37-9, com $L = 8,22\ \mu H$, $C = 0,270$ pF e $R = 74,7\ \Omega$. O sinal de rádio induz uma fem alternada na antena de $\mathscr{E}_{rms} = 9,13\ \mu V$. Determine (a) a freqüência das ondas que chegam para as quais a antena está "sintonizada", (b) a corrente rms na antena e (c) a diferença de potencial rms entre os terminais do capacitor.

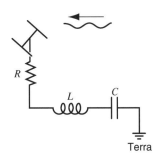

Fig. 37-9. Exercício 22.

23. A Fig. 37-10, mostra que a potência dissipada no resistor R é máxima quando $R = r$, no qual r é a resistência interna do gerador CA. No texto foi tacitamente suposto até este ponto, que $r = 0$. Compare com a condição CC.

Fig. 37-10. Exercícios 23 e 32.

24. Em um circuito RLC como o da Fig. 37-1, suponha que $R = 5,0\ \Omega$, $L = 60$ mH, $f = 60$ Hz e $\mathscr{E}_m = 30$ V. Para que valores de capacitância a potência média dissipada no resistor seria (a) um máximo e (b) um mínimo? (c) Quais são estas potências máximas e mínimas? (d) Quais são os ângulos de fase correspondentes? (e) Quais são os fatores de potência correspondentes?

25. Na Fig. 37-11, $R = 15,0\ \Omega$, $C = 4,72\ \mu F$ e $L = 25,3$ mH. O gerador fornece uma tensão senoidal de 75,0 V (rms) e uma freqüência $f = 550$ Hz. (a) Calcule a amplitude da corrente rms. (b) Determine as tensões rms ΔV_{ab}, ΔV_{bc}, ΔV_{cd}, ΔV_{bd}, ΔV_{ad}. (c) Que potência média é dissipada por cada um dos três elementos de circuito?

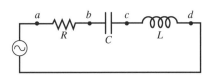

Fig. 37-11. Exercício 25.

26. Para um circuito RLC, mostre que em um ciclo com período T (a) a energia armazenada no capacitor não varia, (b) a energia armazenada no indutor não varia, (c) o gerador fornece a energia $(\frac{1}{2} T)\ \mathscr{E}_m i_m \cos \phi$; e (d) o resistor dissipa a energia $(\frac{1}{2} T)\ Ri_m^2$. (e) Mostre que as quantidades encontradas em (c) e (d) são iguais.

37-5 O Transformador

27. Um gerador supre 150 V (rms) para o enrolamento primário de 65 espiras de um transformador. Se o enrolamento secundário tem 780 espiras, qual é a tensão no secundário?

28. Um transformador com 500 espiras no primário e 10 espiras no secundário. (a) Se ΔV_p para o primário é de 120 V (rms), qual é o ΔV_s para o secundário, supondo que seja um circuito aberto? (b) Se, então, o secundário for conectado a uma carga resistiva de 15 Ω, quais serão as correntes nos enrolamentos primário e secundário?

29. A Fig. 37-12 mostra um "autotransformador". Ele consiste em um único enrolamento (com núcleo de ferro). Três "terminais" são existentes. Entre os terminais T_1 e T_2 existem 200 espiras e entre os terminais T_2 e T_3 existem 800 espirais. Qualquer par de terminais pode ser utilizado como "primário" ou como "secundário" do autotransformador. Liste todas as relações de transformação de tensão primária em secundária. Liste todas as razões para as quais a tensão do primário pode ser alterada para uma tensão do secundário.

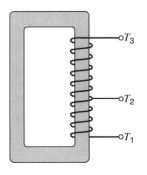

Fig. 37-12. Exercício 29.

30. Um fazendeiro alimenta uma bomba d'água com 3,8 A rms. A linha de ligação elétrica a partir do transformador tem 1,2 km de extensão e consiste em dois fios de cobre, cada um de 1,8 mm de diâmetro. A temperatura é de 5,4°C. Quanta potência é perdida ao longo da linha de transmissão?

31. Um engenheiro eletricista projeta um transformador ideal para alimentar uma máquina de raios X com pico de potencial de 74 kV e corrente de 270 mA rms. O transformador opera a partir de uma fonte de 220 V rms. Contudo, a resistência nos fios que conectam a fonte ao transformador foi ignorada. Na instalação, foi verificado que os fios tinham uma resistência de 0,62 Ω. De quanto a fonte deve ser aumentada para manter os mesmos parâmetros operacionais do transformador?

32. Na Fig. 37-10, a caixa retangular da esquerda representa a saída (de alta impedância) de um amplificador de áudio, com $r = 1000\ \Omega$. Seja $R = 10\ \Omega$ a bobina (de baixa impedância) do alto-falante. Sabe-se que um transformador pode ser utilizado para "transformar" resistências, fazendo-as comportar eletricamente como se fossem maiores ou menores do que de fato são. Esboce os enrolamentos primário e secundário de um transformador a ser posto entre o "amplificador" e o "alto-falante" na Fig. 37-10 para "casar impedâncias". Qual deverá ser a relação de espiras?

PROBLEMAS

1. A saída de um gerador CA é dada por $\mathcal{E} = \mathcal{E}_m\,\text{sen}(\omega t - \pi/4)$, onde $\mathcal{E}_m = 31{,}4$ V e $\omega = 350$ rad/s. A corrente é dada por $i(t) = i_m\,\text{sen}(\omega t - 3\pi/4)$, onde $i_m = 622$ mA. (a) Em que instante, após $t = 0$, a fem do gerador alcança o primeiro máximo? (b) Em que instante, após $t = 0$, a corrente alcança o primeiro máximo? (c) O circuito contém um único elemento além do gerador. Ele é um capacitor, um indutor ou um resistor? Justifique a sua resposta. (d) Qual o valor da capacitância, da indutância ou da resistência, conforme o caso?

2. Repita o Problema 1 exceto que agora $i = i_m\,\text{sen}(\omega t + \pi/4)$.

3. Um dado circuito RLC, operando a 60 Hz, a tensão máxima entre os terminais do indutor é o dobro da tensão máxima entre os terminais do resistor, enquanto a tensão máxima entre os terminais do capacitor é a mesma que a tensão máxima entre os terminais do resistor. (a) De que ângulo de fase a corrente está atrasada em relação a fem do gerador? (b) Se a fem máxima do gerador é de 34,4 V, qual deveria ser a resistência do circuito para alcançar uma corrente máxima de 320 mA?

4. O gerador CA da Fig. 37-13 fornece 170 V (máximo) a 60 Hz. Com a chave aberta como no desenho esquemático, a corrente resultante está adiantada em relação a fem do gerador de 20°. Com a chave na posição 1 a corrente está atrasada em relação a fem do gerador de 10°. Quando a chave está na posição 2 a corrente máxima é de 2,82 A. Determine os valores de R, L e C.

5. Um gerador trifásico G gera energia elétrica que é transmitida através de três fios como mostrado na Fig. 37-14. Os potenciais (relativo a um nível de referência comum) destes fios são $V_1 = V_m\,\text{sen}\,\omega t$, $V_2 = V_m\,\text{sen}\,(\omega t - 120°)$ e $V_3 = V_m\,\text{sen}\,(\omega t - 240°)$. Alguns equipamentos industriais (por exemplo, motores) têm três terminais e são projetados para serem conectados diretamente a estes três fios. Para utilizar um dispositivo mais convencional de dois terminais (por exemplo, uma lâmpada), pode-se conectá-lo a qualquer combinação de dois dos três fios. Mostre que a diferença de potencial entre dois fios quaisquer (a) oscila senoidalmente com a freqüência angular ω e (b) tem amplitude $V_m\sqrt{3}$.

Fig. 37-14. Problema 5.

6. A Fig. 37-15 mostra um gerador CA conectado a uma "caixa-preta" através de um par de terminais. A caixa contém um circuito RLC, talvez até um circuito multimalhas, cujos elementos e sua disposição não são conhecidos. Medidas feitas externamente à caixa revelaram que $\mathcal{E}(t) = (75\text{ V})\,\text{sen}\,\omega t$ e $i(t) = (1{,}2\text{ A})\,\text{sen}\,(\omega t + 42°)$. (a) Qual o fator de potência? (b) A corrente está adiantada ou atrasada em relação a fem? (c) O circuito dentro da caixa, em sua natureza, é predominantemente indutivo ou predominantemente capacitivo? (d) O circuito dentro da caixa está em ressonância? (e) Há obrigatoriamente um capacitor dentro da caixa? Um indutor? Um resistor? (f) Qual a potência média entregue à caixa pelo gerador? (g) Por que precisa-se saber a freqüência angular ω para responder a todas estas perguntas?

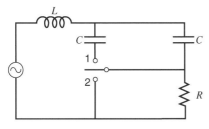

Fig. 37-13. Problema 4.

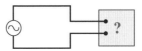

Fig. 37-15. Problema 6.

7. Um circuito *RLC* tem $R = 5{,}12\ \Omega$, $C = 19{,}3\ \mu F$, $L = 988$ mH e $\mathcal{E}_m = 31{,}3$ V. (*a*) Em que freqüência angular ω a corrente terá seu valor máximo, como nas curvas de ressonância da Fig. 36-13? (*b*) Qual é este valor máximo? (*c*) Em quais freqüências angulares ω_1 e ω_2 as amplitudes de corrente terão a metade de seu valor máximo? (*d*) Ache a largura fracional $[=(\omega_1 - \omega_2)/\omega]$ da curva de ressonância.

8. Mostre que a largura fracional das curvas de ressonância da Fig. 36-13 são dadas, com boa aproximação, por

$$\frac{\Delta\omega}{\omega} = \frac{\sqrt{3}R}{\omega L},$$

na qual ω é a freqüência ressonante e $\Delta\omega$ é a largura do pico de ressonância em $i = \tfrac{1}{2}i_m$. Note (veja o Problema 15 do Cap. 36) que esta expressão pode ser escrita como $\sqrt{3}/Q$, o que mostra claramente que um circuito de "alto Q" tem um pico de ressonância agudo — isto é, um pequeno valor de $\Delta\omega/\omega$. (*b*) Utilize este resultado para conferir a parte (*d*) do Problema 7.

9. Em um circuito *RLC*, $R = 16{,}0\ \Omega$, $C = 31{,}2\ \mu F$, $L = 9{,}20$ mH, $\mathcal{E} = \mathcal{E}_m\ \text{sen}\ \omega t$ com $\mathcal{E}_m = 45{,}0$ V e $\omega = 3000$ rad/s. Para o instante de tempo $t = 0{,}422$ ms, determine (*a*) a taxa na qual a energia está sendo fornecida pelo gerador, (*b*) a taxa na qual a energia está sendo armazenada pelo capacitor, (*c*) a taxa na qual a energia está sendo armazenada pelo indutor e (*d*) a taxa na qual a energia está sendo dissipada pelo resistor. (*e*) Qual o significado de um resultado negativo para qualquer um dos itens (*a*), (*b*) ou (*c*)? (*f*) Mostre que os resultados dos itens (*b*), (*c*) e (*d*) somados levam ao resultado do item (a).

PROBLEMA COMPUTACIONAL

1. Considere, novamente, o Problema Resolvido 37-3. Utilizando-se os métodos numéricos baseados na Eq. 37-25, gere um gráfico de corrente em função do tempo. Escolha um tamanho de passo de 1/6000 s (1/100 de um período) e suponha que em $t = 0$ a carga no capacitor seja nula e que não há corrente no circuito. Quanto tempo é necessário para que a corrente seja estabelecida da forma da Eq. 37-2? Como pode-se comparar estes resultados com a solução analítica?

10. A Fig. 37-6, mostra que $i_p(t)$ do circuito primário permanece inalterado se a resistência $R'[= R(N_p/N_s)^2]$ é conectada diretamente entre os terminais do gerador, retirando-se o transformador e o circuito secundário. Isto é,

$$i_p(t) = \frac{\mathcal{E}(t)}{R'}.$$

Neste sentido pode-se entender que o transformador "transforma" não apenas as diferenças de potencial e de correntes mas também as resistências. Em um caso mais geral, no qual a carga do secundário da Fig. 37-6 contém elementos capacitivos e indutivos assim como resistivos, pode-se dizer que um transformador transforma impedâncias.

11. Um *dimmer* típico utilizado para escurecer as luzes de palco de um teatro consiste em um indutor variável L conectado em série com a lâmpada B como mostrado na Fig. 37-16. A fonte de 120 V (rms) em 60,0 Hz; a lâmpada é de "120 V, 1000 W". (*a*) Qual a indutância máxima L necessária para que a potência da lâmpada seja variada de um fator de cinco? Suponha que a resistência da lâmpada seja independente da sua temperatura. (*b*) Poderia ser utilizado um resistor variável em vez de um indutor variável? Se afirmativo, qual seria a resistência máxima necessária? Por que isto não é feito?

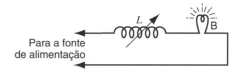

Fig. 37-16. Problema 11.

CAPÍTULO 38

EQUAÇÕES DE MAXWELL E ONDAS ELETROMAGNÉTICAS

Neste capítulo, resumem-se as quatro equações básicas do eletromagnetismo, conhecidas como as equações de Maxwell, as quais foram individualmente discutidas em capítulos anteriores. Um argumento baseado em simetria revela um importante termo que não está presente em uma das equações. Quando este termo é incluído, estas equações levam à predição de ondas eletromagnéticas que se propagam com a velocidade da luz. Discutem-se as propriedades destas ondas, as quais são importantes no entendimento da ótica, da transmissão de rádio e TV e das propriedades de dispositivos tais como fornos de microondas.

38-1 AS EQUAÇÕES BÁSICAS DO ELETROMAGNETISMO

Embora existam muitas diferenças nas propriedades físicas dos campos elétrico e magnético, existem muitas similaridades nas suas propriedades matemáticas. Com o intuito de permitir que estas similaridades sejam observadas, escrevem-se as equações básicas do eletromagnetismo de modo a aplicá-las a uma região do espaço na qual existem os campos elétrico e magnético, mas não estão presentes cargas ou correntes (os campos podem ser causados por cargas e correntes em outras regiões do espaço).

Escolhendo-se uma superfície fechada qualquer nesta região, pode-se aplicar a lei de Gauss para ambos os campos elétrico e magnético:

$$\oint \vec{\mathbf{E}} \cdot d\vec{\mathbf{A}} = 0, \qquad (38\text{-}1)$$

$$\oint \vec{\mathbf{B}} \cdot d\vec{\mathbf{A}} = 0. \qquad (38\text{-}2)$$

Sobre qualquer superfície fechada, as integrais de superfície dos campos elétrico e magnético são ambas nulas, porque a superfície não envolve nenhuma carga elétrica ou pólo magnético. Estas duas equações têm exatamente a mesma forma, o que representa uma importante simetria entre os campos elétrico e magnético.

Neste momento, escolhe-se um caminho fechado qualquer nesta região e aplica-se a lei de Faraday:

$$\oint \vec{\mathbf{E}} \cdot d\vec{\mathbf{s}} = -\frac{d\Phi_B}{dt}, \qquad (38\text{-}3)$$

$$\oint \vec{\mathbf{B}} \cdot d\vec{\mathbf{s}} = 0. \qquad (38\text{-}4)$$

A simetria entre $\vec{\mathbf{E}}$ e $\vec{\mathbf{B}}$ que estava presente nas Eqs. 38-1 e 38-2 parece estar faltando nas Eqs. 38-3 e 38-4. A lei de Faraday, Eq. 38-3, diz que um campo magnético variável nesta região pode estabelecer um campo elétrico. É possível que um campo *elétrico* variável possa estabelecer um campo *magnético*?

Esta questão foi respondida primeiro por Maxwell.* A sua resposta correta forneceu o termo que faltava na lei de Ampère, o que restaurou a simetria entre os campos elétrico e magnético na lei de Faraday e na lei de Ampère. Este termo adicional é responsável pela existência das ondas eletromagnéticas, as quais Maxwell foi capaz de deduzi-las da sua teoria. Logo depois da sua predição, as ondas foram descobertas e aplicadas na invenção do rádio. Não é exagero dizer que toda a moderna área das comunicações vem diretamente da descoberta de Maxwell.

38-2 CAMPOS MAGNÉTICOS INDUZIDOS E A CORRENTE DE DESLOCAMENTO

Aqui, a evidência para a suposição da seção anterior é discutida em detalhe — isto é, que um campo elétrico variável induz um campo magnético. Embora as considerações de simetria sejam usadas como principal guia, também encontram-se verificações experimentais diretas.

A Fig. 38-1a mostra um capacitor circular de placas paralelas. Uma corrente i entra pela placa da esquerda (a qual supõe-se que carrega uma carga positiva) e uma corrente igual i deixa a placa da direita. Uma espira amperiana envolve o fio na Fig. 38-1a e forma o contorno da superfície que é atravessada pelo fio.

---

*James Clerk Maxwell (1831-1879), um físico escocês, foi o primeiro a fornecer a estrutura matemática das leis do eletromagnetismo. Ele também desenvolveu a mecânica estatística dos gases e fez importantes contribuições para a fotografia a cores e para a compreensão dos anéis de Saturno. As equações do eletromagnetismo na sua forma atual foram desenvolvidas não por Maxwell, mas pelo físico britânico Oliver Heaviside (1850-1925), que reconheceu nelas a simetria entre $\vec{\mathbf{E}}$ e $\vec{\mathbf{B}}$.

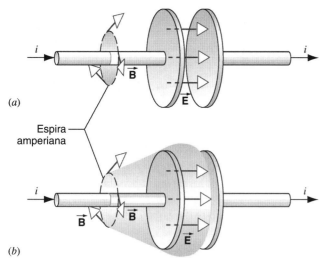

Fig. 38-1. (a) Uma espira amperiana envolve uma superfície através da qual passa um fio conduzindo uma corrente. (b) A mesma espira amperiana envolve uma superfície que passa entre as placas do capacitor. Nenhuma corrente de condução passa através da superfície.

A corrente no fio estabelece um campo magnético; na Seção 33-5 observou-se que o campo magnético e a corrente estão relacionados pela lei de Ampère,

$$\oint \vec{B} \cdot d\vec{s} = \mu_0 i. \qquad (38\text{-}5)$$

Isto é, a integral de linha do campo magnético em torno da espira é proporcional à corrente total que passa através da superfície limitada pela espira.

Na Fig. 38-1b, manteve-se a mesma espira mas esticou-se a superfície limitada pela espira, de modo que ela envolve toda a placa da esquerda do capacitor. Uma vez que a espira não mudou (nem o campo magnético), o lado esquerdo da lei de Ampère fornece o mesmo resultado, mas o lado direito fornece um resultado bastante diferente — isto é, zero — porque nenhum fio condutor passa através da superfície. Parece que se tem uma violação da lei de Ampère!

Para restaurar a lei de Ampère de modo que ela descreva corretamente a situação da Fig. 38-1b, toma-se por base a conclusão dada na seção anterior baseada na simetria: *um campo magnético é estabelecido por um campo elétrico variável*. Em seguida considera-se a situação da Fig. 38-1 em maior detalhe. À medida que a carga é transportada para o capacitor, o campo elétrico no seu interior varia com uma determinada taxa dE/dt. O campo elétrico passa através da superfície mostrada na Fig. 38-1b no interior do capacitor; considera-se a passagem das linhas de campo através desta superfície em termos do fluxo elétrico Φ_E, e um campo elétrico variável deve corresponder a um fluxo elétrico variável, $d\Phi_E/dt$.

Para descrever este novo efeito quantitativamente, toma-se como base uma analogia com a lei de indução de Faraday, Eq. 38-3, que estabelece que um campo elétrico (lado esquerdo) é produzido por um campo magnético variável (lado direito). Para o complemento simétrico escreve-se*

$$\oint \vec{B} \cdot d\vec{s} = \mu_0 \epsilon_0 \frac{d\Phi_E}{dt}. \qquad (38\text{-}6)$$

A Eq. 38-6 sustenta que um campo magnético (lado esquerdo) pode ser produzido por um campo elétrico variável (lado direito).

A situação mostrada na Fig. 38-1a é descrita pela lei de Ampère na forma da Eq. 38-5, enquanto a situação da Fig. 38-1b é descrita pela Eq. 38-6. No primeiro caso, é a corrente através da superfície que fornece o campo magnético e no segundo caso, é o fluxo elétrico variável através da superfície que fornece o campo magnético. Em geral, deve-se levar em conta *ambas as formas* de produzir um campo magnético — (a) por uma corrente e (b) por um fluxo elétrico variável — e assim deve-se modificar a lei de Ampère para

$$\oint \vec{B} \cdot d\vec{s} = \mu_0 i + \mu_0 \epsilon_0 \frac{d\Phi_E}{dt}. \qquad (38\text{-}7)$$

Maxwell é responsável por esta importante generalização da lei de Ampère.

No Cap. 33 supôs-se que nenhum campo elétrico variável estava presente, de modo que na Eq. 38-7 o termo $d\Phi_E/dt$ era nulo. Na discussão da Fig. 38-1b supôs-se que não existem correntes de condução no espaço contendo o campo elétrico. Assim, nesse caso o termo $\mu_0 i$ na Eq. 39-7 é nulo. Agora pode-se observar que cada uma dessas situações é um caso especial. Se existissem fios finos conectando as duas placas na Fig. 38-1b, existiriam contribuições de ambos os termos da Eq. 38-7.

Uma forma alternativa de interpretar a Eq. 38-7 é sugerida pela Fig. 38-2, que mostra o campo elétrico em uma região entre as placas do capacitor da Fig. 38-1. Agora toma-se a espira amperiana como sendo um caminho circular nesta região. No lado direito da Eq. 38-7, o termo i é nulo, mas o termo $d\Phi_E/dt$ não é nulo. De fato, o fluxo através da superfície é positivo se as linhas de campo estiverem dispostas conforme mostrado, e o fluxo está aumentando (correspondente ao aumento do campo elétrico) à medida que a carga positiva é transportada para a placa da esquerda da Fig. 38-1. A integral de linha de $\vec{B}$ em torno da espira também deve ser positiva e os sentidos de $\vec{B}$ devem ser os mostrados na Fig. 38-2.

A Fig. 38-2 indica um belo exemplo da simetria da natureza. Um campo *magnético* variável induz um campo *elétrico* (lei de Faraday); agora observa-se que um campo *elétrico* variável induz um campo *magnético*. É interessante comparar cuidadosamente a Fig. 38-2 com a Fig. 34-15b, a qual ilustra a produção de um campo elétrico por um campo magnético variável. Em cada caso, o fluxo correspondente Φ_B ou Φ_E está *aumentando*. No entanto, experimentos mostram que as linhas de $\vec{E}$ na Fig. 34.15b

---

*O sistema de unidades SI necessita que sejam inseridas as constantes ϵ_0 e μ_0 na Eq. 38-6. Em alguns outros sistemas de unidades, elas não aparecem.

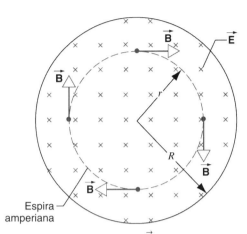

Fig. 38-2. O campo magnético induzido $\vec{B}$, mostrado em quatro pontos, produzido por um campo elétrico variável $\vec{E}$ dentro do capacitor da Fig. 38-1. O campo elétrico está aumentando em intensidade. Compare com a Fig. 34.15b.

têm *sentido anti-horário*, enquanto as de $\vec{B}$ na Fig. 38-2 têm *sentido horário*. Esta diferença requer que o sinal negativo na Eq. 38-3 seja omitido da Eq. 38-6.

PROBLEMA RESOLVIDO 38-1.

Um capacitor de placas paralelas com placas circulares está sendo carregado conforme mostrado na Fig. 38-1. (a) Derive uma expressão para o campo magnético induzido na região entre as placas, em função de r. Considere tanto $r \leq R$ como $r \geq R$. (b) Determine B em $r = R$ para $dE/dt = 10^{12}$ V/m · s e $R = 5{,}0$ cm.

Solução (a) Da Eq. 38-6,

$$\oint \vec{B} \cdot d\vec{s} = \mu_0 \epsilon_0 \frac{d\Phi_E}{dt},$$

podemos escrever, para $r \leq R$, como na Fig. 38-2,

$$(B)(2\pi r) = \mu_0 \epsilon_0 \frac{d}{dt}[(E)(\pi r^2)] = \mu_0 \epsilon_0 \pi r^2 \frac{dE}{dt}.$$

Resolvendo para B, resulta

$$B = \tfrac{1}{2} \mu_0 \epsilon_0 r \frac{dE}{dt} \qquad (r \leq R).$$

Para $r \geq R$, a Eq. 38-6 fornece

$$(B)(2\pi r) = \mu_0 \epsilon_0 \frac{d}{dt}[(E)(\pi R^2)] = \mu_0 \epsilon_0 \pi R^2 \frac{dE}{dt},$$

ou

$$B = \frac{\mu_0 \epsilon_0 R^2}{2r} \frac{dE}{dt} \qquad (r \geq R).$$

(b) Em $r = R$, as duas equações para B reduzem-se à mesma expressão, ou

$$\begin{aligned}B &= \tfrac{1}{2} \mu_0 \epsilon_0 R \frac{dE}{dt} \\ &= \tfrac{1}{2}(4\pi \times 10^{-7}\text{ T} \cdot \text{m/A})(8{,}9 \times 10^{-12}\text{ C}^2/\text{N} \cdot \text{m}^2) \\ &\quad \times (5{,}0 \times 10^{-2}\text{ m})(10^{12}\text{ V/m} \cdot \text{s}) \\ &= 2{,}8 \times 10^{-7}\text{ T} = 280\text{ nT}.\end{aligned}$$

Isto mostra que os campos magnéticos induzidos neste exemplo são tão pequenos que dificilmente poderiam ser medidos com aparatos simples, ao contrário dos campos *elétricos* induzidos (lei de Faraday), o que pode ser demonstrado facilmente. Esta diferença experimental é em parte devida ao fato de que fems induzidas podem ser facilmente multiplicadas usando-se uma bobina de várias espiras. Não existe nenhuma técnica de simplicidade comparável para campos magnéticos. Em experiências envolvendo oscilações de freqüências muito elevadas, dE/dt pode ser muito grande, resultando em valores significativamente maiores para o campo magnético induzido.

CORRENTE DE DESLOCAMENTO

A comparação das Eqs. 38-5 e 38-6 mostra que o termo $\epsilon_0 \, d\Phi_E/dt$ tem as dimensões de corrente. Mesmo que nenhum movimento de carga esteja envolvido, existem vantagens em dar a este termo o nome de *corrente de deslocamento*.* A corrente de deslocamento i_d é definida de acordo com

$$i_d = \epsilon_0 \frac{d\Phi_E}{dt}. \qquad (38\text{-}8)$$

Assim, pode-se dizer que o campo magnético pode ser estabelecido tanto por uma corrente de condução i como uma corrente de deslocamento i_d, e pode-se reescrever a Eq. 38-6 como

$$\oint \vec{B} \cdot d\vec{s} = \mu_0 (i + i_d). \qquad (38\text{-}9)$$

Em seguida, calcula-se a corrente de deslocamento i_d na região entre as placas do capacitor da Fig. 38-18b. A carga q nas placas está relacionada com o campo elétrico E na região entre as placas através da Eq. 30-3 ($E = \sigma/\epsilon_0$),

$$q = \epsilon_0 E A.$$

Diferenciando-se, tem-se

$$i = \frac{dq}{dt} = \epsilon_0 \frac{d(EA)}{dt}.$$

A grandeza EA é o fluxo elétrico Φ_E, e assim

$$i = \epsilon_0 \frac{d\Phi_E}{dt}.$$

---

*A palavra "deslocamento" foi introduzida por razões históricas. Não tem nada a ver com a utilização prévia de deslocamento para indicar a posição de uma partícula.

322 CAPÍTULO TRINTA E OITO

A comparação com a Eq. 38-8 mostra

$$i = i_d.$$

Assim, a corrente de deslocamento na região entre as placas é igual à corrente de condução nos fios.

O conceito da corrente de deslocamento permite conservar o conceito de que a *corrente é contínua*, um princípio estabelecido para correntes de condução constantes na Seção 31-1. Na Fig. 38-1*b*, por exemplo, uma corrente de condução *i* entra na placa positiva e deixa a placa negativa. A corrente de *condução* não *é* contínua ao longo do espaço entre as placas do capacitor porque nenhuma carga é transportada ao longo dessa região. No entanto, a corrente de deslocamento i_d na região entre as placas é exatamente igual a *i*, mantendo assim o conceito de continuidade de corrente.

Quando o capacitor está totalmente carregado, a corrente de condução cai até zero (nenhuma corrente flui nos fios). O campo elétrico entre as placas torna-se constante; assim, $dE/dt = 0$, e então a corrente de deslocamento também cai a zero.

A corrente de deslocamento i_d, dada pela Eq. 38-8, tem um sentido assim como uma intensidade. O sentido da corrente de condução *i* é o do vetor de densidade de corrente de condução $\vec{\mathbf{j}}$. De forma similar, o sentido da corrente de deslocamento i_d é o do vetor de densidade de corrente de deslocamento $\vec{\mathbf{j}}_d$, o qual, conforme se deduz da Eq. 38-8, é $\epsilon_0(d\vec{\mathbf{E}}/dt)$. A regra da mão direita aplicada a i_d fornece o sentido do campo magnético associado, da mesma forma que para a corrente de condução *i*.

PROBLEMA RESOLVIDO 38-2.

Qual a corrente de deslocamento para a situação do Problema Resolvido 38-1?

Solução Da Eq. 38-8, a definição de corrente de deslocamento,

$$i_d = \epsilon_0 \frac{d\Phi_E}{dt} = \epsilon_0 \frac{d}{dt}[(E)(\pi R^2)] = \epsilon_0 \pi R^2 \frac{dE}{dt}$$

$$= (8,9 \times 10^{-12} \text{ C}^2/\text{N} \cdot \text{m}^2)(\pi)(5 \times 10^{-2} \text{ m})^2(10^{12} \text{ V/m} \cdot \text{s})$$

$$= 0,070 \text{ A} = 70 \text{ mA}.$$

Isto é uma corrente razoavelmente grande, embora tenha se determinado no Problema Resolvido 38-1 que ela produz um campo magnético de apenas 280 nT. Uma corrente de 70 mA fluindo em um fio fino irá produzir um grande campo magnético perto da superfície do fio, facilmente detectável por uma agulha de bússola.

A diferença *não* é causada pelo fato de que uma corrente é uma corrente de condução e a outra é uma corrente de deslocamento. Sob as mesmas condições, ambos os tipos de corrente são igualmente efetivos na geração de um campo magnético. A diferença surge porque, neste caso, a corrente de condução é confinada a um fio fino enquanto a corrente de deslocamento é distribuída ao longo de uma área igual à área da superfície das placas do capacitor. Então o capacitor comporta-se como um "fio grosso" de 5 cm de raio, conduzindo uma corrente (de deslocamento) de 70 mA. O seu efeito magnético maior, o qual ocorre nas bordas do capacitor, é muito menor do que seria para o caso na superfície de um fio fino. (Ver também Problema 2.)

38-3 EQUAÇÕES DE MAXWELL

Com a inclusão do termo do campo magnético induzido (corrente de deslocamento) na lei de Ampère, as quatro equações básicas do eletromagnetismo, conhecidas como as leis de Maxwell, estão agora completas. Estas equações são resumidas na Tabela 38-1, que também mostra o experimento crucial que levou a cada uma das equações. Esta lista de experimentos indica que as Eqs. de Maxwell não são meras especulações teóricas; ao contrário, cada uma foi desenvolvida para explicar os resultados de experimentos realizados em laboratório.

Existem vários aspectos destas equações notáveis que devem ser considerados.

1. *Simetria.* A inclusão da corrente de deslocamento certamente faz as Eqs. III e IV da Tabela 38-1 parecerem mais similares, aumentando dessa forma a simetria das equações. Se a existência de cargas magnéticas individuais (monopolos magnéticos) fosse confirmada, as equações pareceriam ainda mais similares. Se q_m representa a "carga magnética", então a lei de Gauss para o magnetismo seria escrita como $\oint \vec{\mathbf{B}} \cdot d\vec{\mathbf{A}} = \mu_0 q_m$. Esta equação afirma que o fluxo magnético através de qualquer superfície fechada é proporcional à carga magnética resultante envolvida pela superfície. Neste caso as Eqs. I e II tornam-se mais simétricas.

Se fosse possível formar uma corrente destas cargas magnéticas em uma corrente magnética $i_m = dq_m/dt$, então (supondo que os experimentos verificassem isto) seria possível adicionar um termo ao lado direito da Eq. III mostrando que uma corrente magnética pode estabelecer um campo elétrico. Isto tornaria as Eqs. III e IV mais simétricas.

Até o momento não existe nenhuma evidência experimental da existência de monopolos magnéticos. No entanto, se eles fossem descobertos seria necessário pouco esforço para modificar as Equações de Maxwell de modo a levarem em conta os seus efeitos.

2. *Ondas eletromagnéticas.* As quatro equações individuais eram conhecidas antes da época de Maxwell, e além da corrente de deslocamento nenhuma nova predição surgiu de nenhuma das equações individuais. Conforme será mostrado na próxima seção, quando as equações são combinadas surge uma nova predição — a existência de ondas eletromagnéticas e um valor para a sua velocidade (a velocidade da luz). Estas ondas foram previstas por Maxwell e descobertas por Heinrich Hertz em 1888, 15 anos após a teoria de Maxwell ser publicada. Mais adiante neste capítulo mostra-se como esta predição resultam das equações de Maxwell.

EQUAÇÕES DE MAXWELL E ONDAS ELETROMAGNÉTICAS · 323

TABELA 38-1 Equações Básicas do Eletromagnetismo (Equações de Maxwell)[a]

Número	Nome	Equação	Descreve	Experimento Fundamental	Capítulo de Referência
I	Lei de Gauss para a eletricidade	$\oint \vec{E} \cdot d\vec{A} = q/\epsilon_0$	Carga e o campo elétrico	(a) Cargas iguais repelem-se e cargas opostas atraem-se, de acordo com o inverso do quadrado das suas distâncias. (b) A carga em um condutor isolado move-se para a sua superfície externa.	27
II	Lei de Gauss para o magnetismo	$\oint \vec{B} \cdot d\vec{A} = 0$	O campo magnético	Linhas de campo magnéticas formam espirais fechadas; não existe evidência de que existam monopolos magnéticos.	35
III	Lei de Faraday da indução	$\oint \vec{E} \cdot d\vec{s} = -d\phi_B/dt$	O efeito elétrico de um campo magnético variável	Uma barra de ímã, empurrada através de uma espira fechada de fio, irá estabelecer uma corrente na espira.	34
IV	Lei de Ampère (generalizada por Maxwell)	$\oint \vec{B} \cdot d\vec{s} = \mu_0 i$ $+ \mu_0 \epsilon_0\, d\Phi_E/dt$	O efeito magnético de uma corrente ou um campo elétrico variável	(a) Uma corrente em um fio estabelece um campo magnético próximo ao fio. (b) A velocidade da luz pode ser calculada através de medições puramente eletromagnéticas.	33 38

[a]Escritas considerando-se que nenhum material dielétrico ou magnético está presente.

3. *Eletromagnetismo e relatividade.* O que é especialmente notável acerca das equações de Maxwell é que elas são inteiramente consistentes com a teoria especial da relatividade. Em contraste com a lei de Newton para a mecânica, a qual requer consideráveis alterações para movimentos com velocidades próximas à velocidade da luz, as equações de Maxwell permanecem as mesmas para todos os observadores, independentemente das suas velocidades relativas. De fato, a descoberta de Einstein da relatividade surgiu diretamente dos seus estudos sobre as leis do eletromagnetismo e as equações de Maxwell.

OSCILAÇÕES EM CAVIDADE (OPCIONAL)

Existem muitas situações nas quais as equações de Maxwell fornecem uma compreensão teórica sobre um dispositivo prático ou um fenômeno. Um caso particular é o da cavidade metálica contendo campos elétricos e magnéticos oscilantes.

O oscilador de cavidade eletromagnética é similar em muitas formas a um oscilador de cavidade acústica, como o de um tubo fechado de órgão. Quando o tubo é colocado em oscilação por uma perturbação externa, pode-se produzir uma onda estacionária com oscilações na massa específica e velocidade das moléculas de ar, como a energia acústica em um tubo oscila entre a energia potencial associada às compressões e rarefações do gás e a energia cinética do gás em movimento.

A cavidade eletromagnética ressonante comporta-se de uma forma similar, exceto que a energia oscila entre os seus campos

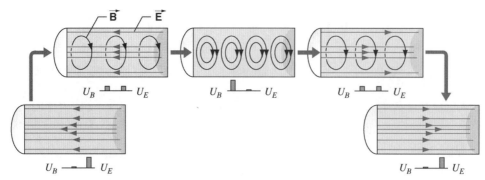

Fig. 38-3. Metade de um ciclo de oscilação de uma cavidade eletromagnética. Os gráficos abaixo de cada figura mostram as energias elétrica U_E e magnética U_B armazenadas. As linhas de $\vec{E}$ são paralelas ao eixo da cavidade e as linhas de $\vec{B}$ são círculos concêntricos com o eixo.

magnético e elétrico em uma onda eletromagnética estacionária. A Fig. 38-3 mostra uma representação dos campos elétrico e magnético durante uma metade do ciclo de oscilação. Campos magnético e elétrico ocorrem através do volume da cavidade. As densidades de energia em qualquer ponto são dadas pelas Eqs. 30-28 ($u_E = \frac{1}{2}\epsilon_0 E^2$) e 36-22 ($u_E = B^2/2\mu_0$), e as energias totais armazenadas são obtidas integrando-se sobre o volume da cavidade.

Pode-se pensar nas duas extremidades planas da cavidade como sendo as placas de um capacitor que mantém instantaneamente cargas $+q$ e $-q$ para estabelecer o campo elétrico mostrado na Fig. 38-3. À medida que a cavidade oscila, as cargas movimentam-se ao longo das paredes condutoras da cavidade para reverter o sentido do campo.

Se é escolhido um caminho circular na cavidade em um plano paralelo às extremidades, então o fluxo elétrico através da área envolvida pelo caminho está variando. Este fluxo elétrico variável estabelece um campo magnético tangente ao círculo, de acordo com o termo extra de Maxwell adicionado à lei de Ampère. De forma equivalente, pode-se considerar que a corrente de deslocamento flui dentro do volume da cavidade (paralela às linhas de campo elétrico), e esta corrente de deslocamento estabelece linhas de campo magnético circulares da mesma forma que correntes comuns em fios retos.

Se, em vez disso, escolhe-se um caminho retangular no plano das linhas de campo elétrico, a lei de Faraday mostra que o campo elétrico neste caminho depende da taxa de variação do fluxo magnético através do retângulo. Assim, tem-se dois resultados das equações de Maxwell:

$$B \propto \frac{d\Phi_E}{dt} \quad e \quad E \propto \frac{d\Phi_B}{dt}. \quad (38\text{-}10)$$

Note que B tem o seu valor máximo quando o campo elétrico está variando mais rapidamente, o que ocorre quando $E = 0$, isto é, quando o campo elétrico está invertendo o sentido. De modo similar, E tem o seu mínimo quando $B = 0$.

As Eqs. 38-10 mostram a interdependência de $\vec{E}$ e $\vec{B}$ na cavidade. O campo elétrico variável fornece um campo magnético e o campo magnético variável fornece um campo elétrico. As oscilações de $\vec{E}$ produzem $\vec{B}$ e as oscilações de $\vec{B}$ produzem $\vec{E}$. Os campos oscilantes sustentam um ao outro e uma vez que

a oscilação é estabelecida ela continuaria indefinidamente se não fossem as perdas resistivas nas paredes da cavidade ou perda de energia através das aberturas na cavidade. Um acoplamento mútuo similar entre os campos elétrico e magnético ocorre na propagação das ondas eletromagnéticas, que será discutido mais adiante neste capítulo.

Cavidades de oscilação como as que foram descritas formam a base do *magnétron*, que serviu como um gerador de radiação de microondas para o uso no radar durante os anos 40 do século XX. Um outro dispositivo baseado em cavidade é o *klystron*, que foi utilizado para amplificar sinais de radar refletidos. (Se as ondas percorrem uma cavidade de klystron à velocidade da luz, é possível estimar que uma cavidade de alguns poucos centímetros de comprimento terá um período de aproximadamente 10^{-10} s, correspondente a uma freqüência de 10 GHz.) Um uso comum para o klystron é em aceleradores que produzem feixes de partículas carregadas de alta energia. A Fig. 38-4 mostra o interior do acelerador de elétrons de duas milhas em Stanford (Estados Unidos), no qual centenas de cavidades ressonantes são usadas em sucessão para amplificar as energias dos elétrons até 50 GeV.

Fig. 38-4. O interior do Acelerador Linear de Stanford de 2 milhas. O cilindro vertical grande é uma das várias centenas de cavidades eletromagnéticas ressonantes (klystrons) que fornecem os campos elétricos necessários para acelerar os elétrons. Cada klystron produz uma potência de pico de 67 MW. ∎

38-4 GERANDO UMA ONDA ELETROMAGNÉTICA

As ondas eletromagnéticas carregam energia ou quantidade de movimento de um ponto do espaço para outro através dos seus campos elétrico e magnético. Antes de se considerar a descrição matemática das ondas eletromagnéticas, discutem-se algumas propriedades gerais que devem ser esperadas para estas ondas.

Que tipo de disposição das cargas ou correntes deve ser esperado para produzir uma onda eletromagnética? Uma carga elétrica em repouso estabelece um padrão para as linhas de campo elétrico. Uma carga em movimento com velocidade constante estabelece um padrão de linhas de campo magnético em adição às linhas de campo elétrico. Uma vez que uma condição de regime permanente é atingida (isto é, após a carga em movimento e os campos terem sido estabelecidos no espaço), existe uma densidade de energia no espaço associada com os campos elétrico e magnético, mas a densidade de energia permanece constante no tempo. Nenhum sinal, além da evidência da sua presença, é transportado da carga a pontos distantes; não existe transporte de energia ou quantidade de movimento e não há radiação eletromagnética.

Se, por outro lado, a carga fosse colocada em um movimento para a frente e para trás, seria possível enviar sinais para um amigo distante que tivesse o equipamento necessário para detectar variações nos campos elétrico e magnético. Com um código predeterminado, seria possível enviar informações vibrando a carga com uma determinada taxa ou em uma determinada direção. Neste caso, seria possível estabelecer uma comunicação através de uma onda eletromagnética. Para produzir esta onda é necessário acelerar a carga. Isto é, *cargas estáticas e cargas em movimento com velocidade constante não irradiam; cargas aceleradas irradiam.* Colocado de outra forma, o movimento uniforme das cargas é equivalente a uma corrente que não varia com o tempo, e o movimento acelerado das cargas é correspondente a uma corrente que varia com o tempo; então, equivalentemente, pode-se considerar a radiação como sendo produzida por correntes variáveis no tempo.

Uma forma conveniente de gerar uma onda eletromagnética no laboratório é fazer com que correntes em fios variem com o tempo. Por simplicidade, supõe-se uma variação senoidal com o tempo. A Fig. 38-5 mostra um circuito que pode ser utilizado para este propósito. Ele consiste em um circuito oscilatório *RLC*, com uma fonte externa que restaura a energia que é dissipada no circuito ou levada para longe pela radiação. A corrente no circuito varia senoidalmente com uma freqüência angular de ressonância ω, que é aproximadamente igual a $1/\sqrt{LC}$ se as perdas resistivas forem pequenas (ver Seção 36-7). O oscilador está acoplado através de um transformador a uma *linha de transmissão*, a qual serve para levar o sinal até uma *antena*. (Cabos coaxiais, que levam sinais de TV para muitas residências, são exemplos comuns de linhas de transmissão.)

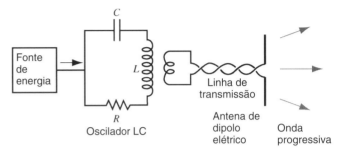

Fig. 38-5. Uma montagem para a geração de uma onda eletromagnética progressiva.

A geometria da antena determina as propriedades geométricas dos campos elétrico e magnético irradiados. Considera-se uma *antena de dipolo*, a qual pode ser simples como dois fios condutores retos, conforme mostrado na Fig. 38-5. As cargas surgem para a frente e para trás nestes dois condutores com uma freqüência ω, acionadas pelo oscilador. Pode-se considerar a antena como um dipolo elétrico oscilando, no qual um ramo carrega uma carga instantânea q e o outro ramo carrega $-q$. A carga q varia senoidalmente com o tempo e muda de sinal a cada meio ciclo. As cargas são certamente aceleradas quando se movem para a frente e para trás na antena, e como resultado a antena é uma fonte de *radiação de dipolo magnético*. Em qualquer

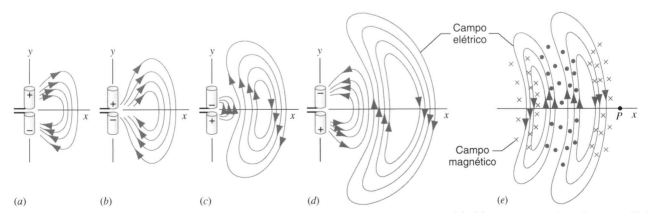

Fig. 38-6. Estágios sucessivos na emissão de uma onda eletromagnética de uma antena de dipolo. Em (a)–(d), somente os padrões do campo elétrico são mostrados. Em (e), o campo magnético é mostrado como perpendicular ao plano da página.

ponto no espaço existem campos elétrico e magnético que variam senoidalmente com o tempo.*

A Fig. 38-6 apresenta uma série de "instantâneos" que fornecem uma figura esquemática de como o campo de radiação é formado. As linhas de campo elétrico podem ser deduzidas das localizações das cargas positivas e negativas do dipolo; o campo magnético correspondente, mostrado na Fig. 38-6e, pode ser inferido da corrente nos condutores utilizando a regra da mão direita. A figura é uma fatia através do plano xy; para obter uma representação mais completa do campo, é necessário imaginar que a figura é girada em torno do eixo y. Supõe-se que o campo é observado a distâncias do dipolo que são grandes quando comparadas com as suas dimensões e comparadas com o comprimento de onda da radiação; o campo observado sob estas condições é chamado de *campo de radiação*. Para distâncias menores, pode-se observar o *campo próximo*, que é mais complexo e não é discutido aqui. Note que o campo "separa-se" da antena e forma malhas fechadas, em contraste com o campo estático de um dipolo elétrico, no qual as linhas de campo sempre começam nas cargas positivas e terminam nas cargas negativas.

Uma visão alternativa do campo de radiação é dado na Fig. 38-7, que representa uma série de "instantâneos" dos campos elétrico e magnético em volta de um observador localizado no ponto P sobre o eixo da Fig. 38-6. Supõe-se que o observador esteja localizado longe o suficiente do dipolo de modo que as frentes de onda possam ser consideradas como planas. Como é sempre o caso, a densidade das linhas de campo indicam a intensidade do campo. Note especialmente que (1) $\vec{E}$ e $\vec{B}$ estão em fase (ambos atingem os seus máximos no mesmo instante e

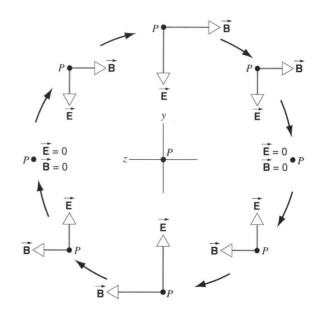

Fig. 38-7. Oito "instantâneos" cíclicos da onda eletromagnética plana irradiada do dipolo oscilante da Fig. 38-6, observada no ponto P. A direção do movimento da onda (direção x na Fig. 38-6) está fora do plano da página. Linhas de $\vec{E}$ são verticais e linhas de $\vec{B}$ são horizontais.

ambos são nulos no mesmo instante) e (2) $\vec{E}$ e $\vec{B}$ são perpendiculares um ao outro. Estas conclusões, que seguem de uma análise de ondas eletromagnéticas progressivas viajando no espaço vazio utilizando as equações de Maxwell, são discutidas na próxima seção.

38-5 ONDAS PROGRESSIVAS E EQUAÇÕES DE MAXWELL

A discussão anterior forneceu uma figura qualitativa de um tipo de onda eletromagnética progressiva. Nesta seção considera-se a descrição matemática da onda, para a qual se mostrará que é consistente com as equações de Maxwell. Ao fazer-se isso, mostra-se também que a velocidade destas ondas no espaço vazio é a mesma da velocidade da luz, o que leva a concluir que a luz é uma onda eletromagnética.

Supõe-se que o observador no ponto P na Fig. 38-6 está a uma grande distância do dipolo oscilante, de modo que as frentes de onda passando pelo ponto P (mostrado na Fig. 38-7) são planas. As linhas de $\vec{E}$ são paralelas ao eixo y e as linhas de $\vec{B}$ são paralelas ao eixo z. Os campos $\vec{E}$ e $\vec{B}$ são escritos na forma matemática usual de uma onda progressiva senoidal (ver Seção 18-3):

$$E(x, t) = E_m \operatorname{sen}(kx - \omega t), \qquad (38\text{-}11)$$

$$B(x, t) = B_m \operatorname{sen}(kx - \omega t). \qquad (38\text{-}12)$$

Aqui ω é a freqüência angular associada com o dipolo oscilante e o número de onda k tem a sua forma usual de $2\pi/\lambda$. Se a onda se propaga com velocidade de fase c, então ω e k estão relacionados de acordo com $c = \omega/k$. A Fig. 38-8 representa a variação senoidal dos campos $\vec{E}$ e $\vec{B}$ para pontos ao longo do eixo x em um determinado instante de tempo. Nesta onda plana, a mesma variação dos campos $\vec{E}$ e $\vec{B}$ ocorre ao longo de qualquer linha paralela ao eixo x; isto é, os campos em qualquer ponto sobre o eixo x são iguais aos campos em qualquer ponto em um plano que passa pelo ponto e é perpendicular ao eixo x.

Mais tarde mostra-se que as amplitudes de E_m e B_m estão relacionadas entre si. Note que ao escrever-se estas equações para as intensidades de $\vec{E}$ e $\vec{B}$, supôs-se que E e B estavam em fase; isto é, as constantes de fase nas Eqs. 38-11 e 38-12 têm os mesmo valor (o qual tomou-se como zero). Mais tarde mostra-se que esta escolha vem das equações de Maxwell.

---

*A maioria das radiações encontradas, das ondas de rádio aos raios X e raios gama, são do tipo de dipolo. Antenas de rádio e TV são normalmente projetadas para transmitir radiação de dipolo. Átomos individuais e núcleos podem freqüentemente ser considerados dipolos oscilantes, a partir do fato de que estes emitem radiação.

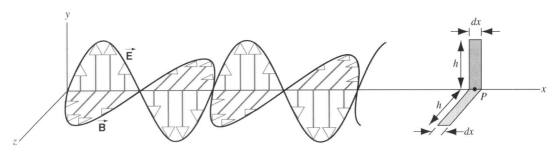

Fig. 38-8. Um "instantâneo" de uma onda eletromagnética com variação senoidal viajando na direção x. Considera-se a onda quando ela passa pelo ponto P. Os comprimentos dos vetores $\vec{E}$ e $\vec{B}$ indicam apenas as suas variações espaciais em diferentes posições sobre o eixo x. Os comprimentos

A seguir, considera-se em detalhe a passagem da onda através das duas tiras retangulares no ponto P da Fig. 38-8. Cada uma das tiras tem altura h e largura dx; uma tira está no plano xy (isto é, o plano de $\vec{E}$) e a outra está no plano xz (o plano de $\vec{B}$).

Considera-se primeiro a tira no plano xy, que é mostrada em detalhe na Fig. 38-9. Quando a onda passa sobre a tira, as linhas de $\vec{E}$ são paralelas aos lados mais longos da tira e as linhas de $\vec{B}$ são perpendiculares à área da tira. Na linguagem da lei de Faraday, à medida que a onda passa, o fluxo magnético através da área retangular varia e, como resultado, existe um campo elétrico induzido em torno da área. Este campo elétrico induzido é simplesmente o campo elétrico da onda progressiva.

Agora considera-se esta tira no instante de tempo mostrado na Fig. 38-9. Quando a onda move-se para a direita, o fluxo magnético está diminuindo com o tempo porque o campo $\vec{B}$ da onda movendo-se na direção da tira é menor. O campo induzido $\vec{E}$ precisa opor-se a esta variação, o que significa que se o contorno da área sombreada é uma espira de corrente, uma corrente anti-horária é induzida. Esta corrente irá induzir um campo magnético que irá apontar para fora da página dentro do retângulo. É claro que não existe a espira de corrente, mas os vetores $\vec{E}$ na Fig. 38-9 são consistentes com esta explicação, porque o maior campo elétrico na borda direita da espira irá fornecer uma corrente resultante no sentido anti-horário.

Para aplicar a lei de Faraday, $\oint \vec{E} \cdot d\vec{s} = -d\Phi_B/dt$, primeiro é necessário obter a integral de linha de $\vec{E}$ em torno da espira. Esta integral será obtida percorrendo-se em torno da espira no sentido anti-horário. Uma vez que $\vec{E}$ e $d\vec{s}$ são perpendiculares na parte de cima e na parte de baixo da espira, não existem contribuições destas partes para a integral. Então, a integral torna-se

$$\oint \vec{E} \cdot d\vec{s} = (E + dE)h - Eh = dE\,h.$$

O fluxo Φ_B para o retângulo é*

$$\Phi_B = (B)(dx\,h),$$

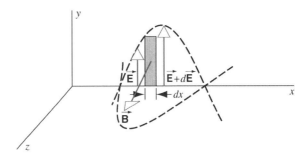

Fig. 38-9. Detalhe da tira vertical da Fig. 38-8 quando a onda passa através dela.

onde B é a intensidade de $\vec{B}$ na tira retangular e $dx\,h$ é a área da tira. Diferenciando, fornece

$$\frac{d\Phi_B}{dt} = h\,dx\,\frac{dB}{dt}.$$

Da lei de Faraday, Eq. 38-3, tem-se

$$dE\,h = -h\,dx\,\frac{dB}{dt},$$

ou

$$\frac{dE}{dx} = -\frac{dB}{dt}. \quad (38\text{-}13)$$

Na realidade, tanto B como E são funções de x e t; ver Eqs. 38-11 e 38-12. Ao calcular dE/dx, supõe-se que t é constante porque a Fig. 38-9 é um "instantâneo". Também, ao calcular dB/dt supõe-se que x é constante uma vez que necessita-se da taxa de variação no tempo de B em um determinado local, a tira na Fig. 38-9. As derivadas sob estas circunstâncias são *derivadas parciais*,[†] e uma notação um pouco diferente é usada para elas; ver, por exemplo, Seções 18-3 e 18-5. Nesta notação, a Eq. 38-13 torna-se

$$\frac{\partial E}{\partial x} = -\frac{\partial B}{\partial t}. \quad (38\text{-}14)$$

---

*Utiliza-se a regra da mão direita para o sinal do fluxo: se os dedos da mão direita apontam na direção da integração em torno do caminho, então o polegar indica o sentido segundo o qual o campo através da área envolvida fornece um fluxo positivo.
[†]Ao tomar-se uma derivada parcial em relação a uma determinada variável, como $\partial E/\partial x$, as outras variáveis (neste caso, y, z e t) são tratadas como se fossem constantes.

O sinal negativo nesta equação é apropriado e necessário, pois, embora E esteja aumentando com x na região do retângulo sombreado na Fig. 38-9, B está decrescendo com t. Uma vez que $E(x, t)$ e $B(x, t)$ são conhecidos (ver Eqs. 38-11 e 38-12), a Eq. 38-14 reduz-se a

$$kE_m \cos(kx - \omega t) = \omega B_m \cos(kx - \omega t).$$

Se tivessem sido usadas constantes de fase diferentes nas Eqs. 38-11 e 38-12, os termos dos cossenos nesta equação estariam fora de fase, e os dois lados poderiam não ser iguais para todo x e t. A Eq. 38-14, a qual segue diretamente da aplicação das equações de Maxwell, mostra que E e B precisam estar em fase.

Eliminando-se o termo de cosseno, obtém-se

$$\frac{E_m}{B_m} = \frac{\omega}{k} = c. \quad (38\text{-}15)$$

A razão entre as amplitudes das componentes elétrica e magnética da onda é a velocidade c da onda. Das Eqs. 38-11 e 38-12 observa-se que a razão entre as amplitudes é igual à razão entre os valores instantâneos, ou

$$E = cB. \quad (38\text{-}16)$$

Este resultado importante será útil em seções mais para a frente.

Agora volta-se a atenção para a tira horizontal na Fig. 38-8, a qual está no plano xz. Um detalhe desta tira é mostrado na Fig. 38-10. Neste instante particular do tempo, o campo magnético $\vec{B}$ aumenta através da tira. O fluxo elétrico está decrescendo com o tempo, porque a onda movendo-se na tira tem um menor campo $\vec{E}$. $\oint \vec{B} \cdot d\vec{s} = \mu_0 \epsilon_0 \, d\Phi_E/dt$.

Para a análise dos campos nesta tira, é necessária a forma da lei de Ampère com a modificação de Maxwell, Eq. 38-6: $\oint \vec{B} \cdot d\vec{s} = \mu_0 \epsilon_0 \, d\Phi_E/dt$. De fato, o fluxo elétrico variável (ou corrente de deslocamento) através da área retangular induz um campo magnético na tira; este campo magnético é o campo magnético da onda.

Assim como se fez no caso de $\vec{E}$ na Fig. 38-9, calcula-se a integral de linha de $\vec{B}$ (o lado esquerdo da lei de Ampère–Maxwell) percorrendo-se no sentido anti-horário em torno de tira. Uma vez que $\vec{B}$ e $d\vec{s}$ são perpendiculares ao longo dos menores lados da tira, somente é necessário considerar os seus lados maiores, onde se tem

$$\oint \vec{B} \cdot d\vec{s} = -(B + dB)h + Bh = -h \, dB,$$

onde B é a intensidade de $\vec{B}$ na borda esquerda da tira e $B + dB$ é a sua intensidade na borda direita.

Note que $\oint \vec{E} \cdot d\vec{s}$ na Fig. 38-9 é positivo, enquanto $\oint \vec{B} \cdot d\vec{s}$ na Fig. 38-10 é negativo, mesmo que os fluxos correspondentes estejam *aumentando* em ambas as situações. Isto é consistente com a diferença no sinal nas Eqs. 38-3 e 38-6 e com as figuras, as quais mostram $\vec{E}$ na Fig. 38-9 e $\vec{B}$ na Fig. 38-10 circulando em torno da tira em sentidos opostos.

O fluxo Φ_E através do retângulo da Fig. 38-10 é

$$\Phi_E = (E)(h \, dx).$$

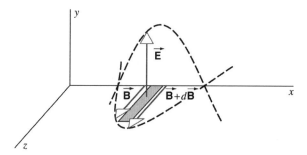

Fig. 38-10. Detalhe da tira horizontal da Fig. 38-8.

Diferenciando, tem-se

$$\frac{d\Phi_E}{dt} = h \, dx \frac{dE}{dt}.$$

Assim, pode-se escrever a lei de Ampère–Maxwell, Eq. 38-6, como

$$-h \, dB = \mu_0 \epsilon_0 \left(h \, dx \frac{dE}{dt} \right)$$

ou, cancelando-se h e substituindo-se as derivadas parciais,

$$-\frac{\partial B}{\partial x} = \mu_0 \epsilon_0 \frac{\partial E}{\partial t}. \quad (38\text{-}17)$$

Mais uma vez, o sinal negativo nesta equação é apropriado e necessário, pois embora B esteja aumentando com x na região do retângulo sombreado na Fig. 38-10, E está decrescendo com t.

Combinando esta equação com as Eqs. 38-11 e 38-12, obtém-se

$$-kB_m \cos(kx - \omega t) = -\mu_0 \epsilon_0 \omega E_m \cos(kx - \omega t),$$

ou

$$\frac{E_m}{B_m} = \frac{k}{\mu_0 \epsilon_0 \omega} = \frac{1}{\mu_0 \epsilon_0 c}, \quad (38\text{-}18)$$

onde usou-se $\omega = ck$. Eliminando-se E_m/B_m entre as Eqs. 38-15 e 38-18 resulta em

$$c = \frac{1}{\sqrt{\mu_0 \epsilon_0}}. \quad (38\text{-}19)$$

Substituindo-se valores numéricos, obtém-se

$$c = \frac{1}{\sqrt{(4\pi \times 10^{-7} \, \text{T} \cdot \text{m/A})(8{,}9 \times 10^{-12} \, \text{C}^2/\text{N} \cdot \text{m}^2)}}$$
$$= 3{,}0 \times 10^8 \, \text{m/s},$$

que é a velocidade da luz no espaço vazio! A obtenção da velocidade da luz através de considerações puramente eletromagnéticas é uma importante descoberta da teoria eletromagnética de Maxwell. Maxwell fez esta predição antes das ondas de rádio serem conhecidas e antes que fosse percebido que a luz era de natureza eletromagnética. A sua predição levou ao conceito do espectro eletromagnético e à descoberta das ondas de rádio por

Heinrich Hertz em 1890. Ela permitiu que a ótica fosse discutida como sendo um ramo do eletromagnetismo e permitiu que as suas leis fundamentais fossem derivadas das equações de Maxwell.

Uma vez que μ_0 é definido para ser exatamente $4\pi \times 10^{-7}$ H/m e atualmente dá-se à velocidade da luz o valor exato de 299.792.458 m/s, a Eq. 38-19 permite que seja obtido um valor definido de ϵ_0:

$$\epsilon_0 = \frac{1}{c^2 \mu_0} = 8,854187817\ldots \times 10^{-12} \text{ C}^2/\text{N} \cdot \text{m}^2.$$

Curiosamente, o próprio Maxwell não imaginou a propagação das ondas eletromagnéticas e o fenômeno eletromagnético de uma forma geral, em nada parecido com a forma sugerida pela Fig. 38-8. Assim como todos os físicos da sua época, ele acreditava firmemente que o espaço era preenchido por uma substância sutil chamada de *éter* e que o fenômeno eletromagnético podia ser justificado em termos de vórtices girantes nesse éter.

É um tributo ao gênio de Maxwell que, mesmo com estes modelos mecânicos em mente, foi capaz de deduzir as leis do eletromagnetismo que levam o seu nome. Estas leis, conforme já foi apontado, além de não precisarem de nenhuma alteração quando a teoria especial da relatividade de Einstein surgiu em cena três décadas mais tarde, foram fortemente suportadas por esta teoria. Atualmente, conforme discutido na Seção 41-6, não é mais necessário invocar o conceito do éter para explicar a propagação de ondas eletromagnéticas.

38-6 TRANSPORTE DE ENERGIA E O VETOR DE POYNTING

Assim como qualquer forma de onda, uma onda eletromagnética pode transportar energia de um local para outro. A luz de um bulbo e o calor radiante do fogo são exemplos comuns de energia fluindo por meio de ondas eletromagnéticas.

O fluxo de energia em uma onda eletromagnética é normalmente medido em termos da taxa de fluxo de energia por unidade de área (ou, equivalentemente, potência elétrica por unidade de área). Descreve-se a intensidade, direção e sentido do fluxo de energia em termos de um vetor chamado de *vetor de Poynting** $\vec{S}$, definido por

$$\vec{S} = \frac{1}{\mu_0} \vec{E} \times \vec{B}. \qquad (38\text{-}20)$$

Primeiramente é necessário estar-se convencido de que $\vec{S}$ definido segundo a forma da Eq. 38-20 fornece a direção e o sentido da propagação da onda. De acordo com a regra usual para o produto vetorial, $\vec{S}$ deve ser perpendicular ao plano determinado por $\vec{E}$ e $\vec{B}$, em um sentido determinado pela regra da mão direita. Aplicando a regra da mão direita à Fig. 38-8, pode-se observar que na metade do primeiro ciclo da onda, onde $\vec{E}$ está no direção $+y$ e $\vec{B}$ está na direção $+z$, o produto vetorial de $\vec{E}$ e $\vec{B}$ aponta na direção $+x$, a qual é de fato a direção da propagação da onda. Na segunda metade do ciclo, onde $\vec{E}$ está na direção $-y$ e $\vec{B}$ está na direção $-z$, o produto vetorial está, mais uma vez, na direção $+x$.

Note que uma onda eletromagnética pode ser unicamente especificada fornecendo-se somente o seu campo $\vec{E}$ e a sua direção e o seu sentido de propagação. Isto é, usando-se as Eqs. 38-15 e 38-20 pode-se encontrar o campo $\vec{B}$ de uma onda quando se conhece o seu campo $\vec{E}$ e a direção e o sentido da propagação. A Eq. 38-15 fornece a intensidade de $\vec{B}$ e a Eq. 38-20 fornece a sua direção e o seu sentido.

Em seguida examina-se a intensidade de $\vec{S}$ conforme definida na Eq. 38-20 e demonstra-se que ela fornece a potência por unidade de área da onda. Para a onda mostrada na Fig. 38-8, a intensidade de $\vec{S}$ é

$$S = \frac{1}{\mu_0} EB, \qquad (38\text{-}21)$$

onde S, E e B são os valores instantâneos no ponto de observação. Utilizando-se as Eqs. 38-16 e 38-19, pode-se escrever isto como

$$S = \frac{1}{\mu_0 c} E^2 = \epsilon_0 c E^2 \quad \text{ou} \quad S = \frac{c}{\mu_0} B^2. \qquad (38\text{-}22)$$

Inicialmente obteve-se a densidade de energia (energia por unidade de volume) em qualquer ponto onde um campo elétrico ou magnético estava presente: $u_E = \frac{1}{2} \epsilon_0 E^2$ (Eq. 30.28) e $u_B = \frac{1}{2} B^2 / \mu_0$ (Eq. 36-22). Estas equações, que foram derivadas para campos estáticos, aplicam-se igualmente bem a campos variáveis no tempo. Quando ambos os campos elétrico e magnético estão presentes (como em uma onda eletromagnética), a densidade de energia total em um ponto qualquer é

$$u = u_E + u_B = \frac{1}{2} \epsilon_0 E^2 + \frac{1}{2} \frac{B^2}{\mu_0} = \frac{S}{2c} + \frac{S}{2c} = \frac{S}{c},$$

$$(38\text{-}23)$$

onde a Eq. 38-22 foi usada para expressar E^2 e B^2 nos termos de S. Note que na Eq. 38-23 $u_E = u_B$ em qualquer ponto percorrido pela onda.

A Fig. 38-11 representa os campos instantâneos quando a onda passa através de um pequeno volume do espaço envolvendo o ponto P. O volume tem uma espessura dx na direção da propagação da onda e uma área A transversal à sua direção de propagação. O volume dV pode ser expresso como $A\,dx$. A onda percorre a distância dx

---

*O vetor de Poynting recebeu este nome em homenagem a John Henry Poynting (1852-1914), que foi o primeiro a discutir as suas propriedades. Poynting foi um físico britânico conhecido pelos seus estudos em eletromagnetismo e gravitação.

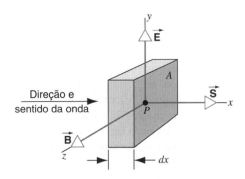

Fig. 38-11. Uma onda eletromagnética passa através de um pequeno volume no ponto P. Os campos e o vetor de Poynting em um determinado instante de tempo são mostrados.

em um intervalo de tempo $dt = dx/c$, onde c é a velocidade da onda. A energia eletromagnética dU no elemento de volume dV é

$$dU = u\, dV = \frac{S}{c} dV = \frac{S}{c} A\, dx = SA\, dt. \quad (38\text{-}24)$$

A intensidade do vetor de Poynting é então

$$S = \frac{1}{A} \frac{dU}{dt} = \frac{P}{A}, \quad (38\text{-}25)$$

onde a taxa de fluxo de energia dU/dt foi estabelecida como sendo igual à potência P. A Eq. 38-25 mostra que a intensidade do vetor de Poynting fornece a taxa de fluxo de energia ou a potência por unidade de área da onda. Fica aparente da Eq. 38-25 que a unidade do SI para S é watts/metro^2.

Intensidade de uma Onda Eletromagnética

A Eq. 38-21 relaciona a intensidade de S em qualquer posição com as intensidades de E e B nessa posição, em um instante particular de tempo. Estes valores flutuam muito rapidamente com o tempo; por exemplo, a freqüência de uma onda de luz é aproximadamente igual a 10^{15} Hz. Para a maioria dos detetores (os nossos olhos, por exemplo), esta flutuação é muito rápida para ser observada. Ao invés disso, o que se observa é a *média no tempo* de S, tomada ao longo de muitos ciclos da onda. A média no tempo $S_{\text{méd}}$ também é conhecida como a *intensidade I* da onda.

Das Eqs. 38-11 e 38-22 tem-se

$$I = S_{\text{méd}} = \frac{1}{\mu_0 c} (E^2)_{\text{méd}} = \frac{1}{\mu_0 c} E_m^2 [\text{sen}^2 (kx - \omega t)]_{\text{méd}}.$$

Usualmente, o intervalo de tempo ao longo do qual tomou-se a média é muito maior do que o período de um ciclo. Neste caso, pode-se desprezar o efeito das frações de um ciclo e trocar sen^2 pela sua média sobre qualquer número de ciclos, ou 1/2. Assim, obtém-se

$$I = \frac{1}{2\mu_0 c} E_m^2 = \frac{1}{2\mu_0} E_m B_m. \quad (38\text{-}26)$$

A intensidade também pode ser expressa em termos das intensidades rms (valores médios quadráticos) dos campos. Com $E_m = \sqrt{2}\, E_{\text{rms}}$, obtém-se

$$I = \frac{1}{\mu_0 c} E_{\text{rms}}^2 = \frac{1}{\mu_0} E_{\text{rms}} B_{\text{rms}}. \quad (38\text{-}27)$$

Note que a Eq. 38-27 torna-se parecida com a Eq. 38-21 se os valores instantâneos forem trocados pelos valores médios rms.

A Fig. 38-8 e as Eqs. 38-11 e 38-12 representam uma onda cujas amplitudes E_m e B_m não mudam com a posição à medida que a onda se propaga. A luz de um laser é uma boa aproximação de uma onda desse tipo. Um outro exemplo é a luz de uma fonte muito distante que se observa ao longo de distâncias muito menores do que a distância à fonte – por exemplo, a luz do Sol. No entanto, freqüentemente está-se lidando com fontes próximas para as quais as Eqs. 38-11 e 38-12 com amplitudes constantes não são válidas. Quando se considera uma fonte pontual de ondas, como uma lâmpada observada a distâncias muito maiores do que o tamanho do bulbo, as frentes de onda da fonte espalham-se como esferas se a fonte emitir a sua radiação com intensidades iguais em todas as direções (chamada de *isotrópica*).

Se as ondas não perdem energia à medida que se propagam, então a energia em qualquer frente de onda esférica permanece constante. Isto é, a taxa segundo a qual a energia da onda passa por qualquer superfície esférica centrada na fonte é independente do raio r da esfera. À medida que r aumenta, a potência total distribuída pela frente de onda permanece a mesma, mas a potência por unidade de área diminui, porque a área da superfície da esfera aumenta. Se P é a potência emitida pela fonte, então a intensidade sobre a superfície esférica é a potência por unidade de área:

$$I = \frac{P}{4\pi r^2}. \quad (38\text{-}28)$$

A intensidade da onda de uma fonte pontual diminui com a distância da fonte de acordo com $1/r^2$. A comparação das Eqs. 38-27 e 38-28 mostra que as amplitudes correspondentes dos campos elétrico e magnético (E_m e B_m ou E_{rms} e B_{rms}) decrescem de acordo com $1/r$.

Problema Resolvido 38-3.

Um observador está a 1,8 m de uma fonte de luz de dimensões muito inferiores a 1,8 m) cuja potência de saída P é 250 W. Calcule os valores rms dos campos elétrico e magnético na posição do observador. Suponha que a fonte irradie uniformemente em todas as direções.

Solução Combinando as Eqs. 38-27 e 38-28, obtém-se

$$I = \frac{P}{4\pi r^2} = \frac{1}{\mu_0 c} E_{\text{rms}}^2.$$

O campo elétrico rms é

$$E_{\text{rms}} = \sqrt{\frac{P\mu_0 c}{4\pi r^2}}$$

$$= \sqrt{\frac{(250\ \text{W})(4\pi \times 10^{-7}\ \text{H/m})(3{,}00 \times 10^8\ \text{m/s})}{(4\pi)(1{,}8\ \text{m})^2}}$$

$$= 48\ \text{V/m}.$$

O valor rms do campo magnético vem da Eq. 38-15 e é

$$B_{\text{rms}} = \frac{E_{\text{rms}}}{c} = \frac{48\ \text{V/m}}{3{,}00 \times 10^8\ \text{m/s}}$$

$$= 1{,}6 \times 10^{-7}\ \text{T} = 0{,}16\ \mu\text{T}.$$

Note que E_{rms} (= 48 V/m) é apreciável de acordo com padrões laboratoriais comuns, mas B_{rms} (= 0,16 μT) é muito pequeno. Isto ajuda a explicar porque a maioria dos instrumentos usados para a detecção e medição das ondas eletromagnéticas respondem à componente elétrica da onda. Entretanto é errado dizer que a componente elétrica de uma onda eletromagnética é "mais forte" do que a componente magnética, porque não se pode comparar grandezas que são medidas em unidades diferentes. Conforme foi visto, as componentes elétrica e magnética têm uma importância absolutamente igual em relação à propagação da onda. As suas energias médias, que *podem* ser comparadas, são exatamente iguais.

38-7 PRESSÃO DE RADIAÇÃO

Quando uma onda eletromagnética incide sobre um objeto, o objeto pode absorver energia da onda e o resultado é freqüentemente observado através de um aumento da temperatura do objeto. De fato, o campo elétrico da onda exerce uma força sobre os elétrons para acelerá-los. Em colisões com os átomos do material, os elétrons podem transferir a sua energia para todo o objeto, aumentando assim a sua temperatura.

Na absorção de uma onda eletromagnética, em princípio, é possível transferir quantidade de movimento para o objeto exercendo uma força sobre os seus elétrons. De fato, a onda exerce uma força resultante sobre o objeto na direção da propagação da onda. Esta força é geralmente muito pequena — não sentimos os efeitos desta força quando a luz nos atinge — mas pode ser observada no laboratório sob condições cuidadosamente controladas.

A Fig. 38-12 mostra os campos elétrico e magnético de uma onda eletromagnética que incide sobre uma chapa fina de material de alta resistividade. O campo elétrico da onda exerce uma força $\vec{F}_E = -e\vec{E}$ sobre os elétrons, os quais são acelerados em um sentido oposto ao campo (a direção $-y$ na Fig. 38-12). Quando um campo elétrico é aplicado a um material condutor, sabe-se que os elétrons adquirem uma velocidade de deriva $\vec{v}_d$ que é proporcional à intensidade do campo (ver, por exemplo, a Eq. 29-19). Ignorando-se todos os detalhes referentes às propriedades do material, pode-se escrever que a intensidade da velocidade de deriva é proporcional à força elétrica, tal como

$$bv_d = eE, \qquad (38\text{-}29)$$

onde b é a constante de proporcionalidade. Esta constante tem um papel similar à constante de amortecimento para uma partícula movendo-se em um fluido viscoso, como uma pedra caindo em um recipiente de óleo. Se a força efetiva de amortecimento (isto é, a resistividade) é grande, então a velocidade do elétron irá continuamente reajustar-se ao campo elétrico, de modo que a Eq. 38-29 permanece válida mesmo para o campo variável no tempo de uma onda eletromagnética.

À medida que o elétron move-se ao longo do eixo y, o campo magnético da onda exerce uma força sobre ele: $\vec{F}_B = -e\vec{v}_d \times \vec{B}$. A Fig. 38-12 mostra que esta força está na direção $+x$ — isto é, a mesma direção e sentido de propagação da onda. Quando $\vec{E}$ e $\vec{B}$ invertem o sentido, a força permanece na direção $+x$. Porque $\vec{v}_d$ e $\vec{B}$ são perpendiculares entre si, a intensidade da força magnética sobre um único elétron pode ser escrita como $F_B = ev_d B$. Substituindo-se $v_d = eE/b$ da Eq. 38-29, obtém-se

$$F_B = ev_d B = \frac{e^2 EB}{b} = \frac{e^2 E^2}{cb}, \qquad (38\text{-}30)$$

onde o último resultado vem da utilização de $B = E/c$. Se a chapa é uniformemente iluminada e contém N elétrons, a força total na direção x é $F = NF_B$.

Em seguida examina-se também a taxa na qual a chapa absorve energia da onda. O campo $\vec{B}$ não realiza trabalho sobre os elétrons, porque a força magnética é sempre perpendicular ao seu movimento, mas o campo $\vec{E}$ realiza trabalho e portanto transfere energia. A potência (taxa de transferência de energia) fornecida pelo campo $\vec{E}$ a um elétron é

$$\frac{dU_e}{dt} = F_E v_d = (eE)\left(\frac{eE}{b}\right) = \frac{e^2 E^2}{b}. \qquad (38\text{-}31)$$

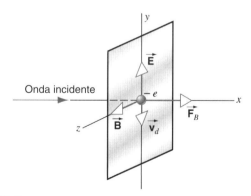

Fig. 38-12. Uma onda de luz plana incidente atinge um elétron em uma chapa fina resistiva. Valores instantâneos de $\vec{E}$, $\vec{B}$, a velocidade do elétron $\vec{v}_d$ e a força de radiação $\vec{F}_B$ são mostrados.

A taxa total de absorção de energia para todos os N elétrons da chapa é $dU/dt = N\,dU_e/dt$.

Agora pode-se obter uma expressão para a força total sobre a chapa em termos da taxa de absorção de energia, combinando-se as Eqs. 38-30 e 38-31:

$$F = NF_B = \frac{Ne^2E^2}{cb} = \frac{1}{c}\frac{dU}{dt} = \frac{SA}{c}, \quad (38\text{-}32)$$

onde A é a área total da chapa. Tomando a média no tempo de todas as grandezas, obtém-se

$$\frac{F_{\text{méd}}}{A} = \frac{I}{c} \quad \text{(absorção)}. \quad (38\text{-}33)$$

A Eq. 38-33 mostra que a pressão total (força por unidade de área) exercida pela radiação sobre a chapa é proporcional à intensidade I da radiação.

Utilizando-se a segunda lei de Newton na forma $F = dp/dt$, pode-se escrever a Eq. 38-32 como

$$\frac{dp}{dt} = \frac{1}{c}\frac{dU}{dt} \quad \text{ou} \quad dp = \frac{dU}{c}.$$

Integrando, obtemos

$$\Delta p = \frac{\Delta U}{c} \quad \text{(absorção)}. \quad (38\text{-}34)$$

Este resultado fornece a variação da quantidade de movimento Δp de um objeto que "recua" após absorver a energia ΔU de uma onda eletromagnética.

Também é possível que objetos venham a refletir a radiação incidente sobre ele ao invés de absorvê-la. Uma vez que a onda precisa inverter o sentido durante a reflexão, o objeto recua com duas vezes a quantidade de movimento que teria no caso da absorção. (Este caso é similar à molécula de gás que impõe uma pressão nas paredes de um recipiente em colisões que invertem a sua quantidade de movimento; ver Seção 22-2.) No caso da reflexão, a pressão exercida pela onda sobre o objeto e a quantidade de movimento transferida ao objeto são ambas duas vezes maiores do que no caso da absorção:

$$\frac{F_{\text{méd}}}{A} = \frac{2I}{c} \quad \text{(reflexão)}, \quad (38\text{-}35)$$

$$\Delta p = \frac{2\Delta U}{c} \quad \text{(reflexão)}. \quad (38\text{-}36)$$

As primeiras medições da pressão de radiação foram feitas em 1903 por E. F. Nichols e G. F. Hull. Eles fizeram um feixe de luz atingir um pequeno espelho preso a uma fibra de torção, como na Fig. 38-13. A pressão sobre o espelho faz com que a fibra gire de um pequeno ângulo θ. A pressão que foi medida estava na faixa de 10^{-5} N/m², cerca de 10^{-10} vezes menor do que a pressão atmosférica. Pode-se imaginar o extraordinário cuidado que os experimentalistas tiveram de modo a observar este pequeno efeito. Atualmente, os lasers permitem que sejam obtidas intensidades de luz muito maiores, e a

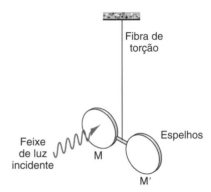

Fig. 38-13. A montagem de Nichols e Hull para medir a pressão de radiação. A pressão da luz sobre o espelho M faz com que a fibra gire de um pequeno ângulo. Muitos detalhes deste delicado experimento foram omitidos do desenho.

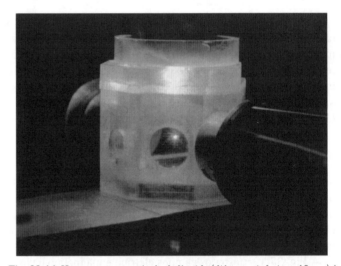

Fig. 38-14. Uma pequena gotícula de líquido (diâmetro inferior a 10 μm) é levitada por um feixe vertical de laser. Os tubos horizontais são microscópios utilizados para observar o espalhamento da luz pela gotícula. Cortesia de David W. DuBois.

pressão de um feixe de laser pode levitar um pequeno objeto (Fig. 38-14).

Embora os efeitos da pressão de radiação da luz atingindo objetos comuns seja difícil de observar, objetos microscópicos podem ser substancialmente afetados pela pressão de radiação. Pequenos grãos de poeira liberados por cometas experimentam a pressão de radiação da luz solar. Esta pressão empurra os grãos de poeira para longe do Sol, onde podem ser observados como a "cauda" do cometa (Fig. 38-15). Chegou a ser proposta a construção de folhas finas gigantes de material reflexivo no espaço e usá-las para "velejar" em uma nave espacial através do sistema solar.

Problema Resolvido 38-4.

Considere uma partícula de poeira que se soltou de um cometa que está a uma distância R do Sol e longe de qualquer planeta.

EQUAÇÕES DE MAXWELL E ONDAS ELETROMAGNÉTICAS **333**

Fig. 38-15. O cometa Hale-Bopp, mostrando duas caudas. A cauda mais brilhante no lado direito é devida a partículas de poeira do cometa que são empurradas para longe do Sol pela pressão de radiação. A cauda mais fraca na esquerda é devida a íons do cometa acelerados pelo vento solar (prótons de alta velocidade e elétrons do Sol).

Supondo que a partícula absorve toda a luz incidente sobre ela, determine o raio r da partícula se a força da pressão de radiação equilibra exatamente a atração gravitacional do Sol. Suponha que a partícula seja esférica e que tenha a mesma massa específica do material da crosta da Terra, cerca de $3,0 \times 10^3$ kg/m^3.

Solução Primeiramente pode parecer que as informações dadas não são suficientes para resolver este problema, uma vez que não se sabe a distância R ao Sol. No entanto, a força gravitacional e a intensidade da radiação (Eq. 38-28) ambas variam com R^{-2}, e assim a distância ao Sol não deve afetar o cálculo.

A força exercida sobre a partícula pela pressão da luz pode ser obtida da Eq. 38-33. Para a área A sobre a qual a luz é absorvida utiliza-se a área circular πr^2 da partícula de poeira. Estabelecendo-se a força devida à pressão da luz como sendo igual à força gravitacional, obtém-se

$$\frac{IA}{c} = \frac{GmM}{R^2},$$

onde $m (= \rho V)$ é a massa da partícula e M é a massa do Sol. Substituindo-se a Eq. 32-28 para a intensidade de radiação, tem-se

$$\frac{P(\pi r^2)}{4\pi R^2 c} = \frac{GmM}{R^2} = \frac{G\rho(\frac{4}{3}\pi r^3)M}{R^2}.$$

Resolvendo-se para r, obtém-se

$$r = \frac{3P}{16\pi c G \rho M}.$$

Valores da potência radiante do Sol e da sua massa podem ser encontrados no Apêndice C. Substituindo-se os valores numéricos, tem-se

$$r = 1,9 \times 10^{-7} \text{ m} = 0,19 \text{ μm}.$$

Quando as partículas de poeira deste tamanho deixam o cometa, nenhuma força resultante age sobre elas e elas continuam a mover-se em linha reta com velocidade igual à do cometa no instante que elas o deixam. Uma vez que a força gravitacional cresce com a massa da partícula (isto é, proporcional a r^3) enquanto a força da radiação cresce com a sua área de seção transversal (isto é, como r^2), as maiores partículas caem na direção do Sol mas as partículas menores são empurradas para longe do Sol. O padrão resultante para todas essas partículas forma a cauda do cometa.

MÚLTIPLA ESCOLHA

38-1 As Equações Básicas do Eletromagnetismo

1. De onde vem o sinal negativo na Eq. 38-3?

   (A) Lei de Gauss (B) Lei de Faraday

   (C) Lei de Lenz (D) Lei de Cole

38-2 Campos Magnéticos Induzidos e a Corrente de Deslocamento

2. A corrente através de um fio longo e estreito está aumentando de acordo com $i = (4,0 \text{ μA/s})t$.

   (*a*) Qual é a intensidade da corrente de deslocamento no fio?

   (A) $i_d = 4,0$ μA

   (B) $i_d = i = (4,0 \text{ μA/s})t$.

   (C) Não existe corrente de deslocamento no fio.

   (D) São necessárias mais informações para responder a questão.

   (*b*) Qual é o sentido da corrente de deslocamento?

   (A) Paralelo à corrente original

   (B) Antiparalelo à corrente original

   (C) Não existe corrente de deslocamento.

38-3 Equações de Maxwell

3. Qual das equações de Maxwell na Tabela 37.1 é derivada de argumentos puramente teóricos, não necessitando de medições?

334   CAPÍTULO TRINTA E OITO

(A) Todas as quatro equações

(B) Somente a II

(C) I e II, as equações da lei de Gauss

(D) Nenhuma delas

4. Qual é o termo que precisaria ser incluído na lei de indução de Faraday se monopolos magnéticos q_m fossem descobertos? Suponha que a corrente magnética seja definida como $i_m = dq_m/dt$.

(A) $-\epsilon_0 i_m$ (B) $-i_m/\epsilon_0$

(C) $-i_m/\mu_0$ (B) $-\mu_0 i_m$

38-4 Gerando uma Onda Eletromagnética

5. Uma corrente oscilando em uma espira de fio que está em um plano horizontal irradia ondas eletromagnéticas. Qual é a direção do vetor campo elétrico na região longe do norte desta espira?

(A) Norte/Sul   (B) Leste/Oeste

(C) Para cima/para baixo

6. Ondas de rádio AM são geradas com uma única antena de dipolo vertical; elas são recebidas através de um solenóide cilíndrico longo. Como o solenóide deve ser orientado para "pegar" melhor o sinal AM?

(A) O eixo do solenóide deve estar na vertical.

(B) O eixo do solenóide deve estar na horizontal e apontando na direção da antena de transmissão.

(C) O eixo do solenóide deve estar na horizontal e perpendicular à direção da antena de transmissão.

(D) Não faz diferença como o solenóide está orientado, porque os sinais AM são isotrópicos.

38-5 Ondas Progressivas e Equações de Maxwell

7. A Eq. 38-6, $E = cB$, relaciona valores

(A) instantâneos   (B) médios

(C) médios quadráticos   (D) máximos

(E) todos acima

para E e B.

38-6 Transporte de Energia e o Vetor de Poynting

8. Em um determinado ponto e em um determinado instante de tempo o campo elétrico de uma onda eletromagnética aponta para o norte quando o campo magnético aponta para cima. Em que direção a onda eletromagnética está se propagando?

(A) Leste   (B) Sul

(C) Oeste   (D) Para baixo

9. Dos três vetores na equação $\vec{S} = \frac{1}{\mu_0} \vec{E} \times \vec{B}$, que par, ou quais pares estão sempre perpendiculares entre si para uma onda eletromagnética plana no espaço vazio? (*Pode existir mais de uma resposta correta.*)

(A) $\vec{S}$ e $\vec{E}$ (B) $\vec{S}$ e $\vec{B}$

(C) $\vec{E}$ e $\vec{B}$ (D) Nenhum

(E) Todos os três devem ser perpendiculares entre si.

10. Uma fonte de radiação eletromagnética irradia uniformemente em todas as direções. Como a intensidade do campo elétrico varia com a distância r à fonte?

(A) E_m é constante para ondas eletromagnéticas.

(B) $E_m \propto 1/r$

(C) $E_m \propto 1/r^2$

(D) $E_m \propto 1/r^3$

38-7 Pressão de Radiação

11. Em uma medição de pressão de radiação, uma onda eletromagnética é refletida em um espelho. Se E_{rms} dobra enquanto a freqüência da onda é reduzida à metade, então a pressão de radiação irá

(A) quadruplicar.   (B) dobrar.

(C) permanecer a mesma.   (D) ser reduzida à metade.

QUESTÕES

1. Com suas próprias palavras, explique porque a lei de indução de Faraday (ver Tabela 38-1) pode ser interpretada dizendo-se que "um campo magnético variável gera um campo elétrico".

2. Se um fluxo uniforme Φ_E através de um anel circular plano decresce com o tempo, o campo magnético induzido (visto ao longo da direção e do sentido de $\vec{E}$) está no sentido horário ou anti-horário?

3. Se existem (o que é verdade) sistemas de unidades nos quais e_0 e μ_0 não aparecem, como a Eq. 38-19 pode ser verdadeira?

4. Por que é tão fácil mostrar que "um campo magnético variável produz um campo elétrico" mas é tão difícil mostrar de uma forma simples que "um campo elétrico variável produz um campo magnético"?

5. Na Fig. 38-2, considere um círculo com raio $r > R$. Como um campo magnético pode ser induzido em torno deste círculo, conforme o Problema Resolvido 38-1 mostra? Afinal de contas não existe nenhum campo elétrico na região deste círculo e $dE/dt = 0$.

6. Na Fig. 38-2, $\vec{E}$ está entrando na figura e a sua intensidade está aumentando. Determine a direção e o sentido de $\vec{B}$ se,

ao invés disso, (*a*) $\vec{\mathbf{E}}$ está entrando na figura e diminuindo, (*b*) $\vec{\mathbf{E}}$ está saindo da figura e aumentando, (*c*) $\vec{\mathbf{E}}$ está saindo da figura e diminuindo e (*d*) $\vec{\mathbf{E}}$ permanece constante.

7. Na Fig. 36-8*c* uma corrente de deslocamento é necessária para manter a continuidade da corrente no capacitor. Como ela pode existir, considerando que não existe carga no capacitor?

8. (*a*) Na Fig. 38-2, qual é a direção e o sentido da corrente de deslocamento i_d? Na mesma figura, você é capaz de encontrar uma regra relacionando as direções e os sentidos de (*b*) $\vec{\mathbf{B}}$ e $\vec{\mathbf{E}}$ e (*c*) $\vec{\mathbf{B}}$ e $d\vec{\mathbf{E}}/dt$?

9. Quais são as vantagens em chamar o termo $\epsilon_0 d\Phi_E/dt$ na Eq. IV, Tabela 38-1, de uma corrente de deslocamento?

10. Uma corrente de deslocamento pode ser medida com um amperímetro? Explique.

11. Por que os campos magnéticos de correntes de condução em fios são tão fáceis de detectar mas os efeitos magnéticos das correntes de deslocamento em capacitores são tão difíceis de detectar?

12. Na Tabela 38-1 existem três tipos de falta de simetria aparente nas equações de Maxwell. (*a*) As grandezas ϵ_0 e/ou μ_0 aparecem em I e IV mas não em II e III. (*b*) Existe um sinal negativo em III mas não existe um sinal negativo em IV. (*c*) Existem "termos de pólo magnético" faltando em II e III. Qual destes representa uma genuína falta de simetria? Se monopolos magnéticos fossem descobertos, como você rescreveria estas equações para incluí-los? (Sugestão: Faça q_m ser a intensidade do pólo magnético, análoga ao quantum de carga e; que unidades do SI q_m teria?)

13. As equações de Maxwell mostradas na Tabela 38-1 foram escritas supondo que materiais dielétricos não estão presentes. Como estas equações deveriam ser escritas se esta restrição fosse removida?

14. Discuta o fluxo de energia periódico, caso exista, ponto a ponto no interior de uma cavidade acústica ressonante.

15. Uma cavidade acústica ressonante preenchida com ar e uma cavidade eletromagnética ressonante do mesmo tamanho têm freqüências ressonantes que apresentam uma razão de aproximadamente 10^6. Qual delas tem a maior freqüência e por quê?

16. As cavidades eletromagnéticas são freqüentemente cobertas no interior com uma camada de prata. Por quê?

17. Para a cavidade da Fig. 38-3, em que partes do ciclo (*a*) a corrente de condução e (*b*) a corrente de deslocamento é nula?

18. Discuta a variação do tempo durante um ciclo completo das cargas que aparecem em diversos pontos nas paredes internas da cavidade eletromagnética oscilante da Fig. 38-3.

19. Falando informalmente, pode-se dizer que as componentes elétrica e magnética de uma onda eletromagnética progressiva "alimentam-se uma à outra". O que isto significa?

20. "As correntes de deslocamento estão presentes em uma onda eletromagnética progressiva e pode-se associar a componente do campo magnético da onda com estas correntes." Esta afirmação é verdadeira? Discuta em detalhe.

21. Uma onda eletromagnética pode ser defletida por um campo magnético? E por um campo elétrico?

22. Por que a modificação de Maxwell da lei de Ampère (isto é, o termo $\mu_0\epsilon_0 d\Phi_E/dt$ na Tabela 38-1) é necessária para entender a propagação de ondas eletromagnéticas?

23. É concebível que em algum dia a teoria eletromagnética possa ser capaz de predizer o valor de c (3×10^8 m/s), não em termos de μ_0 e ϵ_0, mas diretamente e numericamente sem a necessidade de qualquer medição?

24. Se você estivesse para calcular o vetor de Poynting para diversos pontos dentro e em torno de um transformador, que aparência você esperaria para o padrão do campo? Suponha que uma diferença de potencial alternada tenha sido aplicada ao enrolamento principal e que uma carga resistiva esteja conectada ao enrolamento secundário.

25. Cite duas experiências históricas, além das medidas da pressão de radiação de Nichols e Hull, nas quais uma balança de torção foi utilizada. Ambas estão descritas neste livro — uma no Volume 2 e a outra no Volume 3.

26. Um objeto pode absorver energia da luz sem que alguma quantidade de movimento linear seja transferida para ele? Em caso afirmativo, forneça um exemplo. Caso contrário, explique por quê.

27. Quando você acende uma lanterna, ela experimenta alguma força associada com a emissão da luz?

28. Energia e quantidade de movimento linear foram associadas com ondas eletromagnéticas. A quantidade de movimento angular também está presente?

29. Qual a relação, se existir, entre a intensidade I de uma onda eletromagnética e a intensidade S do vetor de Poynting?

30. Quando uma pessoa se reclina em uma cadeira de praia e fica exposta ao Sol, por que ela percebe claramente a energia térmica recebida mas não percebe a quantidade de movimento linear fornecida pela mesma fonte? É verdade que quando se apanha uma bola de beisebol, tem-se consciência da energia recebida mas não da quantidade de movimento?

31. Quando um feixe paralelo de luz atinge um objeto, as transferências de quantidade de movimento são dadas pelas Eqs. 38-34 e 38-36. Estas equações continuam válidas se a fonte de luz está se movendo rapidamente na direção do objeto ou afastando-se do objeto, a uma velocidade de, por exemplo, $0,1$ c?

32. Acredita-se que a pressão de radiação seja responsável por estabelecer um limite superior (de aproximadamente $100M_{Sol}$) para a massa de uma estrela. Explique.

EXERCÍCIOS

38-1 As Equações Básicas do Eletromagnetismo

38-2 Campos Magnéticos Induzidos e a Corrente de Deslocamento

1. Para a situação do Problema Resolvido 38-1, onde o campo magnético induzido é igual à metade do seu valor máximo?

2. Prove que a corrente de deslocamento em um capacitor de placas paralelas pode ser escrita como

$$i_d = C \frac{dV}{dt}.$$

3. Você recebe um capacitor de placas paralelas de 1,0 μF. Como você pode estabelecer uma corrente de deslocamento (instantânea) de 1,0 mA no espaço entre as placas?

4. No Problema Resolvido 38-1 mostre que a *densidade de corrente de deslocamento* j_d é dada, para $r < R$, por

$$j_d = \epsilon_0 \frac{dE}{dt}.$$

5. Um capacitor de placas paralelas tem placas quadradas de 1,22 m de lado, como na Fig. 38-16. Existe uma corrente durante o carregamento de 1,84 A fluindo para dentro (e para fora) do capacitor. (*a*) Qual a corrente de deslocamento através da região entre as placas? (*b*) Qual o valor de dE/dt nesta região? (*c*) Qual a corrente de deslocamento através do caminho quadrado tracejado entre as placas? (*d*) Qual é o valor de $\oint \vec{B} \cdot d\vec{s}$ em volta deste caminho quadrado tracejado?

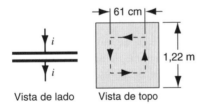

Fig. 38-16. Exercício 5.

6. No Problema Resolvido 38-1, mostre que a expressão derivada para $B(r)$ pode ser escrita como

$$B(r) = \frac{\mu_0 i_d}{2\pi r} \quad (r \geq R),$$

$$B(r) = \frac{\mu_0 i_d r}{2\pi R^2} \quad (r \leq R).$$

Note que estas expressões têm a mesma forma que as derivadas no Cap. 33, exceto que a corrente de condução i foi substituída pela corrente de deslocamento i_d.

7. Um campo elétrico uniforme cai de um valor inicial de 0,60 MV/m até zero em um intervalo de tempo de 15 μs, na forma mostrada na Fig. 38-17. Calcule a corrente de deslocamento, através de uma região de 1,9 m² perpendicular ao campo, durante cada um dos intervalos de tempo (*a*), (*b*) e

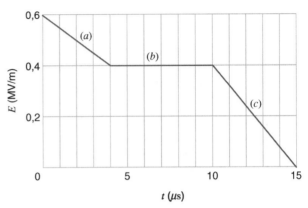

Fig. 38-17. Exercício 7.

(*c*) mostrados no gráfico. (Ignore o comportamento nas extremidades dos intervalos.)

8. Um capacitor de placas paralelas com placas circulares de 21,6 cm de diâmetro está sendo carregado conforme mostrado na Fig. 38-2. A densidade de corrente de deslocamento através da região é uniforme, está entrando no papel no diagrama e tem um valor de 1,87 mA/cm². (*a*) Calcule o campo magnético B a uma distância $r = 53,0$ mm do eixo de simetria da região. (*b*) Calcule dE/dt nesta região.

9. Suponha que um capacitor circular de placas tenha um raio R de 32,1 mm e uma separação entre placas de 4,80 mm. Uma diferença de potencial senoidal com um valor máximo de 162 V e uma freqüência de 60,0 Hz é aplicada entre as placas. Determine o valor máximo do campo magnético induzido em $r = R$.

38-3 Equações de Maxwell

10. Coloque na forma de uma tabela as expressões para as quatro grandezas mostradas a seguir, considerando tanto $r < R$ como $r > R$. Coloque as deduções lado a lado e estude-as como aplicações interessantes das equações de Maxwell a problemas com simetria cilíndrica. (*a*) $B(r)$ para uma corrente i em um fio longo de raio R. (*b*) $E(r)$ para um cilindro de carga uniforme longo de raio R. (*c*) $B(r)$ para um capacitor de placas paralelas, com placas circulares de raio R, no qual E está variando a uma taxa constante. (*d*) $E(r)$ para uma região cilíndrica de raio R na qual um campo magnético uniforme B está variando com uma taxa constante.

11. Dois caminhos adjacentes fechados *abefa* e *bcdeb* dividem uma aresta comum *be* como mostrado na Fig. 38-18. (*a*)

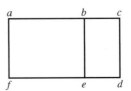

Fig. 38-18. Exercício 11.

Pode-se aplicar $\oint \vec{E} \cdot d\vec{s} = -d\Phi_B/dt$ (Eq. III da Tabela 38-1) a cada um destes dois caminhos fechados separadamente. Mostre que, baseado-se somente nisto, a Eq. III é automaticamente satisfeita para o caminho composto *abcdefa*. (*b*) Repita usando a Eq. IV. (*c*) Esta relação é chamada de uma propriedade de "autoconsistência"; por que cada uma das equações de Maxwell deve ser autoconsistente?

12. Dois paralelepípedos adjacentes fechados dividem uma face comum como mostrado na Fig. 38-19. (*a*) Pode-se aplicar $\oint \vec{E} \cdot d\vec{A} = q/\epsilon_0$ (Eq. I na Tabela 38-1) a cada uma das duas superfícies fechadas separadamente. Mostre que, baseado-se somente nisto, a Eq. I é automaticamente satisfeita para a superfície fechada composta. (*b*) Repita usando a Eq. II. Veja o Exercício 11.

Fig. 38-19. Exercício 12.

13. Em termos microscópicos, o princípio da continuidade de corrente pode ser expressa como

$$\oint (\vec{j} + \vec{j}_d) \cdot d\vec{A} = 0,$$

na qual $\vec{j}$ é a densidade da corrente de condução e $\vec{j}_d$ é a densidade da corrente de deslocamento. A integral deve ser aplicada sobre qualquer superfície fechada; a equação essencialmente diz que qualquer corrente que flua para dentro do volume precisa também fluir para fora. Aplique esta equação à superfície mostrada pelas linhas tracejadas na Fig. 38-20, logo após a chave S ser fechada.

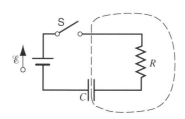

Fig. 38-20. Exercício 13.

38-4 Gerando uma Onda Eletromagnética

14. A Fig. 38-21 mostra um oscilador *LC* conectado através de uma linha de transmissão a uma antena do tipo de dipolo magnético. Compare com a Fig. 38-5, que mostra uma montagem similar, mas com uma antena do tipo dipolo elétrico. (*a*) Qual a base para os nomes destes dois tipos de antenas? (*b*) Desenhe figuras correspondentes às Figs. 38-6 e 38-7 para descrever a onda eletromagnética que passa através do observador no ponto *P* na Fig. 38-21.

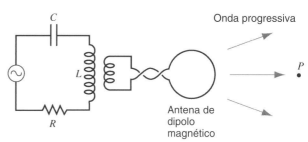

Fig. 38-21. Exercício 14.

15. Qual a indutância necessária em um capacitor de 17 pF de modo a construir um oscilador capaz de gerar ondas eletromagnéticas de 550 nm (isto é, visíveis)? Comente a sua resposta.

38-5 Ondas Progressivas e Equações de Maxwell

16. O campo elétrico associado com uma onda eletromagnética plana é dado por $E_x = 0$, $E_y = 0$, $E_z = E_0 \,\text{sen}\, k(x - ct)$, onde $E_0 = 2{,}34 \times 10^{-4}$ V/m e $k = 9{,}72 \times 10^6$ m^{-1}. A onda está se propagando na direção $+x$. (*a*) Escreva expressões para as componentes do campo magnético da onda. (*b*) Determine o comprimento de onda.

17. Uma determinada onda eletromagnética plana tem um campo elétrico máximo de 321 μV/m. Determine o campo magnético máximo.

18. Partindo das Eqs. 38-14 e 38-17 mostre que $E(x, t)$ e $B(x, t)$, as componentes elétrica e magnética de uma onda eletromagnética plana, devem satisfazer as "equações de onda"

$$\frac{\partial^2 E}{\partial t^2} = c^2 \frac{\partial^2 E}{\partial x^2} \quad \text{e} \quad \frac{\partial^2 B}{\partial t^2} = c^2 \frac{\partial^2 B}{\partial x^2}.$$

19. (*a*) Mostre que as Eqs. 38-11 e 38-12 satisfazem as equações da onda mostradas no Exercício 18. (*b*) Mostre que qualquer expressão da forma $E = E_m f(kx \pm \omega t)$ e $B = B_m f(kx \pm \omega t)$, onde $f(kx \pm \omega t)$ denota uma função arbitrária, também satisfaz estas equações da onda.

38-6 Transporte de Energia e o Vetor de Poynting

20. Mostre, determinando a direção e o sentido do vetor de Poynting $\vec{S}$, que as direções e os sentidos dos campos elétrico e magnético em todos os pontos das Figs. 38-6, 38-7 e 38-8 são consistentes em todos os instantes com as direções de propagação assumidas.

21. Os lasers de vidro-neodímio atualmente em operação podem fornecer 100 TW de potência em pulsos de 1,0 ns com um comprimento de onda de 0,26 μm. Qual é a quantidade de energia contida em um único pulso?

22. Uma onda eletromagnética plana propaga-se na direção negativa de *y*. Em uma determinada posição e instante de tempo, o campo magnético está ao longo do eixo *z* positivo e tem a intensidade de 28 nT. Qual é a direção, o sentido e a intensidade do campo elétrico nesta posição e instante de tempo?

23. A nossa estrela vizinha mais próxima, α-Centauro, está a 4,30 anos-luz de distância. Foi sugerido que programas de TV do nosso planeta atingiram esta estrela e podem ter sido vistos pelos habitantes hipotéticos de um planeta hipotético orbitando esta estrela. Uma estação de TV na Terra tem uma potência de saída de 960 kW. Determine a intensidade deste sinal em α–Centauro.

24. (a) Mostre que em uma onda eletromagnética plana progressiva a intensidade média — isto é, a taxa média de energia transportada por unidade de área — é dada por

$$S_{méd} = \frac{cB_m^2}{2\mu_0}.$$

(b) Qual a intensidade média de uma onda eletromagnética plana progressiva se B_m, o valor máximo da sua componente do campo magnético, é $1,0 \times 10^{-4}$ T?

25. A intensidade da radiação solar direta que não é absorvida pela atmosfera em um determinado dia de verão é 130 W/m². A que distância uma pessoa tem que ficar de um aquecedor elétrico de 1,0 kW para sentir a mesma intensidade? Suponha que o aquecedor irradia uniformemente em todas as direções.

26. Prove que, para qualquer ponto em uma onda eletromagnética como a da Fig. 38-8, a densidade de energia armazenada no campo elétrico é igual à densidade de energia armazenada no campo magnético.

27. Você anda 162 m em direção a uma lâmpada na rua e observa que a intensidade aumenta 1,50 vezes em relação à sua posição original. (a) Qual é a sua distância original à lâmpada? (A lâmpada irradia uniformemente em todas as direções.) (b) Você é capaz de determinar a potência de saída da lâmpada? Se não for possível, explique.

28. A luz do Sol atinge a Terra, fora da sua atmosfera, com uma intensidade de 1,38 kW/m². Calcule (a) E_m e (b) B_m para a luz do Sol, supondo que ela seja uma onda plana.

29. O campo elétrico máximo a uma distância de 11,2 m de uma fonte de luz pontual é 1,96 V/m. Calcule (a) a amplitude do campo magnético, (b) a intensidade e (c) a potência de saída da fonte.

30. Frank D. Drake, um investigador ativo do programa SETI (*Search for Extra-Terrestrial Intelligence* — Busca por Inteligência Extraterrestre), disse que o grande radiotelescópio em Arecibo, Porto Rico, "pode detectar um sinal que espalhe sobre toda a superfície da Terra uma potência de somente um picowatt". Ver Fig. 38-22. (a) Qual é a potência verdadeira recebida pela antena de Arecibo para um sinal deste tipo? O diâmetro da antena é de 305 m. (b) Qual seria a potência de saída de uma fonte no centro da nossa galáxia capaz de fornecer tal sinal? O centro da galáxia está a $2,3 \times 10^4$ anos-luz. Considere a fonte da radiação como irradiando uniformemente em todas as direções.

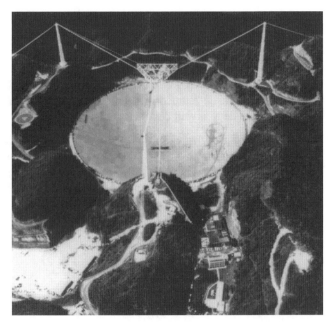

Fig. 38-22. Exercício 30.

31. Um avião voando a uma distância de 11,3 km de um transmissor de rádio recebe um sinal de 7,83 μW/m². Calcule (a) a amplitude do campo elétrico no avião devido a este sinal; (b) a amplitude do campo magnético no avião; (c) a potência total irradiada pelo transmissor, supondo que o transmissor irradia uniformemente em todas as direções.

32. Durante um teste, um radar do sistema de vigilância da OTAN, operando a 12 GHz com uma potência de saída de 183 kW, tenta detectar a aproximação de um avião "inimigo" a 88,2 km. O avião alvo é projetado para ter uma área efetiva muito pequena de 0,222 m² para a reflexão de ondas de radar. Suponha que o feixe do radar varra isotropicamente dentro do hemisfério frontal, tanto na transmissão como na reflexão, e ignore a absorção da atmosfera. Para o feixe refletido recebido de volta na posição do radar, calcule (a) a intensidade, (b) a amplitude do vetor de campo elétrico e (c) o valor rms do campo magnético.

38-7 Pressão de Radiação

33. Suponha que você fique no Sol por 2,5 h, expondo uma área de 1,3 m² a 90° dos raios de Sol de 1,1 kW/m² de intensidade. Supondo que a absorção dos raios seja completa, qual é a quantidade de movimento fornecida ao seu corpo?

34. A intensidade média da radiação solar que normalmente atinge uma superfície logo acima da atmosfera da Terra é igual a 1,38 kW/m². (a) Qual a pressão de radiação exercida sobre esta superfície, supondo uma absorção completa? (b) Como esta pressão se compara com a pressão atmosférica na Terra ao nível do mar, que é 101 kPa?

35. Lasers de alta potência são utilizados para comprimir plasmas por pressão de radiação. A reflexividade de um plasma é unitária se a densidade de elétrons for suficientemente alta. Um la-

ser gerando pulsos de radiação com potência de pico de 1,5 GW é focado em 1,3 mm² de um plasma de alta densidade de elétrons. Determine a pressão exercida sobre o plasma.

36. Calcule a pressão de radiação a 1,5 m de distância de uma lâmpada de 500 W. Suponha que a superfície sobre a qual a pressão é exercida envolve a lâmpada e que esta seja perfeitamente absorvedora. Além disso, suponha que a lâmpada irradia uniformemente em todas as direções.

37. Radiação do Sol atingindo a Terra tem uma intensidade de 1,38 kW/m². (a) Supondo que a Terra se comporte como um disco plano perpendicular aos raios do Sol e que toda a energia incidente é absorvida, calcule a força sobre a Terra devida à pressão de radiação. (b) Compare-a com a força devida à atração gravitacional do Sol calculando a razão F_{rad}/F_{grav}.

38. Mostre que o vetor $c\epsilon_0 \vec{E} \times \vec{B}$ tem as dimensões de quantidade de movimento/(área·tempo), assim como $\mu_0^{-1} \vec{E} \times \vec{B}$ tem as dimensões de energia/(área·tempo). (O vetor $c\epsilon_0 \vec{E} \times \vec{B}$ pode ser utilizado para calcular o fluxo da quantidade de movimento da mesma forma que $\vec{S} = \mu_0^{-1} \vec{E} \times \vec{B}$ é utilizado para calcular fluxo de energia.)

39. Radiação de intensidade I incide perpendicularmente sobre um objeto que absorve uma fração dela e reflete o resto. Qual a pressão de radiação?

40. Prove, para uma onda plana que incide perpendicularmente sobre uma superfície plana, que a pressão de radiação sobre a superfície é igual à densidade de energia no feixe fora da superfície. Esta relação é válida não importando a fração da energia incidente que é refletida.

41. Prove, para um feixe de balas atingindo perpendicularmente uma superfície plana, que a "pressão" é duas vezes a densidade de energia cinética no feixe acima da superfície; suponha que as balas sejam completamente absorvidas pela superfície. Compare isto com o comportamento da luz; ver Exercício 40.

42. Uma pequena espaçonave cuja massa, incluindo o tripulante, é 1500 kg está à deriva em uma região do espaço onde o campo gravitacional é desprezível. Se o astronauta liga um feixe de laser de 10,0 kW, que velocidade a nave irá alcançar em um dia, em função da força de reação associada à quantidade de movimento transportada pelo feixe?

43. Um laser tem uma potência de saída de 4,6 W e um diâmetro de feixe de 2,6 mm. Se ele for apontado para cima na vertical, qual é a altura H de um cilindro perfeitamente refletor que irá "flutuar" pela pressão de radiação exercida pelo feixe? Suponha que a massa específica do cilindro é 1,2 g/cm³. Ver Fig. 38-23.

44. O Exercício 8 do Cap. 3 descreveu o veleiro solar *Diana*, projetado para navegar pelo sistema solar utilizando a pressão dos raios solares. A área de vela é 3,1 km² e a massa é 930 kg. Verifique que a máxima força de radiação sobre a vela é 29 N a uma distância do Sol igual ao raio da órbita da Terra.

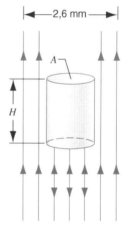

Fig. 38-23. Exercício 43.

PROBLEMAS

1. A Fig. 38-24 mostra as placas P_1 e P_2 de um capacitor de placas paralelas de raio R. Elas estão conectadas, conforme mostrado, a longos fios nos quais existe uma corrente de condução constante i. Também estão mostrados três círculos hipotéticos de raios r, dois deles fora do capacitor e um entre as placas. Mostre que o campo magnético na circunferência de cada um destes círculos é dado por

$$B = \frac{\mu_0 i}{2\pi r}.$$

2. Em 1929, M. R. Cauwenberghe conseguiu medir diretamente, pela primeira vez, a corrente de deslocamento i_d entre as placas de um capacitor de placas paralelas ao qual foi aplicada uma diferença de potencial alternada, como sugerido pela Fig. 38-2. Ele utilizou placas circulares cujo raio efetivo era 40,0 cm e cuja capacitância era 100 pF. A diferença de potencial aplicada tinha um valor máximo ΔV_m de 174 kV com uma freqüência de 50,0 Hz. (a) Qual era a corrente de deslocamento máxima presente entre as placas? (b) Por que foi escolhida uma diferença de potencial tão alta? (Estas medi-

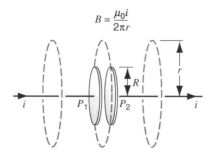

Fig. 38-24. Problema 1.

ções são tão delicadas que só foram desenvolvidas mais de 60 anos após Maxwell enunciar o conceito de corrente de deslocamento! O experimento é descrito no *Journal of Physique*, N.º 8, 1929.)

3. O capacitor na Fig. 38-25 composto de duas placas circulares de raio $R = 18,2$ cm é conectado a uma fonte de fem $\mathcal{E} = \mathcal{E}_m$ sen ωt, onde $\mathcal{E}_m = 225$ V e $\omega = 128$ rad/s. O valor máximo da corrente de deslocamento é $i_d = 7,63$ μA. Despreze o franjamento do campo elétrico nas bordas das placas. (*a*) Qual o valor máximo da corrente i? (*b*) Qual o valor máximo de $d\Phi_E/dt$, onde Φ_E é o fluxo elétrico através da região entre as placas? (*c*) Qual a separação d entre as placas? (*d*) Determine o valor máximo da intensidade de $\vec{B}$ entre as placas a uma distância $r = 11,0$ cm do centro.

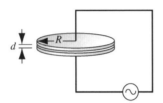

Fig. 38-25. Problema 3.

4. Uma haste condutora cilíndrica e longa com um raio R está centrada sobre o eixo x, conforme mostrado na Fig. 38-26. Um corte de serra estreito é feito na haste em $x = b$. Uma corrente de condução i, aumentando com o tempo e dada por $i = \alpha t$, flui na haste para a direita; α é uma constante de proporcionalidade (positiva). Em $t = 0$ não existe carga nas superfícies cortadas próximo a $x = b$. (*a*) Determine a intensidade da carga nestas faces, como uma função do tempo. (*b*) Use a Eq. I na Tabela 38-1 para determinar E na região do corte como uma função do tempo. (*c*) Faça um esboço das linhas de $\vec{B}$ para $r < R$, onde r é a distância ao eixo x. (*d*) Use a Eq. IV na Tabela 38-1 para determinar $B(r)$ na região do corte para $r < R$. (*e*) Compare as respostas obtida acima com $B(r)$ na haste para $r < R$.

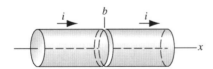

Fig. 38-26. Problema 4.

5. Um cubo de aresta a tem as suas arestas paralelas aos eixos x, y e z de um sistema de coordenadas retangular. Um campo elétrico uniforme $\vec{E}$ é paralelo ao eixo y e um campo magnético uniforme $\vec{B}$ é paralelo ao eixo x. Calcule (*a*) a taxa na qual, de acordo com o ponto de vista do vetor de Poynting, a energia passa através de cada face do cubo e (*b*) a taxa resultante na qual a energia armazenada no cubo varia.

6. Uma cavidade eletromagnética cilíndrica de 4,8 cm de diâmetro e 7,3 cm de comprimento está oscilando no modo mostrado na Fig. 38-3. (*a*) Suponha que, para os pontos sobre o eixo da cavidade, $E_m = 13$ kV/m. A freqüência de oscilação é de 2,4 GHz. Para estes pontos axiais, qual é a máxima taxa $(dE/dt)_m$, na qual E varia? (*b*) Suponha que o valor médio de $(dE/dt)_m$, para todos os pontos sobre uma seção transversal da cavidade, seja metade do valor obtido anteriormente para os pontos axiais. Com base nesta hipótese, qual o valor máximo de B na superfície cilíndrica da cavidade?

7. A intensidade média da luz do Sol, incidindo perpendicularmente fora da atmosfera da Terra, varia durante o ano devido à variação da distância Terra-Sol. Mostre que a variação anual fracionária é aproximadamente dada por $\Delta I/I = 4e$, onde e é a excentricidade da órbita elíptica da Terra em torno do Sol.

8. A radiação emitida por um laser não segue exatamente um feixe paralelo; o feixe espalha-se na forma de um cone com uma seção transversal circular. O ângulo θ do cone (ver Fig. 38-27) é chamado de ângulo total de divergência do feixe. Um laser de argônio de 3,85 kW, irradiando a 514,5 nm, é apontado para a Lua em um experimento de medição de distância; o laser tem um ângulo total de divergência do feixe de 0,880 μrad. Determine a intensidade do feixe na superfície da Lua.

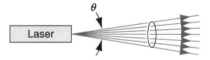

Fig. 38-27. Problema 8.

9. Considere a possibilidade de ondas eletromagnéticas estacionárias:

$$E = E_m \text{ sen } kx \text{ sen } \omega t,$$
$$B = B_m \cos kx \cos \omega t.$$

(*a*) Mostre que estas satisfazem as Eqs. 38-14 e 38-17 se E_m estiver relacionado com B_m e ω estiver relacionado com k. Quais são estas relações? (*b*) Determine o vetor de Poynting (instantâneo). (*c*) Mostre que o fluxo de potência médio no tempo através de qualquer área é nulo. (*d*) Descreva o fluxo de energia nesta situação.

10. Um fio de cobre (diâmetro = 2,48 mm; resistência de 1,00 Ω por 300 m) conduz uma corrente de 25,0 A. Calcule (*a*) o campo elétrico, (*b*) o campo magnético e (*c*) a intensidade do vetor de Poynting para um ponto sobre a superfície do fio.

11. Um cabo coaxial (raio interno a, raio externo b) é usado como uma linha de transmissão entre uma bateria $\mathcal{E}$ e um resistor R, conforme mostrado na Fig. 38-28. (*a*) Calcule E, B para $a < r < b$. (*b*) Calcule o vetor de Poynting $\vec{S}$ para $a < r < b$. (*c*) Utilizando uma integração apropriada do vetor de Poynting, mostre que a potência total fluindo através da seção transversal anular $a < r < b$ é $\mathcal{E}^2/R$. Isto é razoável?

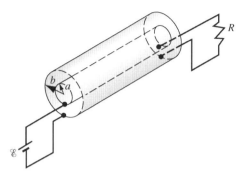

Fig. 38-28. Problema 11.

(d) Mostre que o sentido de $\vec{S}$ é sempre da bateria para o resistor, não importando a forma como a bateria é conectada.

12. A Fig. 38-29 mostra um resistor cilíndrico de comprimento l, raio a e resistividade ρ, conduzindo uma corrente i. (a) Mostre que o vetor de Poynting $\vec{S}$ na superfície do resistor é em qualquer ponto normal à superfície, conforme mostrado. (b) Mostre que a taxa na qual a energia flui para o resistor através da sua superfície cilíndrica, calculada integrando-se o vetor de Poynting sobre a sua superfície, é igual à taxa na qual a energia interna é produzida; isto é,

$$\int \vec{S} \cdot d\vec{A} = i^2 R,$$

onde $d\vec{A}$ é um elemento de área da superfície cilíndrica. Isto sugere que, de acordo com o ponto de vista do vetor de Poynting, a energia que aparece em um resistor como energia interna não entra nele através dos fios conectados mas através do espaço em torno dos fios e do resistor.

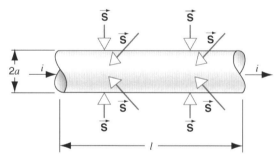

Fig. 38-29. Problema 12.

13. Uma onda eletromagnética plana, com um comprimento de onda de 3,18 m, propaga-se no espaço vazio na direção $+x$ com o seu vetor elétrico $\vec{E}$ com uma amplitude de 288 V/m, direcionado ao longo do eixo y. (a) Qual a freqüência da onda? (b) Qual a direção, sentido e amplitude do campo magnético associado com a onda? (c) Se $E = E_m \text{ sen }(kt - \omega t)$, quais são os valores de k e ω? (d) Determine a intensidade da onda. (e) Se a onda atinge uma folha perfeitamente absorvedora de área 1,85 m², com que taxa a quantidade de movimento é fornecida à folha e qual a pressão de radiação exercida sobre a folha?

14. A Fig. 38-30 mostra um capacitor de placas paralelas sendo carregado. (a) Mostre que em qualquer ponto o vetor de Poynting $\vec{S}$ aponta na direção radial para dentro do cilindro. (b) Mostre que a taxa na qual a energia flui para dentro deste volume, calculada integrando-se o vetor de Poynting ao longo do contorno cilíndrico deste volume, é igual à taxa na qual a energia eletrostática armazenada aumenta; isto é,

$$\int \vec{S} \cdot d\vec{A} = Ad \frac{d}{dt}\left(\frac{1}{2} \epsilon_0 E^2\right),$$

onde Ad é o volume do capacitor e $\frac{1}{2} \epsilon_0 E^2$ é a densidade de energia para todos os pontos no interior do volume. Esta análise mostra que, de acordo com o ponto de vista do vetor de Poynting, a energia armazenada no capacitor não entra nele através dos fios mas através do espaço em torno dos fios e das placas. (Sugestão: Para determinar $\vec{S}$, primeiro é necessário determinar $\vec{B}$, que é o campo magnético estabelecido pela corrente de deslocamento durante o processo de carregamento; ver Fig. 38-2. Ignore o franjamento das linhas de $\vec{E}$.)

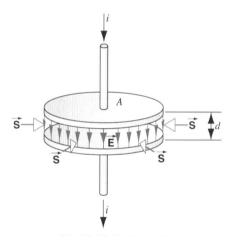

Fig. 38-30. Problema 14.

15. Um laser do tipo hélio–neônio, freqüentemente encontrado em laboratórios, tem um feixe com uma potência de saída de 5,00 mW e com um comprimento de onda de 633 nm. O feixe é focado através de uma lente em um disco cujo diâmetro efetivo pode ser considerado como sendo igual a 2,10 comprimentos de onda. Calcule (a) a intensidade do feixe focado, (b) a pressão de radiação exercida sobre uma pequena esfera perfeitamente absorvedora cujo diâmetro é igual ao do disco focado, (c) a força exercida sobre esta esfera e (d) a aceleração imposta a ela. Suponha que a massa específica da esfera seja de 4,88 g/cm³.

16. Foi proposto que uma espaçonave seja impulsionada no sistema solar por pressão de radiação, utilizando-se uma grande vela feita de uma folha metálica. Qual é o tamanho que a vela deve ter se a força de radiação deve ser igual à intensidade da atração gravitacional do Sol? Suponha que a massa da nave + vela seja 1650 kg, que a vela seja perfeitamente reflexiva e que a vela esteja orientada perpendicularmente aos raios do Sol. Consulte o Apêndice C para os dados necessários.

APÊNDICE A

O SISTEMA INTERNACIONAL DE UNIDADES (SI)*

As Unidades de Base SI

Grandeza	Nome	Símbolo	Definição
Comprimento	metro	m	"... o comprimento do caminho percorrido pela luz no vácuo em 1/299.792.458 de um segundo." (1983)
Massa	quilograma	kg	"... a massa do protótipo internacional do quilograma." (1901)
Tempo	segundo	s	"... a duração de 9.192.631.770 períodos da radiação correspondente à transição entre dois níveis hiperfinos do estado fundamental do átomo de césio 133." (1967)
Corrente elétrica	ampère	A	"... aquela corrente constante que, confinada entre dois condutores paralelos de comprimento infinito, de seção circular transversal desprezível e colocados a 1 metro de distância no vácuo, produziria entre estes dois condutores uma força igual a 2×10^7 newtons por metro de comprimento." (1948)
Temperatura termodinâmica	kelvin	K	"... a fração 1/273,16 da temperatura do ponto tríplice da água." (1967)
Quantidade de substância	mol	mol	"... a quantidade de substância de um sistema que contém tantas entidades elementares quantos os átomos que existem em 0,012 quilograma de carbono 12." (1971)
Intensidade luminosa	candela	cd	"... a intensidade luminosa, em uma dada direção, de uma fonte que emite radiação monocromática com uma freqüência de 540×10^{12} hertz e que tem uma intensidade radiante naquela direção de 1/683 watt por esterorradiano." (1979)

*Adaptado do "Guide for the Use of the International System of Units (SI)", National Bureau of Standards Special Publication 811, edição de 1995. As definições anteriores foram adotadas pela Conferência Geral de Pesos e Medidas, um corpo internacional, nas datas mostradas. Neste livro não se usa a candela.

O Sistema Internacional de Unidades (SI)* **343**

Algumas Unidades do SI Derivadas

Grandeza	Nome da Unidade	Símbolo	Equivalente
Área	metro quadrado	m^2	
Volume	metro cúbico	m^3	
Freqüência	hertz	Hz	s^{-1}
Massa específica	quilograma por metro cúbico	kg/m^3	
Velocidade, intensidade	metro por segundo	m/s	
Velocidade angular	radiano por segundo	rad/s	
Aceleração	metro por segundo ao quadrado	m/s^2	
Aceleração angular	radiano por segundo ao quadrado	rad/s^2	
Força	newton	N	$kg \cdot m/s^2$
Pressão	pascal	Pa	N/m^2
Trabalho, energia, quantidade de calor	joule	J	$N \cdot m$
Potência	watt	W	J/s
Quantidade de eletricidade	coulomb	C	$A \cdot s$
Diferença de potencial, força eletromotriz	volt	V	$N \cdot m/C$
Campo elétrico	volt por metro	V/m	N/C
Resistência elétrica	ohm	Ω	V/A
Capacitância	farad	F	$A \cdot s/V$
Fluxo magnético	weber	Wb	$V \cdot s$
Indutância	henry	H	$V \cdot s/A$
Campo magnético	tesla	T	$Wb/m^2, N/A \cdot m$
Entropia	joule por kelvin	J/K	
Calor específico	joule por quilograma kelvin	$J/(kg \cdot K)$	
Condutividade térmica	watt por metro kelvin	$W/(m \cdot K)$	
Intensidade radiante	watt por esterorradiano	W/sr	

Unidades do SI Suplementares

Grandeza	Nome da Unidade	Símbolo
Ângulo plano	radiano	rad
Ângulo sólido	esterorradiano	sr

APÊNDICE B

CONSTANTES FÍSICAS FUNDAMENTAIS*

Constante	Símbolo	Valor para Cálculo	Melhor Valor (1998)	
			Valor[a]	Incerteza[b]
Velocidade da luz no vácuo	c	$3,00 \times 10^8$ m/s	2,99792458	exato
Carga elementar	e	$1,60 \times 10^{-19}$ C	1,602176462	0,039
Constante elétrica (permissividade)	ϵ_0	$8,85 \times 10^{-12}$ F/m	8,85418781762	exato
Constante magnética (permeabilidade)	μ_0	$1,26 \times 10^{-6}$ H/m	1,25663706143	exato
Massa do elétron	m_e	$9,11 \times 10^{-31}$ kg	9,10938188	0,079
Massa do elétron[c]	m_e	$5,49 \times 10^{-4}$ u	5,485799110	0,0021
Massa do próton	m_p	$1,67 \times 10^{-27}$ kg	1,67262158	0,079
Massa do próton[c]	m_p	1,0073 u	1,00727646688	0,00013
Massa do nêutron	m_n	$1,67 \times 10^{-27}$ kg	1,67492716	0,079
Massa do nêutron[c]	m_n	1,0087 u	1,00866491578	0,00054
Razão carga—massa do elétron	e/m_e	$1,76 \times 10^{11}$ C/kg	1,758820174	0,040
Razão entre a massa do próton e a do elétron	m_p/m_e	1840	1836,1526675	0,0021
Constante de Planck	h	$6,63 \times 10^{-34}$ J · s	6,62606876	0,078
Comprimento de onda Compton do elétron	λ_e	$2,43 \times 10^{-12}$ m	2,426310215	0,0073
Constante universal dos gases	R	8,31 J/mol · K	8,314472	1,7
Constante de Avogadro	N_A	$6,02 \times 10^{23}$ mol^{-1}	6,02214199	0,079
Constante de Boltzmann	k	$1,38 \times 10^{-23}$ J/K	1,3806503	1,7
Volume molar de um gás ideal nas CNTP[d]	V_m	$2,24 \times 10^{-2}$ m³/mol	2,2413996	1,7
Constante de Faraday	F	$9,65 \times 10^4$ C/mol	9,64853415	0,040
Constante de Stefan-Boltzmann	σ	$5,67 \times 10^{-8}$ W/m² · K⁴	5,670400	7,0
Constante de Rydberg	R_∞	$1,10 \times 10^7$ m^{-1}	1,0973731568549	0,0000076
Constante gravitacional	G	$6,67 \times 10^{-11}$ m³/s² · kg	6,673	1500
Raio de Bohr	a_0	$5,29 \times 10^{-11}$ m	5,291772083	0,0037
Momento magnético do elétron	μ_e	$9,28 \times 10^{-24}$ J/T	9,28476362	0,040
Momento magnético do prótron	μ_p	$1,41 \times 10^{-26}$ J/T	1,410606633	0,041
Magnéton de Bohr	μ_B	$9,27 \times 10^{-24}$ J/T	9,27400899	0,040
Magnéton nuclear	μ_N	$5,05 \times 10^{-27}$ J/T	5,05078317	0,040
Constante de estrutura fina	α	1/137	1/137,03599976	0,0037
Quantum do fluxo magnético	Φ_0	$2,07 \times 10^{-15}$ Wb	2,067833636	0,039
Constante de von Klitzing	R_K	25800 Ω	25812,807572	0,0037

[a]Mesma unidade e potência de 10 que o valor para o cálculo.
[b]Partes por milhão.
[c]Massa fornecida em unidades de massa atômica unificada, onde 1 u = $1,66053873 \times 10^{-27}$ kg.
[d]CNTP — condições normais de temperatura e pressão = 0° e 1,0 bar.
*Fonte: Peter J. Mohr e Barry N. Taylor, *Journal of Physical and Chemical Reference Data*, vol. 28, no. 6 (1999) e *Reviews of Modern Physics*, vol. 72, no. 2 (2000). Ver também http://physics.nist.gov/constants.

APÊNDICE C

DADOS ASTRONÔMICOS

O Sol, a Terra e a Lua

Propriedade	Sol[a]	Terra	Lua
Massa (kg)	$1,99 \times 10^{30}$	$5,98 \times 10^{24}$	$7,36 \times 10^{22}$
Raio médio (m)	$6,96 \times 10^{8}$	$6,37 \times 10^{6}$	$1,74 \times 10^{6}$
Massa específica média (kg/m^3)	1410	5520	3340
Gravidade na superfície (m/s^2)	274	9,81	1,67
Velocidade de escape (km/s)	618	11,2	2,38
Período de rotação[c] (dias)	$26-37^{b}$	0,997	27,3
Raio orbital médio (km)	$2,6 \times 10^{17d}$	$1,50 \times 10^{8e}$	$3,82 \times 10^{5f}$
Período orbital	$2,4 \times 10^{8}$ ano^{d}	1,00 ano^{e}	27,3 d^{f}

[a]O Sol irradia energia à taxa de $3,90 \times 10^{26}$ W; no limite externo da atmosfera terrestre, a energia solar é recebida se for admitida uma incidência normal, à taxa de 1380 W/m^2.

[b]O Sol, uma esfera de gás, não gira como um corpo rígido. Seu período de rotação varia entre 26 dias no equador e 37 dias nos pólos.

[c]Medido em relação às estrelas distantes.

[d]Em relação ao centro da galáxia.

[e]Em relação ao Sol.

[f]Em relação à Terra.

Algumas Propriedades dos Planetas

	Mercúrio	Vênus	Terra	Marte	Júpiter	Saturno	Urano	Netuno	Plutão
Distância média do Sol (10^6 km)	57,9	108	150	228	778	1.430	2.870	4.500	5.900
Período de revolução (anos)	0,241	0,615	1,00	1,88	11,9	29,5	84,0	165	248
Período de rotação[a] (dias)	58,7	243[b]	0,997	1,03	0,409	0,426	0,451[b]	0,658	6,39
Velocidade orbital (km/s)	47,9	35,0	29,8	24,1	13,1	9,64	6,81	5,43	4,74
Inclinação do eixo em relação à órbita	<28°	≈3°	23,4°	25,0°	3,08°	26,7°	97,9°	29,6°	57,5°
Inclinação da órbita em relação à órbita da Terra	7,00°	3,39°	—	1,85°	1,30°	2,49°	0,77°	1,77°	17,2°
Excentricidade da órbita	0,206	0,0068	0,0167	0,0934	0,0485	0,0556	0,0472	0,0086	0,250
Diâmetro equatorial (km)	4.880	12.100	12.800	6.790	143.000	120.000	51.800	49.500	2.300
Massa relativa (em relação à massa da Terra)	0,0558	0,815	1,000	0,107	318	95,1	14,5	17,2	0,002
Massa específica média (g/cm^3)	5,60	5,20	5,52	3,95	1,31	0,704	1,21	1,67	2,03
Gravidade na superfície[c] (m/s^2)	3,78	8,60	9,78	3,72	22,9	9,05	7,77	11,0	0,03
Velocidade de escape (km/s)	4,3	10,3	11,2	5,0	59,5	35,6	21,2	23,6	1,3
Satélites conhecidos	0	0	1	2	16 + anéis	19 + anéis	15 + anéis	8 + anéis	1

[a]Medido em relação às estrelas distantes.
[b]O sentido de rotação é oposto ao do movimento orbital.
[c]Medida no equador do planeta.

Apêndice D

PROPRIEDADES DOS ELEMENTOS

Elemento	Símbolo	Número Atômico, Z	Massa Molar (g/mol)	Massa Específica (g/cm³) a 20°C	Ponto de Fusão (°C)	Ponto de Ebulição (°C)	Calor Específico (J/g · °C) a 25°C
Actínio	Ac	89	(227)	10,1 (calc.)	1051	3200	0,120
Alumínio	Al	13	26,9815	2,699	660	2519	0,897
Amerício	Am	95	(243)	13,7	1176	2011	—
Antimônio	Sb	51	121,76	6,69	630,6	1587	0,207
Argônio	Ar	18	39,948	$1,6626 \times 10^{-3}$	$-189,3$	$-185,9$	0,520
Arsênico	As	33	74,9216	5,72	817 (28 at.)	614 (subl.)	0,329
Astato	At	85	(210)	—	302	337	—
Bário	Ba	56	137,33	3,5	727	1597	0,204
Berílio	Be	4	9,0122	1,848	1287	2471	1,83
Berquélio	Bk	97	(247)	14 (est.)	1050	—	—
Bismuto	Bi	83	208,980	9,75	271,4	1564	0,122
Bório	Bh	107	(264)	—	—	—	—
Boro	B	5	10,81	2,34	2075	4000	1,03
Bromo	Br	35	79,904	3,12 (líquido)	$-7,2$	58,8	0,226
Cádmio	Cd	48	112,41	8,65	321,1	767	0,232
Cálcio	Ca	20	40,08	1,55	842	1484	0,647
Califórnio	Cf	98	(251)	—	900 (est.)	—	—
Carbono	C	6	12,011	2,25	3550	—	0,709
Cério	Ce	58	140,12	6,770	798	3424	0,192
Césio	Cs	55	132,905	1,873	28,44	671	0,242
Chumbo	Pb	82	207,19	11,35	327,5	1749	0,129
Cloro	Cl	17	35,453	$3,214 \times 10^{-3}$ (0°C)	$-101,5$	$-34,0$	0,479
Cobalto	Co	27	58,9332	8,85	1495	2927	0,421
Cobre	Cu	29	63,54	8,96	1084,6	2562	0,385
Criptônio	Kr	36	83,80	$3,488 \times 10^{-3}$	$-157,4$	$-153,2$	0,248
Cromo	Cr	24	51,996	7,19	1907	2671	0,449
Cúrio	Cm	96	(247)	13,5 (calc.)	1345	—	—
Disprósio	Dy	66	162,50	8,55	1412	2567	0,170
Dúbnio	Db	105	(262)	—	—	—	—
Einstêinio	Es	99	(252)	—	860 (est.)	—	—
Enxofre	S	16	32,066	2,07	115,2	444,6	0,710
Érbio	Er	68	167,26	9,07	1529	2868	0,168
Escândio	Sc	21	44,956	2,99	1541	2836	0,568
Estanho	Sn	50	118,71	7,31	231,93	2602	0,228
Estrôncio	Sr	38	87,62	2,54	777	1382	0,301
Európio	Eu	63	151,96	5,244	822	1529	0,182
Férmio	Fm	100	(257)	—	1527	—	—
Ferro	Fe	26	55,845	7,87	1538	2861	0,449
Flúor	F	9	18,9984	$1,696 \times 10^{-3}$ (0°C)	$-219,6$	$-188,1$	0,824

(continua)

APÊNDICE D

Elemento	Símbolo	Número Atômico, Z	Massa Molar (g/mol)	Massa Específica (g/cm³) a 20°C	Ponto de Fusão (°C)	Ponto de Ebulição (°C)	Calor Específico (J/g · °C) a 25°C
Fósforo	P	15	30,9738	1,82	44,15	280,5	0,769
Frâncio	Fr	87	(223)	—	27	677	—
Gadolínio	Gd	64	157,25	7,90	1313	3273	0,236
Gálio	Ga	31	69,72	5,904	29,76	2204	0,371
Germânio	Ge	32	72,61	5,323	938,3	2833	0,320
Háfnio	Hf	72	178,49	13,31	2233	4603	0,144
Hássio	Hs	108	(269)	—	—	—	—
Hélio	He	2	4,0026	$0,1664 \times 10^{-3}$	−272,2	−268,9	5,19
Hidrogênio	H	1	1,00797	$0,08375 \times 10^{-3}$	−259,34	−252,87	14,3
Hólmio	Ho	67	164,930	8,79	1474	2700	0,165
Índio	In	49	114,82	7,31	156,6	2072	0,233
Iodo	I	53	126,9044	4,93	113,7	184,4	0,145
Irídio	Ir	77	192,2	22,4	2446	4428	0,131
Itérbio	Yb	70	173,04	6,966	819	1196	0,155
Ítrio	Y	39	88,905	4,469	1522	3345	0,298
Lantânio	La	57	138,91	6,145	918	3464	0,195
Laurêncio	Lr	103	(260)	—	—	—	—
Lítio	Li	3	6,941	0,534	180,5	1342	3,58
Lutécio	Lu	71	174,97	9,84	1663	3402	0,154
Magnésio	Mg	12	24,305	1,74	650	1090	1,02
Manganês	Mn	25	54,9380	7,43	1244	2061	0,79
Meitnério	Mt	109	(268)	—	—	—	—
Mendelévio	Md	101	(258)	—	827	—	—
Mercúrio	Hg	80	200,59	13,55	−38,83	356,7	0,140
Molibdênio	Mo	42	95,94	10,22	2623	4639	0,251
Neodímio	Nd	60	144,24	7,00	1021	3074	0,190
Neônio	Ne	10	20,180	$0,8387 \times 10^{-3}$	−248,6	−246,0	1,03
Neptúnio	Np	93	(237)	20,25	644	3902	1,26
Nióbio	Nb	41	92,906	8,57	2477	4744	0,265
Níquel	Ni	28	58,69	8,902	1455	2913	0,444
Nitrogênio	N	7	14,0067	$1,1649 \times 10^{-3}$	−210,0	−195,8	1,04
Nobélio	No	102	(259)	—	—	—	—
Ósmio	Os	76	190,2	22,57	3033	5012	0,130
Ouro	Au	79	196,967	19,3	1064,18	2856	0,129
Oxigênio	O	8	15,9994	$1,3318 \times 10^{-3}$	−218,8	−183,0	0,918
Paládio	Pd	46	106,4	12,02	1555	2963	0,246
Platina	Pt	78	195,08	21,45	1768	3825	0,133
Plutônio	Pu	94	(244)	19,84	640	3228	0,130
Polônio	Po	84	(209)	9,32	254	962	—
Potássio	K	19	39,098	0,86	63,28	759	0,757
Praseodímio	Pr	59	140,907	6,773	931	3520	0,193
Prata	Ag	47	107,68	10,49	961,8	2162	0,235
Promécio	Pm	61	(145)	7,264	1042	3000 (est.)	—
Protactínio	Pa	91	(231)	15,4 (calc.)	1572	—	—
Rádio	Ra	88	(226)	5,0	700	1140	—
Radônio	Rn	86	(222)	$9,96 \times 10^{-3}$ (0°C)	−71	−61,7	0,094
Rênio	Re	75	186,2	21,02	3186	5596	0,137
Ródio	Rh	45	102,905	12,41	1964	3695	0,243
Rubídio	Rb	37	85,47	1,53	39,31	688	0,363

(continua)

Elemento	Símbolo	Número Atômico, Z	Massa Molar (g/mol)	Massa Específica (g/cm³) a 20°C	Ponto de Fusão (°C)	Ponto de Ebulição (°C)	Calor Específico (J/g · °C) a 25°C
Rutênio	Ru	44	101,07	12,41	2334	4150	0,238
Ruterfórdio	Rf	104	(261)	—	—	—	—
Samário	Sm	62	150,35	7,52	1074	1794	0,197
Seabórgio	Sg	106	(266)	—	—	—	—
Selênio	Se	34	78,96	4,79	221	685	0,321
Silício	Si	14	28,086	2,33	1414	3265	0,705
Sódio	Na	11	22,9898	0,971	97,72	883	1,23
Tálio	Tl	81	204,38	11,85	304	1473	0,129
Tântalo	Ta	73	180,948	16,6	3017	5458	0,140
Tecnécio	Tc	43	(98)	11,5 (calc.)	2157	4265	—
Telúrio	Te	52	127,60	6,24	449,5	988	0,202
Térbio	Tb	65	158,924	8,23	1356	3230	0,182
Titânio	Ti	22	4788	4,54	1668	3287	0,523
Tório	Th	90	(232)	11,72	1750	4788	0,113
Túlio	Tm	69	168,934	9,32	1545	1950	0,160
Tungstênio	W	74	183,85	19,3	3422	5555	0,132
Unúmbio*	Uub	112	(277)	—	—	—	—
Ununhéxio*	Uuh	116	(289)	—	—	—	—
Ununílio*	Uun	110	(271)	—	—	—	—
Ununóctio*	Uuo	118	(293)	—	—	—	—
Unumpêntio*	Uuq	114	(285)	—	—	—	—
Ununúnio*	Uuu	111	(272)	—	—	—	—
Urânio	U	92	(238)	18,95	1135	4131	0,116
Vanádio	V	23	50,942	6,11	1910	3407	0,489
Xenônio	Xe	54	131,30	$5,495 \times 10^{-3}$	−111,75	−108,0	0,158
Zinco	Zn	30	65,39	7,133	419,53	907	0,388
Zircônio	Zr	40	91,22	6,506	1855	4409	0,278

Os valores das massas molares correspondem a um mol de *átomos* do elemento. Para gases diatômicos (H_2, O_2, N_2, etc.) a massa de um mol de *moléculas* é o dobro do valor tabelado.

Os valores entre parênteses na coluna de massas molares são os números de massa dos isótopos mais estáveis destes elementos que são radioativos.

Todas as propriedades físicas são relacionadas à pressão de uma atmosfera, exceto quando houver especificação em contrário.

Os dados relativos aos gases, exceto as massas molares, são válidos apenas nos seus estados moleculares naturais, tais como H_2, He, O_2, Ne, etc. Os calores específicos dos gases são os valores obtidos a pressão constante.

*Nomes provisórios destes elementos.[1]

Fonte: *Handbook of Chemistry and Physics*, 79.ª edição (CRC Press, 1998). http://www.webelements.com

[1]Os nomes provisórios segundo a IUPAC (União Internacional para Química Pura e Aplicada, vide www.iupac.org) devem ser compostos pelos algarismos escritos em latim, do número atômico seguidos da terminação io (ium), por exemplo: 107 um (1) nil (0) séptio (7), resultando em português, unilséptio e em inglês *unnilseptium*. (N.T.)

APÊNDICE E

TABELA PERIÓDICA DOS ELEMENTOS

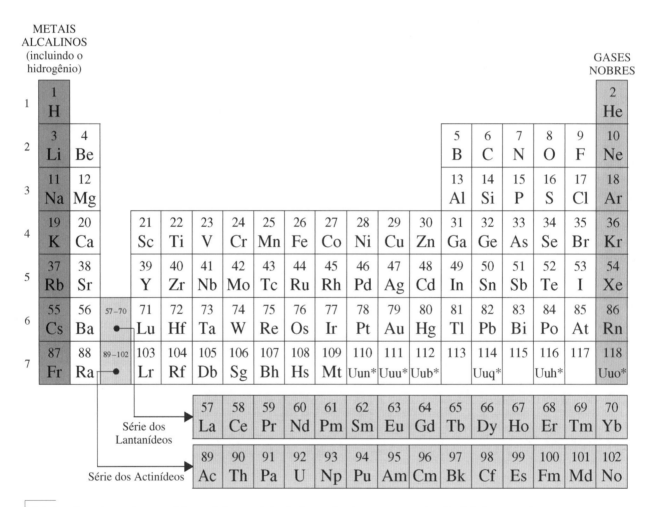

*A descoberta destes elementos foi anunciada, mas ainda não foram adotados nomes para eles. Os símbolos mostrados representam nomes temporários atribuídos aos elementos. Ver http://www.webelements.com para obter informações atualizadas sobre a descoberta e as propriedades dos elementos.

APÊNDICE F

PARTÍCULAS ELEMENTARES

1. AS PARTÍCULAS FUNDAMENTAIS

Léptons

Partícula	Símbolo	Anti-partícula	Carga (e)	Spin ($h/2\pi$)	Energia de Repouso (MeV)	Vida Média (s)	Produtos de Decaimento Típicos
Elétron	e^-	e^+	-1	1/2	0,511	∞	
Neutrino do Elétron	ν_e	$\bar{\nu}_e$	0	1/2	$<0,000015$	∞	
Múon	μ^-	μ^+	-1	1/2	105,7	$2{,}2 \times 10^{-6}$	$e^- + \bar{\nu}_e + \nu_\mu$
Neutrino do Múon	ν_μ	$\bar{\nu}_\mu$	0	1/2	$<0,19$	∞	
Tau	τ^-	τ^+	-1	1/2	1.777	$2{,}9 \times 10^{-13}$	$\mu^- + \bar{\nu}_\mu + \nu_\tau$
Neutrino do Tau	ν_τ	$\bar{\nu}_\tau$	0	1/2	<18	∞	

Quarks

Nome	Símbolo	Anti-partícula	Carga (e)	Spin ($h/2\pi$)	Energia de Repouso[a] (MeV)	Outra Propriedade
Up	u	$\bar{u}$	$+2/3$	1/2	3	$C = S = T = B = 0$
Down	d	$\bar{d}$	$-1/3$	1/2	6	$C = S = T = B = 0$
Charm	c	$\bar{c}$	$+2/3$	1/2	1.300	Charm (C) $= +1$
Estranho	s	$\bar{s}$	$-1/3$	1/2	120	Estranheza (S) $= -1$
Top	t	$\bar{t}$	$+2/3$	1/2	174.000	Topness (T) $= +1$
Bottom	b	$\bar{b}$	$-1/3$	1/2	4300	Bottomness (B) $= -1$

Partículas de Campo

Partícula	Símbolo	Interação	Carga (e)	Spin ($h/2\pi$)	Energia de Repouso (MeV)
Gráviton[b]		Gravidade	0	2	0
Bóson fraco	W^+, W^-	Fraca	± 1	1	80,4
Bóson fraco	Z^0	Fraca	0	1	91,2
Fóton	γ	Eletromagnética	0	1	0
Glúon	g	Forte (cor)	0	1	0

2. ALGUMAS PARTÍCULAS COMPOSTAS

Bárions

Partícula	Símbolo	Conteúdo de Quarks	Anti-partícula	Carga (e)	Spin (h/2π)	Energia de Repouso (MeV)	Vida Média (s)	Decaimento Típico
Próton	p	uud	$\bar{\text{p}}$	+1	1/2	938	$>10^{33}$	$\pi^0 + \text{e}^+$ (?)
Nêutron	n	udd	$\bar{\text{n}}$	0	1/2	940	887	$\text{p} + \text{e}^- + \bar{\nu}_\text{e}$
Lambda	Λ^0	uds	$\overline{\Lambda^0}$	0	1/2	1.116	$2{,}6 \times 10^{-10}$	$\text{p} + \pi^-$
Ômega	Ω^-	sss	$\overline{\Omega^-}$	-1	3/2	1.672	$8{,}2 \times 10^{-11}$	$\Lambda^0 + \text{K}^-$
Delta	Δ^{++}	uuu	$\overline{\Delta^{++}}$	+2	3/2	1.232	$5{,}7 \times 10^{-24}$	$\text{p} + \pi^+$
Lambda com charme	Λ_c^+	udc	$\overline{\Lambda_\text{c}^+}$	+1	1/2	2.285	$1{,}9 \times 10^{-13}$	$\Lambda^0 + \pi^+$

Mésons

Partícula	Símbolo	Conteúdo de Quarks	Anti-partícula	Carga (e)	Spin (h/2π)	Energia de Repouso (MeV)	Vida Média (s)	Decaimento Típico
Píon	π^+	$\text{u}\bar{\text{d}}$	π^-	+1	0	140	$2{,}6 \times 10^{-8}$	$\mu^+ + \nu_\mu$
Píon	π^0	$\text{u}\bar{\text{u}} + \text{d}\bar{\text{d}}$	π^0	0	0	135	$8{,}4 \times 10^{-17}$	$\gamma + \gamma$
Káon	K^+	$\text{u}\bar{\text{s}}$	K^-	+1	0	494	$1{,}2 \times 10^{-8}$	$\mu^+ + \nu_\mu$
Káon	K^0	$\text{d}\bar{\text{s}}$	$\overline{\text{K}^0}$	0	0	498	$0{,}9 \times 10^{-10}$	$\pi^+ + \pi^-$
Rho	ρ^+	$\text{u}\bar{\text{d}}$	ρ^-	+1	1	770	$4{,}4 \times 10^{-24}$	$\pi^+ + \pi^-$
Méson D	D^+	$\text{c}\bar{\text{d}}$	D^-	+1	0	1.869	$1{,}1 \times 10^{-12}$	$\text{K}^- + \pi^+ + \pi^+$
Psi	ψ	$\text{c}\bar{\text{c}}$	ψ	0	1	3.097	$7{,}6 \times 10^{-21}$	$\text{e}^+ + \text{e}^-$
Méson B	B^+	$\text{u}\bar{\text{b}}$	B^-	+1	0	5.279	$1{,}6 \times 10^{-12}$	$\text{D}^- + \pi^+ + \pi^+$
Ipsílon	Y	$\text{b}\bar{\text{b}}$	Y	0	1	9.460	$1{,}3 \times 10^{-20}$	$\text{e}^+ + \text{e}^-$

[a]As energias de repouso relacionadas para os quarks não estão associadas aos quarks livres; uma vez que nenhum quark livre foi observado até hoje, ainda não foi possível medir sua energia de repouso no estado livre. Os valores listados na tabela são as energias de repouso efetivas correspondentes aos quarks que formam as partículas compostas.

[b]Partículas supostamente existentes, porém ainda não observadas.

Fonte: "Review of Particle Properties", *European Physical Journal C*, vol. 15 (2000). Veja também http://pdg.lbl.gov/.

APÊNDICE G

FATORES DE CONVERSÃO

Os fatores de conversão podem ser lidos diretamente das tabelas. Por exemplo, 1 grau = $2{,}778 \times 10^{-3}$ rotações, então $16{,}7° =$ $16{,}7 \times 2{,}778 \times 10^{-3}$ rotações. As grandezas no S.I. estão em maiúsculas. Adaptado parcialmente de G. Shortley and D. Williams, *Elements of Physics*, Prentice-Hall, 1971.

Ângulo Plano

	°	′	″	RADIANO	rotação
1 grau =	1	60	3600	$1{,}745 \times 10^{-2}$	$2{,}778 \times 10^{-3}$
1 minuto =	$1{,}667 \times 10^{-2}$	1	60	$2{,}909 \times 10^{-4}$	$4{,}630 \times 10^{-5}$
1 segundo =	$2{,}778 \times 10^{-4}$	$1{,}667 \times 10^{-2}$	1	$4{,}848 \times 10^{-6}$	$7{,}716 \times 10^{-7}$
1 RADIANO =	57,30	3438	$2{,}063 \times 10^{5}$	1	0,1592
1 rotação =	360	$2{,}16 \times 10^{4}$	$1{,}296 \times 10^{6}$	6,283	1

Ângulo Sólido

1 esfera = 4π esterorradianos = 12,57 esterorradianos

Comprimento

	cm	METRO	km	pol	pé	mil
1 centímetro =	1	10^{-2}	10^{-5}	0,3937	$3{,}281 \times 10^{-2}$	$6{,}214 \times 10^{-6}$
1 METRO =	100	1	10^{-3}	39,37	3,281	$6{,}214 \times 10^{-4}$
1 quilômetro =	10^{5}	1000	1	$3{,}937 \times 10^{4}$	3281	0,6214
1 polegada =	2,540	$2{,}540 \times 10^{-2}$	$2{,}540 \times 10^{-5}$	1	$8{,}333 \times 10^{-2}$	$1{,}578 \times 10^{-5}$
1 pé =	30,48	0,3048	$3{,}048 \times 10^{-4}$	12	1	$1{,}894 \times 10^{-4}$
1 milha =	$1{,}609 \times 10^{5}$	1609	1,609	$6{,}336 \times 10^{4}$	5280	1

1 angstrom = 10^{-10} m
1 milha náutica = 1852 m
   = 1,151 milha = 6076 pés
1 fermi = 10^{-15} m

1 ano-luz = $9{,}460 \times 10^{12}$ km
1 parsec = $3{,}084 \times 10^{13}$ km
1 braça = 6 pés
1 raio de Bohr = $5{,}292 \times 10^{-11}$ m

1 jarda = 3 pés
1 rod = 16,5 pés
1 mil = 10^{-3} pol.
1 mm = 10^{-9} m

Área

	METRO quadrado	cm^2	pé quadrado	pol. quadrada
1 METRO quadrado =	1	10^4	10,76	1550
1 centímetro quadrado =	10^{-4}	1	$1,076 \times 10^{-3}$	0,1550
1 pé quadrado =	$9,290 \times 10^{-2}$	929,0	1	144
1 polegada quadrada =	$6,452 \times 10^{-4}$	6,452	$6,944 \times 10^{-3}$	1

1 milha quadrada = $2,788 \times 10^7$ pés quadrados = 640 acres
1 barn = 10^{-28} metros quadrados
1 acre = 43,560 pés quadrados
1 hectare = 2,471 acres

Volume

	METRO cúbico	cm^3	L	pé cúbico	pol. cúbica
1 METRO cúbico =	1	10^6	1000	35,31	$6,102 \times 10^4$
1 centímetro cúbico =	10^{-6}	1	$1,000 \times 10^{-3}$	$3,531 \times 10^{-5}$	$6,102 \times 10^{-2}$
1 litro =	$1,000 \times 10^{-3}$	1000	1	$3,531 \times 10^{-2}$	61,02
1 pé cúbico =	$2,832 \times 10^{-2}$	$2,832 \times 10^4$	28,32	1	1728
1 polegada cúbica =	$1,639 \times 10^{-5}$	16,39	$1,639 \times 10^{-2}$	$5,787 \times 10^{-4}$	1

1 galão (fluido) americano = 4 quartos (fluido) americanos = 8 pintas americanas = 128 onças (fluido) = 231 polegadas cúbicas.
1 galão imperial britânico = 277,4 polegadas cúbicas = 1,201 galão (fluido) americano

Massa

	g	QUILOGRAMA	slug	u	oz	lb	ton
1 grama =	1	0,001	$6,852 \times 10^{-5}$	$6,022 \times 10^{23}$	$3,527 \times 10^{-2}$	$2,205 \times 10^{-3}$	$1,102 \times 10^{-6}$
1 QUILOGRAMA =	1000	1	$6,852 \times 10^{-2}$	$6,022 \times 10^{26}$	35,27	2,205	$1,102 \times 10^{-3}$
1 slug =	$1,459 \times 10^4$	14,59	1	$8,786 \times 10^{27}$	514,8	32,17	$1,609 \times 10^{-2}$
1 unidade de massa atômica =	$1,661 \times 10^{-24}$	$1,661 \times 10^{-27}$	$1,138 \times 10^{-28}$	1	$5,857 \times 10^{-26}$	$3,662 \times 10^{-27}$	$1,830 \times 10^{-30}$
1 onça =	28,35	$2,835 \times 10^{-2}$	$1,943 \times 10^{-3}$	$1,718 \times 10^{25}$	1	$6,250 \times 10^{-2}$	$3,125 \times 10^{-5}$
1 libra =	453,6	0,4536	$3,108 \times 10^{-2}$	$2,732 \times 10^{26}$	16	1	0,0005
1 tonelada =	$9,072 \times 10^5$	907,2	62,16	$5,463 \times 10^{29}$	$3,2 \times 10^4$	2000	1

1 tonelada = 1000 kg
As quantidades na área mais escura não são unidades de massa, mas são freqüentemente empregadas como se fossem. Quando se escreve, por exemplo, 1 kg "=" 2,205 libras isto significa que um quilograma é uma *massa* que *pesa* 2,205 libras sob condições padrão de gravidade (g = 9,80665 m/s^2).

Fatores de Conversão 355

Massa Específica**

	slug/ft³	QUILOGRAMA/ METRO cúbico	g/cm³	lb/ft³	lb/in.³
1 slug por pé cúbico =	1	515,4	0,5154	32,17	$1,862 \times 10^{-2}$
1 QUILOGRAMA por METRO cúbico =	$1,940 \times 10^{-3}$	1	0,001	$6,243 \times 10^{-2}$	$3,613 \times 10^{-5}$
1 grama por centímetro cúbico =	1,940	1000	1	62,43	$3,613 \times 10^{-2}$
1 libra por pé cúbico =	$3,108 \times 10^{-2}$	16,02	$1,602 \times 10^{-2}$	1	$5,787 \times 10^{-4}$
1 libra por polegada cúbica =	53,71	$2,768 \times 10^{4}$	27,68	1728	1

As quantidades na área mais escura são pesos específicos e, como tais, apresentam dimensão diferente das massas específicas. Veja a nota sob a tabela de massas.

Tempo

	ano	d	h	min	SEGUNDO
1 ano =	1	365,25	$8,766 \times 10^{3}$	$5,259 \times 10^{5}$	$3,156 \times 10^{7}$
1 dia =	$2,738 \times 10^{-3}$	1	24	1440	$8,640 \times 10^{4}$
1 hora =	$1,141 \times 10^{-4}$	$4,167 \times 10^{-2}$	1	60	3600
1 minuto =	$1,901 \times 10^{-6}$	$6,944 \times 10^{-4}$	$1,667 \times 10^{-2}$	1	60
1 SEGUNDO =	$3,169 \times 10^{-8}$	$1,157 \times 10^{-5}$	$2,778 \times 10^{-4}$	$1,667 \times 10^{-2}$	1

Velocidade

	pé/segundo	km/h	METRO/SEGUNDO	mi/h	cm/s
1 pé por segundo =	1	1,097	0,3048	0,6818	30,48
1 quilômetro por hora =	0,9113	1	0,2778	0,6214	27,78
1 METRO por SEGUNDO =	3,281	3,6	1	2,237	100
1 milha por hora =	1,467	1,609	0,4470	1	44,70
1 centímetro por segundo =	$3,281 \times 10^{-2}$	$3,6 \times 10^{-2}$	0,01	$2,237 \times 10^{-2}$	1

1 nó = 1 milha náutica/hora = 1,688 pé/segundo   1 milha/minuto = 88,00 pés/segundo = 60,00 milhas/hora

*O termo em inglês *mass density*, freqüentemente traduzido como densidade (grandeza adimensional), deve ser corretamente entendido como massa específica (massa por unidade de volume), e, de modo equivalente, *volume density* por volume específico. (N.T.)

Força

	dina	NEWTON	lb	pdl	gf	kgf
1 dina =	1	10^{-5}	$2,248 \times 10^{-6}$	$7,233 \times 10^{-5}$	$1,020 \times 10^{-3}$	$1,020 \times 10^{-6}$
1 NEWTON =	10^5	1	0,2248	7,233	102,0	0,1020
1 libra =	$4,448 \times 10^5$	4,448	1	32,17	453,6	0,4536
1 poundal =	$1,383 \times 10^4$	0,1383	$3,108 \times 10^{-2}$	1	14,10	$1,410 \times 10^{-2}$
1 grama-força =	980,7	$9,807 \times 10^{-3}$	$2,205 \times 10^{-3}$	$7,093 \times 10^{-2}$	1	0,001
1 quilograma-força =	$9,807 \times 10^5$	9,807	2,205	70,93	1000	1

As quantidades na área mais escura não são unidades de força, embora freqüentemente sejam empregadas como tais. Por exemplo, quando se escreve "1 grama-força" = 980,7 dinas, significa que uma massa de 1 grama experimenta uma força de 980,7 dinas sob condições gravitacionais normais ($g = 9,80665$ m/s²).

Energia, Trabalho, Calor

	Btu	erg	ft · lb	cv · h	JOULE	cal	kW · h	eV	MeV	kg	u
1 unidade térmica inglesa =	1	$1,055 \times 10^{10}$	777,9	$3,929 \times 10^{-4}$	1055	252,0	$2,930 \times 10^{-4}$	$6,585 \times 10^{21}$	$6,585 \times 10^{15}$	$1,174 \times 10^{-14}$	$7,070 \times 10^{12}$
1 erg =	$9,481 \times 10^{-11}$	1	$7,376 \times 10^{-8}$	$3,725 \times 10^{-14}$	10^{-7}	$2,389 \times 10^{-8}$	$2,778 \times 10^{-14}$	$6,242 \times 10^{11}$	$6,242 \times 10^5$	$1,113 \times 10^{-24}$	670,2
1 libra-pé =	$1,285 \times 10^{-3}$	$1,356 \times 10^7$	1	$5,051 \times 10^{-7}$	1,356	0,3238	$3,766 \times 10^{-7}$	$8,464 \times 10^{18}$	$8,464 \times 10^{12}$	$1,509 \times 10^{-17}$	$9,037 \times 10^9$
1 cavalo a vapor-hora =	2545	$2,685 \times 10^{13}$	$1,980 \times 10^6$	1	$2,685 \times 10^6$	$6,413 \times 10^5$	0,7457	$1,676 \times 10^{25}$	$1,676 \times 10^{19}$	$2,988 \times 10^{-11}$	$1,799 \times 10^{16}$
1 JOULE =	$9,481 \times 10^{-4}$	10^7	0,7376	$3,725 \times 10^{-7}$	1	0,2389	$2,778 \times 10^{-7}$	$6,242 \times 10^{18}$	$6,242 \times 10^{12}$	$1,113 \times 10^{-17}$	$6,702 \times 10^9$
1 caloria =	$3,969 \times 10^{-3}$	$4,186 \times 10^7$	3,088	$1,560 \times 10^{-6}$	4,186	1	$1,163 \times 10^{-6}$	$2,613 \times 10^{19}$	$2,613 \times 10^{13}$	$4,660 \times 10^{-17}$	$2,806 \times 10^{10}$
1 quilowatt-hora =	3413	$3,6 \times 10^{13}$	$2,655 \times 10^6$	1,341	$3,6 \times 10^6$	$8,600 \times 10^5$	1	$2,247 \times 10^{25}$	$2,247 \times 10^{19}$	$4,007 \times 10^{-11}$	$2,413 \times 10^{16}$
1 elétron-volt =	$1,519 \times 10^{-22}$	$1,602 \times 10^{-12}$	$1,182 \times 10^{-19}$	$5,967 \times 10^{-26}$	$1,602 \times 10^{-19}$	$3,827 \times 10^{-20}$	$4,450 \times 10^{-26}$	1	10^{-6}	$1,783 \times 10^{-36}$	$1,074 \times 10^{-9}$
1 milhão de elétron-volts =	$1,519 \times 10^{-16}$	$1,602 \times 10^{-6}$	$1,182 \times 10^{-13}$	$5,967 \times 10^{-20}$	$1,602 \times 10^{-13}$	$3,827 \times 10^{-14}$	$4,450 \times 10^{-20}$	10^6	1	$1,783 \times 10^{-30}$	$1,074 \times 10^{-3}$
1 quilograma =	$8,521 \times 10^{13}$	$8,987 \times 10^{23}$	$6,629 \times 10^{16}$	$3,348 \times 10^{10}$	$8,987 \times 10^{16}$	$2,146 \times 10^{16}$	$2,497 \times 10^{10}$	$5,610 \times 10^{35}$	$5,610 \times 10^{29}$	1	$6,022 \times 10^{26}$
1 unidade de massa atômica =	$1,415 \times 10^{-13}$	$1,492 \times 10^{-3}$	$1,101 \times 10^{-10}$	$5,559 \times 10^{-17}$	$1,492 \times 10^{-10}$	$3,564 \times 10^{-11}$	$4,146 \times 10^{-17}$	$9,32 \times 10^8$	932,0	$1,661 \times 10^{-27}$	1

As quantidades na área mais escura não são propriamente unidades de energia, mas foram incluídas por uma questão de conveniência. Elas surgem da equivalência relativista entre massa e energia dada pela fórmula $E = mc^2$ e representam a energia equivalente à massa de um quilograma ou uma unidade de massa unificada (u).

Pressão

	atm	dina/cm^2	pol de água	cm Hg	PASCAL	lb/in.^{2}	lb/ft^2
1 atmosfera =	1	$1,013 \times 10^6$	406,8	76	$1,013 \times 10^5$	14,70	2116
1 dina por cm^2 =	$9,869 \times 10^{-7}$	1	$4,015 \times 10^{-4}$	$7,501 \times 10^{-5}$	0,1	$1,405 \times 10^{-5}$	$2,089 \times 10^{-3}$
1 polegada de água a 4°C =	$2,458 \times 10^{-3}$	2491	1	0,1868	249,1	$3,613 \times 10^{-2}$	5,202
1 centímetro de mercúrio^a a 0°C =	$1,316 \times 10^{-2}$	$1,333 \times 10^4$	5,353	1	1333	0,1934	27,85
1 PASCAL =	$9,869 \times 10^{-6}$	10	$4,015 \times 10^{-3}$	$7,501 \times 10^{-4}$	1	$1,450 \times 10^{-4}$	$2,089 \times 10^{-2}$
1 libra por pol^2 =	$6,805 \times 10^{-2}$	$6,895 \times 10^4$	27,68	5,171	$6,895 \times 10^3$	1	144
1 libra por pé^2 =	$4,725 \times 10^{-4}$	478,8	0,1922	$3,591 \times 10^{-2}$	47,88	$6,944 \times 10^{-3}$	1

^{a}Onde a aceleração da gravidade tem o valor padrão de 9,80665 m/s^2.
1 bar = 10^6 dina/cm^2 = 0,1 MPa   1 milibar = 10^3 dina/cm^2 = 10^2 Pa   1 torr = 1 milímetro de mercúrio

Potência

	Btu/h	ft · lb/s	cv	cal/s	kW	WATT
1 unidade térmica inglesa por hora =	1	0,2161	$3,929 \times 10^{-4}$	$6,998 \times 10^{-2}$	$2,930 \times 10^{-4}$	0,2930
1 libra-pé por segundo =	4,628	1	$1,818 \times 10^{-3}$	0,3239	$1,356 \times 10^{-3}$	1,356
1 cavalo a vapor =	2545	550	1	178,1	0,7457	745,7
1 caloria por segundo =	14,29	3,088	$5,615 \times 10^{-3}$	1	$4,186 \times 10^{-3}$	4,186
1 quilowatt =	3413	737,6	1,341	238,9	1	1000
1 WATT =	3,413	0,7376	$1,341 \times 10^{-3}$	0,2389	0,001	1

Fluxo Magnético

	maxwell	WEBER
1 maxwell =	1	10^{-8}
1 WEBER =	10^8	1

Campo Magnético

	gauss	TESLA	milligauss
1 gauss =	1	10^{-4}	1000
1 TESLA =	10^4	1	10^7
1 milligauss =	0,001	10^{-7}	1

1 tesla = 1 weber/m^2

Apêndice H

VETORES

H.1 COMPONENTES DOS VETORES

$a_x = a \cos \phi$ $a_y = a \operatorname{sen} \phi$
$a = \sqrt{a_x^2 + a_y^2}$ $\operatorname{tg} \phi = a_y/a_x$

$b_x = b \cos \phi \, (<0)$
$b_y = b \operatorname{sen} \phi \, (>0)$

$a_x = a \operatorname{sen} \theta \cos \phi$
$a_y = a \operatorname{sen} \theta \operatorname{sen} \phi$
$a_z = a \cos \theta$
$a = \sqrt{a_x^2 + a_y^2 + a_z^2}$
$\operatorname{tg} \phi = a_y/a_x$
$\cos \theta = a_z/a$

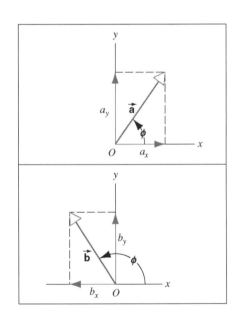

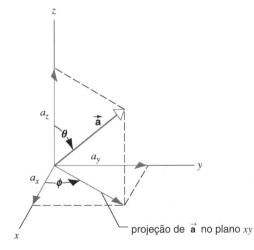

projeção de $\vec{a}$ no plano xy

H.2 VETORES UNITÁRIOS

Cartesianos em duas dimensões:

$\vec{a} = a_x \hat{i} + a_y \hat{j}$

Cartesianos em três dimensões:

$\vec{a} = a_x \hat{i} + a_y \hat{j} + a_z \hat{k}$

Polar em duas dimensões:

$\vec{a} = a_r \hat{u}_r + a_\phi \hat{u}_\phi$

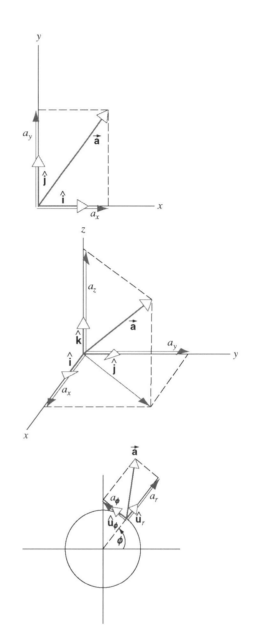

H.3 ADIÇÃO DE VETORES

$\vec{s} = \vec{a} + \vec{b}$

$s_x = a_x + b_x \qquad s_y = a_y + b_y$

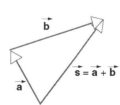

$\vec{a} + \vec{b} = \vec{b} + \vec{a}$ (lei comutativa)

$\vec{d} + (\vec{e} + \vec{f}) = (\vec{d} + \vec{e}) + \vec{f}$ (lei associativa)

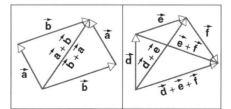

$$\vec{d} = \vec{a} - \vec{b} = \vec{a} + (-\vec{b})$$
$$d_x = a_x - b_x \qquad d_y = a_y - b_y$$

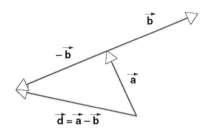

H.4 PRODUTO DE VETORES

Produto de um vetor por um escalar:

$\vec{b} = c\vec{a}$

$b_x = ca_x \qquad b_y = ca_y$

$b = |c|a$

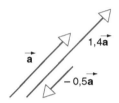

Produto escalar de dois vetores:

$\vec{a} \cdot \vec{b} = ab \cos\phi = a(b\cos\phi) = b(a\cos\phi)$

$\vec{a} \cdot \vec{b} = \vec{b} \cdot \vec{a}$

$\hat{i} \cdot \hat{i} = \hat{j} \cdot \hat{j} = \hat{k} \cdot \hat{k} = 1$

$\hat{i} \cdot \hat{j} = \hat{i} \cdot \hat{k} = \hat{j} \cdot \hat{k} = 0$

$\vec{a} \cdot \vec{b} = a_x b_x + a_y b_y + a_z b_z$

$\vec{a} \cdot \vec{a} = a^2 = a_x^2 + a_y^2 + a_z^2$

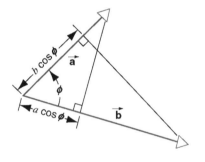

Produto vetorial de dois vetores:

$\vec{c} = \vec{a} \times \vec{b}$

$|\vec{c}| = |\vec{a} \times \vec{b}| = ab \operatorname{sen}\phi$

A direção do vetor $\vec{c}$ é perpendicular ao plano formado pelos vetores $\vec{a}$ e $\vec{b}$ e seu sentido é determinado pela regra da mão direita.

$\vec{b} \times \vec{a} = -\vec{a} \times \vec{b}$

$\hat{i} \times \hat{i} = \hat{j} \times \hat{j} = \hat{k} \times \hat{k} = 0$

$\hat{i} \times \hat{j} = \hat{k} \qquad \hat{j} \times \hat{k} = \hat{i} \qquad \hat{k} \times \hat{i} = \hat{j}$

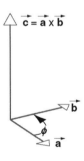

$\vec{a} \times \vec{b} = (a_y b_z - a_z b_y)\hat{i} + (a_z b_x - a_x b_z)\hat{j} + (a_x b_y - a_y b_x)\hat{k} = \begin{vmatrix} \hat{i} & \hat{j} & \hat{k} \\ a_x & a_y & a_z \\ b_x & b_y & b_z \end{vmatrix}$

$\vec{a} \times (\vec{b} + \vec{c}) = (\vec{a} \times \vec{b}) + (\vec{a} \times \vec{c})$

$(s\vec{a}) \times \vec{b} = \vec{a} \times (s\vec{b}) = s(\vec{a} \times \vec{b}) \qquad (s = \text{um escalar}).$

$\vec{a} \cdot (\vec{b} \times \vec{c}) = \vec{b} \cdot (\vec{c} \times \vec{a}) = \vec{c} \cdot (\vec{a} \times \vec{b})$

$\vec{a} \times (\vec{b} \times \vec{c}) = (\vec{a} \cdot \vec{c})\vec{b} - (\vec{a} \cdot \vec{b})\vec{c}$

APÊNDICE I

FÓRMULAS MATEMÁTICAS

Geometria

Círculo de raio r: circunferência $= 2\pi r$; área $= \pi r^2$.

Esfera de raio r: área $= 4\pi r^2$; volume $= \frac{4}{3}\pi r^3$.

Cilindro circular reto de raio r e altura h: área $= 2\pi r^2 + 2\pi rh$; volume $= \pi r^2 h$.

Triângulo de base a e altura h: área $= \frac{1}{2}ah$.

Fórmula Quadrática

Se $ax^2 + bx + c = 0$, então, $x = \dfrac{-b \pm \sqrt{b^2 - 4ac}}{2a}$.

Funções Trigonométricas do Ângulo θ

$\operatorname{sen}\theta = \dfrac{y}{r}$ $\cos\theta = \dfrac{x}{r}$

$\operatorname{tg}\theta = \dfrac{y}{x}$ $\operatorname{cotg}\theta = \dfrac{x}{y}$

$\sec\theta = \dfrac{r}{x}$ $\operatorname{cosec}\theta = \dfrac{r}{y}$

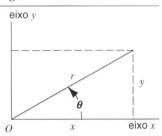

Teorema de Pitágoras

$a^2 + b^2 = c^2$

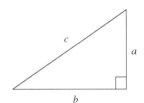

Triângulos

Ângulos A, B e C

Lados opostos a, b e c

$A + B + C = 180°$

$\dfrac{\operatorname{sen} A}{a} = \dfrac{\operatorname{sen} B}{b} = \dfrac{\operatorname{sen} C}{c}$

$c^2 = a^2 + b^2 - 2ab\cos C$

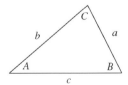

Sinais e Símbolos Matemáticos

$=$ é igual a

$\approx$ é aproximadamente igual a

$\neq$ é diferente de

$\equiv$ é idêntico a, definido como

$>$ é maior do que ($\gg$ é bem maior do que)

$<$ é menor do que ($\ll$ é bem menor do que)

$\geq$ é maior ou igual a (ou, não é menor do que)

$\leq$ é menor ou igual a (ou, não é maior do que)

$\pm$ mais ou menos ($\sqrt{4} = \pm 2$)

$\propto$ é proporcional a

Σ o somatório de

$\bar{x}$ o valor médio de x (utiliza-se também $x_{\text{méd}}$)

Identidades Trigonométricas

$\operatorname{sen}(90° - \theta) = \cos\theta$
$\cos(90° - \theta) = \operatorname{sen}\theta$
$\operatorname{sen}\theta/\cos\theta = \operatorname{tg}\theta$
$\operatorname{sen}^2\theta + \cos^2\theta = 1 \quad \sec^2\theta - \operatorname{tg}^2\theta = 1 \quad \operatorname{cosec}^2\theta - \operatorname{cotg}^2\theta = 1$
$\operatorname{sen} 2\theta = 2\operatorname{sen}\theta\cos\theta$
$\cos 2\theta = \cos^2\theta - \operatorname{sen}^2\theta = 2\cos^2\theta - 1 = 1 - 2\operatorname{sen}^2\theta$
$\operatorname{sen}(\alpha \pm \beta) = \operatorname{sen}\alpha\cos\beta \pm \cos\alpha\operatorname{sen}\beta$
$\cos(\alpha \pm \beta) = \cos\alpha\cos\beta \mp \operatorname{sen}\alpha\operatorname{sen}\beta$
$\operatorname{tg}(\alpha \pm \beta) = \dfrac{\operatorname{tg}\alpha \pm \operatorname{tg}\beta}{1 \mp \operatorname{tg}\alpha\operatorname{tg}\beta}$
$\operatorname{sen}\alpha \pm \operatorname{sen}\beta = 2\operatorname{sen}\tfrac{1}{2}(\alpha \pm \beta)\cos\tfrac{1}{2}(\alpha \mp \beta)$

Série Polinomial

$(1 \pm x)^n = 1 \pm \dfrac{nx}{1!} + \dfrac{n(n-1)x^2}{2!} + \cdots \ (x^2 < 1)$

$(1 \pm x)^{-n} = 1 \mp \dfrac{nx}{1!} + \dfrac{n(n+1)x^2}{2!} \mp \cdots \ (x^2 < 1)$

Série Exponencial

$e^x = 1 + x + \dfrac{x^2}{2!} + \dfrac{x^3}{3!} + \cdots$

Série Logarítmica

$\ln(1 + x) = x - \tfrac{1}{2}x^2 + \tfrac{1}{3}x^3 - \cdots \ (|x| < 1)$

Séries Trigonométricas (ângulo θ em radianos)

$\operatorname{sen}\theta = \theta - \dfrac{\theta^3}{3!} + \dfrac{\theta^5}{5!} - \cdots$

$\cos\theta = 1 - \dfrac{\theta^2}{2!} + \dfrac{\theta^4}{4!} - \cdots$

$\operatorname{tg}\theta = \theta + \dfrac{\theta^3}{3} + \dfrac{2\theta^5}{15} + \cdots$

362 APÊNDICE I

Derivadas e Integrais

Nas fórmulas que se seguem, as letras u e v representam quaisquer funções de x, e as letras a e m representam constantes. A cada uma das integrais indefinidas deve ser adicionada uma constante de integração arbitrária. O *Handbook of Chemistry and Physics* (CRC Press Inc.) fornece uma relação mais completa.

1. $\dfrac{dx}{dx} = 1$

2. $\dfrac{d}{dx}(au) = a\dfrac{du}{dx}$

3. $\dfrac{d}{dx}(u + v) = \dfrac{du}{dx} + \dfrac{dv}{dx}$

4. $\dfrac{d}{dx}x^m = mx^{m-1}$

5. $\dfrac{d}{dx}\ln x = \dfrac{1}{x}$

6. $\dfrac{d}{dx}(uv) = u\dfrac{dv}{dx} + v\dfrac{du}{dx}$

7. $\dfrac{d}{dx}e^x = e^x$

8. $\dfrac{d}{dx}\operatorname{sen}x = \cos x$

9. $\dfrac{d}{dx}\cos x = -\operatorname{sen}x$

10. $\dfrac{d}{dx}\operatorname{tg}x = \sec^2 x$

11. $\dfrac{d}{dx}\operatorname{cotg}x = -\operatorname{cosec}^2 x$

12. $\dfrac{d}{dx}\sec x = \operatorname{tg}x\sec x$

13. $\dfrac{d}{dx}\operatorname{cosec}x = -\operatorname{cotg}x\operatorname{cosec}x$

14. $\dfrac{d}{dx}e^u = e^u\dfrac{du}{dx}$

15. $\dfrac{d}{dx}\operatorname{sen}u = \cos u\dfrac{du}{dx}$

16. $\dfrac{d}{dx}\cos u = -\operatorname{sen}u\dfrac{du}{dx}$

---

1. $\displaystyle\int dx = x$

2. $\displaystyle\int au\,dx = a\int u\,dx$

3. $\displaystyle\int (u + v)\,dx = \int u\,dx + \int v\,dx$

4. $\displaystyle\int x^m\,dx = \dfrac{x^{m+1}}{m+1}\ (m \neq -1)$

5. $\displaystyle\int \dfrac{dx}{x} = \ln|x|$

6. $\displaystyle\int u\dfrac{dv}{dx}\,dx = uv - \int v\dfrac{du}{dx}\,dx$

7. $\displaystyle\int e^x\,dx = e^x$

8. $\displaystyle\int \operatorname{sen}x\,dx = -\cos x$

9. $\displaystyle\int \cos x\,dx = \operatorname{sen}x$

10. $\displaystyle\int \operatorname{tg}x\,dx = -\ln\cos x$

11. $\displaystyle\int \operatorname{sen}^2 x\,dx = \tfrac{1}{2}x - \tfrac{1}{4}\operatorname{sen}2x$

12. $\displaystyle\int \cos^2 x\,dx = \tfrac{1}{2}x + \tfrac{1}{4}\operatorname{sen}2x$

13. $\displaystyle\int e^{-ax}\,dx = -\dfrac{1}{a}e^{-ax}$

14. $\displaystyle\int xe^{-ax}\,dx = -\dfrac{1}{a^2}(ax + 1)e^{-ax}$

15. $\displaystyle\int x^2 e^{-ax}\,dx = -\dfrac{1}{a^3}(a^2x^2 + 2ax + 2)e^{-ax}$

16. $\displaystyle\int x^n e^{-ax}\,dx = \dfrac{n!}{a^{n+1}}$

17. $\displaystyle\int_0^\infty x^{2n}e^{-ax^2}\,dx = \dfrac{1\cdot 3\cdot 5\cdots(2n-1)}{2^{n+1}a^n}\sqrt{\dfrac{\pi}{a}}$

18. $\displaystyle\int \dfrac{dx}{\sqrt{(x^2 \pm a^2)^3}} = \dfrac{\pm x}{a^2\sqrt{x^2 \pm a^2}}$

APÊNDICE J

PRÊMIOS NOBEL EM FÍSICA*

1901	Wilhelm Konrad Röntgen	1845–1923	pela descoberta dos raios X
1902	Hendrik Antoon Lorentz	1853–1928	por suas pesquisas na influência do magnetismo
	Pieter Zeeman	1865–1943	nos fenômenos de radiação
1903	Antoine Henri Becquerel	1852–1908	por sua descoberta da radioatividade espontânea
	Pierre Curie	1859–1906	por suas pesquisas conjuntas sobre os fenômenos
	Marie Sklowdowska-Curie	1867–1934	de radiação descobertos pelo Professor Henri Becquerel
1904	Lord Rayleigh	1842–1919	por suas investigações sobre as massas específicas dos
	(John William Strutt)		gases mais importantes e por sua descoberta do argônio
1905	Philipp Eduard Anton von Lenard	1862–1947	por seu trabalho sobre raios catódicos
1906	Joseph John Thomson	1856–1940	por suas investigações teóricas e experimentais da condução elétrica dos gases
1907	Albert Abraham Michelson	1852–1931	por seus instrumentos ópticos de precisão e investigações metrológicas conduzidas com a ajuda destes
1908	Gabriel Lippmann	1845–1921	por seu método de reproduzir cores fotograficamente, com base nos fenômenos de interferência
1909	Guglielmo Marconi	1874–1937	por suas contribuições no desenvolvimento da telegrafia
	Carl Ferdinand Braun	1850–1918	sem fio
1910	Johannes Diderik van der Waals	1837–1923	por seu trabalho na equação de estado para gases e líquidos
1911	Wilhelm Wien	1864–1928	por suas descobertas referentes às leis que governam a irradiação do calor
1912	Nils Gustaf Dalén	1869–1937	por sua invenção de reguladores automáticos para uso em conjunto com acumuladores gasosos para faróis e bóias luminosas
1913	Heike Kamerlingh Onnes	1853–1926	por suas investigações sobre as propriedades da matéria em baixas temperaturas, as quais levaram, *inter alia*, à produção do gás hélio
1914	Max von Laue	1879–1960	por sua descoberta da difração dos raios de Röntgen por cristais
1915	William Henry Bragg	1862–1942	por seus serviços na análise da estrutura cristalina
	William Lawrence Bragg	1890–1971	através de raios X
1917	Charles Glover Barkla	1877–1944	por sua descoberta dos raios X característicos dos elementos
1918	Max Planck	1858–1947	por sua descoberta dos *quanta* de energia
1919	Johannes Stark	1874–1957	por sua descoberta do efeito Doppler em raios canalizados e o desdobramento de linhas espectrais em campos elétricos
1920	Charles-Édouard Guillaume	1861–1938	pelo serviço prestado às medições de precisão em física, através de sua descoberta de anomalias em aços-liga com níquel.

*Veja *Nobel Lectures Physics* 1901–1970, Elsevier Publishing Company, para as biografias dos laureados e as conferências apresentadas por eles na entrega do prêmio. Para maiores informações, veja *http:// www.nobel.se/physics/laureates/index.html*.

1921	Albert Einstein	1879–1955	por seus serviços a física teórica, e especialmente pela descoberta da lei do efeito fotoelétrico
1922	Neils Bohr	1885–1962	pela investigação da estrutura dos átomos e das radiações emitidas por eles
1923	Robert Andrews Millikan	1868–1953	por seu trabalho nas cargas elementares da eletricidade e no efeito fotoelétrico
1924	Karl Manne Georg Siegbahn	1886–1978	por suas descobertas e pesquisa no campo da espectroscopia de raios X
1925	James Franck	1882–1964	por suas descobertas das leis que governam o impacto
	Gustav Hertz	1887–1975	de um elétron em um átomo
1926	Jean Baptiste Perrin	1870–1942	por seu trabalho sobre a estrutura descontínua da matéria, e especialmente por sua descoberta do equilíbrio de sedimentação
1927	Arthur Holly Compton	1892–1962	por sua descoberta do efeito que, posteriormente, recebeu seu nome
	Charles Thomson Rees Wilson	1869–1959	por seu método de tornar visíveis as trajetórias de partículas carregadas eletricamente através da condensação de vapor
1928	Owen Willans Richardson	1879–1959	por seu trabalho sobre o fenômeno termoiônico e especialmente pela descoberta da lei que, posteriormente, recebeu seu nome
1929	Prince Louis-Victor de Broglie	1892–1987	por sua descoberta da natureza ondulatória dos elétrons
1930	Sir Chandrasekhara Venkata Raman	1888–1970	por seu trabalho sobre o espalhamento da luz e pela descoberta que, posteriormente, recebeu seu nome
1032	Werner Heisenberg	1901–1976	pela criação da mecânica quântica, cuja aplicação, entre outras, conduziu à descoberta das formas alotrópicas do hidrogênio
1933	Erwin Schrödinger	1887–1961	pela descoberta de novas formas produtivas da teoria
	Paul Adrien Maurice Dirac	1902–1984	atômica
1935	James Chadwick	1891–1974	por sua descoberta do nêutron
1936	Victor Franz Hess	1883–1964	pela sua descoberta da radiação cósmica
	Carl David Anderson	1905–1991	por sua descoberta do pósitron
1937	Clinton Joseph Davisson	1881–1958	por sua descoberta experimental da difração dos elétrons
	George Paget Thomson	1892–1975	em cristais
1938	Enrico Fermi	1901–1954	por sua demonstração da existência de novos elementos radioativos produzidos pela irradiação de nêutrons, e pela descoberta associada das reações nucleares realizadas por nêutrons lentos
1939	Ernest Orlando Lawrence	1901–1958	pela invenção e pelo desenvolvimento do ciclotron e pelos resultados obtidos com ele, especialmente os elementos radioativos artificiais
1943	Otto Stern	1888–1969	por sua contribuição ao desenvolvimento do método do raio molecular e sua descoberta do momento magnético do próton
1944	Isidor Isaac Rabi	1898–1988	por seu método de ressonância para gravar as propriedades magnéticas de núcleos atômicos
1945	Wolfgang Pauli	1900–1958	por sua descoberta do Princípio de Exclusão (Princípio de Pauli)
1946	Percy Williams Bridgman	1882–1961	pela invenção do aparelho para gerar pressões extremamente elevadas, e por suas descobertas com ele no campo da física de elevadas pressões
1947	Sir Edward Victor Appleton	1892–1965	por suas investigações na física das camadas atmosféricas superiores, especialmente pela descoberta da chamada camada de Appleton

1948	Patrick Maynard Stuart Blackett	1897–1974	por seu desenvolvimento do método da câmara de nuvens de Wilson, e as descobertas provenientes dela na física nuclear e na radiação cósmica.
1949	Hideki Yukawa	1907–1981	por sua previsão da existência de mésons baseada em trabalho teórico sobre forças nucleares
1950	Cecil Frank Powell	1903–1969	por seu desenvolvimento do método fotográfico para o estudo de processos nucleares e por suas descobertas referentes aos mésons feitas através de seu método
1951	Sir John Douglas Cockcroft	1897–1967	por seu trabalho pioneiro na transmutação de núcleos atômicos através de partículas atômicas aceleradas artificialmente.
	Ernest Thomas Sinton Walton	1903–1995	
1952	Felix Bloch	1905–1983	por seu desenvolvimento de novos métodos para métodos magnéticos de precisão nuclear e descobertas correlatas
	Edward Mills Purcell	1912–1997	
1953	Frits Zernike	1888–1966	por sua demonstração do método de contraste de fase, especialmente por sua invenção do microscópio de contraste de fase
1954	Max Born	1882–1970	por sua pesquisa fundamental em mecânica quântica, especialmente por sua interpretação estatística da função de onda
	Walther Bothe	1891–1957	pelo método da coincidência e pelas descobertas realizadas com ele
1955	Willis Eugene Lamb	1913–	por suas descobertas relativas à estrutura fina do espectro de hidrogênio
	Polykarp Kusch	1911–1993	por sua determinação precisa do momento magnético do elétron
1956	William Shockley	1910–1989	por sua pesquisa sobre semicondutores e sua descoberta do efeito transistor
	John Bardeen	1908–1991	
	Walter Houser Brattain	1902–1987	
1957	Chen Ning Yang	1922–	por sua profunda investigação das leis de paridade, que levaram a importantes descobertas relativas às partículas elementares
	Tsung Dao Lee	1926–	
1958	Pavel Aleksejecič Čerenkov	1904–1990	pela descoberta e interpretação do efeito Cerenkov
	Il'ja Michajlovič Frank	1908–1990	
	Igor Yevgenyevich Tamm	1895–1971	
1959	Emilio Gino Segrè	1905–1989	por sua descoberta do antipróton
	Owen Chamberlain	1920–	
1960	Donald Arthur Glaser	1926–	pela invenção da câmara de bolhas
1961	Robert Hofstadter	1915–1990	por seus estudos pioneiros do espalhamento de elétrons nos núcleos atômicos e por suas descobertas, delas decorrentes, da estrutura dos núcleos
	Rudolf Ludwig Mössbauer	1929–	por suas pesquisas concernentes à absorção por ressonância dos raios γ e sua descoberta do efeito que posteriormente recebeu seu nome
1962	Lev Davidovič Landau	1908–1968	por suas teorias pioneiras sobre a matéria condensada, especialmente o hélio líquido
1963	Eugene P. Wigner	1902–1995	por sua contribuição à teoria do núcleo atômico e partículas elementares, especialmente através da descoberta e da aplicação de princípios fundamentais de simetria
	Maria Goeppert Mayer	1906–1972	por suas descobertas concernentes à estrutura da casca nuclear
	J. Hans D. Jensen	1907–1973	
1964	Charles H. Townes	1915–	pelo trabalho fundamental no campo da eletrônica quântica, que levou à construção de osciladores e amplificadores baseados no princípio maser-laser
	Nikolai G. Basov	1922–	
	Alexander M. Prochorov	1916–	

1965	Sin-itiro Tomonaga	1906–1979	por seu trabalho fundamental em eletrodinâmica quântica,
	Julian Schwinger	1918–1994	com conseqüências profundas para a física de partículas
	Richard P. Feynman	1918–1988	elementares
1966	Alfred Kastler	1902–1984	pela descoberta e pelo desenvolvimento de métodos ópticos para o estudo de ressonância hertziana em átomos
1967	Hans Albrecht Bethe	1906–	por suas contribuições à teoria de reações nucleares, especialmente suas descobertas referentes à produção de energia nuclear nas estrelas
1968	Luis W. Alvarez	1911–1988	por sua contribuição decisiva à física de partículas elementares, em particular à descoberta de um grande número de estados de ressonância que se tornou possível pelo desenvolvimento da técnica de uso da câmara de bolhas de hidrogênio e análise de dados
1969	Murray Gell-Mann	1929–	por sua contribuição e descobertas referentes à classificação de partículas elementares e suas interações
1970	Hannes Alfvén	1908–1995	pelo trabalho fundamental e descobertas em magneto-hidrodinâmica com profícuas aplicações em diferentes partes da física de plasma
	Louis Néel	1904–	pelo trabalho fundamental e pelas descobertas referentes ao antiferromagnetismo e ferromagnetismo, que levaram a importantes aplicações na física do estado sólido
1971	Dennis Gabor	1900–1979	por sua descoberta dos princípios da holografia
1972	John Bardeen	1908–1991	por seu desenvolvimento da teoria da supercondutividade
	Leon N. Cooper	1930–	
	J. Robert Schrieffer	1931–	
1973	Leo Esaki	1925–	por sua descoberta do efeito túnel em semicondutores
	Ivar Giaever	1929–	por sua descoberta do efeito túnel em supercondutores
	Brian D. Josephson	1940–	por sua previsão teórica das propriedades de uma supercorrente através de uma barreira em túnel
1974	Antony Hewish	1924–	pela descoberta de pulsares
	Sir Martin Ryle	1918–1984	por seu trabalho pioneiro em radioastronomia
1975	Aage Bohr	1922–	pela descoberta da correlação entre os movimentos
	Ben Mottelson	1926–	coletivos e de partículas e pelo desenvolvimento da
	James Rainwater	1917–1986	teoria sobre a estrutura dos núcleos atômicos baseada nesta correlação
1976	Burton Richter	1931–	por sua descoberta (independente) de uma partícula
	Samuel Chao Chung Ting	1936–	fundamental importante
1977	Philip Warren Anderson	1923–	por suas investigações teóricas fundamentais da estrutura
	Nevill Francis Mott	1905–1996	eletrônica de sistemas magnéticos e desordenados
	John Hasbrouch Van Vleck	1899–1980	
1978	Peter L. Kapitza	1894–1984	por suas invenções básicas e descobertas na física de baixas temperaturas
	Arno A. Penzias	1926–	por sua descoberta da radiação geradora de microondas
	Robert Woodrow Wilson	1936–	cósmicas
1979	Sheldon Lee Glashow	1932–	por seu modelo unificado da ação das forças fracas e
	Abdus Salam	1926–1996	eletromagnéticas e pela previsão da existência de
	Steven Weinberg	1933–	correntes de nêutrons
1980	James W. Cronin	1931–	pela descoberta de violações dos princípios de simetria
	Val L. Fitch	1923–	fundamental no decaimento de K-mésons neutros
1981	Nicolaas Bloembergen	1920–	por sua contribuição para o desenvolvimento de
	Arthur Leonard Schawlow	1921–1999	espectroscopia laser
	Kai M. Siegbahn	1918–1999	por sua contribuição para a espectroscopia eletrônica de alta resolução

Ano	Nome		Descrição
1982	Kenneth Geddes Wilson	1936–	por seu método de análise para fenômenos críticos inerentes às mudanças na matéria sob influência de pressão e temperatura
1983	Subrehmanyan Chandrasekhar	1910–1995	por seus estudos teóricos da estrutura e da evolução das estrelas
	William A. Fowler	1911–1995	por seus estudos da formação dos elementos químicos do universo
1984	Carlo Rubbia	1934–	por suas contribuições decisivas ao grande projeto que levou à descoberta dos campos de partículas W e Z, intermediários das interações fracas
	Simon van der Meer	1925–	
1985	Klaus von Klitzing	1943–	por sua descoberta da resistência quântica de Hall
1986	Ernst Ruska	1906–1988	por sua invenção do microscópio eletrônico
	Gerd Binnig	1947–	por sua invenção do microscópio eletrônico de varredura-túnel
	Heinrich Rohrer	1933–	
1987	Karl Alex Müller	1927–	por sua descoberta de uma nova classe de supercondutores
	J. Georg Bednorz	1950–	
1988	Leon M. Lederman	1922–	pelos experimentos com raios de neutrinos e a descoberta do neutrino múon
	Melvin Schwartz	1932–	
	Jack Steinberger	1921–	
1989	Hans G. Dehmelt	1922–	por seu desenvolvimento da técnica de captura de átomos individuais
	Wolfgang Paul	1913–1993	
	Norman F. Ramsey	1915–	por suas descobertas na espectroscopia de ressonância atômica, que levaram aos maser de hidrogênio e aos relógios atômicos
1990	Richard E. Taylor	1929–	por seus experimentos na dispersão de elétrons do núcleo, que revelaram a presença de quarks no seu interior
	Jerome I. Friedman	1930–	
	Henry W. Kendall	1926–1999	
1991	Pierre-Gilles de Gennes	1932–	pelas descobertas de ordenação das moléculas em substâncias como os cristais líquidos, supercondutores e polímeros
1992	George Charpak	1924–	por sua invenção de detectores eletrônicos rápidos para partículas de alta energia
1993	Joseph H. Taylor	1941–	pela descoberta e interpretação do primeiro pulsar binário
	Russell A. Hulse	1950–	
1994	Bertram N. Brockhouse	1918–	pelo desenvolvimento de técnicas de espalhamento de nêutrons
	Clifford G. Shull	1915–	
1995	Martin L. Perl	1927–	pela descoberta do tau lépton
	Frederick Reines	1918–1998	pela detecção de neutrino
1996	David M. Lee	1931–	por sua descoberta do superfluido em He_3
	Douglas M. Osheroff	1945–	
	Robert C. Richardson	1937–	
1997	Steven Chu	1948–	pelo desenvolvimento de métodos para resfriar e capturar átomos com laser
	Claude Cohen-Tannoudji	1933–	
	William D. Phillips	1948–	
1998	Robert B. Laughlin	1950–	por sua descoberta de uma nova forma de fluido quântico com excitações por cargas fracionárias
	Horst L. Stormer	1949–	
	Daniel C. Tsui	1939–	
1999	Gerardus 't Hooft	1946–	pela elucidação da estrutura quântica das interações eletrônicas fracas na física
	Martinus J. G. Veltman	1931–	
2000	Zhores I. Alferov	1930–	pelo desenvolvimento de heteroestruturas de semicondutores usadas em óptica-eletrônica de alta velocidade
	Herbert Kroemer	1928–	
	Jacks S. Kilby	1923–	por sua contribuição à invenção do circuito integrado

RESPOSTAS DOS EXERCÍCIOS E PROBLEMAS ÍMPARES

Capítulo 25
Exercícios
1. 0,50 C.
3. 2,74 N.
5. (a) 1,77 N. (b) 3,07 N.
7. $q_1 = -4q_2$.
9. 24,5 N, ao longo do ângulo bissetor.
11. No ponto a 82,3 cm da carga positiva e a 144 cm da carga negativa.
15. (a) $\vec{F} = F_z\hat{k}$.
(b) $(2q_0q/4\pi\epsilon_0R^2)[1 - [z^2/(z^2 + R^2)]^{1/2}](z/|z|)\,\vec{\hat{k}}$.
17. Ao longo do eixo y a uma distância de $(y^4 + y^2L^2/4)^{1/4}$
(a) à direita de q_1 ou (b) à esquerda de q_0.
19. $F_z = -(q_0\lambda/2\pi\epsilon_0)[1/y - 1/(y^2 + L^2/4)^{1/2}]$.
21. (a) Boro. (b) Nitrogênio. (c) Carbono.
23. 2,89 nN.
25. 3,8 N.
27. 5,08 m abaixo do elétron.
29. 13,4 MC.
31. (a) 57,1 TC; não. (b) 598 toneladas métricas.

Problemas
1. 1,00 μC e 3,00 μC, mas de sinal oposto.
3. (a) Uma carga de $-4q/9$ precisa estar localizada sobre o segmento de linha unindo as duas cargas positivas, a uma distância $L/3$ da carga $+q$.
5. (b) 2,96 cm.
7. $q = Q/2$.
9. $(\pi^3m\epsilon_0d^3/2qQ)^{1/2}$.
11. $a/\sqrt{2}$.

Capítulo 26
Exercícios
1. 10,5 mN/C, na direção oeste.
3. 203 nN/C, up.
5. 144 pC.
7. 19,5 kN/C.
9. 9,30.
13. $R/\sqrt{3}$.
15. (a) 104 nC. (b) $1,31 \times 10^{17}$. (c) $4,96 \times 10^{-6}$.
17. (a) 6,50 cm. (b) 4,80 μC.
23. Para a direita.
27. (a) 6,53 cm. (b) 26,9 ns. (c) 0,121.
29. (a) 585 kN/C, em direção à carga negativa.
(b) 93,6 fN, em direção à carga positiva.

31. $5e$.
33. $1,64 \times 10^{-19}$ C ($\approx$ 2,5% alto).
35. 1,2 mm.
37. (a) Zero. (b) $8,50 \times 10^{-22}$ N $\cdot$ m. (c) Zero.

Problemas
1. (b) Paralelo a $\vec{\mathbf{p}}$.
3. (a) $qz/4\pi\epsilon0(R^2 + z^2)^{3/2}$
(b) $(q_1 - q_2)\,R/2\,\pi^2\epsilon_0\,(R^2 + z^2)^{3/2}$.
5. $+q$ em $z = +2a$ e $z = -2a$; $-4q$ em $z = +a$ e $z = -a$; $+6q$ em $z = 0$.
11. A placa superior; 4,06 cm.
13. $2pE \cos \theta_0$.
15. (a) $8q/\pi\epsilon_0a^3$.

Capítulo 27
Exercícios
1. $-7,8$ mN $\cdot$ m²/C.
3. (a) πR^2E. (b) πR^2E.
5. 208 kN $\cdot$ m²/C.
7. $q/6\epsilon_0$.
9. 4,6 μC.
13. (a) 322 nC. (b) 143 nC.
15. (a) Zero. (b) σ/ϵ_0, para a esquerda. (c) Zero.
17. 5,09 μC/m³.
19. $-1,13$ nC.
21. (a) 2,19 MN/C, na direção radial para fora
(b) 436 kN/C, na direção radial para dentro.
23. 97,9 cm.
25. (b) $\rho R^2/2\epsilon_0r$.
27. (a) 452 nC/m². (b) 51,1 kN/C.
29. (a) 53 MN/C. (b) 60 N/C.

Problemas
3. 5,11 nC/m².
5. (a) $q/2\pi\epsilon_0Lr$, na direção radial para dentro.
(b) $-q$ em ambas as superfícies internas e externas.
(c) $q/2\pi\epsilon_0Lr$, na direção radial para fora.
7. (a) $\lambda/2\pi\epsilon_0r$. (b) Zero.
9. 270 eV.
11. (a) $q/4\pi\epsilon_0r^2$. (b) $q/4\pi\epsilon_0r^2$.
(c) Somente dentro da própria esfera.
(d) Sim, cargas são induzidas nas superfícies. (e) Sim.
(f) Não. (g) Não.

13. $q/2\pi a^2$.

19. (a) $-Q$.   (b) $-Q$.   (c) $-(Q + q)$.   (d) Sim.

Capítulo 28
Exercícios

1. (a) 484 keV.   (b) Zero.

3. (a) 27,2 fJ.   (b) $3,02 \times 10^{-31}$ kg, errado por um fator de aproximadamente 3.

5. (a) 3,0 kN.   (b) 240 MeV.

7. (a) 30 GJ.   (b) 7,1 km/s.   (c) $9,0 \times 10^4$ kg.

9. 2,6 km/s.

11. (a) 27,2 V.   (b) $-27,2$ eV.   (c) 13,6 eV. (d) 13,6 eV.

13. (a) 24,4 kV/m.   (b) 2,93 kV.

15. (a) 132 MV/m.   (b) 8,43 kV/m.

17. (a) 32 MeV.

19. (a) $-3,85$ kV.   (b) $-3,85$kV.

21. $-1,1$ nC.

23. 637 MV.

25. (a) $qd/2\pi\epsilon_0 a(a + d)$.

27. (a) 2,76 MV.   (b) 5,27 J.   (c) 7,35 J.

29. 186 pJ.

31. 746 V/m.

33. $-2,3 \times 10^{21}$ V/m.

35. $-39,2$ V/m.

37. (a) 2,46 V.   (b) 2,46 V. (c) Zero.

43. (a) -115 mV.   (b) 18,1 nV/m.

45. (a) 3,64 nC.   (b) 12,5 nC/m².

47. (a) Esfera grande: 38,6 nC; Esfera pequena: 18,6 nC. (b) 2,84 kV cada.

49. (a) 110 μC; 1,1 μC.   (b) 8,75 μC/m²; 8,75 μC/m².

Problemas

1. (a) 256 kV.   (b) 0,745c.

3. $(qQ/8\pi\epsilon_0)(1/r_1 - 1/r_2)$.

5. 2,17 d.

7. (a) 562 μm.   (b) 813 V.

9. (a) $-5,40$ nm.   (b) 9,00 nm.   (c) Não.

13. (a) $k/4\pi\epsilon_0)[(L^2 + y^2)^{1/2} - y]$. (b) $(k/4\pi\epsilon_0) [1 - y/(L^2 + y^2)^{1/2}]$.   (c) 0,75 L.

15. $2,0 \times 10^{-8}$.

17. (a) Zero.   (b) Zero.   (c) Zero.   (d) Zero. (e) Não.

Capítulo 29
Exercícios

1. (a) 1,33 kC.   (b) $8,31 \times 10^{21}$.

3. (a) 9,41 A/m², norte.

5. 0,400 mm.

7. 0,67 A, na direção do terminal negativo.

9. (a) 654 nA/m².   (b) 83,4 MA.

11. 51,5 min.

13. 0,59 Ω.

15. (a) 1,5 kA.   (b) 53 MA/m².   (c) 110 n$\Omega \cdot$ m; platina.

19. 3.

21. (a) 6,00 mA.   (b) 15,9 nV.   (c) 21,2 nΩ.

23. 1190 $(\Omega \cdot$ m$)^{-1}$.

25. (a) Cu; 55,3 A/cm²; Al; 34,0 A/cm². (b) Cu: 1,01 kg; Al; 495 g.

27. (a) 8,52 kΩ.   (b) 4,51 μA.

29. (a) $7,65 \times 10^5$ N/C.   (b) $3,60 \times 10^6$ N/C. (c) $2,51 \times 10^5$ C/m².

31. (a) $(3 \times 10^6$ V/m$)R$.

Problemas

1. 7,1 ms.

3. (a) 380 μV.   (b) Negativo.   (c) 4,3 min.

5. (a) 95,0 μC.   (b)158 C°.

7. (a) 250°C.

9. 54 Ω.

11. (a) Prata.   (b) 60,8 nΩ.

13. 0,036.

15. $R = (\rho/4\pi(1/a - 1/b)$.

Capítulo 30
Exercícios

1. 7,5 pC.

3. 3,25 mC.

5. 0,546 pF.

7. (a) 84,5 pF: (b) 191 cm².

9. 9090.

11. 7,17 μF.

13. (a) 2,4 μF.   (b) $q_4 = q_6 = 480$ μC. (c) $\Delta V_4 = 120$ V/ $\Delta V_6 = 80$V.

15. (a) $d/3$.   (b) $3d$.

17. (a) 942 μC.   (b) 91,4 V.

21. 13,2 ¢.

23. (a) 28,6 pF.   (b) 17,9 nC.   (c) 5,59 μJ. (d) 482 kV/m.

25. 74,1 mJ/m³.

29. 3,89.

31. A lâmina de mica.

33. 86,3 nF.

35. (a) 730 pF.   (b) 28 kV.

37. (a) $\epsilon_0 A/(d - b)$.   (b) $d/(d - b)$.   (c) $q^2b/2A\epsilon_0$; atraída.

39. (a) 13,4 kV/m.   (b) 6,16 nC.   (c) 5,02 nC.

Problemas

5. (a) 45,4 V.   (b) 52,7 μC.   (c) 146 μC.

7. (a) 50 V.   (b) Zero.

9. (a) $q_1 = 9,0$ μC; $q_2 = 16$ μC; $q_3 = 9,0$ μC; $q_4 = 16$ μC. (b) $q_1 = 8,40$ μC; $q_2 = 16,8$ μC; $q_3 = 10,8$ μC; $q_4 = 14,4$ μC.

11. (a) 2,0 J.

13. (a) $e^2/32\pi^2\epsilon_0 r^4$.   (b) $e^2/8\pi\epsilon_0 R$.   (c) 1,40 fm.

17. 1,63 kV.

21. (a) $2\Delta V$.   (b) $U_i = \epsilon_0 A(\Delta V)^2/2d$; $U_f = \epsilon_0 A(\Delta V)^2/d$. (c) $\epsilon_0 A(\Delta V)^2/2d$.

23. (a) 85,6 pF.   (b) 119 pF.   (c) 10,3 nC. (d) 9,86 kVm.   (e) 2,05 kV/m.   (f) 86,6 V. (g) 170 nJ.

370 RESPOSTAS DOS EXERCÍCIOS E PROBLEMAS ÍMPARES

CAPÍTULO 31
Exercícios
1. 10,6 kJ.
3. 13 h 38 min.
5. −10 V.
7. (a) 14 Ω.   (b) 35 mW.
9. (a) 44,2 V.   (b) 21,4 V.   (c) Esquerda.
11. $\mathscr{E}/7R$.
13. (a) i_1 = 668 mA, para baixo; i_2 = 85,7 mA, para cima; i_3 = 582 mA, para cima;   (b) −3,60 V.
15. (a) 3,4 A.   (b) 0,29 V. E: (a) 0,59 A.   (b) 1,7 V.
17. 4,0 Ω; 12 Ω.
19. 7,5 V.
21. 262 Ω ou 38,2 Ω.
23. (a) 131 Ω. (b) i_1 = 47,5 mA; i_2 = 21,2 mA; i_3 = 14,4 mA; i_4 = 11,9 mA.
25. (a) $R/2$.   (b) $5R/8$.
29. 18 kC.
31. (a) 1,03 kW.   (b) 34,5 ¢.
33. (a) R_2.   (b) R_1.
35. (a) \$4,46.   (b) 144 Ω.   (c) 833 mA.
37. (a) $2,88 \times 10^{11}$.   (b) 24,0 μA.   (c) 1,14 kW; 23,1 mW.
39. (a) 6,1 m.   (b) 13 m.
43. 4,61.
45. (a) 2,20 s.   (b) 44 mV.
47. 2,35 mΩ.
49. (a) 955 nA.   (b) 1,08 μW.   (c) 2,74 μW.
(d) 3,82 μW.

Problemas
1. O cabo.
3. (a) 1,5 kΩ.   (b) 400 mV.   (c) 0,26%.
5. (a) ρ_A = 16,3 n$\Omega \cdot$ m; ρ_B = 7,48 n$\Omega \cdot$ m.
(b) j_A = j_B 62,3 kA/cm².   (c) E_A = 10,2 V/m; E_B = 4,66 V/m.
(d) ΔV_A = 435 V; ΔV_B = 195 V.
7. (a) $3R/4$.   (b) $5R/6$.
9. (a) Em paralelo.   (b) 72,0 Ω; 144 Ω.
11. 0,45 A.
15. 27,4 cm/s.
17. (a) $1,37L$.   (b) $0,730 A$.
19. RC ln 2.

CAPÍTULO 32
Exercícios
1. 1: +; 2: −; 3: 0; 4: −.
3. (a) 3,4 km/s.
5. $8,2 \times 10^9$.
9. (a) 0,34 mm.   (b) 2,6 keV.
11. (a) $1,11 \times 10^7$ m/s.   (b) 0,316 mm.
13. (a) 2600 km/s   (b) 110 ns.   (c) 140 KeV
(d) 70 kV.
15. (a) K_p.   (b) $K_p/2$.
17. (a) $\sqrt{2}r_p$.   (b) r_p.
19. (a) $0,999928c$.
21. Uma partícula alfa.

23. $\approx$ 240 m.
25. 37 cm/s.
29. 467 mA; da esquerda para a direita.
31. (a) 330 MA.   (b) $1,1 \times 10^{17}$ W.
33. $(-0,414$ N$)\,\hat{\mathbf{k}}$.
35. (a) Zero; 0,138 N; 0,138 N.
37. (a) 20 min.   (b) 0,059 N $\cdot$ m.

Problemas
1. $(0,75$ T$)\,\hat{\mathbf{k}}$.
3. (a) Para o leste.   (b) $6,27 \times 10^{14}$ m/s².   (c) 2,98 mm.
7. (a) $B\Delta x(qm/2\Delta V)^{1/2}$.   (b) 7,91 mm.
9. (a) $-q$.   (b) $\pi m/qB$.
11. (a) 78,6 ns.   (b) 9,16 cm.   (c) 3,20 cm.
15. 4,2 C.
19. 1,63 A.

CAPÍTULO 33
Exercícios
1. (a) 3×10^5 m/s.
3. 7,7 mT.
5. 12 nT.
7. (a) 0,324 fN, paralelo à corrente.
(b) 0,324 fN, na direção radial para fora.   (c) Zero.
9. 30,0 A, antiparalelo.
11. (a) 2,43 A $\cdot$ m².   (b) 46 cm.
13. $(\mu_0 i\theta/4\pi)(1/b - 1/a)$, para fora da página.
15. $(\mu_0 i/2\pi w)$ ln $(1 + w/d)$, para cima.
19. (a) 68 μT.   (b) $9,3 \times 10^{-7}$ N $\cdot$ m.
21. 606 μN, na direção ao centro do quadrado.
23. (b) 2,3 km/s.
27. 109 m.
31. (a) $- 2,5$ μT $\cdot$ m.   (b) Zero.
33. (a) $\mu_0 ir/2\pi c^2$.   (b) $\mu_0 i/2\pi r$.
(c) $(\mu_0 i/2\pi r)[(a^2 - r^2)/(a^2 - b^2)]$.   (d) Zero.
35. $3i_0/8$, entrando na página.
37. (a) Negativo.   (b) 9,7 cm.

Problemas
1. $8N\mu_0 i/5\sqrt{5}R$.
5. (c) $1/2\ nia^2$ sen $(2\pi/n)$.
7. (a) $(2\mu_0 i/3\pi L)$ $(2\sqrt{2} + \sqrt{10})$.   (b) Maior.
9. 0,272 A.
13. $\mu_0 ir^2/2\pi a^3$.

CAPÍTULO 34
Exercícios
1. 57 μWb.
3. (a) 31 mV.   (b) Para a esquerda.
5. (a) 1,12 mΩ.   (b) 1,27 T/s.
7. (b) 58 mA.
9. 4,97 μW.
11. (b) Não.
13. 600 nV.

RESPOSTAS DOS EXERCÍCIOS E PROBLEMAS ÍMPARES **371**

15. Zero.

17. $iLBt/m$, afastando-se de G.

21. 25 μC.

23. (a) $(\mu_0 ia/2\pi) \ln (1 + b/D)$.　　　(b) $\mu_0 iabv/2\pi RD(D + b)$.

25. 6,3 rev/s.

27. 5,5 kV.

29. a: $-$ 1,20 mV; b: $-$ 2,79 mV; c: 1,59 mV.

31. (a) $4,53 \times 10^7$ m/s², para a direita.　　　(b) Zero.
(c) $4,53 \times 10^7$ m/s², para a esquerda.

33. (a) 0,15°.

Problemas

3. (a) 28,2 μV.　　　(b) De c para b.

5. 80 μV, no sentido horário.

7. 0,455 V.

11. $(Bar)^2\omega\sigma t$.

15. (a) 34 V/m.　　　(b) $6,0 \times 10^{12}$ m/s².

Capítulo 35
Exercícios

1. $2,1 \times 10^9$ A.

3. (a) $(-2,86$ A $\cdot$ m²$)$ $\hat{\mathbf{k}}$.　　　(b) $(1,10$ A $\cdot$ m²$)$ $\hat{\mathbf{k}}$.

5. (b) ia^2.

7. $1/2$ $\pi i(a^2 + b^2)$.

9. (a) 514 GV/m.　　　(b) 19,0 mT.

13. 24 mJ/T.

15. 0,58 K.

17. (a) 150 T.　　　(b) 450 T.

19. Sim.

21. (a) 3,0 μT.　　　(b) $9,0 \times 10^{-29}$ J.

23. (a) 180 km.　　　(b) $2,3 \times 10^{-5}$.

25. 1660 km.

27. 61 μT; 84°.

29. $+3$ Wb.

31. $(\mu_0 iL/\pi) \ln 3$.

Problemas

3. (a) K_i/B, no sentido oposto ao do campo.　　　(b) 312 A/m.

Capítulo 36
Exercícios

1. 100 nWb.

3. 0,261 mH/m.

5. (a) 0,60 mH.　　　(b) 120.

7. 7,87 H.

11. 29,8 Ω.

13. (a) 4,78 mH.　　　(b) 2,42 ms.

15. 42 V $+$ (20 V/s)t.

17. 12 A/s.

19. (a) $i_1 = i_2 = 3,33$ A.　　　(b) $i_1 = 4,55$ A; $i_2 = 2,73$ A.
(c) $i_1 = 0$; $i_2 = 1,82$ A.　　　(d) $i_1 = i_2 = 0$.

21. I. (a) 2,0 A.　　(b) Zero.　　(c) 2,0 A.　　(d) Zero.
(e) 10 V.　　　(f) 2,0 A/s. II. (a) 2,0 A. (b) 1,0 A.
(c) 3,0 A.　　(d) 10 V.　　(e) Zero.　　(f) Zero.

23. (a) 13,2 H.　　　(b) 0,124 A.

25. 63,2 MJ/m³.

27. 150 MV/m.

29. (a) 117 H.　　　(b) 0,225 mJ.

31. 12×10^{15} J.

33. 0,123 A.

35. 0,038 mH.

39. (a) 89,3 rad/s.　　(b) 70,3 ms.　　(c) 24,1 μF.

41. (a) 6,08 μs.　　(b) 164 kHz.　　(c) 3,04 μs.

43. (a) Não.　　(b) 6,1 kHz.　　(c) 16 nF.

45. (a) 5800 rad/s.　　(b) 1,1 ms.

47. (a) $q_m/\sqrt{3}$.　　(b) $t/T = 0,152$.

49. (a) 6,0; 1.　　(b) 36 pF; 220 μH.

51. (a) 180 μC.　　(b) T/8.　　(c) 67 W.

53. $(L/R) \ln 2$.

55. 2,96 Ω.

Problemas

9. (a) $\mu_0 i^2 N^2/8\pi^2 r^2$.　　　(b) $(\mu_0 N^2 hi^2/4\pi) \ln (b/a)$.

13. (a) Zero.　　　(b) $2i$.

Capítulo 37
Exercícios

1. 377 rad/s.

3. (a) 3750 rad/s.　　(b) 23,4 Ω.

5. (a) 39,1 mA.　　(b) Zero.　　(c) 32,6 mA.
(d) Fornecendo energia.

11. 1,0 kV ($> \mathcal{E}_m$).

13. (a) 36,0 V.　　(b) 27,4 V.　　(c) 17,0 V.　　(d) 8,4 V.

15. (a) 39,1 Ω.　　(b) 21,7 Ω.　　(c) Capacitivo.

17. 177 Ω.

19. (a) 1,82 W.　　(b) 3,13 W.

21. 100 V.

25. (a) 2,49 A.　　(b) 37,4, 153, 218, 65,0, 75,0 V.
(c) $P_C = P_L = 0$; $P_R = 93,0$ W.

27. 1,8 kV.

29. Elevador: 5; 4; 1,25. Abaixador: 0,8; 0,25; 0,2.

31. 40 V.

Problemas

1. (a) 6,73 ms　　(b) 11,2 ms.　　(c) Indutor.
(d) 144 mH.

3. (a) 45°.　　　(b) 76,0 Ω.

7. (a) 229,0 rad/s.　　(b) 6,11 A.　　(c) 233,5, 224,5 rad/s.
(d) 0,039.

9. (a) 41,2 W.　　(b) $-16,9$ W.　　(c) 43,7 W.　　(d) 14,3 W.

11. (a) 76,4 mH.　　(b) 17,8 Ω.

Capítulo 38
Exercícios

1. $r = 2,5$ cm, 10 cm.

3. Variando o potencial através da placa a uma taxa de 1,0 kV/s.

5. (a) 1,84 A.　　(b) 140 GV/m · s.　　(c) 460 mA.
(d) 578 nT · m.

7. (a) 0,84 A.　　(b) Zero.　　　(c) 1,3 A.

9. 2,27 pT.

15. $5{,}0 \times 10^{-21}$ H.
17. 1,07 pT.
21. 100 kJ.
23. $4{,}62 \times 10^{-29}$ W/m².
25. 78 cm.
27. (*a*) 883 m. (*b*) Não.
29. (*a*) 6,53 nT. (*b*) 5,10 mW/m². (*c*) 8,04 W.
31. (*a*) 76,8 mV/m. (*b*) 256 pT. (*c*) 12,6 kW.
33. 0,043 kg · m/s.
35. 7,7 MPa.
37. (*a*) 586 MN. (*b*) $1{,}66 \times 10^{-14}$.
39. $I(2 - f)/c$.
43. 490 nm.

Problemas

3. (*a*) 7,63 μA. (*b*) 862 kV · m/s. (*c*) 3,48 mm. (*d*) 5,07 pT.
5. (*a*) $\pm Eba^2/\mu_0$ para as faces paralelas ao plano *xy*; nula ao longo de cada uma das outras quatro faces. (*b*) Zero.
9. (*a*) $\omega/k = c$; $E_m = cB_m$. (*b*) $S = (E_m^2/4\mu_0 c)$ sen $2\omega t$ sen $2kx$.
11. (*a*) $E = \mathscr{E}/r \ln (b/a)$; $B = \mu_0\mathscr{E}/2\pi Rr$.
(*b*) $S = \mathscr{E}^2/2\pi Rr^2 \ln (b/a)$.
13. (*a*) 94,3 MHz. (*b*) $+ z$; 960 nT.
(*c*) 1,98 m^{-1}; 593 Mrad/s. (*d*) 110 W/m².
(*e*) 678 nN; 367 nPa.
15. (*a*) 3,60 GW/m². (*b*) 12,0 Pa. (*c*) 16,7 pN.
(*d*) 2,78 km/s².

CRÉDITOS DAS FOTOS

Capítulo 25
Pág. 3: Cortesia da Xerox Corporation. Pág. 6 ©Fundamental Photographs. Pág. 19: Cortesia da Seatle Times.

Capítulo 26
Pág. 33: Cortesia da Educational Services, Inc.

Capítulo 28
Pág. 93: Cortesia da High Voltage Engineering Co. Pág. 99: Cortesia da NASA.

Capítulo 30
Pág. 126: Cortesia da Spague Electric Co. Pág. 132: Cortesia do Lawrence Livermore Laboratory. Pág. 140: Cortesia da Pasco Scientific.

Capítulo 32
Pág. 178: PSSC Physics © 1965, Education Development Center, Inc.; D.C. Heathy & Company. Pág. 181 (superior): Cortesia do Prof. J. le P. Webb, Universidade de Sussex, Brighton, Inglaterra. Pág. 181 (inferior): Cortesia do Argonne National Laboratory. Pág. 193: Cortesia do Lawrence Livermore Laboratory, Universidade da Califórnia.

Capítulo 33
Pág. 206: PSSC Physics © 1965, Education Development Center, Inc.; D.C. Heathy & Company.

Capítulo 35
Pág. 262: Mehau Kulyk/Photo Researchers. Pág. 267: Cortesia de R. W. De Blois. Pág. 268: Wayne R. Bilenduke/Stone.

Capítulo 38
Pág. 324: Cortesia do Stanford Linear Accelerator Laboratory. Pág. 332: Cortesia de David W. DuBois. Pág. 333: Eurelios/Phototake. Pág. 338: Cortesia da NASA.

ÍNDICE

As páginas assinaladas com *f* se referem a figuras, *t* a tabelas, as assinaladas com *n*, a notas de rodapé.

A

Ação à distância, 24
Acelerador(es)
  cíclotron, 181*f*
  de Van de Graaff, 92
  eletrostático, 92
  linear de Stanford, 324*f*
Adiabática, desmagnetização, 265
Água, propriedades dielétricas polares, 116
Alternador automotivo, 236
Amortecimento magnético, 247 (questão 25)
ampère (unidade), 108
  força entre correntes paralelas, na definição do, 210
Amperímetro analógico, princípio do, 189
Anel de carga uniforme
  campo elétrico de, 30
  força sobre carga pontual, 12
  potencial elétrico de, 86
Antena, 325
Antipartículas, 4
Átomo, modelo nuclear do, 39-40
Aurora boreal, 268*f*
Autotransformador, 316 (exercício 29)

B

Balança de torção, 7
Baterias, 150
Betatron, 239
Bohr, Niels, teoria do átomo de hidrogênio, 199
  (problema 10)

C

Campo
  de radiação eletromagnética, 326
  elétrico, 23
    armazenamento de energia em, 131-133
    cálculo do, 23
      do potencial elétrico, 87-89
    condutores em
      condições dinâmicas, 107-110
      em condições estáticas, 106
    de cargas pontuais, 26, 33-37
    dipolo em, 28, 37-39
    e magnético combinados, 179
    em circuitos, 156
    espalhamento de partículas por, 40
    exemplos de, 24

  fluxo de, 52-55
  fontes e sumidouros de, 52
  força sobre carga pontual, 25
  induzido. *Ver também* Fluxo magnético, 237-240
  isolante em, 115-117
  linhas de. *Ver também* Linhas de campo elétrico,
    31-33
  movimento não-uniforme em, 36
  no exterior do condutor, 61
  potencial elétrico calculado de, 80
escalar, 23
estático, 23
gravitacional da Terra, 23
linhas de. *Ver também* Linhas de campo elétrico
magnético
  armazenamento de energia no, 284-286
  da corrente elétrica, 204-206
    em paralelo, 208-210
    em um fio reto, 205, 214
    em um solenóide, 211, 214-216
    em um toróide, 215
    em uma espira, 206
  de dipolo, 258
  de partículas carregadas em movimento, 204-205
  densidade de energia do, 285
  dos planetas, 267-270, 269*t*
  e elétrico combinados, 179
  efeito Hall do, 184-186
  efeito sobre a corrente elétrica, 186-190
    em um fio, 186-188
    em uma espira, 188-190
  lei de Ampère no cálculo do, 213
    aplicações da, 214-216
  lei de Biot-Savart no cálculo do, 205
    aplicações da, 205
  não-uniforme
    confinamento de partículas no, 183
    movimento no, 183
  valores típicos do, 178
próximo, 326
tipos de, 23
variante no tempo, 23
vetorial, 23
  fluxo de, 50-52
Capacitância, 125-127
  calculando, 127-129
  como uma constante de proporcionalidade, 126
  equivalente, 129
  unidade de, 126
Capacitor(es), 125
  carregamento de, 162
  cilíndrico, 128

com dielétrico, 134-137
de placas paralelas, 127
descarga de, 163
em paralelo, 129
em série, 129-130
esférico, 128
Carga(s)
  de casca esférica
    campo elétrico uniforme de uma, 30
    força sobre carga pontual em, 14
    lei de Gauss aplicada ao, 58
  densidade de, 10
  elementar, 4
    medição da, 35
  elétrica, 2
    campo elétrico de distribuição contínua de, 28-31
    carregamento
      por contato, 6
      por indução, 6
    conservação de, 15, 149
    densidade de, 11
    distribuição contínua de, 10-15
      potencial elétrico de, 85
    e escoamento de fluido, analogia de, 127
    elementar, 4
    em movimento
      campo magnético de. *Ver também* Campo
        magnético, 201-204
      força magnética sobre, 176-180
      magnetismo e, 175
    forças de, 3, 9
    polarização de, 6
    pontual. *Ver também* Carga pontual, 7
    positiva e negativa, 3
    quantização de, 4
    resultante, 3
    sobre superfícies de condutor, 61
    unidade de medida de, 3
  livre, 136
  pontuais, 7
    campos elétricos de, 26-28
    em um campo elétrico, 33-37
    energia potencial do sistema de, 78
    potencial devido a, 81-84
  superficial induzida, 115, 136
Carregamento por indução, 7
Casca de carga
  esférica uniforme, campo elétrico de, 30
  infinita/uniforme
    campo elétrico de, 30
    lei de Gauss aplicada a, 57
    linhas de campo de, 31, 32*f*

Cíclotron, 181-183
  condição de ressonância no, 182
  freqüência do, 181
Circuito
  de corrente alternada
    de malha única, 306-308
    elemento
      capacitivo de, 304
      indutivo de, 303
      resistivo de, 303
    fator de potência de, 309
    potência em, 308
  de corrente contínua (CC), 148-173
  elétrico
    análise de, 151-156
    campos em, 156
    conexão em paralelo de, 150
    corrente elétrica em, 148
    de corrente alternada, 302-318
    diferenças de potenciais em, 153
      não dependência do caminho de, 153
    força eletromotriz em, 150
      resistência interna de, 153-156
    indutores em, 282
    LC, 287-290
      oscilações amortecidas e forçadas em, 290-292
    lei
      das malhas para análise de, 152
      dos nós para análise de, 150
    método da diferença de potencial para análise
      de, 152
    RC, 161-164
    resistência interna de uma força eletromotriz em,
      153-156
    RL, 282
    RLC, 306-308
    sentido da corrente em, 152
    transferências de energia em, 160
  LC
    condição de ressonância em, 291
    freqüência das oscilações de, 289, 291
    oscilante e analogia como movimento harmônico
      simples, 288
  RC, 161-164
  RL, 282
  RLC, 306-308
    análise
      diferencial de, 308
      gráfica de, 306
      trigonométrica de, 306
    freqüência natural de, 291
    impedância de, 306
    malha única, 306-308
    oscilações amortecidas e forçadas em, 290-292
    potência em, 309
Cometa, formação da cauda do, 332-333
Comprimento
  contraído, 217
  próprio, 217
Condutividade, 110
Condutores, 5, 105
  campo elétrico no interior dos, 61
  e a lei de Gauss, 60-63
  em um campo elétrico
    em condições dinâmicas, 107-110
    em condições estáticas, 106
  potencial elétrico de, carregados, 90
Constante
  de Coulomb, 7
  de permeabilidade, 203
  de tempo
    capacitiva, 162
    indutiva, 282
  dielétrica, 116
  elétrica, 8
  magnética, 203
  von Klitzing, 186
Corona, descarga de, 91

Corrente
  alternada (CA), 236, 302
    e tensões, fase e relações de amplitudes para, 305*t*
    transformadores de, 310
  de deslocamento, 321
  de Foucault, 234
  densidade de, 108
    e velocidade de deriva, 108
  elétrica, 107, 148-150
    campo magnético de, 204-206
      em fio reto, 205, 214
      em paralelo, 208-210
      em um solenóide, 211, 214-216
      em um toróide, 215
      em uma malha, 206
    comportamento transiente de, 149
    definição de, 108
    densidade de, 108
      e velocidade de deriva, 108
    e a analogia do fluxo de calor, 112
    efeito do campo magnético na, 186-190
      em um fio, 186-188
      em uma espira, 188-190
    induzida. *Ver também* Força eletromotriz; Fluxo
      magnético, 228
      correntes de Foucault, 234
      efeito Joule por, 233
      lei de Faraday e, 229-233
      lei de Lenz e, 230
    sentido da, 149
    unidades do SI de, 108
Coulomb, Charles A., 7
coulomb (unidade), 3
  derivação do, 3
Curie, Pierre, descoberta da relação entre magnetismo e
  temperatura, 264
Curie
  constante de, 264
  temperatura de, 266

D

Densidade
  linear de carga, 10
  superficial de carga, 11
  volumétrica de carga, 11
Deutério, fusão de, 15
Diagrama de fasor, 303
Diamagnetismo, 261, 265
Dielétrica(o)(s)
  não-polares, 116
  rigidez, 116
Dipolo
  antena de, 325
  elétrico, 27
    campo elétrico de, 28, 37-39
      energia potencial de, 38
      torque sobre, 37
    linhas de campo de, 31-33, 32*f*
    momento de, 27
    potencial devido a, 83-84
  magnético, 207, 256-260
    campo magnético do, 258
    forças sobre o, em um campo não-uniforme, 259
  momento de
    induzido, 116
    magnético, 207
Dirac, Paul, 271
Disco de carga uniforme
  campo elétrico de, 30
  força sobre carga pontual de, 13
  potencial elétrico de, 86
Domínios magnéticos, 266
  histerese e, 266

E

Efeito
  Hall, 181-186

  quantizado, 186
  Joule, 160
    induzido por corrente elétrica, 233
Einstein, Albert, sobre a eletrodinâmica dos corpos em
  movimento, 217
Eletrodinâmica quântica, 1
Eletromagnetismo, 1
  corrente de deslocamento no, 321
  e sistemas de referência, 216
  equações de Maxwell do. *Ver também* Equações de
    Maxwell, 1, 271, 319-322
  relatividade especial e, 217
  transformação de Lorentz, invariância da, 217, 242
Elétron(s)
  de condução. *Ver também* Semicondutores;
    Supercondutores, 5, 113
  e carga elétrica. *Ver também* Carga elétrica, 2-4
  gás de, 113
Eletrostática, 3
  conservação de energia em, 77
  gravitação e, 14
Energia
  de dissociação, 77
  de ionização, 77
  de ligação, 77
  em eletrostática, conservação da, 77
  potencial, 75
    elétrica, 76-79
      de um capacitor, 131-133
Equações de Maxwell
  característica de simetria das, 322
  como base do eletromagnetismo, 319
  consistência das, com a teoria especial da
    relatividade, 323
  e lei de Ampère, 213, 319, 323*t*
  e ondas progressivas, 326-329
  eletromagnetismo e, 319
  lei de Faraday, 238, 319, 323*t*
  lei de Gauss para a eletricidade, 319, 323*t*
  lei de Gauss para o magnetismo, 271, 319, 320, 323*t*
  monopolos magnéticos e, 322
  predição da onda eletromagnética pelas, 322
  velocidade da luz das considerações eletromagnéticas
    das, 328
Eqüipotenciais de condutor próximo, 107
Espectrômetro de massa de Bainbridge, 198 (problema 5)
Espelho magnético, 182
Espira
  amperiana, 213
  de corrente elétrica
    campo magnético de, 258
    momento de dipolo magnético de, 256
Expansão em multipolos, 84
Experimentos de Plimpton e Lawton com carga elétrica, 65

F

farad (unidade), 126, 228
Faraday, Michael
  conceito
    de campo elétrico introduzido por, 31
    de capacitância introduzido por, 126
  descoberta
    da lei de indução por, 228
    do diamagnetismo por, 265
  e experimentação com carga elétrica, 64
  investigação dos materiais dielétricos nos capacitores
    por, 134
Fator *Q*, 301 (problema 15)
Ferroelétricos, materiais, 105
Ferromagnetismo, 261, 266
Fluxo, 50
  de calor, corrente elétrica e analogia entre, 112
  elétrico, 52-55
  ligações de, 280
  magnético, 229
    campos elétricos induzidos por, 237-240
    e correntes de Foucault, 234

Lei de Faraday e Lei de Lenz para, 230-233
unidade de, 228
regra da mão direita para o sinal do, 327n
Força(s)
de cargas elétricas, 3, 9
de Lorentz, 179
elétricas, 3
eletromotriz, 150
induzida, 228-229
aplicações práticas de, 236
campos elétricos de, 237-240
de movimento, 234
diferença de potencial e, 238
resistência interna de, 153-156
reversibilidade de, 151
forte, 77
"fraca", 2
magnética sobre uma carga em movimento, 176-180
Forno de indução, 234
Franklin, Benjamin
experimentos de, com carga elétrica, 64
rotulação positiva/negativa da carga elétrica por, 2n
Freio eletromagnético, 234
Freqüência natural do circuito LC, 291

G

Galvanômetro, rudimentos do, 190
Gauss, Karl Friedrich, 55n
Geiger, contador, 73 (problema 10)
Gerador
elementos básicos do, 235
homopolar, 253 (problema 8)
impedância do, 311
Gilbert, William, 267
Gravitação e eletrostática, 14

H

Hall, Edwin, 184
Hall, diferença de potencial (tensão Hall), 184
Hall, resistência, 186
Heaviside, Oliver, 319n
Helmholtz, bobina de, 225 (problema 1)
Henry, Joseph, 228, 279
henry (unidade), 228, 279
Hertz, Heinrich, 322, 329
Histerese, 266
curva de, 266f
e domínios magnéticos, 266
Hull, G. F., 332

I

Imagem por ressonância magnética (IRM), 261
Impedância
de circuito RLC, 306
de gerador, 311
Indutância, 279
calculando, 280-282
do solenóide, 280
do toróide, 281
e armazenamento de energia no campo magnético, 284-286
e densidade de energia no campo magnético, 285
em circuitos
LC, 287-290
RL, 282
Indutor(es), 279
com materiais magnéticos, 281
ligações de fluxo do, 280
Íon(s), 105
Ionização, 105
Isolantes, 5, 105
em um campo elétrico, 115-117

K

Kirchhoff
primeira lei de, 150
segunda lei de, 152
Klystron, 324

L

Lei
das malhas, 152
de Ampère, 213
de Biot-Savart, 205
aplicações da, 205
de Coulomb, 7-10
forma vetorial da, 9
lei de Gauss *versus,* 50
testes experimentais da, 64-65
de Curie, 264
de Faraday da indução
aplicações
da regra da mão direita na, 232
práticas da, 236
campos elétricos induzidos e a, 237-240
e o sentido da corrente elétrica, 231
em sistemas de referência inerciais, 240-242
de Gauss, 55
aplicação(ões) da, 56-60
a distribuição de carga com simetria esférica, 58
a uma casca esférica de carga, 58
a uma linha de carga, 56
a um plano de carga, 58
e a lei de Coulomb, 56
e condutores, 60-63
e fluxo de campo elétrico através de uma superfície fechada, 50, 52
e materiais dielétricos, 135
lei de Coulomb *versus,* 50
para o magnetismo, 270
testes experimentais da, 64-65
de indução de Faraday, 229
de Ohm, 111
abordagem microscópica, 113
dos nós, 150
Lenz, 230-233
Lenz, Heinrich, 230
Linha(s)
de campo elétrico, 31-33
de superfícies eqüipotenciais, 89
de um condutor próximo, 106
fluxo e, 54
propriedades de, 31
representação convencional de, 31-33
de carga uniforme
campo elétrico de, 29
força sobre cargas pontuais em, 11
lei de Gauss aplicada a, 56
potencial elétrico de, 85
de transmissão, 325
Luz. *Veja também* Ondas eletromagnéticas

M

Magnetismo
atômico, 260
campos vetoriais em, 176
dos planetas, 267-270
e carga em movimento, 176
nuclear, 261
Magnetização, 263
valor de saturação da, 264
Magnetostática, 203
Magnétron, 324
Materiais
dielétricos, 116
e a lei de Gauss, 135

em capacitores, 134-137
lineares, 116
magnéticos, 264-267
em indutores, 281
Maxwell, James Clerk, 319n
e a generalização da lei de Ampère, 320
microfarad (unidade), 126
Millikan, Robert A., 35
Millikan, aparato de gota de, 35
Modelo
de elétron livre do elétron de condução em metais, 113
Thomson, 39
Momento
de dipolo
elétrico, 27
induzido, 116
magnético, 207
de uma espira de corrente, 256
induzido, 259
valores selecionados de, 258t
elétrico de quadripolo, 84
Monopolo(s), 84
magnético, 175, 271
e as equações de Maxwell, 322
Motor elétrico
elementos básicos de um, 236
princípio do, 188-190

N

Nichols, E. F., 332
NOVA - projeto de fusão laser, 132
Núcleo, 39
carga elétrica do, 4, 39-40
raio do, determinação do, 40
Número atômico, 4, 39-40

O

Objeto aterrado, 5
Oersted, Hans Christian, 201
Ôhmicos, materiais, 110-113
Onda(s)
eletromagnéticas. *Ver também* Luz, 325
equações de Maxwell e, 326-329
geração de, 325
intensidade de, 330
pressão exercida por, 331-333
progressivas de, 326-329
transporte de energia através de, 329-331
Oscilações
eletromagnéticas
amortecidas e forçadas, 290-292
estudo qualitativo das, 287-289
forçadas e ressonância, 291
em cavidade, 323
Oscilador
de cavidade eletromagnética, 323
eletromagnético, 287

P

Pacote de onda, localização
Paramagnetismo, 261, 264
Partícula(s)
aceleradores de
betatron, 239
cíclotron, 181-183
síncrotron, 182
carregada
circulação, 181-184
magnetismo, e em movimento. *Ver também* Campo magnético, 201-204
Permeabilidade, 263
de materiais paramagnéticos, 264, 264t
de substâncias diamagnéticas, 265t
Permissividade

ÍNDICE 377

do espaço vazio, 8
dos materiais, 116
picofarad (unidade), 126
Plasma(s), 183
Polarização, 115
de cargas elétricas, 6
Pólos magnéticos, 176
regras para a interação de, 176
Ponte de Wheatstone, 173 (problema 12)
Pósitron, carga do, 4
Potencial elétrico, 79
cálculo do, de um campo elétrico, 80
campo elétrico calculado de um, 87-89
de condutores carregados, 90
Poynting, John Henry, 329n
Pressão de radiação, 331-333
e a formação da cauda do cometa, 332-333
medição da, 332
Priestly, Joseph, experimentos de, com carga elétrica, 64
Princípio
da superposição
aplicado a forças elétricas, 9
aplicado ao campo elétrico de cargas pontuais, 26
do voltímetro analógico, 189

Q

Quadripolo elétrico, 28, 44, 47 (problema 4)
potencial devido a um, 84
Quark(s), 4

R

Radiação
de dipolo magnético, 325
eletromagnética, 326
Reatância
capacitiva, 304
indutiva, 304

Regra da mão direita
aplicada à lei de indução de Faraday, 232
para o sentido do fluxo, 327n
Resistividade, 110
variação de temperatura de, 112
Resistores
em paralelo, 158
em série, 188
Ressonância
condição do circuito LC, 291
magnética nuclear, 261
Rowland, Henry, 201
Ruptura, 105, 116
Rutherford, Ernest
como fundador da física atômica e nuclear, 40
experimentos de espalhamento da partícula alfa de, 40

S

Semicondutores, 105
tipo n, 110
siemens (unidade), 110
Síncrotron, 182
Sistemas de referência e eletromagnetismo, 216, 240-242
Solenóide, 211
campo magnético do, 211
indutância de, 280
Supercapacitores, 129
Supercondutores, 106
Superfície(s)
gaussiana, 55
e a aplicação da lei de Gauss, 56
eqüipotenciais, 89

T

Tensão
divisor de, 153
eletrostática, 145 (problema 15)

Teorema de casca da eletrostática, 13-14
Teoria
eletromagnética, desenvolvimento da, 1, 2f
especial da relatividade no desenvolvimento da teoria
eletromagnética, 1
e sistemas de referência no eletromagnetismo,
217, 240-242
Terra
campo magnético da, 174, 267-270
cinturões de radiação de Van Allen da, 183
registro geológico do campo magnético da, 267-270
tesla (unidade), 178
Thomson, J. J., 39
Transformação de Lorentz e leis de invariância do
eletromagnetismo, 217, 242
Transformador, 310
elevador e abaixador, 311
Transientes, 302
Trítio, 15

V

Van Allen, cinturões de radiação de, 183
Van de Graaff, Robert J., 92
Velocidade
de deriva e densidade de corrente, 108-110
seletor de, 179
Vetor de Poynting, 329-331
Voltagem, 79
von Klitzing, Klaus, 186

W

weber (unidade), 229

Pré-impressão, impressão e acabamento

grafica@editorasantuario.com.br
www.editorasantuario.com.br
Aparecida-SP

ALGUNS SÍMBOLOS MATEMÁTICOS

$=$	igual a	∞	infinito
$\approx$	aproximadamente igual a	lim	limite de
$\neq$	diferente de	Σ	soma de
$\equiv$	idêntico a, definido como	$\int$	integral de
$>$	maior que	Δx	variação ou diferença em x
$\gg$	muito maior que	$|x|$	valor absoluto ou magnitude de x
$\geq$	maior ou igual a	$x_{méd}$	valor médio de x
$<$	menor que	$x!$	fatorial de x
$\ll$	muito menor que	$\ln x$	logaritmo natural de x
$\leq$	menor ou igual a	$f(x)$	função de x
$\sim$	da ordem de grandeza de	df/dx	derivada de f em relação a x
$\propto$	proporcional a	$\partial f/\partial x$	derivada parcial de f em relação a x

PREFIXOS SI

Fator	Prefixo	Símbolo	Fator	Prefixo	Símbolo
10^{24}	iota	Y	10^{-1}	deci	d
10^{21}	zeta	Z	10^{-2}	centi	c
10^{18}	exa	E	10^{-3}	mili	m
10^{15}	peta	P	10^{-6}	micro	μ
10^{12}	tera	T	10^{-9}	nano	n
10^{9}	giga	G	10^{-12}	pico	p
10^{6}	mega	M	10^{-15}	femto	f
10^{3}	quilo	k	10^{-18}	ato	a
10^{2}	hecto	h	10^{-21}	zepto	z
10^{1}	deca	da	10^{-24}	iocto	y

ALFABETO GREGO

Alfa	A	α	Iota	I	ι	Rô	P	ρ
Beta	B	β	Capa	K	κ	Sigma	Σ	σ
Gama	Γ	γ	Lambda	Λ	λ	Tau	T	τ
Delta	Δ	δ	Mi	M	μ	Ípsilon	Y	υ
Épsilon	E	ϵ	Ni	N	ν	Fi	Φ	ϕ, φ
Zeta	Z	ζ	Csi	Ξ	ξ	Qui	X	χ
Eta	H	η	Ômicron	O	o	Psi	Ψ	ψ
Teta	Θ	θ	Pi	Π	π	Ômega	Ω	ω